国家出版基金项目

国内外饲料成分及营养价值史料汇编

Compilation of Chemical Composition and Nutritional Values of Feedstuffs

（第二辑）

蛋白质饲料原料卷

Protein Feeds

李德发　李　平　主编

中国农业大学出版社
·北京·

内容简介

本书搜集了一个世纪以来国内外30种涉及饲料原料营养成分与价值的文献资料，按资料的国别和年代顺序，将其中有关蛋白质饲料原料的各项指标参数进行整理、排列、合并、翻译、注释等，以便于读者查阅、比较和参考。

图书在版编目(CIP)数据

国内外饲料成分及营养价值史料汇编(第二辑)·蛋白质饲料原料卷/李德发，李平主编．—北京：中国农业大学出版社，2020.11

ISBN 978-7-5655-2318-2

Ⅰ.①国… Ⅱ.①李…②李… Ⅲ.①饲料营养成分-史料-汇编 Ⅳ.①S816.11-09

中国版本图书馆CIP数据核字(2020)第002693号

书　　名　国内外饲料成分及营养价值史料汇编(第二辑)·蛋白质饲料原料卷

作　　者　李德发　李　平　主编

策划编辑　梁爱荣　董夫才　　　责任编辑　梁爱荣

封面设计　郑　川

出版发行　中国农业大学出版社

社　　址　北京市海淀区圆明园西路2号　　　邮政编码　100193

电　　话　发行部 010-62733489，1190　　　读者服务部 010-62732336

　　　　　编辑部 010-62732617，2618　　　出　版　部 010-62733440

网　　址　http://www.caupress.cn　　　**E-mail** cbsszs@cau.edu.cn

经　　销　新华书店

印　　刷　涿州市星河印刷有限公司

版　　次　2020年11月第1版　2020年11月第1次印刷

规　　格　889×1 194　16开本　55.75印张　1 610千字

定　　价　416.00元

编校人员

策　　划　张子仪

主　　编　李德发　李　平

执行编委　杜　荣

编　　委　（按姓氏拼音排序）

蔡辉益　管武太　郭　妞　黄承飞　李爱科　李军涛　李振田　刘　岭
刘文峰　刘作华　罗清尧　马　曦　马永喜　朴香淑　乔家运　谯仕彦
尚秀国　石　波　史莹华　苏晓鸥　佟建明　王军军　王　丽　王文杰
熊本海　闫海洁　杨飞云　杨　攀　殷跃帮　尹靖东　于会明　张宏福
张　帅　赵　峰　郑春田　周晓艳　朱晓萍

校对人员　（按姓氏拼音排序）

苟钟勇　郭　明　郭勇庆　郭雨诗　郝翔宇　何东亭　洪常铭　李　波
李　龙　李　苗　李　瑞　李天天　林国钊　林倚涵　刘德稳　刘　雪
卢芳泽　吕知谦　马晓康　孟繁明　潘　龙　邱　凯　沙远静　沙远通
施传信　孙育平　覃嘉静　谭成全　王　斌　王红亮　王其龙　王婷婷
王志林　温贤将　温晓鹿　吴绮雯　席鹏彬　夏　添　闫　辉　晏　玥
杨凤娟　杨雪芬　杨　洋　于凌云　张　赛　张志新　周光茹　周天骄

特别感谢张子仪先生为本书编写提供指导和重要资料！
感谢中国农业科学院北京畜牧兽医研究所提供重要资料！
感谢“饲料营养价值与畜禽饲养标准的研究与应用（FARA）”项目组的全体单位和成员！
感谢广东省农业科学院动物科学研究所的大力支持！

前　　言

1810年德国科学家Albrecht Daniel Thaer提出了朴素的以干草当量为评价饲料营养价值的参考系标样(reference system sample，RSS)概念。此后两个多世纪，饲料行业又经历了淀粉价—大麦单位—燕麦单位乃至玉米单位等的兴替。在浩如烟海的史料中由于采样的随意、命名的失范，特别是对饲料样品实体(feeds sample entity，FSE)属性描述的广义简化，导致了长期以来大量史料杂乱零散，无章可循。在本史料收录的原始资料中同名异物者有之，同物异名者有之，张冠李戴者有之，以讹传讹者亦有之，特别是由于测试手段、立论依据的不同，同名同物异质者有之，同物异名异质者亦有之。这便使大量史料失去了可资参比的史料价值。应该承认，当今在饲料营养方面的史料存在严重的混乱现象，大量的宝贵史料成为信息垃圾而被束之高阁，甚至误导后来人，在养殖业中形成为隐性浪费饲料资源的诱因。

毋庸讳言，翻阅我国动物营养与饲料科学史，我们会发现其特点是"先天不足，后天失调"。1989年我国已故动物营养科学奠基人许振英教授在《中国动物营养学报》创刊献词中曾经指出当时的实际情况是"希望和艰难并存，志踌躇而势摇曳，路崎岖而步蹒跚"。经过几代人的前赴后继，目前动物营养与饲料科学已从当年的常规化学成分含量向生物学效价评定乃至不同日粮中不同饲料原料的组合效应方向；从常量成分向微量乃至痕量元素的互作拮抗规律方向，乃至饲养环境、应激与营养、免疫与营养等方面深入发展与拓宽。基于畜禽养殖技术在生产中的广泛应用，到20世纪末期，全国人均占有肉蛋量增长了6～10倍，全国饲料工业产品总产量则增长了180倍。应该承认，在这一历史时期，我国养殖科学技术对肉、蛋、奶的增产贡献是有目共睹的。但是从20世纪末期开始，虽然肉、蛋、奶产量仍在持续增长，但由于人口也在持续增长等诸多因素，全国人均占有肉、蛋、奶量却一直停滞不前，面临着从"高原期"向顶峰进军的挑战。

2009年12月科技部、农业部(现农业农村部)向中国农业大学下达了公益性行业(农业)科研专项"饲料营养价值与畜禽饲养标准研究与应用"(200903006)(以下简称"FARA项目")的任务。FARA项目在经过多次全体工作者会议后确定了在"十二五"执行任务中要坚决防止低水平重复浪费的基本原则。在革新现行饲料营养价值评定及畜禽营养需要量体制方面提出了"三六共识"，即第一阶段先厘清家底，加快改变饲料营养与饲料科学供求体制中存在的信源不足、信息更新滞后于生产需求的现状，向以参量实物(parameter object，PO)与参量常数(parametric constant，PC)为科技支撑的参考系标样(reference system sample，RSS)体系方向，向一点带多点、多点带多面的方向不断更新拓宽。在营养需要量方面要从目前多年一贯制、全国一刀切的静态阶梯式营养需要量表达形式向在各自为政、各行其是、各树其标前提下，以动态数学模型为主要表达形式的方向转变。

历史是面镜子，只有认真"温故"才能达到"知新"的意境。只有用去粗取精、去伪存真的智慧去类比、去鉴别,才有可能从史料中提炼出前事不忘、后事之师的真谛。

有鉴于此,FARA 项目成员从 2010 年至 2016 年,历时 6 年,完成了《国内外饲料成分及营养价值史料汇编》(第一辑)共 8 卷的编纂工作。其主要成果为通过对 1908 年以来国内外 11 个国家的档案史料及正式出版的资料,按国别、年代等顺序进行整理,形成了以单个饲料原料为一个单元,各自独成一篇具有统计比较意义的饲料成分及营养价值的史料汇编。其目的是方便读者去探索,去“淘宝”,帮助用户打造出有创意的 N 个 N 型饲料数据库。

幸运的是,史料第一辑在 2016 年获得了国家出版基金的资助后,史料第二辑于 2018 年也获得了国家出版基金项目的资助。在此特别感谢国家出版基金,出版基金的资助有力地推动了项目的各项工作。第二辑共包括能量类饲料和蛋白质类饲料两卷,补齐了第一辑未包含的其余能量和蛋白质饲料原料。第二辑对资料进行了删增,排布方式也进行了改进。

第二辑仍坚持以全、新、稳、准、精为圭臬,以便为同领域的科研教学乃至企业提供更好的素材。工作是枯燥而繁琐的,终结目标任务也是不可能一蹴而就的,这将是一场持久战,但它却是避免低水平重复浪费,避免原地踏步走、裹足不前的一个开端,一个探索。限于种种客观原因特别是编者水平和时间,挂一漏万,疏忽遗漏之处在所难免,恳请广大读者提出宝贵意见,以便再版时更正和改进。

编　者

2020 年 10 月 28 日

编写说明

由于本书资料来源于不同年代和不同国家(或地区),名词、格式、翻译等,均难以完全统一。编者本着尽量统一、规范、精简、精确和有利于读者理解和阅读的原则,除在书中加入具体的注释外,同时列出如下编写说明:

非特殊说明时,全书数据默认为饲喂基础(as-fed basis)。

“烟酸”和“尼克酸”,统一为“烟酸”。

“泛酸”和“遍多酸”,统一为“泛酸”。

原文为空格或“－”时,保留原文状态。

原文为 Vitamin＋字母形式者,表格中仅保留维生素＋字母形式,不再保留英文。

原文为“蛋白”“CP”或“crude protein”者,统一为“粗蛋白质”;原文仅有“protein”者,未统一翻译为“粗蛋白质”。

原文为“胱氨酸 Cys”者保留,原文为“cystine”,或注明 Cys 为 cystine,或仅为“Cys”者,翻译为“胱氨酸”;原文为“cysteine”,或注明 Cys 为 cysteine 者,翻译为“半胱氨酸”。因胱氨酸(cystine)为半胱氨酸(cysteine)的氧化产物,其相对分子质量并非完全 2 倍关系(胱氨酸相对分子质量 240.3,半胱氨酸相对分子质量 121.15),因此特别标注。

《德国罗斯托克饲料评价体系》中 NFR 因与普通 NFE 计算方法不同,故与 NFE(无氮浸出物)区分,翻译为“无氮残留物”。

原文为“ash”和“灰分”者,统一为“粗灰分”。

原文为“EE(ether extract)”和“crude fat”,统一翻译为“粗脂肪”。

原文为“AEE(acid ether extract)”和“CFATh”,统一翻译为“酸乙醚浸出物”。

非原文特殊注明外,“SD”和“standard deviation”,统一翻译为“标准差”。

原文为中文时,不再翻译为英文;原文为英文、日英、韩英对照时,根据英文翻译成中文,并采用中英文对照;原文为中文和外文对照时,一般情况尊重原文的译法,有不同译法时会注明;因以上原因,全书不同资料的名称、译法可能不同(即使外文或国际饲料编号相同),请读者见谅和理解。

部分翻译因不确信和水平有限而保留了原文形式(尤其部分日文资料)。

当同一资料页码或各表有相同内容需要注释时,编者在该资料的第一个表,或之后第一次出现的表格注释,并注明“下同”,其后各表不再赘述。

原文为“n”或“N”表示样本数时,统一为“n”。

部分资料原文采用饲喂基础和干物质基础,在整理过程中某些资料仅保留饲喂基础数值,读者可根据干物质含量折算。

每个资料的第 个表格中的饲料原料名称齐全,若该资料此后原料名称完全一致,则之后的表格中只显示中文,不再赘述英文和拉丁文名称。

与《国内外饲料成分及营养价值史料汇编》(第一辑)(2016年)单个原料分列一册相比,第二辑涉及原料更多,因此,为了提高编辑效率、节省篇幅、降低出版成本等,第二辑将多种原料集合为一册,省去了封面、目录、名称对照、表头、备注、参考文献等的重复。也正因为如此,有多处与第一辑不同,如:不再列出每个原料在各个资料中的出处和页码;不在每个资料的表格表头列出特定的原料名称;去除索引部分。

关于饲料分类,第二辑的原则为:①在原资料中标有国际饲料分类编号或中国饲料分类编号时,一般沿用原标号及分类。②由于许多资料没有标注国际饲料编号或中国饲料分类编号,此时,一般情况下,我们根据国际饲料分类法的规定,即以饲料原料的干物质中粗纤维含量<18%为第一条件,同时干物质中粗蛋白质含量<20%的饲料,归为能量饲料;将干物质中粗纤维含量<18%为第一条件,同时干物质中粗蛋白质≥20%的饲料原料,归为蛋白质饲料(蛋白质补充料)。③同一资料中不同原料名称及成分相近,但若严格按照国际饲料分类原则出现归类差异时,则主要根据该资料中大多数样品归类而定,辅以其他资料的经验进行判断。④有些资料既未注明国际饲料编号,又无明确判断数据来源,则根据该资料提供的数据来源线索,找到相应数据进行分析判断;确实无任何直接数据可参考,或者该资料没有干物质(水分)、粗纤维、粗蛋白质指标数据的,根据其他资料归类情况和编者的经验进行判断归类。此问题看似简单,实则相当复杂,且不同年代、不同资料进行饲料分类时可能存在冲突,疏漏之处敬请读者见谅和批评指正。

鉴于《国内外饲料成分及营养价值史料汇编》(第一辑)(2016年)中的部分资料存在翻译和输入编辑工作量巨大、内容重复、参考价值有限等问题,第二辑弃用了之前曾采纳的6个资料,分别为《家畜饲养用诸表(增订本)》《饲养标准和饲料表》《国外家畜饲养与营养资料选编》《农艺化学全书》《日本标准饲料成分表(1987)》和《日本标准饲料成分表(1995)》,需要的读者请自行查阅。与此同时,第二辑增加了4个资料,分别为*EvaPig Version* 1.4.0.1,2019、*NRC Nutrient Requirements of Beef Cattle*《肉牛营养需要》(英文版,2016;中文版,2019)、*NRC Nutrient Requirements of Dogs and Cats*《犬猫营养需要》(英文版,2006;中文版,2010)和*Nutrient Requirements of Fish and Shrimp*《鱼类与甲壳类鱼虾营养需要》(英文版,2011;中文版2016),从而使资料和数据有所更新,并且适用面更广。

另外需要说明的是,本书仍遗留多处缺憾。如:格式难以完全统一,中英文未全部对照,部分外文翻译仍需推敲,资料背景、检测方法未能更深层注解,有些最新资料未能加入,文字、数字错误等等。恳请读者谅解,并多提宝贵意见(电子邮箱:alaliping @ qq.com,微信号:alaliping),以期再版时完善。还应当指出,本书所列资料数据随不同年代、原料实体、学术流派、检测技术等因素而变,现实参考价值大小不一,读者请审慎借鉴。

最后,对帮助本书出版的各位同仁表示诚挚的谢意!

致歉!由于编者的过错,在《国内外饲料成分及营养价值史料汇编》(第一辑)(2016年)"德国罗斯托克饲料评价体系"部分中,将"CF"错误地翻译成了"粗纤维",实际应为"粗脂肪",在此致以深深的歉意!

中英文词汇对照及说明表

缩略语	英文名称或释义	中文名称或释义
a	Immediately degradable fraction (kinetic parameter of nitrogen, starch or dry matter degradation in ruminants)	快速可降解部分(反刍动物氮、淀粉或干物质降解的动力学参数)
AA	Amino acid	氨基酸
AADI	Amino acid digestible in the intestine (ruminants)	氨基酸小肠消化率(反刍动物)
ADAA(AAAA)	Apparent digestible amino acid (Apparent amino acid digestibility)	表观氨基酸利用(消化)率
ADF	Acid detergent fiber	酸性洗涤纤维
ADICP	Acid detergent insoluble crude protein (N×6.25)	酸性洗涤剂不溶粗蛋白质
ADIP	Acid detergent insoluble protein	酸性洗涤剂不溶蛋白质
ADL	Acid detergent lignin	酸性洗涤木质素
AEE	Acid ether extract	酸乙醚浸出物/酸醚提取物
AFZ	French Association for Animal Production	法国动物生产协会
AID	Apparent ileal digestibility	回肠表观消化率
AIDC	Apparently digestible amino acid content	表观可消化氨基酸含量,相当于猪氨基酸回肠表观可消化量
Ala	Alanine	丙氨酸
AME	Apparent metabolizable energy	表观代谢能
AMEn	N-corrected apparent metabolizable energy	氮校正表观代谢能
A-P	Available phosphorus	有效磷
Arg	Arginine	精氨酸
	Ash	灰分/粗灰分

续表

缩略语	英文名称或释义	中文名称或释义
Asp	Aspartic acid	天冬氨酸
ATTD	Apparent total tract digestibility	全肠道表观消化率
b	Potentially degradable fraction (kinetic parameter of nitrogen, starch or dry matter degradation in ruminants)	不溶性物质潜在可降解部分(反刍动物氮、淀粉或干物质降解的动力学参数)
c	Hourly rate of particle degradation (kinetic parameter of nitrogen, starch or dry matter degradation in ruminants)	不溶性物质降解速率(反刍动物氮、淀粉或干物质降解的动力学参数)
Ca	Calcium	钙
	Carotene/Carotin	胡萝卜素
CF	Crude fiber	粗脂肪
	Choline	胆碱
Cl	Chlorine/Chloride	氯
Co	Cobalt	钴
CP	Crude protein	粗蛋白质
Cu	Copper	铜
CW	Cell walls	细胞壁
Cys	Cystine/Cysteine	胱氨酸/半胱氨酸
DCP	Digestible crude protein	可消化粗蛋白质
DDM(dDM)	Digestibility estimate for dry matter	可降解干物质
DE	Digestible energy	消化能
DIP	Degraded intake protein	降解食入蛋白质
DM	Dry matter	干物质
DMI	Dry matter intake	干物质采食量
DST(dSt)	Digestibility estimate for starch	可降解淀粉
eNDF	Effective NDF	有效中性洗涤纤维

续表

缩略语	英文名称或释义	中文名称或释义
EE	Ether extract	粗脂肪/乙醚浸出物
EHGE	Enzymic hydrolysate gross energy	酶水解物总能值
FA	Fatty acids	脂肪酸
	Folic acid	叶酸
Fe	Iron	铁
GB		国家标准
GB/T		推荐性国家标准
GE	Gross energy	总能
Glu	Glutamine	谷氨酸
Gly	Glycine	甘氨酸
His	Histidine	组氨酸
I	Iodine	碘
IFN	International feed number	国际饲料编号
Ile	Isoleucine	异亮氨酸
	in vivo	体内法
INRA	French National Institute for Agricultural Research	法国农业科学研究院
IU	International unit	国际单位
IV	Iodine value	碘价
IVP	Iodine value product	碘价物
K	Potassium	钾
Leu	Leucine	亮氨酸
Lys	Lysine	赖氨酸
M+C	Methionine + Cystine(Cysteine)	蛋氨酸 +(半)胱氨酸

续表

缩略语	英文名称或释义	中文名称或释义
MADC	来自法语 Matières azotées digestibles cheval 的缩写,英文为 Horse digestible crude protein	马可消化粗蛋白质
ME	Metabolizable energy	代谢能
MEn	N-corrected metabolizable energy	氮校正代谢能
Met	Methionine	蛋氨酸
Mg	Magnesium	镁
Mn	Manganese	锰
Mo	Molybdenum	钼
MUFA	Monounsaturated fatty acid	单不饱和脂肪酸
N	Nitrogen	氮
N-free	Nitrogen free diet	无氮日粮
Na	Sodium	钠
n/a,N. A.	Data not available	数据不可用
NCWFE	Nitrogen cell wall free extracts (non-structural carbohydrates)	氮细胞壁提取物(非结构性碳水化合物)
NDF	Neutral detergent fiber	中性洗涤纤维
NDICP	Neutral detergent insoluble crude protein (N×6.25)	中性洗涤剂不溶粗蛋白质
NDIP	Neutral detergent insoluble protein	中性洗涤剂不溶蛋白质
NE	Net energy	净能
NEg	Net energy for production of weight gain	增重净能
NEl	Net energy for lactation	产奶净能
NEm	Net energy for maintenance	维持净能
NEp	Net energy for production	生产净能
NFE	Nitrogen free extract	无氮浸出物
	Niacin	尼克酸、烟酸

续表

缩略语	英文名称或释义	中文名称或释义
NND	来自中文“奶牛能量单位”拼音 Nai niu neng liang dan wei 的缩写，对应英文缩写为 DEU(Dairy energy unit)	奶牛能量单位，相当于 1 kg 含乳脂 4% 的标准乳所含产奶净能 3.138 MJ(或 0.75 Mcal)
NPN	Nonprotein nitrogen	非蛋白氮
NPP	Non-phytate phosphorus	非植酸磷(视为有效磷的近似值)
	Nutritive ratio	营养比，营养率。等于饲料中可消化蛋白质与其他总可消化营养物之比
NRC	National Research Council	美国国家科学研究委员会
NSId	Standardised ileal digestibility of nitrogen in pigs	猪回肠氮真消化率
NY/T		农业行业标准
OM	Organic matter	有机物质
P	Phosphorus	磷
PAF	Processing adjustment factor	加工校正系数
PDIA	Digestible proteins in the intestine of dietary origin	在小肠消化的过瘤胃蛋白质
PDIE	Digestible proteins in the intestine where energy is the limiting factor for rumen microbial activity	能量成为瘤胃微生物活性的限制因素时的小肠可消化蛋白质
PDIN	Digestible proteins in the intestine where nitrogen is the limiting factor for rumen microbial activity	氮成为瘤胃微生物活性的限制因素时的小肠可消化蛋白质
Phe	Phenylalanine	苯丙氨酸
Phy-P	Phytate phosphorus	植酸磷/植酸态磷
PIF	Porcine intestinal fluids	猪小肠液
PUFA	Polyunsaturated fatty acid	多不饱和脂肪酸
$P_{Phy}d$	Phosphorus digestibility in the pig, when endogenous phytase has not been inactived	为当内源植酸酶没有失活时的猪磷消化率
ppm	parts per million	百万分之一，相当于 1 mg/kg
Pro	Proline	脯氨酸
	Protein nitrogen	蛋白氮/蛋白态氮

续表

缩略语	英文名称或释义	中文名称或释义
RDP	Ruminant digestible protein	瘤胃降解蛋白质
RUP	Rumen undegradable protein	过瘤胃蛋白质/瘤胃非降解蛋白质
S	Sulfur	硫
S-i	Inorganic sulphur	无机硫
S-o	Organic sulphur	有机硫
S. e.	Standard error	标准误差
SFA	Saturated fatty acid	饱和脂肪酸
SD	Standard deviation	标准差
Se	Selenium	硒
Ser	Serine	丝氨酸
Si	Silicon	硅
SID	Standardized ileal digestibility	标准回肠(回肠标准)消化率
SIDC	Standardized digestible amino acid content	内源氮校正猪回肠可消化氨基酸含量
solCP	soluble CP	可溶粗蛋白质
STTD	Standard total tract digestibility	标准全肠道消化率
TD	True digestibility of an amino acid in poultry	家禽氨基酸真消化率
TDAA(TAAA)	True digestible amino acid (True amino acid digestibility)	真氨基酸利用(消化)率
TDC	Digestible amino acid content corresponding to the true digestibility for poultry	家禽真可消化氨基酸含量
TDF	Total dietary fiber	总膳食纤维
TDN	Total digestible nutrients	可消化总养分
TEAA	Total essential amino acids	总必需氨基酸
TFA	Total fatty acids	总脂肪酸
Thr	Threonine	苏氨酸
TId	True intestinal digestibility of non-degraded dietary proteins in ruminants	反刍动物瘤胃非降解蛋白质小肠真消化率

续表

缩略语	英文名称或释义	中文名称或释义
TID	True ileal digestibility	回肠真消化率
TME	True metabolizable energy	真代谢能
TMEn	Nitrogen corrected true metabolizable energy	氮校正真代谢能
Trp	Tryptophan	色氨酸
Tyr	Tyrosine	酪氨酸
UFC	来自法语 Unité fourragère cheval 的缩写，英文为 Horse feed unit/Forage unit for horses	马饲料(饲草)单位
UFL	来自法语 Unité fourragère lait 的缩写，英文为 Forage unit for milk production (net energy value for milk production)	产奶饲草单位(用于产奶的净能值)，1 UFL = 1.7 Mcal
UFV	来自法语 Unité fourragère viande 的缩写，英文为 Forage unit for meat production (net energy value for meat production)	产肉饲草单位(用于产肉的净能值)
UIP	Undegraded intake protein	非降解摄入蛋白质
Val	Valine	缬氨酸
Vitamin B_1	Thiamine	硫胺素/维生素 B_1
Vitamin B_2	Riboflavin	核黄素/维生素 B_2
Vitamin B_3	Nicotinamide	尼克酰胺/维生素 B_3
Vitamin H	Biotin	生物素
Zn	Zinc	锌

目　　录

1　国内部分资料

1.1 中国饲料数据库情报网中心(CFIC).1990—2018.中国饲料成分及营养价值表第1～29版[1]

1.样品简述及常规成分

表1-1-1 样品简述及常规成分

%

年份	中国饲料号 CFN	饲料名称	饲料描述	干物质 DM	粗蛋白质 CP	粗脂肪 EE	粗纤维 CF	无氮浸出物 NFE	粗灰分 Ash	中性洗涤纤维 NDF	酸性洗涤纤维 ADF	淀粉 Starch	钙 Ca	总磷 P	植酸磷 Phy-P	有效磷 A-P
2001—2006	5-01-0162	酪蛋白 Casein	脱水	91.0	88.7	0.8							0.63	1.01		0.82
2007—2011	5-01-0162	酪蛋白 Casein	脱水	91.0	84.4	0.6	0.0	2.4	3.6	0.0	0.0		0.36	0.32		0.32
2012—2014	5-01-0162	酪蛋白 Casein	脱水	91.0	84.4	0.6		2.4	3.6				0.36	0.32		0.32
2015—2018	5-01-0162	酪蛋白 Casein	脱水,来源于牛奶	91.7	89.0	0.2		0.4	2.1				0.20	0.68		0.67
1992	5-10-0005	玉米胚芽粕 Corn germ meal(sol.)	美国 5-25-552	88.0	19.6	1.0	11.7	52.0	3.7				0.29	0.49	—	
1992	5-10-0006	玉米胚芽饼 Corn germ meal(exp.)	东南亚产品	88.0	20.3	9.3	4.7	51.9	1.8				0.10	0.50	—	
1990	5-10-0083	菜籽饼 Rapeseed meal (exp.)	油菜籽机榨 GB 2 级	88.0	34.3	8.9	10.1	27.3	7.4				0.61	0.95	0.63	
1991	5-10-0083	菜籽饼 Rapeseed meal (exp.)	机榨 GB 2 级	88.0	34.3	9.3	11.6		4.7				0.62	0.96	0.63	
1992—1993	5-10-0083	菜籽饼 Rapeseed meal (exp.)	机榨 GB 2 级	88.0	34.3	9.3	11.6	25.1	7.7				0.62	0.96	0.63	
1994—1997	5-10-0083	菜籽饼 Rapeseed meal (exp.)	机榨 GB 2 级	88.0	34.3	9.3	11.6	25.1	7.7				0.62	0.96	0.63	0.33
1998—1999	5-10-0083	菜籽饼 Rapeseed meal (exp.)	机榨 NY/T 2 级	88.0	35.7	7.4	11.4	26.3	7.2				0.59	0.96		0.33

续表1-1-1

年份	中国饲料号 CFN	饲料名称	饲料描述	干物质 DM	粗蛋白质 CP	粗脂肪 EE	粗纤维 CF	无氮浸出物 NFE	粗灰分 Ash	中性洗涤纤维 NDF	酸性洗涤纤维 ADF	淀粉 Starch	钙 Ca	总磷 P	植酸磷 Phy-P	有效磷 A-P
2000	5-10-0083	菜籽饼 Rapeseed meal (exp.)	机榨 NY/T 2 级	88.0	35.7	7.4	11.4	26.3	7.2	33.3	26.0		0.59	0.96		0.33
2001—2010	5-10-0183	菜籽饼 Rapeseed meal (exp.)	机榨 NY/T 2 级	88.0	35.7	7.4	11.4	26.3	7.2	33.3	26.0		0.59	0.96		0.33
2011—2014	5-10-0183	菜籽饼 Rapeseed meal (exp.)	机榨 NY/T 1799—2009 2 级	88.0	35.7	7.4	11.4	26.3	7.2	33.3	26.0	3.8	0.59	0.96		0.33
2015—2018	5-10-0183	菜籽饼 Rapeseed meal (exp.)	机榨 NY/T 1799—2009 2 级	88.0	35.7	7.4	11.4	26.3	7.2	33.3	26.0	3.8	0.59	0.96		0.20
1990	5-10-0115	花生粕 Peanut meal (sol.)	浸提 GB 2 级	88.0	47.8	1.3	6.2	27.4	5.3				0.27	0.62	0.23	
1991	5-10-0115	花生仁粕 Peanut meal (sol.)	浸提或预压浸提 GB 2 级	88.0	47.8	1.4	6.2		5.4				0.27	0.56	0.23	
1992—1993	5-10-0115	花生仁粕 Peanut meal (sol.)	浸提或预压浸提 GB 2 级	88.0	47.8	1.4	6.2	27.2	5.4				0.27	0.56	0.23	
1994—1997	5-10-0115	花生仁粕 Peanut meal (sol.)	浸提或预压浸提 GB 2 级	88.0	47.8	1.4	6.2	27.2	5.4				0.27	0.56	0.23	0.33
1998—1999	5-10-0115	花生仁粕 Peanut meal (sol.)	浸提或预压浸提 NY/T 2 级	88.0	47.8	1.4	6.2	27.2	5.4				0.27	0.56		0.33
2000	5-10-0115	花生仁粕 Peanut meal (sol.)	浸提或预压浸提 NY/T 2 级	88.0	47.8	1.4	6.2	27.2	5.4	15.5	11.7		0.27	0.56		0.18
2001—2009	5-10-0115	花生仁粕 Peanut meal (sol.)	浸提或预压浸提 NY/T 2 级	88.0	47.8	1.4	6.2	27.2	5.4	15.5	11.7		0.27	0.56		0.33
2010—2011	5-10-0115	花生仁粕 Peanut meal (sol.)	浸提 NY/T 133—1989 2 级	88.0	47.8	1.4	6.2	27.2	5.4	15.5	11.7		0.27	0.56		0.17
2012—2018	5-10-0115	花生仁粕 Peanut meal (sol.)	浸提 NY/T 133—1989 2 级	88.0	47.8	1.4	6.2	27.2	5.4	15.5	11.7	6.7	0.27	0.56		0.17

续表1-1-1

年份	中国饲料号 CFN	饲料名称	饲料描述	干物质 DM	粗蛋白质 CP	粗脂肪 EE	粗纤维 CF	无氮浸出物 NFE	粗灰分 Ash	中性洗涤纤维 NDF	酸性洗涤纤维 ADF	淀粉 Starch	钙 Ca	总磷 P	植酸磷 Phy-P	有效磷 A-P
1990	5-10-0116	花生饼 Peanut meal (exp.)	机榨 GB 2 级	88.0	44.7	7.2	5.9	25.1	5.1				0.25	0.58	0.22	
1991	5-10-0116	花生仁饼 Peanut meal (exp.)	机榨 GB 2 级	88.0	44.7	7.2	5.9		5.1				0.25	0.53	0.22	
1992—1993	5-10-0116	花生仁饼 Peanut meal (exp.)	机榨 GB 2 级	88.0	44.7	7.2	5.9	25.1	5.1				0.25	0.53	0.22	
1994—1997	5-10-0116	花生仁饼 Peanut meal (exp.)	机榨 GB 2 级	88.0	44.7	7.2	5.9	25.1	5.1				0.25	0.53	0.22	0.31
1998	5-10-0116	花生仁饼 Peanut meal (exp.)	机榨 GB 2 级	88.0	44.7	7.2	5.9	25.1	5.1				0.25	0.53		0.31
1999	5-10-0116	花生仁饼 Peanut meal (exp.)	机榨 NY/T 2 级	88.0	44.7	7.2	5.9	25.1	5.1				0.25	0.53		0.31
2000	5-10-0116	花生仁饼 Peanut meal (exp.)	机榨 NY/T 2 级	88.0	44.7	7.2	5.9	25.1	5.1	14.0	8.7		0.25	0.53		0.17
2001—2009	5-10-0116	花生仁饼 Peanut meal (exp.)	机榨 NY/T 2 级	88.0	44.7	7.2	5.9	25.1	5.1	14	8.7		0.25	0.53		0.31
2010—2011	5-10-0116	花生仁饼 Peanut meal (exp.)	机榨 NY/T 2 级	88.0	44.7	7.2	5.9	25.1	5.1	14.0	8.7		0.25	0.53		0.16
2012—2018	5-10-0116	花生仁饼 Peanut meal (exp.)	机榨 NY/T 2 级	88.0	44.7	7.2	5.9	25.1	5.1	14.0	8.7	6.6	0.25	0.53		0.16
1990	5-10-0117	棉籽粕 Cottonseed meal (sol.)	浸提 中等	88.0	39.7	0.9	11.1	30.2	6.1				0.36	1.02	0.67	
1991	5-10-0117	棉籽粕 Cottonseed meal (sol.)	浸提或预压浸提 GB 2 级	88.0	42.5	0.7	10.1		6.5				0.24	0.97	0.64	

续表1-1-1

年份	中国饲料号 CFN	饲料名称	饲料描述	干物质 DM	粗蛋白质 CP	粗脂肪 EE	粗纤维 CF	无氮浸出物 NFE	粗灰分 Ash	中性洗涤纤维 NDF	酸性洗涤纤维 ADF	淀粉 Starch	钙 Ca	总磷 P	植酸磷 Phy-P	有效磷 A-P
1992—1993	5-10-0117	棉籽粕 Cottonseed meal (sol.)	浸提或预压浸提 GB 2 级	88.0	42.5	0.7	10.1	28.2	6.5				0.24	0.97	0.64	
1994—1997	5-10-0117	棉籽粕 Cottonseed meal (sol.)	浸提或预压浸提 GB 2 级	88.0	42.5	0.7	10.1	28.2	6.5				0.24	0.97	0.64	0.33
1998	5-10-0117	棉籽粕 Cottonseed meal (sol.)	浸提或预压浸提 GB 2 级	88.0	43.5	0.7	10.1	28.2	6.6				0.24	0.97		0.33
1999	5-10-0117	棉籽粕 Cottonseed meal (sol.)	浸提或预压浸提 NY/T 2 级	88.0	42.5	0.5	10.1	28.2	6.5				0.24	0.97		0.33
2000	5-10-0117	棉籽粕 Cottonseed meal (sol.)	浸提或预压浸提 NY/T 2 级	88.0	42.5	0.7	10.1	28.2	6.5	27.8	19.0		0.24	0.97		0.25
2001—2010	5-10-0117	棉籽粕 Cottonseed meal (sol.)	浸提或预压浸提 NY/T 2 级	90.0	43.5	0.5	10.5	28.9	6.6	28.4	19.4		0.28	1.04		0.36
2011	5-10-0117	棉籽粕 Cottonseed meal (sol.)	浸提 GB 21264—2007 2 级	90.0	43.5	0.5	10.5	28.9	6.6	28.4	19.4		0.28	1.04		0.36
2012—2014	5-10-0117	棉籽粕 Cottonseed meal (sol.)	浸提 GB 21264—2007 2 级	90.0	43.5	0.5	10.5	28.9	6.6	28.4	19.4	1.8	0.28	1.04		0.36
2015—2018	5-10-0117	棉籽粕 Cottonseed meal (sol.)	浸提 GB 21264—2007 2 级	90.0	43.5	0.5	10.5	28.9	6.6	28.4	19.4	1.8	0.28	1.04		0.26
1990	5-10-0118	棉籽饼 Cottonseed meal (exp.)	机榨 GB 2 级	88.0	38.1	6.1	11.1	26.7	6.0				0.27	0.93	0.62	
1991	5-10-0118	棉籽饼 Cottonseed meal (exp.)	机榨 GB 2 级	88.0	40.5	7.0	9.7		6.1				0.21	0.83	0.55	
1992—1993	5-10-0118	棉籽饼 Cottonseed meal (exp.)	机榨 GB 2 级	88.0	40.5	7.0	9.7	24.7	6.1				0.21	0.83	0.55	

续表1-1-1

年份	中国饲料号 CFN	饲料名称	饲料描述	干物质 DM	粗蛋白质 CP	粗脂肪 EE	粗纤维 CF	无氮浸出物 NFE	粗灰分 Ash	中性洗涤纤维 NDF	酸性洗涤纤维 ADF	淀粉 Starch	钙 Ca	总磷 P	植酸磷 Phy-P	有效磷 A-P
1994—1997	5-10-0118	棉籽饼 Cottonseed meal (exp.)	机榨 GB 2 级	88.0	40.5	7.0	9.7	24.7	6.1				0.21	0.83	0.55	0.28
1998	5-10-0118	棉籽饼 Cottonseed meal (exp.)	机榨 GB 2 级	88.0	36.3	7.4	12.5	26.1	5.7				0.21	0.83		0.28
1999	5-10-0118	棉籽饼 Cottonseed meal (exp.)	机榨 NY/T 2 级	88.0	36.3	7.4	12.5	26.1	5.7				0.21	0.83		0.28
2000	5-10-0118	棉籽饼 cottonseed meal (exp.)	机榨 NY/T 2 级	88.0	36.3	7.4	12.5	26.1	5.7	32.1	22.9		0.21	0.83		0.27
2001—2010	5-10-0118	棉籽饼 Cottonseed meal (exp.)	机榨 NY/T 2 级	88.0	36.3	7.4	12.5	26.1	5.7	32.1	22.9		0.21	0.83		0.28
2011	5-10-0118	棉籽饼 Cottonseed meal (exp.)	机榨 NY/T 129—1989 2 级	88.0	36.3	7.4	12.5	26.1	5.7	32.1	22.9		0.21	0.83		0.28
2012—2014	5-10-0118	棉籽饼 Cottonseed meal (exp.)	机榨 NY/T 129—1989 2 级	88.0	36.3	7.4	12.5	26.1	5.7	32.1	22.9	3.0	0.21	0.83		0.28
2015—2018	5-10-0118	棉籽饼 Cottonseed meal (exp.)	机榨 NY/T 129—1989 2 级	88.0	36.3	7.4	12.5	26.1	5.7	32.1	22.9	3.0	0.21	0.83		0.21
2001—2004	5-10-0119	棉籽粕 Cottonseed meal (sol.)	浸提或预压浸提 NY/T 1 级	90.0	47.0	0.5	10.2	26.3	6.0		15.3		0.25	1.1		0.38
2005—2010	5-10-0119	棉籽粕 Cottonseed meal (sol.)	浸提或预压浸提 NY/T 1 级	90.0	47.0	0.5	10.2	26.3	6.0	22.5	15.3		0.25	1.1		0.38
2011	5-10-0119	棉籽粕 Cottonseed meal (sol.)	浸提 GB 21264—2007 1 级	90.0	47.0	0.5	10.2	26.3	6.0	22.5	15.3		0.25	1.10		0.38
2012—2014	5-10-0119	棉籽粕 Cottonseed meal (sol.)	浸提 GB 21264—2007 1 级	90.0	47.0	0.5	10.2	26.3	6.0	22.5	15.3	1.5	0.25	1.10		0.38

续表1-1-1

年份	中国饲料号 CFN	饲料名称	饲料描述	干物质 DM	粗蛋白质 CP	粗脂肪 EE	粗纤维 CF	无氮浸出物 NFE	粗灰分 Ash	中性洗涤纤维 NDF	酸性洗涤纤维 ADF	淀粉 Starch	钙 Ca	总磷 P	植酸磷 Phy-P	有效磷 A-P
2015—2018	5-10-0119	棉籽粕 Cottonseed meal (sol.)	浸提 GB 21264—2007 1级	90.0	47.0	0.5	10.2	26.3	6.0	22.5	15.3	1.5	0.25	1.10		0.28
1990	5-10-0119	亚麻仁饼 Linseed meal (exp.)	机榨 中等	88.0	32.2	7.8	7.8	34.0	6.2				0.39	0.88	0.50	
1991	5-10-0119	亚麻仁饼 Linseed meal (exp.)	机榨 GB 2级	88.0	32.2	7.8	7.8		6.2				0.39	0.88	0.50	
1992—1993	5-10-0119	亚麻仁饼 Linseed meal (exp.)	机榨 NY/T 2级	88.0	32.2	7.8	7.8	34.0	6.2				0.39	0.88	0.50	
1994—1997	5-10-0119	亚麻仁饼 Linseed meal (exp.)	机榨 NY/T 2级	88.0	32.2	7.8	7.8	34.0	6.2				0.39	0.88	0.50	0.38
1998—1999	5-10-0119	亚麻仁饼 Linseed meal (exp.)	机榨 NY/T 2级	88.0	32.2	7.8	7.8	34.0	6.2				0.39	0.88		0.38
2000—2009	5-10-0119	亚麻仁饼 Linseed meal (exp.)	机榨 NY/T 2级	88.0	32.2	7.8	7.8	34.0	6.2	29.7	27.1		0.39	0.88		0.38
2010—2011	5-10-0119	亚麻仁饼 Linseed meal (exp.)	机榨 NY/T 2级	88.0	32.2	7.8	7.8	34.0	6.2	29.7	27.1		0.39	0.88		—
2012—2014	5-10-0119	亚麻仁饼 Linseed meal (exp.)	机榨 NY/T 2级	88.0	32.2	7.8	7.8	34.0	6.2	29.7	27.1	11.4	0.39	0.88		—
2015—2018	5-10-0119	亚麻仁饼 Linseed meal (exp.)	机榨 NY/T 2级	88.0	32.2	7.8	7.8	34.0	6.2	29.7	27.1	11.4	0.39	0.88		0.22
1990	5-10-0120	亚麻仁粕 Linseed meal (sol.)	浸提 中等	88.0	34.8	1.8	8.2	36.6	6.6				0.42	0.95	0.53	
1991	5-10-0120	亚麻仁粕 Linseed meal (sol.)	机榨 GB 3级	88.0	34.8	1.8	8.2		6.6				0.42	0.95	0.53	
1992—1993	5-10-0120	亚麻仁粕 Linseed meal (sol.)	浸提或预压浸提 NY/T 2级	88.0	34.8	1.8	8.2	36.6	6.6				0.42	0.95	0.53	

续表1-1-1

年份	中国饲料号 CFN	饲料名称	饲料描述	干物质 DM	粗蛋白质 CP	粗脂肪 EE	粗纤维 CF	无氮浸出物 NFE	粗灰分 Ash	中性洗涤纤维 NDF	酸性洗涤纤维 ADF	淀粉 Starch	钙 Ca	总磷 P	植酸磷 Phy-P	有效磷 A-P
1994—1997	5-10-0120	亚麻仁粕 Linseed meal (sol.)	浸提或预压浸提 NY/T 2级	88.0	34.8	1.8	8.2	36.6	6.6				0.42	0.95	0.53	0.42
1998—1999	5-10-0120	亚麻仁粕 Linseed meal (sol.)	浸提或预压浸提 NY/T 2级	88.0	34.8	1.8	8.2	36.6	6.6				0.42	0.95		0.42
2000—2009	5-10-0120	亚麻仁粕 Linseed meal (sol.)	浸提或预压浸提 NY/T 2级	88	34.8	1.8	8.2	36.6	6.6	21.6	14.4		0.42	0.95		0.42
2010—2011	5-10-0120	亚麻仁粕 Linseed meal (sol.)	浸提或预压浸提 NY/T 2级	88.0	34.8	1.8	8.2	36.6	6.6	21.6	14.4		0.42	0.95		—
2012—2014	5-10-0120	亚麻仁粕 Linseed meal (sol.)	浸提或预压浸提 NY/T 2级	88.0	34.8	1.8	8.2	36.6	6.6	21.6	14.4	13.0	0.42	0.95		—
2015—2018	5-10-0120	亚麻仁粕 Linseed meal (sol.)	浸提或预压浸提 NY/T 2级	88.0	34.8	1.8	8.2	36.6	6.6	21.6	14.4	13.0	0.42	0.95		0.24
1990	5-10-0121	菜籽粕 Rapeseed meal (sol.)	油菜籽 浸提 GB 2级	88.0	38.4	1.8	11.2	29.1	7.5				0.71	1.25	0.65	
1991	5-10-0121	菜籽粕 Rapeseed meal (sol.)	浸提或预压浸提 GB 2级	88.0	38.6	1.4	11.8		7.3				0.65	1.07	0.65	
1992—1993	5-10-0121	菜籽粕 Rapeseed meal (sol.)	浸提或预压浸提 GB 2级	88.0	38.6	1.4	11.8	28.9	7.3				0.65	1.07	0.65	
1994—1997	5-10-0121	菜籽粕 Rapeseed meal (sol.)	浸提或预压浸提 GB 2级	88.0	38.6	1.4	11.8	28.9	7.3				0.65	1.07	0.65	0.42
1998	5-10-0121	菜籽粕 Rapeseed meal (sol.)	浸提或预压浸提 GB 2级	88.0	38.6	1.4	11.8	28.9	7.3				0.65	1.02		0.35
1999	5-10-0121	菜籽粕 Rapeseed meal (sol.)	浸提或预压浸提 NY/T 2级	88.0	38.6	1.4	11.8	28.9	7.3				0.65	1.02		0.35

续表1-1-1

年份	中国饲料号 CFN	饲料名称	饲料描述	干物质 DM	粗蛋白质 CP	粗脂肪 EE	粗纤维 CF	无氮浸出物 NFE	粗灰分 Ash	中性洗涤纤维 NDF	酸性洗涤纤维 ADF	淀粉 Starch	钙 Ca	总磷 P	植酸磷 Phy-P	有效磷 A-P
2000—2009	5-10-0121	菜籽粕 Rapeseed meal (sol.)	浸提或预压浸提 NY/T 2级	88.0	38.6	1.4	11.8	28.9	7.3	20.7	16.8		0.65	1.02		0.33
2010—2011	5-10-0121	菜籽粕 Rapeseed meal (sol.)	浸提 GB/T 23736—2009 2级	88.0	38.6	1.4	11.8	28.9	7.3	20.7	16.8		0.65	1.02		0.35
2012—2014	5-10-0121	菜籽粕 Rapeseed meal (sol.)	浸提 GB/T 23736—2009 2级	88.0	38.6	1.4	11.8	28.9	7.3	20.7	16.8	6.1	0.65	1.02		0.35
2015—2018	5-10-0121	菜籽粕 Rapeseed meal (sol.)	浸提 GB/T 23736—2009 2级	88.0	38.6	1.4	11.8	28.9	7.3	20.7	16.8	6.1	0.65	1.02		0.25
2006—2014	5-10-0220	棉籽蛋白 Cottonseed protein	脱酚，低温一次浸出，分步萃取	92.0	51.1	1.0	6.9	27.3	5.7	20.0	13.7	—	0.29	0.89		0.29
2015—2018	5-10-0220	棉籽蛋白 Cottonseed protein	脱酚，低温一次浸出，分步萃取	92.0	51.1	1.0	6.9	27.3	5.7	20.0	13.7	0.9	0.29	0.89		0.22
1991	5-10-0242	向日葵仁粕	壳仁比 215.7：84.3 GB 2级	88.0	36.5	1.0	10.5		5.6				0.27	1.13	0.96	
1992—1993	5-10-0242	向日葵仁粕 Sunflower meal(sol.)	壳仁比 16：84 GB 2级	88.0	36.5	1.0	10.5	34.4	5.6				0.27	1.13	0.96	
1994—1997	5-10-0242	向日葵仁粕 Sunflower meal(sol.)	壳仁比 16：84 GB 2级	88.0	36.5	1.0	10.5	34.4	5.6				0.27	1.13	0.96	0.17
1998	5-10-0242	向日葵仁粕 Sunflower meal(sol.)	壳仁比 16：84 GB 2级	88.0	36.5	1.0	10.5	34.4	5.6				0.27	1.13		0.17
1999	5-10-0242	向日葵仁粕 Sunflower meal(sol.)	壳仁比 16：84 NY/T 2级	88.0	36.5	1.0	10.5	34.4	5.6				0.27	1.13		0.17

续表1-1-1

年份	中国饲料号 CFN	饲料名称	饲料描述	干物质 DM	粗蛋白质 CP	粗脂肪 EE	粗纤维 CF	无氮浸出物 NFE	粗灰分 Ash	中性洗涤纤维 NDF	酸性洗涤纤维 ADF	淀粉 Starch	钙 Ca	总磷 P	植酸磷 Phy-P	有效磷 A-P
2000	5-10-0242	向日葵仁粕 Sunflower meal(sol.)	壳仁比 16∶84 NY/T 2级	88.0	36.5	1.0	10.5	34.4	5.6	14.9	13.6		0.27	1.13		0.23
2001—2009	5-10-0242	向日葵仁粕 Sunflower meal(sol.)	壳仁比 16∶84 NY/T 2级	88	36.5	1	10.5	34.4	5.6	14.9	13.6		0.27	1.13		0.17
2010	5-10-0242	向日葵仁粕 Sunflower meal(sol.)	壳仁比 16∶84 NY/T 2级	88.0	36.5	1.0	10.5	34.4	5.6	14.9	13.6		0.27	1.13		0.29
2011	5-10-0242	向日葵仁粕 Sunflower meal(sol.)	壳仁比 16∶84 NY/T 2级	88.0	36.5	1.0	10.5	34.4	5.6	14.9	13.6		0.27	1.13		0.29
2012—2018	5-10-0242	向日葵仁粕 Sunflower meal(sol.)	壳仁比 16∶84 NY/T 2级	88.0	36.5	1.0	10.5	34.4	5.6	14.9	13.6	6.2	0.27	1.13		0.29
1991	5-10-0243	向日葵仁粕	壳仁比 23.6∶76.4 GB 2级	88.0	33.6	1.0	14.8		5.3				0.26	1.03	0.87	
1992—1993	5-10-0243	向日葵仁粕 Sunflower meal(sol.)	壳仁比 24∶76 GB 2级	88.0	33.6	1.0	14.8	33.3	5.3				0.26	1.03	0.87	
1994—1997	5-10-0243	向日葵仁粕 Sunflower meal(sol.)	壳仁比 24∶76 GB 2级	88.0	33.6	1.0	14.8	33.3	5.3				0.26	1.03	0.87	0.16
1998—1999	5-10-0243	向日葵仁粕 Sunflower meal(sol.)	壳仁比 24∶76 NY/T 2级	88.0	33.6	1.0	14.8	33.3	5.3				0.26	1.03		0.16
2000	5-10-0243	向日葵仁粕 Sunflower meal(sol.)	壳仁比 24∶76 NY/T 2级	88.0	33.6	1.0	14.8	38.8	5.3	32.8	23.5		0.26	1.03		0.23
2001—2009	5-10-0243	向日葵仁粕 Sunflower meal(sol.)	壳仁比 24∶76 NY/T 2级	88	33.6	1	14.8	38.8	5.3	32.8	23.5		0.26	1.03		0.16

续表1-1-1

年份	中国饲料号 CFN	饲料名称	饲料描述	干物质 DM	粗蛋白质 CP	粗脂肪 EE	粗纤维 CF	无氮浸出物 NFE	粗灰分 Ash	中性洗涤纤维 NDF	酸性洗涤纤维 ADF	淀粉 Starch	钙 Ca	总磷 P	植酸磷 Phy-P	有效磷 A-P
2010—2011	5-10-0243	向日葵仁粕 Sunflower meal(sol.)	壳仁比 24：76 NY/T 2级	88.0	33.6	1.0	14.8	38.8	5.3	32.8	23.5		0.26	1.03		0.26
2012—2018	5-10-0243	向日葵仁粕 Sunflower meal(sol.)	壳仁比 24：76 NY/T 2级	88.0	33.6	1.0	14.8	38.8	5.3	32.8	23.5	4.4	0.26	1.03		0.26
1995	5-10-0244	玉米胚芽粕 Corn germ meal(sol.)	玉米湿磨后的胚芽，浸提	90.0	20.8	2.0	6.5	54.8	5.9				0.06	0.55	—	—
1996—1997	5-10-0244	玉米胚芽粕 Corn germ meal(sol.)	玉米湿磨后的胚芽，浸提	90.0	20.8	2.0	6.5	54.2	5.9				0.06	1.23	—	—
1998—2000	5-10-0244	玉米胚芽粕 Corn germ meal(sol.)	玉米湿磨后的胚芽，浸提	90.0	20.8	2.0	6.5	54.8	5.9	—	—		0.06	1.23		—
2001—2004	5-10-0244	玉米胚芽粕 Corn germ meal(sol.)	玉米湿磨后的胚芽，浸提	90.0	20.8	2.0	6.5	54.8	5.9	—	—		0.06	1.23		—
2005—2009	5-10-0244	玉米胚芽粕 Corn germ meal(sol.)	玉米湿磨后的胚芽，浸提	90.0	20.8	2.0	6.5	54.8	5.9	38.2	10.7		0.06	1.23		0.31
2010—2011	5-10-0244	玉米胚芽粕 Corn germ meal(sol.)	玉米湿磨后的胚芽，浸提	90.0	20.8	2.0	6.5	54.8	5.9	38.2	10.7		0.06	0.50		0.15
2012—2018	5-10-0244	玉米胚芽粕 Corn germ meal(sol.)	玉米湿磨后的胚芽，浸提	90.0	20.8	2.0	6.5	54.8	5.9	38.2	10.7	14.2	0.06	0.50		0.15
1993	5-10-0246	芝麻饼 Sesame meal (exp.)	机榨，CP 40%	92.0	39.2	10.3	7.2	25.9	10.4				2.24	1.19	—	
1994—1995	5-10-0246	芝麻饼 Sesame meal (exp.)	机榨，CP 40%	92.0	39.2	10.3	7.2	24.9	10.4				2.24	1.19	—	—
1996—1997	5-10-0246	芝麻饼 Sesame meal (exp.)	机榨，CP 40%	92.0	39.2	10.3	7.2	24.9	10.4				2.24	1.19	—	—

续表1-1-1

年份	中国饲料号 CFN	饲料名称	饲料描述	干物质 DM	粗蛋白质 CP	粗脂肪 EE	粗纤维 CF	无氮浸出物 NFE	粗灰分 Ash	中性洗涤纤维 NDF	酸性洗涤纤维 ADF	淀粉 Starch	钙 Ca	总磷 P	植酸磷 Phy-P	有效磷 A-P
1998—1999	5-10-0246	芝麻饼 Sesame meal (exp.)	机榨,CP 40%	92.0	39.2	10.3	7.2	24.9	10.4				2.24	1.19		—
2000—2011	5-10-0246	芝麻饼 Sesame meal (exp.)	机榨,CP 40%	92.0	39.2	10.3	7.2	24.9	10.4	18.0	13.2		2.24	1.19		0.22
2012—2014	5-10-0246	芝麻饼 Sesame meal (exp.)	机榨,CP 40%	92.0	39.2	10.3	7.2	24.9	10.4	18.0	13.2	1.8	2.24	1.19		0.22
2015—2018	5-10-0246	芝麻饼 Sesame meal (exp.)	机榨,CP 40%	92.0	39.2	10.3	7.2	24.9	10.4	18.0	13.2	1.8	2.24	1.19		0.31
1991	5-11-0001	玉米蛋白粉 Corn gluten meal	玉米去胚芽、淀粉后的面筋部分	89.3	66.9	2.4	0.3		1.3				0.07	0.44	0.27	
1992	5-11-0001	玉米蛋白粉 Corn gluten meal	玉米去胚芽、淀粉后的面筋部分	89.3	66.9	2.4	0.3	18.4	1.3				0.07	0.44	0.27	
1993	5-11-0001	玉米蛋白粉 Corn gluten meal	玉米去胚芽、淀粉后的面筋部分(CP 60%)	89.3	66.9	2.4	0.3	18.4	1.3				0.07	0.44	0.27	
1994—1997	5-11-0001	玉米蛋白粉 Corn gluten meal	玉米去胚芽、淀粉后的面筋部分(CP 60%)	90.1	63.5	5.4	1.0	19.2	1.0				0.07	0.44	0.27	0.17
1998	5-11-0001	玉米蛋白粉 Corn gluten meal	玉米去胚芽、淀粉后的面筋部分(CP 60%)	90.1	63.5	5.4	1.0	19.2	1.0				0.07	0.44		0.17
1999	5-11-0001	玉米蛋白粉(CP 60%) Corn gluten meal	玉米去胚芽、淀粉后的面筋部分	90.1	63.5	5.4	1.0	19.2	1.0				0.07	0.44		0.17
2000	5-11-0001	玉米蛋白粉(CP 60%) Corn gluten meal	玉米去胚芽、淀粉后的面筋部分	90.1	63.5	5.4	1.0	19.2	1.0	8.7	4.6		0.07	0.44		0.16
2001—2009	5-11-0001	玉米蛋白粉 Corn gluten meal	玉米去胚芽、淀粉后的面筋部分 CP 60%	90.1	63.5	5.4	1.0	19.2	1.0	8.7	4.6		0.07	0.44		0.17

续表1-1-1

年份	中国饲料号 CFN	饲料名称	饲料描述	干物质 DM	粗蛋白质 CP	粗脂肪 EE	粗纤维 CF	无氮浸出物 NFE	粗灰分 Ash	中性洗涤纤维 NDF	酸性洗涤纤维 ADF	淀粉 Starch	钙 Ca	总磷 P	植酸磷 Phy-P	有效磷 A-P
2010—2011	5-11-0001	玉米蛋白粉 Corn gluten meal	玉米去胚芽、淀粉后面的面筋部分 CP 60%	90.1	63.5	5.4	1.0	19.2	1.0	8.7	4.6		0.07	0.44		0.16
2012—2018	5-11-0001	玉米蛋白粉 Corn gluten meal	去胚芽、淀粉后面的面筋部分 CP 60%	90.1	63.5	5.4	1.0	19.2	1.0	8.7	4.6	17.2	0.07	0.44		0.16
1991	5-11-0002	玉米蛋白粉 Corn gluten meal	同上，中等蛋白产品	91.6	53.2	3.7	1.1		1.6				0.06	0.42	—	
1992	5-11-0002	玉米蛋白粉 Corn gluten meal	同上，中等蛋白产品	91.6	53.2	3.7	1.1	32.0	1.6				0.06	0.42	—	
1993	5-11-0002	玉米蛋白粉 Corn gluten meal	同上，中等蛋白产品（CP 50%）	91.6	53.2	3.7	1.1	32.0	1.6				0.06	0.42	—	
1994—1997	5-11-0002	玉米蛋白粉 Corn gluten meal	同上，中等蛋白产品（CP 50%）	91.2	51.3	7.8	2.1	28.0	2.0				0.06	0.42	—	—
1998	5-11-0002	玉米蛋白粉 Corn gluten meal	同上，中等蛋白产品（CP 50%）	91.2	51.3	7.8	2.1	28.0	2.0				0.06	0.42		0.16
1999	5-11-0002	玉米蛋白粉（CP 50%）Corn gluten meal	同上，中等蛋白产品	91.2	51.3	7.8	2.1	28.0	2.0				0.06	0.42		0.16
2000	5-11-0002	玉米蛋白粉（CP 50%）Corn gluten meal	同上，中等蛋白产品	91.2	51.3	7.8	2.1	28.0	2.0	—	—		0.06	0.42		0.15
2001—2002	5-11-0002	玉米蛋白粉 Corn gluten meal	同上，中等蛋白质产品，CP 50%	91.2	51.3	7.8	2.1	28.0	2.0	—	—		0.06	0.42		0.16
2003—2009	5-11-0002	玉米蛋白粉 Corn gluten meal	同上，中等蛋白质产品，CP 50%	91.2	51.3	7.8	2.1	28.0	2.0	10.1	7.5		0.06	0.42		0.16
2010—2011	5-11-0002	玉米蛋白粉 Corn gluten meal	同上，中等蛋白质产品，CP 50%	91.2	51.3	7.8	2.1	28.0	2.0	10.1	7.5		0.06	0.42		0.15

续表1-1-1

年份	中国饲料号 CFN	饲料名称	饲料描述	干物质 DM	粗蛋白质 CP	粗脂肪 EE	粗纤维 CF	无氮浸出物 NFE	粗灰分 Ash	中性洗涤纤维 NDF	酸性洗涤纤维 ADF	淀粉 Starch	钙 Ca	总磷 P	植酸磷 Phy-P	有效磷 A-P
2012—2014	5-11-0002	玉米蛋白粉 Corn gluten meal	同上,中等蛋白质产品,CP 50%	91.2	51.3	7.8	2.1	28.0	2.0	10.1	7.5	—	0.06	0.42		0.15
2015—2016	5-11-0002	玉米蛋白粉 Corn gluten meal	同上,中等蛋白质产品,CP 50%	91.2	51.3	7.8	2.1	28.0	2.0	10.1	7.5	19.3	0.06	0.42		0.15
2017	5-11-0002	玉米蛋白粉 Corn gluten meal	同上,中等蛋白质产品,CP 50%	88.0	56.3	4.7	1.3	23.4	2.3	6.5	8.1	16.1	0.04	0.44		0.15
2018	5-11-0002	玉米蛋白粉 Corn gluten meal	同上,中等蛋白质产品,CP 50%	88.0	56.3	4.7	1.3	23.4	2.3	8.2	5.1	16.1	0.04	0.44		0.15
1991	5-11-0003	玉米蛋白饲料 Corn gluten feed	玉米去胚芽去淀粉后的含皮残渣	88.0	19.3	7.5	7.8		5.4				0.15	0.70	—	
1992—1993	5-11-0003	玉米蛋白饲料 Corn gluten feed	玉米去胚芽去淀粉后的含皮残渣	88.0	19.3	7.5	7.8	48.0	5.4				0.15	0.70	—	
1994—1997	5-11-0003	玉米蛋白饲料 Corn gluten feed	玉米去胚芽去淀粉后的含皮残渣	88.0	19.3	7.5	7.8	48.0	5.4				0.15	0.70	—	—
1998—1999	5-11-0003	玉米蛋白饲料 Corn gluten feed	玉米去胚芽去淀粉后的含皮残渣	88.0	19.3	7.5	7.8	48.0	5.4				0.15	0.70		—
2000	5-11-0003	玉米蛋白饲料 Corn gluten feed	玉米去胚芽去淀粉后的含皮残渣	88.0	19.3	7.5	7.8	48.0	5.4	33.6	10.5		0.15	0.70		0.17
2001—2004	5-11-0003	玉米蛋白饲料 Corn gluten feed	玉米去胚芽、淀粉后的含皮残渣	88.0	19.3	7.5	7.8	48.0	5.4	33.6	10.5		0.15	0.70		—
2005—2009	5-11-0003	玉米蛋白饲料 Corn gluten feed	玉米去胚芽、淀粉后的含皮残渣	88.0	19.3	7.5	7.8	48.0	5.4	33.6	10.5		0.15	0.70		0.25
2010—2011	5-11-00-03	玉米蛋白饲料 Corn gluten feed	玉米去胚芽、淀粉后的含皮残渣	88.0	19.3	7.5	7.8	48.0	5.4	33.6	10.5		0.15	0.70		0.17

续表1-1-1

年份	中国饲料号 CFN	饲料名称	饲料描述	干物质 DM	粗蛋白质 CP	粗脂肪 EE	粗纤维 CF	无氮浸出物 NFE	粗灰分 Ash	中性洗涤纤维 NDF	酸性洗涤纤维 ADF	淀粉 Starch	钙 Ca	总磷 P	植酸磷 Phy-P	有效磷 A-P
2012—2016	5-11-0003	玉米蛋白饲料 Corn gluten feed	玉米去胚芽、淀粉后的含皮残渣	88.0	19.3	7.5	7.8	48.0	5.4	33.6	10.5	21.5	0.15	0.70		0.17
2017—2018	5-11-0003	玉米蛋白饲料 Corn gluten feed	玉米去胚芽、淀粉后的含皮残渣	88.0	18.3	7.5	7.8	47.0	5.4	33.6	10.5	21.5	0.15	0.70		0.17
1991	5-11-0004	麦芽根	大麦芽副产品，干燥	89.7	28.3	1.4	12.5		6.1				0.22	0.73	—	
1992—1993	5-11-0004	麦芽根 Barley malt sprouts	大麦芽副产品，干燥	89.7	28.3	1.4	12.5	41.4	6.1				0.22	0.73	—	
1994—1997	5-11-0004	麦芽根 Barley malt sprouts	大麦芽副产品，干燥	89.7	28.3	1.4	12.5	41.4	6.1				0.22	0.73	—	—
1998—1999	5-11-0004	麦芽根 Barley malt sprouts	大麦芽副产品，干燥	89.7	28.3	1.4	12.5	41.4	6.1				0.22	0.73		—
2000—2004	5-11-0004	麦芽根 Barley malt sprouts	大麦芽副产品，干燥	89.7	28.3	1.4	12.5	41.4	6.1	—	—		0.22	0.73		—
2005—2009	5-11-0004	麦芽根 Barley malt sprouts	大麦芽副产品，干燥	89.7	28.3	1.4	12.5	41.4	6.1	40	15.1		0.22	0.73		0.17
2010—2011	5-11-0004	麦芽根 Barley malt sprouts	大麦芽副产品，干燥	89.7	28.3	1.4	12.5	41.4	6.1	40.0	15.1		0.22	0.73		—
2012—2014	5-11-0004	麦芽根 Barley malt sprouts	大麦芽副产品，干燥	89.7	28.3	1.4	12.5	41.4	6.1	40.0	15.1	7.2	0.22	0.73		—
2015—2018	5-11-0004	麦芽根 Barley malt sprouts	大麦芽副产品，干燥	89.7	28.3	1.4	12.5	41.4	6.1	40.0	15.1	7.2	0.22	0.73		0.18
1993	5-11-0005	啤酒糟 Brewers dried grain	大麦酿造副产品	88.0	24.3	5.3	13.4	40.8	4.2				0.32	0.42	—	

续表1-1-1

年份	中国饲料号 CFN	饲料名称	饲料描述	干物质 DM	粗蛋白质 CP	粗脂肪 EE	粗纤维 CF	无氮浸出物 NFE	粗灰分 Ash	中性洗涤纤维 NDF	酸性洗涤纤维 ADF	淀粉 Starch	钙 Ca	总磷 P	植酸磷 Phy-P	有效磷 A-P
1994—1997	5-11-0005	啤酒糟 Brewers dried grain	大麦酿造副产品	88.0	24.3	5.3	13.4	40.8	4.2				0.32	0.42	—	—
1998—1999	5-11-0005	啤酒糟 Brewers dried grain	大麦酿造副产品	88.0	24.3	5.3	13.4	40.8	4.2				0.32	0.42		0.14
2000—2011	5-11-0005	啤酒糟 Brewers dried grain	大麦酿造副产品	88.0	24.3	5.3	13.4	40.8	4.2	39.4	24.6		0.32	0.42		0.14
2012—2013	5-11-0005	啤酒糟 Brewers dried grain	大麦酿造副产品	88.0	24.3	5.3	13.4	40.8	4.2	39.4	24.6	11.5	0.32	0.42		0.14
2014—2018	5-11-0005	啤酒糟 Brewers dried grain	大麦酿造副产品	88.0	24.3	5.3	13.4	40.8	4.2	39.4	24.6	11.5	0.32	0.42		0.14
1994—1997	5-11-0008	玉米蛋白粉 Corn gluten meal	同上，中等蛋白产品(CP 40%)	89.9	44.3	6.0	1.6	37.1	0.9				—	—	—	—
1998	5-11-0008	玉米蛋白粉 Corn gluten meal	同上，中等蛋白产品(CP 40%)	89.9	44.3	6.0	1.6	37.1	0.9				—	—		—
1999	5-11-0008	玉米蛋白粉(CP 40%) Corn gluten meal	同上，中等蛋白产品	89.9	44.3	6.0	1.6	37.1	0.9				—	—		—
2000	5-11-0008	玉米蛋白粉(CP 40%) Corn gluten meal	同上，中等蛋白产品	89.9	44.3	6.0	1.6	37.1	0.9	—	—		—	—		—
2001—2002	5-11-0008	玉米蛋白粉 Corn gluten meal	同上，中等蛋白质产品，CP 40%	89.9	44.3	6.0	1.6	37.1	0.9	—	—		—	—		—
2003	5-11-0008	玉米蛋白粉 Corn gluten meal	同上，中等蛋白质产品，CP 40%	89.9	44.3	6.0	1.6	37.1	0.9	33.3	—		—	—		—
2004—2009	5-11-0008	玉米蛋白粉 Corn gluten meal	同上，中等蛋白质产品，CP 40%	89.9	44.3	6.0	1.6	37.1	0.9	29.1	8.2		0.12	0.50		0.18

续表1-1-1

年份	中国饲料号 CFN	饲料名称	饲料描述	干物质 DM	粗蛋白质 CP	粗脂肪 EE	粗纤维 CF	无氮浸出物 NFE	粗灰分 Ash	中性洗涤纤维 NDF	酸性洗涤纤维 ADF	淀粉 Starch	钙 Ca	总磷 P	植酸磷 Phy-P	有效磷 A-P
2010—2011	5-11-0008	玉米蛋白粉 Corn gluten meal	同上，中等蛋白质产品，CP40%	89.9	44.3	6.0	1.6	37.1	0.9	29.1	8.2		0.12	0.50		0.31
2012—2014	5-11-0008	玉米蛋白粉 Corn gluten meal	同上，中等蛋白质产品，CP 40%	89.9	44.3	6.0	1.6	37.1	0.9	29.1	8.2	—	0.12	0.50		0.31
2015—2018	5-11-0008	玉米蛋白粉 Corn gluten meal	同上，中等蛋白质产品，CP 40%	89.9	44.3	6.0	1.6	37.1	0.9	29.1	8.2	20.6	0.12	0.50		0.31
1995—1998	5-11-0009	粉浆蛋白粉 Bean gluten meal	蚕豆去皮制粉丝后的浆液，脱水	88.0	66.3	4.7	4.1	10.3	2.6				—	0.59	—	—
1999	5-11-0009	蚕豆粉浆蛋白粉 Broad bean gluten meal	蚕豆去皮制粉丝后的浆液，脱水	88.0	66.3	4.7	4.1	10.3	2.6				—	0.59		—
2000	5-11-0009	蚕豆粉浆蛋白粉 Broad bean gluten meal	蚕豆去皮制粉丝后的浆液，脱水	88.0	66.3	4.7	4.1	10.3	2.6	—	—		—	0.59		—
2001 2007	5-11-0009	蚕豆粉浆蛋白粉 Broad bean gluten meal	蚕豆去皮制粉丝后的浆液，脱水	88.0	66.3	4.7	4.1	10.3	2.6					0.59		
2008—2009	5-11-0009	蚕豆粉浆蛋白粉 Broad bean gluten meal	蚕豆去皮制粉丝后的浆液，脱水	88.0	66.3	4.7	4.1	10.3	2.6	13.7	9.7		0.00	0.59		0.18
2010—2018	5-11-0009	蚕豆粉浆蛋白粉 Broad bean gluten meal	蚕豆去皮制粉丝后的浆液，脱水	88.0	66.3	4.7	4.1	10.3	2.6	13.7	9.7	—		0.59		0.18
1990	5-13-0036	血粉 Blood meal	猪血喷雾干燥	88.0	82.4	0.3	0.0	1.9	3.4				0.23	0.25	0.00	
1991	5-13-0036	血粉 Blood meal	等级1级，猪血干燥	88.0	83.3	0.4	0.0		2.7				0.29	0.31	0.00	
1992	5-13-0036	血粉 Blood meal	CP＝N×6.25	88.0	83.3	0.4	0.0	1.6	2.7				0.29	0.31	0.00	
1993	5-13-0036	血粉 Blood meal	鲜猪血，喷雾干燥	88.0	83.3	0.4	0.0	1.6	2.7				0.29	0.31	0.00	
1994—1997	5-13-0036	血粉 Blood meal	鲜猪血，喷雾干燥	88.0	82.8	0.4	0.0	1.6	3.2				0.29	0.31	0.00	0.31

续表1-1-1

年份	中国饲料号 CFN	饲料名称	饲料描述	干物质 DM	粗蛋白质 CP	粗脂肪 EE	粗纤维 CF	无氮浸出物 NFE	粗灰分 Ash	中性洗涤纤维 NDF	酸性洗涤纤维 ADF	淀粉 Starch	钙 Ca	总磷 P	植酸磷 Phy-P	有效磷 A-P
1998—1999	5-13-0036	血粉 Blood meal	鲜猪血,喷雾干燥	88.0	82.8	0.4	0.0	1.6	3.2				0.29	0.31		0.31
2000—2002	5-13-0036	血粉 Blood meal	鲜猪血,喷雾干燥	88.0	82.8	0.4	0.0	1.6	3.2	—	—		0.29	0.31		0.31
2003	5-13-0036	血粉 Blood meal	鲜猪血,喷雾干燥	88.0	82.8	0.4	0.0	1.6	3.2	0.0	0.0		0.29	0.31		0.31
2004—2007	5-13-0036	血粉 Blood meal	鲜猪血,喷雾干燥	88.0	82.8	0.4	0.0	1.6	3.2	9.8	1.8		0.29	0.31		0.31
2008	5-13-0036	血粉 Blood meal	鲜猪血,喷雾干燥	88.0	82.8	0.4	0.0	1.6	3.2	—	—		0.29	0.31		0.31
2009	5-13-0036	血粉 Blood meal	鲜猪血,喷雾干燥	88.0	82.8	0.4		1.6	3.2				0.29	0.31		0.31
2010—2011	5-13-0036	血粉 Blood meal	鲜猪血,喷雾干燥	88.0	82.8	0.4	0.0	1.6	3.2	0.0	0.0		0.29	0.31		0.31
2012—2014	5-13-0036	血粉 Blood meal	鲜猪血,喷雾干燥	88.0	82.8	0.4		1.6	3.2				0.29	0.31		0.31
2015—2017	5-13-0036	血粉 Blood meal	鲜猪血,喷雾干燥	88.0	82.8	0.4		1.6	3.2				0.29	0.31		0.29
2018	5-13-0036	血粉 Blood meal	鲜猪血,喷雾干燥,国产	88.0	82.8	0.4		1.6	3.2				0.29	0.31		0.29
1990	5-13-0037	羽毛粉 Feather meal	鸭羽毛,干燥消毒,粉碎	88.0	74.4	1.2	2.0	0.4	10.0				0.20	0.68	0.00	
1991	5-13-0037	羽毛粉 Feather meal	鸭羽毛,干燥消毒,粉碎	88.0	77.9	2.2	0.7		5.8				0.20	0.68	0.00	
1992	5-13-0037	羽毛粉 Feather meal	鸭羽毛,CP=N×6.25	88.0	77.9	2.2	0.7	1.4	5.8				0.20	0.68	0.00	
1993	5-13-0037	羽毛粉 Feather meal	纯净羽毛,水解	88.0	77.9	2.2	0.7	1.4	5.8				0.20	0.68	0.00	
1994—1997	5-13-0037	羽毛粉 Feather meal	纯净羽毛,水解	88.0	77.9	2.2	0.7	1.4	5.8				0.20	0.68	0.00	0.68

续表1-1-1

年份	中国饲料号 CFN	饲料名称	饲料描述	干物质 DM	粗蛋白质 CP	粗脂肪 EE	粗纤维 CF	无氮浸出物 NFE	粗灰分 Ash	中性洗涤纤维 NDF	酸性洗涤纤维 ADF	淀粉 Starch	钙 Ca	总磷 P	植酸磷 Phy-P	有效磷 A-P
1998—1999	5-13-0037	羽毛粉 Feather meal	纯净羽毛,水解	88.0	77.9	2.2	0.7	1.4	5.8				0.20	0.68		0.68
2000—2001	5-13-0037	羽毛粉 Feather meal	纯净羽毛,水解	88.0	77.9	2.2	0.7	1.4	5.8	—	—		0.20	0.68		0.68
2002	5-13-0037	羽毛粉 Feather meal	纯净羽毛,水解	88.0	77.9	2.2	0.7	1.4	5.8	0.0	0.0		0.20	0.68		0.68
2003—2007	5-13-0037	羽毛粉 Feather meal	纯净羽毛,水解	88.0	77.9	2.2	0.7	1.4	5.8	40.5	14.7		0.20	0.68		0.68
2008—2014	5-13-0037	羽毛粉 Feather meal	纯净羽毛,水解	88.0	77.9	2.2	0.7	1.4	5.8				0.20	0.68		0.68
2015—2017	5-13-0037	羽毛粉 Feather meal	纯净羽毛,水解	88.0	77.9	2.2	0.7	1.4	5.8				0.20	0.68		0.61
2018	5-13-0037	羽毛粉 Feather meal	纯净羽毛,水解,国产	88.0	77.9	2.2	0.7	1.4	5.8				0.20	0.68		0.61
1990	5-13-0038	皮革粉 Leather meal	牛皮	88.0	68.8	2.1	1.7	4.8	10.6				4.40	0.15	0.00	
1991	5-13-0038	皮革粉 Leather meal	废牛皮,消毒,粉碎	88.0	77.6	0.8	1.7		11.3				4.40	0.15	0.00	
1992	5-13-0038	皮革粉 Leather meal	废牛皮,CP=N×6.25	88.0	77.6	0.8	1.7	—	11.3				4.40	0.15	0.00	
1993	5-13-0038	皮革粉 Leather meal	废牛皮,水解	88.0	77.6*	0.8	1.7	—	11.3				4.40	0.15	0.00	
1994—1995	5-13-0038	皮革粉 Leather meal	废牛皮,水解	88.0	77.6*	0.8	1.7	—	11.3				4.40	0.15	0.00	0.15
1996—1997	5-13-0038	皮革粉 Leather meal	废牛皮,水解	88.0	77.6	0.8	1.7	—	11.3				4.40	0.15	0.00	0.15
1998	5-13-0038	皮革粉 Leather meal	废牛皮,水解	88.0	74.7	0.8	1.7	—	11.3				4.40	0.15		0.15
1999	5-13-0038	皮革粉 Leather meal	废牛皮,水解	88.0	74.7	0.8	1.6	0	10.9				4.40	0.15		0.15

续表1-1-1

年份	中国饲料号 CFN	饲料名称	饲料描述	干物质 DM	粗蛋白质 CP	粗脂肪 EE	粗纤维 CF	无氮浸出物 NFE	粗灰分 Ash	中性洗涤纤维 NDF	酸性洗涤纤维 ADF	淀粉 Starch	钙 Ca	总磷 P	植酸磷 Phy-P	有效磷 A-P
2000—2002	5-13-0038	皮革粉 Leather meal	废牛皮,水解	88.0	74.7	0.8	1.6	—	10.9	—	—		4.40	0.15		0.15
2003	5-13-0038	皮革粉 Leather meal	废牛皮,水解	88.0	74.7	0.8	1.6		10.9	0.0	0.0		4.40	0.15		0.15
2004—2011	5-13-0038	皮革粉 Leather meal	废牛皮,水解	88.0	74.7	0.8	1.6	0.0	10.9	0.0	0.0		4.40	0.15		0.15
2012—2014	5-13-0038	皮革粉 Leather meal	废牛皮,水解	88.0	74.7	0.8	1.6		10.9				4.40	0.15		0.15
2015—2017	5-13-0038	皮革粉 Leather meal	废牛皮,水解	88.0	74.7	0.8	1.6		10.9				4.40	0.15		0.13
2018	5-13-0038	皮革粉 Leather meal	废牛皮,水解,国产	88.0	74.7	0.8	1.6		10.9				4.40	0.15		0.13
1990	5-13-0039	鱼粉 Fish meal (Zhejiang)	小杂鱼,加温蒸干,SC等外	91.8	40.0	5.0	1.9	9.6	35.3				0.53	1.47	0.00	
1990	5-13-0040	鱼粉 Fish meal,white	小杂鱼,加温蒸干,SC等外	90.8	22.2	3.2	6.2	19.3	39.9				5.85	0.87	0.00	
1990	5-13-0041	鱼粉 Fish meal (Zhejiang)	小杂鱼,加温蒸干,SC 2级	90.4	50.0	2.2	0.2	11.3	26.7				7.17	4.05	0.00	
1991	5-13-0041	鱼粉 Fish meal (Zhejiang)	浙江鱼粉,小杂鱼,蒸干,SC 2级	88.0	52.5	11.6	0.4		20.4				5.74	3.12	0.00	
1992	5-13-0041	鱼粉 Fish meal (Zhejiang)	浙江鱼粉,小杂鱼,蒸干,SC 2级	88.0	52.5	11.6	0.4	3.1	20.4				5.74	3.12	0.00	
1993	5-13-0041	鱼粉 Fish meal (Zhejiang)	小杂鱼,加温蒸干,SC 2级	88.0	52.5	11.6	0.4	3.1	20.4				5.74	3.12	0.00	
1994—1996	5-13-0041	鱼粉 Fish meal (Zhejiang)	小杂鱼,加温蒸干,SC 2级	88.0	52.5	11.6	0.4	3.1	20.4				5.74	3.12	0.00	3.12

续表1-1-1

年份	中国饲料号 CFN	饲料名称	饲料描述	干物质 DM	粗蛋白质 CP	粗脂肪 EE	粗纤维 CF	无氮浸出物 NFE	粗灰分 Ash	中性洗涤纤维 NDF	酸性洗涤纤维 ADF	淀粉 Starch	钙 Ca	总磷 P	植酸磷 Phy-P	有效磷 A-P
1990	5-13-0042	鱼粉 Fish meal (Peruvian)	整鱼，进口，加温蒸干，等级良	91.4	61.2	9.7	0.0	6.1	14.4				5.96	3.24	0.00	
1991	5-13-0042	鱼粉 Fish meal (Peruvian)	鱼粉 5-10-985，Anchovie	88.0	62.9	9.7	1.0		14.5				3.87	2.76	0.00	
1992	5-13-0042	鱼粉 Fish meal (Peruvian)	鱼粉 5-01-985，Anchovie	88.0	62.8	9.7	1.0	0.0	14.5				3.87	2.76	0.00	
1993	5-13-0042	鱼粉 Fish meal (Peruvian)	秘鲁鱼粉，Anchovie	88.0	62.8	9.7	1.0	0.0	14.5				3.87	2.76	0.00	
1994—1995	5-13-0042	鱼粉 Fish meal (Peruvian)	秘鲁鱼粉，Anchovie	88.0	62.8	9.7	1.0	0.0	14.5				3.87	2.76	0.00	2.76
1996	5-13-0042	鱼粉 Fish meal (Peruvian)	秘鲁鱼粉，Anchovie	88.0	62.8	9.7		0.0	14.5				3.87	2.76	0.00	2.76
1993	5-13-0043	鱼粉 Fish meal white	白鱼整鱼或切碎，去油、粉碎	91.0	61.0	4.0	1.0	1.0	24.0				7.00	3.50	—	
1994—1996	5-13-0043	鱼粉 Fish meal white	白鱼整鱼或切碎，去油、粉碎	91.0	61.0	4.0	1.0	1.0	24.0				7.00	3.50	0.00	3.50
1997	5-13-0044	鱼粉(CP 64.5%) Fish meal	进口鱼粉，7样平均值	90.0	64.5	5.6	0.5	8.0	11.4				3.81	2.83	0.01	2.83
1998	5-13-0044	鱼粉(CP 64.5%) Fish meal	进口鱼粉，7样平均值	90.0	64.5	5.6	0.5	8.0	11.4				3.81	2.83		2.83
1999	5-13-0044	鱼粉(CP 64.5%) Fish meal	7样平均值	90.0	64.5	5.6	0.5	8.0	11.4				3.81	2.83		2.83
2000—2002	5-13-0044	鱼粉(CP 64.5%) Fish meal	7样平均值	90.0	64.5	5.6	0.5	8.0	11.4	—	—		3.81	2.83		2.83
2003	5-13-0044	鱼粉(CP 64.5%) Fish meal	7样平均值	90.0	64.5	5.6	0.5	8.0	11.4	0.0	0.0		3.81	2.83		2.83

续表1-1-1

年份	中国饲料号 CFN	饲料名称	饲料描述	干物质 DM	粗蛋白质 CP	粗脂肪 EE	粗纤维 CF	无氮浸出物 NFE	粗灰分 Ash	中性洗涤纤维 NDF	酸性洗涤纤维 ADF	淀粉 Starch	钙 Ca	总磷 P	植酸磷 Phy-P	有效磷 A-P
2004—2006	5-13-0044	鱼粉(CP 64.5%) Fish meal	7样平均值	90.0	64.5	5.6	0.5	8.0	11.4	—	—		3.81	2.83		2.83
2007	5-13-0044	鱼粉(CP 64.5%) Fish meal	7样平均值	90.0	64.5	5.6	0.5	8.0	11.4	0.0	0.0		3.81	2.83		2.83
2008	5-13-0044	鱼粉(CP 64.5%) Fish meal	7样平均值	90.0	64.5	5.6	0.5	8.0	11.4	—	—		3.81	2.83		2.83
2009	5-13-0044	鱼粉(CP 64.5%) Fish meal	7样平均值	90.0	64.5	5.6	0.5	8.0	11.4				3.81	2.83		2.83
2010	5-13-0044	鱼粉(CP 64.5%) Fish meal	7样平均值	90.0	64.5	5.6	0.5	8.0	11.4	0.0	0.0		3.81	2.83		2.83
2011	5-13-0044	鱼粉(CP 67%) Fish meal	进口 GB/T 19164—2003,特级	92.4	67.0	8.4	0.2	0.4	16.4	0.0	0.0		4.56	2.88		2.88
2012—2018	5-13-0044	鱼粉(CP 67%) Fish meal	进口 GB/T 19164—2003,特级	92.4	67.0	8.4	0.2	0.4	16.4				4.56	2.88		2.88
1997	5-13-0045	鱼粉(CP 62.5%) Fish meal	进口鱼粉,8样平均值	90.0	62.5	4.0	0.5	10.0	12.3				3.96	3.05	0.01	3.05
1998	5-13-0045	鱼粉(CP 62.5%) Fish meal	进口鱼粉,8样平均值	90.0	62.5	4.0	0.5	10.0	12.3				3.96	3.05		3.05
1999	5-13-0045	鱼粉(CP 62.5%) Fish meal	8样平均值	90.0	62.5	4.0	0.5	10.0	12.3				3.96	3.05		3.05
2000—2002	5-13-0045	鱼粉(CP 62.5%) Fish meal	8样平均值	90.0	62.5	4.0	0.5	10.0	12.3	—	—		3.96	3.05		3.05
2003	5-13-0045	鱼粉(CP 62.5%) Fish meal	8样平均值	90.0	62.5	4.0	0.5	10.0	12.3	0.0	0.0		3.96	3.05		3.05

续表1-1-1

年份	中国饲料号 CFN	饲料名称	饲料描述	干物质 DM	粗蛋白质 CP	粗脂肪 EE	粗纤维 CF	无氮浸出物 NFE	粗灰分 Ash	中性洗涤纤维 NDF	酸性洗涤纤维 ADF	淀粉 Starch	钙 Ca	总磷 P	植酸磷 Phy-P	有效磷 A-P
2004—2006	5-13-0045	鱼粉(CP 62.5%) Fish meal	8样平均值	90.0	62.5	4.0	0.5	10.0	12.3	—	—		3.96	3.05		3.05
2007	5-13-0045	鱼粉(CP 62.5%) Fish meal	8样平均值	90.0	62.5	4.0	0.5	10.0	12.3	0.0	0.0		3.96	3.05		3.05
2008	5-13-0045	鱼粉(CP 62.5%) Fish meal	8样平均值	90.0	62.5	4.0	0.5	10.0	12.3	—	—		3.96	3.05		3.05
2009	5-13-0045	鱼粉(CP 62.5%) Fish meal	8样平均值	90.0	62.5	4.0	0.5	10.0	12.3				3.96	3.05		3.05
2010	5-13-0045	鱼粉(CP 62.5%) Fish meal	8样平均值	90.0	62.5	4.4	0.5	10.0	12.3	0.0	0.0		3.96	3.05		3.05
1997	5-13-0046	鱼粉(CP 60.2%) Fish meal	沿海区产的海鱼粉,脱脂,12样平均值	90.0	60.2	4.9	0.5	11.6	12.8				4.04	2.90	0.01	2.90
1998—1999	5-13-0046	鱼粉(CP 60.2%) Fish meal	沿海区产的海鱼粉,脱脂,12样平均值	90.0	60.2	4.9	0.5	11.6	12.8				4.04	2.90		2.90
2000—2002	5-13-0046	鱼粉(CP 60.2%) Fish meal	沿海产的海鱼粉,脱脂,12样平均值	90.0	60.2	4.9	0.5	11.6	12.8	—	—		4.04	2.90		2.90
2003	5-13-0046	鱼粉(CP 60.2%) Fish meal	沿海产的海鱼粉,脱脂,12样平均值	90.0	60.2	4.9	0.5	11.6	12.8	0.0	0.0		4.04	2.90		2.90
2004—2007	5-13-0046	鱼粉(CP 60.2%) Fish meal	沿海产的海鱼粉,脱脂,12样平均值	90.0	60.2	4.9	0.5	11.6	12.8	10.8	1.8		4.04	2.90		2.90
2008	5-13-0046	鱼粉(CP 60.2%) Fish meal	沿海产的海鱼粉,脱脂,12样平均值	90.0	60.2	4.9	0.5	11.6	12.8	—	—		4.04	2.90		2.90
2009	5-13-0046	鱼粉(CP 60.2%) Fish meal	沿海产的海鱼粉,脱脂,12样平均值	90.0	60.2	4.9	0.5	11.6	12.8				4.04	2.90		2.90

续表1-1-1

年份	中国饲料号 CFN	饲料名称	饲料描述	干物质 DM	粗蛋白质 CP	粗脂肪 EE	粗纤维 CF	无氮浸出物 NFE	粗灰分 Ash	中性洗涤纤维 NDF	酸性洗涤纤维 ADF	淀粉 Starch	钙 Ca	总磷 P	植酸磷 Phy-P	有效磷 A-P
2010—2011	5-13-0046	鱼粉(CP 60.2%) Fish meal	沿海产的海鱼粉,脱脂,12样平均值	90.0	60.2	4.9	0.5	11.6	12.8	0.0	0.0		4.04	2.90		2.90
2012—2018	5-13-0046	鱼粉(CP 60.2%) Fish meal	沿海产的海鱼粉,脱脂,12样平均值	90.0	60.2	4.9	0.5	11.6	12.8				4.04	2.90		2.90
1993	5-13-0047	肉骨粉 Meat and bone meal	屠宰下脚料,带骨干燥粉碎	92.6	50.0	8.5	2.8	—	33.0				9.20	4.70	—	
1994—1996	5-13-0047	肉骨粉 Meat and bone meal	屠宰下脚料,带骨干燥粉碎	92.6	50.0	8.5	2.8	—	33.0				9.20	4.70	0.00	4.70
1997	5-13-0047	肉骨粉 Meat and bone meal	屠宰下脚料,带骨干燥粉碎	92.6	50.0	8.5	2.8	—	33.0				9.20	4.70	0.00	4.70
1998	5-13-0047	肉骨粉 Meat and bone meal	屠宰下脚料,带骨干燥粉碎	92.6	50.5	8.5	2.8	—	33.0				9.20	4.70		4.70
1999	5-13-0047	肉骨粉 Meat and bone meal	屠宰下脚料,带骨干燥粉碎	93.0	45.0	8.5	2.5	0.0	37.0				11.00	5.90		5.90
2000	5-13-0047	肉骨粉 Meat and bone meal	屠宰下脚料,带骨干燥粉碎	93.0	45.0	8.5	2.5	—	37.0	32.5	5.6		11.00	5.90		5.90
2001—2003	5-13-0047	肉骨粉 Meat and bone meal	屠宰下脚料,带骨干燥粉碎	93.0	50.0	8.5	2.8	—	31.7	32.5	5.6		9.20	4.70		4.70
2004	5-13-0047	肉骨粉 Meat and bone meal	屠宰下脚料,带骨干燥粉碎	93.0	50.0	8.5	2.8	0.0	31.7	32.5	5.6		9.20	4.70		4.70
2005—2008	5-13-0047	肉骨粉 Meat and bone meal	屠宰下脚料,带骨干燥粉碎	93.0	50.0	8.5	2.8	0.0	31.7	32.5	5.6		9.20	4.70		4.70
2009	5-13-0047	肉骨粉 Meat and bone meal	屠宰下脚料,带骨干燥粉碎	93.0	50.0	8.5	2.8		31.7	32.5	5.6		9.20	4.70		4.70

续表1-1-1

年份	中国饲料号 CFN	饲料名称	饲料描述	干物质 DM	粗蛋白质 CP	粗脂肪 EE	粗纤维 CF	无氮浸出物 NFE	粗灰分 Ash	中性洗涤纤维 NDF	酸性洗涤纤维 ADF	淀粉 Starch	钙 Ca	总磷 P	植酸磷 Phy-P	有效磷 A-P
2010—2011	5-13-0047	肉骨粉 Meat and bone meal	屠宰下脚料，带骨干燥粉碎	93.0	50.0	8.5	2.8	0.0	31.7	32.5	5.6		9.20	4.70		4.70
2012—2013	5-13-0047	肉骨粉 Meat and bone meal	屠宰下脚料，带骨干燥粉碎	93.0	50.0	8.5	2.8		31.7	32.5	5.6		9.20	4.70		4.70
2014	5-13-0047	肉骨粉 Meat and bone meal	屠宰下脚料，带骨干燥粉碎	93.0	50.0	8.5	2.8		31.7				9.20	4.70		4.70
2015—2018	5-13-0047	肉骨粉 Meat and bone meal	屠宰下脚料，带骨干燥粉碎	93.0	50.0	8.5	2.8		31.7				9.20	4.70		4.37
2000	5-13-0048	肉粉 Meat meal	脱脂	94.0	54.0	12.0	1.4	—	—	31.6	8.3		7.69	3.88		3.88
2001—2003	5-13-0048	肉粉 Meat meal	脱脂	94.0	54.0	12.0	1.4	—	—	31.6	8.3		7.69	3.88		—
2004—2008	5-13-0048	肉粉 Meat meal	脱脂	94.0	54.0	12.0	1.4	4.3	22.3	31.6	8.3		7.69	3.88		—
2009	5-13-0048	肉粉 Meat meal	脱脂	94.0	54.0	12.0	1.4	4.3	22.3	31.6	8.3		7.69	3.88		
2010—2013	5-13-0048	肉粉 Meat meal	脱脂	94.0	54.0	12.0	1.4	4.3	22.3	31.6	8.3		7.69	3.88		3.88
2014	5-13-0048	肉粉 Meat meal	脱脂	94.0	54.0	12.0	1.4	4.3	22.3				7.69	3.88		3.88
2015—2017	5-13-0048	肉粉 Meat meal	脱脂	94.0	54.0	12.0	1.4	4.3	22.3				7.69	3.88		3.61
2018	5-13-0048	肉粉 Meat meal	脱脂，国产	94.0	54.0	12.0	1.4	4.3	22.3				7.69	3.88		3.61
1997	5-13-0077	鱼粉(CP 53.5%) Fish meal	山东浙江等产小鱼，脱脂，11样平均值	90.0	53.5	10.0	0.8	4.9	20.8				5.88	3.20	0.10	3.20
1998—1999	5-13-0077	鱼粉(CP 53.5%) Fish meal	山东浙江等产小鱼，脱脂，11样平均值	90.0	53.5	10.0	0.8	4.9	20.8				5.88	3.20		3.20

续表1-1-1

年份	中国饲料号 CFN	饲料名称	饲料描述	干物质 DM	粗蛋白质 CP	粗脂肪 EE	粗纤维 CF	无氮浸出物 NFE	粗灰分 Ash	中性洗涤纤维 NDF	酸性洗涤纤维 ADF	淀粉 Starch	钙 Ca	总磷 P	植酸磷 Phy-P	有效磷 A-P
2000—2002	5-13-0077	鱼粉(CP 53.5%) Fish meal	沿海产的海鱼粉,脱脂,11样平均值	90.0	53.5	10.0	0.8	4.9	20.8	—	—		5.88	3.20		3.20
2003	5-13-0077	鱼粉(CP 53.5%) Fish meal	沿海产的海鱼粉,脱脂,11样平均值	90.0	53.5	10.0	0.8	4.9	20.8	0.0	0.0		5.88	3.20		3.20
2004—2008	5-13-0077	鱼粉(CP 53.5%) Fish meal	沿海产的海鱼粉,脱脂,11样平均值	90.0	53.5	10.0	0.8	4.9	20.8	—	—		5.88	3.20		3.20
2009	5-13-0077	鱼粉(CP 53.5%) Fish meal	沿海产的海鱼粉,脱脂,11样平均值	90.0	53.5	10.0	0.8	4.9	20.8				5.88	3.20		3.20
2010—2011	5-13-0077	鱼粉(CP 53.5%) Fish meal	沿海产的海鱼粉,脱脂,11样平均值	90.0	53.5	10.0	0.8	4.9	20.8	0.0	0.0		5.88	3.20		3.20
2012—2018	5-13-0077	鱼粉(CP 53.5%) Fish meal	沿海产的海鱼粉,脱脂,11样平均值	90.0	53.5	10.0	0.8	4.9	20.8				5.88	3.20		3.20
2001—2006	5-14-0503	明胶 Gelatin	食用	90.0	88.6	0.5							0.49			
2007—2011	5-14-0503	明胶 Gelatin	食用	90.0	88.6	0.5	0.0	0.59	0.31	0.0	0.0		0.49	0.00		0.00
2012	5-14-0503	明胶 Gelatin	食用	90.0	88.6	0.5		0.6	0.31				0.49			
2013—2018	5-14-0503	明胶 Gelatin	食用	90.0	88.6	0.5		0.59	0.31				0.49			

注:本表中1994年"有效磷"数据来源于"八五"科技攻关项目产生的最新测试结果,输入中国饲料数据库经统计计算而得;1997年"有效磷"的含义是:"可以提供给动物磷源的磷",谷实、豆类及其副产品中的"有效磷"约相当于其总磷的1/3;"有效磷"在1998—1999年为"非植酸磷",计算饲料的"有效磷"时,应视饲喂对象的不同,而对"非植酸磷"数据作不同的折扣;2000年将1999版中的"非植酸态磷"更改为"有效磷",由磷的生物学利用率计算得到,参考《家禽营养需要》(NRC,1994)、《猪营养需要》(NRC,1998)、*Feedstuffs*(2000)、《日本猪营养标准》(1998)以及国内有关饲料磷利用率研究的报道;本表中"有效磷"在2001—2009年为"非植酸磷",用户可根据自己认为的最佳数学模型及饲喂对象推算饲料的"有效磷"值;本表中将"非植酸磷"调整为"有效磷",其数据也做修改,便于读者直接使用"有效磷"计算饲料配方。有效磷的计算依据如下:有效磷 $= K\times$(总磷－植酸磷)＋ 植酸磷$\times A$,式中:K 为无机磷的有效率,A 为植酸磷的水解百分比,当不加植酸酶时,用于鸡饲料的大多数豆科籽实和小麦的植酸磷水解率超过50%(Van der Kilis 和 Versteegh,1996)。因此建议 A 值取50%～75%。此资料所在期刊的期数、页码数等不再备注。原资料自2000年版后有注,此书仅列出2018年版注,为:①"－"表示未测值(下同);②"＊"为典型值;空的数据项代表为"0"(下同);③表1-1-1至表1-1-12所示数据,无特别说明者,均表示饲喂状态的含量数据。

编者注:原文中有个别编号问题,如棉籽粕和亚麻仁粕的中国饲料号都为5-10-0119,应为原文失误。

2. 有效能值

表 1-1-2 有效能值

年份	中国饲料号 CFN	饲料名称	猪消化能 DE		猪代谢能 ME		猪净能 NE		鸡代谢能 ME		肉牛消化能 DE		肉牛维持净能 NEm		肉牛增重净能 NEg		奶牛产奶净能 NEl		羊消化能 DE	
			Mcal/kg	MJ/kg	Mcal/kg	MJ/kg	Mcal/kg	MJ/kg	Mcal/kg	MJ/kg	Mcal/kg	MJ/kg	Mcal/kg	MJ/kg	Mcal/kg	MJ/kg	Mcal/kg	MJ/kg	Mcal/kg	MJ/kg
1992	5-10-0005	玉米胚芽粕 Corn germ meal (sol.)	3.01	12.59					1.66	6.95					1.09	4.56	1.57	6.57	3.01	12.59
1995	5-10-0244	玉米胚芽粕 Corn germ meal(sol.)	3.28	13.72					1.67	6.99					—	—	—	—	—	—
1996	5-10-0244	玉米胚芽粕 Corn germ meal(sol.)	3.28	13.72					1.67	6.99					—	—	—	—	—	—
1997	5-10-0244	玉米胚芽粕 Corn germ meal(sol.)	3.28	13.72					1.67	6.99	3.08	12.89							—	—
1998	5-10-0244	玉米胚芽粕 Corn germ meal(sol.)	3.28	13.72					1.67	6.99	3.08	12.89							—	—
1999	5-10-0244	玉米胚芽粕 Corn germ meal(sol.)	3.28	13.72					2.07	8.66	3.08	12.89					1.60	6.69	—	—
2000	5-10-0244	玉米胚芽粕 Corn germ meal(sol.)	3.28	13.72					2.07	8.66	3.08	12.89					1.60	6.69	—	—
2001—2003	5-10-0244	玉米胚芽粕 Corn germ meal(sol.)	3.28	13.72	3.01	12.59			2.07	8.66	3.08	12.89					1.60	6.69	—	—
2004—2006	5-10-0244	玉米胚芽粕	3.28	13.72	3.01	12.59			2.07	8.66			0.60	1.86	1.27	5.33	7.79（推测原文有误）	6.69	—	—
2007	5-10-0244	玉米胚芽粕	3.28	13.72	3.01	12.59			2.07	8.66			0.60	1.86	1.27	5.33	1.60	6.69	—	—
2008	5-10-0244	玉米胚芽粕	3.28	13.72	3.01	12.59			2.07	8.66			0.60	1.86	1.27	5.33	1.60	6.69	3.01	12.60
2009	5-10-0244	玉米胚芽粕	3.28	13.72	3.01	12.59			2.07	8.66			1.87	7.83	1.27	5.33	1.60	6.69	3.01	12.60

续表1-1-2

年份	中国饲料号 CFN	饲料名称	猪消化能 DE		猪代谢能 ME		猪净能 NE		鸡代谢能 ME		肉牛消化能 DE		肉牛维持净能 NEm		肉牛增重净能 NEg		奶牛产奶净能 NEl		羊消化能 DE	
			Mcal/kg	MJ/kg	Mcal/kg	MJ/kg	Mcal/kg	MJ/kg	Mcal/kg	MJ/kg	Mcal/kg	MJ/kg	Mcal/kg	MJ/kg	Mcal/kg	MJ/kg	Mcal/kg	MJ/kg	Mcal/kg	MJ/kg
2010—2011	5-10-0244	玉米胚芽粕	3.28	13.72	3.01	12.59	1.97	8.23	2.07	8.66			1.87	7.83	1.27	5.33	1.60	6.69	3.01	12.60
2012—2013	5-10-0244	玉米胚芽粕	3.28	13.72	3.01	12.59	2.09	8.76	2.07	8.66			1.87	7.83	1.27	5.33	1.60	6.69	3.01	12.60
2014—2018	5-10-0244	玉米胚芽粕	3.28	13.72	3.01	12.59	2.07	8.66	2.07	8.66			1.87	7.83	1.27	5.33	1.60	6.69	3.01	12.50
2001—2003	5-01-0162	酪蛋白	4.13	17.27	3.22	13.47			4.13	17.28	4.38	18.33					2.31	9.67		
2004—2008	5-01-0162	酪蛋白	4.13	17.27	3.22	13.47			4.13	17.28							2.31	9.67		
2009—2013	5-01-0162	酪蛋白	4.13	17.27	3.22	13.47	2.55	10.67	4.13	17.28			3.14	13.14	2.36	9.88	2.31	9.67	4.28	17.9
2014	5-01-0162	酪蛋白	4.13	17.27	3.22	13.47	2.08	8.70	4.13	17.28			3.14	13.14	2.36	9.88	2.31	9.67	4.28	17.90
2015—2018	5-01-0162	酪蛋白	4.13	17.28	3.53	14.77	2.09	8.74	4.13	17.28			3.14	13.14	2.36	9.88	2.31	9.67	4.28	17.90
1990	5-06-0074	甘薯叶粉	1.20		1.11				1.02						0.06		0.83		1.98	
1991	5-06-0074	甘薯叶粉	1.19						1.01						0.66		1.30		1.96	
1994	5-10-0024	芝麻饼 Sesame meal (exp.)	3.20	13.29					2.14	8.95					1.19	4.98	1.96	8.20	3.51	14.68
1995	5-10-0024	芝麻饼 Sesame meal(exp.)	3.20	13.29					2.14	8.95					1.19	4.98	1.96	8.20	3.51	14.58
1996	5-10-0024	芝麻饼 Sesame meal(exp.)	3.20	13.29					2.14	8.95					1.19	4.98	1.90	8.20	3.51	14.68
1997	5-10-0024	芝麻饼	3.20	13.29					2.14	8.95	3.24	13.56							3.51	14.68

续表1-1-2

年份	中国饲料号 CFN	饲料名称	猪消化能 DE		猪代谢能 ME		猪净能 NE		鸡代谢能 ME		肉牛消化能 DE		肉牛维持净能 NEm		肉牛增重净能 NEg		奶牛产奶净能 NEl		羊消化能 DE	
			Mcal/kg	MJ/kg	Mcal/kg	MJ/kg	Mcal/kg	MJ/kg	Mcal/kg	MJ/kg	Mcal/kg	MJ/kg	Mcal/kg	MJ/kg	Mcal/kg	MJ/kg	Mcal/kg	MJ/kg	Mcal/kg	MJ/kg
1998	5-10-0024	芝麻饼	3.20	13.29					2.14	8.95	3.24	13.56							3.51	14.69
1993—1996	5-10-0031	向日葵仁饼	1.89	7.91					1.95	6.65					0.81	3.39	1.33	5.56	2.10	8.79
1997—1998	5-10-0031	向日葵仁饼	1.89	7.91					1.59	6.65	2.50	10.46							—	—
2001—2003	5-10-0031	向日葵仁饼	1.89	7.91	1.70	7.11			1.59	6.65	2.50	10.46					1.28	5.36	2.10	8.79
2004—2009	5-10-0031	向日葵仁饼	1.89	7.91	1.70	7.11			1.59	6.65			1.43	5.99	0.82	3.41	1.28	5.36	2.10	8.79
2010—2011	5-10-0031	向日葵仁饼	1.89	7.91	1.70	7.11	1.41	5.93	1.59	6.65			1.43	5.99	0.82	3.41	1.28	5.36	2.10	8.79
2013	5-10-0031	向日葵仁饼	1.89	7.91	1.70	7.11	0.79	3.32	1.59	6.65			1.43	5.99	0.82	3.41	1.28	5.36	2.10	8.79
2014—2018	5-10-0031	向日葵仁饼	1.89	7.91	1.70	7.11	1.00	4.18	1.59	6.65			1.43	5.99	0.82	3.41	1.28	5.36	2.10	8.79
1990	5-10-0083	菜籽饼 Rapeseed meal (exp.)	2.72		2.40				2.01						1.01		1.74		3.14	
1991	5-10-0083	菜籽饼 Rapeseed meal(exp.)	2.88						1.95						1.27		1.75		3.14	
1992	5-10-0083	菜籽饼 Rapeseed meal(exp.)	2.88	12.05					1.95	8.16					1.27	5.31	1.75	7.32	3.14	13.14
1995	5-10-0083	菜籽饼	2.88	12.05					1.95	8.16					1.27	5.31	1.75	7.32	3.14	13.14
1997	5-10-0083	菜籽饼	2.88	12.05					1.95	8.16	2.75	11.51							3.14	13.14
1999—2000	5-10-0083	菜籽饼	2.88	12.05					1.95	8.16	2.75	11.51					1.42	5.94	3.14	13.14

续表1-1-2

年份	中国饲料号 CFN	饲料名称	猪消化能 DE		猪代谢能 ME		猪净能 NE		鸡代谢能 ME		肉牛消化能 DE		肉牛维持净能 NEm		肉牛增重净能 NEg		奶牛产奶净能 NEl		羊消化能 DE	
			Mcal/kg	MJ/kg	Mcal/kg	MJ/kg	Mcal/kg	MJ/kg	Mcal/kg	MJ/kg	Mcal/kg	MJ/kg	Mcal/kg	MJ/kg	Mcal/kg	MJ/kg	Mcal/kg	MJ/kg	Mcal/kg	MJ/kg
1990	5-10-0115	花生粕 Peanut meal(sol.)	2.97		2.53				2.00						1.07		1.81		3.24	
1991	5-10-0115	花生仁粕 Peanut meal(sol.)	2.97						2.60						1.34		1.82		3.24	
1992	5-10-0115	花生仁粕 Peanut meal(sol.)	2.97	12.43					2.60	10.88					1.34	5.61	1.82	7.61	3.24	13.56
1993—1995	5-10-0115	花生仁粕	2.97	12.43					2.60	10.88					1.34	5.61	1.82	7.61	3.24	13.56
1996	5-10-0115	花生仁粕	2.97	12.43					2.60	10.88					1.33	5.61	1.82	7.01	3.24	13.56
1997—1998	5-10-0115	花生仁粕	2.97	12.43					2.60	10.88	3.45	14.28							3.24	13.56
1999—2000	5-10-0115	花生仁粕	2.97	12.43					2.60	10.88	3.45	14.43					1.80	7.53	3.24	13.56
2001—2003	5-10-0115	花生仁粕	2.97	12.43	2.56	10.71			2.60	10.88	3.45	14.43					1.8	7.53	3.24	13.56
2004—2009	5-10-0115	花生仁粕	2.97	12.43	2.56	10.71			2.60	10.88			2.1	8.8	1.48	6.2	1.8	7.53	3.24	13.56
2010—2011	5-10-0115	花生仁粕	2.97	12.43	2.56	10.71	1.62	6.77	2.60	10.88			2.1	8.8	1.48	6.2	1.8	7.53	3.24	13.56
2012—2013	5-10-0115	花生仁粕	2.97	12.43	2.56	10.71	1.53	6.41	2.60	10.88			2.10	8.80	1.48	6.20	1.80	7.53	3.24	13.56
2014—2018	5-10-0115	花生仁粕	2.97	12.43	2.56	10.71	1.67	6.99	2.60	10.88			2.10	8.80	1.48	6.20	1.80	7.53	3.24	13.56
1990	5-10-0116	花生饼 Peanut meal(exp.)	3.38		2.90				2.78						1.19		1.97		3.44	
1991	5-10-0116	花生仁饼 Peanut meal(exp.)	3.08						2.78						1.65		2.14		3.44	

续表1-1-2

年份	中国饲料号 CFN	饲料名称	猪消化能 DE		猪代谢能 ME		猪净能 NE		鸡代谢能 ME		肉牛消化能 DE		肉牛维持净能 NEm		肉牛增重净能 NEg		奶牛产奶净能 NEl		羊消化能 DE	
			Mcal/kg	MJ/kg	Mcal/kg	MJ/kg	Mcal/kg	MJ/kg	Mcal/kg	MJ/kg	Mcal/kg	MJ/kg	Mcal/kg	MJ/kg	Mcal/kg	MJ/kg	Mcal/kg	MJ/kg	Mcal/kg	MJ/kg
1992—1996	5-10-0116	花生仁饼 Peanut meal(exp.)	3.08	12.89					2.78	11.63					1.65	6.90	2.14	8.95	3.44	14.39
1997—1998	5-10-0116	花生仁饼	3.08	12.89					2.78	11.63	3.86	16.15							3.44	14.39
1999—2000	5-10-0116	花生仁饼	3.08	12.89					2.78	11.63	3.84	16.05					2.03	8.49	3.44	14.39
2001—2003	5-10-0116	花生仁饼	3.08	12.89	2.68	11.21			2.78	11.63	3.84	16.05					2.02	8.45	3.44	14.39
2004—2009	5-10-0116	花生仁饼	3.08	12.89	2.68	11.21			2.78	11.63			2.37	9.91	1.73	7.22	2.02	8.45	3.44	14.39
2010—2011	5-10-0116	花生仁饼	3.08	12.89	2.68	11.21	1.63	6.83	2.78	11.63			2.37	9.91	1.73	7.22	2.02	8.45	3.44	14.39
2012—2013	5-10-0116	花生仁饼	3.08	12.89	2.68	11.21	1.77	7.43	2.78	11.63			2.37	9.91	1.73	7.22	2.02	8.45	3.44	14.39
2014—2018	5-10-0116	花生仁饼	3.08	12.89	2.68	11.21	1.88	7.87	2.78	11.63			2.37	9.91	1.73	7.22	2.02	8.45	3.44	14.39
1990	5-10-0117	棉籽粕 Cottonseed meal(sol.)	2.67		2.32				1.92						0.99		1.61		2.98	
1991	5-10-0117	棉籽粕 cottonseed meal(sol.)	2.26						1.75						1.15		1.63		2.98	
1992	5-10-0117	棉籽粕 Cottonseed meal(sol.)	2.26	9.46					1.75	7.32					1.11	4.81	1.63	6.82	2.98	12.47
1993	5-10-0117	棉籽粕	2.26	9.46					1.75	7.32					1.15	4.81	1.63	6.82	2.98	12.47
1994	5-10-0117	棉籽粕	2.26	9.46					1.75	7.82					1.15	4.31	1.63	6.82	2.98	12.47
1995	5-10-0117	棉籽粕	2.26	9.46					1.75	7.32					1.15	4.81	1.63	6.82	2.98	12.47
1996	5-10-0117	棉籽粕	2.26	9.46					1.75	7.32					1.15	4.81	1.63	6.82	2.98	12.47
1997	5-10-0117	棉籽粕	2.26	9.46					1.75	7.32	2.97	12.43							2.98	12.47

续表1-1-2

年份	中国饲料号 CFN	饲料名称	猪消化能 DE		猪代谢能 ME		猪净能 NE		鸡代谢能 ME		肉牛消化能 DE		肉牛维持净能 NEm		肉牛增重净能 NEg		奶牛产奶净能 NEl		羊消化能 DE	
			Mcal/kg	MJ/kg	Mcal/kg	MJ/kg	Mcal/kg	MJ/kg	Mcal/kg	MJ/kg	Mcal/kg	MJ/kg	Mcal/kg	MJ/kg	Mcal/kg	MJ/kg	Mcal/kg	MJ/kg	Mcal/kg	MJ/kg
1998	5-10-0117	棉籽粕	2.26	9.46					2.01	8.41	2.97	12.43							2.98	12.47
1999	5-10-0117	棉籽粕	2.26	9.46					2.01	8.41	2.97	12.43					1.54	6.44	2.98	12.47
2000	5-10-0117	棉籽粕	2.26	9.46					2.01	8.41	2.97	12.43					1.54	6.44	2.98	12.47
2001—2003	5-10-0117	棉籽粕	2.31	9.68	2.01	8.43			2.03	8.49	2.97	14.43					1.54	6.44	2.98	12.47
2004—2009	5-10-0117	棉籽粕	2.31	9.68	2.01	8.43			2.03	8.49			1.76	7.35	1.12	4.69	1.54	6.44	2.98	12.47
2010	5-10-0117	棉籽粕	2.31	9.68	2.01	8.43	1.27	5.32	2.03	8.49			1.76	7.35	1.12	4.69	1.54	6.44	2.98	12.47
2011	5-10-0117	棉籽粕	2.31	9.68	2.01	8.43	1.27	5.32	2.03	8.49			1.76	7.35	1.12	4.69	1.54	6.44	2.98	12.47
2012	5-10-0117	棉籽粕	2.31	9.68	2.01	8.43	1.01	4.22	2.03	8.49			1.76	7.35	1.12	4.69	1.54	6.44	2.98	12.47
2013	5-10-0117	棉籽粕	2.31	9.68	2.01	8.43	1.01	4.22	2.03	8.49			1.76	7.35	1.12	4.69	1.54	6.44	2.98	12.47
2014—2018	5-10-0117	棉籽粕	2.31	9.68	2.01	8.43	1.41	5.90	2.03	8.49			1.76	7.35	1.12	4.69	1.54	6.44	2.98	12.47
1990	5-10-0118	棉籽饼 Cottonseed meal(exp.)	2.84		2.48				1.96						1.02		1.75		3.16	
1991	5-10-0118	棉籽饼 Cottonseed meal(exp.)	2.37						2.16						1.52		2.00		3.16	
1992	5-10-0118	棉籽饼 Cottonseed meal(exp.)	2.37	9.92					2.16	9.04					1.52	6.36	2.00	8.37	3.16	13.22
1993	5-10-0118	棉籽饼	2.37	9.92					2.16	9.04					1.52	6.36	2.00	8.37	3.16	13.22
1994	5-10-0118	棉籽饼	2.37	9.92					2.16	9.04					1.52	6.30	2.00	8.37	3.16	13.22
1995	5-10-0118	棉籽饼	2.37	9.92					2.16	9.04					1.52	6.36	2.00	8.37	3.16	13.22
1996	5-10-0118	棉籽饼	2.37	9.92					2.16	9.04					1.52	6.36	2.00	8.37	3.16	13.22
1997	5-10-0118	棉籽饼	2.37	9.92					2.16	9.04	3.05	12.76							3.16	13.22

续表1-1-2

年份	中国饲料号 CFN	饲料名称	猪消化能 DE		猪代谢能 ME		猪净能 NE		鸡代谢能 ME		肉牛消化能 DE		肉牛维持净能 NEm		肉牛增重净能 NEg		奶牛产奶净能 NEl		羊消化能 DE	
			Mcal/kg	MJ/kg	Mcal/kg	MJ/kg	Mcal/kg	MJ/kg	Mcal/kg	MJ/kg	Mcal/kg	MJ/kg	Mcal/kg	MJ/kg	Mcal/kg	MJ/kg	Mcal/kg	MJ/kg	Mcal/kg	MJ/kg
1998	5-10-0118	棉籽饼	2.37	9.92					2.16	9.04	3.05	12.76							3.16	13.22
1999	5-10-0118	棉籽饼	2.37	9.92					2.16	9.04	3.05	12.76					1.58	6.61	3.16	13.22
2000	5-10-0118	棉籽饼	2.37	9.92					2.16	9.04	3.05	12.76					1.58	6.61	3.16	13.22
2001—2003	5-10-0118	棉籽饼	2.37	9.92	2.10	8.79			2.16	9.04	3.05	12.76					1.58	6.61	3.16	13.22
2004—2009	5-10-0118	棉籽饼	2.37	9.92	2.10	8.79			2.16	9.04			1.79	7.51	1.13	4.72	1.58	6.61	3.16	13.22
2010	5-10-0118	棉籽饼	2.37	9.92	2.10	8.79	1.42	5.95	2.16	9.04			1.79	7.51	1.13	4.72	1.58	6.61	3.16	13.22
2011	5-10-0118	棉籽饼	2.37	9.92	2.10	8.79	1.42	5.95	2.16	9.04			1.79	7.51	1.13	4.72	1.58	6.61	3.16	13.22
2012	5-10-0118	棉籽饼	2.37	9.92	2.10	8.79	1.21	5.06	2.16	9.04			1.79	7.51	1.13	4.72	1.58	6.61	3.16	13.22
2013	5-10-0118	棉籽饼	2.37	9.92	2.10	8.79	1.21	5.06	2.16	9.04			1.79	7.51	1.13	4.72	1.58	6.61	3.16	13.22
2014—2018	5-10-0118	棉籽饼	2.37	9.92	2.10	8.79	1.33	5.56	2.16	9.04			1.79	7.51	1.13	4.72	1.58	6.61	3.16	13.22
2001—2003	5-10-0119	棉籽粕	2.25	9.41	1.95	8.28			1.86	7.78	3.01	12.59					1.56	6.53	3.12	13.05
2004—2009	5-10-0119	棉籽粕	2.25	9.41	1.95	8.28			1.86	7.78			1.78	7.44	1.13	4.73	1.56	6.53	3.12	13.05
2010—2011	5-10-0119	棉籽粕	2.25	9.41	1.95	8.28	1.24	5.17	1.86	7.78			1.78	7.44	1.13	4.73	1.56	6.53	3.12	13.05
2012—2013	5-10-0119	棉籽粕	2.25	9.41	1.95	8.28	0.97	4.05	1.86	7.78			1.78	7.44	1.13	4.73	1.56	6.53	3.12	13.05
2014—2018	5-10-0119	棉籽粕	2.25	9.41	1.95	8.28	1.37	5.73	1.86	7.78			1.78	7.44	1.13	4.73	1.56	6.53	3.12	13.05
1990	5-10-0119	亚麻仁饼 Linseed meal(exp.)	2.90		2.57				2.34						1.04		1.78		3.20	

续表1-1-2

年份	中国饲料号 CFN	饲料名称	猪消化能 DE		猪代谢能 ME		猪净能 NE		鸡代谢能 ME		肉牛消化能 DE		肉牛维持净能 NEm		肉牛增重净能 NEg		奶牛产奶净能 NEl		羊消化能 DE	
			Mcal/kg	MJ/kg	Mcal/kg	MJ/kg	Mcal/kg	MJ/kg	Mcal/kg	MJ/kg	Mcal/kg	MJ/kg	Mcal/kg	MJ/kg	Mcal/kg	MJ/kg	Mcal/kg	MJ/kg	Mcal/kg	MJ/kg
1991	5-10-0119	亚麻仁饼 Linseed meal(exp.)	2.90						2.34						1.12		1.60		3.20	
1992—1996	5-10-0119	亚麻仁饼 Linseed meal(exp.)	2.90	12.13					2.34	9.79					1.12	4.69	1.60	6.69	3.20	13.39
1997—1998	5-10-0119	亚麻仁饼	2.90	12.13					2.34	9.79	3.19	13.35							3.20	13.39
1999—2000	5-10-0119	亚麻仁饼	2.90	12.13					2.34	9.79	3.19	13.35					1.66	6.95	3.20	13.39
2001—2003	5-10-0119	亚麻仁饼	2.90	12.13	2.6	10.88			2.34	9.79	3.19	13.35					1.66	6.95	3.2	13.39
2004—2009	5-10-0119	亚麻仁饼	2.90	12.13	2.6	10.88			2.34	9.79			1.9	7.96	1.25	5.23	1.66	6.95	3.2	13.39
2010—2011	5-10-0119	亚麻仁饼	2.90	12.13	2.6	10.88	1.8	7.53	2.34	9.79			1.9	7.96	1.25	5.23	1.66	6.95	3.2	13.39
2012—2013	5-10-0119	亚麻仁饼	2.90	12.13	2.60	10.88	1.63	6.84	2.34	9.79			1.90	7.96	1.25	5.23	1.66	6.95	3.20	13.39
2014	5-10-0119	亚麻仁饼	2.90	12.13	2.60	10.88	1.74	7.28	2.34	9.79			1.90	7.96	1.25	5.23	1.66	6.95	3.20	13.39
1993—1996	5-10-0120	亚麻仁粕	2.37	9.92					1.90	7.95					1.21	5.06	1.69	7.07	2.99	12.51
1997—1998	5-10-0120	亚麻仁粕	2.37	9.92					1.90	7.95	2.98	12.47							2.99	12.51
2001—2003	5-10-0120	亚麻仁粕	2.37	9.92	2.11	8.83			1.9	7.95	2.98	12.47					1.54	6.44	2.99	12.51

续表1-1-2

年份	中国饲料号 CFN	饲料名称	猪消化能 DE		猪代谢能 ME		猪净能 NE		鸡代谢能 ME		肉牛消化能 DE		肉牛维持净能 NEm		肉牛增重净能 NEg		奶牛产奶净能 NEl		羊消化能 DE	
			Mcal/kg	MJ/kg	Mcal/kg	MJ/kg	Mcal/kg	MJ/kg	Mcal/kg	MJ/kg	Mcal/kg	MJ/kg	Mcal/kg	MJ/kg	Mcal/kg	MJ/kg	Mcal/kg	MJ/kg	Mcal/kg	MJ/kg
2004—2009	5-10-0120	亚麻仁粕	2.37	9.92	2.11	8.83			1.90	7.95			1.78	7.44	1.17	4.89	1.54	6.44	2.99	12.51
2010—2011	5-10-0120	亚麻仁粕	2.37	9.92	2.11	8.83	1.33	5.55	1.90	7.95			1.78	7.44	1.17	4.89	1.54	6.44	2.99	12.51
2012—2013	5-10-0120	亚麻仁粕	2.37	9.92	2.11	8.83	1.26	5.27	1.90	7.95			1.78	7.44	1.17	4.89	1.54	6.44	2.99	12.51
2014	5-10-0120	亚麻仁粕	2.37	9.92	2.11	8.83	1.40	5.86	1.90	7.95			1.78	7.44	1.17	4.89	1.54	6.44	2.99	12.51
1990	5-10-0120	亚麻仁粕 Linseed meal(sol.)	2.37		2.09				1.90						0.90		1.62		2.99	
1991	5-10-0120	亚麻仁粕 Linseed meal(sol.)	2.37						1.90						1.21		1.69		2.99	
1992	5-10-0120	亚麻仁粕 Linseed meal(sol.)	2.37	9.92					1.90	7.95					1.21	5.06	1.69	7.07	2.99	12.51
1999—2000	5-10-0120	亚麻仁粕	2.37	9.92					1.90	7.95	2.98	12.47					1.54	6.44	2.99	12.51
1990	5-10-0121	菜籽粕 Rapeseed meal(sol.)	2.56		2.24				1.89						0.83		1.53		2.88	
1991	5-10-0121	菜籽粕 Rapeseed meal(sol.)	2.53						1.77						1.06		1.54		2.88	
1992	5-10-0121	菜籽粕 Rapeseed meal(sol.)	2.53	10.95					1.77	7.14					1.06	4.44	1.54	6.44	2.88	12.05
1993	5-10-0121	菜籽粕	2.53	10.95					1.77	7.14					1.06	4.44	1.54	6.44	2.88	12.05
1994	5-10-0121	菜籽粕	2.53	10.59					1.77	7.41					1.06	4.44	1.54	6.44	2.88	12.05

续表1-1-2

年份	中国饲料号 CFN	饲料名称	猪消化能 DE		猪代谢能 ME		猪净能 NE		鸡代谢能 ME		肉牛消化能 DE		肉牛维持净能 NEm		肉牛增重净能 NEg		奶牛产奶净能 NEl		羊消化能 DE	
			Mcal/kg	MJ/kg	Mcal/kg	MJ/kg	Mcal/kg	MJ/kg	Mcal/kg	MJ/kg	Mcal/kg	MJ/kg	Mcal/kg	MJ/kg	Mcal/kg	MJ/kg	Mcal/kg	MJ/kg	Mcal/kg	MJ/kg
1995	5-10-0121	菜籽粕	2.53	10.59					1.77	7.41					1.06	4.44	1.54	6.44	2.88	12.05
1996	5-10-0121	菜籽粕	2.53	10.59					1.77	7.41					1.06	4.44	1.54	6.44	2.88	12.05
1997	5-10-0121	菜籽粕	2.53	10.59					1.77	7.41	2.69	11.25							2.88	12.05
1998	5-10-0121	菜籽粕	2.53	10.59					1.77	7.41	2.69	11.25							2.88	12.05
1999	5-10-0121	菜籽粕	2.53	10.59					1.77	7.41	2.69	11.25					1.39	5.82	2.88	12.05
2000	5-10-0121	菜籽粕	2.53	10.59					1.77	7.41	2.69	11.25					1.39	5.82	2.88	12.05
2001—2003	5-10-0121	菜籽粕	2.53	10.59	2.23	9.33			1.77	7.41	2.69	11.25					1.39	5.82	2.88	12.05
2004—2009	5-10-0121	菜籽粕	2.53	10.59	2.23	9.33			1.77	7.41			1.57	6.56	0.95	3.98	1.39	5.82	2.88	12.05
2010—2011	5-10-0121	菜籽粕	2.53	10.59	2.23	9.33	1.39	5.82	1.77	7.41			1.57	6.56	0.95	3.98	1.39	5.82	2.88	12.05
2012—2013	5-10-0121	菜籽粕	2.53	10.59	2.23	9.33	1.26	5.29	1.77	7.41			1.57	6.56	0.95	3.98	1.39	5.82	2.88	12.05
2014	5-10-0121	菜籽粕	2.53	10.59	2.23	9.33	1.47	6.15	1.77	7.41			1.57	6.56	0.95	3.98	1.39	5.82	2.88	12.05
1993—1994	5-10-0183	菜籽饼	2.88	12.05					1.95	8.16					1.27	5.31	1.75	7.32	3.14	13.14
1996	5-10-0183	菜籽饼	2.88	12.05					1.95	8.16					1.27	5.31	1.75	7.32	3.14	13.14
1998	5-10-0183	菜籽饼	2.88	12.05					1.95	8.16	2.75	11.51							3.14	13.14
2001—2003	5-10-0183	菜籽饼	2.88	12.05	2.56	10.71			1.95	8.16	2.75	11.51					1.42	5.94	3.14	13.14

续表1-1-2

年份	中国饲料号 CFN	饲料名称	猪消化能 DE		猪代谢能 ME		猪净能 NE		鸡代谢能 ME		肉牛消化能 DE		肉牛维持净能 NEm		肉牛增重净能 NEg		奶牛产奶净能 NEl		羊消化能 DE	
			Mcal /kg	MJ /kg	Mcal /kg	MJ /kg	Mcal /kg	MJ /kg	Mcal /kg	MJ /kg	Mcal /kg	MJ /kg	Mcal /kg	MJ /kg	Mcal /kg	MJ /kg	Mcal /kg	MJ /kg	Mcal /kg	MJ /kg
2004—2009	5-10-0183	菜籽饼	2.88	12.05	2.56	10.71			1.95	8.16			1.59	6.64	0.93	3.90	1.42	5.94	3.14	13.14
2010—2011	5-10-0183	菜籽饼	2.88	12.05	2.56	10.71	1.58	6.63	1.95	8.16			1.59	6.64	0.93	3.90	1.42	5.94	3.14	13.14
2012—2013	5-10-0183	菜籽饼	2.88	12.05	2.56	10.71	1.54	6.47	1.95	8.16			1.59	6.64	0.93	3.90	1.42	5.94	3.14	13.14
2014	5-10-0183	菜籽饼	2.88	12.05	2.56	10.71	1.78	7.45	1.95	8.16			1.59	6.64	0.93	3.90	1.42	5.94	3.14	13.14
2006—2009	5-10-0220	棉籽蛋白	2.45	10.25	2.13	8.91			2.16	9.04			1.87	7.82	1.2	5.02	1.82	7.61	3.16	13.22
2010	5-10-0220	棉籽蛋白	2.45	10.25	2.13	8.91	1.35	5.63	2.16	9.04			1.87	7.82	1.2	5.02	1.82	7.61	3.16	13.22
2011—2013	5-10-0220	棉籽蛋白	2.45	10.25	2.13	8.91	1.35	5.63	2.16	9.04			1.87	7.82	1.20	5.02	1.82	7.61	3.16	13.22
2014	5-10-0220	棉籽蛋白	2.45	10.25	2.13	8.91	1.49	6.23	2.16	9.04			1.87	7.82	1.20	5.02	1.82	7.61	3.16	13.22
1991	5-10-0242	向日葵仁粕	2.78						2.32						1.01		1.51		2.54	
1992—1996	5-10-0242	向日葵仁粕 Sunflower meal(sol.)	2.78	11.63					2.32	9.71					1.01	4.23	1.51	6.32	2.54	10.63
1997—1998	5-10-0242	向日葵仁粕	2.78	11.63					2.32	9.71	2.95	12.34							2.54	10.63
1999—2000	5-10-0242	向日葵仁粕	2.78	11.63					2.32	9.71	2.95	12.34					1.53	6.40	2.54	10.63
2001—2003	5-10-0242	向日葵仁粕	2.78	11.63	2.46	10.29			2.32	9.71	1.75	7.33								

续表1-1-2

年份	中国饲料号 CFN	饲料名称	猪消化能 DE		猪代谢能 ME		猪净能 NE		鸡代谢能 ME		肉牛消化能 DE		肉牛维持净能 NEm		肉牛增重净能 NEg		奶牛产奶净能 NEl		羊消化能 DE	
			Mcal/kg	MJ/kg	Mcal/kg	MJ/kg	Mcal/kg	MJ/kg	Mcal/kg	MJ/kg	Mcal/kg	MJ/kg	Mcal/kg	MJ/kg	Mcal/kg	MJ/kg	Mcal/kg	MJ/kg	Mcal/kg	MJ/kg
2004—2009	5-10-0242	向日葵仁粕	2.78	11.63	2.46	10.29			2.32	9.71			1.75	7.33	1.14	4.76	1.53	6.4	2.54	10.63
2010—2011	5-10-0242	向日葵仁粕	2.78	11.63	2.46	10.29	2.08	8.72	2.32	9.71			1.75	7.33	1.14	4.76	1.53	6.4	2.54	10.63
2012—2013	5-10-0242	向日葵仁粕	2.78	11.63	2.46	10.29	1.48	6.22	2.32	9.71			1.75	7.33	1.14	4.76	1.53	6.40	2.54	10.63
2014	5-10-0242	向日葵仁粕	2.78	11.63	2.46	10.29	1.33	5.56	2.32	9.71			1.75	7.33	1.14	4.76	1.53	6.40	2.54	10.63
1991	5-10-0243	向日葵仁粕	2.49						2.03						1.00		1.50		2.04	
1992—1996	5-10-0243	向日葵仁粕 Sunflower meal(sol.)	2.49	10.42					2.03	8.49					1.00	4.18	1.50	6.28	2.04	8.54
1997—1998	5-10-0243	向日葵仁粕	2.49	10.42					2.03	8.49	2.73	11.42							2.04	8.54
1999	5-10-0243	向日葵仁粕	2.49	10.42					2.03	8.49	2.73	11.42					1.41	5.90	2.04	8.54
2000	5-10-0243	向日葵仁粕	2.49	10.42					2.03	8.49	2.73	11.42					1.41	5.90	2.04	8.54
2001—2003	5-10-0243	向日葵仁粕	2.49	10.42	2.22	9.29			2.03	8.49	2.73	11.42					1.41	5.9	2.04	8.54
2004—2009	5-10-0243	向日葵仁粕	2.49	10.42	2.22	9.29			2.03	8.49			1.58	6.6	0.93	3.90	1.41	5.9	2.04	8.54
2010—2011	5-10-0243	向日葵仁粕	2.49	10.42	2.22	9.29	1.86	7.78	2.03	8.49			1.58	6.6	0.93	3.90	1.41	5.9	2.04	8.54
2012—2013	5-10-0243	向日葵仁粕	2.49	10.42	2.22	9.29	1.21	5.04	2.03	8.49			1.58	6.60	0.93	3.90	1.41	5.90	2.04	8.54
2014	5-10-0243	向日葵仁粕	2.49	10.42	2.22	9.29	1.19	4.98	2.03	8.49			1.58	6.60	0.93	3.90	1.41	5.90	2.04	8.54

续表1-1-2

年份	中国饲料号 CFN	饲料名称	猪消化能 DE		猪代谢能 ME		猪净能 NE		鸡代谢能 ME		肉牛消化能 DE		肉牛维持净能 NEm		肉牛增重净能 NEg		奶牛产奶净能 NEl		羊消化能 DE	
			Mcal/kg	MJ/kg	Mcal/kg	MJ/kg	Mcal/kg	MJ/kg	Mcal/kg	MJ/kg	Mcal/kg	MJ/kg	Mcal/kg	MJ/kg	Mcal/kg	MJ/kg	Mcal/kg	MJ/kg	Mcal/kg	MJ/kg
1993	5-10-0246	芝麻饼 Sesame meal(exp.)	3.20	13.29					2.14	8.95					1.19	4.98	1.96	8.20	3.51	14.68
1999—2000	5-10-0246	芝麻饼	3.20	13.39					2.14	8.95	3.24	13.56					1.69	7.07	3.51	14.69
2001—2003	5-10-0246	芝麻饼	3.2	13.39	2.82	11.8			2.14	8.95	3.24	13.56					1.69	7.07	3.51	14.69
2004—2009	5-10-0246	芝麻饼	3.2	13.39	2.82	11.8			2.14	8.95			1.92	8.02	1.23	5.13	1.69	7.07	3.51	14.69
2010—2011	5-10-0246	芝麻饼	3.2	13.39	2.82	11.8	1.95	8.18	2.14	8.95			1.92	8.02	1.23	5.13	1.69	7.07	3.51	14.69
2012—2013	5-10-0246	芝麻饼	3.20	13.39	2.82	11.80	1.92	8.02	2.14	8.95			1.92	8.02	1.23	5.13	1.69	7.07	3.51	14.69
2014	5-10-0246	芝麻饼	3.20	13.39	2.82	11.80	1.89	7.91	2.14	8.95			1.92	8.02	1.23	5.13	1.69	7.07	3.51	14.69
1991	5-11-0001	玉米蛋白粉 Corn gluten meal	4.12						3.58						1.47		1.96		3.79	
1992—1993	5-11-0001	玉米蛋白粉 Corn gluten meal	4.12	17.24					3.58	14.98					1.47	6.15	1.96	8.20	3.79	15.86
1994—1996	5-11-0001	玉米蛋白粉(CP 60%) Corn gluten meal	3.60	15.05					3.88	16.23					2.33	9.74	1.99	8.32	4.39	18.36
1997—1998	5-11-0001	玉米蛋白粉(CP 60%) Corn gluten meal	3.60	15.05					3.88	16.23	3.85	16.11							4.39	18.36

续表1-1-2

年份	中国饲料号 CFN	饲料名称	猪消化能 DE		猪代谢能 ME		猪净能 NE		鸡代谢能 ME		肉牛消化能 DE		肉牛维持净能 NEm		肉牛增重净能 NEg		奶牛产奶净能 NEl		羊消化能 DE	
			Mcal/kg	MJ/kg	Mcal/kg	MJ/kg	Mcal/kg	MJ/kg	Mcal/kg	MJ/kg	Mcal/kg	MJ/kg	Mcal/kg	MJ/kg	Mcal/kg	MJ/kg	Mcal/kg	MJ/kg	Mcal/kg	MJ/kg
1999—2000	5-11-0001	玉米蛋白粉(CP 60%) Corn gluten meal	3.60	15.05					3.88	16.23	3.85	16.11					2.02	8.45	4.39	18.37
2001—2003	5-11-0001	玉米蛋白粉 corn gluten meal	3.60	15.06	3.00	12.55			3.88	16.23	3.85	16.11					2.02	8.45	4.39	18.37
2004—2009	5-11-0001	玉米蛋白粉	3.60	15.06	3.00	12.55			3.88	16.23			2.32	9.71	1.58	6.61	2.02	8.45	4.39	18.37
2010—2011	5-11-0001	玉米蛋白粉	3.60	15.06	3.00	12.55	2.13	8.92	3.88	16.23			2.32	9.71	1.58	6.61	2.02	8.45	4.39	18.37
2012—2013	5-11-0001	玉米蛋白粉	3.60	15.06	3.00	12.55	2.02	8.46	3.88	16.23			2.32	9.71	1.58	6.61	2.02	8.45	4.39	18.37
2014	5-11-0001	玉米蛋白粉	3.60	15.06	3.00	12.55	2.16	9.04	3.88	16.23			2.32	9.71	1.58	6.61	2.02	8.45	4.39	18.37
1991	5-11-0002	玉米蛋白粉 Corn gluten meal	3.56						3.25						1.30		1.88		3.53	
1992—1993	5-11-0002	玉米蛋白粉 Corn gluten meal	3.56	14.90					3.25	13.60					1.30	5.44	1.88	7.87	3.53	14.77
1994—1996	5-11-0002	玉米蛋白粉(CP 50%) Corn gluten meal	3.73	15.60					3.41	14.26					2.27	9.49	1.93	8.07	4.29	17.94
1997—1998	5-11-0002	玉米蛋白粉(CP 50%) Corn gluten meal	3.73	15.60					3.41	14.26	3.60	15.06							—	—
1999—2000	5-11-0002	玉米蛋白粉(CP 50%) Corn gluten meal	3.73	15.60					3.41	14.26	3.60	15.06					1.89	7.91	—	—

续表1-1-2

年份	中国饲料号 CFN	饲料名称	猪消化能 DE		猪代谢能 ME		猪净能 NE		鸡代谢能 ME		肉牛消化能 DE		肉牛维持净能 NEm		肉牛增重净能 NEg		奶牛产奶净能 NEl		羊消化能 DE	
			Mcal/kg	MJ/kg	Mcal/kg	MJ/kg	Mcal/kg	MJ/kg	Mcal/kg	MJ/kg	Mcal/kg	MJ/kg	Mcal/kg	MJ/kg	Mcal/kg	MJ/kg	Mcal/kg	MJ/kg	Mcal/kg	MJ/kg
2001—2003	5-11-0002	玉米蛋白粉 Corn gluten meal	3.73	15.61	3.19	13.35			3.41	14.27	3.60	15.06					1.89	7.91	—	—
2004—2007	5-11-0002	玉米蛋白粉	3.73	15.61	3.19	13.35			3.41	14.27			2.14	8.96	1.40	5.85	1.89	7.91	—	—
2008—2009	5-11-0002	玉米蛋白粉	3.73	15.61	3.19	13.35			3.41	14.27			2.14	8.96	1.40	5.85	1.89	7.91	3.56	14.90
2010—2013	5-11-0002	玉米蛋白粉	3.73	15.61	3.19	13.35	2.24	9.36	3.41	14.27			2.14	8.96	1.4	5.85	1.89	7.91	3.56	14.9
2014—2016	5-11-0002	玉米蛋白粉	3.73	15.61	3.19	13.35	2.24	9.37	3.41	14.27			2.14	8.96	1.40	5.85	1.89	7.91	3.56	14.90
2017—2018	5-11-0002	玉米蛋白粉	3.73	15.61	3.19	13.35	2.24	9.37	3.41	14.27			2.14	8.96	1.40	5.85	1.89	7.91	3.56	14.90
1991	5-11-0003	玉米蛋白饲料 Corn gluten feed	2.48						2.02						1.16		1.68		3.20	
1992—1993	5-11-0003	玉米蛋白饲料 Corn gluten feed	2.48	10.38					2.02	8.45					1.16	4.85	1.68	7.03	3.20	13.39
1994—1996	5-11-0003	玉米蛋白饲料 Corn gluten feed	2.48	10.38					2.02	8.45					1.16	4.85	1.68	7.03	3.20	13.39
1997—1998	5-11-0003	玉米蛋白饲料 Corn gluten feed	2.48	10.38					2.02	8.45	3.26	13.64							3.20	13.39
1999—2000	5-11-0003	玉米蛋白饲料 Corn gluten feed	2.48	10.38					2.02	8.45	3.26	13.64					1.70	7.11	3.20	13.39
2001—2003	5-11-0003	玉米蛋白饲料 Corn gluten feed	2.48	10.38	2.28	9.54			2.02	8.45	3.26	13.64					1.70	7.11	3.20	13.39

续表1-1-2

年份	中国饲料号 CFN	饲料名称	猪消化能 DE		猪代谢能 ME		猪净能 NE		鸡代谢能 ME		肉牛消化能 DE		肉牛维持净能 NEm		肉牛增重净能 NEg		奶牛产奶净能 NEl		羊消化能 DE	
			Mcal/kg	MJ/kg	Mcal/kg	MJ/kg	Mcal/kg	MJ/kg	Mcal/kg	MJ/kg	Mcal/kg	MJ/kg	Mcal/kg	MJ/kg	Mcal/kg	MJ/kg	Mcal/kg	MJ/kg	Mcal/kg	MJ/kg
2004—2006	5-11-0003	玉米蛋白饲料	2.48	10.38	2.28	9.54			2.02	8.45			0.61	1.97	1.36	5.69	8.26	7.11	3.20	13.39
2007—2008	5-11-0003	玉米蛋白饲料	2.48	10.38	2.28	9.54			2.02	8.45			0.61	1.97	1.36	5.69	1.70	7.11	3.20	13.39
2009	5-11-0003	玉米蛋白饲料	2.48	10.38	2.28	9.54			2.02	8.45			2.00	8.36	1.36	5.69	1.70	7.11	3.20	13.39
2010—2011	5-11-0003	玉米蛋白饲料	2.48	10.38	2.28	9.54	1.56	6.53	2.02	8.45			2.00	8.36	1.36	5.69	1.70	7.11	3.20	13.39
2012—2013	5-11-0003	玉米蛋白饲料	2.48	10.38	2.28	9.54	1.68	7.06	2.02	8.45			2.00	8.36	1.36	5.69	1.70	7.11	3.20	13.39
2014	5-11-0003	玉米蛋白饲料	2.48	10.38	2.28	9.54	1.69	7.07	2.02	8.45			2.00	8.36	1.36	5.69	1.70	7.11	3.20	13.39
1991	5-11-0004	麦芽根	2.31						1.41						0.90		1.42		2.73	
1992—1996	5-11-0004	麦芽根 Barley malt sprouts	2.31	9.67					1.41	5.90					0.90	3.77	1.42	5.94	2.73	11.42
1997—1998	5-11-0004	麦芽根	2.31	9.67					1.41	5.90	2.78	11.63							2.73	11.42
1999—2000	5-11-0004	麦芽根	2.31	9.67					1.41	5.90	2.78	11.63					1.43	5.98	2.73	11.42
2001—2003	5-11-0004	麦芽根	2.31	9.67	2.09	8.74			1.41	5.9	2.78	11.63					1.43	5.98	2.73	11.42
2004—2009	5-11-0004	麦芽根	2.31	9.67	2.09	8.74			1.41	5.9			1.6	6.69	1.02	4.29	1.43	5.98	2.73	11.42
2010—2011	5-11-0004	麦芽根	2.31	9.67	2.09	8.74	1.46	6.10	1.41	5.90			1.6	6.69	1.02	4.29	1.43	5.98	2.73	11.42

续表1-1-2

年份	中国饲料号 CFN	饲料名称	猪消化能 DE		猪代谢能 ME		猪净能 NE		鸡代谢能 ME		肉牛消化能 DE		肉牛维持净能 NEm		肉牛增重净能 NEg		奶牛产奶净能 NEl		羊消化能 DE	
			Mcal/kg	MJ/kg	Mcal/kg	MJ/kg	Mcal/kg	MJ/kg	Mcal/kg	MJ/kg	Mcal/kg	MJ/kg	Mcal/kg	MJ/kg	Mcal/kg	MJ/kg	Mcal/kg	MJ/kg	Mcal/kg	MJ/kg
2012—2013	5-11-0004	麦芽根	2.31	9.67	2.09	8.74	1.25	5.22	1.41	5.90			1.60	6.69	1.02	4.29	1.43	5.98	2.73	11.42
2014—2018	5-11-0004	麦芽根	2.31	9.67	2.09	8.74	1.25	5.23	1.41	5.90			1.60	6.69	1.02	4.29	1.43	5.98	2.73	11.42
1993—1996	5-11-0005	啤酒糟	2.25	9.41					2.37	9.92					1.09	4.56	1.58	6.61	3.56	14.89
1997—1998	5-11-0005	啤酒糟	2.25	9.41					2.37	9.92	2.70	11.30							—	—
1999—2000	5-11-0005	啤酒糟	2.25	9.41					2.37	9.92	2.70	11.30					1.39	5.82	—	—
2001—2003	5-11-0005	啤酒糟	2.25	9.41	2.05	8.58			2.37	9.92	2.70	11.30					1.39	5.82	2.58	10.8
2004—2009	5-11-0005	啤酒糟	2.25	9.41	2.05	8.58			2.37	9.92			1.56	6.55	0.93	3.9	1.39	5.82	2.58	10.8
2010—2011	5-11-0005	啤酒糟	2.25	9.41	2.05	8.58	1.21	5.08	2.37	9.92			1.56	6.55	0.93	3.9	1.39	5.82	2.58	10.8
2012—2013	5-11-0005	啤酒糟	2.25	9.41	2.05	8.58	1.24	5.19	2.37	9.92			1.56	6.55	0.93	3.90	1.39	5.82	2.58	10.80
2014—2018	5-11-0005	啤酒糟	2.25	9.41	2.05	8.58	1.24	5.19	2.37	9.92			1.56	6.55	0.93	3.90	1.39	5.82	2.58	10.80
1994—1996	5-11-0008	玉米蛋白粉(CP 40%) Corn gluten meal	3.59	15.01					3.18	13.30					9.16	2.19	1.83	7.65	4.13	17.27

续表1-1-2

年份	中国饲料号 CFN	饲料名称	猪消化能 DE		猪代谢能 ME		猪净能 NE		鸡代谢能 ME		肉牛消化能 DE		肉牛维持净能 NEm		肉牛增重净能 NEg		奶牛产奶净能 NEl		羊消化能 DE	
			Mcal/kg	MJ/kg	Mcal/kg	MJ/kg	Mcal/kg	MJ/kg	Mcal/kg	MJ/kg	Mcal/kg	MJ/kg	Mcal/kg	MJ/kg	Mcal/kg	MJ/kg	Mcal/kg	MJ/kg	Mcal/kg	MJ/kg
1997—1998	5-11-0008	玉米蛋白粉（CP 40%）Corn gluten meal	3.59	15.01					3.18	13.30	3.34	13.97							—	—
1999—2000	5-11-0008	玉米蛋白粉（CP 40%）Corn gluten meal	3.59	15.01					3.18	13.30	3.34	13.97					1.74	7.28	—	—
2001—2003	5-11-0008	玉米蛋白粉 Corn gluten meal	3.59	15.02	3.13	13.10			3.18	13.31	3.34	13.97					1.74	7.28	—	—
2004—2006	5-11-0008	玉米蛋白粉	3.59	15.02	3.13	13.10			3.18	13.31			0.59	1.97	1.26	5.26	8.26（推测原文有误）	7.28	—	—
2007	5-11-0008	玉米蛋白粉	3.59	15.02	3.13	13.10			3.18	13.31			0.59	1.97	1.26	5.26	1.74	7.28	—	—
2008—2009	5-11-0008	玉米蛋白粉	3.59	15.02	3.13	13.10			3.18	13.31			0.59	1.97	1.26	5.26	1.74	7.28	3.28	13.73
2010—2013	5-11-0008	玉米蛋白粉	3.59	15.02	3.13	13.10	2.13	8.92	3.18	13.31			1.93	8.08	1.26	5.26	1.74	7.28	3.28	13.73
2014—2018	5-11-0008	玉米蛋白粉	3.59	15.02	3.13	13.10	2.15	9.00	3.18	13.31			1.93	8.08	1.26	5.26	1.74	7.28	3.28	13.73
1995—1998	5-11-0009	蚕豆粉浆蛋白粉	—	—					—	—					—	—	—	—	—	—
1999—2000	5-11-0009	蚕豆粉浆蛋白粉	3.23	13.51					3.47	14.53	3.66	15.31					—	—	—	—
2001—2003	5-11-0009	蚕豆粉浆蛋白粉	3.23	13.51	2.69	11.25			3.47	14.52	3.66	15.31					1.92	8.03	3.61	15.11

续表1-1-2

年份	中国饲料号 CFN	饲料名称	猪消化能 DE		猪代谢能 ME		猪净能 NE		鸡代谢能 ME		肉牛消化能 DE		肉牛维持净能 NEm		肉牛增重净能 NEg		奶牛产奶净能 NEl		羊消化能 DE	
			Mcal/kg	MJ/kg	Mcal/kg	MJ/kg	Mcal/kg	MJ/kg	Mcal/kg	MJ/kg	Mcal/kg	MJ/kg	Mcal/kg	MJ/kg	Mcal/kg	MJ/kg	Mcal/kg	MJ/kg	Mcal/kg	MJ/kg
2004—2009	5-11-0009	蚕豆粉浆蛋白粉	3.23	13.51	2.69	11.25			3.47	14.52			2.16	9.03	1.47	6.16	1.92	8.03	3.61	15.11
2010—2013	5-11-0009	蚕豆粉浆蛋白粉	3.23	13.51	2.69	11.25	1.93	8.10	3.47	14.52			2.16	9.03	1.47	6.16	1.92	8.03	3.61	15.11
2014—2018	5-11-0009	蚕豆粉浆蛋白粉	3.23	13.51	2.69	11.25	1.87	7.82	3.47	14.52			2.16	9.03	1.47	6.16	1.92	8.03	3.61	15.11
1990	5-13-0036	血粉 Blood meal	3.36		2.59				3.00						0.45		1.16		2.40	
1991	5-13-0036	血粉 Blood meal	2.73						2.46						0.73		1.36		2.40	
1992—1996	5-13-0036	血粉 Blood meal	2.73	11.42					2.46	10.29					0.73	3.05	1.36	5.69	2.40	10.04
1997—1998	5-13-0036	血粉 Blood meal	2.73	11.42					2.46	10.29	2.60	10.88							2.40	10.04
1999—2000	5-13-0036	血粉 Blood meal	2.73	11.42					2.46	10.29	2.60	10.88					1.34	5.61	2.40	10.04
2001—2003	5-13-0036	血粉 Blood meal	2.73	11.42	2.16	9.04			2.46	10.29	2.60	10.88					1.34	5.61	2.40	10.04
2004—2009	5-13-0036	血粉	2.73	11.42	2.16	9.04			2.46	10.29			1.45	6.08	0.75	3.13	1.34	5.61	2.40	10.04
2010—2011	5-13-0036	血粉	2.73	11.42	2.16	9.04	—	—	2.46	10.29			1.45	6.08	0.75	3.13	1.34	5.61	2.40	10.04
2012—2013	5-13-0036	血粉	2.73	11.42	2.16	9.04	1.06	4.44	2.46	10.29			1.45	6.08	0.75	3.13	1.34	5.61	2.40	10.04
2014—2018	5-13-0036	血粉	2.73	11.42	2.16	9.04	1.42	5.94	2.46	10.29			1.45	6.08	0.75	3.13	1.34	5.61	2.40	10.04

续表1-1-2

年份	中国饲料号 CFN	饲料名称	猪消化能 DE		猪代谢能 ME		猪净能 NE		鸡代谢能 ME		肉牛消化能 DE		肉牛维持净能 NEm		肉牛增重净能 NEg		奶牛产奶净能 NEl		羊消化能 DE	
			Mcal/kg	MJ/kg	Mcal/kg	MJ/kg	Mcal/kg	MJ/kg	Mcal/kg	MJ/kg	Mcal/kg	MJ/kg	Mcal/kg	MJ/kg	Mcal/kg	MJ/kg	Mcal/kg	MJ/kg	Mcal/kg	MJ/kg
1990	5-13-0037	羽毛粉 Feather meal	2.64			2.08			2.35						0.57		1.27		2.54	
1991	5-13-0037	羽毛粉 Feather meal	2.77						2.73						—		—		2.54	
1992—1993	5-13-0037	羽毛粉 Feather meal	2.77	11.59					2.73	11.42					0.00	—	0.00	—	2.54	10.63
1994—1996	5-13-0037	羽毛粉	2.77	11.59					2.73	11.42					—	—	—	—	2.54	10.63
1997—1998	5-13-0037	羽毛粉	2.77	11.59					2.73	11.42	2.60	10.88							2.54	10.63
1999—2000	5-13-0037	羽毛粉	2.77	11.59					2.73	11.42	2.60	10.88					1.34	5.61	2.54	10.63
2001—2003	5-13-0037	羽毛粉	2.77	11.59	2.22	9.29			2.73	11.42	2.60	10.88					1.34	5.61	2.54	10.63
2004—2009	5-13-0037	羽毛粉	2.77	11.59	2.22	9.29			2.73	11.42			1.46	6.1	0.76	3.19	1.34	5.61	2.54	10.63
2010—2011	5-13-0037	羽毛粉	2.77	11.59	2.22	9.29	—	—	2.73	11.42			1.46	6.1	0.76	3.19	1.34	5.61	2.54	10.63
2012—2013	5-13-0037	羽毛粉	2.77	11.59	2.22	9.29	1.17	4.91	2.73	11.42			1.46	6.10	0.76	3.19	1.34	5.61	2.54	10.63
2014—2018	5-13-0037	羽毛粉	2.77	11.59	2.22	9.29	1.43	5.98	2.73	11.42			1.46	6.10	0.76	3.19	1.34	5.61	2.54	10.63
1990	5-13-0038	皮革粉 Leather meal	—		—				0.80						0.68		1.38		2.68	

续表1-1-2

年份	中国饲料号 CFN	饲料名称	猪消化能 DE		猪代谢能 ME		猪净能 NE		鸡代谢能 ME		肉牛消化能 DE		肉牛维持净能 NEm		肉牛增重净能 NEg		奶牛产奶净能 NEl		羊消化能 DE	
			Mcal/kg	MJ/kg	Mcal/kg	MJ/kg	Mcal/kg	MJ/kg	Mcal/kg	MJ/kg	Mcal/kg	MJ/kg	Mcal/kg	MJ/kg	Mcal/kg	MJ/kg	Mcal/kg	MJ/kg	Mcal/kg	MJ/kg
1991	5-13-0038	皮革粉 Leather meal	2.75						1.48						—		—		2.64	
1992—1993	5-13-0038	皮革粉 Leather meal	2.75	11.51					1.48	6.19					0.00	—	0.00	—	2.64	11.05
1994—1996	5-13-0038	皮革粉	2.75	11.51					1.48	6.19					—	—	—	—	2.64	11.05
1997—1998	5-13-0038	皮革粉	2.75	11.51					1.48	6.19									2.64	11.05
1999—2000	5-13-0038	皮革粉	2.65	11.09					—	—							—	—	2.54	10.63
2001—2003	5-13-0038	皮革粉	2.75	11.51	2.23	9.33			1.48	6.19							0.74	3.1	2.64	11.05
2004—2009	5-13-0038	皮革粉	2.75	11.51	2.23	9.33			1.48	6.19			0.67	2.81	0.37	1.55	0.74	3.1	2.64	11.05
2010—2011	5-13-0038	皮革粉	2.75	11.51	2.23	9.33	—	—	1.48	6.19			0.67	2.81	0.37	1.55	0.74	3.10	2.64	11.05
2012—2013	5-13-0038	皮革粉	2.75	11.51	2.23	9.33	1.16	4.88	1.48	6.19			0.67	2.81	0.37	1.55	0.74	3.10	2.64	11.05
2014—2018	5-13-0038	皮革粉	2.75	11.51	2.23	9.33	1.32	5.52	1.48	6.19			0.67	2.81	0.37	1.55	0.74	3.10	2.64	11.05
1990	5-13-0039	鱼粉 Fish meal (Zhejiang)	2.23		1.95				1.84						—		0.55		1.62	
1990	5-13-0040	鱼粉 Fish meal, white	1.08		0.99				0.93						—		0.11		1.05	

续表1-1-2

年份	中国饲料号 CFN	饲料名称	猪消化能 DE		猪代谢能 ME		猪净能 NE		鸡代谢能 ME		肉牛消化能 DE		肉牛维持净能 NEm		肉牛增重净能 NEg		奶牛产奶净能 NEl		羊消化能 DE	
			Mcal/kg	MJ/kg	Mcal/kg	MJ/kg	Mcal/kg	MJ/kg	Mcal/kg	MJ/kg	Mcal/kg	MJ/kg	Mcal/kg	MJ/kg	Mcal/kg	MJ/kg	Mcal/kg	MJ/kg	Mcal/kg	MJ/kg
1990	5-13-0042	鱼粉 Fish meal (Peruvian)	3.60		2.97				2.87						1.24		2.05		3.54	
1991	5-13-0042	鱼粉 Fish meal (Peruvian)	2.98						2.79						1.14		1.62		3.10	
1992—1996	5-13-0041	鱼粉 Fish meal (Zhejiang)	3.12	13.05					2.74	11.46					1.11	4.64	1.65	6.90	3.08	12.89
1990	5-13-0041	鱼粉 Fish meal (Zhejiang)	2.42		2.05				2.10						0.20(推测原文有误)		0.94		2.12	
1991	5-13-0041	鱼粉 Fish meal (Zhejiang)	3.12						2.74						1.11		1.65		3.08	
1992—1996	5-13-0042	鱼粉 Fish meal (Peruvian)	2.98	12.47					2.79	11.67					1.14	4.77	1.62	6.78	3.10	12.97
1993—1996	5-13-0043	鱼粉 Fish meal white	4.00	16.74					2.57	10.75					1.20	5.02	1.66	6.94	3.17	13.26
1997—1998	5-13-0044	鱼粉(CP 64.5%) Fish meal	3.15	13.18					2.96	12.38	3.24	13.56							—	—
1999—2000	5-13-0044	鱼粉(CP 64.5%) Fish meal	3.15	13.18					2.96	12.38	3.24	13.56					1.69	7.07	—	—
2001—2003	5-13-0044	鱼粉(CP 64.5%) Fish meal	3.15	13.18	2.61	10.92			2.96	12.38	3.24	13.56					1.69	7.07	—	—
2004—2007	5-13-0044	鱼粉(CP 64.5%)	3.15	13.18	2.61	10.92			2.96	12.38			1.92	8.01	1.22	5.12	1.69	7.07	—	—

续表1-1-2

年份	中国饲料号 CFN	饲料名称	猪消化能 DE		猪代谢能 ME		猪净能 NE		鸡代谢能 ME		肉牛消化能 DE		肉牛维持净能 NEm		肉牛增重净能 NEg		奶牛产奶净能 NEl		羊消化能 DE	
			Mcal/kg	MJ/kg	Mcal/kg	MJ/kg	Mcal/kg	MJ/kg	Mcal/kg	MJ/kg	Mcal/kg	MJ/kg	Mcal/kg	MJ/kg	Mcal/kg	MJ/kg	Mcal/kg	MJ/kg	Mcal/kg	MJ/kg
2008—2009	5-13-0044	鱼粉(CP 64.5%)	3.15	13.18	2.61	10.92			2.96	12.38			1.92	8.01	1.22	5.12	1.69	7.07	3.22	13.48
2010—2011	5-13-0044	鱼粉(CP 67%)	3.22	13.47	2.67	11.16	1.76	7.36	3.10	12.97			1.72	7.20	1.10	4.60	2.33	9.75	3.09	12.93
2012—2013	5-13-0044	鱼粉(CP 67%)	3.22	13.47	2.67	11.16	1.74	7.28	3.10	12.97			1.72	7.20	1.10	4.60	2.33	9.75	3.09	12.93
2014—2018	5-13-0044	鱼粉(CP 67%)	3.22	13.47	2.67	11.16	1.93	8.08	3.10	12.97			1.72	7.20	1.10	4.60	2.33	9.75	3.09	12.93
1997—1998	5-13-0045	鱼粉(CP 62.5%) Fish meal	3.10	12.97					2.91	12.18	3.13	13.10							—	—
1999—2000	5-13-0045	鱼粉(CP 62.5%) Fish meal	3.10	12.97					2.91	12.18	3.13	13.10					1.63	6.82	—	—
2001—2003	5-13-0045	鱼粉(CP 62.5%) Fish meal	3.10	12.97	2.58	10.79			2.91	12.18	3.13	13.10					1.63	6.82	—	—
2004—2007	5-13-0045	鱼粉(CP 62.5%)	3.10	12.97	2.58	10.79			2.91	12.18			1.85	7.75	1.19	4.97	1.63	6.82	—	—
2008—2009	5-13-0045	鱼粉(CP 62.5%)	3.10	12.97	2.58	10.79			2.91	12.18			1.85	7.75	1.19	4.97	1.63	6.82	3.10	12.97
2010	5-13-0045	鱼粉(CP 62.5%)	3.10	12.97	2.58	10.79	1.83	7.65	2.91	12.18			1.85	7.75	1.19	4.97	1.63	6.82	3.10	12.97
1997—1998	5-13-0046	鱼粉(CP 60.2%) Fish meal	3.00	12.55					2.82	11.80	3.14	13.14							—	—
1999—2000	5-13-0046	鱼粉(CP 60.2%) Fish meal	3.00	12.55					2.82	11.80	3.14	13.14					1.63	6.82	—	—

续表1-1-2

年份	中国饲料号 CFN	饲料名称	猪消化能 DE		猪代谢能 ME		猪净能 NE		鸡代谢能 ME		肉牛消化能 DE		肉牛维持净能 NEm		肉牛增重净能 NEg		奶牛产奶净能 NEl		羊消化能 DE	
			Mcal/kg	MJ/kg	Mcal/kg	MJ/kg	Mcal/kg	MJ/kg	Mcal/kg	MJ/kg	Mcal/kg	MJ/kg	Mcal/kg	MJ/kg	Mcal/kg	MJ/kg	Mcal/kg	MJ/kg	Mcal/kg	MJ/kg
2001—2003	5-13-0046	鱼粉(CP 60.2%) Fish meal	3.00	12.55	2.52	10.54			2.82	11.80	3.14	13.14					1.63	6.82	—	—
2004—2007	5-13-0046	鱼粉(CP 60.2%)	3.00	12.55	2.52	10.54			2.82	11.80			1.86	7.77	1.19	4.98	1.63	6.82	—	—
2008—2009	5-13-0046	鱼粉(CP 60.2%)	3.00	12.55	2.52	10.54			2.82	11.80			1.86	7.77	1.19	4.98	1.63	6.82	3.07	12.85
2010—2011	5-13-0046	鱼粉(CP 60.2%)	3.00	12.55	2.52	10.54	1.77	7.40	2.82	11.80			1.86	7.77	1.19	4.98	1.63	6.82	3.07	12.85
2012—2013	5-13-0046	鱼粉(CP 60.2%)	3.00	12.55	2.52	10.54	1.58	6.61	2.82	11.80			1.86	7.77	1.19	4.98	1.63	6.82	3.07	12.85
2014—2018	5-13-0046	鱼粉(CP 60.2%)	3.00	12.55	2.52	10.54	1.80	7.53	2.82	11.80			1.86	7.77	1.19	4.98	1.63	6.82	3.07	12.85
1993—1996	5-13-0047	肉骨粉 Meat and bone meal	2.83	11.84					1.96	8.20					1.04	4.35	1.56	6.53	2.99	12.51
1997—1998	5-13-0047	肉骨粉 Meat and bone meal	2.83	11.84					1.96	8.20	2.89	12.09							2.99	12.51
1999—2000	5-13-0047	肉骨粉 Meat and bone meal	2.40	10.03					2.38	9.96	2.77	11.59					1.43	5.98	2.77	11.59
2001—2003	5-13-0047	肉骨粉 Meat and bone meal	2.83	11.84	2.43	10.17			2.38	9.96	2.77	11.59					1.43	5.98	2.77	11.59
2004—2009	5-13-0047	肉骨粉	2.83	11.84	2.43	10.17			2.38	9.96			1.65	6.91	1.08	4.53	1.43	5.98	2.77	11.59
2010—2011	5-13-0047	肉骨粉	2.83	11.84	2.43	10.17	1.60	6.71	2.38	9.96			1.65	6.91	1.08	4.53	1.43	5.98	2.77	11.59

续表1-1-2

年份	中国饲料号 CFN	饲料名称	猪消化能 DE		猪代谢能 ME		猪净能 NE		鸡代谢能 ME		肉牛消化能 DE		肉牛维持净能 NEm		肉牛增重净能 NEg		奶牛产奶净能 NEl		羊消化能 DE	
			Mcal/kg	MJ/kg	Mcal/kg	MJ/kg	Mcal/kg	MJ/kg	Mcal/kg	MJ/kg	Mcal/kg	MJ/kg	Mcal/kg	MJ/kg	Mcal/kg	MJ/kg	Mcal/kg	MJ/kg	Mcal/kg	MJ/kg
2012—2013	5-13-0047	肉骨粉	2.83	11.84	2.43	10.17	1.59	6.64	2.38	9.96			1.65	6.91	1.08	4.53	1.43	5.98	2.77	11.59
2014—2018	5-13-0047	肉骨粉	2.83	11.84	2.43	10.17	1.61	6.74	2.38	9.96			1.65	6.91	1.08	4.53	1.43	5.98	2.77	11.59
2000	5-13-0048	肉粉 Meat meal	2.70	11.29					9.20	2.20	3.34	13.96					1.75	7.30	—	—
2001—2003	5-13-0048	肉粉 Meat meal	2.70	11.30	2.30	9.62			2.20	9.20	—	—					—	—	—	—
2004—2007	5-13-0048	肉粉	2.70	11.30	2.30	9.62			2.20	9.20			1.66	6.95	1.05	4.39	1.34	5.61	—	—
2008—2009	5-13-0048	肉粉	2.70	11.30	2.30	9.62			2.20	9.20			1.66	6.95	1.05	4.39	1.34	5.61	2.52	10.55
2010—2011	5-13-0048	肉粉	2.70	11.30	2.30	9.62	1.57	6.55	2.20	9.20			1.66	6.95	1.05	4.39	1.34	5.61	2.52	10.55
2012—2013	5-13-0048	肉粉	2.70	11.30	2.30	9.62	1.49	6.25	2.20	9.20			1.66	6.95	1.05	4.39	1.34	5.61	2.52	10.55
2014—2018	5-13-0048	肉粉	2.70	11.30	2.30	9.62	1.54	6.44	2.20	9.20			1.66	6.95	1.05	4.39	1.34	5.61	2.52	10.55
1997—1998	5-13-0077	鱼粉(CP 53.5%) Fish meal	3.09	12.93					2.90	12.13	3.10	12.97							—	—
1999—2000	5-13-0077	鱼粉(CP 53.5%) Fish meal	3.09	12.93					2.90	12.13	3.10	12.97					1.61	6.74	—	—
2001—2003	5-13-0077	鱼粉(CP 53.5%) Fish meal	3.09	12.93	2.63	11.00			2.90	12.13	3.10	12.97					1.61	6.74	—	—

续表1-1-2

年份	中国饲料号 CFN	饲料名称	猪消化能 DE		猪代谢能 ME		猪净能 NE		鸡代谢能 ME		肉牛消化能 DE		肉牛维持净能 NEm		肉牛增重净能 NEg		奶牛产奶净能 NEl		羊消化能 DE	
			Mcal/kg	MJ/kg	Mcal/kg	MJ/kg	Mcal/kg	MJ/kg	Mcal/kg	MJ/kg	Mcal/kg	MJ/kg	Mcal/kg	MJ/kg	Mcal/kg	MJ/kg	Mcal/kg	MJ/kg	Mcal/kg	MJ/kg
2004—2007	5-13-0077	鱼粉(CP 53.5%)	3.09	12.93	2.63	11.00			2.90	12.13			1.85	7.72	1.21	5.05	1.61	6.74	—	—
2008—2009	5-13-0077	鱼粉(CP 53.5%)	3.09	12.93	2.63	11.00			2.90	12.13			1.85	7.72	1.21	5.05	1.61	6.74	3.14	13.14
2010—2011	5-13-0077	鱼粉(CP 53.5%)	3.09	12.93	2.63	11.00	1.82	7.63	2.90	12.13			1.85	7.72	1.21	5.05	1.61	6.74	3.14	13.14
2012—2013	5-13-0077	鱼粉(CP 53.5%)	3.09	12.93	2.63	11.00	1.80	7.54	2.90	12.13			1.85	7.72	1.21	5.05	1.61	6.74	3.14	13.14
2014—2018	5-13-0077	鱼粉(CP 53.5%)	3.09	12.93	2.63	11.00	1.85	7.74	2.90	12.13			1.85	7.72	1.21	5.05	1.61	6.74	3.14	13.14
2001—2003	5-14-0503	明胶	2.8	11.72	2.19	9.16			2.36	9.87	3.00	12.55					1.56	6.53	3.36	14.06
2004—2009	5-14-0503	明胶	2.8	11.72	2.19	9.16			2.36	9.87			1.8	7.53	1.36	5.7	1.56	6.53	3.36	14.06
2010—2011	5-14-0503	明胶	2.80	11.72	2.19	9.16	—	—	2.36	9.87			1.80	7.53	1.36	5.70	1.56	6.53	3.36	14.06
2012—2013	5-14-0503	明胶	2.80	11.72	2.19	9.16	2.51	10.54	2.36	9.87			1.80	7.53	1.36	5.70	1.56	6.53	3.36	14.06
2014—2018	5-14-0503	明胶	2.80	11.72	2.19	9.16	1.43	5.98	2.36	9.87			1.80	7.53	1.36	5.70	1.56	6.53	3.36	14.06

注:2012年第23版修订说明中指出,猪饲料净能是按公式(NE=0.7×DE+16.1×EE+4.8×Starch−9.1×CP−8.7×ADF)计算得到的[其中DE为消化能,EE为粗脂肪(%),Starch为淀粉(%),CP为粗蛋白质(%),ADF为酸性洗涤纤维(%)]。奶牛的产奶净能为3倍维持饲喂水平的数值。

3.氨基酸含量

表 1-1-3 氨基酸含量

%

年份	中国饲料号 CFN	饲料名称	干物质 DM	粗蛋白质 CP	精氨酸 Arg	组氨酸 His	异亮氨酸 Ile	亮氨酸 Leu	赖氨酸 Lys	蛋氨酸 Met	胱氨酸 Cys	苯丙氨酸 Phe	酪氨酸 Tyr	苏氨酸 Thr	色氨酸 Trp	缬氨酸 Val
2001—2006	5-01-0162	酪蛋白 Casein	91.0	88.7	3.26	2.82	4.66	8.79	7.35	2.70	0.41	4.79	4.77	3.98	1.14	6.10
2007—2014	5-01-0162	酪蛋白 Casein	91.0	88.4	3.10	2.68	4.43	8.36	6.99	2.57	0.39	4.56	4.54	3.79	1.08	5.80
2015—2018	5-01-0162	酪蛋白 Casein	91.7	88.9	3.13	2.57	4.49	8.24	6.87	2.52	0.45	4.49	4.87	3.77	1.33	5.81
1992	5-10-0005	玉米胚芽粕 Corn germ meal(sol.)	88.0	19.6	1.27	0.68	0.68	1.66	0.88	0.59	0.39	0.88	—	0.08	0.20	1.17
1992	5-10-0006	玉米胚芽饼 Corn germ meal(exp.)	88.0	20.3	1.11	0.56	1.04	1.64	0.87	0.44	0.39	0.77	1.44	0.87	0.29	1.25
1993—1997	5-10-0024	芝麻饼 Sesame meal (exp.)	92.0	39.2	2.38	0.81	1.42	2.52	0.82	0.82	—	1.68	1.02	1.29	—	1.84
1998—2000	5-10-0024	芝麻饼 Sesame meal(exp.)	92.0	39.2	2.38	0.81	1.42	2.52	0.82	0.82	0.75	1.68	1.02	1.29	0.49	1.84
1993—2018	5-10-0031	向日葵仁饼 Sunflower meal(exp.)	88.0	29.0	2.44	0.62	1.19	1.76	0.96	0.59	0.43	1.21	0.77	0.98	0.28	1.35
1990	5-10-0083	菜籽饼 Rapeseed meal(exp.)	88.0		1.87	0.78	1.41	2.60	1.12	0.79	0.67	1.59	2.20	1.54	0.41	1.77
1991—1992	5-10-0083	菜籽饼 Rapeseed meal(exp.)	88.0		1.75	0.80	1.19	2.17	1.28	0.58	0.79	1.30	0.88	1.35	0.40	1.56
1993—1997	5-10-0083	菜籽饼 Rapeseed meal(exp.)	88.0	34.3	1.75	0.80	1.19	2.17	1.28	0.58	0.79	1.30	0.88	1.35	0.40	1.56
1998—2000	5-10-0083	菜籽饼 Rapeseed meal(exp.)	88.0	35.7	1.82	0.83	1.24	2.26	1.33	0.60	0.82	1.35	0.92	1.40	0.42	1.62
1990	5-10-0115	花生仁粕 Peanut meal(sol.)	88.0	47.8	4.90	1.08	1.37	2.59	1.32	0.27	0.39	1.94	1.73	1.08	1.08	1.66
1991—2018	5-10-0115	花生仁粕 Peanut meal(sol.)	88.0	47.8	4.88	0.88	1.25	2.50	1.40	0.41	0.40	1.92	1.39	1.11	0.45	1.36
1990	5-10-0116	花生仁饼 Peanut meal(exp.)	88.0		4.41	0.81	1.12	2.26	1.24	0.26	0.72	1.73	1.60	0.99	0.94	1.23
1991—2018	5-10-0116	花生仁饼 Peanut meal(exp.)	88.0	44.7	4.60	0.83	1.18	2.36	1.32	0.39	0.38	1.81	1.31	1.05	0.42	1.28

续表1-1-3

年份	中国饲料号 CFN	饲料名称	干物质 DM	粗蛋白质 CP	精氨酸 Arg	组氨酸 His	异亮氨酸 Ile	亮氨酸 Leu	赖氨酸 Lys	蛋氨酸 Met	胱氨酸 Cys	苯丙氨酸 Phe	酪氨酸 Tyr	苏氨酸 Thr	色氨酸 Trp	缬氨酸 Val
1990	5-10-0117	棉籽粕 Cottonseed meal(sol.)	88.0	39.7	2.67	0.90	2.08	1.28	1.30	0.40	1.08	1.94	1.02	1.22	0.29	1.64
1991—2000	5-10-0117	棉籽粕 Cottonseed meal(sol.)	88.0	42.5	4.30	1.06	1.30	2.35	1.59	0.45	0.82	2.18	1.19	1.31	0.44	1.74
2001—2018	5-10-0117	棉籽粕 Cottonseed meal(sol.)	90.0	43.5	4.65	1.19	1.29	2.47	1.97	0.58	0.68	2.28	1.05	1.25	0.51	1.91
1990	5-10-0118	棉籽饼 Cottonseed meal(exp.)	88.0	38.1	2.72	0.91	2.15	1.07	1.38	0.44	1.11	1.84	1.11	1.23	0.33	1.59
1991—1997	5-10-0118	棉籽饼 Cottonseed meal(exp.)	88.0	40.5	4.40	1.00	1.29	2.31	1.56	0.46	0.78	2.10	1.06	1.27	0.43	1.69
1998—2018	5-10-0118	棉籽饼 Cottonseed meal(exp.)	88.0	36.3	3.94	0.90	1.16	2.07	1.40	0.41	0.70	1.88	0.95	1.14	0.39	1.51
2001—2009	5-10-0119	棉籽粕 Cottonseed meal(sol.)	88.0	47	4.98	1.26	1.4	2.67	2.13	0.56	0.66	2.43	1.11	1.35	0.54	2.05
2010—2018	5-10-0119	棉籽粕 Cottonseed meal(sol.)	88.0	47.0	5.44	1.28	1.41	2.60	2.13	0.65	0.75	2.47	1.46	1.43	0.57	1.98
1990	5-10-0119	亚麻仁饼 Linseed meal(exp.)	88.0	32.2	2.63	0.56	1.29	1.82	0.83	0.51	0.53	1.48	0.55	1.15	0.53	1.60
1991—2018	5-10-0119	亚麻仁饼 Linseed meal(exp.)	88.0	32.2	2.35	0.51	1.15	1.62	0.73	0.46	0.48	1.32	0.50	1.00	0.48	1.44
1990—2018	5-10-0120	亚麻仁粕 Linseed meal(sol.)	88.0	34.8	3.59	0.64	1.33	1.85	1.16	0.55	0.55	1.51	0.93	1.10	0.70	1.51
1990	5-10-0121	菜籽粕 Rapeseed meal(sol.)	88.0	38.4	1.76	0.88	1.35	2.38	1.27	0.70	0.84	1.52	1.08	1.61	0.46	1.80
1991—2018	5-10-0121	菜籽粕 Rapeseed meal(sol.)	88.0	38.6	1.83	0.86	1.29	2.34	1.30	0.63	0.87	1.45	0.97	1.49	0.43	1.74
1990	5-10-0122	大豆饼 Soybean meal(exp.)	88.0		2.50	1.09	1.55	2.72	2.41	0.37	0.28	1.77	1.52	1.43	0.64	1.68
2001—2018	5-10-0183	菜籽饼 Rapeseed meal(exp.)	88.0	35.7	1.82	0.83	1.24	2.26	1.33	0.60	0.82	1.35	0.92	1.40	0.42	1.62
2006—2018	5-10-0220	棉籽蛋白 Cottonseed protein	92.0	51.1	6.08	1.58	1.72	3.13	2.26	0.86	1.04	2.94	1.42	1.60		2.48
1991—2018	5-10-0242	向日葵仁粕 Sunflower meal(sol.)	88.0	36.5	3.17	0.81	1.51	2.25	1.22	0.72	0.62	1.56	0.99	1.25	0.47	1.72

续表1-1-3

年份	中国饲料号 CFN	饲料名称	干物质 DM	粗蛋白质 CP	精氨酸 Arg	组氨酸 His	异亮氨酸 Ile	亮氨酸 Leu	赖氨酸 Lys	蛋氨酸 Met	胱氨酸 Cys	苯丙氨酸 Phe	酪氨酸 Tyr	苏氨酸 Thr	色氨酸 Trp	缬氨酸 Val
1991—2018	5-10-0243	向日葵仁粕 Sunflower meal(sol.)	88.0	33.6	2.89	0.74	1.39	2.07	1.13	0.69	0.50	1.43	0.91	1.14	0.37	1.58
1995—1997	5-10-0244	玉米胚芽粕 Corn germ meal(sol.)	90.0	20.8	1.51	0.62	0.77	1.54	0.75	0.21	0.28	0.93	—	0.68	0.18	1.66
1998—2018	5-10-0244	玉米胚芽粕 Corn germ meal(sol.)	90.0	20.8	1.51	0.62	0.77	1.54	0.75	0.21	0.28	0.93	0.66	0.68	0.18	1.66
2001—2018	5-10-0246	芝麻饼 Sesame meal(exp.)	92.0	39.2	2.38	0.81	1.42	2.52	0.82	0.82	0.75	1.68	1.02	1.29	0.49	1.84
1991—1993	5-11-0001	玉米蛋白粉(CP 60%)Corn gluten meal	89.3	66.9	2.19	1.27	2.62	11.03	1.17	1.87	1.22	4.47	3.68	2.36	0.36	2.75
1994—2000	5-11-0001	玉米蛋白粉(CP 60%)Corn gluten meal	90.1	63.5	1.90	1.18	2.85	11.59	0.97	1.42	0.96	4.10	3.19	2.08	0.36	2.98
2001—2010	5-11-0001	玉米蛋白粉 Corn gluten meal	90.1	63.5	1.90	1.18	2.85	11.59	0.97	1.42	0.96	4.10	3.19	2.08	0.36	2.98
2011—2018	5-11-0001	玉米蛋白粉 Corn gluten meal	90.1	63.5	2.01	1.23	2.92	10.50	1.10	1.60	0.99	3.94	3.19	2.11	0.36	2.94
1991—1993	5-11-0002	玉米蛋白粉(CP 50%)Corn gluten meal	91.6	53.2	2.45	1.58	1.92	7.79	1.54	1.30	0.73	3.02	2.41	1.61	0.31	2.32
1994—2016	5-11-0002	玉米蛋白粉 Corn gluten meal	91.2	51.3	1.48	0.89	1.75	7.87	0.92	1.14	0.76	2.83	2.25	1.59	0.31	2.05
2017—2018	5-11-0002	玉米蛋白粉 Corn gluten meal	88.0	56.3	1.73	1.17	2.21	8.91	0.92	1.38	1.00	3.38	3.04	1.88	0.28	2.58
1991—2016	5-11-0003	玉米蛋白饲料 Corn gluten feed	88.0	19.3	0.77	0.56	0.62	1.82	0.63	0.29	0.33	0.70	0.50	0.68	0.14	0.93
2017—2018	5-11-0003	玉米蛋白饲料 Corn gluten feed	88.0	18.3	0.74	0.54	0.54	1.57	0.55	0.30	0.39	0.62	0.50	0.66	0.08	0.87
1991—2018	5-11-0004	麦芽根 Barley malt sprouts	89.7	28.3	1.22	0.54	1.08	1.58	1.30	0.37	0.26	0.85	0.67	0.96	0.42	1.44
1993—2004	5-11-0005	啤酒糟 Brewers dried grain	88.0	24.3	0.98	0.51	1.18	1.08	0.72	0.52	0.35	2.35	1.17	0.81	—	1.66
2005—2018	5-11-0005	啤酒糟 Brewers dried grain	88.0	24.3	0.98	0.51	1.18	1.08	0.72	0.52	0.35	2.35	1.17	0.81	0.28	1.66

续表1-1-3

年份	中国饲料号 CFN	饲料名称	干物质 DM	粗蛋白质 CP	精氨酸 Arg	组氨酸 His	异亮氨酸 Ile	亮氨酸 Leu	赖氨酸 Lys	蛋氨酸 Met	胱氨酸 Cys	苯丙氨酸 Phe	酪氨酸 Tyr	苏氨酸 Thr	色氨酸 Trp	缬氨酸 Val
2009—2011	5-11-0008	玉米蛋白粉 Corn gluten meal	89.9	44.3	1.31	0.78	1.63	7.08	0.71	1.04	0.65	2.61	2.03	1.38		1.84
2012—2018	5-11-0008	玉米蛋白粉 Corn gluten meal	89.9	44.3	1.31	0.78	1.63	7.08	0.71	1.04	0.65	2.61	2.03	1.38	—	1.84
1995—2018	5-11-0009	蚕豆粉浆蛋白粉 Broad bean gluten meal	88.0	66.3	5.96	1.66	2.90	5.88	4.44	0.60	0.57	3.43	2.21	2.31	—	3.20
1990	5-13-0036	血粉 Blood meal	88.0		3.68	5.49	0.75	10.28	7.18	0.81	1.00	5.50	2.72	3.11	1.11	6.77
1991	5-13-0036	血粉 Blood meal	88.0		2.99	4.35	0.73	8.39	6.37	0.77	0.98	5.37	2.72	2.90	1.11	6.23
1992—1993	5-13-0036	血粉 Blood meal	88.0	83.3	2.99	4.35	0.73	8.39	6.37	0.77	0.98	5.37	2.72	2.90	1.11	6.23
1994—2018	5-13-0036	血粉 Blood meal	88.0	82.8	2.99	4.40	0.75	8.38	6.67	0.74	0.98	5.23	2.55	2.86	1.11	6.08
1990—1992	5-13-0037	羽毛粉 Feather meal	88.0	77.9	5.30	0.32	4.21	6.78	0.89	0.59	2.93	3.57	1.79	3.51	0.40	7.23
1993—2018	5-13-0037	羽毛粉 Feather meal	88.0	77.9	5.30	0.58	4.21	6.78	1.65	0.59	2.93	3.57	1.79	3.51	0.40	6.05
1990	5-13-0038	皮革粉 Leather meal	88.0		5.75	0.35	0.99	1.89	2.21	0.69	0.03	1.14	0.37	1.17	0.50	1.29
1991—1992	5-13-0038	皮革粉 Leather meal	88.0		4.64	0.42	1.06	2.64	2.27	0.80	0.16	1.63	0.66	0.71	0.50	1.99
1993—1997	5-13-0038	皮革粉 Leather meal	88.0	77.6	4.64	0.42	1.06	2.64	2.27	0.80	0.16	1.63	0.66	0.71	0.50	1.99
1998	5-13-0038	皮革粉 Leather meal	88.0	74.7	4.64	0.42	1.06	2.64	2.27	0.80	0.16	1.63	0.66	0.71	0.50	1.99
1999—2018	5-13-0038	皮革粉 Leather meal	88.0	74.7	4.45	0.40	1.06	2.53	2.18	0.80	0.16	1.56	0.63	0.71	0.50	1.91
1990	5-13-0039	鱼粉	91.8	40.0	2.09	0.60	2.08	3.09	2.49	0.85	0.44	1.87	1.21	1.61	0.40	2.35
1990	5-13-0040	鱼粉	90.8	22.2	2.06	0.50	1.08	1.57	1.37	0.40	0.29	1.19	0.83	0.90	0.20	1.15
1990	5-13-0041	鱼粉 Fish meal(Zhejiang)	90.4	50.0	3.62	0.99	2.31	3.97	3.52	—	—	2.37	1.56	2.41	0.50	2.94

续表1-1-3

年份	中国饲料号 CFN	饲料名称	干物质 DM	粗蛋白质 CP	精氨酸 Arg	组氨酸 His	异亮氨酸 Ile	亮氨酸 Leu	赖氨酸 Lys	蛋氨酸 Met	胱氨酸 Cys	苯丙氨酸 Phe	酪氨酸 Tyr	苏氨酸 Thr	色氨酸 Trp	缬氨酸 Val
1991—1996	5-13-0041	鱼粉 Fish meal(Zhejiang)	88.0	52.5	3.12	0.91	2.11	3.67	3.41	0.62	0.38	1.99	1.32	2.13	0.67	2.59
1990	5-13-0042	鱼粉 Fish meal(Peruvian)	91.4	61.2	3.60	1.37	2.37	4.07	4.18	1.53	0.89	2.18	1.71	1.08	0.67	0.93
1991—1996	5-13-0042	鱼粉 Fish meal(Peruvian)	88.0	62.8	3.27	1.45	2.90	4.84	4.90	1.84	0.58	2.31	2.22	2.61	0.73	3.29
1993—1996	5-13-0043	鱼粉 Fish meal white	91.0	61.0	4.20	1.93	3.10	4.50	4.30	1.65	0.75	2.80	—	2.60	2.60	3.25
1997—2010	5-13-0044	鱼粉(CP 64.5%) Fish meal	90.0	64.5	3.91	1.75	2.68	4.99	5.22	1.71	0.58	2.71	2.13	2.87	0.78	3.25
2011—2018	5-13-0044	鱼粉(CP 67%) Fish meal	92.4	67.0	3.93	2.01	2.61	4.94	4.97	1.86	0.60	2.61	1.97	2.74	0.77	3.11
1997—2010	5-13-0045	鱼粉(CP 62.5%) Fish meal	90.0	62.5	3.86	1.83	2.79	5.06	5.12	1.66	0.55	2.67	2.01	2.78	0.75	3.14
1997—2018	5-13-0046	鱼粉(CP 60.2%) Fish meal	90.0	60.2	3.57	1.71	2.68	4.80	4.72	1.64	0.52	2.35	1.96	2.57	0.70	3.17
1993—1998	5-13-0047	肉骨粉 Meat and bone meal	92.6	50.0	3.35	0.96	1.70	3.20	2.60	0.67	0.33	1.70	—	1.63	0.26	2.25
1999—2000	5-13-0047	肉骨粉 Meat and bone meal	93.0	45.0	2.70	1.50	1.70	2.90	2.20	0.53	0.26	1.80	—	1.58	0.18	2.40
2001—2004	5-13-0047	肉骨粉 Meat and bone meal	93.0	50.0	3.35	0.96	1.70	3.20	2.60	0.67	0.33	1.70	—	1.63	0.26	2.25
2005—2018	5-13-0047	肉骨粉 Meat and bone meal	93.0	50.0	3.35	0.96	1.70	3.20	2.60	0.67	0.33	1.70	1.26	1.63	0.26	2.25
2000—2018	5-13-0048	肉粉 Meat meal	94.0	54.0	3.60	1.14	1.60	3.84	3.07	0.80	0.60	2.17	1.40	1.97	0.35	2.66
1997—2018	5-13-0077	鱼粉(CP 53.5%) Fish meal	90.0	53.5	3.24	1.29	2.30	4.30	3.87	1.39	0.49	2.22	1.70	2.51	0.60	2.77
2001—2018	5-14-0503	明胶 Gelatin	90.0	88.6	6.60	0.66	1.42	2.91	3.62	0.76	0.12	1.74	0.43	1.82	0.05	2.26

4.矿物质含量

表 1-1-4 矿物质含量

年份	中国饲料号 CFN	饲料名称	钠 Na (%)	氯 Cl (%)	镁 Mg (%)	钾 K (%)	硫 S (%)	铁 Fe (mg/kg)	铜 Cu (mg/kg)	锰 Mn (mg/kg)	锌 Zn (mg/kg)	硒 Se (mg/kg)
2001—2006	5-01-0162	酪蛋白 Casein	0.01	0.04	0.01	0.01		13	3.6	3.6	27.0	0.06
2007—2014	5-01-0162	酪蛋白 Casein	0.01	0.04	0.01	0.01		13	3.6	3.6	27.0	0.15
2015—2018	5-01-0162	酪蛋白 Casein	0.01	0.04	0.01	0.01		14	4.0	4.0	30.0	0.16
1992	5-10-0005	玉米胚芽粕 Corn germ meal(sol.)						293	4.3	3.6	97.8	0.32
1992	5-10-0006	玉米胚芽饼 Corn germ meal(exp.)						880	10.5	15.3	—	—
1994—1998	5-10-0024	芝麻饼	0.04			1.39		—	50.4	32.0	2.4	—
1993—1998	5-10-0031	向日葵仁饼	0.02			1.17		614	45.6	41.5	62.1	0.09
1990—1994	5-10-0083	菜籽饼 Rapeseed meal(exp.)						687	7.2	78.1	59.2	0.29
1995—1998	5-10-0083	菜籽饼	0.02			1.34		687	7.2	78.1	59.2	0.29
1999—2000	5-10-0083	菜籽饼	0.02	—	—	1.34	—	687	7.2	78.1	59.2	0.29
1990—1992	5-10-0115	花生仁粕 Peanut meal(sol.)						368	25.1	38.9	55.7	0.06
1993—1998	5-10-0115	花生仁粕	0.07			1.23		368	25.1	38.9	55.7	0.06
1999—2000	5-10-0115	花生仁粕	0.07	0.03	0.31	1.23	0.30	368	25.1	38.9	55.7	0.06
2001—2018	5-10-0115	花生仁粕 Peanut meal(sol.)	0.07	0.03	0.31	1.23		368	25.1	38.9	55.7	0.06
1990	5-10-0116	花生仁饼 Peanut meal(exp.)						454	19.2	39.5	52.2	0.15
1991—1992	5-10-0116	花生仁饼 Peanut meal(exp.)						347	23.7	36.7	52.5	0.06
1993—1996	5-10-0116	花生仁饼	—			1.15		347	23.7	36.7	52.5	0.06

续表1-1-4

年份	中国饲料号 CFN	饲料名称	钠 Na (%)	氯 Cl (%)	镁 Mg (%)	钾 K (%)	硫 S (%)	铁 Fe (mg/kg)	铜 Cu (mg/kg)	锰 Mn (mg/kg)	锌 Zn (mg/kg)	硒 Se (mg/kg)
1997—1998	5-10-0116	花生仁饼	0.04			1.15		347	23.7	36.7	52.5	0.06
1999—2000	5-10-0116	花生仁饼	0.04	0.03	0.33	1.15	0.29	347	23.7	36.7	52.5	0.06
2001—2018	5-10-0116	花生仁饼 Peanut meal(exp.)	0.04	0.03	0.33	1.14		347	23.7	36.7	52.5	0.06
1990	5-10-0117	棉籽粕 Cottonseed meal(sol.)						167	17.0	21.8	57.8	0.08
1991—1992	5-10-0117	棉籽粕 Cottonseed meal(sol.)						263	14.0	18.7	55.5	0.15
1993—1998	5-10-0117	棉籽粕	0.04			1.16		263	14.0	18.7	55.5	0.15
1999—2000	5-10-0117	棉籽粕	0.04	0.04	0.40	1.16	0.31	263	14.0	18.7	55.5	0.15
2001—2018	5-10-0117	棉籽粕 Cottonseed meal(sol.)	0.04	0.04	0.40	1.16		263	14.0	18.7	55.5	0.15
1990	5-10-0118	棉籽饼 Cottonseed meal(exp.)						180	19.7	17.6	60.1	0.07
1991—1992	5-10-0118	棉籽饼 Cottonseed meal(exp.)						266	11.6	17.8	44.9	0.11
1993—1998	5-10-0118	棉籽饼	0.04			1.20		266	11.6	17.8	44.9	0.11
1999	5-10-0118	棉籽饼	0.04	0.14	0.52	1.20	0.40	266	11.6	17.8	44.9	0.11
1999—2000	5-10-0118	棉籽饼	0.04	0.14	0.52	1.20	0.40	266	11.6	17.8	44.9	0.11
2001—2018	5-10-0118	棉籽饼 Cottonseed meal(exp.)	0.04	0.14	0.52	1.20		266	11.6	17.8	44.9	0.11
1990—1992	5-10-0119	亚麻仁饼 Linseed meal(exp.)						204	27.0	40.3	36.0	0.18
1993—1998	5-10-0119	亚麻仁饼	0.09			1.25		204	27.0	40.3	36.0	0.18
1999—2000	5-10-0119	亚麻仁饼	0.09	0.04	0.58	1.25	0.39	204	27.0	40.3	36.0	0.18
2001—2018	5-10-0119	亚麻仁饼 Linseed meal(exp.)	0.09	0.04	0.58	1.25		204	27.0	40.3	36.0	0.18

续表1-1-4

年份	中国饲料号 CFN	饲料名称	钠 Na (%)	氯 Cl (%)	镁 Mg (%)	钾 K (%)	硫 S (%)	铁 Fe (mg/kg)	铜 Cu (mg/kg)	锰 Mn (mg/kg)	锌 Zn (mg/kg)	硒 Se (mg/kg)
2001—2018	5-10-0119	棉籽粕 Cottonseed meal(sol.)	0.04	0.04	0.40	1.16		263	14.0	18.7	55.5	0.15
1990	5-10-0120	亚麻仁粕 Linseed meal(sol.)						219	—	43.3	38.7	0.19
1991—1992	5-10-0120	亚麻仁粕 Linseed meal(sol.)						219	25.5	43.3	38.7	0.18
1993—1998	5-10-0120	亚麻仁粕	0.14			1.38		219	25.5	43.3	38.7	0.18
1999—2000	5-10-0120	亚麻仁粕	0.14	0.05	0.56	1.38	0.51	219	25.5	43.3	38.7	0.18
2001—2018	5-10-0120	亚麻仁粕 Linseed meal(sol.)	0.14	0.05	0.56	1.38		219	25.5	43.3	38.7	0.18
1990	5-10-0121	菜籽粕 Rapeseed meal(sol.)						231	8.6	59.8	71.8	0.08
1991—1992	5-10-0121	菜籽粕 Rapeseed meal(sol.)						653	7.1	82.2	67.5	0.16
1993—1996	5-10-0121	菜籽粕	0.09			—		653	7.1	82.2	67.5	0.16
1997—1998	5-10-0121	菜籽粕	0.09			1.40		653	7.1	82.2	67.5	0.16
1999—2000	5-10-0121	菜籽粕	0.09	0.11	0.51	1.40	0.85	653	7.1	82.2	67.5	0.16
2001—2018	5-10-0121	菜籽粕 Fapeseed meal(sol.)	0.09	0.11	0.51	1.40		653	7.1	82.2	67.5	0.16
1993—2018	5-10-0183	菜籽饼 Fapeseed meal(exp.)	0.02			1.34		687	7.2	78.1	59.2	0.29
1991—1992	5-10-0242	向日葵仁粕 Sunflower meal(sol.)						226	32.8	34.5	82.7	0.06
1993—1996	5-10-0242	向日葵仁粕	—			—		226	32.8	34.5	82.7	0.06
1997—1998	5-10-0242	向日葵仁粕	0.20			—		226	32.8	34.5	82.7	0.06
1999	5-10-0242	向日葵仁粕	0.20	0.01	0.75	—	0.33	226	32.8	34.5	82.7	0.06
2000	5-10-0242	向日葵仁粕	0.20	0.01	0.75	1.00	0.33	226	32.8	34.5	82.7	0.06

续表1-1-4

年份	中国饲料号 CFN	饲料名称	钠 Na (%)	氯 Cl (%)	镁 Mg (%)	钾 K (%)	硫 S (%)	铁 Fe (mg/kg)	铜 Cu (mg/kg)	锰 Mn (mg/kg)	锌 Zn (mg/kg)	硒 Se (mg/kg)
2001—2018	5-10-0242	向日葵仁粕 Sunflower meal(sol.)	0.20	0.01	0.75	1.00		226	32.8	34.5	82.7	0.06
1991—1992	5-10-0243	向日葵仁粕 Sunflower meal(sol.)						310	35.0	35.0	80.0	0.08
1993—1998	5-10-0243	向日葵仁粕	0.20			1.23		310	35.0	35.0	80.0	0.08
1999—2000	5-10-0243	向日葵仁粕	0.20	0.10	0.68	1.23	0.30	310	35.0	35.0	80.0	0.08
2001—2018	5-10-0243	向日葵仁粕 Sunflower meal(sol.)	0.20	0.10	0.68	1.23		310	35.0	35.0	80.0	0.08
1995—1998	5-10-0244	玉米胚芽粕 Corn germ meal(sol.)	0.01			0.69		214	7.7	23.3	126.6	—
1999—2000	5-10-0244	玉米胚芽粕 Corn germ meal(sol.)	0.01	—	0.16	0.69	0.32	214	7.7	23.3	126.6	0.33
2001—2008	4-10-0244	玉米胚芽粕 Corn germ meal	0.01	—	0.16	0.69		214	7.7	23.3	126.6	0.33
2009—2018	4-10-0244	玉米胚芽粕 Corn germ meal	0.01		0.16	0.69		214	7.7	23.3	126.6	0.33
1993	5-10-0246	芝麻饼 Sesame meal(exp.)	0.04			1.39		—	50.4	32.0	2.4	—
1999—2000	5-10-0246	芝麻饼	0.04	0.05	0.50	1.39	0.43	—	50.4	32.0	2.4	—
2001—2005	5-10-0246	芝麻饼	0.04	0.05	0.50	1.39		—	50.4	32.0	2.4	—
2006—2018	5-10-0246	芝麻饼 Sesame meal(exp.)	0.04	0.05	0.50	1.39		1780	50.4	32.0	2.4	0.21
1991—1992	5-11-0001	玉米蛋白粉 Corn gluten meal						51	1.9	5.9	19.2	0.02
1993—1996	5-11-0001	玉米蛋白粉(CP 60%)Corn gluten meal	0.01			0.30		51	1.9	5.9	19.2	0.02
1997—1998	5-11-0001	玉米蛋白粉(CP 60%)Corn gluten meal	0.01			0.30		230	1.9	5.9	19.2	0.02
1999—2000	5-11-0001	玉米蛋白粉(CP 60%)Corn gluten meal	0.01	0.05	0.08	0.30	0.43	230	1.9	5.9	19.2	0.02
2001—2018	5-11-0001	玉米蛋白粉 Corn gluten meal	0.01	0.05	0.08	0.30		230	1.9	5.9	19.2	0.02
1991—1992	5-11-0002	玉米蛋白粉 Corn gluten meal						434	10.0	78.0	49.0	—

续表1-1-4

年份	中国饲料号 CFN	饲料名称	钠 Na (%)	氯 Cl (%)	镁 Mg (%)	钾 K (%)	硫 S (%)	铁 Fe (mg/kg)	铜 Cu (mg/kg)	锰 Mn (mg/kg)	锌 Zn (mg/kg)	硒 Se (mg/kg)
1993—1996	5-11-0002	玉米蛋白粉(CP 50%)Corn gluten meal	—			—		434	10.0	78.0	49.0	—
1997—1998	5-11-0002	玉米蛋白粉(CP 50%)Corn gluten meal	0.02			0.35		332	10.0	78.0	49.0	—
1999—2007	5-11-0002	玉米蛋白粉 Corn gluten meal	0.02	—	—	0.35		332	10.0	78.0	49.0	—
2008	5-11-0002	玉米蛋白粉 Corn gluten meal	0.02			0.35		332	10.0	78.0	49.0	—
2009—2018	5-11-0002	玉米蛋白粉 Corn gluten meal	0.02			0.35		332	10.0	78.0	49.0	
1991—1992	5-11-0003	玉米蛋白饲料 Corn gluten feed						282	10.7	77.1	59.2	—
1993—1998	5-11-0003	玉米蛋白饲料 Corn gluten feed	0.12			1.30		282	10.7	77.1	59.2	—
1999—2000	5-11-0003	玉米蛋白饲料 Corn gluten feed	0.12	0.22	0.42	1.30	0.16	282	10.7	77.1	59.2	0.23
2001—2018	5-11-0003	玉米蛋白饲料 Corn gluten feed	0.12	0.22	0.42	1.30		282	10.7	77.1	59.2	0.23
1991—1992	5-11-0004	麦芽根 Barley malt sprouts						198	5.3	67.8	42.4	—
1993—1998	5-11-0004	麦芽根	—			—		198	5.3	67.8	42.4	—
1999—2000	5-11-0004	麦芽根	0.06	0.59	0.16	2.18	0.79	198	5.3	67.8	42.4	0.60
2001—2018	5-11-0004	麦芽根 Barley malt sprouts	0.06	0.59	0.16	2.18		198	5.3	67.8	42.4	0.60
1993—1998	5-11-0005	啤酒糟	0.25			0.08		274	20.1	35.6	—	0.60
1999—2000	5-11-0005	啤酒糟	0.25	0.12	0.19	0.08	0.21	274	20.1	35.6	—	0.41
2001—2009	5-11-0005	啤酒糟 Brewers dried grain	0.25	0.12	0.19	0.08		274	20.1	35.6	104	0.48
2010—2018	5-11-0005	啤酒糟 Brewers dried grain	0.25	0.12	0.19	0.08		274	20.1	35.6	104.0	0.41
1997—1998	5-11-0008	玉米蛋白粉(CP40%)Corn gluten meal	0.02			0.40		—	—	—	—	—
1999	5-11-0008	玉米蛋白粉(CP40%)Corn gluten meal	0.02	0.08	0.05	0.40	0.60	—	—	—	—	1.00

续表1-1-4

年份	中国饲料号 CFN	饲料名称	钠 Na (%)	氯 Cl (%)	镁 Mg (%)	钾 K (%)	硫 S (%)	铁 Fe (mg/kg)	铜 Cu (mg/kg)	锰 Mn (mg/kg)	锌 Zn (mg/kg)	硒 Se (mg/kg)
2000	5-11-0008	玉米蛋白粉(CP40%)Corn gluten meal	0.02	0.08	0.05	0.40	0.60	400	28.0	7.0	—	1.00
2001—2008	5-11-0008	玉米蛋白粉 Corn gluten meal	0.02	0.08	0.05	0.40		400	28.0	7.0	—	1.00
2009—2014	5-11-0008	玉米蛋白粉 Corn gluten meal	0.02	0.08	0.05	0.40		400	28.0	7.0		1.00
1995—1998	5-11-0009	蚕豆粉浆蛋白粉	0.01			0.06		—	22.0	16.0	—	—
1999—2000	5-11-0009	蚕豆粉浆蛋白粉	0.01	—	—	0.06	—	—	22.0	16.0	—	—
2001—2018	5-11-0009	蚕豆粉浆蛋白粉 Broad bean gluten meal	0.01			0.06			22.0	16.0		
1990—1992	5-13-0036	血粉 Blood meal						2800	8.0	2.3	14.0	0.70
1993—1998	5-13-0036	血粉 Blood meal	0.31			0.90		2800	8.0	2.3	14.0	0.70
1999—2000	5-13-0036	血粉 Blood meal	0.31	0.27	0.16	0.90	0.32	2100	8.0	2.3	14.0	0.70
2001—2018	5-13-0036	血粉 Blood meal	0.31	0.27	0.16	0.90		2100	8.0	2.3	14.0	0.70
1990	5-13-0037	羽毛粉 Feather meal						68	6.8	8.8	53.8	0.80
1991—1992	5-13-0037	羽毛粉 Feather meal						1230	6.8	8.8	53.8	0.80
1993—1996	5-13-0037	羽毛粉	0.70			0.30		1320	6.8	8.8	53.8	0.80
1997—1998	5-13-0037	羽毛粉	0.70			0.30		73	6.8	8.8	53.8	0.80
1999—2000	5-13-0037	羽毛粉	0.31	0.26	0.20	0.18	1.39	73	6.8	8.8	53.8	0.80
2001—2018	5-13-0037	羽毛粉 Feather meal	0.31	0.26	0.20	0.18		73	6.8	8.8	53.8	0.80
1990—2018	5-13-0038	皮革粉 Leather meal						131	11.1	25.2	89.8	—
1990	5-13-0039	鱼粉						—	—	—	—	—
1990	5-13-0040	鱼粉						—	—	—	—	—

续表1-1-4

年份	中国饲料号 CFN	饲料名称	钠 Na (%)	氯 Cl (%)	镁 Mg (%)	钾 K (%)	硫 S (%)	铁 Fe (mg/kg)	铜 Cu (mg/kg)	锰 Mn (mg/kg)	锌 Zn (mg/kg)	硒 Se (mg/kg)
1990	5-13-0041	鱼粉 Fish meal(Zhejiang)						—	—	—	—	—
1991—1992	5-13-0041	鱼粉 Fish meal(Zhejiang)						670	17.9	27.0	123.0	1.77
1993—1996	5-13-0041	鱼粉 Fish meal(Zhejiang)	0.91			1.24		670	17.9	27.0	123.0	1.77
1990	5-13-0042	鱼粉 Fish meal(Peruvian)						670	17.9	27.0	123.0	1.77
1991—1992	5-13-0042	鱼粉 Fish meal(Peruvian)						219	8.9	9.0	96.7	1.93
1993—1996	5-13-0042	鱼粉 Fish meal(Peruvian)	0.88			0.90		219	8.9	9.0	96.7	1.93
1993—1996	5-13-0043	鱼粉 Fish meal white	0.97			1.10		80	8.0	9.7	80.0	1.50
1997—1998	5-13-0044	鱼粉(CP 64.5%)Fish meal	0.88			0.90		226	9.1	9.2	98.9	2.70
1999—2000	5-13-0044	鱼粉(CP 64.5%)Fish meal	0.88	0.60	0.24	0.90	0.77	226	9.1	9.2	98.9	2.70
2001—2010	5-13-0044	鱼粉(CP 64.5%)Fish meal	0.88	0.60	0.24	0.90		226	9.1	9.2	98.9	2.7
2011—2018	5-13-0044	鱼粉(CP 67%)Fish meal	1.04	0.71	0.23	0.74		337	8.4	11.0	102	2.70
1997	5-13-0045	鱼粉(CP 62.5%)Fish meal	0.78			0.83		181	6.0	12.0	90.0	1.62
1998	5-13-0045	鱼粉(CP 62.5%)Fish meal	0.78			0.83		181	6.0	12.0	90.0	1.02
1999—2000	5-13-0045	鱼粉(CP 62.5%)Fish meal	0.78	0.61	0.16	0.83	0.48	181	6.0	12.0	90.0	1.62
2001—2010	5-13-0045	鱼粉(CP 62.5%)Fish meal	0.78	0.61	0.16	0.83		181	6.0	12.0	90.0	1.62
1997—1998	5-13-0046	鱼粉(CP 60.2%)Fish meal	0.97			1.10		80	8.0	10.0	80.0	1.50
1999—2000	5-13-0046	鱼粉(CP 60.2%)Fish meal	0.97	0.61	0.16	1.10	0.45	80	8.0	10.0	80.0	1.50
2001—2018	5-13-0046	鱼粉(CP 60.2%)Fish meal	0.97	0.61	0.16	1.10		80	8.0	10.0	80.0	1.50

续表1-1-4

年份	中国饲料号 CFN	饲料名称	钠 Na (%)	氯 Cl (%)	镁 Mg (%)	钾 K (%)	硫 S (%)	铁 Fe (mg/kg)	铜 Cu (mg/kg)	锰 Mn (mg/kg)	锌 Zn (mg/kg)	硒 Se (mg/kg)
1993—1996	5-13-0047	肉骨粉 Meat and bone meal	0.73			1.40		500	1.5	12.3	—	0.25
1997	5-13-0047	肉骨粉 Meat and bone meal	0.73			1.40		1.45（编者注：推测应为500）	1.5	12.3	—	0.25
1998	5-13-0047	肉骨粉 Meat and bone meal	0.73			1.45		500	1.5	12.3	—	0.25
1999	5-13-0047	肉骨粉 Meat and bone meal	0.60	0.70	1.00	1.30	0.40	500	—	10.1	90.0	0.25
2000	5-13-0047	肉骨粉 Meat and bone meal	0.60	0.70	1.00	1.30	0.40	500	1.5	10.1	90.0	0.25
2001—2018	5-13-0047	肉骨粉 Meat and bone meal	0.73	0.75	1.13	1.40		500	1.5	12.3	90.0	0.25
2000	5-13-0048	肉粉 Meat meal	0.80	0.97	0.35	0.57	0.45	440	10.0	10.0	94.0	0.37
2001—2018	5-13-0048	肉粉 Meat meal	0.80	0.97	0.35	0.57		440	10.0	10.0	94.0	0.37
1997—1998	5-13-0077	鱼粉(CP 53.5%)Fish meal	1.15			0.94		292	8.0	9.7	88.0	1.94
1999—2000	5-13-0077	鱼粉(CP 53.5%)Fish meal	1.15	0.61	0.16	0.94	—	292	8.0	9.7	88.0	1.94
2001—2018	5-13-0077	鱼粉(CP 53.5%)Fish meal	1.15	0.61	0.16	0.94		292	8.0	9.7	88.0	1.94
2001—2018	5-14-0503	明胶 Gelatin			0.05							

5. 维生素含量(含亚油酸含量)

表 1-1-5 维生素及亚油酸含量

年份	中国饲料号 CFN	饲料名称	胡萝卜素(mg/kg)	维生素 E(mg/kg)	维生素 B_1(mg/kg)	维生素 B_2(mg/kg)	泛酸(mg/kg)	烟酸(mg/kg)	生物素(mg/kg)	叶酸(mg/kg)	胆碱(mg/kg)	维生素 B_6(mg/kg)	维生素 B_{12}(μg/kg)	亚油酸(%)
2001—2018	5-01-0162	酪蛋白 Casein			0.4	1.5	2.7	1.0	0.04	0.51	205	0.40		
2001—2018	5-10-0115	花生仁粕 Peanut meal(sol.)		3.0	5.7	11.0	53.0	173.0	0.39	0.39	1854	10.00	0.0	0.24
2001—2018	5-10-0116	花生仁饼 Peanut meal(exp.)		3.0	7.1	5.2	47.0	166.0	0.33	0.40	1655	10.00	0.0	1.43
2001—2018	5-10-0117	棉籽粕 Cottonseed meal(sol.)	0.2	15.0	7.0	5.5	12.0	40.0	0.30	2.51	2933	5.10	0.0	1.51
2001—2018	5-10-0118	棉籽饼 Cottonseed meal(exp.)	0.2	16.0	6.4	5.1	10.0	38.0	0.53	1.65	2753	5.30	0.0	2.47
2001—2018	5-10-0119	棉籽粕 Cottonseed meal(sol.)	0.2	15.0	7.0	5.5	12.0	40.0	0.30	2.51	2933	5.10	0.0	1.51
2001—2018	5-10-0119	亚麻仁饼 Linseed meal(exp.)		7.7	2.6	4.1	16.5	37.4	0.36	2.90	1672	6.10		1.07
2001—2018	5-10-0120	亚麻仁粕 Linseed meal(sol.)	0.2	5.8	7.5	3.2	14.7	33.0	0.41	0.34	1512	6.00	200.0	0.36
2001—2018	5-10-0121	菜籽粕 Rapeseed meal(sol.)		54.0	5.2	3.7	9.5	160.0	0.98	0.95	6700	7.20	0.0	0.42
2001—2018	5-10-0242	向日葵仁粕 Sunflower meal(sol.)		0.7	4.6	2.3	39.0	22.0	1.70	1.60	3260	17.20		
2001—2018	5-10-0243	向日葵仁粕 Sunflower meal(sol.)			3.0	3.0	29.9	14.0	1.40	1.14	3100	11.10		0.98
2001—2008	4-10-0244	玉米胚芽粕 Corn germ meal	2.0	80.8	1.1	4.0	4.4	37.7	0.02	0.20	2000	—	—	1.47
2009—2018	4-10-0244	玉米胚芽粕 Corn germ meal	2.0	80.8	1.1	4.0	4.4	37.7	0.02	0.20	2000			1.47

续表1-1-5

年份	中国饲料号 CFN	饲料名称	胡萝卜素 (mg/kg)	维生素 E (mg/kg)	维生素 B_1 (mg/kg)	维生素 B_2 (mg/kg)	泛酸 (mg/kg)	烟酸 (mg/kg)	生物素 (mg/kg)	叶酸 (mg/kg)	胆碱 (mg/kg)	维生素 B_6 (mg/kg)	维生素 B_{12} (μg/kg)	亚油酸 (%)
2001—2012	5-10-0246	芝麻饼 Sesame meal (exp.)	0.2	0.3	2.8	3.6	6.0	30.0	2.40		1536	12.50	0.0	1.90
2013—2018	5-10-0246	芝麻饼 Sesame meal (exp.)	0.2	0.3	2.8	3.6	6.0	30.0	2.40	—	1536	12.50	0.0	1.90
2001—2018	5-11-0001	玉米蛋白粉 Corn gluten meal	44.0	25.5	0.3	2.2	3.0	55.0	0.15	0.20	330	6.90	50.0	1.17
2001—2018	5-11-0003	玉米蛋白饲料 Corn gluten feed	8.0	14.8	2.0	2.4	17.8	75.5	0.22	0.28	1700	13.00	250.0	1.43
2001—2018	5-11-0004	麦芽根 Barley malt sprouts		4.2	0.7	1.5	8.6	43.3		0.20	1548			0.46
2001—2018	5-11-0005	啤酒糟 Brewers dried grain	0.20	27.0	0.6	1.5	8.6	43.0	0.24	0.24	1723	0.70		2.94
2001—2008	5-11-0008	玉米蛋白粉 Corn gluten meal	16.0	19.9	0.2	1.5	9.6	54.5	0.15	0.22	330	—	—	—
2009—2018	5-11-0008	玉米蛋白粉 Corn gluten meal	16.0	19.9	0.2	1.5	9.6	54.5	0.15	0.22	330			
2001—2008	5-13-0036	血粉 Blood meal	—	1.0	0.4	1.6	1.2	23.0	0.09	0.11	800	4.40	50.0	0.10
2009—2018	5-13-0036	血粉 Blood meal		1.0	0.4	1.6	1.2	23.0	0.09	0.11	800	4.40	50.0	0.10
2001—2018	5-13-0037	羽毛粉 Feather meal		7.3	0.1	2.0	10.0	27.0	0.04	0.20	880	3.00	71.0	0.83
2001—2010	5-13-0044	鱼粉(CP 64.5%) Fish meal		5.0	0.3	7.1	15.0	100.0	0.23	0.37	4408	4.00	352.0	0.20
2011—2018	5-13-0044	鱼粉(CP 67%) Fish meal		5.0	2.8	5.8	9.3	82.0	1.30	0.90	5600	2.3	210	0.20

续表1-1-5

年份	中国饲料号 CFN	饲料名称	胡萝卜素 (mg/kg)	维生素 E (mg/kg)	维生素 B_1 (mg/kg)	维生素 B_2 (mg/kg)	泛酸 (mg/kg)	烟酸 (mg/kg)	生物素 (mg/kg)	叶酸 (mg/kg)	胆碱 (mg/kg)	维生素 B_6 (mg/kg)	维生素 B_{12} (μg/kg)	亚油酸 (%)
2001—2008	5-13-0045	鱼粉(CP 62.5%) Fish meal	—	5.7	0.2	4.9	9.0	55.0	0.15	0.30	3099	4.00	150.0	0.12
2009—2010	5-13-0045	鱼粉(CP 62.5%) Fish meal		5.7	0.2	4.9	9.0	55.0	0.15	0.30	3099	4.00	150.0	0.12
2001—2008	5-13-0046	鱼粉(CP 60.2%) Fish meal	—	7.0	0.5	4.9	9.0	55.0	0.20	0.30	3056	4.00	104.0	0.12
2009—2018	5-13-0046	鱼粉(CP 60.2%) Fish meal		7.0	0.5	4.9	9.0	55.0	0.20	0.30	3056	4.00	104.0	0.12
2001—2006	5-13-0047	肉骨粉 Meat and bone meal		0.8	0.2	5.2	4.4	59.4	0.14	0.60	2000	4.60	100.0	0.72
2007—2008	5-13-0047	肉骨粉 Meat and bone meal	—	0.8	0.2	5.2	4.4	59.4	0.14	0.60	2000	4.60	100.0	0.72
2009—2018	5-13-0047	肉骨粉 Meat and bone meal		0.8	0.2	5.2	4.4	59.4	0.14	0.60	2000	4.60	100.0	0.72
2000	5-13-0048	肉粉 Meat meal												
2001—2006	5-13-0048	肉粉 Meat meal		1.2	0.6	4.7	5.0	57.0	0.08	0.50	2077	2.40	80.0	0.80
2007—2008	5-13-0048	肉粉 Meat meal	—	1.2	0.6	4.7	5.0	57.0	0.08	0.50	2077	2.40	80.0	0.80
2009—2018	5-13-0048	肉粉 Meat meal		1.2	0.6	4.7	5.0	57.0	0.08	0.50	2077	2.40	80.0	0.80
2001—2008	5-13-0077	鱼粉(CP 53.5%) Fish meal	—	5.6	0.4	8.8	8.8	65.0	—	—	3000	—	143.0	—
2009—2018	5-13-0077	鱼粉(CP 53.5%) fish meal		5.6	0.4	8.8	8.8	65.0			3000		143.0	

6.猪氨基酸生物学效价

表 1-1-6 猪用饲料氨基酸回肠真或标准消化率*

%

年份	中国饲料号 CFN	饲料名称	干物质 DM	粗蛋白质 CP**	精氨酸 Arg	组氨酸 His	异亮氨酸 Ile	亮氨酸 Leu	赖氨酸 Lys	蛋氨酸 Met	胱氨酸 Cys	苯丙氨酸 Phe	酪氨酸 Tyr	苏氨酸 Thr	色氨酸 Trp	缬氨酸 Val
2016—2018		大豆浓缩蛋白 Soybean protein concentrate	92.0	89	95	91	91	91	91	92	79	90	93	86	88	90
2001—2007	5-01-0162	酪蛋白 Casein	91.0	88.7					100	97	96					
2018—2010		酪蛋白 Casein	91.0	88.4	99	99	96	99	99	99	92	99		96	98	96
2011		酪蛋白 Casein	91.0		99	99	96	99	99	99	92	99		96	98	96
2012—2015		酪蛋白 Casein	91.0	100	99	99	96	99	99	99	92	99	99	96	98	96
2016—2018		酪蛋白 Casein	91.0	100	99	99	96	99	99	99	92	99	99	96	98	96
2001—2007	5-10-0115	花生仁粕 Peanut meal(sol.)	88.0	47.8	97	91	92	93	87	88	86	94	95	91		91
2008—2010		花生仁粕 Peanut meal(sol.)	88.0	47.8	94	83	88	87	81	85	78	92		83	86	87
2011		花生仁粕 Peanut meal(sol.)	88.0		92	81	81	81	76	83	81	88	92	74	76	78
2012—2018		花生仁粕 Peanut meal(sol.)	88.0	87	93	81	81	81	76	83	81	88	92	74	76	78
2001—2007	5-10-0116	花生仁饼 Peanut meal(exp.)	88.0	44.7	97	90	91	92	89	89	86	93	95	89		91
2008—2010	5-10-0116	花生仁饼 Peanut meal(exp.)	88.0	44.7	94	83	88	87	81	85	78	92		83	86	87
2001—2007	5-10-0117	棉籽粕 Cottonseed meal(sol.)	88.0	43.5	91	85	78	77	68	74	85	83	82	79	76	84
2008—2009	5-10-0117	棉籽粕 Cottonseed meal(sol.)	88.0	43.5	90	76	74	76	63	73	76	83	81	71	68	76
2011		花生仁粕 Peanut meal(exp.)	88.0		94	83	88	87	81	85	78	92		83	86	87
2012—2018		花生仁粕 Peanut meal(exp.)	88.0	87	93	81	81	81	76	83	81	88	92	74	76	78
2003—2007	5-10-0118	棉籽饼 Cottonseed meal(sol.)	88.0	36.3	86	76	65	66	58	65		77		61		66
2002—2007	5-10-0119	棉籽饼 Cottonseed meal(sol.)	88.0	47.0	90	82	73	73	65	74	77	79	80	74	73	77

续表1-1-6

年份	中国饲料号 CFN	饲料名称	干物质 DM	粗蛋白质 CP**	精氨酸 Arg	组氨酸 His	异亮氨酸 Ile	亮氨酸 Leu	赖氨酸 Lys	蛋氨酸 Met	胱氨酸 Cys	苯丙氨酸 Phe	酪氨酸 Tyr	苏氨酸 Thr	色氨酸 Trp	缬氨酸 Val
2010		棉籽粕 Cottonseed meal(sol.)	88.0	47.0	92	81	79	79	70	80	79	86		76	82	83
2011		棉籽粕 Cottonseed meal(sol.)	88.0		92	81	79	79	70	80	79	86		76	82	83
2012—2018		棉籽粕 Cottonseed meal(sol.)	88.0	77	88	74	70	73	63	73	76	81	76	68	71	73
2001—2007	5-10-0121	菜籽粕 Rapeseed meal(sol.)	88.0	38.6	86	83	76	81	75	86	79	81	78	74	80	74
2008—2010	5-10-0121	菜籽粕 Rapeseed meal(sol.)	88.0	38.6	87	84	78	82	75	87	81	83	80	75	80	77
2011		菜籽粕 Rapeseed meal(sol.)	88.0		84	80	75	77	74	81	70	77		71	71	72
2012—2018		菜籽粕 Rapeseed meal(sol.)	88.0	74	85	78	76	78	74	85	74	77	77	70	71	74
2010		菜籽饼 Rapeseed meal(exp.)	88	75	84	80	75	77	74	81	70	77		71	71	72
2011		菜籽饼 Rapeseed meal(exp.)	88.0		84	80	75	77	74	81	70	77		71	71	72
2012—2018		菜籽饼 Rapeseed meal(exp.)	88.0	75	83	78	78	78	71	83	76	80	74	70	73	73
2006—2007	5-10-0220	棉籽蛋白	88.4	51.1	97	91	81	83	76	79	87	87	85	80	88	78
2001—2007	5-10-0242	向日葵仁粕 Sunflower meal (sol.)	88.0	36.5	93	84	81	82	83	88	80	83	85	81		79
2008—2010	5-10-0243	向日葵仁粕 Sunflower meal (sol.)	88.0	36.5	92	82	83	81	79	88	77	82		80	83	81
2011		向日葵仁粕 Sunflower meal (sol.)	88.0		92	82	83	81	79	88	77	82		80	83	81
2012—2018		向日葵仁粕 Sunflower meal (sol.)	88.0	83	93	83	82	82	80	90	80	86	88	80	84	79
2001—2005	4-10-0244	玉米胚芽粕 Corn germ meal (sol.)	90.0	20.8	—	—	—	—	—	—	—	—	—	—	—	—
2011		玉米胚芽粕	90.0		85	76	80	85	65	81	59	84		72	66	77
2012—2014		玉米胚芽粕	90.0	—	83	78	75	78	62	80	63	81	79	70	66	77

续表1-1-6

年份	中国饲料号 CFN	饲料名称	干物质 DM	粗蛋白质 CP**	精氨酸 Arg	组氨酸 His	异亮氨酸 Ile	亮氨酸 Leu	赖氨酸 Lys	蛋氨酸 Met	胱氨酸 Cys	苯丙氨酸 Phe	酪氨酸 Tyr	苏氨酸 Thr	色氨酸 Trp	缬氨酸 Val
2015—2018		玉米胚芽粕	90.0	71	83	78	75	78	62	80	63	81	79	70	66	77
2001—2007	5-10-0246	芝麻饼 Sesame meal(exp.)	92.0	39.2	96	93	91	92	85	92	92	93	91	90		89
2008—2010		芝麻饼 Sesame meal(exp.)	92.0	39.2	90	89	92	91	88	94	87	90		87	90	91
2011		芝麻粕 Sesame meal(sol.)	92.0		84	84	87	87	82	84	84	90		79	84	88
2012—2014		芝麻粕 Sesame meal(sol.)	92.0	—	96	84	87	92	85	92	92	93	91	90	85	89
2015—2018		芝麻粕 Sesame meal(sol.)	92.0	91	96	84	87	92	85	92	92	93	91	90	85	89
2001—2007	5-11-0001	玉米蛋白粉 Corn gluten meal	90.1	63.5	89	80	84	88	80	90	82	85	87	84	63	80
2008—2010	5-11-0001	玉米蛋白粉 Corn gluten meal	90.1	63.5	95	92	92	95	89	95	92	94	94	92	87	91
2001—2002	5-11-0002	玉米蛋白粉 Corn gluten meal	91.2	51.3	—	—	—	—	—	—	—	—	—	—	—	—
2003—2007	5-11-0002	玉米蛋白粉 Corn gluten meal	91.2	51.3	84	81	89	93	79	95	87	94	—	84	57	87
2008	5-11-0002	玉米蛋白粉 Corn gluten meal	91.2	51.3	93	86	89	91	87	97	88	91	—	90	86	88
2009—2010	5-11-0002	玉米蛋白粉 Corn gluten meal	91.2	51.3	93	86	89	91	87	97	88	91		90	86	88
2001—2007	5-11-0003	玉米蛋白饲料 Corn gluten feed	88.0	19.3	87	78	80	85	66	83	59	87	84	71	64	77
2011		玉米蛋白饲料 Corn gluten feed	88.0		85	76	80	85	65	81	59	84		72	66	77
2012—2014		玉米蛋白饲料 Corn gluten feed	88.0	—	86	75	80	85	66	82	62	85	84	71	66	77
2015—2018		玉米蛋白饲料 Corn gluten feed	88.0	65	86	75	80	85	66	82	62	85	84	71	66	77
2001—2007	5-11-0005	啤酒糟 Brewers dried grain	88.0	24.3	95	84	89	88	82	90	77	92	94	81	83	86
2008—2010	5-11-0005	啤酒糟 Brewers dried grain	88.0	24.3	95	85	89	88	82	89	77	91		81	83	86
2011		啤酒糟 Brewers dried grain	88.0		95	84	89	88	82	90	77	92		81	83	86
2012—2014		啤酒糟 Brewers dried grain	88.0	—	93	83	87	86	80	87	76	90	93	80	81	84
2015		啤酒糟 Brewers dried grain	88.0	85	93	83	87	86	80	87	76	90	93	80	81	84

续表1-1-6

年份	中国饲料号 CFN	饲料名称	干物质 DM	粗蛋白质 CP**	精氨酸 Arg	组氨酸 His	异亮氨酸 Ile	亮氨酸 Leu	赖氨酸 Lys	蛋氨酸 Met	胱氨酸 Cys	苯丙氨酸 Phe	酪氨酸 Tyr	苏氨酸 Thr	色氨酸 Trp	缬氨酸 Val
2016—2018		啤酒糟 Brewers dried grain	88.0	85	93	83	87	86	80	87	76	90	93	80	81	36
2001—2002	5-11-0008	玉米蛋白粉 Corn gluten meal	89.9	44.3	—	—	—	—	—	—	—	—	—	—	—	—
2003—2007	5-11-0008	玉米蛋白粉 Corn gluten meal	89.9	44.3	87	84	90	95	80	96	87	94	—	75	66	87
2008	5-11-0008	玉米蛋白粉 Corn gluten meal	89.9	44.3	93	86	89	91	87	97	88	91	—	90	86	88
2009—2010	5-11-0008	玉米蛋白粉 Corn gluten meal	89.9	44.3	93	86	89	91	87	97	88	91		90	86	88
2011		玉米蛋白粉 Corn gluten meal	90.1		93	86	89	91	87	97	88	91		90	86	88
2012—2018		玉米蛋白粉 Corn gluten meal	90.1	75	91	87	93	96	81	93	88	94	94	87	77	91
2001—2007	5-13-0036	血粉 Blood meal	88.0	82.8	92	92	88	92	94	96	91	93	93	94	94	91
2008	5-13-0036	血粉 Blood meal	88.0	82.8	86	82	86	84	86	85	—	86	86	85	88	84
2009—2010	5-13-0036	血粉 Blood meal	88.0	82.8	86	82	86	84	86	85		86	86	85	88	84
2011		血粉 Blood meal	88.0		95	95	75	93	94	88	88	82		89	91	93
2012—2018		血粉 Blood meal	88.0	89	92	91	73	93	93	88	86	92	88	87	91	92
2001—2007	5-13-0037	羽毛粉 Feather meal	88.0	77.9	82	70	83	80	65	76	73	83	80	81	86	81
2008—2010		羽毛粉 Feather meal	88.0	77.9	84	71	86	83	65	71	70	86	76	78	72	83
2011		羽毛粉 Feather meal	88.0		80	63	80	80	49	58	64	81		69	56	76
2012—2018		羽毛粉 Feather meal	88.0	68	81	56	76	77	56	73	73	79	79	71	63	75
2001—2007	5-13-0044	鱼粉(CP 64.5%)Fish meal	90.0	64.5	94	93	94	94	93	94	89	93	93	94	90	93
2008—2010	5-13-0044	鱼粉(CP 64.5%)Fish meal	90.0	64.5	94	89	93	94	93	93	86	92	92	92	89	92
2001—2007	5-13-0045	鱼粉(CP 62.5%)Fish meal	90.0	62.5	94	93	94	94	93	94	89	93	93	94	90	93
2001—2007	5-13-0046	鱼粉(CP 60.2%)Fish meal	90.0	60.2	94	93	94	94	93	94	89	93	93	94	90	93

续表1-1-6

年份	中国饲料号 CFN	饲料名称	干物质 DM	粗蛋白质 CP**	精氨酸 Arg	组氨酸 His	异亮氨酸 Ile	亮氨酸 Leu	赖氨酸 Lys	蛋氨酸 Met	胱氨酸 Cys	苯丙氨酸 Phe	酪氨酸 Tyr	苏氨酸 Thr	色氨酸 Trp	缬氨酸 Val
2008	5-13-0046	鱼粉(CP 60.2%)Fish meal	90.0	60.2	92	87	90	90	89	89	74	87	—	88	86	89
2009	5-13-0046	鱼粉(CP 60.2%)Fish meal	90.0	60.2	92	87	90	90	89	89	74	87		88	86	89
2010	5-13-0046	鱼粉(CP 60.2%)Fish meal	90.0	60.2	92	87	90	90	89	89	74	87		88	86	89
2001—2007	5-13-0047	肉骨粉 Meat and bone meal	93.0	50.0	87	84	82	82	83	85	64	83	83	82	78	81
2008—2010	5-13-0047	肉骨粉 Meat and bone meal	93.0	50.0	86	79	84	85	84	86	67	85	82	82	80	83
2011		肉骨粉 Meat and bone meal	93.0		85	76	78	78	77	77	51	78		74	73	76
2012—2018		肉骨粉 Meat and bone meal	93.0	72	83	71	73	76	73	84	56	79	68	69	62	76
2001—2008	5-13-0048	肉粉 Meat meal	94.0	54.0	85	77	82	80	77	84	72	83	—	78	78	83
2009—2010	5-13-0048	肉粉 Meat meal	94.0	54.0	85	77	82	80	77	84	72	83		78	78	83
2011		肉粉 Meat meal	94.0		85	77	82	80	77	84	72	83		79	78	83
2012—2018		肉粉 Meat meal	94.0	76	84	75	78	77	78	82	62	79	78	74	76	76
2001	5-13-0077	鱼粉(CP 53.5%)Fish meal	90.0	53.5	—	—	—	—	—	—	—	—	—	—	—	—
2002—2007	5-13-0077	鱼粉(CP 53.5%)Fish meal	90.0	53.5	94	93	94	94	93	94	89	93	93	94	90	93
2008	5-13-0077	鱼粉(CP 53.5%)Fish meal	90.0	53.5	92	87	90	90	89	89	74	87	—	88	86	89
2009—2010	5-13-0077	鱼粉(CP 53.5%)Fish meal	90.0	53.5	92	87	90	90	89	89	74	87		88	86	89
2011		鱼粉(CP 67%)Fish meal	92.4		92	87	90	90	89	89	74	87		88	86	89
2012—2018		鱼粉(CP 67%)Fish meal	92.4	85	86	84	83	83	86	87	64	82	74	81	76	83

注:数据参考来源 NRC(1998—2012)、INRA(2004)、Degussa(2005—2010)、印遇龙(2008)、Http://www.ddgs.umn.edu/(2009)、AMINO Dat 5.0(2016)等。

* 2001—2007 年为回肠真消化率,2008 年为氮校正回肠消化率,2009—2018 年为标准回肠消化率。** 2001—2010 年为粗蛋白质含量,2012—2018 年为粗蛋白质消化率。

表 1-1-7 猪用饲料氨基酸真或表观消化率

%

年份	饲料名称	数据生成方法	粗蛋白质含量 CP	赖氨酸 Lys	蛋氨酸 Met	胱氨酸 Cys	苏氨酸 Thr	异亮氨酸 Ile	亮氨酸 Leu	精氨酸 Arg	缬氨酸 Val	组氨酸 His	酪氨酸 Tyr	苯丙氨酸 Phe	色氨酸 Trp
1999—2000	菜籽粕	ADAA	38.6	72 (69-75)	83 (77-85)	75 (71-81)	68 (64-71)	73 (68-76)	77 (74-80)	82 (80-84)	69 (65-72)	79 (75-82)	—	76 (71-79)	—
1999—2000	菜籽饼,经脱毒处理	TDAA	35.7	82	87	87	80	81	84	89	80	87	80	82	69
1999—2000	菜籽饼,未分脱毒与否	ADAA	35.7	74 (71-76)	84 (80-86)	77 (73-84)	67 (60-69)	75 (69-77)	78 (72-80)	83 (80-84)	70 (67-71)	78 (72-83)	73 (72-74)	76 (72-79)	71 (63-77)
1999—2000	菜籽饼,未经脱毒处理	TDAA	35.7	77	87 (85-89)	81 (80-82)	75 (71-77)	80	84	89	76 (74-77)	86	81 (79-83)	81 (75-84)	69
1999—2000	菜籽粕,未分脱毒与否	TDAA	38.6	75 (72-78)	86 (84-88)	79 (76-84)	74 (70-76)	76 (72-79)	81 (78-84)	86 (84-88)	74 (70-77)	83 (81-85)	78 (74-81)	81 (78-84)	80
1999—2000	蒸煮血粉	ADAA	83.2	84	73	67	76	65	73	75	71	78	67	76	88
1999—2000	发酵血粉	TDAA	52.5	82	82	82	80	79	79	84	77	90	78	81	94
1999—2000	喷雾血粉	TDAA	85.6	97 (94-99)	97 (96-99)	94 (91-97)	97 (94-99)	92 (88-99)	97 (92-99)	94 (88-97)	96 (91-99)	97 (92-99)	96 (93-97)	97 (93-99)	94
1999—2000	花生饼	ADAA	44.7	78 (72-82)	—	77 (74-78)	73 (67-77)	81 (76-85)	83 (78-87)	93 (90-95)	80 (76-83)	80 (73-85)	90 (89-91)	88 (85-89)	71 (68-75)
2000	花生饼	TDAA	44.7	89	89	86	89	91	92	97	91	90	95	93	—
1999—2000	花生粕	ADAA	47.8	66 (64-69)	—	—	61 (55-67)	82 (80-87)	81 (72-89)	91 (87-95)	79 (73-85)	79 (73-87)	—	87 (80-91)	71 (68-77)
1999	花生饼	TDAA	44.7	89	89	86	89	91	92	97	91	90	95	93	—
1999—2000	花生粕	TDAA	47.8	87	88	86	91	92	93	97	91	91	95	94	—
1999—2000	棉籽粕,含腺体	ADAA	42.5	60 (59-62)	70 (70-71)	62	60 (56-63)	65 (60-68)	68 (66-71)	88 (87-89)	69 (67-71)	78 (76-80)	73	80 (79-81)	69 (59-74)
1999—2000	棉籽粕,无腺体	ADAA	42.5	84 (82-85)	87 (84-89)	84	79 (78-80)	82 (80-85)	85 (84-86)	95	83 (82-85)	89 (88-91)	88	91	86 (81-92)

续表1-1-7

年份	饲料名称	数据生成方法	粗蛋白质含量 CP	赖氨酸 Lys	蛋氨酸 Met	胱氨酸 Cys	苏氨酸 Thr	异亮氨酸 Ile	亮氨酸 Leu	精氨酸 Arg	缬氨酸 Val	组氨酸 His	酪氨酸 Tyr	苯丙氨酸 Phe	色氨酸 Trp
1999—2000	棉籽粕,无腺体	TDAA	42.5	64	75	69	68	71	73	89	72	79	78	81	65
1999—2000	膨化羽毛粉	TDAA	82.9	60	78	73	85	92	86	89	89	82	84	89	—
1999—2000	皮革粉	TDAA	77.6	55 (52-59)	59 (55-62)	55	60 (54-67)	78 (74-80)	66 (63-68)	56 (50-60)	67 (64-72)	53 (52-54)	66	68 (62-74)	—
1999—2000	肉骨粉,低品质	TDAA	30.0	62 (55-65)	67 (62-69)	50	64 (58-67)	64 (58-67)	60 (57-65)	74 (72-75)	58	68 (63-77)	60 (54-64)	62	—
1999—2000	肉骨粉,高品质,CP≥50%	TDAA	50.0	83 (82-84)	85 (84-85)	64 (59-70)	82 (81-83)	82 (80-84)	82 (80-83)	87 (86-88)	81 (80-82)	84 (81-86)	83	83 (82-84)	78
1999—2000	水解羽毛粉	TDAA	77.9	65 (64-66)	76 (73-78)	73 (72-74)	81 (80-82)	83 (75-87)	80 (75-83)	82 (79-84)	81 (77-83)	70 (68-72)	80 (79-81)	83 (80-85)	60
1999—2000	向日葵仁饼	TDAA	29.0	82 (80-83)	89	80 (79-81)	82 (78-84)	83 (81-84)	83 (81-85)	91 (89-93)	81 (77-82)	85 (83-86)	86 (85-88)	85 (83-86)	—
1999—2000	向日葵仁粕 CP=34%～36%	TDAA	35.0	83 (81-84)	88 (86-89)	80 (79-81)	81 (79-83)	81 (79-83)	82 (79-84)	93	79 (76-81)	84	85 (83-86)	83 (80-85)	—
1999—2000	鱼粉	ADAA	62.5	86 (79-91)	89 (83-95)	77 (63-85)	82 (77-88)	86 (82-91)	87 (83-92)	89 (86-92)	84 (80-89)	84 (76-89)	88 (83-93)	85 (80-91)	78 (74-95)
1999—2000	鱼粉,部分进口与国产	TDAA	62.5	93 (92-95)	94 (92-98)	89 (85-96)	94 (92-98)	94 (93-98)	95 (93-98)	94 (93-95)	93 (91-96)	94 (91-99)	93 (90-98)	93 (91-96)	97
1999—2000	玉米蛋白粉	ADAA	60.0	77 (73-80)	88 (86-90)	80 (73-85)	83 (80-86)	87 (84-92)	91 (87-96)	88 (85-91)	86 (80-91)	85 (80-90)	84 (81-87)	90 (87-96)	78 (72-87)
1999—2000	玉米蛋白粉	TDAA	60.0	84	92	87	88	88	91	91	85	85	90	89	63
1999—2000	玉米蛋白饲料	TDAA	20.0	68	81	51	72	83	88	87	81	82	81	90	64

注:氨基酸消化率数据括号外为平均值,括号内为最小值和最大值;ADAA 为未经内源性氨基酸校正的测值,称为氨基酸表观利用(消化)率;TDAA 为将经过内源性氨基酸校正的测值,称为氨基酸真利用(消化)率。

7. 鸡氨基酸生物学效价

表 1-1-8 鸡(chicken)用饲料氨基酸真消化率*

%

年份	中国饲料号 CFN	饲料名称	干物质 DM	粗蛋白质 CP**	精氨酸 Arg	组氨酸 His	异亮氨酸 Ile	亮氨酸 Leu	赖氨酸 Lys	蛋氨酸 Met	胱氨酸 Cys	苯丙氨酸 Phe	酪氨酸 Tyr	苏氨酸 Thr	色氨酸 Trp	缬氨酸 Val
2001—2006	5-01-0162	酪蛋白 Casein	91.0	88.7	97	96	98	99	97	99	84	96		98		98
2007	5-01-0162	酪蛋白 Casein	91.0	84.4	97	96	98	99	97	99	84	96		98		98
2008—2010	5-01-0162	酪蛋白 Casein	91.0	84.4	97	96	98	99	97	99	84	96		98	95	98
2012—2016		酪蛋白 Casein	91.0	98	99	99	98	99	96	96	96	100	100	94	97	98
2001—2007	5-10-0115	花生仁粕 Peanut meal(sol.)	88.0	47.8	95	92	93	94	82	90	86	95	97	88		91
2008—2010	5-10-0115	花生仁粕 Peanut meal(sol.)	88.0	47.8	89	89	87	90	78	87	78	91	91	84		88
	5-10-0115	花生仁粕 Peanut meal(sol.)	88.0	47.8	89	89	87	90	78	87	78	91	91	84		88
	5-10-0115	花生仁粕 Peanut meal(sol.)	88.0	47.8	89	89	87	90	78	87	78	91	91	84		88
2012—2016		花生仁粕 Peanut meal(sol.)	88.0	85	89	89	87	90	78	87	83	91	91	84	86	88
2001—2007	5-10-0117	棉籽粕 Cottonseed meal(sol.)	88.0	43.5	92	87	77	80	72	77	85	87	83	72	80	81
2008—2010	5-10-0117	棉籽粕 Cottonseed meal(sol.)	88.0	43.5	84	70	71	74	63	75	67	84	75	69		75
2001—2007	5-10-0118	棉籽饼 Cottonseed meal(exp.)	88.0	36.3	88	89	75	82	81	79	71	83	91	79		84
2008—2010	5-10-0118	棉籽饼 Cottonseed meal(exp.)	88.0	36.3	88	81	71	73	65	72	74	81		68	80	74
2001—2006	5-10-0119	棉籽粕 Cottonseed meal(sol.)	88.0	47.0	95	94	92	90	91	93	95	93	92	91		93
2007	5-10-0119	棉籽粕 Cottonseed meal(sol.)	88.0	47.0	88	81	71	73	65	72	74	81	92	68	80	74
2008—2010	5-10-0119	棉籽粕 Cottonseed meal(sol.)	88.0	47.0	88	81	71	73	65	72	74	81		68	80	74
2012—2016		棉籽粕 Cottonseed meal(sol.)	88.0	79	89	78	70	78	73	79	74	86	81	73	71	73
2001—2007	5-10-0120	亚麻仁粕 Linseed meal(sol.)	88.0	34.8	91	82	81	80	75	83	82	87	83	72	89	80
2008—2010	5-10-0120	亚麻仁粕 Linseed meal(sol.)	88.0	34.8	93	85	84	84	81	83	68	88	83	72		82
2001—2007	5-10-0121	菜籽粕 Rapeseed meal(sol.)	88.0	38.6	91	89	85	89	76	89	74	88	86	81	84	83
2008—2010	5-10-0121	菜籽粕 Rapeseed meal(sol.)	88.0	38.6	89	89	87	90	78	87	82	91	91	84		88
2001—2007	5-10-0183	菜籽饼 Rapeseed meal(exp.)	88.0	35.7	90	89	84	87	78	89	72	87	85	80	83	82
2008—2010	5-10-0183	菜籽饼 Rapeseed meal(exp.)	88.0	35.7	89	89	87	90	78	87	82	91	91	84		88

续表1-1-8

年份	中国饲料号 CFN	饲料名称	干物质 DM	粗蛋白质 CP**	精氨酸 Arg	组氨酸 His	异亮氨酸 Ile	亮氨酸 Leu	赖氨酸 Lys	蛋氨酸 Met	胱氨酸 Cys	苯丙氨酸 Phe	酪氨酸 Tyr	苏氨酸 Thr	色氨酸 Trp	缬氨酸 Val
2012—2016		菜籽粕 Rapeseed meal(sol.)	88.0	78	90	89	80	83	85	90	90	88	86	83	86	86
2001—2006	5-10-0242	向日葵仁粕 Sunflower meal(sol.)	88.0	36.5	97	95	93	93	89	94	85	94	95	89		90
2007	5-10-0242	向日葵仁粕 Sunflower meal(sol.)	88.0	36.5	93	88	89	88	87	92	80	90	95	82	87	87
2008—2010	5-10-0242	向日葵仁粕 Sunflower meal(sol.)	88.0	36.5	93	89	91	90	83	93	84	92	89	87		90
2012—2016		向日葵仁粕 Sunflower meal(sol.)	88.0	85	92	87	90	89	82	91	86	90	89	83	85	88
2001—2007	4-10-0244	玉米胚芽粕 Corn germ meal(sol.)	90.0	20.8	95	84	89	91	79	82	68	93	89	79	86	88
2012—2016		玉米胚芽粕 Corn germ meal(sol.)	90.0	86	95	91	86	91	85	88	84	89	92	77	87	85
2001—2007	5-10-0246	芝麻饼 Sesame meal(exp.)	92.0	39.2	92	89	92	91	88	94	82	93	92	85		91
2008—2010	5-10-0246	芝麻饼 Sesame meal(exp.)	92.0	39.2	84	84	87	87	82	84	84	90		79	84	88
2001—2006	5-11-0001	玉米蛋白粉 Corn gluten meal	90.1	63.5	89	95	93	97	82	98	92	96	90	91	—	90
2007	5-11-0001	玉米蛋白粉 Corn gluten meal	90.1	63.5	86	86	86	91	76	88	78	88	90	79	66	85
2008—2010	5-11-0001	玉米蛋白粉 Corn gluten meal	90.1	63.5	97	96	96	98	90	98	94	98	97	93	—	96
2012—2016		玉米蛋白粉 Corn gluten meal	90.1	94	96	94	94	97	91	96	93	95	97	92	91	94
2001—2007	5-11-0003	玉米蛋白饲料 Corn gluten feed	88.0	19.3	89	85	83	90	72	85	65	87	86	77	72	84
2008—2010	5-11-0003	玉米蛋白饲料 Corn gluten feed	88.0	19.3	88	83	82	89	71	84	64	86	—	75	—	82
2012—2014		玉米蛋白饲料 Corn gluten feed	88.0	78	89	83	83	90	73	85	—	87	86	76	77	83
2001—2007	5-11-0005	啤酒糟 Brewers dried grain	88.0	24.3	63	75	84	89	65	84	77	88	79	73		81
2008—2010	5-11-0005	啤酒糟 Brewers dried grain	88.0	24.3	63	73	80	82	62	77	75	79		63	67	78
2007	5-11-0009	蚕豆粉浆蛋白粉 Broad bean gluten meal	88.0	66.3	87	—	91	94	89	—	—	86	93	86	—	94
2001—2006	5-13-0036	血粉 Blood meal	88.0	82.8	99	96	99	96	96	100	93	97	96	97	100	93
2007	5-13-0036	血粉 Blood meal	88.0	82.8	99	96	99	96	96	91	93	97	96	97	87	93
2008—2010	5-13-0036	血粉 Blood meal	88.0	82.8	87	87	78	90	87	91	77	91	—	88	—	88
2012—2016		血粉 Blood meal	88.0	76	79	79	65	79	77	80	72	81	81	77	80	77
2001—2006	5-13-0037	羽毛粉 Feather meal	88.0	77.9	84	75	86	84	67	77	60	87	82	75	76	83

续表1-1-8

年份	中国饲料号 CFN	饲料名称	干物质 DM	粗蛋白质 CP**	精氨酸 Arg	组氨酸 His	异亮氨酸 Ile	亮氨酸 Leu	赖氨酸 Lys	蛋氨酸 Met	胱氨酸 Cys	苯丙氨酸 Phe	酪氨酸 Tyr	苏氨酸 Thr	色氨酸 Trp	缬氨酸 Val
2007	5-13-0037	羽毛粉 Feather meal	88.0	77.9	68	60	73	66	57	61	49	68	82	53	46	67
2008—2010	5-13-0037	羽毛粉 Feather meal	88.0	77.9	82	68	84	81	63	72	59			72		80
2012—2016		羽毛粉 Feather meal	88.0	72	76	70	80	77	71	77	59	81	75	68	73	75
2001—2006	5-13-0044	鱼粉(CP 64.5%)Fish meal	90.0	64.5	93	91	93	94	90	92	80	92	93	92	92	93
2007	5-13-0044	鱼粉(CP 64.5%)Fish meal	90.0	64.5	82	78	85	85	86	86	71	82	93	80	78	83
2008—2010	5-13-0044	鱼粉(CP 64.5%)Fish meal	90.0	64.5	93	89	93	93	89	92	79	92	85	91	—	92
2001—2006	5-13-0045	鱼粉(CP 62.5%)Fish meal	90.0	62.5	93	91	93	94	90	92	80	92	93	92	92	93
2007	5-13-0045	鱼粉(CP 62.5%)Fish meal	90.0	62.5	82	78	85	85	86	86	71	82	93	80	78	83
2008—2010	5-13-0045	鱼粉(CP 62.5%)Fish meal	90.0	62.5	93	89	93	93	89	92	79	92	85	91	—	92
2001—2006	5-13-0046	鱼粉(CP 60.2%)Fish meal	90.0	60.2	93	91	93	94	90	92	80	92	93	92	92	93
2007	5-13-0046	鱼粉(CP 60.2%)Fish meal	90.0	60.2	82	78	85	85	86	86	71	82	93	80	78	83
2008—2010	5-13-0046	鱼粉(CP 60.2%)Fish meal	90.0	60.2	82	78	85	85	86	86	71	82	—	80	78	83
2012—2016		鱼粉(CP 67%) Fish meal	92.4	87	88	85	89	86	88	89	84	88	88	84	87	88
2001—2006	5-13-0047	肉骨粉 Meat and bone meal	93.0	50.0	83	83	82	85	79	87	58	83	84	82	80	82
2007	5-13-0047	肉骨粉 Meat and bone meal	93.0	50.0	77	71	69	71	69	72	49	70	84	62	55	70
2008—2010	5-13-0047	肉骨粉 Meat and bone meal	93.0	50.0	84	82	83	84	81	86	59	—	—	81	—	82
2012—2016		肉骨粉 Meat and bone meal	93.0	55	86	79	83	85	82	81	79	85	85	78	83	82
2001—2007	5-13-0048	肉粉 Meat meal	94.0	54.0	87	86	85	87	84	90	57	87	87	85	—	85
2008—2010	5-13-0048	肉粉 Meat meal	94.0	54.0	85	81	85	86	84	85	57	—	—	80	79	84
2001—2006	5-13-0077	鱼粉(CP 53.5%)Fish meal	90.0	53.5	93	91	93	94	90	92	80	92	93	92	92	93
2007	5-13-0077	鱼粉(CP 53.5%)Fish meal	90.0	53.5	82	78	85	85	86	86	71	82	93	80	78	83
2008—2010	5-13-0077	鱼粉(CP 53.5%)Fish meal	90.0	53.5	82	78	85	85	86	86	71	82	—	80	78	83
2012—2014		酒精酵母 Yeast alcohol distillery	88.0	58	72	57	54	57	71	58	49	51	51	50	54	56
2012—2016		啤酒酵母 Yeast brewery	94.0	64	75	68	65	67	73	61	49	70	70	53	59	63

注：* 2007 年的饲料氨基酸真消化率，数据为标准回肠氨基酸真消化率，数据来源于 AminoNews (2007)。2001—2007 年采用不去盲肠的正常鸡测定的鸡饲料氨基酸真消化率。2008—2010 年采用强饲法用正常成年公鸡测定的鸡饲料氨基酸真消化率；部分数据来源 INRA(2004)。** 2001—2010 年为粗蛋白质含量，2012—2016 年为粗蛋白质消化率。

表 1-1-9 家禽(poultry)用饲料氨基酸真或表观利用率参考值

%

年份	饲料名称	数据生成方法	粗蛋白质含量 CP	赖氨酸 Lys	蛋氨酸 Met	胱氨酸 Cys	苏氨酸 Thr	异亮氨酸 Ile	亮氨酸 Leu	精氨酸 Arg	缬氨酸 Val	组氨酸 His	酪氨酸 Tyr	苯丙氨酸 Phe	色氨酸 Trp
1999—2000	菜籽饼	ADAA	35.7	77 (66-89)	88 (81-93)	70 (66-75)	81 (75-89)	83 (78-90)	87 (82-94)	91 (86-96)	82 (76-90)	91 (87-97)	86 (81-93)	87 (83-93)	—
1999—2000	菜籽饼	TDAA	35.7	78 (65-89)	89 (79-94)	72 (59-84)	80 (75-88)	84 (78-90)	87 (82-93)	90 (86-95)	82 (75-90)	89 (86-95)	85 (78-93)	87 (82-93)	83
1999—2000	菜籽粕	ADAA	38.6	79 (70-87)	87 (81-92)	75 (70-81)	82 (75-88)	85 (79-91)	88 (83-93)	89 (73-94)	83 (77-88)	92 (89-96)	86 (77-91)	88 (82-92)	57
1999—2000	菜籽粕	TDAA	38.6	76 (69-87)	89 (84-93)	74 (62-81)	81 (72-87)	85 (79-91)	89 (82-94)	91 (86-94)	83 (77-88)	89 (82-94)	86 (80-92)	88 (82-94)	84 (83-86)
1999—2000	蚕豆粉浆蛋白粉	TDAA	70.7	89	—	—	86	91	94	87	94	—	93	86	—
1999—2000	单细胞蛋白	TDAA	68.2	89	89	67	89	92	92	95	90	90	92	93	—
1999—2000	发酵高蛋白	TDAA	50.3	76	92	83	82	81	82	84	83	71	91	88	94
1999—2000	发酵血粉	TDAA	52.5	87 (81-94)	91 (86-96)	79 (74-85)	89 (83-93)	81 (71-90)	91 (85-95)	87 (80-95)	87 (76-92)	87 (80-92)	90 (81-94)	92 (87-96)	98
1999—2000	花生仁饼 Peanut meal(exp.)	TDAA	44.7	78	84	75	83	85	89	85	87	91	90	92	85
1999—2000	花生仁粕 Peanut meal(sol.)	TDAA	47.8	82 (73-91)	90 (87-92)	86 (78-94)	88 (85-91)	93	94	95 (92-98)	91 (90-93)	92	97	95	—
1999—2000	绿豆粉浆蛋白粉	TDAA	71.7	90	—	—	86	92	93	97	86	—	—	86	—
1999—2000	棉籽饼	ADAA	36.3	82	75	57	71	61	77	90	74	—	86	77	—
1999—2000	棉籽饼经脱毒处理	TDAA	36.3	81	79	77	79 (73-85)	75 (70-81)	82 (78-87)	88 (83-93)	84 (82-86)	89	91	83 (77-88)	—
1999—2000	棉籽饼未经处理,含腺	TDAA	36.3	61 (59-65)	60 (57-65)	86 (70-93)	76 (67-79)	78 (70-84)	78 (70-83)	85 (81-90)	77 (75-79)	82 (78-84)	83 (80-86)	82 (77-84)	—
1999—2000	棉籽粕经脱毒处理	TDAA	42.5	91	93	95	91	92	90	95	93	94	92	93	—
1999—2000	棉籽粕未经脱毒处理	TDAA	42.5	72 (61-84)	77 (71-83)	85 (84-86)	72 (63-77)	77 (76-78)	80 (75-83)	92 (90-95)	81 (74-85)	87 (82-93)	83 (78-85)	87 (83-90)	80 (75-85)
1999—2000	木薯叶粉	TDAA	30.4	69	74	52	73	77	77	79	78	69	78	76	70
1999—2000	喷雾血粉	TDAA	85.6	96	99	93	97	99	96	99	93	96	96	97	99

续表1-1-9

年份	饲料名称	数据生成方法	粗蛋白质含量 CP	赖氨酸 Lys	蛋氨酸 Met	胱氨酸 Cys	苏氨酸 Thr	异亮氨酸 Ile	亮氨酸 Leu	精氨酸 Arg	缬氨酸 Val	组氨酸 His	酪氨酸 Tyr	苯丙氨酸 Phe	色氨酸 Trp
1999—2000	皮革粉	TDAA	77.6	77 (72-81)	90 (87-93)	—	78 (73-84)	93 (89-97)	86 (84-89)	77 (76-78)	84 (81-87)	75 (71-79)	78 (74-81)	83 (80-86)	—
1999—2000	肉骨粉 Meat and bone meal	TDAA	50.0	79 (62-86)	87 (81-90)	58 (51-64)	82 (70-87)	82 (70-88)	85 (78-89)	83 (73-90)	82 (72-88)	83 (73-89)	84 (76-88)	83 (65-89)	80 (74-85)
1999—2000	豌豆粉浆蛋白粉	TDAA	74.0	91	—	—	85	90	93	91	93	—	94	83	—
1999—2000	向日葵仁粕 Sunflower meal (sol.)	TDAA	36.5	89 (85-93)	94 (93-96)	85 (80-91)	89 (85-93)	93	93	97 (95-98)	90 (86-92)	95	95 (94-96)	94	—
1999—2000	亚麻仁粕(去盲肠)	TDAA	34.8	75	83	62	72	85	80	91	80	82	83	87	89
1999—2000	鱼粉	ADAA	62.5	86 (82-89)	88 (87-90)	62 (57-69)	87 (81-96)	86 (85-87)	89 (87-92)	88 (85-93)	86 (82-89)	94 (93-94)	84 (78-92)	85 (83-87)	81 (72-87)
1999—2000	鱼粉,适度加热	TDAA	62.5	90 (83-96)	92 (86-97)	80 (66-89)	92 (85-96)	93 (88-95)	94 (86-96)	93 (86-97)	93 (84-96)	91 (83-96)	93 (87-96)	92 (85-96)	92 (90-95)
1999—2000	鱼粉,重度加热	TDAA	62.5	77	85	54	81	74	82	83	80	—	86	77	—
1999—2000	羽毛粉,水解	TDAA	77.9	67 (61-77)	77 (72-84)	60 (51-75)	75 (67-85)	86 (81-90)	84 (80-88)	84 (78-90)	83 (76-88)	75 (68-84)	82 (76-89)	87 (83-90)	76 (70-87)
1999—2000	玉米蛋白粉 Corn gluten meal	TDAA	63.5	89 (85-95)	97 (96-99)	88 (81-96)	93 (91-96)	94 (86-98)	98 (97-99)	96 (92-98)	95 (93-98)	95 (94-97)	97 (96-98)	97 (96-99)	95
1999—2000	玉米蛋白饲料	TDAA	19.3	72 (66-79)	85 (78-90)	65 (60-74)	77 (71-85)	83 (77-89)	90 (86-93)	89 (85-93)	84 (79-90)	85 (81-89)	86 (80-90)	87 (83-92)	72
1999—2000	玉米胚芽粕(去盲肠)	TDAA	20.8	79	82	68	79	89	91	95	88	84	89	93	86
1999—2000	芝麻饼,加温过火	TDAA	39.2	—	45	—	8	33	37	48	37	34	44	38	37
1999—2000	芝麻饼,加温适度	TDAA	39.2	88 (84-91)	94 (92-96)	82 (78-85)	85 (82-89)	92 (90-94)	91 (90-93)	89 (91-94)	91 (89-93)	89 (87-91)	92 (91-94)	93 (91-95)	37
1999—2000	芝麻粕,加温过火	TDAA	45.0	31	67 (63-72)	46 (29-63)	44 (43-46)	58 (56-60)	60 (58-63)	70	60	58 (57-60)	68 (65-71)	68 (67-70)	63
1999—2000	芝麻粕,加温适度	TDAA	45.0	86 (84-88)	91 (87-94)	87 (82-92)	86	91	89	91 (90-92)	91	—	86	93	—

注:氨基酸消化率数据括号外为平均值,括号内为最小值和最大值;TDAA 为将经过内源性氨基酸校正的测值,称为真氨基酸利用(消化)率。

表 1-1-10 肉鸡(broiler)用饲料标准回肠粗蛋白质和氨基酸消化率*

%

年份	饲料名称	样本**	粗蛋白质 CP	精氨酸 Arg	组氨酸 His	异亮氨酸 Ile	亮氨酸 Leu	赖氨酸 Lys	蛋氨酸 Met	胱氨酸 Cys	苯丙氨酸 Phe	蛋氨酸+胱氨酸 Met+Cys	苏氨酸 Thr	色氨酸 Trp	缬氨酸 Val
2010	菜籽粕 Rapeseed meal (sol.)	68	76	87	85	79	82	80	84	77	83	80	73	80	79
2011	菜籽粕 Rapeseed meal(sol.)			87	85	79	82	80	84	77	83		73	80	79
2017—2018	菜籽粕			87	85	79	82	80	84	77	83		73	81	79
2011	花生仁粕 Peanut meal(sol.)			91	87	89	90	76	86	79	99		85	87	89
2017—2018	花生仁粕			91	87	89	90	76	86	79	99		85	87	89
2011	酪蛋白 Casein			97	96	98	99	97	99	84	96		98	95	98
2010	棉籽粕 Cottonseed meal (sol.)	4	78	88	81	71	73	65	72	74	81	73	68	80	74
2011	棉籽粕 Cottonseed meal(sol.)			88	81	71	73	65	72	74	81		68	80	74
2017—2018	棉籽粕			88	81	71	73	65	72	74	81		68	80	74
2011	啤酒糟 Brewers dried grain			63	73	80	82	62	77	75	79		63	67	78
2011	肉粉 Meat meal			85	81	85	86	84	85	57	85		80	79	84
2010	肉骨粉 Meat and bone meal	30	65	77	71	69	71	69	72	49	70	62	62	55	70
2011	肉骨粉 Meat and bone meal			77	71	69	71	69	72	49	70		62	53	70
2017—2018	肉骨粉			76	70	69	70	68	71	28	70		62	55	69
2010	豌豆 Pea seed	8	76	87	82	77	76	85	73	65	77	68	78	66	72
2010	向日葵仁粕 Sunflower meal (sol.)	3	84	93	88	89	88	87	92	80	90	87	82	87	87
2011	向日葵仁粕 Sunflower meal (sol.)			93	88	89	88	87	92	80	90		82	87	87
2017—2018	向日葵仁粕			93	88	89	88	87	92	80	90		82	87	87
2011	血粉 Blood meal			87	84	78	90	86	91	76	88		88	85	88

续表1-1-10

年份	饲料名称	样本**	粗蛋白质 CP	精氨酸 Arg	组氨酸 His	异亮氨酸 Ile	亮氨酸 Leu	赖氨酸 Lys	蛋氨酸 Met	胱氨酸 Cys	苯丙氨酸 Phe	蛋氨酸+胱氨酸 Met+Cys	苏氨酸 Thr	色氨酸 Trp	缬氨酸 Val
2017—2018	血粉			87	84	78	90	86	91	76	88		88		88
2011	鱼粉 Fish meal			82	78	85	85	86	86	71	82		80	78	83
2010	鱼粉 Fish meal	4	80	82	78	85	85	86	86	71	82	82	80	78	83
2017—2018	鱼粉			85	82	86	86	87	87	63	84		82	78	84
2010	羽扁豆 Lupine	5	86	91	89	85	85	87	89	83	85	85	83	82	84
2010	羽毛粉 Feather meal	1	57	68	60	73	66	57	61	49	68	51	53	46	67
2011	羽毛粉 Feather meal			68	60	73	66	57	61	49	68		53	46	67
2017—2018	羽毛粉			70	59	74	69	57	65	48	72		56	45	70
2010	玉米蛋白粉 Corn gluten meal	1	86	86	86	86	91	76	88	78	88	83	79	66	85
2011	玉米蛋白粉 Corn gluten meal			91	85	87	88	81	84	64	88		79	85	87
2017—2018	玉米蛋白粉			89	88	89	93	80	91	82	91		83	66	87
2011	玉米蛋白饲料 Corn gluten feed			88	83	82	89	72	85	67	87		76	86	84
2017—2018	玉米蛋白饲料			88	83	82	89	72	85	67	87		76	86	84
2011	玉米胚芽粕 Corn germ meal (sol.)			91	85	87	88	81	84	64	88		79	85	87
2017—2018	玉米胚芽粕			91	85	87	88	81	84	64	88		79	85	87
2011	芝麻饼 Sesame meal(exp.)			92	89	92	91	88	94	82	90		87	90	91
2017—2018	酵母			91	84	86	83	87	83	68	86		81	84	83

注:* 2010 年注解肉鸡使用的晶体氨基酸的标准化回肠可消化率认为是 100%;** 获得消化率试验的样本数。2011 年注解数据来源于 Degussa(2005—2010)等。2017—2018 年注解数据参考 EVONIK AminoDat 5.0(2016)。

8.反刍动物饲料尼龙袋法的瘤胃养分降解动力学参数

表 1-1-11 反刍动物饲料尼龙袋法的瘤胃养分降解动力学参数

年份	饲料名称	干物质降解参数				粗蛋白质降解参数				淀粉降解参数			
		a	b	c	DDM	a	b	c	RUP	a	b	c	DST
2006—2012	白花蚕豆	52	43	8.5	77	56	40	11.5	83	37	63	9.0	75
2006—2012	白羽扇豆	37	60	11.0	76	66	29	12.5	86				
2006—2012	不同来源的酒糟				100				100				
2006—2012	部分脱壳葵花粕	34	44	8.5	60	33	60	16.0	77				
2006—2012	彩色花蚕豆	52	43	8.5	77	51	47	11.5	82				75
2006—2012	菜籽粕	28	55	8.5	60	27	67	10.0	69				
2006—2012	干大麦根	42	48	5.0	64	50	40	8.5	74				95
2006—2012	干啤酒酵母	60	34	9.5	81	64	29	14.0	84				
2006—2012	干啤酒糟	12	57	4.5	36	18	57	5.0	44	77	23	2.5	83
2006—2012	浸提可可粉				45				80				
2006—2012	蓝羽扇豆	37	60	11.0	76	36	59	16.0	79				
2006—2012	马铃薯蛋白浓缩物	4	94	3.0	35	2	94	4.5	43				
2006—2012	棉籽粕,含粗纤维 14%～20%	28	51	5.5	52				61				
2006—2012	棉籽粕,含粗纤维 7%～14%	27	64	6.0	59	29	60	6.5	61				
2006—2012	苜蓿蛋白浓缩物				65				25				
2006—2012	奶粉				100				100				
2006—2012	全脂亚麻籽	36	38	10.5	60	54	38	10.5	78				
2006—2012	全脂油菜籽				65	40	55	14.5	79				
2006—2012	溶剂浸提亚麻籽饼粉	21	60	7.0	53	16	77	6.0	55				
2006—2012	溶剂浸提玉米胚芽饼粉	6	83	7.5	52	3	90	7.0	52				67
2006—2012	脱毒花生粕	23	66	9.0	63	16	80	10.5	67				
2006—2012	豌豆	56	42	8.0	80	67	29	11.5	86	46	54	9.5	79
2006—2012	小麦酒糟,淀粉<7%	48	44	5.5	69	36	58	7.5	68				94

续表1-1-11

年份	饲料名称	干物质降解参数				粗蛋白质降解参数				淀粉降解参数			
		a	b	c	DDM	a	b	c	RUP	a	b	c	DST
2006—2012	小麦酒糟,淀粉>7%	56	36	5.5	73	58	35	7.5	77				94
2006—2012	压榨亚麻籽饼粉	21	60	7.0	53				55				
2006—2012	压榨椰子粕	46	37	15.0	72	19	69	5.0	50				
2006—2012	压榨芝麻粕				65	34	61	10.0	72				
2006—2012	鹰嘴豆	30	68	9.0	71	31	6	17.0	79				79
2006—2012	玉米蛋白粉	16	84	2.0	37	3	83	2.5	29	23	77	28.5	87
2006—2012	玉米面筋饲料	33	60	5.0	60	49	43	8.0	73	56	44	11.5	85

注:a为快速可溶且完全在瘤胃降解的部分(%);b为不溶但潜在可以降解的部分(%);c为b部分在瘤胃的降解速率即kd(%/h);DDM为可降解干物质,RUP为瘤胃非降解蛋白质,DST为可降解淀粉。2008年及之前,数据主要来源于INRA(2004),2009—2011年数据主要来源于INRA(2004)和刘建新(2009);2012年主要来源于INRA(2004)和NRC奶牛营养需要量(2001)。

编者注:由于原文没有国际饲料编号,饲料原料的分类参考INRA(2004)饲料原料成分表中干物质、粗纤维和粗蛋白质含量进行计算后进行归类。

9.鸭用饲料能值的参考值

表1-1-12 鸭用饲料能值的参考值(饲喂基础)

年份	饲料名称	干物质 DM (%)	粗蛋白质 CP (%)	表观代谢能 AME		氮校正表观代谢能 AMEn		真代谢能 TME		氮校正真代谢能 TMEn	
				Mcal/kg	MJ/kg	Mcal/kg	MJ/kg	Mcal/kg	MJ/kg	Mcal/kg	MJ/kg
2006—2018	菜籽粕 Canola meal	90.5	33.1	2.18	9.12	2.19	9.16	2.76	11.55	2.44	10.21
2006	肉骨粉 Meat and bone	92.1	49.7	1.78	7.45	1.77	7.41	—	—	—	—
2007—2008	肉骨粉 Meat and bone	92.1	49.7	1.78	7.45	1.77	7.41	1.96	8.20	—	—
2009—2018	肉骨粉 Meat and Bone	92.1	49.7	1.78	7.45	1.77	7.41	1.96	8.20		
2007—2018	鱼粉 Fish meal	90.0	67.5	3.68	15.40			4.05	16.95		
2006—2018	玉米蛋白粉 Corn gluten meal	92.3	53.9	4.04	16.90	3.7	15.48	4.37	18.28	3.93	16.44

注:数据来源于Olayiwola Adeola(2006)和侯水生(2006、2011—2018)。

10.饲料中的脂肪酸含量

表 1-1-13 饲料中的脂肪酸含量*

年份	中国饲料号 CFN	饲料名称	干物 DM (%)	粗蛋白质 CP(%)	粗脂肪 EE(%)	月桂酸	豆蔻酸	棕榈酸	棕榈油酸	硬脂酸	油酸	亚油酸	亚麻酸	总脂肪酸
						C12:0	C14:0	C16:0	C16:1	C18:0	C18:1	C18:2	C18:3	TFA
						%TFA	%TFA	%TFA	%TFA	%TFA	%TFA	%TFA	%TFA	%EE
2011	5-10-0115	花生仁粕	88.0		1.4		0.1	10.2	0.5	2.4	46.8	29.8	0.8	73.7
2012—2018	5-10-0115	花生仁粕	88.0	47.8	1.4		0.1	10.2	0.5	2.4	46.8	29.8	0.8	73.7
2011	5-10-0117	棉籽粕	90.0		0.5	0.5	0.9	23.0	0.9	2.4	17.2	52.3	0.2	74.9
2012—2018	5-10-0117	棉籽粕	90.0	43.5	0.5	0.5	0.9	23.0	0.9	2.4	17.2	52.3	0.2	74.9
2011	5-10-0120	亚麻仁粕	88.0		1.8		0.1	6.4	0.1	3.4	18.7	14.7	54.2	74.5
2012—2018	5-10-0120	亚麻仁粕	88.0	34.8	1.8		0.1	6.4	0.1	3.4	18.7	14.7	54.2	74.5
2011	5-10-0121	菜籽粕	88.0		1.4		0.1	4.2	0.4	1.8	58.0	20.5	9.8	79.4
2012—2018	5-10-0121	菜籽粕	88.0	38.6	1.4		0.1	4.2	0.4	1.8	58.0	20.5	9.8	79.4
2011	5-11-0001	玉米蛋白粉	90.1		5.4		0.1	11.1	0.4	1.8	26.9	56.5	1.0	80.5
2012—2018	5-11-0001	玉米蛋白粉	90.1	63.5	5.4		0.1	11.1	0.4	1.8	26.9	56.5	1.0	80.5
2011	5-13-0037	羽毛粉	88.0		2.2		2.0	34.8	6.2	13.8	39.9	3.3		47.8
2012—2018	5-13-0037	羽毛粉	88.0	77.9	2.2		2.0	34.8	6.2	13.8	39.9	3.3		47.8
2011	5-13-0044	鱼粉	90.0		5.6		6.0	17.8	7.2	3.6	12.3	2.1	1.9	73.6
2012—2018	5-13-0044	鱼粉	90.0	67.0	5.6		6.0	17.8	7.2	3.6	12.3	2.1	1.9	73.6
2011	5-13-0047	肉骨粉	93.0		8.5	0.2	2.7	27.5	3.7	19.2	40.7	3.6	0.9	68.2
2012—2018	5-13-0047	肉骨粉	93.0	50.0	8.5	0.2	2.7	27.5	3.7	19.2	40.7	3.6	0.9	68.2
2011	5-13-0048	肉粉	94.0		12	0.2	2.7	27.5	3.7	19.2	40.7	3.6	0.9	68.3
2012—2018	5-13-0048	肉粉	94.0	54.0	12	0.2	2.7	27.5	3.7	19.2	40.7	3.6	0.9	68.3

注:TFA 为 total fatty acids,总脂肪酸。* 数据参考来源 INRA(2004),CNPCS 6.0(CNPCS = Cornel Net Protein and Carbohydrate System 康奈尔净碳水化合物和蛋白质体系)(2008),NRC(2012、1998、1994)等。

11. 部分猪、鸡、鸭饲料原料的有效能值(仿生法)

表 1-1-14　部分猪、鸡、鸭饲料原料的有效能值(仿生法)

年份	饲料名称	干物质 DM (%)	粗蛋白质 CP (%)	消化能(仿猪)					代谢能(仿鸡)					代谢能(仿鸭)				
				样本数 *n*	平均值 (Mcal/kg)	平均值 (MJ/kg)	标准差 SD (MJ/kg)	变异系数 CV (%)	样本数 *n*	平均值 (Mcal/kg)	平均值 (MJ/kg)	标准差 SD (MJ/kg)	变异系数 CV (%)	样本数 *n*	平均值 (Mcal/kg)	平均值 (MJ/kg)	标准差 SD (MJ/kg)	变异系数 CV (%)
2014	棉籽粕	90		3		10.4	1.17	11.2	20		8.29	1.38	16.6	6		10.78	1.70	12.3
2015—2018	棉籽粕 Cottonseed meal	90	46.2	3	2.49	10.40	1.17		20	1.98	8.29	1.38		8	2.32	9.71	0.96	
2014	菜籽粕	88		4		7.91	0.60	7.5	21		8.11	1.27	15.7	7		9.18		18.5
2015—2018	菜籽粕 Rapeseed meal	88	36.3	4	1.90	7.94	0.60		22	1.97	8.23	1.24		10	2.12	8.86	0.97	
2014	花生粕	88							2		11.21		8.3					
2015—2018	花生仁粕 Peanut meal	88	49.2						2	2.85	11.91	0.99		4	2.97	12.44	0.25	
2014	向日葵仁粕	88							1		10.55							
2015—2018	向日葵仁粕 Sunflower meal	88	44.3						1	2.52	10.55							
2014	芝麻粕	92							1		7.67							
2015—2018	芝麻粕 Sesame meal	92	44.9						1	1.83	7.67							
2014	玉米蛋白粉（CP 55%）	90							2		14.97		1.9					
2015—2018	玉米蛋白粉 Corn gluten meal	90	50.8						3	3.53	14.75	0.43						

续表1-1-14

年份	饲料名称	干物质DM(%)	粗蛋白质CP(%)	消化能(仿猪)					代谢能(仿鸡)					代谢能(仿鸭)				
				样本数 *n*	平均值(Mcal/kg)	平均值(MJ/kg)	标准差SD(MJ/kg)	变异系数CV(%)	样本数 *n*	平均值(Mcal/kg)	平均值(MJ/kg)	标准差SD(MJ/kg)	变异系数CV(%)	样本数 *n*	平均值(Mcal/kg)	平均值(MJ/kg)	标准差SD(MJ/kg)	变异系数CV(%)
2014	玉米蛋白粉(CP 60%)	90							2		15.44		0.5					
2015—2018	玉米蛋白粉 Corn gluten meal	90	59.5						2	3.69	15.44	0.07		1	4.11	17.18		
2014	喷浆玉米胚芽粕	90							1		9.11							
2014	大米蛋白粉	90							1		15.04		3					
2015—2018	大米蛋白粉 Rice gluten meal	90	62.7						2	3.59	15.04	0.45						
2014	棕榈粕	88							1		5.96							
2015—2018	棕榈粕 Palm meal	88	14.4						1	1.42	5.96			2	1.52	6.35	0.65	
2014	椰子粕	88							1		7.96							
2015—2018	椰子粕 Coconut meal	88	19.8						1	1.90	7.96			2	2.29	9.60	0.37	

2014年原文注:仿生法测定的有效能值以EHGE表示,为酶水解物总能值(Enzymic hydrolysate gross energy)。"*n*"为不同饲料原料的饲料样本实体值的个数;表中2014年的有效能值系根据2013—2014年国家动物营养学国家实验室(SKLAN)冷库现存的猪、鸡、鸭参考系标样的校正标准值,用户需要校正者可与SKLAN联系,办理委托校正手续。

2015—2018年原文注:"*n*"为饲料原料样品的个数。表中消化能(仿猪)、代谢能(仿鸡)、代谢能(仿鸭)系本表2014年(25版)中酶水解物能值(EHGE)的同义语。

1.2 杜伦,等.1958. 华北区饲料的营养价值[2]

表 1-2-1 饲料的化学成分表

%

编号	饲料种类及名称	水分	粗蛋白质(N×6.25)	粗脂肪	碳水化合物		粗灰分	钙	磷	来源
					粗纤维	无氮浸出物				
54	豌豆	10.43	23.26	1.13	5.41	57.12	2.65	0.12	0.38	察北牧场,张家口家畜繁殖站
55	绿豆	11.72	24.78	1.05	4.75	54.32	3.38	0.10	0.49	西山合作社,八一鸭场(北京)
56	黄豆(大豆)	9.82	39.97	16.32	6.30	23.08	4.51	0.28	0.61	西山合作社
57	黑豆	9.09	39.75	16.01	4.90	25.92	4.33	0.34	0.64	西山合作社,八一鸭场,保定畜牧场,张家口家畜繁殖站
66	黑豆皮	9.20	23.30	6.56	15.85	39.67	5.42	0.44	0.46	南郊农场
72	棉籽饼(去壳)	7.72	32.40	5.28	12.49	33.24	8.87	0.44	1.14	双桥农场
75	花生饼	10.37	43.83	5.75	3.66	30.91	5.48	0.33	0.55	双桥农场,河北深县猪场
76	豆腐渣	85.14	4.97	1.81	2.07	5.41	0.60	0.09	0.06	东郊和平社,西郊西山社(北京)
78	糖糟	82.05	4.80	1.44	0.95	10.19	0.57	0.04	0.01	西郊西山合作社(北京)
80	酱渣	68.16	10.38	2.46	4.73	8.86	5.41	0.13	0.30	食品公司(北京)
83	啤酒糟	76.87	6.84	2.18	4.16	8.66	1.29	0.12	0.12	南郊农场(北京啤酒厂产)
85	大麦芽(风干)	9.89	19.80	1.41	13.98	48.79	6.13	0.24	0.49	南郊农场(北京啤酒厂产)

表 1-2-2 饲料的营养价值表

编号	饲料种类及名称	1 kg 饲料含有				1 个饲料单位含有			
		饲料单位	可消化粗蛋白质(g)	钙(g)	磷(g)	饲料量(kg)	可消化粗蛋白质(g)	钙(g)	磷(g)
54	豌豆	1.2	200.0	1.2	3.8	0.8	162.0	1.0	3.1
55	绿豆	1.1	210.6	1.0	4.9	0.9	189.5	0.9	4.4
56	黄豆(大豆)	1.4	355.7	2.8	6.1	0.7	252.5	2.0	4.3
57	黑豆	1.4	353.8	3.4	6.4	0.7	251.2	2.4	4.5
66	黑豆皮	0.8	186.4	4.4	4.6	1.3	247.9	5.9	6.1
72	棉籽饼	1.0	262.4	4.4	11.4	1.0	251.9	4.2	10.9
75	花生饼	1.2	394.5	3.3	5.5	0.9	339.3	2.8	4.7
76	豆腐渣	0.2	42.3	0.9	0.6	4.6	192.5	4.1	2.7
78	糖糟	0.2	35.0	0.4	0.1	5.6	194.6	2.2	0.6
80	酱渣	0.2	52.9	1.3	3.0	5.6	294.1	7.2	16.7
83	啤酒糟	0.2	49.9	1.2	1.2	4.6	227.0	5.5	5.5
85	大麦芽(风干)	0.8	158.4	2.4	4.9	1.3	210.7	3.2	6.5

1.3 中国农业科学院畜牧研究所.1959. 国产饲料营养成分含量表(第一册)[3]

表 1-3-1 饲料样品简述、常规成分及钙、磷含量

%

饲料种类	饲料名称	水分	粗蛋白质	粗脂肪	粗纤维	无氮浸出物	粗灰分	钙	磷	胡萝卜素(mg/kg)	样品来源	采集部位	采集日期	分析单位
六、野生植物籽实类	蓬莱籽	7.6	20.2	8.6	11.7	30.0	21.9	1.14	0.62		皋兰		1958.7	西北畜医所
六、野生植物籽实类	碱蓬籽	9.2	20.1	18.9	8.4	29.2	14.2	2.34	0.28		皋兰		1958.3	西北畜医所
八、豆类	蚕豆	8.5	26.4	1.6	8.1	52.2	3.2	0.12	0.38		昆山			华东后勤
八、豆类	蚕豆	12.3	25.6	1.5	7.9	49.5	3.2	0.11	0.62		杭州			华东后勤
八、豆类	蚕豆	9.3	21.3	2.5	6.9	56.9	3.1	0.18	0.46		湖北应山			军马所
八、豆类	蚕豆	13.4	20.0	2.5	6.4	55.0	2.7	0.26	0.37		福州			军马所
八、豆类	豌豆	13.8	20.1	1.6	5.3	56.5	2.7	0.09	0.21		新疆绥宝县			军马所
八、豆类	豌豆	14.0	21.0	1.0	5.1	56.5	2.4	0.19	0.31		四川甘孜			军马所
八、豆类	豌豆	14.8	18.8	1.0	4.9	57.9	2.6	0.17	0.35		四川道浮			军马所
八、豆类	豌豆	15.1	21.7	1.1	4.7	55.1	2.3	0.12	0.29		福州			军马所
八、豆类	豌豆	15.2	21.3	1.7	5.5	53.7	2.6	0.07	0.38		南京			华东后勤
八、豆类	豌豆	11.6	20.7	2.7	4.6	57.9	2.5	0.08	0.22		甘肃山丹			华东后勤
八、豆类	豌豆	15.2	19.5	1.7	5.5	55.5	2.6	0.07	0.25		漳州			华东后勤
八、豆类	豌豆	10.4	23.3	1.1	5.4	57.1	2.7	0.12	0.38		察北			北京农大
八、豆类	豌豆	13.2	21.9	1.6	4.1	56.2	3.0	0.09	0.33		杭州			华东后勤
八、豆类	豌豆	12.2	17.6	2.0	6.2	58.6	3.4	0.07	0.33		湖北应山			军马所
八、豆类	豌豆	11.6	18.9	1.6	6.0	59.3	2.6	0.09	0.37		河南明巷			军马所
八、豆类	豌豆	13.7	26.5	1.3	4.4	49.4	4.7	0.17	0.27		内蒙古河套	白豌豆		军马所
八、豆类	豌豆	13.0	39.7	1.2	4.7	38.6	2.8	0.15	0.32		内蒙古河套	青豌豆		军马所

续表1-3-1

饲料种类	饲料名称	水分	粗蛋白质	粗脂肪	粗纤维	无氮浸出物	粗灰分	钙	磷	胡萝卜素(mg/kg)	样品来源	采集部位	采集日期	分析单位
八、豆类	豌豆	19.1	18.7	0.9	4.6	54.6	2.1	0.21	0.21		内蒙古巴盟	麻豌豆		军马所
八、豆类	豌豆	10.8	24.8	1.6	7.3	52.4	3.1	0.08	0.42		灵武		1958	甘肃农大
八、豆类	豌豆	12.5	24.6	1.6	8.9	49.2	3.2	0.18	0.79		甘肃	花豌豆		甘肃农大
八、豆类	豌豆	12.6	19.2	2.2	5.7	57.7	2.6	0.15	0.26		青海西宁			畜牧所
八、豆类	龙爪豆	16.3	22.6	4.5	4.1	49.6	2.9	0.13	0.23					华中所
八、豆类	狗爪豆	2.7	26.4	4.7	6.9	56.0	3.3	0.12	0.73		广东连县			华东所
八、豆类	狗爪豆	12.1	23.7	4.5	6.2	49.5	4.0	0.76	0.23		上海			上海畜医所
八、豆类	狗豆	4.9	24.5	9.9	9.2	47.7	3.8	0.66	0.31		贵阳			贵州农学院
八、豆类	刀豆	6.1	31.6	2.4	13.8	42.9	3.2	0.17	0.13		海南			华东所
八、豆类	豇豆	9.6	26.9	2.0	5.2	52.8	3.5				江西			江西所
八、豆类	豇豆	9.6	24.4	1.8	4.7	56.3	3.2	0.14	0.29		江西			江西所
八、豆类	小豆	9.4	23.6	1.3	4.8	57.7	3.2	0.12	0.39		杭县	红小豆		华东后勤
八、豆类	赤豆	10.8	21.2	1.2	4.1	59.8	2.9	0.11	0.36		汤山			华东后勤
八、豆类	胡豆	15.8	21.6	0.6	6.4	53.0	2.6	0.21	0.33		四川西昌		1958	军马所
八、豆类	香豆	9.7	22.8	4.6	8.6	48.8	5.5	0.27	0.32		临潭		1958	西北畜医所
八、豆类	小白豆	3.4	20.3	0.6	4.4	68.1	3.2	0.51	0.31		成县		1958	西北畜医所
八、豆类	巴山豆	3.0	19.7	0.6	5.8	66.4	4.5	0.68	0.35		成县		1958	西北畜医所
八、豆类	巴山豆(白)	11.4	21.4	0.4	6.1	56.9	3.8	0.55	0.57		雅安		1958	四川农学院
八、豆类	巴山豆(红)	10.0	24.8	1.1	6.0	54.3	3.8	0.48	0.33		雅安		1958	四川农学院
八、豆类	饭豆	12.3	21.6	1.4	4.4	57.2	3.1	0.31	0.39		内江		1958	四川农学院
八、豆类	木豆	11.8	17.9	0.9	8.1	58.3	3.0		0.28		云南		1958	畜牧所

续表1-3-1

饲料种类	饲料名称	水分	粗蛋白质	粗脂肪	粗纤维	无氮浸出物	粗灰分	钙	磷	胡萝卜素(mg/kg)	样品来源	采集部位	采集日期	分析单位
八、豆类	木豆	7.9	22.7	1.3	8.6	56.3	3.2	0.10	0.17		广州		1958	华南农学院
八、豆类	孔雀豆	11.7	20.1	14.6	9.0	41.0	3.6	0.59	0.03		海南		1958	华南农学院
八、豆类	眉豆	7.2	24.7	2.8	7.7	52.5	5.1	0.15	0.30		海南		1958	华南农学院
九、油粕类	花生饼	13.6	27.6	12.8	11.3	26.1	8.6	0.40	0.56		福州			华东后勤
九、油粕类	花生饼	10.0	45.5	8.0	4.8	25.2	6.5				吉林			东北所
九、油粕类	花生饼	11.5	39.5	3.6	3.6	33.2	8.6				南京			华东所
九、油粕类	花生饼	7.0	40.3	8.6	8.3	29.2	6.6				成都			四川所
九、油粕类	花生饼	10.4	43.8	5.7	3.7	30.9	5.5	0.33	0.58		北京			北京农大
九、油粕类	花生饼	14.0	40.8	10.4	2.0	27.7	5.1	0.26	0.60		汤山			华东后勤
九、油粕类	棉籽饼	8.7	36.6	5.0	8.3	33.4	8.0				南京			华东所
九、油粕类	棉籽饼	9.4	40.8	8.3	11.6	23.5	6.4				北京			华北所
九、油粕类	棉籽饼	9.5	31.4	10.6	12.3	29.9	6.3				吉林			东北所
九、油粕类	棉籽饼(去壳)	7.7	32.4	5.3	12.5	33.2	8.9	0.44	1.14		北京			北京农大
九、油粕类	棉籽饼(去壳)	9.9	35.0	10.7	6.0	31.4	7.0	0.36	1.19		德州			华东后勤
九、油粕类	棉籽饼	7.2	36.3	4.9	13.4	31.9	6.3				上海			上海畜医站
九、油粕类	菜籽饼	9.6	37.5	5.0	10.7	26.3	10.9				浙江			浙江所
九、油粕类	菜籽饼	10.2	24.6	1.1	7.1	41.7	15.3				南京			华东所
九、油粕类	菜籽饼	13.2	31.5	13.9	6.7	25.1	9.6				荣昌			四川农学院
九、油粕类	菜籽饼	9.7	32.6	11.8	9.8	24.1	12.0	0.67	0.82		永登		1958	西北畜医所
九、油粕类	菜籽饼	4.6	38.1	11.4	10.1	29.9	5.9	0.24	2.55		内蒙古		1958	内蒙古畜医学院
九、油粕类	菜籽饼	22.1	24.7	6.1	11.3	29.3	6.5	0.53	0.08		雅安		1958	四川农学院

续表1-3-1

饲料种类	饲料名称	水分	粗蛋白质	粗脂肪	粗纤维	无氮浸出物	粗灰分	钙	磷	胡萝卜素(mg/kg)	样品来源	采集部位	采集日期	分析单位
九、油粕类	胡麻饼	9.5	32.8	17.4	6.2	28.3	5.8				张北			华东后勤
九、油粕类	胡麻饼	8.0	38.2	5.8	11.9	29.1	7.0	0.45	0.79		兰州			西北畜医所
九、油粕类	胡麻饼	6.9	32.0	6.1	6.3	42.0	6.7	0.42	0.58		内蒙古			军马所
九、油粕类	胡麻饼	6.2	32.3	8.4	12.1	34.7	6.3	0.62	1.00		内蒙古		1958	内蒙古畜医学院
九、油粕类	亚麻仁饼	10.8	32.5	8.5	9.5	30.5	8.2				吉林			东北所
九、油粕类	芝麻饼	11.5	37.7	14.0	1.9	24.3	10.6	2.33			汤山			华东后勤
九、油粕类	芝麻饼	5.4	40.4	12.6	9.3	21.3	11.0	0.17	1.49		内蒙古		1958	内蒙古畜医学院
九、油粕类	黑介籽饼	5.4	33.6	10.9	12.9	30.3	6.9	0.76	1.37		内蒙古		1958	内蒙古畜医学院
九、油粕类	苍耳饼	8.3	39.0	12.5	12.5	21.3	6.4	0.28	0.08		吉林		1958	长春农学院
九、油粕类	椰子饼	8.8	24.7	4.5	12.9	41.2	7.9	0.04	0.06				1958	华东所
九、油粕类	风花菜饼	25.2	20.6	0.9	13.0	33.1	7.2	0.65	0.59		龙日坝		1958	四川农学院
九、油粕类	播娘蒿饼	16.5	31.8	11.1	10.2	23.3	7.1	0.72	0.75		龙日坝		1958	四川农学院
十、糠麸类	豆皮	9.2	23.3	6.6	15.9	39.6	5.4	0.44	0.46		北京	黑豆		北京农大
十二、渣糟类	豆腐渣	5.8	30.5	11.6	14.1	34.6	3.4				杭州	黄豆 25% 茶豆 75%		浙江所
十二、渣糟类	豆腐渣	85.1	5.0	1.8	2.1	5.4	0.6	0.09	0.01		北京			北京农大
十二、渣糟类	豆腐渣	83.9	4.7	2.1	2.6	6.0	0.7				察北			华北所
十二、渣糟类	豆腐渣	88.2	4.4	1.6	1.3	3.8	0.7	0.05	0.01		兰州			西北畜医所
十二、渣糟类	豆腐渣	84.7	4.0	1.9	1.8	6.6	1.0	0.23	0.15		武汉			华中所
十二、渣糟类	豆腐渣	8.5	25.6	13.7	16.3	32.0	3.9	0.52	0.33		吉林			长春农学院
十二、渣糟类	粉渣	81.8	3.9	0.4	2.0	11.3	0.6	0.07	0.03		兰州			西北畜医所

续表1-3-1

饲料种类	饲料名称	水分	粗蛋白质	粗脂肪	粗纤维	无氮浸出物	粗灰分	钙	磷	胡萝卜素(mg/kg)	样品来源	采集部位	采集日期	分析单位
十二、渣糟类	粉渣	9.4	19.1	1.0	10.2	57.3	3.0	0.46	0.16		兰州	扁豆	1958	西北畜医所
十二、渣糟类	粉渣	81.8	3.8	0.4	2.0	11.4	0.6	0.07	0.03		兰州	扁豆	1958	甘肃农大
十二、渣糟类	醋渣	64.8	8.5	3.5	3.0	17.4	2.8	0.73	0.28		武汉	高粱		华中所
十二、渣糟类	糟渣	21.3	21.4	4.5	2.2	48.7	1.9	0.06	0.11		江西			江西所
十二、渣糟类	糟渣	64.6	10.0	10.4	3.8	6.6	4.6	0.34	0.28		江西			江西所
十二、渣糟类	糟渣	82.1	4.8	1.4	1.0	10.1	0.6	0.04	0.01		北京			北京农大
十二、渣糟类	糟渣	56.3	10.1	4.5	5.9	16.1	7.1				南京			华东所
十二、渣糟类	糟渣	76.0	7.6	2.1	1.0	12.6	0.7	0.01	0.16		兰州	小米		西北畜医所
十二、渣糟类	糟渣	77.1	7.6	3.1	2.1	9.0	1.1	0.10	0.16		内蒙古	饴糖		内蒙古畜医学院
十二、渣糟类	酱渣	68.2	10.4	2.5	4.7	8.8	5.4	0.13	0.30		北京			北京农大
十二、渣糟类	酱渣	73.3	8.2	6.8	3.4	6.6	1.7	0.40	0.09		雅安		1958	四川农学院
十二、渣糟类	酱渣	64.0	14.7	7.7	4.0	4.9	4.7				兰州		1958	甘肃农大
十二、渣糟类	酒渣	62.2	9.3	4.2	3.3	17.8	3.2				察北	高粱		华北所
十二、渣糟类	酒渣	65.0	8.7	0.8	1.7	22.7	1.1	0.02	0.07		江西	红米酒		江西所
十二、渣糟类	酒渣	77.0	6.3	1.2	3.4	10.9	1.2				吉林	啤酒		东北所
十二、渣糟类	酒渣	62.3	9.3	4.2	3.4	17.6	3.2				吉林	高粱		东北所
十二、渣糟类	酒渣	77.1	8.2	2.3	2.2	9.7	0.5				吉林	黍		东北所
十二、渣糟类	酒渣	10.1	20.2	8.2	12.4	39.0	10.1	0.16	0.13		吉林		1958	长春农学院
十四、动物及矿物质饲料	蚕蛹	79.0	11.3	0.7			1.1	0.02	0.10		广州			华南所
十四、动物及矿物质饲料	蚕蛹	4.2	55.8	29.1			3.6				浙江			浙江所

续表1-3-1

饲料种类	饲料名称	水分	粗蛋白质	粗脂肪	粗纤维	无氮浸出物	粗灰分	钙	磷	胡萝卜素(mg/kg)	样品来源	采集部位	采集日期	分析单位
十四、动物及矿物质饲料	鱼粉	5.9	53.5	9.8			26.5				上海			东北所
十四、动物及矿物质饲料	鱼粉	14.3	47.6	5.6			34.1	0.78	0.28		吉林	红头鱼	1958	长春农学院
十四、动物及矿物质饲料	鱼粉	23.3	50.4	3.9			20.3				浙江			浙江所
十四、动物及矿物质饲料	鱼粉	14.1	56.5	6.8			18.1	0.51						华东所
十四、动物及矿物质饲料	海虾粉	17.7	38.8	1.6			36.3	4.73	0.05		吉林		1958	长春农学院
十四、动物及矿物质饲料	虾粉	14.7	48.9	2.9			32.8	3.06	0.11		吉林		1958	长春农学院
十四、动物及矿物质饲料	海螺粉	4.9	66.9	9.0			9.2		0.27		吉林		1958	长春农学院
十四、动物及矿物质饲料	虾糠	13.6	43.7	1.3			37.1	0.71	0.15		江苏		1958	华东所
十四、动物及矿物质饲料	蟚蜞干	6.4	38.7	3.2			39.8	13.40	0.71		广东		1958	华南农学院
十四、动物及矿物质饲料	熟牛血	2.2 (初水分 83.7)	92.2	0.3			4.4	0	0.03		广州		1958	华南农学院
十四、动物及矿物质饲料	鲮鱼鳞	6.2 (初水分 61.3)	49.5	31.7			18.1	0.58	0.05		广州		1958	华南农学院
十四、动物及矿物质饲料	奶鱼	6.7	37.7	14.4			37.7				广州		1958	华南农学院
十四、动物及矿物质饲料	梳口罗	13.6	35.4	4.4			46.9				广州		1958	华南农学院
十四、动物及矿物质饲料	赤鱼籽	16.2	55.0	11.6							广州		1958	华南农学院
十四、动物及矿物质饲料	蚌肉	91.3	5.3	0.6			1.1	0.28	0.01		哈尔滨		1958	东北农学院
十五、其他	蛴螬(又名哈虻)		44.7	2.5	7.1	23.6	14.0				湖南宁乡		1958	湖南所

1.4 中国农业科学院畜牧研究所,中国动物营养研究会.1985.中国饲料成分及营养价值表[4]

1.样品简述、常规成分及能值

(1)饲料样品简述、常规成分、总能及猪有效能值

表 1-4-1 饲料样品简述、常规成分、总能、猪消化能、猪代谢能和鸡代谢能

样品归类	中国饲料编号	饲料名称	样品说明	干物质(%)	粗蛋白质(%)	粗脂肪(%)	粗纤维(%)	无氮浸出物(%)	粗灰分(%)	钙(%)	磷(%)	总能(Mcal/kg)	猪消化能(Mcal/kg)	猪代谢能(Mcal/kg)	鸡代谢能(Mcal/kg)
树叶类	5-02-002	槐叶	北京,刺槐,8月采	88.0	19.1	5.3	12.6	44.6	6.5	2.35	0.21	3.99	2.41	2.21	0.54
树叶类	5-02-004	紫穗槐叶	东北,嫩枝、叶	88.0	22.8	2.8	13.8	42.8	5.9	0.31	0.28	3.93	2.49	2.26	0.84
树叶类	5-02-008	槐叶	安徽,刺槐	88.0	19.9	2.3	15.5	43.1	7.0		0.15	3.82	2.23	2.03	
树叶类	5-02-012	槐叶	湖南望城	88.0	20.0	2.3	15.5	43.4	6.8	0.87	0.15	3.83	2.24	2.05	
树叶类	5-02-014	紫穗槐叶	宁夏,初花期	88.0	20.5	2.9	15.5	43.7	5.3	1.20	0.12	3.93	2.27	2.07	
树叶类	5-02-015	槐叶	甘肃兰州,刺槐鲜摘风干	88.0	21.4	3.2	10.9	45.8	6.7		0.26	3.90	2.67	2.43	0.83
树叶类	5-02-017	紫穗槐叶	四川雅安	88.0	25.7	5.0	11.8	40.8	4.7	1.06	0.15	4.14	2.70	2.48	0.89
树叶类	5-02-018	槐叶	四川雅安,刺槐结荚期鲜摘风干	88.0	26.1	5.6	9.6	34.4	12.2	2.88	0.40	3.86	2.63	2.37	0.83
树叶类	5-02-020	紫穗槐叶	云南会泽	88.0	24.3	2.6	10.0	45.8	5.3	0.76		3.98	2.88	2.57	0.85
树叶类	5-02-021	槐叶	河北石家庄,刺槐	88.0	18.8	3.2	10.6	44.9	10.6	1.14	0.18	3.70	2.51	2.31	0.79
树叶类	5-02-022	槐叶粉	江苏六合,刺槐	90.9	19.1	3.3	14.1	40.0	14.4	0.83	0.17	3.67	2.92	2.69	
树叶类	5-02-023	槐叶	辽宁沈阳,4月份采摘	92.4	19.5	3.2	10.9	43.8	15.0	1.84	0.10	3.71	2.55	2.35	0.79
树叶类	5-02-025	槐叶粉	河南南阳,颗粒状,出口	90.3	18.1	3.1	11.0	46.1	12.0	2.21	0.21	3.72	2.5	2.30	0.80
树叶类	5-02-043	牛奶树叶	广东广州	88.0	18.4	2.5	14.4	40.3	12.4		0.10	3.58	2.16	1.98	
树叶类	5-02-049	桑叶	北京,黄叶期粉	94.1	20.4	8.3	10.4	43.6	11.4	2.36	0.03	4.21	2.64	2.42	
树叶类	5-02-051	桑叶	安徽	88.0	19.7	4.7	12.0	40.5	11.1	0.85	0.21	3.77	2.38	2.17	
树叶类	5-02-053	桑叶	湖北,春伐留四叶,20天	88.0	22.8	6.2	9.4	39.0	10.6			3.92	2.62	2.38	1.00
树叶类	5-02-054	桑叶	湖北,春伐留四叶,30天	88.0	23.0	6.3	9.3	38.9	10.5			3.92	2.64	2.39	1.00
树叶类	5-02-055	桑叶	湖北,春伐留四叶,40天	88.0	24.1	5.3	9.4	38.3	10.9			3.87	2.67	2.41	0.99
树叶类	5-02-056	桑叶	广东	88.0	25.6	6.3	9.7	36.0	10.4	2.64	0.07	3.97	2.66	2.39	1.01
树叶类	5-02-057	桑叶	甘肃	88.0	18.5	4.1	11.4	44.6	9.4		0.18	3.79	2.45	2.24	

续表1-4-1

样品归类	中国饲料编号	饲料名称	样品说明	干物质(%)	粗蛋白质(%)	粗脂肪(%)	粗纤维(%)	无氮浸出物(%)	粗灰分(%)	钙(%)	磷(%)	总能(Mcal/kg)	猪消化能(Mcal/kg)	猪代谢能(Mcal/kg)	鸡代谢能(Mcal/kg)
树叶类	5-02-058	桑叶	四川芦山	88.0	27.4	3.9	9.2	39.7	7.8	3.10	0.25	3.98	2.88	2.59	1.01
树叶类	5-02-068	榆树叶	内蒙古,风干	88.0	25.8	2.1	10.9	39.9	9.4			3.80	2.73	2.46	
树叶类	5-02-069	榆树叶	黑龙江哈尔滨,嫩枝、叶	88.0	20.4	5.5	8.6	39.4	14.1	2.19	0.20	3.70	2.55	2.33	0.79
树叶类	5-02-803	紫穗槐叶	内蒙古,落叶,风干	90.2	23.2	4.4	10.7	43.8	8.1			4.03			
树叶类		槐叶粉	1983 年猪饲养标准议定值	89.1	17.8		11.1			1.91	0.17	3.89	2.39	2.21	
树叶类		槐叶粉	1983 年鸡饲养标准议定值	90.3	18.1	3.1	11.0	46.1	12.0	2.21	0.21				0.95
树叶类		紫槐叶粉	1983 年猪饲养标准议定值	90.6	23.0		12.9			1.40	0.40	4.14	2.52	2.30	
豆类	5-02-111	豌豆	江西莲塘	85.2	19.9	1.3	6.3	55.3	2.4	0.19	0.33	3.84	3.03	2.76	2.62
豆类	5-02-112	豌豆	河南南阳	88.1	23.0	1.1	6.4	55.0	2.6		0.24	3.99			2.73
干草类(包括牧草)	5-05-009	红麻叶粉	浙江萧山	84.6	21.5	2.1	14.6	34.6	11.8	1.91	0.15	3.49	2.26	2.05	
干草类(包括牧草)	5-05-012	灰菜干草粉	新疆,优质	93.0	18.6	2.7	10.5	41.1	20.1	1.39	0.63	3.48	2.14	1.97	0.97
干草类(包括牧草)	5-05-015	聚合草粉	浙江杭州,优质	87.2	21.2	3.8	5.7	38.9	17.6	1.57	0.43	3.44	2.38	2.18	1.28
干草类(包括牧草)	5-05-016	聚合草粉	新疆石河子 ,优质	90.6	24.4	3.5	7.2	42.1	13.4	0.86	0.25	3.79	2.65	2.41	1.42
干草类(包括牧草)	5-05-051	苜蓿叶粉	北京,公农 1 号,头茬,优质	88.5	26.6	3.3	14.8	34.4	9.4			3.89			1.53
干草类(包括牧草)	5-05-052	苜蓿叶粉	北京,公农 1 号,再生,优质	89.1	23.0	4.2	14.9	40.0	7.0			4.01			1.58
干草类(包括牧草)	5-05-053	苜蓿叶粉	新疆,始花期,优质	92.5	17.5	2.4	13.8	39.3	19.5	2.60	0.30	3.45			1.36
干草类(包括牧草)	5-05-079	紫云英	江苏,现蕾期,全株	90.4	28.1	3.8	11.7	39.7	7.1			4.12	2.72	2.44	
干草类(包括牧草)	5-05-080	紫云英草粉	江苏,初花期,全株,优质	90.8	25.8	4.6	11.8	41.0	7.6			4.12	2.68	2.42	1.62
干草类(包括牧草)	5-05-094	三叶草	北京,白三叶,开花期	90.0	22.2	2.8	10.4	43.1	11.4	1.59	0.34	3.78			1.21
干草类(包括牧草)	5-05-51	苜蓿叶	北京,公农 1 号,头茬	88.5	26.6	3.3	14.8	34.4	9.4			3.89	2.35	2.11	
干草类(包括牧草)	5-05-52	苜蓿叶	北京,公农 1 号,再生	89.1	23.0	4.2	14.9	40.0	7.0			4.01	2.23	2.02	
干草类(包括牧草)		苜蓿草粉	1983 年鸡饲料标准议定值	89.0	20.4	3.2	19.7	35.6	10.1	1.46	0.22				0.81
干草类(包括牧草)		紫云英草粉	1983 年猪饲养标准议定值	88.0	22.3		19.5			1.42	0.43	3.95	1.64	1.50	
农副产品类(包括稿秆、荚壳、藤蔓、秸秧)	5-06-001	蚕豆叶粉	四川达县,胡豆糠	91.5	23.5	4.6	10.1	42.0	11.3	1.87	0.13	3.96	2.51	2.28	

续表1-4-1

样品归类	中国饲料编号	饲料名称	样品说明	干物质(%)	粗蛋白质(%)	粗脂肪(%)	粗纤维(%)	无氮浸出物(%)	粗灰分(%)	钙(%)	磷(%)	总能(Mcal/kg)	猪消化能(Mcal/kg)	猪代谢能(Mcal/kg)	鸡代谢能(Mcal/kg)
农副产品类(包括稿秆、荚壳、藤蔓、秸秧)	5-06-002	蚕豆叶粉	云南会泽,收豆后	91.6	21.3	3.7	14.0	43.1	9.5	1.84	0.34	3.96	2.49	2.28	
糠麸类	5-08-008	黑豆皮	北京	90.8	23.3	6.6	15.9	39.6	5.4	0.44	0.46	4.28	2.04	1.86	
豆类	5-09-002	巴山豆	四川天全,红色	83.9	21.6	1.1	6.0	51.8	3.4	0.30	0.29	3.76	3.03	2.75	2.72
豆类	5-09-003	巴山豆	四川天全,黄白色	84.2	21.6	0.2	6.5	52.6	3.3	0.34	0.34	3.73	3.05	2.77	2.68
豆类	5-09-004	扁豆	甘肃山丹	91.6	25.3	2.2	5.1	56.7	2.3			4.24			
豆类	5-09-005	菜豆	贵州威宁,红豆	86.3	19.8	1.5	4.7	57.2	3.1	0.18	0.46	3.87	3.26	2.98	2.64
豆类	5-09-007	蚕豆	河北张家口,胡豆,栗钙土生	91.7	27.5	1.2	7.4	52.2	3.4	0.11	0.64	4.18	3.28	2.95	2.69
豆类	5-09-010	蚕豆	浙江杭州	90.5	26.9	1.3	5.8	52.9	3.6			4.12	3.41	3.07	2.65
豆类	5-09-011	蚕豆	河南南阳	55.4	23.2	0.9	8.3	47.3	8.7			3.74	3.14	2.84	2.41
豆类	5-09-012	蚕豆	广东,次蚕豆	88.0	28.5	0.4	8.1	48.0	3.0		0.18				
豆类	5-09-013	蚕豆	宁夏青铜峡	88.6	27.6	0.9	7.5	49.8	2.8	0.10		4.06	3.14	2.82	2.61
豆类	5-09-014	蚕豆	甘肃山丹,白色	92.6	21.3	2.0	10.0	56.8	2.5		0.25	4.21	2.90	2.65	2.53
豆类	5-09-015	蚕豆	青海西宁,白马牙大豆	87.9	24.5	2.2	6.5	51.9	2.8		0.27	4.06	3.14	2.84	2.61
豆类	5-09-016	蚕豆	新疆	87.9	23.0	1.3	6.5	54.9	2.2	0.12	0.40	4.01	3.15	2.85	2.58
豆类	5-09-017	蚕豆	四川乐山,胡豆	89.3	27.0	1.7	8.4	49.5	2.7	0.13	0.28	4.11(鸡4.13)	3.07	2.76	2.66
豆类	5-09-018	蚕豆	四川新都,小胡豆	88.9	25.0	1.2	8.9	50.6	3.2	0.12	0.58	3.96(鸡4.04)	2.93	2.65	2.78
豆类	5-09-020	蚕豆	贵州,本地种	88.0	26.1	1.9	7.9	49.3	2.8			4.07	3.01	2.71	2.62
豆类	5-09-022	蚕豆	云南砚山,虎皮蚕豆	92.1	23.9	2.1	4.3	57.5	4.3	0.17	0.46	4.16	3.60	3.27	2.68
豆类	5-09-024	赤豆	上海	86.6	22.8	0.8	4.9	54.8	3.3		0.33	3.88	3.32	3.01	2.32
豆类	5-09-036	小黄豆	辽宁建平	90.0	38.1	13.3	6.8	27.5	4.3			4.86	3.91	3.45	
豆类	5-09-036(编者注:编号有冲突)	小黄豆	辽宁建平	90.0	37.6	16.5	6.4	25.4	4.1			5.03			3.28
豆类	5-09-055	小绿黄豆	云南文山	89.2	39.3	14.6	5.4	24.9	5.0	0.29	0.59	4.89	3.95	3.47	3.35

续表1-4-1

样品归类	中国饲料编号	饲料名称	样品说明	干物质(%)	粗蛋白质(%)	粗脂肪(%)	粗纤维(%)	无氮浸出物(%)	粗灰分(%)	钙(%)	磷(%)	总能(Mcal/kg)	猪消化能(Mcal/kg)	猪代谢能(Mcal/kg)	鸡代谢能(Mcal/kg)
豆类	5-09-059	饭豆	湖南韶山，眉豆	88.8	24.6	1.7	3.8	55.4	3.3		0.26	4.05	3.52	3.18	2.77
豆类	5-09-060	饭豆	四川邻水，红色混10%花斑色	90.8	24.8	1.2	4.9	57.0	2.9	0.14	0.39	4.13	3.48	3.15	2.82
豆类	5-09-061	饭豆	四川邻水，黄白色	91.3	24.0	0.9	4.4	58.9	3.1		0.30	4.11	3.57	3.24	2.81
豆类	5-09-062	饭豆	云南陆良	88.3	25.5	1.2	3.9	51.5	6.2		0.42	3.89	3.59	3.24	2.66
豆类	5-09-063	狗爪豆	上海	87.9	23.7	4.5	6.2	49.5	4.0		0.23	4.11	3.10	2.80	2.81
豆类	5-09-064	狗爪豆	浙江杭州	85.0	29.2	4.7	4.7	43.0	3.4			4.11	3.19	2.84	2.81
豆类	5-09-065	狗爪豆	广东	88.0	23.8	4.2	6.2	50.8	3.0			4.15	3.09	2.80	2.83
豆类	5-09-066	狗豆	贵州贵阳	88.0	22.7	9.2	8.5	44.1	3.5		0.29	4.37	2.61	2.37	2.94
豆类	5-09-067	红小豆	黑龙江	88.2	20.0	0.8	1.4	62.8	3.2	0.02	0.35	3.91	3.75	3.43	2.67
豆类	5-09-068	花豆	广东	86.3	20.6	1.3	4.6	55.9	3.9	0.18	0.82	3.84	3.31	3.02	2.62
豆类	5-09-069	花梨豆	河南夏邑	91.5	36.5	15.5	7.2	27.8	4.5	0.33	0.31	5.01	4.02	3.56	3.42
豆类	5-09-070	黄毛黎豆	广东	86.9	21.0	6.4	6.1	50.0	3.4			4.15	2.94	2.68	2.83
豆类	5-09-074	箭筈豌豆	河南南阳，6625 号	88.1	24.5	1.7	4.3	54.3	3.3	0.08	0.46	4.02	3.43	3.10	2.75
豆类	5-09-075	箭筈豌豆	河南南阳，FAO	87.8	28.4	1.1	3.7	51.4	3.2	0.08	0.49	4.04	3.56	3.18	2.76
豆类	5-09-076	箭筈豌豆	河南南阳，南京大英(编者注：原书 102 页为：南京大荚)	88.5	26.1	1.1	4,1	54.2	3.0	0.09	0.40	4.04	3.51	3.16	2.76
豆类	5-09-077	豇豆	北京	87.0	22.0	2.0	4.1	55.5	3.4	0.10	0.46	3.95	3.37	3.06	2.70
豆类	5-09-078	豇豆	上海	86.4	18.7	1.4	3.4	59.8	3.1		0.12	3.85	3.41	3.12	2.63
豆类	5-09-079	豇豆	江西	90.4	24.4	1.8	4.7	56.3	3.2	0.14	0.29	4.12	3.47	3.15	2.81
豆类	5-09-080	豇豆	湖南湘潭，饭豆	88.0	22.6	2.0	4.1	56.0	3.3	0.04	0.40	4.00	3.42	3.10	2.73
豆类	5-09-081	孔雀豆	广东	83.3	20.1	14.6	9.0	41.0	3.6			4.62	3.35	3.08	3.11
豆类	5-09-081(编者注：推测应为5-09-082)	揽豆	贵州安顺	85.6	21.5	0.9	5.7	53.0	4.5	0.39	0.47	3.78	3.20	2.91	2.54
豆类	5-09-083	老虎豆	福建，种用	90.2	21.4	5.1	2.6	57.6	3.5			4.23	3.54	3.23	2.85
豆类	5-09-085	绿豆	黑龙江	88.3	17.8	1.2	3.7	61.8	3.8		0.42	3.88			2.61

续表1-4-1

样品归类	中国饲料编号	饲料名称	样品说明	干物质(%)	粗蛋白质(%)	粗脂肪(%)	粗纤维(%)	无氮浸出物(%)	粗灰分(%)	钙(%)	磷(%)	总能(Mcal/kg)	猪消化能(Mcal/kg)	猪代谢能(Mcal/kg)	鸡代谢能(Mcal/kg)
豆类	5-09-087	绿豆	江西莲塘	85.6	23.1	1.1	5.0	53.3	3.1	0.17	0.40	3.87			2.60
豆类	5-09-088	绿豆	河南夏邑	88.0	20.1	0.8	5.8	56.0	5.3	0.19	0.27	3.82			2.57
豆类	5-09-089	绿豆	广西	88.3	24.8	1.1	3.9	55.6	2.9			4.02			2.71
豆类	5-09-091	马料豆	浙江金华	87.0	34.3	14.7	4.7	28.7	4.6		0.42	4.74	3.82	3.40	3.25
豆类	5-09-092	马料豆	江西玉山	91.4	38.1	16.9	7.0	24.0	5.4			5.06	4.07	3.59	3.32
豆类	5-09-094	猫豆	云南西畴	91.9	29.4	3.0	4.4	50.9	4.2	0.18	0.42	4.28	3.60	3.22	2.92
豆类	5-09-096	木豆	广东广州	92.1	22.7	1.3	8.6	56.3	3.D	0.10	0.17	4.14	3.10	2.82	2.79
豆类	5-09-097	木豆	云南	88.2	17.9	0.9	8.1	58.3	3.0		0.28	3.89	3.11	2.86	2.62
豆类	5-09-099	鼠豆	云南红河,小鼠豆	88.0	27.3	1.8	3.6	50.6	4.7	0.40	0.42	4.00	3.57	3.20	2.73
豆类	5-09-100	鼠豆	云南广南,黄老鼠豆	87.9	22.7	1.6	3.4	56.5	3.7	0.18	0.40	3.96	3.52	3.20	2.70
豆类	5-09-101	水流豆	广东	89.4	21.3	1.3	16.0	48.1	2.7	0.33		4.03	2.11	1.93	2.53
豆类	5-09-102	豌豆	北京	89.6	23.3	1.1	5.4	57.1	2.7	0.12	0.38	4.06	3.37	3.05	2.77
豆类	5-09-103	豌豆	河北张家口,前进1号,栗钙土	87.7	21.3	1.1	4.6	57.8	2.9			3.94	3.36	3.06	2.69
豆类	5-09-104	豌豆	山西	86.8	22.7	1.9	6.0	53.2	3.0			3.96			2.70
豆类	5-09-105	豌豆	内蒙古	89.9	21.2	0.8	6.4	59.0	2.5		0.39	4.03			2.75
豆类	5-09-107	豌豆	上海	87.2	24.7	1.5	8.3	48.4	4.3		0.37	3.93			2.64
豆类	5-09-108	豌豆	江苏	87.8	20.4	1.2	5.9	56.0	4.3			3.88			2.65
豆类	5-09-109	豌豆	安徽	88.4	18.8	1.9	6.3	58.2	3.2			3.96			2.70
豆类	5-09-110	豌豆	浙江杭州	90.5	25.0	1.3	4.4	56.9	2.9			4.12			2.81
豆类	5-09-113	豌豆	湖北	83.7	22.6	4.5	4.1	49.6	2.9	0.14	0.23	3.97	3.12	2.83	2.71
豆类	5-09-114	豌豆	宁夏固原	91.1	22.2	1.6	5.0	59.9	2.4	0.09	0.30	4.14	3.43	3.13	
豆类	5-09-115	豌豆	宁夏青铜峡,麻豌豆	93.5	24.1	1.0	6.3	59.3	2.8	0.11		4.22	3.44	3.12	2.88
豆类	5-09-116	豌豆	甘肃灵武	89.2	24.8	1.6	7.3	52.4	3.1	0.08	0.42	4.07	3.14	2.84	2.78
豆类	5-09-117	豌豆	广东	95.9	26.4	0.9	6.6	59.0	3.0			4.34			2.96
豆类	5-09-118	豌豆	青海西宁,麻花豌豆	88.1	18.2	1.2	6.5	59.6	2.6	0.15	0.26	3.93	3.11	2.86	2.68

续表1-4-1

样品归类	中国饲料编号	饲料名称	样品说明	干物质(%)	粗蛋白质(%)	粗脂肪(%)	粗纤维(%)	无氮浸出物(%)	粗灰分(%)	钙(%)	磷(%)	总能(Mcal/kg)	猪消化能(Mcal/kg)	猪代谢能(Mcal/kg)	鸡代谢能(Mcal/kg)
豆类	5-09-119	豌豆	四川双流，白豌豆	87.2	23.1	1.0	6.6	54.3	2.2			3.97	2.72	2.47	
豆类	5-09-119（编者注：编号有冲突）	豌豆	四川双流，白豌豆	86.2	22.8	1.0	6.5	53.5	2.4			3.91			2.82
豆类	5-09-120	豌豆	四川宣汉，麻豌豆	88.4	26.0	1.4	7.7	50.2	3.1	0.15	0.45	4.05	3.38	3.05	2.73
豆类	5-09-121	豌豆	新疆	88.8	20.2	1.2	7.1	57.9	2.4	0.11	0.47	3.99	3.09	2.83	2.69
豆类	5-09-123	豌豆	云南丘北，麻豌豆	91.5	25.4	2.3	4.4	56.3	3.1	0.13	0.37	4.21	3.54	3.20	2.88
豆类	5-09-124	豌豆	云南丘北，白豌豆	88.5	26.9	2.2	3.5	53.2	2.7	0.13	0.32	4.12	3.53	3.18	2.81
豆类	5-09-125	豌豆	云南广南，小米豌豆	88.0	29.6	3.1	3.4	49.2	2.7	0.13	0.37	4.19	3.52	3.14	2.87
豆类	5-09-126	香豆	甘肃临潭	90.3	22.8	4.6	8.6	48.8	5.5	0.27	0.32	4.14	2.94	2.67	2.79
豆类	5-09-127	芸豆	广东	92.0	23.0	1.2	3.9	59.9	4.0	0.16	0.44	4.10	3.66	3.33	2.80
豆类	5-09-200	蚕豆	云南，七县，七样品平均值	88.0	23.8	1.5	7.5	51.9	3.3	0.10	0.47	3.99	3.06	2.77	2.57
豆类	5-09-201	蚕豆	十四省市，二十三样品平均值	88.0	24.9	1.4	7.5	50.9	3.3	0.15	0.40	4.00	3.08	2.78	2.58
豆类	5-09-219	箭筈豌豆	贵州，6625 号	86.2	20.8	0.7	4.6	57.3	2.8			3.85	3.31	3.01	
豆类	5-09-220	绿豆	七省市，七样品平均值	88.0	21.6	0.9	4.5	57.1	3.9	0.15	0.31	3.90	3.42	3.11	2.66
豆类	5-09-221	豌豆	云南七县，七样品平均值	88.0	21.0	1.1	6.3	57.0	2.6	0.11	0.33	3.96	3.17	2.89	2.70
豆类	5-09-222	豌豆	十九省市，三十样品平均值	88.0	22.6	1.5	5.9	55.1	2.9	0.13	0.39	3.99	3.22	2.93	2.73
豆类	5-09-223	大绿黄豆	云南麻栗坡	89.7	39.6	17.1	4.5	23.7	4.8	0.26	0.52	5.05	4.09	3.60	3.46
豆类	5-09-601	蚕豆	上海，等外	89.0	27.5	1.5	8.1	48.8	3.1	0.11	0.39				
豆类		蚕豆	1983 年猪饲养标准议定值	87.3	24.5		5.9			0.09	0.38	4.09	3.08	2.80	
豆类		蚕豆	1983 年鸡饲养标准议定值	88.0	24.9	1.4	7.5	50.9	3.3	0.15	0.40				2.58
豆类		豌豆	1983 年猪饲养标准议定值	87.3	22.2		0.56			0.14	0.34	3.94	3.10	2.84	
豆类		豌豆	1983 年鸡饲养标准议定值	88.0	22.6	1.5	5.9	55.1	2.9	0.13	0.39				2.73
豆类		小豆	1983 年猪饲养标准议定值	88.0	20.7		4.9			0.07	0.31	3.89	3.19	2.93	
饼粕类	5-10-004	菜籽饼	北京	91.2	37.4	1.6	11.7	33.4	7.1	0.61	0.95	4.18	2.70	2.37	1.88
饼粕类	5-10-005	菜籽饼	山西，芥菜籽饼	90.0	34.8	8.3	9.6	30.2	7.1			4.44	2.83	2.50	2.00

续表1-4-1

样品归类	中国饲料编号	饲料名称	样品说明	干物质(%)	粗蛋白质(%)	粗脂肪(%)	粗纤维(%)	无氮浸出物(%)	粗灰分(%)	钙(%)	磷(%)	总能(Mcal/kg)	猪消化能(Mcal/kg)	猪代谢能(Mcal/kg)	鸡代谢能(Mcal/kg)
饼粕类	5-10-007	菜籽饼	河南,机榨,四样品平均值	91.4	34.8	10.1	10.6	28.2	7.7	0.68	0.80	4.56	2.72	2.40	2.05
饼粕类	5-10-008	菜籽饼	湖北,机榨,二样品平均值	92.8	37.2	9.6	9.4	27.3	9.3			4.56	3.00	2.64	2.02
饼粕类	5-10-009	菜籽饼	新疆,机榨,片状	90.0	34.4	6.8	7.8	33.4	7.6	0.64	0.96	4.33	3.11	2.75	1.95
饼粕类	5-10-009(编者注:编号有冲突)	菜籽饼	新疆,机榨,片状	95.2	36.4	7.2	8.2	35.4	8.0	0.68	1.02	4.58			
饼粕类	5-10-010	菜籽饼	新疆,坑埋去毒	90.6	37.4	10.9	11.9	22.1	8.3	0.58	0.85	4.58			2.06
饼粕类	5-10-011	菜籽饼	新疆,机榨,三样品平均值	92.0	36.5	7.8	7.0	31.4	9.3	0.73	1.09	4.43	3.31	2.91	2.00
饼粕类	5-10-012	菜籽饼	湖南,机榨,湘油九号	92.6	34.6	4.7	11.6	33.9	7.8		1.22	4.32	2.88	2.55	1.94
饼粕类	5-10-014	菜籽饼	青海西宁,机榨	94.0	88.0	3.8	11.8	27.6	7.8	0.53	0.84	4.65	2.78	2.44	2.09
饼粕类	5-10-015	菜籽饼	四川,机榨,六样品平均值	90.0	37.1	6.0	14.4	25.3	7.3	0.68	1.05	3.98	2.61	2.29	
饼粕类	5-10-015(编者注:编号有冲突)	菜籽饼	四川,机榨,二样品平均值	92.3	37.7	3.3	11.0	32.4	7.9	0.69	0.86	4.30			1.94
饼粕类	5-10-016	菜籽粕	四川新都,浸提,二样品平均值	92.5	40.9	1.9	13.4	28.7	7.6	0.74	1.07	4.28			1.82
饼粕类	5-10-016(编者注:编号有冲突)	菜籽粕	四川,浸提,三样品平均值	90.0	38.8	1.8	11.6	26.9	7.6	0.69	0.97	4.03	2.68	2.34	
饼粕类	5-10-017	菜籽饼	贵州,机榨,五样品平均值	93.0	35.0	9.5	13.3	27.8	7.4	0.83	1.13	4.61	2.49	2.20	1.96
饼粕类	5-10-018	菜籽饼	蜀黔,95型机榨,三样品平均值	92.0	39.2	6.8	10.9	28.2	6.9	0.69	1.07	4.52	2.88	2.51	2.03
饼粕类	5-10-019	菜籽饼	云南昆明,机榨	91.1	36.4	6.9	7.9	33.2	6.7			4.45	3.14	2.76	2.00
饼粕类	5-10-020	菜籽饼	云南富源,土榨	86.5	33.6	9.4	14.2	22.0	7.3			4.32	2.11	1.86	1.84
饼粕类	5-10-021	菜籽粕	浙江桐乡,浸提	89.8	41.8	0.9	10.2	31.0	5.9	0.84	0.85	4.20	2.72	2.35	1.89
饼粕类	5-10-022	菜籽饼	十三省市,机榨,二十七样品平均值	92.2	36.4	7.8	10.7	29.3	8.0	0.73	0.95	4.49	2.86	2.52	2.02
饼粕类	5-10-023	菜籽饼	两省,土榨,二样品平均值	90.1	34.1	8.6	14.2	25.4	7.8	0.84	1.64	4.42	2.31	2.04	1.88
饼粕类	5-10-024	菜籽粕	两省,浸提,二样品平均值	91.2	41.4	1.4	11.8	29.9	6.7	0.79	0.96	4.24	2.74	2.38	1.91
饼粕类	5-10-026	大麻籽饼	河北石家庄,机榨,线麻籽饼	89.8	25.5	8.2	26.1	23.2	6.8	0.63	0.21	4.29			1.12

续表1-4-1

样品归类	中国饲料编号	饲料名称	样品说明	干物质(%)	粗蛋白质(%)	粗脂肪(%)	粗纤维(%)	无氮浸出物(%)	粗灰分(%)	钙(%)	磷(%)	总能(Mcal/kg)	猪消化能(Mcal/kg)	猪代谢能(Mcal/kg)	鸡代谢能(Mcal/kg)
饼粕类	5-10-051	黑芥籽饼	内蒙古，机榨	90.0	32.0	10.4	12.3	28.7	6.6	0.72	1.65	4.52	2.40	2.13	1.81
饼粕类	5-10-051（编者注：编号有冲突）	黑芥籽饼	内蒙古	94.6	33.6	10.9	12.9	30.3	6.9	0.76	1.73	4.75			
饼粕类	5-10-052	红花籽饼	新疆，机榨，三样品平均值	92.6	27.3	6.0	20.9	32.7	5.7	0.37	0.62	4.37			1.14
饼粕类	5-10-053	胡麻饼	北京，亚麻仁饼，机榨	91.1	35.9	5.1	8.9	35.6	5.6	0.39	0.87	4.39	3.07	2.70	1.84
饼粕类	5-10-054	胡麻饼	河北张家口，机榨	91.8	37.9	7.3	7.5	33.2	5.9	0.40	0.02	4.56	3.20	2.80	1.92
饼粕类	5-10-055	胡麻粕	山西，浸提	89.0	36.2	1.1	9.2	35.7	6.8			4.05	3.13	2.75	1.70
饼粕类	5-10-056	胡麻饼	山西，亚麻仁饼，机榨	90.5	31.1	6.4	13.5	27.5	12.0	1.14	0.54	4.10	2.56	2.28	1.66
饼粕类	5-10-057	胡麻饼	内蒙古，亚麻仁饼，机榨	93.8	32.3	8.4	12.1	34.7	6.3	0.62	1.00	4.60	2.65	2.36	1.86
饼粕类	5-10-058	胡麻饼	宁夏青铜峡，压榨	92.9	32.5	3.8	5.7	42.1	8.8	0.33	0.38	4.22	3.24	2.88	1.77
饼粕类	5-10-060	胡麻饼	甘肃山丹	90.9	30.9	5.4	11.4	35.5	7.7	0.10	0.80	4.24			1.72
饼粕类	5-10-061	胡麻饼	新疆，机榨，四样品平均值	92.4	31.9	7.6	8.3	37.0	7.6	0.74	0.74	4.44	3.09	2.75	1.86
饼粕类	5-10-062	胡麻饼	八省市，机榨，十一样品平均值	92.0	33.1	7.5	9.8	34.0	7.6	0.58	0.77	4.43	2.92	2.59	1.86
饼粕类	5-10-063	花籽饼(编者注：可能为花生饼)	宁夏固原，机榨	93.3	31.6	4.5	8.3	42.7	6.2	0.30	0.89	4.37	3.22	2.87	1.84
饼粕类	5-10-064	花生饼	北京，机榨，二样品平均值	89.0	41.7	7.4	4.9	27.8	7.2	0.23	0.64	4.45	3.45	2.99	2.86
饼粕类	5-10-065	花生饼	河北保定，冷榨	91.4	42.5	7.2	3.9	33.6	4.2	0.32	0.50	4.67	3.61	3.13	3.00
饼粕类	5-10-066	花生饼	山东，机榨，十样品平均值	89.0	49.1	7.2	5.3	21.7	5.7	0.30	0.29	4.61	3.46	2.94	2.96
饼粕类	5-10-067	花生饼	河南，机榨，六样品平均值	92.0	49.6	5.8	5.0	27.1	4.5	0.17	0.59	4.72	3.66	3.11	3.03
饼粕类	5-10-068	花生饼	安徽	87.6	30.2	8.5	4.3	41.6	3.0	0.22	0.41	4.45			2.99
饼粕类	5-10-069	花生饼	福建福州	91.0	39.6	10.9	5.0	28.8	6.7			4.70			3.02
饼粕类	5-10-072	花生饼	广东，机榨，九样品平均值	89.0	46.7	5.6	4.1	27.1	5.5	0.19	0.61	4.50	3.64	3.11	3.03
饼粕类	5-10-073	花生饼	广西南宁，机榨	90.2	48.1	5.7	4.1	27.3	5.0			4.60	3.69	3.14	3.10
饼粕类	5-10-074	花生饼	四川资阳，机榨	91.1	47.8	5.2	10.6	21.7	5.8	0.34	0.62	4.57	3.02	2.74	2.73
饼粕类	5-10-075	花生饼	九省市，机榨，三十二样品平均值	90.0	43.9	6.6	5.3	29.1	5.1	0.25	0.52	4.57	3.46	3.01	2.93
饼粕类	5-10-087	棉仁粕	浙江上虞，浸提，棉籽粕	89.2	32.6	0.6	13.6	36.8	5.6	0.23	0.90	4.03	2.42	2.16	1.81

续表1-4-1

样品归类	中国饲料编号	饲料名称	样品说明	干物质(%)	粗蛋白质(%)	粗脂肪(%)	粗纤维(%)	无氮浸出物(%)	粗灰分(%)	钙(%)	磷(%)	总能(Mcal/kg)	猪消化能(Mcal/kg)	猪代谢能(Mcal/kg)	鸡代谢能(Mcal/kg)
饼粕类	5-10-089	棉仁饼	湖北,棉籽饼	89.9	32.7	4.4	12.2	34.7	5.9			4.25	2.64	2.34	
饼粕类	5-10-090	棉仁饼	湖南零陵,机榨	90.0	38.1	7.2	10.8	26.8	7.1	0.42	1.18	4.43	2.77	2.43	2.26
饼粕类	5-10-091	棉仁饼	北京,二样品平均值	92.0	32.0	4.8	11.1	37.2	6.9	0.37	1.11	4.30	2.86	2.54	2.19
饼粕类	5-10-092	棉仁饼	河北栾城,脱壳冷榨	91.6	31.9	6.7	11.8	34.5	6.7	0.46	0.12	4.39	2.67	2.38	2.24
饼粕类	5-10-094	棉仁饼	山东德州,200 型机榨	92.7	36.0	4.5	15.3	31.6	5.3			4.44	2.77	2.44	2.00
饼粕类	5-10-095	棉仁饼	上海	92.8	36.3	4.9	13.4	31.9	6.3			4.43	2.66	2.34	1.99
饼粕类	5-10-096	棉仁饼	江苏扬州	86.5	37.0	7.9	13.3	27.0	1.3	0.32	0.60	4.54	2.17	1.89	2.04
饼粕类	5-10-097	棉仁饼	安徽	87.5	36.3	7.8	14.3	22.3	6.8	0.48	0.88	4.34			1.95
饼粕类	5-10-098	棉仁饼	浙江舟山,机榨	89.1	26.1	5.6	15.3	36.3	5.8	0.32	1.08	4.18	2.13	1.92	1.84
饼粕类	5-10-099	棉仁饼	河南淮阳	95.2	37.6	5.9	12.9	32.9	5.9	0.30	0.94	4.62	2.78	2.44	2.08
饼粕类	5-10-100	棉仁饼	湖北,二样品平均值	93.0	37.2	3.6	11.4	33.0	7.8			4.32	2.71	2.39	2.20
饼粕类	5-10-102	棉仁饼	新疆,机榨,长绒棉	95.3	33.1	6.6	12.9	36.1	6.6	0.28		4.57	2.72	2.42	2.06
饼粕类	5-10-103	棉仁饼	新疆,机榨	93.1	31.0	6.3	13.7	35.4	6.7	0.32		4.42	2.52	2.25	1.99
饼粕类	5-10-105	棉仁饼	十三省,二十三样品平均值	92.2	33.8	6.0	15.1	31.2	6.1	0.31	0.64	4.44	2.36	2.09	1.95
饼粕类	5-10-110	向日葵饼	北京,去壳,浸提	92.6	46.1	2.4	11.8	25.5	6.8	0.53	0.50(编者注:奶牛处为0.35,肉牛处为0.53)	4.42	2.67	2.30	
饼粕类	5-10-111	向日葵饼	山西,去壳,机榨	90.3	35.7	12.5	13.5	22.0	6.6			4.70	2.65	2.33	2.54
饼粕类	5-10-116	向日葵饼	辽宁丹东,部分带壳,机榨	91.9	26.7	6.1	13.8	41.3	4.0	0.32	0.70	4.41	2.29	2.06	2.56
饼粕类	5-10-131	芸芥饼	宁夏固原,机榨	92.4	37.4	8.6	10.3	30.0	6.1	0.38	0.42	4.63	2.85	2.50	2.08
饼粕类	5-10-132	芸芥粕	宁夏固原,浸提	91.7	40.2	1.9	9.3	34.0	6.3	0.39	0.47	4.29			1.93
饼粕类	5-10-133	芝麻饼	北京,机榨	92.2	44.3	8.6	5.4	23.6	10.3	1.99	1.33	4.55	3.20	2.77	2.41

续表1-4-1

样品归类	中国饲料编号	饲料名称	样品说明	干物质(%)	粗蛋白质(%)	粗脂肪(%)	粗纤维(%)	无氮浸出物(%)	粗灰分(%)	钙(%)	磷(%)	总能(Mcal/kg)	猪消化能(Mcal/kg)	猪代谢能(Mcal/kg)	鸡代谢能(Mcal/kg)
饼粕类	5-10-134	芝麻饼	北京，麻渣，出产香油副产品	97.3	48.4	3.4	2.6	34.0	8.9	1.89	1.58	4.62	3.24	2.79	
饼粕类	5-10-135	芝麻饼	内蒙古，土榨	94.6	40.4	12.6	9.3	21.3	11.0		1.49	4.77	3.35	2.93	
饼粕类	5-10-136	芝麻饼	安徽，机榨	89.8	36.3	7.2	5.3	36.1	4.9	0.88	0.98	4.48	3.15	2.77	2.37
饼粕类	5-10-137	芝麻饼	浙江新昌	92.2	39.4	5.1	10.0	28.6	9.1	0.72	1.07	4.35	2.99	2.61	2.04
饼粕类	5-10-138	芝麻饼	河南南阳	90.7	41.1	9.0	5.9	21.9	12.8	2.29	0.79	4.36	3.06	2.66	2.31
饼粕类	5-10-139	芝麻饼	河南开封，脱脂	87.6	47.9	3.4	5.6	25.7	5.0			4.36	3.03	2.58	2.31
饼粕类	5-10-140	芝麻饼	湖北天门，螺旋榨	93.2	45.7	5.6	6.4	23.0	12.5			4.37	3.04	2.62	2.32
饼粕类	5-10-141	芝麻饼	湖北广济	92.5	32.8	6.7	12.4	27.6	13.0			4.18	2.86	2.54	
饼粕类	5-10-142	芝麻饼	湖北荆门，土榨	93.2	36.9	7.5	9.0	32.2	7.6			4.54	3.15	2.77	2.13
饼粕类	5-10-143	芝麻饼	广东顺德	94.1	36.9	10.6	10.7	24.2	11.7	2.68	1.94	4.57	3.17	2.80	2.01
饼粕类	5-10-144	芝麻饼	广西南宁	89.1	38.0	8.0	6.4	26.6	10.1			4.30	3.02	2.64	2.28
饼粕类	5-10-145	芝麻饼	四川大足（现归重庆市），黑芝麻为主	92.4	41.5	10.2	7.0	24.1	9.6	2.05	1.10	4.65	3.46	3.01	
饼粕类	5-10-145（编者注：编号有冲突）	芝麻饼	四川，机榨，二样品平均值	92.0	39.2	10.3	7.2	24.9	10.4	2.24	1.19	4.55			2.14
饼粕类	5-10-146	芝麻饼	云南昆明	93.6	42.4	6.5	9.2	24.1	11.4	1.86	1.26	4.43	3.06	2.66	1.95
饼粕类	5-10-147	芝麻饼	十省市，机榨，十三样品平均值（编者注：奶牛处为：河南南阳）	92.0	39.2	10.3	7.2	24.9	10.4	2.24	1.19	4.55	3.20	2.79	2.14
饼粕类	5-10-601	菜籽粕	上海，浸提	89.7	40.0	2.3	11.7	26.1	9.6						
饼粕类	5-10-603	胡麻饼	黑龙江齐齐哈尔，亚麻仁饼	88.8	27.2	11.3	9.8	29.2	11.3						
饼粕类	5-10-604	花生粕	上海，浸提	90.1	48.8	0.5	5.5	29.7	5.6						
饼粕类	5-10-605	花生饼	南京	88.5	39.5	3.6	3.6	33.2	8.6	0.33	0.55				
饼粕类	5-10-606	花生饼	四川，机榨	92.0	45.8	5.9	11.0	23.6	5.7		0.57				
饼粕类	5-10-607	花生粕	四川，浸提	92.0	47.4	1.2	13.0	25.9	4.5	0.20	0.65				
饼粕类	5-10-610	棉仁粕	上海，去壳浸提二样品平均值	88.3	39.4	2.1	10.4	29.1	7.3	0.23	2.01				
饼粕类	5-10-611	棉仁粕	四川，去壳浸提	92.5	41.0	1.4	12.0	31.9	6.2	0.16	1.20				

续表1-4-1

样品归类	中国饲料编号	饲料名称	样品说明	干物质(%)	粗蛋白质(%)	粗脂肪(%)	粗纤维(%)	无氮浸出物(%)	粗灰分(%)	钙(%)	磷(%)	总能(Mcal/kg)	猪消化能(Mcal/kg)	猪代谢能(Mcal/kg)	鸡代谢能(Mcal/kg)
饼粕类	5-10-612	棉仁饼	四省市，去壳，机榨，六样品平均值	89.6	32.5	5.7	10.7	34.5	6.2	0.27	0.81				
饼粕类	5-10-614	芝麻饼	广西，片状	89.1	38.0	8.0	6.4	26.6	10.1						
饼粕类		菜籽饼(机榨)	1983年鸡饲养标准议定值	92.2	36.4	7.8	10.7	29.3	8.0	0.73	0.95				2.02
饼粕类		菜籽粕(浸提)	1983年鸡饲养标准议定值	91.2	38.5	1.4	11.8	32.8	6.7	0.79	0.96				1.91
饼粕类		胡麻仁饼(机榨)	1983年鸡饲养标准议定值	92.0	33.1	7.5	9.8	34.0	7.6	0.58	0.77				1.86
饼粕类		胡麻仁粕(浸提)	1983年鸡饲养标准议定值	89.0	36.2	1.1	9.2	35.7	6.8	0.58	0.77				1.70
饼粕类		花生饼(机榨)	1983年鸡饲养标准议定值	90.0	43.9	6.6	5.3	29.1	5.1	0.25	0.52				2.93
饼粕类		棉仁饼(机榨)	1983年鸡饲养标准议定值	92.2	33.8	6.0	15.1	31.2	6.1	0.31	0.64				1.95
饼粕类		棉仁粕(浸提)	1983年鸡饲养标准议定值	91.0	41.4	0.9	12.9	29.4	6.4	0.36	1.02				1.90
饼粕类		向日葵仁饼(带壳机榨)	1983年鸡饲养标准议定值	93.8	28.7	8.6	19.8	32.1	4.6	0.65	0.81				1.66
饼粕类		向日葵仁粕(带壳浸提)	1983年鸡饲养标准议定值	92.5	32.1	1.2	22.8	30.5	5.9	0.41	0.84				1.42
饼粕类		芝麻饼(机榨)	1983年鸡饲养标准议定值	92.0	39.2	10.3	7.2	24.9	10.4	2.24	1.19				2.14
饼粕类		菜籽饼	1983年猪饲养标准议定值	91.2	37.4		11.7			0.61	0.95	4.18	2.77	2.45	
饼粕类		胡麻饼	1983年猪饲养标准议定值	90.5	31.1		13.5			0.45	0.54	4.10	2.61	2.34	
饼粕类		花生饼	1983年猪饲养标准议定值	89.6	43.8		3.7			0.33	0.58	4.49	3.36	2.93	
饼粕类		葵籽饼	1983年猪饲养标准议定值	90.3	35.7		13.5			0.40	0.50	4.70	2.60	2.31	
饼粕类		葵籽饼(带壳)	1983年猪饲养标准议定值	89.0	31.5		22.6			0.40	0.40	3.93	1.82	1.63	
饼粕类		棉籽饼	1983年猪饲养标准议定值	92.3	32.3		12.5			0.36	0.81	4.26	2.76	2.47	
饼粕类		亚麻籽饼	1983年猪饲养标准议定值	91.1	35.9		8.9			0.39	0.87	4.39	3.01	2.67	
饼粕类		椰子饼	1983年猪饲养标准议定值	91.2	24.7		12.9			0.04	0.06	4.10	2.68	2.44	
饼粕类		芝麻饼	1983年猪饲养标准议定值	91.7	35.4		4.9			1.49	1.16	4.93	3.35	2.98	
糟渣类	5-11-010	醋渣	湖北武汉，高粱	35.2	8.5	3.5	3.0	17.4	2.8			1.67			0.37
糟渣类	5-11-013	豆腐渣	北京	14.9	5.0	1.8	2.1	5.4	0.6	0.09		0.77	0.37	0.33	
糟渣类	5-11-017	豆腐渣	河南，四样品平均值	10.0	2.5	1.2	1.5	4.4	0.4	0.06	0.03	0.50	0.23	0.21	0.23

续表1-4-1

样品归类	中国饲料编号	饲料名称	样品说明	干物质(%)	粗蛋白质(%)	粗脂肪(%)	粗纤维(%)	无氮浸出物(%)	粗灰分(%)	钙(%)	磷(%)	总能(Mcal/kg)	猪消化能(Mcal/kg)	猪代谢能(Mcal/kg)	鸡代谢能(Mcal/kg)
糟渣类	5-11-019	豆腐渣	湖南，黄豆，二样品平均值	10.0	2.9	1.8	1.5	3.1	0.7	0.04	0.02	0.53	0.21	0.19	0.24
糟渣类	5-11-030	豆腐渣	浙江临安	10.0	3.0	1.1	1.7	3.9	0.3	0.05	0.03	0.51	0.21	0.19	
糟渣类	5-11-031	豆腐渣	六省市，十一样品平均值	10.0	2.8	1.2	1.7	3.9	0.4	0.05	0.03	0.51	0.21	0.19	0.23
糟渣类	5-11-041	粉渣	甘肃山丹，麻豌豆粉渣	22.2	7.5	0.4	3.1	10.7	0.5	0.02	0.03	1.04	0.64	0.57	
糟渣类	5-11-043	粉渣	甘肃兰州，扁豆粉渣	18.2	3.8	0.4	2.0	11.4	0.6	0.07	0.03	0.82			
糟渣类	5-11-080	酱油渣	宁夏银川，豆饼3份，麸皮2份	24.3	7.1	4.5	3.3	7.9	1.5	0.11	0.03	1.30	0.55	0.50	
糟渣类	5-11-082	酱油渣	四川德阳，豆饼、豌豆、小麦	22.0	4.8	3.1	3.9	9.6	0.6	0.07	0.02	1.13	0.65	0.60	
糟渣类	5-11-083	酱油渣	四川重庆，黄豆2份、麦麸1份	22.4	7.1	2.0	3.4	9.3	0.6	0.11	0.03	1.13	0.67	0.60	0.52
糟渣类	5-11-086	酱油渣	新疆乌鲁木齐，二样品平均值	30.0	8.2	5.1	3.8	8.7	4.2	0.18	0.13	1.47	0.78	0.71	
糟渣类	5-11-098	酒糟	江苏，米酒糟	20.3	6.0	3.2	1.1	8.9	1.1			1.06			
糟渣类	5-11-100	酒糟	江西赣州，红米酒	35.0	8.7	0.8	1.7	22.7	1.1			1.60			
糟渣类	5-11-103	酒糟	吉林，高粱酒糟	37.7	9.3	4.2	3.4	17.6	3.2			1.81	1.17	1.07	
糟渣类	5-11-111	酒糟	四川荣昌，高粱加谷壳	31.2	6.9	3.9	5.1	12.7	2.6	0.07	0.12	1.51	0.85	0.78	
糟渣类	5-11-115	酒糟	甘肃山丹，燕麦酒糟	42.6	9.4	2.0	6.1	21.6	3.5	0.07	0.13	1.89	1.17	1.07	
糟渣类	5-11-121	酒糟	浙江杭州，复吊黄酒糟	35.0	11.0	2.3	4.4	15.5	1.8	0.08	0.18	1.68	1.01	0.91	
糟渣类	5-11-126	啤酒糟	黑龙江哈尔滨	13.6	3.6	0.6	2.3	6.3	0.8	0.06	0.08	0.62	0.33	0.30	
糟渣类	5-11-127	啤酒糟	吉林	23.0	6.3	1.2	3.4	10.9	1.2			1.07	0.61	0.55	
糟渣类	5-11-128	啤酒糟	辽宁本溪，麦子糟	25.0	7.3	1.8	3.2	11.5	1.2			1.20	0.70	0.63	
糟渣类	5-11-131	啤酒糟	四川，大麦7份、大米3份，二样品平均值	15.3	4.5	0.7	2.4	7.1	0.6	0.05	0.07	0.72	0.39	0.35	
糟渣类	5-11-132	啤酒糟	新疆乌鲁木齐	24.3	6.5	1.6	3.7	11.1	1.4		0.05	1.14	0.62	0.56	
糟渣类	5-11-134	啤酒糟	浙江杭州	25.0	7.6	2.0	3.8	10.8	0.8	0.08	0.09	1.23	0.62	0.56	
糟渣类	5-11-135	啤酒糟	九省市，十样品平均值	25.0	6.9	1.5	3.8	11.6	1.2	0.09	0.12	1.18	0.64	0.58	
糟渣类	5-11-145	饴糖渣	湖南，麦芽糖渣	28.5	9.0	1.6	4.3	10.0	3.6			1.26	0.81	0.72	
糟渣类	5-11-146	饴糖渣	内蒙古	22.9	7.6	3.1	2.1	9.0	1.1	0.10	0.16	1.19	0.69	0.61	
糟渣类	5-11-147	饴糖渣	四川双流，大米95%、大麦5%	22.6	7.0	1.2	0.5	13.6	0.3	0.01	0.04	1.10	0.94	0.84	

续表1-4-1

样品归类	中国饲料编号	饲料名称	样品说明	干物质(%)	粗蛋白质(%)	粗脂肪(%)	粗纤维(%)	无氮浸出物(%)	粗灰分(%)	钙(%)	磷(%)	总能(Mcal/kg)	猪消化能(Mcal/kg)	猪代谢能(Mcal/kg)	鸡代谢能(Mcal/kg)
糟渣类	5-11-606	啤酒渣	黑龙江哈尔滨	13.6	3.6	0.6	2.3	6.3	0.8	0.06	0.08				
糟渣类	5-11-607	啤酒渣	两省市,三样品平均值	23.4	6.8	1.9	3.9	9.5	1.3	0.09	0.18				
糟渣类	5-11-611	饴糖渣	湖南,麦芽糖渣	28.5	9.0	1.6	4.1	10.3	3.6		0.13				
糟渣类	5-11-801	豆腐渣	内蒙古	11.6	4.0	1.0	1.3	4.9	0.4			0.58			
糟渣类		豆腐渣	1983年猪饲养标准议定值	15.2	3.9		2.8			0.02	0.04	0.77	0.33	0.31	
糟渣类		酒糟	1983年猪饲养标准议定值	32.5	7.5		5.7			0.19	0.20	1.49	0.81	0.77	
糟渣类		啤酒糟	1983年猪饲养标准议定值	13.6	3.6		2.3			0.06	0.08	0.62	0.33	0.31	
动物性饲料	5-13-001	蛙肉	湖南芷江,烘干	94.5	49.1	5.2			12.0	3.24	1.20	4.47	2.86	2.65	2.97
动物性饲料	5-13-002	蛙肉	黑龙江松花江,鲜	8.7	5.3	0.6			1.1			0.43	0.31	0.29	0.29
动物性饲料	5-13-003	蚕蛹	河南南阳	92.4	66.9	15.2			5.7	0.11	0.80	5.44	4.62	4.31	3.66
动物性饲料	5-13-004	蚕蛹	吉林辽源,柞蚕	90.5	54.6	25.5			4.3	0.02	0.53	5.77	4.95	4.64	3.88
动物性饲料	5-13-005	蚕蛹	辽宁旅大(现为大连),柞蚕,碱处理	88.1	51.7	20.0			8.9		0.51	5.14	4.34	4.07	3.46
动物性饲料	5-13-007	蚕蛹	上海,脱脂	86.9	68.5	0.3			4.7		0.73	4.50	3.42	3.15	2.60
动物性饲料	5-13-009	蚕蛹	四川达县,桑蚕	91.0	53.9	22.8	—[a]		2.9	0.25	0.53	5.82	4.40	3.69	3.41
动物性饲料	5-13-010	蚕蛹	云南楚雄	90.0	53.6	25.1			3.8		0.60	5.73	4.88	4.58	3.86
动物性饲料	5-13-011	蚕蛹	浙江临安	91.4	48.4	31.2	—[a]		2.7	0.19	0.62	6.07	5.18	4.88	4.09
动物性饲料	5-13-013	蚕蛹粕	浙江新昌,浸提	89.3	64.8	3.9	—[a]		4.7	0.19	0.75	4.73	3.57	3.30	2.73
动物性饲料	5-13-014	蛤蜊	北京	20.0	10.8	1.6			3.0	0.37	0.82	0.96	0.67	0.62	
动物性饲料	5-13-015	鸡蛋	贵州,四样平均值	26.9	12.3	10.4			0.9			1.82	1.74	1.65	
动物性饲料	5-13-016	蛎肉粉	北京	89.8	70.3	8.3			6.4	1.01	0.39	4.99	4.16	3.86	
动物性饲料	5-13-017	骆驼肉	甘肃永昌	94.9	84.9	3.3			4.7	0.22	0.77	5.23	4.54	4.19	
动物性饲料	5-13-018	毛发粉	四川,人发8份、猪鬃2份,水解	91.2	47.9	0.5			42.1	0.99	0.01	2.81			
动物性饲料	5-13-019	毛发粉	四川成都,水解	89.6	44.8	6.6	—[a]		30.0	0.16	0.66	3.52			
动物性饲料	5-13-020	牛乳	安徽,水牛乳	20.6	6.0	8.8	0	4.8	1.0	0.23	0.14	1.37	1.28	1.23	
动物性饲料	5-13-021	牛乳	上海,全脂鲜奶	13.3	3.3	4.2	0	5.1	0.7	0.12	0.09	0.80	0.72	0.69	

续表1-4-1

样品归类	中国饲料编号	饲料名称	样品说明	干物质(%)	粗蛋白质(%)	粗脂肪(%)	粗纤维(%)	无氮浸出物(%)	粗灰分(%)	钙(%)	磷(%)	总能(Mcal/kg)	猪消化能(Mcal/kg)	猪代谢能(Mcal/kg)	鸡代谢能(Mcal/kg)
动物性饲料	5-13-022	牛乳	北京，全脂鲜奶	13.0	3.3	4.0		5.0	0.7	0.12	0.09	0.77	0.70	0.67	
动物性饲料	5-13-023	牛乳	广西，么拉本地杂交水牛乳	18.9	5.3	6.4	0	6.4	0.8			1.17	1.07	1.02	
动物性饲料	5-13-024	牛乳粉	北京，全脂乳粉	98.0	26.2	30.6	0	37.3	5.7	1.03	0.88	5.86	5.61	5.34	
动物性饲料	5-13-025	牛乳	福建	8.0	2.9	1.8	0	2.7	0.6	0.10	0.02	0.45	0.41	0.39	
动物性饲料	5-13-026	牛十二指肠	吉林	18.8	11.8	6.4	0	0	0.6	0.01	0.10	1.27	1.13	1.07	
动物性饲料	5-13-027	牛胃	吉林	25.0	20.3	3.7	0	0	1.0	0.04	0.11	1.50	1.33	1.24	
动物性饲料	5-13-028	牛胃	吉林	17.5	11.2	4.2	0	0	2.1	0.01	0.21	1.03	0.92	0.86	
动物性饲料	5-13-029	蚯蚓	湖南，风干，去泥	88.6	52.2	10.2			7.5	0.41	0.60	4.72	3.32	3.09	
动物性饲料	5-13-030	蚯蚓	湖南常宁，土种，风干	96.4	33.9	2.3			43.9	0.67	0.63	2.91	2.03	1.88	
动物性饲料	5-13-031	蚯蚓	江西抚州，土种，风干，去泥	89.5	55.7	14.2			10.9			4.88	3.82	3.56	
动物性饲料	5-13-032	蚯蚓	江西，日本大平2号，风干，去泥	91.7	53.9	4.1			9.9			4.46	2.89	2.67	2.44
动物性饲料	5-13-033	蚯蚓	江西，日本大平2号，风干	96.8	50.7	2.9			23.4			3.99	2.64	2.44	
动物性饲料	5-13-034	蚯蚓	江西，本地红蚯，风干	96.4	40.1	0.9			34.7			3.24	1.97	1.82	
动物性饲料	5-13-035	蚯蚓	江西，本地青蚯蚓，风干，未去泥	90.0	33.3	0.7			43.1			2.51	1.64	1.50	1.25
动物性饲料	5-13-037	蚯蚓	浙江桐乡，地龙，风干	87.3	59.5	3.3			17.5	0.27	0.74	4.00	3.09	2.85	
动物性饲料	5-13-038	蚯蚓	四川成都，鲜，土种	11.6	4.3	0.4			5.5	0.05	0.05	0.34	0.24	0.21	
动物性饲料	5-13-039	肉渣	广东，牛肉渣	31.1	29.1	1.0	0		0.9		0.06	1.76	1.54	1.43	1.11
动物性饲料	5-13-040	肉渣	贵州，黄牛肉煮沸过滤	28.5	26.1	1.8	0		0.6			1.66	1.46	1.36	1.10
动物性饲料	5-13-041	肉渣	甘肃永昌，牛肉	90.0	74.2	7.8	0		4.3	0.09	0.54	5.12	4.37	4.06	3.40
动物性饲料	5-13-042	肉粉	广西，牛肉粉	92.2	77.5	7.0	0		4.2			5.22	4.43	4.15	3.47
动物性饲料	5-13-043	肉粉	吉林长春，处理猪肉	90.0	55.4	30.4	—[a]		3.2	0.19	0.54	6.06	5.36	5.03	4.03
动物性饲料	5-13-044	肉(牛肉)	吉林	22.4	13.0	6.4	0		3.0	0.05	0.29	1.34	1.19	1.12	
动物性饲料	5-13-045	肉骨粉	河北石家庄，兔头、腿骨加工产物	90.0	51.6	8.1	—[a]		28.9			3.76	3.12	2.90	2.50
动物性饲料	5-13-046（编者注：编号有冲突）	肉骨粉	江西南昌，肉骨枯	90.0	51.1	9.5	—[a]		26.8			3.92			2.60

续表1-4-1

样品归类	中国饲料编号	饲料名称	样品说明	干物质(%)	粗蛋白质(%)	粗脂肪(%)	粗纤维(%)	无氮浸出物(%)	粗灰分(%)	钙(%)	磷(%)	总能(Mcal/kg)	猪消化能(Mcal/kg)	猪代谢能(Mcal/kg)	鸡代谢能(Mcal/kg)
动物性饲料	5-13-046	肉骨饼	江西南昌,肉骨枯	94.0	53.4	9.9			28.0			4.09	3.35	3.12	
动物性饲料	5-13-047	肉骨粉	云南	90.0	60.1	8.0	0		21.0	5.54	3.01	4.21	3.52	3.26	2.80
动物性饲料	5-13-049	脱脂乳	上海	9.4	3.3	0.9	0	4.5	0.7	0.16	0.10	0.46	0.44	0.42	0.37
动物性饲料	5-13-050	田螺肉	湖南芷江	93.5	51.1	1.9			15.1	4.90	0.34	4.16	2.69	2.48	
动物性饲料	5-13-051	兔屠体下脚	宁夏银川,内脏、头	92.4	52.8	21.9	—[a]		15.0	3.40	2.24	5.18	4.33	0.06	3.23
动物性饲料	5-13-053	血粉	北京	89.3	80.2	1.4	—[a]		4.4	0.30	0.23	4.84	3.33	3.04	2.39
动物性饲料	5-13-054	血粉	广州,熟牛血	90.0	84.8		0		4.0			4.99	3.49	3.19	2.47
动物性饲料	5-13-055	血粉	贵州,猪血粉	85.3	80.2	0.3	0		4.8	0.15	0.44	4.60	3.30	3.01	2.27
动物性饲料	5-13-056	血粉	河南郑州	89.1	82.7	0.2	0		5.6	0.05	0.17	4.76	3.40	3.10	2.35
动物性饲料	5-13-057	血粉	湖南攸县,猪血粉	90.4	85.8	0.2	0		4.4	0.39	0.20	4.91	3.53	3.22	2.43
动物性饲料	5-13-058	血粉	吉林吉林,牛血粉	85.3	80.8	0.3	0		3.2		0.09	4.68	3.33	3.03	2.31
动物性饲料	5-13-059	血粉	宁夏银川,羊血粉	92.4	88.4	0.2	0		3.8	0.04	0.10	5.06	3.36	3.32	2.50
动物性饲料	5-13-060	血粉	宁夏银川,兔血粉	90.8	87.0	0.6	0		3.2	0.06	0.25	5.02	3.59	3.27	2.48
动物性饲料	5-13-062	血粉	四川重庆,猪血喷雾干燥	88.9	84.7	0.4	—[a]		3.2	0.04	0.22	4.91(编者注:鸡4.87,羊4.89)	2.84	2.24	2.46
动物性饲料	5-13-062(编者注:根据前文,推测应为5-13-060)	血粉	宁夏银川,兔血粉	90.8	87.0	0.6	0		3.2	0.06	0.25	5.02			
动物性饲料	5-13-063	血粉	云南会泽	88.1	81.3	0.4	0		4.9	0.09	0.10	4.73	3.35	3.06	2.34
动物性饲料	5-13-064	血粉	浙江杭州	85.7	80.4	0.1	0		3.8	0.11	0.30	4.65	3.30	3.01	2.30
动物性饲料	5-13-065	虾皮	福建,半干小虾	57.0	24.5	2.1	0	—[a]	24.4	1.76	1.00	1.85	1.39	1.29	0.91
动物性饲料	5-13-066	虾粉	北京,小虾糠	89.9	46.9	2.9	—[a]		27.4	7.34	1.59	3.48	2.56	2.37	1.72
动物性饲料	5-13-067	虾粉	福建,大虾糠	81.6	28.3	1.9	—[a]		29.5			2.71	1.56	1.44	1.09
动物性饲料	5-13-069	虾粉	吉林,海虾粉	82.3	38.8	1.6			36.3	4.73	0.05	2.58	2.05	1.90	1.03

续表1-4-1

样品归类	中国饲料编号	饲料名称	样品说明	干物质(%)	粗蛋白质(%)	粗脂肪(%)	粗纤维(%)	无氮浸出物(%)	粗灰分(%)	钙(%)	磷(%)	总能(Mcal/kg)	猪消化能(Mcal/kg)	猪代谢能(Mcal/kg)	鸡代谢能(Mcal/kg)
动物性饲料	5-13-070	虾粉	吉林	85.3	48.9	2.9			32.8	3.06	0.11	3.09	2.66	2.46	1.24
动物性饲料	5-13-071	虾粉	江苏	86.4	48.7	1.3			37.1		0.15	2.79	2.27	2.10	1.12
动物性饲料	5-13-072	虾粉	江苏海安	86.6	39.1	1.9	—[a]		32.3	8.28	0.13	2.97	2.09	1.94	1.19
动物性饲料	5-13-073	虾粉	云南西双版纳猪场	80.8	40.9	2.9			27.6	3.61	0.58	3.00	2.27	2.10	1.20
动物性饲料	5-13-075	蟹粉	北京	92.3	31.4	2.0			40.8	14.99	1.57	2.74	1.72	1.59	0.89
动物性饲料	5-13-076	蟹粉	上海，河蟹	90.3	33.2	4.8			24.5	13.10		3.51	2.04	1.90	1.14
动物性饲料	5-13-077	蟹肉粉	上海	83.9	23.2	1.0			31.7	12.57	1.32	2.67	1.48	1.37	0.87
动物性饲料	5-13-078	蟹粉	浙江，全蟹	91.4	33.6	5.1			43.7			2.77	2.08	1.94	0.90
动物性饲料	5-13-079	小鱼	上海淞江，鲜鱼	21.6	15.3	1.5	—[a]		3.7	1.54	0.72	1.06	0.87	0.81	
动物性饲料	5-13-080	蟛蜞干	广东	93.6	38.7	3.2			39.8	13.40	0.71	3.01	2.18	2.02	
动物性饲料	5-13-081	蚬子肉干	广东	96.6	66.9	11.4			6.0	0.22	0.02	5.40	4,25	3.95	
动物性饲料	5-13-082	鱼粉	青海西宁	85.4	47.8	8.1			20.1	4.54	2.65	3.88	2.96	2.75	
动物性饲料	5-13-083	鱼骨粉	上海	84.5	32.9	10.2			38.8	11.79	5.36	2.94	2.14	2.00	
动物性饲料	5-13-084	鱼粉	上海	89.5	60.3	16.0			10.7	3.53	0.63				
动物性饲料	5-13-085	鱼粉	天津，淡水鱼	91.0	52.9	5.9			27.7			3.76	3.06	2.83	2.15
动物性饲料	5-13-086	鱼粉	天津，咸鱼粉	94.2	42.6	10.2			39.2			3.48			
动物性饲料	5-13-087	鱼粉	北京，含块鱼粉，等外	90.0	39.3	2.3			43.3	0.82	1.41	2.67	2.12	1.96	1.53
动物性饲料	5-13-088	鱼粉	进口，沙丁鱼粉	92.9	65.2	5.4			15.7	4.50	2.61	4.50	3.63	3.36	2.87
动物性饲料	5-13-089	鱼粉	北京，橡皮鱼、带鱼混杂	88.8	50.4	12.3			20.5	4.63	3.29	4.26	3.40	3.17	2.44
动物性饲料	5-13-090	鱼粉	福建水产局，黑鱼粉，等外	83.9	30.2	6.5			36.5			2.78	1.97	1.84	1.59
动物性饲料	5-13-092	鱼粉	福建东山，等外	89.3	33.7	3.3			45.0			2.54	1.91	1.77	1.45
动物性饲料	5-13-093	鱼粉	浙江	91.2	38.6	4.6			27.3	6.13	1.03	3.50			
动物性饲料	5-13-094	鱼粉	天津静海，黄褐色，带鳞，等外	88.8	33.3	1.3			42.2	10.99	1.16	2.52	1.75	1.61	1.44
动物性饲料	5-13-095	鱼粉	浙江舟山，内销	89.5	55.1	9.3			18.9	4.59	2.15	4.28	3.41	3.17	2.45
动物性饲料	5-13-096	鱼粉	浙江杭州，淡水鱼	96.8	50.8	15.5			23.6			4.64	3.66	3.41	2.65
动物性饲料	5-13-098	鱼粉	贵州，大连鱼粉，二样品平均值	86.8	52.5	8.8			17.9			4.14	3.25	3.02	2.37

续表1-4-1

样品归类	中国饲料编号	饲料名称	样品说明	干物质(%)	粗蛋白质(%)	粗脂肪(%)	粗纤维(%)	无氮浸出物(%)	粗灰分(%)	钙(%)	磷(%)	总能(Mcal/kg)	猪消化能(Mcal/kg)	猪代谢能(Mcal/kg)	鸡代谢能(Mcal/kg)
动物性饲料	5-13-099	鱼粉	广东电白	90.8	46.4	14.0			21.2			4.35	3.33	3.11	2.49
动物性饲料	5-13-100	鱼粉	广东电白,等外	83.8	28.0	5.1			19.9			3.37	1.76	1.64	1.93
动物性饲料	5-13-105	鱼粉	日本鱼粉,三样品平均值	89.0	60.2	7.7			19.0	4.51	2.67	4.24	3.55	3.29	2.71
动物性饲料	5-13-114	鱼粉	秘鲁鱼粉,八样品平均值	89.0	60.5	9.7			14.4	3.91	2.90	4.55	3.71	3.45	2.90
动物性饲料	5-13-115	圆田螺肉	山东藤县,大湖螺肉	21.3	11.9	0.6			4.0	1.02	0.12	0.94	0.64	0.59	
动物性饲料	5-13-116	圆田螺肉	山东藤县,小湖螺肉	18.7	10.7	0.4			5.3	1.25	0.09	0.74	0.56	0.52	
动物性饲料	5-13-119	蝇蛆	湖南	86.0	47.2	3.2			18.4	2.76	3.14	3.71	2.64	2.44	
动物性饲料	5-13-120	羽毛粉	河北保定,深褐色	90.0	76.1	1.2			10.2	0.04	0.12	4.56	3.42	3.13	
动物性饲料	5-13-121	猪乳	上海	22.2	5.9	10.7		4.8	0.8			1.54	1.53	1.46	
动物性饲料	5-13-123	肝脏渣	四川成都	92.1	68.7	12.5			2.7			5.44	3.93	3.18	
动物性饲料	5-13-124	猪胎衣粉	北京	83.0	61.7	5.3			10.0	0.61	0.98	4.27	3.54	3.28	
动物性饲料	5-13-132	牛乳	四川,全脂鲜奶	12.0	3.2	3.5	0	4.6	0.7	0.10	0.10	0.70	0.63	0.61	
动物性饲料	5-13-601	牛乳	黑龙江哈尔滨,鲜奶全脂	12.3	3.1	3.5		5.0	0.7	0.12	0.09	0.72			
动物性饲料	5-13-602	牛乳	黑龙江哈尔滨,鲜奶脱脂	9.6	3.7	0.2		5.0	0.7			0.44			
动物性饲料	5-13-603	牛乳	广东广州,全脂鲜奶	11.7	3.1	3.1		4.8	0.7						
动物性饲料		蚕蛹(全脂)	1983年鸡饲养标准议定值	91.0	53.9	22.3			2.9	0.25	0.58				3.41
动物性饲料		蚕蛹渣(脱脂)	1983年鸡饲养标准议定值	89.3	64.8	3.9			4.7	0.19	0.75				2.73
动物性饲料		肉骨粉	1983年鸡饲养标准议定值	94.0	53.4	22.3			28.0	9.20	4.70				2.72
动物性饲料		血粉(喷雾干燥猪血)	1983年鸡饲养标准议定值	88.9	84.7	0.4			2.2	0.20	0.22				2.46
动物性饲料		鱼粉(等外)	1983年鸡饲养标准议定值	91.2	38.6	4.6			27.3	6.13	1.03				2.00
动物性饲料		鱼粉(国产)	1983年鸡饲养标准议定值	89.5	55.1	9.3			18.9	4.59	2.15				2.45
动物性饲料		鱼粉(进口)	1983年鸡饲养标准议定值	89.0	60.5	9.7			14.4	3.91	2.90				2.90
动物性饲料		蚕蛹渣	1983年猪饲养标准议定值	90.5	69.7					0.30	0.77	4.77	3.04	2.49	
动物性饲料		鲱鱼粉(秘鲁)	1983年猪饲养标准议定值	92.0	65.1					5.11	2.88	4.49	2.97	2.46	
动物性饲料		酵母	1983年猪饲养标准议定值	91.7	47.1					0.45	1.48	4.33	2.92	2.53	

续表1-4-1

样品归类	中国饲料编号	饲料名称	样品说明	干物质(%)	粗蛋白质(%)	粗脂肪(%)	粗纤维(%)	无氮浸出物(%)	粗灰分(%)	钙(%)	磷(%)	总能(Mcal/kg)	猪消化能(Mcal/kg)	猪代谢能(Mcal/kg)	鸡代谢能(Mcal/kg)
动物性饲料		牛奶	1983 年猪饲养标准议定值	12.2	2.9					0.22	0.09	0.78	0.73	0.70	
动物性饲料		全脂奶粉	1983 年猪饲养标准议定值	90.0	21.4		0			1.62	0.66	5.75	5.38	4.93	
动物性饲料		肉粉(55%)	1983 年猪饲养标准议定值	92.0	54.4		2.5			8.27	4.10	4.54	3.00	2.55	
动物性饲料		肉骨粉(50%)	1983 年猪饲养标准议定值	92.4	45.0		2.5			11.00	5.90	4.35	2.87	2.49	
动物性饲料		脱脂奶粉	1983 年猪饲养标准议定值	92.0	30.9					1.50	0.94	4.30	3.29	2.95	
动物性饲料		血粉	1983 年猪饲养标准议定值	89.3	78.0		0.6			0.30	0.23	4.80	2.61	2.09	
动物性饲料		鱼粉	1983 年猪饲养标准议定值	91.3	53.6					3.10	1.17	4.13	2.73	2.33	
其他类	5-15-010	蛋白素	浙江杭州，蚕头浆水	89.4	68.8	4.9	2.2	9.3	4.2	0.32	0.45	4.87	3.19	2.56	
其他类	5-15-013	井冈霉素渣[c]	浙江桐乡	92.6	52.6	5.6	5.6	24.5	4.3	0.34	0.57	4.52	3.45	2.22	
其他类	5-15-015	啤酒酵母	吉林长春，啤酒酵母菌粉	91.7	52.4		0.6	34.0	4.7	0.16	1.02	4.44	3.54	3.02	2.52
其他类	5-15-016	青霉素渣[c]	浙江杭州	86.5	20.8	9.0	2.4	28	26.3	2.95	0.54	3.31	1.99	1.81	
其他类	5-15-018	石油酵母[c]	Y－17 菌株	90.0	48.3	1.2		35.4	5.1			4.35	3.37	2.90	2.09
其他类	5-15-019	石油酵母[c]	892 菌株	90.0	59.3	2.2		24.5	4.0			4.62	3.58	3.01	2.22
其他类	5-15-022	四环素渣[c]	云南昆明	90.2	46.5	0.6		31.8	11.3	4.03	0.36	4.04	2.79	2.39	
其他类	5-15-023	饲料酵母	吉林石砚，用纸张废液发酵	90.6	41.2	2.8	0.8	37.0	8.8			4.20	3.09	2.71	2.39
其他类	5-15-024	饲料酵母	浙江，白地霉	91.9	41.3	1.6		32.1	16.9	2.20	2.92	3.85	2.93	2.57	2.19
其他类	5-15-026	土霉素药渣[c]	河北石京庄	90.7	43.6	0.5	5.3	25.8	15.5	1.61	0.48	3.84	2.74	2.39	
其他类	5-15-027	维生素 B_{12} 药渣[c]	河北石家庄	88.4	41.2	1.0	0.3	36.2	9.7	2.78	1.17	3.98	2.62	2.27	
其他类	5-15-030	土霉素药渣[c]	贵州	89.4	44.2	1.6	2.9	27.6	13.1			3.95	2.77	2.38	
其他类	5-15-032	玉米蛋白粉	河北石家庄，淀粉副产品皮糠为主	91.0	20.6	6.9		63.0	0.5			4.47			
其他类	5-15-033	玉米蛋白粉	吉林长春，玉米麸质为主	90.1	39.7		3.4	27.6	2.4	0.23	0.39	5.16	3.11	2.72	
其他类	5-15-034	玉米蛋白粉	河南郑州	92.3	25.4		1.4	56.2	0.6	0.12	0.02	4.68	3.59	3.25	
其他类	5-15-038	饲料酵母	广东顺德，白地霉，用糖蜜发酵	91.1	45.5	3.1	5.1	29.0	8.4	1.15	1.27	4.46	3.97	3.41	3.25
其他类		酵母	1983 年鸡饲养标准议定值	91.9	41.3	1.6		32.1	16.9	2.20	2.92				2.19

注：本资料中字母标记含义为：a. 含少量杂质；c. 副作用不详；e. 肉牛饲料成分及营养价值表中在“增重净能”项中标记“—”者均系负值；f. 原资料中未注明干物质含量。注解系编者所加。下同。

(2)饲料样品奶牛、肉牛、羊的有效能值和可消化粗蛋白质

表 1-4-2 饲料样品奶牛、肉牛、羊的有效能值和可消化粗蛋白质

样品归类	中国饲料编号	饲料名称	样品说明	干物质(%)	奶牛产奶净能(Mcal/kg)	奶牛能量单位NND/kg	奶牛可消化粗蛋白质(g/kg)	肉牛代谢能(Mcal/kg)	肉牛维持净能(Mcal/kg)	肉牛增重净能(Mcal/kg)	肉牛可消化粗蛋白质(g/kg)	羊消化能(Mcal/kg)	羊代谢能(Mcal/kg)	羊可消化粗蛋白质(g/kg)
树叶类	4-02-034	梨叶	甘肃,倒挂梨,7月风干	88.0								2.07	1.70	63
树叶类	4-02-036	梨叶	青海西宁,小梨,落叶前风干	88.0								2.08	1.71	82
树叶类	4-02-037	柳叶	北京	88.0										
树叶类	4-02-042	柳叶	青海西宁,风干	88.0								1.92	1.58	54
树叶类	4-02-072	榆树叶	青海西宁,风干	88.0								2.05	1.68	96
树叶类	4-02-080	榛子叶	甘肃,风干	88.0								2.19	1.80	79
树叶类	4-02-802	杨树叶	新疆乌鲁木齐,风干	95.7								2.20	1.80	77
块根、块茎、瓜果类	4-04-072	胡萝卜	宁夏银川,黄萝卜	24.9								0.88	0.72	23
块根、块茎、瓜果类	4-04-073	胡萝卜	青海西宁,红色	8.2								0.29	0.24	6
块根、块茎、瓜果类	4-04-074	胡萝卜	青海西宁,黄色	8.8								0.32	0.26	4
块根、块茎、瓜果类	4-04-075	胡萝卜	新疆	12.8								0.49	0.40	12
块根、块茎、瓜果类	4-04-092	萝卜	北京,白萝卜	8.2	0.17	0.23	4	0.24	0.16	0.11	4			
块根、块茎、瓜果类	4-04-094	萝卜	浙江,长大萝卜	7.0	0.15	0.19	6	0.21	0.13	0.09	6			
块根、块茎、瓜果类	4-04-101	萝卜	四川成都,满身红	7.0	0.14	0.18	9	0.20	0.12	0.08	9			
块根、块茎、瓜果类	4-04-110	马铃薯	宁夏固原	18.8								0.68	0.55	8
块根、块茎、瓜果类	4-04-111	马铃薯	甘肃兰州	31.5								1.14	0.94	16
块根、块茎、瓜果类	4-04-113	马铃薯	青海西宁,深眼窝种	23.7								0.80	0.65	9
块根、块茎、瓜果类	4-04-134	南瓜	青海,饲用南瓜	10.0								0.34	0.28	6
块根、块茎、瓜果类	4-04-136	南瓜	四川成都,柿饼瓜,青皮	6.4	0.13	0.18	5	0.19	0.12	0.08	5			
块根、块茎、瓜果类	4-04-156	甜菜	青海西宁	15.0								0.52	0.43	8
块根、块茎、瓜果类	4-04-157	甜菜	贵州威宁,糖用	13.5	0.26	0.25	0	0.37	0.23	0.15	0			
块根、块茎、瓜果类	4-04-161	芜菁甘蓝	云南,洋萝卜,新西兰4号	10.0	0.22	0.29	7							
块根、块茎、瓜果类	4-04-167	西瓜皮	广东广州	5.0				0.13	0.08	0.05	4			
块根、块茎、瓜果类	4-04-168	西瓜皮	甘肃兰州	6.6				0.17	0.11	0.07	4			
块根、块茎、瓜果类	4-04-200	甘薯	七省市,八样品平均值,鲜	25.0								0.88	0.72	6

续表1-4-2

样品归类	中国饲料编号	饲料名称	样品说明	干物质（%）	奶牛产奶净能（Mcal/kg）	奶牛能量单位NND/kg	奶牛可消化粗蛋白质（g/kg）	肉牛代谢能（Mcal/kg）	肉牛维持净能（Mcal/kg）	肉牛增重净能（Mcal/kg）	肉牛可消化粗蛋白质（g/kg）	羊消化能（Mcal/kg）	羊代谢能（Mcal/kg）	羊可消化粗蛋白质（g/kg）
块根、块茎、瓜果类	4-04-207	甘薯干	八省市，四十样品平均值	90.0	1.96	2.61	5	2.73	1.80	1.20	5			
块根、块茎、瓜果类	4-04-208	胡萝卜	十二省市十三样品平均值	12.0				0.37	0.25	0.16	8			
块根、块茎、瓜果类	4-04-210	萝卜	十一省市，十一样品平均值	7.0	0.14	0.19	6	0.20	0.13	0.09	6			
块根、块茎、瓜果类	4-04-211	马铃薯	十省市，十样品平均值	22.0	0.46	0.61	9	0.65	0.42	0.28	9			
块根、块茎、瓜果类	4-04-212	南瓜	九省市，九样品平均值	10.0	0.21	0.28	7	0.30	0.19	0.13	7			
块根、块茎、瓜果类	4-04-213	甜菜	八省市，九样品平均值	15.0	0.21	0.28	0	0.33	0.20	0.10	0			
块根、块茎、瓜果类	4-04-215	芜菁甘蓝	三省市，五样品平均值	10.0	0.22	0.30	7	0.31	0.21	0.14	7			
块根、块茎、瓜果类	4-04-600	甘薯	十省市，十一样品平均值	24.7				0.74	0.48	0.32	6			
块根、块茎、瓜果类	4-04-603	胡萝卜	河北张家口	9.3				0.29	0.19	0.13	6			
块根、块茎、瓜果类	4-04-604	胡萝卜	黑龙江，红色胡萝卜	13.7	0.31	0.41	10	0.43	0.28	0.19	10			
块根、块茎、瓜果类	4-04-605	胡萝卜	黑龙江，黄色胡萝卜	13.4	0.30	0.41	9	0.42	0.28	0.19	9			
块根、块茎、瓜果类	4-04-606	胡萝卜	上海，二样品平均值	11.6	0.27	0.36	7	0.37	0.25	0.17	7			
块根、块茎、瓜果类	4-04-608	木薯粉	广西	94.0	2.08	2.77	0	2.89	1.92	1.27	0			
块根、块茎、瓜果类	4-04-609	南瓜	黑龙江，饲用南瓜，二样品平均值	10.0	0.21	0.28	11	0.29	0.19	0.13	11			
块根、块茎、瓜果类	4-04-610	甜菜	黑龙江，二样品平均值	9.9	0.14	0.18	0	0.22	0.13	0.07	0			
块根、块茎、瓜果类	4-04-612	芜菁甘蓝	湖南，灰萝卜	11.5				0.38	0.26	0.17	12			
块根、块茎、瓜果类	4-04-800	胡萝卜	内蒙古	13.4								0.51	0.41	9
块根、块茎、瓜果类	4-04-801	马铃薯	内蒙古	23.5								0.83	0.68	14
块根、块茎、瓜果类	4-04-802	南瓜	内蒙古	10.9								0.41	0.34	12
块根、块茎、瓜果类	4-04-802（编者注：编号有冲突）	甜菜	内蒙古	11.8								0.41	0.33	12
块根、块茎、瓜果类	4-05-811	二叉委陵菜	内蒙古，花期	86.2								2.16	1.78	125
块根、块茎、瓜果类	4-06-600	甘薯	十省市，十一样品平均值	24.7	0.53	0.70	6							
块根、块茎、瓜果类	4-06-603	胡萝卜	河北省张家口	9.3	0.21	0.28	6							
谷实类	4-07-022	大麦	二十省市，四十九样品平均值	88.8								3.33	2.73	85
谷实类	4-07-075	高粱	北京，杂交多穗	88.4	1.79	2.39	46	2.54	1.63	1.09	46			

续表1-4-2

样品归类	中国饲料编号	饲料名称	样品说明	干物质(%)	奶牛产奶净能(Mcal/kg)	奶牛能量单位NND/kg	奶牛可消化粗蛋白质(g/kg)	肉牛代谢能(Mcal/kg)	肉牛维持净能(Mcal/kg)	肉牛增重净能(Mcal/kg)	肉牛可消化粗蛋白质(g/kg)	羊消化能(Mcal/kg)	羊代谢能(Mcal/kg)	羊可消化粗蛋白质(g/kg)
谷实类	4-07-081	高粱	黑龙江	87.3	1.84	2.45	46	2.58	1.68	1.12	46	3.28	2.69	54
谷实类	4-07-082	高粱	内蒙古	87.2								3.32	2.72	62
谷实类	4-07-083	高粱	吉林农安,小粒高粱	86.0	1.70	2.27	39	2.43	1.55	1.03	39			
谷实类	4-07-091	高粱	辽宁,十样品平均值	93.0	1.95	2.60	56	2.75	1.79	1.19	56	3.51	2.88	66
谷实类	4-07-103	高粱	贵州,蔗高粱	85.2	1.76	2.35	36	2.49	1.60	1.07	36			
谷实类	4-07-104	高粱	十七省市,三十八样品平均值	89.3	1.85	2.47	50	2.61	1.69	1.13	50	3.32	2.73	58
谷实类	4-07-110	糜子	甘肃兰州	91.9								2.72	2.23	92
谷实类	4-07-111	糜子	宁夏,三样品平均值	90.4								2.82	2.31	79
谷实类	4-07-117	荞麦	湖南桃源,甜荞	89.5	1.80	2.40	69	2.56	1.64	1.09	69			
谷实类	4-07-120	荞麦	贵州威宁,苦荞,带壳	86.2	1.32	1.76	53	2.03	1.22	0.72	53			
谷实类	4-07-122	荞麦	云南,二样品平均值	86.4										
谷实类	4-07-123	荞麦	十一省市,十四样品平均值	87.1	1.65	2.20	72	2.39	1.50	0.99	72	2.66	2.18	71
谷实类	4-07-126	青稞	甘肃山丹,白色	88.4								3.43	2.81	100
谷实类	4-07-127	青稞	青海西宁	87.0								3.34	2.74	78
谷实类	4-07-128	青稞	宁夏银川	87.6								3.34	2.74	105
谷实类	4-07-129	青稞	新疆	89.6								3.47	2.85	103
谷实类	4-07-141	粟	宁夏固原,谷子	92.6								2.78	2.28	77
谷实类	4-07-142	粟	六省,谷子十三样品平均值	91.9								2.79	2.29	70
谷实类	4-07-173	小米	八省,九样品平均值	86.8	2.02	2.69	64	2.77	1.88	1.23	64			
谷实类	4-07-176	燕麦	河北张家口,玉麦,当地种	93.5	1.88	2.50	88	2.67	1.71	1.14	88			
谷实类	4-07-180	燕麦	宁夏固原,大燕麦	88.3								2.93	2.40	89
谷实类	4-07-181	燕麦	宁夏固原	92.4										
谷实类	4-07-182	燕麦	甘肃山丹,黑色	92.1								3.26	2.67	110
谷实类	4-07-183	燕麦	甘肃山丹,白色	91.9								3.27	2.68	103
谷实类	4-07-186	燕麦	新疆,二样品平均值	88.4								3.01	2.47	74

续表1-4-2

样品归类	中国饲料编号	饲料名称	样品说明	干物质（%）	奶牛产奶净能（Mcal/kg）	奶牛能量单位NND/kg	奶牛可消化粗蛋白质（g/kg）	肉牛代谢能（Mcal/kg）	肉牛维持净能（Mcal/kg）	肉牛增重净能（Mcal/kg）	肉牛可消化粗蛋白质（g/kg）	羊消化能（Mcal/kg）	羊代谢能（Mcal/kg）	羊可消化粗蛋白质（g/kg）
谷实类	4-07-188	燕麦	十一省市，十七样品平均值	90.3	1.83	2.45	90	2.61	1.68	1.12	90	3.15	2.59	97
谷实类	4-07-605	高粱	北京，红高粱	87.0	1.83	2.43	48	2.57	1.66	1.11	48			
谷实类	4-07-606	高粱	广东广州，多穗高粱	85.2	1.74	2.32	47	2.47	1.59	1.06	47			
谷实类	4-07-607	荞麦	上海	89.6	1.80	2.40	73	2.56	1.64	1.09	73			
谷实类	4-07-610	小米	北京，小米粉	86.2	2.01	2.68	66	2.75	1.87	1.23	66			
谷实类	4-07-800	大麦	内蒙古	88.0								3.28	2.69	77
谷实类	4-07-801	大麦	新疆	91.1								3.48	2.85	100
谷实类	4-07-803	高粱	新疆呼图壁，红高粱	89.5								3.35	2.74	50
谷实类	4-07-804	高粱	新疆呼图壁，白高粱	89.3								3.29	2.69	54
谷实类	4-07-805	路仁麦	内蒙古	86.3								3.26	2.67	79
谷实类	4-07-806	荞麦	内蒙古	90.4								2.71	2.22	71
糠麸类	4-08-001	大麦麸	甘肃玉门	91.2								2.77	2.27	109
糠麸类	4-08-002	大麦麸	北京	87.0	1.76	2.34	108.0	2.50	1.60	1.06	108			
糠麸类	4-08-007	黑麦麸	甘肃山丹，细麸	91.9	1.62	2.16	104	2.39	1.47	0.95	104	2.93	2.41	104
糠麸类	4-08-016	高粱糠	二省，八样品平均值	91.1	1.97	2.63	55.0	2.75	1.81	1.20	55			
糠麸类	4-08-031	青稞麸	甘肃山丹，白色	90.6								2.84	2.33	100
糠麸类	4-08-070	玉米皮	北京	87.9				2.29	1.41	0.91	55			
糠麸类	4-08-088	玉米皮	北京	87.9	1.26	1.69	53							
糠麸类	4-08-094	玉米皮	六省市，六样品平均值	88.2	1.55	2.07	55	2.29	1.41	0.91	55			
糠麸类	4-08-601	黄面粉	湖南，三等面粉	87.8	2.08	2.77	87	2.84	1.94	1.27	87			
糠麸类	4-08-602	黄面粉	北京，进口小麦，次粉	87.5	1.92	2.57	131	2.68	1.77	1.18	131			
糠麸类	4-08-603	黄面粉	北京，土面粉	87.2	2.04	2.72	74	2.80	1.90	1.25	74			
糠麸类	4-08-802	高粱糠	内蒙古	87.5								3.22	2.64	62
糠麸类	4-08-806	玉米糠	内蒙古	87.5								2.72	2.23	56
糠麸类	4-08-807	玉米皮	内蒙古	86.1								2.58	2.12	33

续表1-4-2

样品归类	中国饲料编号	饲料名称	样品说明	干物质(%)	奶牛产奶净能(Mcal/kg)	奶牛能量单位NND/kg	奶牛可消化粗蛋白质(g/kg)	肉牛代谢能(Mcal/kg)	肉牛维持净能(Mcal/kg)	肉牛增重净能(Mcal/kg)	肉牛可消化粗蛋白质(g/kg)	羊消化能(Mcal/kg)	羊代谢能(Mcal/kg)	羊可消化粗蛋白质(g/kg)
糠麸类	4-08-808	玉米皮	新疆	88.7								2.89	2.37	56
饼粕类	4-10-124	椰子饼	广东	90.3	2.21	2.94	118	3.00	2.09	1.35	118			
饼粕类	4-10-126	玉米胚芽饼	北京	93.0	1.72	2.29	110	2.50	1.56	1.02	110			
饼粕类	4-10-801	玉米胚芽饼	新疆	91.9								3.24	2.65	105
糟渣类	4-11-004	醋渣	宁夏银川,高粱1份,麸皮3份	25.0								0.78	0.64	33
糟渣类	4-11-032	粉渣	福建南安,甘薯粉渣	15.0				0.45	0.30	0.20	0			
糟渣类	4-11-033	粉渣	福建南安,甘薯粉渣	15.0	0.33	0.43	0							
糟渣类	4-11-046	粉渣	河北石家庄,玉米粉渣	15.0	0.36	0.47	14	0.49	0.33	0.22	14			
糟渣类	4-11-054	粉渣	青海西宁,豌豆细粉渣	15.8								0.54	0.44	21
糟渣类	4-11-058	粉渣	玉米粉渣,六省,七样品平均值	15.0	0.34	0.46	15	0.47	0.32	0.21	15			
糟渣类	4-11-069	粉渣	马铃薯粉渣,三省,三样品平均值	15.0	0.25	0.33	0	0.38	0.23	0.14	0			
糟渣类	4-11-073	粉浆	上海,玉米粉浆	2.0	0.05	0.07	3	0.07	0.05	0.03	3			
糟渣类	4-11-080	酱油渣	宁夏银川,豆饼3份,麸皮2份	24.3								0.97	0.80	48
糟渣类	4-11-081	酱油渣	青海西宁,蚕豆	31.5								0.85	0.70	42
糟渣类	4-11-092	酒糟	贵州,玉米酒糟	21.0	0.35	0.47	24	0.53	0.32	0.20	24			
糟渣类	4-11-096	酒糟	河南淮阳,甘薯干酒糟	35.0	0.37	0.49	34	0.65	0.38	0.11	34			
糟渣类	4-11-113	酒糟	四川乐山,玉米加15%谷壳	35.0	0.55	0.74	38	0.84	0.51	0.31	38			
糟渣类	4-11-148	饴糖渣	四川重庆,玉米	16.4	0.29	0.39	10	0.43	0.28	0.17	10			
糟渣类	4-11-603	粉渣	上海,玉米淀粉渣	8.9	0.18	0.24	7							
糟渣类	4-11-604	木薯渣	广州,风干样	91.0	1.97	2.63	0	2.76	1.81	1.21	0			
糟渣类	4-11-608	粉渣	上海,玉米淀粉渣	8.9				0.25	0.16	0.11	7			
糟渣类	4-11-612	糖蜜	甘蔗糖蜜	73.2	1.24	1.67	28	1.86	1.20	0.72	29			
糟渣类	4-11-802	豆腐渣	新疆	24.0								0.92	0.75	37
糟渣类	4-11-803	粉渣	内蒙古,马铃薯粉渣,风干	81.5								2.65	2.17	0

2. 氨基酸含量

表 1-4-3 氨基酸含量

%

饲料类别	编号	饲料名称	样品说明	干物质	粗蛋白质	苏氨酸	甘氨酸	胱氨酸	缬氨酸	蛋氨酸	异亮氨酸	亮氨酸	酪氨酸	苯丙氨酸	赖氨酸	组氨酸	精氨酸	色氨酸	资料出处
树叶类	5-02-025	槐叶粉	河南南阳,颗粒状,出口	90.3	18.1	0.72	0.95		1.21	0.14	0.96	1.60	0.72	1.04	0.93	0.35	0.96		94
树叶类	5-02-083	油条叶	吉林永吉	84.7	20.3	0.94	2.54	0.16	1.31	0.33	0.94	1.73	0.79	1.06	1.19	0.43	1.16		87
块根、块茎、瓜果类	5-05-430	蒿子	湖南长沙,野生洋蒿子,营养期,茎叶	89.9	20.0	0.76	0.79	0.21	0.95	0.21	0.72	1.26	0.48	0.63	0.70	0.23	0.81	0.10	81
块根、块茎、瓜果类	5-05-431	蒿子	湖南长沙,野生,营养期,茎叶	92.0	22.5	0.90	0.91		1.06	0.26	0.80	1.56	0.64	0.81	0.87	0.34	1.07	0.36	81
农副产品类(包括稿秆、秸秧、藤蔓)	5-06-001	蚕豆茎叶粉	四川达县,豆荚成熟期,优质	91.5	23.5	0.90	1.01	0.72	0.95	0.24	1.06	1.46	0.64	0.81	1.02	0.34	0.90	0.33	81
谷实类		小麦胚		风干[f]	32.6	0.97		0.28	1.13	0.38	2.38			0.87	1.32	0.52	1.49	0.40	122
豆类	5-09-002	巴山豆	四川天全,红色	83.9	21.6	0.71	0.79	0.56	0.96	0.10	0.81	1.53	0.66	1.15	1.48	0.55	1.32	0.20	81
豆类	5-09-003	巴山豆	四川天全,黄白色	84.2	21.6	0.77	0.84	0.60	1.08	0.17	0.91	1.66	0.75	1.19	1.59	0.60	1.42	0.19	81
豆类		扁豆		91.6	25.6	0.96		0.21	1.17	0.14	0.88	1.90		1.12	1.82	0.60	2.06	0.15	17
豆类	5-09-009	蚕豆	河北张家口,栗钙土生	91.7	27.5	0.97	1.10		1.25	0.23	1.14	1.95	0.92	1.13	1.58	0.71	2.49		82
豆类	5-09-138	蚕豆	湖南桃源	87.8	27.4	0.92	1.08	0.41	1.28	0.13	1.05	1.93	0.86	1.18	1.75	0.59	2.49		81
豆类	5-09-013	蚕豆	宁夏青铜峡	88.5	27.5	0.68	0.74		0.87	0.08	0.63	1.17	0.43	0.64	1.08	0.38	1.91	0.33	102
豆类	5-09-017	蚕豆	四川乐山,胡豆	39.3	27.0	0.95	1.09	0.82	1.31	0.09	1.09	1.96	0.89	1.21	1.73	0.62	2.54	0.23	81
豆类	5-09-018	蚕豆	四川新都,小胡豆	88.9	25.0	0.86	1.02		1.14	0.13	0.95	1.68	0.85	1.14	1.57	0.62	2.11	0.17	81
豆类	5-09-019	蚕豆	四川达县,二板子胡豆	89.6	30.2	1.01	1.16	0.71	1.33	0.09	1.14	2.06	0.96	1.29	1.84	0.66	2.69	0.24	81
豆类	5-09-059	饭豆	湖南韶山,眉豆	88.2	24.4	1.04	1.10	0.34	1.26	0.38	0.96	2.05	0.75	1.46	1.66	0.71	1.72		81
豆类	5-09-061	饭豆	四川邻水,黄白色	91.3	24.0	0.95	1.03	0.53	1.21	0.26	1.01	1.85	0.81	1.34	1.61	0.73	1.72	0.23	81
豆类	5-09-060	饭豆	四川邻水,红色 10%花斑色	90.8	24.8	0.96	1.01	0.79	1.19	0.26	0.99	1.85	0.83	1.36	1.61	0.72	1.72	0.24	81
豆类		箭筈豌豆粉		风干[f]	15.7					0.22	1.97			0.91	0.72	0.46	0.84	0.26	18
豆类	5-09-080	豇豆	湖南湘潭,饭豆	89.6	23.0	0.78	0.89	0.72	1.04	0.21	0.68	1.40	0.64	1.10	1.48	0.73	1.68	0.14	81
豆类		豇豆		88.0	21.0	0.80		0.17	1.14	0.23	0.97	1.77		1.11	1.20	0.72	1.50	0.18	17
豆类		绿豆		90.5	20.9	0.78			1.11	0.24	0.78	1.82		1.18	1.49	0.63	1.55	0.21	17
豆类	5-09-091	马料豆	浙江金华	86.0	33.9	1.40	1.47	0.41	1.44	0.35	1.41	2.58	1.16	1.70	2.14	0.90	2.77		90

续表1-4-3

饲料类别	编号	饲料名称	样品说明	干物质	粗蛋白质	苏氨酸	甘氨酸	胱氨酸	缬氨酸	蛋氨酸	异亮氨酸	亮氨酸	酪氨酸	苯丙氨酸	赖氨酸	组氨酸	精氨酸	色氨酸	资料出处
豆类		青豆		93.6	36.1	1.42		0.51	1.83	0.36	1.42	2.89		1.73	0.25	0.95	2.83	0.43	17
豆类	5-09-103	豌豆	河北张家口,前进1号,栗钙土生	87.7	21.3	0.77	0.84		0.92	0.15	0.85	1.42	0.70	0.96	1.36	0.47	1.79		82
豆类	5-09-139	豌豆	湖北枣阳	89.2	23.5	0.96	1.06	0.53	1.20	0.07	1.00	1.74	0.86	1.16	1.77	0.63	2.45	0.07	81
豆类	5-09-140	豌豆	湖北新洲	90.2	27.5	0.97	1.10		0.18	0.12	0.99	1.80	0.87	1.18	1.78	0.62	2.55	0.15	81
豆类	5-09-114	豌豆	宁夏固原	91.1	22.2	0.99	1.08	0.34	0.85	0.08	0.87	1.62	0.64	1.00	1.88	1.25	2.24	0.15	102
豆类	5-09-115	豌豆	宁夏青铜峡,麻豌豆	93.5	24.1	0.93	1.04		0.74	0.07	0.63	1.37	0.58	0.93	1.48	0.93	2.49	0.20	102
豆类	5-09-119	豌豆	四川双流,白豌豆	87.2	23.1	0.78	0.89	0.51	0.97	0.08	0.76	1.38	0.69	1.04	1.46	0.46	2.15	0.18	81
豆类	5-09-120	豌豆	四川宣汉,麻豌豆	88.4	26.0	0.93	1.16		1.20	0.13	0.98	1.71	0.87	1.23	1.73	0.62	2.59	0.22	81
豆类	5-09-130	碎大豆	吉林白城,含杂	95.3	20.1	0.65	2.96		0.90	0.28	0.72	1.29		0.79	0.95	0.43	1.06		87
豆类		小豆	一号红	86.4	18.0	0.65	0.71		0.98	0.15	0.94	1.56		0.96	1.65		1.29		31
豆类		小豆	白小豆	风干[f]	19.3	0.76		0.17	0.98	0.21	0.70	1.65		1.05	1.88	0.59	1.36	0.22	17
豆类		小豆	赤小豆	88.1	20.6	0.87			1.09	0.24	0.80	1.88		1.15	1.60	0.63	1.47	0.16	17
豆类		小豆	黑小豆	风干[f]	36.1	1.36		0.52	1.92	0.36	1.76	3.01		1.84	1.85			0.43	17
豆类	5-09-027	小黄豆	河北张家口,栗钙土生	93.6	39.6	1.45	1.51		1.69	0.42	1.64	2.72	1.32	1.80	2.15	0.92	2.78		82
豆类		芸豆	紫色	88.0	21.4	1.03			1.09	0.21	0.81	1.95		1.14	1.54	0.63	1.63	0.15	17
豆类		芸豆	白色	88.7	22.2	0.98		0.16	1.09	0.20	0.89	1.93		1.06	1.76	0.64	1.64	0.18	17
豆类		芸豆	花芸豆	风干[f]	17.7	0.96		0.17	0.91	0.19	0.65	1.47		0.87	1.29			0.14	17
豆类	1-10-004 (编者推测可能为:5-10-004)	蓖麻饼	吉林双辽	93.8	31.4	0.91	6.12	0.25	1.79	0.57	1.20	1.70	0.81	1.13	0.87	0.61	3.20	1.24	87
饼粕类		蓖麻饼		风干[f]	29.2	1.08			2.10	0.64	2.04			1.25	1.31	0.87	3.71	0.38	122
饼粕类		蓖麻粕	浸提	风干[f]	38.2			1.07		0.50	0.36				1.22	1.11	3.40	0.88	122
饼粕类		蓖麻饼	去毒	86.7	26.0	0.72	0.86		1.26	0.36	1.01	1.40		0.81	0.77	0.47	2.77		31
饼粕类	5-10-007	菜籽饼	河北邢台,机榨	91.1	31.4	1.29	1.47		1.62	0.56	1.25	2.13	0.77	1.11	1.83	0.75	1.81		82
饼粕类	5-10-012	菜籽饼	浙江上虞,机榨	88.1	37.4	1.40	1.71	0.49	1.77	0.62	1.36	2.36	0.77	1.31	1.41	0.88	1.98		90
饼粕类	5-10-014	菜籽饼	湖北蕲春,机榨	92.7	38.4	1.57	1.83		1.90	0.51	1.41	2.55	1.06	1.54	1.19	0.93	1.90	0.30	81
饼粕类	5-10-015	菜籽饼	湖北新洲,机榨	92.8	36.0	1.52	1.70		1.74	0.61	1.24	2.36	0.95	1.55	0.89	0.87	1.66	0.38	81

续表1-4-3

饲料类别	编号	饲料名称	样品说明	干物质	粗蛋白质	苏氨酸	甘氨酸	胱氨酸	缬氨酸	蛋氨酸	异亮氨酸	亮氨酸	酪氨酸	苯丙氨酸	赖氨酸	组氨酸	精氨酸	色氨酸	资料出处
饼粕类	5-10-191	菜籽饼	湖北天门	92.7	32.8	1.38	1.52		1.58	0.53	1.13	2.12	0.86	1.34	1.06	0.77	1.58	0.29	81
饼粕类	5-10-192	菜籽饼	湖北潭山	93.3	36.7	1.36	1.58		1.35	0.49	1.25	2.23	0.83	1.17	1.23	0.58	1.79		81
饼粕类	5-10-193	菜籽饼	湖北鄂城,机榨	92.6	38.6	1.56	1.77		1.83	0.61	1.33	2.43	1.01	1.42	1.35	0.89	2.19	0.37	81
饼粕类	5-10-194	菜籽饼	湖北广济	93.4	38.8	1.05	1.20		1.23	0.40	0.88	1.65	0.67	0.98	0.98	0.64	1.43	0.45	81
饼粕类	5-10-019	菜籽饼	湖南东安,机榨	90.3	33.8	1.53	1.75	0.84	1.79	0.67	1.17	2.26	0.94	1.43	1.24	0.77	1.79		81
饼粕类	5-10-195	菜籽饼	湖南长沙,土榨,未去毒	92.3	34.7	1.34	1.65		1.54	0.46	1.20	2.24	0.83	1.35	1.07	0.79	1.82		81
饼粕类	5-10-196	菜籽饼	湖南韶山,土榨	94.9	36.6	1.58	1.83	0.91	1.89	0.70	1.29	2.42	0.97	1.31	1.62	0.84	2.27		81
饼粕类	5-10-197	菜籽饼	湖南攸县,机榨	93.0	33.9	1.42	1.64		1.68	0.52	1.20	2.22	0.91	1.21	1.51	0.87	1.87		81
饼粕类	5-10-022	菜籽饼	四川仁寿,白菜型,200 型机榨	91.7	37.7	1.42	1.67		1.71	0.62	1.28	2.30	0.94	1.19	1.18	0.82	1.88	0.42	81
饼粕类	5-10-023	菜籽饼	四川新都,甘蓝型,200 型机榨	93.7	37.7	1.68	2.02		2.10	0.90	1.40	3.01	0.97	1.73	0.83	0.88	1.92	0.50	81
饼粕类	5-10-026	菜籽粕	四川新都,甘蓝型,200 型预压浸提	92.8	40.5	1.84	2.12	0.82	2.10	0.96		3.13	1.04	1.86	0.89	0.93	2.13	0.56	81
饼粕类	5-10-024	菜籽饼	四川德阳,甘蓝型,土榨	93.6	34.5	1.40	1.64		1.70	0.55	2.19	2.23	0.96	1.43	1.20	0.83	1.62	0.44	81
饼粕类	5-10-029	菜籽饼	四川新都,甘蓝型,95 型机榨	93.0	38.7	1.63	1.87	0.93	1.91	0.86	1.26	2.96	0.98	1.91	1.08	0.89	2.10	0.52	81
饼粕类	5-10-025	菜籽粕	四川新都,甘蓝型,95 型预压浸提	92.6	41.4	1.73	2.06		2.06	0.95	1.43	3.05	1.04	2.02	0.94	0.92	2.12	0.53	81
饼粕类	5-10-031	菜籽饼	四川乐山,白菜型,95 型机榨	92.0	41.0	1.64	1.67		2.07	0.76	1.56	2.82	1.10	1.73	1.17	1.02	1.97	0.48	81
饼粕类	5-10-034	菜籽粕	浙江桐乡,浸提	89.8	41.8	1.55	1.84	0.53	1.87	0.77	1.45	2.58	0.93	1.53	1.11	0.94	1.98		90
饼粕类	1-10-036 (编者推测可能为:5-10-036)	大麻籽饼	河北石家庄,机榨	89.8	25.5	0.88	1.09		1.59	0.51	1.24	1.70	0.70	1.16	1.10	0.52	3.12		82
饼粕类		大麻籽粕	浸提	风干[f]	30.8	1.77		0.34	1.94	0.68	1.86			1.79	0.83	1.20	1.54	0.46	122
饼粕类		大麻籽饼		风干[f]	31.0			0.21		0.68					1.02	0.77	2.41	0.40	122
饼粕类		芥籽粕	浸提	风干[f]	38.7	1.74		0.62	1.86	0.85	4.22			1.86	1.50	1.39	2.36	0.27	122
饼粕类	5-10-088	胡麻饼	河北张家口,收后一年机榨	91.8	37.9	1.29	1.92		1.71	0.58	1.45	2.02	0.92	1.68	1.27	0.76	3.14		82
饼粕类	5-10-092	胡麻饼	宁夏青铜峡,压榨	92.9	32.5	1.48	2.22	0.31	1.59	0.40	1.27	2.10	0.76	1.60	1.38	1.53	3.36	0.30	102
饼粕类	5-10-096	花籽饼	宁夏固原,机榨	93.1	31.5	1.24	1.81	0.23	1.70	0.47	1.18	2.03	0.77	1.31	1.34	0.68	2.77	0.38	302
饼粕类	5-10-098	花生饼	河北保定,冷榨无外壳	91.4	42.5	1.25	2.57		1.86	0.50	1.57	2.98	3.80	2.47	1.56	1.05	5.44		82
饼粕类	5-10-099	花生饼	山东五县市,十样品平均值	88.0	48.7	1.37	2.65	0.48	1.66	0.44	1.35	2.94	1.72	2.30	1.53	1.05	5.65		110

续表1-4-3

饲料类别	编号	饲料名称	样品说明	干物质	粗蛋白质	苏氨酸	甘氨酸	胱氨酸	缬氨酸	蛋氨酸	异亮氨酸	亮氨酸	酪氨酸	苯丙氨酸	赖氨酸	组氨酸	精氨酸	色氨酸	资料出处
饼粕类	5-10-200	花生饼	河南南阳	92.8	44.8	1.01	2.31		2.12	0.32	1.61	2.93	1.57	2.35	1.27	0.88	4.78		94
饼粕类	1-10-103（编者推测可能为：5-10-103）	花生饼	湖北广济	93.2	34.1	0.95	1.94		1.39	0.21	1.11	2.18	1.14	1.75	1.08	0.75	3.70	0.22	81
饼粕类	5-10-104	花生饼	湖南长沙，机榨	92.2	43.1	1.02	2.06		1.59	0.25	1.22	2.42	1.43	2.04	1.17	0.79	4.11	0.30	81
饼粕类	5-10-107	花生饼	四川资阳，200 型机榨	91.9	47.8	1.25	2.53	0.41	1.98	0.40	1.59	3.11	1.82	2.44	0.95	0.56	5.62	0.39	81
饼粕类	5-10-217	花生饼	六省市，十六样品平均值	88.0	45.1	1.23	2.45	0.55	1.66	0.39	1.34	2.78	1.60	2.20	1.35	0.92	5.16	0.28	80
饼粕类		花生饼	带壳，压榨	92.3	43.3		2.21	0.65		0.40					1.61		4.53	0.45	132
饼粕类		花生粕	去壳，浸提	91.5	47.4	1.50			2.80	0.40	2.00	3.70		2.70	2.30	1.20	5.99	0.50	132
饼粕类		花生饼	去壳	90.0	50.0	1.29	2.77		2.10	0.50	1.74	3.09		2.49	1.70	1.14	5.70	0.50	128
饼粕类		红花子饼		91.3	22.7	0.69	1.16	0.32	1.09	0.24	0.76	1.34		1.02	0.63	0.76	2.14	0.25	75
饼粕类	1-10-122（编者推测可能为：5-10-122）	麻籽饼	宁夏中卫，机榨	92.9	28.6	0.87	1.03	0.14	1.35	0.20	1.04	1.75	0.52	1.10	1.05	0.95	2.84	0.18	102
饼粕类	5-10-123	棉籽粕	浙江上虞，浸出	89.2	32.6	1.05	1.30	0.46	1.46	0.54	1.05	1.85	0.77	1.60	1.29	0.79	3.16		90
饼粕类	5-10-125	棉籽饼	湖北汉南	89.9	32.7	1.13	1.37		1.21	0.41	1.05	1.98	0.91	1.65	1.38	0.59	3.43		81
饼粕类	5-10-212	棉籽饼	湖北鄂城，螺旋机榨	93.4	40.9	1.41	1.70	0.90	1.84	0.53	1.25	2.37	1.18	2.30	1.43	1.03	4.09	0.32	81
饼粕类	5-10-126	棉籽饼	湖南零陵，90 型机榨	90.6	38.4	1.29	1.69	0.74	1.71	0.61	0.95	2.41	1.02	2.02	1.54	0.90	3.57		81
饼粕类	5-10-211	棉籽饼	湖南，去壳	95.5	35.8	1.02	1.28		1.30		0.94	1.70	0.75	1.55	1.08	0.61	2.84		81
饼粕类	1-10-130（编者推测可能为：5-10-130）	棉籽饼	山东章丘	93.8	37.8	1.29	1.51	0.38	1.50	0.32	1.08	2.12	1.03	1.94	1.55	1.00	4.31		110
饼粕类	1-10-132（编者推测可能为：5-10-132）	棉籽饼	山东章丘，鲁棉 1 号	93.0	33.2	1.15	1.33	0.32	1.37	0.30	1.00	1.92	0.92	1.70	1.29	0.86	3.76		110
饼粕类	5-10-138	棉籽饼	湖北新洲，机榨	94.0	38.3	1.22	1.47		1.59	0.41	1.09	2.31	1.02	1.92	1.34	0.92	3.74	0.32	81
饼粕类	5-10-139	棉籽饼	湖北枣阳	92.6	36.4	1.33	1.56		1.65	0.36	1.18	2.20	1.09	1.98	1.39	0.96	3.75	0.31	81
饼粕类	5-10-206	棉籽粕	湖北天门，浸提	92.1	41.3	1.29	1.56		1.76	0.37	1.20	2.14	1.04	1.98	1.22	0.87	3.15	0.24	81
饼粕类	1-10-143（编者推测可能：5-10-143）	棉籽饼	四川仁寿，200 型机榨，带部分壳	92.1	35.2	1.27	1.54		1.66	0.36	1.18	2.19	1.07	2.00	1.56	1.05	4.18	0.40	81

续表1-4-3

饲料类别	编号	饲料名称	样品说明	干物质	粗蛋白质	苏氨酸	甘氨酸	胱氨酸	缬氨酸	蛋氨酸	异亮氨酸	亮氨酸	酪氨酸	苯丙氨酸	赖氨酸	组氨酸	精氨酸	色氨酸	资料出处
饼粕类	1-10-145（编者推测可能：5-10-145）	棉籽饼	四川乐山,95型机榨,带部分壳	90.1	27.7	0.99	1.82		1.41	0.35	1.02	1.77	0.76	1.45	0.90	0.70	2.28	0.23	81
饼粕类	1-10-207（编者推测可能：5-10-207）	棉籽饼	四川仁寿,95型机榨,带部分壳	91.9	31.7	1.16	1.45		1.54	0.38	1.11	2.02	1.01	1.86	1.44	0.96	3.76	0.37	81
饼粕类	1-10-146（编者推测可能：5-10-146）	棉籽饼	四川仁寿,200型机榨,带部分壳	92.5	32.3	1.09	1.37		1.46	0.32	1.03	1.91	0.92	1.77	1.34	0.92	3.67	0.37	81
饼粕类		棉籽饼	Feedstuffs(1983),预压浸提	89.9	41.0	1.32	1.70	0.64	1.88	0.52	1.33	2.40		2.22	1.71	1.10	4.59	0.47	123
饼粕类		棉籽饼	Feedstuffs(1983),机榨	91.4	41.0	1.30	1.69	0.59	1.84	0.55	1.31	2.50		2.20	1.59	1.07	4.33	0.50	123
饼粕类	5-10-213	青饼	浙江浦江,乌桕子饼	90.6	32.6	1.04	1.54	0.39	1.96	0.43	1.22	2.06	0.76	1.27	0.99	0.76	4.12		90
饼粕类	5-10-155	向日葵粕	吉林农安,复浸	92.5	32.1	0.73	1.43		1.31	0.66	0.59	1.40	0.78	1.46	0.58	0.43	1.93	2.61	87
饼粕类		向日葵粕	浸提	93.0	42.0	1.50	2.70	0.70	2.30	1.50	2.10	2.60		2.20	1.70	1.00	3.50	0.50	130
饼粕类		亚麻籽饼	压榨	90.0	32.0	1.10	1.60	0.56	1.50	0.47	1.70	1.90		1.40	1.10	0.60	2.60	0.47	130
饼粕类		亚麻籽粕	浸提	88.3	33.0	1.20	1.70	0.58	1.60	0.48	1.80	2.00		1.50	1.10	0.70	2.70	0.48	130
饼粕类		椰子饼		88.3	21.2	0.58	0.78	0.28	0.95	0.25	0.61	1.12		0.81	0.51	0.41	2.34	0.14	75
饼粕类		椰子饼		风干[f]	38.1	1.64			2.02	0.57	1.60	2.36		1.26	0.99	0.61	4.19	0.38	122
饼粕类		椰子粕	浸提	93.0	22.0	0.60	1.10	0.20		0.33	1.00	1.49		0.80	0.54	0.30	2.30	0.20	123
饼粕类	5-20-174	芸芥饼	宁夏固原,机榨	93.2	37.7	1.04	1.46	0.33	1.29	0.30	0.78	1.54	0.52	0.99	1.05	0.79	1.93	0.40	102
饼粕类	5-10-175	芸芥粕	宁夏固原,浸提	92.4	40.5	0.97	1.34	0.33	1.27	0.27	0.76	1.40	0.46	0.84	0.93	0.73	1.77	0.55	102
饼粕类	5-10-180	芝麻饼	浙江新昌	92.2	39.4	1.29	1.81	0.36	1.84	0.82	1.42	2.52	1.02	1.68	0.82	0.81	2.38		90
饼粕类	5-10-183	芝麻饼	湖北天门,螺旋榨	93.2	45.7	1.46	2.02	0.70	1.85	0.99	1.39	2.71	1.51	1.91	0.76	0.96	0.96	0.44	81
饼粕类	5-10-184	芝麻饼	湖北广济	92.5	32.8	1.22	1.63	0.73	1.54	0.43	1.18	2.19	1.21	1.47	0.82	0.78	3.99	0.34	81
饼粕类	5-10-185	芝麻饼	湖北荆门,土榨	93.2	36.9	1.26	1.54	0.82	1.68	0.42	1.13	2.15	1.07	2.00	1.27	0.94	3.67	0.32	81
饼粕类		芝麻粕	浸提	92.4	41.6	1.58	3.96	0.59	2.18	1.19	1.58	2.77		1.98	1.19	1.09	4.26	0.59	132
饼粕类	5-10-188	芝麻饼	四川大足(现归重庆市),黑芝麻为主	92.4	41.5	1.49	2.02	0.25	1.83	0.90	1.39	2.66	1.40	1.77	0.96	0.92	4.76		81
饼粕类	5-10-189	芝麻饼	四川绵阳,白芝麻为主	91.8	37.0	1.46	1.97	0.73	1.78	0.91	1.35	2.56	1.28	1.72	0.96	0.92	4.55		81

续表1-4-3

饲料类别	编号	饲料名称	样品说明	干物质	粗蛋白质	苏氨酸	甘氨酸	胱氨酸	缬氨酸	蛋氨酸	异亮氨酸	亮氨酸	酪氨酸	苯丙氨酸	赖氨酸	组氨酸	精氨酸	色氨酸	资料出处
糟渣类	5-11-030	豆腐渣	浙江临安，风干	92.6	27.7	1.01	1.11	0.33	1.28	0.32	1.07	1.89	0.69	1.15	1.44	0.56	1.43		90
糟渣类	5-11-016	豆腐渣	河南偃师，风干	94.1	23.7	0.75	0.94		1.10	0.14	0.93	1.53	0.65	1.01	1.05	0.48	0.79		94
糟渣类	5-11-019	豆腐渣	湖南长沙，黄豆风干	90.4	25.5	0.96	1.09		1.22	0.17	1.00	1.74	0.73	1.07	1.23	0.53	1.38	0.22	81
糟渣类	5-11-018	豆腐渣	湖南长沙，黄豆渣带水	26.5	7.7	0.25	0.30	0.04	0.29	0.01	0.25	0.45	0.17	0.28	0.30	0.14	0.34		81
糟渣类	5-11-152	酱油渣	吉林长春	95.0	27.0	1.08	1.36		2.16	0.58	1.82	1.45	1.26	2.78	1.12	0.57	0.99		87
糟渣类	5-11-075	酱油渣	河南偃师	96.3	31.4	0.99	1.20		1.69	0.31	1.57	2.46	0.96	1.73	0.78	0.5	1.12		94
糟渣类	5-11-076	酱油渣	河南淮阳	94.3	23.8	0.81	1.18		1.61		1.43	2.19	0.77	1.38	0.79	0.51	1.15		94
糟渣类	5-11-080	酱油渣	宁夏银川，豆饼3份、麦麸2份	24.3	7.1	0.27	0.29	0.03	0.24	0.07	0.19	0.45	0.15	0.27	0.14	0.11	0.24	0.08	102
糟渣类	5-11-082	酱渣	四川德阳，豆饼、豌豆、小麦	22.0	4.8	0.18		0.20	0.26	0.12	0.22	0.38	0.15	0.26	0.12	0.08	0.18	0.06	81
糟渣类	5-11-083	酱糟	四川重庆，黄豆2份，麸皮1份	22.4	7.1	0.31	0.35	0.19	0.43	0.12	0.39	0.64	0.26	0.39	0.32	0.15	0.38	0.09	81
糟渣类		酒精糟	粮食，脱水	91.2	28.8	1.12		0.52	1.83	0.46	1.93	2.34		1.93	0.81	0.81	1.12	0.20	132
糟渣类		酒楮糟	黑麦，脱水	90.5	27.2	1.10			1.60	0.40	1.50	2.10		1.30	1.00	0.70	1.00	0.30	132
糟渣类		酒精糟	小麦，脱水	92.5	32.0	1.00			1.90	0.50	1.90	2.00		1.90	0.80	0.80	1.10	0.40	132
糟渣类	5-11-154	酒糟	浙江浦江，黄酒糟	89.4	41.6	1.61	1.61	0.73	2.31	1.18	1.86	3.54	2.01	1.93	1.33	0.65	1.75		90
糟渣类	5-11-111	酒糟	四川荣昌，高粱加谷壳	31.2	6.9	0.26	0.26		0.37	0.07	0.29	0.95	0.27	0.35	0.15	0.14	0.25		81
糟渣类		麦芽根		88.2	28.3	0.96			1.44	0.37	1.08	1.58		0.85	1.30	0.54	1.22	0.42	75
糟渣类	5-11-155	啤酒糟	吉林吉林县	94.3	28.0	0.95	1.11	0.10	1.91	0.60	1.36	1.24	1.35	2.70	0.82	0.59	1.13		87
糟渣类	5-11-130	啤酒糟	四川成都，大麦5份、大米2份	16.8	4.7	0.18	0.20	0.17	0.28	0.08	0.22	0.40	0.19	0.27	0.18	0.11	0.30	0.06	81
糟渣类	5-11-131	啤酒糟	四川重庆，大麦2份、大米1份	13.8	4.2	0.18	0.19	0.19	0.26	0.07	0.19	0.36	0.17	0.24	0.16	0.09	0.30	0.05	81
糟渣类		西红柿渣	脱水，风干	91.9	21.9	0.70			1.00	0.10	0.70	1.70		0.90	1.60	0.40	1.20	0.20	123
糟渣类		西红柿渣	脱水，风干	93.0	21.0	0.70		0.30		0.10	0.70	1.70		0.90	1.60	0.40	1.20	0.28	123
糟渣类		小麦胚芽粕		88.0	25.0	0.94	1.38	0.46		0.42	0.79	1.10		0.93	1.37	0.62	1.83	0.30	123
糟渣类	5-11-156	饴糖渣	浙江杭州	90.7	61.0	2.06	2.49	1.03	3.06	1.46	2.36	4.56	2.76	2.97	1.87	1.30	4.61		90
糟渣类	5-11-145	饴糖渣	湖南长沙，麦芽糖渣	28.5	9.0	0.25	0.28	0.05	0.37	0.05	0.27	0.54	0.32	0.35	0.18	0.13	0.51		81
糟渣类	5-11-147	饴糖渣	四川双流，大米、大麦比9∶1	22.6	7.0	0.25	0.22	0.30	0.39	0.13	0.27	0.56	0.35	0.37	0.22	0.16	0.55	0.11	81
糟渣类		玉米胚渣		88.8	22.3	0.96		0.36	1.25	0.33	0.89	1.63		0.87	1.25	0.69	1.72	0.30	129

续表1-4-3

饲料类别	编号	饲料名称	样品说明	干物质	粗蛋白质	苏氨酸	甘氨酸	胱氨酸	缬氨酸	蛋氨酸	异亮氨酸	亮氨酸	酪氨酸	苯丙氨酸	赖氨酸	组氨酸	精氨酸	色氨酸	资料出处
草子、树实类		菜籽	风干	风干[f]	22.0	1.00	1.10	0.40	1.10	0.50	0.80	1.60		0.90	1.30	0.60	1.30	0.30	123
草子、树实类		草木樨籽	印度草木樨籽	100	33.0	1.06	1.52		1.29	0.40	1.29	2.05		1.49	1.82	0.92	2.61		31
草子、树实类		黄芪籽	墨西哥黄芪	100	39.0	1.13	1.79		1.37	0.31	1.17	1.95		1.17	1.48	0.90	3.98		132
草子、树实类		锦葵籽		100	21.0	0.69	1.05		0.82	0.34	0.63	1.09		0.76	1.07	0.61	1.51		132
草子、树实类		可可		90.0	22.0	0.69	0.76		1.00	0.24	0.67	1.05		0.79	0.84	0.29	0.95		132
草子、树实类		兰花楼斗菜籽	高山地	100	21.0	0.67	0.99		0.92	0.27	0.74	1.26		0.71	0.96	0.48	2.06		132
草子、树实类		蜀葵籽		100	26.0	0.60	1.14		0.86	0.31	0.60	1.07		0.83	1.01	0.62	1.79		132
草子、树实类		西瓜籽		100	38.0	1.14	1.79		1.52	0.91	1.37	2.32		1.86	1.06	0.91	5.93		132
草子、树实类		洋槐籽	Swelt	100	55.0	1.38	1.87		2.15	0.50	1.93	4.13		1.93	2.59	1.27	5.06		132
草子、树实类		洋槐籽	Willard	100	35.0	0.88	1.09		1.16	0.32	1.02	2.03		1.05	1.86	1.09	1.89		132
草子、树实类		椰子		90.0	21.0	0.63	0.88		1.14	0.27	0.73	1.30		0.89	0.59	0.39	2.48	0.16	128
草子、树实类		油菜籽		90.0	34.0	1.49	1.69		1.80	0.68	1.36	2.28		1.28	1.82	0.68	1.93	0.43	128
动物性饲料	5-13-001	蚌肉	湖南芷江	91.2	47.4	2.48	2.72	0.42	2.36	1.34	2.01	4.46	1.76	2.81	3.55	0.81	3.77		81
动物性饲料	5-13-004	蚕蛹	吉林辽源,柞蚕	90.5	54.6	1.86	2.67		3.58	1.23	2.70	4.83	3.77	5.94	3.07	1.13	2.21	2.32	87
动物性饲料	5-13-005	蚕蛹	吉林旅大,柞蚕,碱处理	88.1	51.7	1.52	1.52	0.32	1.88	1.18	1.57	2.28	2.28	2.22	2.06	0.85	1.59		87
动物性饲料	5-13-009	蚕蛹	四川达县,桑蚕	94.5	56.0	2.41	2.28	1.36	2.97	2.21	2.37	3.78	3.44	2.27	3.66	1.29	2.86		81
动物性饲料	5-13-013	蚕蛹粕	浙江新昌,脱脂	89.3	64.8	3.41	3.38	0.66	3.79	2.92	3.39	5.65	4.71	3.78	4.85	1.87	4.02		90
动物性饲料		蚕蛹渣		89.8	68.9	2.54	2.54	0.68	2.43	1.32	2.54	3.97		3.20	3.86	1.76	3.53	1.43	75
动物性饲料	5-13-122	地鳖虫	浙江桐乡	84.3	77.1	1.35	3.07	0.30	2.28	2.20	1.56	2.31	2.78	1.22	1.80	0.98	1.78		90
动物性饲料		肝	牛肝	鲜[f]	17.4	0.84	1.17	0.20	0.97	0.51	0.93	1.57		0.99	0.89	0.40	1.13	0.27	122
动物性饲料		肝粉		92.7	66.5	2.60	5.60	0.90	4.20	1.30	3.40	5.40		2.90	4.80	1.50	4.10	0.60	132
动物性饲料		骨粉	生骨,脱水磨啐	86.9	22.9	0.53			0.71	0.19	0.54	0.87		0.53	0.95	0.20	1.79	0.04	132
动物性饲料		家禽副产品		91.7	61.1	2.81		0.98	3.97	0.92	2.81	6.58		2.57	2.44	0.92	4.40	0.43	75
动物性饲料		家禽副产品		90.0	60.0	1.98	2.84		2.86	1.17	2.26	4.08		1.74	2.23	0.75	3.72	0.45	128
动物性饲料		家禽屠体下脚	脱水,磨碎	93.7	50.9	3.13	13.61		4.32	1.10	2.63	6.20		3.44	5.43	1.73	6.64	0.30	132
动物性饲料		家禽屠体下脚	带骨、脱水、脱脂,磨碎	93.8	50.0		7.30	0.64		0.65					3.40		3.50	0.31	132

续表1-4-3

饲料类别	编号	饲料名称	样品说明	干物质	粗蛋白质	苏氨酸	甘氨酸	胱氨酸	缬氨酸	蛋氨酸	异亮氨酸	亮氨酸	酪氨酸	苯丙氨酸	赖氨酸	组氨酸	精氨酸	色氨酸	资料出处
动物性饲料		家禽屠体下脚	脱水,磨碎	94.2	54.9		8.10	0.70		0.80				3.90	3.80			0.36	132
动物性饲料		家禽屠体下脚	带骨、脱水、磨碎	93.6	49.5	1.79	6.81	0.60	2.39	0.64	1.69	3.09		1.79	3.29	0.90	3.56	0.29	132
动物性饲料	5-13-132	螺肉	湖南芷江,滩螺肉	88.5	65.1	2.95	3.42	0.86	2.87	1.38	2.39	5.65	2.00	2.58	4.19	0.82	4.48		81
动物性饲料		肉	羊肉	鲜[f]	18.6	1.04	1.08	0.24	0.87	0.74		1.82		0.87	2.21	0.85	1.67		122
动物性饲料		肉	马肉	24.2	19.6	1.07			1.05	0.37	1.07	1.73	0.62	0.86	1.11	0.66	1.09	0.26	17
动物性饲料		肉	马肉	鲜[f]	23.5	0.92	1.72	0.18	0.90	0.70	2.17			1.01	1.72	0.88	1.78	0.22	122
动物性饲料		肉	驴肉	22.6	18.6	0.75			0.84	0.33	0.82	1.33	0.47	0.69	1.05	0.54	0.98	0.25	17
动物性饲料		肉	兔肉	22.8	21.2	1.03			1.01	0.52	1.00	1.64	0.69	0.85	1.14	0.54	1.08	0.26	17
动物性饲料		肉	带皮鸡肉	28.2	25.8	1.18		0.28	1.20	0.65	0.96	1.84	0.95	0.90		0.88	1.70	0.27	17
动物性饲料		肉	去皮鸡肉	26.6	23.9	1.15		0.27	1.20	0.66	0.97	1.84		0.90	1.84			0.28	17
动物性饲料		肉	雏鸡	鲜[f]	21.6	0.67		0.45	0.78	0.41	2.50			0.65	0.17	0.58	1.68	0.43	122
动物性饲料		肉	带皮鸭肉	35.4	19.4	0.95		0.25	1.65	0.50	0.78	1.54		0.76	1.57			0.22	17
动物性饲料		肉	去皮鸭肉	22.2	17.8	0.90		0.21	0.96	0.51	0.76	1.45		0.70	1.49			0.23	17
动物性饲料	5-13-043	肉粉	吉林长春,处理猪肉	98.5	60.6	2.38	3.10		3.35	1.51	2.91	6.05		4.69	4.43	1.52	3.46	1.83	87
动物性饲料		肉骨粉		92.4	45.0	1.80	6.50	0.26	2.40	0.53	1.70	2.90		1.80	2.20	1.50	2.70	0.18	123
动物性饲料		肉骨粉		92.6	50.0	1.63	6.90	0.33	2.25	0.67	1.70	3.20		1.70	2.60	0.96	3.35	0.26	123
动物性饲料		肉粉		92.8	55.0	1.80	6.90	0.68	2.60	0.75	1.90	3.50		1.70	3.00	1.10	3.70	0.35	123
动物性饲料		肉粉		93.0	45.0	1.36	6.48		2.04	0.60	1.31	2.52		1.43	2.16	0.66	3.10	0.18	128
动物性饲料		肉粉		93.0	50.0	1.54	7.54		2.14	0.68	1.44	2.84		1.56	2.53	0.81	3.39	0.20	128
动物性饲料		肉粉		93.0	55.0	1.68	8.29		2.35	0.74	1.58	3.12		1.72	2.73	0.89	3.72	0.22	128
动物性饲料		肉粉		93.0	60.0	2.06	7.24		2.78	0.80	1.96	3.78		2.02	3.12	1.05	3.81	0.36	128
动物性饲料	5-13-050	螺肉	湖南芷江,田螺肉	88.3	48.3	2.66	3.08	0.84	2.49	1.30	1.97	5.16	1.85	2.51	3.57	0.96	4.69		81
动物性饲料	5-13-019	毛发粉	四川成都,水解	89.6	44.8	1.84	1.18	11.38	2.75	0.55	1.75	6.82	2.39	2.12	1.32	0.61	2.61		81
动物性饲料	5-13-018	毛发粉	四川,人发80%、猪鬃20%水解	91.2	47.9	3.84	2.31		2.97		0.90	1.32	0.42	0.60	2.01	0.63	5.07		81
动物性饲料		禽蛋	鸡蛋	鲜[f]	13.0	0.62	0.49	0.29	0.95	0.43	1.98			0.71	0.82	0.30	0.82	0.21	122
动物性饲料		禽蛋	鸡蛋	26.8	12.7	0.66		0.38	0.87	0.43	0.64	1.18		0.72	0.72			0.20	17

续表1-4-3

饲料类别	编号	饲料名称	样品说明	干物质	粗蛋白质	苏氨酸	甘氨酸	胱氨酸	缬氨酸	蛋氨酸	异亮氨酸	亮氨酸	酪氨酸	苯丙氨酸	赖氨酸	组氨酸	精氨酸	色氨酸	资料出处
动物性饲料		禽蛋	鸡蛋黄粉	97.0	30.5	1.59		0.73	2.11	0.73	1.80	2.91		1.33	2.11			0.38	17
动物性饲料		禽蛋	鸭蛋	28.2	12.5	0.81		0.38	0.85	0.60	0.57	1.18		0.80	0.70			0.21	17
动物性饲料		禽蛋	鹅蛋	29.4	14.8	1.00		0.47	1.07	0.63	0.71	1.33		0.88	1.07			0.23	17
动物性饲料	5-13-030	蚯蚓	湖南常宁,土种,风干	94.3	38.0	1.66	1.85	1.05	1.97	0.27	1.34	2.70	1.14	1.58	2.77	0.87	2.91	0.40	81
动物性饲料	5-13-037	蚯蚓	浙江桐乡,地龙	87.3	59.5	2.53	3.03	0.70	2.64	1.29	2.51	4.52	1.75	2.17	3.59	1.04	3.77		90
动物性饲料	5-13-038	蚯蚓	四川成都,土种,鲜	11.6	4.30	0.20	0.28	0.16	0.22	0.06	0.20	0.35	0.14	0.20	0.27	0.10	0.27	0.05	81
动物性饲料	5-13-029	蚯蚓	湖南长沙	88.6	52.2	2.18	2.14		2.15	0.37	2.01	3.57	1.38	1.69	3.00	0.96	2.96		81
动物性饲料		肉	瘦猪肉,无可见肥肉	25.6	20.8	1.02		0.25	1.13	0.56	0.86	1.63	0.70	0.81	1.63	0.55	1.29	0.27	17
动物性饲料		肉	猪肉	风干[f]	88.0	4.40	4.31	2.99	4.75	2.29	11.26			3.61	8.18	2.02	3.08		122
动物性饲料		肉	瘦牛肉,无可见肥肉	23.2	18.9	0.93		0.20	1.04	0.51	0.77	1.46	0.71	0.70	1.44	0.68	1.31	0.21	17
动物性饲料		肉	牛肉	鲜[f]	21.3	0.94	0.89	0.24	1.09	0.50	2.64			0.78	1.96	0.70	1.68	0.26	122
动物性饲料		肉	牛肉	鲜[f]	23.2	0.11	0.37	0.27	0.36	0.11	0.49	0.10		0.69	1.89	0.41	0.15	0.76	122
动物性饲料		肉	瘦羊肉,无可见肥肉	24.6	18.6	0.94		0.23	0.93	0.49	0.74	1.45	0.68	0.70	1.46	0.64	1.26	0.20	17
动物性饲料		肉粉		92.1	70.1	2.97		0.57	3.54	1.77	3.39	5.51		3.25	5.73	2.26	4.60	0.71	75
动物性饲料	5-13-045	肉骨粉	河北石家庄,兔头骨加工产物	93.9	53.8	1.94	5.31		2.05	0.62	1.30	3.12	1.41	1.49	1.96	0.71	4.43		75
动物性饲料		肉骨粉		93.5	48.6	1.63	5.91	0.50	1.94	0.52	1.32	2.88		1.40	2.49	0.78	3.34	0.22	75
动物性饲料		乳	猪乳	鲜[f]	6.5	0.16	0.19	0.10	0.31	0.10	0.68			0.22	0.50	0.14	0.32	0.08	122
动物性饲料		乳	猪初乳	鲜[f]	5.2	0.33	0.17	0.01	0.28	0.08		0.58		0.22		0.15	0.26		122
动物性饲料		乳	牛乳,鲜	11.3	2.9	0.14		0.04	0.22	0.09	0.15	0.31		0.15	0.24			0.04	17
动物性饲料		乳	脱脂	9.3	3.3	0.15		0.03	0.23	0.09	0.18	0.32		0.16	0.26	0.09	0.12	0.05	75
动物性饲料		乳清	脱水	95.0	13.0	0.77	0.25		0.72	0.20	0.75	1.19		0.38	1.05	0.22	0.29	0.14	128
动物性饲料		乳清	低乳糖,脱水	94.0	17.0	0.86	1.04	0.57	0.94	0.57	1.07	1.70		0.72	1.47	0.33	0.59	0.36	75
动物性饲料		乳清	脱水	94.0	12.0	0.80		0.30	0.70	0.20	0.90	1.20			1.10	0.20	0.40	0.20	75
动物性饲料		乳清	脱水	92.7	13.5	0.84		0.27	0.70	0.27	0.81	1.19		0.39	0.85	0.18	0.24	0.16	75
动物性饲料		乳粉	全脂奶粉,饲料级	96.2	25.5	1.03		0.40	1.74	0.62	1.33	2.57		1.33	2.26	0.72	0.92	0.41	123
动物性饲料		乳粉	饲用	93.0	31.8	1.44	0.20	0.40	2.39	0.72	2.16	3.11		1.42	2.20	0.80	1.07	0.46	132

续表1-4-3

饲料类别	编号	饲料名称	样品说明	干物质	粗蛋白质	苏氨酸	甘氨酸	胱氨酸	缬氨酸	蛋氨酸	异亮氨酸	亮氨酸	酪氨酸	苯丙氨酸	赖氨酸	组氨酸	精氨酸	色氨酸	资料出处
动物性饲料		乳粉	全脂	95.0	32.0	1.50	0.37		2.04	0.64	1.76	2.91		1.53	2.27	0.89	1.18	0.45	128
动物性饲料		乳粉	全脂	89.0	32.0	1.60	0.60	0.38	2.80	0.70	2.70	3.40		1.50	2.40	0.90	1.10	0.50	130
动物性饲料		乳粉	脱脂	92.2	36.1	1.49	0.21	0.48	2.35	0.96	2.46	3.52		1.60	2.74	0.96	1.23	0.45	75
动物性饲料		乳粉	脱脂	95.0	35.0	1.52	0.66		2.30	0.79	1.94	3.37		1.70	2.91	0.99	1.21	0.45	128
动物性饲料		乳粉	脱脂	94.3	34.0	1.41	0.20	0.45	2.21	0.91	2.31	3.31		1.51	2.57	0.90	1.16	0.43	132
动物性饲料		乳粉	脱脂	91.6	33.0	1.75	0.20	0.42	2.38	0.98	2.10	3.30		1.58	2.60	0.84	1.10	0.45	130
动物性饲料		乳酪		90.7	81.6	3.81	1.50	0.30	6.82	2.71	5.72	8.62		4.61	7.02	2.51	3.41	1.00	132
动物性饲料	5-13-051	兔屠体下脚	宁夏银川，内脏、头	91.3	52.2	1.53	3.43	0.36	2.24	0.74	1.73	3.18	6.30	0.63	1.56	0.63	1.22	0.42	102
动物性饲料	5-13-124	虾糠	河北唐山，毛虾、掺杂小鱼、小蟹	83.8	32.3	1.37	1.84		1.37	1.43	1.27	2.15	1.13	1.31	1.94	0.58	2.16		82
动物性饲料		蟹粉		95.0	30.0	1.20	1.80	0.20	1.50	0.50	1.20	1.60		1.20	1.40	0.50	1.70	0.30	123
动物性饲料		蟹粉		风干[f]	40.0	1.32			2.08	0.64	1.44	1.84		1.36	1.92	0.76	2.04	0.40	122
动物性饲料		蟹粉	加工副产品	92.3	31.4	1.00		0.40	1.49	0.52	1.19	1.59		1.19	1.40	0.50	1.65	0.32	132
动物性饲料	5-13-126	血粉	吉林长春，工业用	89.3	56.3	0.68	1.02		2.23		0.29	3.10	0.36	2.19	1.63	1.26	0.70		87
动物性饲料	5-13-064	血粉	浙江杭州	85.7	80.4	2.80	3.35	1.05	5.68	0.84	0.74	9.87	2.04	5.12	6.25	4.78	2.90		90
动物性饲料	5-13-125	血粉	湖南长沙	84.0	77.2	2.78	3.40		6.52		0.94	9.93	1.78	4.93	6.49	4.98	3.26		81
动物性饲料	5-13-057	血粉	湖南攸县，猪血粉	92.1	87.4	3.03	3.59	2.05	6.99		0.71	10.42	2.01	5.46	7.04	5.50	3.91	1.29	81
动物性饲料	5-13-062	血粉	四川重庆，猪血，喷雾干燥	88.9	84.7	3.51	4.21	1.69	7.64	0.68	0.88	11.96	2.16	6.05	7.79	6.01	4.13	1.43	81
动物性饲料	5-13-058	血粉	吉林市，牛血粉	85.3	80.8	3.48	3.71		8.91	1.14			2.85	11.22	8.07	5.12	3.26	2.86	87
动物性饲料	5-13-059	血粉	宁夏银川，羊血粉	93.0	88.9	3.81	3.72	1.04	7.38	1.02	0.64	10.57	1.44	5.81	7.31	5.17	2.81	1.58	102
动物性饲料	5-13-060	血粉	宁夏银川，兔血粉	89.5	85.7	3.72	3.04		5.76	0.58	1.14	8.56	1.52	4.87	6.55	4.82	2.16	1.21	102
动物性饲料	5-13-129	鱼粉	浙江产，麻面鱼	89.3	44.5	1.75	3.76	0.52	1.99	0.83	1.61	2.96	1.16	1.49	2.15	0.90	2.83	0.09	87
动物性饲料	5-13-035	鱼粉	浙江舟山，内销	89.5	55.1	2.22	3.32	0.47	2.29	1.87	2.23	3.85	1.63	2.10	3.64	0.82	3.02		90
动物性饲料	5-13-102	鱼粉	日本鱼粉	88.5	59.1	2.88	4.22		2.68	1.42	2.79	5.02	2.12	2.68	5.02	1.17	3.85		81
动物性饲料	5-13-103	鱼粉	日本鱼粉	88.8	58.0	2.17	4.26		2.36	0.89	2.00	3.51	1.29	1.73	3.47	0.94	3.12		81
动物性饲料	5-13-111	鱼粉	秘鲁鱼粉	85.6	61.6	2.35	3.41		2.80		2.42	4.28	1.64	2.36	4.35	1.35	3.18		81
动物性饲料	5-13-109	鱼粉	秘鲁鱼粉	86.4	59.7	2.19	3.05	0.46	2.61	1.16	2.25	3.89	1.50	2.10	3.90	1.14	2.73		81

续表1-4-3

饲料类别	编号	饲料名称	样品说明	干物质	粗蛋白质	苏氨酸	甘氨酸	胱氨酸	缬氨酸	蛋氨酸	异亮氨酸	亮氨酸	酪氨酸	苯丙氨酸	赖氨酸	组氨酸	精氨酸	色氨酸	资料出处
动物性饲料	5-13-093	鱼粉	浙江鱼粉	91.2	38.6	1.50	1.97		1.46	0.74	1.82	2.35	0.98	1.37	2.12	0.49	1.68		81
动物性饲料	5-13-113	鱼粉	秘鲁鱼粉	87.1	58.1	2.36	3.43	0.49	2.52	1.65	2.24	4.17	1.71	2.17	4.13	1.66	3.10		90
动物性饲料	5-13-120	羽毛粉	河北保定，深褐色	90.0	76.1	3.66	6.49		6.27	0.48	3.83	6.93	1.83	3.65	0.91	0.33	5.42		82
动物性饲料		羽毛粉	水解	风干[f]	85.0	4.50	5.70	3.50	7.40	0.60	4.30	8.50		4.30	1.70	0.50	6.40	0.60	123
动物性饲料		羽毛粉	水解	100	89.6	3.96		3.09	6.53	0.51	3.79	7.43		3.77	1.55	0.40	5.62	0.57	130
动物性饲料		羽毛粉	水解	风干[f]	85.0	4.00		2.38	7.56	0.51	5.44	7.22		4.67	1.27	0.34	6.20	0.60	122
动物性饲料		羽毛粉	带轴粗毛	风干[f]		3.78	5.06	1.85	4.85	0.39	3.84	6.25		0.38	1.80	0.48	6.95		31
动物性饲料		羽毛粉	家禽羽毛	93.2	85.0	2.8	4.76	3.0	4.55	0.55	2.66	7.8		2.66	1.05	0.28	3.92	0.40	123
动物性饲料	5-13-115	圆田螺肉	山东藤县，大湖螺肉，鲜	21.3	11.9	0.55	0.66	0.17	0.59	0.23	0.52	0.96	0.37	0.52	0.78	0.22	1.18		81
动物性饲料	5-13-116	圆田螺肉	山东藤县，小湖螺肉，鲜	18.7	10.7	0.40	0.67	0.14	0.50	0.20	0.42	0.68	0.44	0.47	0.60	0.19	0.57		81
动物性饲料	5-13-117	圆田螺	山东藤县，大湖螺壳、肉比 43：57，鲜	46.7	9.4	0.12	0.83	0.11	0.47	0.01	0.35	0.66	0.44	0.35	0.45	0.16	0.74		81
动物性饲料	5-13-118	圆田螺	山东藤县，小湖螺壳、肉比 68：32，鲜	56.9	4.1	0.15	0.30	0.06	0.22	0.07	0.17	0.26	0.17	0.20	0.23	0.09	0.26		81
动物性饲料	5-13-119	蝇蛆	湖南长沙	86.0	47.2	1.92	1.92	0.15	2.18		2.08	2.92	2.65	2.47	3.37	0.99	2.03		81
动物性饲料	5-13-131	猪油渣	河南洛阳	95.1	57.1	1.98	7.85		2.95	0.47	2.22	4.18	1.38	2.25	3.36	1.27	4.29		90
其他类	5-15-010	蛋白素	浙江杭州，浓缩蚕豆浆	89.4	68.8	2.35	2.72	0.49	3.28	0.52	3.11	5.67	2.23	3.02	3.90	1.55	5.91		90
其他类	4-15-012	海带根粉	浙江舟山	87.0	11.5	0.53	0.57	0.19	0.56	0.33	0.42	0.71	0.29	0.52	0.52	0.15	0.33		90
其他类	5-15-013	井冈霉素渣	浙江桐乡	92.6	52.6	2.26	2.23	0.41	3.25	1.15	2.16	4.99	2.15	2.54	2.10	1.14	2.54		90
其他类		酒糟水	玉米，脱水浓缩	93.3	29.4	1.00	1.10	0.46	1.50	0.55	1.50	2.11		1.50	0.90	0.70	1.05	0.23	132
其他类		酒糟水	玉米，脱水浓缩	90.0	29.0		1.10		1.50	0.55	1.50	2.11		1.50	0.90	0.70	1.05	0.23	128
其他类		酒糟水	高粱，脱水浓缩	95.0	25.0	1.00			2.00	0.50	0.90	1.70		1.80	0.90	0.90	1.00	0.30	132
其他类		酒糟水	粮食，脱水浓缩	92.1	28.8	1.11		0.40	1.61	0.50	0.41	2.82		1.41	1.21	0.71	8.68	0.20	132
其他类		酒糟水	小麦，脱水浓缩	93.9	31.1	1.00			1.50	0.40	1.60	1.50		1.70	0.70	0.80	1.00	0.50	132
其他类		马铃薯蛋白		90.7	73.7	3.83			3.46	1.11	2.98	6.12		3.83	7.45	1.50	4.14		75
其他类		马铃薯蛋白	从淀粉液中提取	90.0	75.0	5.09	3.75		5.46	1.72	4.61	7.83		4.89	5.66	1.53	3.75	0.90	128
其他类		面筋蛋白	高粱，脱水	90.1	41.6	1.40			2.50	0.60	2.30	7.40		2.60	0.80	0.80	1.20	0.40	132
其他类		面筋蛋白粉	玉米	88.2	63.6	2.26	1.76	1.25	2.88	1.73	2.57	11.38		4.18	1.07	1.25	2.04		75

续表1-4-3

饲料类别	编号	饲料名称	样品说明	干物质	粗蛋白质	苏氨酸	甘氨酸	胱氨酸	缬氨酸	蛋氨酸	异亮氨酸	亮氨酸	酪氨酸	苯丙氨酸	赖氨酸	组氨酸	精氨酸	色氨酸	资料出处
其他类		面筋蛋白粉	玉米	90.0	60.0	2.11	1.55		2.93	1.49	2.65	10.42		3.84	0.95	1.13	1.84	0.30	128
其他类		面筋蛋白粉	小麦	88.0	80.6	2.10	2.70	1.70	3.80	1.20	3.30	5.40		4.10	1.50	1.60	2.90	0.70	132
其他类		水藻		鲜[f]	2.3	0.10	0.07	0.05	0.09	0.03	0.18			0.17	0.14	0.15	0.14	0.02	122
其他类	5-15-026	土霉素药渣	河北石家庄,兽用土霉素渣,烘干	90.7	43.6	1.82	1.94		1.93	0.56	1.25	3.39	0.88	1.12	1.27		2.74		82
其他类	5-15-029	土霉素渣	浙江新昌	90.0	44.3	1.33	1.69	0.23	1.85	0.37	0.93	2.58	0.55	1.35	1.02	0.58	2.01		90
其他类	5-15-027	维生素 B_{12} 药渣	河北石家庄,制 B_{12} 副产物,烘干	88.4	41.2	2.03	1.81		2.24	0.99	1.59	3.05		1.22	1.67	1.02	2.27		82
其他类	5-15-015	酵母	吉林长春,啤酒酵母	91.7	52.4	2.33	2.43	0.17	3.40	0.83	2.85	4.76	0.12	4.07	3.38	1.11	2.67	2.08	87
其他类	5-15-023	酵母	吉林石砚,饲用	90.6	41.2	2.18	1.92		5.48		2.19	1.65	1.65	2.70	2.57	0.77	2.03		87
其他类	5-15-036	酵母	吉林长春,饲料酵母	90.7	48.2	2.73	2.74				2.40	0.47	1.37	1.98	2.53	0.45	1.02		87
其他类	5-15-037	酵母	吉林长春,脱核饲料酵母	86.2	31.7	2.09	1.44		0.15	1.45	1.48	0.88	2.04	0.69	2.36	0.32	0.83		87
其他类	5-15-024	酵母	浙江,白地霉	91.9	41.3	1.70	1.48	0.35	1.70	1.82	1.62	2.10	1.05	1.29	2.08	0.64	1.54		90
其他类	5-15-038	酵母	广东顺德,白地霉	91.1	45.5	2.12	1.85	2.08	2.08	1.63	1.80	2.78	1.40	1.42	2.56	0.73	1.86	0.44	84
其他类		酵母	Torula,风干	93.2	48.5	2.60	2.70	0.60		0.80	2.90	3.50		3.00	3.80	1.40	2.60	0.50	123
其他类		酵母	干啤酒糟酵母	93.0	45.0	2.50	1.70	0.50		1.00	2.20	3.20		1.86	3.40	1.30	2.20	0.80	123
其他类		酵母	啤酒酵母,饲用	90.7	51.4	2.31	2.19	0.56	2.54	0.85	2.11	3.33		1.96	3.95	1.06	3.12		75
其他类		酵母	食用,脱水	91.4	50.7	2.42	1.94	0.48	2.23	0.68	1.94	2.62			3.10	1.26	2.23	0.48	132
其他类		酵母	风干	92.6	47.0	2.58	2.54	0.60	2.88	0.80	2.88	3.47		2.98	3.79	1.39	2.60	0.50	132
其他类		酵母	啤酒酵母	95.0	47.0	2.03	2.04		2.45	0.66	2.92	2.92		1.81	3.25	0.99	2.17	0.50	128
其他类		酵母	酒精酵母	95.0	45.0	2.05	1.84		2.50	0.57	2.19	3.00		1.69	3.19	0.84	1.94	0.51	128
其他类		小球藻		风干[f]	35.8	2.86		0.39	1.36	0.32	4.37			1.97	3.11	1.40	3.04	1.00	222
其他类		小麦芽粉		87.4	23.9	0.96	1.46	0.48	1.15	0.42	0.87	1.55		0.94	1.51	0.65	1.83	0.29	132
其他类	5-15-032	玉米蛋白粉	河北石家庄,制淀粉副产品	91.0	20.6	0.63	0.50		1.05	0.51	0.86	3.50	0.92	1.15	0.59	0.39	0.66		82
其他类	5-15-039	玉米蛋白粉	吉林梨树	91.3	20.8	0.70	5.20		1.08	0.55	0.86	2.14		1.32	0.30	0.47	0.61		87
其他类	5-15-034	玉米蛋白粉	河南郑州	92.3	25.4	0.80	0.64	0.40	1.29	0.25	1.12	4.34	1.17	1.56	0.46	0.50	0.80		94
其他类	5-15-035	玉米胚芽	浙江杭州	95.9	15.6	0.49	0.69	0.08	0.68	0.13	0.43	1.00	0.31	0.58	0.66	0.41	0.90		90

3. 微量元素含量

表 1-4-4 微量元素含量

饲料类别	饲料名称	样品说明	干物质(%)	铁(mg/kg)	铜(mg/kg)	锰(mg/kg)	锌(mg/kg)	硒(mg/kg)	资料出处
豆类	扁豆	河南	风干		10.1	33.1	26.9		17
豆类	蚕豆	宁夏	88.6	70	11.0	6.7	28.0	0.17	109
豆类	蚕豆	河南	风干	75	10.0	15.3	35.0	0.07	109
豆类	蚕豆		89.0	65	4.1	8.4	42.0		123
豆类	蚕豆		88.1	100	8.3	54.0	55.0		75
豆类	豇豆		89.0	210	4.4	40.1			132
豆类	马料豆	浙江	87.0			17.2			90
豆类	豌豆	宁夏	91.0	65	10.0	17.0	18.0	<0.05①	109
豆类	豌豆	宁夏,麻豌豆	93.5	110		12.0	19.0	0.18	109
豆类	豌豆	河南	风干	160	6.3	12.0	50.0	0.05	109
豆类	豌豆		82.1	100		12.0	50.0		75
豆类	豌豆	宁夏张掖	风干					0.08	115
饼粕类	蓖麻饼	吉林	93.8	504	33.2	42.1	118.1		87
饼粕类	菜籽饼	浙江,机榨	88.1		16.7	47.2			90
饼粕类	菜籽饼	河南	93.2		26.5	57.0	68.0		109
饼粕类	菜籽饼	四川	92.9		19.0	65.0	13.0		109
饼粕类	菜籽饼	四川宜宾	风干					<0.11	115
饼粕类	菜籽饼	四川内江	风干					<0.05	115
饼粕类	菜籽饼	宁夏	93.3		8.7	55.0	55.0		109
饼粕类	菜籽饼		88.6	200	8.6	60.0	72.0		75
饼粕类	菜籽饼			200	7.1	62.0			123
饼粕类	菜籽粕	浸提	92.0	180	6.6	43.0	65.5		123
饼粕类	菜籽粕	河南,复浸	90.5		6.5	93.0	40.0		109
饼粕类	花生饼	山东		300	25.0	23.0	50.0	<0.06②	109

续表1-4-4

饲料类别	饲料名称	样品说明	干物质(%)	铁(mg/kg)	铜(mg/kg)	锰(mg/kg)	锌(mg/kg)	硒(mg/kg)	资料出处
饼粕类	花生饼	北京	91.6		32.0	36.0	63.0		109
饼粕类	花生饼	河南	93.0		19.0	30.0	47.5	0.07③	109
饼粕类	花生饼	辽宁	95.2		14.0	32.0	47.0	<0.06	88
饼粕类	花生饼	山东滕县	风干					0.14	115
饼粕类	花生饼	河南安阳	风干					0.10	115
饼粕类	花生粕	浸提	91.1		29.0	65.0	65.0		75
饼粕类	红花子饼		93.3	710	47.0	42.0	60.0	0.27	109
饼粕类	红花子饼	机榨	91.0	500	9.7	17.8	39.8		123
饼粕类	胡麻饼	宁夏,机榨	91.5		55.0	61.0	76.0		109
饼粕类	胡麻饼	宁夏,机榨	93.5		42.0	51.0	61.0		109
饼粕类	胡麻粕	浸提	92.4		68.8	78.0	154.0		75
饼粕类	葵花子饼	吉林,压榨	93.8		90.0	60.0	80.0		87
饼粕类	葵花子饼	宁夏,机榨	94.2		82.0	49.0	70.0	<0.10	109
饼粕类	葵花子饼		96.7	260	51.0	110.0	26.0		88
饼粕类	葵花子饼	机榨	93.0	34	3.5	22.9			123
饼粕类	葵花子饼		89.6			26.0	112.0		75
饼粕类	葵花子粕	吉林,复浸	92.5	230	47.2	45.9	10.2		87
饼粕类	麻籽饼	吉林,线麻	91.3	298	52.6	99.2	109.1	<0.09	87
饼粕类	麻籽饼	宁夏	92,5		46.0	112.0	55.0		109
饼粕类	棉仁饼	北京	92.1	240	24.0	14.0	59.0		109
饼粕类	棉仁饼	浙江	89.2		18.6	10.2			90
饼粕类	棉仁饼	山东胶东	风干					<0.08	115
饼粕类	棉仁饼	河北邢台	风干					<0.08	115
饼粕类	棉仁饼	辽宁	94.5		16.0	22.0	42.0	<0.05④	88
饼粕类	棉仁粕	预压浸提	89.9	110	17.8	20.0	62.3		123

续表1-4-4

饲料类别	饲料名称	样品说明	干物质(%)	铁(mg/kg)	铜(mg/kg)	锰(mg/kg)	锌(mg/kg)	硒(mg/kg)	资料出处
饼粕类	棉仁粕		89.0	300	16.3	25.0	55.0		75
饼粕类	棉仁饼		92.7	100	18.2	23.0	78.0		132
饼粕类	棉仁粕	浸提	91.1	100	18.1	21.8	60.0		132
饼粕类	青饼	浙江,乌桕子饼	90.6	170	74.0	38.2			90
饼粕类	亚麻饼	机榨	90.0	200	26.4	39.4			123
饼粕类	亚麻饼		88.5	300	24.1	37.0	134.0		75
饼粕类	亚麻粕	浸提	88.3	300	25.7	37.6			123
饼粕类	亚麻粕	浸提	90.1	300	25.5	37.3			132
饼粕类	椰子粕	浸提	88.2		9.2	73.2			132
饼粕类	玉米脐饼	吉林	89.7		6.8	24.2	69.9		87
饼粕类	芸芥饼	宁夏,机榨	92.4	350	13.0	28.0	34.0	0.30	109
饼粕类	芸芥粕	宁夏,浸提	91.7	370	10.0	32.0	40.0	0.18	109
饼粕类	芝麻饼	浙江	92.2		50.4	32.0	2.4		90
饼粕类	芝麻饼	河南		1100	28.5	123.0	88.0		109
饼粕类	芝麻饼	河南安阳	风干					0.14	115
饼粕类	芝麻饼	河南固始	风干					<0.06	115
饼粕类	芝麻粕	河南,复浸	91.3	930	28.5	100.0	100.0		109
饼粕类	棕榈饼		88.8	300	49.8	311.0	51.0	0.22	75
糟渣类	豆腐渣	长春,风干	90.1	465	8.4	32.0	20.6		87
糟渣类	豆腐渣	浙江,风干	92.6		9.5	17.2	9.0		87
糟渣类	豆腐渣	宁夏,风干	91.3	550	13.0	20.0			109
糟渣类	柑橘糖蜜		67.7	300	70.0	30.0	100.0		123
糟渣类	甘蔗糖蜜		73.5	200	60.0	40.0			123
糟渣类	黄酒糟粉	浙江,风干	89.4	280	32.3	12.6	240.0		90
糟渣类	酱油渣	风干	86.6	300	72.8	19.0	63.0		123

续表1-4-4

饲料类别	饲料名称	样品说明	干物质(%)	铁(mg/kg)	铜(mg/kg)	锰(mg/kg)	锌(mg/kg)	硒(mg/kg)	资料出处
糟渣类	酱油渣	长春,风干	95.0		37.4	105.7	143.2		87
糟渣类	酱油渣	宁夏,豆饼 3 份,麸皮 2 份,鲜	24.3	319		13.3	23.4		109
糟渣类	酱油渣	浙江,麦粉风干	94.3		44.0	12.4	2.3		90
糟渣类	酒糟	吉林,玉米风干	96.1		26.5	40.8			87
糟渣类	酒糟	宁夏,高粱风干	92.2		11.0	75.0	59.0		109
糟渣类	酒糟	吉林,葡萄酒糟风干	88.5			51.8	125.1		87
糟渣类	啤酒糟	吉林,风干	94.0	630	23.3	67.9	78.6		87
糟渣类	啤酒糟	吉林,风干	94.3		42.5	70.1	101.1		87
糟渣类	啤酒糟	杭州,风干	96.4	300	33.2	36.0	280.0		90
糟渣类	饴糖渣粉	浙江,酶法加工	80.7	340	25.3	12.4	880.0		90
糟渣类	西红柿渣	风干	93.0	900	30.0	47.0			123
动物性饲料	蚕蛹	吉林	90.5	621	19.1	8.0	190.0		87
动物性饲料	蚕蛹	河南	92.1	310	26.0	22.0	150.0		109
动物性饲料	蚕蛹渣	浙江,脱脂	89.3		18.3	22.4	5.9		90
动物性饲料	地鳖虫	浙江	84.3	350	28.6	22.2	370.0		90
动物性饲料	肝脏粉	家畜肝脏	92.7	630	89.4	8.8			132
动物性饲料	肝脏粉		93.4	490	97.1	7.3			132
动物性饲料	骨粉	蒸干	97.1	2597	11.1	22.6	125.8		132
动物性饲料	骨粉	蒸干	95.7	3013	13.0	29.5	387.9		132
动物性饲料	骨粉	河南	96.0	1400	9.0	33.0	110.0		109
动物性饲料	骨粉	北京	96.8	570	21.0	10.0	140.0		109
动物性饲料	骨粉	福建		900	18.0	17.0	139.0		109
动物性饲料	海胆	福建	风干	340	3.8	19.0	40.0		109
动物性饲料	海星粉	福建	风干	1500	3.8	86.0	8.0		109

续表1-4-4

饲料类别	饲料名称	样品说明	干物质(%)	铁(mg/kg)	铜(mg/kg)	锰(mg/kg)	锌(mg/kg)	硒(mg/kg)	资料出处
动物性饲料	蚯蚓	浙江,地龙	87.3		49.0	55.6	7.1		90
动物性饲料	肉粉		92.8	500	1.5	12.3			123
动物性饲料	肉粉	长春,处理猪肉	98.5		11.5	11.5	134.1		87
动物性饲料	肉骨粉		92.4	500	10.1				123
动物性饲料	肉骨粉		92.6	500	1.5	12.3			123
动物性饲料	乳粉	全脂,饲料级	96.2	90	0.9	0.5			123
动物性饲料	乳粉	脱脂	91.6	50	11.5	2.2			132
动物性饲料	乳粉	脱脂	92.2	100	1.6	1.0	54.0		75
动物性饲料	乳清	脱水	91.5		46.6	5.0	3.0		75
动物性饲料	乳清	脱水	94.0	160	43.1	4.6		0.06	123
动物性饲料	乳清	脱水			43.2	4.6	0.2		123
动物性饲料	脱脂乳	脱水	89.0			3.5			123
动物性饲料	兔屠体下脚	宁夏	92.4	500	18.0	11.0	113.0		109
动物性饲料	屠体下脚	带血,脱水,粉碎	93.7	1940	32.8	15.3			132
动物性饲料	屠体下脚	带骨,脱水,粉碎	93.6	500	1.5	12.3			132
动物性饲料	蟹粉		95.0	440	32.8	133.0	102.0		123
动物性饲料	蟹粉		92.3	4350	32.8	133.9			132
动物性饲料	血粉	宁夏,兔血	90.8	2100	5.0	23.0	3.0		109
动物性饲料	血粉	宁夏,羊血	92.4	2300	7.0	5.0	31.0		109
动物性饲料	血粉	宁夏,猪血	88.3	2800	8.0	2.3	14.0		109
动物性饲料	血粉	吉林,牛血	85.3	2815	5.6	17.5	32.6		87
动物性饲料	血粉	吉林,工业用	89.3	2033	18.7	9.1	19.1		87
动物性饲料	血粉	浙江	85.7		9.7		0.4		90
动物性饲料	血粉	辽宁	91.1	1900	6.0	60.0	100.0		88
动物性饲料	血粉		89.3	380	9.9	5.3			123

续表1-4-4

饲料类别	饲料名称	样品说明	干物质(%)	铁(mg/kg)	铜(mg/kg)	锰(mg/kg)	锌(mg/kg)	硒(mg/kg)	资料出处
动物性饲料	血粉	天津	87.6	2600	32.0	9.0	23.0		109
动物性饲料	血粉	北京	86.3	2600	31.0		24.0		109
动物性饲料	鱼浸膏		54.4	370	52.0	12.8	41.3		132
动物性饲料	鱼浸膏		49.7	200	25.8	24.9			132
动物性饲料	鱼粉	浙江舟山	89.5		18.0	15.4			90
动物性饲料	鱼粉	浙江舟山	88.8		42.0	30.0	78.0		109
动物性饲料	鱼粉		88.4	360	14.6	22.8	60.0		123
动物性饲料	鱼粉	秘鲁鱼粉	87.1	220	33.5	25.0			90
动物性饲料	鱼粉	辽宁	91.1	490	9.0	74.0	82.0		88
动物性饲料	鱼粉	白鱼	91.4	200	6.4	9.0	73.0		75
动物性饲料	鱼粉	含粗蛋白质 65%	92.7	200	12.3	14.0	111.0		75
动物性饲料	鱼粉	鲱鱼	93.0		4.5	3.8	100.0		123
动物性饲料	羽毛粉		91.8	700	9.5	14.0	137.0	0.86	75
其他类	酵母	吉林,啤酒酵母	91.7	902	61.0	22.3	86.7		87
其他类	酵母	啤酒酵母	93.0	100	33.0	5.7	38.7		130
其他类	酵母	吉林,脱核酸,饲用	86.2		27.9	38.7	68.0		87
其他类	酵母	Torula	93.2	100	13.4	12.8	99.2		123
其他类	玉米蛋白粉	吉林	91.3		1.9	29.7	30.6		87
其他类	玉米蛋白粉	吉林	90.1		9.3	35.1	89.7		87

注:1.本表主要参考中国农业科学院畜牧研究所、北京市营养源研究所、吉林省农业科学院畜牧研究所、宁夏回族自治区农林科学院畜牧兽医研究所等单位提供的资料编制,已知这类成分含量受饲料类别、土壤条件、水肥条件以及自然条件影响甚大,往往同名饲料中的某项元素含量相差几倍乃至几百倍。为此,访用户在参考本表时应严格注意饲料的产地及描述,切不可采用平均值,以免引起中毒或给量不足而引起缺乏症的发生。

2.标码含义:①固原产。②胶东产。③固始产。④绥中、锦县(现凌海市)产。

4. 维生素含量

表 1-4-5 维生素含量

饲料类别	饲料名称	样品说明	干物质（%）	胡萝卜素（mg/kg）	维生素 B_1（mg/kg）	维生素 B_2（mg/kg）	烟酸（mg/kg）	泛酸（mg/kg）	胆碱（mg/kg）	叶酸（mg/kg）	维生素 E（mg/kg）	资料出处
豆类	扁豆	眉豆	91.1		5.9	1.4	17.0					17
豆类	蚕豆	带皮	87.0		3.9	2.7	26.0					17
豆类	蚕豆	去皮	89.3		5.9	3.7	26.0					17
豆类	蚕豆	青皮种，去皮	90.1		5.2	5.2	32.0					17
豆类	豇豆		89.0	0.2	10.4	2.1	21.9					17
豆类	豇豆	黑、白、花混杂	87.0		3.7	1.1	24.0					17
豆类	豇豆	紫	88.0	4.2		1.2	22.0					17
豆类	豇豆		88.8	0.5		1.5	20.0					17
豆类	绿豆		90.5	2.2	5.3	1.2	18.0					17
豆类	绿豆		90.0	1.8		1.4	24.0					17
豆类	绿豆		91.0	1.9		1.2	21.0					17
豆类	绿豆		88.1	1.2		1.1	20.0					17
豆类	绿豆		87.0	2.4		1.1	25.0					17
豆类	木豆		88.8	0.5	3.2	1.6	29.9					132
豆类	青豆	青大豆	93.6	3.6	3.3	1.2	26.0					17
豆类	青豆		92.8		6.6	3.2	19.0					17
豆类	豌豆		82.1				18.9	5.1	713	0.4		75
豆类	豌豆		90.0	0.4	10.2	1.2	27.0					17
豆类	豌豆		89.0	1.8		1.1	21.0					17
豆类	豌豆		89.1	0.1		1.4	17.0					17
豆类	豌豆	白豌豆	85.6		10.4	1.5	24.0					17
豆类	豌豆	黑豌豆	89.5		8.0	2.2	23.0					17
豆类	豌豆	花豌豆	88.7		9.3	2.4	26.0					17
豆类	豌豆	花豌豆	88.6	0.1		1.3	13.0					17
豆类	豌豆	麻豌豆	86.6		7.3	1.5	22.0					17

续表1-4-5

饲料类别	饲料名称	样品说明	干物质(%)	胡萝卜素(mg/kg)	维生素 B_1(mg/kg)	维生素 B_2(mg/kg)	烟酸(mg/kg)	泛酸(mg/kg)	胆碱(mg/kg)	叶酸(mg/kg)	维生素 E(mg/kg)	资料出处
豆类	小豆	赤小豆	91.0		5.3	1.6	21.0					17
豆类	小豆	赤小豆、竹豆	88.1		2.6	1.7	21.0					17
豆类	芸豆	白	88.7		5.0	2.5	17.0					17
豆类	芸豆	紫	88.0		3.2	1.4	18.0					17
豆类	芸豆		88.8	0.4	1.7	0.8						17
饼粕类	菜籽饼	机榨	94.0		1.7	3.6	150.0	8.6	6 300			123
饼粕类	菜籽粕	浸提	92.0		1.8	3.7	159.5	9.2	6 700			123
饼粕类	菜籽粕	预压浸提	91.2		1.8	3.7	159.5	9.2	6 700			123
饼粕类	菜籽饼	加热	94.0		1.9	4.2	167.0	9.9				132
饼粕类	红花籽饼	机榨	91.0			18.0	86.0	4.0	800	0.4	0.9	123
饼粕类	红花籽粕	浸提	90.0		4.6	2.3	22.0	39.0	3 260	1.6	0.7	123
饼粕类	花生饼	连壳机榨	91.8	0.2	7.3	5.0	170.0	52.0	1 540		2.0	123
饼粕类	花生饼	机榨	92.3			4.7	174.1	52.1	2 073			132
饼粕类	花生饼		91.2				184.9	57.6	2 174	0.4	3.3	75
饼粕类	花生粕	带壳浸提	92.1			4.7	175.0	52.2	2 076			132
饼粕类	花生粕	浸提	92.3		7.1	5.6	170.0	52.0	1 600		2.0	123
饼粕类	胡麻饼	机榨	90.0		2.6	4.1	37.4	16.5	1 672	2.9	7.7	123
饼粕类	胡麻粕	浸提	88.3		6.6	4.1	32.8	16.5	1 760	1.3	5.8	123
饼粕类	葵籽饼		89.6				236.6	10.8	3 118		11.8	75
饼粕类	葵仁粕	浸提	93.0			3.1	220.0	10.0	2 900		11.0	123
饼粕类	葵籽粕	浸提	89.7	8.6	33.3	3.2	285.8	40.2	4 227			132
饼粕类	棉籽饼		89.0				43.2	15.3	3 126	2.5	16.4	75
饼粕类	棉籽饼		92.7		5.2	5.3	34.5	10.2	2 797	3.4		132
饼粕类	棉籽粕	浸提	91.1		7.6	4.4	42.4	13.8	2 784	2.8		132
饼粕类	棉仁饼	机榨	91.4		9.7	4.2	37.8	7.7	2 807	2.7	15.0	123
饼粕类	棉仁粕	预压浸提	89.9		3.3	4.0	40.3	7.0	2 933	2.7	15.0	123

续表1-4-5

饲料类别	饲料名称	样品说明	干物质（%）	胡萝卜素（mg/kg）	维生素 B_1（mg/kg）	维生素 B_2（mg/kg）	烟酸（mg/kg）	泛酸（mg/kg）	胆碱（mg/kg）	叶酸（mg/kg）	维生素 E（mg/kg）	资料出处
饼粕类	棉仁粕	直接浸提	90.4		7.7	4.4	39.2	9.9	2 706	2.8	15.0	123
饼粕类	亚麻仁饼	压榨	88.1				39.1	19.6	2 047	3.2		75
饼粕类	亚麻饼	机榨	90.0	0.2	2.6	4.1	37.4	16.5	1 672	2.9	7.7	123
饼粕类	亚麻粕	浸提	88.3		6.6	4.1	32.8	16.5	1 760	1.3	5.8	123
饼粕类	椰子粕	浸提	93.0		0.7	3.3	28.6	6.1	1 100			123
饼粕类	椰子饼	压榨	89.2				26.8	7.1	989	1.4		75
饼粕类	椰子饼		88.2		1.1	4.1	37.3	5.1	1 352	0.8		132
饼粕类	椰子油渣		88.3				26.1	7.2	1 196	0.3		75
饼粕类	芝麻饼	机榨	92.2			3.7		6.3	1 520			132
饼粕类	芝麻饼		92.1				32.3	6.9	1 648			75
饼粕类	芝麻饼	机榨	93.6		2.8	3.3	29.9	5.9	1 690			123
饼粕类	小麦胚芽粕		88.0		21.9	6.1		23.2	3 175	2.6	133.0	123
糟渣类	酒精糟	麦	90.5		3.1	8.2	62.8	17.4				132
糟渣类	酒精糟	Milo（编者注：高粱），脱水	89.0			6.0	64.8	7.9		0.2		132
糟渣类	酒精糟	小麦，脱水	92.5	2.4		10.6	75.0	12.1				132
糟渣类	酒糟糟水	小麦，脱水	93.5	2.2	5.1	15.0	191.8	33.7				132
糟渣类	酒精水	Milo（编者注：高粱），脱水	95.0		4.9	14.8	141.1	26.5	2 227	1.3		132
糟渣类	酒糟	玉米，脱水	93.8	1.9	1.6	2.8	42.2	5.9	1 850		30.5	123
糟渣类	啤酒糟	谷粒，脱水	93.0		0.7	1.5	46.4	8.6	2 110	0.2	65.1	123
糟渣类	玉米酒糟		93.8	3.1	1.8	3.0	34.6	5.7	1 342			132
糟渣类	玉米酒精糟		92.5	3.8	2.9	10.1	73.8	12.8	2 814	0.8		132
动物性饲料	肝脏粉	家禽肝脏	92.7		0.2	46.3	205.0	31.0		5.6		132
动物性饲料	肝脏粉		93.4		2.6	40.7	161.6	106.1				132
动物性饲料	骨粉	蒸干	97.1			1.0	4.6	2.7				132

续表1-4-5

饲料类别	饲料名称	样品说明	干物质(%)	胡萝卜素(mg/kg)	维生素 B_1(mg/kg)	维生素 B_2(mg/kg)	烟酸(mg/kg)	泛酸(mg/kg)	胆碱(mg/kg)	叶酸(mg/kg)	维生素 E(mg/kg)	资料出处
动物性饲料	骨粉	蒸干	95.7		0.4	0.9	4.2	2.4				132
动物性饲料	骨胶粉		96.7		2.0	1.1	4.4	1.8	871			132
动物性饲料	蛤蜊肉	鲜	20.0	4000	0.3	1.5	17.0					17
动物性饲料	蛤蜊肉	干	87.3		微	2.7	40.0					17
动物性饲料	家畜加工下脚		94.0			10.0	39.6	8.8	5 980		2.2	123
动物性饲料	鲸肝粉		93.4		2.6	79.1	200.2	36.4	3 351			132
动物性饲料	鲸肉	鲜	29.1	18400	0.9	0.8						132
动物性饲料	鲸鱼汁	浓缩	51.2			1.6	22.7	10.9		0.1		132
动物性饲料	河蚌肉	背角无齿蚌,鲜	16.4			0.3	15.0					17
动物性饲料	牛肉	鲜	31.4		0.7	1.5	60.0					17
动物性饲料	牛肉	鲜	25.0			2.0	54.0					17
动物性饲料	牛肝		30.9	183000	3.9	23.0	162.0					17
动物性饲料	牛肺		20.3		0.1	1.4	11.0					17
动物性饲料	牛胃		19.5		0.4	2.0	36.0					17
动物性饲料	牛心		19.8		3.1	4.9	86.0					17
动物性饲料	牛乳		13.0	1400	0.4	1.3	2.0					17
动物性饲料	牛乳		12.0			1.6	1.0					17
动物性饲料	牛乳粉	全脂	98.0	14000	1.5	6.9	7.0					17
动物性饲料	牛乳粉	脱脂	97.0	400	3.5	19.8	11.0					17
动物性饲料	牦牛乳		9.0		1.4	1.3	2.0					17
动物性饲料	螺蛳	方田螺,带壳,鲜		1016	2.1	0.6	7.8					17
动物性饲料	螺蛳肉	鲜	19.6	2900	6.1	1.7	22.0					17
动物性饲料	螃蟹	海蟹,鲜		1150	0.1	2.5	10.6					17
动物性饲料	螃蟹	梭子蟹,鲜			0.3	0.1	1.6					17
动物性饲料	肉粉		92.8		0.2	5.2	59.4	5.8	2 000	0.6		123
动物性饲料	肉骨粉		92.4		0.2	4.8	56.0	4.6	1 980	0.6	0.8	123

续表1-4-5

饲料类别	饲料名称	样品说明	干物质(%)	胡萝卜素(mg/kg)	维生素 B_1(mg/kg)	维生素 B_2(mg/kg)	烟酸(mg/kg)	泛酸(mg/kg)	胆碱(mg/kg)	叶酸(mg/kg)	维生素 E(mg/kg)	资料出处
动物性饲料	肉骨粉		92.6		0.2	5.2	59.4	4.4	2 000	0.6	0.8	123
动物性饲料	乳清	脱水	92.7				11.9	50.7	21	1.0		75
动物性饲料	脱脂乳粉		91.6		3.3	22.0	12.7	35.2	1 250	0.6		132
动物性饲料	脱脂乳粉		92.2				2.2	35.9	1 517	0.7	9.8	75
动物性饲料	屠体下脚	带血,脱水,粉碎	93.7		0.4	2.5	39.7	2.5	2 102	1.6		132
动物性饲料	屠体下脚	带骨,脱水,粉碎	93.6		1.1	4.2	46.4	3.6	1 980			132
动物性饲料	屠体下脚	带血	94.2			5.3	56.9	4.9	1 962			132
动物性饲料	虾皮		80.0		0.3	0.7	25.0					17
动物性饲料	蟹粉		92.3			5.9	44.2	6.6	2 011			132
动物性饲料	蟹粉		95.0			7.5	44.0	6.6	2 024			123
动物性饲料	血粉		89.3		0.4	1.5	31.0	1.1	990	0.1		123
动物性饲料	血粉		90.8				34.6	1.2				75
动物性饲料	血粉		89.3			1.5	31.5	1.1	749			132
动物性饲料	血粉	蒸发干燥	94.0		0.4	2.6	29.0	3.0	695	0.1		129
动物性饲料	血粉	喷雾干燥	93.0		0.5	1.3	13.0	5.0	280	0.4		129
动物性饲料	羊奶		13.1	800	0.5	1.3	3.0					17
动物性饲料	羊肺		24.1		0.3	4.5	12.0					17
动物性饲料	羊肝		31.0	299000	4.2	35.7	189.0					17
动物性饲料	羊胃	鲜			0.3	1.9	17.0					17
动物性饲料	鱼粉	淡	91.1				75.8	9.6	9 692	0.2	9.8	75
动物性饲料	鱼粉	秘鲁鱼粉	90.8				68.8	9.5	3 978	0.2	3.7	128
动物性饲料	鱼粉				0.7	4.9	55.1	8.8	2 867	0.2		132
动物性饲料	鱼粉	AFFCO	88.4		1.3	6.5	60.8	8.7	3 510		18.5	123
动物性饲料	鱼粉	鲱鱼	93.0		0.1	8.7	141.6	21.7	5 240	0.5	16.8	123
动物性饲料	鱼粉	步鱼	92.0		0.2	4.8	55.0	8.8	3 080	1.0	5.7	123
动物性饲料	鱼粉	鳀鱼	91.0		0.1	7.5	135.3	20.3	5 100	0.2	5.6	123

续表1-4-5

饲料类别	饲料名称	样品说明	干物质(%)	胡萝卜素(mg/kg)	维生素 B_1(mg/kg)	维生素 B_2(mg/kg)	烟酸(mg/kg)	泛酸(mg/kg)	胆碱(mg/kg)	叶酸(mg/kg)	维生素 E(mg/kg)	资料出处
动物性饲料	鱼粉	红鱼	92.0		1.5	7.0	35.0	8.4	3 429		5.6	123
动物性饲料	鱼粉	沙丁鱼	92.0		0.1	4.4	100.0	14.3	3 880		5.6	123
动物性饲料	鱼粉	银鱼	93.0			8.8	65.0	8.8	3 050		5.6	123
动物性饲料	鱼粉	白鱼	91.0		1.5	4.6	38.0	4.7	4 050		5.6	123
动物性饲料	鱼浸膏		51.0	2200	5.5	14.5	168.7	35.4	4 028			123
动物性饲料	鱼浸膏	浓缩	93.0		6.8	16.5	209.0	48.4	3 960	0.7		123
动物性饲料	鱼浸膏		54.4	1400	5.9	15.7	182.0		4 346			132
动物性饲料	鱼浸膏		49.7		4.0	16.8	355.8	41.2	3 009			132
动物性饲料	羽毛粉	家禽羽毛	93.2			2.0	30.8	11.0	880	0.2		123
动物性饲料	羽毛粉		91.8				32.9	11.7	938			75
动物性饲料	羽毛粉		94.6			2.2	30.9	11.0	882			132
动物性饲料	鸭蛋		30.0	13800	1.5	3.7	1.0					17
动物性饲料	鸡蛋		29.0	14400	1.6	3.1	1.0					17
其他类	酵母	人工酵母	93.0	6.6	7.9	6.7	1800	108.4	3 711	1.3	27.9	123
其他类	酵母	Torula	93.2	—	6.2	63.8	82.9	495.0	2 860	1.3	—	123
其他类	酵母	饲用,脱水	91.4	—	88.7	84.6	714.3	195.6	2 787	46.5	—	132
其他类	酵母	酿酒酵母	93.0	—	110.7	32.0	467.5	110.7	4 183	14.8	—	132
其他类	酵母	蛋白质 40%以下	93.7	—	92.2	35.1	448.9	110.1	3 897	9.7	—	132
其他类	酵母	糖蜜酒精酵母	81.8	—	66.4	23.9	225.6	31.9	1 981	9.7	—	132
其他类	酵母	初级酵母	92.6	—	6.4	38.8	300.7	312.0	—	31.1	—	132
其他类	酵母培养基		93.0	6.6	7.9	6.7	180.0	108.4	3 711	1.3	27.9	130
其他类	玉米蛋白粉		88.2	—	—	—	54.8	11.3	363	0.2	46.2	75
其他类	玉米蛋白饲料		88.4	9.3			79.4	18.9	1 674	0.3		75

5. 钙、磷及植酸磷含量

表 1-4-6 钙、磷及植酸磷含量

饲料类别	饲料名称	样品说明	干物质(%)	钙(%)	磷(%)	植酸磷(%)
豆类	巴山豆	四川,黄色	87.7	0.43	0.35	0.08
豆类	巴山豆	四川,红色	88.3	0.38	0.32	0.07
豆类	白饭豆	四川	88.5	0.33	0.36	0.14
豆类	扁豆	广东	风干	0.26	0.27	0.06
豆类	蚕豆	江苏,四样品平均值	风干	0.15	0.42	0.12
豆类	蚕豆	浙江,二样品平均值	风干	0.11	0.60	0.26
豆类	蚕豆	湖北,五样品平均值	风干	0.13	0.53	0.29
豆类	蚕豆	湖南,二样品平均值	风干	0.18	0.58	0.28
豆类	蚕豆	广东,二样品平均值	风干	0.12	0.47	0.15
豆类	蚕豆	青海,八样品平均值	风干	—	0.38	0.17
豆类	蚕豆	四川,四样品平均值	风干	0.15	0.39	0.15
豆类	蚕豆	西藏	90.2	0.14	0.35	0.12
豆类	红饭豆	四川	87.6	0.21	0.36	0.12
豆类	豇豆	湖南	风干	0.05	0.43	0.21
豆类	绿豆	山西	87.0	0.09	0.33	0.08
豆类	绿豆	浙江	风干	0.13	0.41	0.12
豆类	绿豆	广东	风干	0.12	0.38	0.08
豆类	青豌豆	青海	风干	—	0.32	0.13
豆类	豌豆	北京	风干	—	0.37	0.14
豆类	豌豆	山西	88.5	0.10	0.44	0.18
豆类	豌豆	江苏,二样品平均值	风干	0.10	0.32	0.08
豆类	豌豆	浙江	风干	0.10	0.31	0.08
豆类	豌豆	湖北,二样品平均值	风干	0.12	0.34	0.12

续表1-4-6

饲料类别	饲料名称	样品说明	干物质(%)	钙(%)	磷(%)	植酸磷(%)
豆类	豌豆	青海	风干	—	0.23	0.14
豆类	豌豆	青海	风干	—	0.28	0.12
豆类	豌豆	四川,六样品平均值	风干	0.10	0.35	0.08
豆类	豌豆	新疆,五样品平均值	89.9	0.11	0.30	0.04
豆类	豌豆	西藏,三样品平均值	风干	0.16	0.32	0.08
饼粕类	菜籽饼	浙江,三样品平均值	风干	0.66	0.98	0.54
饼粕类	菜籽饼	湖北,三样品平均值	风干	0.63	0.97	0.65
饼粕类	菜籽饼	湖南,三样品平均值	风干	0.86	0.95	0.54
饼粕类	菜籽饼	青海,二样品平均值	风干		1.02	0.66
饼粕类	菜籽饼	新疆	92.6	0.66	1.10	0.48
饼粕类	菜籽饼	四川,六样品平均值	90.6	0.67	0.99	0.63
饼粕类	茶仁饼	湖南	风干	0.18	0.23	0.10
饼粕类	花生饼	江苏	风干	0.35	0.60	0.30
饼粕类	花生饼	湖北	风干	0.44	0.45	0.26
饼粕类	花生饼	广东,六样品平均值	风干	0.22	0.74	0.18
饼粕类	花生饼	四川	93.5	0.70	0.40	0.20
饼粕类	胡麻饼	青海,三样品平均值	风干		0.83	0.53
饼粕类	棉籽饼	山西	89.7	0.20	0.88	0.50
饼粕类	棉籽饼	江苏,沙州	86.5	0.25	0.42	0.36
饼粕类	棉籽饼	湖北,四样品平均值	风干	0.28	1.09	0.77
饼粕类	棉籽饼	新疆,三样品平均值	93.4	0.28	1.14	0.67
饼粕类	棉籽饼	四川,二样品平均值	92.5	0.36	0.76	0.49
饼粕类	芝麻饼	湖北,二样品平均值	风干	2.12	1.23	0.88

6. 猪消化率

表 1-4-7 猪消化率

饲料类别	饲料名称	样品特征	消化率(%)				资料出处
			粗蛋白质	粗脂肪	粗纤维	无氮浸出物	
青绿饲料类	槐叶粉	洋槐，粗蛋白质:21.3%，粗纤维:12.3%	48	28	26	41	75
豆类	蚕豆	粗蛋白质:26.2%	79	49	36	84	75
豆类	菜豆	粉碎，粗蛋白质:25.4%，粗纤维:7.1%	80	30	15	90	119
豆类	豇豆	粗蛋白质:25.8%，粗纤维:6.7%	94	38	49	90	131
豆类	木豆	粗蛋白质:20.0%，粗纤维:10.5%	92	36	86	86	131,128
豆类	豌豆	粗蛋白质:21.8%，粗纤维:7.4%	86	61	67	95	131
豆类	豌豆	磨碎，粗蛋白质:23.2%，粗纤维:6.8%	88	32	61	93	131,128
饼粕类	菜籽饼	粗蛋白质:35.3%，粗纤维:10.7%	79	64	46	71	75
饼粕类	花生饼	粗蛋白质:47.4%，粗纤维:8.5%	88	67	49	83	75
饼粕类	红花子饼	粗蛋白质:22.7%，粗纤维:33.0%	77	47	14	32	75
饼粕类	棉籽饼	粗蛋白质:40.8%，粗纤维:11.2%	82	86	40	71	131
饼粕类	木棉籽粕	粗蛋白质:29.7%，粗纤维:2.3%	41	51	11	71	75
饼粕类	向日葵饼	粗蛋白质:31.7%，粗纤维:22.4%	77	50	20	41	75
饼粕类	亚麻仁饼	机榨，粗蛋白质:35.9%，粗纤维:8.9%	90	62	20	80	131,128
饼粕类	亚麻仁粕	粗蛋白质:35.5%，粗纤维:8.2%	81	60	55	79	75
饼粕类	椰子饼	机榨，粗蛋白质:20.9%，粗纤维:9.7%	65	73	65	82	75
饼粕类	芝麻饼	浸提，粗蛋白质:47.0%，粗纤维:9.7%	70	78	45	71	75
饼粕类	棕榈饼	机榨，粗蛋白质:12.9%，粗纤维:11.3%	65	52	48	77	75
糟渣类	酒糟	麦酒糟，粗蛋白质:31.7%，粗纤维:12.4%	79	60	5	27	133
糟渣类	酒糟	葡萄酒糟，粗蛋白质:9.8%，粗纤维:27.9%	43	84	47	79	133
糟渣类	酒糟	烧酒糟，甘薯，粗蛋白质:1.2%，粗纤维:0.5%	65	49	40	70	75

续表1-4-7

饲料类别	饲料名称	样品特征	消化率(%)				资料出处
			粗蛋白质	粗脂肪	粗纤维	无氮浸出物	
糟渣类	酒糟	粗蛋白质:21.1%,粗纤维:15.7%	76	75	23	63	83
糟渣类	酱油渣	粗蛋白质:26.6%,粗纤维:13.5%	64	74	53	65	75
糟渣类	马铃薯蛋白	粗蛋白质:73.7%	74	50	0	50	75
糟渣类	啤酒糟	粗蛋白质:21.2%,粗纤维:16.0%	63	49	15	52	119
草籽树实类	棉籽	粗蛋白质:19.9%,粗纤维:24.1%	48	42	36	25	131
草籽树实类	羽扁豆	粗蛋白质:30.4%,粗纤维:15.4%	83	74	72	80	133
草籽树实类	珍珠稗	粗蛋白质:2.3%,粗纤维:2.8%	61	64	35	62	131,75
动物性饲料	蚕蛹	未脱脂,粗蛋白质:59.4%	85	93	40	28	133
动物性饲料	蚕蛹渣	粗蛋白质:68.9%	87	98			75
动物性饲料	牛奶	干物质:12.6%,粗蛋白质:3.5%	97	96	0	97	128
动物性饲料	肉粉	风干,粗蛋白质:70.7%	88	90	0		75
动物性饲料	肉骨粉	风干,粗蛋白质:48.6%	83	89	0		75
动物性饲料	脱脂乳	干物质:15%,粗蛋白质:2.9%	95	87		99	131
动物性饲料	血粉	风干,粗蛋白质:83.8%	72	33	0	33	75
动物性饲料	鱼粉	整鱼,风干,粗蛋白质:62.8%	87	78	0		75
动物性饲料	鱼粉	淡鱼粉,北洋鱼粉,风干,粗蛋白质:66.3%	91	91	0		75
动物性饲料	鱼粉	秘鲁鱼粉,风干,粗蛋白质:64.3%	87	78	0		75
动物性饲料	羽毛粉	风干,粗蛋白质:83.3%	77	67	0		75
其他类	麦芽根	风干,粗蛋白质:28.3%,粗纤维:12.0%	68	43	48	63	75
其他类	木糖酵母	风干,粗蛋白质:46.6%	89	30		78	131

7.鸡能量代谢率

表 1-4-8 鸡能量代谢率

饲料类别	饲料名称	样品特征	能量代谢率(%)	资料出处
青粗饲料类	槐叶粉	粗蛋白质:19%,粗脂肪:4%,粗纤维:11%	25.5	75
青粗饲料类	槐叶粉	粗蛋白质:17%,粗纤维:15%	13.7	80
青粗饲料类	槐叶粉	粗蛋白质:21%,粗脂肪:3%,粗纤维:12%	21.4	80
青粗饲料类	槐叶粉	粗蛋白质:16%,无灰酸性洗涤纤维:19%	14.6	80
青粗饲料类	槐叶粉		15.0	80
青粗饲料类	木薯叶粉	粗蛋白质:18%,粗脂肪:9%,粗纤维:12%	27.9	75
青粗饲料类	苜蓿粉	人工干燥,粗蛋白质:18%,粗脂肪:3%,粗纤维:22%	34.6	75
青粗饲料类	苜蓿粉	人工干燥,紫花苜蓿,粗蛋白质:18%,粗脂肪:3 %,粗纤维:23%	39.3	80
块根、块茎、瓜果类	甘薯干	山芋干,总能:3.46 Mcal/kg	54.9	80
豆类	蚕豆	粗蛋白质:25%,粗纤维:7%	59.8	80
豆类	豌豆	粗蛋白质:21%,粗脂肪:1%,粗纤维:5%	70.6	75
豆类	豌豆	粗蛋白质:22%,粗纤维:6%	62.9	80
豆类	豌豆	粗蛋白质:28%,粗纤维:7%	68.3	80
饼粕类	菜籽饼	粗蛋白质:39%,粗纤维:10%	42.6	80
饼粕类	菜籽饼	粗蛋白质:37%,粗纤维:11% ,	53.6	80
饼粕类	菜籽饼	粗蛋白质:35%,粗纤维:11%	38.5	75
饼粕类	花生饼	粗蛋白质:40%,粗脂肪:8%,粗纤维:8%	66.0	80
饼粕类	花生饼	浸提,粗蛋白质:45%以上,粗脂肪 1%以下,粗纤维 4%	64.7	80
饼粕类	花生饼	粗蛋白质:45%以上,粗脂肪:6%,粗纤维:4%	64.5	80
饼粕类	花生饼	粗蛋白质:45%以上,粗脂肪:8%,粗纤维:6%	64.2	80
饼粕类	花生饼	带壳,粗蛋白质:28%,粗脂肪:7%,粗纤维:33%	39.2	80
饼粕类	花生饼	粗蛋白质:45%以上,粗脂肪:10%,粗纤维:4%	67.3	80

续表1-4-8

饲料类别	饲料名称	样品特征	能量代谢率(%)	资料出处
饼粕类	花生饼	粗蛋白质:45%以上,粗脂肪:7%,粗纤维:4%	65.5	80
饼粕类	胡麻饼	粗蛋白质:36%,粗纤维:8%	43.3	75
饼粕类	胡麻饼	粗蛋白质:31%,粗纤维:8%	40.5	80
饼粕类	棉籽饼	粗蛋白质:41%,粗纤维:7%	56.7	80
饼粕类	棉籽饼	粗蛋白质:36%,粗纤维:14%	44.8	75
饼粕类	向日葵饼	粗蛋白质:29%,粗脂肪:7 %,粗纤维:15%	58.1	80
饼粕类	向日葵饼	带壳浸提,粗蛋白质:25%,粗脂肪:1%,粗纤维:29%	37.5	80
饼粕类	向日葵饼	粗蛋白质:31%,粗纤维:11%	54.3	80
饼粕类	椰子饼	粗蛋白质:21%,粗纤维:10%	35.5	75
饼粕类	椰子饼	粗蛋白质:21%,粗纤维:10%	43.3	75
饼粕类	芝麻饼	总能:4.89 Mcal/kg	44.2	80
糟渣类	大麦酒精水	干物质:42%,粗蛋白质:15%,粗脂肪:2 %,粗纤维:微	43.6	75
糟渣类	淀粉渣	马铃薯,粗蛋白质:5 %粗脂肪:1 %,粗纤维:16%	53.2	75
糟渣类	酱油渣	粗蛋白质:27%,粗脂肪:10%,粗纤维:13%	45.6	75
糟渣类	马铃薯蛋白	粗蛋白质:74%,粗脂肪:6 %,粗纤维:1%	49.0	75
糟渣类	米胚芽	粗蛋白质:20%,粗脂肪:23%,粗纤维:13%	61.6	75
糟渣类	玉米淀粉渣	粗蛋白质:20%,粗脂肪:3%,粗纤维:9%	46.5	75
糟渣类	玉米麸粉	粗蛋白质:64%,粗脂肪:5%,粗纤维:1%	77.1	75
糟渣类	玉米麸粉	粗蛋白质:39%,粗脂肪:4%,粗纤维:2%	64.9	75
动物性饲料	蚕蛹渣	粗蛋白质:70%,粗脂肪:4 %	57.7	75
动物性饲料	骨肉粉	粗蛋白质:50%,粗脂肪:11%	62.3	75
动物性饲料	骨肉粉	粗蛋白质:47%	66.7	80
动物性饲料	家禽下脚	粗蛋白质:59%,粗脂肪:15%	58.5	75
动物性饲料	肉粉	粗蛋白质:71%,粗脂肪:13%	66.5	75

续表1-4-8

饲料类别	饲料名称	样品特征	能量代谢率(%)	资料出处
动物性饲料	脱脂乳粉	粗蛋白质:36%,粗脂肪:1 %	79.8	75
动物性饲料	虾粉	粗蛋白质:42%,粗脂肪:3%	40.1	75
动物性饲料	血粉	粗蛋白质:82%,粗脂肪:1 %	49.4	75
动物性饲料	血粉	总能:5.60 Mcal/kg	70.1	80
动物性饲料	蟹壳粉	粗蛋白质:32%,粗脂肪:2%	32.5	75
动物性饲料	羽毛粉	粗蛋白质:84%,粗脂肪:4 %	52.3	75
动物性饲料	鱼粉	全鱼,粗蛋白质:66%,粗脂肪:9%	69.8	75
动物性饲料	鱼粉	全鱼,粗蛋白质:53%,粗脂肪:12%	57.2	75
动物性饲料	鱼粉	白鱼,粗蛋白质:65%	64.1	80
动物性饲料	鱼粉	粗蛋白质:59%	72.3	80
动物性饲料	鱼粉	进口,粗蛋白质:61%;粗脂肪:9%	63.8	75
动物性饲料	鱼粉	粗鱼粉,粗蛋白质:64%	73.2	80
动物性饲料	蚕蛹	粗蛋白质:56%	67.3	80
动物性饲料	鱼浸膏	粗蛋白质:55%, 脂肪:11%	63.5	75
动物性饲料	鱼浸膏	粗蛋白质:37%,粗脂肪:5 %	70.9	75
其他类	明胶	粗蛋白质:87%,粗脂肪:微	62.3	75
其他类	小球藻	粗蛋白质:57%,粗脂肪:6 %	44.2	75
其他类	酵母粉	啤酒,粗蛋白质:52%,粗脂肪:1%	56.8	75
其他类	酵母	纸浆,粗蛋白质:47%	48.1	80
其他类	酵母	面包,粗蛋白质:45%,粗脂肪:3%	57.0	75
其他类	酵母	Torula,粗蛋白质:47%,粗脂肪:1%	52.9	75
其他类	酵母	脱核 Torula,粗蛋白质:48%,粗脂肪:1%	52.9	75
其他类	鱼油提取物	粗蛋白质:微,粗脂肪:100%	85.9	75

8.牛消化率

表 1-4-9 牛消化率

饲料类别	饲料名称	样品特征	消化率(%)				资料出处
			粗蛋白质	粗脂肪	粗纤维	无氮浸出物	
豆类	蚕豆	粗蛋白质:26.2%,粗纤维:7.3%	87	83	58	91	75
豆类	豌豆	粗蛋白质:18.0%,粗纤维:23.0%	82	68	87	93	131
饼粕类	蓖麻油饼	脱毒,粗蛋白质:29.5%,粗纤维:35.5%	77	82	0	10	131
饼粕类	菜籽饼	压榨,粗蛋白质:30.9%,粗纤维:9.0%	86	89	24	72	131
饼粕类	花生饼	压榨,粗蛋白质:46.4%,粗纤维:5.1%	90	91	32	83	131
饼粕类	花生粕	浸提,粗蛋白质:47.4%,粗纤维:8.5%	81	92	51	87	75
饼粕类	红花饼	粗蛋白质:22.7%,粗纤维:33.0%	80	82	22	49	75
饼粕类	红花饼	去壳红花籽饼,粗蛋白质:43.7%,粗纤维:10.8%	88	93	23	63	75
饼粕类	棉籽粕	浸提,粗蛋白质:40.0%,粗纤维:13.5%	81	92	57	80	131
饼粕类	棉籽饼	压榨,粗蛋白质:39.3%,粗纤维:7.4%	74	83	17	71	131
饼粕类	向日葵饼	粗蛋白质:31.7%,粗纤维:22.4%	83	86	22	36	75
饼粕类	向日葵油粕	去皮,粗蛋白质:38.6%,粗纤维:13.6%	89	86	16	47	128
饼粕类	亚麻油粕	机榨,粗蛋白质:38.5%,粗纤维:6.6%	86	90	26	77	131
饼粕类	亚麻仁粕	浸提,粗蛋白质:35.5%,粗纤维:8.2%	88	89	52	82	75
饼粕类	椰子油粕	浸提,粗蛋白质:21.3%,粗纤维:14.0%	71	98	63	78	128
饼粕类	玉米油饼	低蛋白,粗蛋白质:35.7%,粗纤维:6.4%	63	98	21	80	131
饼粕类	芝麻渣	粗蛋白质:47.0%,粗纤维:8.7%	81	94	55	75	75
饼粕类	棕榈饼	粗蛋白质:12.9%,粗纤维:11.3%	82	80	50	88	75
糟渣类	酱油渣	风干,粗蛋白质:26.6%,粗纤维:13.5%	67	88	66	48	75
糟渣类	麦芽根	风干,粗蛋白质:28.3%,粗纤维:12.0%	77	68	64	64	75

续表1-4-9

饲料类别	饲料名称	样品特征	消化率(%)				资料出处
			粗蛋白质	粗脂肪	粗纤维	无氮浸出物	
糟渣类	马铃薯蛋白	风干，粗蛋白质:73.7%，粗纤维:0.8%	83	38	73	53	75
糟渣类	啤酒渣	湿，粗蛋白质:5.2%，粗纤维:4.0%	73	84	39	64	131
糟渣类	烧酒渣	粗蛋白质:1.2%，粗纤维:0.5%	60	46	50	75	75
糟渣类	玉米蛋白粉	风干，粗蛋白质:63.6%，粗纤维:1.0%	90	79	55	88	75
糟渣类	玉米淀粉渣	风干，粗蛋白质:28.6%，粗纤维:6.6%	86	74	70	88	131
动物性饲料	蚕蛹渣	风干，粗蛋白质:68.9%	87	98			75
动物性饲料	牛乳	鲜，粗蛋白质:3.5%	96	100		99	128
动物性饲料	牛乳	脱脂，鲜，粗蛋白质:3.3%	95	99		98	75
动物性饲料	牛乳粉	脱脂，粗蛋白质:36.1%	90	98		95	75
动物性饲料	肉粉	风干，粗蛋白质:70.7%	91	55			75
动物性饲料	肉骨粉	风干，粗蛋白质:48.6%	82	95			75
动物性饲料	血粉	风干，粗蛋白质:83.8%	71	38	10	20	75
动物性饲料	鱼粉	淡鱼粉，风干，粗蛋白质:66.3%	93	93			75
动物性饲料	鱼粉	秘鲁鱼粉，风干，粗蛋白质:64.3%	89	95			75
动物性饲料	鱼粉	粗鱼粉，风干，粗蛋白质:50.5%	85	90			75
动物性饲料	鱼粉液膏	风干，粗蛋白质:42.1%	89	80			75
其他类	酵母	啤酒，饲用，风干，粗蛋白质:51.4%，粗纤维:2.0%	91	44	—	88	75
其他类	酵母	饲用 Torula，风干，粗蛋白质:47.9%，粗纤维:2.0%	86	25	—	73	75
其他类	酵母	风干，粗蛋白质:54.6%	91	40	—	89	131
其他类	小球藻	风丁，粗蛋白质:57.2%，粗纤维:1.9%	61	69	—	46	75

9. 羊消化率

表 1-4-10 羊消化率

饲料类别	饲料名称	样品特征	消化率(%)				资料出处
			粗蛋白质	粗脂肪	粗纤维	无氮浸出物	
豆类	扁豆	粗蛋白质:24.8%,粗纤维:2.8%	79	62	52	90	131
豆类	刀豆	粗蛋白质:30.0%,粗纤维:8.7%	84	75	75	98	131
豆类	豇豆	风干,粗纤维:4.1%	80	74	86	94	133
豆类	藜豆	粗蛋白质:23.8%,粗纤维:10.8%	81	64	72	97	128
豆类	豌豆	粗蛋白质:23.9%,粗纤维:4.0%	86	64	50	93	131
饼粕类	大麻籽饼	粗蛋白质:30.0%,粗纤维:24.5%	81	80	5	26	131
饼粕类	花生饼	机榨,粗蛋白质:45.1%,粗纤维:6.8%	91	91	56	90	128
饼粕类	芥籽饼	粗蛋白质:37.3%,粗纤维:9.2%	86	89	53	74	131
饼粕类	棉籽饼	粗蛋白质:36.4%,粗纤维:13.9%	61	96	31	70	131
饼粕类	棉籽饼	去壳加工,粗蛋白质:40.9%,粗纤维:2.4%	79	96	52	68	131
饼粕类	向日葵饼	带壳,粗蛋白质:17.9%,粗纤维:38.4%	81	71	6	43	131
饼粕类	向日葵饼	去壳,粗蛋白质:34.0%,粗纤维:14.9%	91	90	28	71	131
饼粕类	椰子饼	蒸过,粗蛋白质:19.8%,粗纤维:12.4%	84	100	42	85	131
饼粕类	亚(胡)麻饼	机榨,粗蛋白质:33.6%,粗纤维:8.1%	84	92	50	79	128
饼粕类	玉米胚饼	粗蛋白质:21.3%,粗纤维:9.5%	72	82	82	78	131

续表1-4-10

饲料类别	饲料名称	样品特征	消化率(%)				资料出处
			粗蛋白质	粗脂肪	粗纤维	无氮浸出物	
饼粕类	芝麻饼	机榨，粗蛋白质:44.3%，粗纤维:5.4%	91	65	55	65	128
饼粕类	棕榈子粕	浸提，粗蛋白质:17.3%，粗纤维:14.1%	76		60	88	131
糟渣类	酒糟	黑麦，风干，粗蛋白质:18.7%，粗纤维:13.5%	60	72	56	60	131
糟渣类	酒精渣	玉米蒸馏，粗蛋白质:30.9%，粗纤维:12.8%	72	88	64	72	131
糟渣类	啤酒糟	干，粗蛋白质:21.6%，粗纤维:14.3%	74	86	47	61	131
糟渣类	啤酒糟	湿，粗蛋白质:5.6%，粗纤维:3.7%	67	64	83	97	133
动物性饲料及其他类	动物废渣	风干，粗蛋白质:66.7%	83	78		19	131
动物性饲料及其他类	牛奶	酸奶，干物质中含粗蛋白质:31.5%	90	98		94	131
动物性饲料及其他类	脱脂奶	粗蛋白质:3.6%	94	110		101	131
动物性饲料及其他类	脱脂奶粉	粗蛋白质:34.1%	90	102		93	131
动物性饲料及其他类	血粉	风干，粗蛋白质:83.7%	71	38		25	131
动物性饲料及其他类	鱼粉	风干，粗蛋白质:55.1%	89	95			131
动物性饲料及其他类	海藻	初秋，风干，粗蛋白质:47.8%，粗纤维:4.6%	72	46	21	67	128
动物性饲料及其他类	酵母	干，粗蛋白质:48.2%	85	7	负	88	131
动物性饲料及其他类	酵母	干，粗蛋白质:18.8%	64	87	58	56	131

1.5　中国农业科学院畜牧研究所,1989. 科研档案(75-5-5-1、75-5-5-5)[5]

1. 饲料样品简述、常规成分、中性洗涤纤维、酸性洗涤纤维及特殊成分

表 1-5-1　饲料样品简述、常规成分、中性洗涤纤维、酸性洗涤纤维及特殊成分

样品编号	饲料名称	饲料样品实体简述	干物质(%)	粗蛋白质(%)	粗脂肪(%)	粗纤维(%)	无氮浸出物(%)	粗灰分(%)	中性洗涤纤维(%)	酸性洗涤纤维(%)	游离棉酚(%)	异硫氰酸酯(mg/kg)	噁唑烷硫酮(mg/kg)
1	蚕豆	重庆江北,成胡 10 号,百粒重 75.1 g,GB 2 级	85.6	24.8	1.8	9.5	46.3	3.2	—	—			
2	蚕豆	重庆江北,红蚕豆,百粒重 46.0 g,GB 3 级	89.9	26.9	1.3	11.3	47.0	3.4	—	—			
3	蚕豆	河南淅川,河南小粒,百粒重 43.0 g,GB 2 级	85.6	24.3	1.6	9.3	47.2	3.2	—	—			
4	蚕豆	湖南长沙,紫弯蚕豆,百粒重 48.5 g,GB 1 级	88.3	26.4	1.8	8.7	48.1	3.3	—	—			
5	蚕豆	四川江津,江津白,百粒重 65.9 g,GB 1 级	85.1	25.9	1.9	8.6	46.0	2.7	—	—			
6	蚕豆	四川垫江,垫江蚕豆,百粒重 60.6 g,GB 2 级	87.0	24.5	1.1	9.2	49.1	3.1	—	—			
7	蚕豆	四川南川,南川蚕豆,百粒重 49.9 g,GB 2 级	87.3	25.5	3.1	9.5	46.2	3.0	—	—			
8	蚕豆	四川奉节,奉节中粒,百粒重 70.4 g,GB 2 级	88.4	25.5	1.6	8.0	50.7	2.6	—	—			
9	蚕豆	四川南川,南川红,百粒重 46.0 g,GB 2 级	89.8	26.9	2.7	9.9	47.2	3.1	—	—			
10	蚕豆	四川奉节,奉节中粒,百粒重 75.3 g,GB 2 级	86.8	25.0	2.3	9.0	47.6	2.9	—	—			
11	蚕豆	四川汉源,汉源大白豆,百粒重 124.1 g,GB 1 级	87.5	25.9	1.6	8.5	48.8	2.7	—	—			
12	蚕豆	四川简阳,简阳小蚕豆,百粒重 65.6 g,GB 2 级	85.7	23.7	1.2	7.5	50.6	2.7	—	—			
13	蚕豆	湖北松滋,湖北小青结,百粒重 47.3 g,GB 1 级	85.6	24.8	2.2	7.8	47.6	3.2	—	—			
14	蚕豆	四川威远,威远红蚕豆,百粒重 59.4 g,GB 1 级	88.4	27.1	1.3	8.7	48.3	3.0	—	—			
15	蚕豆	四川威远,威远红蚕豆,百粒重 49.4 g,GB 2 级	89.7	24.8	1.4	9.8	50.6	3.1	—	—			

续表1-5-1

样品编号	饲料名称	饲料样品实体简述	干物质(%)	粗蛋白质(%)	粗脂肪(%)	粗纤维(%)	无氮浸出物(%)	粗灰分(%)	中性洗涤纤维(%)	酸性洗涤纤维(%)	游离棉酚(%)	异硫氰酸酯(mg/kg)	噁唑烷硫酮(mg/kg)
16	蚕豆	四川峨眉,峨眉青,百粒重 81.5 g,GB 2 级	84.8	25.4	1.4	9.2	46.0	2.8	—	—			
18	蚕豆	甘肃,甘肃小蚕豆,百粒重 65.2 g,GB 2 级	85.8	25.0	1.6	9.3	47.2	2.7	—	—			
19	蚕豆	云南风庆,风庆中粒,百粒重 97.7 g,GB 3 级	86.8	21.1	2.6	8.5	51.9	2.7	—	—			
20	蚕豆	云南临沧,临沧中粒,百粒重 114.4 g,GB 3 级	86.7	21.9	2.3	8.6	51.3	2.6	—	—			
21	蚕豆	云南峨山,峨山中粒,百粒重 100.0 g,GB 2 级	88.2	24.0	1.5	8.3	51.7	2.7	—	—			
22	蚕豆	云南昆明,昆明中粒,百粒重 116.7 g,GB 1 级	85.6	25.9	1.9	6.9	48.3	2.6	—	—			
23	蚕豆	四川遂宁,遂宁杂蚕豆,百粒重 67.6 g,GB 1 级	87.1	25.7	1.9	7.9	48.7	2.9	—	—			
25	蚕豆	浙江虞县,上虞田鸡青,百粒重 78.4 g,GB 1 级	86.3	27.9	2.3	8.2	44.5	3.4	—	—			
26	蚕豆	云南陆良,陆良蚕豆,百粒重 115.8 g,GB 3 级	85.2	21.0	2.3	7.6	51.9	2.4	—	—			
27	蚕豆	云南陆良,陆良蚕豆,百粒重 135.6 g,GB 2 级	87.1	23.3	2.3	7.5	51.4	2.6	—	—			
28	蚕豆	贵州贵阳,花溪小蚕豆,百粒重 68.7 g,GB 2 级	87.3	25.1	2.1	8.6	48.1	3.4	—	—			
29	蚕豆	贵州贵阳,莲花蚕豆,百粒重 50.1 g,GB 2 级	87.2	25.0	3.0	9.2	46.4	3.6	—	—			
30	蚕豆	四川西充,西充小蚕豆,百粒重 53.1 g,GB 2 级	86.9	26.9	2.9	9.5	44.3	3.3	—	—			
31	蚕豆	湖南长沙,中粒蚕豆,百粒重 72.7 g,GB 1 级	87.1	25.4	1.6	8.1	48.9	3.1	—	—			
32	蚕豆	云南昭通,昭通白皮,百粒重 117.0 g,GB 1 级	86.7	25.2	1.2	8.0	49.5	2.8	—	—			
33	蚕豆	四川三台,三台小蚕豆,百粒重 61.5 g,GB 1 级	87.1	26.5	1.1	8.4	48.4	2.7	—	—			
34	蚕豆	四川泸州,泸州小蚕豆,百粒重 50.2 g,GB 2 级	86.7	25.4	1.4	9.4	47.3	3.2	—	—			
35	蚕豆	云南嵩山,嵩山中粒蚕豆,百粒重 104.0 g,GB 2 级	86.8	23.3	1.1	7.4	52.3	2.7	—	—			

续表1-5-1

样品编号	饲料名称	饲料样品实体简述	干物质(%)	粗蛋白质(%)	粗脂肪(%)	粗纤维(%)	无氮浸出物(%)	粗灰分(%)	中性洗涤纤维(%)	酸性洗涤纤维(%)	游离棉酚(%)	异硫氰酸酯(mg/kg)	噁唑烷硫酮(mg/kg)
36	蚕豆	浙江杭州,上虞田鸡青,百粒重 80.0 g,GB 1 级	87.0	27.9	2.1	8.9	44.5	3.6	—	—			
37	蚕豆	云南峨山,峨山大粒蚕豆,百粒重 157.5 g,GB 2 级	87.0	25.0	1.1	6.7	51.7	2.5	—	—			
38	蚕豆	云南峨山,峨山大粒蚕豆,百粒重 155.4 g,GB 1 级	86.2	26.6	1.2	6.5	49.7	2.2	—	—			
39	蚕豆	云南玉溪,玉溪大粒蚕豆,百粒重 134.0 g,GB 1 级	86.9	26.1	1.1	7.2	49.6	2.9	—	—			
40	蚕豆	云南玉溪,玉溪大粒蚕豆,百粒重 128.7 g,GB 2 级	86.6	24.5	1.8	7.2	50.3	2.8	—	—			
41	蚕豆	四川南川,南川小蚕豆,百粒重 47.7 g,GB 2 级	88.6	26.6	1.0	10.2	47.8	3.0	—	—			
42	蚕豆	四川西昌,西昌蚕豆,百粒重 104.6 g,GB 2 级	88.7	24.9	1.1	7.4	52.9	2.4	—	—			
43	蚕豆	上海,上海小青结,百粒重 82.3 g,GB 1 级	89.3	28.5	1.7	9.0	46.5	3.6	—	—			
44	蚕豆	江苏扬州,日本大粒蚕豆,百粒重 171.5 g,GB 3 级	94.0	29.7	1.6	8.9	49.6	4.2	—	—			
45	蚕豆	青海西宁,农 11 号,百粒重 163.5 g,GB 1 级	86.3	25.1	1.0	7.0	50.1	3.1	—	—			
46	蚕豆	青海西宁,青海 3 号,百粒重 159.2 g,GB 2 级	86.6	24.0	1.5	7.2	51.5	2.4	—	—			
47	蚕豆	青海西宁,马牙蚕豆,百粒重 139.3 g,GB 2 级	86.7	24.1	1.5	6.2	52.4	2.5	—	—			
48	蚕豆	青海西宁,饲用蚕豆,百粒重 52.6 g,GB 1 级	86.7	28.4	1.2	6.3	47.9	2.9	—	—			
49	蚕豆	湖北,襄阳大脚板,百粒重 79.6 g,GB 1 级	87.8	28.7	1.1	8.5	46.0	3.5	—	—			
50	蚕豆	湖北武汉,中粒蚕豆,百粒重 81.8 g,GB 1 级	86.7	26.4	1.3	8.9	46.5	3.6	—	—			
51	蚕豆	四川简阳,简阳二板子,百粒重 110.9 g,GB 3 级	91.4	22.1	2.0	7.7	57.0	2.6	—	—			
52	蚕豆	湖北,紫弯小蚕豆,百粒重 57.9 g,GB 1 级	89.1	28.6	1.9	8.2	47.4	3.0	—	—			
1	豌豆	四川重庆,江北麻豌豆,百粒重 13.4 g,GB 等外	86.1	23.7	3.2	7.7	47.1	4.4	—	—			
3	豌豆	湖南长沙,团结豌豆,百粒重 18.9 g,GB 1 级	89.0	24.3	1.5	6.5	54.3	2.4		—			
4	豌豆	河南淅川,淅川白豌豆,百粒重 13.8 g,GB 1 级	89.1	24.4	1.1	6.5	53.8	3.3	—	—			
6	豌豆	河南淅川,奉节水红豌豆,百粒重 19.5 g,GB 3 级	85.9	21.2	1.1	5.6	55.3	2.7	—	—			

续表1-5-1

样品编号	饲料名称	饲料样品实体简述	干物质(%)	粗蛋白质(%)	粗脂肪(%)	粗纤维(%)	无氮浸出物(%)	粗灰分(%)	中性洗涤纤维(%)	酸性洗涤纤维(%)	游离棉酚(%)	异硫氰酸酯(mg/kg)	噁唑烷硫酮(mg/kg)
7	豌豆	四川南川,南川白豌豆,百粒重 14.0 g,GB 1 级	89.4	25.1	1.7	6.8	53.1	2.7	—	—			
8	豌豆	北京,2285,百粒重 14.9 g,GB 2 级	89.3	23.9	1.1	6.7	54.2	3.4	—	—			
9	豌豆	北京,4511,百粒重 28.2 g,GB 2 级	88.8	25.7	2.4	7.2	50.1	3.4	—	—			
10	豌豆	北京,绿珠豌豆,百粒重 21.9 g,GB 2 级	88.8	23.3	1.5	6.9	53.3	3.3	—	—			
11	豌豆	北京,81-10-149,百粒重 26.0 g,GB 1 级	88.9	25.1	1.5	6.1	53.0	3.2	—	—			
12	豌豆	北京,本地豌豆,百粒重 10.1 g,GB 1 级	87.9	25.6	1.4	6.8	50.9	3.2	—	—			
13	豌豆	北京,中畜 2 号,百粒重 27.7 g,GB 1 级	88.1	24.4	1.7	6.2	52.6	3.2	—	—			
14	豌豆	北京,中畜 4 号,百粒重 22.1 g,GB 1 级	88.4	24.5	2.1	6.3	52.7	2.8	—	—			
15	豌豆	北京,中畜 1 号,百粒重 29.6 g,GB 1 级	88.2	24.3	1.7	5.7	53.2	3.3	—	—			
16	豌豆	北京,1341,百粒重 16.8 g,GB 2 级	88.4	24.8	1.3	7.2	52.0	3.1	—	—			
17	豌豆	四川简阳,简阳杂豌豆,百粒重 16.2 g,GB 2 级	85.7	23.8	1.8	6.7	50.7	2.7	—	—			
18	豌豆	四川简阳,团结 2 号,百粒重 17.6 g,GB 2 级	86.1	23.6	2.3	5.8	51.8	2.6	—	—			
19	豌豆	四川乐至,团结 2 号,百粒重 17.5 g,GB 2 级	88.9	23.1	1.4	5.9	56.0	2.5	—	—			
21	豌豆	四川峨眉,峨眉麻豌豆,百粒重 17.6 g,GB 3 级	86.0	24.4	2.9	7.8	48.3	2.6	—	—			
22	豌豆	四川绵阳,绵阳麻豌豆,百粒重 10.3 g,GB 3 级	87.8	25.9	3.8	5.6	48.9	3.6	—	—			
23	豌豆	云南临沧,临沧大豌豆,百粒重 22.3 g,GB 3 级	88.8	20.6	2.1	5.7	58.3	2.1	—	—			
24	豌豆	云南临沧,临沧大豌豆,百粒重 21.5 g,GB 等外	86.0	19.2	2.6	5.5	56.6	2.1	—	—			
25	豌豆	云南峨山,峨山豌豆,百粒重 17.5 g,GB 级	85.8	19.1	2.9	6.4	54.7	2.7	—	—			
26	豌豆	四川遂宁,遂宁杂豌豆,百粒重 14.5 g,GB 2 级	85.8	23.4	2.3	6.3	51.1	2.7	—	—			
27	豌豆	四川遂宁,遂宁白豌豆,百粒重 14.2 g,GB 2 级	87.9	23.1	1.4	6.4	54.9	2.1	—	—			

续表1-5-1

样品编号	饲料名称	饲料样品实体简述	干物质(%)	粗蛋白质(%)	粗脂肪(%)	粗纤维(%)	无氮浸出物(%)	粗灰分(%)	中性洗涤纤维(%)	酸性洗涤纤维(%)	游离棉酚(%)	异硫氰酸酯(mg/kg)	噁唑烷硫酮(mg/kg)
28	豌豆	云南陆良,陆良豌豆,百粒重 13.2 g,GB 2 级	88.8	23.4	1.5	6.6	54.9	2.4	—	—			
29	豌豆	贵州贵阳,大白壳豌豆,百粒重 12.6 g,GB 2 级	86.4	23.1	1.5	6.7	52.4	2.7	—	—			
30	豌豆	四川西充,西充麻豌豆,百粒重 10.7 g,GB 3 级	86.5	27.3	4.2	7.5	43.8	3.7	—	—			
31	豌豆	四川乐至,无须豌豆,百粒重 28.8 g,GB 1 级	89.1	25.5	0.6	5.7	54.5	2.8	—	—			
32	豌豆	四川乐至,大荚豌豆,百粒重 26.2 g,GB 1 级	89.3	24.9	1.1	6.8	53.5	3.0	—	—			
33	豌豆	四川乐至,成都 6 号,百粒重 17.9 g,GB 2 级	89.0	23.4	1.3	6.4	55.2	2.7	—	—			
34	豌豆	四川乐至,团结 2 号,百粒重 17.4 g,GB 1 级	90.0	24.2	1.3	5.8	56.2	2.5	—	—			
35	豌豆	云南邵通,昭通白豌豆,百粒重 11.9 g,GB 1 级	89.4	26.1	0.9	6.9	52.5	3.0	—	—			
36	豌豆	四川三台,三台白豌豆,百粒重 14.3 g,GB 2 级	91.2	23.6	2.0	6.6	56.4	2.6	—	—			
37	豌豆	四川三台,三台麻豌豆,百粒重 10.4 g,GB 3 级	89.3	24.2	2.3	7.2	51.6	4.0	—	—			
38	豌豆	四川泸州,泸州白豌豆,百粒重 14.5 g,GB 2 级	90.1	25.1	1.8	7.0	53.4	2.8	—	—			
39	豌豆	陕西咸阳,陕西麻豌豆,百粒重 10.6 g,GB 3 级	89.8	21.1	1.6	7.5	57.2	2.4	—	—			
40	豌豆	云南峨山,峨山豌豆,百粒重 15.0 g,GB 2 级	88.6	23.0	1.4	5.9	56.3	2.0	—	—			
41	豌豆	云南玉溪,玉溪豌豆,百粒重 17.5 g,GB 1 级	88.1	24.1	1.1	5.9	54.4	2.6	—	—			
42	豌豆	四川南川,南川白豌豆,百粒重 12.1 g,GB 2 级	89.7	23.2	1.4	6.1	56.5	2.5	—	—			
43	豌豆	四川西昌,西昌豌豆,百粒重 13.5 g,GB 2 级	89.2	23.1	0.6	6.3	56.9	2.3	—	—			
44	豌豆	甘肃榆中,甘肃麻豌豆,百粒重 12.6 g,GB 3 级	87.1	21.5	1.1	6.5	55.8	2.2	—	—			
45	豌豆	青海西宁,7702,百粒重 33.2 g,GB 3 级	88.2	21.8	1.8	5.8	56.4	2.4	—	—			
46	豌豆	青海西宁,阿拉斯加,百粒重 17.8 g,GB 2 级	88.2	24.1	1.1	6.3	54.0	2.7	—	—			
47	豌豆	青海西宁,草原 3 号,百粒重 17.6 g,GB 3 级	89.0	21.8	1.6	6.4	56.6	2.6	—	—			

续表1-5-1

样品编号	饲料名称	饲料样品实体简述	干物质(%)	粗蛋白质(%)	粗脂肪(%)	粗纤维(%)	无氮浸出物(%)	粗灰分(%)	中性洗涤纤维(%)	酸性洗涤纤维(%)	游离棉酚(%)	异硫氰酸酯(mg/kg)	噁唑烷硫酮(mg/kg)
48	豌豆	青海西宁,71-401,百粒重 17.2 g,GB 3 级	88.3	22.1	1.6	6.6	55.0	3.0	—	—			
49	豌豆	青海西宁,草原 11 号,百粒重 21.1 g,GB 3 级	89.1	22.0	1.1	6.1	57.6	2.3	—	—			
2	花生饼	河北赞皇,有壳,出油率 27%,GB 3 级	90.4	37.0	8.9	6.6	31.2	6.7					
3	花生饼	河北正定,无壳,出油率 40%,GB 2 级	92.3	40.2	6.2	10.3	29.5	5.9					
4	花生饼	河北平乡,有壳,出油率 40%,GB 3 级	94.1	48.5	5.2	6.7	28.5	5.2					
5	花生饼	河北邢台,无壳,出油率 28%,GB 2 级	92.1	38.8	7.0	10.8	29.5	6.0					
6	花生饼	河北广宗,无壳,出油率 40%,GB 等外	91.4	47.2	11.2	6.5	22.4	4.1					
7	花生饼	河北平乡,无壳,出油率 28%,GB 2 级	92.2	43.2	6.0	6.4	25.9	10.7					
8	花生饼	河北临城,无壳,出油率 28%,GB 2 级	91.7	47.7	8.8	6.1	24.9	4.3					
9	花生饼	河北内丘,无壳,出油率 35%,GB 2 级	91.5	48.4	7.9	6.7	24.3	4.2					
10	花生饼	河北霸县,无壳,出油率 36%,GB 2 级	92.3	43.8	16.2	4.6	24.5	3.8					
11	花生饼	河北大名,有壳,出油率 39%,GB 2 级	92.7	48.4	6.5	5.1	26.3	6.4					
12	花生饼	河北临城,无壳,出油率 27%,GB 1 级	93.2	45.7	7.1	7.2	27.4	5.9					
13	花生饼	河北滦县,无壳,出油率 40%,GB 等外	92.4	52.8	9.0	4.3	30.7	6.7					
14	花生饼	河北邢台,无壳,出油率 26%,GB 1 级	91.9	46.1	8.3	8.5	20.1	8.9					
15	花生饼	河北广宗,有壳,出油率 40%,GB 3 级	92.9	54.0	4.0	5.1	25.0	4.8					
16	花生饼	河北滦县,无壳,出油率 37%,GB 等外	92.1	48.9	5.6	11.0	22.1	4.4					
17	花生饼	河北丰南,无壳,出油率 42%,GB 1 级	92.2	31.0	6.1	11.1	39.5	4.5					
18	花生饼	河北定兴,无壳,出油率 36%,GB 1 级	92.3	50.6	10.0	5.5	21.4	4.8					
19	花生饼	河北滦县,无壳,出油率 39%,GB 3 级	92.2	51.2	6.1	5.3	24.0	5.7					

续表1-5-1

样品编号	饲料名称	饲料样品实体简述	干物质(%)	粗蛋白质(%)	粗脂肪(%)	粗纤维(%)	无氮浸出物(%)	粗灰分(%)	中性洗涤纤维(%)	酸性洗涤纤维(%)	游离棉酚(%)	异硫氰酸酯(mg/kg)	噁唑烷硫酮(mg/kg)
20	花生饼	河北定县,无壳,出油率 41%,GB 2 级	94.5	42.7	5.0	7.2	34.4	5.2					
21	花生饼	河北赞皇,无壳,GB 1 级	92.9	47.8	10.8	5.7	28.7	5.0					
22	花生饼	河北徐水,无壳,出油率 26%,GB 2 级	93.7	51.4	6.3	5.2	26.3	4.4					
23	花生饼	河北定县,无壳,出油率 43%,GB 2 级	89.0	46.7	5.6	4.1	27.1	5.5					
24	花生饼	河北定县,有壳,出油率 38%,GB 3 级	90.2	48.1	5.7	4.1	27.3	5.0					
25	花生饼	河北定县,无壳,出油率 39%,GB 2 级	91.1	47.8	5.2	10.6	21.7	5.8					
26	花生饼	河北保定,GB 2 级	90.0	43.9	6.6	5.3	29.1	5.1					
27	花生饼	山东福山,有壳,出油率 40%,GB 3 级	91.4	42.5	7.2	3.9	33.6	4.2					
28	花生饼	山东费县,无壳,出油率 42%,GB 3 级	91.1	39.6	7.3	9.1	29.1	6.0					
29	花生饼	山东平度,无壳,出油率 43%,GB 2 级	93.1	41.0	11.5	4.8	29.0	6.6					
30	花生饼	山东泰安,出油率 41%,GB 1 级	92.1	46.7	11.9	6.0	23.2	4.3					
31	花生饼	山东宁阳,无壳,出油率 41%,GB 1 级	93.5	51.0	6.5	6.5	24.8	4.8					
32	花生饼	山东宁阳,无壳,出油率 40%,GB 2 级	93.1	51.9	6.4	6.4	23.8	4.7					
33	花生饼	山东宁阳,无壳,出油率 40%,GB 3 级	93.2	40.5	9.1	5.7	31.9	6.0					
34	花生饼	山东日照,无壳,出油率 38%,GB 3 级	93.3	40.2	6.2	7.7	33.6	5.6					
35	花生饼	山东长清,无壳,出油率 39%,GB 3 级	92.7	38.1	9.7	6.6	31.5	6.8					
36	花生饼	山东日照,无壳,出油率 38%,GB 等外	92.6	38.6	8.6	8.4	31.8	5.1					
37	花生饼	山东蓬莱,无壳,出油率 41%,GB 2 级	93.5	38.2	4.6	8.8	37.1	4.8					
38	花生饼	山东蓬莱,无壳,出油率 42%,GB 1 级	91.4	42.5	7.2	3.9	33.6	4.2					
39	花生饼	山东蓬莱,无壳,出油率 39%,GB 2 级	88.0	49.1	7.2	5.3	21.7	5.7					

续表1-5-1

样品编号	饲料名称	饲料样品实体简述	干物质(%)	粗蛋白质(%)	粗脂肪(%)	粗纤维(%)	无氮浸出物(%)	粗灰分(%)	中性洗涤纤维(%)	酸性洗涤纤维(%)	游离棉酚(%)	异硫氰酸酯(mg/kg)	噁唑烷硫酮(mg/kg)
40	花生饼	山东莱西,无壳,出油率 37%,GB 2 级	92.0	49.6	5.8	5.0	27.1	4.5					
41	花生饼	山东莱西,无壳,出油率 42%,GB 2 级	87.9	41.8	12.1	4.2	24.6	5.2					
42	花生饼	山东莱西,无壳,出油率 38%,GB 2 级	95.3	51.7	6.3	3.2	29.4	4.7					
43	花生饼	山东即墨,出油率 40%,GB 1 级	89.3	44.1	6.3	4.8	28.6	5.5					
45	花生饼	山东烟台,出油率 41%,GB 1 级	90.3	52.2	13.1	3.4	17.8	3.8					
46	花生饼	山东胶县,无壳,出油率 41%,GB 2 级	92.6	52.2	5.7	4.0	26.5	4.2					
47	花生饼	山东新汶,GB 1 级	93.1	50.6	7.4	5.4	24.3	5.4					
48	花生饼	山东莱阳,无壳,出油率 40%,GB 1 级	92.4	51.8	8.8	4.1	22.6	5.1					
49	花生饼	山东海阳,无壳,出油率 39%,GB 2 级	90.5	56.4	6.8	3.5	19.2	4.6					
50	花生饼	山东海阳,无壳,出油率 39%,GB 1 级	91.3	48.8	13.7	3.3	21.5	4.0					
51	花生饼	山东海阳,无壳,出油率 39%,GB 1 级	90.8	55.6	6.5	3.7	20.6	4.4					
52	花生饼	山东莱阳,无壳,出油率 38%,GB 1 级	88.3	52.6	4.2	3.8	23.6	4.1					
53	花生饼	山东乳山,无壳,出油率 39%,GB 1 级	87.8	49.0	3.7	3.9	26.9	4.3					
54	花生饼	山东临汝,有壳,出油率 38%,GB 3 级	87.9	49.7	6.1	3.9	23.9	4.3					
55	花生饼	安徽凤阳,无壳,出油率 43%,GB 2 级	93.7	42.0	8.6	9.7	26.3	7.1					
57	花生饼	江苏,GB 3 级	92.6	46.1	11.8	6.8	23.6	4.4					
58	花生饼	福建云霄,无壳,出油率 40%,GB 1 级	93.4	42.1	6.6	5.4	34.1	5.1					
59	花生饼	四川合川,无壳,出油率 28%,GB 1 级	92.5	51.1	6.4	6.7	23.1	5.3					
60	花生饼	四川资阳,有壳,GB 3 级	92.6	50.8	5.7	5.6	26.2	4.3					
61	花生饼	江西南昌,有壳,出油率 25%,GB 2 级	91.1	47.8	5.2	10.6	21.7	5.8					

续表1-5-1

样品编号	饲料名称	饲料样品实体简述	干物质(%)	粗蛋白质(%)	粗脂肪(%)	粗纤维(%)	无氮浸出物(%)	粗灰分(%)	中性洗涤纤维(%)	酸性洗涤纤维(%)	游离棉酚(%)	异硫氰酸酯(mg/kg)	噁唑烷硫酮(mg/kg)
62	花生饼	广东湛江,无壳,出油率28%,GB 2级	93.1	50.3	7.5	6.6	23.0	5.7					
63	花生饼	广东湛江,有壳,出油率28%,GB 3级	94.6	46.9	6.8	6.7	29.3	4.8					
64	花生饼	广东顺德,无壳,出油率29%,GB 1级	92.9	40.4	8.1	9.4	30.2	4.8					
65	花生饼	广东顺德,无壳,出油率30%,GB 2级	92.3	50.9	7.1	5.5	23.9	4.9					
66	花生饼	广东,GB 2级	93.2	50.8	6.7	5.4	26.0	4.9					
67	花生饼	广西邕宁,无壳,出油率30%,GB 3级	89.0	46.7	5.6	4.1	27.1	5.5					
68	花生饼	广西南宁,无壳,GB 2级	89.0	41.7	7.4	4.9	27.8	7.2					
69	花生饼		90.2	48.1	5.7	4.1	27.3	5.0					
1	棉籽饼	河北栾城,机榨,出油率14%,GB 2级	90.5	40.1	8.3	9.3	27.3	5.5			0.110		
2	棉籽饼	河北束鹿,机榨,GB 1级	95.1	45.2	6.8	9.2	27.3	6.6			0.065		
3	棉籽饼	河北束鹿,机榨,GB 2级	95.0	44.7	5.7	11.0	26.7	6.9			0.056		
4	棉籽饼	河北邯郸,机榨,GB 3级	93.9	39.7	4.3	14.2	28.7	7.0			0.055		
5	棉籽饼	河南安阳,机榨,GB 2级	93.6	44.0	6.3	9.3	26.6	7.4			0.070		
6	棉籽饼	河南新乡,机榨,GB 2级	93.8	44.6	6.4	10.7	24.7	7.4			0.075		
7	棉籽饼	河南扶沟,机榨,GB 2级	92.8	42.1	8.4	9.9	25.8	6.6			0.080		
8	棉籽饼	河南扶沟,机榨,GB 2级	93.4	45.9	5.3	9.2	26.4	6.6			0.060		
9	棉籽饼	河南南阳,机榨,GB 1级	91.5	42.7	11.0	8.0	24.1	5.7			0.120		
10	棉籽饼	河南淮阳,机榨,GB 3级	95.2	37.6	5.9	12.9	33.8	5.0			0.065		
11	棉籽饼	山东德州,机榨,GB 3级	91.1	35.0	7.4	12.9	30.0	5.8			0.103		
12	棉籽饼	山东郯城,机榨,GB 3级	93.8	38.1	7.7	12.3	30.7	5.0			0.110		

续表1-5-1

样品编号	饲料名称	饲料样品实体简述	干物质(%)	粗蛋白质(%)	粗脂肪(%)	粗纤维(%)	无氮浸出物(%)	粗灰分(%)	中性洗涤纤维(%)	酸性洗涤纤维(%)	游离棉酚(%)	异硫氰酸酯(mg/kg)	噁唑烷硫酮(mg/kg)
13	棉籽饼	山东德州,机榨,GB 等外	92.7	36.0	4.5	15.3	29.1	7.8			0.070		
14	棉籽饼	湖南益阳,机榨,GB 2 级	91.1	41.1	6.4	11.2	25.8	6.6			0.060		
15	棉籽饼	湖南岳阳,机榨,GB 2 级	89.3	40.9	6.3	9.5	27.1	5.5			0.080		
16	棉籽饼	湖南长沙,机榨,GB 3 级	89.9	36.7	6.6	11.9	28.8	5.9			0.082		
17	棉籽饼	湖南零陵,机榨,GB 2 级	90.6	39.9	7.6	11.3	25.1	6.7			0.060		
18	棉籽饼	湖南零陵,机榨,GB 2 级	90.0	38.1	7.2	10.8	26.8	7.1			0.070		
19	棉籽饼	湖北新洲,机榨,GB 3 级	94.0	38.3	5.7	11.5	31.4	7.1			0.065		
20	棉籽饼	湖北天门,机榨,GB 3 级	92.1	41.3	7.7	12.9	21.7	8.5			0.060		
21	棉籽饼	湖北汉南,机榨,GB 3 级	89.9	32.7	4.4	12.2	34.7	5.9			0.065		
22	棉籽饼	新疆奎屯,机榨,GB 2 级	96.0	47.8	6.1	8.9	26.6	6.6			0.105		
23	棉籽饼	新疆奎屯,机榨,GB 1 级	95.4	49.1	5.0	7.2	28.0	6.1			0.066		
24	棉籽饼	新疆奎屯,机榨,GB 2 级	95.3	45.0	6.6	12.9	24.9	5.9			0.044		
25	棉籽饼	上海,机榨,GB 3 级	92.8	37.5	4.9	13.4	30.7	6.3			0.067		
26	棉籽饼	四川简阳,机榨,GB 等外	92.1	34.2	5.5	15.6	31.9	4.9			0.050		
27	棉籽饼	河北束鹿,机榨,GB 2 级	95.3	44.7	5.7	11.0	27.3	6.6			0.056		
28	棉籽饼	河南安阳,机榨,GB 2 级	93.6	44.0	6.3	9.3	27.5	6.5			0.070		
29	棉籽饼	河南新乡,机榨,GB 2 级	93.8	44.6	6.4	10.7	25.4	6.7			0.075		
30	棉籽饼	江苏南通,机榨,GB 等外	90.4	33.0	5.0	14.4	31.5	6.5			0.080		
31	棉籽饼	湖南君山,机榨,GB 2 级	89.9	36.7	6.6	11.9	28.1	6.6			0.082		
32	棉籽饼	河北邯郸,机榨,GB 2 级	93.9	39.7	4.3	14.2	29.9	5.8			0.055		

续表1-5-1

样品编号	饲料名称	饲料样品实体简述	干物质(%)	粗蛋白质(%)	粗脂肪(%)	粗纤维(%)	无氮浸出物(%)	粗灰分(%)	中性洗涤纤维(%)	酸性洗涤纤维(%)	游离棉酚(%)	异硫氰酸酯(mg/kg)	噁唑烷硫酮(mg/kg)
33	棉籽饼	河南偃师,机榨,GB 等外	89.8	33.7	6.3	16.6	28.4	4.8			0.060		
34	棉籽饼	河南淇县,机榨,出油率 17%,GB 等外	92.3	31.8	9.7	16.2	29.8	4.8			0.130		
1	棉籽粕	河南安阳,浸提	92.5	43.5	0.4	12.7	29.6	6.3			0.088		
2	棉籽粕	河南武陟,浸提	90.3	37.3	2.0	15.8	28.1	7.1			0.016		
3	棉籽粕	河南武陟,浸提	91.4	38.4	0.4	15.2	30.7	6.7			0.067		
4	棉籽粕	河南新乡,浸提	90.9	43.3	2.3	11.0	27.6	6.7			0.071		
5	棉籽粕	河南新乡,浸提	92.1	47.2	2.2	9.1	26.7	6.9			0.078		
6	棉籽粕	河南安阳,浸提	92.5	41.3	0.7	13.8	30.4	6.3			0.063		
7	棉籽粕	河南辉县,浸提	90.6	47.1	0.8	9.9	27.1	5.7			0.094		
8	棉籽粕	河南南阳,浸提	89.2	43.3	0.9	9.4	29.8	5.8			0.050		
9	棉籽粕	河南柘城,浸提	90.5	38.7	0.9	13.0	32.2	5.7			0.060		
10	棉籽粕	河南扶沟,浸提	89.5	46.6	0.3	8.8	27.2	6.6			0.080		
11	棉籽粕	河南新野,浸提	89.2	42.4	0.1	13.1	28.2	5.4			0.100		
12	棉籽粕	河南邓县,浸提	89.2	44.4	0.1	10.1	28.8	5.8			0.060		
13	棉籽粕	江苏南通,浸提	91.9	32.9	0.6	18.3	34.9	5.2			0.050		
14	棉籽粕	山东枣庄,浸提	91.8	35.2	0.7	12.2	38.5	5.2			0.060		
15	棉籽粕	山东莱阳,浸提	90.0	29.9	1.0	16.0	38.1	5.0			0.080		
16	棉籽粕	河南新乡,浸提	88.8	39.8	0.3	12.2	30.9	5.6			0.059		
17	棉籽粕	河南新乡,浸提	93.4	40.9	0.9	9.4	33.8	8.4			0.065		
18	棉籽粕	山东汶上,浸提	92.6	36.4	1.6	11.5	34.6	8.5			0.060		

续表1-5-1

样品编号	饲料名称	饲料样品实体简述	干物质(%)	粗蛋白质(%)	粗脂肪(%)	粗纤维(%)	无氮浸出物(%)	粗灰分(%)	中性洗涤纤维(%)	酸性洗涤纤维(%)	游离棉酚(%)	异硫氰酸酯(mg/kg)	噁唑烷硫酮(mg/kg)
1	菜籽饼	四川合川,机榨,当地种,GB 1 级	94.7	40.7	6.3	11.9	28.6	7.2				800	4900
2	菜籽饼	—	—	—	—	—	—	—				1600	3600
3	菜籽饼	—	—	—	—	—	—	—				1000	2300
4	菜籽饼	—	—	—	—	—	—	—				700	3800
5	菜籽饼	四川崇庆,机榨,胜利油菜,GB 1 级	92.6	39.6	7.0	12.7	26.4	6.9				600	3700
6	菜籽饼	—	—	—	—	—	—	—				1200	3000
7	菜籽饼	—	—	—	—	—	—	—				500	4600
8	菜籽饼	四川南川,机榨,小菜籽,GB 2 级	96.3	39.3	7.7	12.5	30.1	6.7				1400	5200
9	菜籽饼	—	—	—	—	—	—	—				900	3200
10	菜籽饼	四川合川,机榨,西南 302,GB 3 级	94.2	36.3	6.9	11.1	33.0	6.9				1100	3800
11	菜籽饼	四川忠县,机榨,胜利油菜,GB 1 级	94.5	40.6	6.2	11.3	29.4	7.0				600	2800
12	菜籽饼	—	—	—	—	—	—	—				700	4400
13	菜籽饼	四川资阳县,机榨,GB 3 级	94.3	36.3	9.2	11.7	30.4	6.7				700	2300
14	菜籽饼	—	—	—	—	—	—	—				400	2200
15	菜籽饼	四川资中县,机榨,杂菜籽,GB 2 级	90.5	37.8	8.5	11.2	25.9	7.1				1100	4600
16	菜籽饼	—	—	—	—	—	—	—				1200	4900
17	菜籽饼	—	—	—	—	—	—	—				900	4400
18	菜籽饼	四川内江市,机榨,GB 2 级	88.9	36.5	8.7	12.3	24.3	7.1				600	2700
19	菜籽饼	四川宜宾市,机榨,GB 2 级	94.8	39.4	8.9	10.5	29.1	6.9				900	3700
20	菜籽饼	四川宜宾市,机榨,GB 2 级	90.4	37.1	9.0	14.2	23.3	6.8				—	—

续表1-5-1

样品编号	饲料名称	饲料样品实体简述	干物质(%)	粗蛋白质(%)	粗脂肪(%)	粗纤维(%)	无氮浸出物(%)	粗灰分(%)	中性洗涤纤维(%)	酸性洗涤纤维(%)	游离棉酚(%)	异硫氰酸酯(mg/kg)	噁唑烷硫酮(mg/kg)
21	菜籽饼	—	—	—	—	—	—	—				200	2300
22	菜籽饼	四川仁寿县,机榨,甘蓝型,GB 1 级	89.2	37.9	6.0	10.8	28.2	6.3				100	2400
23	菜籽饼	—	—	—	—	—	—	—				100	2700
24	菜籽饼	四川青神县,机榨,胜利油菜,GB 1 级	93.7	41.2	6.0	11.7	28.0	6.8				900	2700
25	菜籽饼	四川彭山县,机榨,甜菜籽,GB 1 级	93.5	39.5	8.1	12.1	26.9	6.9				500	2500
27	菜籽饼	四川井研县,机榨,混合菜籽,GB 2 级	92.1	38.6	7.8	12.3	25.8	7.1				—	—
28	菜籽饼	四川遂宁县,机榨,混合菜籽,GB 2 级	93.2	38.3	9.9	10.2	27.4	7.4				—	—
31	菜籽饼	四川射洪县,机榨,混合菜籽,GB 2 级	95.0	38.6	7.5	13.1	28.3	7.5				—	—
34	菜籽饼	四川遂宁县,机榨,混合菜籽,GB 2 级	93.1	38.8	6.9	12.7	26.5	8.2				—	—
38	菜籽饼	四川梓潼,机榨,混合菜籽,GB 1 级	95.3	40.5	8.3	10.2	29.6	6.7				—	—
39	菜籽饼	四川安县,机榨,混合菜籽,GB 2 级	95.7	40.1	5.7	12.6	29.9	7.4				—	—
40	菜籽饼	四川安县,机榨,混合菜籽,GB 1 级	89.9	40.6	5.9	13.0	23.1	7.3				—	—
47	菜籽饼	四川盐亭县,机榨,胜利油菜,GB 2 级	92.5	36.9	9.9	12.0	27.7	6.0				—	—
48	菜籽饼	四川盐亭县,机榨,混合菜籽,GB 1 级	91.7	38.7	6.7	13.9	25.6	6.8				—	—
49	菜籽饼	四川盐亭县,机榨,胜利油菜,GB 2 级	93.1	38.5	8.2	12.0	27.9	6.5				—	—
51	菜籽饼	四川广安,机榨,胜利油菜,GB 1 级	81.2	37.1	4.1	12.2	17.9	9.9				—	—
53	菜籽饼	四川巴中,机榨,混合油菜,GB 2 级	94.9	38.4	9.0	11.6	27.4	8.5				—	—
54	菜籽饼	四川名山,机榨,黄菜籽,GB 1 级	94.3	40.9	7.1	13.9	26.2	6.2				—	—
55	菜籽饼	四川西昌,机榨,混合菜籽,GB 2 级	91.8	36.1	7.2	13.7	28.0	6.8				—	—
56	菜籽饼	四川西昌,机榨,混合菜籽,GB 2 级	95.3	37.1	10.6	13.8	26.8	7.0				—	—

续表1-5-1

样品编号	饲料名称	饲料样品实体简述	干物质(%)	粗蛋白质(%)	粗脂肪(%)	粗纤维(%)	无氮浸出物(%)	粗灰分(%)	中性洗涤纤维(%)	酸性洗涤纤维(%)	游离棉酚(%)	异硫氰酸酯(mg/kg)	噁唑烷硫酮(mg/kg)
57	菜籽饼	云南玉溪,机榨,甘蓝型,GB 3 级	91.8	34.0	6.5	12.0	32.8	6.5				—	—
58	菜籽饼	云南玉溪,机榨,甘蓝型,GB 2 级	94.0	37.0	7.8	10.4	32.2	6.6				—	—
59	菜籽饼	云南峨山,机榨,甘蓝型,GB 2 级	92.6	36.4	5.5	6.4	38.2	6.1				—	—
60	菜籽饼	云南会泽,机榨,白菜型,GB 等外	97.0	31.9	9.0	13.1	37.3	5.7				—	—
61	菜籽饼	云南大理,机榨,白菜型,GB 等外	93.6	30.4	8.8	12.4	35.0	7.0				—	—
62	菜籽饼	云南腾冲,机榨,白菜型,GB 等外	94.6	32.4	13.6	11.7	30.9	6.0				—	—
63	菜籽饼	云南师宗,机榨,芥菜型,GB 3 级	97.8	36.5	7.2	9.4	38.5	6.2				—	—
64	菜籽饼	云南会泽,机榨,萝卜籽型,GB 等外	95.6	26.1	13.0	7.8	42.3	6.4				—	—
65	菜籽饼	云南昭通,机榨,萝卜籽型,GB 3 级	93.2	33.0	7.6	8.8	35.4	8.4				—	—
66	菜籽饼	云南楚雄,机榨,白菜型,GB 等外	95.0	29.8	10.0	10.9	37.2	7.1				—	—
67	菜籽饼	云南会泽,机榨,白菜萝卜混合,GB 3 级	91.8	32.4	7.7	8.7	35.8	7.2				—	—
68	菜籽饼	云南盈江,机榨,混合型,GB 等外	93.4	30.4	9.4	8.6	39.1	5.9				—	—
69	菜籽饼	云南建水,GB 2 级	92.8	37.9	8.5	14.2	26.1	6.1				—	—
70	菜籽饼	云南大理,土榨,GB 等外	91.4	29.2	9.6	10.2	34.6	7.8				—	—
71	菜籽饼	云南玉溪,土榨,GB 3 级	90.0	34.6	6.0	12.0	30.3	7.1				—	—
72	菜籽饼	云南陆良,土榨,GB 2 级	94.7	36.8	9.6	7.5	34.0	6.8				—	—
73	菜籽饼	云南红河,机榨,GB 3 级	92.2	33.4	9.4	10.0	33.6	5.8				—	—
74	菜籽饼	云南昆明,机榨,GB 2 级	91.1	36.4	6.9	7.9	33.0	6.9				—	—
76	菜籽饼	云南巍山,白菜型,GB 3 级	90.5	32.2	9.0	10.8	32.1	6.4				—	—
78	菜籽饼	山西,机榨,芥菜籽,GB 2 级	90.0	34.8	8.3	9.6	30.2	7.1				—	—

续表1-5-1

样品编号	饲料名称	饲料样品实体简述	干物质(%)	粗蛋白质(%)	粗脂肪(%)	粗纤维(%)	无氮浸出物(%)	粗灰分(%)	中性洗涤纤维(%)	酸性洗涤纤维(%)	游离棉酚(%)	异硫氰酸酯(mg/kg)	噁唑烷硫酮(mg/kg)
79	菜籽饼	河南,机榨,GB 3 级	91.4	34.8	10.1	10.6	28.2	7.7				—	—
80	菜籽饼	河北,机榨,GB 2 级	92.8	37.2	9.6	9.4	27.3	9.3				—	—
81	菜籽饼	新疆,机榨,GB 3 级	90.0	34.4	6.8	7.8	33.4	7.6				—	—
82	菜籽饼	新疆,GB 等外	90.6	37.4	10.9	11.9	22.1	8.3				—	—
83	菜籽饼	新疆,机榨,GB 2 级	92.0	36.5	7.8	7.0	31.4	9.3				—	—
84	菜籽饼	湖南,机榨, GB 3 级	92.6	34.6	4.7	11.6	33.9	7.8				—	—
85	菜籽饼	青海,GB 2 级	94.0	38.0	8.8	11.8	27.6	7.8				—	—
86	菜籽饼	四川,GB 2 级	92.3	37.7	3.3	11.0	32.4	7.9				—	—
88	菜籽饼	贵州,机榨,GB 3 级	93.0	35.0	9.5	13.3	27.8	7.4				—	—
89	菜籽饼	四川,机榨,GB 1 级	92.0	39.2	6.8	10.9	28.2	6.9				—	—
90	菜籽饼	云南昆明,土榨,GB 2 级	91.0	36.4	6.9	7.9	33.1	6.7				—	—
97	菜籽饼	安徽霍邱,机榨,GB 等外	88.8	33.0	14.2	9.9	22.6	9.1				—	—
101	菜籽饼	安徽霍山,机榨,GB 等外	89.6	34.1	17.0	8.5	22.3	7.7				—	—
102	菜籽饼	安徽六安,机榨,GB 等外	92.1	31.3	17.2	8.8	26.5	8.3				—	—
103	菜籽饼	安徽德清,机榨,GB 2 级	96.1	39.7	7.8	10.3	31.1	7.2				—	—
104	菜籽饼	安徽德清,机榨,GB 等外	95.9	36.4	11.8	9.9	31.3	6.5				—	—
105	菜籽饼	安徽肖山,机榨,GB 2 级	93.1	37.9	8.3	10.5	29.7	6.7				—	—
106	菜籽饼	安徽阜南,机榨,GB 等外	88.8	35.8	14.7	8.1	23.0	7.2				—	—
107	菜籽饼	安徽无为,机榨,GB 等外	90.5	37.9	18.8	9.6	16.0	8.2				—	—
108	菜籽饼	安徽安吉,机榨,GB 1 级	95.3	40.6	6.5	11.7	30.3	6.2				—	—

续表1-5-1

样品编号	饲料名称	饲料样品实体简述	干物质(%)	粗蛋白质(%)	粗脂肪(%)	粗纤维(%)	无氮浸出物(%)	粗灰分(%)	中性洗涤纤维(%)	酸性洗涤纤维(%)	游离棉酚(%)	异硫氰酸酯(mg/kg)	噁唑烷硫酮(mg/kg)
109	菜籽饼	安徽临泉,机榨,GB 2 级	92.2	37.9	10.5	8.9	27.0	7.9				—	—
112	菜籽饼	安徽寿县,机榨,GB 等外	91.4	28.7	24.0	8.9	18.2	11.6				—	—
114	菜籽饼	安徽肥西,机榨,GB 等外	90.8	33.5	17.5	9.0	24.0	6.8				—	—
115	菜籽饼	安徽肥东,机榨,GB 3 级	91.4	33.7	9.9	11.0	27.9	8.9				—	—
116	菜籽饼	安徽白湖,机榨,GB 等外	90.0	32.9	12.6	8.7	26.1	9.7				—	—
117	菜籽饼	安徽宿县,机榨,GB 3 级	89.9	33.1	8.8	8.3	32.1	7.6				—	—
118	菜籽饼	安徽灵璧县,机榨,GB 2 级	92.6	36.5	8.9	8.2	31.4	7.6				—	—
119	菜籽饼	安徽宿县,机榨,GB 等外	89.0	33.0	10.4	8.4	30.0	7.2				—	—
120	菜籽饼	安徽颖土,机榨,GB 等外	92.7	34.1	16.4	9.6	20.5	12.1				—	—
2	菜籽粕	四川合川,预榨浸提,当地油菜,GB 1 级	89.9	41.3	1.3	11.9	27.9	7.5				1600	3600
3	菜籽粕	四川大邑,预榨浸提,胜利油菜,GB 1 级	88.0	40.8	1.2	11.5	27.2	7.3				1000	2300
4	菜籽粕	四川郫县,预榨浸提,GB 1 级	88.0	40.8	0.9	14.0	25.0	7.3				700	3800
6	菜籽粕	四川金堂,预榨浸提,GB 1 级	90.3	42.1	1.3	14.3	25.6	7.0				1200	3000
7	菜籽粕	四川什邡,预榨浸提,GB 2 级	90.2	39.7	1.4	13.9	27.8	7.4				500	4600
9	菜籽粕	四川丰都,预榨浸提,胜利油菜,GB 2 级	88.4	38.2	1.7	11.4	30.1	7.0				900	3200
12	菜籽粕	四川万县,预榨浸提,胜利油菜,GB 1 级	90.8	41.3	1.7	12.3	28.0	7.5				700	4400
14	菜籽粕	四川资阳,预榨浸提,GB 2 级	89.6	37.8	1.8	11.6	31.1	7.3				400	2200
16	菜籽粕	四川资中,浸提,杂菜籽,GB 3 级	—	—	—	—	—	—				—	—
17	菜籽粕	四川简阳,浸提,胜利油菜,GB 级	—	—	—	—	—	—				—	—
21	菜籽粕	四川仁寿,预榨浸提,甘蓝型油菜,GB 1 级	89.9	41.0	1.1	12.7	28.2	6.9				200	2300

续表1-5-1

样品编号	饲料名称	饲料样品实体简述	干物质(%)	粗蛋白质(%)	粗脂肪(%)	粗纤维(%)	无氮浸出物(%)	粗灰分(%)	中性洗涤纤维(%)	酸性洗涤纤维(%)	游离棉酚(%)	异硫氰酸酯(mg/kg)	噁唑烷硫酮(mg/kg)
23	菜籽粕	四川眉山,预榨浸提,GB 1 级	88.2	40.5	1.2	13.4	26.2	6.9				100	2700
26	菜籽粕	四川彭山,预榨浸提,甜菜籽,GB 1 级	90.5	41.8	1.7	12.1	27.3	7.1				—	—
29	菜籽粕	四川蓬溪,预压浸提,混合菜籽,GB 1 级	86.2	39.2	1.5	10.0	28.1	7.4				—	—
32	菜籽粕	四川射洪,预压浸提,混合菜籽,GB 2 级	—	—	—	—	—	—				—	—
33	菜籽粕	四川遂宁,预压浸提,混合菜籽,GB 2 级	89.0	40.0	0.8	11.5	28.9	7.8				—	—
36	菜籽粕	四川射洪,浸提,杂色油菜籽,GB 2 级	—	—	—	—	—	—				—	—
45	菜籽粕	四川三台,浸提,杂菜籽,GB 1 级	88.1	41.9	1.0	10.0	28.1	7.1				—	—
50	菜籽粕	四川岳池,浸提,胜利油菜,GB 1 级	89.7	40.9	1.5	12.4	27.3	7.6				—	—
52	菜籽粕	四川巴中,浸提,混合菜籽,GB 2 级	89.7	39.2	1.1	10.6	29.7	9.1				—	—
87	菜籽粕	四川新都,浸提,GB 2 级	92.5	40.9	1.9	13.4	28.7	7.6				—	—
91	菜籽粕	云南富源,浸提,GB 等外	—	—	—	—	—	—				—	—
95	菜籽粕	云南富源,浸提,GB 2 级	91.2	41.4	1.4	11.8	29.9	6.7				—	—
121	菜籽粕	浙江德清,浸提,GB 等外	90.9	35.3	1.8	10.4	34.4	9.0				—	—
122	菜籽粕	浙江平湖,浸提,GB 2 级	—	—	—	—	—	—				—	—
123	菜籽粕	浙江平湖,浸提,GB 3 级	91.3	37.8	2.0	11.2	33.0	7.3				—	—
124	菜籽粕	浙江嘉兴,浸提,GB 2 级	—	—	—	—	—	—				—	—
125	菜籽粕	浙江,浸提,GB 3 级	—	—	—	—	—	—				—	—
126	菜籽粕	浙江嘉善,浸提,GB 2 级	—	—	—	—	—	—				—	—
127	菜籽粕	浙江平湖,浸提,GB 2 级	91.3	38.7	1.8	10.6	31.9	8.3				—	—
128	菜籽粕	浙江海盐,浸提,GB 2 级	90.1	40.4	0.5	10.2	31.2	7.8				—	—

续表1-5-1

样品编号	饲料名称	饲料样品实体简述	干物质(%)	粗蛋白质(%)	粗脂肪(%)	粗纤维(%)	无氮浸出物(%)	粗灰分(%)	中性洗涤纤维(%)	酸性洗涤纤维(%)	游离棉酚(%)	异硫氰酸酯(mg/kg)	噁唑烷硫酮(mg/kg)
129	菜籽粕	浙江海宁,浸提,GB 3 级	91.8	38.2	1.0	10.0	34.7	7.9				—	—
130	菜籽粕	浙江平湖,浸提,GB 2 级	91.1	40.8	1.0	10.8	30.6	7.9				—	—
2	向日葵仁饼	内蒙古凌河产,山西定襄加工,机榨,GB 等外	93.8	28.7	8.6	30.6	19.8	6.1					
3	向日葵仁饼	内蒙古巴彦淖尔产,山西侯马加工,机榨,GB 等外	96.2	35.4	3.8	31.9	17.8	7.3					
4	向日葵仁饼	山西定襄产,定襄加工,机榨,GB 等外	91.9	26.7	6.1	41.3	13.8	4.0					
5	向日葵仁饼	乌鲁木齐产,山西临汾加工,机榨,GB 等外	92.2	29.4	6.3	29.3	20.8	5.3					
6	向日葵仁饼	山西洪洞产,洪洞甘亭加工,土榨,GB 等外	94.2	27.3	7.5	32.4	18.7	8.3					
7	向日葵仁饼	乌鲁木齐产,山西襄汾加工,机榨,GB 3 级	95.0	31.9	6.4	27.1	23.6	6.0					
8	向日葵仁饼	吉林兆南产,兆南加工,机-浸,GB 等外	93.3	17.4	4.1	27.8	39.2	4.8					
9	向日葵仁饼	吉林镇赉产,镇赉加工,机-浸,GB 1 级	95.0	43.1	6.4	7.7	29.9	7.8					
10	向日葵仁饼	宁夏银南,银南加工,机榨,GB 3 级	92.0	27.9	9.9	16.7	32.5	5.1					
11	向日葵仁饼	吉林长岭产,长春市加工,机榨,GB 3 级	94.4	30.5	9.6	18.8	29.8	5.8					
12	向日葵仁饼	吉林公主岭产,公主岭加工,机榨,GB 2 级	92.5	34.8	9.8	8.5	32.0	7.4					
13	向日葵仁饼	吉林长岭产,四平加工,机榨,GB 等外	91.7	16.5	1.1	23.4	44.4	6.3					
14	向日葵仁饼	吉林长岭产,四平加工,机-浸,GB 等外	94.4	18.3	4.5	22.0	44.5	4.9					
15	向日葵仁饼	吉林长岭产,双辽加工,机-榨,GB 等外	93.4	14.6	3.4	23.5	47.2	4.8					
16	向日葵仁饼	吉林太平川产,太平川加工,机榨,GB 3 级	90.3	26.0	2.5	12.2	43.6	6.0					
17	向日葵仁饼	吉林太平川产,太平川加工,机-浸,GB 等外	95.7	21.9	4.9	16.0	45.9	7.1					
18	向日葵仁饼	吉林通榆产,通榆加工,机榨,GB 等外	94.9	17.3	2.3	24.2	46.2	5.0					
19	向日葵仁饼	吉林大安安广产,安广加工,机榨,GB 等外	92.4	15.5	3.9	15.2	49.8	8.0					

续表1-5-1

样品编号	饲料名称	饲料样品实体简述	干物质(%)	粗蛋白质(%)	粗脂肪(%)	粗纤维(%)	无氮浸出物(%)	粗灰分(%)	中性洗涤纤维(%)	酸性洗涤纤维(%)	游离棉酚(%)	异硫氰酸酯(mg/kg)	噁唑烷硫酮(mg/kg)
20	向日葵仁饼	吉林大安安广产,安广加工,机-浸,GB 等外	93.5	19.7	2.6	22.3	43.8	5.1					
21	向日葵仁饼	吉林大安大赉产,大赉加工,机榨,GB 等外	91.8	14.2	3.1	23.2	46.5	4.7					
22	向日葵仁饼	吉林前郭产,前郭加工,机榨,GB 等外	94.7	15.1	2.8	23.2	48.9	4.6					
23	向日葵仁饼	吉林前郭产,前郭加工,机-浸,GB 等外	90.3	38.9	5.4	24.0	14.8	7.2					
24	向日葵仁饼	吉林扶余产,扶余加工,机榨,GB 等外	93.8	29.7	5.6	31.6	20.8	6.1					
25	向日葵仁饼	吉林扶余产,扶余加工,机-浸,GB 等外	96.2	34.6	5.8	31.3	17.4	7.1					
26	向日葵仁饼	吉林扶余产,长春岭加工,机榨,GB 等外	91.9	26.9	5.5	41.5	14.0	4.0					
27	向日葵仁饼	吉林乾安产,乾安加工,机榨,GB 等外	92.2	29.7	5.5	29.6	22.1	5.3					
28	向日葵仁饼	甘肃民勤产,民勤加工,机榨,GB 等外	94.2	27.9	5.7	33.1	19.0	8.5					
29	向日葵仁饼	新疆伊犁产,伊犁加工,机榨,GB 3 级	95.0	32.2	5.7	27.3	23.8	6.0					
30	向日葵仁饼	新疆昌吉州产,昌吉州加工,机榨,GB 等外	93.3	17.1	5.6	27.3	38.6	4.7					
31	向日葵仁饼	黑龙江齐齐哈尔产,齐市加工,机榨,GB 1 级	95.0	43.4	5.7	7.8	30.2	7.9					
32	向日葵仁饼	黑龙江龙江产,龙江加工,机榨,GB 3 级	92.0	29.3	5.5	17.7	34.2	5.3					
33	向日葵仁饼	黑龙江龙江产,龙江加工,机-浸,GB 3 级	94.4	31.9	5.7	19.6	31.2	6.0					
34	向日葵仁饼	黑龙江甘南产,甘南加工,机榨,GB 3 级	92.5	29.6	5.6	9.0	40.5	7.8					
35	向日葵仁饼	黑龙江甘南产,甘南加工,机榨,GB 等外	91.7	15.7	5.5	22.3	42.1	6.1					
36	向日葵仁饼	黑龙江泰来产,泰来加工,机榨,GB 等外	94.4	18.1	5.7	21.6	44.2	4.8					
37	向日葵仁饼	黑龙江富裕产,富裕加工,机榨,GB 等外	93.4	16.3	5.6	23.0	43.8	4.7					
38	向日葵仁饼	黑龙江富裕产,富裕加工,机-浸,GB 3 级	90.3	25.2	5.4	11.8	42.1	5.8					
39	向日葵仁饼	黑龙江安达产,安达加工,机,GB 等外	95.7	16.7	5.7	15.8	50.5	7.0					

续表1-5-1

样品编号	饲料名称	饲料样品实体简述	干物质(%)	粗蛋白质(%)	粗脂肪(%)	粗纤维(%)	无氮浸出物(%)	粗灰分(%)	中性洗涤纤维(%)	酸性洗涤纤维(%)	游离棉酚(%)	异硫氰酸酯(mg/kg)	噁唑烷硫酮(mg/kg)
40	向日葵仁饼	黑龙江肇东产,肇东加工,机-浸,GB 等外	94.0	16.6	5.7	23.3	44.5	4.8					
41	向日葵仁饼	吉林乾安产,乾安加工,机-浸,GB 等外	92.4	15.2	5.5	15.0	48.9	7.8					
42	向日葵仁饼	吉林乾安产,乾安加工,机榨,GB 等外	93.5	19.1	5.6	21.6	42.2	5.0					
43	向日葵仁饼	吉林农安产,农安加工,机榨,GB 等外	91.3	13.9	5.5	22.6	45.2	4.6					
44	向日葵仁饼	吉林通辽产,通辽加工,机榨,GB 等外	94.1	14.0	5.7	22.4	47.5	4.5					
45	向日葵仁饼	吉林德惠产,德惠加工,机榨,GB 等外	—	—	—	—	—	—					
46	向日葵仁饼	吉林德惠产,德惠加工,机-浸,GB 等外	—	—	—	—	—	—					
1	亚麻仁饼	甘肃定西,天亚 2 号,机榨,GB 3 级	95.4	34.1	8.0	7.7	37.5	8.1					
2	亚麻仁饼	河北张县,坝亚 2 号,机榨,GB 2 级	95.9	34.6	9.4	9.2	36.0	6.7					
3	亚麻仁饼	陕西麟游,天亚 2 号,机榨,GB 3 级	94.7	32.0	9.0	10.2	35.9	7.7					
4	亚麻仁饼	河北张家口,南亚 24 号,机榨,GB 2 级	94.7	32.7	6.8	8.7	39.7	6.9					
5	亚麻仁饼	内蒙古呼和浩特,内亚 2 号,机榨,GB 2 级	95.1	35.0	9.0	7.2	37.2	6.7					
6	亚麻仁饼	河北张家口,南选 24 号,机榨,GB 2 级	96.1	33.5	7.4	9.3	38.5	7.5					
7	亚麻仁饼	甘肃定西,定亚 10 号,机榨,GB 1 级	96.0	36.4	8.6	8.7	36.4	5.9					
8	亚麻仁饼	内蒙古四子王旗,H624,机榨,GB 2 级	95.7	35.4	7.8	8.0	37.4	7.1					
9	亚麻仁饼	甘肃定西,定亚 14 号,机榨,GB 2 级	96.7	34.7	9.2	8.8	39.4	5.6					
10	亚麻仁饼	山西大同,晋亚 4 号,机榨,GB 2 级	94.3	34.0	8.3	7.3	39.0	5.7					
11	亚麻仁饼	山西大同,49-99,机榨,GB 2 级	95.5	36.2	8.5	9.0	36.0	5.7					
12	亚麻仁饼	甘肃张掖,张亚 1 号,机榨 GB 2 级	95.4	42.6	8.4	6.7	31.0	6.8					
13	亚麻仁饼	河北张家口,49-99,机榨,G2 级	96.0	34.2	8.6	8.0	39.2	6.1					

续表1-5-1

样品编号	饲料名称	饲料样品实体简述	干物质(%)	粗蛋白质(%)	粗脂肪(%)	粗纤维(%)	无氮浸出物(%)	粗灰分(%)	中性洗涤纤维(%)	酸性洗涤纤维(%)	游离棉酚(%)	异硫氰酸酯(mg/kg)	噁唑烷硫酮(mg/kg)
14	亚麻仁饼	宁夏永宁,宁亚5号,机榨,GB 2级	95.3	37.7	10.1	8.1	32.8	6.6					
15	亚麻仁饼	宁夏永宁,机榨,GB 2级	90.7	32.0	7.4	6.9	38.0	6.5					
16	亚麻仁饼	甘肃张掖,张亚1号,机榨,GB 3级	93.8	42.1	8.4	10.1	27.9	6.0					
17	亚麻仁饼	山西右玉,晋亚4号,机榨,GB 3级	93.8	30.3	7.5	9.7	41.0	5.3					
18	亚麻仁饼	河北坝上,坝亚2号,机榨,GB等外	93.8	32.1	9.4	12.6	33.5	6.2					
25	亚麻仁饼	内蒙古呼和浩特,蒙亚1号,机榨,GB等外	93.0	32.6	9.7	12.7	32.0	5.8					
26	亚麻仁饼	山西大同,晋亚3号,机榨,GB等外	92.4	35.5	8.6	11.1	30.6	6.6					
27	亚麻仁饼	甘肃兰州,定亚14号,机榨,GB 3级	94.7	33.0	9.0	10.1	34.9	7.7					
28	亚麻仁饼	内蒙古呼和浩特,62-25,机榨,GB 2级	95.3	36.1	9.3	9.1	34.2	6.7					
1	胡麻籽饼	宁夏永宁,宁亚5号、元元,GB等外	93.5	32.6	11.9	12.7	30.0	5.8					
2	胡麻籽饼	宁夏永宁,海源胡麻,GB 1级	95.3	36.1	9.3	9.1	34.1	6.7					
3	胡麻籽饼	黑龙江哈尔滨,生产厂样品,GB等外	91.3	33.0	5.3	5.9	36.6	10.5					
4	胡麻籽饼	宁夏固原,生产厂样品,GB 3级	96.2	33.9	8.7	7.6	40.2	5.8					
5	胡麻籽饼	宁夏银川,生产厂样品,GB等外	93.9	28.9	4.0	10.7	43.7	6.6					
6	胡麻籽饼	宁夏平罗,生产厂样品,GB等外	93.9	31.6	3.9	7.0	39.9	11.5					
7	胡麻籽饼	内蒙古集宁,生产厂样品,GB等外	96.1	32.7	8.8	8.1	41.3	5.2					
8	胡麻籽饼	山西左云,生产厂样品,GB等外	96.4	33.5	9.9	8.6	38.4	6.0					
9	胡麻籽饼	山西大同,生产厂样品,GB 3级	95.6	34.5	4.9	7.2	41.4	7.6					
10	胡麻籽饼	宁夏永宁,固原胡麻,GB 2级	95.3	36.6	6.8	6.6	39.5	5.8					
11	胡麻籽饼	黑龙江哈尔滨,生产厂样品,GB等外	91.2	33.9	3.8	7.0	36.1	10.4					

续表1-5-1

样品编号	饲料名称	饲料样品实体简述	干物质(%)	粗蛋白质(%)	粗脂肪(%)	粗纤维(%)	无氮浸出物(%)	粗灰分(%)	中性洗涤纤维(%)	酸性洗涤纤维(%)	游离棉酚(%)	异硫氰酸酯(mg/kg)	噁唑烷硫酮(mg/kg)
12	胡麻籽饼	宁夏海源,生产厂样品,GB 等外	96.8	32.8	5.0	8.0	45.1	5.9					
13	胡麻籽饼	陕西吴旗,生产厂样品,GB 3 级	97.0	35.6	7.4	7.7	37.4	8.9					
14	胡麻籽饼	内蒙古集宁,生产厂样品,GB 等外	96.3	32.0	10.8	8.1	40.1	5.3					
15	胡麻籽饼	河北张北,生产厂样品,GB 等外	95.6	32.5	7.8	7.6	39.1	8.6					
16	胡麻籽饼	内蒙古呼和浩特,生产厂样品,GB 等外	95.6	30.8	4.7	7.7	42.9	9.5					
17	胡麻籽饼	宁夏永宁,生产厂样品,GB 3 级	90.7	32.0	7.4	6.9	37.9	6.5					
18	胡麻籽饼	甘肃兰州,GB 等外	94.2	33.6	3.1	6.3	40.4	10.8					
19	胡麻籽饼	宁夏彭阳,GB 3 级	95.5	34.9	15.5	8.4	37.4	5.3					
20	胡麻籽饼	甘肃定西,GB 等外	96.4	33.5	9.9	8.6	38.4	6.0					
21	胡麻籽饼	甘肃张掖,GB 等外	91.1	32.9	5.1	11.9	34.6	6.6					
22	胡麻籽饼	陕西定边,GB 等外	90.9	30.9	7.4	11.4	33.5	7.7					
23	胡麻籽饼	内蒙古集宁,GB 等外	96.8	32.8	5.0	5.0	48.2	5.8					
1	鱼粉	浙江峡山,马面鱼,头、皮、内脏,蒸干	93.2	42.0	21.2	0.4	3.1	26.6	—	—			
2	鱼粉	浙江象山,马面鱼,头、皮、内脏、鳍、尾,蒸干	91.3	84.8	10.0	5.2	12.2	29.1	—	—			
3	鱼粉	浙江象山,小鱼小虾,全部,晒干	92.8	45.2	4.3	3.8	5.6	33.8	—	—			
4	鱼粉	浙江宁波,马面鱼,头、皮、内脏、鳍、尾,蒸干	92.3	54.4	17.0	0.1	2.1	18.6	—	—			
7	鱼粉	浙江峡山,马面鱼,头、皮、内脏、骨,蒸干	92.7	54.4	16.8	0.3	1.3	20.0	—	—			
9	鱼粉	浙江三门县,小鱼小虾,全部,晒干	89.1	80.7	7.8	3.9	26.2	20.4	—	—			
10	鱼粉	浙江温岭,敖干鱼、小虾,全部,蒸干	93.4	64.1	8.6	0.5	—	20.5	—	—			
11	鱼粉	浙江温岭,敖干鱼、小虾,全部,蒸干	85.3	56.4	7.5	0.6	0.6	20.3	—	—			

续表1-5-1

样品编号	饲料名称	饲料样品实体简述	干物质(%)	粗蛋白质(%)	粗脂肪(%)	粗纤维(%)	无氮浸出物(%)	粗灰分(%)	中性洗涤纤维(%)	酸性洗涤纤维(%)	游离棉酚(%)	异硫氰酸酯(mg/kg)	噁唑烷硫酮(mg/kg)
12	鱼粉	浙江温岭,小敖干鱼,全部,蒸干	89.5	55.1	3.7	0.4	4.3	26.0	—	—			
13	鱼粉	浙江温岭,小杂鱼、小虾,全部,蒸干	91.8	40.0	5.0	1.9	9.7	35.3	—	—			
15	鱼粉	浙江玉环,马面鱼,头、皮,蒸干	86.4	31.5	13.7	3.7	10.0	27.5	—	—			
16	鱼粉	浙江玉环,虾狗弹,小杂鱼,晒干	93.7	81.6	3.6	5.5	5.1	47.9	—	—			
17	鱼粉	浙江玉环,小带鱼、七星鱼,全部,蒸干	95.7	59.4	9.8	1.0	4.1	21.4	—	—			
18	鱼粉	浙江温岭,黍更子鱼为主,全部,蒸干	93.5	60.6	9.7	1.3	3.0	18.8	—	—			
19	鱼粉	浙江温岭,小虾为主,蒸干	92.1	54.1	5.0	2.5	10.1	20.4	—	—			
20	鱼粉	浙江温岭,马面鱼,头、皮、内脏、鳍、尾,蒸干	94.9	42.9	15.9	0.3	8.5	27.3	—	—			
24	鱼粉	浙江椒江,青鲶鱼、带鱼、马面鱼,头、皮、内脏,蒸干	92.5	42.8	21.6	0.4	2.2	25.6	—	—			
25	鱼粉	浙江椒江,带鱼、鳌鱼,晒干	89.2	54.5	20.4	0.1	—	14.4	—	—			
26	鱼粉	浙江温岭,带鱼(小白带),蒸干	94.7	56.6	13.4	0.5	2.8	21.3	—	—			
27	鱼粉	浙江椒江,七星鱼为主、大带鱼,蒸干	90.7	61.3	7.8	0.9	1.3	19.5	—	—			
29	鱼粉	浙江玉环,马面鱼,头、皮,蒸干	91.3	36.6	22.6	3.1	7.4	21.7	—	—			
30	鱼粉	浙江玉环,青鲇鱼,幼鱼,蒸干	89.6	54.3	6.6	2.8	7.2	18.6	—	—			
31	鱼粉	秘鲁	91.0	62.8	8.1	0.1	3.2	16.8	—	—			
33	鱼粉	河北海兴,鱼制品下脚料,晒干	90.8	22.2	3.2	6.2	19.2	39.9	—	—			
36	鱼粉	浙江玉环,小虾、杂鱼	91.3	46.1	13.4	0.7	3.0	28.0	—	—			
38	鱼粉	浙江玉环,小带鱼、马面鱼,全部,蒸晒混合	86.0	49.0	11.5	0.7	5.4	19.4	—	—			
39	鱼粉	浙江椒江,小白带、七星、白敖籽,小白带为主,蒸干	89.6	72.8	6.4	0.4	—	15.8	—	—			
41	鱼粉	浙江临海,带鱼,白带丝鱼干,2.5%蚕豆,晒干	88.6	62.6	6.3	0.9	—	19.9	—	—			

续表1-5-1

样品编号	饲料名称	饲料样品实体简述	干物质(%)	粗蛋白质(%)	粗脂肪(%)	粗纤维(%)	无氮浸出物(%)	粗灰分(%)	中性洗涤纤维(%)	酸性洗涤纤维(%)	游离棉酚(%)	异硫氰酸酯(mg/kg)	噁唑烷硫酮(mg/kg)
42	鱼粉	浙江临海,青尖油鱼、鱼烤、蚕豆7.5%,晒干	90.9	45.9	10.7	0.9	14.0	19.3	—	—			
43	鱼粉	浙江临海,小杂鱼烤、5%蚕豆,晒干	87.9	54.0	5.6	1.8	3.8	23.1	—	—			
44	鱼粉	浙江定海,小带鱼、小杂鱼,蒸干加晒	89.0	59.5	10.7	0.5	1.9	16.4	—	—			
45	鱼粉	浙江定海,马面鱼下脚,蒸干加晒	88.6	50.0	17.0	0.3	2.2	19.2	—	—			
46	鱼粉	浙江普陀,马面鱼下脚,蒸干、全脱脂	90.4	56.4	2.2	0.2	4.9	26.7	—	—			
48	鱼粉	浙江普陀,马面鱼下脚,蒸干、不脱脂	91.3	52.8	16.5	0.2	3.0	18.8	—	—			
49	鱼粉	浙江普陀,马面鱼下脚、小鱼、小虾,蒸干	90.2	51.3	13.2	0.7	3.4	21.7	—	—			
51	鱼粉	浙江普陀,马面鱼,干湿法部分脱脂	88.1	48.4	11.6	1.1	2.8	24.2	—	—			
52	鱼粉	浙江嵊泗,小杂鱼、小带鱼,蒸干	88.5	63.8	9.2	0.7	—	17.4	—	—			
53	鱼粉	浙江嵊泗,小杂鱼、小带鱼,蒸干	87.2	58.6	9.2	0.8		19.3	—	—			
55	鱼粉	浙江嵊泗,小鱼虾、劣质鱼,蒸干	88.1	52.7	7.0	0.9	4.1	23.3	—	—			
56	鱼粉	浙江嵊泗,小鱼虾、劣质鱼,蒸干	86.8	47.9	5.9	2.0	4.1	26.9	—	—			
62	鱼粉	上海	89.5	60.3	16.0	—	—	10.7	—	—			
63	鱼粉	天津,淡水鱼	91.0	52.9	5.9	—	—	27.7	—	—			
64	鱼粉	北京,橡皮鱼、带鱼	88.8	50.4	12.3	—	—	20.5	—	—			
65	鱼粉	浙江	91.2	38.6	4.6	—	—	27.3	—	—			
66	鱼粉	天津	88.8	33.3	6.3	—	—	42.2	—	—			
67	鱼粉	舟山,内销鱼粉	89.5	55.1	9.3	—	—	18.9	—	—			
68	鱼粉	杭州,淡水鱼	96.8	50.8	15.5	—	—	23.6	—	—			
69	鱼粉	浙江	76.7	50.4	3.9	—	—	20.3	—	—			

续表1-5-1

样品编号	饲料名称	饲料样品实体简述	干物质(%)	粗蛋白质(%)	粗脂肪(%)	粗纤维(%)	无氮浸出物(%)	粗灰分(%)	中性洗涤纤维(%)	酸性洗涤纤维(%)	游离棉酚(%)	异硫氰酸酯(mg/kg)	噁唑烷硫酮(mg/kg)
70	鱼粉	大连	86.8	52.5	8.8	—	—	17.9	—	—			
71	鱼粉	广州电白	90.8	46.4	14.0	—	—	21.2	—	—			
72	鱼粉	福建,黑鱼粉,等外	83.9	30.2	6.5	—	—	36.5	—	—			
1	血粉	北京	89.3	80.2	—	含少量杂质	—	4.4	—	—			
2	血粉	河北石家庄,猪血喷雾干燥	90.3	85.6	—	—	—	1.2	—	—			
3	血粉	吉林省吉林市,熟牛血粉	85.3	80.8	0.3	0	—	3.2	—	—			
4	血粉	吉林长春,猪血粉	92.0	85.0	0.4	—	—		—	—			
5	血粉	黑龙江哈尔滨,猪血粉	87.5	81.6	—	—	—	0.9	—	—			
6	血粉	江苏苏州	85.7	80.4	0.1	0	—	3.8	—	—			
7	血粉	浙江杭州,猪血粉	90.0	85.0	—	—	—		—	—			
8	血粉	安徽蚌埠,猪血喷雾干燥	89.1	82.7	0.2	0	—	5.6	—	—			
9	血粉	河南郑州	90.4	85.8	0.2	0	—	4.4	—	—			
10	血粉	湖南攸县,猪血粉	90.0	84.8	0.3	含少量杂质	—	4.0	—	—			
11	血粉	四川重庆,猪血喷雾干燥	88.9	84.7	0.4	含少量杂质	—	3.2	—	—			
12	血粉	贵州乌当,猪血粉	85.3	80.2	0.3	0	—	4.8	—	—			
13	血粉	云南会泽	88.1	81.3	0.4	0	—	4.9	—	—			
14	血粉	宁夏银川,羊血粉	92.4	88.4	0.2	0	—	3.8	—	—			
15	血粉	宁夏银川,兔血粉	90.8	87.0	0.6	0	—	3.2	—	—			
16	血粉	宁夏区饲料公司,蒸汽排管法	91.1	82.0	0.2	—	—	3.6	—	—			
1	桑蚕蛹	四川重庆,秋蚕蛹,水煮,整粒贮藏半月,GB 3 级	92.0	58.5	26.9	6.0	0.4	5.2	—	—			

续表1-5-1

样品编号	饲料名称	饲料样品实体简述	干物质(%)	粗蛋白质(%)	粗脂肪(%)	粗纤维(%)	无氮浸出物(%)	粗灰分(%)	中性洗涤纤维(%)	酸性洗涤纤维(%)	游离棉酚(%)	异硫氰酸酯(mg/kg)	噁唑烷硫酮(mg/kg)
2	桑蚕蛹	四川重庆,碱处理,整粒贮藏半月,GB 3 级	91.6	58.2	23.4	6.1	1.2	2.7	—	—			
3	桑蚕蛹	四川成都,秋蚕蛹,碱处理,整粒贮藏半月,GB 2 级	90.8	49.3	26.4	3.5	8.0	3.6	—	—			
4	桑蚕蛹	四川成都,春蛹,水煮,整粒贮藏半月,GB 3 级	94.1	44.5	39.9	1.9	3.7	4.1	—	—			
5	桑蚕蛹	四川成都,春蛹,蒸煮后取蛹,整粒贮藏半月,GB 3 级	95.1	45.8	32.3	2.0	10.3	4.8	—	—			
6	桑蚕蛹	四川遂宁,春蛹,碱处理,整粒贮存 1 周,GB 2 级	96.2	48.8	35.0	3.7	5.0	3.8	—	—			
7	桑蚕蛹	四川遂宁,春蛹,刀切法,贮存 3 周,GB 2 级	87.8	57.1	19.1	3.5	3.4	4.7	—	—			
8	桑蚕蛹	四川绵阳,春蛹,碱处理,整粒贮存 3 周,GB 2 级	90.7	47.2	25.3	3.7	10.2	4.3	—	—			
9	桑蚕蛹	四川南充,春蛹,烘干,整粒贮存 1 周,GB 2 级	96.3	51.5	28.2	4.4	9.6	2.6	—	—			
10	桑蚕蛹	广州,春蛹,烘干取蛹,整粒贮存半月,GB 3 级	98.0	47.5	30.3	4.3	10.9	5.0	—	—			
11	桑蚕蛹	上海,整粒蚕蛹,贮存 1 个月,GB 2 级	91.6	48.3	22.1	4.3	13.0	3.9	—	—			
12	桑蚕蛹	四川永川,混合蚕蛹,烘干,整粒贮存 1 个月,GB 2 级	91.3	50.1	27.7	3.3	7.8	2.4	—	—			
13	桑蚕蛹	湖南长沙,碱处理,整粒贮存 1 个月,GB 1 级	93.8	54.5	19.2	3.9	13.2	2.9	—	—			
14	桑蚕蛹	江苏邗江,碱处理,高温蒸汽,整粒贮存 1 月,GB 2 级	93.4	50.4	23.4	3.5	11.5	4.6	—	—			
15	桑蚕蛹	广西桂林,碱处理,整粒贮存 1 月,GB 2 级	87.6	54.8	21.4	3.3	3.3	4.8	—	—			
16	桑蚕蛹	浙江嘉兴,春蚕蛹,碱处理,整粒贮存半月,GB 2 级	89.9	49.3	29.8	3.8	2.6	4.3	—	—			
17	桑蚕蛹	安徽肥西,混合蚕蛹,水煮,整粒贮存 2 月,GB 3 级	93.8	54.1	25.3	3.5	4.5	6.3	—	—			
18	桑蚕蛹	安徽合肥,碱处理,粉状,贮存 2 个月,GB 1 级	92.1	55.8	26.4	1.4	4.6	3.9	—	—			
19	桑蚕蛹	四川达县,碱处理,5-13-6009,中国饲料数据库	91.0	53.9	22.8	—	—	2.9	—	—			
20	桑蚕蛹	云南楚雄,碱处理,5-13-6010,中国饲料数据库	90.0	53.6	25.1	—	—	3.8	—	—			
21	桑蚕蛹	浙江临县,碱处理,5-13-6011,中国饲料数据库	91.4	48.4	31.2	—	—	2.7	—	—			

2.氨基酸含量

表 1-5-2　氨基酸含量

%

样品编号	饲料名称	干物质 DM	粗蛋白质 CP	赖氨酸 Lys	蛋氨酸 Met	胱氨酸 Cys	色氨酸 Trp	苏氨酸 Thr	精氨酸 Arg	组氨酸 His	异亮氨酸 Ile	亮氨酸 Leu	缬氨酸 Val	酪氨酸 Tyr	苯丙氨酸 Phe	丝氨酸 Ser	谷氨酸 Glu	甘氨酸 Gly	丙氨酸 Ala	脯氨酸 Pro	天冬氨酸 Asp
1	蚕豆	85.6	24.8	1.51	—	0.27	0.21	0.80	2.20	0.55	1.03	1.69	1.20	—	1.01	—	—	—	—	—	—
2	蚕豆	89.9	26.9	1.62	—	0.21	0.15	0.87	2.26	0.55	1.14	1.91	1.27	—	1.18	—	—	—	—	—	—
3	蚕豆	85.6	24.3	1.36	0.07	0.26	0.20	0.73	1.97	0.51	0.97	1.61	1.10	—	0.96	—	—	—	—	—	—
4	蚕豆	88.3	26.4	1.40	0.11	0.25	0.26	0.79	2.17	0.58	1.07	1.79	1.20	—	1.00	—	—	—	—	—	—
5	蚕豆	85.1	25.9	1.62	0.11	0.27	0.21	0.90	2.41	0.61	1.18	1.96	1.30	—	1.09	—	—	—	—	—	—
6	蚕豆	87.0	24.5	1.55	0.06	0.27	0.21	0.79	2.22	0.57	1.01	1.70	1.12	—	1.03	—	—	—	—	—	—
7	蚕豆	87.3	25.5	1.48	0.08	0.26	0.17	0.79	2.15	0.57	1.01	1.68	1.11	—	1.00	—	—	—	—	—	—
8	蚕豆	88.4	25.5	1.34	0.07	0.23	0.18	0.74	2.09	0.53	0.89	1.49	1.01	—	0.97	—	—	—	—	—	—
9	蚕豆	89.8	26.9	1.67	0.14	0.26	0.22	0.87	2.50	0.61	1.19	1.96	1.22	—	1.19	—	—	—	—	—	—
10	蚕豆	86.8	25.0	1.57	0.09	0.29	0.21	0.79	2.31	0.60	0.98	1.63	1.10	—	1.10	—	—	—	—	—	—
11	蚕豆	87.5	25.9	1.65	0.12	0.28	0.23	0.86	2.04	0.61	1.06	1.78	1.19	—	1.13	—	—	—	—	—	—
12	蚕豆	85.7	23.7	1.45	0.06	0.27	0.20	0.76	2.27	0.58	0.94	1.58	1.08	—	1.06	—	—	—	—	—	—
13	蚕豆	85.6	24.8	1.50	0.09	0.28	0.22	0.78	2.11	0.57	0.95	1.59	1.08	—	1.09	—	—	—	—	—	—
14	蚕豆	88.4	27.1	1.64	0.04	0.29	0.26	0.90	2.49	0.64	1.13	1.90	1.27	—	1.20	—	—	—	—	—	—
15	蚕豆	89.7	24.8	1.55	0.06	0.28	0.18	0.84	2.23	0.57	1.06	1.78	1.15	—	1.08	—	—	—	—	—	—
16	蚕豆	84.8	25.4	1.36	0.03	0.26	0.21	0.74	1.96	0.51	0.91	1.52	1.00	—	0.94	—	—	—	—	—	—
18	蚕豆	85.8	25.0	1.40	0.08	0.26	0.16	0.74	2.02	0.55	0.89	1.51	1.01	—	1.11	—	—	—	—	—	—
19	蚕豆	86.8	21.1	1.44	0.05	0.20	0.17	0.81	1.98	0.52	0.91	1.58	1.04	—	0.98	—	—	—	—	—	—
20	蚕豆	86.7	21.9	1.46	0.06	0.27	0.21	0.74	1.95	0.53	0.90	1.54	1.03	—	1.02	—	—	—	—	—	—
21	蚕豆	88.2	24.0	1.50	0.08	0.26	0.21	0.80	2.36	0.57	1.01	1.69	1.13	—	1.01	—	—	—	—	—	—

续表1-5-2

样品编号	饲料名称	干物质 DM	粗蛋白质 CP	赖氨酸 Lys	蛋氨酸 Met	胱氨酸 Cys	色氨酸 Trp	苏氨酸 Thr	精氨酸 Arg	组氨酸 His	异亮氨酸 He	亮氨酸 Leu	缬氨酸 Val	酪氨酸 Tyr	苯丙氨酸 Phe	丝氨酸 Ser	谷氨酸 Glu	甘氨酸 Gly	丙氨酸 Ala	脯氨酸 Pro	天冬氨酸 Asp
22	蚕豆	85.6	25.9	1.30	0.07	0.25	0.21	0.66	1.83	0.58	0.78	1.33	0.89	—	0.93	—	—	—	—	—	—
23	蚕豆	87.1	25.7	1.62	0.03	0.31	0.20	0.86	2.50	0.64	1.10	1.86	1.21	—	1.10	—	—	—	—	—	—
25	蚕豆	86.3	27.9	1.56	0.06	0.26	0.24	0.86	2.38	0.59	1.09	1.87	1.23	—	1.11	—	—	—	—	—	—
26	蚕豆	85.2	21.0	1.54	0.04	0.27	0.22	0.79	2.17	0.56	0.91	1.54	1.04	—	1.09	—	—	—	—	—	—
27	蚕豆	87.1	23.3	1.35	0.05	0.25	0.21	0.71	1.91	0.50	0.88	1.48	1.02	—	0.91	—	—	—	—	—	—
28	蚕豆	87.3	25.1	1.26	0.04	0.22	0.23	0.66	1.71	0.45	0.82	1.36	0.96	—	0.86	—	—	—	—	—	—
29	蚕豆	87.2	25.0	1.48	0.05	0.27	0.21	0.75	1.92	0.58	0.89	1.50	1.00	—	1.01	—	—	—	—	—	—
30	蚕豆	86.9	26.9	1.50	0.04	0.24	0.22	0.71	2.27	0.55	0.85	1.45	0.97	—	1.02	—	—	—	—	—	—
31	蚕豆	87.1	25.4	1.63	—	0.24	0.19	0.82	2.48	0.60	0.97	1.82	1.14	—	1.12	—	—	—	—	—	—
32	蚕豆	86.7	25.2	1.15	—	0.24	0.25	0.75	2.46	0.56	0.94	1.73	1.12	—	1.03	—	—	—	—	—	—
33	蚕豆	87.1	26.5	1.54	—	0.23	0.19	0.76	2.47	0.58	0.95	1.77	1.08	—	1.09	—	—	—	—	—	—
34	蚕豆	86.7	25.4	1.42	—	0.17	0.19	0.69	2.10	0.49	0.83	1.58	1.01	—	0.98	—	—	—	—	—	—
35	蚕豆	86.8	23.3	1.24	—	0.19	0.17	0.60	2.08	0.44	0.71	1.37	0.88	—	0.84	—	—	—	—	—	—
36	蚕豆	87.0	27.9	1.74	—	0.24	0.20	0.89	2.67	0.67	1.08	2.03	1.23	—	1.24	—	—	—	—	—	—
37	蚕豆	87.0	25.0	1.42	—	0.20	0.16	0.71	2.46	0.52	0.84	1.60	1.01	—	0.97	—	—	—	—	—	—
38	蚕豆	86.2	26.6	1.52	—	0.22	0.17	0.78	2.73	0.59	0.92	1.75	1.07	—	1.07	—	—	—	—	—	—
39	蚕豆	86.9	26.1	1.45	—	0.19	0.19	0.72	2.55	0.52	0.85	1.61	1.03	—	0.99	—	—	—	—	—	—
40	蚕豆	86.6	24.5	1.45	—	0.20	0.18	0.71	2.45	0.51	0.84	1.58	1.01	—	0.96	—	—	—	—	—	—
41	蚕豆	88.6	26.6	1.52	—	0.22	0.18	0.74	2.33	0.55	0.91	1.71	1.05	—	1.04	—	—	—	—	—	—
42	蚕豆	88.7	24.9	1.61	—	0.22	0.17	0.80	2.47	0.61	0.96	1.83	1.12	—	1.12	—	—	—	—	—	—
43	蚕豆	89.3	28.5	1.63	0.09	0.27	0.16	0.87	2.44	0.60	1.15	1.95	1.25	—	1.15	—	—	—	—	—	—

续表1-5-2

样品编号	饲料名称	干物质 DM	粗蛋白质 CP	赖氨酸 Lys	蛋氨酸 Met	胱氨酸 Cys	色氨酸 Trp	苏氨酸 Thr	精氨酸 Arg	组氨酸 His	异亮氨酸 He	亮氨酸 Leu	缬氨酸 Val	酪氨酸 Tyr	苯丙氨酸 Phe	丝氨酸 Ser	谷氨酸 Glu	甘氨酸 Gly	丙氨酸 Ala	脯氨酸 Pro	天冬氨酸 Asp
44	蚕豆	94.0	29.7	1.65	0.10	0.24	0.25	0.95	2.73	0.59	1.07	1.81	1.17	—	1.08	—	—	—	—	—	—
45	蚕豆	36.3	25.1	1.45	0.09	0.18	0.13	0.84	2.84	0.56	1.06	1.87	1.17	—	1.09	—	—	—	—	—	—
46	蚕豆	86.6	24.0	1.26	0.08	0.18	0.10	0.74	2.28	0.46	0.96	1.70	1.06	—	1.10	—	—	—	—	—	—
47	蚕豆	86.7	24.1	1.27	0.14	0.19	0.12	0.78	2.27	0.51	1.00	1.71	1.10	—	1.13	—	—	—	—	—	—
48	蚕豆	86.7	28.4	1.47	0.04	0.17	0.13	0.92	3.33	0.62	1.21	2.09	1.27	—	1.19	—	—	—	—	—	—
49	蚕豆	87.8	28.7	1.86	0.13	0.41	0.16	1.00	2.74	0.66	1.30	2.32	1.39	—	1.33	—	—	—	—	—	—
50	蚕豆	86.7	26.4	1.75	0.08	0.39	0.16	0.93	2.59	0.62	1.26	2.23	1.38	—	1.27	—	—	—	—	—	—
51	蚕豆	91.4	22.1	1.38	0.04	0.25	0.11	0.69	1.94	0.42	0.92	1.57	0.98	—	0.82	—	—	—	—	—	—
52	蚕豆	89.1	28.6	1.60	—	0.31	0.13	0.86	2.25	0.53	1.03	1.60	1.13	—	0.86	—	—	—	—	—	—
1	豌豆	86.1	23.7	1.51	0.13	0.27	0.20	0.80	1.99	0.51	0.96	1.81	1.04	—	1.24	—	—	—	—	—	—
3	豌豆	89.0	24.3	1.56	0.14	0.27	0.22	0.83	2.15	0.41	0.99	1.84	1.09	—	1.36	—	—	—	—	—	—
4	豌豆	89.1	24.4	1.55	0.16	0.27	0.23	0.83	2.65	0.54	0.01	1.89	1.10	—	1.34	—	—	—	—	—	—
6	豌豆	85.9	21.2	1.50	0.14	0.31	0.22	0.83	2.02	0.59	0.96	1.78	1.05	—	1.18	—	—	—	—	—	—
7	豌豆	89.4	25.1	1.64	0.04	0.30	0.24	0.85	2.32	0.57	1.03	1.74	1.16	—	1.16	—	—	—	—	—	—
8	豌豆	89.3	23.9	1.30	0.17	0.22	0.17	0.85	2.08	0.52	1.03	1.90	1.13	—	1.41	—	—	—	—	—	—
9	豌豆	88.8	25.7	1.63	0.15	0.28	0.20	1.02	2.20	0.53	1.13	2.13	1.31	—	1.53	—	—	—	—	—	—
10	豌豆	88.8	23.3	1.45	0.17	0.25	0.21	0.81	2.15	0.49	0.97	1.30	1.08	—	1.28	—	—	—	—	—	—
11	豌豆	88.9	25.1	1.69	0.16	0.30	0.25	0.93	2.55	0.57	1.11	2.08	1.22	—	1.49	—	—	—	—	—	—
12	豌豆	87.9	25.6	1.37	0.12	0.23	0.27	1.07	2.74	0.66	1.27	2.38	1.41	—	1.62	—	—	—	—	—	—
13	豌豆	88.1	24.4	1.47	0.14	0.23	0.28	0.83	2.29	0.46	0.98	1.83	1.07	—	1.35	—	—	—	—	—	—
14	豌豆	88.4	24.5	1.44	0.06	0.24	0.20	0.85	2.08	0.58	1.04	1.80	1.19	—	1.19	—	—	—	—	—	—

续表1-5-2

样品编号	饲料名称	干物质 DM	粗蛋白质 CP	赖氨酸 Lys	蛋氨酸 Met	胱氨酸 Cys	色氨酸 Trp	苏氨酸 Thr	精氨酸 Arg	组氨酸 His	异亮氨酸 He	亮氨酸 Leu	缬氨酸 Val	酪氨酸 Tyr	苯丙氨酸 Phe	丝氨酸 Ser	谷氨酸 Glu	甘氨酸 Gly	丙氨酸 Ala	脯氨酸 Pro	天冬氨酸 Asp
15	豌豆	88.2	24.3	1.66	0.17	0.28	0.22	0.89	2.52	0.51	1.04	1.98	1.13	—	1.36	—	—	—	—	—	—
16	豌豆	88.4	24.8	1.59	0.13	0.29	0.19	0.89	2.36	0.54	1.09	2.09	1.21	—	1.52	—	—	—	—	—	—
17	豌豆	85.7	23.8	1.67	0.14	0.30	0.27	0.90	2.56	0.62	1.07	1.93	1.16	—	1.33	—	—	—	—	—	—
18	豌豆	86.1	23.6	1.55	0.19	0.26	0.24	0.84	2.44	0.56	1.01	1.88	1.08	—	1.34	—	—	—	—	—	—
19	豌豆	88.9	23.1	1.45	0.16	0.27	0.22	0.82	2.24	0.49	0.99	1.82	1.09	—	1.31	—	—	—	—	—	—
21	豌豆	86.0	24.4	1.69	0.15	0.32	0.24	0.91	2.57	0.61	1.09	2.05	1.18	—	1.44	—	—	—	—	—	—
22	豌豆	87.8	25.9	1.54	0.50	0.30	0.17	0.94	2.69	0.60	1.10	2.08	1.21	—	1.46	—	—	—	—	—	—
23	豌豆	88.8	20.6	1.34	0.20	0.91	0.18	0.72	2.32	0.44	0.90	1.75	0.95	—	1.26	—	—	—	—	—	—
24	豌豆	86.0	19.2	1.32	0.11	0.23	0.19	0.70	2.06	0.42	0.85	1.62	0.91	—	1.21	—	—	—	—	—	—
25	豌豆	85.8	19.1	1.47	0.13	0.27	0.20	0.79	2.14	0.50	0.92	1.75	0.99	—	1.25	—	—	—	—	—	—
26	豌豆	85.8	23.4	1.59	0.20	0.29	0.26	0.85	2.45	0.57	1.04	1.93	1.10	—	1.48	—	—	—	—	—	—
27	豌豆	87.9	23.1	1.52	—	0.28	0.23	0.78	2.31	0.51	0.98	1.62	1.12	—	1.06	—	—	—	—	—	—
28	豌豆	88.8	23.4	1.42	—	0.27	0.20	0.83	2.33	0.50	0.99	1.84	1.09	—	1.30	—	—	—	—	—	—
29	豌豆	86.4	23.1	1.47	0.18	0.29	0.23	0.84	2.17	0.54	1.01	1.89	1.09	—	1.42	—	—	—	—	—	—
30	豌豆	86.5	27.3	1.69	0.18	0.32	0.25	0.93	2.64	0.65	1.14	2.14	1.22	—	1.54	—	—	—	—	—	—
31	豌豆	89.1	25.5	1.56	—	0.21	0.22	0.79	2.46	0.49	1.01	1.65	1.11	—	1.07	—	—	—	—	—	—
32	豌豆	89.3	24.9	1.61	0.06	0.20	0.22	0.76	2.30	0.48	1.04	1.67	1.13	—	1.13	—	—	—	—	—	—
33	豌豆	89.0	23.4	1.58	0.04	0.23	0.22	0.79	2.12	0.49	1.03	1.67	1.12	—	1.12	—	—	—	—	—	—
34	豌豆	90.0	24.2	1.43	0.08	0.24	0.22	0.72	1.93	0.44	0.94	1.53	1.05	—	1.02	—	—	—	—	—	—
35	豌豆	89.4	26.1	1.69	0.07	0.25	0.24	0.88	2.63	0.58	1.10	1.86	1.22	—	1.19	—	—	—	—	—	—
36	豌豆	91.2	23.6	1.32	0.06	0.25	0.22	0.69	1.84	0.42	0.86	1.41	0.99	—	0.94	—	—	—	—	—	—

续表1-5-2

样品编号	饲料名称	干物质 DM	粗蛋白质 CP	赖氨酸 Lys	蛋氨酸 Met	胱氨酸 Cys	色氨酸 Trp	苏氨酸 Thr	精氨酸 Arg	组氨酸 His	异亮氨酸 He	亮氨酸 Leu	缬氨酸 Val	酪氨酸 Tyr	苯丙氨酸 Phe	丝氨酸 Ser	谷氨酸 Glu	甘氨酸 Gly	丙氨酸 Ala	脯氨酸 Pro	天冬氨酸 Asp
37	豌豆	89.3	24.2	1.23	—	0.21	0.23	0.59	1.78	0.41	0.66	1.22	0.84	—	0.85	—	—	—	—	—	—
38	豌豆	90.1	25.1	1.09	—	0.18	0.20	0.63	1.99	0.44	0.74	1.36	0.91	—	0.94	—	—	—	—	—	—
39	豌豆	89.8	21.1	1.24	—	0.22	0.21	0.58	1.70	0.40	0.69	1.23	0.81	—	0.85	—	—	—	—	—	—
40	豌豆	88.6	23.0	1.40	—	0.23	0.22	0.64	2.17	0.47	0.75	1.39	0.90	—	0.97	—	—	—	—	—	—
41	豌豆	88.1	24.1	1.55	0.04	0.24	0.24	0.73	1.56	0.51	0.83	1.56	1.10	—	1.05	—	—	—	—	—	—
42	豌豆	89.7	23.2	1.33	—	0.21	0.22	0.63	1.76	0.43	0.72	1.29	0.88	—	0.95	—	—	—	—	—	—
43	豌豆	89.2	23.1	1.42	—	0.28	0.22	0.67	2.21	0.46	0.74	1.39	0.91	—	0.97	—	—	—	—	—	—
45	豌豆	88.2	21.8	1.21	0.05	0.18	0.16	0.58	1.79	0.41	0.80	1.14	0.95	—	1.14	—	—	—	—	—	—
46	豌豆	88.2	24.1	1.31	0.05	0.18	0.17	0.77	2.43	0.48	0.90	1.54	1.02	—	1.06	—	—	—	—	—	—
47	豌豆	89.0	21.8	1.20	0.07	0.15	0.15	0.66	2.32	0.38	0.84	1.39	0.96	—	0.94	—	—	—	—	—	—
48	豌豆	88.3	22.1	1.20	—	0.16	0.17	0.70	2.15	0.43	0.83	1.41	0.95	—	1.00	—	—	—	—	—	—
49	豌豆	89.1	22.0	1.16	0.06	0.13	0.15	0.67	2.01	0.38	0.84	1.42	0.95	—	0.92	—	—	—	—	—	—
3	花生饼	92.3	40.2	0.89	0.68	1.12		0.20	0.99	1.98	1.52	1.12	0.73		3.96						
4	花生饼	94.1	48.5	1.27	0.53	1.33		0.24	1.38	2.54	2.02	1.31	0.89		4.95						
5	花生饼	92.1	38.8	0.89	0.38	1.18		0.19	1.01	2.08	1.51	1.12	0.75		3.19						
6	花生饼	91.4	47.2	1.05	0.45	1.34		0.21	1.22	2.62	2.01	1.43	0.92		4.76						
7	花生饼	92.2	43.2	1.04	0.47	1.33		0.31	1.18	2.38	1.83	1.23	0.84		4.56						
8	花生饼	91.7	47.7	1.07	0.45	1.35		0.17	1.17	2.53	2.02	1.35	0.84		4.86						
9	花生饼	91.5	48.4	1.07	1.00	1.31		0.42	1.21	2.60	2.02	1.48	0.91		5.03						
10	花生饼	92.9	43.8	0.96	0.37	1.34		0.20	1.15	2.44	1.93	1.28	0.82		4.66						
11	花生饼	92.7	48.4	1.01	0.70	1.37		0.26	1.24	2.40	1.88	1.26	0.86		4.85						

续表1-5-2

样品编号	饲料名称	干物质 DM	粗蛋白质 CP	赖氨酸 Lys	蛋氨酸 Met	胱氨酸 Cys	色氨酸 Trp	苏氨酸 Thr	精氨酸 Arg	组氨酸 His	异亮氨酸 He	亮氨酸 Leu	缬氨酸 Val	酪氨酸 Tyr	苯丙氨酸 Phe	丝氨酸 Ser	谷氨酸 Glu	甘氨酸 Gly	丙氨酸 Ala	脯氨酸 Pro	天冬氨酸 Asp
12	花生饼	93.2	45.7	0.98	0.75	1.21		0.32	1.20	2.11	1.81	1.15	0.73		4.36						
13	花生饼	92.4	52.8	1.09	0.75	1.48		0.39	1.40	2.89	2.06	1.46	0.94		5.58						
14	花生饼	91.9	46.1	1.00	0.70	1.32		0.31	1.21	2.46	1.79	1.28	0.86		4.67						
15	花生饼	92.9	54.0	1.12	0.93	1.36		0.31	1.39	2.89	2.10	1.38	0.97		5.44						
16	花生饼	92.1	48.9	1.00	0.85	1.32		0.28	1.19	2.47	1.83	1.44	0.84		5.49						
17	花生饼	92.2	31.0	0.67	0.52	0.88		0.17	0.78	1.61	1.18	0.98	0.54		2.99						
18	花生饼	92.3	50.6	1.04	0.83	1.86		0.30	1.25	2.63	1.99	1.37	0.89		5.12						
19	花生饼	92.2	51.2	1.04	0.91	1.32		0.35	1.23	2.58	1.96	1.35	0.89		5.08						
20	花生饼	94.5	42.7	1.04	0.80	1.17		0.25	1.14	2.08	1.67	1.09	0.77		4.09						
21	花生饼	92.9	47.8	1.13	0.86	1.29		0.19	1.21	2.43	1.94	1.37	0.83		5.01						
22	花生饼	93.7	51.4	1.17	0.98	1.40		0.31	1.41	2.64	2.04	1.47	0.87		5.63						
28	花生饼	91.1	39.6	0.93	0.68	1.14		0.32	1.02	2.09	1.63	1.08	0.74		3.72						
29	花生饼	93.1	41.0	0.89	0.67	1.13		0.19	1.04	1.86	1.49	1.31	0.73		4.32						
30	花生饼	92.1	46.7	1.11	0.82	1.40		0.15	1.01	2.42	1.96	1.40	0.81		5.02						
31	花生饼	93.5	51.0	1.17	0.90	1.44		0.24	1.38	2.53	1.98	1.58	0.87		5.58						
32	花生饼	93.1	51.9	1.13	0.49	1.39		0.21	1.24	2.67	2.01	1.45	0.93		5.19						
33	花生饼	93.2	40.5	0.93	0.84	1.19		0.33	1.05	2.07	1.58	1.23	0.77		4.04						
34	花生饼	93.3	40.2	0.95	0.91	1.21		0.31	1.06	2.07	1.67	1.08	0.80		4.15						
35	花生饼	92.7	38.1	0.83	0.97	1.28		0.36	1.00	2.04	1.59	1.29	0.74		4.12						
36	花生饼	92.6	38.6	0.94	0.81	1.16		0.29	1.02	2.02	1.59	1.11	0.74		4.21						
37	花生饼	93.5	38.2	1.03	0.79	1.27		0.32	1.15	1.88	1.60	1.10	0.73		4.00						

续表1-5-2

样品编号	饲料名称	干物质 DM	粗蛋白质 CP	赖氨酸 Lys	蛋氨酸 Met	胱氨酸 Cys	色氨酸 Trp	苏氨酸 Thr	精氨酸 Arg	组氨酸 His	异亮氨酸 He	亮氨酸 Leu	缬氨酸 Val	酪氨酸 Tyr	苯丙氨酸 Phe	丝氨酸 Ser	谷氨酸 Glu	甘氨酸 Gly	丙氨酸 Ala	脯氨酸 Pro	天冬氨酸 Asp
55	花生饼	93.7	42.0	1.39	0.94	1.31		0.41	1.49	2.47	1.69	1.75	0.83		2.63						
57	花生饼	92.6	46.1	0.96	0.84	1.34		0.22	1.12	2.41	1.89	1.40	0.84		4.89						
58	花生饼	93.4	42.1	0.91	0.78	1.30		0.26	1.08	2.43	1.63	1.32	0.83		4.82						
59	花生饼	92.5	51.1	1.04	1.01	1.39		0.34	1.23	2.50	1.94	1.29	0.91		4.93						
60	花生饼	92.6	50.8	1.20	0.90	1.55		0.28	1.29	2.64	2.18	1.50	0.93		5.07						
62	花生饼	93.1	50.3	1.17	1.36	1.35		0.32	1.31	2.83	2.09	1.54	0.96		5.66						
63	花生饼	94.6	46.9	1.04	0.99	1.29		0.21	1.18	2.36	1.82	1.26	0.87		4.47						
64	花生饼	92.9	40.4	1.02	0.51	1.19		0.13	1.08	2.14	1.58	1.23	0.75		4.19						
66	花生饼	93.2	50.8	1.14	0.96	1.40		0.21	1.28	2.69	2.00	1.34	0.91		4.13						
67	花生饼	—	—	1.04	0.76	1.80		0.27	1.18	2.88	1.82	1.31	0.84		4.65						
68	花生饼	—	—	0.12	0.22	0.11		0.07	0.14	0.29	0.21	0.15	0.08		0.67						
1	菜籽饼	94.7	40.7	1.76	0.92	0.69		1.98	2.33	1.25	1.49	2.80	1.82		1.61						
5	菜籽饼	92.6	39.6	0.92	0.50	0.93		1.35	1.62	0.81	1.21	2.22	1.67		1.46						
8	菜籽饼	96.3	39.3	1.74	0.82	0.67		1.77	2.22	0.98	1.62	2.81	2.05		1.73						
10	菜籽饼	94.2	36.3	1.78	0.84	0.65		1.52	1.92	1.04	1.33	2.28	1.79		1.46						
11	菜籽饼	94.5	40.6	1.74	0.77	0.70		1.58	2.35	0.99	1.55	2.60	1.96		1.36						
13	菜籽饼	94.3	36.3	1.75	0.76	0.62		1.48	1.66	1.03	1.44	2.52	1.91		1.32						
15	菜籽饼	90.5	37.8	1.60	0.77	0.65		1.47	2.01	1.00	1.31	2.44	1.68		1.42						
18	菜籽饼	88.9	36.5	1.07	0.79	0.53		1.46	1.69	1.49	1.32	2.38	1.61		1.50						
19	菜籽饼	94.8	39.4	1.76	0.74	0.66		1.99	2.29	0.99	1.80	3.12	2.28		1.63						
22	菜籽饼	89.2	37.9	1.61	0.89	0.65		1.56	2.08	1.06	1.55	2.53	1.83		1.24						

续表1-5-2

样品编号	饲料名称	干物质 DM	粗蛋白质 CP	赖氨酸 Lys	蛋氨酸 Met	胱氨酸 Cys	色氨酸 Trp	苏氨酸 Thr	精氨酸 Arg	组氨酸 His	异亮氨酸 He	亮氨酸 Leu	缬氨酸 Val	酪氨酸 Tyr	苯丙氨酸 Phe	丝氨酸 Ser	谷氨酸 Glu	甘氨酸 Gly	丙氨酸 Ala	脯氨酸 Pro	天冬氨酸 Asp
24	菜籽饼	93.7	41.2	1.63	0.67	0.72		1.57	2.09	0.95	1.32	2.55	1.91		1.60						
27	菜籽饼	92.1	38.6	1.12	0.79	0.67		1.54	1.87	0.78	1.41	2.60	1.77		1.59						
28	菜籽饼	93.2	38.3	1.36	0.77	0.67		1.44	2.09	0.90	1.40	2.56	1.80		1.60						
31	菜籽饼	95.0	38.6	1.52	0.57	1.00		1.38	2.00	0.85	1.20	2.24	1.59		1.34						
34	菜籽饼	93.1	38.8	0.93	0.48	0.88		1.37	1.67	0.79	1.18	2.16	1.52		1.36						
38	菜籽饼	95.3	40.5	1.55	0.58	1.01		1.48	2.08	0.86	1.32	2.48	1.70		1.48						
39	菜籽饼	95.7	40.1	0.97	0.60	1.01		1.34	1.60	0.76	1.12	2.06	1.48		1.34						
40	菜籽饼	89.9	40.6	0.77	0.66	0.93		1.39	1.70	0.82	1.23	2.31	1.61		1.57						
47	菜籽饼	92.5	36.9	1.60	0.47	0.93		1.43	2.06	0.83	1.13	2.20	1.48		1.34						
48	菜籽饼	91.7	38.7	1.25	0.47	0.80		1.40	1.88	0.78	1.12	2.15	1.48		1.41						
49	菜籽饼	93.1	38.5	1.39	0.65	0.95		1.49	2.17	0.85	1.22	2.34	1.63		1.44						
51	菜籽饼	81.2	37.1	1.60	0.57	0.88		1.57	2.07	0.87	1.27	2.40	1.72		1.55						
53	菜籽饼	94.9	38.4	1.73	0.59	0.89		1.52	2.13	0.85	1.31	2.41	1.79		1.53						
54	菜籽饼	94.3	40.9	1.20	0.48	0.93		1.32	1.59	0.81	1.20	2.22	1.54		1.35						
55	菜籽饼	91.8	36.1	1.59	0.58	0.85		1.30	1.72	0.77	1.16	2.11	1.43		1.32						
56	菜籽饼	95.3	37.1	1.44	0.70	0.64		1.44	1.82	0.85	1.34	2.67	1.75		1.52						
2	菜籽粕	89.9	41.3	1.89	0.79	0.70		1.89	2.23	1.05	1.39	2.73	1.47		1.52						
3	菜籽粕	88.0	40.8	0.89	0.55	0.84		1.26	1.49	0.75	1.15	2.11	1.55		1.38						
4	菜籽粕	88.0	40.8	0.78	0.54	0.86		1.39	1.51	0.81	1.21	2.29	1.63		1.57						
6	菜籽粕	90.3	42.1	1.18	0.74	1.02		1.42	1.84	0.87	1.35	2.41	1.78		1.53						
7	菜籽粕	90.2	39.7	0.92	0.62	0.97		1.40	1.65	0.83	1.30	2.31	1.71		1.53						

续表1-5-2

样品编号	饲料名称	干物质 DM	粗蛋白质 CP	赖氨酸 Lys	蛋氨酸 Met	胱氨酸 Cys	色氨酸 Trp	苏氨酸 Thr	精氨酸 Arg	组氨酸 His	异亮氨酸 He	亮氨酸 Leu	缬氨酸 Val	酪氨酸 Tyr	苯丙氨酸 Phe	丝氨酸 Ser	谷氨酸 Glu	甘氨酸 Gly	丙氨酸 Ala	脯氨酸 Pro	天冬氨酸 Asp
9	菜籽粕	88.4	38.2	1.76	0.83	0.64		1.57	2.14	0.99	1.44	2.64	1.81		1.48						
12	菜籽粕	90.8	41.3	1.59	0.98	0.72		1.66	2.18	0.99	1.48	2.62	1.89		1.39						
14	菜籽粕	89.6	37.8	1.41	0.70	0.64		1.56	1.86	0.95	1.29	2.37	1.76		1.21						
21	菜籽粕	89.9	41.0	1.12	0.89	0.68		1.69	1.96	0.91	1.32	2.43	1.73		1.40						
23	菜籽粕	88.2	40.5	1.32	0.81	0.73		1.66	1.93	0.93	1.36	2.67	1.88		1.70						
26	菜籽粕	90.5	41.8	1.22	0.91	0.78		1.90	1.59	0.97	1.67	1.59	2.38		1.88						
29	菜籽粕	86.2	39.2	1.30	0.67	0.66		1.86	1.15	0.92	1.50	2.78	2.32		1.82						
33	菜籽粕	89.0	40.0	1.00	0.66	0.95		1.40	1.76	0.81	1.23	2.28	1.67		1.51						
45	菜籽粕	88.1	41.9	1.96	0.84	1.05		2.11	2.94	1.24	1.83	2.39	2.33		2.15						
50	菜籽粕	89.7	40.9	1.40	0.66	1.03		1.61	2.07	0.89	1.31	2.41	1.80		1.65						
52	菜籽粕	89.7	39.2	1.15	0.71	0.91		1.51	1.72	0.77	1.27	2.37	1.69		1.47						
1	鱼粉	93.2	42.0	2.35	0.34	0.52	—	1.53	2.68	0.64	1.63	2.63	2.21	0.96	1.65	1.52	5.31	4.79	3.68	2.29	3.36
2	鱼粉	91.3	84.8	2.12	0.88	0.39	—	1.37	2.29	0.58	1.53	2.37	1.97	0.96	1.48	1.38	4.85	3.85	3.12	1.92	3.02
3	鱼粉	92.8	45.2	2.96	0.30	0.27	—	1.91	2.61	0.80	2.44	3.38	2.41	1.30	1.95	1.75	6.74	2.87	3.24	1.62	4.19
4	鱼粉	92.3	54.4	3.27	0.12	0.34	—	2.28	3.26	0.97	1.82	3.46	2.38	1.25	1.83	2.18	7.43	4.59	3.44	2.80	4.96
7	鱼粉	92.7	54.4	3.44	0.08	0.41	—	2.23	3.38	1.03	1.92	3.66	2.53	1.28	1.89	2.20	7.67	4.53	3.51	2.77	4.80
9	鱼粉	89.1	80.7	1.71	0.81	0.35	—	1.23	2.02	0.57	1.58	2.31	1.88	1.02	1.58	1.11	5.39	1.84	2.12	1.15	3.01
10	鱼粉	93.4	64.1	3.96	1.41	0.45	—	2.39	2.48	1.13	3.04	5.15	3.55	1.51	2.62	1.76	9.72	3.87	4.72	2.26	5.14
11	鱼粉	85.3	56.4	3.51	0.04	0.28	—	2.21	2.55	1.05	2.46	4.22	2.99	1.35	2.12	1.72	8.92	3.56	3.56	2.29	4.95
12	鱼粉	89.5	55.1	4.03	0.97	0.41	—	2.37	3.05	1.00	2.61	4.43	3.13	1.53	2.41	1.84	8.80	3.39	4.15	2.07	5.04
13	鱼粉	91.8	40.0	2.49	0.85	0.44	—	1.61	2.09	0.57	2.08	3.09	2.35	1.21	1.87	1.35	6.49	2.78	2.98	1.65	3.73

续表1-5-2

样品编号	饲料名称	干物质 DM	粗蛋白质 CP	赖氨酸 Lys	蛋氨酸 Met	胱氨酸 Cys	色氨酸 Trp	苏氨酸 Thr	精氨酸 Arg	组氨酸 His	异亮氨酸 He	亮氨酸 Leu	缬氨酸 Val	酪氨酸 Tyr	苯丙氨酸 Phe	丝氨酸 Ser	谷氨酸 Glu	甘氨酸 Gly	丙氨酸 Ala	脯氨酸 Pro	天冬氨酸 Asp
15	鱼粉	86.4	31.5	1.36	0.30	0.35	—	1.09	1.90	0.52	1.24	1.91	1.46	0.97	1.31	1.16	4.50	2.17	1.69	1.41	2.74
16	鱼粉	93.7	81.6	1.58	—	0.32	—	1.14	1.35	0.44	1.55	1.84	1.46	0.97	1.22	0.89	4.16	1.84	1.54	1.12	2.72
17	鱼粉	95.7	59.4	4.22	1.03	0.39	—	2.44	3.76	1.02	2.68	4.38	3.03	1.54	2.53	2.10	9.36	4.62	4.49	2.40	5.60
18	鱼粉	93.5	60.6	4.79	0.75	0.38	—	2.97	3.66	1.34	3.35	5.33	3.84	2.08	2.97	2.51	10.0	3.34	4.47	2.15	6.43
19	鱼粉	92.1	54.1	4.02	0.89	0.43	—	2.77	3.88	1.01	3.30	5.00	3.49	1.97	2.93	2.43	9.88	3.54	4.36	2.14	6.34
20	鱼粉	94.9	42.9	1.67	0.59	0.42	—	1.36	2.24	0.59	1.34	2.25	1.78	0.95	1.45	1.31	4.61	3.92	2.62	2.20	3.08
24	鱼粉	92.5	42.8	2.14	—	0.35	—	1.58	2.51	0.65	1.42	2.39	1.88	0.87	1.42	1.64	5.53	4.94	3.16	2.54	3.45
25	鱼粉	89.2	54.5	3.55	0.66	0.44	—	2.07	2.88	0.92	2.18	3.80	2.52	1.31	1.96	1.75	8.13	3.41	3.42	2.21	4.74
26	鱼粉	94.7	56.6	3.70	1.01	0.31	—	2.26	3.23	0.88	2.17	3.88	2.48	1.41	2.00	1.88	8.74	3.91	3.43	2.37	5.17
27	鱼粉	90.7	61.3	3.74	1.09	0.38	—	2.47	2.94	1.13	2.46	4.36	2.86	1.54	2.23	1.94	8.99	3.30	3.48	2.27	5.15
29	鱼粉	91.3	36.6	1.63	0.67	0.44	—	1.17	2.49	0.57	1.18	1.90	1.59	0.82	1.36	1.30	5.00	3.73	2.41	2.09	2.78
30	鱼粉	89.6	54.3	4.15	1.14	0.44	—	2.37	4.33	1.17	2.69	4.52	3.31	1.67	2.56	2.08	9.61	3.49	4.11	2.22	5.44
31	鱼粉	91.0	62.8	4.30	0.68	0.39	—	2.56	3.77	1.79	2.42	4.50	3.02	1.66	2.37	2.25	9.13	4.33	3.86	2.77	5.62
33	鱼粉	90.8	22.2	1.37	—	0.29	—	0.90	1.74	0.50	1.08	1.57	1.15	0.83	1.19	0.89	4.26	1.26	1.21	1.00	2.06
36	鱼粉	91.3	46.1	2.16	0.65	0.33	—	1.31	2.02	0.61	1.31	2.19	1.63	0.90	1.39	1.20	4.76	2.68	2.11	1.60	3.03
38	鱼粉	86.0	49.0	3.32	0.21	0.36	—	2.06	2.89	0.82	1.91	3.39	2.23	1.26	1.84	1.90	7.74	3.95	3.32	2.32	4.91
39	鱼粉	89.6	72.8	4.29	1.01	0.33	—	2.50	3.40	1.11	2.48	4.49	2.88	1.52	2.28	2.04	9.58	4.30	3.73	2.52	5.66
41	鱼粉	88.6	62.6	3.97	1.10	0.48	—	2.27	3.27	0.92	2.71	4.13	2.99	1.94	2.47	1.86	8.29	3.74	3.99	1.95	5.09
42	鱼粉	90.9	45.9	3.32	1.06	0.37	—	1.91	2.77	0.94	2.30	3.65	2.70	1.40	2.11	1.55	7.02	3.11	3.56	1.75	4.44
43	鱼粉	87.9	54.0	3.25	0.07	0.28	—	1.95	2.62	0.84	1.98	3.36	2.23	1.22	1.95	1.77	7.46	3.12	2.95	1.97	4.65
44	鱼粉	89.0	59.5	3.70	0.17	0.29	—	2.31	3.11	0.98	2.16	3.79	2.55	1.38	2.07	2.09	8.52	4.05	3.53	2.95	5.15

续表1-5-2

样品编号	饲料名称	干物质 DM	粗蛋白质 CP	赖氨酸 Lys	蛋氨酸 Met	胱氨酸 Cys	色氨酸 Trp	苏氨酸 Thr	精氨酸 Arg	组氨酸 His	异亮氨酸 Ile	亮氨酸 Leu	缬氨酸 Val	酪氨酸 Tyr	苯丙氨酸 Phe	丝氨酸 Ser	谷氨酸 Glu	甘氨酸 Gly	丙氨酸 Ala	脯氨酸 Pro	天冬氨酸 Asp
45	鱼粉	88.6	50.0	3.52	0.13	0.46	—	2.41	3.62	0.99	2.31	3.97	2.94	1.56	2.37	2.26	7.92	5.24	4.65	2.70	5.13
46	鱼粉	90.4	56.4	3.52	1.54	0.53	—	2.28	3.75	0.99	2.40	4.01	3.14	1.62	2.27	2.14	8.31	6.11	5.37	3.13	4.77
48	鱼粉	91.3	52.8	3.59	0.30	0.39	—	2.28	3.61	1.08	2.11	3.85	2.82	1.30	2.08	2.15	8.49	5.27	4.12	3.08	4.90
49	鱼粉	90.2	51.3	2.77	—	0.31	—	1.87	2.88	0.82	1.79	3.03	2.45	1.07	1.76	1.83	7.01	4.58	3.57	2.51	4.19
51	鱼粉	88.1	48.4	3.16	0.19	0.32	—	2.01	2.73	0.92	2.08	3.41	2.64	1.24	1.93	1.86	6.75	3.69	3.74	1.95	4.19
52	鱼粉	88.5	63.8	4.32	0.47	0.54	—	2.89	3.33	1.10	2.57	4.55	3.16	1.75	2.38	2.56	11.10	4.84	4.58	2.42	6.74
53	鱼粉	87.2	58.6	4.13	0.45	0.33	—	2.48	3.60	1.07	2.43	4.14	2.67	1.55	2.31	2.24	9.22	4.03	3.89	2.43	5.64
55	鱼粉	88.1	52.7	3.36	0.49	0.47	—	2.09	2.85	0.79	2.34	3.79	2.74	1.48	2.06	1.81	8.45	3.81	3.67	2.46	4.97
56	鱼粉	86.8	47.9	3.02	—	0.36	—	1.92	2.58	0.72	2.26	3.50	2.45	1.27	1.88	1.68	7.68	3.52	3.30	2.17	4.60
2	血粉	90.3	85.6	7.62	0.70	—	—	3.11	3.77	5.67	0.66	11.03	6.75	—	5.35	—	—	—	—	—	—
3	血粉	85.3	80.8	8.07	1.14	—	—	3.48	3.16	5.12	—	—	8.91	—	11.22	—	—	—	—	—	—
6	血粉	85.7	80.4	6.97	0.71	—	—	3.12	3.59	5.22	0.77	10.20	6.39	—	5.29	—	—	—	—	—	—
7	血粉	90.0	85.0	6.25	0.84	—	—	2.80	2.90	4.78	0.74	9.87	5.68	—	5.12	—	—	—	—	—	—
10	血粉	90.0	84.8	7.04	—	—	—	3.03	3.91	5.50	0.71	10.42	6.99	—	5.46	—	—	—	—	—	—
11	血粉	88.9	84.7	7.79	0.68	—	—	3.51	4.13	6.01	0.88	11.96	7.64	—	6.05	—	—	—	—	—	—
14	血粉	92.4	88.4	7.31	1.02	—	—	3.81	2.81	5.17	0.64	10.57	7.38	—	5.81	—	—	—	—	—	—
15	血粉	90.8	87.0	6.55	0.58	—	—	3.72	2.16	4.82	1.14	8.56	5.76	—	4.87	—	—	—	—	—	—
16	血粉	91.1	82.0	6.15	0.64	—	—	2.63	3.17	0.48	0.72	0.33	6.01	—	4.13	—	—	—	—	—	—

1.5 中国农业科学院畜牧研究所,1989. 科研档案(75-5-5-1、75-5-5-5)

3. 氨基酸利用率

表 1-5-3 氨基酸利用率

%

饲料原料	苏氨酸	胱氨酸	缬氨酸	蛋氨酸	异亮氨酸	亮氨酸	苯丙氨酸	赖氨酸	组氨酸	精氨酸
花生饼	84	89	85	76	83	90	—	86	92	96
花生饼	76	86	89	77	78	93	90	86	94	92
花生饼	84	78	85	76	84	89	91	85	90	94
花生饼	83	79	88	84	87	92	89	94	96	91
花生饼	87	83	84	81	86	94	—	86	92	99
花生饼	83	—	87	—	88	90	88	89	96	92
花生饼	79	92	—	91	88	92	—	90	95	94
花生饼	94	—	94	—	—	—	96	—	—	
花生饼	88	90	92	79	90	93	84	87	93	93
花生饼	87	87	—	88	89	—	93	94	—	99
花生饼	93	93	86	92	89	87	97	94	94	96
花生饼	92	92	91	88	91	95	95	92	—	96
花生饼	93	93	93	89	88	91	97	91	96	99
花生饼	88	90	91	84	89	94	97	88	93	70
花生饼	79	84	83	78	81	89	90	83	87	95
花生饼	88	91	92	86	92	94	95	91	94	96

续表1-5-3

饲料原料	苏氨酸	胱氨酸	缬氨酸	蛋氨酸	异亮氨酸	亮氨酸	苯丙氨酸	赖氨酸	组氨酸	精氨酸
花生饼	91	93	92	87	92	94	94	93	96	94
花生饼	80	91	90	86	91	95	95	86	94	93
花生饼	90	91	92	78	91	93	94	91	95	96
花生饼	88	92	93	88	77	91	97	93	94	96
花生饼	86	88	84	85	87	90	91	85	91	92
花生饼	87	86	89	78	71	91	93	89	93	91
花生饼	84	92	91	77	97	—	95	92	95	94
花生饼	82	—	85	—	81	96	95	79	94	87
花生饼	89	87	88	79	93	95	97	93	95	95
花生饼	87	94	87	87	77	93	96	87	94	91
花生饼	84	92	88	86	82	86	94	82	84	94
花生饼	89	94	82	90	90	93	94	81	92	95
花生饼	81	92	91	82	81	94	98	88	93	96
花生饼	86	89	91	83	71	94	81	88	95	94

4. 矿物质含量

表 1-5-4 矿物质含量(含氯元素)

样品编号	饲料名称	干物质 DM(%)	钙 Ca (%)	磷 P (%)	钾 K (%)	钠 Na (%)	镁 Mg (%)	铁 Fe (mg/kg)	铜 Cu (mg/kg)	锰 Mn (mg/kg)	锌 Zn (mg/kg)	硒 Se (mg/kg)	钴 Co (mg/kg)	钼 Mo (mg/kg)	植酸磷 Phy-P(%)	盐分
1	蚕豆	85.6	0.14	0.39	—	—	—	—	—	—	—	—	—	—		
2	蚕豆	89.9	0.14	0.42	—	—	—	—	—	—	—	—	—	—		
3	蚕豆	85.6	0.14	0.44	—	—	—	—	—	—	—	—	—	—		
4	蚕豆	88.3	0.13	0.54	—	—	—	—	—	—	—	—	—	—		
5	蚕豆	85.1	0.14	0.42	—	—	—	—	—	—	—	—	—	—		
6	蚕豆	87.0	0.14	0.48	—	—	—	—	—	—	—	—	—	—		
7	蚕豆	87.3	0.14	0.44	—	—	—	—	—	—	—	—	—	—		
8	蚕豆	88.4	0.16	0.34	—	—	—	—	—	—	—	—	—	—		
9	蚕豆	89.8	0.14	0.48	—	—	—	—	—	—	—	—	—	—		
10	蚕豆	86.8	0.16	0.41	—	—	—	—	—	—	—	—	—	—		
11	蚕豆	87.5	0.12	0.38	—	—		—	—	—	—	—	—	—		
12	蚕豆	85.7	0.14	0.38	—	—	—	—	—	—	—	—	—	—		
13	蚕豆	85.6	0.14	0.44	—	—	—	—	—	—	—	—	—	—		
14	蚕豆	88.4	0.12	0.46	—	—	—	—	—	—	—	—	—	—		
15	蚕豆	89.7	0.12	0.47	—	—	—	—	—	—	—	—	—	—		
16	蚕豆	84.8	0.16	0.38	—	—	—	—	—	—	—	—	—	—		
18	蚕豆	85.8	0.13	0.41	—	—	—	—	—	—	—	—	—	—		
19	蚕豆	86.8	0.14	0.36	—	—	—	—	—	—	—	—	—	—		
20	蚕豆	86.7	0.12	0.32	—	—	—	—	—	—	—	—	—	—		
21	蚕豆	88.2	0.14	0.38	—	—	—	—	—	—	—	—	—	—		
22	蚕豆	85.6	0.12	0.40	—	—	—	—	—	—	—	—	—	—		
23	蚕豆	87.1	0.14	0.47	—	—	—	—	—	—	—	—	—	—		

续表1-5-4

样品编号	饲料名称	干物质 DM(%)	钙 Ca (%)	磷 P (%)	钾 K (%)	钠 Na (%)	镁 Mg (%)	铁 Fe (mg/kg)	铜 Cu (mg/kg)	锰 Mn (mg/kg)	锌 Zn (mg/kg)	硒 Se (mg/kg)	钴 Co (mg/kg)	钼 Mo (mg/kg)	植酸磷 Phy-P(%)	盐分
25	蚕豆	86.3	0.12	0.64	—	—	—	—	—	—	—	—	—	—		
26	蚕豆	85.2	0.13	0.36	—	—	—	—	—	—	—	—	—	—		
27	蚕豆	87.1	0.14	0.38	—	—	—	—	—	—	—	—	—	—		
28	蚕豆	87.3	0.14	0.57	—	—	—	—	—	—	—	—	—	—		
29	蚕豆	87.2	0.16	0.60	—	—	—	—	—	—	—	—	—	—		
30	蚕豆	86.9	0.16	0.52	—	—	—	—	—	—	—	—	—	—		
31	蚕豆	87.1	0.12	0.44	—	—	—	—	—	—	—	—	—	—		
32	蚕豆	86.7	0.10	0.34	—	—	—	—	—	—	—	—	—	—		
33	蚕豆	87.1	0.14	0.22	—	—	—	—	—	—	—	—	—	—		
34	蚕豆	86.7	0.14	0.32	—	—	—	—	—	—	—	—	—	—		
35	蚕豆	86.8	0.12	0.30	—	—	—	—	—	—	—	—	—	—		
36	蚕豆	87.0	0.11	0.60	—	—	—	—	—	—	—	—	—	—		
37	蚕豆	87.0	0.12	0.22	—	—	—	—	—	—	—	—	—	—		
38	蚕豆	86.2	0.08	0.20	—	—	—	—	—	—	—	—	—	—		
39	蚕豆	86.9	0.10	0.34	—	—	—	—	—	—	—	—	—	—		
40	蚕豆	86.6	0.10	0.34	—	—	—	—	—	—	—	—	—	—		
41	蚕豆	88.6	0.15	0.32	—	—	—	—	—	—	—	—	—	—		
42	蚕豆	88.7	0.12	0.21	—	—	—	—	—	—	—	—	—	—		
43	蚕豆	89.3	0.16	0.55	—	—	—	—	—	—	—	—	—	—		
44	蚕豆	94.0	0.14	0.64	—	—	—	—	—	—	—	—	—	—		
45	蚕豆	86.3	0.10	0.64	—	—	—	—	—	—	—	—	—	—		
46	蚕豆	86.6	0.12	0.37	—	—	—	—	—	—	—	—	—	—		
47	蚕豆	86.7	0.11	0.42	—	—	—	—	—	—	—	—	—	—		

续表1-5-4

样品编号	饲料名称	干物质 DM(%)	钙 Ca (%)	磷 P (%)	钾 K (%)	钠 Na (%)	镁 Mg (%)	铁 Fe (mg/kg)	铜 Cu (mg/kg)	锰 Mn (mg/kg)	锌 Zn (mg/kg)	硒 Se (mg/kg)	钴 Co (mg/kg)	钼 Mo (mg/kg)	植酸磷 Phy-P(%)	盐分
48	蚕豆	86.7	0.10	0.60	—	—	—	—	—	—	—	—	—	—		
49	蚕豆	87.8	0.11	0.68	—	—	—	—	—	—	—	—	—	—		
50	蚕豆	86.7	0.10	0.70	—	—	—	—	—	—	—	—	—	—		
51	蚕豆	91.4	0.13	0.34	—	—	—	—	—	—	—	—	—	—		
52	蚕豆	89.1	0.14	0.47	—	—	—	—	—	—	—	—	—	—		
3	豌豆	89.0	0.06	0.35	1.22	<0.01	0.15	110	8.6	17.2	53.8	0.05	—	1.63		
4	豌豆	89.1	0.14	0.45	1.00	<0.01	0.17	102	9.2	17.8	36.0	0.06	—	2.80		
6	豌豆	85.9	0.09	0.34	1.14	<0.01	0.12	98	6.8	10.6	38.7	0.03	—	2.32		
7	豌豆	89.4	0.07	0.40	1.11	<0.01	0.14	112	9.7	16.2	65.1	0.06	—	0.86		
8	豌豆	89.3	0.10	0.52	1.20	<0.01	0.15	79	9.6	14.1	28.1	0.02	—	5.79		
9	豌豆	88.8	0.12	0.61	1.15	<0.01	0.16	104	9.9	13.6	42.1	0.01	—	4.04		
11	豌豆	89.9	0.06	0.55	1.26	0.01	0.14	93	10.1	11.4	28.0	0.03	—	7.01		
12	豌豆	87.9	0.09	0.52	1.19	0.01	0.15	101	9.9	13.2	29.9	0.03	—	6.54		
13	豌豆	88.1	0.06	0.58	1.20	0.01	0.14	90	10.0	11.1	32.0	0.04	—	8.12		
14	豌豆	88.4	0.07	0.43	1.17	0.01	0.14	93	8.1	13.0	25.0	0.01	—	4.66		
15	豌豆	88.1	0.06	0.50	1.01	<0.01	0.14	88	7.9	11.0	20.8	0.04	—	1.03		
16	豌豆	89.4	0.06	0.53	1.21	<0.01	0.15	97	9.3	13.2	27.0	0.02	—	6.28		
17	豌豆	85.7	0.09	0.34	1.08	<0.01	0.13	92	8.1	13.4	35.4	0.02	—	2.25		
18	豌豆	86.1	0.10	0.31	1.03	<0.01	0.13	100	7.3	11.9	35.7	0.03	—	2.97		
19	豌豆	88.9	0.07	0.29	1.02	<0.01	0.12	99	5.0	12.7	29.7	0.02	—	1.84		
21	豌豆	86.0	0.13	0.40	1.03	<0.01	0.15	110	10.5	21.6	67.2	0.04	—	1.63		
22	豌豆	87.8	0.09	0.32	1.10	<0.01	0.14	108	8.2	17.2	56.1	0.04	—	2.85		
23	豌豆	88.8	0.07	0.27	0.79	<0.01	0.12	89	5.7	19.9	43.8	0.03	—	1.57		

续表1-5-4

样品编号	饲料名称	干物质 DM(%)	钙 Ca (%)	磷 P (%)	钾 K (%)	钠 Na (%)	镁 Mg (%)	铁 Fe (mg/kg)	铜 Cu (mg/kg)	锰 Mn (mg/kg)	锌 Zn (mg/kg)	硒 Se (mg/kg)	钴 Co (mg/kg)	钼 Mo (mg/kg)	植酸磷 Phy-P(%)	盐分
24	豌豆	86.0	0.09	0.23	0.78	<0.01	0.12	97	5.4	18.9	40.8	0.01	—	0.96		
25	豌豆	85.8	0.08	0.22	1.04	0.01	0.13	106	8.8	22.3	53.0	0.03	—	1.16		
26	豌豆	85.8	0.10	0.29	1.06	<0.01	0.13	112	6.0	12.2	44.0	0.02	—	4.40		
27	豌豆	87.8	0.10	0.27	0.87	<0.01	0.10	117	8.4	11.1	53.9	0.02	—	3.31		
29	豌豆	86.4	0.10	0.42	1.09	<0.01	0.15	105	9.1	11.7	47.4	0.06	—	9.72		
30	豌豆	86.5	0.12	0.42	1.07	0.01	0.14	145	7.1	19.5	36.0	0.03		4.89		
31	豌豆	89.0	0.08	0.38	1.12	<0.01	0.15	110	8.3	11.1	35.5	0.02		1.84		
32	豌豆	89.3	0.12	0.46	1.14	0.01	0.14	131	10.6	11.8	60.2	0.08	—	2.94		
34	豌豆	90.0	0.09	0.35	1.05	<0.01	0.14	105	6.8	13.1	26.7	0.02	—	2.48		
35	豌豆	89.3	0.11	0.50	1.08	<0.01	0.14	105	10.1	13.5	39.5	0.01	—	1.91		
36	豌豆	91.2	0.08	0.31	1.03	<0.01	0.11	104	7.5	11.5	26.9	0.02	—	2.63		
37	豌豆	89.3	0.10	0.29	1.13	<0.01	0.13	121	8.6	15.1	51.6	0.02	—	4.27		
38	豌豆	90.1	0.07	0.44	1.16	0.01	0.13	116	8.2	16.2	56.4	0.07	—	1.60		
40	豌豆	88.6	0.09	0.26	0.92	<0.01	0.13	99	8.2	12.2	60.1	0.01	—	4.30		
41	豌豆	88.1	0.10	0.48	1.07	<0.01	0.14	114	8.8	14.0	50.1	0.03	—	4.92		
42	豌豆	89.6	0.07	0.35	1.11	0.01	0.14	141	7.4	15.4	52.6	0.03	—	1.65		
43	豌豆	89.2	0.09	0.34	0.97	0.01	0.13	110	8.2	12.7	44.6	0.01	—	1.61		
44	豌豆	87.1	0.15	0.35	0.81	0.01	0.15	106	7.3	16.5	32.4	0.02	—	7.13		
45	豌豆	88.2	0.06	0.36	0.97	<0.01	0.12	94	7.4	11.4	28.4	0.01	—	2.27		
46	豌豆	88.2	0.10	0.42	1.05	<0.01	0.14	102	8.2	13.1	30.5	0.01	—	2.77		
47	豌豆	89.0	0.10	0.49	1.11	<0.01	0.15	138	7.9	12.4	20.6	0.01	—	2.92		
48	豌豆	88.3	0.10	0.49	1.11	<0.01	0.15	128	7.0	14.1	17.4	0.01	—	5.43		
49	豌豆	89.1	0.07	0.38	0.99	<0.01	0.12	108	6.2	10.5	25.9	0.01	—	3.91		

续表1-5-4

样品编号	饲料名称	干物质DM(%)	钙 Ca(%)	磷 P(%)	钾 K(%)	钠 Na(%)	镁 Mg(%)	铁 Fe(mg/kg)	铜 Cu(mg/kg)	锰 Mn(mg/kg)	锌 Zn(mg/kg)	硒 Se(mg/kg)	钴 Co(mg/kg)	钼 Mo(mg/kg)	植酸磷 Phy-P(%)	盐分
2	花生饼	90.5	0.30	0.71				520	20.5	50.6	63.1	0.03	0.26		0.23	
3	花生饼	92.3	0.40	0.61				405	16.8	48.9	41.9	0.09	0.31		0.25	
4	花生饼	94.1	0.25	0.62				313	18.9	26.5	52.1	0.07	0.29		0.25	
5	花生饼	92.1	0.35	0.66				162	21.3	39.8	48.7	0.06	0.21		0.27	
6	花生饼	91.4	0.24	0.48				450	22.6	46.7	60.2	0.07	0.22		0.20	
7	花生饼	92.2	0.23	0.44				286	24.9	29.9	61.0	0.08	0.24		0.18	
8	花生饼	91.7	0.20	0.41				174	30.9	30.8	60.1	0.09	0.18		0.17	
9	花生饼	91.5	0.28	0.61				387	28.7	32.9	55.2	0.01	0.21		0.25	
10	花生饼	92.3	0.34	0.56				415	29.6	40.9	70.0	0.07	0.20		0.23	
11	花生饼	92.7	0.31	0.51				462	32.1	38.6	46.1	0.06	0.24		0.21	
12	花生饼	93.2	0.27	0.50				287	26.4	37.2	45.2	0.08	0.26		0.21	
13	花生饼	92.4	0.29	0.57				510	20.5	36.5	42.3	0.09	0.29		0.23	
14	花生饼	91.9	0.34	0.67				468	29.9	40.4	46.1	0.06	0.31		0.27	
15	花生饼	92.9	0.31	0.71				179	21.8	37.2	56.8	0.05	0.27		0.29	
16	花生饼	92.1	0.32	0.70				479	26.5	36.8	43.5	0.08	0.25		0.29	
17	花生饼	92.2	0.19	0.51				465	22.7	47.5	68.3	0.09	0.26		0.21	
18	花生饼	92.3	0.30	0.44				217	31.7	46.6	70.2	0.07	0.29		0.18	
19	花生饼	92.2	0.17	0.40				455	26.3	28.9	71.0	0.06	0.24		0.16	
20	花生饼	94.5	0.26	0.56				318	26.4	41.2	61.5	0.05	0.30		0.23	
21	花生饼	92.9	0.27	0.57				216	27.4	43.7	65.6	0.09	0.28		0.23	
22	花生饼	93.7	0.24	0.53				163	29.1	33.6	52.4	0.07	0.27		0.22	
23	花生饼	89.0	0.23	0.54				178	28.9	38.7	48.9	0.08	0.30		0.22	
24	花生饼	90.2	0.20	0.50				194	20.5	35.8	45.7	0.06	0.18		0.22	

续表1-5-4

样品编号	饲料名称	干物质DM(%)	钙 Ca(%)	磷 P(%)	钾 K(%)	钠 Na(%)	镁 Mg(%)	铁 Fe(mg/kg)	铜 Cu(mg/kg)	锰 Mn(mg/kg)	锌 Zn(mg/kg)	硒 Se(mg/kg)	钴 Co(mg/kg)	钼 Mo(mg/kg)	植酸磷 Phy-P(%)	盐分
25	花生饼	91.1	0.40	0.66				202	16.9	49.2	52.8	0.07	0.29		0.27	
26	花生饼	90.0	0.40	0.67				450	17.4	50.1	49.1	0.05	0.28		0.27	
27	花生饼	91.4	0.24	0.49				386	20.8	49.1	41.3	0.09	0.26		0.20	
28	花生饼	91.1	0.25	0.47				468	26.7	38.7	54.7	0.03	6.21		0.19	
29	花生饼	93.1	0.28	0.50				163	21.2	23.4	46.1	0.07	0.15		0.21	
30	花生饼	92.1	0.30	0.49				477	28.4	38.7	54.7	0.05	0.15		0.21	
31	花生饼	93.5	0.30	0.49				468	28.4	38.7	54.7	0.05	0.15		0.20	
32	花生饼	93.1	0.31	0.55				163	26.7	23.4	46.1	0.03	0.28		0.23	
33	花生饼	93.2	0.21	0.51				477	22.8	33.2	51.2	0.03	0.27		0.21	
34	花生饼	93.3	0.24	0.59				455	16.7	50.4	42.8	0.02	0.20		0.24	
35	花生饼	92.7	0.30	0.67				520	31.7	47.3	60.1	0.06	0.64		0.27	
36	花生饼	92.6	0.28	0.66				217	20.5	38.1	61.3	0.07	0.26		0.27	
37	花生饼	93.5	0.33	0.69				587	26.3	43.7	70.2	0.06	0.15		0.28	
38	花生饼	91.4	0.17	0.58				440	26.4	26.7	71.0	0.07	0.18		0.24	
39	花生饼	88.0	0.23	0.61				284	24.8	46.9	55.2	0.05	0.20		0.25	
40	花生饼	92.0	0.19	0.60				178	25.1	38.7	70.0	0.08	0.27		0.25	
41	花生饼	87.9	0.18	0.59				217	28.9	33.2	46.1	0.03	0.29		0.24	
42	花生饼	95.3	0.24	0.59				387	27.1	38.1	43.7	0.02	0.30		0.24	
43	花生饼	89.3	0.23	0.57				415	26.6	46.9	78.1	0.05	0.24		0.23	
45	花生饼	90.3	0.29	0.66				287	29.1	36.5	65.6	0.05	0.22		0.27	
46	花生饼	92.6	0.24	0.61				510	30.1	35.8	48.9	0.06	0.23		0.25	
47	花生饼	93.1	0.26	0.63				468	28.9	36.7	49.8	0.07	0.24		0.26	
48	花生饼	92.4	0.28	0.70				477	26.4	47.8	68.3	0.05	0.25		0.29	

续表1-5-4

样品编号	饲料名称	干物质 DM(%)	钙 Ca (%)	磷 P (%)	钾 K (%)	钠 Na (%)	镁 Mg (%)	铁 Fe (mg/kg)	铜 Cu (mg/kg)	锰 Mn (mg/kg)	锌 Zn (mg/kg)	硒 Se (mg/kg)	钴 Co (mg/kg)	钼 Mo (mg/kg)	植酸磷 Phy-P(%)	盐分
49	花生饼	90.4	0.27	0.55				210	21.0	31.0	26.5	0.08	0.21		0.29	
50	花生饼	91.3	0.21	0.48				179	16.9	46.9	68.4	0.02	0.27		0.20	
51	花生饼	90.8	0.22	0.44				218	30.6	39.8	55.2	0.08	0.29		0.18	
52	花生饼	88.3	0.31	0.60				589	29.9	49.8	49.8	0.09	0.30		0.25	
53	花生饼	87.8	0.33	0.59				479	21.8	50.6	61.8	0.08	0.31		0.24	
54	花生饼	87.9	0.23	0.56				465	26.8	31.2	62.4	0.05	0.29		0.23	
55	花生饼	93.7	0.31	0.68				283	16.7	32.1	41.9	0.08	0.21		0.28	
57	花生饼	92.6	0.37	0.71				284	20.9	23.4	62.3	0.07	0.30		0.29	
58	花生饼	93.4	0.31	0.66				440	24.6	26.8	70.5	0.10	0.15		0.27	
59	花生饼	92.5	0.36	0.68				462	23.9	35.8	51.6	0.09	0.19		0.28	
60	花生饼	92.6	0.39	0.70				452	16.9	41.9	35.3	0.09	0.21		0.29	
61	花生饼	91.1	0.21	0.48				551	18.7	46.7	41.8	0.07	0.31		0.20	
62	花生饼	93.1	0.24	0.45				489	21.3	39.8	52.1	0.07	0.29		0.19	
63	花生饼	94.6	0.28	0.51				407	22.4	29.9	48.3	0.06	0.22		0.21	
64	花生饼	92.9	0.22	0.44				386	24.7	32.7	55.2	0.05	0.24		0.19	
65	花生饼	92.3	0.24	0.46				299	19.8	36.1	70.0	0.07	0.18		0.19	
66	花生饼	93.2	0.26	0.48				289	25.6	28.2	43.8	0.08	0.20		0.20	
67	花生饼	89.0	0.24	0.45				450	20.5	33.6	54.8	0.06	0.27		0.19	
68	花生饼	89.0	0.33	0.65				318	21.8	37.2	45.6	0.05	0.28		0.27	
69	花生饼	90.2	0.31	0.66				202	26.8	36.8	54.1	0.07	0.25		0.27	
87113	棉籽饼	91.3	0.20	0.42			—	363	13.6	16.7	30.0					
87109	棉籽饼	92.8	0.19	0.62			0.23	91	15.5	14.5	38.1					
87108	棉籽饼	91.8	0.22	0.64			0.23	202	19.6	17.6	40.0					

续表1-5-4

样品编号	饲料名称	干物质DM(%)	钙 Ca(%)	磷 P(%)	钾 K(%)	钠 Na(%)	镁 Mg(%)	铁 Fe(mg/kg)	铜 Cu(mg/kg)	锰 Mn(mg/kg)	锌 Zn(mg/kg)	硒 Se(mg/kg)	钴 Co(mg/kg)	钼 Mo(mg/kg)	植酸磷 Phy-P(%)	盐分
87107	棉籽饼	89.9	0.19	0.55			—	—	—	—	—					
87105	棉籽饼	93.9	0.19	0.33			0.17	96	13.5	12.9	24.8					
87104	棉籽饼	89.5	0.20	0.47			—	—	—	—	—					
87102	棉籽饼	91.5	0.23	0.68			0.23	175	18.0	16.3	40.4					
87101	棉籽饼	91.8	0.21	0.34			—	—	—	—	—					
87100	棉籽饼	93.2	0.26	0.48			0.18	160	14.2	14.7	33.5					
8799	棉籽饼	95.4	0.31	0.51			0.18	266	20.4	16.4	34.6					
8798	棉籽饼	89.9	0.19	0.40			0.21	134	20.6	13.7	38.9					
87115	棉籽饼	92.8	0.30	0.67			—	—	—	—	—					
87116	棉籽饼	93.4	0.29	0.74			0.25	396	25.6	22.0	51.3					
87117	棉籽饼	93.0	0.30	0.46			0.20	690	15.4	17.5	41.5					
87118	棉籽饼	92.1	0.17	0.56			0.24	84	16.2	17.5	41.5					
87112	棉籽饼	90.5	0.19	0.73			0.24	124	21.6	16.3	51.6					
87111	棉籽饼	95.3	0.23	0.83			0.25	366	25.4	22.5	60.1					
87110	棉籽饼	90.5	0.22	0.72			0.22	157	24.5	16.6	43.6					
87103	棉籽粕	89.2	0.24	0.69			0.23	177	15.8	19.8	43.6					
87106	棉籽粕	90.5	0.22	0.67			0.25	139	17.6	17.4	43.4					
87114	棉籽粕	89.5	0.27	0.74			0.25	492	22.2	20.5	51.3					
87119	棉籽粕	90.2	0.17	0.77			—	—	—	—	—					
87120	棉籽粕	90.2	0.17	0.77			0.26	192	25.5	18.8	53.1					
87121	棉籽粕	90.9	0.26	0.58			0.24	152	20.4	16.2	42.5					
8850293	菜籽饼	89.0	0.81	2.49	—			—	—	—	—		—			
8812304	菜籽饼	90.8	0.59	1.86	—			—	—	—	—		—			

续表1-5-4

样品编号	饲料名称	干物质 DM(%)	钙 Ca (%)	磷 P (%)	钾 K (%)	钠 Na (%)	镁 Mg (%)	铁 Fe (mg/kg)	铜 Cu (mg/kg)	锰 Mn (mg/kg)	锌 Zn (mg/kg)	硒 Se (mg/kg)	钴 Co (mg/kg)	钼 Mo (mg/kg)	植酸磷 Phy-P(%)	盐分
8812305	菜籽饼	86.3	0.10	1.95	—			—	—	—	—		—			
8812308	菜籽饼	95.4	0.68	2.42	—			—	—	—	—		—			
8812309	菜籽饼	89.6	0.70	0.95	—			—	—	—	—		—			
8711221	菜籽饼	90.8	0.78	0.94	—			—	—	—	—		—			
8711223	菜籽饼	89.2	0.84	0.92	—			—	—	—	—		—			
8711224	菜籽饼	90.8	0.70	0.88	—			—	—	—	—		—			
8711225	菜籽饼	91.9	0.78	0.64	—			—	—	—	—		—			
8712242	菜籽饼	90.0	0.73	0.97	—			—	—	—	—		—			
8712246	菜籽饼	90.3	0.70	1.01	—			—	—	—	—		—			
8712248	菜籽饼	92.4	0.74	1.01	—			—	—	—	—		—			
8712249	菜籽饼	93.3	0.71	0.99	—			—	—	—	—		—			
8712252	菜籽饼	92.4	0.62	0.86	—			—	—	—	—		—			
8810289	菜籽饼	90.0	0.64	2.39	—			—	—	—	—		—			
879205	菜籽饼	89.8	0.36	2.43	1.34			1108	6.4	102.1	73.4		0			
8810291	菜籽饼	88.1	0.66	2.62	—			—	—	—	—		—			
8712239	菜籽饼	92.8	0.66	0.88	—			—	—	—	—		—			
8810296	菜籽饼	88.6	0.64	2.71	—			—	—	—	—		—			
8812307	菜籽饼	93.0	0.60	2.63	—			—	—	—	—		—			
879200	菜籽饼	90.8	0.48	1.93	1.13			1198	7.5	95.6	74.8		0			
8712243	菜籽饼	90.7	0.78	0.87	—			—	—	—	—		—			
8712247	菜籽饼	92.7	0.66	0.9	—			—	—	—	—		—			
8712250	菜籽饼	92.6	0.70	0.86	—			—	—	—	—		—			
878190	菜籽饼	89.2	0.56	2.31	1.34			1851	10.3	108.3	68.5		0			

续表1-5-4

样品编号	饲料名称	干物质 DM(%)	钙 Ca (%)	磷 P (%)	钾 K (%)	钠 Na (%)	镁 Mg (%)	铁 Fe (mg/kg)	铜 Cu (mg/kg)	锰 Mn (mg/kg)	锌 Zn (mg/kg)	硒 Se (mg/kg)	钴 Co (mg/kg)	钼 Mo (mg/kg)	植酸磷 Phy-P(%)	盐分
879208	菜籽饼	88.8	0.40	2.13	1.32			522	5.4	67.9	63.7		0			
879209	菜籽饼	90.2	0.59	2.5	1.47			1012	6.7	80.8	69.3		0			
879210	菜籽饼	91.4	0.48	2.16	1.26			531	8.7	75.1	50.3		0			
879206	菜籽饼	90.4	0.36	2.1	1.17			903	0	88.4	73.9		0			
879213	菜籽饼	89.6	0.42	0.36	1.70			1841	7.3	102.5	62.6		0			
879215	菜籽饼	92.2	0.36	2.48	1.62			1064	7.7	70.2	70.3		0			
8711218	菜籽饼	89.3	0.79	0.78	—			—	—	—	—		—			
879197	菜籽粕	89.7	0.51	2.56	1.73			1199	6.7	96.3	77.0		0			
879204	菜籽粕	90.7	0.53	2.19	1.34			1546	7.6	116.5	68.2		0			
8810288	菜籽粕	90.3	0.62	2.44	—			—	—	—	—		—			
8810290	菜籽粕	87.9	0.66	2.80	—			—	—	—	—		—			
8810292	菜籽粕	77.5	0.71	2.52	—			—	—	—	—		—			
8712238	菜籽粕	87.7	0.79	1.04	—			—	—	—	—		—			
8712240	菜籽粕	88.4	0.52	1.08	—			—	—	—	—		—			
8712251	菜籽粕	91.0	0.85	0.93	—			—	—	—	—		—			
8701	向日葵仁饼	92.0	0.22	0.43	0.84	0.01	0.27	407	40.4	20.7	49.4	0.05		0.78	0.29	
8702	向日葵仁饼	92.5	0.32	0.96	1.28	0.11	0.57	903	52.4	38.7	87.9	0.16		4.14	0.67	
8703	向日葵仁饼	93.4	0.28	0.84	1.19	0.05	0.49	665	52.2	33.1	64.9	0.12		4.25	0.94	
8704	向日葵仁饼	92.5	0.28	0.73	1.15	0.09	0.47	720	61.6	33.3	76.8	0.01		6.31	0.49	
8705	向日葵仁饼	93.8	0.36	0.80	1.18	0.05	0.48	830	50.9	34.3	77.8	0.09		6.97	0.58	
8706	向日葵仁饼	92.0	0.32	0.49	0.98	0.03	0.32	523	42.9	27.7	51.2	0.04		6.27	0.34	
8707	向日葵仁饼	93.5	0.40	1.04	0.98	0.03	0.32	782	54.9	40.6	91.7	0.35		5.14	0.75	
8708	向日葵仁饼	94.1	0.36	1.15	1.38	0.01	0.63	547	59.8	46.0	68.7	0.10		1.80	0.83	

续表1-5-4

样品编号	饲料名称	干物质DM(%)	钙 Ca(%)	磷 P(%)	钾 K(%)	钠 Na(%)	镁 Mg(%)	铁 Fe(mg/kg)	铜 Cu(mg/kg)	锰 Mn(mg/kg)	锌 Zn(mg/kg)	硒 Se(mg/kg)	钴 Co(mg/kg)	钼 Mo(mg/kg)	植酸磷 Phy-P(%)	盐分
8709	向日葵仁饼	93.9	0.27	0.99	1.28	<0.07	0.54	448	45.7	36.6	64.9	0.09		1.60	0.63	
8710	向日葵仁饼	92.2	0.70	0.69	1.19	<0.01	0.54	1975	96.6	70.4	55.5	0.08		2.60	0.48	
8711	向日葵仁饼	92.9	0.29	1.09	1.24	0.01	0.54	620	51.2	49.9	71.4	0.07		1.57	0.70	
8712	向日葵仁饼	92.7	0.25	0.94	1.18	0.01	0.49	430	39.3	37.2	58.1	0.08		1.41	0.58	
8713	向日葵仁饼	93.4	0.24	0.88	1.18	<0.01	0.54	426	39.2	37.6	64.7	0.13		1.47	0.63	
8714	向日葵仁饼	91.8	0.29	0.93	1.32	0.01	0.58	559	51.9	42.8	66.2	0.11		1.54	0.65	
8715	向日葵仁饼	92.7	0.24	0.71	1.13	<0.01	0.45	444	32.4	33.8	53.0	0.10		1.18	0.43	
8716	向日葵仁饼	92.1	0.27	0.95	1.21	0.01	0.56	418	45.7	40.7	68.0	0.11		1.63	0.66	
8717	向日葵仁饼	93.3	0.26	0.93	1.28	<0.01	0.58	547	50.0	40.9	65.3	0.09		1.54	0.85	
8718	向日葵仁饼	93.4	0.27	0.89	1.25	0.01	0.56	455	39.8	39.6	63.9	0.12		1.44	0.78	
8719	向日葵仁饼	92.9	0.23	0.78	1.12	0.01	0.48	360	35.5	40.0	57.3	0.10		1.42	0.78	
8720	向日葵仁饼	93.4	0.26	0.87	1.25	0.02	0.54	377	43.7	38.1	66.1	0.12		1.58	0.83	
8721	向日葵仁饼	93.6	0.27	0.96	1.28	0.01	0.58	406	42.7	40.9	69.8	0.15		1.68	0.56	
8722	向日葵仁饼	94.2	0.26	0.89	1.28	<0.01	0.55	509	41.2	40.9	69.4	0.07		1.49	0.65	
8723	向日葵仁饼	93.8	0.26	0.86	1.26	0.01	0.53	500	48.5	39.1	65.1	0.07		1.45	0.49	
8724	向日葵仁饼	94.9	0.24	0.78	1.67	<0.01	0.49	375	35.7	34.9	58.5	0.05		1.45	0.61	
8728	向日葵仁饼	92.5	0.27	0.62	1.09	0.02	0.42	449	33.5	26.7	58.3	0.35		1.37	0.47	
8729	向日葵仁饼	93.9	0.36	0.70	1.12	0.03	0.44	548	49.1	30.9	33.8	0.13		3.62	0.48	
8730	向日葵仁饼	92.7	0.43	0.80	1.31	0.05	0.52	323	66.2	44.5	88.1	0.14		5.73	0.60	
8731	向日葵仁饼	94.1	0.21	0.80	1.12	0.01	0.50	822	34.3	37.7	70.6	0.10		3.05	0.52	
8732	向日葵仁饼	92.2	0.30	0.75	1.25	0.01	0.52	673	43.0	58.3	63.1	0.04		1.70	0.52	
8733	向日葵仁饼	92.4	0.30	0.87	1.27	<0.01	0.55	758	45.8	55.1	69.3	0.04		1.59	0.60	
8734	向日葵仁饼	93.4	0.26	0.99	1.32	<0.03	0.61	1047	42.2	62.2	74.9	0.03		3.40	0.70	

续表1-5-4

样品编号	饲料名称	干物质 DM(%)	钙 Ca (%)	磷 P (%)	钾 K (%)	钠 Na (%)	镁 Mg (%)	铁 Fe (mg/kg)	铜 Cu (mg/kg)	锰 Mn (mg/kg)	锌 Zn (mg/kg)	硒 Se (mg/kg)	钴 Co (mg/kg)	钼 Mo (mg/kg)	植酸磷 Phy-P(%)	盐分
8735	向日葵仁饼	93.5	0.25	0.97	1.29	0.02	0.59	1144	43.2	66.9	780	0.03		1.73	0.77	
8736	向日葵仁饼	93.2	0.27	0.88	1.32	<0.01	0.54	495	35.6	36.3	69.1	0.10		1.79	0.62	
8737	向日葵仁饼	94.6	0.21	0.88	1.16	<0.01	0.51	392	31.2	35.9	54.1	0.03		1.59	0.61	
8738	向日葵仁饼	93.2	0.33	0.26	1.38	0.01	0.75	557	55.4	60.0	81.8	0.03		1.78	0.80	
8739	向日葵仁饼	93.0	0.28	0.82	1.33	0.01	0.50	784	38.5	53.4	54.3	0.08		1.54	0.51	
8740	向日葵仁饼	94.9	0.29	0.84	1.36	0.01	0.51	539	39.6	42.0	52.5	0.06		1.40	0.56	
8741	向日葵仁饼	93.5	0.31	0.78	1.12	0.01	0.49	801	44.9	40.0	55.9	0.05		1.61	0.57	
8742	向日葵仁饼	93.7	0.29	0.92	1.24	<0.01	0.56	660	53.2	41.1	65.3	0.06		1.67	0.65	
8743	向日葵仁饼	92.8	0.28	1.00	1.31	<0.01	0.60	651	42.4	50.7	71.7	0.07		1.72	0.62	
8744	向日葵仁饼	92.5	0.29	0.84	1.32	0.04	0.51	901	40.6	51.6	67.6	0.03		6.01	0.61	
8745	向日葵仁饼	94.2	0.25	1.00	1.25	<0.01	0.56	443	36.1	41.1	62.8	0.05		1.38	0.67	
1	亚麻仁饼	95.4	0.54	0.93	—	—	—	—	—	—	—	—		—		
2	亚麻仁饼	95.9	0.39	1.12	—	—	—	—	—	—	—	—		—		
3	亚麻仁饼	94.7	0.56	0.92	—	—	—	—	—	—	—	—		—		
4	亚麻仁饼	94.7	0.42	0.92	—	—	—	—	—	—	—	—		—		
5	亚麻仁饼	95.1	0.41	1.03	—	—	—	—	—	—	—	—		—		
6	亚麻仁饼	93.0	0.41	1.01	1.34	0.14	0.63	459	21.7	43.5	59.4	0.13		2.08		
7	亚麻仁饼	96.0	0.36	0.94	—	—	—	—	—	—	—	—		—		
8	亚麻仁饼	95.7	0.46	0.80	—	—	—	—	—	—	—	—		—		
9	亚麻仁饼	96.7	0.41	0.80	—	—	—	—	—	—	—	—		—		
10	亚麻仁饼	94.3	0.43	0.81	—	—	—	—	—	—	—	—		—		
11	亚麻仁饼	95.5	0.39	0.88	1.17	0.09	0.50	260	21.3	36.4	57.7	0.03		1.58		
12	亚麻仁饼	95.4	0.36	1.15	1.48	0.07	0.66	228	26.9	32.4	75.9	0.07		2.14		

续表1-5-4

样品编号	饲料名称	干物质 DM(%)	钙 Ca (%)	磷 P (%)	钾 K (%)	钠 Na (%)	镁 Mg (%)	铁 Fe (mg/kg)	铜 Cu (mg/kg)	锰 Mn (mg/kg)	锌 Zn (mg/kg)	硒 Se (mg/kg)	钴 Co (mg/kg)	钼 Mo (mg/kg)	植酸磷 Phy-P(%)	盐分
13	亚麻仁饼	96.0	0.40	0.89	—	—	—	—	—	—	—	—		—		
14	亚麻仁饼	95.3	0.42	1.03	—	—	—	—	—	—	—	—		—		
15	亚麻仁饼	90.7	0.41	1.05	—	—	—	—	—	—	—	—		—		
16	亚麻仁饼	93.8	—	—	—	—	—	—	—	—	—	—		—		
17	亚麻仁饼	93.8	—	—	—	—	—	—	—	—	—	—		—		
18	亚麻仁饼	93.8	—	—	—	—	—	—	—	—	—	—		—		
25	亚麻仁饼	93.0	0.54	0.95	—	—	—	—	—	—	—	—		—		
26	亚麻仁饼	92.4	0.43	0.82	—	—	—	—	—	—	—	—		—		
27	亚麻仁饼	94.7	0.56	0.92	—	—	—	—	—	—	—	—		—		
28	亚麻仁饼	95.3	0.43	0.82	—	—	—	—	—	—	—	—		—		
1	胡麻籽饼	93.5	0.54	0.95												
2	胡麻籽饼	95.3	0.43	0.82												
3	胡麻籽饼	91.3	0.30	1.13												
4	胡麻籽饼	96.2	0.37	0.87												
5	胡麻籽饼	93.9	0.40	0.69												
6	胡麻籽饼	93.9	0.63	1.00												
7	胡麻籽饼	96.1	0.45	0.68												
8	胡麻籽饼	96.4	0.48	0.90												
9	胡麻籽饼	95.6	0.31	0.79												
10	胡麻籽饼	95.3	0.38	0.69												
11	胡麻籽饼	91.2	0.32	1.14												
12	胡麻籽饼	96.8	0.40	0.84												
13	胡麻籽饼	97.0	0.78	0.91												

续表1-5-4

样品编号	饲料名称	干物质 DM(%)	钙 Ca (%)	磷 P (%)	钾 K (%)	钠 Na (%)	镁 Mg (%)	铁 Fe (mg/kg)	铜 Cu (mg/kg)	锰 Mn (mg/kg)	锌 Zn (mg/kg)	硒 Se (mg/kg)	钴 Co (mg/kg)	钼 Mo (mg/kg)	植酸磷 Phy-P(%)	盐分
14	胡麻籽饼	96.3	0.46	0.73												
15	胡麻籽饼	95.6	0.39	0.77												
16	胡麻籽饼	95.6	0.34	0.79												
17	胡麻籽饼	90.7	0.41	1.05												
18	胡麻籽饼	94.2	0.35	0.70												
19	胡麻籽饼	95.5	0.47	0.75												
20	胡麻籽饼	96.4	0.48	0.90												
21	胡麻籽饼	91.1	0.39	0.87												
22	胡麻籽饼	90.9	0.22	0.80												
23	胡麻籽饼	96.8	0.40	0.84												
1	鱼粉	93.2	5.99	3.23	—	—	—	3024	10.6	69.5	217.2	—	—	—		0.48
2	鱼粉	91.3	8.52	2.69	—	—	—	1505	11.4	82.9	147.9	—	—	—		0.61
3	鱼粉	92.8	5.62	1.59	—	—	—	2009	25.6	83.1	92.3	—	—	—		8.14
4	鱼粉	92.3	5.03	2.93	—	—	—	691	7.6	21.8	144.0	—	—	—		0.70
7	鱼粉	92.7	4.56	2.94	—	—	—	1857	11.6	47.7	163.7	—	—	—		0.58
9	鱼粉	89.1	2.88	1.43	—	—	—	1402	20.3	110.5	67.0	—	—	—		3.43
10	鱼粉	93.4	2.23	1.70	—	—	—	1428	7.0	32.9	75.4	—	—	—		7.44
11	鱼粉	85.3	2.70	1.70	—	—	—	1231	7.0	33.7	73.4	—	—	—		6.58
12	鱼粉	89.5	5.32	1.47	—	—	—	1300	8.7	92.5	69.1	—	—	—		6.22
13	鱼粉	91.8	5.53	1.47	—	—	—	3124	13.3	158.0	85.1	—	—	—		8.77
15	鱼粉	86.4	5.15	2.49	—	—	—	3046	15.5	106.1	150.4	—	—	—		4.02
16	鱼粉	93.7	7.32	1.29	—	—	—	3329	38.8	210.9	71.2	—	—	—		3.93
17	鱼粉	95.7	5.15	2.33	—	—	—	1094	11.9	30.4	91.4	—	—	—		1.39

续表1-5-4

样品编号	饲料名称	干物质 DM(%)	钙 Ca (%)	磷 P (%)	钾 K (%)	钠 Na (%)	镁 Mg (%)	铁 Fe (mg/kg)	铜 Cu (mg/kg)	锰 Mn (mg/kg)	锌 Zn (mg/kg)	硒 Se (mg/kg)	钴 Co (mg/kg)	钼 Mo (mg/kg)	植酸磷 Phy-P(%)	盐分
18	鱼粉	93.5	2.19	1.64	—	—	—	1037	14.7	23.1	78.6	—	—	—		6.19
19	鱼粉	92.1	2.68	1.35	—	—	—	2718	32.0	59.4	83.6	—	—	—		5.56
20	鱼粉	94.9	2.45	4.20	—	—	—	374	10.9	44.1	230.0	—	—	—		0.71
24	鱼粉	92.5	6.48	3.66	—	—	—	1134	9.8	39.6	229.1	—	—	—		1.24
25	鱼粉	89.2	3.00	1.66	—	—	—	5764	11.6	52.4	102.6	—	—	—		1.02
26	鱼粉	94.7	3.68	1.92	—	—	—	1925	10.7	69.0	110.7	—	—	—		3.42
27	鱼粉	90.7	2.12	1.54	—	—	—	865	12.5	32.4	73.5	—	—	—		6.66
29	鱼粉	91.3	5.14	2.87	—	—	—	1857	12.3	49.7	163.4	—	—	—		1.05
30	鱼粉	89.6	1.85	1.44	—	—	—	747	12.1	27.3	81.7	—	—	—		7.66
31	鱼粉	91.0	4.14	2.49	—	—	—	223	8.6	7.0	80.8	—	—	—		1.76
33	鱼粉	90.8	5.85	0.87	—	—	—	1921	15.1	88.3	56.1	—	—	—		10.75
36	鱼粉	91.3	4.34	2.26	—	—	—	1401	14.5	38.7	125.7	—		—		9.52
38	鱼粉	86.0	4.31	2.18	—	—	—	1420	10.3	32.4	115.0	—	—	—		2.73
39	鱼粉	89.6	2.52	1.88	—	—	—	664	9.9	19.9	54.6	—	—	—		3.53
41	鱼粉	88.6	3.22	1.86	—	—	—	5225	14.3	99.9	69.1	—	—	—		3.08
42	鱼粉	90.9	3.24	1.58	—	—	—	2286	13.3	72.7	82.4	—	—	—		2.62
43	鱼粉	87.9	3.71	1.76	—	—	—	2326	12.4	82.8	66.9	—	—	—		4.46
44	鱼粉	89.0	3.57	2.04	—	—	—	1001	8.8	27.0	105.5	—	—	—		1.46
45	鱼粉	88.6	4.56	2.55	—	—	—	1363	8.8	34.4	127.7	—	—	—		4.89
46	鱼粉	90.4	7.17	4.05	—	—	—	1959	11.6	39.8	214.2	—	—	—		0.92
48	鱼粉	91.3	5.35	2.94	—	—	—	1314	7.2	30.3	162.3	—	—	—		0.55
49	鱼粉	90.2	5.73	3.07	—	—	—	1458	8.8	32.1	162.5	—	—	—		1.45
51	鱼粉	88.1	5.67	2.87	—	—	—	1397	11.1	37.6	153.5	—	—	—		2.85

续表1-5-4

样品编号	饲料名称	干物质 DM(%)	钙 Ca (%)	磷 P (%)	钾 K (%)	钠 Na (%)	镁 Mg (%)	铁 Fe (mg/kg)	铜 Cu (mg/kg)	锰 Mn (mg/kg)	锌 Zn (mg/kg)	硒 Se (mg/kg)	钴 Co (mg/kg)	钼 Mo (mg/kg)	植酸磷 Phy-P(%)	盐分
52	鱼粉	88.5	3.44	1.81	—	—	—	1105	11.9	26.1	61.9	—	—	—		3.16
53	鱼粉	87.2	4.44	1.97	—	—	—	661	13.4	24.8	75.3	—	—	—		3.16
55	鱼粉	88.1	4.93	2.10	—	—	—	1889	15.3	58.1	88.9	—	—	—		3.56
56	鱼粉	86.8	6.55	1.96	—	—	—	1851	17.5	58.8	86.9	—	—	—		3.48
62	鱼粉	89.5	3.53	0.63	—	—	—	—	—	—	—	—	—	—		—
63	鱼粉	91.0	—	—	—	—	—	—	—	—	—	—	—	—		—
64	鱼粉	88.8	4.63	3.29	—	—	—	—	—	—	—	—	—	—		—
65	鱼粉	91.2	6.13	1.03	—	—	—	—	—	—	—	—	—	—		—
66	鱼粉	88.8	10.99	1.60	—	—	—	—	—	—	—	—	—	—		—
67	鱼粉	89.5	4.59	2.15	—	—	—	—	—	—	—	—	—	—		—
1	血粉	89.3	0.30	0.23	—	—	—	—	—	—	—	—	—	—		
2	血粉	90.3	0.71	0.51	—	—	—	—	—	—	—	—	—	—		
3	血粉	85.3	—	0.09	—	—	—	—	—	—	—	—	—	—		
4	血粉	92.0	—	—	—	—	—	—	—	—	—	—	—	—		
5	血粉	87.5	0.70	0.50	—	—	—	—	—	—	—	—	—	—		
6	血粉	85.7	0.11	0.30	—	—	—	—	—	—	—	—	—	—		
7	血粉	90.0	—	—	—	—	—	—	—	—	—	—	—	—		
8	血粉	89.1	0.05	0.17	—	—	—	—	—	—	—	—	—	—		
9	血粉	90.4	0.39	0.20	—	—	—	—	—	—	—	—	—	—		
10	血粉	90.0	—	—	—	—	—	—	—	—	—	—	—	—		
11	血粉	88.9	0.04	0.22	—	—	—	—	—	—	—	—	—	—		
12	血粉	85.3	0.15	0.44	—	—	—	—	—	—	—	—	—	—		
13	血粉	88.1	0.09	0.10	—	—	—	—	—	—	—	—	—	—		

续表1-5-4

样品编号	饲料名称	干物质 DM(%)	钙 Ca (%)	磷 P (%)	钾 K (%)	钠 Na (%)	镁 Mg (%)	铁 Fe (mg/kg)	铜 Cu (mg/kg)	锰 Mn (mg/kg)	锌 Zn (mg/kg)	硒 Se (mg/kg)	钴 Co (mg/kg)	钼 Mo (mg/kg)	植酸磷 Phy-P(%)	盐分
14	血粉	92.4	0.04	0.10	—	—	—	—	—	—	—	—	—	—		
15	血粉	90.8	0.06	0.25	—	—	—	—	—	—	—	—	—	—		
16	血粉	91.1	0.13	0.19	—	—	—	—	—	—	—	—	—	—		
1	桑蚕蛹	92.0	0.12	0.65	—	—	—	—	—	—	—	—	—	—		
2	桑蚕蛹	91.6	0.24	0.58	—	—	—	—	—	—	—	—	—	—		
3	桑蚕蛹	90.8	0.12	0.72	—	—	—	—	—	—	—	—	—	—		
4	桑蚕蛹	94.1	0.12	0.85	—	—	—	—	—	—	—	—	—	—		
5	桑蚕蛹	95.1	0.12	1.01	—	—	—	—	—	—	—	—	—	—		
6	桑蚕蛹	96.2	0.24	0.57	—	—	—	—	—	—	—	—	—	—		
7	桑蚕蛹	87.8	0.12	0.56	—	—	—	—	—	—	—	—	—	—		
8	桑蚕蛹	90.7	0.24	0.68	—	—	—	—	—	—	—	—	—	—		
9	桑蚕蛹	96.3	0.24	0.56	—	—	—	—	—	—	—	—	—	—		
10	桑蚕蛹	98.0	0.18	0.92	—	—	—	—	—	—	—	—	—	—		
11	桑蚕蛹	91.6	0.12	0.97	—	—	—	—	—	—	—	—	—	—		
12	桑蚕蛹	91.3	0.12	0.65	—	—	—	—	—	—	—	—	—	—		
13	桑蚕蛹	93.8	0.18	0.72	—	—	—	—	—	—	—	—	—	—		
14	桑蚕蛹	93.4	0.12	1.03	—	—	—	—	—	—	—	—	—	—		
15	桑蚕蛹	87.6	0.24	1.84	—	—	—	—	—	—	—	—	—	—		
16	桑蚕蛹	89.9	0.12	0.87	—	—	—	—	—	—	—	—	—	—		
17	桑蚕蛹	93.8	0.12	0.54	—	—	—	—	—	—	—	—	—	—		
18	桑蚕蛹	92.1	0.12	0.52	—	—	—	—	—	—	—	—	—	—		
19	桑蚕蛹	91.0	0.25	0.53	—	—	—	—	—	—	—	—	—	—		
20	桑蚕蛹	90.0	0.16	0.60	—	—	—	—	—	—	—	—	—	—		
21	桑蚕蛹	91.4	0.19	0.62	—	—	—	—	—	—	—	—	—	—		

5. 鸡饲料总能、代谢能(*in vivo*)

表 1-5-5 鸡饲料总能、代谢能(*in vivo*)

样品编号	饲料名称	饲料样品实体简述	干物质 DM (%)	总能 GE (Mcal/kg)	代谢能鸡 AMEch (Mcal/kg)
1	蚕豆	重庆江北，成胡 10 号，百粒重 75.1 g,GB 2 级	85.55	3.91	—
2	蚕豆	重庆江北,红蚕豆,百粒重 46.0 g,GB 3 级	89.87	4.10	—
3	蚕豆	河南淅川,河南小粒,百粒重 43.0 g,GB 2 级	85.55	3.89	2.29±0.07
4	蚕豆	湖南长沙,紫弯蚕豆,百粒重 48.5 g,GB 1 级	88.32	4.04	2.53±0.07
5	蚕豆	四川江津,江津白,百粒重 65.9 g,GB 1 级	85.10	3.93	2.36±0.07
6	蚕豆	四川垫江,垫江蚕豆,百粒重 60.6 g,GB 2 级	87.04	3.93	—
7	蚕豆	四川南川,南川蚕豆,百粒重 49.9 g,GB 2 级	87.30	4.07	2.62±0.12
8	蚕豆	四川奉节,奉节中粒,百粒重 70.4 g,GB 2 级	88.40	4.04	—
9	蚕豆	四川南川,南川红,百粒重 46.0 g,GB 2 级	89.75	4.17	—
10	蚕豆	四川奉节,奉节中粒,百粒重 75.3 g,GB 2 级	86.79	4.00	—
11	蚕豆	四川汉源,汉源大白豆,百粒重 124.1 g,GB 1 级	87.54	4.01	—
12	蚕豆	四川简阳,简阳小蚕豆,百粒重 65.6 g,GB 2 级	85.65	3.86	2.46±0.07
13	蚕豆	湖北松滋,湖北小青结,百粒重 47.3 g,GB 1 级	85.55	3.92	2.38±0.10
14	蚕豆	四川威远,威远红蚕豆,百粒重 59.4 g,GB 1 级	88.41	4.04	—
15	蚕豆	四川威远,威远红蚕豆,百粒重 49.4 g,GB 2 级	89.69	4.06	2.56±0.06
16	蚕豆	四川峨眉,峨眉青,百粒重 81.5 g,GB 2 级	84.84	3.88	—
18	蚕豆	甘肃,甘肃小蚕豆,百粒重 65.2 g,GB 2 级	85.82	3.93	2.26±0.16
19	蚕豆	云南风庆,风庆中粒,百粒重 97.7 g,GB 3 级	86.20	3.95	—
20	蚕豆	云南临沧,临沧中粒,百粒重 114.4 g,GB 3 级	86.72	3.95	—
21	蚕豆	云南峨山,峨山中粒百粒重 100.0 g,GB 2 级	88.22	4.00	—

续表1-5-5

样品编号	饲料名称	饲料样品实体简述	干物质 DM (%)	总能 GE (Mcal/kg)	代谢能鸡 AMEch (Mcal/kg)
22	蚕豆	云南昆明,昆明中粒,百粒重 116.7 g,GB 1 级	85.58	3.94	2.52±0.06
23	蚕豆	四川遂宁,遂宁杂蚕豆,百粒重 67.6 g,GB 1 级	87.08	3.99	—
25	蚕豆	浙江虞县,上虞田鸡青,百粒重 78.4 g,GB 1 级	86.28	4.00	—
26	蚕豆	云南陆良,陆良蚕豆,百粒重 115.8 g,GB 3 级	85.20	3.87	2.43±0.03
27	蚕豆	云南陆良,陆良蚕豆,百粒重 135.6 g,GB 2 级	87.12	3.98	—
28	蚕豆	贵州贵阳,花溪小蚕豆,百粒重 68.7 g,GB 2 级	87.32	3.98	—
29	蚕豆	贵州贵阳,花溪蚕豆,百粒重 50.1 g,GB 2 级	87.20	4.02	2.77±0.02
30	蚕豆	四川西充,西充小蚕豆,百粒重 53.1 g,GB 2 级	86.92	4.06	—
31	蚕豆	湖南长沙,中立蚕豆,百粒重 72.7 g,GB 1 级	87.12	3.96	—
32	蚕豆	云南昭通,邵通白皮,百粒重 117.0 g,GB 1 级	86.67	3.93	—
33	蚕豆	四川三台,三台小蚕豆,百粒重 61.5 g,GB 1 级	87.09	3.97	2.47±0.08
34	蚕豆	四川泸州,泸州小蚕豆,百粒重 50.2 g,GB 2 级	86.72	3.94	—
35	蚕豆	云南嵩山,嵩山中粒蚕豆,百粒重 104.0 g,GB 2 级	86.76	3.90	—
36	蚕豆	浙江杭州,上虞田鸡青,百粒重 80.0 g,GB 1 级	85.58	4.01	2.54±0.12
37	蚕豆	云南峨山,峨山大粒蚕豆,百粒重 157.5 g,GB 2 级	87.08	3.94	—
38	蚕豆	云南峨山,峨山大粒蚕豆,百粒重 155.4 g,GB 1 级	86.28	3.95	—
39	蚕豆	云南玉溪,玉溪大粒蚕豆,百粒重 134.0 g,GB 1 级	85.20	3.94	—
40	蚕豆	云南玉溪,玉溪大粒蚕豆,百粒重 128.7 g,GB 2 级	87.12	3.95	—
41	蚕豆	四川南川,南川小蚕豆,百粒重 47.7 g,GB 2 级	87.32	4.03	—
42	蚕豆	四川西昌,西昌蚕豆,百粒重 104.6 g,GB 2 级	87.20	4.01	2.58±0.03
43	蚕豆	上海,上海小青结,百粒重 82.3 g,GB 1 级	89.26	4.10	2.38±0.09
44	蚕豆	苏州扬州,日本大粒蚕豆,百粒重 171.5 g,GB 3 级	93.98	4.28	—

续表1-5-5

样品编号	饲料名称	饲料样品实体简述	干物质 DM (%)	总能 GE (Mcal/kg)	代谢能鸡 AMEch (Mcal/kg)
45	蚕豆	青海西宁,农 11 号,百粒重 163.5 g,GB 1 级	86.26	3.88	2.29±0.06
46	蚕豆	青海西宁,青海 3 号,百粒重 159.2 g,GB 2 级	86.56	3.93	—
47	蚕豆	青海西宁,马牙蚕豆,百粒重 139.3 g,GB 2 级	86.74	3.93	2.27±0.01
48	蚕豆	青海西宁,饲用蚕豆,百粒重 52.6 g,GB 1 级	86.65	3.97	2.42±0.07
49	蚕豆	湖北,襄阳大脚板,百粒重 79.6 g,GB 1 级	87.80	4.01	2.45±0.11
50	蚕豆	湖北武汉,中粒蚕豆,百粒重 81.8 g,GB 1 级	86.74	3.92	—
51	蚕豆	四川简阳,简阳二板子,百粒重 110.9 g,GB 3 级	91.36	4.12	2.55±0.06
52	蚕豆	湖北,紫弯小蚕豆,百粒重 57.9 g,GB 1 级	89.06	4.12	2.49±0.10
1	豌豆	重庆,江北麻豌豆,百粒重 13.4 g,GB 等外	86.1	3.93	
3	豌豆	湖南长沙,团结豌豆,百粒重 18.9 g,GB 1 级	89.0	4.03	2.50±0.07
4	豌豆	河南淅川,淅川白豌豆,百粒重 13.8 g,GB 1 级	89.1	3.98	2.74±0.03
6	豌豆	河南淅川,奉节水红豌豆,百粒重 19.5 g,GB 3 级	85.9	4.03	—
7	豌豆	四川南川,南川白豌豆,百粒重 14.0 g,GB 1 级	89.4	4.56	—
8	豌豆	北京,2285,百粒重 14.9 g,GB 2 级	89.3	3.98	—
9	豌豆	北京,4511,百粒重 28.2 g,GB 2 级	88.8	4.06	—
10	豌豆	北京,绿珠豌豆,百粒重 21.9 g,GB 2 级	88.8	3.98	2.59±0.04
11	豌豆	北京,81-10-149,百粒重 26.0 g,GB 1 级	88.9	4.01	—
12	豌豆	北京,本地豌豆,百粒重 10.1 g,GB 1 级	87.9	3.97	—
13	豌豆	北京,中畜 2 号,百粒重 27.7 g,GB 1 级	88.1	3.98	—
14	豌豆	北京,中畜 4 号,百粒重 22.1 g,GB 1 级	88.4	4.03	—
15	豌豆	北京,中畜 1 号,百粒重 29.6 g,GB 1 级	88.2	3.96	2.57±0.07
16	豌豆	北京,1341,百粒重 16.8 g,GB 2 级	88.4	3.97	—

续表1-5-5

样品编号	饲料名称	饲料样品实体简述	干物质 DM (%)	总能 GE (Mcal/kg)	代谢能鸡 AMEch (Mcal/kg)
17	豌豆	四川简阳,简阳杂豌豆,百粒重 16.2 g,GB 2 级	85.7	3.90	2.43±0.03
18	豌豆	四川简阳,团结 2 号,百粒重 17.6 g,GB 2 级	86.1	3.93	—
19	豌豆	四川乐至,团结 2 号,百粒重 17.5 g,GB 2 级	88.9	3.99	2.68±0.03
21	豌豆	四川峨眉,峨眉麻豌豆,百粒重 17.6 g,GB 3 级	86.0	3.99	—
22	豌豆	四川绵阳,绵阳麻豌豆,百粒重 10.3 g,GB 3 级	87.8	4.09	—
23	豌豆	云南临沧,临沧大豌豆,百粒重 22.3 g,GB 3 级	88.8	3.82	2.59±0.10
24	豌豆	云南临沧,临沧大豌豆,百粒重 21.5 g,GB 等外	86.0	3.89	—
25	豌豆	云南峨山,峨山豌豆,百粒重 17.5 g,GB 级	85.8	3.92	—
26	豌豆	四川遂宁,遂宁杂豌豆,百粒重 14.5 g,GB 2 级	85.8	3.92	—
27	豌豆	四川遂宁,遂宁白豌豆,百粒重 14.2 g,GB 2 级	87.9	3.97	—
28	豌豆	云南陆良,陆良豌豆,百粒重 13.2 g,GB 2 级	88.8	4.01	2.55±0.07
29	豌豆	贵州贵阳,大白壳豌豆,百粒重 12.6 g,GB 2 级	86.4	3.90	2.43±0.03
30	豌豆	四川西充,西充麻豌豆,百粒重 10.7 g,GB 3 级	86.5	4.09	2.68±0.08
31	豌豆	四川乐至,无须豌豆,百粒重 28.8 g,GB 1 级	89.1	3.98	—
32	豌豆	四川乐至,大荚豌豆,百粒重 26.2 g,GB 1 级	89.3	4.01	—
33	豌豆	四川乐至,成都 6 号,百粒重 17.9 g,GB 2 级	89.0	3.99	2.70±0.06
34	豌豆	四川乐至,团结 2 号,百粒重 17.4 g,GB 1 级	90.0	4.00	—
35	豌豆	云南邵通,昭通白豌豆,百粒重 11.9 g,GB 1 级	89.4	4.02	—
36	豌豆	四川三台,三台白豌豆,百粒重 14.3 g,GB 2 级	91.2	4.13	
37	豌豆	四川三台,三台麻豌豆,百粒重 10.4 g,GB 3 级	89.3	4.04	2.79±0.18
38	豌豆	四川泸州,泸州白豌豆,百粒重 14.5 g,GB 2 级	90.1	4.09	—
39	豌豆	陕西咸阳,陕西麻豌豆,百粒重 10.6 g,GB 3 级	89.8	4.01	2.67±0.03

续表1-5-5

样品编号	饲料名称	饲料样品实体简述	干物质 DM (%)	总能 GE (Mcal/kg)	代谢能鸡 AMEch (Mcal/kg)
40	豌豆	云南峨山，峨山豌豆，百粒重 15.0 g，GB 2 级	88.6	4.00	—
41	豌豆	云南玉溪，玉溪豌豆，百粒重 17.5 g，GB 1 级	88.1	3.96	—
42	豌豆	四川南川，南川白豌豆，百粒重 12.1 g，GB 2 级	89.7	4.03	2.68±0.14
43	豌豆	四川西昌，西昌豌豆，百粒重 13.5 g，GB 2 级	89.2	3.97	2.68±0.09
44	豌豆	甘肃榆中，甘肃麻豌豆，百粒重 12.6 g，GB 3 级	87.1	3.90	2.46±0.05
45	豌豆	青海西宁，7702，百粒重 33.2 g，GB 3 级	88.2	3.97	2.62±0.05
46	豌豆	青海西宁，阿拉斯加，百粒重 17.8 g，GB 2 级	88.2	3.96	2.61±0.09
47	豌豆	青海西宁，草原 3 号，百粒重 17.6 g，GB 3 级	89.0	3.99	2.60±0.12
48	豌豆	青海西宁，71-401，百粒重 17.2 g，GB 3 级	88.3	3.95	2.53±0.07
49	豌豆	青海西宁，草原 11 号，百粒重 21.1 g，GB 3 级	89.1	3.98	2.52±0.07
1	鱼粉	浙江峡山，马面鱼，头、皮、内脏，蒸干	93.2	4.60	2.50
2	鱼粉	浙江象山，马面鱼，头、皮、内脏、鳍、尾，蒸干	91.3	3.98	1.56
3	鱼粉	浙江象山，小鱼小虾，全部，晒干	92.8	3.40	2.50
4	鱼粉	浙江宁波，马面鱼，头、皮、内脏、鳍、尾，蒸干	92.3	4.89	3.22
7	鱼粉	浙江峡山，马面鱼，头、皮、内脏、骨，蒸干	92.7	4.85	3.36
9	鱼粉	浙江三门县，小鱼小虾，全部，晒干	89.1	3.99	2.44
10	鱼粉	浙江温岭，敖干鱼、小虾，全部，蒸干	93.4	4.06	2.98
11	鱼粉	浙江温岭，敖干鱼、小虾，蒸干	85.3	4.38	3.64
12	鱼粉	浙江温岭，小敖干鱼，全部，蒸干	89.5	3.91	3.14
13	鱼粉	浙江温岭，小杂鱼、小虾，全部，蒸干	91.8	3.35	2.23
15	鱼粉	浙江玉环，马面鱼，头、皮，蒸干	86.4	4.33	2.54
16	鱼粉	浙江玉环，虾狗弹，小杂鱼，晒干	93.7	2.38	1.06

续表1-5-5

样品编号	饲料名称	饲料样品实体简述	干物质 DM (%)	总能 GE (Mcal/kg)	代谢能鸡 AMEch (Mcal/kg)
17	鱼粉	浙江玉环,小带鱼、七星鱼,全部,蒸干	95.7	4.29	2.83
18	鱼粉	浙江温岭,岙更子鱼为主,全部,蒸干	93.5	4.50	3.39
19	鱼粉	浙江温岭,小虾为主,全部,蒸干	92.1	4.44	2.81
20	鱼粉	浙江温岭,马面鱼,头、皮、内脏、鳍、尾,蒸干	94.9	4.57	1.87
24	鱼粉	浙江椒江,青鲶鱼、带鱼、马面鱼,头、皮、内脏,蒸干	92.5	4.58	2.95
25	鱼粉	浙江椒江,带鱼、鳌鱼,晒干	89.2	5.28	3.50
26	鱼粉	浙江温岭,带鱼(小白带),蒸干	94.7	4.38	2.64
27	鱼粉	浙江椒江,七星鱼为主、大带鱼,蒸干	90.7	4.22	3.00
29	鱼粉	浙江玉环,马面鱼,头、皮,蒸干	91.3	4.84	2.88
30	鱼粉	浙江玉环,青鲇鱼,幼鱼,蒸干	89.6	4.17	3.24
31	鱼粉	秘鲁	91.0	4.60	3.35
33	鱼粉	河北海兴,鱼制品下脚料,晒干	90.8	2.71	0.93
36	鱼粉	浙江玉环,小虾、杂鱼	91.3	4.14	3.23
38	鱼粉	浙江玉环,小带鱼、马面鱼,全部,蒸晒混合	86.0	4.81	3.12
39	鱼粉	浙江椒江,小白带为主、七星、白敖籽,蒸干	89.6	4.42	3.17
41	鱼粉	浙江临海,带鱼,白带丝鱼干,2.5%蚕豆,晒干	88.6	4.27	2.59
42	鱼粉	浙江临海,青尖油鱼、鱼烤、蚕豆 7.5%,晒干	90.9	4.50	2.51
43	鱼粉	浙江临海,小杂鱼烤、5%蚕豆,晒干	87.9	4.23	3.25
44	鱼粉	浙江定海,小带鱼、小杂鱼,蒸干加晒	89.0	4.79	3.49
45	鱼粉	浙江定海,马面鱼下脚,蒸干加晒	88.6	5.04	3.18
46	鱼粉	浙江普陀,马面鱼下脚,蒸干、全脱脂	90.4	3.84	2.10
48	鱼粉	浙江普陀,马面鱼下脚,蒸干、不脱脂	91.3	5.04	3.33

续表1-5-5

样品编号	饲料名称	饲料样品实体简述	干物质 DM (%)	总能 GE (Mcal/kg)	代谢能鸡 AMEch (Mcal/kg)
49	鱼粉	浙江普陀,马面鱼下脚、小鱼、小虾,蒸干	90.2	4.67	3.06
51	鱼粉	浙江普陀,马面鱼,干湿法部分脱脂	88.1	4.46	2.50
52	鱼粉	浙江嵊泗,小杂鱼、小带鱼,蒸干	88.5	4.63	3.15
53	鱼粉	浙江嵊泗,小杂鱼、小带鱼,蒸干	87.2	4.63	3.39
55	鱼粉	浙江嵊泗,小鱼虾、劣质鱼,蒸干	88.1	4.25	2.74
56	鱼粉	浙江嵊泗,小鱼虾、劣质鱼,蒸干	86.8	4.02	2.39
1	血粉	北京	89.3	—	3.04
2	血粉	河北石家庄,猪血喷雾干燥	90.3	—	—
3	血粉	吉林省吉林市,熟牛血粉	85.3	—	3.03
4	血粉	吉林长春,猪血粉	92.0	—	—
5	血粉	黑龙江哈尔滨,猪血粉	87.5	—	—
6	血粉	江苏苏州	85.7	—	3.01
7	血粉	浙江杭州,猪血粉	90.0	—	—
8	血粉	安徽蚌埠,猪血喷雾干燥	89.1	—	3.10
9	血粉	河南郑州	90.4	—	3.22
10	血粉	湖南攸县,猪血粉	90.0	—	3.19
11	血粉	重庆,猪血喷雾干燥	88.9	—	2.24
12	血粉	贵州乌当,猪血粉	85.3	—	3.01
13	血粉	云南会泽	88.1	—	3.06
14	血粉	宁夏银川,羊血粉	92.4	—	3.32
15	血粉	宁夏银川,兔血粉	90.8	—	3.27
16	血粉	宁夏区饲料公司,蒸汽排管法	91.1	—	—

6. 猪饲料总能、酶水解总能(*in vitro* 法)

表 1-5-6 猪饲料总能、酶水解总能(*in vitro* 法)*

样品编号	饲料名称	饲料样品实体简述	干物质 DM (%)	总能 GE (Mcal/kg)	猪酶水解总能值 EHGESW (Mcal/kg)
1	蚕豆	重庆江北，成胡 10 号，百粒重 75.1 g,GB 2 级	85.55	3.91	3.00
2	蚕豆	重庆江北,红蚕豆,百粒重 46.0 g,GB 3 级	89.87	4.10	3.19
3	蚕豆	河南淅川,河南小粒,百粒重 43.0 g,GB 2 级	85.55	3.89	2.95
4	蚕豆	湖南长沙,紫弯蚕豆,百粒重 48.5 g,GB 1 级	88.32	4.04	3.12
5	蚕豆	四川江津,江津白,百粒重 65.9 g,GB 1 级	85.10	3.93	2.99
6	蚕豆	四川垫江,垫江蚕豆,百粒重 60.6 g,GB 2 级	87.04	3.93	3.02
7	蚕豆	四川南川,南川蚕豆,百粒重 49.9 g,GB 2 级	87.30	4.07	3.03
8	蚕豆	四川奉节,奉节中粒,百粒重 70.4 g,GB 2 级	88.40	4.04	3.14
9	蚕豆	四川南川,南川红,百粒重 46.0 g,GB 2 级	89.75	4.17	3.28
10	蚕豆	四川奉节,奉节中粒,百粒重 75.3 g,GB 2 级	86.79	4.00	2.98
11	蚕豆	四川汉源,汉源大白豆,百粒重 124.1 g,GB 1 级	87.54	4.01	3.12
12	蚕豆	四川简阳,简阳小蚕豆,百粒重 65.6 g,GB 2 级	85.65	3.86	3.15
13	蚕豆	湖北松滋,湖北小青结,百粒重 47.3 g,GB 1 级	85.55	3.92	3.06
14	蚕豆	四川威远,威远红蚕豆,百粒重 59.4 g,GB 1 级	88.41	4.04	2.97
15	蚕豆	四川威远,威远红蚕豆,百粒重 49.4 g,GB 2 级	89.69	4.06	2.77
16	蚕豆	四川峨眉,峨眉青,百粒重 81.5 g,GB 2 级	84.84	3.88	3.01
18	蚕豆	甘肃,甘肃小蚕豆,百粒重 65.2 g,GB 2 级	85.82	3.93	2.99
19	蚕豆	云南风庆,风庆中粒,百粒重 97.7 g,GB 3 级	86.20	3.95	2.99
20	蚕豆	云南临沧,临沧中粒,百粒重 114.4 g,GB 3 级	86.72	3.95	3.59
21	蚕豆	云南峨山,峨山中粒百粒重 100.0 g,GB 2 级	88.22	4.00	3.14
22	蚕豆	云南昆明,昆明中粒,百粒重 116.7 g,GB 1 级	85.58	3.94	3.20
23	蚕豆	四川遂宁,遂宁杂蚕豆,百粒重 67.6 g,GB 1 级	87.08	3.99	3.15

续表1-5-6

样品编号	饲料名称	饲料样品实体简述	干物质 DM (%)	总能 GE (Mcal/kg)	猪酶水解总能值 EHGESW (Mcal/kg)
25	蚕豆	浙江虞县,上虞田鸡青,百粒重 78.4 g,GB 1 级	86.28	4.00	3.10
26	蚕豆	云南陆良,陆良蚕豆,百粒重 115.8 g,GB 3 级	85.20	3.87	2.97
27	蚕豆	云南陆良,陆良蚕豆,百粒重 135.6 g,GB 2 级	87.12	3.98	3.22
28	蚕豆	贵州贵阳,花溪小蚕豆,百粒重 68.7 g,GB 2 级	87.32	3.98	3.13
29	蚕豆	贵州贵阳,莲花蚕豆,百粒重 50.1 g,GB 2 级	87.20	4.02	3.55
30	蚕豆	四川西充,西充小蚕豆,百粒重 53.1 g,GB 2 级	86.92	4.06	3.06
31	蚕豆	湖南长沙,中粒蚕豆,百粒重 72.7 g,GB 1 级	87.12	3.96	3.09
32	蚕豆	云南昭通,昭通白皮,百粒重 117.0 g,GB 1 级	86.67	3.93	3.14
33	蚕豆	四川三台,三台小蚕豆,百粒重 61.5 g,GB 1 级	87.09	3.97	2.90
34	蚕豆	四川泸州,泸州小蚕豆,百粒重 50.2 g,GB 2 级	86.72	3.94	2.93
35	蚕豆	云南嵩山,嵩山中粒蚕豆,百粒重 104.0 g,GB 2 级	86.76	3.90	3.02
36	蚕豆	浙江杭州,上虞田鸡青,百粒重 80.0 g,GB 1 级	87.00	4.01	3.09
37	蚕豆	云南峨山,峨山大粒蚕豆,百粒重 157.5 g,GB 2 级	87.02	3.94	3.14
38	蚕豆	云南峨山,峨山大粒蚕豆,百粒重 155.4 g,GB 1 级	86.17	3.95	3.14
39	蚕豆	云南玉溪,玉溪大粒蚕豆,百粒重 134.0 g,GB 1 级	86.88	3.94	3.18
40	蚕豆	云南玉溪,玉溪大粒蚕豆,百粒重,128.7 g,GB 2 级	86.60	3.95	3.03
41	蚕豆	四川南川,南川小蚕豆,百粒重 47.7 g,GB 2 级	88.62	4.03	2.84
42	蚕豆	四川西昌,西昌蚕豆,百粒重 104.6 g,GB 2 级	88.68	4.01	3.10
43	蚕豆	上海,上海小青结,百粒重 82.3 g,GB 1 级	89.26	4.10	3.01
44	蚕豆	江苏扬州,日本大粒蚕豆,百粒重 171.5 g,GB 3 级	93.98	4.28	3.24
45	蚕豆	青海西宁,农 11 号,百粒重 163.5 g,GB 1 级	86.26	3.88	3.14
46	蚕豆	青海西宁,青海 3 号,百粒重 159.2 g,GB 2 级	86.56	3.93	3.19
47	蚕豆	青海西宁,马牙蚕豆,百粒重 139.3 g,GB 2 级	86.74	3.93	3.13

续表1-5-6

样品编号	饲料名称	饲料样品实体简述	干物质 DM (%)	总能 GE (Mcal/kg)	猪酶水解总能值 EHGESW (Mcal/kg)
48	蚕豆	青海西宁,饲用蚕豆,百粒重 52.6 g,GB 1 级	86.65	3.97	3.20
49	蚕豆	湖北,襄阳大脚板,百粒重 79.6 g,GB 1 级	87.80	4.01	—
50	蚕豆	湖北武汉,中粒蚕豆,百粒重 81.8 g,GB 1 级	86.74	3.92	3.02
51	蚕豆	四川简阳,简阳二板子,百粒重 110.9 g,GB 3 级	91.36	4.12	3.25
52	蚕豆	湖北,紫弯小蚕豆,百粒重 57.9 g,GB 1 级	89.06	4.12	3.26
1	豌豆	重庆,江北麻豌豆,百粒重 13.4 g,GB 等外	86.1	3.93	2.89
3	豌豆	湖南长沙,团结豌豆,百粒重 18.9 g,GB 1 级	89.0	4.03	2.91
4	豌豆	河南淅川,淅川白豌豆,百粒重 13.8 g,GB 1 级	89.1	3.98	3.04
6	豌豆	河南淅川,奉节水红豌豆,百粒重 19.5 g,GB 3 级	85.9	4.03	2.91
7	豌豆	四川南川,南川白豌豆,百粒重 14.0 g,GB 1 级	89.4	4.56	3.16
8	豌豆	北京,2285,百粒重 14.9 g,GB 2 级	89.3	3.98	3.10
9	豌豆	北京,4511,百粒重 28.2 g,GB 2 级	88.8	4.06	3.02
10	豌豆	北京,绿珠豌豆,百粒重 21.9 g,GB 2 级	88.8	3.98	3.26
11	豌豆	北京,81-10-149,百粒重 26.0 g,GB 1 级	88.9	4.01	3.25
12	豌豆	北京,本地豌豆,百粒重 10.1 g,GB 1 级	87.9	3.97	3.24
13	豌豆	北京,中畜 2 号,百粒重 27.7 g,GB 1 级	88.1	3.98	3.14
14	豌豆	北京,中畜 4 号,百粒重 22.1 g,GB 1 级	88.4	4.03	3.11
15	豌豆	北京,中畜 1 号,百粒重 29.6 g,GB 1 级	88.2	3.96	3.09
16	豌豆	北京,1341,百粒重 16.8 g,GB 2 级	88.4	3.97	3.27
17	豌豆	四川简阳,简阳杂豌豆,百粒重 16.2 g,GB 2 级	85.7	3.90	3.28
18	豌豆	四川简阳,团结 2 号,百粒重 17.6 g,GB 2 级	86.1	3.93	3.40
19	豌豆	四川乐至,团结 2 号,百粒重 17.5 g,GB 2 级	88.9	3.99	3.21
21	豌豆	四川峨眉,峨眉麻豌豆,百粒重 17.6 g,GB 3 级	86.0	3.99	3.46

续表1-5-6

样品编号	饲料名称	饲料样品实体简述	干物质 DM (%)	总能 GE (Mcal/kg)	猪酶水解总能值 EHGESW (Mcal/kg)
22	豌豆	四川绵阳,绵阳麻豌豆,百粒重 10.3 g,GB 3 级	87.8	4.09	3.02
23	豌豆	云南临沧,临沧大豌豆,百粒重 22.3 g,GB 3 级	88.8	3.82	3.10
24	豌豆	云南临沧,临沧大豌豆,百粒重 21.5 g,GB 等外	86.0	3.89	3.21
25	豌豆	云南峨山,峨山豌豆,百粒重 17.5 g,GB 级	85.8	3.92	3.10
26	豌豆	四川遂宁,遂宁杂豌豆,百粒重 14.5 g,GB 2 级	85.8	3.92	3.02
27	豌豆	四川遂宁,遂宁白豌豆,百粒重 14.2 g,GB 2 级	87.9	3.97	3.19
28	豌豆	云南陆良,陆良豌豆,百粒重 13.2 g,GB 2 级	88.8	4.01	3.11
29	豌豆	贵州贵阳,大白壳豌豆,百粒重 12.6 g,GB 2 级	86.4	3.90	3.14
30	豌豆	四川西充,西充麻豌豆,百粒重 10.7 g,GB 3 级	86.5	4.09	3.17
31	豌豆	四川乐至,无须豌豆,百粒重 28.8 g,GB 1 级	89.1	3.98	3.49
32	豌豆	四川乐至,大荚豌豆,百粒重 26.2 g,GB 1 级	89.3	4.01	3.47
33	豌豆	四川乐至,成都 6 号,百粒重 17.9 g,GB 2 级	89.0	3.99	3.06
34	豌豆	四川乐至,团结 2 号,百粒重 17.4 g,GB 1 级	90.0	4.00	3.43
35	豌豆	云南邵通,昭通白豌豆,百粒重 11.9 g,GB 1 级	89.4	4.02	3.39
36	豌豆	四川三台,三台白豌豆,百粒重 14.3 g,GB 2 级	91.2	4.13	3.35
37	豌豆	四川三台,三台麻豌豆,百粒重 10.4 g,GB 3 级	89.3	4.04	3.49
38	豌豆	四川泸州,泸州白豌豆,百粒重 14.5 g,GB 2 级	90.1	4.09	3.18
39	豌豆	陕西咸阳,陕西麻豌豆,百粒重 10.6 g,GB 3 级	89.8	4.01	3.02
40	豌豆	云南峨山,峨山豌豆,百粒重 15.0 g,GB 2 级	88.6	4.00	3.33
41	豌豆	云南玉溪,玉溪豌豆,百粒重 17.5 g,GB 1 级	88.1	3.96	3.37
42	豌豆	四川南川,南川白豌豆,百粒重 12.1 g,GB 2 级	89.7	4.03	3.23
43	豌豆	四川西昌,西昌豌豆,百粒重 13.5 g,GB 2 级	89.2	3.97	3.39
44	豌豆	甘肃榆中,甘肃麻豌豆,百粒重 12.6 g,GB 3 级	87.1	3.90	3.66

续表1-5-6

样品编号	饲料名称	饲料样品实体简述	干物质 DM (%)	总能 GE (Mcal/kg)	猪酶水解总能值 EHGESW (Mcal/kg)
45	豌豆	青海西宁,7702,百粒重 33.2 g,GB 3 级	88.2	3.97	3.48
46	豌豆	青海西宁,阿拉斯加,百粒重 17.8 g,GB 2 级	88.2	3.96	3.40
47	豌豆	青海西宁,草原 3 号,百粒重 17.6 g,GB 3 级	89.0	3.99	3.40
48	豌豆	青海西宁,71-401,百粒重 17.2 g,GB 3 级	88.3	3.95	3.37
49	豌豆	青海西宁,草原 11 号,百粒重 21.1 g,GB 3 级	89.1	3.98	3.47
1	血粉	北京	89.3	—	3.33
2	血粉	河北石家庄,猪血喷雾干燥	90.3	—	—
3	血粉	吉林省吉林市,熟牛血粉	85.3	—	3.33
4	血粉	吉林长春,猪血粉	92.0	—	—
5	血粉	黑龙江哈尔滨,猪血粉	87.5	—	—
6	血粉	江苏苏州	85.7	—	3.40
7	血粉	浙江杭州,猪血粉	90.0	—	3.53
8	血粉	安徽蚌埠,猪血喷雾干燥	89.1	—	3.49
9	血粉	河南郑州	90.4	—	2.84
10	血粉	湖南攸县,猪血粉	90.0	—	3.30
11	血粉	重庆,猪血喷雾干燥	88.9	—	3.35
12	血粉	贵州乌当,猪血粉	85.3	—	3.36
13	血粉	云南会泽	88.1	—	3.59
14	血粉	宁夏银川,羊血粉	92.4	—	3.36
15	血粉	宁夏银川,兔血粉	90.8	—	3.59
16	血粉	宁夏区饲料公司,蒸汽排管法	91.1	—	—

注:* PIF 法是分别用胃蛋白酶和猪小肠液冻干粉进行水解为特点的两步法。

1.6 郑长义.1983.饲料图鉴与品质管制[6]

1.养鸡饲料成分表及氨基酸含量

表 1-6-1 养鸡饲料成分表

样品名称	干物质(%)	能量(kcal/kg)		粗蛋白质(%)	粗脂肪(%)	粗纤维(%)	钙(%)	磷(%)	钾(%)	氯(%)	铁(%)	镁(%)	锰(mg/kg)	钠(%)	硫(%)	铜(mg/kg)	硒(mg/kg)	锌(mg/kg)
		代谢	生产															
血粉,风干	94	2830	2280	81.1	1.6	0.5	0.55	0.42	0.09	0.27	0.202	0.16	5.1	0.32	0.32	9.7	0.01	—
血粉,喷雾或火力干燥	93	3420	2280	88.9	1.0	0.6	0.06	0.09	0.41	0.27	0.30	0.40	6.4	0.33	0.32	8.1	—	306
干啤酒渣	92	2080	1850	25.3	6.2	15.3	0.29	0.52	0.09	0.12	0.025	0.16	37.8	0.15	0.31	21.1	0.70	98
酪浆粉	92	2770	1720	31.6	5.0	0.4	1.32	0.93	0.85	0.47	0.001	0.40	3.4	0.73	0.03	—	—	—
酪蛋白	93	4130	2500	87.2	0.8	0.2	0.61	1.0	—	—	—	—	4.2	—	—	4.0	—	—
玉米筋饲料	90	1750	1120	22.0	2.5	8.0	0.4	0.8	0.57	0.22	0.046	0.29	23.8	0.95	0.22	47.9	0.1	7
玉米筋粉,41%	91	2940	1850	41.0	2.5	7.0	0.23	0.55	0.30	0.11	0.040	0.05	8.9	0.07	0.40	28.3	1.0	20
玉米筋粉,60%	90	3720	2820	62.0	2.5	1.3	—	0.50	0.35	0.05	0.040	0.15	4.4	0.02	0.43	26.4	1.0	33
棉籽饼,压榨法	93	2320	1520	40.9	3.9	10.8	0.20	1.05	1.19	0.04	0.016	0.52	22.9	0.04	0.40	18.6	0.06	—
棉籽粕,溶剂抽出法	90	2400	1320	41.4	0.5	13.6	0.15	0.97	1.22	0.03	0.011	0.40	20.0	0.04	—	17.8	—	82
羽毛粉,加水分解	93	2360	1320	86.4	3.3	1.0	0.33	0.55	0.31	—	—	0.20	21.0	0.71	—	—	—	54
鱼粉,鳀鱼	92	2580	1890	64.2	5.0	1.0	3.73	2.43	0.69	0.29	0.022	0.24	9.5	0.88	0.54	9.3	1.363	103
鱼粉,鲱鱼(Herring)	93	3190	2050	72.3	10.0	0.7	2.29	1.70	1.09	0.90	0.014	0.15	4.7	0.61	0.69	5.9	1.930	132
鱼粉,鲱鱼(Menhaden)	92	2820	1980	60.5	9.4	0.7	5.11	2.88	0.77	0.60	0.044	0.16	33.0	0.41	0.45	10.8	2.103	147
鱼粉,沙丁鱼	92	2880	1980	64.7	5.4	1.0	4.38	2.58	0.25	0.41	0.030	0.10	23.0	0.18	0.30	20.0	1.756	—
白鱼粉	95	2570	1815	60.9	3.4	—	5.40	2.60	1.0	0.52	0.008	0.22	9.8	1.1	0.50	6.4	1.714	64

续表1-6-1

样品名称	干物质(%)	能量(kcal/kg)		粗蛋白质(%)	粗脂肪(%)	粗纤维(%)	钙(%)	磷(%)	钾(%)	氯(%)	铁(%)	镁(%)	锰(mg/kg)	钠(%)	硫(%)	铜(mg/kg)	硒(mg/kg)	锌(mg/kg)
		代谢	生产															
鱼精	51	1460	990	31.5	7.8	0.2	0.30	0.76	1.74	2.65	0.016	0.02	14.4	2.62	0.12	44.9	2.0	38
鱼精粉	92	2830	1610	63.6	9.3	0.5	1.23	1.63	0.37	—	0.030	0.30	50.1	0.37	0.40	—	—	76
胶	91	2360	1770	88.0	微量	—	0.50	微量	—	—	—	0.05	—	—	—	—	—	—
肝粉	92	2860	2400	65.6	15.0	1.4	0.56	1.25	—	—	0.063	—	8.8	—	—	88.9	—	—
肉骨粉	93	1960	1600	50.4	8.6	2.8	10.1	4.96	1.02	0.74	0.049	1.12	14.2	0.72	0.50	1.5	0.25	93
肉粉	92	2000	1670	54.4	7.1	8.7	8.27	4.10	0.6	0.91	0.044	0.58	9.7	1.15	0.49	9.8	0.42	103
豌豆	90	2570	—	23.8	1.3	5.5	0.11	0.42	1.02	0.06	0.005	0.13	—	0.04	—	—	—	30
花生粕,压榨法	90	2500	1870	39.8	7.3	13.0	0.16	0.56	1.13	0.03	—	0.33	25.1	0.07	0.29	—	0.28	20
花生粕,溶剂法	92	2200	1900	50.7	1.2	11.9	0.20	0.63	1.19	0.03	—	0.04	28.9	0.07	—	—	—	20
家禽屠宰副产品	93	2670	1980	58.0	13.0	2.0	3.0	1.7	0.30	0.54	0.044	0.22	11.0	0.40	0.51	14.0	0.75	120
菜籽粕,压榨法	94	2040	—	35.0	8.6	12.4	0.72	1.09	0.8	—	0.018	0.51	61.0	0.5	—	7.0	0.98	44
红花籽粕,压榨法	91	1500	1160	42.5	1.3	15.0	0.4	1.3	0.67	0.03	0.048	0.26	15.6	0.10	0.06	8.5	—	33
胡麻粕,压榨法	93	2210	1720	43.8	8.6	9.7	1.99	1.37	1.20	0.06	—	0.77	47.9	0.04	0.43	—	—	100
脱脂乳粉	93	2520	1670	33.5	0.9	0.2	1.28	1.02	1.59	0.50	0.001	0.11	2.0	0.44	0.31	11.5	0.12	40
大豆蛋白	93	3500	2300	84.1	0.4	0.2	0.02	0.8	0.18	0.02	0.013	0.013	1.0	0.07	0.71	7.0	0.1	23
向日葵籽粕,脱壳,溶剂法	93	2320	1430	45.4	2.9	12.2	0.37	1.0	1.00	0.10	0.003	0.75	22.9	2.0	—	3.5	—	—
酵母粉,啤酒酵母	93	1990	1260	44.4	1.0	2.7	0.12	1.40	1.70	0.12	0.012	0.23	5.2	0.07	0.38	32.8	1.0	39
酵母粉,特路拉酵母	93	2160	1540	47.2	2.5	2.4	0.58	1.67	1.88	0.02	0.009	0.13	12.8	0.01	0.34	13.5	1.0	99

续表 1-6-1

饲料名称	生物素(mg/kg)	胆碱(mg/kg)	叶酸(mg/kg)	烟酸(mg/kg)	泛酸(mg/kg)	吡哆醇(维生素 B_6)(mg/kg)	维生素 B_2(mg/kg)	维生素 B_1(mg/kg)	维生素 B_{12}(mg/kg)	维生素 E(mg/kg)
血粉,风干	0.08	695	0.1	29	3	—	2.6	0.4	44.0	—
血粉,喷雾或火力干燥	0.20	280	0.4	13	5	4.4	1.3	0.5	44.0	—
干啤酒渣	0.96	1723	7.1	29	8	0.65	1.4	0.5	—	25
酪浆粉	0.29	1707	0.4	9	34	2.43	31.3	3.3	0.037	6
酪蛋白	0.05	205	0.5	1	3	0.4	1.5	0.5	—	—
玉米筋饲料	0.33	1518	0.3	66	17	15.0	2.4	2.0	—	15
玉米筋粉,41%	0.18	926	0.4	50	10	7.9	1.7	0.2	—	20
玉米筋粉,60%	0.15	330	0.2	55	3	6.2	2.2	0.3	—	24
棉籽饼,压榨法	0.60	2753	1.0	38	10	5.3	5.1	6.4	—	39
棉籽粕,溶剂抽出法	0.55	2933	2.7	40	7	3.0	4.0	3.3	—	—
羽毛粉,加水分解	0.44	891	0.2	27	10	—	2.1	0.1	0.078	—
鱼粉,鳀鱼	0.23	4408	0.2	100	15	4.0	7.1	0.1	0.352	4
鱼粉,鲱鱼(Herring)	0.31	5306	0.8	93	17	4.0	9.9	0.1	0.403	22
鱼粉,鲱鱼(Menhaden)	0.20	3056	0.6	55	9	4.0	4.9	0.5	0.104	7
鱼粉,沙丁鱼	0.10	3135	—	70	10	—	6.0	0.3	0.235	—
白鱼粉	0.12	5180	0.3	49	10	4.1	6.0	2.1	0.081	8
鱼精	0.18	3519	—	169	35	12.2	14.6	5.5	0.347	—
鱼精粉	0.26	5507	—	271	55	—	7.7	—	0.401	6

续表1-6-1

饲料名称	生物素(mg/kg)	胆碱(mg/kg)	叶酸(mg/kg)	烟酸(mg/kg)	泛酸(mg/kg)	吡哆醇(维生素 B_6)(mg/kg)	维生素 B_2(mg/kg)	维生素 B_1(mg/kg)	维生素 B_{12}(mg/kg)	维生素 E(mg/kg)
胶	—	—	—	—	—	—	—	—	—	—
肝粉	0.02	11311	5.5	204	29	—	46.3	0.2	0.498	—
肉骨粉	0.64	1996	0.32	46	4.1	12.8	4.4	0.8	0.070	1.0
肉粉	0.17	2077	0.3	57	5	3.0	5.5	0.2	0.068	1.0
豌豆	0.18	642	0.4	34	10	1.0	2.3	7.5	—	—
花生粕,压榨法	0.76	1655	0.4	166	47	10.0	5.2	7.1	—	2.9
花生粕,溶剂法	0.39	2396	0.4	170	53	10.0	11.0	—	—	3.0
家禽屠宰副产品	0.30	5952	1.0	40	12.3	—	11.0	1.0	0.31	2.0
菜籽粕,压榨法	—	6464	—	153	9	7.0	3.7	1.7	—	19.1
红花籽粕,压榨法	1.40	2067	0.4	22	40	—	2.4	—	—	0.7
胡麻粕,压榨法	0.34	1536	—	30	6	12.5	3.6	2.8	—	—
脱脂乳粉	0.33	1393	0.5	11	37	3.9	19.0	3.5	0.037	9.1
大豆蛋白	0.3	2	2.5	6	4.2	5.4	1.2	0.2	—	—
向日葵籽粕,脱壳,溶剂法	1.45	2894	—	220	24	16.0	4.7	—	—	11.0
酵母粉,啤酒酵母	1.05	3984	9.9	448	109	42.8	37.0	91.8	—	—
酵母粉,特路拉酵母	1.39	2881	22.4	500	73	—	47.7	6.2	—	—

表 1-6-2 养鸡饲料的氨基酸含量

%

饲料名称	干物质	粗蛋白质	精氨酸	甘氨酸	丝氨酸	组氨酸	异亮氨酸	亮氨酸	赖氨酸	蛋氨酸	胱氨酸	苯丙氨酸	酪氨酸	苏氨酸	色氨酸	缬氨酸
血粉,风干	94	81.1	3.63	4.59	3.14	3.52	0.95	10.53	7.05	0.55	0.52	5.66	2.07	3.15	1.29	7.28
血粉,喷雾或火力干燥	93	88.9	3.81	4.00	3.86	5.26	0.88	11.82	8.85	0.75	0.86	6.55	2.49	3.94	1.34	8.60
干啤酒渣	92	25.3	1.28	1.09	0.80	0.57	1.44	2.48	0.90	0.57	0.39	1.45	1.19	0.98	0.34	1.66
酪浆粉	92	31.6	1.08	0.34	1.39	0.83	2.31	3.10	2.23	0.72	0.40	1.45	0.99	1.47	0.47	2.50
酪蛋白,干粉	93	87.2	3.61	1.79	5.81	2.78	4.82	9.00	7.99	2.65	0.21	4.96	5.37	4.29	1.05	6.46
玉米筋饲料	90	22.0	1.01	0.99	0.80	0.71	0.65	1.89	0.63	0.45	0.51	0.77	0.58	0.89	0.10	1.05
玉米筋粉,41%	91	41.0	1.38	1.50	1.50	0.98	2.18	7.19	0.78	1.03	0.65	2.67	1.00	1.40	0.21	2.23
玉米筋粉,60%	90	62.0	1.93	1.64	3.07	1.22	2.29	10.11	1.00	1.91	1.11	3.77	2.94	1.97	0.25	2.74
棉籽饼,压榨法	93	40.9	4.26	2.28	—	1.08	1.57	2.47	1.51	0.55	0.59	2.17	0.69	1.38	0.55	1.97
棉籽粕,溶剂抽出法	90	41.4	4.59	1.70	—	1.10	1.33	2.41	1.71	0.52	0.64	2.22	1.02	1.32	0.47	1.89
羽毛粉,加水分解	93	86.4	5.42	6.31	—	0.34	3.26	6.72	1.67	0.42	4.00	3.26	6.31	3.43	0.50	5.57
鱼粉,鳀鱼	92	64.2	3.66	3.59	2.32	1.53	3.01	4.83	4.90	1.93	0.59	2.70	2.18	2.68	0.74	3.59
鱼粉,鲱鱼(Herring)	93	72.3	4.84	4.61	2.73	1.70	3.22	5.34	5.70	2.10	0.72	2.79	2.27	3.00	0.81	4.55
鱼粉,鲱鱼(Menhaden)	92	60.5	3.79	4.19	2.25	1.46	2.85	4.50	4.83	1.78	0.56	2.48	1.98	2.50	0.68	3.20
鱼粉,沙丁鱼	92	64.7	3.27	4.52	—	1.78	3.38	5.29	5.90	1.98	0.96	2.29	2.01	2.69	0.68	4.05
鱼精	51	31.5	1.61	3.41	0.83	1.56	1.06	1.86	1.73	0.50	0.30	0.93	0.40	0.86	0.31	1.16
鱼精粉	92	63.6	2.78	5.89	2.02	2.18	1.95	3.16	3.28	1.00	0.66	1.48	0.78	1.35	0.51	2.22
肝粉	92	65.6	4.14	5.57	2.49	1.47	3.09	5.28	4.80	1.22	0.89	2.89	1.69	2.48	0.59	4.13

续表1-6-2

饲料名称	干物质	粗蛋白质	精氨酸	甘氨酸	丝氨酸	组氨酸	异亮氨酸	亮氨酸	赖氨酸	蛋氨酸	胱氨酸	苯丙氨酸	酪氨酸	苏氨酸	色氨酸	缬氨酸
肉骨粉	93	50.4	3.62	6.79	1.85	0.90	1.40	2.8	2.60	0.65	0.25	1.50	0.76	1.50	0.28	2.00
肉粉	92	54.4	3.73	6.30	1.60	1.30	1.60	3.32	3.00	0.75	0.66	1.70	0.84	1.74	0.36	2.30
豌豆	90	23.8	1.40	1.10	—	0.72	1.10	1.80	1.60	0.31	0.17	1.30	—	0.94	0.24	1.30
花生粕,压榨法	90	39.8	5.40	2.20	—	1.10	1.80	3.40	1.60	0.45	0.70	2.60	—	1.40	0.50	2.40
花生粕,溶剂法	93	50.7	5.50	2.70	2.22	1.19	2.10	2.99	1.76	0.44	0.76	2.75	2.00	1.45	0.65	1.82
家禽屠宰副产品	93	58.0	4.00	5.90	3.68	1.50	2.00	3.70	2.70	1.00	0.69	2.10	0.54	2.00	0.53	2.60
菜籽粕	94	35.0	1.93	1.81	1.48	0.87	1.33	2.31	1.75	0.68	0.31	1.41	0.82	1.53	0.45	1.79
红花籽粕,压榨法	91	42.5	2.85	1.12	—	0.44	0.57	1.22	1.30	0.37	0.66	1.16	—	0.56	0.28	1.09
胡麻粕,压榨法	93	43.8	4.93	4.22	2.96	1.09	2.12	3.33	1.30	1.20	0.59	2.22	2.00	1.65	0.80	2.41
脱脂乳粉	93	33.5	1.12	0.27	1.59	0.84	2.15	3.23	2.40	0.93	0.44	1.58	1.13	1.60	0.44	2.30
大豆蛋白	93	84.1	6.70	3.30	5.30	2.10	4.60	6.60	5.50	0.81	0.49	4.30	3.10	3.30	0.81	4.40
向日葵籽粕,脱壳,溶剂法	93	45.4	3.50	2.69	1.75	1.39	2.78	3.88	1.70	0.72	0.71	2.93	1.19	2.13	0.71	3.24
酵母粉,啤酒酵母	93	44.4	2.19	2.09	—	1.07	2.14	3.19	3.23	0.70	0.50	1.81	1.49	2.06	0.49	2.32
酵母粉,特路拉酵母	93	47.2	2.60	2.60	—	1.40	2.90	3.50	3.80	0.80	0.60	3.00	2.10	2.60	0.50	2.90
苜蓿粉,蛋白质 17%	92	17.5	0.80	0.90	0.77	0.32	0.84	1.26	0.73	0.23	0.20	0.79	0.56	0.70	0.28	0.84
苜蓿粉,蛋白质 20%	92	20.0	0.92	0.97	0.89	0.34	0.88	1.30	0.87	0.31	0.25	0.85	0.59	0.76	0.33	0.97
酪蛋白,澄清液干粉	92	85.0	3.42	1.81	5.52	2.52	4.77	8.62	7.31	2.80	0.15	4.81	5.17	4.00	0.98	5.82
胶	91	88.0	7.4	20.0	2.80	0.85	1.40	3.10	3.70	0.68	0.09	1.70	0.26	1.30	0.09	1.80

2.养猪饲料成分表

表 1-6-3 养猪饲料成分表

%

饲料名称	干物质	粗蛋白质	粗脂肪	粗纤维	无氮浸出物	粗灰分	钙	磷	总可消化养分
花生粕	89.0	47.6	2.0	4.5	21.6	5.6	0.20	0.40	75.2
花生饼	87.4	40.0	12.6	5.1	24.5	5.2	0.20	0.60	86.4
鱼粉(50%)	85.7	52.7	6.6	1.1	5.3	20.0	5.70	3.40	60.6
鱼粉(60%)	84.2	61.3	7.8	0.6	1.4	13.1	5.30	2.20	70.6
鱼骨粉	90.7	33.7	9.0	5.5	14.3	28.2	8.50	6.30	48.9
酵母粉	92.8	40.0	1.2	1.6	43.2	6.8	0.30	1.00	72.4
脱脂乳粉	91.8	33.2	0.9	0.2	49.0	8.5	1.20	1.00	77.5

3.养牛饲料成分表

表 1-6-4 养牛饲料成分表

%

饲料名称	干物质	粗蛋白质	粗纤维	总可消化养分	钙	磷
棉籽饼	89.34	48.10	5.59	68.00	0.20	1.41
花生饼	87.88	46.44	7.79	71.00	0.26	0.72
酱油粕(干燥)	90.00	37.26	10.30	43.00	0.80	0.95
豆腐渣(干燥)	90.00	18.26	15.83	—	0.23	0.11
啤酒粕(干燥)	93.00	28.20	15.10	65.00	0.30	0.66

2　国外部分资料

2.1 德国资料

2.1.1 Oskar Johann Kellner(凯尔纳). 1908. 农畜饲养学. 刘运筹,等译(1935)[7]

1. 各种饲料之成分消化率及淀粉当量

表 2-1-1 各种饲料之成分消化率及淀粉当量

饲料分类(大类)	饲料分类(小类)	原料名称及描述	常规成分(%)						可消化养分(%)				价值(全值等于100)	可消化的部分(%)	每百磅之淀粉等量(磅)/百基中的淀粉价(当量)
			水	粗蛋白质	粗脂肪	无氮浸出物	粗纤维	粗灰分	粗蛋白质	粗脂肪	无氮浸出物	粗纤维			
青刍(刍:喂牲畜的草,下同)	叶及杂草	苤蓝叶	86.5	2.8	0.4	7.1	1.6	1.6	1.9	0.2	5.7	0.9	93	0.4	6.3
青刍	叶及杂草	蔓菁叶	89.0	2.4	0.4	4.6	1.6	2.0	1.6	0.2	3.5	0.9	92	1.0	5.3
干草	叶及杂草等	荨麻叶	11.4	18.3	7.7	38.0	10.6	14.0	12.8	4.9	30.0	6.0	89	9.3	48.0
谷粒及籽实	豆科籽实	菜豆	14.3	25.4	1.5	48.5	7.1	3.2	22.1	1.2	44.1	4.1	97	19.3	66.6
谷粒及籽实	豆科籽实	豌豆	14.0	22.5	1.6	53.7	5.4	2.8	19.4	1.0	49.9	2.5	98	16.9	68.6
谷粒及籽实	豆科籽实	扁豆	14.0	25.5	1.9	52.2	3.4	3.0	21.9	1.2	48.5	1.8	99	19.1	69.5
谷粒及籽实	豆科籽实	羽扇豆黄花种	14.0	38.3	4.4	25.4	14.1	3.8	34.4	3.8	21.9	12.7	94	30.6	67.3
谷粒及籽实	豆科籽实	羽扇豆蓝花种	14.0	29.5	6.2	36.2	11.2	2.9	26.3	5.2	31.2	10.1	96	23.3	7.0
谷粒及籽实	豆科籽实	羽扇豆白花种	14.0	29.4	7.2	34.2	12.2	3.0	26.1	6.1	29.4	11.1	95	23.2	7.7
谷粒及籽实	豆科籽实	俄国豌豆	13.3	26.0	1.7	49.8	6.0	3.2	22.9	1.5	45.8	3.9	98	20.0	69.7
谷粒及籽实	多油籽实	花生	7.0	29.7	49.2	12.2	6.0	2.8	26.7	46.7	10.2	2.4	99	24.6	146.5
谷粒及籽实	多油籽实	亚麻籽	7.1	24.2	36.5	22.9	5.5	3.8	19.4	34.7	18.3	1.8	99	18.1	119.2
谷粒及籽实	多油籽实	罂粟籽	7.2	19.9	43.1	17.4	5.5	6.9	14.9	40.9	16.0	1.8	99	13.6	127.6
谷粒及籽实	多油籽实	芸薹籽	7.3	19.6	45.0	18.0	5.9	4.2	15.9	42.8	14.4	1.5	99	13.8	130.3
谷粒及籽实	多油籽实	芝麻	5.5	20.5	47.2	15.0	6.3	5.5	18.4	44.8	8.4	1.4	99	16.8	131.8
商品饲料	磨粉厂的副产品	荞麦粉粗者	12.0	31.8	8.4	38.3	4.8	4.7	24.4	6.8	30.6	1.9	98	20.6	64.9
商品饲料	磨粉厂的副产品	豌豆饲粉	13.5	23.4	2.0	51.0	7.0	3.1	21.1	1.4	48.4	4.9	97	18.4	71.3

续表2-1-1

饲料分类（大类）	饲料分类（小类）	原料名称及描述	常规成分(%)						可消化养分(%)				价值（全值等于100）	可消化的部分（%）	每百磅之淀粉等量(磅)/百基中的淀粉价(当量)
			水	粗蛋白质	粗脂肪	无氮浸出物	粗纤维	粗灰分	粗蛋白质	粗脂肪	无氮浸出物	粗纤维			
商品饲料	淀粉制造业中之副产品	麸质干燥者	10.0	76.2	5.1	6.2	0.4	2.1	72.4	4.3	4.3	0.1	100	7.7	80.9
商品饲料	淀粉制造业中之副产品	玉蜀黍胶质饲料	8.1	23.7	2.5	56.8	6.8	2.1	19.9	1.9	47.1	2.5	90	18.4	63.8
商品饲料	淀粉制造业中之副产品	米粉剩余物新鲜者	55.3	13.6	1.1	28.7	0.6	0.7	11.2	0.6	26.1	0.4	92	8.5	32.8
商品饲料	淀粉制造业中之副产品	米粉剩余物干燥者	14.0	26.2	2.1	55.2	1.1	1.4	21.5	1.0	50.3	0.7	90	16.3	61.4
商品饲料	酿造及蒸馏業中之副产品	啤酒糟干燥者	9.0	21.2	7.5	41.7	16.0	4.6	15.1	6.6	25.0	7.7	84	14.1	50.3
商品饲料	酿造及蒸馏業中之副产品	啤酒糟干燥者美国品	9.0	26.5	7.0	42.1	12.5	2.9	20.0	6.0	25.3	6.0	87	18.8	53.7
商品饲料	酿造及蒸馏業中之副产品	烧酒糟干燥者	7.2	19.5	7.2	48.3	14.6	3.2	13.8	6.3	29.9	7.0	84	12.9	51.3
商品饲料	酿造及蒸馏業中之副产品	酿母剩余物已提者	12.1	49.3	2.9	30.4	0.1	5.2	42.7	1.1	24.8	—	100	40.5	65.0
商品饲料	酿造及蒸馏業中之副产品	马铃薯酒糟新鲜者	94.3	1.2	0.1	3.1	0.6	0.7	0.6	—	2.2	0.1	93	0.5	2.6
商品饲料	酿造及蒸馏業中之副产品	马铃薯酒糟干糟者	10.0	24.3	3.7	40.8	9.5	11.7	12.2	1.8	20.4	2.0	90	9.4	31.2
商品饲料	酿造及蒸馏業中之副产品	麦芽屑	12.0	23.1	1.5	43.6	12.3	7.5	18.5	1.1	31.8	6.8	75	11.4	38.7
商品饲料	酿造及蒸馏業中之副产品	糖酒糟	92.2	1.9	—	4.0	—	1.9	1.0	—	3.6	—	95	0.3	3.7
商品饲料	酿造及蒸馏業中之副产品	黑麦酒糟新鲜者	92.2	1.7	0.4	4.6	0.7	0.4	1.1	0.3	3.7	0.4	87	0.9	4.8
商品饲料	酿造及蒸馏業中之副产品	黑麦酒糟干燥者	10.0	22.7	5.4	47.1	8.9	5.9	14.5	4.9	37.7	5.3	83	11.9	53.2
商品饲料	油饼	棉籽油饼去壳者	8.0	48.0	9.1	21.6	6.5	6.8	41.3	8.6	14.5	1.8	97	39.5	72.3
商品饲料	油饼	椈实饼去壳者	10.5	36.3	9.5	29.0	7.7	7.0	32.0	8.6	22.0	1.9	9.7	31.0	7.6
商品饲料	油饼	花生饼粉	9.8	44.5	9.2	23.8	5.2	7.5	40.0	8.3	20.0	0.8	98	38.7	75.7
商品饲料	油饼	花生饼粉罗弗司克种	9.0	50.8	7.0	24.3	4.4	4.5	46.7	6.3	20.6	0.5	98	45.2	77.5
商品饲料	油饼	可可饼（带壳者）	10.0	18.8	11.2	36.4	15.5	8.1	0.6	9.4	17.5	3.3	90	—	39.0
商品饲料	油饼	可可油饼	10.5	21.4	8.5	38.7	14.7	6.2	16.7	8.2	32.1	9.3	100	16.3	76.5
商品饲料	油饼	亚麻仁油饼	11.0	33.5	8.6	31.7	8.7	6.5	28.8	7.9	25.4	4.3	97	27.2	71.8

续表2-1-1

饲料分类（大类）	饲料分类（小类）	原料名称及描述	常规成分(%)						可消化养分(%)				价值（全值等于100）	可消化的部分（%）	每百磅之淀粉等量(磅)/百基中的淀粉价(当量)
			水	粗蛋白质	粗脂肪	无氮浸出物	粗纤维	粗灰分	粗蛋白质	粗脂肪	无氮浸出物	粗纤维			
商品饲料	油饼	亚麻仁油饼提油者	10.2	37.4	3.8	32.7	9.1	6.8	32.2	3.4	26.2	4.5	96	31.4	64.8
商品饲料	油饼	玉蜀黍胚油饼	11.0	21.0	9.0	43.8	9.1	6.1	18.3	8.5	38.5	4.5	97	14.4	74.4
商品饲料	油饼	杏仁油饼	10.5	40.8	16.5	18.9	9.2	4.1	36.7	15.7	15.1	3.1	97	34.3	85.6
商品饲料	油饼	罂粟子油饼	11.5	35.7	12.2	18.4	11.2	11.0	28.2	11.2	11.8	5.6	95	26.6	66.2
商品饲料	油饼	芸薹油饼	10.0	33.1	10.2	27.9	11.1	7.7	27.4	8.1	22.3	0.9	95	23.0	61.1
商品饲料	油饼	芸薹油饼粉提油者	10.0	34.8	5.1	30.4	11.7	8.0	28.9	4.0	24.3	0.9	94	24.4	53.3
商品饲料	油饼	芝麻油饼	9.5	39.8	12.6	20.6	6.8	10.7	35.8	11.3	11.5	2.1	97	34.2	71.0
商品饲料	油饼	向日葵油饼	9.2	39.4	12.6	20.7	11.8	6.3	35.5	11.1	14.7	3.5	95	32.4	72.0
商品饲料	油饼	胡桃油饼	13.4	35.0	12.2	27.6	6.7	5.1	31.5	11.6	23.5	1.7	98	29.0	78.5
动物质饲料		血粉	9.0	83.9	2.5	—	—	4.2	77.2	2.0	—	—	100	68.0	67.7
动物质饲料		油渣	9.5	58.6	25.5	—	—	6.4	55.7	23.5	—	—	100	21.0	106.0
动物质饲料		鱼粉含脂少者	12.8	52.5	2.1	—	—	32.6	47.3	1.6	—	—	100	43.6	44.0
动物质饲料		鱼粉含脂富者	10.8	48.4	11.6	—	—	29.2	43.6	11.0	—	—	100	40.1	64.2
动物质饲料		肉粉	10.8	72.3	13.2	—	—	3.8	67.2	12.5	—	—	100	63.6	89.9
动物质饲料		死体	7.0	50.3	17.0	1.0	2.7	22.0	39.2	16.2	—	—	—	24.1	70.3
动物质饲料		牛乳全乳	87.7	3.5	3.4	4.6	—	0.8	3.3	3.4	4.6	—	100	3.3	14.7
动物质饲料		牛乳机器分离乳	89.8	4.0	0.8	4.6	—	0.8	3.8	0.8	4.6	—	100	3.8	9.0
动物质饲料		牛乳老法分离乳	90.3	4.0	0.2	4.7	—	0.8	3.8	0.2	4.7	—	100	3.8	7.6
动物质饲料		脱脂乳	90.1	4.0	1.1	4.0	—	0.7	3.8	1.1	4.0	—	100	3.8	9.2

注：[1] 含糖甚富之根类，饲养值较低，此可于“价值”及“每百磅之淀粉等量”两栏中见之，故其含糖量不必再折为平常之无氮浸出物，下同。

2.养分的消化率

表 2-1-2 反刍动物饲料养分消化率

%

饲料分类（大类）	饲料分类（小类）	原料名称及描述	试验种数	试验次数	有机质	粗蛋白质	粗脂肪	无氮浸出物	粗纤维
青刍及干草	青刍及酸刍	俄国豌豆	1	2	66	71	59	76	44
谷粒		菜豆	9	30	88(76-100)	87(77-100)	83(56-100)	91(82-100)	58(0-99)
谷粒		豌豆	2	4	89(88-89)	86(83-90)	65(55-75)	93(93-94)	46(26-66)
谷粒		俄国豌豆	1	2	92	88	92	100	—
工业副产品		啤酒糟新鲜者	4	12	63(60-67)	73(71-74)	86(84-89)	62(56-74)	40(33-45)
工业副产品		啤酒糟干燥者	7	19	64(54-72)	71(63-78)	88(81-93)	60(51-67)	48(19-77)
工业副产品		干酒糟	5	10	71(60-81)	64(49-80)	94(92-94)	80(54-85)	61(41-92)
工业副产品		芸薹油饼	2	7	66(48-79)	81(65-92)	79(60-94)	67(66-85)	8(0-34)
工业副产品		芸薹油粉提油者	1	1	68	64	—	85	—
工业副产品		亚麻仁油饼	4	14	79(74-88)	86(80-90)	92(86-97)	78(60-96)	32(0-92)
工业副产品		亚麻仁油饼粉提油者	3	11	78(79-84)	84(83-87)	95(91-100)	82(73-87)	54(0-99)
工业副产品		棉籽油饼粉去壳者	7	14	76(69-87)	86(84-96)	94(93-100)	67(44-71)	28(0-100)
工业副产品		棉籽油饼粉不去壳者	3	10	55(50-60)	77(72-77)	93(86-100)	52(46-60)	18(2-24)
工业副产品		花生油饼	4	7	83(84-86)	90(86-93)	90(86-97)	84(69-98)	9(0-32)
工业副产品		可可油饼	3	5	80(75-85)	78(75-84)	97(96-100)	83(80-86)	63(54-73)
工业副产品		罂粟籽油饼	1	3	75	79	92	64	61
工业副产品		芝麻油饼	1	4	77	90	90	56	31
工业副产品		向日葵油饼	1	4	76(77-92)	90(46-58)	88	71(87-97)	30
动物质饲料		肉粉	2	5	93(91-96)	93(91-97)	98(96-100)	—	—
动物质饲料		血粉坚硬者	1	2	63	62	100	100	—
动物质饲料		鱼粉	1	2	—	90	76	—	—
动物质饲料		牛乳	5	5	98	94	100	98	—

表 2-1-3 马饲料养分消化率

%

原料名称及描述	试验种数	试验次数	有机质	粗蛋白质	粗脂肪	无氮浸出物	粗纤维
菜豆	1	5	87	86	13	94	(65)
豌豆	1	1	80	83	7	89	(8)
亚麻仁油饼	1	1	69	88	53	94	—
亚麻仁油饼	1	1	64	75	52	98	—

表 2-1-4 猪饲料养分消化率

%

原料名称及描述	试验种数	试验次数	有机质	粗蛋白质	粗脂肪	无氮浸出物	粗纤维
豌豆粉	6	11	91	90	49	96	70
菜豆粉	1	2	80	80	30	91	15
干啤酒糟	1	2	48	63	49	52	15
可可油饼	1	2	80	73	83	89	60
亚麻仁油饼	1	4	80	86	80	85	12
肉粉坚硬者	1	8	92	97	86	—	—
血粉	1	1	72	72	—	—	—
酸乳	1	1	95	96	95	98	—

2.1.2 M. Beyer,et al. 2003. 德国罗斯托克饲料评价体系. 赵广永,译(2008)[8] *

1. 牛饲料表格

表 2-1-5 牛饲料表格

编码	饲料原料		饲料价值						粗略营养成分								消化率					
	饲料名称	饲料描述	DM	在 DM 中			在 OM 中		在 DM 中													
				NERc	dCP	PEQ	NERc	dCP	CP	CF	ST	SU	NFR	Ash	P	Ca	E	OM	CP	CF	STSU	NFR
			%	MJ/kg	%	g/MJ	MJ/kg	%	%	%	%	%	%	%	%	%	%	%	%	%	%	%
6000	**精饲料**																					
6200	**高能精饲料,油籽类**																					
6243	亚麻籽		91.0	10.16	21.7	21	9.25	19.7	25.5	37.0	4.0	2.5	26.0	5.0	0.4	0.28	77	83	85	88	97	70
6213	菜籽		88.0	10.93	19.5	18	9.61	17.2	23.5	43.0	4.0	2.5	21.5	5.5	0.8	0.30	77	82	83	92	97	58
6253	向日葵籽		91.0	9.01	17.0	19	8.20	15.5	20.0	37.0	2.0	2.0	35.5	3.5	0.8	0.35	67	65	85	98	97	14
6800	**高能精饲料,木本植物的种子和果实**																					
6832	不带壳干毛榉		88.0	11.16	20.6	18	9.82	18.1	25.7	47.1	10.0	1.0	11.7	4.5	0.3	0.54	75	79	80	90	97	14
6700	**高能精饲料,淀粉业、发酵业和水果加工业副产物**																					
6746	挤压玉米胚饼(淀粉业)		90.0	7.37	16.7	23	6.63	15.0	22.0	7.5	24.6	12.7	29.2	4.0	0.8	0.25	77	81	76	80	97	64
6747	浸提玉米胚饼(淀粉业)		90.0	6.90	18.0	26	6.21	16.2	24.0	2.5	28.0	5.5	35.0	5.0	0.8	0.25	78	81	75	80	97	70

* 注:1. 由于本资料没有粗纤维指标,无法用国际饲料分类编号规则进行归类,因此,编者根据经验将原书中原料进行归类。

2. 该资料第 6 章表格列出了产奶净能(NEL)、育肥牛和猪的可代谢能(ME)以及蛋鸡和肉仔鸡在相应的净能沉积(NER)、能量饲料单位(EFU)和氮校正的表观可代谢能(AME_N)的换算参数。根据这些指标,可了解不同的参数之间的关系。本书未纳入这些资料,读者可自行查阅原资料。

3. 由于编者的过错,在第一批《国内外饲料成分及营养价值史料汇编》(2016 年)中,将本资料中"CF"错误地翻译成了"粗纤维",实际应为"粗脂肪",在此致以深深的歉意!

续表2-1-5

编码	饲料原料		饲料价值						粗略营养成分								消化率					
	饲料名称	饲料描述	DM	在 DM 中			在 OM 中		在 DM 中													
				NERc	dCP	PEQ	NERc	dCP	CP	CF	ST	SU	NFR	Ash	P	Ca	E	OM	CP	CF	STSU	NFR
			%	MJ/kg	%	g/MJ	MJ/kg	%	%	%	%	%	%	%	%	%	%	%	%	%	%	%
	渣(淀粉下脚料)																					
6782	马铃薯渣,干燥	高蛋白	90.0	5.97	18.0	30	5.37	16.2	24.0	1.0	15.3	13.1	35.1	11.5	0.5	0.25	77	80	75	25	97	72
	酒糟																					
6717	马铃薯酒糟,新鲜		5.0	4.90	15.3	31	0.25	0.8	25.5	2.5	3.1	1.1	55.8	12.0	0.8	0.30	66	70	60	50	97	72
6767	马铃薯酒糟,干燥		90.0	4.91	15.3	31	4.42	13.8	25.5	2.5	7.0	1.5	50.5	13.0	0.8	0.30	66	70	60	50	97	70
6712	黑麦酒糟,新鲜		8.5	5.74	18.8	33	0.49	1.6	25.0	5.0	3.5	2.3	60.2	4.0	0.9	0.26	69	71	75	60	97	68
6762	黑麦酒糟,干燥		90.0	5.64	18.8	33	5.07	16.9	25.0	5.0	3.5	2.3	58.7	5.5	0.9	0.26	69	71	75	60	97	68
6713	小麦酒糟,新鲜		8.0	5.64	19.9	35	0.45	1.6	26.5	6.0	3.5	2.3	55.7	6.0	1.0	0.23	68	71	75	60	97	68
6763	小麦酒糟,干燥		90.0	5.62	19.9	35	5.05	17.9	26.5	6.0	3.5	2.3	55.2	6.5	1.0	0.23	68	71	75	60	97	68
	淀粉类,见高能精饲料,纯营养素																					
	啤酒糟																					
6721	啤酒糟,新鲜		24.5	5.55	18.3	33	1.36	4.5	23.5	7.4	3.3	0.6	60.0	5.2	0.6	0.29	65	66	78	89	97	56
6771	啤酒糟,干燥		90.0	5.34	18.1	34	4.80	16.3	24.4	7.8	3.8	1.0	58.1	4.9	0.6	0.29	63	64	74	80	97	55
6772	Hops 啤酒糟,干燥		90.0	2.60	6.5	25	2.34	5.9	21.1	5.8	4.0	1.0	58.1	10.0	0.5	0.25	43	44	31	65	97	43
7000	**高蛋白精饲料,植物来源**																					
7100	**高蛋白精饲料,豆科种子**																					
7137	菜豆		87.0	7.69	24.2	32	6.69	21.1	28.5	1.5	46.1	3.9	16.0	4.0	0.5	0.15	86	88	85	81	97	66

续表2-1-5

编码	饲料原料		饲料价值						粗略营养成分								消化率					
	饲料名称	饲料描述	DM	在 DM 中			在 OM 中		在 DM 中													
				NERc	dCP	PEQ	NERc	dCP	CP	CF	ST	SU	NFR	Ash	P	Ca	E	OM	CP	CF	STSU	NFR
			%	MJ/kg	%	g/MJ	MJ/kg	%	%	%	%	%	%	%	%	%	%	%	%	%	%	%
7133	四季豆		87.0	7.69	19.2	25	6.69	16.7	24.0	1.2	50.0	6.0	15.0	3.8	0.5	0.12	84	87	80	75	97	61
7115	豌豆		87.0	7.99	22.7	28	6.95	19.8	25.8	1.5	48.0	6.5	14.4	3.8	0.5	0.16	89	91	88	70	97	78
7116	成熟的豌豆		87.0	8.08	21.6	27	7.03	18.8	24.6	1.5	50.6	4.5	15.5	3.3	0.5	0.10	89	91	88	75	97	77
7176	甜羽扇豆,蓝色		87.0	7.22	32.3	45	6.28	28.1	36.7	5.3	9.6	5.4	39.1	3.9	0.3	0.24	84	86	88	91	97	80
7153	甜羽扇豆,黄色		87.0	7.15	40.5	57	6.22	35.2	44.5	5.9	5.0	5.0	34.5	5.1	0.5	0.27	87	88	91	87	97	82
7163	甜羽扇豆,白色		87.0	7.49	35.1	47	6.51	30.5	39.0	9.0	9.6	5.4	32.5	4.5	0.5	0.25	83	86	90	88	97	75
7141	野豌豆		87.0	7.15	26.7	37	6.22	23.2	31.0	1.8	33.0	4.0	25.2	5.0	0.5	0.12	86	87	86	80	97	67
7143	多毛冬野豌豆		87.0	7.37	26.5	36	6.41	23.0	29.1	2.3	33.0	4.0	27.9	3.7	0.4	0.11	85	86	91	90	97	65
7200	**高蛋白精饲料,油加工业产物**																					
7271	挤压棉籽饼	去壳	90.0	6.33	38.4	61	5.70	34.6	48.0	7.5	3.0	4.5	30.0	7.0	1.3	0.23	76	77	80	91	97	63
7272		部分去壳	90.0	5.90	30.4	52	5.31	27.4	38.5	7.0	1.5	4.0	42.0	7.0	0.9	0.46	71	71	79	88	97	58
7273		未去壳	90.0	4.88	21.8	45	4.39	19.6	29.0	6.5	1.5	4.0	53.0	6.0	0.9	0.30	61	62	75	85	97	48
7471	浸提棉籽饼	去壳	90.0	5.66	41.2	73	5.09	37.1	51.5	2.0	3.5	5.5	30.5	7.0	1.3	0.23	76	76	80	85	97	63
7472		部分去壳	90.0	5.32	32.4	61	4.78	29.2	41.0	2.0	3.5	5.0	41.5	7.0	0.9	0.46	70	71	79	80	97	56
7473		未去壳	90.0	4.44	27.4	62	3.99	24.6	36.5	2.0	3.0	4.0	47.5	7.0	0.9	0.30	62	62	75	80	97	46
7261	挤压花生饼	去壳	90.0	6.96	46.8	67	6.26	42.1	52.0	7.0	9.5	11.5	13.5	6.5	0.8	0.31	84	85	90	91	97	42
7262		部分去壳	90.0	6.65	43.7	66	5.99	39.3	48.5	7.0	6.0	8.0	24.0	6.5	0.7	0.16	81	81	90	91	97	51
7263		未去壳	90.0	4.93	31.9	65	4.44	28.7	37.5	7.0	5.0	7.0	36.5	7.0	0.5	0.16	63	62	85	85	97	22
7461	浸提花生饼	去壳	90.0	6.37	49.5	78	5.73	44.6	55.0	1.5	10.5	12.0	14.5	6.5	0.8	0.31	85	85	90	81	97	48

续表2-1-5

编码	饲料原料		饲料价值						粗略营养成分								消化率					
	饲料名称	饲料描述	DM	在 DM 中			在 OM 中		在 DM 中													
				NERc	dCP	PEQ	NERc	dCP	CP	CF	ST	SU	NFR	Ash	P	Ca	E	OM	CP	CF	STSU	NFR
			%	MJ/kg	%	g/MJ	MJ/kg	%	%	%	%	%	%	%	%	%	%	%	%	%	%	%
7462		部分去壳	90.0	5.75	43.7	76	5.18	39.3	48.5	1.5	7.2	9.5	26.8	6.5	0.7	0.16	81	77	90	80	97	41
7463		未去壳	90.0	4.41	34.0	77	3.97	30.6	40.0	1.5	6.0	8.0	37.5	7.0	0.5	0.16	63	62	85	78	97	24
7281	压制椰子饼		90.0	6.82	18.4	27	6.14	16.6	23.0	7.0	4.5	10.6	47.9	7.0	0.7	0.18	78	81	80	90	97	75
7481	浸提椰子饼		90.0	6.20	19.4	31	5.58	17.5	24.0	2.0	1.5	11.5	53.5	7.5	0.7	0.18	78	81	81	90	97	77
7221	压制亚麻饼		90.0	6.60	32.3	49	5.94	29.1	38.0	7.0	7.7	3.8	37.0	6.5	0.9	0.41	78	79	85	87	97	66
7421	浸提亚麻饼		90.0	6.04	32.3	53	5.44	29.1	38.0	2.0	7.0	4.1	41.9	7.0	0.9	0.41	78	79	85	87	97	68
7225	压制罂粟饼		90.0	5.12	32.8	64	4.61	29.5	39.5	7.0	2.5	5.0	31.5	14.5	1.6	3.04	69	68	83	90	97	36
7425	浸提罂粟饼		90.0	4.56	34.9	77	4.10	31.4	41.0	1.5	2.5	5.0	35.5	14.5	1.6	3.04	70	67	85	90	97	39
7285	压制棕榈仁饼		90.0	6.70	15.6	23	6.03	14.0	20.0	7.5	3.8	2.1	62.1	4.5	0.8	0.28	74	77	78	85	97	74
7231	压制菜籽饼		90.0	6.29	31.1	49	5.66	28.0	37.0	7.0	4.7	8.0	35.3	8.0	1.2	0.71	75	77	84	86	97	60
7431	浸提菜籽饼		90.0	5.68	34.0	60	5.11	30.6	40.0	2.0	5.5	9.2	34.8	8.5	1.2	0.71	75	76	85	86	97	56
7235	压制芥籽饼(白芥籽)		90.0	7.10	32.3	45	6.39	29.1	38.0	10.0	4.5	5.0	34.5	8.0	1.2	0.90	81	83	85	90	97	75
7435	浸提芥籽饼(白芥籽)		90.0	6.07	35.7	59	5.46	32.1	42.0	1.5	4.5	5.0	39.0	8.0	1.2	0.90	81	82	85	90	97	75
7295	压制芝麻饼		90.0	6.29	40.5	64	5.66	36.5	45.0	6.0	1.5	3.0	31.5	13.0	1.5	2.49	83	84	90	95	97	72
7494	浸提芝麻饼		90.0	5.96	44.6	75	5.36	40.1	49.0	2.0	5.0	2.5	29.5	12.0	1.5	2.49	84	84	91	95	97	69
7453		42%～45%蛋白质	88.0	6.60	44.6	68	5.81	39.2	49.5	1.5	4.9	9.5	28.1	6.5	0.8	0.31	88	89	90	65	97	85
7455		39%～42%蛋白质	88.0	6.45	40.9	63	5.67	36.0	46.5	1.5	7.2	9.4	28.9	6.5	0.8	0.31	85	86	88	65	97	78

续表2-1-5

编码	饲料原料		饲料价值						粗略营养成分								消化率					
	饲料名称	饲料描述	DM	在 DM 中			在 OM 中		在 DM 中													
				NERc	dCP	PEQ	NERc	dCP	CP	CF	ST	SU	NFR	Ash	P	Ca	E	OM	CP	CF	STSU	NFR
			%	MJ/kg	%	g/MJ	MJ/kg	%	%	%	%	%	%	%	%	%	%	%	%	%	%	%
7241	挤压向日葵饼	脱壳	90.0	6.24	37.8	61	5.61	34.1	43.0	7.0	1.9	7.1	34.0	7.0	1.4	0.46	76	77	88	85	97	56
7242	挤压向日葵饼	部分脱壳	90.0	5.53	31.9	58	4.98	28.7	37.5	7.0	2.0	8.5	38.0	7.0	1.1	0.44	68	69	85	80	97	43
7441	浸提向日葵饼	去壳	90.0	5.50	38.7	70	4.95	34.8	44.0	2.0	2.3	8.5	35.7	7.5	1.4	0.46	74	75	88	65	97	53
7442		部分去壳	90.0	4.81	33.2	69	4.33	29.8	39.0	2.0	2.6	8.1	41.3	7.0	1.1	0.44	66	67	85	65	97	42
7443		未去壳	90.0	3.21	25.2	79	2.89	22.7	30.0	2.0	1.0	5.2	55.3	6.5	1.0	0.37	52	51	84	65	97	27
7245	挤压小麦芽		88.0	8.06	27.6	34	7.09	24.3	30.7	7.1	27.1	16.4	13.6	5.1	1.2	0.08	88	91	90	92	97	71
7500	**高蛋白精饲料，面粉加工产物，淀粉业和发酵业副产物**																					
7571	饲用豌豆粉		88.0	7.72	21.8	28	6.79	19.1	25.0	2.0	49.5	6.5	13.0	4.0	0.3	1.39	84	87	87	70	97	47
	酵母，见高蛋白精饲料，动物来源																					
7567	玉米蛋白粉		90.0	7.32	67.7	93	6.58	60.9	70.5	4.5	10.0	0.7	12.3	2.0	0.5	0.15	92	93	96	65	97	81
7568	小麦蛋白粉		90.0	6.95	79.0	114	6.25	71.1	84.0	1.5	8.0	0.4	4.8	1.3	0.5	0.15	93	92	94	65	97	64
7591	马铃薯蛋白片		90.0	5.25	62.9	120	4.72	56.6	83.9	0.4	0.0	0.6	12.7	2.4	0.3	0.20	74	74	75	0	97	64
7511	大麦芽		90.0	5.72	23.7	41	5.14	21.3	29.6	1.0	12.0	14.0	37.4	6.0	0.8	0.23	72	74	80	62	97	52
7541	小麦芽		88.0	8.19	25.2	31	7.21	22.2	28.0	8.5	21.7	14.6	22.2	5.0	0.8	0.25	88	91	90	93	97	82
7562	玉米淀粉渣	19%～23%蛋白质	90.0	6.89	19.1	28	6.20	17.2	23.0	4.0	23.0	2.5	41.0	6.5	0.9	0.25	79	83	83	70	97	74
7563		23%～30%蛋白质	90.0	6.87	23.8	35	6.18	21.4	28.0	4.0	20.5	2.0	39.5	6.0	0.9	0.26	80	83	85	69	97	75
7564		>30%蛋白质	90.0	6.99	34.8	50	6.29	31.3	40.0	4.5	23.2	3.4	25.4	3.5	0.8	0.20	81	83	87	65	97	65

续表2-1-5

编码	饲料原料		饲料价值						粗略营养成分								消化率					
	饲料名称	饲料描述	DM	在 DM 中			在 OM 中		在 DM 中													
				NERc	dCP	PEQ	NERc	dCP	CP	CF	ST	SU	NFR	Ash	P	Ca	E	OM	CP	CF	STSU	NFR
			%	MJ/kg	%	g/MJ	MJ/kg	%	%	%	%	%	%	%	%	%	%	%	%	%	%	%
7512	大麦芽		90.0	6.45	20.5	32	5.80	18.5	25.0	8.9	4.4	14.0	43.0	4.7	0.8	0.16	71	72	82	90	97	51
7600	**高蛋白精饲料,NPN-化合物**																					
7621	尿素		98.5	0.00	221.8	0	0.00	218.5	291.9	0.0	0.0	0.0	0.0	0.0	0.0	0.00	0	76	76	0	0	0
8000	**高蛋白精饲料,动物来源,包括酵母**																					
8100	**高蛋白精饲料,牛奶和牛奶加工产物**																					
8123	鲜牛奶黄油		9.0	7.62	37.0	49	0.69	3.3	38.9	4.5	0.0	48.6	0.0	8.0	0.9	1.52	95	97	95	99	97	0
8173	干燥牛奶黄油		93.0	7.31	33.1	45	6.80	30.8	38.9	4.2	0.0	48.5	0.0	8.4	1.0	1.44	91	95	85	98	97	0
8128	干燥酪蛋白		89.0	6.66	89.8	135	5.93	79.9	94.5	1.0	0.0	0.0	0.0	4.5	1.1	0.68	96	96	95	98	97	0
8116	牛初乳	泌乳期第 1 天	14.5	10.19	40.3	40	1.48	5.8	42.4	26.6	0.0	24.8	0.0	6.2	1.0	1.13	91	97	95	98	97	0
8117		泌乳期第 2～4 天	11.9	10.28	30.8	30	1.22	3.7	32.4	26.5	0.0	34.4	0.0	6.7	1.1	1.29	91	97	95	98	97	0
8121	鲜脱脂奶		9.0	7.20	36.4	51	0.65	3.3	38.3	1.1	0.0	53.1	0.0	7.5	1.0	1.39	96	97	95	99	97	0
8171	脱脂奶粉		93.0	6.90	34.0	49	6.42	31.6	37.8	0.6	0.0	53.5	0.0	8.1	1.1	1.41	92	94	90	98	97	0
8127	乳清蛋白,新鲜		20.0	6.34	67.5	106	1.27	13.5	71.1	3.0	0.0	9.9	0.0	16.0	1.0	0.80	95	97	95	98	97	0
8124	凝乳		35.0	6.89	74.0	107	2.41	25.9	80.4	1.2	0.0	15.1	0.0	3.3	1.0	1.20	93	94	92	98	97	0
8115	全脂牛奶,新鲜	4.5%脂肪	13.7	11.20	24.3	22	1.53	3.3	25.6	33.4	0.0	35.9	0.0	5.1	0.7	0.88	90	98	95	97	97	0
8114		4.0%脂肪	13.2	10.92	25.3	23	1.44	3.3	26.6	30.8	0.0	37.1	0.0	5.5	0.8	0.95	90	98	95	98	97	0
8113		3.5%脂肪	12.8	10.62	25.9	24	1.36	3.3	27.3	28.1	0.0	39.1	0.0	5.5	0.8	0.95	90	98	95	98	97	0
8112		3.0%脂肪	12.3	10.22	27.0	26	1.26	3.3	28.4	25.0	0.0	40.9	0.0	5.7	0.8	0.98	91	98	95	98	97	0

续表2-1-5

编码	饲料原料		饲料价值						粗略营养成分								消化率					
	饲料名称	饲料描述	DM	在 DM 中			在 OM 中		在 DM 中													
				NERc	dCP	PEQ	NERc	dCP	CP	CF	ST	SU	NFR	Ash	P	Ca	E	OM	CP	CF	STSU	NFR
			%	MJ/kg	%	g/MJ	MJ/kg	%	%	%	%	%	%	%	%	%	%	%	%	%	%	%
8111		2.5%脂肪	11.9	9.81	28.7	29	1.17	3.4	30.2	21.7	0.0	42.2	0.0	5.9	0.8	1.02	91	98	95	98	97	0
8110		2.0%脂肪	11.4	9.36	30.0	32	1.07	3.4	31.6	18.2	0.0	44.0	0.0	6.2	0.8	1.07	92	98	95	98	97	0
8165	全脂牛奶,干燥	31%脂肪	95.0	11.06	23.2	21	10.51	22.0	25.5	33.2	0.0	35.7	0.0	5.6	0.8	0.95	88	96	91	97	97	0
8164		28%脂肪	95.0	10.72	24.1	22	10.19	22.9	26.5	30.6	0.0	36.9	0.0	6.0	0.8	1.02	89	96	91	97	97	0
8163		25%脂肪	95.0	10.38	24.8	24	9.86	23.5	27.2	27.7	0.0	39.1	0.0	6.0	0.8	1.02	89	96	91	97	97	0
8162		23%脂肪	95.0	10.02	25.8	26	9.52	24.5	28.3	24.8	0.0	40.7	0.0	6.2	0.8	1.05	90	96	91	97	97	0
8161		20%脂肪	95.0	9.62	27.4	28	9.13	26.0	30.1	21.5	0.0	42.0	0.0	6.4	0.9	1.09	90	96	91	97	97	0
8160		17%脂肪	95.0	9.17	28.7	31	8.72	27.2	31.5	18.0	0.0	43.8	0.0	6.7	0.9	1.14	90	96	91	97	97	0
8200	**高蛋白精饲料,动物来源,屠宰加工产物**																					
8221	血粉		90.0	5.74	75.9	132	5.17	68.3	92.5	1.0	0.0	1.5	0.0	5.0	0.2	0.20	81	82	82	90	97	0
8231	无骨肉粉	>75%蛋白质	93.0	7.55	76.5	101	7.03	71.1	85.0	11.0	0.0	1.0	0.0	3.0	0.3	0.20	89	90	90	90	97	0
8232	肉骨粉	70%~75%蛋白质	95.0	6.94	69.4	100	6.59	65.9	78.0	9.5	0.0	0.0	3.5	9.0	2.4	4.20	89	90	89	90	97	80
8233		65%~70%蛋白质	95.0	6.57	63.4	96	6.24	60.2	72.0	9.5	0.0	0.0	4.5	14.0	3.3	6.90	87	88	88	90	97	80
8234		60%~65%蛋白质	95.0	6.28	56.8	90	5.97	53.9	66.0	10.0	0.0	0.0	6.0	18.0	4.2	9.60	85	86	86	90	97	80
8235		55%~60%蛋白质	94.0	5.99	51.9	87	5.63	48.7	61.0	10.0	0.0	0.0	7.0	22.0	5.1	12.30	84	85	85	90	97	80
8236		50%~55%蛋白质	94.0	5.49	47.0	86	5.16	44.2	56.0	9.5	0.0	0.0	6.0	28.5	6.1	14.90	84	85	84	90	97	80

续表2-1-5

编码	饲料原料		饲料价值						粗略营养成分								消化率					
	饲料名称	饲料描述	DM	在 DM 中			在 OM 中		在 DM 中													
				NERc	dCP	PEQ	NERc	dCP	CP	CF	ST	SU	NFR	Ash	P	Ca	E	OM	CP	CF	STSU	NFR
			%	MJ/kg	%	g/MJ	MJ/kg	%	%	%	%	%	%	%	%	%	%	%	%	%	%	%
8237		45%～50%蛋白质	93.0	4.79	42.3	88	4.46	39.4	51.0	7.5	0.0	0.0	6.0	35.5	7.8	17.90	83	84	83	90	97	80
8238		40%～45%蛋白质	92.0	4.03	37.7	94	3.71	34.7	46.0	5.5	0.0	0.0	5.0	43.5	9.5	20.90	82	83	82	90	97	80
8251	骨粉	未脱胶	93.0	3.00	30.0	100	2.79	27.9	37.5	3.0	0.0	0.0	4.5	55.0	11.3	23.80	81	81	80	90	97	80
	肉骨粉,适当干燥,未过热处理																					
8241	<8%脂肪	65%～70%蛋白	93.0	5.82	61.8	106	5.42	57.4	71.0	6.0	0.0	0.0	4.5	18.5	3.0	6.00	87	87	87	90	97	80
8242		60%～65%蛋白	93.0	5.68	57.6	101	5.28	53.6	67.0	6.5	0.0	0.0	5.5	21.0	3.1	6.20	86	86	86	90	97	80
8243		55%～60%蛋白	93.0	5.45	52.3	96	5.07	48.6	61.5	7.0	0.0	0.0	6.5	25.0	3.2	6.50	85	85	85	90	97	80
8244		50%～55%蛋白	95.0	5.41	46.2	85	5.14	43.9	55.0	8.5	0.0	0.0	8.5	28.0	3.3	7.00	83	85	84	90	97	80
8245	>8%脂肪	65%～70%蛋白	93.0	6.69	61.8	92	6.22	57.4	71.0	11.0	0.0	0.0	4.0	14.0	2.7	5.50	86	87	87	90	97	80
8246		60%～65%蛋白	93.0	6.57	57.6	88	6.11	53.6	67.0	12.0	0.0	0.0	4.0	17.0	3.0	6.00	85	86	86	90	97	80
8247		55%～60%蛋白	93.0	6.37	52.3	82	5.92	48.6	61.5	13.0	0.0	0.0	4.0	21.5	3.1	6.20	84	86	85	90	97	80
8248		50%～55%蛋白	95.0	6.45	46.2	72	6.13	43.9	55.0	15.0	0.0	0.0	6.5	23.5	3.2	6.50	83	85	84	90	97	80

续表2-1-5

编码	饲料原料		饲料价值						粗略营养成分								消化率					
	饲料名称	饲料描述	DM	在 DM 中			在 OM 中		在 DM 中													
				NERc	dCP	PEQ	NERc	dCP	CP	CF	ST	SU	NFR	Ash	P	Ca	E	OM	CP	CF	STSU	NFR
			%	MJ/kg	%	g/MJ	MJ/kg	%	%	%	%	%	%	%	%	%	%	%	%	%	%	%
	肉骨粉,过干或过热处理																					
8262	>8%脂肪	60%～65%蛋白	96.0	4.32	46.2	107	4.14	44.4	67.0	6.0	0.0	0.0	4.5	22.5	3.1	6.20	68	69	69	70	97	65
8263		55%～60%蛋白	96.0	4.11	41.8	102	3.94	40.1	61.5	6.5	0.0	0.0	5.5	26.5	3.2	6.50	67	68	68	70	97	65
8266	>8%脂肪	60%～65%蛋白	96.0	4.92	46.2	94	4.73	44.4	67.0	11.0	0.0	0.0	3.0	19.0	3.0	6.00	68	69	69	70	97	65
8267		55%～60%蛋白	96.0	4.73	41.8	88	4.54	40.1	61.5	12.0	0.0	0.0	3.0	23.5	3.1	6.20	67	68	68	70	97	65
8300	**高蛋白精饲料,鱼及鱼加工产物**																					
8361	鳕鱼粉	70%～75%蛋白	90.0	5.84	73.6	126	5.26	66.2	80.0	3.0	0.0	0.0	0.0	17.0	2.5	4.50	92	92	92	90	97	0
8362		65%～70%蛋白	90.0	5.54	68.3	123	4.99	61.4	75.0	3.5	0.0	0.0	0.0	21.5	2.7	4.90	91	91	91	90	97	0
8363		60%～65%蛋白	90.0	5.30	62.6	118	4.77	56.3	69.5	3.5	0.0	0.0	2.5	24.5	2.9	5.30	90	90	90	90	97	80
8364		55%～60%蛋白	90.0	5.15	57.0	111	4.63	51.3	64.0	4.0	0.0	0.0	5.0	27.0	3.1	5.70	90	89	89	90	97	80
	适当干燥鱼粉,未过热处理																					
8370	<8%脂肪	70%～75%蛋白	90.0	6.20	73.6	119	5.58	66.2	80.0	5.0	0.0	0.0	0.0	15.0	2.3	4.10	92	92	92	90	97	0

续表2-1-5

编码	饲料原料		饲料价值						粗略营养成分								消化率					
	饲料名称	饲料描述	DM	在 DM 中			在 OM 中		在 DM 中													
				NERc	dCP	PEQ	NERc	dCP	CP	CF	ST	SU	NFR	Ash	P	Ca	E	OM	CP	CF	STSU	NFR
			％	MJ/kg	％	g/MJ	MJ/kg	％	％	％	％	％	％	％	％	％	％	％	％	％	％	％
8371		65％～70％蛋白	90.0	6.09	68.3	112	5.48	61.4	75.0	6.0	0.0	0.0	1.5	17.5	2.5	4.50	91	91	91	90	97	80
8372		60％～65％蛋白	90.0	5.94	62.6	105	5.34	56.3	69.5	6.5	0.0	0.0	4.0	20.0	2.7	4.90	90	90	90	90	97	80
8373		55％～60％蛋白	90.0	5.69	57.0	100	5.12	51.3	64.0	7.0	0.0	0.0	5.0	24.0	2.9	5.30	89	88	89	90	97	80
8375	＞8％脂肪	70％～75％蛋白	90.0	6.50	73.6	113	5.85	66.2	80.0	8.5	0.0	0.0	0.0	11.5	2.1	3.70	91	92	92	90	97	0
8376		65％～70％蛋白	90.0	6.42	68.3	106	5.78	61.4	75.0	10.0	0.0	0.0	1.0	14.0	2.3	4.10	90	91	91	90	97	80
8377		60％～65％蛋白	90.0	6.32	62.6	99	5.69	56.3	69.5	11.0	0.0	0.0	3.0	16.5	2.5	4.50	89	90	90	90	97	80
8378		55％～60％蛋白	90.0	7.19	57.6	80	6.47	51.8	64.0	11.5	0.0	0.0	4.0	20.5	2.7	4.90	89	90	90	90	97	80
	鱼粉,过干或过热处理																					
8381	＜8％脂肪	65％～70％蛋白	96.0	4.48	54.8	122	4.30	52.6	75.0	5.5	0.0	0.0	1.0	18.5	2.5	4.50	72	73	73	70	97	65
8382		60％～65％蛋白	96.0	4.32	50.0	116	4.14	48.0	69.5	6.0	0.0	0.0	3.0	21.5	2.7	4.90	71	72	72	70	97	65
8383		55％～60％蛋白	96.0	5.01	46.1	92	4.81	44.2	64.0	6.5	0.0	0.0	4.0	25.5	2.9	5.30	71	71	72	70	97	65
8386	＞8％脂肪	65％～70％蛋白	96.0	4.94	54.8	111	4.74	52.6	75.0	9.0	0.0	0.0	0.5	15.5	2.3	4.10	72	73	73	70	97	65

续表2-1-5

编码	饲料原料		饲料价值						粗略营养成分								消化率					
	饲料名称	饲料描述	DM	在 DM 中			在 OM 中		在 DM 中													
				NERc	dCP	PEQ	NERc	dCP	CP	CF	ST	SU	NFR	Ash	P	Ca	E	OM	CP	CF	STSU	NFR
			%	MJ/kg	%	g/MJ	MJ/kg	%	%	%	%	%	%	%	%	%	%	%	%	%	%	%
8387		60%～65%蛋白	96.0	4.82	50.0	104	4.63	48.0	69.5	10.0	0.0	0.0	2.0	18.5	2.5	4.50	70	72	72	70	97	65
8388		55%～60%蛋白	96.0	4.90	46.1	94	4.70	44.2	64.0	10.5	0.0	0.0	3.0	22.5	2.7	4.90	70	71	72	70	97	65
8325	新鲜鱼可溶解浓缩物		55.0	6.51	56.1	86	3.58	30.8	63.0	14.0	0.0	0.0	3.5	17.0	2.5	4.50	87	88	89	80	97	80
8400	**高蛋白精饲料,酵母**																					
8411	啤酒酵母和面包酵母,新鲜		19.0	6.27	53.4	85	1.19	10.1	58.0	3.0	4.5	1.0	24.5	9.0	1.6	0.50	87	88	92	42	97	82
8461	啤酒和面包酵母,干燥		90.0	5.72	43.5	76	5.15	39.1	53.0	2.0	6.3	1.7	28.5	8.5	1.6	0.50	78	79	82	45	97	71
8465	木糖酵母,干燥		90.0	6.49	47.3	73	5.84	42.5	52.5	0.5	6.0	1.5	31.0	8.5	1.7	0.50	90	91	90	61	97	91
8466	石油酵母,干燥		90.0	5.99	54.6	91	5.39	49.1	65.0	2.0	4.0	0.4	23.1	5.5	1.0	0.50	82	83	84	40	97	78
8467	蜜糖酵母,干燥		90.0	6.32	44.0	70	5.69	39.6	53.0	6.0	5.0	5.0	21.5	9.5	1.5	0.60	82	83	83	72	97	79
8468	盐分解酵母,干燥		90.0	5.75	36.6	64	5.17	32.9	47.5	2.0	7.5	0.5	34.0	8.5	1.6	0.43	76	77	77	77	97	73

注:DM=干物质;OM=原料;NERc=牛饲料能量价值;dCP=可消化粗蛋白质;PEQ=蛋白质－能量－商(可消化粗蛋白质(g)/沉积净能(MJ));CP=粗蛋白质;CF=粗脂肪;ST=淀粉;SU=糖;NFR=无氮残留物,计算公式为 NFR=DM－(CP＋CF＋ST＋SU＋Ash);Ash=粗灰分;P=磷;Ca=钙;E=能量(能量消化率=可消化能/总能×100%)。另外,在罗斯托克饲料评价体系中,饲料能量价值的科学计量单位是 1 kJ 沉积净能(NER),其定义为:在标准状况下,一定数量饲料或营养成分,如果具有在动物体内沉积 1 kJ 体能的潜力,则其饲料能量价值为 1 kJ NER,下同。

2. 猪饲料表格

表 2-1-6 猪饲料表格

编码	饲料原料		饲料价值							粗略营养成分								消化率					
	饲料名称	饲料描述	DM	在 DM 中		可消化氨基酸		在 OM 中		CP	CF	ST	SU	NFR	Ash	氨基酸		E	OM	CP	CF	STSU	NFR
				NERp	dCP	dLys	dMet+dCys	NERp	dCP							Lys	Met+Cys						
			%	MJ/kg	%	%	%	MJ/kg	%	%	%	%	%	%	%	%	%	%	%	%	%	%	%
6000	**精饲料**																						
6200	**高能精饲料,油籽类**																						
6243	亚麻籽		91.0	13.73	21.9	0.81	0.79	1.25	2.0	25.5	37.0	4.0	2.5	26.0	5.0	0.94	0.92	81	79	86	88	98	56
6213	菜籽		91.0	14.91	19.0	1.07	0.89	1.36	1.7	23.5	43.0	4.0	2.5	21.5	5.5	1.32	1.10	84	83	81	88	98	71
6223	白芥籽		91.0	13.34	26.4	1.72	0.65	1.21	2.4	31.0	31.5	3.0	2.0	27.5	5.0	2.02	0.77	85	82	85	90	98	66
6253	向日葵籽,未脱壳		91.0	12.63	18.0	0.65	0.67	1.15	1.6	20.0	37.0	2.0	2.0	35.5	3.5	0.72	0.74	74	68	90	90	98	30
6254	向日葵子,脱壳		91.0	16.61	25.9	0.93	0.95	1.51	2.4	27.5	51.5	1.0	1.0	15.5	3.5	0.99	1.01	87	84	94	92	98	40
6800	**高能精饲料,木本植物中的种子和果实**																						
6832	山毛榉坚果,干燥,脱壳		88.0	15.42	23.1	1.21	0.59	1.36	2.0	25.7	47.1	10.0	1.0	11.7	4.5	1.34	0.66	84	82	90	88	98	23
6300	**高能精饲料,块茎类**																						
6354	马铃薯可溶物,新鲜		6.2	7.58	28.9	0.76	0.50	0.05	0.2	37.1	0.5	20.0	2.0	32.4	8.0	0.97	0.64	70	72	78	0	98	49
6700	**高能精饲料,淀粉业,发酵业及水果加工业产物**																						
	酒糟																						
6717	马铃薯酒糟,新鲜		5.0	7.16	15.3	0.77	0.62	0.04	0.1	25.5	2.5	3.1	1.1	55.8	12.0	1.28	1.04	70	73	60	55	98	78
6767	马铃薯酒糟,干燥		90.0	7.16	15.3	0.77	0.62	0.64	1.4	25.5	2.5	7.0	1.5	50.5	13.0	1.28	1.04	70	73	60	55	98	76

续表2-1-6

编码	饲料原料		饲料价值							粗略营养成分								消化率					
	饲料名称	饲料描述	DM	在 DM 中		可消化氨基酸		在 OM 中		CP	CF	ST	SU	NFR	Ash	氨基酸		E	OM	CP	CF	STSU	NFR
				NERp	dCP	dLys	dMet+dCys	NERp	dCP							Lys	Met+Cys						
			%	MJ/kg	%	%	%	MJ/kg	%	%	%	%	%	%	%	%	%	%	%	%	%	%	%
6712	黑麦酒糟,新鲜		8.5	7.76	19.0	0.63	0.71	0.07	0.2	25.0	5.0	3.5	2.3	60.2	4.0	0.83	0.94	69	70	76	63	98	66
6762	黑麦酒糟,干燥		90.0	7.54	19.0	0.63	0.71	0.68	1.7	25.0	5.0	3.5	2.3	58.7	5.5	0.83	0.94	68	70	76	63	98	64
6713	小麦酒糟,新鲜		8.0	7.90	20.1	0.67	0.74	0.06	0.2	26.5	6.0	3.5	2.3	55.7	6.0	0.88	0.98	70	71	76	65	98	67
6763	小麦酒糟,干燥		90.0	7.86	20.1	0.67	0.74	0.71	1.8	26.5	6.0	3.5	2.3	55.2	6.5	0.88	0.98	70	71	76	65	98	67
	啤酒糟																						
6721	啤酒糟,新鲜		24.5	5.10	16.9	0.56	0.53	0.12	0.4	23.5	7.4	3.3	0.6	60.0	5.2	0.78	0.73	49	48	72	60	98	34
6771	啤酒糟,干燥		90.0	5.31	17.6	0.58	0.54	0.48	1.6	24.4	7.8	3.8	1.0	58.1	4.9	0.80	0.75	50	49	72	60	98	34
7000	**高蛋白精饲料,植物来源**																						
7100	**高蛋白精饲料,豆科种子**																						
7137	菜豆		87.0	9.90	24.2	1.58	0.56	0.86	2.1	28.5	1.5	46.1	3.9	16.0	4.0	1.86	0.66	83	85	85	45	98	45
7115	豌豆		87.0	10.50	22.7	1.64	0.48	0.91	2.0	25.8	1.5	48.0	6.5	14.4	3.8	1.86	0.54	85	89	88	48	98	63
7141	野豌豆		87.0	9.41	26.0	1.51	0.60	0.82	2.3	31.0	1.8	33.0	4.0	25.2	5.0	1.80	0.71	80	82	84	41	98	59
7153	甜羽扇豆,黄色		87.0	10.64	39.6	2.05	1.15	0.93	3.4	44.5	5.4	5.0	5.0	35.0	5.1	2.30	1.29	89	91	89	82	98	93
7163	甜羽扇豆,白色		87.0	9.77	33.2	1.92	0.93	0.85	2.9	39.0	9.0	9.6	5.4	32.5	4.5	2.26	1.09	78	81	85	60	98	75
7200	**高蛋白精饲料,油加工产物**																						
7271	挤压棉籽饼	去壳	90.0	9.21	41.3	1.74	1.37	0.83	3.7	48.0	7.5	3.0	4.5	30.0	7.0	2.02	1.59	77	78	86	90	98	56
7272		部分去壳	90.0	7.06	29.3	1.23	0.97	0.64	2.6	38.5	7.0	1.5	4.0	42.0	7.0	1.62	1.27	64	62	76	80	98	41
7471	浸提棉籽饼	去壳	90.0	8.45	43.8	1.84	1.45	0.76	3.9	51.5	2.0	3.5	5.5	30.5	7.0	2.16	1.70	78	78	85	77	98	60
7472		部分去壳	90.0	6.32	31.6	1.32	1.05	0.57	2.8	41.0	2.0	3.5	5.0	41.5	7.0	1.72	1.36	62	61	77	73	98	37

续表2-1-6

编码	饲料原料		饲料价值							粗略营养成分								消化率					
	饲料名称	饲料描述	DM	在 DM 中		可消化氨基酸		在 OM 中		CP	CF	ST	SU	NFR	Ash	氨基酸		E	OM	CP	CF	STSU	NFR
				NERp	dCP	dLys	dMet+dCys	NERp	dCP							Lys	Met+Cys						
			%	MJ/kg	%	%	%	MJ/kg	%	%	%	%	%	%	%	%	%	%	%	%	%	%	%
7261	挤压花生饼	去壳	90.0	9.99	46.3	1.53	1.16	0.90	4.2	52.0	7.0	9.5	11.5	13.5	6.5	1.72	1.30	85	86	89	80	98	56
7262		部分去壳	90.0	9.26	40.7	1.34	1.02	0.83	3.7	48.5	7.0	6.0	8.0	24.0	6.5	1.60	1.21	78	79	84	80	98	57
7461	浸提花生饼	去壳	90.0	9.14	49.5	1.64	1.23	0.82	4.5	55.0	1.5	10.5	12.0	14.5	6.5	1.82	1.37	85	85	90	40	98	49
7462		部分去壳	90.0	8.34	40.7	1.43	1.08	0.75	3.7	48.5	1.5	7.2	9.5	26.8	6.5	1.70	1.29	77	78	84	40	98	55
7281	挤压椰子饼		90.0	8.74	15.6	0.41	0.46	0.79	1.4	23.0	7.0	4.5	10.6	47.9	7.0	0.60	0.68	73	76	68	75	98	73
7481	浸提椰子饼		90.0	7.73	17.5	0.45	0.53	0.70	1.6	24.0	2.0	1.5	11.5	53.5	7.5	0.62	0.72	72	74	73	50	98	69
7221	挤压亚麻饼		90.0	8.88	31.2	1.16	1.12	0.80	2.8	38.0	7.0	7.7	3.8	37.0	6.5	1.41	1.36	75	76	82	80	98	61
7421	浸提亚麻饼		90.0	8.20	31.5	1.17	1.13	0.74	2.8	38.0	2.0	7.0	4.1	41.9	7.0	1.41	1.36	75	76	83	60	98	65
7225	挤压罂粟饼		90.0	7.21	31.6	1.20	0.82	0.65	2.8	39.5	7.0	2.5	5.0	31.5	14.5	1.50	1.02	68	67	80	80	98	41
7425	浸提罂粟饼		90.0	6.08	32.8	1.25	0.85	0.55	3.0	41.0	1.5	2.5	5.0	35.5	14.5	1.56	1.06	65	64	80	60	98	39
7285	挤压棕榈仁饼		90.0	8.07	13.0	0.44	0.47	0.73	1.2	20.0	7.5	3.8	2.1	62.1	4.5	0.68	0.72	68	70	65	78	98	68
7231	挤压菜籽饼		90.0	8.66	30.0	1.68	1.41	0.78	2.7	37.0	7.0	4.7	8.0	35.3	8.0	2.07	1.74	75	75	81	79	98	60
7431	浸提菜籽饼		90.0	7.70	32.4	1.81	1.52	0.69	2.9	40.0	2.0	5.5	9.2	34.8	8.5	2.24	1.88	73	73	81	65	98	54
7435	浸提芥籽饼(白芥)		90.0	7.40	33.6	2.18	0.84	0.67	3.0	42.0	1.5	4.5	5.0	39.0	8.0	2.73	1.05	71	72	80	25	98	59
7295	挤压芝麻饼		90.0	8.27	41.0	1.18	1.80	0.74	3.7	45.0	6.0	1.5	3.0	31.5	13.0	1.30	1.98	78	76	91	89	98	49
7494	浸提芝麻饼		90.0	7.57	43.6	1.26	1.91	0.68	3.9	49.0	2.0	5.0	2.5	29.5	12.0	1.42	2.15	76	75	89	50	98	47
7242	挤压向日葵饼	部分去壳	90.0	7.24	29.6	1.07	1.09	0.65	2.7	37.5	7.0	2.0	8.5	38.0	7.0	1.35	1.38	65	65	79	63	98	42
7441	浸提向日葵饼	去壳	90.0	7.59	37.0	1.33	1.37	0.68	3.3	44.0	2.0	2.3	8.5	35.7	7.5	1.58	1.63	72	72	84	70	98	49

续表2-1-6

编码	饲料原料		饲料价值							粗略营养成分								消化率					
	饲料名称	饲料描述	DM	在 DM 中		可消化氨基酸		在 OM 中		CP	CF	ST	SU	NFR	Ash	氨基酸		E	OM	CP	CF	STSU	NFR
				NERp	dCP	dLys	dMet+dCys	NERp	dCP							Lys	Met+Cys						
			%	MJ/kg	%	%	%	MJ/kg	%	%	%	%	%	%	%	%	%	%	%	%	%	%	%
7442		部分去壳	90.0	6.50	30.8	1.11	1.14	0.58	2.8	39.0	2.0	2.6	8.1	41.3	7.0	1.40	1.44	63	63	79	63	98	38
7443		带壳	90.0	4.47	21.0	0.76	0.78	0.40	1.9	30.0	2.0	1.0	5.2	55.3	6.5	1.08	1.11	47	47	70	50	98	29
7500	**高蛋白精饲料,面粉加工业、淀粉加工业和发酵业产物**																						
7571	饲用豌豆粉		88.0	10.56	22.3	1.66	0.48	0.93	2.0	25.0	2.0	49.5	6.5	13.0	4.0	1.86	0.54	87	90	89	42	98	63
	酵母,见高蛋白精饲料,动物来源																						
7567	玉米蛋白粉,干燥		90.0	10.79	67.7	1.22	2.84	0.97	6.1	70.5	4.5	10.0	0.7	12.3	2.0	1.27	2.96	94	93	96	70	98	79
7568	小麦蛋白粉,干燥		90.0	10.22	78.1	1.33	2.88	0.92	7.0	84.0	1.5	8.0	0.4	4.8	1.3	1.43	3.10	92	91	93	70	98	52
7591	马铃薯蛋白片		90.0	9.76	77.2	5.40	2.78	0.88	6.9	83.9	0.4	0.0	0.6	12.7	2.4	5.87	3.02	91	90	92	0	98	79
7511	大麦胚芽		90.0	7.50	21.3	0.94	0.61	0.68	1.9	29.6	1.0	12.0	14.0	36.8	6.6	1.30	0.85	69	71	72	20	98	52
7541	小麦胚芽		88.0	10.82	25.2	1.94	1.23	0.95	2.2	28.0	8.5	21.7	14.6	22.2	5.0	2.16	1.37	86	87	90	85	98	65
7562	玉米蛋白粉	19%~23%蛋白	90.0	8.77	22.4	0.62	0.71	0.79	2.0	28.0	4.0	20.5	2.0	39.5	6.0	0.78	0.89	75	77	80	60	98	65
7563		23%~30%蛋白	90.0	8.78	18.4	0.51	0.58	0.79	1.7	23.0	4.0	23.0	2.5	41.0	6.5	0.64	0.73	75	77	80	60	98	64
8000	**高蛋白精饲料,动物来源,包括酵母氨基酸**																						
8100	**高蛋白精饲料,牛奶和牛奶加工产物**																						
8123	黄油,新鲜		9.0	11.88	36.2	2.61	1.19	0.11	0.3	38.9	4.5	0.0	48.6	0.0	8.0	2.81	1.28	94	95	93	95	98	0

续表2-1-6

编码	饲料原料		饲料价值							粗略营养成分								消化率					
	饲料名称	饲料描述	DM	在 DM 中		可消化氨基酸		在 OM 中		CP	CF	ST	SU	NFR	Ash	氨基酸		E	OM	CP	CF	STSU	NFR
				NERp	dCP	dLys	dMet+dCys	NERp	dCP							Lys	Met+Cys						
			%	MJ/kg	%	%	%	MJ/kg	%	%	%	%	%	%	%	%	%	%	%	%	%	%	%
8173	黄油,干燥		93.0	11.58	35.4	2.41	1.09	1.08	3.3	38.9	4.2	0.0	48.5	0.0	8.4	2.65	1.20	92	93	91	90	98	0
8128	酪蛋白,干燥		89.0	14.28	92.6	7.28	3.33	1.27	8.2	94.5	1.0	0.0	0.0	0.0	4.5	7.43	3.40	99	98	98	90	98	0
8116	牛初乳	泌乳期第 1 天	14.5	14.77	40.3	3.40	1.52	0.21	0.6	42.4	26.6	0.0	24.8	0.0	6.2	3.58	1.60	96	96	95	97	98	0
8117		泌乳期第 2～4 天	11.9	14.37	30.8	2.57	1.15	0.17	0.4	32.4	26.5	0.0	34.4	0.0	6.7	2.71	1.21	95	96	95	97	98	0
8121	脱脂乳,新鲜		9.0	11.81	36.4	2.80	1.25	0.11	0.3	38.3	1.1	0.0	53.1	0.0	7.5	2.95	1.32	96	97	95	95	98	0
8171	脱脂乳,干燥		93.0	11.31	34.4	2.58	1.16	1.05	3.2	37.8	0.6	0.0	53.5	0.0	8.1	2.83	1.27	93	94	91	96	98	0
8127	乳清蛋白,新鲜		20.0	11.49	64.7	6.31	2.93	0.23	1.3	71.1	3.0	0.0	9.9	0.0	16.0	6.93	3.22	92	91	91	92	98	0
8124	凝乳		35.0	12.85	72.4	5.77	2.99	0.45	2.5	80.4	1.2	0.0	15.1	0.0	3.3	6.41	3.32	91	91	90	90	98	0
8120	猪初乳	泌乳期第 1～3 天	21.0	16.58	38.6	2.86	1.34	0.35	0.8	39.0	37.0	0.0	20.5	0.0	3.5	2.89	1.35	98	99	99	99	98	0
8119	猪正常乳		18.0	16.00	27.0	2.00	0.88	0.29	0.5	27.5	37.5	0.0	31.0	0.0	4.0	2.04	0.90	97	98	98	98	98	0
8118	羊乳		19.0	16.25	25.7	2.19	10.0	0.31	0.5	27.0	42.5	0.0	26.5	0.0	4.0	2.30	1.05	96	96	95	97	98	0
8115	全脂牛乳,新鲜	4.5%脂肪	13.7	15.12	24.3	1.89	8.5	0.21	0.3	25.6	33.4	0.0	35.9	0.0	5.1	1.99	0.89	95	96	95	97	98	0
8114		4.0%脂肪	13.2	14.83	25.3	1.97	8.8	0.20	0.3	26.6	30.8	0.0	37.1	0.0	5.5	2.07	0.93	95	96	95	97	98	0
8113		3.5%脂肪	12.8	14.55	25.9	2.01	9.0	0.19	0.3	27.3	28.1	0.0	39.1	0.0	5.5	2.12	0.95	95	96	95	97	98	0
8112		3.0%脂肪	12.3	14.23	27.0	2.10	9.4	0.18	0.3	28.4	25.0	0.0	40.9	0.0	5.7	2.21	0.99	95	96	95	97	98	0
8111		2.5%脂肪	11.9	13.91	28.7	2.23	10.1	0.17	0.3	30.2	21.7	0.0	42.2	0.0	5.9	2.35	1.06	95	96	95	97	98	0
8110		2.0%脂肪	11.4	13.54	30.0	2.34	10.5	0.15	0.3	31.6	18.2	0.0	44.0	0.0	6.2	2.46	1.10	95	96	95	97	98	0

续表2-1-6

编码	饲料原料		饲料价值							粗略营养成分								消化率					
	饲料名称	饲料描述	DM	在 DM 中		可消化氨基酸		在 OM 中		CP	CF	ST	SU	NFR	Ash	氨基酸		E	OM	CP	CF	STSU	NFR
				NERp	dCP	dLys	dMet+dCys	NERp	dCP							Lys	Met+Cys						
			%	MJ/kg	%	%	%	MJ/kg	%	%	%	%	%	%	%	%	%	%	%	%	%	%	%
8165	全脂牛乳,干燥	31%脂肪	95.0	14.73	23.2	1.81	8.1	1.40	2.2	25.5	33.2	0.0	35.7	0.0	5.6	1.99	0.89	94	95	91	95	98	0
8164		28%脂肪	95.0	14.44	24.1	1.88	8.5	1.37	2.3	26.5	30.6	0.0	36.9	0.0	6.0	2.07	0.93	94	95	91	95	98	0
8163		25%脂肪	95.0	14.16	24.8	1.93	8.6	1.35	2.4	27.2	27.7	0.0	39.1	0.0	6.0	2.12	0.95	94	95	91	95	98	0
8162		23%脂肪	95.0	13.86	25.8	2.01	9.0	1.32	2.4	28.3	24.8	0.0	40.7	0.0	6.2	2.21	0.99	94	95	91	95	98	0
8161		20%脂肪	95.0	13.54	27.4	2.14	9.6	1.29	2.6	30.1	21.5	0.0	42.0	0.0	6.4	2.35	1.06	94	95	91	95	98	0
8160		17%脂肪	95.0	13.18	28.7	2.24	10.0	1.25	2.7	31.5	18.0	0.0	43.8	0.0	6.7	2.46	1.10	93	95	91	95	98	0
8200	**高蛋白精饲料，肉类加工业副产物**																						
8221	血粉		90.0	8.76	75.9	6.67	15.9	0.79	6.8	92.5	1.0	0.0	1.5	0.0	5.0	8.14	1.94	83	82	82	90	98	0
8212	血粉		22.0	9.18	81.3	7.32	21.1	0.20	1.8	90.3	1.0	0.0	0.0	0.0	8.7	8.13	2.34	91	90	90	90	98	0
8213	混合蛋白粉，5%脂肪	13.5%～15.5%蛋白	24.0	10.50	51.0	2.72	11.9	0.25	1.2	60.0	21.0	0.0	2.0	5.0	12.0	3.20	1.40	82	81	85	79	98	31
8214	6%脂肪	11.5%～13.5%蛋白	25.0	9.83	41.5	2.16	9.1	0.25	1.0	50.0	24.0	0.0	2.5	7.5	16.0	2.60	1.10	76	75	83	75	98	14
8215	7%脂肪	7.5%～11.5%蛋白	26.0	9.00	32.0	1.84	7.2	0.23	0.8	40.0	27.0	0.0	3.0	10.0	20.0	2.30	0.90	69	68	80	70	98	3
8231	无骨肉粉	>75%蛋白	93.0	11.82	82.5	6.67	30.5	1.10	7.7	85.0	11.0	0.0	1.0	0.0	3.0	6.88	3.14	96	96	97	90	98	0
8232	肉骨粉	70%～75%蛋白	95.0	10.50	71.8	3.95	17.9	1.00	6.8	78.0	9.5	0.0	0.0	3.5	9.0	4.29	1.95	92	91	92	90	98	70
8233		65%～70%蛋白	95.0	9.74	64.1	3.52	16.0	0.92	6.1	72.0	9.5	0.0	0.0	4.5	14.0	3.96	1.80	89	88	89	90	98	70

续表2-1-6

编码	饲料原料		饲料价值							粗略营养成分								消化率					
	饲料名称	饲料描述	DM	在 DM 中		可消化氨基酸		在 OM 中		CP	CF	ST	SU	NFR	Ash	氨基酸		E	OM	CP	CF	STSU	NFR
				NERp	dCP	dLys	dMet+dCys	NERp	dCP							Lys	Met+Cys						
			%	MJ/kg	%	%	%	MJ/kg	%	%	%	%	%	%	%	%	%	%	%	%	%	%	%
8234		60%～65%蛋白	95.0	9.32	58.1	3.19	14.5	0.89	5.5	66.0	10.0	0.0	0.0	6.0	18.0	3.63	1.65	88	86	88	90	98	70
8235		55%～60%蛋白	94.0	8.59	50.6	2.79	12.6	0.81	4.8	61.0	10.0	0.0	0.0	7.0	22.0	3.36	1.52	84	83	83	90	98	70
8236		50%～55%蛋白	94.0	7.86	45.9	2.53	11.5	0.74	4.3	56.0	9.5	0.0	0.0	6.0	28.5	3.08	1.40	83	82	82	90	98	70
8237		45%～50%蛋白	93.0	6.71	40.8	2.24	10.2	0.62	3.8	51.0	7.5	0.0	0.0	6.0	35.5	2.80	1.27	81	80	80	85	98	70
8238		40%～45%蛋白	92.0	5.69	36.8	2.02	9.2	0.52	3.4	46.0	5.5	0.0	0.0	5.0	43.5	2.53	1.15	80	79	80	82	98	70
8251	骨粉	未提取骨胶	93.0	4.34	30.0	1.20	3.0	0.40	2.8	37.5	3.0	0.0	0.0	4.5	55.0	1.50	0.38	80	79	80	82	98	70
8255	骨胶提取下脚料		90.0	7.37	50.7	2.04	5.0	0.66	4.6	62.6	5.6	0.0	0.0	5.1	26.7	2.52	0.62	82	80	81	90	98	70
	肉骨粉，适当干燥，未过热处理				0.0																		
8241	<8%脂肪	65%～70%蛋白	93.0	8.63	61.8	3.46	14.3	0.80	5.7	71.0	6.0	0.0	0.0	4.5	18.5	3.98	1.64	88	86	87	90	98	70
8242		60%～65%蛋白	93.0	8.45	58.3	3.26	13.4	0.79	5.4	67.0	6.5	0.0	0.0	5.5	21.0	3.75	1.54	87	86	87	90	98	70
8243		55%～60%蛋白	93.0	8.00	52.3	2.92	12.0	0.74	4.9	61.5	7.0	0.0	0.0	6.5	25.0	3.44	1.41	85	84	85	90	98	70

续表2-1-6

编码	饲料原料		饲料价值							粗略营养成分								消化率					
	饲料名称	饲料描述	DM	在 DM 中		可消化氨基酸		在 OM 中		CP	CF	ST	SU	NFR	Ash	氨基酸		E	OM	CP	CF	STSU	NFR
				NERp	dCP	dLys	dMet+dCys	NERp	dCP							Lys	Met+Cys						
			%	MJ/kg	%	%	%	MJ/kg	%	%	%	%	%	%	%	%	%	%	%	%	%	%	%
8244		50%~55%蛋白	95.0	7.80	45.7	2.56	10.5	0.74	4.3	55.0	8.5	0.0	0.0	8.5	28.0	3.08	1.26	84	82	83	90	98	70
8245	>8%脂肪	65%~70%蛋白	93.0	9.80	61.8	3.46	14.3	0.91	5.7	71.0	11.0	0.0	0.0	4.0	14.0	3.98	1.64	88	87	87	90	98	70
8246		60%~65%蛋白	93.0	9.66	58.3	3.26	13.4	0.90	5.4	67.0	12.0	0.0	0.0	4.0	17.0	3.75	1.54	88	87	87	90	98	70
8247		55%~60%蛋白	93.0	9.25	52.3	2.92	12.0	0.86	4.9	61.5	13.0	0.0	0.0	4.0	21.5	3.44	1.41	86	85	85	90	98	70
8248		50%~55%蛋白	95.0	9.21	45.7	2.56	10.5	0.88	4.3	55.0	15.0	0.0	0.0	6.5	23.5	3.08	1.26	85	84	83	90	98	70
	肉骨粉,过干或过热处理				0.0																		
8262	<8%脂肪	60%~65%蛋白	96.0	6.64	46.9	2.63	10.8	0.64	4.5	67.0	6.0	0.0	0.0	6.0	21.0	3.75	1.54	70	69	70	70	98	55
8263		55%~60%蛋白	96.0	6.08	40.6	2.27	9.3	0.58	3.9	61.5	6.5	0.0	0.0	7.0	25.0	3.44	1.41	66	66	66	70	98	55
8266	>8%脂肪	60%~65%蛋白	96.0	7.66	46.9	2.63	10.8	0.74	4.5	67.0	12.0	0.0	0.0	4.0	17.0	3.75	1.54	70	69	70	70	98	55
8267		55%~60%蛋白	96.0	7.15	40.6	2.27	9.3	0.69	3.9	61.5	13.0	0.0	0.0	4.0	21.5	3.44	1.41	67	66	66	70	98	55
8200	**高蛋白精饲料,禽屠宰下脚料或孵化废弃物**																						
8281	鸡蛋,蛋白		12.7	11.13	87.4	5.75	55.1	0.14	1.1	87.4	1.4	0.0	9.8	0.0	1.4	5.75	5.51	100	100	100	100	98	0

续表2-1-6

编码	饲料原料		饲料价值							粗略营养成分								消化率					
	饲料名称	饲料描述	DM	在 DM 中		可消化氨基酸		在 OM 中		CP	CF	ST	SU	NFR	Ash	氨基酸		E	OM	CP	CF	STSU	NFR
				NERp	dCP	dLys	dMet+dCys	NERp	dCP							Lys	Met+Cys						
			%	MJ/kg	%	%	%	MJ/kg	%	%	%	%	%	%	%	%	%	%	%	%	%	%	%
8283	整个鸡蛋,干燥		90.0	16.92	47.3	3.36	25.0	1.52	4.3	49.8	43.0	0.0	4.0	0.0	3.2	3.54	2.63	96	96	95	97	98	0
8295	家禽屠宰废料,干燥		88.0	10.14	49.6	2.13	13.3	0.89	4.4	58.3	15.9	0.0	7.7	0.0	18.1	2.51	1.57	87	85	85	95	98	0
8300	**高蛋白精饲料,鱼和鱼的加工产物**																						
8391	凤尾鱼粉		90.0	9.11	66.6	4.99	25.9	0.82	6.0	71.6	5.2	0.0	0.0	6.2	17.0	5.37	2.79	92	91	93	90	98	70
8392	鱼粉		90.0	6.60	36.9	2.54	13.1	0.59	3.3	45.0	7.0	0.0	0.0	10.0	38.0	3.10	1.60	82	81	82	90	98	70
8361	鳕鱼粉	70%～75%蛋白	90.0	8.91	74.4	5.36	31.2	0.80	6.7	80.0	3.0	0.0	0.0	0.0	17.0	5.76	3.36	94	93	93	90	98	0
8362		65%～70%蛋白	90.0	8.44	69.0	4.97	29.0	0.76	6.2	75.0	3.5	0.0	0.0	0.0	21.5	5.40	3.15	93	92	92	90	98	0
8363		60%～65%蛋白	90.0	8.02	63.2	4.55	26.5	0.72	5.7	69.5	3.5	0.0	0.0	2.5	24.5	5.00	2.91	91	90	91	90	98	70
8364		55%～60%蛋白	90.0	7.73	57.6	4.15	24.2	0.70	5.2	64.0	4.0	0.0	0.0	5.0	27.0	4.61	2.69	90	89	90	90	98	70
	鲱鱼粉,见鱼粉																						
	鱼粉,适当干燥,未经高温处理																						
8370	<8%脂肪	70%～75%蛋白	90.0	9.40	74.4	5.80	29.8	0.85	6.7	80.0	5.0	0.0	0.0	0.0	15.0	6.24	3.20	94	93	93	90	98	0
8371		65%～70%蛋白	90.0	9.17	69.0	5.38	27.6	0.83	6.2	75.0	6.0	0.0	0.0	1.5	17.5	5.85	3.00	92	91	92	90	98	70

续表2-1-6

编码	饲料原料		饲料价值							粗略营养成分								消化率					
				在 DM 中		可消化氨基酸		在 OM 中								氨基酸							
	饲料名称	饲料描述	DM	NERp	dCP	dLys	dMet+dCys	NERp	dCP	CP	CF	ST	SU	NFR	Ash	Lys	Met+Cys	E	OM	CP	CF	STSU	NFR
			%	MJ/kg	%	%	%	MJ/kg	%	%	%	%	%	%	%	%	%	%	%	%	%	%	%
8372		60%～65%蛋白	90.0	8.87	63.2	4.93	25.3	0.80	5.7	69.5	6.5	0.0	0.0	4.0	20.0	5.42	2.78	91	90	91	90	98	70
8373		55%～60%蛋白	90.0	8.46	57.6	4.49	23.0	0.76	5.2	64.0	7.0	0.0	0.0	5.0	24.0	4.99	2.56	90	89	90	90	98	70
8374		50%～55%蛋白	90.0	7.96	52.7	4.10	21.1	0.72	4.7	58.5	6.5	0.0	0.0	7.0	28.0	4.56	2.34	89	88	90	90	98	70
8375	>8%脂肪	70%～75%蛋白	90.0	10.25	74.4	5.80	29.8	0.92	6.7	80.0	8.5	0.0	0.0	0.0	11.5	6.24	3.20	93	93	93	90	98	0
8376		65%～70%蛋白	90.0	10.10	69.0	5.38	27.6	0.91	6.2	75.0	10.0	0.0	0.0	1.0	14.0	5.85	3.00	92	92	92	90	98	70
8377		60%～65%蛋白	90.0	9.88	63.2	4.93	25.3	0.89	5.7	69.5	11.0	0.0	0.0	3.0	16.5	5.42	2.78	91	90	91	90	98	70
8378		55%～60%蛋白	90.0	9.47	57.6	4.49	23.0	0.85	5.2	64.0	11.5	0.0	0.0	4.0	20.5	4.99	2.56	90	89	90	90	98	70
8379		50%～55%蛋白	90.0	9.29	52.7	4.10	21.1	0.84	4.7	58.5	13.0	0.0	0.0	4.0	24.5	4.56	2.34	90	89	90	90	98	70
	鱼粉,过干或加热处理																						
8381	<8%脂肪	65%～70%蛋白	96.0	7.27	55.5	4.33	22.2	0.70	5.3	75.0	5.5	0.0	0.0	2.0	17.5	5.85	3.00	74	74	74	70	98	55
8382		60%～65%蛋白	96.0	7.05	50.7	3.96	20.3	0.68	4.9	69.5	6.5	0.0	0.0	4.0	20.0	5.42	2.78	73	72	73	70	98	55

续表2-1-6

编码	饲料原料		饲料价值							粗略营养成分								消化率					
	饲料名称	饲料描述	DM	在DM中		可消化氨基酸		在OM中		CP	CF	ST	SU	NFR	Ash	氨基酸		E	OM	CP	CF	STSU	NFR
				NERp	dCP	dLys	dMet+dCys	NERp	dCP							Lys	Met+Cys						
			%	MJ/kg	%	%	%	MJ/kg	%	%	%	%	%	%	%	%	%	%	%	%	%	%	%
8383		55%~60%蛋白	96.0	6.69	46.1	3.59	18.4	0.64	4.4	64.0	7.0	0.0	0.0	5.0	24.0	4.99	2.56	72	71	72	70	98	55
8386	>8%脂肪	65%~70%蛋白	96.0	8.06	55.5	4.33	22.2	0.77	5.3	75.0	10.0	0.0	0.0	1.0	14.0	5.85	3.00	74	74	74	70	98	55
8387		60%~65%蛋白	96.0	7.84	50.7	3.96	20.3	0.75	4.9	69.5	11.0	0.0	0.0	3.0	16.5	5.42	2.78	72	72	73	70	98	55
8388		55%~60%蛋白	96.0	7.48	46.1	3.59	18.4	0.72	4.4	64.0	11.5	0.0	0.0	4.0	20.5	4.99	2.56	71	71	72	70	98	55
8321	鱼粉,<8%脂肪	60%~65%蛋白	30.0	8.95	63.9	4.99	25.6	0.27	1.9	69.5	6.5	0.0	0.0	4.0	20.0	5.42	2.78	91	91	92	90	98	70
8322		55%~60%蛋白	35.0	8.53	58.2	4.54	23.3	0.30	2.0	64.0	7.0	0.0	0.0	5.0	24.0	4.99	2.56	90	90	91	90	98	70
8323	鱼粉,>8%脂肪	60%~65%蛋白	25.0	9.96	63.9	4.99	25.6	0.25	1.6	69.5	11.0	0.0	0.0	3.0	16.5	5.42	2.78	91	91	92	90	98	70
8324		55%~60%蛋白	30.0	9.54	58.2	4.54	23.3	0.29	1.7	64.0	11.5	0.0	0.0	4.0	20.5	4.99	2.56	91	90	91	90	98	70
8325	鱼浓缩可溶物,新鲜		55.0	9.67	56.1	2.36	10.7	0.53	3.1	63.0	14.0	0.0	0.0	3.5	19.5	2.65	1.20	88	87	89	85	98	70
8311	新鲜鱼,<8%脂肪	60%~65%蛋白	30.0	9.03	64.6	5.04	25.9	0.27	1.9	69.5	6.5	0.0	0.0	4.0	20.0	5.42	2.78	92	92	93	90	98	70
8312	新鲜鱼,>8%脂肪	60%~65%蛋白	25.0	10.03	64.6	5.04	25.9	0.25	1.6	69.5	11.0	0.0	0.0	3.0	16.5	5.42	2.78	92	92	93	90	98	70

续表2-1-6

编码	饲料原料		饲料价值							粗略营养成分								消化率					
	饲料名称	饲料描述	DM	在 DM 中		可消化氨基酸		在 OM 中		CP	CF	ST	SU	NFR	Ash	氨基酸		E	OM	CP	CF	STSU	NFR
				NERp	dCP	dLys	dMet+dCys	NERp	dCP							Lys	Met+Cys						
			%	MJ/kg	%	%	%	MJ/kg	%	%	%	%	%	%	%	%	%	%	%	%	%	%	%
8400	**高蛋白精饲料,酵母**																						
8411	啤酒和面包酵母,新鲜		19.0	9.45	49.1	3.44	11.8	0.18	0.9	54.6	7.5	4.5	1.0	22.8	9.6	3.82	1.31	84	86	90	50	98	86
8461	干燥		90.0	8.94	46.1	3.23	11.0	0.80	4.1	53.0	2.0	6.3	1.7	28.5	8.5	3.71	1.27	83	85	87	10	98	83
8465	木糖酵母,干燥		90.0	9.15	47.3	3.31	11.3	0.82	4.3	52.5	0.5	6.0	1.5	31.0	8.5	3.68	1.26	87	87	90	50	98	80
8466	石油酵母,干燥		90.0	9.06	57.9	4.51	13.4	0.82	5.2	65.0	2.0	4.0	0.4	23.1	5.5	5.07	1.50	84	85	89	0	98	78
8467	糖蜜酵母,干燥		90.0	9.54	47.7	3.34	11.4	0.86	4.3	53.0	6.0	5.0	5.0	21.5	9.5	3.71	1.27	86	86	90	76	98	72
8419	乳清酵母,新鲜		5.0	9.57	40.5	2.79	11.7	0.05	0.2	45.0	10.0	2.5	5.0	22.5	15.0	3.10	1.30	83	85	90	85	98	72
8469	乳清酵母,干燥		90.0	9.59	40.5	2.79	11.7	0.86	3.6	45.0	10.0	5.0	2.5	22.5	15.0	3.10	1.30	83	85	90	85	98	72
8468	分解硫酸盐酵母,干燥		90.0	8.51	39.0	2.72	9.3	0.77	3.5	47.5	2.0	7.5	0.5	34.0	8.5	3.32	1.14	79	81	82	0	98	80
8500	**氨基酸**																						
8561	赖氨酸盐酸盐		95.0			80.00	0.00									80.00	0.00						
8562	赖氨酸浓缩物		95.0			18.00	1.35									20.00	1.50						
8571	蛋氨酸		95.0			0.00	100.0									0.00	100.0						

注:NERp 猪饲料能量价值;dLys=可消化赖氨酸;dMet=可消化蛋氨酸;dCys=可消化胱氨酸;Met=蛋氨酸;Cys=胱氨酸,其余同上表表注。

3.禽饲料表格

表 2-1-7 禽饲料表格

编码	饲料原料		饲料价值							粗略营养成分								消化率					
	饲料名称	饲料描述	DM	在 DM 中		可消化氨基酸		在 OM 中		CP	CF	ST	SU	NFR	Ash	氨基酸		E	OM	CP	CF	STSU	NFR
				NERp	dCP	dLys	dMet+dCys	NERp	dCP							Lys	Met+Cys						
			%	MJ/kg	%	%	%	MJ/kg	%	%	%	%	%	%	%	%	%	%	%	%	%	%	%
6000	**精饲料**																						
6200	**高能精饲料,油籽**																						
6243	亚麻籽		88.0	13.23	20.9	0.77	0.75	11.64	18.4	26.1	37.3	4.0	2.5	25.4	4.7	0.96	0.94	76	73	80	82	97	48
7000	**高蛋白精饲料,植物来源**																						
7100	**高蛋白精饲料,豆科籽实**																						
7137	菜豆		87.0	8.78	22.5	1.47	0.52	7.64	19.6	28.5	1.5	46.1	3.9	16.0	4.0	1.86	0.66	72	72	79	64	90	0
7115	豌豆		87.0	9.15	21.2	1.53	0.44	7.96	18.4	25.8	1.5	48.0	6.5	14.4	3.8	1.86	0.54	75	74	82	93	85	12
7153	黄色甜羽扇豆		87.0	7.89	37.8	1.96	1.10	6.86	32.9	44.5	5.4	5.0	5.0	35.0	5.1	2.30	1.29	70	68	85	75	97	37
7200	**高蛋白精饲料,油脂业产物**																						
7271	棉籽饼	去壳	90.0	7.05	36.0	1.52	1.19	6.35	32.4	48.0	7.5	3.0	4.5	30.0	7.0	2.02	1.59	62	58	75	82	97	14
7272		部分去壳	90.0	5.96	27.0	1.13	0.89	5.37	24.3	38.5	7.0	1.5	4.0	42.0	7.0	1.62	1.27	52	49	70	75	97	19
7471	棉籽饼,浸提	去壳	90.0	6.40	38.6	1.62	1.28	5.76	34.8	51.5	2.0	3.5	5.5	30.5	7.0	2.16	1.70	62	59	75	82	97	20
7472		部分去壳	90.0	5.06	28.7	1.20	0.95	4.56	25.8	41.0	2.0	3.5	5.0	41.5	7.0	1.72	1.36	49	46	70	75	97	11
7261	花生饼	去壳	90.0	8.99	44.7	1.48	1.12	8.09	40.2	52.0	7.0	9.5	11.5	13.5	6.5	1.72	1.30	77	74	86	90	80	3

续表2-1-7

编码	饲料原料		饲料价值							粗略营养成分								消化率					
	饲料名称	饲料描述	DM	在DM中		可消化氨基酸		在OM中		CP	CF	ST	SU	NFR	Ash	氨基酸		E	OM	CP	CF	STSU	NFR
				NERp	dCP	dLys	dMet+dCys	NERp	dCP							Lys	Met+Cys						
			%	MJ/kg	%	%	%	MJ/kg	%	%	%	%	%	%	%	%	%	%	%	%	%	%	%
7262		部分去壳	90.0	7.61	38.8	1.28	0.97	6.85	34.9	48.5	7.0	6.0	8.0	24.0	6.5	1.60	1.21	66	62	80	85	94	0
7461	花生饼,浸提	去壳	90.0	7.84	47.3	1.57	1.18	7.06	42.6	55.0	1.5	10.5	12.0	14.5	6.5	1.82	1.37	75	72	86	80	80	4
7462		部分去壳	90.0	6.56	38.8	1.36	1.03	5.90	34.9	48.5	1.5	7.2	9.5	26.8	6.5	1.70	1.29	63	60	80	80	94	0
7281	椰子饼		90.0	5.62	16.1	0.42	0.48	5.06	14.5	23.0	7.0	4.5	10.6	47.9	7.0	0.60	0.68	49	47	70	50	97	20
7481	椰子饼,浸提		90.0	4.77	17.0	0.44	0.51	4.29	15.3	24.0	2.0	1.5	11.5	53.5	7.5	0.62	0.72	47	45	71	27	97	21
7221	亚麻饼		90.0	5.70	26.6	0.99	0.95	5.13	23.9	38.0	7.0	7.7	3.8	37.0	6.5	1.41	1.36	48	45	70	74	80	3
7421	亚麻饼,浸提		90.0	4.80	26.6	0.99	0.95	4.32	23.9	38.0	2.0	7.0	4.1	41.9	7.0	1.41	1.36	47	44	70	45	97	6
7231	菜籽饼		90.0	6.15	27.8	1.55	1.31	5.53	25.0	37.0	7.0	4.7	8.0	35.3	8.0	2.07	1.74	56	52	75	60	97	10
7431	菜籽饼,浸提		90.0	5.41	30.0	1.68	1.41	4.87	27.0	40.0	2.0	5.5	9.2	34.8	8.5	2.24	1.88	52	50	75	50	97	2
7295	芝麻饼		90.0	6.61	36.0	1.04	1.58	5.95	32.4	45.0	6.0	1.5	3.0	31.5	13.0	1.30	1.98	64	60	80	80	97	23
7494	芝麻饼,浸提		90.0	5.96	39.2	1.14	1.72	5.36	35.3	49.0	2.0	5.0	2.5	29.5	12.0	1.42	2.15	63	58	80	70	97	12
7441	向日葵饼,浸提	去壳	90.0	6.79	37.4	1.34	1.39	6.11	33.7	44.0	2.0	2.3	8.5	35.7	7.5	1.58	1.63	69	66	85	25	97	34
7442		部分去壳	90.0	5.66	31.2	1.12	1.15	5.10	28.1	39.0	2.0	2.6	8.1	41.3	7.0	1.40	1.44	56	54	80	20	97	20
7500	**高蛋白精饲料,粉碎加工产物,淀粉产物和发酵业产物**																						
7541	小麦芽		88.0	9.49	21.8	1.68	1.07	8.35	19.2	28.0	8.5	21.7	14.6	22.2	5.0	2.16	1.37	75	74	78	72	97	33

续表2-1-7

编码	饲料原料		饲料价值							粗略营养成分								消化率					
	饲料名称	饲料描述	DM	在 DM 中		可消化氨基酸		在 OM 中		CP	CF	ST	SU	NFR	Ash	氨基酸		E	OM	CP	CF	STSU	NFR
				NERp	dCP	dLys	dMet+dCys	NERp	dCP							Lys	Met+Cys						
			%	MJ/kg	%	%	%	MJ/kg	%	%	%	%	%	%	%	%	%	%	%	%	%	%	%
7563	玉米蛋白饲料	23%～30%蛋白	90.0	7.10	21.3	0.59	0.68	6.39	19.2	28.0	4.0	20.5	2.0	39.5	6.0	0.78	0.89	61	60	76	64	97	27
8000	**高蛋白精饲料,动物来源包括酵母和氨基酸**																						
8100	**高蛋白精饲料,乳及乳加工产物**																						
8128	酪蛋白,干燥		89.0	13.41	87.9	6.91	3.16	11.93	78.2	94.5	1.0	0.0	0.0	0.0	4.5	7.43	3.40	92	92	93	90	97	0
8121	脱脂乳,新鲜		9.0	11.81	36.0	2.77	1.24	1.06	3.2	38.3	1.1	0.0	53.1	0.0	7.5	2.95	1.32	94	94	94	92	97	0
8171	脱脂乳,干燥		93.0	10.44	32.1	2.41	1.08	9.71	29.9	37.8	0.6	0.0	53.5	0.0	8.1	2.83	1.27	84	84	85	76	97	0
8115	全脂牛乳,新鲜	4.5%脂肪	13.7	15.48	24.3	1.89	0.85	2.12	3.3	25.6	33.4	0.0	35.9	0.0	5.1	1.99	0.89	94	94	95	92	97	0
8114		4.0%脂肪	13.2	15.17	25.3	1.97	0.88	2.00	3.3	26.6	30.8	0.0	37.1	0.0	5.5	2.07	0.93	94	94	95	92	97	0
8113		3.5%脂肪	12.8	14.88	25.9	2.01	0.90	1.91	3.3	27.3	28.1	0.0	39.1	0.0	5.5	2.12	0.95	94	94	95	92	97	0
8112		3.0%脂肪	12.3	14.54	27.0	2.10	0.94	1.79	3.3	28.4	25.0	0.0	40.9	0.0	5.7	2.21	0.99	94	94	95	92	97	0
8111		2.5%脂肪	11.9	14.20	28.7	2.23	1.01	1.69	3.4	30.2	21.7	0.0	42.2	0.0	5.9	2.35	1.06	94	94	95	92	97	0
8110		2.0%脂肪	11.4	13.81	30.0	2.34	1.05	1.57	3.4	31.6	18.2	0.0	44.0	0.0	6.2	2.46	1.10	94	94	95	92	97	0
8165	全脂牛乳,干燥	31%脂肪	95.0	15.07	23.2	1.81	0.81	14.32	22.0	25.5	33.2	0.0	35.7	0.0	5.6	1.99	0.89	92	92	91	90	97	0
8164		28%脂肪	95.0	14.77	24.1	1.88	0.85	14.03	22.9	26.5	30.6	0.0	36.9	0.0	6.0	2.07	0.93	92	92	91	90	97	0
8163		25%脂肪	95.0	14.48	24.8	1.93	0.86	13.75	23.5	27.2	27.7	0.0	39.1	0.0	6.0	2.12	0.95	92	92	91	90	97	0
8162		23%脂肪	95.0	14.03	25.8	2.01	0.90	13.33	24.5	28.3	24.2	0.0	40.7	0.0	6.2	2.21	0.99	92	92	91	90	97	0

续表2-1-7

编码	饲料原料		饲料价值							粗略营养成分								消化率					
	饲料名称	饲料描述	DM	在DM中		可消化氨基酸		在OM中		CP	CF	ST	SU	NFR	Ash	氨基酸		E	OM	CP	CF	STSU	NFR
				NERp	dCP	dLys	dMet+dCys	NERp	dCP							Lys	Met+Cys						
			%	MJ/kg	%	%	%	MJ/kg	%	%	%	%	%	%	%	%	%	%	%	%	%	%	%
8161		20%脂肪	95.0	13.83	27.4	2.14	0.96	13.14	26.0	30.1	21.5	0.0	42.0	0.0	6.4	2.35	1.06	93	93	91	90	97	0
8160		17%脂肪	95.0	13.45	28.7	2.24	1.00	12.78	27.2	31.5	18.0	0.0	43.8	0.0	6.7	2.46	1.10	93	93	91	90	97	0
8200	**高蛋白精饲料,肉类加工业产物**																						
8221	血粉		90.0	8.87	80.5	7.08	1.69	7.98	72.4	92.5	1.0	0.0	1.5	0.0	5.0	8.14	1.94	86	85	87	62	0	0
	肉骨粉,适当干燥,未过热处理																						
8241	<8%脂肪	65%～70%蛋白	93.0	7.90	58.2	3.26	1.34	7.35	54.1	71.0	6.0	0.0	0.0	4.5	18.5	3.98	1.64	80	79	82	90	97	10
8242		60%～65%蛋白	93.0	7.54	53.6	3.00	1.23	7.02	49.8	67.0	6.5	0.0	0.0	5.5	21.0	3.75	1.54	78	76	80	90	97	10
8243		55%～60%蛋白	93.0	7.08	48.0	2.68	1.10	6.58	44.6	61.5	7.0	0.0	0.0	6.5	25.0	3.44	1.41	76	73	78	90	97	10
8244		50%～55%蛋白	95.0	6.82	41.8	2.34	0.96	6.48	39.7	55.0	8.5	0.0	0.0	8.5	28.0	3.08	1.26	73	70	76	90	97	10
8245	>8%脂肪	65%～70%蛋白	93.0	9.20	58.2	3.26	1.34	8.56	54.1	71.0	11.0	0.0	0.0	4.0	14.0	3.98	1.64	81	80	82	90	97	10
8246		60%～65%蛋白	93.0	8.96	53.6	3.00	1.23	8.34	49.8	67.0	12.0	0.0	0.0	4.0	17.0	3.75	1.54	80	78	80	90	97	10
8247		55%～60%蛋白	93.0	8.62	48.0	2.68	1.10	8.01	44.6	61.5	13.0	0.0	0.0	4.0	21.5	3.44	1.41	79	76	78	90	97	10

续表2-1-7

编码	饲料原料		饲料价值							粗略营养成分								消化率					
	饲料名称	饲料描述	DM	在 DM 中		可消化氨基酸		在 OM 中		CP	CF	ST	SU	NFR	Ash	氨基酸		E	OM	CP	CF	STSU	NFR
				NERp	dCP	dLys	dMet+dCys	NERp	dCP							Lys	Met+Cys						
			%	MJ/kg	%	%	%	MJ/kg	%	%	%	%	%	%	%	%	%	%	%	%	%	%	%
8248		50%～55%蛋白	95.0	8.50	41.8	2.34	0.96	8.07	39.7	55.0	15.0	0.0	0.0	6.5	23.5	3.08	1.26	76	73	76	90	97	10
	肉骨粉，过干或过热处理																						
8262	>8%脂肪	60%～65%蛋白	96.0	5.98	42.9	2.40	0.99	5.74	41.2	67.0	6.5	0.0	0.0	5.5	21.0	3.75	1.54	62	61	64	70	97	5
8263		55%～60%蛋白	96.0	5.57	38.1	2.13	0.87	5.35	36.6	61.5	7.0	0.0	0.0	6.5	25.0	3.44	1.41	60	58	62	70	97	5
8266	>8%脂肪	60%～65%蛋白	96.0	7.09	42.9	2.40	0.99	6.80	41.2	67.0	12.0	0.0	0.0	4.0	17.0	3.75	1.54	63	62	64	70	97	5
8267		55%～60%蛋白	96.0	6.78	38.1	2.13	0.87	6.51	36.6	61.5	13.0	0.0	0.0	4.0	21.5	3.44	1.41	62	60	62	70	97	5
8300	**高蛋白精饲料，鱼及鱼加工产物**																						
	鱼粉，适当干燥，未过热处理																						
8370	<8%脂肪	70%～75%蛋白	90.0	8.88	70.4	5.49	2.82	7.99	63.4	80.0	5.0	0.0	0.0	0.0	15.0	6.24	3.20	88	88	88	88	97	0
8371		65%～70%蛋白	90.0	8.67	65.3	5.09	2.61	7.81	58.7	75.0	6.0	0.0	0.0	1.5	17.5	5.85	3.00	87	87	87	88	97	60
8372		60%～65%蛋白	90.0	8.37	59.8	4.66	2.39	7.53	53.8	69.5	6.5	0.0	0.0	4.0	20.0	5.42	2.78	85	85	86	88	97	60

续表2-1-7

编码	饲料原料		饲料价值							粗略营养成分								消化率					
	饲料名称	饲料描述	DM	在 DM 中		可消化氨基酸		在 OM 中		CP	CF	ST	SU	NFR	Ash	氨基酸		E	OM	CP	CF	STSU	NFR
				NERp	dCP	dLys	dMet+dCys	NERp	dCP							Lys	Met+Cys						
			%	MJ/kg	%	%	%	MJ/kg	%	%	%	%	%	%	%	%	%	%	%	%	%	%	%
8373		55%～60%蛋白	90.0	7.98	54.4	4.24	2.18	7.18	49.0	64.0	7.0	0.0	0.0	5.0	24.0	4.99	2.56	84	84	85	88	97	60
8374		50%～55%蛋白	90.0	7.41	49.1	3.83	1.97	6.67	44.2	58.5	6.5	0.0	0.0	7.0	28.0	4.56	2.34	83	82	84	88	97	60
8375	>8%脂肪	70%～75%蛋白	90.0	9.77	70.4	5.49	2.82	8.80	63.4	80.0	8.5	0.0	0.0	0.0	11.5	6.24	3.20	88	88	88	88	97	0
8376		65%～70%蛋白	90.0	9.66	65.3	5.09	2.61	8.70	58.7	75.0	10.0	0.0	0.0	1.0	14.0	5.85	3.00	87	87	87	88	97	60
8377		60%～65%蛋白	90.0	9.45	59.8	4.66	2.39	8.51	53.8	69.5	11.0	0.0	0.0	3.0	16.5	5.42	2.78	86	85	86	88	97	60
8378		55%～60%蛋白	90.0	9.06	54.4	4.24	2.18	8.16	49.0	64.0	11.5	0.0	0.0	4.0	20.5	4.99	2.56	85	84	85	88	97	60
8379		50%～55%蛋白	90.0	8.88	49.1	3.83	1.97	7.99	44.2	58.5	13.0	0.0	0.0	4.0	24.5	4.56	2.34	84	83	84	88	97	60
	鱼粉，过干或过热处理																						
8381	<8%脂肪	65%～70%蛋白	96.0	6.89	52.5	4.10	2.10	6.62	50.4	75.0	5.5	0.0	0.0	2.0	17.5	5.85	3.00	70	70	70	70	97	50
8382		60%～65%蛋白	96.0	6.71	48.0	3.74	1.92	6.44	46.0	69.5	6.5	0.0	0.0	4.0	20.0	5.42	2.78	69	68	69	70	97	50
8383		55%～60%蛋白	96.0	6.39	43.5	3.39	1.74	6.13	41.8	64.0	7.0	0.0	0.0	5.0	24.0	4.99	2.56	67	67	68	70	97	50

续表2-1-7

编码	饲料原料		饲料价值							粗略营养成分								消化率					
	饲料名称	饲料描述	DM	在 DM 中		可消化氨基酸		在 OM 中		CP	CF	ST	SU	NFR	Ash	氨基酸		E	OM	CP	CF	STSU	NFR
				NERp	dCP	dLys	dMet+dCys	NERp	dCP							Lys	Met+Cys						
			%	MJ/kg	%	%	%	MJ/kg	%	%	%	%	%	%	%	%	%	%	%	%	%	%	%
8386	>8%脂肪	65%~70%蛋白	96.0	7.75	52.5	4.12	2.10	7.44	50.4	75.0	10.0	0.0	0.0	1.0	14.0	5.88	3.00	70	70	70	70	97	50
8387		60%~65%蛋白	96.0	7.57	48.0	3.74	1.92	7.27	46.0	69.5	11.0	0.0	0.0	3.0	16.5	5.42	2.78	69	68	69	70	97	50
8388		55%~60%蛋白	96.0	7.25	43.5	3.39	1.74	6.96	41.8	64.0	11.5	0.0	0.0	4.0	20.5	4.99	2.56	68	67	68	70	97	50
8400	**高蛋白精饲料,酵母**																						
8461	啤酒糟和面包酵母,干燥		90.0	7.08	39.8	2.78	0.95	6.37	35.8	53.0	2.0	6.3	1.7	28.5	8.5	3.71	1.27	69	68	75	60	97	47
8466	石油酵母,干燥		90.0	7.66	57.9	4.51	1.34	6.89	52.1	65.0	2.0	4.0	0.4	23.1	5.5	5.07	1.50	74	74	89	0	97	34
8467	糖蜜酵母,干燥		90.0	7.90	42.9	3.01	1.03	7.11	38.6	53.0	6.0	5.0	5.0	21.5	9.5	3.71	1.27	71	70	81	85	97	23
8469	乳清酵母,干燥		90.0	8.40	39.2	2.70	1.13	7.56	35.2	45.0	10.0	5.0	2.5	22.5	15.0	3.10	1.30	72	72	87	90	97	26
8468	分解硫酸盐废弃物的酵母,干燥		90.0	6.64	35.2	2.46	0.84	5.98	31.6	47.5	2.0	7.5	0.5	34.0	8.5	3.32	1.14	65	63	74	75	97	38
8500	**高蛋白精饲料,氨基酸**																						
8561	赖氨酸盐酸盐		95.0			80.00	0.00									80.0	0						
8562	赖氨酸浓缩物		95.0			18.00	1.35									20.0	1.5						
8571	蛋氨酸		95.0			0.00	100.0									0.0	100.0						

注:NERf=禽饲料能量价值,其余同前表表注。

2.2 法国资料

2.2.1 Daniel Sauvant, et al. 2002. 饲料成分与营养价值表. 谯仕彦,等译(2005)[9]

1. 主要成分含量

表 2-2-1(1) 主要成分含量

%

原文序号	饲料名称	拉丁文	样品描述	干物质 DM		粗蛋白质 CP		粗纤维 CF	
				均值	标准差	均值	标准差	均值	标准差
17	小麦酒糟,淀粉<7%(Wheat distiller'grains, starch<7%)		乙醚蒸馏小麦副产物,由酒糟、麦麸和可溶部分组成。终产品淀粉含量小于7%(饲喂状态)(*n*=64)	90.0	1.9	33.8	2.9	9.2	2.0
18	小麦酒糟,淀粉>7%(Wheat distiller'grains, starch>7%)		乙醚蒸馏小麦副产物,由酒糟、麦麸和可溶部分组成。终产品淀粉含量大于7%(饲喂状态)(*n*=25)	91.4	1.1	28.9	2.4	5.6	1.1
22	玉米面筋饲料(Corn gluten feed)		用湿磨法生产玉米淀粉时产生的干副产物,含有玉米糠和面筋,面筋中可能会掺入浸渍液及脱油和未脱油的胚芽(*n*=2609)	88.0	1.3	19.3	1.3	7.5	0.8
23	玉米蛋白粉(Corn gluten meal)		用湿磨法生产玉米淀粉时产生的干副产物,主要由淀粉分离过程中的面筋组成,是玉米脱胚芽、粉碎、水选制取淀粉后的脱水副产物(*n*=757)	89.5	1.5	60.6	2.9	1.1	0.5
27	溶剂浸提玉米胚芽饼粉(Maize germ meal, solvent extracted)		生产玉米油的加工副产物,主要由溶剂浸提后的胚芽组成,其中仍有胚乳和外皮碎片残留(*n*=418)	87.4	1.7	25.8	1.5	8.8	0.9
29	干大麦细根(Barley rootlets, dried)		大麦酿造过程中的副产物,由大麦根和胚芽组成(*n*=184)。同义词:malt culms	89.3	1.8	21.8	3.1	12.7	1.5
30	干啤酒糟(Brewers' dried grains)		酿酒时的副产物,由大麦酒糟组成(*n*=68)	91.9	2.2	24.1	3.4	15.3	2.7
34	鹰嘴豆(Chickpea)	*Cicer arietinum* L.	鹰嘴豆籽实,外形类似于地中海地区的Kabuil种(*n*=82)	89.0	1.1	19.9	1.8	3.5	0.5
36	彩色花蚕豆(Faba bean, coloured flowers)	*Vicia faba* L.	高单宁酸,有色花品种(*n*=154)。同义词:field bean, broad bean, horse bean。用于反刍动物的挤压和烘烤蚕豆	86.5	2.0	25.4	2.2	7.9	1.1

续表2-2-1(1)

原文序号	饲料名称	拉丁文	样品描述	干物质 DM		粗蛋白质 CP		粗纤维 CF	
				均值	标准差	均值	标准差	均值	标准差
37	白花蚕豆(Faba bean,white flowers)	*Vicia faba* L.	低单宁酸,有色花品种($n=30$)。同义词:field bean,broad bean,horse bean。用于反刍动物的挤压和烘烤蚕豆	86.1	1.9	26.8	2.2	7.5	0.9
38	全脂亚麻籽(Linseed,full fat)	*Linum usitatissimum* L.	($n=75$)。反刍动物使用的全脂亚麻籽	90.3	2.3	22.6	2.5	9.2	2.6
39	蓝羽扇豆(Lupin,blue)	*Lupinus angustifolius* L.	($n=54$)。用于反刍动物的烘烤蓝羽扇豆	90.2	2.1	30.7	2.6	14.9	1.8
40	白羽扇豆(Lupin,white)	*Lupinus alubs* L.	($n=264$)。用于反刍动物的挤压白羽扇豆	88.6	3.7	34.1	3.3	11.4	1.5
41	豌豆(Pea)	*Pisum stavium* L.	($n=3932$)。用于反刍动物挤压和烘烤豌豆	86.4	1.1	20.7	1.2	5.2	0.6
42	全脂油菜籽(Rapeseed,full fat)	*Brassica napus* L.	低芥酸,低菜籽('00')品种($n=959$)。同义词(北美):canola.共反刍动物使用的经挤压和甲醛处理的油菜籽	92.2	1.2	19.1	1.3	8.2	2.0
46	浸提可可粉(Cocoa meal,extracted)	*Theobroma cacao* L.	浸提可可油的加工副产物,是对可可豆进行完全浸提得到的副产物($n=33$)	88.2	1.6	25.2	0.8	14.6	1.9
47	压榨椰子粕(Copra meal,expeller)		椰子油的加工副产物,由椰仁经机械提取得到的(干椰肉)($n=124$)	91.2	1.8	20.5	1.3	12.8	2.5
48	棉籽粕,含粗纤维 7%~14%(Cottonseed meal, crude fibre 7%~14%)		棉籽油的加工副产物,脱壳棉籽的溶剂浸提物,含7%~14%的粗纤维(饲喂状态,$n=117$)。供反刍动物使用的烘烤棉粕	91.3	1.8	42.6	3.2	11.9	1.9
49	棉籽粕,含粗纤维 14%~20%(Cottonseed meal, crude fibre 14%~20%)		棉籽油的加工副产物,脱壳棉籽的溶剂浸提物,含14%~20%的粗纤维(饲喂状态,$n=117$)。供反刍动物使用的烘烤棉粕	90.1	1.3	36.3	2.9	16.9	1.5
51	脱毒花生粕,粗纤维<9%(Groundnut meal, detoxified, trude fabre>9%)	*Arachis hypogaea* L.	花生油生产的加工副产物,用于溶剂浸提花生仁或氨化处理去除霉菌毒素的副产物,粗纤维含量低于9%(饲喂状态,$n=515$)	89.6	1.7	48.9	3.7	6.8	1.0
52	脱毒花生粕,粗纤维>9%(Groundnut meal, detoxified, trude fabre>9%)	*Arachis hypogaea* L.	花生油的加工副产物,用溶剂浸提花生仁或氨化处理去除霉菌毒素的副产物,粗纤维含量高于9%(饲喂状态,$n=962$)	89.2	1.5	49.2	3.0	12.0	1.6

续表2-2-1(1)

原文序号	饲料名称	拉丁文	样品描述	干物质 DM		粗蛋白质 CP		粗纤维 CF	
				均值	标准差	均值	标准差	均值	标准差
53	压榨亚麻籽饼粉(Linseed meal, expeller)		亚麻籽油生产的加工副产物,由亚麻籽经机械提取到($n=292$)	90.4	1.8	30.9	2.4	10.2	1.5
54	溶剂浸提亚麻籽饼粉(Linseed meal, solvent extracted)		亚麻籽油生产的加工副产物,由亚麻籽经溶剂浸提到($n=39$)	88.6	1.8	31.8	2.2	9.8	1.3
56	菜籽粕(Rapeseed meal)		菜籽油生产中的加工副产物,由低芥酸、低硫葡萄糖苷('00')品种的油菜籽经溶剂浸提得到($n=2820$)。同义词(North America):canola meal. 供反刍动物使用的经挤压和甲醛处理的菜籽粕	88.7	1.3	33.7	1.3	12.4	1.3
57	压榨芝麻粕(Sesame meal, expeller)	*Seasamum indicum* L.	芝麻油生产中的加工副产物,由芝麻籽经过机械提取得到($n=26$)	93.9	1.6	43.4	4.8	6.0	1.6
68	苜蓿蛋白浓缩物(Alfalfa protein concentrate)	*Medicago sativa*l L.	苜蓿地上部分经压榨得到的蛋白浓缩物($n=69$)	91.8	0.8	50.2	2.4	2.6	1.0
72	干啤酒酵母(Brewers' yeast, dried)	*Saccharomyces cerevisiae*	干酵母,是麦芽酿造过程中的主要副产物(除去发酵液的麦芽汁($n=57$)	93.3	2.5	46.5	4.3	1.9	1.4
82	马铃薯蛋白浓缩物(Potato protein concentrate)		马铃薯淀粉生产中的加工副产物,主要由分离淀粉后的蛋白物质组成($n=103$)	92.3	1.6	77.6	3.0	0.8	1.0
85	不同来源的酒糟(Vinasse, different origins)		来源于不同酿造工业的发酵产物,经混合浓缩和脱产矿物质处理后得到的湿产品($n=229$)	68.7	3.4	44.1	3.4	0.0	
86	谷氨酸生产中的酒糟(Vinasse, from the production of glutamic acid)		在发酵有机物质(尤其是糖蜜)生产谷氨酸过程中得到的湿副产物,且该产物经过了浓缩和脱矿物质处理($n=174$)	71.2	3.3	49.3	3.7	0.0	
87	酵母生产中的酒糟(Vinasse, from yeast production)		在发酵有机物质(尤其是糖蜜)生产谷氨酸过程中得到的湿副产物,且该产物经过了浓缩和脱矿物质处理($n=331$)	70.4	2.7	46.4	3.3	0.0	
94	脱脂奶粉(Milk powder, skimmed)		干脱脂奶($n=47$)	94.7	1.6	34.1	2.3		
95	全脂奶粉(Milk powder, whole)		干燥的全脂奶粉($n=13$)	96.4	1.3	23.4	2.6		

续表2-2-1(1)

原文序号	饲料名称	拉丁文	样品描述	干物质 DM		粗蛋白质 CP		粗纤维 CF	
				均值	标准差	均值	标准差	均值	标准差
98	鱼粉,含蛋白质 62%(Fish meal,protein 62%)		全鱼或鱼加工废弃部分经加工得到,含 58%~63%的蛋白质(饲喂状态,n=297)	94.3	1.9	62.6	1.7		
99	鱼粉,含蛋白质 65%(Fish meal,protein 65%)		全鱼或鱼加工废弃部分经加工得到,含 63%~68%的蛋白质(饲喂状态,n=1198)	91.7	1.4	65.3	1.8		
100	鱼粉,含蛋白质 70%(Fish meal,protein 70%)		全鱼或鱼加工废弃部分经加工得到,含 68%~75%的蛋白质(饲喂状态,n=431)	92.0	1.3	69.9	1.7		
101	脱脂浓缩鱼汁(Fish solubles,condensed,defatted)		脱脂浓缩鱼汁,由全鱼或鱼片生产中的废弃物,经酶水解、过滤、浓缩和脱水后所得,脂肪含量小于15%(饲喂状态,n=1)	94.2		80.0			
102	含脂浓缩鱼汁(Fish solubles,condensed,fat)		浓缩鱼汁蛋白质,由全鱼或鱼片生产中的废弃物,经酶水解、过滤、浓缩和脱水后所得,脂肪含量小于15%(饲喂状态,n=10)	96.0	2.3	72.5	7.6		
103	血粉(Blood meal)		血粉由动物屠宰后的血液经干燥制得(n=129)。写这本书时,欧洲和其他国家已经禁止销售和使用血粉	94.3	4.0	89.7	5.9		
104	羽毛粉(Feather meal)		家禽羽毛经水解、干燥和粉碎后制得的产品(n=123)。写这本书时,欧洲和其他国家已经禁止销售和使用该产品	92.1	2.4	79.0	6.2		
105	肉骨粉,含脂肪<7.5%(Meat and bone meal,fat<7.5%)		温血陆生动物的整个机体或肉品加工废物,经过热处理、干燥和粉碎加工制成的,该产品脂肪含量少于7.5%(饲喂状态,n=114)。欧洲和其他国家已经禁止销售和使用该产品	95.4	2.2	55.6	3.9		
106	肉骨粉,含脂肪>7.5%(Meat and bone meal,fat>7.5%)		温血陆生动物的整个机体或肉品加工废物,经过加热、烘干和粉碎加工制成的,该产品脂肪含量少于7.5%(饲喂状态,n=1230)。欧洲和其他国家已经禁止销售和使用该产品	96.3	1.5	51.3	3.0		

表 2-2-1(2) 主要成分含量

%

原文序号	饲料名称	粗脂肪 EE		粗脂肪(水解)		灰分		不溶性灰分		中性洗涤纤维 NDF		酸性洗涤纤维 ADF		酸性洗涤木质素 ADL	
		均值	标准差	均值	标准差	均值	标准差	均值	标准差	均值	标准差	均值	标准差	均值	标准差
17	小麦酒糟,淀粉＜7%	6.5	2.6			3.6	0.9	0.0		37.9	8.1	14.6	2.0	4.0	1.3
18	小麦酒糟,淀粉＞7%	5.1	1.6			4.7	0.8			25.3	6.5	8.4	3.5	2.5	1.2
22	玉米面筋饲料	2.7	0.7			6.1	1.2	1.5	0.8	33.8	4.7	8.8	1.3	1.1	0.5
23	玉米蛋白粉	2.5	1.5	6.3	1.1	1.8	1.1	0.1		2.3	1.8	0.7	0.8	0.2	0.2
27	溶剂浸提玉米胚芽饼粉	2.5	0.8			3.1	1.0			37.1		10.4		1.5	
29	干大麦细根	1.8	0.5			5.6	0.6			39.9	5.0	15.0	1.9	2.6	0.5
30	干啤酒糟	6.7	2.3	7.4	1.2	3.9	0.6	1.6		52.8	6.7	20.4	3.5	5.4	2.4
34	鹰嘴豆	6.0	1.2			3.0	0.2	0.0		9.3	1.6	3.7	0.4	0.2	0.1
36	彩色花蚕豆	1.3	0.3			3.3	0.4			13.9	2.6	9.2	1.0	0.8	0.6
37	白花蚕豆	1.1	0.2			3.6	0.3			13.7	2.3	9.1	1.0	0.7	0.6
38	全脂亚麻籽	32.7	3.2			4.3	0.9			22.1	7.3	13.4	3.7	5.6	2.7
39	蓝羽扇豆	5.3	0.8			3.4	0.5	0.1		22.3	4.0	17.7	2.5	1.6	0.7
40	白羽扇豆	8.4	1.3			3.5	0.4	0.2		18.9	2.3	13.7	1.9	0.9	0.5
41	豌豆	1.0	0.2			3.0	.04	0.1	0.0	12.0	2.8	6.0	0.7	0.3	0.3
42	全脂油菜籽	42.0	2.2			4.0	0.2	0.3	0.9	17.6	4.4	12.4	3.4	5.5	1.7
46	浸提可可粉	0.5	0.7			8.9	1.5	1.3		37.6	8.8	28.0	6.3	14.5	3.5
47	压榨椰子粕	8.2	1.6			6.2	0.8	0.1		49.7	5.8	26.1	3.6	6.1	1.9
48	棉籽粕,含粗纤维 7%～14%	2.9	1.5			6.7	0.6	1.0	2.1	24.8	4.9	16.5	2.9	5.5	1.2
49	棉籽粕,含粗纤维 14%～20%	2.7	1.2			6.5	0.6	0.1		31.8	5.2	22.2	3.0	6.8	1.5
51	脱毒花生粕,粗纤维＜9%	3.4	2.3			6.0	0.9	1.7		14.3	5.8	8.6	1.4	2.5	1.6
52	脱毒花生粕,粗纤维＞9%	0.9	1.0			5.9	0.6	0.8	0.2	20.1	3.5	14.0	2.1	4.6	0.9

续表2-2-1(2)

原文序号	饲料名称	粗脂肪 EE		粗脂肪(水解)		灰分		不溶性灰分		中性洗涤纤维 NDF		酸性洗涤纤维 ADF		酸性洗涤木质素 ADL	
		均值	标准差	均值	标准差	均值	标准差	均值	标准差	均值	标准差	均值	标准差	均值	标准差
53	压榨亚麻籽饼粉	8.1	2.2			5.9	0.7	0.6		23.4	3.4	14.2	1.2	6.0	1.0
54	溶剂浸提亚麻籽饼粉	3.0	1.1			5.8	0.7	1.9		22.8		13.8		5.8	
56	菜籽粕	2.3	0.9			7.0	0.5	1.4		28.3	4.0	19.6	2.0	9.5	1.8
57	压榨芝麻粕	11.0	3.1			11.4	2.2	2.2	1.6	18.9	1.4	9.9	1.0	1.8	0.1
68	苜蓿蛋白浓缩物	8.3	1.0			11.2	1.8			7.3		3.8			
72	干啤酒酵母			3.9	1.1	7.1	1.1			6.2	8.7	1.8	2.4	0.6	0.7
82	马铃薯蛋白浓缩物			0.9	0.9	2.6	0.9			6.0		1.7		0.4	
85	不同来源的酒糟			0.7		4.7	1.1								
86	谷氨酸生产中的酒糟			0.6		4.2	0.5								
87	酵母生产中的酒糟			0.7		8.0	2.4	0.0							
94	脱脂奶粉			1.6	0.6	8.2	0.5								
95	全脂奶粉			25.8	1.1	6.0	1.0								
98	鱼粉,含蛋白质 62%	8.9	1.8	9.2	2.0	20.8	2.7	0.3	0.2						
99	鱼粉,含蛋白质 65%	8.9	1.4	9.5	1.6	16.2	2.1	0.2	0.1						
100	鱼粉,含蛋白质 70%	9.3	1.5	9.7	1.6	12.4	2.1	0.3	0.3						
101	脱脂浓缩鱼汁			4.7		7.9									
102	含脂浓缩鱼汁			21.2		6.6	1.1								
103	血粉	0.8	1.0	2.0	2.3	2.8	2.0	0.1	0.0						
104	羽毛粉	6.8	3.1	8.8	2.2			0.3	0.0						
105	肉骨粉,含脂肪<7.5%	3.9	1.2	5.4	1.1	31.7	5.2								
106	肉骨粉,含脂肪>7.5%	10.6	1.5	11.8	1.8	30.5	3.4	0.4							

表 2-2-1(3) 主要成分含量

%

原文序号	饲料名称	水不溶性细胞壁(%)		淀粉(%)		总糖(%)		乳糖(%)		总能 GE(MJ/kg)	
		均值	标准差	均值	标准差	均值	标准差	均值	标准差	均值	标准差
17	小麦酒糟,淀粉<7%	36.4		3.8	1.1	0.8	0.6			19.3	0.6
18	小麦酒糟,淀粉>7%	23.8		12.6	4.3	3.5				18.6	
22	玉米面筋饲料	32.8	2.7	18.0	2.7	1.7	1.2			16.4	0.3
23	玉米蛋白粉	3.4		17.2	2.5	0.3	0.3			20.6	0.8
27	溶剂浸提玉米胚芽饼粉	36.1		13.6	2.3	0.5				17.0	
29	干大麦细根			11.3	4.4	6.6				16.5	0.5
30	干啤酒糟			6.9		0.9	0.2			18.8	
34	鹰嘴豆	10.5	0.6	44.8	1.6	5.2	1.7			17.5	0.4
36	彩色花蚕豆	15.4	1.2	38.3	2.7	3.0	0.8			16.2	0.5
37	白花蚕豆	15.3	1.3	37.3	2.3	3.7	0.7			16.1	0.4
38	全脂亚麻籽			0.0		3.4				24.2	
39	蓝羽扇豆	32.9		0.0		5.5	1.6			18.3	0.5
40	白羽扇豆	29.8	1.9	0.0		6.4	1.8			18.8	0.8
41	豌豆	12.8	1.1	44.6	2.0	3.9	0.4			15.8	0.3
42	全脂油菜籽	20.5		0.0		5.1	0.7			26.4	0.5
46	浸提可可粉			9.1	1.3	0.8				15.9	
47	压榨椰子粕	41.0		0.0		10.3				18.2	1.3
48	棉籽粕,含粗纤维 7%~14%	28.1	5.2	0.0		6.3				18.7	0.9
49	棉籽粕,含粗纤维 14%~20%	35.5	4.3	0.0		2.4				18.3	0.6
51	脱毒花生粕,粗纤维<9%			0.0		9.2				18.5	0.7
52	脱毒花生粕,粗纤维>9%			0.0		7.5				18.0	
53	压榨亚麻籽饼粉			0.0		3.5				18.5	0.5

续表2-2-1(3)

原文序号	饲料名称	水不溶性细胞壁(%)		淀粉(%)		总糖(%)		乳糖(%)		总能 GE(MJ/kg)	
		均值	标准差	均值	标准差	均值	标准差	均值	标准差	均值	标准差
54	溶剂浸提亚麻籽饼粉			0.0		4.5				17.1	
56	菜籽粕	32.7	4.1	0.0		7.7	1.8			17.1	0.6
57	压榨芝麻粕			0.0		3.4	0.3			19.5	0.6
68	苜蓿蛋白浓缩物	9.7		0.0		1.2				19.8	
72	干啤酒酵母			1.0		0.3				18.7	
82	马铃薯蛋白浓缩物			0.7	1.6	0.9				20.5	
85	不同来源的酒糟			0.0		5.4	1.6			13.6	
86	谷氨酸生产中的酒糟			0.0		4.9	1.5			14.4	
87	酵母生产中的酒糟			0.0		5.3				13.4	
94	脱脂奶粉							47.8		17.3	0.5
95	全脂奶粉							35.4	3.7	22.7	
98	鱼粉,含蛋白质62%									18.3	
99	鱼粉,含蛋白质65%									19.0	1.1
100	鱼粉,含蛋白质70%									20.0	1.1
101	脱脂浓缩鱼汁									20.8	
102	含脂浓缩鱼汁									24.5	
103	血粉									22.9	2.3
104	羽毛粉									21.8	0.8
105	肉骨粉,含脂肪<7.5%									15.1	
106	肉骨粉,含脂肪>7.5%									16.6	

注:本资料原书有较详细的名称解释、检测方法和计算公式等,内容较多,恕未能全部列出和加入"中英文词汇对照及说明表"中。该资料除第一次出现外,之后饲料名称仅保留中文,不再赘述拉丁文和英文名称。

2.矿物质含量

表 2-2-2(1) 矿物质含量

原文序号	饲料名称	钙(g/kg)		磷(g/kg)		植酸磷(g/kg)		镁(g/kg)		钾(g/kg)		钠(g/kg)		氯(g/kg)		硫(mg/kg)	
		均值	标准差	均值	标准差	均值	标准差	均值	标准差	均值	标准差	均值	标准差	均值	标准差	均值	标准差
17	小麦酒糟,淀粉＜7％	3.3	1.2	6.7	1.4			2.7		7.9		0.5		1.9			
18	小麦酒糟,淀粉＞7％	1.9	0.8	8.1	0.7			2.8		8.0		0.5		1.9			
22	玉米面筋饲料	1.6	0.9	8.9	1.5	65		3.4	0.4	12.0	1.8	2.3	2.6	2.0	0.6	2.8	
23	玉米蛋白粉	0.7	0.5	4.9	1.5	80		0.4	0.2	0.9	0.5	0.9	0.8	0.7	0.1	5.8	
27	溶剂浸提玉米胚芽饼粉	0.4	0.2	6.3	1.7	75		2.7		3.4		0.4				2.2	
29	干大麦细根	2.9	1.1	5.5	0.9	25		1.5		13.4		0.3		3.6		3.3	
30	干啤酒糟	2.1	1.3	5.8	0.8	60		2.4	0.5	3.4	1.3	0.3	0.1	1.0	0.3	2.8	
34	鹰嘴豆	1.1	0.4	3.6	0.8	50		1.2	0.1	7.0		0.4		1.2			
36	彩色花蚕豆	1.4	0.5	4.6	0.6	60		1.6	0.3	9.8	1.0	0.1	0.1	0.7		2.4	
37	白花蚕豆	1.4		4.7	0.3	60		1.7		10.0		0.1		0.7		1.8	
38	全脂亚麻籽	3.8		6.1		70		3.6		7.2		0.7		0.6		2.7	
39	蓝羽扇豆	3.2	0.7	3.7	0.6	60		1.8		8.4		0.3		0.5		2.3	
40	白羽扇豆	3.4	1.2	3.8	0.7	60		1.7		11.6		0.4		0.5		2.5	
41	豌豆	1.1	0.5	4.0	0.5	45		1.4	0.6	9.8	0.6	0.1	0.1	0.8	0.2	2.0	0.1
42	全脂油菜籽	4.7	1.2	6.6	0.9	70		2.4	0.3	7.8	0.7	0.2	0.2	0.9	0.4	3.3	
46	浸提可可粉	2.2	0.1	6.5								0.1		0.3			
47	压榨椰子粕	1.2	0.5	5.4	0.6	50		2.9	0.4	16.8	5.6	0.7		6.2		2.7	
48	棉籽粕,含粗纤维 7％～14％	2.5	1.0	11.7	1.6	70		6.0	0.6	15.6	0.9	2.5		0.3		3.3	
49	棉籽粕,含粗纤维 14％～20％	2.4	0.9	11.4	1.0	70		5.6	0.5	15.7	1.2	0.8		0.5		3.3	
51	脱毒花生粕,粗纤维＜9％	2.0	1.0	5.6	0.7	60		3.0		14.5		0.1		1.0		3.2	

续表2-2-2(1)

原文序号	饲料名称	钙(g/kg)		磷(g/kg)		植酸磷(g/kg)		镁(g/kg)		钾(g/kg)		钠(g/kg)		氯(g/kg)		硫(mg/kg)	
		均值	标准差	均值	标准差	均值	标准差	均值	标准差	均值	标准差	均值	标准差	均值	标准差	均值	标准差
52	脱毒花生粕,粗纤维＞9%	1.9	0.7	5.6	0.5	55		2.7	0.5	12.3	1.9	1.9	1.8	1.0		3.1	
53	压榨亚麻籽饼粉	4.2	1.0	8.2	0.8	65		5.0		11.7		0.8	0.3	0.5		3.6	
54	溶剂浸提亚麻籽饼粉	4.5	1.2	8.0	0.9	65		4.3		10.3		1.0		0.6		3.6	
56	菜籽粕	8.3	1.3	11.4	0.9	60		4.9	0.5	12.3	0.9	0.4	0.1	0.7	0.2	5.9	
57	压榨芝麻粕	17.0	5.2	1.18	3.4	75		5.5	0.6	9.7	0.6	0.1		0.9	0.1	4.9	
68	苜蓿蛋白浓缩物	33.8	4.8	8.0	0.9	5		1.4		9.5		0.2		1.8			
72	干啤酒酵母	3.2	2.8	11.6	1.6	0		2.2		17.7		1.7	1.1	2.9		4.3	
82	马铃薯蛋白浓缩物	2.9	2.8	4.0	1.2	15		0.5		5.5	0.9	0.1		2.9		3.6	
85	不同来源的酒糟	1.7	0.6	2.2	1.1	10		1.0		6.2	2.1	9.4	2.3	15.4	5.0		
86	谷氨酸生产中的酒糟	0.3		3.0		10		0.6		2.6	0.7	10.4	2.0	9.6	1.5		
87	酵母生产中的酒糟	1.9		0.4		10		1.0		15.0	8.3	10.1		21.6		10.8	
94	脱脂奶粉	14.7	2.8	10.2	2.0			1.1		15.6		5.7		9.4		3.0	
95	全脂奶粉	12.0		7.6				1.0		13.4		3.9		7.8		2.4	
98	鱼粉,含蛋白质62%	55.4	11.9	31.0	4.9			2.6	0.5	7.4	1.8	11.2	2.9	16.3	4.8	7.4	
99	鱼粉,含蛋白质65%	38.5	8.2	25.2	3.0			2.2	0.4	9.7	7.8	11.3	2.7	17.7	6.0	7.1	
100	鱼粉,含蛋白质70%	24.1	7.9	20.6	2.6			1.9		12.2		9.5	2.4	15.1	5.0	6.7	
101	脱脂浓缩鱼汁	6.7		15.4				1.6		15.5		9.6		15.0		4.1	
102	含脂浓缩鱼汁	1.1		13.9				1.6		16.8		9.6		14.9			
103	血粉	1.6	2.1	2.1	1.2			0.2	0.0	3.6	3.2	4.3	2.1	4.5	5.7	7.8	0.4
104	羽毛粉	12.2	4.8	8.0	4.5			0.8	1.2	1.2	0.2	1.2	0.2	1.9	0.5	16.6	0.7
105	肉骨粉,含脂肪＜7.5%	107.1	25.3	51.4	12.3			2.2		4.3		7.1	1.0	6.4	2.4	8.9	
106	肉骨粉,含脂肪＞7.5%	101.9	15.3	49.0	3.8			2.2		4.4		7.3	1.3	6.6	2.3	8.9	

表 2-2-2(2) 矿物质含量

原文序号	饲料名称	阴阳离子差 mEq/kg		电解质平衡 mEq/kg		锰 (mg/kg)		锌 (g/kg)		铜 (mg/kg)		铁 (mg/kg)		硒 (mg/kg)		钴 (mg/kg)		钼 (mg/kg)		碘 (mg/kg)	
		均值	标准差	均值	标准差	均值	标准差	均值	标准差	均值	标准差	均值	标准差	均值	标准差	均值	标准差	均值	标准差	均值	标准差
17	小麦酒糟,淀粉<7%			170																0.18	
18	小麦酒糟,淀粉>7%			173																0.18	
22	玉米面筋饲料	176		349		18	7	53	15	5	4	218	191	0.21		0.15		1.6		0.12	
23	玉米蛋白粉	−320		43		8	4	33	16	11	4	100	58	0.20	0.10	2		0.82			
27	溶剂浸提玉米胚芽饼粉					17		131		12		749		0.50		0.25					
29	干大麦细根	49		257		55		78		10		278		0.59		0.10		1.1			
30	干啤酒糟	−102		70		43	11	82	28	18	5	120	21	0.38		0.09		1.3			
34	鹰嘴豆			160		19		22		6		55		0.09							
36	彩色花蚕豆	88		235		7	2	31	6	12	2	59		0.02		0.35		0.63			
37	白花蚕豆	129		240		7		31		11		73		0.02				0.63			
38	全脂亚麻籽	32		199		29		45		12		148						0.20		0.40	
39	蓝羽扇豆	72		214		38		31		5		61		0.08		0.07		2			
40	白羽扇豆	144		299		1707		27		4		24		0.08		0.18		2			
41	豌豆	103		229		9	3	32	7	7	1	92	29	0.15		0.09		2		0.26	
42	全脂油菜籽	−21		184		34		40		3		216		0.77							
46	浸提可可粉																				
47	压榨椰子粕	117		286		94		49		32		696				0.20		0.61		1.3	
48	棉籽粕,含粗纤维 7%~14%	295		500		25		72		19		159		0.38		0.57		0.80		0.10	
49	棉籽粕,含粗纤维 14%~20%	214		421		15		58		10		184		0.54		0.52		3			
51	脱毒花生粕,粗纤维<9%	150		349		35	10	58		17		335		0.10		0.28		1.7		0.44	
52	脱毒花生粕,粗纤维>9%	176		370		33	6	57	11	15	1.0	516	150	0.16		0.27		2		0.06	

续表2-2-2(2)

原文序号	饲料名称	阴阳离子差 mEq/kg		电解质平衡 mEq/kg		锰 (mg/kg)		锌 (g/kg)		铜 (mg/kg)		铁 (mg/kg)		硒 (mg/kg)		钴 (mg/kg)		钼 (mg/kg)		碘 (mg/kg)	
		均值	标准差	均值	标准差	均值	标准差	均值	标准差	均值	标准差	均值	标准差	均值	标准差	均值	标准差	均值	标准差	均值	标准差
53	压榨亚麻籽饼粉	94		320		39		66		18		331		0.45		0.43		0.52		0.31	
54	溶剂浸提亚麻籽饼粉	63		289		43		60		19		291		0.66		0.37		1.0		0.90	
56	菜籽粕	−53		315		52	6	65	17	7	6	172	44	1.1	0.30	0.09		1.6		0.09	
57	压榨芝麻粕	−80		225		64		125		34		1780	231	0.21	0.04	0.71	0.22	1.9	0.10	0.17	
68	苜蓿蛋白浓缩物			201																	
72	干啤酒酵母	179		445		40		64		47		97		0.82		0.20		1.1		0.02	
82	马铃薯蛋白浓缩物	−164		63		5		21		38		455	257	1.0							
85	不同来源的酒糟			132								277		0							
86	谷氨酸生产中的酒糟			249										2							
87	酵母生产中的酒糟	−458		218		23		97		9		180									
94	脱脂奶粉	194		384		2		43		3		7		0.14		0.01		0.24		0.82	
95	全脂奶粉	143		294		1.1		33		1.5		7		0.20		0.01		0.40		0.69	
98	鱼粉,含蛋白质62%	−245		216		23	14	89	5	9		469	412	0.41		0.09		0.10		3	
99	鱼粉,含蛋白质65%	−200		244		13	7	85	14	7	1.0	351	132	0.40		0.09		0.21		2	
100	鱼粉,含蛋白质70%	−120		300		6		88		7		252	73	0.40				0.18		3	
101	脱脂浓缩鱼汁	140		396		51		78		36		307		2							
102	含脂浓缩鱼汁			428								64									
103	血粉			152		5		23	2	5	0	2034	475	0.58	0.08	0.10		0.21		0.34	0.05
104	羽毛粉			28		15	6	130	18	9	1.0	575	197	0.70	0.05			0.90		0.55	0.07
105	肉骨粉,含脂肪<7.5%			236		25		109		20		581		0.43		1.2		1.0		1.2	
106	肉骨粉,含脂肪>7.5%			245		25		110		20		586		0.43		1.3		1.0		1.2	

3. 脂肪酸含量

表 2-2-3(1) 脂肪酸含量

原文序号	饲料名称	总和 C6+C8+C10		月桂酸 C12:0		豆蔻酸 C14:0		棕榈酸 C16:0		棕榈油酸 C16:1		硬脂酸 C18:0		油酸 C18:1	
		均值	标准差	占脂肪酸(%)	g/kg	占脂肪酸(%)	g/kg	占脂肪酸(%)	g/kg	占脂肪酸(%)	g/kg	占脂肪酸(%)	g/kg	占脂肪酸(%)	g/kg
17	小麦酒糟,淀粉<7%					0.1	0.0	17.8	7.5	0.4	0.2	0.8	0.3	15.2	6.4
18	小麦酒糟,淀粉>7%					0.1	0.0	17.8	5.9	0.4	0.1	0.8	0.3	15.2	5.0
22	玉米面筋饲料					0.1	0.0	11.1	2.7	0.4	0.1	1.8	0.4	26.9	6.6
23	玉米蛋白粉					0.1	0.1	11.1	5.6	0.4	0.2	1.8	1.9	26.9	13.6
27	溶剂浸提玉米胚芽饼粉					0.1	0.0	11.1	2.1	0.4	0.1	1.8	0.3	26.9	5.1
29	干大麦细根					1.2	0.1	22.2	1.8			1.5	0.1	12.0	1.0
30	干啤酒糟					1.2	0.4	22.2	7.4			1.5	0.5	12.0	4.0
34	鹰嘴豆														
36	彩色花蚕豆					0.4	0.0	16.9	1.8			2.6	0.3	26.0	2.8
37	白花蚕豆					0.4	0.0	16.9	1.5			2.6	0.2	26.0	2.3
38	全脂亚麻籽					0.1	0.3	6.4	19.9	0.1	0.3	3.4	10.6	18.7	58.0
39	蓝羽扇豆					0.3	0.1	6.9	3.3	0.1	0.0	3.6	1.7	31.9	15.3
40	白羽扇豆					0.1	0.1	8.0	6.0	0.6	0.5	1.2	0.9	54.7	41.4
41	豌豆					0.3	0.0	13.2	1.1			3.5	0.3	24.9	2.0
42	全脂油菜籽					0.1	0.4	4.2	16.8	0.4	1.6	1.8	7.2	58.0	231.3
46	浸提可可粉					0.1	0.0	25.5	1.0	0.2	0.0	33.8	1.3	33.3	1.3
47	压榨椰子粕	13.1	9.6	46.4	34.0	17.7	13.0	8.9	6.5	0.4	0.3	3.0	2.2	6.5	4.8
48	棉籽粕,含粗纤维 7%~14%			0.5	0.1	0.9	0.2	23.0	4.9	0.9	0.2	2.4	0.5	17.2	3.7
49	棉籽粕,含粗纤维 14%~20%			0.5	0.1	0.9	0.2	23.0	4.7	0.9	0.2	2.4	0.5	17.2	3.5
51	脱毒花生粕,粗纤维<9%					0.1	0.0	10.2	2.6	0.5	0.1	2.4	0.6	46.8	12.1

续表2-2-3(1)

原文序号	饲料名称	总和 C6+C8+C10		月桂酸 C12:0		豆蔻酸 C14:0		棕榈酸 C16:0		棕榈油酸 C16:1		硬脂酸 C18:0		油酸 C18:1	
		均值	标准差	占脂肪酸(%)	g/kg	占脂肪酸(%)	g/kg	占脂肪酸(%)	g/kg	占脂肪酸(%)	g/kg	占脂肪酸(%)	g/kg	占脂肪酸(%)	g/kg
52	脱毒花生粕,粗纤维>9%					0.1	0.0	10.2	0.7	0.5	0.0	2.4	0.2	46.8	3.2
53	压榨亚麻籽饼粉					0.1	0.1	6.4	4.7	0.1	0.1	3.4	2.5	18.7	13.7
54	溶剂浸提亚麻籽饼粉					0.1	0.0	6.4	1.4	0.1	0.0	3.4	0.8	18.7	4.2
56	菜籽粕					0.1	0.0	4.2	0.8	0.4	0.1	0.8	1.3	58.0	10.7
57	压榨芝麻粕					0.1	0.1	8.8	8.7	0.1	0.1	4.9	4.9	38.9	38.6
68	苜蓿蛋白浓缩物														
72	干啤酒酵母														
82	马铃薯蛋白浓缩物					0.4	0.0	17.2	1.3	0.5	0.0	3.9	0.3	1.6	0.1
85	不同来源的酒糟														
86	谷氨酸生产中的酒糟														
87	酵母生产中的酒糟														
94	脱脂奶粉	8.5	1.3	2.8	0.4	10.8	1.7	27.6	4.3	3.6	0.6	10.8	1.7	27.2	4.2
95	全脂奶粉	8.5	20.8	2.8	6.9	10.8	26.5	27.6	67.6	3.6	8.8	10.8	26.5	27.2	66.6
98	鱼粉,含蛋白质62%					6.0	4.1	17.8	12.3	7.2	5.0	3.6	2.5	12.3	8.5
99	鱼粉,含蛋白质65%					6.0	4.3	17.8	12.7	7.2	5.1	3.6	2.6	12.3	8.8
100	鱼粉,含蛋白质70%					6.0	4.4	17.8	12.9	7.2	5.2	3.6	2.6	12.3	8.9
101	脱脂浓缩鱼汁					6.0	2.1	17.8	6.3	7.2	2.6	3.6	1.3	12.3	4.4
102	含脂浓缩鱼汁					6.0	9.6	17.8	28.3	7.2	11.5	3.6	5.7	12.3	19.6
103	血粉														
104	羽毛粉					2.0	0.9	34.8	15.2	6.2	2.7	13.8	6.1	39.9	17.5
105	肉骨粉,含脂肪<7.5%			0.2	0.1	2.7	1.0	27.5	10.4	3.7	1.4	19.2	7.3	40.7	15.4
106	肉骨粉,含脂肪>7.5%			0.2	0.2	2.7	2.3	27.5	22.7	3.7	3.1	19.2	15.8	40.7	33.5

表 2-2-3(2) 脂肪酸含量

原文序号	饲料名称	亚油酸 C18:2		亚麻酸 C18:3		花生酸 C20:0		花生酸 C20:1		花生酸 C20:4		花生四烯酸 C20:4		山嵛酸 C22:0		芥酸 C22:1		鲱鱼酸 C22:5		二十二碳六烯酸 C22:6		木蜡酸 C24:0		脂肪酸/粗脂肪(%)
		占脂肪酸(%)	g/kg	占脂肪酸(%)	g/kg	占脂肪酸(%)	g/kg	占脂肪酸(%)	g/kg	占脂肪酸(%)	g/kg	占脂肪酸(%)	g/kg	g/kg	占脂肪酸(%)	占脂肪酸(%)	g/kg	占脂肪酸(%)	g/kg	占脂肪酸(%)	g/kg	g/kg	占脂肪酸(%)	
17	小麦酒糟,淀粉<7%	56.4	23.7	5.9	2.5			1.3																65
18	小麦酒糟,淀粉>7%	56.4	18.6	5.9	1.9			1.3																65
22	玉米面筋饲料	56.5	13.9	1.0	0.2																			90
23	玉米蛋白粉	56.5	28.6	1.0	0.5																			80
27	溶剂浸提玉米胚芽饼粉	56.0	10.6	1.0	0.2																			75
29	干大麦细根	55.4	4.6	5.6	0.5																			45
30	干啤酒糟	55.4	18.5	5.6	1.9																			45
34	鹰嘴豆																							85
36	彩色花蚕豆	49.6	5.3	3.5	0.4																			80
37	白花蚕豆	49.6	4.4	3.5	0.3																			80
38	全脂亚麻籽	14.7	45.6	54.2	168.2																			95
39	蓝羽扇豆	46.7	22.5	4.8	2.3			1.0	0.5					1.8	0.9							0.4	0.2	90
40	白羽扇豆	18.3	13.8	9.3	7.0	1.3	1.0	5.0	3.8					3.9	2.9	2.1	1.6					1.0	0.8	90
41	豌豆	47.4	3.9	10.2	0.8	3.3	0.3																	80
42	全脂油菜籽	20.5	81.8	9.8	39.1																			95
46	浸提可可粉	2.3	0.1	0.5	0.0	1.0	0.0																	75
47	压榨椰子粕	1.8	1.3	0.1	0.1	0.5	0.4																	90

续表2-2-3(2)

原文序号	饲料名称	亚油酸 C18:2		亚麻酸 C18:3		花生酸 C20:0		花生酸 C20:1		花生酸 C20:4		花生四烯酸 C20:4		山嵛酸 C22:0		芥酸 C22:1		鰶鱼酸 C22:5		二十二碳六烯酸 C22:6		木蜡酸 C24:0		脂肪酸/粗脂肪(%)
		占脂肪酸(%)	g/kg	占脂肪酸(%)	g/kg	占脂肪酸(%)	g/kg	占脂肪酸(%)	g/kg	占脂肪酸(%)	g/kg	占脂肪酸(%)	g/kg	g/kg	占脂肪酸(%)	占脂肪酸(%)	g/kg	占脂肪酸(%)	g/kg	占脂肪酸(%)	g/kg	g/kg	占脂肪酸(%)	
48	棉籽粕,含粗纤维 7%～14%	52.3	11.2	0.2	0.0																			75
49	棉籽粕,含粗纤维 14%～20%	52.3	10.7	0.2	0.0																			75
51	脱毒花生粕,粗纤维<9%	29.8	7.7	0.8	0.2	3.1	0.8	1.4	0.4					2.9	0.7							1.4	0.4	75
52	脱毒花生粕,粗纤维>9%	29.8	2.0	0.8	0.1	3.1	0.2	1.4	0.1					2.9	0.2							1.4	0.1	75
53	压榨亚麻籽饼粉	14.7	10.7	54.2	39.6																			90
54	溶剂浸提亚麻籽饼粉	14.7	3.3	54.2	12.3																			75
56	菜籽粕	20.5	3.8	9.8	1.8																			80
57	压榨芝麻粕	43.7	43.4	0.4	0.4																			90
68	苜蓿蛋白浓缩物																							
72	干啤酒酵母																							
82	马铃薯蛋白浓缩物	29.2	2.2	20.7	1.5	1.0	0.1							0.6	0.0									80
85	不同来源的酒糟																							
86	谷氨酸生产中的酒糟																							

续表2-2-3(2)

原文序号	饲料名称	亚油酸 C18:2		亚麻酸 C18:3		花生酸 C20:0		花生酸 C20:1		花生酸 C20:4		花生四烯酸 C20:4		山嵛酸 C22:0		芥酸 C22:1		鲸鱼酸 C22:5		二十二碳六烯酸 C22:6		木蜡酸 C24:0		脂肪酸/粗脂肪(%)
		占脂肪酸(%)	g/kg	占脂肪酸(%)	g/kg	占脂肪酸(%)	g/kg	占脂肪酸(%)	g/kg	占脂肪酸(%)	g/kg	占脂肪酸(%)	g/kg	g/kg	占脂肪酸(%)	占脂肪酸(%)	g/kg	占脂肪酸(%)	g/kg	占脂肪酸(%)	g/kg	g/kg	占脂肪酸(%)	
87	酵母生产中的酒糟																							
94	脱脂奶粉	2.1	0.3	1.1	0.2																			95
95	全脂奶粉	2.1	5.1	1.1	2.7																			95
98	鱼粉，含蛋白质62%	2.1	1.4	1.9	1.3			6.6	4.5			2.4	1.7			7.7	5.3	2.6	1.8	6.6	4.5			75
99	鱼粉，含蛋白质65%	2.1	1.5	1.9	1.4			6.6	4.7	2.4	1.7					7.7	5.5	2.6	1.9	6.6	4.7			75
100	鱼粉，含蛋白质70%	2.1	1.5	1.9	1.4			6.6	4.8			2.4	1.7			7.7	5.6	2.6	1.9	6.6	4.8			75
101	脱脂浓缩鱼汁	2.1	0.7	1.9	0.7			6.6	2.3			2.4	0.9			7.7	2.7	2.6	0.9	6.6	2.3			75
102	含脂浓缩鱼汁	2.1	3.3	1.9	3.0			6.6	10.5			2.4	3.8			7.7	12.3	2.6	4.1	6.6	10.5			85
103	血粉																							
104	羽毛粉	3.3	1.5																					50
105	肉骨粉，含脂肪<7.5%	3.6	1.4	0.9	0.3	1.5	0.6																	70
106	肉骨粉，含脂肪>7.5%	3.6	3.0	0.9	0.7	1.5	1.2																	70

4. 维生素含量

表 2-2-4 维生素含量(平均值)

原文序号	饲料名称	维生素 A (1 000 IU /kg)	维生素 D (1 000 IU /kg)	维生素 E (μg/kg)	维生素 K (μg/kg)	维生素 B_1 (μg/kg)	维生素 B_2 (μg/kg)	维生素 B_6 (μg/kg)	维生素 B_{12} (μg/kg)	烟酸 (mg/kg)	泛酸 (mg/kg)	叶酸 (mg/kg)	生物素 (mg/kg)	胆碱 (mg/kg)	维生素 C (mg/kg)
22	玉米面筋饲料	3		10		2	2	13	0	65	17	0.27	0.14	1485	
23	玉米蛋白粉	14		24		0.30	2	8	0	59	6	0.22	0.18	357	
27	溶剂浸提玉米胚芽饼粉	0.90		82											
30	干啤酒糟	0		28		0.64	1.3	0.80	4	43	9	5	0.32	1646	
34	鹰嘴豆	1			3		1.3	5		16	13	3			48
36	彩色花蚕豆			5		5	3		0	25	3		0.09	1661	
37	白花蚕豆			5		5	3		0	25	3		0.09	1652	
38	全脂亚麻籽				0.05	1.6	1.5			13					
39	蓝羽扇豆					5	3			32	1.4	0.36	0.04	2737	
40	白羽扇豆			7									0.05		
41	豌豆	0.43		4	0.79	5	2	4	0	25	14	0.83	0.18	592	16
42	全脂油菜籽			117											
46	浸提可可粉														
47	压榨椰子粕			8		0.69	3	4		28	6	0.30	0.25	1079	
48	棉籽粕,含粗纤维 7%~14%			21	—	7	4	6	0	40	12	1.5	0.63	2767	
51	脱毒花生粕,粗纤维<9%			3		7	5	7	0	162	46	0.68	0.34	1799	
52	脱毒花生粕,粗纤维>9%			3		6	7	6	0	170	47	0.52	0.60	1752	
53	压榨亚麻籽饼粉			8											

续表2-2-4

原文序号	饲料名称	维生素 A (1 000 IU/kg)	维生素 D (1 000 IU/kg)	维生素 E (μg/kg)	维生素 K (μg/kg)	维生素 B_1 (μg/kg)	维生素 B_2 (μg/kg)	维生素 B_6 (μg/kg)	维生素 B_{12} (μg/kg)	烟酸 (mg/kg)	泛酸 (mg/kg)	叶酸 (mg/kg)	生物素 (mg/kg)	胆碱 (mg/kg)	维生素 C (mg/kg)
54	溶剂浸提亚麻籽饼粉			13											
56	菜籽粕			14		3	4	11	0	166	9	0.82	0.90	6539	
57	压榨芝麻粕			3											
68	苜蓿蛋白浓缩物	206		895	102	3	5	84	14	6	0	0.73	0.20	1069	
72	干啤酒酵母			2		85	40	34	5	448	111	10	1.1	3335	
85	不同来源的酒糟					79	28			264					
86	谷氨酸生产中的酒糟														
94	脱脂奶粉	0.29	0.01	2		4	20	3	29	11	35	0.34	0.19	1374	22
95	全脂奶粉	9	0.32	6	0.55	3	13	2	23	7	26	0.40	0.24		80
98	鱼粉，含蛋白质62%			9		1.7	9	6	92	60	10	0.38	0.13	4311	
99	鱼粉，含蛋白质65%			5		0.20	7	4	310	116	12	0.27	0.20	3792	
100	鱼粉，含蛋白质70%			20	2	0.30	9	5	415	102	15	0.41	0.42	4690	
101	脱脂浓缩鱼汁					7	15	12	506	213	51	0.74	0.25	4049	
103	血粉			1.0		0.58	2	4	34	26	2	0.20	0.18	693	
104	羽毛粉			7		0.10	2	3	80	21	9	0.21	0.08	885	
105	肉骨粉，含脂肪<7.5%			1.3		0.52	5	5	122	53	5	0.51	0.10	2074	
106	肉骨粉，含脂肪>7.5%			1.3		0.52	5	5	123	54	5	0.52	0.11	2093	

5. 其他指标

表 2-2-5 其他指标(平均值)

原文序号	饲料名称	实际应用黏度(mL/g)	叶黄素(mg/kg)	植酸酶活性(IU/kg)
22	玉米面筋饲料		14	3
23	玉米蛋白粉		288	
39	蓝羽扇豆			140
40	白羽扇豆			140
41	豌豆			130
56	菜籽粕			10
68	苜蓿蛋白浓缩物		1297	

6. 猪有效能值及营养物质消化率

表 2-2-6 猪有效能值及营养物质消化率

原文序号	饲料名称	消化能(MJ/kg)		代谢能(MJ/kg)		净能(MJ/kg)		能量消化率(%)		有机物消化率(%)		氮消化率(%)		NSId(%)	粗脂肪消化率(%)	磷消化率(%)	P_{Phy}d(%)
		生长猪	母猪	生长猪	母猪	生长猪	母猪	生长猪	母猪	生长猪	母猪	生长猪	母猪				
17	小麦酒糟,淀粉<7%	11.3	12.3	10.5	11.2	6.7	7.2	59	64	62	67	65	70		61		
18	小麦酒糟,淀粉>7%	13.7	14.3	12.8	13.2	8.5	8.9	74	77	76	79	75	78	82	59		
22	玉米面筋饲料	10.8	12.6	10.2	11.6	6.8	8.0	66	76	69	79	60	74	69	35	22	
23	玉米蛋白粉	19.4	19.8	17.9	18.2	11.5	11.8	94	96	94	96	87	88	92	71	19	
27	溶剂浸提玉米胚芽饼粉	12.5	13.1	11.7	12.0	7.5	7.9	74	77	76	80	71	74	68	28	20	
29	干大麦细根	9.9	10.7	9.2	9.8	5.9	6.4	60	65	63	68	74	79		5		
30	干啤酒糟	9.9	10.8	9.1	9.9	6.2	6.7	52	58	56	61	77	83	78	59	32	

续表2-2-6

原文序号	饲料名称	消化能(MJ/kg)		代谢能(MJ/kg)		净能(MJ/kg)		能量消化率(%)		有机物消化率(%)		氮消化率(%)		NSId(%)	粗脂肪消化率(%)	磷消化率(%)	$P_{Phy}d$(%)
		生长猪	母猪	生长猪	母猪	生长猪	母猪	生长猪	母猪	生长猪	母猪	生长猪	母猪				
34	鹰嘴豆	15.3	15.8	14.6	15.1	11.0	11.3	87	90	89	92	80	84		69		
36	彩色花蚕豆	13.5	13.8	12.7	13.0	9.0	9.2	83	85	85	87	81	83	80	15	37	
37	白花蚕豆	13.9	14.1	13.1	13.3	9.2	9.3	86	88	88	90	83	85	84	2	37	
38	全脂亚麻籽	17.5	18.2	16.8	17.3	13.1	13.5	73	75	74	78	83	87		79	12	
39	蓝羽扇豆	14.1	15.6	13.1	14.1	8.1	9.0	77	85	79	87	84	91	87	62	50	
40	白羽扇豆	15.2	16.1	14.1	14.7	9.1	9.7	81	86	83	88	84	88	82	70	50	
41	豌豆	13.9	14.4	13.2	13.6	9.7	10.0	88	91	90	93	84	87	80	0	47	
42	全脂油菜籽	21.9	22.4	21.3	21.6	16.7	17.0	83	85	81	84	80	84	72	85	30	
46	浸提可可粉	9.7	10.5	9.0	9.6	5.5	5.9	61	67	65	70	66	71		0		
47	压榨椰子粕	9.9	10.9	9.2	10.0	6.2	6.8	54	60	58	64	71	79		62	31	
48	棉籽粕,含粗纤维7%～14%	13.6	14.3	12.3	12.8	7.4	7.8	73	76	74	78	93	96	77	42	26	
49	棉籽粕,含粗纤维14%～20%	12.1	12.9	11.1	11.6	6.4	6.9	66	71	69	73	80	83		36	26	
51	脱毒花生粕,粗纤维＜9%	15.3	15.7	14.0	14.2	8.5	8.8	83	85	84	86	90	91	77	55	30	
52	脱毒花生粕,粗纤维＞9%	14.1	14.6	12.8	13.1	7.5	7.8	78	81	79	82	90	92		0	30	
53	压榨亚麻籽饼粉	13.9	14.5	12.8	13.2	8.4	8.7	75	78	77	80	86	89		68	12	
54	溶剂浸提亚麻籽饼粉	13.0	13.5	11.9	12.2	7..3	7.7	76	79	78	81	88	90		46	12	
56	菜籽粕	11.6	12.4	10.6	11.2	6.3	6.8	68	73	70	75	75	79	79	31	32	
57	压榨芝麻粕	15.4	15.9	14.1	14.4	9.4	9.7	79	81	80	83	91	92		73	29	
68	苜蓿蛋白浓缩物	16.5	16.8	15.1	15.3	9.6	9.9	83	85	86	88	85	86		80		

续表2-2-6

原文序号	饲料名称	消化能(MJ/kg)		代谢能(MJ/kg)		净能(MJ/kg)		能量消化率(%)		有机物消化率(%)		氮消化率(%)		NSId(%)	粗脂肪消化率(%)	磷消化率(%)	$P_{Phy}d$(%)
		生长猪	母猪	生长猪	母猪	生长猪	母猪	生长猪	母猪	生长猪	母猪	生长猪	母猪				
72	干啤酒酵母	15.9	16.2	14.5	14.6	9.0	9.3	85	87	86	88	85	86	69	80		
82	马铃薯蛋白浓缩物	19.4	19.5	17.3	17.4	10.3	10.4	94	95	95	95	95	95	87	0		
85	不同来源的酒糟	10.2	10.2	9.2	9.2	5.6	5.5	75	75	75	75	75	75		75		
86	谷氨酸生产中的酒糟	10.8	10.8	9.8	9.8	5.8	5.8	75	75	75	75	75	75		75		
87	酵母生产中的酒糟	10.0	10.0	9.1	9.0	5.4	5.4	75	75	75	75	75	75		75		
94	脱脂奶粉	16.4	16.4	15.5	15.5	11.3	11.3	95	95	98	98	98	98	89	85	90	
95	全脂奶粉	21.1	21.1	20.4	20.3	16.1	16.1	93	93	94	94	95	95	90	85	90	
98	鱼粉,含蛋白质 62%	15.6	15.6	14.1	14.1	9.2	9.1	85	85	85	85	85	85		85	77	
99	鱼粉,含蛋白质 65%	16.1	16.1	14.6	14.6	9.5	9.4	85	85	85	85	85	85	89	85	77	
100	鱼粉,含蛋白质 70%	17.0	17.0	15.4	15.4	9.9	9.9	85	85	85	85	85	85		85	77	
101	脱脂浓缩鱼汁	17.7	17.7	15.8	15.8	9.6	9.6	85	85	85	85	85	85	93	85		
102	含脂浓缩鱼汁	20.8	20.8	19.2	19.1	13.3	13.2	85	85	85	85	85	85		85		
103	血粉													82		80	
104	羽毛粉													77			
105	肉骨粉,含脂肪<7.5%	10.9	10.9	9.6	9.6	6.2	6.0	72	72	74	74	80	80	81	65	75	
106	肉骨粉,含脂肪>7.5%	11.6	11.6	10.4	10.4	7.2	7.0	70	70	71	71	80		81	65	75	

注:NSId 为猪回肠氮真消化率;磷消化率为无内源植酸酶(自然缺乏或经处理后失活)时磷的消化率;$P_{Phy}d$ 为当内源植酸酶没有失活时的猪磷消化率。

7. 反刍动物有效能值、营养物质消化率及瘤胃降解率

表 2-2-7(1) 反刍动物有效能值、营养物质消化率及瘤胃降解率

原文序号	饲料名称	UFL (/kg)	UFV (/kg)	PDIA (g/kg)	PDIN (g/kg)	PDIE (g/kg)	代谢能 (kcal/kg)	能量消化率 (%)	有机物消化率 (%)	氮消化率 (%)	肠内不可降解蛋白质真可消化率(%)	TId(%)	脂肪酸消化率 (%)	可吸收磷 (g/kg)	被吸收磷 (g/kg)
17	小麦酒糟,淀粉<7%	0.96	0.90	102	228	14.	11.2	75	74	76		85	74	4.6	
18	小麦酒糟,淀粉>7%	1.04	1.01	63	187	118	12.0	81	82	76		85	73	5.5	
22	玉米面筋饲料	0.93	0.91	49	127	102	10.7	80	82	74		85	72	6.0	
23	玉米蛋白粉	1.32	1.32	429	503	460	14.7	98	96	81		90	76	3.3	
27	溶剂浸提玉米胚芽饼粉	0.92	0.89	121	190	159	10.6	79	79	75		88	69	4.3	
29	干大麦细根	0.70	0.63	45	135	88	8.5	64	66	70		72	57	4.3	
30	干啤酒糟	0.76	0.67	126	178	157	9.2	62	61	70		84	73	4.5	
34	鹰嘴豆	1.19	1.21	42	130	94	13.1	92	93	78		91	76	2.6	
36	彩色花蚕豆	1.04	1.04	45	162	97	11.6	90	91	79		89	62	3.4	
37	白花蚕豆	1.03	1.03	45	170	97	11.5	90	91	79		89	59	3.4	
38	全脂亚麻籽	1.43	1.40	47	145	76	16.2	83	80	75		85	79	4.5	
39	蓝羽扇豆	1.13	1.12	64	199	124	12.6	89	89	80		89	75	2.7	
40	白羽扇豆	1.18	1.18	47	213	106	13.2	91	90	80		89	77	2.8	
41	豌豆	1.04	1.05	29	130	83	11.6	90	92	78		91	57	2.9	
42	全脂油菜籽	1.68	1.68	36	120	61	18.7	87	83	75		80	79	4.8	
46	浸提可可粉	0.43	0.33	36	149	66	5.5	45	47	69		65	31	4.4	

续表2-2-7(1)

原文序号	饲料名称	UFL (/kg)	UFV (/kg)	PDIA (g/kg)	PDIN (g/kg)	PDIE (g/kg)	代谢能 (kcal/kg)	能量消化率 (%)	有机物消化率 (%)	氮消化率 (%)	肠内不可降解蛋白质真可消化率(%)	TId(%)	脂肪酸消化率 (%)	可吸收磷 (g/kg)	被吸收磷 (g/kg)
47	压榨椰子粕	0.95	0.91	101	154	145	11.0	76	76	75		89	77	3.7	
48	棉籽粕,含粗纤维 7%～14%	0.94	0.89	166	305	209	11.0	78	78	78		90	70	7.5	
49	棉籽粕,含粗纤维 14%～20%	0.80	0.73	135	254	173	9.6	69	69	76		86	70	7.3	
51	脱毒花生粕,粗纤维<9%	1.00	0.97	168	347	215	11.6	85	83	79		94	72	3.7	
52	脱毒花生粕,粗纤维>9%	0.94	0.90	164	343	211	10.9	83	82	79		91	52	3.7	
53	压榨亚麻籽饼粉	0.97	0.92	121	220	172	11.2	78	78	77		85	77	5.5	
54	溶剂浸提亚麻籽饼粉	0.88	0.84	135	227	179	10.3	77	78	77		85	71	5.4	
56	菜籽粕	0.85	0.80	92	219	138	10.0	76	77	78		79	69	8.1	
57	压榨芝麻粕	1.14	1.12	131	303	177	12.9	88	88	80		97	77	8.0	
68	苜蓿蛋白浓缩物	1.16	1.13	397	446	422	13.1	90	90	80		95		5.9	
72	干啤酒酵母	1.02	0.98	79	299	136	11.7	83	85	79		95			
82	马铃薯蛋白浓缩物	1.19	1.16	462	626	495	13.5	95	91	81		94	53	3.0	
85	不同来源的酒糟	0.62	0.57	0	254	44	7.4	75	75	78		100			1.6
86	谷氨酸生产中的酒糟	0.65	0.60	0	284	46	7.7	75	75	78		100		2.2	
87	酵母生产中的酒糟	0.63	0.59	0	267	45	7.5	78	78	79		100		0.3	
94	脱脂奶粉	1.15	1.17	0	196	75	12.7	93	95	80			95	8.5	
95	全脂奶粉	1.65	1.70	0	1.35	56	17.8	97	95	78		95	78	6.3	

表 2-2-7(2) 反刍动物有效能值、营养物质消化率及瘤胃降解率

原文序号	饲料名称	瘤胃降解											
		氮				淀粉				干物质			
		有效降解率	a(%)	b(%)	c(%/h)	有效降解率	a(%)	b(%)	c(%/h)	有效降解率	a(%)	b(%)	c(%/h)
17	小麦酒糟,淀粉<7%	68	36	58	7.5	94				69	48	44	5.5
18	小麦酒糟,淀粉>7%	77	58	35	7.5	94				73	56	36	5.5
22	玉米面筋饲料	73	49	43	8.0	85	56	44	11.5	60	33	60	5.0
23	玉米蛋白粉	29	3	83	2.5	87	23	77	28.5	37	16	84	2.0
27	溶剂浸提玉米胚芽饼粉	52	3	90	7.0	67				52	6	83	7.5
29	干大麦细根	74	50	40	8.5	95				64	42	48	5.0
30	干啤酒糟	44	18	57	5.0	83	77	23	2.5	36	12	57	4.5
34	鹰嘴豆	79	31	65	17.0	79				71	30	68	9.0
36	彩色花蚕豆	82	51	47	11.5	75				77	52	43	85
37	白花蚕豆	83	56	40	11.5	75	37	63	9.0	77	52	43	8.5
38	全脂亚麻籽	78	54	38	10.5					60	36	38	10.5
39	蓝羽扇豆	79	36	59	16.0					76	37	60	11.0
40	白羽扇豆	86	66	29	12.5					76	37	60	11.0
41	豌豆	86	67	29	11.5	79	46	54	9.5	80	56	42	8.0
42	全脂油菜籽	79	40	55	14.5					65			
46	浸提可可粉	80								45			
47	压榨椰子粕	50	19	69	5.0					72	46	37	15.0
48	棉籽粕,含粗纤维 7%~14%	61	29	60	65					59	27	64	6.0

续表2-2-7(2)

原文序号	饲料名称	瘤胃降解											
		氮				淀粉				干物质			
		有效降解率	a(%)	b(%)	c(%/h)	有效降解率	a(%)	b(%)	c(%/h)	有效降解率	a(%)	b(%)	c(%/h)
49	棉籽粕,含粗纤维14%~20%	61								52	28	51	5.5
51	脱毒花生粕,粗纤维<9%	67	16	80	0.5					63	23	66	9.0
52	脱毒花生粕,粗纤维>9%	67								63	23	66	9.0
53	压榨亚麻籽饼粉	55								53	21	60	7.0
54	溶剂浸提亚麻籽饼粉	55	16	77	6.0					53	21	60	7.0
56	菜籽粕	69	27	67	10.0					60	28	55	8.5
57	压榨芝麻粕	72	34	61	10.0					65			
68	苜蓿蛋白浓缩物	25								65			
72	干啤酒酵母	84	64	29	14.0					81	60	34	9.5
82	马铃薯蛋白浓缩物	43	2	94	4.5					35	4	94	3.0
85	不同来源的酒糟	100								100			
86	谷氨酸生产中的酒糟	100								100			
87	酵母生产中的酒糟	100								100			
94	脱脂奶粉	100								100			
95	全脂奶粉	100								100			

注:UFL为产奶饲草单位;UFV为产肉饲草单位;PDIA为在小肠消化的过瘤胃蛋白质;PDIN为氮成为瘤胃微生物活性的限制因素时的小肠可消化蛋白质;PDIE为能量成为瘤胃微生物活性的限制因素时的小肠可消化蛋白质;TId为反刍动物瘤胃非降解蛋白质小肠真消化率;a为快速可降解部分(反刍动物氮、淀粉或干物质降解的动力学参数);b为不溶性物质潜在可降解部分(反刍动物氮、淀粉或干物质降解的动力学参数);c为不溶性物质降解速率(反刍动物氮、淀粉或干物质降解的动力学参数)。

8. 家禽、马、兔、鱼有效能值及营养物质消化率

表 2-2-8　家禽、马、兔、鱼有效能值及营养物质消化率

原文序号	饲料名称	家禽				马		兔				鱼							
		AMEn（MJ/kg）		有效磷（%）		马饲草单位 UFC（/kg）	马可消化粗蛋白质 MADC（g/kg）	消化能 DE（MJ/kg）	氮校正代谢能 MEn（MJ/kg）	能量消化率（%）	氮消化率（%）	消化能 DE（MJ/kg）	挤压饲料消化能（MJ/kg）	能量消化率（%）	挤压饲料的能量消化率（%）	氮消化率（%）	有效磷（%）	挤压饲料的氮消化率（%）	挤压饲料的磷消化率（%）
		成年公鸡	肉鸡	成年公鸡	肉鸡														
17	小麦酒糟，淀粉<7%	7.8	7.6																
18	小麦酒糟，淀粉>7%	10.0	9.8																
22	玉米面筋饲料	7.7	7.5			0.73	154	11.2	10.5	68	70	4.8		29		92			
23	玉米蛋白粉	15.0	14.9			0.84	545					17.7		86		94	9		
27	溶剂浸提玉米胚芽饼粉	7.3	7.2			0.72	2206												
29	干大麦细根					0.72	181	10.7	9.9	65	75								
30	干啤酒糟	8.6	8.4																
34	鹰嘴豆					0.99	165												
36	彩色花蚕豆	9.8	9.5	10.3	10.0	0.97	211	12.8	11.8	79	80								
37	白花蚕豆	10.4（粉状） 11.0（粒状）	10.2（粉状） 10.8（粒状）		23	0.95	222					9.7		60		80			
38	全脂亚麻籽	14.2				1.08	181												
39	蓝羽扇豆	8.4（粒状）				0.92	245					11.2	14.1	61	77	86		96	62

续表2-2-8

原文序号	饲料名称	家禽				马		兔				鱼							
		AMEn(MJ/kg)		有效磷(%)		马饲草单位UFC(/kg)	马可消化粗蛋白质MADC(g/kg)	消化能DE(MJ/kg)	氮校正代谢能MEn(MJ/kg)	能量消化率(%)	氮消化率(%)	消化能DE(MJ/kg)	挤压饲料消化能(MJ/kg)	能量消化率(%)	挤压饲料的能量消化率(%)	氮消化率(%)	有效磷(%)	挤压饲料的氮消化率(%)	挤压饲料的磷消化率(%)
		成年公鸡	肉鸡	成年公鸡	肉鸡														
40	白羽扇豆	9.6(粒状)			24	0.93	273	12.8	11.4	68	80								
41	豌豆	10.4(粉状) 11.5(粒状)	10.2(粉状) 11.3(粒状)		26	0.96	171	12.9	12.1	82	83	9.3	10.9	59	69	80		88	43
42	全脂油菜籽	14.2(粉状) 18.5(粒状)	13.2(粉状) 17.5(粒状)			1.32	151	21.5	20.6	81	80		20.4		77			81	
47	压榨椰子粕					0.69	146	12.3	11.6	68	65								
48	棉籽粕,含粗纤维7%~14%	8.6																	
49	棉籽粕,含粗纤维14%~20%	7.0																	
51	脱毒花生粕,粗纤维<9%	10.1	10.0		10	0.91	440												
52	脱毒花生粕,粗纤维>9%	9.1	9.0		10	0.86	427												
53	压榨亚麻籽饼粉	5.6				0.85	250												
54	溶剂浸提亚麻籽饼粉	5.7				0.78	258												
56	菜籽粕	6.1	5.9		25	0.66	270	11.2	9.9	65	76	10.5		62		82	26		

续表2-2-8

原文序号	饲料名称	家禽				马		兔				鱼							
		AMEn (MJ/kg)		有效磷 (%)		马饲草单位 UFC (/kg)	马可消化粗蛋白质 MADC (g/kg)	消化能 DE (MJ/kg)	氮校正代谢能 MEn (MJ/kg)	能量消化率 (%)	氮消化率 (%)	消化能 DE (MJ/kg)	挤压饲料消化能 (MJ/kg)	能量消化率 (%)	挤压饲料的能量消化率 (%)	氮消化率 (%)	有效磷 (%)	挤压饲料的氮消化率 (%)	挤压饲料的磷消化率 (%)
		成年公鸡	肉鸡	成年公鸡	肉鸡														
57	压榨芝麻粕					0.74	387												
68	苜蓿蛋白浓缩物	11.2	11.2	80															
72	干啤酒酵母											13.4		72		82			
94	脱脂奶粉	11.7	11.7									15.9		92		95			
98	鱼粉，含蛋白质 62%	12.6	12.6		85							15.2		83		88	38		
99	鱼粉，含蛋白质 65%	13.5	13.5		85							16.4		86		90	47		
100	鱼粉，含蛋白质 70%	14.6	14.6		85							15.7		78		89	51		
101	脱脂浓缩鱼汁	15.3	15.3		85											95			
102	含脂浓缩鱼汁	19.2	19.2		85											96			
103	血粉	13.0	13.0									18.0		79		92			
104	羽毛粉	11.5	11.5									18.8		86		87			
105	肉骨粉，含脂肪<7.5%	9.6	9.5									13.4		89		88			
106	肉骨粉，含脂肪>7.5%	11.5	11.2																

注：AMEn 为氮校正表观代谢能。UFC 为马饲草单位；MADC 为马可消化粗蛋白质。

9.氨基酸含量和消化率

表 2-2-9 氨基酸含量

%

原文序号	饲料名称	赖氨酸	苏氨酸	蛋氨酸	胱氨酸	蛋氨酸+胱氨酸	色氨酸	异亮氨酸	缬氨酸	亮氨酸	苯丙氨酸	酪氨酸	苯丙氨酸+酪氨酸	组氨酸	精氨酸	丙氨酸	天冬氨酸	谷氨酸	甘氨酸	丝氨酸	脯氨酸
17	小麦酒糟,淀粉<7%	10.5	11.6	6.3	8.1	14.4	5.1	11.2	12.1	16.1	16.0	9.1	25.1	6.9	15.2	11.2	13.5	85.4	12.1	13.4	21.4
18	小麦酒糟,淀粉>7%	5.7	9.9	5.2	4.4	9.7	4.2	9.5	40.3	13.7	13.6	7.8	21.4	5.9	13.0	9.5	11.5	72.9	10.3	11.5	18.3
22	玉米面筋饲料	5.8	6.6	3.3	3.8	7.0	1.2	5.9	8.9	15.6	6.8	4.6	11.4	5.6	8.9	12.4	10.7	27.4	8.1	8.0	16.2
23	玉米蛋白粉	10.7	20.3	14.6	10.8	25.4	2.8	24.8	27.9	96.6	37.6	30.3	67.8	12.5	19.4	52.9	36.1	125.6	16.5	30.8	53.2
27	溶剂浸提玉米胚芽饼粉	6.9	8.5	4.3	4.9	9.2	1.8	7.8	11.7	19.9	8.7	5.8	14.5	7.4	10.3	16.2	13.3	35.9	10.7	10.4	22.1
29	干大麦细根	9.7	6.8	3.3	3.9	7.2	2.5	7.9	10.2	15.5	11.5	6.9	18.4	4.2	9.0	9.1	11.9	50.4	7.4	9.0	22.3
30	干啤酒糟	7.7	7.4	3.6	4.2	7.8	2.8	8.8	11.2	17.2	12.7	7.6	20.4	4.5	9.8	10.1	13.1	55.6	8.1	9.9	24.6
34	鹰嘴豆	13.5	6.8	2.2	1.9	4.1	1.7	8.3	8.3	14.6	11.1	4.3	15.4	5.1	17.7	7.5	21.4	37.4	6.9	9.6	8.4
36	彩色花蚕豆	16.6	9.1	1.8	3.2	5.0	2.1	10.3	11.5	19.3	10.7	8.1	18.8	6.4	24.1	10.5	30.4	44.8	11.0	12.9	10.5
37	白花蚕豆	17.2	9.5	1.9	3.4	5.3	2.2	10.9	12.1	20.3	11.2	8.5	19.7	6.8	26.1	11.0	32.2	47.2	11.5	13.6	11.1
38	全脂亚麻籽	8.9	10.5	4.4	4.4	8.8	3.9	11.1	12.0	15.0	12.8	6.4	19.1	5.5	24.5	10.3	23.2	43.6	12.5	12.2	8.4
39	蓝羽扇豆	15.4	11.9	2.6	5.4	8.1	2.3	14.3	13.6	22.6	12.1	14.1	26.2	6.9	30.7	10.8	32.4	62.8	12.5	16.5	13.0
40	白羽扇豆	16.6	12.6	2.6	5.6	8.2	2.4	15.8	14.7	24.7	13.3	15.9	29.2	7.4	37.0	11.5	36.3	70.8	13.5	18.2	14.4
41	豌豆	15.0	7.8	2.0	2.8	4.8	1.8	8.6	9.7	14.7	9.7	6.4	16.1	5.2	17.8	9.0	24.1	33.8	9.1	9.6	8.6
42	全脂油菜籽	11.9	9.1	4.2	4.7	8.9	2.5	7.7	10.0	12.2	7.2	5.5	12.8	5.1	11.4	8.6	13.5	28.6	8.9	8.5	12.4
46	浸提可可粉	10.8	8.8	2.3	2.8	5.0	2.8	8.8	9.6	15.6	10.6	6.8	17.4	4.4	12.6	10.1	21.7	37.8	8.1	10.1	8.1
47	压榨椰子粕	5.4	6.1	2.8	2.6	5.4	2.8	6.2	9.6	11.9	8.3	4.2	12.5	3.9	21.7	8.1	15.5	34.9	8.4	8.9	7.0
48	棉籽粕,含粗纤维7%~14%	16.8	13.3	6.0	7.3	13.3	5.5	13.3	19.3	23.9	22.1	11.6	33.7	12.2	46.6	16.4	38.8	80.3	17.5	18.1	13.8
49	棉籽粕,含粗纤维14%~20%	14.6	11.6	5.3	6.1	11.4	4.7	11.2	16.0	20.1	18.6	9.8	28.4	10.7	38.6	15.1	33.1	67.6	14.5	15.5	12.3
51	脱毒花生粕,粗纤维<9%	15.9	13.0	4.9	5.1	10.0	5.6	16.0	19.0	30.4	23.1	17.8	41.0	11.2	56.3	19.5	55.5	91.9	27.5	22.8	14.8
52	脱毒花生粕,粗纤维>9%	16.0	13.1	4.9	4.5	9.4	5.7	16.0	19.1	30.5	23.3	18.0	41.2	11.2	56.6	19.6	55.8	92.5	27.7	22.9	14.8

续表2-2-9

原文序号	饲料名称	赖氨酸	苏氨酸	蛋氨酸	胱氨酸	蛋氨酸＋胱氨酸	色氨酸	异亮氨酸	缬氨酸	亮氨酸	苯丙氨酸	酪氨酸	苯丙氨酸＋酪氨酸	组氨酸	精氨酸	丙氨酸	天冬氨酸	谷氨酸	甘氨酸	丝氨酸	脯氨酸
53	压榨亚麻籽饼粉	11.7	11.8	5.4	6.0	11.3	4.7	12.9	14.9	17.6	14.9	7.2	22.1	8.3	27.8	14.1	29.4	60.7	18.2	15.2	11.4
54	溶剂浸提亚麻籽饼粉	11.9	11.8	5.4	6.1	11.6	4.8	13.0	15.1	17.7	15.0	7.2	22.2	8.7	27.9	14.6	29.9	62.7	18.9	15.4	11.8
56	菜籽粕	18.0	14.5	6.9	8.2	15.1	4.1	13.6	17.0	22.6	13.1	9.8	23.0	8.8	20.3	14.7	23.9	56.8	16.7	14.9	20.7
57	压榨芝麻粕	10.2	12.8	11.2	7.7	18.9	4.8	14.5	18.6	27.0	18.4	13.4	31.8	9.7	44.6	19.0	31.3	74.4	19.9	15.8	14.1
68	苜蓿蛋白浓缩物	29.6	21.8	10.2	5.1	15.3	11.8	24.9	29.0	43.4	29.0	20.3	49.3	12.8	27.5	29.5	46.3	50.0	25.5	19.0	20.5
72	干啤酒酵母	28.5	20.1	7.0	2.9	9.9	4.9	19.9	22.0	17.6	16.1	12.4	28.5	9.8	20.6	30.1	36.9	66.4	17.9	19.4	41.4
82	马铃薯蛋白浓缩物	58.9	43.1	17.3	10.3	27.7	9.5	44.0	51.2	76.1	48.3	40.2	88.5	17.3	40.2	37.0	97.0	82.5	36.6	39.7	39.3
85	不同来源的酒糟	5.7	7.1	0.0	3.0	3.0	1.8	1.1	2.9	1.0	0.0	0.0	0.0	0.0	0.0	25.2	1.9	9.6	2.5	0.5	2.8
86	谷氨酸生产中的酒糟	1.0	0.3	0.6	0.7	1.4	2.0	1.6	3.2	2.3	0.4	1.7	2.1	0.4	0.9	21.5	5.8	110.8	2.1	0.8	1.3
87	酵母生产中的酒糟	2.8	1.9	1.7	0.9	2.6	1.9	1.3	2.3	1.6	0.9	1.4	2.3	1.6	2.1	2.2	4.9	70.6	2.2	1.9	1.4
94	脱脂奶粉	26.8	14.9	9.7	2.7	12.4	4.4	18.6	21.0	31.9	16.4	14.5	30.9	9.4	12.5	11.3	26.1	70.2	6.6	18.6	33.9
95	全脂奶粉	18.1	10.4	5.4	1.5	6.9	3.1	12.8	13.7	21.2	10.9	8.3	19.2	6.7	8.2	7.0	16.1	46.2	4.5	12.1	13.8
98	鱼粉，含蛋白质 62%	46.4	25.6	16.3	5.1	21.5	6.0	25.0	30.2	44.5	24.3	19.0	43.3	15.9	38.2	39.7	57.7	77.3	48.0	24.5	28.3
99	鱼粉，含蛋白质 65%	48.9	27.0	17.9	5.4	23.3	6.5	27.3	32.4	46.8	25.5	19.8	45.3	16.0	38.8	41.2	60.2	82.6	42.9	25.4	26.5
100	鱼粉，含蛋白质 70%	52.6	29.1	19.9	5.8	25.7	7.2	30.1	35.4	50.3	27.4	21.2	48.6	16.6	40.5	43.8	64.2	90.0	39.5	27.1	28.4
101	脱脂浓缩鱼汁	47.5	29.8	17.5	6.4	23.9		24.2	29.6	42.6	23.8	18.3	42.1	12.5	45.4	44.5	56.5	96.2	74.0	34.5	
102	含脂浓缩鱼汁	50.2	30.8	19.6	6.5	26.1		23.2	27.3	47.1	24.2	19.3	43.5	10.7	47.2	47.3	61.5	94.3	78.1	36.8	
103	血粉	79.7	40.4	9.7	9.6	19.3	11.0	12.0	74.7	109.6	61.1	25.6	86.7	56.2	37.6	69.5	95.5	84.2	39.6	43.1	32.6
104	羽毛粉	18.2	39.5	5.9	37.5	43.2	5.3	41.5	61.5	68.1	40.6	22.1	63.1	7.3	57.1	40.1	57.3	92.1	62.7	96.2	80.9
105	肉骨粉，含脂肪<7.5%	28.3	18.8	7.3	6.5	13.8	3.7	16.4	25.2	34.3	19.3	12.6	31.9	11.2	37.7	42.1	41.7	66.0	68.2	22.7	44.1
106	肉骨粉，含脂肪>7.5%	25.7	17.0	6.5	5.5	12.0	3.1	14.7	22.5	30.6	17.3	11.2	28.5	10.1	36.1	39.3	37.7	60.2	66.6	20.6	41.4

注：原文有 g/kg 和%CP 两种表示方式。

表 2-2-10 猪表观回肠氨基酸消化率(AID,%)

原文序号	饲料名称	赖氨酸	苏氨酸	蛋氨酸	胱氨酸	蛋氨酸+胱氨酸	色氨酸	异亮氨酸	缬氨酸	亮氨酸	苯丙氨酸	酪氨酸	苯丙氨酸+酪氨酸	组氨酸	精氨酸	丙氨酸	天冬氨酸	谷氨酸	甘氨酸	丝氨酸	脯氨酸
18	小麦酒糟,淀粉>7%	63	77	85	80	82	79	81	78	84	88	86	87	78	86	75	74	89	76	83	
22	玉米面筋饲料	62	66	82	66	74	57	74	72	82	81	79	80	68	83	78	66	77	60	74	72
23	玉米蛋白粉	86	91	94	91	93	83	92	90	94	94	94	94	91	93	92	91	93	81	94	79
27	溶剂浸提玉米胚芽饼粉	59	68	80	64	72	68	73	70	75	79	76	78	83	83	69	58	74	59	73	
30	干啤酒糟	79	78	87	75	81	80	87	83	86	90	92	90	82	93	79	76	88	75	83	
36	彩色花蚕豆	83	76	77	69	72	66	80	77	82	81	78	80	83	88	78	83	86	70	80	70
37	白花蚕豆	86	80	80	72	75	77	83	80	84	85	81	83	88	91	76	85	87	78	84	77
39	蓝羽扇豆	85	79	80	83	83		86	80	86	88	85	87	91	93	78	87	89	82	85	82
40	白羽扇豆	80	76	73	73	73		85	72	84	84	88	86	84	92	71	84	89	71	81	80
41	豌豆	81	73	77	68	71	69	77	74	77	78	78	78	82	88	72	80	82	73	76	72
42	全脂油菜籽	75	67	79	77	78	69	66	67	68	70	71	70	72	79	68	69	80	68	67	78
48	棉籽粕,含粗纤维 7%~14%	61	68	71	73	73	63	72	74	74	82	78	81	75	89	70	78	85	71	76	80
51	脱毒花生粕,粗纤维<9%	59	69	73	72	72	70	82	79	85	89	89	89	0	90	70	84	87	68	75	75
56	菜籽粕	74	72	86	80	83	77	77	75	81	81	77	80	83	86	78	74	85	76	76	76
72	干啤酒酵母	74	65	69	46	62	53	71	65	72	65	63	64	76	77	73	74	76	64	68	
82	马铃薯蛋白浓缩物	89	89	91	77	86	73	89	89	91	91	88	90	89	92	85	89	86	83	88	98
94	脱脂奶粉	95	88	95	78	91		87	87	95	96	96	96	94	94	85	90	86	77	76	94
95	全脂奶粉	88	92	95	91	94	95	88	91	96	97	97	97	95	86	87	92	90	86	79	
99	鱼粉,含蛋白质 65%	93	91	93	83	90	92	92	91	93	91	91	91	88	94	91	87	93	88	90	91
101	脱脂浓缩鱼汁	95	94	95	78	92		95	94	96	97	94	96	93	98	96	87	96	94	95	97
103	血粉	86	84	84	76	80	91	84	83	84	85	85	85	82	85	84	82	85	84	84	86
104	羽毛粉	63	77	69	70	70	70	86	82	82	85	75	81	69	83	78	62	72	81	81	77
105	肉骨粉,含脂肪<7.5%	83	79	85	64	77	76	83	81	83	83	80	82	78	86	82	75	82	81	78	82
106	肉骨粉,含脂肪>7.5%	83	79	85	64	77	76	83	81	83	83	80	82	78	86	82	75	82	81	78	82

注:原文有猪表观回肠氨基酸消化率(AID,%)及猪表观回肠可消化氨基酸含量(AIDC,g/kg)两种表示方式。

表 2-2-11 猪标准回肠氨基酸消化率(SID,%)

原文序号	饲料名称	赖氨酸	苏氨酸	蛋氨酸	胱氨酸	蛋氨酸+胱氨酸	色氨酸	异亮氨酸	缬氨酸	亮氨酸	苯丙氨酸	酪氨酸	苯丙氨酸+酪氨酸	组氨酸	精氨酸	丙氨酸	天冬氨酸	谷氨酸	甘氨酸	丝氨酸	脯氨酸
18	小麦酒糟,淀粉>7%	66	80	86	82	84	81	83	80	85	90	88	89	80	88	78	77	90	80	84	
22	玉米面筋饲料	66	70	84	69	76	66	78	75	84	84	83	83	70	86	80	70	79	65	77	75
23	玉米蛋白粉	89	92	95	92	94	87	92	91	95	94	94	94	92	95	93	93	93	84	95	79
27	溶剂浸提玉米胚芽饼粉	61	71	81	67	74	71	74	72	76	81	78	80	84	84	71	60	75	63	75	
30	干啤酒糟	82	81	89	77	83	83	89	86	88	91	94	92	85	95	81	80	90	80	86	
36	彩色花蚕豆	85	80	80	73	76	70	82	79	84	83	81	82	85	89	78	85	87	74	82	74
37	白花蚕豆	88	83	83	76	79	81	85	82	86	87	84	86	90	92	79	87	89	81	86	81
39	蓝羽扇豆	87	83	86	86	87		88	84	88	90	88	89	92	94	81	89	90	85	87	86
40	白羽扇豆	82	78	76	76	76		87	74	86	86	89	88	86	93	73	86	90	74	83	84
41	豌豆	83	76	80	72	75	73	79	77	80	80	81	80	84	89	75	82	84	78	79	78
42	全脂油菜籽	78	71	81	80	80	73	68	70	71	73	74	73	73	81	72	72	82	72	71	82
48	棉籽粕,含粗纤维7%~14%	63	71	73	76	75	68	74	76	76	83	81	82	76	90	73	80	86	73	78	84
51	脱毒花生粕,粗纤维<9%	61	71	74	75	74	72	83	81	86	90	90	90		91	72	85	88	69	76	78
56	菜籽粕	75	75	87	81	84	80	78	77	82	83	80	82	84	87	80	76	87	78	78	78
72	干啤酒酵母	74	66	69	49	63	55	72	66	73	66	64	65	77	78	74	75	77	67	69	
82	马铃薯蛋白浓缩物	89	90	91	78	86	75	89	89	91	91	89	90	89	92	86	90	87	84	89	100
94	脱脂奶粉	97	91	97	84	94		88	89	96	98	97	97	95	96	89	93	87	83	79	96
95	全脂奶粉	89	94	96	95	96	97	89	92	97	98	98	98	97	88	90	94	91	93	80	
99	鱼粉,含蛋白质65%	93	92	93	86	91	89	93	92	94	92	92	92	89	94	92	88	94	89	91	93
101	脱脂浓缩鱼汁	96	96	96	84	94		97	96	98	99	98	99	95	99	97	89	97	95	96	98
103	血粉	86	85	85		82	88	86	84	84	86	86	86	82	86	85	82	86	85	85	87
104	羽毛粉	65	78	71	70	70	72	86	83	83	86	76	82	71	84	79	63	73	81	82	77
105	肉骨粉,含脂肪<7.5%	84	82	86	67	79	80	84	83	85	85	82	84	79	86	83	76	83	81	80	84
106	肉骨粉,含脂肪>7.5%	84	82	86	67	79	80	84	83	85	85	82	84	79	86	83	76	83	81	80	84

注:原文有猪标准回肠氨基酸消化率(AID,%)及猪标准回肠可消化氨基酸含量(AIDC,g/kg)两种表示方式。

表 2-2-12 家禽真氨基酸消化率(TD,%)

原文序号	饲料名称	赖氨酸	苏氨酸	蛋氨酸	胱氨酸	蛋氨酸+胱氨酸	色氨酸	异亮氨酸	缬氨酸	亮氨酸	苯丙氨酸	酪氨酸	苯丙氨酸+酪氨酸	组氨酸	精氨酸	丙氨酸	天冬氨酸	谷氨酸	甘氨酸	丝氨酸	脯氨酸
22	玉米面筋饲料	71	75	84	64	73		82	82	89	86			83	88						
23	玉米蛋白粉	90	93	98	94	96		96	96	98	98	97	98	96	97	98	95	98	89	96	97
37	白花蚕豆	91	87	83	74	77		88	87	91	90	87	89	90	94	87	90	92	72	88	87
38	全脂亚麻籽	89		79	80	80		86	81	90	88			90	91						
40	白羽扇豆	92	94	91	95	94		96	94	96	97	96	96	93	98					95	
41	豌豆	79	81					84	82	87	82			87		87					
42	全脂油菜籽	87	80	86	75	80		85	85	89	90	84	87	84	92					83	
48	棉籽粕,含粗纤维 7%~14%	63	69	75	67	7		71	75	74	84	75	81	70	84					67	
49	棉籽粕,含粗纤维 14%~20%	63	69	75	67	71		71	75	74	84	75	81	70	84					67	
52	脱毒花生粕,粗纤维>9%	78	84	87	78	83		87	88	90	91	91	91	89	89	89	85	92	77	88	89
53	压榨亚麻籽饼粉	81	72	83	68	75		84	82	84	88	83	86	85	93						77
54	溶剂浸提亚麻籽饼粉	81	72	83	68	75		84	82	84	88	83	86	85	93					77	
56	菜籽粕	78	84	87	82	84		87	88	90	91	91	91	89	89	89	85	92	83	88	89
99	鱼粉,含蛋白质 65%	89	91	92	79	89		93	92	93	92	85	89	89	93		82	90		82	
100	鱼粉,含蛋白质 70%	89	91	92	79	89		93	92	93	92	85	89	89	93		82	90		82	
101	脱脂浓缩鱼汁	91	91	95	68	88		91	92	93	92	90	91	86	95	95	89	95		91	
102	含脂浓缩鱼汁	91	91	95	68	88		91	92	93	92	90	91	86	95	95	89	95		91	
103	血粉	87	88	91	77	84		78	88	90	91			87	87						
104	羽毛粉	63	72	72	59	61		84	80	81	83			68	82						
105	肉骨粉,含脂肪<7.5%	81	81	86	59	73		83	82	84	84			82	84						
106	肉骨粉,含脂肪>7.5%	81	81	86	59	74		83	82	84	84			82	84						

注:原文有家禽真氨基酸消化率(TD,%)及真可消化氨基酸含量(TDC,g/kg)两种表示方式。

表 2-2-13 反刍动物小肠可消化氨基酸含量(AADI,%PDIE)

原文序号	饲料名称	赖氨酸	苏氨酸	蛋氨酸	胱氨酸	蛋氨酸+胱氨酸	色氨酸	异亮氨酸	缬氨酸	亮氨酸	苯丙氨酸	酪氨酸	苯丙氨酸+酪氨酸	组氨酸	精氨酸	丙氨酸	天冬氨酸	谷氨酸	甘氨酸	丝氨酸	脯氨酸
17	小麦酒糟,淀粉＜7%	5.5	4.8	2.0				4.8	5.0	7.1	5.5			2.2	4.8						
18	小麦酒糟,淀粉＞7%	5.6	5.0	2.0				5.0	5.3	7.5	5.4			2.1	4.8						
22	玉米面筋饲料	6.3	5.0	2.0				5.0	5.8	9.0	4.7			2.4	4.8						
23	玉米蛋白粉	3.5	4.2	2.0				4.6	4.9	13.8	5.9			2.1	4.0						
27	溶剂浸提玉米胚芽饼粉	5.3	4.8	1.9				4.7	5.8	9.5	4.5			2.8	4.8						
29	干大麦细根	6.6	4.8	1.8				5.0	5.6	8.2	5.4			2.0	4.6						
30	干啤酒糟	5.2	4.4	1.6				4.8	5.4	8.4	5.7			2.1	4.5						
34	鹰嘴豆	7.6	4.9	1.7				5.3	5.4	8.3	5.5			2.2	5.6						
36	彩色花蚕豆	7.4	5.0	1.5				5.2	5.5	8.3	4.8			2.2	5.7						
37	白花蚕豆	7.4	4.9	1.5				5.2	5.5	8.3	4.8			2.2	5.7						
38	全脂亚麻籽	5.9	5.1	1.9				5.3	5.6	7.7	5.4			2.2	6.2						
39	蓝羽扇豆	6.7	5.0	1.5				5.3	5.4	8.2	4.6			2.1	5.9						
40	白羽扇豆	6.8	5.0	1.6				5.4	5.4	8.2	4.6			2.0	5.9						
41	豌豆	7.7	5.1	1.7				5.3	5.7	8.2	5.1			2.1	5.3						
42	全脂油菜籽	7.4	5.3	2.1				5.2	5.8	8.0	4.6			2.3	5.1						
46	浸提可可粉	6.9	5.1	1.6				5.2	5.5	8.4	5.3			2.0	5.1						
47	压榨椰子粕	5.4	4.7	1.7				4.8	5.8	8.0	5.1			2.2	7.2						
48	棉籽粕,含粗纤维 7%～14%	5.8	4.5	1.6				4.6	5.4	7.5	5.6			2.6	7.2						

续表2-2-13

原文序号	饲料名称	赖氨酸	苏氨酸	蛋氨酸	胱氨酸	蛋氨酸+胱氨酸	色氨酸	异亮氨酸	缬氨酸	亮氨酸	苯丙氨酸	酪氨酸	苯丙氨酸+酪氨酸	组氨酸	精氨酸	丙氨酸	天冬氨酸	谷氨酸	甘氨酸	丝氨酸	脯氨酸
49	棉籽粕,含粗纤维 14%~20%	5.9	4.6	1.6				4.6	5.4	7.5	5.6			2.6	7.1						
51	脱毒花生粕,粗纤维<9%	5.3	4.3	1.3				4.6	5.0	7.8	5.2			2.3	7.3						
52	脱毒花生粕,粗纤维>9%	5.3	4.3	1.3				4.6	5.0	7.8	5.2			2.3	7.3						
53	压榨亚麻籽饼粉	5.6	4.8	1.8				5.0	5.5	7.4	5.1			2.4	6.2						
54	溶剂浸提亚麻籽饼粉	5.6	4.7	1.8				5.0	5.5	7.3	5.1			2.4	6.2					77	
56	菜籽粕	6.8	5.1	2.0				5.1	5.7	8.1	4.6			2.4	5.2						
57	压榨芝麻粕	5.0	4.6	2.4				4.8	5.5	8.1	5.1			2.3	7.0						
68	苜蓿蛋白浓缩物	6.8	4.9	1.9				5.4	6.1	9.5	6.2			2.5	5.1						
72	干啤酒酵母	7.5	5.3	1.8				5.4	5.7	7.9	4.5			2.2	4.8						
82	马铃薯蛋白浓缩物	7.4	5.3	1.9				5.4	6.1	9.5	5.9			2.1	4.7						
85	不同来源的酒糟	7.7	5.4	2.1				5.6	5.9	8.1	5.1			1.9	4.6						
86	谷氨酸生产中的酒糟	7.7	5.4	2.1				5.6	5.9	8.1	5.1			1.9	4.6						
87	酵母生产中的酒糟	7.7	5.4	2.1				5.6	5.9	8.1	5.1			1.9	4.6						
94	脱脂奶粉	7.7	5.4	2.1				5.6	5.9	8.1	5.1			1.9	4.6						
95	全脂奶粉	7.7	5.4	2.1				5.6	5.9	8.1	5.1			1.9	4.6						
98	鱼粉,含蛋白质 62%	41.3	23.3	15.0	4.1	19.1		23.3	27.8	41.4	22.3	16.1	38.5	14.1	35.5		47.3	69.5		20.1	

注：AADI = Amino acid digestible in the intestine(in % PDIE),氨基酸小肠消化率;PDIE 为能量成为瘤胃微生物活性的限制因素时的小肠可消化蛋白质。

2.2.2 AFZ, Ajinomoto Eurolysine, Aventis Animal Nutrition, INRA, ITCF. 2000. AmiPig, Ileal Standardized Digestibility of Amino Acids in Feedstuffs for Pigs(猪饲料标准回肠氨基酸消化率)[10]

1. 概略养分

表 2-2-14 概略养分含量

%

饲料分类及名称	样本数	干物质 DM	粗蛋白质 CP	粗纤维 CF	粗脂肪 EE	粗灰分 Ash
谷物副产品 Cereal by-products						
大麦酒糟 Barley brewers'grains	1	92.4	20.9	14.8	7.3	3.4
大麦酒糟,酒精加工副产品 Barley distillers'grains, ethanol by-product	1	91.8	21.5	5.8	5.7	3.4
玉米蛋白饲料 Corn gluten feed	12	89.3	20.2	7.7	2.9	6.0
玉米蛋白粉 Corn gluten meal	5	90.2	60.4	1.2	2.2	1.7
玉米胚芽粕,淀粉加工副产品 Maize germ meal, starch by-product	1	95.3	27.5	10.2	7.0	2.0
小麦酒糟,酒精加工副产品 Wheat distillers'grains, ethanol by-product	1	91.4	27.4	5.4	6.3	4.6
小麦胚芽 Wheat germs	2	88.4	27.0	3.6	11.3	4.1
小麦面筋 Wheat gluten	1	94.3	81.0	2.8	—	—
油料和高蛋白质籽实 Oil and protein seeds						
蚕豆 Faba bean	6	88.2	27.6	8.3	1.2	3.9
羽扇豆 Lupin	3	90.7	31.1	14.0	—	3.5
豌豆 Pea	39	88.0	21.4	5.4	0.9	2.8
挤压膨化豌豆 Pea, extruded	2	88.7	23.3	5.4	1.2	3.4
全脂油菜籽 Rapeseed, full-fat	2	92.5	19.9	7.2	38.8	4.2
处理后全脂油菜籽 Rapeseed, full-fat, treated	2	93.6	20.0	7.2	40.2	4.2
油料饼粕 Oil seed meals						
脱壳棉籽粕 Cottonseed meal, decorticated	8	88.7	40.4	12.1	0.9	6.0

续表2-2-14

饲料分类及名称	样本数	干物质 DM	粗蛋白质 CP	粗纤维 CF	粗脂肪 EE	粗灰分 Ash
去毒花生饼粕 Groundnut meal,detoxified	1	87.6	50.3	5.1	—	—
未去毒花生饼粕 Groundnut meal,not detoxified	2	89.3	47.3	6.0	—	—
油菜籽粕 Rapeseed meal	18	90.0	35.2	11.5	3.4	7.5
浸提芝麻粕 Sesame meal solvent extracted	1	93.2	40.5	9.9	—	—
动物产品 Animal products						
血粉 Blood meal	8	90.7	85.4	4.2	3.1	5.2
骨粉 Bone meal	2	91.8	38.4	2.6	—	—
羽毛粉 Feather meal	3	92.6	80.5	5.3	7.4	2.0
鱼粉 Fish meal	15	90.8	65.5	0.4	8.2	15.5
鱼汁 Fish solubles	1	96.2	80.2	4.2	—	—
油渣 Greaves	1	97.9	82.9	4.0	—	4.3
肉骨粉 Meat and bone meal	17	93.3	51.1	3.4	9.9	27.4
低消化率肉骨粉 Meat and bone meal,low digestibility	5	92.5	54.7	1.9	—	26.9
浓缩乳蛋白 Milk protein concentrate	1	91.5	48.7	2.1	1.8	8.6
脱脂奶粉 Milk powder,skimmed	1	94.9	33.8	1.2	0.2	8.0
全脂奶粉 Milk powder,whole	1	92.4	33.8	1.2	39.6	7.7
禽下脚粉 Poultry offal meal	5	91.7	57.0	3.7	22.2	9.7
马铃薯浓缩蛋白 Potato protein concentrate	2	91.6	78.7	0.4	0.7	2.0
大豆浓缩蛋白 Soybean concentrate	1	95.6	65.4	3.3	0.4	7.3
啤酒酵母 Yeast,brewers	1	96.5	47.4	0.1	—	7.9
高蛋白啤酒酵母 Yeast,brewers,high protein	1	88.9	69.0	0.7	3.2	7.8

2. 氨基酸含量

表 2-2-15 氨基酸含量(%)

饲料名称	粗蛋白质 CP	赖氨酸 Lys	苏氨酸 Thr	蛋氨酸 Met	胱氨酸 Cys	蛋氨酸+胱氨酸 Met+Cys	色氨酸 Trp	异亮氨酸 Ile	缬氨酸 Val	亮氨酸 Leu	苯丙氨酸 Phe	酪氨酸 Tyr	苯丙氨酸+酪氨酸 Phe+Tyr	组氨酸 His	精氨酸 Arg	丙氨酸 Ala	天冬氨酸 Asp	谷氨酸 Glu	甘氨酸 Gly	丝氨酸 Ser	脯氨酸 Pro
谷物副产品																					
大麦酒糟	20.9	0.73	0.72	0.37	0.39	0.76	0.23	0.81	1.07	1.37	1.04	0.47	1.51	0.39	0.85	0.99	1.14	4.60	0.83	0.86	—
大麦酒糟,酒精加工副产品	21.5	0.63	0.67	0.37	044	0.81	0.29	0.83	1.08	1.43	1.14	0.60	1.74	0.44	0.98	0.78	1.12	5.20	0.75	0.90	—
玉米蛋白饲料	20.2	0.62	0.68	0.33	0.38	0.72	0.13	0.62	0.92	1.64	0.70	0.51	1.21	0.60	0.91	1.29	1.13	2.92	0.84	0.82	1.63
玉米蛋白粉	60.4	1.04	2.05	1.38	1.02	2.40	0.30	2.51	2.72	9.92	3.69	3.08	6.77	1.30	1.81	5.27	3.53	13.13	1.47	3.16	5.71
玉米胚芽粕,淀粉加工副产品	27.5	1.15	0.98	0.52	0.40	0.92	0.26	0.90	1.42	1.87	1.09	0.68	1.77	0.89	1.81	1.50	1.74	3.29	1.34	1.21	—
小麦酒糟,酒精加工副产品	27.4	0.66	0.79	0.40	0.44	0.84	0.31	0.94	1.14	1.69	1.18	0.66	1.84	0.66	1.19	0.93	1.26	6.85	0.99	1.27	—
小麦胚芽	27.0	1.55	0.94	0.47	0.38	0.85	0.21	0.80	1.24	1.55	0.86	0.67	1.54	0.55	1.89	1.43	2.02	3.65	1.35	1.01	0.92
小麦面筋	81.0	1.28	1.91	1.25	1.34	2.59	0.75	2.79	2.83	5.10	3.88	2.39	6.27	1.74	2.81	1.85	2.30	22.52	2.34	3.86	10.95
油料和高蛋白质籽实																					
蚕豆	27.6	1.66	0.94	0.21	0.34	0.55	0.22	1.14	1.29	2.01	1.13	0.79	1.93	0.69	2.34	1.12	2.80	4.76	1.14	1.30	1.15
羽扇豆	31.1	1.48	1.07	0.20	0.46	0.67	0.24	1.45	1.32	2.28	1.22	1.15	2.37	0.81	3.26	1.07	3.15	7.31	1.28	1.60	1.21
豌豆	21.4	1.53	0.78	0.20	0.28	0.48	0.19	0.89	0.98	1.48	0.99	0.60	1.59	0.53	1.83	0.92	2.43	3.64	0.91	1.01	0.86
挤压膨化豌豆	23.3	1.54	0.81	0.21	0.31	0.53	0.19	0.89	1.02	1.53	1.00	0.68	1.67	0.59	1.95	0.97	2.50	3.70	1.03	1.05	0.98
全脂油菜籽	19.9	1.22	0.87	0.44	0.46	0.90	0.29	0.83	1.05	1.34	0.82	0.60	1.42	0.58	1.25	0.87	1.51	3.51	1.00	0.87	1.31
处理后全脂油菜籽	20.0	1.17	0.87	0.47	0.47	0.93	0.26	0.80	1.00	1.29	0.74	0.47	1.21	0.53	1.18	0.84	1.33	3.21	0.93	0.87	—
油料饼粕																					
脱壳棉籽粕	40.4	1.52	1.19	0.52	0.57	1.10	0.47	1.29	1.78	2.30	2.01	1.15	3.15	1.09	4.17	1.52	3.80	7.69	1.68	1.71	1.31
去毒花生饼粕	50.3	1.24	1.27	0.47	0.33	0.80	0.44	1.45	1.64	2.61	2.03	1.40	3.43	1.01	5.10	1.60	4.99	7.70	2.48	2.13	1.98

续表2-2-15

饲料名称	粗蛋白质 CP	赖氨酸 Lys	苏氨酸 Thr	蛋氨酸 Met	胱氨酸 Cys	蛋氨酸+胱氨酸 Met+Cys	色氨酸 Trp	异亮氨酸 Ile	缬氨酸 Val	亮氨酸 Leu	苯丙氨酸 Phe	酪氨酸 Tyr	苯丙氨酸+酪氨酸 Phe+Tyr	组氨酸 His	精氨酸 Arg	丙氨酸 Ala	天冬氨酸 Asp	谷氨酸 Glu	甘氨酸 Gly	丝氨酸 Ser	脯氨酸 Pro
未去毒花生饼粕	47.3	1.37	1.15	0.42	0.43	0.85	—	1.54	1.89	2.76	2.06	1.58	3.64	0.95	5.21	1.75	4.88	8.23	2.51	2.09	1.82
油菜籽粕	35.2	1.80	1.50	0.73	0.85	1.58	0.42	1.42	1.81	2.34	1.35	0.94	2.29	0.90	2.05	1.50	2.44	5.87	1.71	1.51	2.15
浸提芝麻粕	40.5	1.07	1.44	1.13	0.81	1.95	—	1.62	1.96	2.73	1.85	1.22	3.07	0.98	4.84	1.89	3.38	8.04	2.11	1.83	1.35
动物产品																					
血粉	85.4	7.30	3.58	0.91	0.96	1.87	1.14	1.23	7.37	10.67	5.70	2.41	8.11	5.24	3.71	6.41	9.02	8.30	3.98	4.02	3.42
骨粉	38.4	2.04	1.13	0.50	0.22	0.73	—	0.98	1.48	2.04	1.14	0.69	1.83	0.53	2.60	2.97	2.76	4.67	5.92	1.45	3.58
羽毛粉	80.5	1.74	3.64	0.47	3.72	4.19	0.52	3.83	6.07	6.72	3.94	2.27	6.20	0.60	5.28	3.71	5.35	8.67	6.15	8.85	7.83
鱼粉	65.5	4.87	2.74	1.76	0.57	2.33	0.70	2.84	3.32	4.75	2.55	2.06	4.61	1.96	3.78	3.91	5.73	8.46	4.14	2.57	2.74
鱼汁	80.2	3.53	2.08	1.28	0.31	1.58	—	1.47	2.17	3.05	1.64	0.72	2.36	1.08	4.20	5.41	4.65	8.66	10.91	3.17	5.09
油渣	82.9	4.29	2.69	1.50	0.67	2.17	0.56	2.65	4.00	5.12	2.84	1.85	4.68	1.33	5.59	6.19	5.87	9.63	11.10	2.90	6.77
肉骨粉	51.1	2.51	1.56	0.68	0.49	1.17	0.31	1.44	2.19	2.97	1.66	1.13	2.79	1.04	3.41	3.56	3.61	5.98	6.15	1.94	4.09
低消化率肉骨粉	54.7	2.77	1.99	0.80	0.85	1.65	0.33	1.70	2.80	3.70	2.03	1.26	3.29	0.99	3.62	3.79	4.07	6.48	6.25	2.63	4.27
浓缩乳蛋白	48.7	3.60	2.23	0.78	0.45	1.23	0.53	2.38	2.08	3.18	1.81	1.55	3.36	0.92	2.07	2.31	4.44	5.85	1.88	2.23	—
脱脂奶粉	33.8	2.81	1.45	0.78	0.26	1.04	—	1.93	2.30	3.35	1.69	1.76	3.45	0.95	1.22	1.18	2.60	7.51	0.68	1.79	3.21
全脂奶粉	33.8	2.37	1.40	0.83	0.24	1.07	0.44	1.64	1.89	2.99	1.54	1.47	3.01	0.73	1.22	0.96	2.38	6.53	0.60	1.84	—
禽下脚粉	57.0	2.42	2.35	0.74	1.63	2.37	0.43	2.39	3.37	4.22	2.38	1.67	4.05	1.19	3.71	3.03	4.14	6.93	4.75	3.90	4.34
马铃薯浓缩蛋白	78.7	6.10	4.42	1.74	1.38	3.12	0.74	4.45	4.98	7.59	4.86	4.63	9.49	2.17	4.00	3.81	9.52	8.53	3.65	4.15	4.15
大豆浓缩蛋白	65.4	4.30	2.83	1.16	0.99	2.15	0.80	3.35	3.32	5.19	3.40	2.22	5.62	1.79	5.18	2.92	7.84	12.32	2.81	3.74	1.10
啤酒酵母	47.4	3.22	1.99	0.65	0.32	0.97	0.52	2.07	2.15	2.88	1.54	1.31	2.85	0.97	1.92	2.79	3.95	5.45	1.76	1.98	—
高蛋白啤酒酵母	69.0	2.47	2.44	0.94	0.14	1.08	0.56	2.37	3.76	3.62	1.90	1.37	3.27	1.10	3.41	4.61	4.88	12.88	2.44	2.10	—

3. 标准回肠氨基酸消化率

表 2-2-16 标准回肠氨基酸消化率

%

饲料名称	粗蛋白质 CP	赖氨酸 Lys	苏氨酸 Thr	蛋氨酸 Met	胱氨酸 Cys	蛋氨酸+胱氨酸 Met+Cys	色氨酸 Trp	异亮氨酸 Ile	缬氨酸 Val	亮氨酸 Leu	苯丙氨酸 Phe	酪氨酸 Tyr	苯丙氨酸+酪氨酸 Phe+Tyr	组氨酸 His	精氨酸 Arg	丙氨酸 Ala	天冬氨酸 Asp	谷氨酸 Glu	甘氨酸 Gly	丝氨酸 Ser	脯氨酸 Pro
谷物副产品																					
大麦酒糟	78	82	81	89	77	83	83	89	86	88	91	94	92	85	95	81	80	90	80	86	—
大麦酒糟，酒精加工副产品	83	73	84	89	87	88	86	90	86	90	92	93	93	87	93	80	84	93	82	89	—
玉米蛋白饲料	69	66	70	84	69	76	66	78	75	84	84	83	83	70	86	80	70	79	65	77	75
玉米蛋白粉	92	89	92	95	92	94	87	92	91	95	94	94	94	92	95	93	93	93	84	95	79
玉米胚芽粕，淀粉加工副产品	68	61	71	81	67	74	71	74	72	76	81	78	80	84	84	71	60	75	63	75	—
小麦酒糟，酒精加工副产品	82	66	80	86	82	84	81	83	80	85	90	88	89	80	88	78	77	90	80	84	—
小麦胚芽	85	89	82	90	81	86	81	86	85	88	88	87	88	90	94	85	86	91	83	83	79
小麦面筋	89	64	78	89	95	92	79	91	89	93	95	94	95	—	87	75	73	98	84	91	95
油料和高蛋白质籽实																					
蚕豆	84	88	82	83	77	79	81	85	82	87	87	84	85	87	91	80	88	89	80	86	79
羽扇豆	85	86	81	83	83	83	—	88	80	87	89	88	89	90	93	79	88	90	81	86	86
豌豆	80	83	76	80	72	75	73	79	77	80	80	81	80	84	89	75	82	84	78	79	78
挤压膨化豌豆	90	93	90	86	88	87	89	91	89	92	93	94	94	94	94	87	91	94	89	92	92
全脂油菜籽	72	78	71	81	80	80	73	68	70	71	73	74	73	73	81	72	72	82	72	71	82
处理后全脂油菜籽	73	81	72	85	81	83	75	73	73	75	75	72	74	82	84	75	75	84	76	73	—
油料饼粕																					
脱壳棉籽粕	77	63	71	73	76	75	68	74	76	76	83	81	82	76	90	73	80	86	73	78	84
去毒花生饼粕	77	61	71	74	75	74	72	83	81	86	90	90	90	—	91	72	85	88	69	76	78

续表2-2-16

饲料名称	粗蛋白质CP	赖氨酸Lys	苏氨酸Thr	蛋氨酸Met	胱氨酸Cys	蛋氨酸+胱氨酸Met+Cys	色氨酸Trp	异亮氨酸Ile	缬氨酸Val	亮氨酸Leu	苯丙氨酸Phe	酪氨酸Tyr	苯丙氨酸+酪氨酸Phe+Tyr	组氨酸His	精氨酸Arg	丙氨酸Ala	天冬氨酸Asp	谷氨酸Glu	甘氨酸Gly	丝氨酸Ser	脯氨酸Pro
未去毒花生饼粕	90	88	89	92	88	90	—	92	92	94	95	95	95	90	97	92	93	94	82	90	93
油菜籽粕	76	75	75	87	81	84	80	78	77	82	83	80	82	84	87	80	76	87	78	78	78
浸提芝麻粕	91	87	89	94	94	94	—	91	90	92	94	92	93	92	96	90	90	93	83	89	92
动物产品																					
血粉	82	86	85	85	77	82	88	86	84	84	86	86	86	82	86	85	82	86	85	85	87
骨粉	81	86	85	89	66	81	—	85	84	86	86	85	85	86	84	83	82	84	81	83	83
羽毛粉	77	65	78	71	70	70	72	86	83	83	86	76	82	71	84	79	63	73	81	82	77
鱼粉	89	93	92	93	86	91	89	93	92	94	92	92	92	89	94	92	88	94	89	91	93
鱼汁	93	96	96	96	84	94	—	97	96	98	99	98	99	95	99	97	89	97	95	96	98
油渣	82	84	80	85	79	83	79	88	88	88	90	88	89	85	92	87	68	86	84	81	87
肉骨粉	81	84	82	86	67	79	80	84	83	85	85	82	84	79	86	83	76	83	81	80	84
低消化率肉骨粉	66	72	64	76	46	62	78	72	68	70	72	70	71	71	75	72	55	71	71	61	72
浓缩乳蛋白	90	94	86	89	86	88	90	91	90	93	92	89	91	95	94	88	92	92	91	87	—
脱脂奶粉	89	97	91	97	84	94	—	88	89	96	98	97	97	95	96	89	93	87	83	79	96
全脂奶粉	90	89	94	96	95	96	97	89	92	97	98	98	98	97	88	90	94	91	93	80	—
禽下脚粉	76	77	76	80	68	73	69	81	77	80	81	78	80	70	85	79	65	78	80	78	78
马铃薯浓缩蛋白	87	89	90	91	78	86	75	89	89	91	91	89	90	89	92	86	90	87	84	89	100
大豆浓缩蛋白	94	95	94	93	94	94	94	94	94	95	96	96	96	97	99	91	96	97	95	96	—
啤酒酵母	69	74	66	69	49	63	55	72	66	73	66	64	65	77	78	74	75	77	67	69	—
高蛋白啤酒酵母	59	52	58	51	32	48	40	54	64	55	53	54	53	52	61	52	62	72	53	54	—

4. 可消化氨基酸含量

表 2-2-17 可消化氨基酸含量

%

饲料名称	粗蛋白质 CP	赖氨酸 Lys	苏氨酸 Thr	蛋氨酸 Met	胱氨酸 Cys	蛋氨酸＋胱氨酸 Met＋Cys	色氨酸 Trp	异亮氨酸 Ile	缬氨酸 Val	亮氨酸 Leu	苯丙氨酸 Phe	酪氨酸 Tyr	苯丙氨酸＋酪氨酸 Phe＋Tyr	组氨酸 His	精氨酸 Arg	丙氨酸 Ala	天冬氨酸 Asp	谷氨酸 Glu	甘氨酸 Gly	丝氨酸 Ser	脯氨酸 Pro
谷物副产品																					
大麦酒糟	17.00	0.60	0.59	0.33	0.30	0.63	0.19	0.72	0.92	1.21	0.95	0.44	1.39	0.33	0.81	0.80	0.91	4.12	0.66	0.74	—
大麦酒糟，酒精加工副产品	18.32	0.46	0.56	0.33	0.38	0.71	0.25	0.74	0.93	1.28	1.05	0.56	1.61	0.38	0.91	0.62	0.93	4.82	0.61	0.80	—
玉米蛋白饲料	13.89	0.41	0.48	0.28	0.26	0.55	0.08	0.48	0.69	1.38	0.59	0.42	1.01	0.42	0.78	1.04	0.79	2.30	0.54	0.63	1.22
玉米蛋白粉	55.66	0.92	1.89	1.30	0.94	2.24	0.26	2.32	2.48	9.39	3.47	2.90	6.37	1.19	1.71	4.88	3.27	12.24	1.24	2.99	4.53
玉米胚芽粕，淀粉加工副产品	18.94	0.70	0.69	0.42	0.27	0.68	0.18	0.67	1.02	1.43	0.88	0.53	1.41	0.75	1.52	1.06	1.04	2.47	0.84	0.91	—
小麦酒糟，酒精加工副产品	23.07	0.44	0.63	0.34	0.36	0.70	0.25	0.78	0.91	1.44	1.06	0.58	1.64	0.52	1.05	0.73	0.97	6.16	0.79	1.07	—
小麦胚芽	23.02	1.38	0.77	0.42	0.30	0.73	0.17	0.69	1.05	1.36	0.76	0.58	1.34	0.50	1.77	1.20	1.75	3.31	1.12	0.84	0.73
小麦面筋	71.82	0.82	1.48	1.11	1.28	2.39	0.60	2.54	2.53	4.75	3.69	2.24	5.93	-	2.46	1.38	1.67	22.04	1.97	3.49	10.45
油料和高蛋白质籽实																					
蚕豆	23.26	1.46	0.77	0.17	0.26	0.43	0.19	0.97	1.06	1.74	0.99	0.66	1.65	0.60	2.13	0.90	2.45	4.25	0.91	1.12	0.91
羽扇豆	26.39	1.26	0.87	0.17	0.38	0.55	—	1.27	1.05	1.98	1.08	1.02	2.10	0.73	3.04	0.84	2.76	6.59	1.04	1.37	1.04
豌豆	17.18	1.27	0.60	0.16	0.20	0.36	0.14	0.70	0.75	1.18	0.80	0.49	1.28	0.44	1.63	0.69	1.99	3.05	0.71	0.80	0.67
挤压膨化豌豆	20.24	1.42	0.73	0.18	0.28	0.46	0.18	0.81	0.90	1.41	0.93	0.64	1.57	0.55	1.84	0.85	2.28	3.48	0.92	0.96	0.91
全脂油菜籽	14.35	0.95	0.61	0.35	0.37	0.72	0.21	0.57	0.74	0.95	0.59	0.44	1.04	0.42	1.01	0.63	1.10	2.88	0.73	0.61	1.07
处理后全脂油菜籽	14.64	0.95	0.62	0.39	0.38	0.77	0.20	0.59	0.73	0.97	0.55	0.34	0.89	0.43	0.99	0.63	0.99	2.71	0.70	0.64	—
油料饼粕																					
脱壳棉籽粕	31.10	0.96	0.84	0.38	0.43	0.82	0.31	0.96	1.35	1.77	1.69	0.94	2.61	0.83	3.76	1.12	3.06	6.61	1.24	1.35	1.12
去毒花生饼粕	38.80	0.75	0.90	0.35	0.25	0.59	0.32	1.21	1.33	2.25	1.83	1.27	3.09	—	4.62	1.15	4.22	6.80	1.72	1.62	1.54

续表2-2-17

饲料名称	粗蛋白质 CP	赖氨酸 Lys	苏氨酸 Thr	蛋氨酸 Met	胱氨酸 Cys	蛋氨酸+胱氨酸 Met+Cys	色氨酸 Trp	异亮氨酸 Ile	缬氨酸 Val	亮氨酸 Leu	苯丙氨酸 Phe	酪氨酸 Tyr	苯丙氨酸+酪氨酸 Phe+Tyr	组氨酸 His	精氨酸 Arg	丙氨酸 Ala	天冬氨酸 Asp	谷氨酸 Glu	甘氨酸 Gly	丝氨酸 Ser	脯氨酸 Pro
未去毒花生饼粕	42.60	1.20	1.03	0.39	0.38	0.77	—	1.43	1.73	2.59	1.95	1.51	3.46	0.86	5.04	1.61	4.53	7.72	2.05	1.89	1.70
油菜籽粕	26.62	1.36	1.12	0.63	0.69	1.32	0.34	1.11	1.39	1.93	1.13	0.75	1.87	0.75	1.78	1.20	1.86	5.08	1.33	1.17	1.68
浸提芝麻粕	36.68	0.92	1.28	1.06	0.76	1.82	—	1.48	1.76	2.52	1.74	1.11	2.85	0.90	4.64	1.69	3.04	7.45	1.74	1.62	1.24
动物产品																					
血粉	70.42	6.33	3.02	0.77	0.75	1.52	1.04	1.04	6.23	9.05	4.89	2.07	6.96	4.40	3.19	5.48	7.49	7.10	3.36	3.42	2.97
骨粉	31.28	1.77	0.95	0.45	0.15	0.60	—	0.84	1.25	1.75	0.98	0.58	1.56	0.46	2.17	2.47	2.27	3.93	4.80	1.21	2.97
羽毛粉	62.28	1.13	2.84	0.33	2.62	2.95	0.37	3.31	5.02	5.57	3.36	1.72	5.10	0.43	4.43	2.94	3.40	6.29	5.00	7.21	6.07
鱼粉	58.21	4.56	2.52	1.65	0.49	2.13	0.66	2.64	3.05	4.44	2.36	1.91	4.26	1.74	3.57	3.62	5.06	7.91	3.70	2.34	2.53
鱼汁	74.86	3.40	1.99	1.23	0.25	1.48	—	1.42	2.09	2.97	1.62	0.71	2.33	1.02	4.14	5.24	4.12	8.38	10.35	3.05	4.98
油渣	67.77	3.59	2.15	1.28	0.53	1.81	0.44	2.33	3.52	4.52	2.55	1.62	4.17	1.12	5.11	5.38	3.98	8.27	9.31	2.34	5.88
肉骨粉	41.51	2.11	1.28	0.58	0.32	0.92	0.25	1.22	1.82	2.51	1.41	0.93	2.34	0.82	2.94	2.97	2.75	4.98	5.00	1.54	3.41
低消化率肉骨粉	36.15	1.98	1.28	0.61	0.39	1.02	0.26	1.21	1.86	2.54	1.44	0.88	2.31	0.69	2.72	2.73	2.27	4.56	4.41	1.60	3.09
浓缩乳蛋白	44.43	3.37	1.91	0.70	0.39	1.08	0.48	2.16	1.86	2.95	1.66	1.38	3.04	0.87	1.95	2.04	4.09	5.41	1.72	1.95	—
脱脂奶粉	30.04	2.72	1.32	0.75	0.22	0.97	—	1.70	2.05	3.23	1.65	1.71	3.36	0.90	1.17	1.05	2.42	6.56	0.56	1.41	3.08
全脂奶粉	30.11	2.10	1.31	0.80	0.23	1.02	0.43	1.46	1.73	2.90	1.52	1.44	2.96	0.71	1.07	0.86	2.23	5.93	0.56	1.48	—
禽下脚粉	43.32	1.90	1.79	0.60	1.11	1.72	0.30	1.95	2.59	3.36	1.93	1.29	3.22	0.84	3.17	2.40	2.69	5.43	3.80	3.04	3.38
马铃薯浓缩蛋白	68.19	5.46	3.96	1.58	1.15	2.72	0.52	3.98	4.47	6.93	4.43	4.12	8.56	1.94	3.69	3.30	8.58	7.46	3.06	3.70	4.13
大豆浓缩蛋白	62.33	4.08	2.65	1.08	0.93	2.01	0.75	3.16	3.12	4.93	3.26	2.13	5.40	1.73	5.12	2.65	7.51	11.97	2.67	3.59	—
啤酒酵母	33.18	2.39	1.32	0.45	0.16	0.61	0.28	1.49	1.43	2.10	1.02	0.84	1.86	0.75	1.50	2.05	2.97	4.17	1.18	1.36	—
高蛋白啤酒酵母	41.64	1.28	1.42	0.48	0.04	0.52	0.23	1.27	2.39	1.98	1.00	0.74	1.74	0.57	2.07	2.39	3.01	9.22	1.30	1.13	—

2.2.3 EvaPig Version 1.4.0.1.2019[11]

1. 常规成分含量

表 2-2-18 常规成分含量

%

中文名称	英文名称	分类(原为:分级)	数据来源(原为:原产地)	干物质	粗灰分	粗蛋白质	粗脂肪	粗纤维	中性洗涤纤维	酸性洗涤纤维	酸性洗涤木质素	淀粉	糖	Ca	P	磷的消化率,颗粒的	磷的消化率,粉碎的
大麦啤酒糟,脱水	Barley brewers' grains, dehydrated	谷实类及其副产品	参考表格(© INRA-AFZ)	91.90	3.86	24.07	7.44	15.31	52.75	20.40	5.42	6.89	0.83	0.213	0.576	32.0	32.0
大麦根,脱水	Barley rootlets,dehydrated	谷实类及其副产品	参考表格(© INRA-AFZ)	89.30	5.63	21.83	1.88	12.71	39.92	15.00	2.59	11.25	6.61	0.286	0.555	20.0	20.0
玉米酒糟	Corn distillers' grains	谷实类及其副产品	参考表格(© EvaPig 2011)	88.34	3.86	24.89	8.22	7.30	31.75	11.42	3.21	7.24	0.88	0.711	1.739	55.0	55.0
玉米酒糟,脱水	Corn distillers,dehydrated	谷实类及其副产品	参考表格(© INRA-AFZ)	88.20	6.00	24.63	5.12	7.34	31.40	9.00	1.59	11.47	0.53	0.209	0.843	31.0	31.0
玉米蛋白饲料	Corn gluten feed	谷实类及其副产品	参考表格(© INRA-AFZ)	88.00	6.16	19.31	2.73	7.45	33.79	8.80	1.06	18.04	1.67	0.155	0.885	22.0	22.0
玉米蛋白粉	Corn gluten meal	谷实类及其副产品	参考表格(© INRA-AFZ)	89.50	1.88	60.58	6.35	1.09	2.33	0.72	0.18	17.18	0.36	0.074	0.486	19.0	19.0
玉米胚芽粕,脱脂	Maize germ meal,deoiled	谷实类及其副产品	参考表格(© INRA-AFZ)	87.40	3.15	25.77	2.53	8.79	37.15	10.40	1.49	13.55	0.52	0.042	0.632	20.0	20.0
玉米胚芽粕,未脱脂	Maize germ meal,non deoiled	谷实类及其副产品	参考表格(© INRA-AFZ)	91.50	5.40	15.14	13.63	6.17	29.01	7.50	1.92	29.55	0.73	0.038	0.837	20.0	20.0
小麦酒糟,深色,L<50	Wheat distillers' grains, dark colour,L<50	谷实类及其副产品	参考表格(© EvaPig 2009)	92.54	5.44	33.02	4.71	9.24	25.06	13.29	7.24	2.85	3.52	0.185	0.814	20.0	20.0
小麦酒糟,浅色,L>50	Wheat distillers' grains, light colour,L>50	谷实类及其副产品	参考表格(© EvaPig 2009)	92.66	4.67	33.96	4.03	7.00	26.64	9.52	3.13	4.77	3.68	0.185	0.815	20.0	20.0
小麦酒糟,淀粉<7%	Wheat distillers' grains, starch<7%	谷实类及其副产品	参考表格(© INRA-AFZ)	90.00	3.60	33.85	6.48	9.17	37.98	14.58	3.96	3.78	0.72	0.327	0.673	20.0	20.0
小麦酒糟,淀粉>7%	Wheat distillers' grains, starch>7%	谷实类及其副产品	参考表格(© INRA-AFZ)	91.40	4.66	28.88	5.12	5.61	25.23	8.41	2.47	12.61	3.47	0.194	0.811	20.0	20.0
苜蓿蛋白浓缩物	Alfalfa protein concentrate	其他植物类产品	参考表格(© INRA-AFZ)	91.80	11.29	50.26	8.35	2.57	7.34	3.76	0.92	0.00	1.19	3.376	0.797	20.0	20.0
豌豆蛋白,淀粉厂副产品	Pea proteins,starch industry by-product	其他植物类产品	参考表格(© EvaPig 2009)	93.92	3.94	80.11	4.41	0.28	0.00	0.00	0.00	0.00	1.97	0.094	1.033	20.0	20.0

续表2-2-18

中文名称	英文名称	分类(原为:分级)	数据来源(原为:原产地)	干物质	粗灰分	粗蛋白质	粗脂肪	粗纤维	中性洗涤纤维	酸性洗涤纤维	酸性洗涤木质素	淀粉	糖	Ca	P	磷的消化率,颗粒的	磷的消化率,粉碎的
马铃薯,蛋白浓缩物	Potato,protein concentrate	其他植物类产品	参考表格(© INRA-AFZ)	92.30	2.58	77.62	0.92	0.81	6.00	1.75	0.37	0.65	0.92	0.289	0.404	20.0	20.0
酒糟,不同来源的	Vinasse,different origins	其他植物类产品	参考表格(© INRA-AFZ)	68.70	4.67	44.09	0.69	0.00	0.00	0.00	0.00	0.00	5.43	0.173	0.216	20.0	20.0
酒糟,来自谷氨酸生产的	Vinasse, from the production of glutamic acid	其他植物类产品	参考表格(© INRA-AFZ)	71.20	4.20	49.31	0.64	0.00	0.00	0.00	0.00	0.00	4.91	0.035	0.299	20.0	20.0
酒糟,来自酵母生产的	Vinasse,from yeast production	其他植物类产品	参考表格(© INRA-AFZ)	70.40	8.03	46.38	0.70	0.00	0.00	0.00	0.00	0.00	5.35	0.186	0.044	20.0	20.0
干啤酒糟	Yeast,brewers,dehydrated	其他植物类产品	参考表格(© INRA-AFZ)	93.30	7.09	46.52	3.92	1.91	6.16	1.77	0.56	1.03	0.28	0.316	1.164	20.0	20.0
浸提可可粉	Cocoa meal,full extraction	油籽粕	参考表格(© INRA-AFZ)	88.20	8.91	25.18	0.53	14.56	37.66	28.05	14.46	9.08	0.79	0.220	0.649	20.0	20.0
椰子粕	Copra meal	油籽粕	参考表格(© INRA-AFZ)	91.20	6.20	20.54	8.12	12.81	49.80	26.08	6.02	0.00	10.31	0.122	0.542	31.0	31.0
棉籽粕,CF 14%~20%	Cottonseed meal,crude fibre 14%~20%	油籽粕	参考表格(© INRA-AFZ)	90.10	6.49	36.28	2.70	16.88	31.72	22.16	6.76	0.00	2.34	0.238	1.136	26.0	26.0
棉籽粕,CF 7%~14%	Cottonseed meal,crude fibre 7%~14%	油籽粕	参考表格(© INRA-AFZ)	91.30	6.76	42.61	2.83	11.86	24.83	16.53	5.48	0.00	6.30	0.246	1.175	26.0	26.0
花生粕	Groundnut meal	油籽粕	参考表格(© INRA-AFZ)	89.20	5.89	49.18	0.89	11.96	20.07	14.00	4.55	0.00	7.49	0.194	0.560	30.0	30.0
去毒花生饼粕,CF<9%	Groundnut meal,detoxified,crude fibre<9%	油籽粕	参考表格(© INRA-AFZ)	89.60	6.00	48.88	3.40	6.85	14.25	8.60	2.51	0.00	9.23	0.197	0.564	30.0	30.0
压榨亚麻仁饼	Linseed meal,expeller extraction	油籽粕	参考表格(© INRA-AFZ)	90.40	5.88	30.91	8.14	10.19	23.41	14.19	6.06	0.00	3.44	0.421	0.820	12.0	12.0
溶剂浸提亚麻仁粕	Linseed meal,solvent extraction	油籽粕	参考表格(© INRA-AFZ)	88.60	5.85	31.83	3.01	9.76	22.77	13.82	5.85	0.00	4.52	0.446	0.798	12.0	12.0
菜籽粕	Rapeseed meal	油籽粕	参考表格(© INRA-AFZ)	88.70	7.01	33.68	2.31	12.36	28.30	19.60	9.58	0.00	7.72	0.834	1.143	32.0	32.0
芝麻粕	Sesame meal	油籽粕	参考表格(© INRA-AFZ)	93.90	11.36	43.46	11.08	6.01	18.87	9.95	1.78	0.00	3.38	1.701	1.180	29.0	29.0
大豆粕,CP 46%	Soybean meal	油籽粕	参考表格(© INRA-AFZ)	87.60	6.48	43.26	1.66	6.11	12.44	7.45	0.44	0.00	8.50	0.342	0.624	20.0	20.0

续表2-2-18

中文名称	英文名称	分类(原为:分级)	数据来源(原为:原产地)	干物质	粗灰分	粗蛋白质	粗脂肪	粗纤维	中性洗涤纤维	酸性洗涤纤维	酸性洗涤木质素	淀粉	糖	Ca	P	磷的消化率，颗粒的	磷的消化率，粉碎的
大豆粕,CP 48%	Soybean meal	油籽粕	参考表格(© INRA-AFZ)	87.80	6.41	45.32	1.84	5.97	12.20	7.29	0.70	0.00	8.25	0.342	0.624	32.0	32.0
大豆粕,CP 50%	Soybean meal	油籽粕	参考表格(© INRA-AFZ)	87.60	6.31	47.20	1.49	3.89	8.94	4.82	0.35	0.00	9.20	0.340	0.622	32.0	32.0
鹰嘴豆	Chickpea	蛋白质和含油产品	参考表格(© INRA-AFZ)	89.00	3.03	19.86	6.05	3.53	9.26	3.74	0.18	44.86	5.16	0.115	0.361	20.0	20.0
彩色花蚕豆	Faba bean,coloured flowers	蛋白质和含油产品	参考表格(© INRA-AFZ)	86.50	3.37	25.42	1.30	7.86	13.93	9.26	0.78	38.23	3.03	0.138	0.460	37.0	37.0
白花蚕豆	Faba bean,white flowers	蛋白质和含油产品	参考表格(© INRA-AFZ)	86.10	3.53	26.79	1.12	7.52	13.78	9.13	0.69	37.28	3.70	0.144	0.473	37.0	37.0
亚麻籽,挤压	Linseed,extruded	蛋白质和含油产品	参考表格(© EvaPig)	90.80	3.45	20.61	39.68	7.26	18.43	7.54	3.09	0.00	2.63	0.377	0.615	20.0	20.0
蓝羽扇豆	Lupin,blue	蛋白质和含油产品	参考表格(© INRA-AFZ)	90.20	3.43	30.68	5.32	14.89	22.28	17.77	1.53	0.00	5.50	0.324	0.368	50.0	50.0
白羽扇豆	Lupin,white	蛋白质和含油产品	参考表格(© INRA-AFZ)	88.60	3.46	34.09	8.42	11.37	18.96	13.64	0.89	0.00	6.38	0.338	0.378	50.0	50.0
豌豆	Pea	蛋白质和含油产品	参考表格(© INRA-AFZ)	86.40	3.02	20.66	1.04	5.18	12.01	5.96	0.26	44.58	3.89	0.109	0.396	47.0	47.0
油菜籽	Rapeseed	蛋白质和含油产品	参考表格(© INRA-AFZ)	92.20	3.96	19.12	41.95	8.23	17.52	12.35	5.44	0.00	5.07	0.467	0.661	30.0	30.0
挤压全脂大豆	Soybean,full-fat,extruded	蛋白质和含油产品	参考表格(© INRA-AFZ)	88.10	5.20	34.76	17.88	5.22	11.01	6.43	1.06	0.00	7.66	0.315	0.552	32.0	32.0
烘烤全脂大豆	Soybean,full-fat,toasted	蛋白质和含油产品	参考表格(© INRA-AFZ)	88.60	5.14	35.15	19.23	5.63	11.70	6.91	1.15	0.00	8.77	0.318	0.526	32.0	32.0
向日葵仁籽	Sunflower seed	蛋白质和含油产品	参考表格(© INRA-AFZ)	93.00	3.44	16.01	44.55	15.54	28.83	18.69	5.77	0.00	2.42	0.278	0.542	20.0	20.0
血粉	Blood meal	动物类产品	参考表格(© INRA-AFZ)	94.30	2.83	89.70	1.98	0.00	0.00	0.00	0.00	0.00	0.00	0.156	0.214	80.0	80.0
羽毛粉	Feather meal	动物类产品	参考表格(© INRA-AFZ)	92.10	5.34	79.00	8.84	0.00	0.00	0.00	0.00	0.00	0.00	1.218	0.796	20.0	20.0
鱼粉,CP 62%	Fish meal,protein 62%	动物类产品	参考表格(© INRA-AFZ)	94.30	20.75	62.56	9.15	0.00	0.00	0.00	0.00	0.00	0.00	5.534	3.097	77.0	77.0
鱼粉,CP 65%	Fish meal,protein 65%	动物类产品	参考表格(© INRA-AFZ)	91.70	16.14	65.36	9.54	0.00	0.00	0.00	0.00	0.00	0.00	3.854	2.523	77.0	77.0
鱼粉,CP 70%	Fish meal,protein 70%	动物类产品	参考表格(© INRA-AFZ)	92.00	12.42	69.87	9.66	0.00	0.00	0.00	0.00	0.00	0.00	2.409	2.064	77.0	77.0

续表2-2-18

中文名称	英文名称	分类(原为:分级)	数据来源(原为:原产地)	干物质	粗灰分	粗蛋白质	粗脂肪	粗纤维	中性洗涤纤维	酸性洗涤纤维	酸性洗涤木质素	淀粉	糖	Ca	P	磷的消化率，颗粒的	磷的消化率，粉碎的
脱含脂鱼蛋白浓缩物	Fish protein concentrate, defatted	动物类产品	参考表格(© INRA-AFZ)	94.20	7.91	80.07	4.71	0.00	0.00	0.00	0.00	0.00	0.00	0.666	1.538	20.0	20.0
含脂鱼蛋白浓缩物	Fish protein concentrate, fat	动物类产品	参考表格(© INRA-AFZ)	96.00	6.53	72.44	21.22	0.00	0.00	0.00	0.00	0.00	0.00	0.108	1.386	20.0	20.0
肉骨粉，脂肪<7.5%	Meat and bone meal, fat<7.5%	动物类产品	参考表格(© INRA-AFZ)	95.40	31.67	55.60	5.44	0.00	0.00	0.00	0.00	0.00	0.00	10.710	5.135	75.0	75.0
肉骨粉，脂肪>7.5%	Meat and bone meal, fat>7.5%	动物类产品	参考表格(© INRA-AFZ)	96.30	30.53	51.30	11.84	0.00	0.00	0.00	0.00	0.00	0.00	10.195	4.903	75.0	75.0
脱脂奶粉	Milk powder, skimmed	动物类产品	参考表格(© INRA-AFZ)	94.70	8.14	34.06	1.61	0.00	0.00	0.00	0.00	0.00	47.82	1.472	1.024	90.0	90.0
全脂奶粉	Milk powder, unskimmed	动物类产品	参考表格(© INRA-AFZ)	96.40	6.07	23.40	25.74	0.00	0.00	0.00	0.00	0.00	35.38	1.196	0.756	90.0	90.0
DL-蛋氨酸	*DL*-Methionine	游离氨基酸	参考表格(© EvaPig)	99.50	0.00	58.40	0.00	0.00	0.00	0.00	0.00	0.00	0.00	0.000	0.000		
L-赖氨酸盐酸盐	*L*-Lysine HCl	游离氨基酸	参考表格(© EvaPig)	99.50	0.00	95.40	0.00	0.00	0.00	0.00	0.00	0.00	0.00	0.000	0.000		
L-苏氨酸	*L*-Threonine	游离氨基酸	参考表格(© EvaPig)	99.50	0.00	73.13	0.00	0.00	0.00	0.00	0.00	0.00	0.00	0.000	0.000		
L-色氨酸	*L*-Tryptophan	游离氨基酸	参考表格(© EvaPig)	99.50	0.00	85.26	0.00	0.00	0.00	0.00	0.00	0.00	0.00	0.000	0.000		
L-缬氨酸	*L*-Valine	游离氨基酸	参考表格(© EvaPig 2009)	98.50	0.49	73.58	0.00	0.00	0.00	0.00	0.00	0.00	0.00	0.000	0.000		
蛋氨酸羟基类似物，MHA，80%效率	Methionine Hydroxy Analogue MHA, 80% efficiency	游离氨基酸	参考表格(© EvaPig 2009)	88.00	0.00	51.66	0.00	0.00	0.00	0.00	0.00	0.00	0.00	0.000	0.000		

2. 能量

表 2-2-19 能量

中文名称	总能	能量调节	能量消化率，生长猪	消化能，生长猪	代谢能/消化能，生长猪	代谢能，生长猪	净能/代谢能，生长猪	净能，生长猪	能量消化率，成年猪	消化能，成年猪	代谢能/消化能，成年猪	代谢能，成年猪	净能/代谢能，成年猪	净能，成年猪	消化能，成年猪/消化能，生长猪	代谢能，成年猪/代谢能，生长猪	净能，成年猪/净能，生长猪
	MJ/kg	%	%	MJ/kg	%	MJ/kg	%	MJ/kg	%	MJ/kg	%	MJ/kg	%	MJ/kg	%	%	%
大麦啤酒糟，脱水	18.84	0.00	52.30	9.86	92.30	9.11	67.90	6.18	57.50	10.83	91.00	9.86	67.50	6.65	109.90	108.30	107.60
大麦根，脱水	16.50	0.00	60.00	9.90	93.00	9.21	64.60	5.95	64.70	10.67	91.60	9.77	65.10	6.36	107.70	106.10	106.90
玉米酒糟	19.57	0.00	76.10	14.90	94.00	14.00	61.80	8.66	82.70	16.18	92.40	14.94	62.30	9.32	108.60	106.70	107.60
玉米酒糟，脱水	17.08	0.00	65.90	11.25	93.60	10.53	66.60	7.01	76.30	13.04	91.90	11.98	67.70	8.11	115.90	113.80	115.60
玉米蛋白饲料	16.45	0.00	65.60	10.80	94.30	10.18	67.00	6.82	76.40	12.58	92.50	11.64	68.10	7.93	116.50	114.30	116.30
玉米蛋白粉	20.63	0.00	94.20	19.43	92.20	17.91	64.30	11.51	96.00	19.81	91.90	18.19	65.20	11.87	102.00	101.60	103.10
玉米胚芽粕，脱脂	17.03	0.00	73.50	12.52	93.40	11.69	63.90	7.48	77.00	13.12	91.60	12.03	65.70	7.90	104.80	102.90	105.70
玉米胚芽粕，未脱脂	19.00	0.00	75.00	14.25	96.20	13.71	76.80	10.53	78.00	14.83	95.20	14.11	77.00	10.87	104.00	102.90	103.20
小麦酒糟，深色，L<50	19.53	0.00	59.50	11.62	93.30	10.84	59.70	6.47	64.70	12.64	91.70	11.58	60.40	6.99	108.70	106.80	108.00
小麦酒糟，浅色，L>50	19.39	0.00	69.50	13.48	92.60	12.48	61.30	7.66	73.50	14.24	91.30	13.00	61.90	8.04	105.60	104.10	105.00
小麦酒糟，淀粉<7%	19.30	0.00	58.60	11.32	92.30	10.45	63.90	6.67	63.80	12.31	90.90	11.19	64.80	7.25	108.80	107.20	108.70
小麦酒糟，淀粉>7%	18.60	0.00	73.70	13.70	93.60	12.82	65.80	8.43	77.00	14.32	92.20	13.21	67.30	8.89	104.60	103.00	105.50
苜蓿蛋白浓缩物	19.78	0.00	83.30	16.47	91.80	15.12	63.70	9.63	85.00	16.80	90.90	15.28	64.90	9.91	102.00	101.10	103.00
豌豆蛋白，淀粉厂副产品	22.50	0.00	98.00	22.05	90.30	19.91	56.50	11.25	98.50	22.17	90.00	19.94	56.70	11.30	100.50	100.20	100.50
马铃薯，蛋白浓缩物	20.52	0.00	94.50	19.38	89.40	17.33	59.00	10.23	95.20	19.53	89.00	17.38	59.80	10.39	100.70	100.30	101.60

续表2-2-19

中文名称	总能	能量调节	能量消化率,生长猪	消化能,生长猪	代谢能/消化能,生长猪	代谢能,生长猪	净能/代谢能,生长猪	净能,生长猪	能量消化率,成年猪	消化能,成年猪	代谢能/消化能,成年猪	代谢能,成年猪	净能/代谢能,成年猪	净能,成年猪	消化能,成年猪/消化能,生长猪	代谢能,成年猪/代谢能,生长猪	净能,成年猪/净能,生长猪
	MJ/kg	%	%	MJ/kg	%	MJ/kg	%	MJ/kg	%	MJ/kg	%	MJ/kg	%	MJ/kg	%	%	%
酒糟,不同来源的	13.60	0.00	75.00	10.20	90.80	9.26	59.90	5.55	75.00	10.20	90.60	9.24	59.80	5.53	100.00	99.80	99.60
酒糟,来自谷氨酸生产的	14.41	0.00	75.00	10.81	90.40	9.77	59.40	5.80	75.00	10.81	90.20	9.75	59.20	5.77	100.00	99.80	99.40
酒糟,来自酵母生产的	13.41	0.00	75.00	10.06	90.20	9.07	59.90	5.43	75.00	10.06	90.00	9.06	59.50	5.38	100.00	99.80	99.10
干啤酒糟	18.64	0.00	85.00	15.85	91.50	14.49	62.40	9.05	87.00	16.21	90.10	14.61	64.00	9.35	102.30	100.80	103.30
浸提可可粉	15.85	0.00	61.30	9.72	92.30	8.97	61.10	5.48	66.60	10.56	90.60	9.57	62.00	5.93	108.70	106.60	108.30
椰子粕	18.19	0.00	54.20	9.87	93.30	9.20	68.00	6.26	60.20	10.94	91.80	10.05	67.90	6.82	110.90	109.20	109.10
棉籽粕,CF 14%～20%	18.31	0.00	66.20	12.13	91.30	11.07	57.90	6.41	70.50	12.92	89.90	11.62	59.30	6.89	106.50	104.90	107.50
棉籽粕,CF 7%～14%	18.72	0.00	72.80	13.62	90.80	12.36	60.10	7.42	76.20	14.27	90.00	12.84	61.00	7.83	104.80	103.90	105.50
花生粕	18.04	0.00	78.30	14.13	90.40	12.78	58.70	7.50	81.20	14.65	89.70	13.14	59.30	7.79	103.70	102.80	103.90
去毒花生饼粕, CF<9%	18.43	0.00	83.10	15.32	91.20	13.97	61.30	8.55	85.30	15.72	90.40	14.22	62.10	8.83	102.60	101.80	103.30
压榨亚麻仁饼	18.47	0.00	75.20	13.88	92.60	12.85	65.00	8.35	78.30	14.46	91.10	13.17	66.30	8.73	104.20	102.50	104.50
溶剂浸提亚麻仁粕	17.09	0.00	75.80	12.95	91.80	11.88	61.50	7.31	79.00	13.50	90.20	12.17	63.10	7.68	104.30	102.50	105.10
菜籽粕	17.11	0.00	67.50	11.56	91.80	10.60	59.70	6.33	72.50	12.41	90.40	11.22	61.00	6.84	107.40	105.80	108.00
芝麻粕	19.47	0.00	78.90	15.37	91.90	14.12	66.50	9.38	81.50	15.86	91.10	14.45	67.10	9.69	103.20	102.40	103.30
大豆粕,CP 46%	17.08	0.00	85.00	14.51	91.40	13.27	60.50	8.02	90.30	15.42	90.30	13.93	62.00	8.64	106.30	105.00	107.60
大豆粕,CP 48%	17.28	0.00	85.20	14.71	91.30	13.43	60.50	8.12	90.40	15.62	90.30	14.11	61.90	8.73	106.20	105.00	107.50

续表2-2-19

中文名称	总能	能量调节	能量消化率，生长猪	消化能，生长猪	代谢能/消化能，生长猪	代谢能，生长猪	净能/代谢能，生长猪	净能，生长猪	能量消化率，成年猪	消化能，成年猪	代谢能/消化能，成年猪	代谢能，成年猪	净能/代谢能，成年猪	净能，成年猪	消化能，成年猪/消化能，生长猪	代谢能，成年猪/代谢能，生长猪	净能，成年猪/净能，生长猪
	MJ/kg	%	%	MJ/kg	%	MJ/kg	%	MJ/kg	%	MJ/kg	%	MJ/kg	%	MJ/kg	%	%	%
大豆粕，CP 50%	17.22	0.00	87.70	15.10	91.10	13.75	60.80	8.36	92.10	15.86	90.20	14.31	62.10	8.89	105.00	104.00	106.30
鹰嘴豆	17.53	0.00	87.00	15.25	96.00	14.65	75.10	11.00	90.20	15.82	95.50	15.10	75.10	11.34	103.70	103.10	103.10
彩色花蚕豆	16.21	0.00	83.00	13.45	94.60	12.72	71.00	9.04	85.30	13.83	94.00	12.99	70.90	9.21	102.80	102.10	101.90
白花蚕豆	16.12	0.00	86.00	13.86	94.40	13.09	70.40	9.21	87.90	14.16	93.80	13.29	70.40	9.35	102.20	101.50	101.60
亚麻籽，挤压	24.98	0.00	80.00	19.98	96.40	19.25	81.40	15.67	82.00	20.49	95.70	19.60	81.00	15.88	102.50	101.80	101.30
蓝羽扇豆	18.30	0.00	77.00	14.09	92.60	13.05	62.20	8.12	85.00	15.55	91.00	14.16	63.90	9.04	110.30	108.50	111.30
白羽扇豆	18.76	0.00	81.00	15.19	92.90	14.12	64.40	9.09	85.80	16.09	91.60	14.73	65.70	9.68	105.90	104.30	106.50
豌豆	15.78	0.00	88.00	13.89	95.30	13.23	73.20	9.69	91.20	14.39	94.60	13.61	73.10	9.96	103.60	102.90	102.80
油菜籽	26.37	0.00	83.00	21.89	97.00	21.23	78.30	16.63	84.90	22.39	96.30	21.57	78.90	17.03	102.30	101.60	102.40
挤压全脂大豆	20.38	0.00	78.00	15.90	93.80	14.91	71.90	10.71	84.70	17.27	93.00	16.06	71.80	11.52	108.60	107.70	107.60
烘烤全脂大豆	20.81	0.00	78.00	16.23	93.90	15.25	72.40	11.04	84.70	17.62	93.20	16.42	72.20	11.85	108.50	107.70	107.30
向日葵仁籽	26.65	0.00	71.00	18.92	97.10	18.37	83.70	15.38	74.10	19.75	96.50	19.05	82.40	15.69	104.40	103.70	102.10
血粉	22.89	0.00	80.00	18.31	89.40	16.37	56.20	9.19	80.00	18.31	89.30	16.35	56.60	9.25	100.00	99.90	100.60
羽毛粉	21.76	0.00	75.00	16.32	90.00	14.69	60.60	8.90	75.00	16.32	89.90	14.67	60.40	8.86	100.00	99.80	99.60
鱼粉，CP 62%	18.32	0.00	85.00	15.57	90.50	14.09	65.00	9.16	85.00	15.57	90.30	14.07	64.80	9.11	100.00	99.80	99.50
鱼粉，CP 65%	18.98	0.00	85.00	16.14	90.50	14.60	64.80	9.47	85.00	16.14	90.30	14.58	64.60	9.42	100.00	99.80	99.50

续表2-2-19

中文名称	总能	能量调节	能量消化率，生长猪	消化能，生长猪	代谢能/消化能，生长猪	代谢能，生长猪	净能/代谢能，生长猪	净能，生长猪	能量消化率，成年猪	消化能，成年猪	代谢能/消化能，成年猪	代谢能，成年猪	净能/代谢能，成年猪	净能，成年猪	消化能，成年猪/消化能，生长猪	代谢能，成年猪/代谢能，生长猪	净能，成年猪/净能，生长猪
	MJ/kg	%	%	MJ/kg	%	MJ/kg	%	MJ/kg	%	MJ/kg	%	MJ/kg	%	MJ/kg	%	%	%
鱼粉，CP 70%	20.05	0.00	85.00	17.05	90.40	15.42	64.50	9.94	85.00	17.05	90.30	15.39	64.20	9.89	100.00	99.90	99.50
脱含脂鱼蛋白浓缩物	20.81	0.00	85.00	17.69	89.60	15.84	60.90	9.64	85.00	17.69	89.40	15.82	60.70	9.61	100.00	99.90	99.60
含脂鱼蛋白浓缩物	24.52	0.00	85.00	20.84	91.90	19.15	69.40	13.28	85.00	20.84	91.80	19.13	69.10	13.22	100.00	99.90	99.50
肉骨粉，脂肪<7.5%	15.06	0.00	72.00	10.85	88.30	9.58	63.80	6.11	72.00	10.85	88.10	9.56	62.60	5.98	100.00	99.80	97.80
肉骨粉，脂肪>7.5%	16.57	0.00	70.00	11.60	89.70	10.41	68.90	7.17	70.00	11.60	89.50	10.38	67.90	7.05	100.00	99.80	98.30
脱脂奶粉	17.33	0.00	95.00	16.47	94.10	15.49	73.30	11.35	95.00	16.47	93.90	15.47	73.10	11.30	100.00	99.90	99.50
全脂奶粉	22.66	0.00	93.00	21.08	96.50	20.35	78.90	16.05	93.00	21.08	96.40	20.32	79.20	16.10	100.00	99.90	100.30
DL-蛋氨酸	23.60	0.00	100.00	23.60	95.00	22.40	77.10	17.28	100.00	23.60	94.80	22.38	77.10	17.26	100.00	99.90	99.90
L-赖氨酸盐酸盐	20.01	0.00	100.00	20.01	90.90	18.19	77.90	14.16	100.00	20.01	90.80	18.16	77.90	14.15	100.00	99.90	99.90
L-苏氨酸	17.24	0.00	100.00	17.24	91.60	15.79	77.70	12.28	100.00	17.24	91.50	15.77	77.80	12.26	100.00	99.80	99.90
L-色氨酸	27.48	0.00	100.00	27.48	94.00	25.83	77.30	19.96	100.00	27.48	93.90	25.80	77.30	19.95	100.00	99.90	99.90
L-缬氨酸	24.41	0.00	100.00	24.41	94.10	22.96	77.30	17.74	100.00	24.41	94.00	22.93	77.30	17.72	100.00	99.90	99.90
蛋氨酸羟基类似物，MHA，80%效率	20.85	0.00	100.00	20.85	95.00	19.80	77.10	15.26	100.00	20.85	94.80	19.77	77.10	15.25	100.00	99.80	99.90

3.氨基酸含量及氮消化率

表 2-2-20 氨基酸含量及氮消化率

%

中文名称	氮消化率,生长猪	氮消化率,成年猪	赖氨酸	苏氨酸	蛋氨酸	胱氨酸	蛋氨酸+胱氨酸	色氨酸	异亮氨酸	缬氨酸	亮氨酸	苯丙氨酸	酪氨酸	苯丙氨酸+酪氨酸	组氨酸	精氨酸	丙氨酸	天冬氨酸	谷氨酸	甘氨酸	丝氨酸	脯氨酸
大麦啤酒糟,脱水	77.0	82.8	0.77	0.74	0.36	0.42	0.78	0.28	0.87	1.12	1.72	1.28	0.76	2.04	0.45	0.98	1.01	1.31	5.56	0.81	0.99	2.45
大麦根,脱水	73.8	78.8	0.96	0.68	0.33	0.38	0.71	0.25	0.79	1.03	1.55	1.15	0.69	1.84	0.42	0.90	0.91	1.20	5.05	0.74	0.90	2.23
玉米酒糟	82.5	89.9	0.71	0.91	0.51	0.49	1.00	0.19	0.93	1.25	2.90	1.21	1.03	2.24	0.66	1.06	1.84	1.69	4.42	0.98	1.21	2.02
玉米酒糟,脱水	61.8	72.2	0.63	0.86	0.43	0.48	0.90	0.17	0.81	1.16	2.45	1.03	0.62	1.65	0.67	1.01	1.51	1.38	3.83	1.00	1.06	2.11
玉米蛋白饲料	60.4	73.6	0.58	0.65	0.33	0.38	0.70	0.12	0.59	0.89	1.57	0.68	0.46	1.14	0.55	0.89	1.24	1.07	2.75	0.81	0.80	1.62
玉米蛋白粉	86.8	87.6	1.07	2.03	1.46	1.08	2.54	0.29	2.48	2.79	9.67	3.76	3.03	6.78	1.25	1.94	5.29	3.61	12.57	1.66	3.08	5.33
玉米胚芽粕,脱脂	70.5	73.9	0.69	0.85	0.43	0.49	0.92	0.18	0.78	1.16	1.99	0.87	0.59	1.45	0.74	1.03	1.63	1.33	3.58	1.07	1.04	2.21
玉米胚芽粕,未脱脂	70.5	75.9	0.49	0.53	0.27	0.30	0.57	0.09	0.48	0.71	1.30	0.56	0.38	0.94	0.44	0.77	1.00	0.92	2.21	0.64	0.64	1.26
小麦酒糟,深色,L<50	51.4	55.7	0.33	0.91	0.45	0.51	0.95	0.30	1.09	1.34	2.01	1.42	0.96	2.37	0.56	0.82	1.15	1.44	8.48	1.25	1.33	2.75
小麦酒糟,浅色,L>50	77.7	80.9	0.76	1.01	0.48	0.62	1.10	0.37	1.16	1.42	2.18	1.50	1.02	2.53	0.69	1.43	1.24	1.67	8.59	1.33	1.49	2.83
小麦酒糟,淀粉<7%	65.5	69.7	1.05	1.16	0.63	0.81	1.44	0.50	1.12	1.21	1.60	1.59	0.92	2.51	0.69	1.52	1.12	1.35	8.54	1.21	1.34	2.14
小麦酒糟,淀粉>7%	75.1	78.2	0.57	0.99	0.52	0.44	0.97	0.42	0.95	1.03	1.37	1.36	0.78	2.14	0.59	1.30	0.95	1.15	7.28	1.03	1.14	1.83
苜蓿蛋白浓缩物	85.0	85.9	2.97	2.18	1.02	0.51	1.53	1.18	2.49	2.90	4.34	2.90	2.04	4.93	1.28	2.74	2.95	4.64	5.00	2.55	1.90	2.05
豌豆蛋白,淀粉厂副产品	97.8	98.0	5.99	3.11	0.94	0.71	1.65	0.76	4.75	4.33	7.10	4.40	3.16	7.55	2.07	7.22	3.35	9.17	13.89	3.30	3.89	3.37
马铃薯,蛋白浓缩物	95.0	95.3	5.89	4.31	1.74	1.03	2.77	0.95	4.40	5.12	7.61	4.83	4.02	8.85	1.74	4.02	3.70	9.69	8.25	3.66	3.97	3.93
酒糟,不同来源的	75.0	75.0	0.57	0.71	0.00	0.30	0.30	0.18	0.11	0.29	0.10	0.00	0.00	0.00	0.00	0.00	2.51	0.19	0.96	0.25	0.05	0.25

续表2-2-20

中文名称	氮消化率,生长猪	氮消化率,成年猪	赖氨酸	苏氨酸	蛋氨酸	胱氨酸	蛋氨酸+胱氨酸	色氨酸	异亮氨酸	缬氨酸	亮氨酸	苯丙氨酸	酪氨酸	苯丙氨酸+酪氨酸	组氨酸	精氨酸	丙氨酸	天冬氨酸	谷氨酸	甘氨酸	丝氨酸	脯氨酸
酒糟,来自谷氨酸生产的	75.0	75.0	0.10	0.04	0.06	0.07	0.14	0.20	0.16	0.32	0.23	0.04	0.17	0.21	0.04	0.09	2.15	0.58	11.09	0.21	0.08	0.13
酒糟,来自酵母生产的	75.0	75.0	0.28	0.18	0.17	0.09	0.25	0.18	0.13	0.23	0.16	0.09	0.14	0.23	0.16	0.21	0.22	0.49	7.06	0.23	0.20	0.14
干啤酒糟	85.0	86.1	2.85	2.01	0.70	0.29	0.99	0.49	1.99	2.20	2.76	1.61	1.24	2.85	0.98	2.06	3.00	3.69	6.64	1.78	1.93	4.14
浸提可可粉	65.8	70.5	1.08	0.88	0.23	0.27	0.50	0.27	0.88	0.95	1.56	1.06	0.68	1.74	0.41	1.26	1.01	2.16	3.77	0.80	1.01	0.80
椰子粕	71.1	78.6	0.54	0.61	0.28	0.26	0.55	0.27	0.63	0.97	1.19	0.83	0.42	1.25	0.39	2.17	0.81	1.55	3.49	0.84	0.89	0.69
棉籽粕,CF 14%～20%	80.3	83.4	1.47	1.15	0.53	0.60	1.14	0.47	1.12	1.60	2.02	1.87	0.98	2.84	1.06	3.86	1.50	3.31	6.76	1.45	1.56	1.23
棉籽粕,CF 7%～14%	93.4	95.6	1.68	1.33	0.60	0.73	1.33	0.56	1.33	1.94	2.39	2.21	1.16	3.37	1.22	4.67	1.84	3.88	8.03	1.74	1.81	1.38
花生粕	90.0	91.5	1.60	1.31	0.49	0.45	0.94	0.57	1.61	1.91	3.05	2.33	1.79	4.12	1.12	5.66	1.96	5.58	9.25	2.77	2.29	1.48
去毒花生饼粕,CF<9%	90.0	91.2	1.59	1.30	0.49	0.51	1.00	0.56	1.59	1.90	3.04	2.31	1.78	4.10	1.12	5.63	1.95	5.56	9.19	2.75	2.28	1.48
压榨亚麻仁饼	86.2	88.9	1.17	1.18	0.53	0.60	1.13	0.47	1.29	1.48	1.75	1.48	0.72	2.21	0.83	2.78	1.41	2.94	6.07	1.82	1.52	1.14
溶剂浸提亚麻仁粕	87.9	90.4	1.20	1.18	0.54	0.61	1.16	0.48	1.29	1.51	1.77	1.50	0.72	2.21	0.87	2.79	1.45	2.99	6.26	1.89	1.54	1.18
菜籽粕	75.4	79.0	1.80	1.45	0.69	0.82	1.51	0.41	1.37	1.70	2.26	1.31	0.98	2.30	0.89	2.03	1.47	2.39	5.68	1.67	1.49	2.07
芝麻粕	90.6	92.2	1.01	1.29	1.12	0.77	1.90	0.48	1.45	1.87	2.69	1.84	1.34	3.18	0.97	4.46	1.90	3.13	7.45	1.99	1.59	1.41
大豆粕,CP 46%	86.6	89.6	2.65	1.69	0.62	0.65	1.26	0.56	1.99	2.08	3.19	2.17	1.45	3.63	1.15	3.21	1.90	4.90	7.71	1.81	2.18	2.16
大豆粕,CP 48%	86.8	89.7	2.77	1.76	0.64	0.67	1.31	0.59	2.09	2.19	3.34	2.27	1.51	3.79	1.20	3.35	1.98	5.15	8.09	1.90	2.27	2.24
大豆粕,CP 50%	90.2	92.5	2.88	1.83	0.66	0.68	1.35	0.61	2.17	2.28	3.47	2.37	1.57	3.93	1.25	3.50	2.07	5.37	8.43	1.97	2.37	2.31
鹰嘴豆	80.0	84.1	1.34	0.69	0.22	0.19	0.41	0.17	0.84	0.83	1.46	1.10	0.44	1.54	0.52	1.76	0.75	2.14	3.74	0.69	0.96	0.85

续表2-2-20

中文名称	氮消化率，生长猪	氮消化率，成年猪	赖氨酸	苏氨酸	蛋氨酸	胱氨酸	蛋氨酸＋胱氨酸	色氨酸	异亮氨酸	缬氨酸	亮氨酸	苯丙氨酸	酪氨酸	苯丙氨酸＋酪氨酸	组氨酸	精氨酸	丙氨酸	天冬氨酸	谷氨酸	甘氨酸	丝氨酸	脯氨酸
彩色花蚕豆	81.0	83.1	1.66	0.91	0.18	0.32	0.50	0.21	1.04	1.15	1.93	1.06	0.80	1.88	0.65	2.40	1.06	3.04	4.47	1.10	1.29	1.05
白花蚕豆	83.0	84.6	1.72	0.96	0.19	0.34	0.53	0.22	1.08	1.21	2.03	1.12	0.85	1.97	0.68	2.62	1.10	3.22	4.73	1.15	1.36	1.11
亚麻籽，挤压	89.8	93.3	0.89	1.05	0.44	0.44	0.89	0.39	1.12	1.21	1.51	1.28	0.64	1.92	0.55	2.46	1.04	2.33	4.39	1.25	1.23	0.84
蓝羽扇豆	84.0	90.8	1.54	1.19	0.26	0.54	0.80	0.23	1.43	1.36	2.26	1.21	1.42	2.62	0.69	3.08	1.08	3.25	6.28	1.25	1.65	1.30
白羽扇豆	84.0	87.7	1.66	1.26	0.27	0.56	0.82	0.24	1.58	1.46	2.47	1.33	1.59	2.91	0.74	3.69	1.15	3.62	7.08	1.35	1.82	1.44
豌豆	84.0	87.5	1.49	0.79	0.20	0.28	0.48	0.18	0.86	0.98	1.47	0.98	0.64	1.62	0.52	1.78	0.91	2.41	3.38	0.92	0.96	0.86
油菜籽	80.0	83.8	1.19	0.91	0.41	0.47	0.89	0.25	0.77	1.00	1.23	0.73	0.55	1.27	0.51	1.13	0.86	1.36	2.86	0.89	0.85	1.24
挤压全脂大豆	85.0	90.6	2.16	1.40	0.53	0.56	1.09	0.44	1.60	1.67	2.59	1.74	1.22	2.97	0.93	2.56	1.41	3.89	6.17	1.48	1.78	1.83
烘烤全脂大豆	85.0	90.6	2.18	1.42	0.53	0.57	1.10	0.45	1.62	1.68	2.62	1.76	1.24	3.00	0.94	2.60	1.43	3.92	6.24	1.49	1.80	1.85
向日葵仁籽	80.0	87.4	0.63	0.60	0.37	0.29	0.66	0.20	0.65	0.74	0.95	0.69	0.45	1.13	0.40	1.26	0.75	1.31	2.56	0.94	0.73	0.69
血粉	80.0	80.0	7.97	4.04	0.97	0.96	1.93	1.10	1.20	7.47	10.96	6.11	2.56	8.67	5.62	3.76	6.95	9.55	8.42	3.96	4.31	3.26
羽毛粉	75.0	75.0	1.82	3.95	0.59	3.75	4.32	0.53	4.15	6.15	6.81	4.06	2.21	6.31	0.73	5.71	4.01	5.73	9.21	6.27	9.62	8.09
鱼粉，CP 62%	85.0	85.0	4.64	2.56	1.63	0.52	2.15	0.60	2.50	3.03	4.44	2.43	1.90	4.33	1.58	3.82	3.97	5.77	7.72	4.80	2.45	2.83
鱼粉，CP 65%	85.0	85.0	4.89	2.71	1.79	0.54	2.33	0.65	2.72	3.25	4.68	2.55	1.99	4.54	1.60	3.88	4.12	6.02	8.26	4.29	2.54	2.66
鱼粉，CP 70%	85.0	85.0	5.26	2.91	1.99	0.58	2.58	0.72	3.01	3.54	5.03	2.74	2.13	4.86	1.66	4.05	4.38	6.42	9.00	3.96	2.70	2.83
脱含脂鱼蛋白浓缩物	85.0	85.0	4.76	2.99	1.75	0.64	2.39	0.80	2.42	2.96	4.26	2.38	1.83	4.21	1.25	4.54	4.46	5.65	9.63	7.40	3.45	2.86
含脂鱼蛋白浓缩物	85.0	85.0	5.01	3.08	1.96	0.65	2.61	0.72	2.32	2.73	4.71	2.42	1.93	4.35	1.08	4.71	4.73	6.15	9.43	7.81	3.68	2.92

续表2-2-20

中文名称	氮消化率，生长猪	氮消化率，成年猪	赖氨酸	苏氨酸	蛋氨酸	胱氨酸	蛋氨酸＋胱氨酸	色氨酸	异亮氨酸	缬氨酸	亮氨酸	苯丙氨酸	酪氨酸	苯丙氨酸＋酪氨酸	组氨酸	精氨酸	丙氨酸	天冬氨酸	谷氨酸	甘氨酸	丝氨酸	脯氨酸
肉骨粉，脂肪＜7.5％	80.0	80.0	2.83	1.88	0.73	0.65	1.38	0.37	1.64	2.52	3.43	1.93	1.26	3.19	1.12	3.77	4.21	4.17	6.60	6.82	2.27	4.41
肉骨粉，脂肪＞7.5％	80.0	80.0	2.57	1.70	0.65	0.55	1.20	0.31	1.47	2.25	3.06	1.73	1.12	2.85	1.01	3.61	3.93	3.77	6.02	6.66	2.06	4.14
脱脂奶粉	95.0	95.0	2.68	1.49	0.97	0.27	1.24	0.45	1.86	2.10	3.19	1.64	1.45	3.09	0.94	1.25	1.13	2.60	7.03	0.65	1.86	3.39
全脂奶粉	95.0	95.0	1.81	1.04	0.54	0.14	0.68	0.31	1.28	1.37	2.12	1.09	0.83	1.92	0.67	0.82	0.69	1.61	4.62	0.44	1.20	1.38
DL-蛋氨酸	100.0	100.0	0.00	0.00	99.00	0.00	99.00	0.00	0.00	0.00	0.00	0.00	0.00	0.00	0.00	0.00	0.00	0.00	0.00	0.00	0.00	0.00
L-赖氨酸盐酸盐	100.0	100.0	79.80	0.00	0.00	0.00	0.00	0.00	0.00	0.00	0.00	0.00	0.00	0.00	0.00	0.00	0.00	0.00	0.00	0.00	0.00	0.00
L-苏氨酸	100.0	100.0	0.00	99.00	0.00	0.00	0.00	0.00	0.00	0.00	0.00	0.00	0.00	0.00	0.00	0.00	0.00	0.00	0.00	0.00	0.00	0.00
L-色氨酸	100.0	100.0	0.00	0.00	0.00	0.00	0.00	98.51	0.00	0.00	0.00	0.00	0.00	0.00	0.00	0.00	0.00	0.00	0.00	0.00	0.00	0.00
L-缬氨酸	100.0	100.0	0.00	0.00	0.00	0.00	0.00	0.00	0.00	96.53	0.00	0.00	0.00	0.00	0.00	0.00	0.00	0.00	0.00	0.00	0.00	0.00
蛋氨酸羟基类似物，MHA，80％效率	100.0	100.0	0.00	0.00	88.00	0.00	88.00	0.00	0.00	0.00	0.00	0.00	0.00	0.00	0.00	0.00	0.00	0.00	0.00	0.00	0.00	0.00

4. 可消化氨基酸

表 2-2-21 可消化氨基酸

中文名称	可消化赖氨酸	可消化苏氨酸	可消化蛋氨酸	可消化胱氨酸	可消化蛋氨酸+胱氨酸	可消化色氨酸	可消化异亮氨酸	可消化缬氨酸	可消化亮氨酸	可消化苯丙氨酸	可消化酪氨酸	可消化苯丙氨酸+酪氨酸	可消化组氨酸	可消化精氨酸	可消化丙氨酸	可消化天冬氨酸	可消化谷氨酸	可消化甘氨酸	可消化丝氨酸	可消化脯氨酸	可消化赖氨酸/净能,生长猪	可消化赖氨酸/净能,成年猪
	%	%	%	%	%	%	%	%	%	%	%	%	%	%	%	%	%	%	%	%	g/MJ	g/MJ
大麦啤酒糟,脱水	0.63	0.60	0.32	0.33	0.65	0.23	0.78	0.96	1.51	1.16	0.72	1.88	0.38	0.93	0.82	1.05	5.00	0.65	0.85	1.93	1.02	0.95
大麦根,脱水	0.74	0.52	0.28	0.28	0.56	0.19	0.64	0.80	1.29	0.97	0.59	1.56	0.35	0.80	0.70	0.95	4.34	0.53	0.73	1.76	1.25	1.17
玉米酒糟	0.44	0.64	0.42	0.36	0.78	0.14	0.70	0.93	2.39	0.98	0.82	1.79	0.51	0.86	1.43	1.17	3.48	0.65	0.93	1.26	0.50	0.47
玉米酒糟,脱水	0.36	0.53	0.33	0.28	0.60	0.12	0.58	0.76	1.91	0.82	0.47	1.29	0.40	0.76	1.01	0.82	2.64	0.46	0.70	1.66	0.52	0.45
玉米蛋白饲料	0.38	0.46	0.27	0.26	0.54	0.08	0.46	0.67	1.32	0.57	0.38	0.94	0.39	0.76	0.99	0.75	2.17	0.53	0.62	1.21	0.56	0.48
玉米蛋白粉	0.95	1.87	1.39	1.00	2.39	0.25	2.28	2.54	9.18	3.53	2.84	6.38	1.15	1.85	4.92	3.35	11.69	1.39	2.92	4.21	0.82	0.80
玉米胚芽粕,脱脂	0.42	0.60	0.35	0.33	0.68	0.13	0.58	0.84	1.51	0.70	0.46	1.16	0.62	0.87	1.15	0.80	2.69	0.67	0.78	1.74	0.56	0.53
玉米胚芽粕,未脱脂	0.30	0.38	0.21	0.20	0.42	0.06	0.35	0.51	0.99	0.45	0.30	0.75	0.37	0.65	0.71	0.55	1.65	0.40	0.48	0.99	0.29	0.28
小麦酒糟,深色,L<50	0.08	0.58	0.25	0.32	0.57	0.20	0.67	0.84	1.42	1.11	0.70	1.81	0.38	0.59	0.69	0.77	6.67	0.80	0.82	2.20	0.12	0.12
小麦酒糟,浅色,L>50	0.52	0.80	0.38	0.51	0.90	0.30	0.88	1.13	1.85	1.34	0.87	2.21	0.58	1.26	0.95	1.25	7.62	1.07	1.15	2.55	0.68	0.65
小麦酒糟,淀粉<7%	0.69	0.93	0.54	0.66	1.21	0.41	0.93	0.96	1.36	1.43	0.81	2.23	0.55	1.34	0.87	1.04	7.69	0.96	1.13	1.69	1.04	0.96
小麦酒糟,淀粉>7%	0.37	0.79	0.45	0.36	0.81	0.34	0.79	0.83	1.17	1.23	0.68	1.90	0.48	1.14	0.74	0.89	6.56	0.83	0.96	1.44	0.44	0.42
苜蓿蛋白浓缩物	2.28	1.65	0.86	0.38	1.21	0.91	2.01	2.25	3.62	2.44	1.74	4.18	1.07	2.43	2.28	3.67	4.31	1.83	1.53	1.61	2.37	2.30
豌豆蛋白,淀粉厂副产品	5.70	2.94	0.85	0.63	1.48	0.68	4.44	4.00	6.67	4.16	2.98	7.14	1.98	7.01	3.06	8.70	13.42	3.08	3.71	3.30	5.07	5.05
马铃薯,蛋白浓缩物	5.24	3.88	1.58	0.81	2.38	0.71	3.92	4.56	6.92	4.39	3.58	7.97	1.54	3.70	3.18	8.72	7.18	3.07	3.53	3.93	5.12	5.04

续表2-2-21

中文名称	可消化赖氨酸	可消化苏氨酸	可消化蛋氨酸	可消化胱氨酸	可消化蛋氨酸+胱氨酸	可消化色氨酸	可消化异亮氨酸	可消化缬氨酸	可消化亮氨酸	可消化苯丙氨酸	可消化酪氨酸	可消化苯丙氨酸+酪氨酸	可消化组氨酸	可消化精氨酸	可消化丙氨酸	可消化天冬氨酸	可消化谷氨酸	可消化甘氨酸	可消化丝氨酸	可消化脯氨酸	可消化赖氨酸/净能，生长猪	可消化赖氨酸/净能，成年猪
	%	%	%	%	%	%	%	%	%	%	%	%	%	%	%	%	%	%	%	%	g/MJ	g/MJ
酒糟，不同来源的	0.44	0.54	0.00	0.22	0.24	0.14	0.09	0.22	0.08	0.00	0.00	0.00	0.00	0.00	1.94	0.15	0.83	0.18	0.04	0.19	0.79	0.79
酒糟，来自谷氨酸生产的	0.08	0.03	0.05	0.05	0.11	0.15	0.13	0.25	0.19	0.04	0.15	0.17	0.04	0.08	1.66	0.46	9.54	0.15	0.06	0.10	0.13	0.13
酒糟，来自酵母生产的	0.22	0.14	0.14	0.07	0.20	0.14	0.10	0.18	0.13	0.08	0.12	0.20	0.14	0.19	0.17	0.39	6.08	0.16	0.16	0.11	0.40	0.40
干啤酒糟	2.11	1.32	0.48	0.14	0.62	0.27	1.43	1.45	2.02	1.07	0.79	1.85	0.75	1.61	2.22	2.76	5.12	1.19	1.33	3.26	2.33	2.25
浸提可可粉	0.84	0.67	0.19	0.20	0.40	0.21	0.71	0.74	1.30	0.89	0.58	1.47	0.34	1.12	0.78	1.71	3.25	0.58	0.81	0.63	1.52	1.41
椰子粕	0.41	0.46	0.24	0.19	0.43	0.21	0.51	0.75	1.00	0.70	0.36	1.06	0.33	1.93	0.63	1.23	3.01	0.60	0.72	0.55	0.66	0.61
棉籽粕，CF 14%～20%	1.13	0.88	0.45	0.44	0.89	0.36	0.90	1.25	1.68	1.57	0.84	2.40	0.89	3.42	1.16	2.62	5.82	1.04	1.26	0.96	1.76	1.64
棉籽粕，CF 7%～14%	1.06	0.95	0.44	0.56	1.00	0.38	0.99	1.47	1.82	1.83	0.94	2.76	0.93	4.20	1.34	3.10	6.91	1.27	1.41	1.16	1.43	1.35
花生粕	1.23	1.00	0.42	0.33	0.74	0.44	1.30	1.48	2.54	1.96	1.53	3.49	0.95	5.02	1.52	4.41	7.96	1.99	1.85	1.17	1.64	1.58
去毒花生饼粕，CF＜9%	0.97	0.92	0.36	0.38	0.74	0.41	1.32	1.54	2.61	2.08	1.60	3.69	0.94	5.12	1.41	4.72	8.09	1.90	1.74	1.15	1.14	1.10
压榨亚麻仁饼	0.90	0.89	0.45	0.44	0.89	0.36	1.04	1.15	1.46	1.25	0.62	1.87	0.70	2.47	1.09	2.32	5.22	1.30	1.23	0.90	1.07	1.03
溶剂浸提亚麻仁粕	0.92	0.90	0.46	0.45	0.91	0.37	1.04	1.17	1.48	1.26	0.61	1.88	0.73	2.48	1.12	2.37	5.39	1.35	1.24	0.93	1.26	1.20
菜籽粕	1.35	1.08	0.60	0.66	1.27	0.33	1.07	1.31	1.85	1.09	0.79	1.88	0.75	1.77	1.18	1.82	4.94	1.30	1.16	1.61	2.13	1.97
芝麻粕	0.78	0.98	0.95	0.56	1.49	0.37	1.17	1.45	2.24	1.55	1.15	2.70	0.81	3.96	1.47	2.47	6.41	1.43	1.28	1.11	0.83	0.81
大豆粕，CP 46%	2.39	1.45	0.57	0.56	1.12	0.50	1.77	1.83	2.84	1.96	1.32	3.30	1.04	3.01	1.63	4.36	6.94	1.52	1.94	1.70	2.98	2.77
大豆粕，CP 48%	2.50	1.54	0.59	0.57	1.16	0.52	1.88	1.92	2.97	2.07	1.39	3.45	1.09	3.15	1.71	4.63	7.28	1.61	2.02	2.02	3.07	2.86

续表2-2-21

中文名称	可消化赖氨酸	可消化苏氨酸	可消化蛋氨酸	可消化胱氨酸	可消化蛋氨酸＋胱氨酸	可消化色氨酸	可消化异亮氨酸	可消化缬氨酸	可消化亮氨酸	可消化苯丙氨酸	可消化酪氨酸	可消化苯丙氨酸＋酪氨酸	可消化组氨酸	可消化精氨酸	可消化丙氨酸	可消化天冬氨酸	可消化谷氨酸	可消化甘氨酸	可消化丝氨酸	可消化脯氨酸	可消化赖氨酸/净能，生长猪	可消化赖氨酸/净能，成年猪
	%	%	%	%	%	%	%	%	%	%	%	%	%	%	%	%	%	%	%	%	g/MJ	g/MJ
大豆粕，CP 50%	2.65	1.63	0.61	0.61	1.23	0.56	1.98	2.05	3.16	2.18	1.46	3.66	1.15	3.32	1.82	4.89	7.84	1.77	2.15	2.13	3.17	2.98
鹰嘴豆	1.03	0.52	0.19	0.14	0.32	0.13	0.68	0.64	1.22	0.93	0.37	1.30	0.43	1.56	0.58	1.70	3.22	0.49	0.78	0.67	0.94	0.91
彩色花蚕豆	1.41	0.73	0.15	0.23	0.38	0.15	0.85	0.91	1.62	0.88	0.65	1.54	0.55	2.14	0.82	2.59	3.89	0.81	1.06	0.77	1.56	1.53
白花蚕豆	1.52	0.79	0.16	0.26	0.42	0.18	0.92	1.00	1.75	0.97	0.72	1.70	0.61	2.41	0.87	2.80	4.21	0.93	1.17	0.90	1.65	1.62
亚麻籽，挤压	0.69	0.80	0.37	0.33	0.70	0.30	0.90	0.94	1.26	1.08	0.54	1.63	0.47	2.18	0.80	1.85	3.78	0.90	0.99	0.66	0.44	0.43
蓝羽扇豆	1.34	0.99	0.22	0.47	0.70	0.17	1.25	1.14	1.99	1.09	1.25	2.34	0.64	2.89	0.88	2.89	5.65	1.07	1.44	1.12	1.65	1.48
白羽扇豆	1.36	0.98	0.20	0.42	0.63	0.18	1.37	1.08	2.13	1.14	1.41	2.57	0.64	3.44	0.84	3.12	6.37	1.00	1.51	1.21	1.49	1.40
豌豆	1.24	0.60	0.16	0.20	0.36	0.13	0.68	0.75	1.18	0.78	0.52	1.29	0.44	1.58	0.68	1.98	2.84	0.71	0.76	0.67	1.28	1.25
油菜籽	0.93	0.65	0.34	0.38	0.71	0.18	0.52	0.70	0.87	0.53	0.41	0.93	0.37	0.92	0.62	0.98	2.34	0.64	0.60	1.01	0.56	0.54
挤压全脂大豆	1.88	1.18	0.45	0.45	0.91	0.34	1.36	1.40	2.20	1.50	1.08	2.58	0.82	2.33	1.17	3.38	5.43	1.21	1.51	1.61	1.75	1.63
烘烤全脂大豆	1.72	1.06	0.41	0.43	0.83	0.38	1.20	1.25	1.99	1.36	0.97	2.34	0.76	2.15	1.06	3.06	4.87	1.10	1.40	1.35	1.56	1.45
向日葵仁籽	0.49	0.45	0.31	0.21	0.52	0.15	0.53	0.58	0.79	0.58	0.38	0.96	0.34	1.12	0.58	1.04	2.20	0.67	0.59	0.54	0.32	0.31
血粉	6.85	3.43	0.83	0.74	1.59	0.97	1.03	6.27	9.20	5.26	2.20	7.45	4.61	3.24	5.91	7.83	7.24	3.37	3.66	2.84	7.45	7.41
羽毛粉	1.19	3.08	0.42	2.62	3.02	0.38	3.57	5.11	5.65	3.49	1.68	5.17	0.52	4.80	3.17	3.61	6.72	5.08	7.89	6.23	1.33	1.34
鱼粉，CP 62%	4.31	2.36	1.52	0.45	1.96	0.54	2.32	2.78	4.18	2.24	1.74	3.98	1.41	3.59	3.65	5.08	7.26	4.27	2.23	2.63	4.71	4.74
鱼粉，CP 65%	4.55	2.49	1.66	0.47	2.12	0.58	2.53	2.99	4.40	2.35	1.83	4.18	1.42	3.65	3.79	5.29	7.77	3.82	2.31	2.47	4.80	4.83

续表2-2-21

中文名称	可消化赖氨酸	可消化苏氨酸	可消化蛋氨酸	可消化胱氨酸	可消化蛋氨酸+胱氨酸	可消化色氨酸	可消化异亮氨酸	可消化缬氨酸	可消化亮氨酸	可消化苯丙氨酸	可消化酪氨酸	可消化苯丙氨酸+酪氨酸	可消化组氨酸	可消化精氨酸	可消化丙氨酸	可消化天冬氨酸	可消化谷氨酸	可消化甘氨酸	可消化丝氨酸	可消化脯氨酸	可消化赖氨酸/净能,生长猪	可消化赖氨酸/净能,成年猪
	%	%	%	%	%	%	%	%	%	%	%	%	%	%	%	%	%	%	%	%	g/MJ	g/MJ
鱼粉,CP 70%	4.89	2.67	1.85	0.50	2.34	0.64	2.80	3.26	4.73	2.52	1.96	4.47	1.47	3.81	4.03	5.65	8.46	3.52	2.46	2.64	4.93	4.95
脱含脂鱼蛋白浓缩物	4.57	2.87	1.68	0.54	2.25	0.74	2.35	2.84	4.17	2.36	1.79	4.17	1.19	4.50	4.32	5.03	9.34	7.03	3.31	2.81	4.73	4.75
含脂鱼蛋白浓缩物	4.81	2.96	1.88	0.55	2.45	0.67	2.25	2.62	4.62	2.40	1.89	4.31	1.02	4.67	4.59	5.48	9.14	7.42	3.53	2.86	3.62	3.64
肉骨粉,脂肪<7.5%	2.38	1.54	0.63	0.43	1.09	0.30	1.38	2.09	2.92	1.64	1.03	2.68	0.88	3.24	3.49	3.17	5.48	5.53	1.82	3.70	3.89	3.98
肉骨粉,脂肪>7.5%	2.16	1.40	0.55	0.37	0.95	0.25	1.24	1.87	2.60	1.47	0.92	2.39	0.80	3.11	3.26	2.86	5.00	5.40	1.65	3.48	3.01	3.07
脱脂奶粉	2.60	1.35	0.94	0.22	1.17	0.34	1.63	1.87	3.06	1.61	1.41	2.99	0.89	1.20	1.00	2.42	6.11	0.54	1.47	3.25	2.29	2.30
全脂奶粉	1.61	0.98	0.52	0.14	0.66	0.30	1.14	1.26	2.06	1.07	0.81	1.88	0.65	0.72	0.62	1.51	4.20	0.41	0.96	1.08	1.00	1.00
DL-蛋氨酸	0.00	0.00	99.00	0.00	99.00	0.00	0.00	0.00	0.00	0.00	0.00	0.00	0.00	0.00	0.00	0.00	0.00	0.00	0.00	0.00	0.00	0.00
L-赖氨酸盐酸盐	79.80	0.00	0.00	0.00	0.00	0.00	0.00	0.00	0.00	0.00	0.00	0.00	0.00	0.00	0.00	0.00	0.00	0.00	0.00	0.00	56.34	56.40
L-苏氨酸	0.00	99.00	0.00	0.00	0.00	0.00	0.00	0.00	0.00	0.00	0.00	0.00	0.00	0.00	0.00	0.00	0.00	0.00	0.00	0.00	0.00	0.00
L-色氨酸	0.00	0.00	0.00	0.00	0.00	98.51	0.00	0.00	0.00	0.00	0.00	0.00	0.00	0.00	0.00	0.00	0.00	0.00	0.00	0.00	0.00	0.00
L-缬氨酸	0.00	0.00	0.00	0.00	0.00	0.00	0.00	96.53	0.00	0.00	0.00	0.00	0.00	0.00	0.00	0.00	0.00	0.00	0.00	0.00	0.00	0.00
蛋氨酸羟基类似物,MHA,80%效率	0.00	0.00	70.40	0.00	70.40	0.00	0.00	0.00	0.00	0.00	0.00	0.00	0.00	0.00	0.00	0.00	0.00	0.00	0.00	0.00	0.00	0.00

2.3 荷兰资料

2.3.1 CVB Table Pigs. 2007. Chemical Composition, Nutritional Values of Feedstuffs and Feeding Standards(饲料化学成分和猪营养价值与饲养标准)[12]

1. Weende 参数(概略养分含量)

表 2-3-1 Weende 参数(概略养分含量,g/kg)

饲料名称、描述及编号	平均值和标准差	干物质 DM	粗灰分	粗蛋白质 CP	粗脂肪 CFAT	酸乙醚浸出物/酸水解脂肪 CFATh	粗纤维 CFIBRE	无氮浸出物 NFE	无氮浸出物(按酸乙醚浸出物计算) NFEh	Ewers 法测定淀粉 STAew	淀粉转葡糖苷酶法测定淀粉 STAam	总淀粉(STAam 与葡萄糖低聚糖之和) STAtot	还原糖 SUG	中性洗涤纤维 NDF	酸性洗涤纤维 ADF	酸性洗涤木质素 ADL	非淀粉多糖 NSP
热处理菜豆 Bean(phaseolus), heat treated 2001.616/0/0	平均值	862	52	229	16	—	45	520	—	362	326	—	39	175	75	—	202
	标准差[1]	11	9	11	2	—	5			21	42	—	6	30	—	—	
喷雾干燥血粉 Blood meal, spray dried 8002.657/0/0	平均值	937	17	927	—	7	—	—	−14	—	—	—	—	—	—	—	−14
	标准差	22	3	16	—	—	—			—	—	—	—	—	—	—	
骨粉 Bone meal 8005.000/0/0	平均值	954	462	402	—	52	—	—	38	—	—	—	—	—	—	—	38
	标准差	6	20	9	—	—	—			—	—	—	—	—	—	—	
干啤酒糟 Brewers' grains, dehydrated 1005.301/0/0	平均值	903	44	245	67	—	130	417	—	49	40	—	9	489	196	—	498
	标准差	16	5	35	7	2	18			30	28	—	—	88	—	—	
干啤酒酵母 Brewers' yeast, dehydrated 9001.315/0/0	平均值	936	69	468	—	26	22	—	351	84	52	—	12	—	—	—	310
	标准差	14	8	54	—	—	22			—	—	—	—	—	—	—	
酪蛋白 Casein 8010.000/0/0	平均值	912	34	868	—	11	—	—	−1	—	—	—	—	—	—	—	−1
	标准差	26	22	23	—	—	—			—	—	—	—	—	—	—	

续表2-3-1

饲料名称、描述及编号	平均值和标准差	干物质 DM	粗灰分	粗蛋白质 CP	粗脂肪 CFAT	酸乙醚浸出物/酸水解脂肪 CFATh	粗纤维 CFIBRE	无氮浸出物 NFE	无氮浸出物(按酸乙醚浸出物计算) NFEh	Ewers法测定淀粉 STAew	淀粉转葡糖苷酶法测定淀粉 STAam	总淀粉(STAam与葡萄糖低聚糖之和) STAtot	还原糖 SUG	中性洗涤纤维 NDF	酸性洗涤纤维 ADF	酸性洗涤木质素 ADL	非淀粉多糖 NSP
椰子饼 Coconut expeller, CFAT＜100 g/kg 3015.401/1/0	平均值	909	61	204	84	—	126	434	—	9	5	—	85	451	234	55	473
	标准差	16	3	7	10	—	15			7	2	—	11	—	—	—	
椰子饼 Coconut expeller, CFAT＞100 g/kg 3015.401/2/0	平均值	939	62	208	121	—	125	423	—	13	9	—	84	455	273	51	457
	标准差	9	3	8	10	—	19			12	3	—	11	—	—	—	
椰子粕 Coconut extraced, 3015.407/0/0	平均值	898	65	214	22	—	134	463	—	37	15	—	90	463	239	63	495
	标准差	11	4	10	7	—	19			—	—	—	37	—	—	—	
去壳棉籽饼 Cottonseed expeller, without husk, CFIBRE＜140 g/kg 3018.401/1/0	平均值	928	61	412	110	—	122	223	—	36	11	—	39	264	168	—	297
	标准差	31	7	55	—	—	17			—	—	—	—	—	—	—	
去壳棉籽粕 Cottonseed extracted, without husk, CFIBRE＜140 g/kg 3018.407/1/0	平均值	897	66	422	32	—	120	257	—	27	20	—	28	258	166	—	330
	标准差	19	6	69	6	—	13			—	29	—	—	—	—	—	
水解羽毛粉 Feather meal, hydrolized 8003.629/0/0	平均值	934	23	830	—	91	12	—	—22	—	—	—	—	—	—	—	—10
	标准差	21	6	22	—	13	3			—	—	—	—	—	—	—	
鱼粉 Fish meal, CP＜580 g/kg 8015.000/1/0	平均值	927	154	567	—	158	—	—	48	—	—	—	—	—	—	—	48
	标准差	27	—	21	—	—	—			—	—	—	—	—	—	—	
鱼粉 Fish meal, CP 580～630 g/kg 8015.000/2/0	平均值	913	167	629	—	112	—	—	5	—	—	—	—	—	—	—	5
	标准差	10	16	10	—	18	—			—	—	—	—	—	—	—	

续表2-3-1

饲料名称、描述及编号	平均值和标准差	干物质 DM	粗灰分	粗蛋白质 CP	粗脂肪 CFAT	酸乙醚浸出物/酸水解脂肪 CFATh	粗纤维 CFIBRE	无氮浸出物 NFE	无氮浸出物(按酸乙醚浸出物计算) NFEh	Ewers 法测定淀粉 STAew	淀粉转葡糖苷酶法测定淀粉 STAam	总淀粉(STAam 与葡萄糖低聚糖之和) STAtot	还原糖 SUG	中性洗涤纤维 NDF	酸性洗涤纤维 ADF	酸性洗涤木质素 ADL	非淀粉多糖 NSP
鱼粉 Fish meal,CP 630～680 g/kg 8015.000/3/0	平均值	913	158	657	—	107	—	—	−9	—	—	—	—	—	—	—	−9
	标准差	10	11	12	—	14	—			—	—	—	—	—	—	—	
鱼粉 Fish meal,CP ＞680 g/kg 8015.000/4/0	平均值	922	133	711	—	101	—	—	−23	—	—	—	—	—	—	—	−23
	标准差	16	20	14	—	16	—			—	—	—	—	—	—	—	
油渣 Greaves CP＞657 g/kg 8007.000/2/0	平均值	966	48	818	—	138	—	—	−38	—	—	—	—	—	—	—	−38
	标准差	9	9	24	—	24	—			—	—	—	—	—	—	—	
饲用蚕豆 Horsebeans 2002.000/0/0	平均值	863	34	251	14	16	79	485	483	372	326	—	28	148	100	7	211
	标准差	16	4	17	5	—	11			27	51	—	6	22	—	—	
饲用白蚕豆 Horsebeans, white 2017.000/0/0	平均值	872	35	275	14	16	79	469	467	378	338	—	39	142	—	—	173
	标准差	—	5	43	—	—	—			—	—	—	21	—	—	—	
扁豆 Lentils 2008.000/0/0	平均值	874	30	230	13	—	46	555	—	425	413	—	48	—	—	—	142
	标准差	7	3	6	3	—	6			18	—	—	—	—	—	—	
亚麻籽 Linseed 3006.000/0/0	平均值	913	41	213	356	—	67	236	—	54	14	—	32	166	99	32	258
	标准差	11	9	18	27	—	11			14	25	—	11	—	—	—	
亚麻籽饼 Linseed expeller 3006.401/0/0	平均值	901	55	310	85	—	96	355	—	86	26	—	43	234	131	41	384
	标准差	19	4	15	22	—	13			15	12	—	5	52	20	—	

续表2-3-1

饲料名称、描述及编号	平均值和标准差	干物质 DM	粗灰分	粗蛋白质 CP	粗脂肪 CFAT	酸乙醚浸出物/酸水解脂肪 CFATh	粗纤维 CFIBRE	无氮浸出物 NFE	无氮浸出物(按酸乙醚浸出物计算) NFEh	Ewers法测定淀粉 STAew	淀粉转葡糖苷酶法测定淀粉 STAam	总淀粉(STAam与葡萄糖低聚糖之和) STAtot	还原糖 SUG	中性洗涤纤维 NDF	酸性洗涤纤维 ADF	酸性洗涤木质素 ADL	非淀粉多糖 NSP
亚麻籽粕 Linseed extracted 3006.407/0/0	平均值	870	54	318	30	—	96	372	—	95	35	—	43	219	129	41	392
	标准差	9	2	18	6	—	9			—	—	—	—	—	—	—	
羽扇豆 Lupins, CP＜335 g/kg 2004.000/1/0	平均值	913	27	314	52	61	153	367	358	88	12	—	53	286	180	5	458
	标准差	8	1	11	3	—	11			16	21	—	6	48	47	3	
羽扇豆 Lupins, CP＞335 g/kg 2004.000/2/0	平均值	888	39	372	48	57	137	292	283	64	21	—	49	262	165	—	361
	标准差	32	4	34	4	—	11			22	29	—	—	—	—	—	
玉米胚芽粕 Maize germ meal, solvent extracted 1002.418/0/0	平均值	887	37	185	17	—	71	577	—	323	299	—	3	328	91	8	346
	标准差	16	12	29	6	—	12			42	—	—	—	—	—	—	
玉米面筋饲料/玉米蛋白饲料 Maize gluten feed CP ＜200 g/kg 1002.205/1/0	平均值	892	60	187	—	36	73	—	536	185	158	—	26	327	87	6	426
	标准差	12	10	7	—	4	7			32	36	—	15	42	9	1	
玉米面筋饲料/玉米蛋白饲料 Maize gluten feed CP 200～230 g/kg 1002.205/2/0	平均值	893	60	212	—	39	74	—	508	153	127	—	27	336	89	6	429
	标准差	12	7	11	—	3	6			26	45	—	14	48	8	2	—
玉米面筋饲料/玉米蛋白饲料 Maize gluten feed CP ＞230 g/kg 1002.205/3/0	平均值	890	62	240	—	41	74	—	473	128	102	—	26	348	93	6	420
	标准差	10	5	8	—	3	4			17	—	—	14	24	—	—	
玉米面筋粉/玉米蛋白粉 Maize gluten meal 1002.204/0/0	平均值	901	17	610	—	56	10	—	208	156	177	—	1	32	16	—	40
	标准差	18	6	26	—	11	4			26	45	—	3	—	—	—	

续表2-3-1

饲料名称、描述及编号	平均值和标准差	干物质 DM	粗灰分	粗蛋白质 CP	粗脂肪 CFAT	酸乙醚浸出物/酸水解脂肪 CFATh	粗纤维 CFIBRE	无氮浸出物 NFE	无氮浸出物(按酸乙醚浸出物计算) NFEh	Ewers 法测定淀粉 STAew	淀粉转葡糖苷酶法测定淀粉 STAam	总淀粉(STAam 与葡萄糖低聚糖之和) STAtot	还原糖 SUG	中性洗涤纤维 NDF	酸性洗涤纤维 ADF	酸性洗涤木质素 ADL	非淀粉多糖 NSP
大麦芽根 Malt culms CP＞200g/kg 1005.310/2/0	平均值	913	57	223	21	—	130	482	—	116	104	—	86	372	—	—	425
	标准差	39	6	19	5	—	8			53	48	—	—	—	—	—	
荷兰产肉粉 Meat meal, Dutch origine 8001.003/0/0	平均值	946	175	585	—	144	28	—	14	—	—	—	—	—	—	—	42
	标准差	13	16	14	—	14	3		—	—	—	—	—	—	—	—	
肉粉 Meat meal, CFAT＜100 g/kg 8001.001/1/0	平均值	950	221	580	—	89	22	—	38	—	—	—	—	—	—	—	60
	标准差	23	—	28	—	9	—			—	—	—	—	—	—	—	
肉粉 Meat meal, CFAT＞100 g/kg 8001.001/2/0	平均值	946	210	572	—	136	23	—	5	—	—	—	—	—	—	—	28
	标准差	12	18	29	—	14	—			—	—	—	—	—	—	—	
肉骨粉 Meat-and-bone meal, CFATh＜100 g/kg 8004.000/1/0	平均值	957	401	461	—	88	15	—	−8	—	—	—	—	—	—	—	7
	标准差	—	—	—	—	—	6			—	—	—	—	—	—	—	
肉骨粉 Meat-and-bone meal, CFATh＞100 g/kg 8004.000/2/0	平均值	938	355	450	—	131	14	—	−12	—	—	—	—	—	—	—	2
	标准差	10	16	11	—	13	8			—	—	—	—	—	—	—	
脱脂奶粉 Milk powder, skimmed 8008.000/0/0	平均值	945	79	350	—	16	—	—	500	—	—	—	502	—	—	—	23
	标准差	14	3	14	—	16	—			—	—	—	—	—	—	—	
全脂奶粉 Milk powder, whole8012.000/0/0	平均值	949	63	279	—	225	—	—	382	—	—	—	403	—	—	—	−1
	标准差	3	2	10	—	—	—			—	—	—	—	—	—	—	

续表2-3-1

饲料名称、描述及编号	平均值和标准差	干物质 DM	粗灰分	粗蛋白质 CP	粗脂肪 CFAT	酸乙醚浸出物/酸水解脂肪 CFATh	粗纤维 CFIBRE	无氮浸出物 NFE	无氮浸出物(按酸乙醚浸出物计算) NFEh	Ewers法测定淀粉 STAew	淀粉转葡糖苷酶法测定淀粉 STAam	总淀粉(STAam与葡萄糖低聚糖之和) STAtot	还原糖 SUG	中性洗涤纤维 NDF	酸性洗涤纤维 ADF	酸性洗涤木质素 ADL	非淀粉多糖 NSP
尼日尔籽 Niger seed 3002.000/0/0	平均值	916	47	203	409	—	145	112	—	—	8	—	35	—	—	—	215
	标准差	—	—	—	—	—	—			—	—	—	—	—	—	—	
去壳花生饼 Peanut expeller, without shell, CFIBRE <80 g/kg 2013.401/1/0	平均值	914	68	451	79	91	60	256	244	66	62	—	91	148	—	—	167
	标准差	—	—	—	—	—	13			—	18	—	8	17	—	—	
部分去壳花生饼 Peanut expeller, partly with shell, CFIBRE 80～150 g/kg 2013.401/2/0	平均值	915	64	418	78	90	82	273	261	68	60	—	91	189	—	—	208
	标准差	—	16	—	—	—	—			—	—	—	8	16	—	—	
去壳花生饼 Peanut expeller, without shell, CFIBRE >80 g/kg 2013.407/1/0	平均值	913	60	457	11	23	64	321	309	80	51	—	75	244	—	—	262
	标准差	5	6	13	5	—	5			—	—	—	—	—	—	—	
带壳花生饼 Peanut expeller, with shell, CFIBRE 80～150 g/kg 2013.4071/2/0	平均值	893	54	501	10	17	126	202	195	69	51	—	75	187	—	—	205
	标准差	13	—	—	4	—	13			—	—	—	—	—	—	—	
豌豆 Peas 2006.000/0/0	平均值	867	28	211	10	15	53	565	560	436	387	—	43	137	71	1	189
	标准差	10	2	11	2	3	5			19	47	—	9	47	21	0	
马铃薯蛋白 Potato protein, ASH<10 g/kg 4001.203/1/0	平均值	907	6	795	—	32	6	—	68	—	5	—	9	—	—	—	60
	标准差	6	2	9	—	—	6			—	—	—	—	—	—	—	

续表2-3-1

饲料名称、描述及编号	平均值和标准差	干物质 DM	粗灰分	粗蛋白质 CP	粗脂肪 CFAT	酸乙醚浸出物/酸水解脂肪 CFATh	粗纤维 CFIBRE	无氮浸出物 NFE	无氮浸出物(按酸乙醚浸出物计算) NFEh	Ewers 法测定淀粉 STAew	淀粉转葡糖苷酶法测定淀粉 STAam	总淀粉(STAam 与葡萄糖低聚糖之和) STAtot	还原糖 SUG	中性洗涤纤维 NDF	酸性洗涤纤维 ADF	酸性洗涤木质素 ADL	非淀粉多糖 NSP
马铃薯蛋白 Potato protein,ASH>10 g/kg 4001.203/2/0	平均值	905	22	768	—	34	7	—	74	7	5	—	9	17	—	—	67
	标准差	9	5	19	—	—	5			11	—	—	—	—	—	—	
油菜籽 Rapeseed 3009.000/0/0	平均值	923	39	198	415	426	97	174	163	—	15	—	56	198	181	60	202
	标准差	8	2	10	15	—	19			—	—	—	10	—	—	—	
菜籽饼 Rapeseed expeller 3009.401/0/0	平均值	894	70	324	75	86	116	309	298	56	20	—	102	234	179	70	307
	标准差	29	8	16	17	—	11			—	—	—	—	—	—	—	
菜籽粕 Rapeseed, solvent extracted, CP < 380 g/kg 3009.407/1/0	平均值	873	67	335	26	38	120	325	313	61	8	—	90	292	194	46	352
	标准差	11	3	11	7	—	12			8	—	—	8	—	—	—	
菜籽粕 Rapeseed, solvent extracted, CP > 380 g/kg 3009.407/2/0	平均值	906	84	388	16	28	115	303	291	63	11	—	89	237	182	71	322
	标准差	21	6	6	7	—	16			9	7	—	9	—	—	—	
芝麻饼 Sesame seed expeller 3005.401/0/0	平均值	946	126	449	116	116	61	194	194	15	—	—	25	—	—	—	231
	标准差	8	23	38	18	—	7			—	—			—	—	—	
芝麻粕 Semame seed meal, solvent extracted 3005.407/0/0	平均值	929	62	429	17	—	122	299	—	18	—	—	66	—	—	—	358
	标准差	—	—	—	—	—	—			—	—	—	—	—	—	—	
高粱面筋粉/高粱蛋白粉 Sorghum gluten meal 1008.204/0/0	平均值	900	32	430	54	—	36	348	—	246	245	—	—	85	—	—	139
	标准差	3	7	13	—	—	—			—	—	—	—	—	—	—	

续表2-3-1

饲料名称、描述及编号	平均值和标准差	干物质 DM	粗灰分	粗蛋白质 CP	粗脂肪 CFAT	酸乙醚浸出物/酸水解脂肪 CFATh	粗纤维 CFIBRE	无氮浸出物 NFE	无氮浸出物(按酸乙醚浸出物计算) NFEh	Ewers 法测定淀粉 STAew	淀粉转葡糖苷酶法测定淀粉 STAam	总淀粉(STAam 与葡萄糖低聚糖之和) STAtot	还原糖 SUG	中性洗涤纤维 NDF	酸性洗涤纤维 ADF	酸性洗涤木质素 ADL	非淀粉多糖 NSP
向日葵仁粕 Sunflower seed meal, solvent extracted, CFIBRE < 160 g/kg 3003.407/1/0	平均值	891	66	382	18	26	148	277	269	36	8	—	53	297	200	47	367
	标准差	7	5	10	3	—	6			10	7	—	8	—	—	—	
甜菜废糖蜜 Vinasse(sugarbeet), CP < 250 g/kg 4004.306/1/0	平均值	663	175	215	—	—	1	272	—	—	—	—	26	2	1	—	248
	标准差	25	19	16	—	—	—			—	—	—	13	—	—	—	
小麦胚芽 Wheat germs 1010.102/0/0	平均值	877	41	266	85	—	35	450	—	231	209	—	110	170	50	11	170
	标准差	39	—	20	—	—				66	—	—	—	—	—	—	
小麦胚芽饲料 Wheat germ feed 1010.114/0/0	平均值	868	39	177	46	53	54	552	545	282	259	—	65	243	72	17	284
	标准差	13	2	3	2	—	4			30	—	—	—	—	—	—	
小麦面筋粉/小麦蛋白粉 Wheat gluten meal 1010.204/0/0	平均值	930	9	792	—	58	5	—	66	30	63	—	29	20	6	2	−20
	标准差	17	1	10	—	—	—			—	—	—	—	—	—	—	
低乳糖乳清粉 Whey powder, low lactose, Ash<210 g/kg 8009.626/1/0	平均值	956	177	254	—	53	—	—	472	—	—	—	467	—	—	—	28
	标准差	7	13	32	—	17	—			—	—	—	—	—	—	—	
低乳糖乳清粉 Whey powder, low lactose, Ash>210 g/kg 8009.626/2/0	平均值	959	225	213	—	41	—	—	480	—	—	—	443	—	—	—	59
	标准差	8	8	13	—	24	—			—	—	—	—	—	—	—	

注:[1] 原文为 Sdc=(Corrected) standard deviation,(校正)标准差,具体计算方法原文未列出,下同。NFEh=1000−(moisture 水分+Ash 粗灰分+CP 粗蛋白质+CFATh 酸乙醚浸出物+CFIBRE 粗纤维);Ewers 法为旋光测定(polarimetric determination)法,具体方法原文未列出。本资料原书有较详细的名称解释和检测方法,内容较多,恕未能列出;另外,此资料中保留的有些英文缩写与其他资料有所差异,但"中英文词汇对照及说明表"中不再加入。此资料后表饲料名称英文、描述及编号不再赘述。

2. 矿物质

表 2-3-2 矿物质含量

g/kg

饲料名称、描述及编号	平均值和标准差	钙 Ca	磷 P	镁 Mg	钾 K	钠 Na	氯 Cl	无机硫 S-a	有机硫 S-o
热处理菜豆	平均值	1.6	4.6	1.8	15.2	0.1	0.4	0.2	1.2
	标准差	0.3	0.5	0.1	1.6	—	0.6	—	
喷雾干燥血粉	平均值	0.5	1.7	0.2	2.8	5.9	3.5	—	5.4
	标准差	—	—	—	—	—	—	—	
骨粉	平均值	178.7	82.8	3.2	2.2	6.4	10.1	—	1.8
	标准差	10.1	4.0	—	—	—	—	—	
干啤酒糟	平均值	3.4	4.5	1.8	0.5	0.1	0.1	0.2	2.2
	标准差	0.8	2.3	—	—	—	—	—	
干啤酒酵母	平均值	3.2	12.6	1.9	19.8	0.8	1.9	0.3	3.0
	标准差	—	—	—	—	—	—	—	
酪蛋白	平均值	1.8	5.3	0.2	1.2	0.5	1.6	—	6.5
	标准差	1.8	2.7	0.1	1.9	0.6	—	—	
压榨椰子饼 CFAT<100 g/kg	平均值	0.8	5.6	3.1	21.3	0.6	6.2	0.4	1.5
	标准差	0.2	0.3	0.2	1.4	0.2	1.4	—	
压榨椰子饼 CFAT>100 g/kg	平均值	1.0	5.4	3.1	21.0	0.8	6.2	0.5	1.5
	标准差	0.3	0.5	0.2	2.1	0.2	1.4	—	
浸提椰子粕	平均值	1.4	5.6	3.2	20.7	0.6	6.2	0.5	1.5
	标准差	0.6	0.4	0.2	2.5	0.3	1.0	—	
去壳压榨棉籽饼 CFIBRE<140 g/kg	平均值	2.4	11.2	5.2	14.7	0.1	0.3	0.5	3.3
	标准差	0.3	3.7	—	—	—	—	—	
去壳浸提棉籽粕 CFIBRE<140g/kg	平均值	2.2	10.7	5.9	15.7	0.5	0.4	0.5	3.4
	标准差	0.9	1.3	0.8	1.4	0.5	0.3	—	
水解羽毛粉	平均值	5.0	2.7	0.4	1.0	0.8	1.6	0.1	12.3
	标准差	0.9	0.7	0.1	0.3	0.2	0.7	—	

续表2-3-2

饲料名称、描述及编号	平均值和标准差	钙 Ca	磷 P	镁 Mg	钾 K	钠 Na	氯 Cl	无机硫 S-a	有机硫 S-o
鱼粉 CP<580 g/kg	平均值	40.9	21.3	2.3	9.6	10.4	15.4	0.7	4.8
	标准差	4.9	4.4	0.4	2.0	2.8	5.3	—	
鱼粉 CP 580～630 g/kg	平均值	40.2	25.6	2.5	8.0	11.2	20.1	1.0	5.3
	标准差	6.9	3.8	0.6	2.0	3.3	6.8	—	
鱼粉 CP 630～680 g/kg	平均值	35.9	24.0	2.3	9.9	10.7	17.0	1.0	5.5
	标准差	4.8	2.1	0.4	1.3	2.4	4.3	—	
鱼粉 CP>680 g/kg	平均值	28.2	21.9	1.8	14.1	9.2	13.2	0.7	6.0
	标准差	8.3	2.7	0.4	3.7	3.0	4.6	—	
油渣 CP>657 g/kg	平均值	6.4	6.8	0.6	7.0	6.8	6.1	—	4.0
	标准差	3.3	1.7	0.2	0.5	0.6	—	—	
饲用蚕豆	平均值	1.0	5.2	1.2	12.2	0.1	1.0	0.3	1.3
	标准差	0.2	1.1	0.3	1.6	—	—	—	
饲用白蚕豆	平均值	1.8	3.7	1.8	13.3	0.1	0.7	0.3	1.4
	标准差	—	—	—	—	—	—	—	
扁豆	平均值	0.8	3.8	1.1	9.4	0.1	1.4	0.2	1.0
	标准差	—	—	—	—	—	—	—	
亚麻籽	平均值	2.7	6.0	3.4	7.9	0.3	0.6	0.2	1.9
	标准差	0.5	0.9	0.3	1.0	0.1	0.4	—	
压榨亚麻籽饼	平均值	3.4	8.1	4.8	11.7	0.8	1.2	0.8	2.8
	标准差	0.4	0.8	0.5	1.2	0.3	0.5	—	
浸提亚麻籽粕	平均值	3.6	9.4	5.4	11.9	0.8	0.6	0.8	2.8
	标准差	—	—	—	—	—	—	—	
羽扇豆 CP<335 g/kg	平均值	2.4	2.8	1.7	7.7	0.4	0.5	0.6	1.7
	标准差	0.3	0.3	0.2	0.4	0.2	0.2	—	

续表2-3-2

饲料名称、描述及编号	平均值和标准差	钙 Ca	磷 P	镁 Mg	钾 K	钠 Na	氯 Cl	无机硫 S-a	有机硫 S-o
羽扇豆 CP>335 g/kg	平均值	2.4	2.9	1.8	8.5	0.4	0.5	0.6	2.0
	标准差	0.3	0.3	0.2	1.9	0.2	0.2	—	
浸提玉米胚芽粕	平均值	0.5	6.2	2.2	4.5	0.4	0.5	0.2	1.9
	标准差	—	—	—	—	—	—	—	
玉米面筋饲料/玉米蛋白饲料 CP<200 g/kg	平均值	0.7	8.6	3.7	12.4	3.0	2.4	1.0	1.7
	标准差	0.5	1.0	0.4	1.5	1.7	0.9	0.4	
玉米面筋饲料/玉米蛋白饲料 CP 200～230 g/kg	平均值	1.6	9.0	3.7	12.1	3.3	2.3	1.0	2.0
	标准差	1.3	0.7	0.5	1.6	1.7	0.7	0.4	
玉米面筋饲料/玉米蛋白饲料 CP>230 g/kg	平均值	2.1	8.6	3.4	11.2	4.3	2.1	1.0	2.2
	标准差	1.0	0.4	0.3	0.9	0.8	0.7	—	
玉米面筋粉/玉米蛋白粉	平均值	0.1	4.5	0.5	1.6	0.3	0.7	0.4	6.1
	标准差	0.2	1.0	0.2	0.8	0.3	0.3	—	
大麦芽根 CP>200 g/kg	平均值	1.9	5.1	1.4	11.9	0.3	3.4	—	1.4
	标准差	0.2	1.1	—	2.1	—	—	—	
荷兰产肉粉	平均值	45.7	23.1	1.6	6.3	9.0	8.2	1.3	3.6
	标准差	8.0	4.0	0.1	0.9	2.1	1.7	—	
肉粉 CFAT<100 g/kg	平均值	70.6	35.3	1.8	7.0	7.8	6.4	1.4	3.2
	标准差	8.8	2.4	0.2	1.4	1.2	2.2	—	
肉粉 CFAT>100 g/kg	平均值	73.2	36.4	1.9	5.1	7.0	6.9	1.3	3.1
	标准差	8.8	2.4	0.2	0.8	1.4	2.4	—	
肉骨粉 CFATh<100 g/kg	平均值	145.6	69.7	2.6	3.2	6.4	4.1	—	2.3
	标准差	13.0	3.9	0.3	0.9	1.2	1.9	—	
肉骨粉 CFATh>100 g/kg	平均值	125.6	60.6	2.6	3.2	6.0	3.5	—	2.2
	标准差	8.4	5.6	0.3	0.9	1.2	1.8	—	

续表2-3-2

饲料名称、描述及编号	平均值和标准差	钙 Ca	磷 P	镁 Mg	钾 K	钠 Na	氯 Cl	无机硫 S-a	有机硫 S-o
脱脂奶粉	平均值	12.4	10.1	4.4	16.3	4.0	9.8	0.3	2.8
	标准差	0.3	0.2	5.6	0.4	0.2	—	—	
全脂奶粉	平均值	12.4	10.3	1.3	16.4	4.5	8.1	0.3	2.2
	标准差	0.7	0.4	—	—	0.4	—	—	
尼日尔籽	平均值	4.0	6.9	3.3	8.2	—	—	—	2.1
	标准差	—	—	—	—	—	—	—	
去壳压榨花生饼 CFIBRE<80 g/kg	平均值	1.7	5.6	3.2	12.0	0.2	0.4	0.4	2.8
	标准差	0.5	0.7	0.3	1.6	0.1	0.3	—	
部分去壳压榨花生饼 CFIBRE 80～150 g/kg	平均值	1.9	5.3	3.1	11.8	0.2	0.4	0.4	2.6
	标准差	0.7	1.0	0.5	1.5	0.1	0.3	—	
带壳压榨花生饼 CFIBRE>80 g/kg	平均值	1.8	6.4	3.5	12.5	0.2	0.2	0.4	2.9
	标准差	—	1.4	—	—	—	—	—	
带壳压榨花生饼 CFIBRE 80～150 g/kg	平均值	1.8	6.4	3.4	12.3	0.2	0.3	0.4	3.2
	标准差	—	1.4	—	—	—	—	—	
豌豆	平均值	1.0	4.0	1.2	10.0	0.1	0.6	0.5	1.3
	标准差	0.3	0.6	0.2	1.0	—	0.4	0.1	
马铃薯蛋白 Ash<10 g/kg	平均值	0.4	1.5	0.2	0.2	0.2	2.5	9.8	7.1
	标准差	0.2	0.5	0.2	0.2	0.2	1.3	1.8	
马铃薯蛋白 Ash>10 g/kg	平均值	0.4	2.1	0.4	6.7	0.2	0.9	8.3	6.9
	标准差	0.1	0.7	0.1	1.8	0.1	0.9	4.3	
油菜籽	平均值	4.2	6.7	2.4	7.9	—	0.8	0.7	2.2
	标准差	—	—	—	—	—	—	—	
菜籽饼	平均值	6.3	10.8	4.2	11.8	0.2	0.2	0.8	3.6
	标准差	—	—	—	—	—	—	—	

续表2-3-2

饲料名称、描述及编号	平均值和标准差	钙 Ca	磷 P	镁 Mg	钾 K	钠 Na	氯 Cl	无机硫 S-a	有机硫 S-o
菜籽粕 CP<380 g/kg	平均值	7.4	10.9	4.0	12.5	0.3	0.4	0.7	3.7
	标准差	0.7	0.6	0.5	0.9	0.3	0.4	0.4	
菜籽粕 CP>380 g/kg	平均值	7.2	10.7	4.0	12.6	0.2	0.4	0.8	4.3
	标准差	1.1	0.8	0.5	0.9	0.3	0.4	—	
芝麻饼	平均值	17.3	9.1	7.1	9.5	0.1	0.1	—	4.9
	标准差	2.2	0.7	—	0.7	—	—	—	
芝麻粕	平均值	24.0	13.4	8.0	10.9	0.2	0.4	—	4.7
	标准差	—	—	—	—	—	—	—	
高粱面筋粉/高粱蛋白粉	平均值	—	3.0	—	—	—	—	—	3.6
	标准差	—	—	—	—	—	—	—	
向日葵仁粕 CFIBRE<160 g/kg	平均值	3.5	11.6	5.6	15.0	0.2	1.2	0.2	3.5
	标准差	0.4	2.0	0.8	1.5	0.1	0.4	—	
甜菜废糖蜜 CP<250 g/kg	平均值	4.1	0.9	1.0	70.9	16.5	10.3	5.8	1.2
	标准差	2.0	0.5	0.7	16.6	7.0	5.1	—	
小麦胚芽	平均值	0.6	10.0	2.6	10.9	0.1	1.2	0.1	2.0
	标准差	—	—	—	—	—	—	—	
小麦胚芽饲料	平均值	0.9	9.1	2.9	10.4	0.1	0.4	0.1	1.6
	标准差	—	0.8	—	—	—	—	—	
小麦面筋粉/小麦蛋白粉	平均值	0.7	1.9	0.3	1.2	1.0	1.0	0.1	7.4
	标准差	—	—	—	—	—	—	—	
低乳糖乳清粉 ASH<210 g/kg	平均值	16.7	15.0	2.8	43.1	16.4	29.4	—	2.1
	标准差	8.5	2.7	0.6	7.1	3.6	5.2	—	
低乳糖乳清粉 ASH>210 g/kg	平均值	33.8	19.6	3.1	48.6	19.3	29.3	—	1.8
	标准差	10.5	2.8	0.4	1.8	3.8	1.3	—	

注:S-i处原文为S-a,然而书中没有S-a的注释,只有S-i(Inorganic sulphur,无机硫)的注释,故推测此处应为S-i,翻译为无机硫。

3. 微量元素、肌醇绑定磷、电解质平衡、阴阳离子差和二糖校正因子

表 2-3-3 微量元素、肌醇绑定磷、电解质平衡、阴阳离子差和二糖校正因子含量

饲料名称、描述及编号	平均值和标准差	铁 Fe (mg/kg)	锰 Mn (mg/kg)	锌 Zn (mg/kg)	铜 Cu (mg/kg)	钼 Mo (mg/kg)	碘 I* (mg/kg)	钴 Co (mg/kg)	肌醇绑定磷 IP (g/kg)	电解质平衡 EB (mEq/kg)	阴阳离子差 CAD (mEq/kg)	二糖校正因子 CF_DI
热处理菜豆	平均值	87	29	32	9	—	—	—	2.3	382	294	0.96
	标准差	—	—	4	1	—	—	—				
喷雾干燥血粉	平均值	2429	3	37	11	—	0.8	0.1	—	230	—	0.96
	标准差	—	—	—	—	—	—	—				
骨粉	平均值	470	17	118	4	—	—	—	—	50	—	0.96
	标准差	—	—	—	—	—	—	—				
干啤酒糟	平均值	250	38	65	20	—	—	0.1	2.9	14	−138	0.96
	标准差	—	—	42	4	—	—	—				
干啤酒酵母	平均值	116	6	49	9	1.1	—	0.2	—	488	283	0.94
	标准差	—	—	—	—	—	—	—				
酪蛋白	平均值	34	6	36	1	—	—	—	—	7	—	0.96
	标准差	35	—	20	2	—	—	—				
压榨椰子饼 CFAT<100 g/kg	平均值	501	71	46	32	—	—	0.2	2.2	397	280	0.97
	标准差	324	22	5	4	—	—	—				
压榨椰子饼 CFAT>100 g/kg	平均值	504	71	46	29	—	—	—	2.2	398	273	0.97
	标准差	326	22	5	2	—	—	—				
浸提椰子粕	平均值	494	59	53	31	0.6	1.3	0.2	2.2	381	254	0.97
	标准差	—	—	—	—	—	—	—				
去壳压榨棉籽饼 CFIBRE<140 g/kg	平均值	148	22	71	16	—	—	—	8.4	372	136	0.96
	标准差	—	—	—	—	—	—	—				

续表2-3-3

饲料名称、描述及编号	平均值和标准差	铁 Fe (mg/kg)	锰 Mn (mg/kg)	锌 Zn (mg/kg)	铜 Cu (mg/kg)	钼 Mo (mg/kg)	碘 I* (mg/kg)	钴 Co (mg/kg)	肌醇绑定磷 IP (g/kg)	电解质平衡 EB (mEq/kg)	阴阳离子差 CAD (mEq/kg)	二糖校正因子 CF_DI
去壳浸提棉籽粕 CFIBRE<140 g/kg	平均值	143	21	68	15	—	—	—	8.0	412	170	0.96
	标准差	—	—	—	3	—	—	—				
水解羽毛粉	平均值	481	18	140	13	—	—	—	—	15	−759	0.96
	标准差	132	3	19	3	—	—	—				
鱼粉 CP<580 g/kg	平均值	359	18	83	7	—	—	1.9	—	264	−77	0.96
	标准差	143	7	14	3	—	—	—				
鱼粉 CP 580～630 g/kg	平均值	408	18	81	7	—	—	1.9	—	125	−207	0.96
	标准差	121	7	23	3	—	—	—				
鱼粉 CP 630～680 g/kg	平均值	334	17	84	8	—	—	1.9	—	239	−168	0.96
	标准差	100	7	12	4	—	—	—				
鱼粉 CP>680 g/kg	平均值	305	14	83	6	—	—	1.9	—	389	−28	0.96
	标准差	233	12	25	2	—	—	—				
油渣 CP>657 g/kg	平均值	—	—	—	7	—	—	—	—	303	—	0.96
	标准差	—	—	—	2	—	—	—				
饲用蚕豆	平均值	74	12	41	13	0.4	—	—	2.9	288	189	0.96
	标准差	30	3	17	4	—	—	—				
饲用白蚕豆	平均值	71	12	40	13	0.4	—	—	2.0	325	217	0.96
	标准差	—	—	—	—	—	—	—				
扁豆	平均值	107	16	33	10	—	—	0.2	2.1	206	131	0.96
	标准差	—	—	—	—	—	—	—				
亚麻籽	平均值	208	20	50	12	0.2	0.4	2.0	4.2	198	68	0.97
	标准差	374	12	12	4	—	—	—				

续表2-3-3

饲料名称、描述及编号	平均值和标准差	铁 Fe (mg/kg)	锰 Mn (mg/kg)	锌 Zn (mg/kg)	铜 Cu (mg/kg)	钼 Mo (mg/kg)	碘 I* (mg/kg)	钴 Co (mg/kg)	肌醇绑定磷 IP (g/kg)	电解质平衡 EB (mEq/kg)	阴阳离子差 CAD (mEq/kg)	二糖校正因子 CF_DI
压榨亚麻籽饼	平均值	176	43	69	18	0.5	0.9	0.3	5.7	300	79	0.96
	标准差	—	—	15	1	—	—	—				
浸提亚麻籽粕	平均值	274	42	52	17	0.7	0.9	0.2	6.6	323	96	0.96
	标准差	—	—	—	—	—	—	—				
羽扇豆 CP<335 g/kg	平均值	52	34	37	5	—	—	—	1.3	200	55	0.95
	标准差	—	—	15	3	—	—	—				
羽扇豆 CP>335 g/kg	平均值	—	62	52	6	—	—	—	1.3	221	56	0.95
	标准差	—	—	—	—	—	—	—				
浸提玉米胚芽粕	平均值	—	9	63	7	—	—	—	4.6	118	−14	0.96
	标准差	—	—	—	—	—	—	—				
玉米面筋饲料/玉米蛋白饲料 CP<200 g/kg	平均值	167	19	57	5	—	—	—	5.6	380	210	0.97
	标准差	11.3	4	12	1	—	—	—				
玉米面筋饲料/玉米蛋白饲料 CP 200～230 g/kg	平均值	169	21	68	5	—	—	—	5.9	388	204	0.97
	标准差	64	4	10	1	—	—	—				
玉米面筋饲料/玉米蛋白饲料 CP>230 g/kg	平均值	178	20	63	6	—	—	—	5.6	415	214	0.97
	标准差	92	4	11	2	—	—	—				
玉米面筋粉/玉米蛋白粉	平均值	90	4	19	7	0.6	—	2.0	2.7	34	−370	0.97
	标准差	—	—	—	—	—	—	—				
大麦芽根 CP>200 g/kg	平均值	127	32	39	13	—	—	0.1	1.3	222	—	0.96
	标准差	—	—	37	4	—	—	—				
荷兰产肉粉	平均值	1116	34	114	32	—	—	—	—	322	16	0.96
	标准差	415	8	15	15	—	—	—				

续表2-3-3

饲料名称、描述及编号	平均值和标准差	铁 Fe (mg/kg)	锰 Mn (mg/kg)	锌 Zn (mg/kg)	铜 Cu (mg/kg)	钼 Mo (mg/kg)	碘 I* (mg/kg)	钴 Co (mg/kg)	肌醇绑定磷 IP (g/kg)	电解质平衡 EB (mEq/kg)	阴阳离子差 CAD (mEq/kg)	二糖校正因子 CF_DI
肉粉 CFAT＜100 g/kg	平均值	1324	54	156	50	0.6	—	—	—	338	53	0.96
	标准差	178	12	27	19	—	—	—				
肉粉 CFAT＞100 g/kg	平均值	1168	37	122	15	—	—	—	—	240	−35	0.96
	标准差	387	12	36	—	—	—	—				
肉骨粉 CFATh＜100 g/kg	平均值	465	12	99	8	—	—	—	—	245	—	0.96
	标准差	—	—	25	4	—	—	—				
肉骨粉 CFATh＞100 g/kg	平均值	—	—	104	9	—	—	—	—	245	—	0.96
	标准差	—	—	25	4	—	—	—				
脱脂奶粉	平均值	2	3	45	1	—	1.1	—	—	315	123	0.95
	标准差	3	—	6	1	—	—	—				
全脂奶粉	平均值	9	2	50	5	—	1.1	—	—	387	230	0.95
	标准差	—	—	—	—	—	—	—				
尼日尔籽	平均值	501	33	42	13	—	—	—	5.5	—	—	0.96
	标准差	—	—	—	—	—	—	—				
去壳压榨花生饼 CFIBRE＜80 g/kg	平均值	347	36	65	21	2.1	0.5	0.3	3.6	305	102	0.96
	标准差	—	—	10	8	—	—	—				
部分去壳压榨花生饼 CFIBRE 80～150 g/kg	平均值	—	—	64	21	—	—	—	3.4	300	110	0.96
	标准差	—	—	10	8	—	—	—				
带壳压榨花生饼 CFIBRE＞80 g/kg	平均值	0	52	51	34	—	—	0.2	4.2	323	118	0.96
	标准差	—	—	—	—	—	—	—				

续表2-3-3

饲料名称、描述及编号	平均值和标准差	铁 Fe (mg/kg)	锰 Mn (mg/kg)	锌 Zn (mg/kg)	铜 Cu (mg/kg)	钼 Mo (mg/kg)	碘 I* (mg/kg)	钴 Co (mg/kg)	肌醇绑定磷 IP (g/kg)	电解质平衡 EB (mEq/kg)	阴阳离子差 CAD (mEq/kg)	二糖校正因子 CF_DI
带壳压榨花生饼 CFIBRE 80～150 g/kg	平均值	0	—	50	33	—	—	—	4.2	315	93	0.96
	标准差	—	—	—	—	—	—	—				
豌豆	平均值	84	13	31	7	3.0	0.1	0.1	2.2	243	131	0.97
	标准差	49	2	7	1	—	—	—				
马铃薯蛋白 ASH<10 g/kg	平均值	99	4	3	33	—	—	—	0.6	−57	−1112	0.97
	标准差	19	2	2	7	—	—	—				
马铃薯蛋白 ASH>10 g/kg	平均值	141	4	29	23	—	—	—	0.8	155	−791	0.97
	标准差	81	2	21	16	—	—	—				
油菜籽	平均值	82	35	40	3	—	—	—	5.0	180	1	0.96
	标准差	—	—	—	—	—	—	—				
菜籽饼	平均值	578	47	62	7	1.1	—	0.2	8.1	305	34	0.96
	标准差	—	—	—	—	—	—	—				
菜籽粕 CP<380 g/kg	平均值	499	69	60	6	0.8	—	0.0	8.2	322	49	0.95
	标准差	504	12	7	4	—	—	—				
菜籽粕 CP>380 g/kg	平均值	534	68	60	5	—	—	—	8.0	320	5	0.95
	标准差	493	13	6	2	—	—	—				
芝麻饼	平均值	—	64	126	—	—	—	—	6.4	245	—	0.96
	标准差	—	—	—	—	—	—	—				
芝麻粕	平均值	462	57	91	43	2.8	0.4	0.8	9.4	276	—	0.96
	标准差	—	—	—	—	—	—	—				

续表2-3-3

饲料名称、描述及编号	平均值和标准差	铁 Fe (mg/kg)	锰 Mn (mg/kg)	锌 Zn (mg/kg)	铜 Cu (mg/kg)	钼 Mo (mg/kg)	碘 I* (mg/kg)	钴 Co (mg/kg)	肌醇绑定磷 IP (g/kg)	电解质平衡 EB (mEq/kg)	阴阳离子差 CAD (mEq/kg)	二糖校正因子 CF_DI
高粱面筋粉/高粱蛋白粉	平均值	—	—	—	—	—	—	—	1.8	—	—	0.97
	标准差	—	—	—	—	—	—	—				
向日葵仁粕 CFIBRE<160 g/kg	平均值	242	44	91	33	—	—	—	9.3	359	126	0.95
	标准差	140	8	20	6	—	—	—				
甜菜废糖蜜 CP<250 g/kg	平均值	232	50	40	8	—	—	—	0.0	2242	1808	0.96
	标准差	55	22	41	3	—	—	—				
小麦胚芽	平均值	100	179	169	10	—	—	0.1	5.5	250	121	0.96
	标准差	—	—	—	—	—	—	—				
小麦胚芽饲料	平均值	—	103	86	10	—	—	—	7.7	257	150	0.96
	标准差	—	—	—	—	—	—	—				
小麦面筋粉/小麦蛋白粉	平均值	39	—	36	6	—	—	—	0.5	46	−420	0.97
	标准差	—	—	—	—	—	—	—				
低乳糖乳清粉 ASH<210 g/kg	平均值	58	4	10	3	—	—	—	—	988	—	0.95
	标准差	17	4	12	2	—	—	—				
低乳糖乳清粉 ASH>210 g/kg	平均值	60	12	32	3	—	—	—	—	1257	—	0.95
	标准差	9	3	9	2	—	—	—				

注：* 原文英文字母显示为 J，注释中为 iodine，故翻译为“碘”。EB(in mEq per kg)＝43.5 Na＋25.6 K－28.2 Cl；CAD(in mEq per kg)＝43.5 Na＋25.6 K－28.2 Cl－62.4(S－i＋S－o)；EB 和 CAD 都是反映血液 pH 调节的重要参数。“mEq”为毫克当量，表示某物质和 1 mg 氢的化学活性或化合力相当的量，故 mEq/kg 为毫克当量每千克。

4. 可消化营养成分

表 2-3-4 可消化营养成分含量

g/kg

饲料名称、描述及编号	可消化粗蛋白质 DCP	可消化粗脂肪 DCFAT	可消化非淀粉多糖 DNSP	可消化粗纤维 DCFIBRE	可消化无氮浸出物 DNFE	可消化有机物 DOM	酶解可消化淀粉 STAam-e	发酵可降解淀粉 STAam-f	酶解可消化糖 SUGe	发酵可降解糖 SUGf
热处理菜豆	167	9	156	33	487	695	326	—	39	—
喷雾干燥血粉	794	2	−12	—	−12	783	—	—	—	—
骨粉	353	42	32	—	32	427	—	—	—	—
干啤酒糟	182	39	155	33	170	424	40	—	4	4
干啤酒酵母	384	13	299	20	342	759	52	—	3	9
酪蛋白	825	5	−1	—	−1	830	—	—	—	—
压榨椰子饼 CFAT<100 g/kg	135	73	373	92	369	668	5	—	68	17
压榨椰子饼 CFAT>100 g/kg	137	106	361	91	361	696	9	—	67	17
浸提椰子粕	142	16	391	97	396	651	15	—	72	18
去壳压榨棉籽饼 CFIBRE<140 g/kg	303	91	92	22	118	534	11	—	14	25
去壳浸提棉籽粕 CFIBRE<140 g/kg	311	23	102	22	127	483	20	—	10	18
水解羽毛粉	656	68	−8	—	−8	716	—	—	—	—
鱼粉 CP<580 g/kg	493	138	42	—	42	672	—	—	—	—
鱼粉 CP 580～630 g/kg	548	96	4	—	4	649	—	—	—	—
鱼粉 CP 630～680 g/kg	573	92	−8	—	−8	657	—	—	—	—
鱼粉 CP>680 g/kg	621	86	−20	—	−20	687	—	—	—	—
油渣 CP>657 g/kg	720	119	−33	—	−33	806	—	—	—	—
饲用蚕豆	199	8	115	26	441	675	326	—	18	10
饲用白蚕豆	227	8	111	46	440	722	338	—	25	14
扁豆	191	7	80	22	517	737	413	—	31	7

续表2-3-4

饲料名称、描述及编号	可消化粗蛋白质 DCP	可消化粗脂肪 DCFAT	可消化非淀粉多糖 DNSP	可消化粗纤维 DCFIBRE	可消化无氮浸出物 DNFE	可消化有机物 DOM	酶解可消化淀粉 STAam-e	发酵可降解淀粉 STAam-f	酶解可消化糖 SUGe	发酵可降解糖 SUGf
亚麻籽	162	263	142	14	173	612	14	—	27	5
压榨亚麻籽饼	241	61	229	29	267	598	26	—	37	6
浸提亚麻籽粕	248	19	233	29	281	576	35	—	37	6
羽扇豆 CP<335 g/kg	263	35	397	125	335	757	12	—	34	19
羽扇豆 CP>335 g/kg	314	32	313	112	269	727	21	—	32	17
浸提玉米胚芽粕	146	10	202	50	454	659	299	—	3	0
玉米面筋饲料/玉米蛋白饲料 CP<200 g/kg	141	23	218	33	368	565	158	—	16	10
玉米面筋饲料/玉米蛋白饲料 CP 200～230 g/kg	161	25	219	33	339	559	127	—	16	11
玉米面筋饲料/玉米蛋白饲料 CP>230 g/kg	184	27	215	33	309	553	102	—	16	10
玉米面筋粉/玉米蛋白粉	566	42	39	10	207	824	177	—	1	0
大麦芽根 CP>200 g/kg	157	15	130	28	288	489	104	—	65	22
荷兰产肉粉	486	125	15	4	11	626	—	—	—	—
肉粉 CFAT<100 g/kg	482	75	34	3	31	591	—	—	—	—
肉粉 CFAT>100 g/kg	475	118	8	3	5	601	—	—	—	—
肉骨粉 CFATh<100 g/kg	367	74	—	—	—	441	—	—	—	—
肉骨粉 CFATh>100 g/kg	358	113	—	—	0	471	—	—	—	—
脱脂奶粉	328	11	22	—	499	838	—	—	502	—
全脂奶粉	259	220	−1	—	383	861	—	—	403	—
尼日尔籽	158	281	76	35	83	557	8	—	18	18
去壳压榨花生饼 CFIBRE<80 g/kg	403	67	115	34	231	735	62	—	82	9
部分去壳压榨花生饼 CFIBRE 80～150 g/kg	370	64	113	44	216	695	60	—	82	9

续表2-3-4

饲料名称、描述及编号	可消化粗蛋白质 DCP	可消化粗脂肪 DCFAT	可消化非淀粉多糖 DNSP	可消化粗纤维 DCFIBRE	可消化无氮浸出物 DNFE	可消化有机物 DOM	酶解可消化淀粉 STAam-e	发酵可降解淀粉 STAam-f	酶解可消化糖 SUGe	发酵可降解糖 SUGf
带壳压榨花生饼 CFIBRE＞80 g/kg	409	5	179	36	266	716	51	—	68	7
带壳压榨花生饼 CFIBRE 80～150 g/kg	442	2	73	62	134	640	51	—	68	7
豌豆	179	5	164	44	548	776	387	—	30	13
马铃薯蛋白 ASH＜10 g/kg	738	16	57	—	71	825	5	—	0	9
马铃薯蛋白 ASH＞10 g/kg	713	17	63	—	78	808	5	—	0	9
油菜籽	147	277	118	36	150	610	15	—	42	14
菜籽饼	248	55	179	42	255	600	20	—	77	26
菜籽粕 CP＜380 g/kg	257	11	205	43	255	566	8	—	68	22
菜籽粕 CP＞380 g/kg	299	1	188	41	242	584	11	—	67	22
芝麻饼	386	103	154	26	151	666	—	—	12	12
芝麻粕	368	11	234	52	245	677	—	—	33	33
高粱面筋粉/高粱蛋白粉	382	47	125	26	345	799	254	—	—	—
向日葵仁粕 CFIBRE＜160 g/kg	318	12	171	43	186	559	8	—	32	21
甜菜废糖蜜 CP＜250 g/kg	85	—	236	—	261	346	—	—	3	23
小麦胚芽	239	59	93	16	392	705	209	—	77	33
小麦胚芽饲料	144	30	136	26	431	631	259	—	46	20
小麦面筋粉/小麦蛋白粉	741	37	−19	4	68	850	63	—	23	6
低乳糖乳清粉 ASH＜210 g/kg	229	43	22	—	465	737	—	—	467	—
低乳糖乳清粉 ASH＞210 g/kg	190	32	45	—	466	688	—	—	443	—

5.营养价

表 2-3-5 营养价

饲料名称、描述及编号	猪脂肪沉积净能 NEv(MJ/kg)	猪脂肪沉积净能 NEv(kcal/kg)	猪能值 EW(/kg)	可消化磷 DP(g/kg)
热处理菜豆	8.56	2046	0.97	1.7
喷雾干燥血粉	8.52	2036	0.97	1.4
骨粉	5.63	1346	0.64	61.3
干啤酒糟	5.49	1312	0.62	1.6
干啤酒酵母	8.31	1986	0.94	6.3
酪蛋白	9.10	2174	1.03	4.2
压榨椰子饼 CFAT＜100 g/kg	8.73	2087	0.99	1.6
压榨椰子饼 CFAT＞100 g/kg	9.91	2368	1.13	1.6
浸提椰子粕	7.12	1702	0.81	1.6
去壳压榨棉籽饼 CFIBRE＜140 g/kg	7.98	1908	0.91	2.7
去壳浸提棉籽粕 CFIBRE＜140 g/kg	5.74	1372	0.65	2.6
水解羽毛粉	9.46	2262	1.08	2.0
鱼粉 CP＜580 g/kg	10.69	2555	1.21	16.4
鱼粉 CP 580～630 g/kg	9.44	2256	1.07	19.7
鱼粉 CP 630～680 g/kg	9.43	2253	1.07	18.5
鱼粉 CP ＞680 g/kg	9.63	2302	1.09	16.9
油渣 CP＞657 g/kg	11.76	2812	1.34	5.1
饲用蚕豆	8.33	1991	0.95	1.9
饲用白蚕豆	8.89	2124	1.01	1.4
扁豆	9.29	2221	1.06	1.1

续表2-3-5

饲料名称、描述及编号	猪脂肪沉积净能 NEv(MJ/kg)	猪脂肪沉积净能 NEv(kcal/kg)	猪能值 EW(/kg)	可消化磷 DP(g/kg)
亚麻籽	13.17	3149	1.50	0.7
压榨亚麻籽饼	7.87	1882	0.89	1.0
浸提亚麻籽粕	6.59	1575	0.75	1.1
羽扇豆 CP＜335 g/kg	8.68	2075	0.99	1.4
羽扇豆 CP＞335 g/kg	8.41	2009	0.96	1.5
浸提玉米胚芽粕	7.99	1910	0.91	1.2
玉米面筋饲料/玉米蛋白饲料 CP＜200 g/kg	6.89	1648	0.78	1.7
玉米面筋饲料/玉米蛋白饲料 CP 200～230 g/kg	6.80	1625	0.77	1.8
玉米面筋饲料/玉米蛋白饲料 CP＞230 g/kg	6.70	1602	0.76	1.7
玉米面筋粉/玉米蛋白粉	10.42	2490	1.18	0.9
大麦芽根 CP＞200 g/kg	5.92	1415	0.67	1.5
荷兰产肉粉	9.90	2366	1.13	17.1
肉粉 CFAT＜100 g/kg	8.25	1972	0.94	26.1
肉粉 CFAT＞100 g/kg	9.45	2260	1.07	27.0
肉骨粉 CFATh＜100 g/kg	6.65	1589	0.76	56.5
肉骨粉 CFATh＞100 g/kg	7.96	1901	0.90	49.1
脱脂奶粉	10.38	2481	1.18	9.3
全脂奶粉	15.74	3761	1.79	9.5
尼日尔籽	13.07	3125	1.49	0.8
去壳压榨花生饼 CFIBRE＜80 g/kg	9.82	2346	1.12	1.6
部分去壳压榨花生饼 CFIBRE 80～150 g/kg	9.32	2228	1.06	1.5

续表2-3-5

饲料名称、描述及编号	猪脂肪沉积净能 NEv(MJ/kg)	猪脂肪沉积净能 NEv(kcal/kg)	猪能值 EW(/kg)	可消化磷 DP(g/kg)
带壳压榨花生饼 CFIBRE>80 g/kg	7.93	1896	0.90	1.8
带壳压榨花生饼 CFIBRE 80～150 g/kg	7.14	1706	0.81	1.8
豌豆	9.47	2264	1.08	1.8
马铃薯蛋白 ASH<10 g/kg	9.25	2210	1.05	1.1
马铃薯蛋白 ASH>10 g/kg	9.08	2171	1.03	1.6
油菜籽	13.58	3245	1.54	1.8
菜籽饼	7.85	1876	0.89	2.9
菜籽粕 CP<380 g/kg	6.29	1502	0.71	2.9
菜籽粕 CP>380 g/kg	6.26	1496	0.71	2.9
芝麻饼	9.61	2297	1.09	2.7
芝麻粕	7.34	1754	0.83	4.0
高粱面筋粉/高粱蛋白粉	10.37	2480	1.18	0.5
向日葵仁粕 CFIBRE<160 g/kg	6.21	1485	0.71	1.7
甜菜废糖蜜 CP<250 g/kg	3.43	820	0.39	0.5
小麦胚芽	9.71	2321	1.10	2.6
小麦胚芽饲料	8.23	1967	0.94	1.8
小麦面筋粉/小麦蛋白粉	10.34	2472	1.18	0.5
低乳糖乳清粉 ASH<210 g/kg	10.02	2396	1.14	12.3
低乳糖乳清粉 ASH>210 g/kg	9.14	2185	1.04	16.1

注：猪能值 EW(Energy value pigs)＝ NEv(in MJ)/8.8 MJ。除油脂外，其余有酸乙醚浸出物(CFATh)数值时，营养价均由酸乙醚浸出物计算得到；有粗脂肪(CFAT)数值时(包括油脂)，营养价均由粗脂肪计算得到。

6. 脂肪酸

表 2-3-6 脂肪酸含量

饲料名称、描述及编号	脂肪酸 FA	<C10	C12:0	C14:0	C16:0	C16:1	C18:0	C18:1	C18:2	C18:3	>C20	总脂肪酸 Total FA	脂肪酸占粗脂肪比例% FA in CFAT-fraction
热处理菜豆	占脂肪酸(%)	0.5	0.5	0.5	18.0	0.5	3.0	13.0	34.0	29.0	2.0	—	75.0
	g/kg	0.1	0.1	0.1	2.2	0.1	0.4	1.6	4.1	3.5	0.2	—	
骨粉	占脂肪酸(%)	—	1.0	3.0	26.0	3.0	16.0	36.0	7.0	1.0	3.0	—	80.0
	g/kg	—	0.4	1.2	10.8	1.2	6.6	14.9	2.9	0.4	1.2	—	
压榨椰子饼 CFAT<100 g/kg	占脂肪酸(%)	13.0	48.0	18.0	9.0	—	3.0	7.0	2.0	—	—	—	75.0
	g/kg	8.2	30.2	11.3	5.7	—	1.9	4.4	1.3	—	—	—	
压榨椰子饼 CFAT>100 g/kg	占脂肪酸(%)	13.0	48.0	18.0	9.0	—	3.0	7.0	2.0	—	—	—	75.0
	g/kg	11.8	43.6	16.3	8.2	—	2.7	6.4	1.8	—	—	—	
浸提椰子粕	占脂肪酸(%)	13.0	48.0	18.0	9.0	—	3.0	7.0	2.0	—	—	—	65.0
	g/kg	1.9	6.9	2.6	1.3	—	0.4	1.0	0.3	—	—	—	
去壳压榨棉籽饼 CFIBRE<140 g/kg	占脂肪酸(%)	—	0.4	1.0	24.0	1.0	2.0	19.0	51.0	0.4	1.0	—	75.0
	g/kg	—	0.3	0.8	19.8	0.8	1.6	15.7	42.1	0.3	0.8	—	
去壳浸提棉籽粕 CFIBRE<140 g/kg	占脂肪酸(%)	—	0.4	1.0	24.0	1.0	2.0	19.0	51.0	0.4	1.0	—	65.0
	g/kg	—	0.1	0.2	5.0	0.2	0.4	4.0	10.6	0.1	0.2	—	
水解羽毛粉	占脂肪酸(%)	2.8	1.0	2.3	26.7	2.5	13.5	32.2	11.7	0.8	3.3	—	60.0
	g/kg	1.5	0.5	1.3	14.6	1.4	7.4	17.6	6.4	0.4	1.8	—	
鱼粉 CP<580 g/kg	占脂肪酸(%)	0.1	0.1	7.0	16.0	7.0	2.2	15.0	1.0	1.0	45.0	—	80.0
	g/kg	0.1	0.1	8.8	20.2	8.8	2.8	19.0	1.3	1.3	56.9	—	

续表2-3-6

饲料名称、描述及编号	脂肪酸 FA	<C10	C12:0	C14:0	C16:0	C16:1	C18:0	C18:1	C18:2	C18:3	>C20	总脂肪酸 Total FA	脂肪酸占粗脂肪比例% FA in CFAT-fraction
鱼粉 CP 580～630 g/kg	占脂肪酸(%)	0.1	0.1	7.0	16.0	7.0	2.2	15.0	1.0	1.0	45.0	—	80.0
	g/kg	0.1	0.1	6.3	14.3	6.3	2.0	13.4	0.9	0.9	40.3	—	
鱼粉 CP 630～680 g/kg	占脂肪酸(%)	0.1	0.1	7.0	16.0	7.0	2.2	15.0	1.0	1.0	45.0	—	80.0
	g/kg	0.1	0.1	6.0	13.7	6.0	1.9	12.8	0.9	0.9	38.5	—	
鱼粉 CP>680 g/kg	占脂肪酸(%)	0.1	0.1	7.0	16.0	7.0	2.2	15.0	1.0	1.0	45.0	—	80.0
	g/kg	0.1	0.1	5.7	12.9	5.7	1.8	12.1	0.8	0.8	36.4	—	
油渣 CP>657 g/kg	占脂肪酸(%)	0.1	0.2	2.5	25.0	3.0	17.0	40.5	6.5	1.0	0.5	—	80.0
	g/kg	0.1	0.2	2.8	27.6	3.3	18.8	44.7	7.2	1.1	0.6	—	
饲用蚕豆	占脂肪酸(%)	—	0.5	0.5	14.0	—	3.0	26.0	50.0	4.0	1.0	—	75.0
	g/kg	—	0.1	0.1	1.5	—	0.3	2.7	5.2	0.4	0.1	—	
饲用白蚕豆	占脂肪酸(%)	—	0.5	0.5	14.0	—	3.0	26.0	50.0	4.0	1.0	—	75.0
	g/kg	—	0.1	0.1	1.5	—	0.3	2.7	5.2	0.4	0.1	—	
扁豆	占脂肪酸(%)	—	—	—	18.0	—	—	17.0	54.0	10.0	—	—	75.0
	g/kg	—	—	—	1.8	—	—	1.7	5.3	1.0	—	—	
亚麻籽	占脂肪酸(%)	—	—	0.1	7.0	0.1	4.0	18.0	16.0	54.0	0.1	—	95.0
	g/kg	—	—	0.3	23.7	0.3	13.5	60.9	54.1	182.6	0.3	—	
压榨亚麻籽饼	占脂肪酸(%)	—	—	0.1	7.0	0.1	4.0	18.0	16.0	54.0	0.1	—	75.0
	g/kg	—	—	0.1	4.5	0.1	2.6	11.5	10.2	34.4	0.1	—	
浸提亚麻籽粕	占脂肪酸(%)	—	—	0.1	7.0	0.1	4.0	18.0	16.0	54.0	0.1	—	65.0
	g/kg	—	—	0.0	1.4	0.0	0.8	3.5	3.1	10.5	0.0	—	

续表2-3-6

饲料名称、描述及编号	脂肪酸 FA	<C10	C12:0	C14:0	C16:0	C16:1	C18:0	C18:1	C18:2	C18:3	>C20	总脂肪酸 Total FA	脂肪酸占粗脂肪比例% FA in CFAT-fraction
羽扇豆 CP<335 g/kg	占脂肪酸(%)	—	—	0.4	5.0	0.4	1.0	31.0	47.0	4.0	15.0	—	85.0
	g/kg	—	—	0.2	2.2	0.2	0.4	13.7	20.8	1.8	6.6	—	
羽扇豆 CP>335 g/kg	占脂肪酸(%)	—	—	0.4	5.0	0.4	1.0	31.0	47.0	4.0	15.0	—	85.0
	g/kg	—	—	0.2	2.0	0.2	0.4	12.6	19.2	1.6	6.1	—	
浸提玉米胚芽粕	占脂肪酸(%)	—	0.2	0.2	12.0	0.2	2.0	28.0	55.0	1.0	1.0	—	65.0
	g/kg	—	0.0	0.0	1.3	0.0	0.2	3.1	6.1	0.1	0.1	—	
玉米面筋饲料/玉米蛋白饲料 CP<200 g/kg	占脂肪酸(%)	—	0.2	0.2	12.0	0.2	2.0	28.0	55.0	1.0	1.0	—	80.0
	g/kg	—	0.1	0.1	3.5	0.1	0.6	8.1	15.8	0.3	0.3	—	
玉米面筋饲料/玉米蛋白饲料 CP 200～230 g/kg	占脂肪酸(%)	—	0.2	0.2	12.0	0.2	2.0	28.0	55.0	1.0	1.0	—	80.0
	g/kg	—	0.1	0.1	3.7	0.1	0.6	8.7	17.2	0.3	0.3	—	
玉米面筋饲料/玉米蛋白饲料 CP>230 g/kg	占脂肪酸(%)	—	0.2	0.2	12.0	0.2	2.0	28.0	55.0	1.0	1.0	—	80.0
	g/kg	—	0.1	0.1	3.9	0.1	0.7	9.2	18.0	0.3	0.3	—	
玉米面筋粉/玉米蛋白粉	占脂肪酸(%)	—	0.2	0.2	12.0	0.2	2.0	28.0	55.0	1.0	1.0	—	80.0
	g/kg	—	0.1	0.1	5.4	0.1	0.9	12.5	24.6	0.4	0.4	—	
荷兰产肉粉	占脂肪酸(%)	—	1.0	3.0	26.0	3.0	16.0	36.0	7.0	1.0	3.0	—	80.0
	g/kg	—	1.2	3.5	30.0	3.5	18.4	41.5	8.1	1.2	3.5	—	
肉粉 CFAT<100 g/kg	占脂肪酸(%)	—	1.0	3.0	26.0	3.0	16.0	36.0	7.0	1.0	3.0	—	80.0
	g/kg	—	0.7	2.1	18.5	2.1	11.4	25.6	5.0	0.7	2.1	—	
肉粉 CFAT>100 g/kg	占脂肪酸(%)	—	1.0	3.0	26.0	3.0	16.0	36.0	7.0	1.0	3.0	—	80.0
	g/kg	—	1.1	3.3	28.3	3.3	17.4	39.2	7.6	1.1	3.3	—	

续表2-3-6

饲料名称、描述及编号	脂肪酸 FA	<C10	C12:0	C14:0	C16:0	C16:1	C18:0	C18:1	C18:2	C18:3	>C20	总脂肪酸 Total FA	脂肪酸占粗脂肪比例% FA in CFAT-fraction
肉骨粉 CFATh<100 g/kg	占脂肪酸(%)	—	1.0	3.0	26.0	3.0	16.0	36.0	7.0	1.0	3.0	—	80.0
	g/kg	—	0.7	2.1	18.3	2.1	11.3	25.3	4.9	0.7	2.1	—	
肉骨粉 CFATh>100 g/kg	占脂肪酸(%)	—	1.0	3.0	26.0	3.0	16.0	36.0	7.0	1.0	3.0	—	80.0
	g/kg	—	1.0	3.1	27.2	3.1	16.8	37.7	7.3	1.0	3.1	—	
全脂奶粉	占脂肪酸(%)	9.5	4.0	10.0	27.0	3.0	10.0	25.0	2.0	1.0	1.0	—	93.0
	g/kg	19.9	8.4	20.9	56.5	6.3	20.9	52.3	4.2	2.1	2.1	—	
尼日尔籽	占脂肪酸(%)	—	—	—	10.0	—	7.0	5.0	78.0	—	—	—	95.0
	g/kg	—	—	—	38.9	—	27.2	19.4	303.1	—	—	—	
去壳压榨花生饼 CFIBRE<80 g/kg	占脂肪酸(%)	—	—	—	10.0	1.0	3.0	47.5	30.0	1.0	7.0	—	75.0
	g/kg	—	—	—	5.9	0.6	1.8	28.1	17.8	0.6	4.1	—	
部分去壳压榨花生饼 CFIBRE 80～150 g/kg	占脂肪酸(%)	—	—	—	10.0	1.0	3.0	47.5	30.0	1.0	7.0	—	75.0
	g/kg	—	—	—	5.9	0.6	1.8	27.8	17.6	0.6	4.1	—	
带壳压榨花生饼 CFIBRE>80 g/kg	占脂肪酸(%)	—	—	—	10.0	1.0	3.0	47.5	30.0	1.0	7.0	—	65.0
	g/kg	—	—	—	0.7	0.1	0.2	3.4	2.1	0.1	0.5	—	
带壳压榨花生饼 CFIBRE 80～150 g/kg	占脂肪酸(%)	—	—	—	10.0	1.0	3.0	47.5	30.0	1.0	7.0	—	65.0
	g/kg	—	—	—	0.6	0.1	0.2	3.1	2.0	0.1	0.5	—	
豌豆	占脂肪酸(%)	—	—	0.3	11.4	—	3.0	22.5	48.9	11.2	2.2	—	75.0
	g/kg	—	—	0.0	0.9	—	0.2	1.7	3.7	0.8	0.2	—	
油菜籽	占脂肪酸(%)	—	0.2	0.2	5.0	0.4	2.0	56.0	22.0	9.0	4.0	—	95.0
	g/kg	—	0.8	0.8	19.7	1.6	7.9	220.8	86.7	35.5	15.8	—	

续表2-3-6

饲料名称、描述及编号	脂肪酸 FA	<C10	C12:0	C14:0	C16:0	C16:1	C18:0	C18:1	C18:2	C18:3	>C20	总脂肪酸 Total FA	脂肪酸占粗脂肪比例% FA in CFAT-fraction
菜籽饼	占脂肪酸(%)	—	0.2	0.2	5.0	0.4	2.0	56.0	22.0	9.0	4.0	—	75.0
	g/kg	—	0.1	0.1	2.8	0.2	1.1	31.5	12.4	5.1	2.3	—	
菜籽粕 CP<380 g/kg	占脂肪酸(%)	—	0.2	0.2	5.0	0.4	2.0	56.0	22.0	9.0	4.0	—	65.0
	g/kg	—	0.0	0.0	0.8	0.1	0.3	9.5	3.7	1.5	0.7	—	
菜籽粕 CP>380 g/kg	占脂肪酸(%)	—	02	0.2	5.0	0.4	2.0	56.0	22.0	9.0	4.0	—	65.0
	g/kg	—	0.0	0.0	0.5	0.0	0.2	5.8	2.3	0.9	0.4	—	
芝麻饼	占脂肪酸(%)	—	—	—	9.0	0.1	5.0	42.0	43.0	0.1	0.1	—	75.0
	g/kg	—	—	—	7.8	0.1	4.4	36.5	37.4	0.1	0.1	—	
芝麻粕	占脂肪酸(%)	—	—	—	9.0	0.1	5.0	42.0	43.0	0.1	0.1	—	65.0
	g/kg	—	—	—	1.0	0.0	0.6	4.6	4.8	0.0	0.0	—	
向日葵仁粕 CFIBRE<160 g/kg	占脂肪酸(%)	0.1	0.2	0.3	7.0	0.3	4.0	22.0	65.0	0.4	0.3	—	65.0
	g/kg	0.0	0.0	0.0	0.8	0.0	0.5	2.6	7.6	0.0	0.0	—	
小麦胚芽	占脂肪酸(%)	—	—	0.1	19.0	1.0	1.0	15.0	57.0	5.0	1.0	—	90.0
	g/kg	—	—	0.1	14.5	0.8	0.8	11.5	43.6	3.8	0.8	—	
小麦胚芽饲料	占脂肪酸(%)	—	—	0.1	19.0	1.0	1.0	15.0	57.0	5.0	1.0	—	70.0
	g/kg	—	—	0.0	6.1	0.3	0.3	4.8	18.4	1.6	0.3	—	

注:FA=Fatty acid,脂肪酸。

7. 氨基酸

表 2-3-7 氨基酸含量及回肠消化率

饲料名称、描述及编号	氨基酸		赖氨酸 Lys	蛋氨酸 Met	胱氨酸 Cys	苏氨酸 Thr	色氨酸 Trp	异亮氨酸 Ile	精氨酸 Arg	苯丙氨酸 Phe	组氨酸 His	亮氨酸 Leu	酪氨酸 Tyr	缬氨酸 Val	丙氨酸 Ala	天冬氨酸 Asp	谷氨酸 Glu	甘氨酸 Gly	脯氨酸 Pro	丝氨酸 Ser	总氨基酸 Total AA
热处理菜豆	含量	占粗蛋白质比例平均值(g/16 g N)	6.3	1.1	1.1	4.2	1.0	4.4	7.2	5.3	2.8	7.7	3.2	5.0	4.2	11.5	15.7	4.0	3.9	5.8	94.4
		标准差	0.2	0.2	0.1	0.4	0.2	0.2	1.3	0.7	0.2	0.5	0.5	0.3	0.1	0.6	0.6	0.2	0.4	0.5	
		饲料中(g/kg)	14.4	2.5	2.5	9.6	2.3	10.1	16.5	12.1	6.4	17.6	7.3	11.4	9.6	26.3	36.0	9.2	8.9	13.3	216.2
	回肠氨基酸消化率 Ileal digestible AA(以下英文略)	标准 Stand.(g/kg)(以下英文略)	9.7	1.4	1.1	5.3	1.3	5.4	11.8	5.3	3.7	9.6	4.1	6.0	5.2	12.4	20.1	4.5	5.3	7.5	119.9
		表观 Apparent(g/kg)(以下英文略)	9.4	1.3	1.0	4.8	1.1	5.1	11.5	5.0	3.5	9.2	3.8	5.6	4.8	11.8	19.1	3.8	4.4	7.0	112.0
喷雾干燥血粉	含量	占粗蛋白质比例平均值(g/16 g N)	8.9	1.2	1.2	4.4	1.5	1.2	4.3	6.9	6.4	12.8	2.9	8.6	7.9	11.0	9.3	4.5	3.9	5.0	101.9
		标准差	0.4	0.2	0.2	0.5	0.2	0.3	0.3	0.4	0.4	0.6	0.4	0.6	0.4	0.4	0.5	0.2	0.4	0.3	
		饲料中(g/kg)	82.5	11.1	11.1	40.8	13.9	11.1	39.9	64.0	59.3	118.7	26.9	79.7	73.2	102.0	86.2	41.7	36.2	46.4	944.6
	回肠氨基酸消化率	标准(g/kg)	77.3	9.8	9.8	36.1	12.6	8.3	37.7	59.1	56.1	110.8	23.6	74.1	64.4	89.7	75.8	36.7	31.8	40.8	854.5
		表观(g/kg)	76.9	9.7	9.6	35.5	12.5	8.0	37.3	58.8	55.9	110.4	23.4	73.6	64.0	89.0	74.7	35.8	30.7	40.2	846.0
骨粉	含量	占粗蛋白质比例平均值(g/16 g N)	4.4	1.2	0.7	2.9	0.3	2.5	6.3	3.0	1.4	5.2	1.8	4.0	8.4	6.9	11.5	13.6	10.2	3.6	87.9
		标准差	0.6	0.3	0.2	0.4	—	0.4	1.2	0.5	0.3	0.7	0.4	0.5	0.6	0.4	1.3	3.9	1.6	0.2	
		饲料中(g/kg)	17.7	4.8	2.8	11.7	1.2	10.0	25.3	12.1	5.6	20.9	7.2	16.1	33.8	27.7	46.2	54.7	41.0	14.5	353.4
	回肠氨基酸消化率	标准(g/kg)	14.5	4.2	1.7	10.2	1.0	8.6	20.8	10.2	4.7	17.7	5.9	13.8	28.2	22.6	38.9	45.3	35.2	12.6	296.2
		表观(g/kg)	14.2	4.1	1.5	9.7	0.9	8.2	20.4	9.9	4.5	17.2	5.7	13.2	27.8	21.8	37.8	44.4	34.2	12.0	287.5

续表2-3-7

饲料名称、描述及编号	氨基酸		赖氨酸 Lys	蛋氨酸 Met	胱氨酸 Cys	苏氨酸 Thr	色氨酸 Trp	异亮氨酸 Ile	精氨酸 Arg	苯丙氨酸 Phe	组氨酸 His	亮氨酸 Leu	酪氨酸 Tyr	缬氨酸 Val	丙氨酸 Ala	天冬氨酸 Asp	谷氨酸 Glu	甘氨酸 Gly	脯氨酸 Pro	丝氨酸 Ser	总氨基酸 Total AA
干啤酒糟	含量	占粗蛋白质比例平均值(g/16 g N)	3.8	1.9	1.9	3.7	1.2	4.0	4.9	5.0	2.3	7.9	3.1	5.4	5.3	6.8	18.4	4.0	8.9	4.3	92.8
		标准差	0.6	0.2	0.3	0.3	0.2	0.2	0.8	0.9	0.2	1.7	0.7	0.4	0.7	0.7	3.5	0.3	0.7	0.3	
		饲料中(g/kg)	9.3	4.7	4.7	9.1	2.9	9.8	12.0	12.2	5.6	19.4	7.6	13.2	13.0	16.7	45.1	9.8	21.8	10.5	227.4
	回肠氨基酸消化率	标准(g/kg)	7.2	3.9	3.4	7.1	2.3	8.3	10.9	10.6	4.6	16.0	6.9	10.8	9.6	12.3	33.3	7.2	16.1	7.8	178.5
		表观(g/kg)	6.8	3.8	3.3	6.6	2.2	8.0	10.6	10.4	4.4	15.6	6.6	10.4	9.2	11.6	32.2	6.4	15.1	7.2	170.3
干啤酒酵母	含量	占粗蛋白质比例平均值(g/16 g N)	6.7	1.6	1.1	4.8	1.2	4.6	4.4	4.2	2.1	6.8	3.3	5.3	6.3	9.0	12.6	4.5	4.1	5.0	87.6
		标准差	0.8	0.1	0.2	0.5	0.1	0.4	0.7	0.3	0.2	0.4	0.4	0.4	0.5	1.0	1.3	0.3	0.7	0.4	
		饲料中(g/kg)	31.4	7.5	5.1	22.5	5.6	21.5	20.6	19.7	9.8	31.8	15.4	24.8	29.5	42.1	59.0	21.1	19.2	23.4	410.0
	回肠氨基酸消化率	标准(g/kg)	27.7	6.1	3.6	18.6	4.8	18.1	18.9	16.9	8.3	27.2	13.7	21.0	25.2	36.3	52.6	18.0	17.3	19.8	354.1
		表观(g/kg)	27.3	6.0	3.4	18.1	4.7	17.7	18.5	16.6	8.1	26.8	13.4	20.5	24.8	35.5	51.5	17.1	16.3	19.2	345.6
酪蛋白	含量	占粗蛋白质比例平均值(g/16 g N)	8.0	3.0	0.4	4.3	1.3	5.2	3.6	5.2	3.1	9.7	5.6	6.7	3.2	7.3	22.0	2.0	11.2	5.7	107.5
		标准差	0.4	0.1	0.1	0.2	0.1	0.2	0.3	0.1	0.1	0.3	0.5	0.4	0.3	0.4	0.9	0.2	1.1	0.3	
		饲料中(g/kg)	69.4	26.0	3.5	37.3	11.3	45.1	31.2	45.1	26.9	84.2	48.6	58.2	27.8	63.4	191.0	17.4	97.2	49.5	933.1
	回肠氨基酸消化率	标准(g/kg)	68.4	25.7	3.2	35.7	11.1	43.3	31.0	44.8	26.5	83.2	48.5	56.0	26.9	61.9	184.6	17.2	96.2	45.6	909.8
		表观(g/kg)	68.0	25.6	3.0	35.2	10.9	42.9	30.6	44.6	26.4	82.7	48.2	55.5	26.5	61.2	183.5	16.4	95.2	45.0	901.5

续表2-3-7

饲料名称、描述及编号	氨基酸		赖氨酸 Lys	蛋氨酸 Met	胱氨酸 Cys	苏氨酸 Thr	色氨酸 Trp	异亮氨酸 Ile	精氨酸 Arg	苯丙氨酸 Phe	组氨酸 His	亮氨酸 Leu	酪氨酸 Tyr	缬氨酸 Val	丙氨酸 Ala	天冬氨酸 Asp	谷氨酸 Glu	甘氨酸 Gly	脯氨酸 Pro	丝氨酸 Ser	总氨基酸 Total AA
压榨椰子饼 CFAT <100 g/kg	含量	占粗蛋白质比例平均值(g/16 g N)	2.5	1.5	1.5	3.0	0.7	3.2	10.9	4.2	1.8	6.2	2.4	4.8	4.2	7.9	18.2	4.2	3.5	4.2	84.9
		标准差	0.3	0.1	0.1	0.1	0.1	0.2	0.7	0.3	0.1	0.2	0.1	0.2	0.2	0.3	0.8	0.2	0.2	0.2	
		饲料中(g/kg)	5.1	3.1	3.1	6.1	1.4	6.5	22.2	8.6	3.7	12.6	4.9	9.8	8.6	16.1	37.1	8.6	7.1	8.6	173.2
	回肠氨基酸消化率	标准(g/kg)	2.9	1.8	1.8	3.5	0.8	3.8	12.9	5.0	2.1	7.3	2.8	5.7	5.0	9.3	21.4	5.0	4.1	4.9	100.1
		表观(g/kg)	2.6	1.7	1.6	3.0	0.7	3.4	12.5	4.7	2.0	6.9	2.6	5.2	4.5	8.6	20.4	4.1	3.1	4.4	91.9
压榨椰子饼 CFAT >100 g/kg	含量	占粗蛋白质比例平均值(g/16 g N)	2.5	1.5	1.5	3.0	0.7	3.2	10.9	4.2	1.8	6.2	2.4	4.8	4.2	7.9	18.2	4.2	3.5	4.2	84.9
		标准差	0.3	0.1	0.1	0.1	0.1	0.2	0.7	0.3	0.1	0.2	0.1	0.2	0.2	0.3	0.8	0.2	0.2	0.2	
		饲料中(g/kg)	5.2	3.1	3.1	6.2	1.5	6.7	22.7	8.7	3.7	12.9	5.0	10.0	8.7	16.4	37.9	8.7	7.3	8.7	176.6
	回肠氨基酸消化率	标准(g/kg)	3.0	1.8	1.8	3.6	0.8	3.9	13.1	5.0	2.2	7.5	2.9	5.8	5.1	9.5	21.9	5.0	4.2	5.0	102.1
		表观(g/kg)	2.6	1.7	1.6	3.0	0.7	3.5	12.8	4.7	2.0	7.0	2.6	5.3	4.6	8.8	20.8	4.2	3.2	4.4	93.6
浸提椰子粕	含量	占粗蛋白质比例平均值(g/16 g N)	2.5	1.5	1.5	3.0	0.7	3.2	10.9	4.2	1.8	6.2	2.4	4.8	4.2	7.9	18.2	4.2	3.5	4.2	84.9
		标准差	0.3	0.1	0.1	0.1	0.1	0.2	0.7	0.3	0.1	0.2	0.1	0.2	0.2	0.3	0.8	0.2	0.2	0.2	
		饲料中(g/kg)	5.4	3.2	3.2	6.4	1.5	6.8	23.3	9.0	3.9	13.3	5.1	10.3	9.0	16.9	38.9	9.0	7.5	9.0	181.7
	回肠氨基酸消化率	标准(g/kg)	3.1	1.9	1.9	3.7	0.9	4.0	13.5	5.2	2.2	7.7	3.0	5.9	5.2	9.8	22.5	5.2	4.3	5.2	105.1
		表观(g/kg)	2.7	1.8	1.7	3.2	0.7	3.6	13.2	4.9	2.1	7.3	2.7	5.5	4.8	9.1	21.4	4.4	3.3	4.6	96.9

续表2-3-7

饲料名称、描述及编号	氨基酸		赖氨酸 Lys	蛋氨酸 Met	胱氨酸 Cys	苏氨酸 Thr	色氨酸 Trp	异亮氨酸 Ile	精氨酸 Arg	苯丙氨酸 Phe	组氨酸 His	亮氨酸 Leu	酪氨酸 Tyr	缬氨酸 Val	丙氨酸 Ala	天冬氨酸 Asp	谷氨酸 Glu	甘氨酸 Gly	脯氨酸 Pro	丝氨酸 Ser	总氨基酸 Total AA
去壳压榨棉籽饼 CFIBRE<140 g/kg	含量	占粗蛋白质比例平均值(g/16 g N)	4.1	1.6	1.7	3.2	1.2	3.1	10.7	5.2	2.7	5.9	2.9	4.4	4.1	9.3	18.9	4.2	3.7	4.3	91.2
		标准差	0.3	0.1	0.1	0.2	0.1	0.2	0.6	0.3	0.2	0.3	0.3	0.3	0.3	0.4	0.8	0.2	0.3	0.2	
		饲料中(g/kg)	16.9	6.6	7.0	13.2	4.9	12.8	44.1	21.4	11.1	24.3	11.9	18.1	16.9	38.3	77.9	17.3	15.2	17.7	375.7
	回肠氨基酸消化率	标准(g/kg)	11.8	5.3	5.6	10.0	4.1	10.1	40.5	18.4	9.0	19.1	9.8	15.0	13.3	31.6	70.4	14.7	13.5	15.2	317.3
		表观(g/kg)	11.4	5.2	5.4	9.5	3.9	9.8	40.1	18.2	8.8	18.6	9.5	14.5	12.9	30.9	69.3	13.8	12.5	14.6	308.9
去壳浸提棉籽粕 CFIBRE<140 g/kg	含量	占粗蛋白质比例平均值(g/16 g N)	4.1	1.6	1.7	3.2	1.2	3.1	10.7	5.2	2.7	5.9	2.9	4.4	4.1	9.3	18.9	4.2	3.7	4.3	91.2
		标准差	0.3	0.1	0.1	0.2	0.1	0.2	0.6	0.3	0.2	0.3	0.3	0.3	0.3	0.4	0.8	0.2	0.3	0.2	
		饲料中(g/kg)	17.3	6.8	7.2	13.5	5.1	13.1	45.2	21.9	11.4	24.9	12.2	18.6	17.3	39.2	79.8	17.7	15.6	18.1	384.9
	回肠氨基酸消化率	标准(g/kg)	12.1	5.4	5.7	10.3	4.2	10.4	41.5	18.9	9.2	19.5	10.0	15.3	13.7	32.4	72.1	15.0	13.8	15.6	325.1
		表观(g/kg)	11.7	5.3	5.6	9.7	4.0	10.0	41.1	18.6	9.0	19.1	9.8	14.9	13.2	31.7	71.0	14.2	12.9	15.0	316.9
水解羽毛粉	含量	占粗蛋白质比例平均值(g/16 g N)	2.5	0.7	5.0	4.7	0.7	4.8	6.9	4.9	1.0	8.3	3.1	7.3	4.7	7.0	10.9	7.7	9.6	10.7	100.5
		标准差	0.4	0.1	0.6	0.1	0.1	0.2	0.3	0.2	0.3	0.2	0.1	0.4	0.2	0.3	0.5	0.4	0.7	0.6	
		饲料中(g/kg)	20.8	5.8	41.5	39.0	5.8	39.8	57.3	40.7	8.3	68.9	25.7	60.6	39.0	58.1	90.5	63.9	79.7	88.8	834.2
	回肠氨基酸消化率	标准(g/kg)	10.1	3.4	26.6	26.9	3.3	32.0	45.7	33.0	5.2	52.4	18.1	47.1	27.8	27.9	70.4	51.1	69.2	71.3	621.4
		表观(g/kg)	9.8	3.3	26.4	26.4	3.1	31.6	45.4	32.7	5.0	52.0	17.9	46.6	27.3	27.1	69.3	50.3	68.2	70.7	613.0

续表2-3-7

饲料名称、描述及编号	氨基酸		赖氨酸 Lys	蛋氨酸 Met	胱氨酸 Cys	苏氨酸 Thr	色氨酸 Trp	异亮氨酸 Ile	精氨酸 Arg	苯丙氨酸 Phe	组氨酸 His	亮氨酸 Leu	酪氨酸 Tyr	缬氨酸 Val	丙氨酸 Ala	天冬氨酸 Asp	谷氨酸 Glu	甘氨酸 Gly	脯氨酸 Pro	丝氨酸 Ser	总氨基酸 Total AA
鱼粉 CP<580 g/kg	含量	占粗蛋白质比例平均值(g/16 g N)	7.6	2.8	0.9	4.2	1.1	4.2	5.9	3.9	2.6	7.3	3.1	4.9	6.3	9.3	13.0	6.5	4.4	4.0	92.0
		标准差	0.5	0.2	0.1	0.2	0.1	0.3	0.4	0.3	0.5	0.4	0.3	0.4	0.3	0.5	0.7	0.7	0.5	0.3	
		饲料中(g/kg)	43.1	15.9	5.1	23.8	6.2	23.8	33.5	22.1	14.7	41.4	17.6	27.8	35.7	52.7	73.7	36.9	24.9	22.7	521.6
	回肠氨基酸消化率	标准(g/kg)	38.5	14.1	3.8	21.0	5.4	21.5	30.8	19.2	12.8	37.1	15.4	24.8	32.1	41.5	66.5	32.1	24.5	20.2	461.3
		表观(g/kg)	38.2	14.0	3.6	20.5	5.2	21.1	30.4	18.9	12.6	36.7	15.2	24.3	31.6	40.8	65.5	31.3	23.4	19.6	452.9
鱼粉 CP 580～630 g/kg	含量	占粗蛋白质比例平均值(g/16 g N)	7.6	2.8	0.9	4.2	1.1	4.2	5.9	3.9	2.6	7.3	3.1	4.9	6.3	9.3	13.0	6.5	4.4	4.0	92.0
		标准差	0.5	0.2	0.1	0.2	0.1	0.3	0.4	0.3	0.5	0.4	0.3	0.4	0.3	0.5	0.7	0.7	0.5	0.3	
		饲料中(g/kg)	47.8	17.6	5.7	26.4	6.9	26.4	37.1	24.5	16.4	45.9	19.5	30.8	39.6	58.5	81.8	40.9	27.7	25.2	578.7
	回肠氨基酸消化率	标准(g/kg)	42.7	15.7	4.2	23.3	6.0	23.8	34.1	21.3	14.2	41.2	17.1	27.5	35.6	46.1	73.8	35.6	27.1	22.4	511.8
		表观(g/kg)	42.4	15.6	4.0	22.8	5.8	23.5	33.8	21.1	14.0	40.7	16.9	27.1	35.1	45.3	72.8	34.8	26.1	21.8	503.5
鱼粉 CP 630～680 g/kg	含量	占粗蛋白质比例平均值(g/16 g N)	7.6	2.8	0.9	4.2	1.1	4.2	5.9	3.9	2.6	7.3	3.1	4.9	6.3	9.3	13.0	6.5	4.4	4.0	92.0
		标准差	0.5	0.2	0.1	0.2	0.1	0.3	0.4	0.3	0.5	0.4	0.3	0.4	0.3	0.5	0.7	0.7	0.5	0.3	
		饲料中(g/kg)	49.9	18.4	5.9	27.6	7.2	27.6	38.8	25.6	17.1	48.0	20.4	32.2	41.4	61.1	85.4	42.7	28.9	26.3	604.4
	回肠氨基酸消化率	标准(g/kg)	44.6	16.4	4.4	24.3	6.2	24.9	35.7	22.3	14.8	43.0	17.9	28.8	37.2	48.1	77.1	37.2	28.4	23.4	534.6
		表观(g/kg)	44.3	16.3	4.2	23.8	6.1	24.5	35.3	22.0	14.6	42.6	17.6	28.3	36.7	47.4	76.1	36.4	27.3	22.8	526.3

续表2-3-7

饲料名称、描述及编号	氨基酸		赖氨酸 Lys	蛋氨酸 Met	胱氨酸 Cys	苏氨酸 Thr	色氨酸 Trp	异亮氨酸 Ile	精氨酸 Arg	苯丙氨酸 Phe	组氨酸 His	亮氨酸 Leu	酪氨酸 Tyr	缬氨酸 Val	丙氨酸 Ala	天冬氨酸 Asp	谷氨酸 Glu	甘氨酸 Gly	脯氨酸 Pro	丝氨酸 Ser	总氨基酸 Total AA
鱼粉 CP>680 g/kg	含量	占粗蛋白质比例平均值(g/16 g N)	7.6	2.8	0.9	4.2	1.1	4.2	5.9	3.9	2.6	7.3	3.1	4.9	6.3	9.3	13.0	6.5	4.4	4.0	92.0
		标准差	0.5	0.2	0.1	0.2	0.1	0.3	0.4	0.3	0.5	0.4	0.3	0.4	0.3	0.5	0.7	0.7	0.5	0.3	
		饲料中(g/kg)	54.0	19.9	6.4	29.9	7.8	29.9	41.9	27.7	18.5	51.9	22.0	34.8	44.8	66.1	92.4	46.2	31.3	28.4	654.1
	回肠氨基酸消化率	标准(g/kg)	48.3	17.7	4.7	26.3	6.7	26.9	38.6	24.1	16.0	46.5	19.4	31.1	40.2	52.1	83.5	40.3	30.7	25.4	578.6
		表观(g/kg)	47.9	17.6	4.5	25.8	6.6	26.6	38.2	23.8	15.8	46.1	19.1	30.6	39.8	51.3	82.4	39.5	29.7	24.8	570.2
油渣 CP>657 g/kg	含量	占粗蛋白质比例平均值(g/16 g N)	5.0	1.4	0.7	3.0	0.7	2.7	6.9	3.3	1.7	5.7	2.1	4.4	7.9	7.3	11.3	14.2	8.9	3.8	91.0
		标准差	0.3	0.2	0.1	—	—	—	—	—	—	—	—	—	—	—	—	—	—	—	
		饲料中(g/kg)	40.9	11.5	5.7	24.5	5.7	22.1	56.4	27.0	13.9	46.6	17.2	36.0	64.6	59.7	92.4	116.2	72.8	31.1	744.4
	回肠氨基酸消化率	标准(g/kg)	31.5	8.7	2.9	18.1	4.2	17.0	48.0	21.0	10.6	35.9	13.4	27.0	49.7	34.0	69.2	85.9	59.7	22.4	559.2
		表观(g/kg)	31.1	8.6	2.7	17.6	4.0	16.6	47.6	20.7	10.4	35.4	13.1	26.5	49.3	33.2	68.1	85.1	58.6	21.7	550.4
饲用蚕豆	含量	占粗蛋白质比例平均值(g/16 g N)	6.3	0.8	1.3	3.5	0.9	4.1	9.1	4.1	2.6	7.3	3.3	4.5	4.1	10.9	16.4	4.2	4.3	4.8	92.5
		标准差	0.2	0.1	0.1	0.2	0.1	0.2	0.7	0.2	0.2	0.2	0.2	0.5	0.2	0.5	0.7	0.2	0.3	0.2	
		饲料中(g/kg)	15.8	2.0	3.3	8.8	2.3	10.3	22.8	10.3	6.5	18.3	8.3	11.3	10.3	27.4	41.2	10.5	10.8	12.0	232.2
	回肠氨基酸消化率	标准(g/kg)	13.0	1.3	1.9	6.8	1.5	8.2	20.2	7.7	5.2	14.3	6.4	8.6	7.7	22.2	34.3	7.8	8.6	9.5	185.4
		表观(g/kg)	12.6	1.2	1.7	6.3	1.4	7.9	19.9	7.4	5.1	13.9	6.2	8.2	7.3	21.6	33.3	7.0	7.7	9.0	177.5

续表2-3-7

饲料名称、描述及编号	氨基酸		赖氨酸 Lys	蛋氨酸 Met	胱氨酸 Cys	苏氨酸 Thr	色氨酸 Trp	异亮氨酸 Ile	精氨酸 Arg	苯丙氨酸 Phe	组氨酸 His	亮氨酸 Leu	酪氨酸 Tyr	缬氨酸 Val	丙氨酸 Ala	天冬氨酸 Asp	谷氨酸 Glu	甘氨酸 Gly	脯氨酸 Pro	丝氨酸 Ser	总氨基酸 Total AA
饲用白蚕豆	含量	占粗蛋白质比例平均值(g/16 g N)	6.3	0.8	1.3	3.5	0.9	4.1	9.1	4.1	2.6	7.3	3.3	4.5	4.1	10.9	16.4	4.2	4.3	4.8	92.5
		标准差	0.2	0.1	0.1	0.2	0.1	0.2	0.7	0.2	0.2	0.2	0.2	0.5	0.2	0.5	0.7	0.2	0.3	0.2	
		饲料中(g/kg)	17.3	2.2	3.6	9.6	2.5	11.3	25.0	11.3	7.2	20.1	9.1	12.4	11.3	30.0	45.1	11.6	11.8	13.2	254.4
	回肠氨基酸消化率	标准(g/kg)	15.4	1.9	2.6	8.0	1.9	9.7	23.5	8.9	6.3	17.4	7.1	10.5	9.2	26.0	41.4	9.7	10.4	11.7	221.6
		表观(g/kg)	15.1	1.8	2.4	7.5	1.8	9.4	23.2	8.6	6.1	17.0	6.8	10.0	8.8	25.4	40.4	8.9	9.4	11.2	213.7
扁豆	含量	占粗蛋白质比例平均值(g/16 g N)	7.6	0.9	0.9	3.3	0.9	3.7	8.4	4.6	2.7	6.8	2.8	4.1	4.7	10.7	15.3	4.2	4.0	4.3	89.9
		标准差	—	—	—	—	—	—	—	—	—	—	—	—	—	—	—	—	—	—	
		饲料中(g/kg)	17.5	2.1	2.1	7.6	2.1	8.5	19.3	10.6	6.2	15.6	6.4	9.4	10.8	24.6	35.2	9.7	9.2	9.9	206.8
	回肠氨基酸消化率	标准(g/kg)	13.8	1.5	1.4	5.5	1.4	6.5	16.6	7.9	4.9	11.9	5.0	7.1	7.9	19.4	28.8	7.2	7.7	7.7	162.1
		表观(g/kg)	13.5	1.4	1.2	5.0	1.3	6.2	16.3	7.6	4.7	11.5	4.7	6.6	7.5	18.7	27.7	6.4	6.7	7.1	154.1
亚麻籽	含量	占粗蛋白质比例平均值(g/16 g N)	3.7	1.9	1.8	3.6	1.6	4.0	8.9	4.6	2.2	5.9	2.5	4.9	4.5	9.1	18.8	5.7	3.9	4.5	92.1
		标准差	0.3	0.1	0.2	0.2	0.1	0.3	0.7	0.2	0.2	0.3	0.4	0.4	0.3	0.7	1.5	0.3	0.3	0.4	
		饲料中(g/kg)	7.9	4.0	3.8	7.7	3.4	8.5	19.0	9.8	4.7	12.6	5.3	10.4	9.6	19.4	40.0	12.1	8.3	9.6	196.2
	回肠氨基酸消化率	标准(g/kg)	6.6	3.5	3.3	6.3	2.9	6.5	14.6	7.5	3.6	9.6	4.1	8.0	7.4	14.9	30.7	9.3	6.4	7.3	152.5
		表观(g/kg)	6.2	3.4	3.1	5.7	2.8	6.2	14.2	7.2	3.4	9.2	3.8	7.5	6.9	14.2	29.6	8.5	5.3	6.8	144.2

续表2-3-7

饲料名称、描述及编号	氨基酸		赖氨酸 Lys	蛋氨酸 Met	胱氨酸 Cys	苏氨酸 Thr	色氨酸 Trp	异亮氨酸 Ile	精氨酸 Arg	苯丙氨酸 Phe	组氨酸 His	亮氨酸 Leu	酪氨酸 Tyr	缬氨酸 Val	丙氨酸 Ala	天冬氨酸 Asp	谷氨酸 Glu	甘氨酸 Gly	脯氨酸 Pro	丝氨酸 Ser	总氨基酸 Total AA
压榨亚麻籽饼	含量	占粗蛋白质比例平均值(g/16 g N)	3.7	1.9	1.8	3.6	1.6	4.0	8.9	4.6	2.2	5.9	2.5	4.9	4.5	9.1	18.8	5.7	3.9	4.5	92.1
		标准差	0.3	0.1	0.2	0.2	0.1	0.3	0.7	0.2	0.2	0.3	0.4	0.4	0.3	0.7	1.5	0.3	0.3	0.4	
		饲料中(g/kg)	11.5	5.9	5.6	11.2	5.0	12.4	27.6	14.3	6.8	18.3	7.8	15.2	14.0	28.2	58.3	17.7	12.1	14.0	285.5
	回肠氨基酸消化率	标准(g/kg)	9.4	5.0	4.8	8.9	4.2	9.3	20.8	10.7	5.1	13.8	5.8	11.4	10.5	21.2	43.9	13.3	9.1	10.5	217.8
		表观(g/kg)	9.1	4.9	4.6	8.4	4.1	9.0	20.4	10.4	5.0	13.3	5.6	11.0	10.1	20.5	42.8	12.5	8.1	9.9	209.6
浸提亚麻籽粕	含量	占粗蛋白质比例平均值(g/16 g N)	3.7	1.9	1.8	3.6	1.6	4.0	8.9	4.6	2.2	5.9	2.5	4.9	4.5	9.1	18.8	5.7	3.9	4.5	92.1
		标准差	0.3	0.1	0.2	0.2	0.1	0.3	0.7	0.2	0.2	0.3	0.4	0.4	0.3	0.7	1.5	0.3	0.3	0.4	
		饲料中(g/kg)	11.8	6.0	5.7	11.4	5.1	12.7	28.3	14.6	7.0	18.8	8.0	15.6	14.3	28.9	59.8	18.1	12.4	14.3	292.9
	回肠氨基酸消化率	标准(g/kg)	9.6	5.1	4.9	9.1	4.3	9.5	21.2	11.0	5.2	14.1	6.0	11.7	10.7	21.7	44.8	13.6	9.3	10.7	222.6
		表观(g/kg)	9.3	5.0	4.7	8.6	4.2	9.2	20.9	10.7	5.1	13.7	5.7	11.2	10.3	21.0	43.8	12.8	8.3	10.2	214.7
羽扇豆 CP <335 g/kg	含量	占粗蛋白质比例平均值(g/16 g N)	4.8	0.7	1.5	3.5	0.8	4.1	10.8	3.9	2.5	7.0	4.0	3.9	3.4	10.1	20.9	4.1	4.1	4.9	95.0
		标准差	0.2	0.1	0.2	0.2	0.1	0.3	0.7	0.2	0.3	0.3	0.5	0.3	0.1	0.4	1.4	0.2	0.2	0.3	
		饲料中(g/kg)	15.1	2.2	4.7	11.0	2.5	12.9	33.9	12.2	7.8	22.0	12.6	12.2	10.7	31.7	65.6	12.9	12.9	15.4	298.3
	回肠氨基酸消化率	标准(g/kg)	13.3	1.8	4.1	9.4	2.2	11.1	32.1	10.7	7.0	19.0	11.1	10.5	8.6	27.6	60.4	11.4	12.1	13.7	266.2
		表观(g/kg)	13.0	1.7	3.9	8.9	2.0	10.8	31.8	10.4	6.8	18.5	10.9	10.0	8.2	26.9	59.3	10.5	11.1	13.1	257.9

续表2-3-7

饲料名称、描述及编号	氨基酸		赖氨酸 Lys	蛋氨酸 Met	胱氨酸 Cys	苏氨酸 Thr	色氨酸 Trp	异亮氨酸 Ile	精氨酸 Arg	苯丙氨酸 Phe	组氨酸 His	亮氨酸 Leu	酪氨酸 Tyr	缬氨酸 Val	丙氨酸 Ala	天冬氨酸 Asp	谷氨酸 Glu	甘氨酸 Gly	脯氨酸 Pro	丝氨酸 Ser	总氨基酸 Total AA
羽扇豆 CP >335 g/kg	含量	占粗蛋白质比例平均值(g/16 g N)	4.8	0.7	1.5	3.5	0.8	4.1	10.8	3.9	2.5	7.0	4.0	3.9	3.4	10.1	20.9	4.1	4.1	4.9	95.0
		标准差	0.2	0.1	0.2	0.2	0.1	0.3	0.7	0.2	0.3	0.3	0.5	0.3	0.1	0.4	1.4	0.2	0.2	0.3	
		饲料中(g/kg)	17.9	2.6	5.6	13.0	3.0	15.3	40.2	14.5	9.3	26.0	14.9	14.5	12.6	37.6	77.7	15.3	15.3	18.2	353.4
	回肠氨基酸消化率	标准(g/kg)	15.8	2.1	4.9	11.2	2.6	13.2	38.1	12.7	8.2	22.5	13.2	12.4	10.2	32.7	71.6	13.5	14.3	16.3	315.4
		表观(g/kg)	15.4	2.0	4.7	10.7	2.5	12.9	37.7	12.4	8.1	22.1	12.9	11.9	9.8	32.0	70.6	12.7	13.4	15.7	307.3
浸提玉米胚芽粕	含量	占粗蛋白质比例平均值(g/16 g N)	3.2	2.1	2.2	3.7	0.7	3.5	5.0	4.7	2.9	11.1	3.6	5.1	7.3	7.0	17.6	4.2	8.4	4.8	97.1
		标准差	0.6	0.3	0.2	0.3	0.2	0.3	0.9	0.6	0.2	2.0	0.4	0.4	0.8	0.6	2.5	0.6	1.2	0.4	
		饲料中(g/kg)	5.9	3.9	4.1	6.8	1.3	6.5	9.2	8.7	5.4	20.5	6.7	9.4	13.5	13.0	32.6	7.8	15.5	8.9	179.6
	回肠氨基酸消化率	标准(g/kg)	3.5	3.1	2.6	4.5	0.8	4.6	7.4	6.8	4.0	15.2	5.3	6.5	8.8	8.4	21.1	5.0	10.1	5.7	123.1
		表观(g/kg)	3.1	3.0	2.4	4.0	0.7	4.3	7.0	6.5	3.8	14.8	5.0	6.0	8.3	7.7	20.0	4.2	9.1	5.2	115.1
玉米面筋饲料/玉米蛋白饲料 CP < 200 g/kg	含量	占粗蛋白质比例平均值(g/16 g N)	3.0	1.7	2.1	3.6	0.6	3.1	4.4	3.8	3.0	9.0	3.0	4.7	6.7	6.1	15.4	4.5	8.3	4.3	87.3
		标准差	0.4	0.1	0.2	0.2	0.1	0.2	0.8	0.3	0.3	0.6	0.3	0.3	0.5	0.5	0.8	0.3	0.6	0.3	
		饲料中(g/kg)	5.6	3.2	3.9	6.7	1.1	5.8	8.2	7.1	5.6	16.8	5.6	8.8	12.5	11.4	28.8	8.4	15.5	8.0	163.3
	回肠氨基酸消化率	标准(g/kg)	3.6	2.6	2.3	4.8	0.7	4.6	7.0	6.0	4.3	14.3	4.7	6.8	10.5	8.2	23.5	5.2	12.1	6.1	127.2
		表观(g/kg)	3.3	2.5	2.1	4.3	0.6	4.3	6.6	5.7	4.1	13.9	4.4	6.3	10.1	7.5	22.5	4.4	11.1	5.5	119.1

续表2-3-7

饲料名称、描述及编号	氨基酸		赖氨酸 Lys	蛋氨酸 Met	胱氨酸 Cys	苏氨酸 Thr	色氨酸 Trp	异亮氨酸 Ile	精氨酸 Arg	苯丙氨酸 Phe	组氨酸 His	亮氨酸 Leu	酪氨酸 Tyr	缬氨酸 Val	丙氨酸 Ala	天冬氨酸 Asp	谷氨酸 Glu	甘氨酸 Gly	脯氨酸 Pro	丝氨酸 Ser	总氨基酸 Total AA
玉米面筋饲料/玉米蛋白饲料 CP 200～230 g/kg	含量	占粗蛋白质比例平均值(g/16 g N)	3.0	1.7	2.1	3.6	0.6	3.1	4.4	3.8	3.0	9.0	3.0	4.7	6.7	6.1	15.4	4.5	8.3	4.3	87.3
		标准差	0.4	0.1	0.2	0.2	0.1	0.2	0.8	0.3	0.3	0.6	0.3	0.3	0.5	0.5	0.8	0.3	0.6	0.3	
		饲料中(g/kg)	6.4	3.6	4.5	7.6	1.3	6.6	9.3	8.1	6.4	19.1	6.4	10.0	14.2	12.9	32.6	9.5	17.6	9.1	185.1
	回肠氨基酸消化率	标准(g/kg)	4.1	2.9	2.6	5.5	0.8	5.2	7.9	6.7	4.8	16.2	5.3	7.7	11.9	9.3	26.7	5.9	13.7	6.9	144.3
		表观(g/kg)	3.8	2.8	2.4	5.0	0.7	4.9	7.6	6.5	4.7	15.8	5.1	7.2	11.5	8.6	25.6	5.1	12.7	6.3	136.2
玉米面筋饲料/玉米蛋白饲料 CP ＞ 230 g/kg	含量	占粗蛋白质比例平均值(g/16 g N)	3.0	1.7	2.1	3.6	0.6	3.1	4.4	3.8	3.0	9.0	3.0	4.7	6.7	6.1	15.4	4.5	8.3	4.3	87.3
		标准差	0.5	0.2	0.1	0.2	0.1	0.3	0.4	0.3	0.5	0.4	0.3	0.4	0.3	0.5	0.7	0.7	0.5	0.3	
		饲料中(g/kg)	7.2	4.1	5.0	8.6	1.4	7.4	10.6	9.1	7.2	21.6	7.2	11.3	16.1	14.6	37.0	10.8	19.9	10.3	209.5
	回肠氨基酸消化率	标准(g/kg)	4.7	3.3	3.0	6.2	1.0	5.9	9.0	7.6	5.5	18.3	6.0	8.7	13.5	10.5	30.2	6.7	15.5	7.8	163.4
		表观(g/kg)	4.3	3.2	2.8	5.7	0.8	5.6	8.6	7.4	5.3	17.9	5.8	8.2	13.1	9.8	29.2	5.9	14.5	7.2	155.3
玉米面筋粉/玉米蛋白粉	含量	占粗蛋白质比例平均值(g/16 g N)	1.7	2.4	1.8	3.4	0.5	4.1	3.2	6.3	2.1	16.6	5.2	4.7	8.9	6.3	21.6	2.7	9.4	5.3	106.2
		标准差	0.2	0.2	0.1	0.1	0.1	0.2	0.2	0.2	0.2	0.7	0.4	0.3	0.4	0.2	1.1	0.2	0.5	0.2	
		饲料中(g/kg)	10.4	14.6	11.0	20.7	3.1	25.0	19.5	38.4	12.8	101.3	31.7	28.7	54.3	38.4	131.8	16.5	57.3	32.3	647.8
	回肠氨基酸消化率	标准(g/kg)	9.0	14.2	9.7	18.8	2.6	22.3	18.2	35.0	11.0	92.5	29.5	25.1	48.3	36.1	115.9	12.3	51.0	31.7	583.1
		表观(g/kg)	8.7	14.1	9.5	18.2	2.5	22.0	17.8	34.7	10.8	92.1	29.2	24.6	47.9	35.4	114.8	11.5	50.0	31.1	574.9

续表2-3-7

饲料名称、描述及编号	氨基酸		赖氨酸 Lys	蛋氨酸 Met	胱氨酸 Cys	苏氨酸 Thr	色氨酸 Trp	异亮氨酸 Ile	精氨酸 Arg	苯丙氨酸 Phe	组氨酸 His	亮氨酸 Leu	酪氨酸 Tyr	缬氨酸 Val	丙氨酸 Ala	天冬氨酸 Asp	谷氨酸 Glu	甘氨酸 Gly	脯氨酸 Pro	丝氨酸 Ser	总氨基酸 Total AA
大麦芽根 CP > 200 g/kg	含量	占粗蛋白质比例平均值(g/16 g N)	4.2	1.5	1.2	3.2	1.0	3.0	4.4	3.3	1.7	5.6	2.2	4.4	4.7	9.9	11.3	4.0	5.7	3.3	74.6
		标准差	0.2	0.2	0.2	0.2	—	0.2	0.2	0.5	0.1	0.4	0.2	0.4	0.3	0.9	0.8	0.2	1.1	0.3	
		饲料中(g/kg)	9.4	3.3	2.7	7.1	2.2	6.7	9.8	7.4	3.8	12.5	4.9	9.8	10.5	22.1	25.2	8.9	12.7	7.4	166.4
	回肠氨基酸消化率	标准(g/kg)	6.8	2.6	2.1	5.5	1.7	5.3	7.9	5.9	3.0	9.8	3.9	7.6	7.3	16.1	21.6	6.7	11.3	6.0	131.2
		表观(g/kg)	6.5	2.5	1.9	4.9	1.5	4.9	7.6	5.7	2.9	9.4	3.7	7.2	6.9	15.4	20.5	5.9	10.3	5.4	122.9
荷兰产肉粉	含量	占粗蛋白质比例平均值(g/16 g N)	5.9	1.5	1.1	3.8	0.8	3.2	6.3	3.9	2.5	7.1	2.6	5.0	6.8	8.1	12.2	9.9	7.6	4.4	92.7
		标准差	0.3	0.1	0.1	0.1	0.1	0.2	0.2	0.2	0.2	0.3	0.2	0.2	0.3	0.3	0.4	0.4	0.6	0.3	
		饲料中(g/kg)	34.5	8.8	6.4	22.2	4.7	18.7	36.9	22.8	14.6	41.5	15.2	29.2	39.8	47.4	71.4	57.9	44.5	25.7	542.3
	回肠氨基酸消化率	标准(g/kg)	26.7	6.7	3.3	16.5	3.4	14.5	31.4	17.8	11.1	32.3	11.9	22.1	30.8	27.1	53.8	43.2	36.5	18.7	407.9
		表观(g/kg)	26.4	6.6	3.1	15.9	3.3	14.2	31.1	17.5	10.9	31.9	11.6	21.6	30.4	26.3	52.7	42.3	35.4	18.0	399.3
肉粉 CFAT < 100 g/kg	含量	占粗蛋白质比例平均值(g/16 g N)	5.1	1.3	1.0	3.3	0.7	2.8	6.9	3.5	1.9	6.2	2.3	4.5	7.7	7.8	12.3	12.9	8.8	4.1	93.1
		标准差	0.6	0.2	0.2	0.4	0.1	0.4	0.6	0.4	0.3	0.8	0.3	0.6	0.6	0.6	1.0	1.9	1.2	0.5	
		饲料中(g/kg)	29.6	7.5	5.8	19.1	4.1	16.2	40.0	20.3	11.0	36.0	13.3	26.1	44.7	45.2	71.3	74.8	51.0	23.8	540.0
	回肠氨基酸消化率	标准(g/kg)	22.9	5.8	3.0	14.2	3.0	12.6	34.1	15.8	8.4	28.0	10.4	19.7	34.6	25.8	53.8	55.8	41.9	17.2	407.0
		表观(g/kg)	22.5	5.7	2.8	13.6	2.8	12.3	33.8	15.5	8.2	27.5	10.2	19.2	34.1	25.1	52.7	54.9	40.8	16.6	398.4

续表2-3-7

饲料名称、描述及编号	氨基酸		赖氨酸 Lys	蛋氨酸 Met	胱氨酸 Cys	苏氨酸 Thr	色氨酸 Trp	异亮氨酸 Ile	精氨酸 Arg	苯丙氨酸 Phe	组氨酸 His	亮氨酸 Leu	酪氨酸 Tyr	缬氨酸 Val	丙氨酸 Ala	天冬氨酸 Asp	谷氨酸 Glu	甘氨酸 Gly	脯氨酸 Pro	丝氨酸 Ser	总氨基酸 Total AA
肉粉 CFAT > 100 g/kg	含量	占粗蛋白质比例平均值(g/16 g N)	5.1	1.3	1.0	3.3	0.7	2.8	6.9	3.5	1.9	6.2	2.3	4.5	7.7	7.8	12.3	12.9	8.8	4.1	93.1
		标准差	0.6	0.2	0.2	0.4	0.1	0.4	0.6	0.4	0.3	0.8	0.3	0.6	0.6	0.6	1.0	1.9	1.2	0.5	
		饲料中(g/kg)	29.2	7.4	5.7	18.9	4.0	16.0	39.5	20.0	10.9	35.5	13.2	25.7	44.0	44.6	70.4	73.8	50.3	23.5	532.5
	回肠氨基酸消化率	标准(g/kg)	22.6	5.7	2.9	14.0	2.9	12.4	33.7	15.6	8.3	27.6	10.3	19.5	34.1	25.5	53.0	55.0	41.3	17.0	401.4
		表观(g/kg)	22.2	5.6	2.7	13.4	2.8	12.1	33.3	15.3	8.1	27.1	10.0	19.0	33.7	24.7	51.9	54.2	40.2	16.4	392.8
肉骨粉 CFATh < 100 g/kg	含量	占粗蛋白质比例平均值(g/16 g N)	4.8	1.3	0.8	3.0	0.5	2.6	7.5	3.2	1.8	5.5	2.0	4.0	8.1	7.5	12.0	15.7	9.4	3.8	93.5
		标准差	0.4	0.1	0.2	0.3	0.1	0.3	0.6	0.3	0.3	0.5	0.3	0.4	0.6	0.4	1.1	1.9	1.1	0.4	
		饲料中(g/kg)	22.1	6.0	3.7	13.8	2.3	12.0	34.6	14.8	8.3	25.4	9.2	18.4	37.3	34.6	55.3	72.4	43.3	17.5	431.0
	回肠氨基酸消化率	标准(g/kg)	14.3	3.2	1.6	9.0	0.9	7.1	20.6	8.8	4.9	15.1	5.5	11.0	22.2	20.5	32.8	43.0	25.7	10.4	256.6
		表观(g/kg)	14.0	3.1	1.4	8.4	0.7	6.8	20.2	8.5	4.8	14.6	5.2	10.5	21.7	19.8	31.7	42.2	24.7	9.8	247.9
肉骨粉 CFATh > 100 g/kg	含量	占粗蛋白质比例平均值(g/16 g N)	4.8	1.3	0.8	3.0	0.5	2.6	7.5	3.2	1.8	5.5	2.0	4.0	8.1	7.5	12.0	15.7	9.4	3.8	93.5
		标准差	0.4	0.1	0.2	0.3	0.1	0.3	0.6	0.3	0.3	0.5	0.3	0.4	0.6	0.4	1.1	1.9	1.1	0.4	
		饲料中(g/kg)	21.6	5.9	3.6	13.5	2.2	11.7	33.8	14.4	8.1	24.8	9.0	18.0	36.4	33.8	54.0	70.6	42.3	17.1	420.8
	回肠氨基酸消化率	标准(g/kg)	14.0	3.1	1.6	8.8	0.9	7.0	20.1	8.5	4.8	14.7	5.3	10.7	21.7	20.0	32.0	42.0	25.1	10.1	250.5
		表观(g/kg)	13.6	3.0	1.4	8.2	0.7	6.6	19.7	8.2	4.6	14.3	5.1	10.2	21.2	19.3	30.9	41.2	24.1	9.5	242.0

续表2-3-7

饲料名称、描述及编号	氨基酸		赖氨酸 Lys	蛋氨酸 Met	胱氨酸 Cys	苏氨酸 Thr	色氨酸 Trp	异亮氨酸 Ile	精氨酸 Arg	苯丙氨酸 Phe	组氨酸 His	亮氨酸 Leu	酪氨酸 Tyr	缬氨酸 Val	丙氨酸 Ala	天冬氨酸 Asp	谷氨酸 Glu	甘氨酸 Gly	脯氨酸 Pro	丝氨酸 Ser	总氨基酸 Total AA
脱脂奶粉	含量	占粗蛋白质比例平均值(g/16 g N)	7.8	2.7	0.8	4.4	1.3	5.2	3.5	4.8	2.8	9.7	4.5	6.3	3.3	8.0	20.8	2.0	9.8	5.6	103.3
		标准差	0.4	0.2	0.1	0.1	0.1	0.3	0.2	0.2	0.1	0.3	0.6	0.2	0.1	0.3	0.7	0.1	0.6	0.2	
		饲料中(g/kg)	27.3	9.4	2.8	15.4	4.6	18.2	12.2	16.8	9.8	33.9	15.8	22.0	11.5	28.0	72.8	7.0	34.3	19.6	361.6
	回肠氨基酸消化率	标准(g/kg)	26.4	9.2	2.6	14.3	4.1	16.2	11.9	16.4	9.4	32.7	15.3	19.8	10.3	26.2	64.2	6.7	34.0	16.0	335.3
		表观(g/kg)	26.0	9.1	2.4	13.7	4.0	15.8	11.5	16.1	9.2	32.2	15.0	19.3	9.8	25.4	63.1	5.8	33.0	15.4	326.8
全脂奶粉	含量	占粗蛋白质比例平均值(g/16 g N)	7.8	2.7	0.8	4.4	1.3	5.2	3.5	4.8	2.8	9.7	4.5	6.3	3.3	8.0	20.8	2.0	9.8	5.6	103.3
		标准差	0.4	0.2	0.1	0.1	0.1	0.3	0.2	0.2	0.1	0.3	0.6	0.2	0.1	0.3	0.7	0.1	0.6	0.2	
		饲料中(g/kg)	21.8	7.5	2.2	12.3	3.6	14.5	9.8	13.4	7.8	27.1	12.6	17.6	9.2	22.3	58.0	5.6	27.3	15.6	288.2
	回肠氨基酸消化率	标准(g/kg)	20.9	7.2	2.0	11.3	3.3	12.8	9.5	13.0	7.5	26.0	12.2	15.6	8.2	20.7	51.0	5.3	27.0	12.6	266.0
		表观(g/kg)	20.5	7.1	1.8	10.7	3.2	12.4	9.1	12.7	7.3	25.5	11.9	15.1	7.7	20.0	49.9	4.4	26.0	12.0	257.4
尼日尔籽	含量	占粗蛋白质比例平均值(g/16 g N)	3.7	2.1	2.2	3.3	1.5	4.0	8.5	4.3	2.2	6.2	2.5	5.0	3.7	8.9	19.7	4.9	3.6	4.7	91.0
		标准差	—	—	—	—	—	—	—	—	—	—	—	—	—	—	—	—	—	—	
		饲料中(g/kg)	7.5	4.3	4.5	6.7	3.0	8.1	17.3	8.7	4.5	12.6	5.1	10.2	7.5	18.1	40.0	9.9	7.3	9.5	184.7
	回肠氨基酸消化率	标准(g/kg)	5.2	3.3	3.3	4.3	1.9	4.9	13.1	5.7	3.3	7.8	3.5	6.3	4.7	11.3	25.1	6.2	4.6	6.0	120.5
		表观(g/kg)	4.9	3.2	3.1	3.7	1.8	4.5	12.7	5.4	3.1	7.4	3.2	5.8	4.3	10.6	24.0	5.4	3.6	5.4	112.2

续表2-3-7

饲料名称、描述及编号	氨基酸		赖氨酸 Lys	蛋氨酸 Met	胱氨酸 Cys	苏氨酸 Thr	色氨酸 Trp	异亮氨酸 Ile	精氨酸 Arg	苯丙氨酸 Phe	组氨酸 His	亮氨酸 Leu	酪氨酸 Tyr	缬氨酸 Val	丙氨酸 Ala	天冬氨酸 Asp	谷氨酸 Glu	甘氨酸 Gly	脯氨酸 Pro	丝氨酸 Ser	总氨基酸 Total AA
去壳压榨花生饼 CFIBRE<80 g/kg	含量	占粗蛋白质比例平均值(g/16 g N)	3.3	1.2	1.4	2.6	1.0	3.3	10.9	4.9	2.3	6.3	3.7	4.0	3.9	11.3	18.5	5.5	4.3	4.7	93.1
		标准差	0.3	0.2	0.2	0.1	0.1	0.2	0.6	0.2	0.1	0.2	0.3	0.2	0.1	0.3	0.7	0.3	0.3	0.2	
		饲料中(g/kg)	14.9	5.4	6.3	11.7	4.5	14.9	49.2	22.1	10.4	28.4	16.7	18.0	17.6	51.0	83.4	24.8	19.4	21.2	419.9
	回肠氨基酸消化率	标准(g/kg)	12.0	4.6	4.9	9.7	3.9	13.1	46.1	20.3	8.6	24.8	15.2	15.8	14.8	44.3	74.2	18.8	17.8	18.2	367.0
		表观(g/kg)	11.6	4.5	4.7	9.2	3.7	12.7	45.7	20.0	8.4	24.3	14.9	15.3	14.3	43.6	73.1	18.0	16.8	17.6	358.7
部分去壳压榨花生饼 CFIBRE 80～150 g/kg	含量	占粗蛋白质比例平均值(g/16 g N)	3.3	1.2	1.4	2.6	1.0	3.3	10.9	4.9	2.3	6.3	3.7	4.0	3.9	11.3	18.5	5.5	4.3	4.7	93.1
		标准差	0.3	0.2	0.2	0.1	0.1	0.2	0.6	0.2	0.1	0.2	0.3	0.2	0.1	0.3	0.7	0.3	0.3	0.2	
		饲料中(g/kg)	13.8	5.0	5.9	10.9	4.2	13.8	45.6	20.5	9.6	26.3	15.5	16.7	16.3	47.2	77.3	23.0	18.0	19.6	389.2
	回肠氨基酸消化率	标准(g/kg)	11.1	4.3	4.6	9.0	3.6	12.1	42.7	18.8	8.0	22.9	14.1	14.6	13.7	41.1	68.7	17.5	16.5	16.9	340.1
		表观(g/kg)	10.8	4.2	4.4	8.5	3.5	11.8	42.4	18.5	7.8	22.5	13.8	14.1	13.2	40.3	67.7	16.6	15.5	16.3	331.8
带壳压榨花生饼 CFIBRE>80 g/kg	含量	占粗蛋白质比例平均值(g/16 g N)	3.3	1.2	1.4	2.6	1.0	3.3	10.9	4.9	2.3	6.3	3.7	4.0	3.9	11.3	18.5	5.5	4.3	4.7	93.1
		标准差	0.3	0.2	0.2	0.1	0.1	0.2	0.6	0.2	0.1	0.2	0.3	0.2	0.1	0.3	0.7	0.3	0.3	0.2	
		饲料中(g/kg)	15.1	5.5	6.4	11.9	4.6	15.1	49.8	22.4	10.5	28.8	16.9	18.3	17.8	51.6	84.5	25.1	19.7	21.5	425.5
	回肠氨基酸消化率	标准(g/kg)	12.2	4.7	5.0	9.9	3.9	13.3	46.7	20.6	8.7	25.1	15.4	16.0	15.0	44.9	75.2	19.1	18.0	18.4	371.9
		表观(g/kg)	11.8	4.6	4.8	9.3	3.8	12.9	46.4	20.3	8.5	24.7	15.1	15.5	14.5	44.2	74.1	18.3	17.0	17.9	363.6

续表2-3-7

饲料名称、描述及编号	氨基酸		赖氨酸 Lys	蛋氨酸 Met	胱氨酸 Cys	苏氨酸 Thr	色氨酸 Trp	异亮氨酸 Ile	精氨酸 Arg	苯丙氨酸 Phe	组氨酸 His	亮氨酸 Leu	酪氨酸 Tyr	缬氨酸 Val	丙氨酸 Ala	天冬氨酸 Asp	谷氨酸 Glu	甘氨酸 Gly	脯氨酸 Pro	丝氨酸 Ser	总氨基酸 Total AA
带壳压榨花生饼 CFIBRE 80 ～ 150 g/kg	含量	占粗蛋白质比例平均值(g/16 g N)	3.3	1.2	1.4	2.6	1.0	3.3	10.9	4.9	2.3	6.3	3.7	4.0	3.9	11.3	18.5	5.5	4.3	4.7	93.1
		标准差	0.3	0.2	0.2	0.1	0.1	0.2	0.6	0.2	0.1	0.2	0.3	0.2	0.1	0.3	0.7	0.3	0.3	0.2	
		饲料中(g/kg)	16.5	6.0	7.0	13.0	5.0	16.5	54.6	24.5	11.5	31.6	18.5	20.0	19.5	56.6	92.7	27.6	21.5	23.5	466.4
	回肠氨基酸消化率	标准(g/kg)	13.3	5.1	5.5	10.8	4.3	14.5	51.2	22.5	9.5	27.5	16.9	17.5	16.4	49.2	82.4	20.9	19.8	20.2	407.7
		表观(g/kg)	13.0	5.0	5.3	10.3	4.2	14.2	50.9	22.3	9.4	27.1	16.6	17.0	16.0	48.5	81.4	20.1	18.8	19.6	399.6
豌豆	含量	占粗蛋白质比例平均值(g/16 g N)	7.1	1.0	1.5	3.7	0.9	4.1	8.8	4.7	2.5	7.1	3.3	4.6	4.4	11.7	16.7	4.4	4.0	4.7	95.2
		标准差	0.3	0.1	0.1	0.2	0.1	0.2	0.7	0.2	0.1	0.2	0.2	0.3	0.2	0.5	0.7	0.2	0.3	0.2	
		饲料中(g/kg)	15.0	2.1	3.2	7.8	1.9	8.7	18.6	9.9	5.3	15.0	7.0	9.7	9.3	24.7	35.2	9.3	8.4	9.9	200.9
	回肠氨基酸消化率	标准(g/kg)	12.2	1.6	2.2	5.9	1.3	6.9	16.5	7.6	4.3	11.7	5.5	7.5	7.0	20.1	29.8	7.2	7.3	7.9	162.4
		表观(g/kg)	11.8	1.5	2.0	5.4	1.2	6.5	16.1	7.4	4.1	11.3	5.2	7.0	6.6	19.4	28.7	6.4	6.3	7.3	154.5
马铃薯蛋白 ASH＜10 g/kg	含量	占粗蛋白质比例平均值(g/16 g N)	7.8	2.3	1.5	5.7	1.4	5.6	5.2	6.4	2.2	10.2	5.6	6.6	4.9	12.7	10.9	4.9	4.9	5.3	104.1
		标准差	0.2	0.1	0.2	0.2	0.1	0.2	0.1	0.2	0.1	0.3	0.3	0.2	0.2	0.4	0.4	0.2	0.3	0.2	
		饲料中(g/kg)	62.0	18.3	11.9	45.3	11.1	44.5	41.3	50.9	17.5	81.1	44.5	52.5	39.0	101.0	86.7	39.0	39.0	42.1	827.6
	回肠氨基酸消化率	标准(g/kg)	55.5	16.6	9.1	39.0	8.9	39.7	38.3	45.9	15.2	74.0	40.5	46.2	33.9	84.1	76.3	31.8	36.8	36.5	728.3
		表观(g/kg)	55.1	16.5	8.9	38.5	8.8	39.4	37.9	45.6	15.1	73.6	40.2	45.7	33.4	83.4	75.2	31.0	35.8	35.9	720.0

续表2-3-7

饲料名称、描述及编号	氨基酸		赖氨酸 Lys	蛋氨酸 Met	胱氨酸 Cys	苏氨酸 Thr	色氨酸 Trp	异亮氨酸 Ile	精氨酸 Arg	苯丙氨酸 Phe	组氨酸 His	亮氨酸 Leu	酪氨酸 Tyr	缬氨酸 Val	丙氨酸 Ala	天冬氨酸 Asp	谷氨酸 Glu	甘氨酸 Gly	脯氨酸 Pro	丝氨酸 Ser	总氨基酸 Total AA
马铃薯蛋白 ASH>10 g/kg	含量	占粗蛋白质比例平均值(g/16 g N)	7.8	2.3	1.5	5.7	1.4	5.6	5.2	6.4	2.2	10.2	5.6	6.6	4.9	12.7	10.9	4.9	4.9	5.3	104.1
		标准差	0.2	0.1	0.2	0.2	0.1	0.2	0.1	0.2	0.1	0.3	0.3	0.2	0.2	0.4	0.4	0.2	0.3	0.2	
		饲料中(g/kg)	59.9	17.7	11.5	43.8	10.8	43.0	39.9	49.2	16.9	78.3	43.0	50.7	37.6	97.5	83.7	37.6	37.6	40.7	799.5
	回肠氨基酸消化率	标准(g/kg)	53.6	16.1	8.8	37.7	8.6	38.4	37.0	44.4	14.7	71.5	39.1	44.6	32.7	81.2	73.7	30.7	35.6	35.2	703.5
		表观(g/kg)	53.3	16.0	8.6	37.2	8.5	38.1	36.6	44.1	14.6	71.1	38.9	44.1	32.3	80.5	72.6	29.9	34.6	34.6	695.3
油菜籽	含量	占粗蛋白质比例平均值(g/16 g N)	5.5	2.0	2.5	4.4	1.3	3.9	6.1	4.1	2.8	7.0	3.1	5.1	4.5	7.5	16.9	5.2	6.0	4.4	92.3
		标准差	0.3	0.1	0.2	0.2	0.1	0.1	0.3	0.2	0.2	0.2	0.3	0.2	0.2	0.4	0.9	0.2	0.4	0.2	
		饲料中(g/kg)	10.9	4.0	5.0	8.7	2.6	7.7	12.1	8.1	5.5	13.9	6.1	10.1	8.9	14.9	33.5	10.3	11.9	8.7	182.8
	回肠氨基酸消化率	标准(g/kg)	7.9	3.2	3.5	6.1	1.8	5.7	10.1	6.2	4.4	10.5	4.6	7.2	6.7	10.5	28.0	7.5	9.3	6.6	139.9
		表观(g/kg)	7.6	3.1	3.3	5.5	1.7	5.4	9.8	5.9	4.3	10.1	4.3	6.7	6.2	9.8	26.9	6.7	8.3	6.0	131.5
菜籽饼	含量	占粗蛋白质比例平均值(g/16 g N)	5.5	2.0	2.5	4.4	1.3	3.9	6.1	4.1	2.8	7.0	3.1	5.1	4.5	7.5	16.9	5.2	6.0	4.4	92.3
		标准差	0.3	0.1	0.2	0.2	0.1	0.1	0.3	0.2	0.2	0.2	0.3	0.2	0.2	0.4	0.9	0.2	0.4	0.2	
		饲料中(g/kg)	17.8	6.5	8.1	14.3	4.2	12.6	19.8	13.3	9.1	22.7	10.0	16.5	14.6	24.3	54.8	16.8	19.4	14.3	299.1
	回肠氨基酸消化率	标准(g/kg)	13.2	5.3	5.7	10.1	3.0	9.4	16.6	10.2	7.3	17.4	7.5	11.9	11.1	17.3	46.0	12.4	15.5	10.8	230.6
		表观(g/kg)	12.8	5.2	5.5	9.5	2.9	9.1	16.3	9.9	7.1	17.0	7.3	11.4	10.6	16.6	44.9	11.6	14.5	10.2	222.5

续表2-3-7

饲料名称、描述及编号	氨基酸		赖氨酸 Lys	蛋氨酸 Met	胱氨酸 Cys	苏氨酸 Thr	色氨酸 Trp	异亮氨酸 Ile	精氨酸 Arg	苯丙氨酸 Phe	组氨酸 His	亮氨酸 Leu	酪氨酸 Tyr	缬氨酸 Val	丙氨酸 Ala	天冬氨酸 Asp	谷氨酸 Glu	甘氨酸 Gly	脯氨酸 Pro	丝氨酸 Ser	总氨基酸 Total AA
菜籽粕 CP <380 g/kg	含量	占粗蛋白质比例平均值(g/16 g N)	5.5	2.0	2.5	4.4	1.3	3.9	6.1	4.1	2.8	7.0	3.1	5.1	4.5	7.5	16.9	5.2	6.0	4.4	92.3
		标准差	0.3	0.1	0.2	0.2	0.1	0.1	0.3	0.2	0.2	0.2	0.3	0.2	0.2	0.4	0.9	0.2	0.4	0.2	
		饲料中(g/kg)	18.4	6.7	8.4	14.7	4.4	13.1	20.4	13.7	9.4	23.4	10.4	17.1	15.1	25.1	56.6	17.4	20.1	14.7	309.2
	回肠氨基酸消化率	标准(g/kg)	13.6	5.4	5.9	10.4	3.1	9.8	17.2	10.6	7.5	18.0	7.8	12.3	11.4	17.9	47.5	12.8	16.0	11.2	238.5
		表观(g/kg)	13.3	5.4	5.7	9.9	3.0	9.4	16.8	10.3	7.4	17.6	7.5	11.8	11.0	17.2	46.5	12.1	15.1	10.6	230.5
菜籽粕 CP >380 g/kg	含量	占粗蛋白质比例平均值(g/16 g N)	5.5	2.0	2.5	4.4	1.3	3.9	6.1	4.1	2.8	7.0	3.1	5.1	4.5	7.5	16.9	5.2	6.0	4.4	92.3
		标准差	0.3	0.1	0.2	0.2	0.1	0.1	0.3	0.2	0.2	0.2	0.3	0.2	0.2	0.4	0.9	0.2	0.4	0.2	
		饲料中(g/kg)	21.3	7.8	9.7	17.1	5.0	15.1	23.7	15.9	10.9	27.2	12.0	19.8	17.5	29.1	65.6	20.2	23.3	17.1	358.1
	回肠氨基酸消化率	标准(g/kg)	15.8	6.3	6.8	12.1	3.6	11.3	19.9	12.2	8.7	20.8	9.0	14.2	13.2	20.8	55.1	14.9	18.6	13.0	276.2
		表观(g/kg)	15.4	6.2	6.6	11.5	3.5	11.0	19.5	12.0	8.6	20.4	8.8	13.7	12.8	20.1	54.0	14.1	17.6	12.4	268.0
芝麻饼	含量	占粗蛋白质比例平均值(g/16 g N)	2.5	2.7	1.9	3.4	1.3	3.6	11.6	4.4	2.4	6.5	3.5	4.6	4.7	8.1	17.9	4.8	3.5	4.5	91.9
		标准差	0.2	0.2	0.2	0.2	0.1	0.1	0.8	0.2	0.1	0.2	0.3	0.3	0.3	0.6	1.2	0.3	0.2	0.3	
		饲料中(g/kg)	11.2	12.1	8.5	15.3	5.8	16.2	52.1	19.8	10.8	29.2	15.7	20.7	21.1	36.4	80.4	21.6	15.7	20.2	412.6
	回肠氨基酸消化率	标准(g/kg)	9.2	10.2	7.2	12.0	4.9	14.0	43.7	17.8	9.0	25.4	13.2	18.2	17.7	30.5	67.4	18.1	13.2	16.9	348.7
		表观(g/kg)	8.8	10.1	7.0	11.5	4.8	13.7	43.4	17.5	8.9	25.0	12.9	17.7	17.3	29.8	66.3	17.2	12.1	16.3	340.1

续表2-3-7

饲料名称、描述及编号	氨基酸		赖氨酸 Lys	蛋氨酸 Met	胱氨酸 Cys	苏氨酸 Thr	色氨酸 Trp	异亮氨酸 Ile	精氨酸 Arg	苯丙氨酸 Phe	组氨酸 His	亮氨酸 Leu	酪氨酸 Tyr	缬氨酸 Val	丙氨酸 Ala	天冬氨酸 Asp	谷氨酸 Glu	甘氨酸 Gly	脯氨酸 Pro	丝氨酸 Ser	总氨基酸 Total AA
芝麻粕	含量	占粗蛋白质比例平均值(g/16 g N)	2.5	2.7	1.9	3.4	1.3	3.6	11.6	4.4	2.4	6.5	3.5	4.6	4.7	8.1	17.9	4.8	3.5	4.5	91.9
		标准差	0.2	0.2	0.2	0.2	0.1	0.1	0.8	0.2	0.1	0.2	0.3	0.3	0.3	0.6	1.2	0.3	0.2	0.3	
		饲料中(g/kg)	10.7	11.6	8.2	14.6	5.6	15.4	49.8	18.9	10.3	27.9	15.0	19.7	20.2	34.7	76.8	20.6	15.0	19.3	394.3
	回肠氨基酸消化率	标准(g/kg)	8.8	9.7	6.8	11.5	4.7	13.4	41.8	17.0	8.6	24.3	12.6	17.4	16.9	29.2	64.4	17.3	12.6	16.2	333.2
		表观(g/kg)	8.4	9.6	6.7	10.9	4.6	13.1	41.4	16.7	8.5	23.9	12.3	16.9	16.5	28.4	63.3	16.4	11.6	15.6	324.7
高粱面筋粉/高粱蛋白粉	含量	占粗蛋白质比例平均值(g/16 g N)	2.3	1.7	1.8	3.2	1.1	3.9	4.1	4.9	2.1	13.2	4.2	4.9	8.8	6.9	21.1	3.3	8.6	4.5	100.6
		标准差	—	—	—	—	—	—	—	—	—	—	—	—	—	—	—	—	—	—	
		饲料中(g/kg)	9.9	7.3	7.7	13.8	4.7	16.8	17.6	21.1	9.0	56.8	18.1	21.1	37.8	29.7	90.7	14.2	37.0	19.4	432.6
	回肠氨基酸消化率	标准(g/kg)	8.1	6.7	6.8	12.1	4.2	15.1	15.5	19.2	7.7	51.6	16.6	18.7	32.9	25.8	86.1	11.9	35.1	18.0	392.0
		表观(g/kg)	7.7	6.6	6.6	11.6	4.0	14.8	15.2	18.9	7.5	51.2	16.3	18.3	32.5	25.1	85.1	11.1	34.1	17.4	383.8
向日葵仁粕 CFI-BRE＜160 g/kg	含量	占粗蛋白质比例平均值(g/16 g N)	3.5	2.2	1.7	3.7	1.2	4.1	8.1	4.6	2.5	6.3	2.5	4.9	4.3	9.2	19.3	5.7	4.3	4.3	92.4
		标准差	0.2	0.1	0.1	0.2	0.1	0.2	0.5	0.2	0.2	0.2	0.2	0.2	0.2	0.4	0.9	0.3	0.3	0.2	
		饲料中(g/kg)	13.4	8.4	6.5	14.1	4.6	15.7	30.9	17.6	9.6	24.1	9.6	18.7	16.4	35.1	73.7	21.8	16.4	16.4	353.0
	回肠氨基酸消化率	标准(g/kg)	10.6	7.4	5.0	11.3	3.8	12.9	28.5	14.5	7.8	19.5	7.9	15.1	12.8	28.4	65.0	15.8	14.2	13.4	294.0
		表观(g/kg)	10.2	7.3	4.8	10.8	3.7	12.6	28.1	14.2	7.7	19.1	7.7	14.7	12.4	27.7	64.0	15.0	13.2	12.8	285.9

续表2-3-7

饲料名称、描述及编号	氨基酸		赖氨酸 Lys	蛋氨酸 Met	胱氨酸 Cys	苏氨酸 Thr	色氨酸 Trp	异亮氨酸 Ile	精氨酸 Arg	苯丙氨酸 Phe	组氨酸 His	亮氨酸 Leu	酪氨酸 Tyr	缬氨酸 Val	丙氨酸 Ala	天冬氨酸 Asp	谷氨酸 Glu	甘氨酸 Gly	脯氨酸 Pro	丝氨酸 Ser	总氨基酸 Total AA
甜菜废糖蜜 CP < 250 g/kg	含量	占粗蛋白质比例平均值(g/16 g N)	0.8	2.0	0.4	0.9	0.4	1.2	0.4	0.7	0.6	1.5	0.9	1.3	2.1	3.8	26.0	1.7	1.5	1.4	47.6
		标准差	—	—	—	—	—	—	—	—	—	—	—	—	—	—	—	—	—	—	
		饲料中(g/kg)	1.7	4.3	0.9	1.9	0.9	2.6	0.9	1.5	1.3	3.2	1.9	2.8	4.5	8.2	55.9	3.7	3.2	3.0	102.3
	回肠氨基酸消化率	标准(g/kg)	1.6	4.1	0.8	1.8	0.8	2.4	0.8	1.4	1.2	3.1	1.8	2.6	4.3	7.7	53.0	3.5	3.0	2.8	97.0
		表观(g/kg)	1.4	4.0	0.7	1.4	0.7	2.2	0.6	1.2	1.1	2.7	1.6	2.3	4.0	7.2	52.3	2.9	2.3	2.4	91.0
小麦胚芽	含量	占粗蛋白质比例平均值(g/16 g N)	6.0	1.7	1.4	3.5	1.1	3.3	7.3	3.4	2.3	6.0	2.7	4.9	5.6	7.8	14.2	5.4	4.4	3.9	84.9
		标准差	0.4	0.1	0.2	0.1	—	0.1	0.2	0.1	0.1	0.2	—	0.2	0.3	0.5	0.7	0.3	0.2	0.2	
		饲料中(g/kg)	16.0	4.5	3.7	9.3	2.9	8.8	19.4	9.0	6.1	16.0	7.2	13.0	14.9	20.7	37.8	14.4	11.7	10.4	225.8
	回肠氨基酸消化率	标准(g/kg)	12.8	3.9	3.2	7.7	2.5	7.6	16.9	7.9	5.3	13.7	6.3	11.1	11.9	16.6	35.0	12.0	10.8	9.2	194.4
		表观(g/kg)	12.4	3.8	3.0	7.2	2.3	7.3	16.5	7.6	5.2	13.3	6.1	10.6	11.5	15.9	34.0	11.3	9.9	8.6	186.4
小麦胚芽饲料	含量	占粗蛋白质比例平均值(g/16 g N)	4.0	1.6	2.1	3.3	1.4	3.2	6.7	4.0	2.7	6.2	2.9	4.7	4.7	7.1	19.4	5.1	6.5	4.4	90.0
		标准差	0.3	0.1	0.1	0.2	0.1	0.2	0.5	0.3	0.2	0.3	0.3	0.3	0.4	0.5	2.2	0.4	0.8	0.3	
		饲料中(g/kg)	7.1	2.8	3.7	5.8	2.5	5.7	11.9	7.1	4.8	11.0	5.1	8.3	8.3	12.6	34.3	9.0	11.5	7.8	159.3
	回肠氨基酸消化率	标准(g/kg)	5.7	2.4	3.0	4.6	2.1	4.7	10.8	5.8	4.1	9.2	4.4	6.9	6.6	10.1	31.5	7.4	10.4	6.7	136.6
		表观(g/kg)	5.4	2.3	2.9	4.1	2.0	4.4	10.4	5.5	4.0	8.8	4.2	6.4	6.1	9.5	30.5	6.6	9.5	6.2	128.7

续表2-3-7

饲料名称、描述及编号	氨基酸		赖氨酸 Lys	蛋氨酸 Met	胱氨酸 Cys	苏氨酸 Thr	色氨酸 Trp	异亮氨酸 Ile	精氨酸 Arg	苯丙氨酸 Phe	组氨酸 His	亮氨酸 Leu	酪氨酸 Tyr	缬氨酸 Val	丙氨酸 Ala	天冬氨酸 Asp	谷氨酸 Glu	甘氨酸 Gly	脯氨酸 Pro	丝氨酸 Ser	总氨基酸 Total AA
小麦面筋粉/小麦蛋白粉	含量	占粗蛋白质比例平均值(g/16 g N)	1.7	1.6	2.2	2.5	0.9	3.7	3.6	5.3	2.1	7.0	3.4	4.0	2.7	3.4	34.3	3.4	12.6	4.8	99.2
		标准差	0.2	0.1	0.1	0.1	—	0.3	0.2	0.3	0.1	0.2	0.2	0.2	0.2	0.2	4.0	0.1	0.7	0.2	
		饲料中(g/kg)	13.5	12.7	17.4	19.8	7.1	29.3	28.5	42.0	16.6	55.4	26.9	31.7	21.4	26.9	271.7	26.9	99.8	38.0	785.7
	回肠氨基酸消化率	标准(g/kg)	13.3	12.5	17.2	19.6	7.0	29.3	28.4	41.0	16.6	55.1	26.6	31.6	21.3	26.6	271.3	26.9	99.8	38.0	782.1
		表观(g/kg)	13.0	12.4	17.0	19.1	6.9	28.9	28.1	40.7	16.4	54.7	26.3	31.1	20.8	25.8	270.2	26.1	98.7	37.4	773.6
低乳糖乳清粉 ASH <210 g/kg	含量	占粗蛋白质比例平均值(g/16 g N)	7.5	1.5	1.9	5.4	1.4	5.1	2.4	3.3	1.8	8.9	2.4	4.9	4.3	9.1	15.5	2.0	5.5	4.4	87.3
		标准差	0.5	0.2	0.2	0.8	0.1	0.4	0.3	0.4	0.2	0.4	0.3	0.3	0.2	0.5	0.6	0.2	0.5	0.3	
		饲料中(g/kg)	19.0	3.8	4.8	13.7	3.6	13.0	6.1	8.4	4.6	22.6	6.1	12.4	10.9	23.1	39.4	5.1	14.0	11.2	221.7
	回肠氨基酸消化率	标准(g/kg)	17.9	3.6	4.5	12.7	3.3	11.9	5.6	7.7	4.2	20.8	5.6	11.5	10.1	21.3	36.2	4.7	12.8	10.3	204.6
		表观(g/kg)	17.5	3.5	4.3	12.2	3.1	11.6	5.2	7.4	4.0	20.4	5.3	11.0	9.6	20.5	35.1	3.8	11.8	9.7	196.0
低乳糖乳清粉 ASH >210 g/kg	含量	占粗蛋白质比例平均值(g/16 g N)	7.5	1.5	1.9	5.4	1.4	5.1	2.4	3.3	1.8	8.9	2.4	4.9	4.3	9.1	15.5	2.0	5.5	4.4	87.3
		标准差	0.5	0.2	0.2	0.8	0.1	0.4	0.3	0.4	0.2	0.4	0.3	0.3	0.2	0.5	0.6	0.2	0.5	0.3	
		饲料中(g/kg)	—	—	—	—	—	—	—	—	—	—	—	—	—	—	—	—	—	—	—
	回肠氨基酸消化率	标准(g/kg)	—	—	—	—	—	—	—	—	—	—	—	—	—	—	—	—	—	—	—
		表观(g/kg)	—	—	—	—	—	—	—	—	—	—	—	—	—	—	—	—	—	—	—

2.4 苏联资料

2.4.1 M.Ф.托迈,等.1953. 饲料消化性. 马承融,等译(1960)[13]

1. 牛对饲料原料的消化率

表 2-4-1 牛对饲料原料的消化率

饲料名称	饲料来源	饲料特点	进行试验时间(年)	动物特点	饲料成分(在原来含水情况下的%)								消化率(%)							
					干物质	有机物	粗蛋白质	真蛋白质	脂肪	纤维素[1]	无氮浸出物[2]	粗灰分[3]	干物质	有机物	粗蛋白质	真蛋白质	脂肪	纤维素[1]	无氮抽出物[2]	粗灰分[3]
(一)成年的动物																				
绿色的饲用甘蓝	莫斯科省	整株饲喂	1932	霍尔莫高尔种泌乳母牛	12.8	11.0	3.3	1.8	0.4	2.1	5.2	1.8	—	97.3	90.9	80.4	—	99.7	98.8	—
(二)年青的动物																				
干的饲料酵母	白俄罗斯苏维埃社会主义共和国	各种粉碎的淡黄色的干酵母	1933	霍尔莫高尔、荷兰和菲奥斯克杂种幼犊,年龄129～166 d	89.0	81.0	51.7	44.8	0.8	1.3	27.1	8.0	87.4	88.2	94.7	93.9	—	36.7	93.1	79.4
鱼粉	莫斯科配合饲料工厂	微带鱼腥味的淡黄色的鱼粉	1933	霍尔莫高尔、荷兰和菲奥斯克杂种幼犊,年龄129～166 d	91.0	43.9	26.1	20.1	12.7	5.1	—	47.1	59.0	64.8	100.0	100.0	24.0	—	—	53.4
鳕鱼粉	穆尔曼斯克	同样细小的黄色鱼粉	1933	霍尔莫高尔、荷兰和菲奥斯克杂种幼犊,年龄129～166 d	84.5	64.0	58.5	55.2	4.8	—	0.7	20.5	51.6	56.3	78.7	77.1	83.2	—	—	27.9

续表2-4-1

饲料名称	饲料来源	饲料特点	进行试验时间（年）	动物特点	饲料成分(在原来含水情况下的%)								消化率(%)							
					干物质	有机物	粗蛋白质	真蛋白质	脂肪	纤维素[1]	无氮浸出物[2]	粗灰分[3]	干物质	有机物	粗蛋白质	真蛋白质	脂肪	纤维素[1]	无氮抽出物[2]	粗灰分[3]
初乳	乌克兰苏维埃社会主义共和国	—	—	犊牛	—	—	—	—	—	—	—	—	—	—	94.0	94.0	98.0	—	98.0	—
乳	列宁格勒省	—	—	海福特×哈萨克和菲奥斯克杂种小公牛，年龄1～5个月	—	—	—	—	—	—	—	—	—	—	96.6	—	99.1	—	—	84.3
乳	诺沃西比尔斯克省	—	1937	奥斯特弗里兹第二代杂交种小公牛，年龄28～33 d	11.1	10.4	—	2.8	3.1	—	4.4	0.7	—	—	—	91.6	96.8	—	97.4	91.3
乳	诺沃西比尔斯克省	—	1937	奥斯特弗里兹第二代杂交种小公牛，年龄15～20 d	11.8	11.1	—	3.2	3.0	—	4.9	0.7	—	—	—	90.4	90.6	—	99.1	91.8
乳	契卡洛夫省	—	1933	短角牛×哈萨克杂交种犊牛，年龄18～23 d	13.9	13.2	3.5	3.5	4.4	—	5.3	0.7	—	96.0	93.0	94.0	98.0	—	97.0	—

注：[1] 原文为“纤维素”，编者推测应为“粗纤维”；[2] 原文为“无氮抽出物”；[3] 原文为“灰分”，下同。

2. 绵羊对饲料原料的消化率

表 2-4-2 绵羊对饲料原料的消化率

%

饲料名称	饲料来源	饲料特点	进行试验时间(年)	动物特点	饲料成分(在原来含水情况下的百分含量)								消化率							
					干物质	有机物	粗蛋白质	真蛋白质	脂肪	纤维素	无氮浸出物	粗灰分	干物质	有机物	粗蛋白质	真蛋白质	脂肪	纤维素	无氮抽出物	粗灰分
艾蒿属干草	哈萨克苏维埃社会主义共和国(阿拉木图省)	—	—	去势绵羊	85.0	77.0	18.2	13.9	2.8	15.2	40.8	8.0	68.7	—	75.0	69.6	61.6	47.0	78.9	—
白花草木樨干草	卡拉冈达省	在22/Ⅷ刈割,当年栽种,没有覆盖作物	1935—1936	去势绵羊	85.0	75.1	21.3	18.0	5.8	12.0	36.0	9.9	72.4	73.5	87.6	85.1	83.1	36.2	76.1	63.6
白花草木樨干草	卡拉冈达省	在22/Ⅷ刈割,干草中混有粗茎枝干草	1935—1936	去势绵羊	85.0	75.1	21.3	18.0	5.8	12.0	36.0	9.9	73.6	75.2	84.8	—	82.7	45.4	77.9	61.8
豇豆	罗斯托夫省	Клей品种	1928	茨盖的公羊与去势绵羊以及雪罗泼夏杂种公绵羊与去势公羊	86.7	83.6	21.1	18.6	2.9	4.1	55.5	3.1	85.8	89.5	79.6	—	73.0	86.2	94.4	—
羽扇豆	列宁格勒省	开路先锋No66黄色的生物碱较少的羽扇豆品种	—	去势绵羊	81.8	76.9	36.0	32.4	5.4	13.2	22.3	4.9	87.0	91.0	89.0	89.0	84.0	92.0	94.0	30.0
小麦粉(饲用)	列宁格勒省	从软粒粉质小麦与透明种小麦	1928	俄罗斯短尾种公绵羊	84.0	81.0	19.0	15.5	4.5	2.4	58.2	3.0	78.2	83.9	52.2	53.2	83.9	81.0	91.9	—
亚麻籽饼	莫斯科省	与干草混合	1910—1912	去势绵羊	87.8	81.8	26.1	26.1	9.1	9.3	37.2	6.1	—	—	72.8	—	63.3	44.0	89.7	—
亚麻籽饼	莫斯科省(莫斯科炼油厂)	与干草混合	1912	公绵羊	85.2	79.0	27.7	25.5	9.3	9.7	32.3	6.2	—	83.5	79.9	79.3	89.6	68.8	89.5	22.2

续表2-4-2

饲料名称	饲料来源	饲料特点	进行试验时间(年)	动物特点	饲料成分(在原来含水情况下的百分含量)								消化率							
					干物质	有机物	粗蛋白质	真蛋白质	脂肪	纤维素	无氮浸出物	粗灰分	干物质	有机物	粗蛋白质	真蛋白质	脂肪	纤维素	无氮抽出物	粗灰分
亚麻籽饼	莫斯科省(莫斯科炼油厂)	与干草混合	1912	公绵羊	85.2	79.0	27.7	25.5	9.3	9.7	32.3	6.2	—	82.5	79.7	78.1	89.7	70.0	88.4	8.9
亚麻籽饼	莫斯科省(莫斯科炼油厂)	按两次试验平均数	1913	公绵羊	84.1	77.8	28.0	26.1	7.8	8.5	33.5	6.3	—	87.0	86.7	84.8	87.3	69.2	91.6	44.5
向日葵油饼	斯达维罗宝里边区(皮亚蒂戈尔斯克)	好的品质,正常的,有香味,淡灰色	—	卡拉察也夫品种去势绵羊	88.3	82.3	36.4	34.3	9.9	12.8	23.2	6.0	66.6	—	97.1	—	80.5	25.8	76.5	—
棉籽饼(标准的)	乌兹别克苏维埃社会主义共和国	—	—	去势绵羊	91.2	85.2	44.0	41.7	8.3	8.5	24.4	6.0	—	—	86.0	83.0	99.0	50.0	78.0	—
棉籽饼	列宁格勒省	—	1939	去势绵羊	89.2	83.6	29.4	28.1	6.4	13.2	34.6	5.6	69.9	72.7	72.1	65.7	95.0	45.0	82.0	40.4
向日葵油粕	罗斯托夫省	—	—	公绵羊	90.4	83.8	39.6	38.3	4.1	14.2	25.9	6.6	77.0	81.2	92.2	—	91.8	39.8	86.3	—
棉花籽油粕	乌兹别克苏维埃社会主义共和国	—	1931	去势绵羊	85.5	79.3	41.1	40.7	2.5	10.9	24.8	6.2	—	—	79.0	80.0	56.0	71.0	66.0	—
啤酒糟	莫斯科省	湿的,淡褐色,无味,呈微弱的面团气味	1934	去势绵羊	26.5	25.3	5.6	5.5	1.5	3.7	14.5	1.2	—	—	67.2	73.6	63.5	83.9	97.4	—
干酵母(Moдilia)	莫斯科省	别什契克试验工厂的蒿秆水解产物	1938—1939	北方短尾种去势绵羊	—	—	—	—	—	—	—	—	—	93.0	89.2	85.7	29.6	—	96.4	—
干酵母(Paca AH-2)	莫斯科省	别什契克试验工厂的蒿秆水解产物	1938—1939	北方短尾种去势绵羊	—	—	—	—	—	—	—	—	—	88.9	86.3	81.8	62.0	—	91.4	—

3. 猪对饲料原料的消化率

表 2-4-3 猪对饲料原料的消化率

%

饲料名称	饲料来源	饲料特点	进行试验年度	动物特点	饲料成分(在原来含水情况下的百分含量)								消化率							
					干物质	有机物	粗蛋白质	真蛋白质	脂肪	纤维素	无氮浸出物	粗灰分	干物质	有机物	粗蛋白质	真蛋白质	脂肪	纤维素	无氮抽出物	粗灰分
无生物碱的羽扇豆粉	列宁格勒省	紫羽扇豆,种子不含生物碱,磨成粉状	1926	大白猪	84.6	81.4	30.4	28.7	3.7	15.4	31.9	3.2	—	79.0	82.7	84.6	73.5	71.7	79.7	—
亚麻油饼	列宁格勒省	在干燥状态	1924	大白种杂种母猪	88.8	82.1	35.9	30.5	8.9	8.2	29.1	6.7	65.2	70.1	83.3	81.0	69.4	18.1	68.4	—
压榨酵母	列宁格勒省	—	1939	大白种杂种母猪	35.3	27.0	38.6	28.5	—	—	47.7	8.2	—	—	84.8	—	—	—	94.3	—
干的麦酒糟	列宁格勒省	在喂前用热水拌湿	1925	大白种去势公猪	85.4	81.8	31.7	30.6	6.9	12.4	30.8	3.6	42.9	45.7	78.5	79.1	59.5	4.7	27.1	—
肉羹	莫斯科肉品联合工厂	呈深褐色,混浊,具显著的油哈喇味	1930	去势小公猪	9.7	3.3	3.1	1.2	0.1	—	0.1	6.4	—	—	94.0	100.0	100.0	—	100.0	96.3
Летомка(牛的第三胃)	莫斯科肉品联合工厂	切成块,加水煮熟	1930	去势小公猪	17.9	17.0	14.0	12.0	1.5	0.7	0.8	0.9	—	—	94.3	94.0	80.4	23.7	14.1	39.9
骨肉粉	莫斯科肉品联合工厂	深灰色粉状物,具焦油味	1930	去势公猪	92.4	56.6	41.4	23.9	12.8	—	2.4	35.8	—		85.0	70.0	85.4		—	30.0
No. 1 肥料-肉品加工副产品	莫斯科肉品联合工厂	胃残存物 70%,mляm 20%,第一胃内容物 20%	1947	去势公猪	84.8	68.6	26.1	—	16.4	14.9	11.2	16.2	65.1	66.6	72.4	—	75.0	46.5	71.5	46.2
No. 2 肥料-肉品加工副产品	莫斯科肉品联合工厂	胃残存物 50%,胃朊酶残留物 30%,猪胃内含物 15%,鱼硬骨碎屑 6%	1947	去势公猪	89.4	71.6	30.7	—	12.6	12.6	15.7	17.8	64.7	71.6	76.9	—	79.0	46.3	82.0	43.8

续表2-4-3

饲料名称	饲料来源	饲料特点	进行试验年度	动物特点	饲料成分(在原来含水情况下的百分含量)								消化率							
					干物质	有机物	粗蛋白质	真蛋白质	脂肪	纤维素	无氮浸出物	粗灰分	干物质	有机物	粗蛋白质	真蛋白质	脂肪	纤维素	无氮抽出物	粗灰分
No. 3 肥料-肉品加工副产品	莫斯科肉品联合工厂	胃残存物 30%,mлям 25%,заqистика от руопа 20%,胃阮酶残留物 15%,猪胃内含物 5%,鱼硬骨碎屑 7%	1947	去势公猪	84.0	69.4	33.8	—	10.1	10.4	15.1	14.6	70.6	78.3	78.8	—	82.6	48.8	86.1	40.0
Шлям	莫斯科肉品联合工厂	从新鲜的食品中取得后,立即煮 30 min,同时与没有和水的麸混匀,饲料制备在第二个昼夜	1930	去势公猪	4.7	4.3	3.0	1.8	1.0	—	0.3	0.4	—	—	98.0	97.3	83.7	—	86.0	70.8
Шлвара	列宁格勒"萨洛德滨"工厂	其成分是:糕食业的混有 25%粉质的馅子废物及腊肠业的肠碎物	—	大白种杂种公猪及去势公猪	49.3	44.1	21.5	19.1	22.0	0.5	0.1	5.2	90.0	90.3	100.0	90.6	99.2	100.0	100.0	—
Шлвара	列宁格勒"萨洛德滨"工厂	呈黑色,干的,混有大量纤维,猪很爱食	1930	去势公猪	94.5	85.5	56.0	51.2	20.9	6.0	2.6	9.0	—	—	58.1	56.3	67.5	27.9	80.9	36.5
鱼粉	莫斯科省	细粉状,黄色,具有特殊的鱼腥味	1930	去势小公猪	94.5	54.0	37.7	21.6	12.8	—	3.5	40.5	—	—	90.1	75.6	100.0	—	—	27.0
牙状山黧豆	萨拉托夫省	在湿的粗磨状态饲喂,按饲料单位 25%的量给	1934	5 个月大的大白种去势公猪	82.6	77.9	23.6	20.4	1.0	6.4	46.9	4.7	82.4	85.6	79.0	79.0	67.4	48.9	94.6	31.1
灰色的制粉厂粉灰	列宁格勒磨粉厂	外形正常,略带苦辣味,不很好吃,含 6% 的沙和 0.26%的麦角	1935	4～6 个月的大白种杂种去势公猪	87.0	75.4	18.2	16.5	4.5	9.9	42.8	11.6	41.7	46.0	59.1	55.0	79.5	8.9	45.2	—
亚麻籽饼	列宁格勒省	—	1936—1939	4 个月龄的大白种去势小公猪	87.2	81.1	28.7	26.5	7.4	11.9	33.1	6.1	75.8	77.1	68.4	65.8	69.4	71.3	88.5	59.4
亚麻籽饼	列宁格勒省	—	1937	小猪	89.8	83.2	31.5	29.9	13.0	9.1	29.6	6.6	79.9	82.9	74.1	72.7	85.2	72.2	86.1	42.6

续表2-4-3

饲料名称	饲料来源	饲料特点	进行试验年度	动物特点	饲料成分(在原来含水情况下的百分含量)								消化率							
					干物质	有机物	粗蛋白质	真蛋白质	脂肪	纤维素	无氮浸出物	粗灰分	干物质	有机物	粗蛋白质	真蛋白质	脂肪	纤维素	无氮抽出物	粗灰分
“木制的”酵母	列宁格勒省	大籽粒的生产品,呈黑色,苦味,没有酵母特殊的气味,Paca-Torulautilis	1937	小猪	86.2	76.1	34.2	30.4	0.4	0.7	40.8	10.1	52.2	53.5	44.5	37.5	—	—	61.2	42.9
饲用的干酵母	维及不工厂	弄碎成相当小的粉末,淡黄色	—	4～5 个月龄的去势公猪	87.7	79.8	51.0	44.1	0.8	1.3	26.7	7.9	89.8	91.5	92.7	91.5	—	75.0	93.3	72.4
干酵母	上第聂泊实验工厂	Monilia murmanica,是酿酒厂获得的副产品——酒糟,含有被酿酒酵母所副产的蒿秆的五碳糖水解产物,具黑暗色	1937	4～6 个月龄的大白种去势公猪	89.3	83.4	44.0	34.5	2.3	—	37.1	5.9	82.8	81.9	88.6	83.4	—	—	97.3	—
干酵母	上第聂泊实验工厂	—	1937	4～6 个月龄的大白种去势公猪	89.3	83.4	44.0	34.5	2.3	—	37.1	5.9	79.3	82.1	82.8	83.7	47.7	—	87.0	—
干酵母	上第聂泊实验工厂	洒了水的	1937	4～6 个月龄的大白种去势公猪	88.0	80.6	40.9	31.8	0.4	—	39.3	7.4	83.7	84.9	82.5	84.8	46.4	—	87.8	70.2
干酵母	上第聂泊实验工厂	在鼓形酵母干燥器上干燥,干燥过程延长几秒钟,酵母是深棕色	1938	4～6 个月龄的大白种去势公猪	90.9	79.7	47.3	41.9	1.4	—	31.0	11.2	89.0	89.8	89.5	89.8	45.3	—	92.6	82.8
蒿秆酵母	上第聂泊实验工厂	黑色,没有酵母的特殊气味,Paca-Torulautilis	—	4～6 个月龄的大白种去势公猪	88.7	82.2	45.1	39.3	0.3	0.2	36.6	6.5	74.1	77.7	62.6	57.1	—	—	96.9	29.3
牛乳	乌克兰苏维埃社会主义共和国	—	—	6～36 d 的仔猪	—	—	—	—	—	—	—	—	—	—	98.3	98.3	98.0	—	96.7	—

续表2-4-3

饲料名称	饲料来源	饲料特点	进行试验年度	动物特点	饲料成分(在原来含水情况下的百分含量)								消化率							
					干物质	有机物	粗蛋白质	真蛋白质	脂肪	纤维素	无氮浸出物	粗灰分	干物质	有机物	粗蛋白质	真蛋白质	脂肪	纤维素	无氮抽出物	粗灰分
牛乳	乌克兰苏维埃社会主义共和国	—	1938—1939	小公猪与小母猪	15.3	—	—	3.6	4.1	—	5.0	—	97.6	—	—	98.3	97.9	—	69.4	—
猪乳	乌克兰苏维埃社会主义共和国	—	1938—1939	小公猪与小母猪	17.7	—	—	4.6	6.1	—	6.3	—	98.8	—	—	99.3	99.7	—	99.1	—
猪乳	乌克兰苏维埃社会主义共和国	—	—	仔猪	20.2	19.5	—	6.8	7.8	—	4.9	0.7	—	—	99.0	99.0	99.3	—	99.0	—
凝结的酪乳	鄂木斯克乳脂业托拉斯	凝结的酸酵的乳酪	1936	4～4.5个月龄的大白种小猪	34.3	32.0	—	14.5	3.1	—	14.4	2.3	—	100.0	91.5	91.5	100.0	—	100.0	—
干的乳清	鄂木斯克乳脂业托拉斯	从新鲜的和乳渣的乳清而得	1936	4～4.5个月龄的大白种小猪	87.4	80.8	—	12.9	0.8	—	67.1	6.6	—	100.0	88.4	88.4	100.0	—	100.0	—
鱼粉	列宁格勒省	—	—	4个月龄的大白种杂种去势小公猪	87.2	64.8	59.1	55.4	2.8	0.7	2.2	22.4	64.3	79.5	82.5	81.3	100.0	—	—	20.2
鱼粉	莫斯科“混合饲料”工厂	淡褐色,具有微弱的鱼味,常有混杂物,品种不好	1933	4～5个月龄的去势公猪	90.4	43.5	25.9	20.0	12.6	5.0	—	46.7	42.8	56.0	76.6	69.6	—	50.0	—	30.4
鳕鱼粉	牟尔曼斯克	同样小的,淡黄色的粉末,带有鱼的特殊气味	1933	4～5个月龄的去势公猪	80.0	60.6	55.4	52.3	4.5	—	0.7	19.4	44.8	50.4	82.6	81.6	85.1	—	—	26.8
鱼粉	—	—	1937	3个月龄的小猪	85.9	59.9	50.8	48.8	4.3	—	4.8	26.0	96.0	99.5	93.4	93.1	100.0	—	100.0	74.9
蚕蛹	格鲁吉亚苏维埃社会主义共和国	没有脱脂的	1933	6～7个月龄的杂种小猪	93.5	91.3	59.4	—	19.8	6.2	5.9	2.2	80.3	—	85.0	—	92.3	39.8	27.7	—

4. 鹿对饲料原料的消化率

表 2-4-4 鹿对饲料原料的消化率

饲料名称	饲料来源	饲料特点	进行试验年度	动物特点	饲料成分(在原来含水情况下的百分含量)(%)								消化率(%)							
					干物质	有机物	粗蛋白质	真蛋白质	脂肪	纤维素	无氮浸出物	粗灰分	干物质	有机物	粗蛋白质	真蛋白质	脂肪	纤维素	无氮抽出物	粗灰分
北极桦木叶	亚玛洛-涅涅次州(小亚玛洛苔原)	—	1935	役用去势公畜	35.3	33.8	9.0	7.6	2.4	4.3	18.1	1.5	68.7	70.8	74.5	71.1	66.3	59.6	72.4	19.1
老柳树叶	亚玛洛-涅涅次州(北极乌拉尔苔原)	在同一广场收集的绿色饲料,是用手采摘的,每昼夜采集两次	1934	役用去势公畜	27.1	25.2	7.3	4.1	1.2	4.4	12.3	1.9	83.8	84.9	88.0	79.6	67.2	73.6	88.7	68.0
鱼粉	—	—	1938	去势公畜	83.5	59.2	54.8	49.8	2.3	—	2.1	24.3	56.0	49.9	84.6	52.0	59.7	—	100.0	—
肉粉	—	—	1937	—	87.0	70.6	52.4	44.4	11.2	—	7.0	16.4	55.6	55.8	66.9	56.8	53.1	—	50.0	—

5. 家兔对饲料原料的消化率

表 2-4-5 家兔对饲料原料的消化率

饲料名称	饲料来源	饲料特点	进行试验年度	动物特点	饲料成分(在原来含水情况下的百分含量)(%)								消化率(%)							
					干物质	有机物	粗蛋白质	真蛋白质	脂肪	纤维素	无氮浸出物	粗灰分	干物质	有机物	粗蛋白质	真蛋白质	脂肪	纤维素	无氮抽出物	粗灰分
野豌豆	莫斯科省	品质优良	1935—1939	辛西尔种公兔	83.8	80.8	26.9	21.8	1.0	4.1	48.8	3.0	72.4	72.6	76.6	76.0	65.2	—	80.1	65.1
羽扇豆	莫斯科省	品质优良	1935—1939	辛西尔种公兔	83.0	80.4	24.9	24.8	4.8	12.8	38.1	2.6	71.5	72.7	74.2	78.8	—	17.3	84.8	35.4
独行菜种子	萨拉托夫省	—	1935	—	—	—	26.6	21.6	25.5	8.5	22.9	7.1	70.9	74.7	79.4	75.9	80.6	9.9	85.4	25.3
亚麻籽饼	莫斯科省	—	1935—1939	辛西拉尔种公兔	86.9	81.4	29.2	21.8	9.8	8.4	34.0	5.6	67.7	71.0	70.1	69.0	79.7	—	88.5	20.0
亚麻籽饼	莫斯科省	—	1930—1931	—	—	—	—	—	—	—	—	—	—	76.8	96.3	—	91.5	25.9	75.0	43.6
向日葵油饼	莫斯科省	—	1930—1931	—	89.8	83.8	36.1	—	3.2	17.4	27.2	6.0	—	—	92.0	—	90.0	26.0	71.0	—
食用酵母	莫斯科省	蒿秆水解时的产物,Monilia mormanica	—	辛西拉尔种和淡青色种	87.2	80.4	41.6	33.5	3.5	1.9	33.5	6.8	75.1	78.9	78.1	77.7	36.5	—	80.0	—

6. 犬对饲料原料的消化率

表 2-4-6 犬对饲料原料的消化率

饲料名称	饲料来源	饲料特点	进行试验年度	动物特点	饲料成分(在原来含水情况下的百分含量)(%)								消化率(%)							
					干物质	有机物	粗蛋白质	真蛋白质	脂肪	纤维素	无氮浸出物	粗灰分	干物质	有机物	粗蛋白质	真蛋白质	脂肪	纤维素	无氮抽出物	粗灰分
羊肉	—	—	1937—1938	高加索牧羊犬	28.7	27.7	19.0	—	8.7	—	—	1.0	99.9	100.0	99.5	—	99.6	—	—	96.7
马肉	—	—	1937—1938	德意志牧羊犬	25.6	24.3	21.2	—	3.1	—	—	1.3	93.4	95.9	97.5	—	95.6	—	—	47.2
血粉	—	—	1936	德意志牧羊犬	92.5	84.1	76.3	65.3	1.5	2.1	4.2	8.4	78.0	79.3	65.2	67.1	—	—	—	73.1
肉粉	—	—	1934	德意志牧羊犬	94.3	63.9	40.7	—	20.2	—	3.0	30.4	84.5	88.4	86.6	—	89.7	—	85.0	—
海豹肉	—	—	1936	德意志牧羊犬	48.2	34.9	24.2	22.6	5.4	—	5.3	13.3	76.2	70.1	92.0	95.0	82.5	—	—	92.1

7. 黑貂对饲料原料的消化率

表 2-4-7 黑貂对饲料原料的消化率

饲料名称	饲料来源	饲料特点	进行试验年度	动物特点	饲料成分(在原来含水情况下的百分含量)(%)								消化率(%)							
					干物质	有机物	粗蛋白质	真蛋白质	脂肪	纤维素	无氮浸出物	粗灰分	干物质	有机物	粗蛋白质	真蛋白质	脂肪	纤维素	无氮抽出物	粗灰分
牛肉	莫斯科省	用碎肉机轧碎	1944	中等肥度的公畜	21.1	20.1	18.5	—	1.2	—	0.4	1.0	94.4	95.9	93.1	—	100.0	—	86.9	84.0
马肉	莫斯科省	用碎肉机轧碎	1944	中等肥度的公畜	20.7	19.8	18.9	—	0.6	—	0.2	0.9	95.9	98.2	94.4	—	86.5	—	100.0	69.0

2.4.2 A.Π. 克拉什尼科夫,等. 1985. 苏联家畜饲养标准和日粮. 颜礼复,译(1990)[14]

1. 家禽饲料中的营养物质含量

表 2-4-8 家禽饲料中的营养物质含量

饲料名称	含水量	代谢能(100 g 饲料中)		粗蛋白质	粗脂肪	粗纤维	钙	磷	钠
	%	MJ	kcal	%	%	%	%	%	%
饲用胡豆	14.0	0.993	237	25.0	1.5	6.6	0.14	0.50	0.03
豌豆	14.0	0.995	228	21.2	1.5	5.4	0.14	0.87	0.03
兵豆	14.0	1.131	270	25.2	1.3	4.3	0.12	0.45	0.03
山黧豆	14.0	1.089	260	25.9	1.1	5.7	0.15	0.50	0.03
箭筈豌豆	14.0	1.048	250	24.1	1.5	5.6	0.15	0.45	0.04
饲用羽扇豆	14.0	1.077	257	32.0	3.7	13.5	0.29	0.43	0.03
鹰嘴豆	14.0	1.110	265	22.6	4.7	2.5	0.07	0.30	0.03
豌豆粉	12.0	1.006	240	22.2	1.8	7.3	0.12	0.43	0.05
向日葵油粕 40%以下	8.0	1.119	267	38.8	1.7	16.0	0.32	0.91	0.08
向日葵油粕 40%以上	8.0	1.131	270	42.9	1.5	15.0	0.30	1.0	0.08
向日葵油饼	8.0	1.207	288	40.2	7.5	13.3	0.33	0.91	0.09
大豆油粕 40%~45%	9.0	1.048	250	42.0	1.2	7.0	0.38	0.65	0.04
棉籽油粕 36%~40%	8.0	1.068	255	37.5	1.9	16.0	0.28	1.09	0.04
棉籽油粕 41%及以上	8.0	1.098	262	41.4	2.0	14.0	0.28	1.15	0.04
棉籽油饼	8.0	1.017	243	37.0	8.2	11.3	0.36	0.95	0.06
花生油粕(不低于 50%)	9.0	1.059	253	50.0	1.2	8.8	0.18	0.53	0.05
花生油饼	8.5	1.298	310	47.5	5.7	4.6	0.24	0.67	0.03
亚麻油粕	8.5	1.089	260	33.3	1.8	9.8	0.33	0.76	0.06
亚麻油饼	8.0	1.206	288	32.6	6.4	9.6	0.36	0.82	0.06
洋芜菁油菜油粕	8.5	1.110	265	36.0	2.1	12.0	0.48	0.80	0.03

续表2-4-8

饲料名称	含水量	代谢能(100 g 饲料中)		粗蛋白质	粗脂肪	粗纤维	钙	磷	钠
	%	MJ	kcal	%	%	%	%	%	%
饲用酵母(蛋白质维生素浓缩剂)		1.215	290	48.6	0.7	0.6	0.70	1.08	0.30
饲用酵母 40%~45%	9.0	1.152	275	42.3	1.4	1.5	1.03	1.40	0.16
饲用酵母 46%~50%	9.0	1.173	280	43.0	1.4	1.3	0.87	1.32	0.16
饲用酵母 51%及以上	9.0	1.194	285	54.3	1.5	1.0	0.59	1.13	0.20
饲用赖氨酸浓缩剂	8.0	0.900	215	34.3	0.5	0.8	2.76	1.08	0.06
肉骨粉 36%以下	9.0	0.838	200	34.1	17.5	2.0	10.50	5.35	1.55
肉骨粉 36%~40%	9.0	0.971	232	37.9	13.8	2.0	9.05	4.80	1.55
肉骨粉 41%~49%	9.0	1.131	270	44.0	16.6	2.0	8.14	4.23	1.54
肉骨粉 50%及以上	9.0	1.203	287	50.0	14.0	2.0	7.43	3.85	1.47
血粉	9.0	1.248	298	75.0	3.1	—	0.37	0.34	0.95
用非食品鱼做的鱼粉 48%~50%	10.0	1.131	270	48.0	9.3	—	8.00	6.40	2.20
用非食品鱼做的鱼粉 51%~55%	10.0	1.182	282	52.5	8.6	—	6.30	4.70	2.12
用非食品鱼做的鱼粉 56%~60%	10.0	1.194	285	58.1	8.1	—	5.50	4.10	2.12
用非食品鱼做的鱼粉 61%~65%	10.0	1.194	285	63.0	7.4	—	4.50	2.70	1.53
用非食品鱼做的鱼粉 65%及以上	10.0	1.236	295	68.5	7.4	—	4.00	2.50	1.52
非食品用鲜鱼(狭鳕及其他)		0.327	78	17.5	—	—	0.99	0.79	0.35
脱脂乳	91.0	0.168	40	3.7	0.2	—	0.14	0.10	0.05
脱脂干燥乳	5.0	1.172	280	33.3	0.8	—	1.24	1.20	0.54
酸凝乳(中等乳脂率)	70.0	0.587	140	12.7	9.0	—	0.30	0.24	0.15
羽毛粉	8.0	0.980	234	79.9	4.6	—	0.60	0.56	0.36
鸡蛋	73.0	0.553	132	13.0	12.0	—	0.05	0.21	—
鲜嫩苜蓿	78.0	0.142	34	5.0	—	3.6	0.46	0.07	0.02
饲用磷脂	3.0	1.591	380	28.1	31.6	0.7	0.42	1.07	0.06

2. 家禽饲料中氨基酸含量

表 2-4-9 家禽饲料中氨基酸含量

%

饲料名称	粗蛋白质	赖氨酸	蛋氨酸	胱氨酸	色氨酸	精氨酸	组氨酸	亮氨酸	异亮氨酸	苯丙氨酸	酪氨酸	苏氨酸	缬氨酸	甘氨酸
饲用胡豆	25.0	1.40	0.24	0.28	0.28	2.00	0.74	1.93	1.40	1.00	0.80	0.90	1.30	1.08
豌豆	21.1	1.41	0.20	0.27	0.17	1.39	0.70	1.01	1.00	0.93	0.51	0.82	1.00	0.80
兵豆	25.2	1.70	0.28	0.22	0.14	1.93	0.85	1.60	1.30	0.93	0.80	0.93	1.16	0.86
山黧豆	25.9	1.67	0.24	0.20	0.22	2.05	0.57	2.85		0.90	—	1.06	1.13	0.73
箭筈豌豆	24.1	1.31	0.27	0.22	0.15	1.56	0.65	2.29		0.86	0.55	0.85	0.76	0.95
饲用羽扇豆	32.0	1.45	0.37	0.37	0.21	3.03	0.96	3.32		1.37	—	1.25	1.13	0.94
鹰嘴豆	22.6	1.42	0.40	0.19	0.37	2.16	0.52	2.73		0.90	—	1.06	—	0.68
豌豆粉	22.2	1.35	0.37	0.38	0.23	—	—	—		—	—	—	—	—
向日葵油粕 40%以下	38.8	1.33	0.78	0.65	0.46	3.02	0.98	2.40	1.70	1.80	1.15	1.40	2.03	2.20
向日葵油粕 40%以上	42.9	1.40	0.90	0.72	0.54	3.34	1.08	2.65	1.88	1.99	1.27	1.55	2.24	2.43
向日葵油饼	40.2	1.47	0.77	0.63	0.56	2.90	1.17	3.72		1.78	1.17	1.53	2.14	2.67
棉籽油粕 36%~40%	37.5	1.69	0.48	0.73	0.51	3.80	0.90	2.26	1.27	1.90	0.96	1.22	1.76	1.48
棉籽油粕 41%及以上	41.4	1.76	0.55	0.75	0.55	4.20	1.00	2.40	1.40	2.10	1.06	1.35	1.94	1.63
棉籽油饼	37.0	1.59	0.44	0.57	0.50	3.77	1.00	2.18	1.30	1.90	0.96	1.20	1.78	1.46
花生油粕	50.0	1.70	0.50	0.64	0.50	5.70	1.14	3.09	1.74	2.49	1.84	1.29	2.10	2.77
花生油饼	47.5	1.58	0.45	0.59	0.51	5.19	1.08	2.94	1.65	2.18	1.75	1.23	2.00	2.64
亚麻油粕	33.3	1.21	0.53	0.60	0.52	3.11	0.73	2.05	1.65	1.39	0.86	1.23	1.75	1.46
亚麻油饼	32.6	1.24	0.56	0.47	0.47	3.00	0.71	2.00	1.61	1.28	0.72	1.02	1.71	1.43
洋芜菁油菜油粕	36.0	1.78	0.55	0.68	0.51	2.02	0.91	2.40	1.44	1.36	0.92	1.58	1.90	1.79
饲用酵母(蛋白质维生素浓缩剂)	48.6	3.70	0.57	0.52	0.10	2.25	0.80	3.40	2.34	1.93	2.20	2.35	2.60	2.00
饲用酵母 40%~45%	42.3	2.85	0.42	0.38	0.55	2.04	0.75	2.82	2.07	1.70	1.30	2.06	2.30	1.81
饲用酵母 46%~50%	49.0	3.14	0.50	0.47	0.56	2.36	0.86	3.27	2.40	1.97	1.50	2.40	2.60	2.10
饲用酵母 51%及以上	54.3	3.36	0.55	0.50	0.63	2.60	0.95	3.62	2.66	2.18	1.70	2.64	2.95	2.33

续表2-4-9

饲料名称	粗蛋白质	赖氨酸	蛋氨酸	胱氨酸	色氨酸	精氨酸	组氨酸	亮氨酸	异亮氨酸	苯丙氨酸	酪氨酸	苏氨酸	缬氨酸	甘氨酸
饲用赖氨酸浓缩剂	34.3	6.20	0.49	0.30	0.85	0.42	0.41	1.23		0.52	—	0.69	1.05	—
肉骨粉 36%以下	34.1	1.74	0.50	0.27	0.33	2.25	0.54	1.98	1.13	1.22	0.74	1.13	1.64	2.49
肉骨粉 36%～40%	37.9	2.00	0.52	0.29	0.34	2.50	0.60	2.20	1.25	1.36	0.82	1.25	1.82	2.77
肉骨粉 41%～49%	44.0	2.33	0.53	0.34	0.41	2.77	0.66	2.44	1.38	1.50	0.90	1.38	2.02	3.07
肉骨粉 50%及以上	50.0	2.92	0.68	0.48	0.46	3.16	0.76	2.78	1.58	1.72	1.04	1.58	2.30	3.50
血粉	75.0	6.20	0.91	1.14	1.06	3.36	4.90	9.00	0.75	5.40	2.25	3.30	6.97	3.36
肉粉	54.0	3.62	0.90	0.46	0.44	3.40	0.86	2.80	1.43	1.54	1.10	1.59	2.16	8.00
用非食品鱼做的鱼粉 48%～50%	47.4	3.84	1.26	0.91	0.50	2.84	1.03	3.34	2.07	2.04	1.44	2.04	2.64	3.27
用非食品鱼做的鱼粉 51%～55%	52.5	4.21	1.38	1.00	0.54	3.15	1.15	3.70	2.30	2.26	1.60	2.26	2.93	3.62
用非食品鱼做的鱼粉 56%～60%	58.1	4.66	1.53	1.10	0.60	3.48	1.27	4.10	2.50	2.50	1.77	2.50	3.24	4.00
用非食品鱼做的鱼粉 61%～65%	63.0	5.05	1.66	1.19	0.65	3.77	1.38	4.44	2.76	2.71	1.98	2.71	3.50	4.34
用非食品鱼做的鱼粉 65%及以上	68.5	5.50	1.80	1.30	0.71	4.11	1.50	4.81	3.00	2.95	2.08	2.95	3.80	4.73
非食品用鲜鱼(狭鳕及其他)	17.5	1.20	0.54	0.21	0.19	1.40	0.41	1.23	0.72	0.67	0.53	0.77	0.71	1.01
脱脂乳	3.7	0.25	0.09	0.08	0.06	0.14	0.11	0.37	0.23	0.17	0.17	0.18	0.20	0.05
脱脂干燥乳	33.3	2.85	0.81	0.40	0.43	1.43	0.83	3.23	2.15	1.26	1.01	1.43	2.15	0.20
酸凝乳(中等乳脂率)	12.7	0.88	0.33	0.08	0.20	0.52	0.35	0.86	0.40	0.43	0.37	0.42	0.73	0.09
羽毛粉	79.9	1.57	0.42	3.58	0.40	6.40	0.35	7.08	4.60	4.00	2.00	3.92	7.41	6.60
鸡蛋	13.0	0.82	0.43	0.29	0.21	0.82	0.30	1.98		0.71	0.40	0.62	0.95	0.49
鲜嫩苜蓿	5.0	0.24	0.07	0.06	0.13	0.26	0.11	0.36	0.21	0.21	0.09	0.22	0.28	0.19
饲用磷脂	28.1	0.19	0.39	0.30	0.21									

3. 家禽饲料中维生素含量

表 2-4-10 家禽饲料中维生素含量

饲料名称	胡萝卜素 (mg/kg)	维生素 E (mg/kg)	维生素 B_1 (mg/kg)	维生素 B_2 (mg/kg)	维生素 B_3 (mg/kg)	维生素 B_4 (mg/kg)	维生素 PP (mg/kg)	维生素 B_6 (mg/kg)	叶酸(维生素 Bc) (mg/kg)	维生素 B_{12} (μg/kg)
饲用胡豆	—	—	5	1	18	1500	28	—	—	—
豌豆	—	—	5	1	20	1600	30	—	—	—
向日葵油饼	—	—	7	3	42	2130	250	—	—	—
向日葵油粕	—	—	7	2	40	2000	215	11.2	0.2	—
亚麻油饼	—	26	8	3	14	1500	40	—	—	—
亚麻油粕	—	26	10	3	14	1650	40	—	—	—
棉籽油饼	—	26	13	5	14	1500	44	—	—	—
棉籽油粕	—	26	5	5	11	2600	33	3.7	0.02	—
肉骨粉	—	—	1	5	4	2000	50	1.3	1.08	45～90
非食品鱼做的鱼粉	—	—	1	7	9	3000	65	1.2	0.2	41～150
分离乳	—	—	3	20	35	100	1	—	—	3～5
干燥乳	—	—	32	230	370	1000	10	2.6	0.005	30～50
新鲜酸凝乳	—	—	—	6	10	385	3	—	—	4～5
苜蓿粉	150～300	25	3	14	30	830	30	6	3.2	—
饲用酵母	—	—	18	30	100	2500	220	10	2.8	—
面包酵母	—	—	5	7	25	800	55	—	—	—

注：为了计算制剂和鱼肝油中维生素 A 和维生素 D 的含量，在每一个单独的场合下，应该根据质量证明书或商标上所指明的浓度进行计算。

4. 家禽饲料中微量元素含量

表 2-4-11 家禽饲料中微量元素含量

mg/kg

饲料名称	铁	锌	锰	铜	钴	碘
豌豆	85	12	12	6	94	0.15
胡豆	50	60	16	5	30	—
水解酵母	560	103	81	64	400	—
面包酵母	456	95	38	17	1500	0.28
饲用酵母	330	212	33	18	1200	0.32
花生油饼	260	34	32.3	14.5	212	0.50
亚麻油饼	197	69	38	19.6	285	0.92
向日葵油饼	205	46	52	25.0	172	0.43
棉籽油饼	268	32	26	17	196	0.50
花生油粕	368	44	46	19	220	0.56
亚麻油粕	206	56.2	39	17	288	0.88
向日葵油粕	360	46	57	28	238	0.76
棉籽油粕	301	50	21	14	168	0.31
干酪素	8.2	40	1.15	5	50	0.49
新鲜血粉	0.3	3.4	0.1	0.7	27	0.025
血粉	920	53.0	8.0	37.0	90	0.89
肉骨粉	11.5	61.0	2.8	12.5	10	—
羽毛粉	77	59.7	1.17	1.0	1448	—
用非食品鱼做的鱼粉(脱脂)	928	92	17	7.0	78	—
脱脂乳	0.08	0.7	0.3	0.4	7	0.10
干燥脱脂乳	8.2	43.39	2.21	9.0	70	1.00
新鲜酸凝乳(9%)	—	4	0.15	0.5	5	0.106
鸡蛋	0.008	13.9	0.81	0.7	71	—

5.家禽饲料中主要脂肪酸含量

表 2-4-12 禽饲料中主要脂肪酸含量(占风干物质%)

饲料名称	软脂酸	硬脂酸	油酸	亚油酸	亚麻酸
花生粉	1.32	1.37	3.99	1.85	0.22
棉籽粉	0.48	0.01	0.21	0.81	0.01
饲用玉米麸质	0.46	0.06	0.55	1.06	—
用非食品鱼做的鱼粉	2.809	0.446	1.529	0.110	0.059
羽毛粉	0.966	0.472	0.959	0.423	—
禽加工废物	2.423	1.367	3.999	1.851	0.222
饲用酵母	1.380	0.070	0.380	0.050	—

6.兔和水獭饲料成分和营养价值表

表 2-4-13 兔和水獭饲料成分和营养价值表(每 100 g 标准湿度饲料中的含量)

饲料名称	饲料单位(g)	代谢能		干物质(%)	粗蛋白质		粗脂肪(g)	粗纤维(g)	钙(g)	磷(g)	胡萝卜素(mg)	铁(mg)	铜(mg)	锌(mg)	锰(mg)
		kcal	MJ		粗蛋白质(g)	可消化粗蛋白质(g)									
豌豆籽粒	116	290	1.21	86.4	25.0	19.5	3.4	5.4	0.17	0.43	—	6.0	0.77	2.67	2.02
向日葵油饼	115	290	1.21	90.6	43.0	37.4	8.0	13.7	0.37	0.95	—	21.5	1.72	4.00	3.70
向日葵油粕	93	230	0.96	90.2	43.0	37.8	3.0	14.0	0.32	1.04	—	33.2	2.41	4.08	4.85
饲用酵母	109	250	1.05	88.5	47.5	38.9	5.0	2.0	0.49	1.20	—	4.3	1.19	8.40	2.80
水解酵母	106	265	1.11	87.4	47.0	40.1	1.4	2.0	0.45	0.67	—	0.7	4.39	4.53	4.39
用非食品鱼做的鱼粉(平均)	108	270	1.13	90.0	55.0	44.0	7.7	—	0.65	3.58	—	9.3	0.99	10.3	1.43
肉骨粉	72	180	0.75	83.6	51.5	30.0	10.0	—	3.20	1.50	—	5.0	0.15	8.5	1.23
干酸凝乳	120	300	1.26	90.0	34.5	29.3	1.6	—	1.35	0.66	—	—	—	—	—

注:原文未给出标准湿度的解释。

7. 家畜(牛、猪、羊)饲料成分和营养价值表

表 2-4-14 家畜(牛、猪、羊)饲料成分和营养价值表(每 1 kg 中含量)

原料名称	饲料单位	代谢能(牛)	代谢能(猪)	代谢能(绵羊)	干物质	粗蛋白质	可消化粗蛋白质	粗脂肪	粗纤维	无氮浸出物	无氮浸出物中淀粉	无氮浸出物中糖	赖氨酸	蛋氨酸+胱氨酸
		MJ	MJ	MJ	g	g	g	g	g	g	g	g	g	g
豌豆,豆科牧草	0.17	2.20	2.06	2.08	200	41	28	6	33	101	55	25	2.1	1.4
兵豆,豆科牧草	0.20	2.29	—	2.44	249	54	40	8	44	120	—	16	3.2	1.3
洋油菜,青绿饲料,豆科牧草	0.12	1.33	—	1.41	121	27	22	6	19	56	—	16	1.3	1.1
饲用甜菜叶,豆科牧草	0.10	1.13	—	1.19	133	27	18	4	18	54	3	9	0.9	1.0

原料名称	常量元素							微量元素						维生素										
	钙	磷	镁	钾	钠	氯	硫	铁	铜	锌	锰	钴	碘	胡萝卜素	维生素A	维生素D	维生素E	维生素B_1	维生素B_2	烟酸	生物素	泛酸	维生素B_6	维生素B_{12}
	g	g	g	g	g	g	g	mg	mg	mg	mg	mg	mg	mg	IU	IU	mg	mg	mg	mg	mg	mg	mg	mg
豌豆,豆科牧草	3.0	0.8	0.6	4.0	0.2	1.0	1.6	76	1.6	8.9	22.8	0.05	—	38	—	2.0	39	0.3	0.9	5.3	253	4.0	2.0	—
兵豆,豆科牧草	4.0	0.7	0.6	2.9	0.2	1.0	0.7	150	3.0	5.0	11.2	0.2	0.02	50	—	3	40	2	5	12.0	60	10	—	—
洋油菜,青绿饲料,豆科牧草	1.4	0.4	0.4	3.2	0.8	0.9	0.6	88	1.8	4.5	18.0	0.12	0.03	30	—	5	28	2.5	0.7	11	17	13	—	—
饲用甜菜叶,豆科牧草	2.5	0.8	0.7	5.1	1.6	2.9	0.3	180	1.8	7.0	20.0	0.04	0.13	36	—	5	45	0.5	0.5	1	12	2	—	—

2.5 美国资料

2.5.1 Burch Hart Schneider. 1947. Feeds of the World—Their Digestibility and Composition(世界饲料成分及消化率)[15]

1. 牛用饲料成分和消化率

表 2-5-1 牛用饲料成分和消化率

饲料样品描述	可消化养分及常规成分(饲喂基础)									消化率(%)					
	干物质 DM (%)	可消化粗蛋白质 DCP (%)	总可消化养分 TDN (%)	营养比 Nutritive ratio (1∶)	粗灰分 Ash (%)	粗蛋白质 CP (%)	粗纤维 CF (%)	无氮浸出物 NFE (%)	粗脂肪 EE (%)	有机物 Organic matter	粗蛋白质 CP	粗纤维 CF	无氮浸出物 NFE	粗脂肪 EE	实验次数
草地早熟禾(肯塔基蓝草)与白三叶小糠草混合干草 Bluegrass, Kentucky, white clover redtop mixed hay	90.7	19.2	57.8	2.0	9.6	25.6	15.2	36.7	3.6	69	75	69	69	34	17
干啤酒糟 Brewers' dried grains	90.1	16.0	59.6	2.7	4.5	21.7	16.2	40.4	7.3	60	74	41	55	89	4
湿啤酒糟 Brewers' wet grains	23.8	3.8	15.7	3.1	1.3	5.2	4.0	11.8	1.5	63	73	39	64	84	2
荞麦细麸 Buckwheat middlings	85.3	26.1	72.5	1.8	4.5	28.7	6.6	38.0	7.5	81	91	−5	90	74	2
藏茴香(葛缕子)籽粕 Caraway seed oil meal	86.2	12.8	77.2	5.0	6.7	21.5	13.7	30.4	13.9	76	60	84	75	96	4
鹰嘴豆 Chickpeas, gram, seed	91.6	12.8	81.5	5.3	3.0	17.9	6.5	61.7	2.5	90	72	166	89	52	2
三叶草干草草籽筛下物 Clover seed screenings	89.1	28.8	60.1	1.6	14.1	29.2	10.5	28.4	6.9	70	78	21	77	85	2
可可粉 Cocoa meal	93.7	9.1	57.3	5.3	5.7	24.6	5.4	42.4	15.6	45	37		40	89	5
椰子粕 Coconut oil meal	86.6	19.6	72.1	2.7	6.0	24.2	13.3	35.7	7.4	78	81	63	78	98	4
玉米蛋白饲料/玉米面筋饲料 Corn gluten feed	89.3	24.6	74.5	2.0	5.1	28.6	6.6	46.2	2.8	86	86	70	88	74	7
玉米饲料，全部试验 Corn feed, all expts	90.6	24.1	63.8	1.6	5.8	30.2	14.7	31.7	8.2	66	80	25	59	93	3
玉米饲料 Corn feed	89.6	26.5	61.0	1.3	5.7	34.5	10.9	30.4	8.1	62	77		59	91	2

续表2-5-1

饲料样品描述	可消化养分及常规成分(饲喂基础)									消化率(%)					
	干物质 DM (%)	可消化粗蛋白质 DCP (%)	总可消化养分 TDN (%)	营养比 Nutritive ratio (1∶)	粗灰分 Ash (%)	粗蛋白质 CP (%)	粗纤维 CF (%)	无氮浸出物 NFE (%)	粗脂肪 EE (%)	有机物 Organic matter	粗蛋白质 CP	粗纤维 CF	无氮浸出物 NFE	粗脂肪 EE	实验次数
棉籽粕,全部试验 Cottonseed meal,all expts	90.5	34.2	79.1	1.3	6.7	42.2	6.2	25.2	10.2	63	81	57	80	92	11
棉籽粕,粗脂肪<10% Cottonseed meal,under 10% fat	89.6	31.1	79.2	1.5	6.5	43.2	7.0	25.1	7.8	53	72	105	99	91	3
棉籽粕,粗脂肪 11% Cottonseed meal,11% fat	90.8	35.1	78.9	1.2	6.8	41.9	5.8	25.1	11.2	67	84	39	73	92	8
棉籽粕,粗蛋白质 36%,低纤维 Cottonseed meal,36% protein,low fiber	91.0	29.1	65.0	1.2	5.9	39.3	7.4	32.0	6.4	68	74	17	71	83	5
棉籽粕,粗蛋白质 36%,低纤维 Cottonseed meal,36% protein,low fiber	91.4	30.7	86.1	1.8	6.1	38.9	6.6	28.7	11.1	88	79	115	92	86	5
棉籽粕,粗蛋白质 43%,低纤维 Cottonseed meal,43% protein,low fiber	89.0	37.2	75.3	1.0	7.6	44.3	5.3	20.9	10.9	76	84	3	68	97	4
棉籽粕,粗蛋白质 45%,低纤维 Cottonseed meal,45% protein,low fiber	91.6	37.2	71.9	0.9	6.6	46.5	6.8	24.7	7.0	74	80	20	74	96	2
鱼粉,金枪鱼 Fish meal,tuna	90.1	44.3	60.5	0.4	19.8	58.3	0.7	3.9	7.4	72	76			97	1
胡枝子籽 Lespedeza seed	90.0	26.1	61.8	1.4	5.4	33.9	10.7	32.7	7.3	68	77	28	76	48	9
亚麻籽粕,旧工艺 Linseed oil meal,old process	90.1	33.3	75.8	1.3	5.1	37.8	6.8	34.1	6.3	80	88	28	82	89	7
亚麻籽粕,旧工艺,全部试验 Linseed oil meal,old process,all expts	90.6	28.1	73.8	1.6	5.6	33.1	8.0	34.5	9.4	74	85	−11	78	93	93
亚麻籽粕,旧工艺,粗脂肪<10% Linseed oil meal, old process, under 10% fat	89.1	28.2	69.5	1.5	5.8	33.6	8.2	34.2	7.3	75	84	−10	78	94	30

续表2-5-1

饲料样品描述	可消化养分及常规成分(饲喂基础)									消化率(%)					
	干物质 DM (%)	可消化粗蛋白质 DCP (%)	总可消化养分 TDN (%)	营养比 Nutritive ratio (1：)	粗灰分 Ash (%)	粗蛋白质 CP (%)	粗纤维 CF (%)	无氮浸出物 NFE (%)	粗脂肪 EE (%)	有机物 Organic matter	粗蛋白质 CP	粗纤维 CF	无氮浸出物 NFE	粗脂肪 EE	实验次数
亚麻籽粕,旧工艺,粗脂肪 10% Linseed oil meal,old process,10% fat	92.0	27.5	77.1	1.8	5.3	32.4	7.6	35.0	11.7	73	85	−11	75	92	29
亚麻籽粕,粗蛋白质 26% Linseed oil meal,26% protein	82.8	23.1	69.3	2.0	7.0	26.8	7.6	33.0	8.4	78	86	23	82	92	6
亚麻籽粕,粗蛋白质 29% Linseed oil meal,29% protein	91.9	26.8	77.0	1.9	5.2	31.9	7.8	35.7	11.3	73	84	−15	77	94	11
亚麻籽粕,粗蛋白质 32% Linseed oil meal 32% protein	91.9	27.6	77.5	1.8	5.4	32.4	7.9	35.0	11.2	74	85	−2	77	92	17
亚麻籽粕,粗蛋白质 33% Linseed oil meal 33% protein	93.5	28.4	77.9	1.7	5.2	33.5	9.0	35.2	10.6	45	85	10	75	93	8
亚麻籽粕,粗蛋白质 34% Linseed oil meal 34% protein	88.6	29.2	63.8	1.2	5.8	35.2	8.1	33.1	6.4	73	83	−64	78	97	12
亚麻籽粕,粗蛋白质 37% Linseed oil meal 37% protein	90.4	33.1	73.5	1.2	5.1	38.5	6.6	34.1	6.1	76	86	26	77	90	5
牛奶 Milk,cow's(Calves)	12.3	3.2	15.8	3.9	0.8	3.3		4.6	3.6	98	96		99	100	10
部分脱脂牛奶 Milk,partly skimmed (Calves)	10.7	3.3	12.6	2.8	0.7	3.5		4.2	2.3	98	95		100	99	2
离心脱脂牛奶 Milk,skimmed,centrifugal(Calves)	9.1	3.2	8.2	1.5	0.7	3.4		5.0	0.0	98	96		100	38	1
添加乳化脂肪的脱脂牛奶 Milk, skimmed, fat added and emulsified (Calves)	9.8	3.2	9.5	2.0	1.0	3.3		4.7	0.8	98	95		100	93	1

续表2-5-1

饲料样品描述	可消化养分及常规成分(饲喂基础)									消化率(%)					
	干物质 DM (%)	可消化粗蛋白质 DCP (%)	总可消化养分 TDN (%)	营养比 Nutritive ratio (1∶)	粗灰分 Ash (%)	粗蛋白质 CP (%)	粗纤维 CF (%)	无氮浸出物 NFE (%)	粗脂肪 EE (%)	有机物 Organic matter	粗蛋白质 CP	粗纤维 CF	无氮浸出物 NFE	粗脂肪 EE	实验次数
花生粕,粗蛋白质 39% Peanut oil meal,39% protein	90.2	36.7	80.3	1.2	5.3	39.1	5.3	34.3	6.2	86	94	55	79	97	3
花生粕,粗蛋白质 45% Peanut oil meal,45% protein	87.0	41.8	76.8	0.8	5.1	46.4	5.1	23.6	6.8	85	90	32	83	91	4
罂粟籽粕 Poppy seed oil meal	89.1	29.7	67.4	1.3	12.9	37.6	10.6	18.6	9.4	75	79	61	64	92	3
马铃薯废渣,干 Potato spent residue, dried	88.8	9.5	44.8	3.7	12.3	22.6	6.6	46.7	0.6	60	42	54	74	−201	2
菜籽粕 Rape seed oil meal	88.4	26.5	73.5	1.8	6.9	30.9	9.0	30.0	11.6	75	86	24	72	89	6
黑麦细麸 Rye middlings	87.4	15.1	75.8	4.0	4.3	18.0	4.6	57.0	3.5	86	84	59	90	84	1
滨藜 Saltbush,fourwing,fed green	29.7	5.5	10.3	0.9	7.5	7.2	3.8	10.2	1.0	51	77	4	62	−70	2
葵花籽粕,去壳 Sunflower seed oil meal,hulls removed	91.8	34.4	72	1.1	6.3	38.6	13.6	19.7	13.6	67	89	16	47	86	18
酵母,干 Yeast,dried	91.7	50.2	75.1	0.5	7.3	54.6		29.2	0.6	89	92	0	89	−89	2
木糖酵母 Yeast wood sugar	90.7	43.1	75.3	0.7	7.2	47.3		34.2	2.0	88	91	0	89	40	2

注:此资料某些指标(如粗纤维消化率、可消化粗蛋白质、营养比)可能存在不合理数据,请慎用。

Nutritive ratio 翻译为营养比,等于饲料中可消化蛋白质与其他总可消化营养物之比。另:原文有干物质基础可消化养分及常规成分数据,此处略去,读者可自行换算。下同。

2. 绵羊和山羊用饲料成分及消化率

表 2-5-2 绵羊和山羊用饲料成分及消化率

饲料样品描述	可消化养分及常规成分(饲喂基础)									消化率(%)					
	干物质 DM(%)	可消化粗蛋白质 DCP (%)	总可消化养分 TDN (%)	营养比 Nutritive ratio (1:)	粗灰分 Ash (%)	粗蛋白质 CP (%)	粗纤维 CF (%)	无氮浸出物 NFE (%)	粗脂肪 EE (%)	有机物 Organic matter	粗蛋白质 CP	粗纤维 CF	无氮浸出物 NFE	粗脂肪 EE	实验次数
苜蓿叶粉 Alfalfa leaf meal	86.2	15.4	52.9	2.4	10.5	20.3	15.2	38.4	1.8	70	76	50	78	0	2
苜蓿叶,第 2 茬,半花期,干 Alfalfa leaves,2nd cutting,half bloom,dried	87.5	15.6	57.5	2.7	9.5	19.4	15.1	40.5	3.0	72	80	53	78	36	6
苜蓿叶,第 3 茬,半花期,干 Alfalfa leaves,3rd cutting,half bloom,dried	85.0	14.2	55.8	2.9	8.7	18.2	15.0	39.9	3.2	72	78	58	78	24	6
鳄梨油粕 Avocado oil meal	91.4	8.2	52.3	5.4	18.1	18.6	17.6	36.0	1.1	70	44	86	75	80	6
巴巴苏籽粕(巴西棕榈粕)Babassu oil meal	92.2	20.6	78.7	2.8	5.1	23.9	12.4	43.4	7.4	81	86	59	82	92	8
大麦芽 Barley malt sprouts	90.9	23.4	62.6	1.7	6.0	25.6	15.0	42.8	1.5	81	91	64	64	68	1
菜豆 Bean seed	83.6	23.2	73.1	2.1	3.1	26.4	6.9	45.9	1.3	89	88	74	92	85	34
菜豆,肾形 Beans,seed,kidney	87.8	13.6	68.0	4.0	3.6	20.3	4.2	58.5	1.2	80	67	49	88	35	2
菜豆,黑白斑 Beans,seed,pinto	90.7	20.0	80.3	3.0	4.3	23.0	4.0	58.0	1.4	91	87	62	96	65	2
糖用甜菜顶部,鲜饲 Beet tops,sugar,fed green	10.0	2.1	6.9	2.3	2.4	2.5	1.0	3.7	0.4	87	83	110	86	54	4
糖用甜菜顶部,鲜饲(山羊)Beet tops,sugar,fed green(goats)	8.4	1.6	5.2	2.2	2.1	2.2	0.8	3.0	0.5	75	83	65	74	67	2
甜菜渣,加尿素,干 Beet pulp,urea added,dried	90.8	36.1	63.4	0.8	4.4	53.9	14.5	17.8	0.2	88	67	82	92	−253	4
血粉 Blood meal	88.8	59.5	60.2	0	3.5	83.7	0.8	0.7	0.5	73	71	18	25	38	17
可溶性血粉干 Blood,soluble,dried	89.0	82.4	83.8	0	2.5	85.9		—	0.6	96	96			100	1
骨粉 Bone meal	97.0	17.1	4.8	0.1	63.8	24.7			3.2	28	69			−171	8

续表2-5-2

饲料样品描述	可消化养分及常规成分(饲喂基础)									消化率(%)					
	干物质 DM(%)	可消化粗蛋白质 DCP (%)	总可消化养分 TDN (%)	营养比 Nutritive ratio (1∶)	粗灰分 Ash (%)	粗蛋白质 CP (%)	粗纤维 CF (%)	无氮浸出物 NFE (%)	粗脂肪 EE (%)	有机物 Organic matter	粗蛋白质 CP	粗纤维 CF	无氮浸出物 NFE	粗脂肪 EE	实验次数
骨粉,低灰分 Bone meal low ash	95.2	26.6	42.7	0.6	43.9	39.0			7.5	79	68			96	2
骨和角混合干粉 Bone horn dried "stick" mixed meal	87.9	66.9	65.0	0	8.6	77.8		1.1	0.4	73	86			−230	3
啤酒糟 Brewers' dried grains	88.9	16.0	61.7	2.9	3.8	21.6	14.3	42.4	6.8	64	74	47	61	86	17
啤酒糟,粗蛋白质 18% Brewers' dried grains,18% protein	88.9	14.7	60.8	3.1	4.1	20.7	14.0	43.4	6.8	63	71	46	62	84	11
啤酒糟,粗蛋白质 23% Brewers' dried grains,23% protein	88.9	18.8	64.2	2.4	3.4	26.6	15.1	40.2	6.7	66	80	54	59	90	5
荞麦细麸 Buckwheat middlings	90.7	21.8	73.6	2.4	4.4	25.6	8.2	45.8	6.7	77	85	5	83	89	3
干脱脂乳 Buttermilk,dried	91.5	28.4	58.3	2.0	7.3	31.5		46.8	5.9	92	90	1	94	98	2
卷心菜,全,青饲 Cabbage,whole,fed green	11.7	2.2	9.7	3.4	1.4	2.6	1.2	6.3	0.2	92	86	91	96	70	2
酪蛋白 Casein	90.9	78.9	87.0	0.1	2.4	81.4		5.9	1.2	97	97		111	55	1
田芥菜籽粕 Charlock seed oil meal	91.6	24.6	58.7	1.4	10.0	30.4	13.5	32.5	5.2	69	81	−3	71	97	2
鹰嘴豆 Chickpea,gram,seed	85.3	15.0	72.9	3.8	2.7	19.3	8.0	51.2	4.1	83	78	59	88	88	2
三叶草籽筛下物 Clover seed screenings	87.5	23.4	65.7	1.8	9.6	28.9	11.9	30.1	7.0	76	81	54	80	75	2
三叶草籽 Clover seed	91.5	23.5	75.7	2.2	5.4	31.4	12.0	37.9	5.8	82	75	86	86	85	3
椰子粕,蒸过 Coconut oil meal,steamed	90.8	16.6	84.0	4.0	6.4	19.8	12.4	39.5	12.7	82	84	42	85	100	10
玉米蛋白饲料,低灰分,特高脂肪 Corn gluten feed,low ash,very high fat	91.1	19.3	93.6	3.9	0.5	22.4	7.7	47.9	12.6	89	86	89	90	86	4

续表2-5-2

饲料样品描述	可消化养分及常规成分(饲喂基础)									消化率(%)					
	干物质 DM(%)	可消化粗蛋白质 DCP (%)	总可消化养分 TDN (%)	营养比 Nutritive ratio (1∶)	粗灰分 Ash (%)	粗蛋白质 CP (%)	粗纤维 CF (%)	无氮浸出物 NFE (%)	粗脂肪 EE (%)	有机物 Organic matter	粗蛋白质 CP	粗纤维 CF	无氮浸出物 NFE	粗脂肪 EE	实验次数
玉米蛋白饲料,低灰分,粗蛋白质22% Corn gluten feed, low ash, 22% protein	90.2	19.1	79.8	3.2	1.8	23.4	6.7	55.1	3.2	87	82	86	91	65	7
玉米蛋白饲料,低灰分,粗蛋白质24% Corn gluten feed, low ash, 24% protein	90.2	21.6	78.7	2.6	2.9	25.2	6.9	52.3	2.9	91	86	82	90	65	31
玉米蛋白饲料,粗蛋白质27% Corn gluten feed, 27% protein	88.7	24.9	71.0	1.8	4.7	29.7	5.3	46.9	2.1	83	84	76	84	56	6
玉米蛋白饲料,麦芽糖工艺 Corn gluten feed, maltose process	89.7	20.1	86.9	3.3	0.7	23.4	8.2	49.3	8.1	87	86	82	88	92	2
玉米蛋白粉,高脂肪 Corn gluten meal, high fat	90.0	28.6	89.3	2.1	0.5	32.1	1.3	49.1	7.0	91	89	2	94	92	4
玉米蛋白粉,特高脂肪 Corn gluten meal, very high fat	91.6	32.5	105.6	2.2	1.4	35.4	1.3	35.5	18.0	87	92	−60	97	97	2
玉米蛋白粉,粗蛋白质41% Corn gluten meal, 41% protein	92.0	37.4	81.0	1.2	1.0	43.5	1.7	44.3	1.5	90	86	50	93	45	8
玉米油粉 Corn oil meal	89.2	15.3	74.7	3.9	3.1	21.3	9.5	47.4	7.9	80	72	82	78	82	7
棉籽仁粕,去壳 Cottonseed kernel meal, hulls removed	95.1	32.3	112.5	2.5	4.5	40.9	2.4	15.7	31.6	83	79	52	68	96	2
棉籽饲料,粗蛋白质21%,粗纤维<18% Cottonseed feed, 21% protein, under 18% fiber	89.8	23.2	64.8	1.8	6.0	30.1	15.6	30.6	7.5	67	77	26	72	92	10
棉籽粕,全部试验 Cottonseed meal, all expts	91.8	22.2	63.1	1.8	5.8	36.4	13.9	27.8	7.9	72	61	31	70	96	39

续表2-5-2

饲料样品描述	可消化养分及常规成分(饲喂基础)									消化率(%)					
	干物质 DM(%)	可消化粗蛋白质 DCP (%)	总可消化养分 TDN (%)	营养比 Nutritive ratio (1∶)	粗灰分 Ash (%)	粗蛋白质 CP (%)	粗纤维 CF (%)	无氮浸出物 NFE (%)	粗脂肪 EE (%)	有机物 Organic matter	粗蛋白质 CP	粗纤维 CF	无氮浸出物 NFE	粗脂肪 EE	实验次数
棉籽粕,粗脂肪<10% Cottonseed meal,under 10% fat	92.8	34.2	73.1	1.1	6.1	42.2	12.1	25.1	7.3	76	81	41	73	95	18
棉籽粕,粗脂肪 10% Cottonseed meal,10% fat	93.2	36.2	81.5	1.2	5.7	43.7	7.5	24.6	11.7	78	83	8	74	100	6
棉籽粕,粗脂肪 16% Cottonseed meal,16% fat	92.7	37.4	87.0	1.3	7.5	43.9	3.8	20.9	16.6	80	85	−18	84	88	2
棉籽粕,粗蛋白质 39%(原文为 36%),高纤维 Cottonseed meal,36% protein,high fiber	93.5	33.7	81.2	1.4	5.1	39.6	15.7	26.5	6.6	82	85	62	87	99	2
棉籽粕,粗蛋白质 39%(原文为 36%),低纤维(山羊)Cottonseed meal 36% protein,low fiber(Goats)	93.0	35.9	81.6	1.3	5.8	39.3	6.5	29.6	11.8	80	91	41	63	92	2
棉籽粕,粗蛋白质 41%,低品质,低纤维 Cottonseed meal,41% protein,off quality low fiber	87.3	34.8	74.0	1.1	7.1	42.5	7.7	21.4	8.6	90	82		95	97	2
棉籽粕,粗蛋白质 41%,高纤维 Cottonseed meal,41% protein,high fiber	93.6	34.3	75.6	1.2	5.4	42.3	12.2	25.5	8.2	73	81	60	58	104	4
棉籽粕,粗蛋白质 43%,低纤维 Cottonseed meal,43% protein,low fiber	92.8	38.3	83.1	1.2	5.7	44.1	5.4	25.3	12.3	79	87	−19	70	101	4
棉籽粕,粗蛋白质 43%,高纤维 Cottonseed meal,43% protein,high fiber	93.6	34.6	71.7	1.1	6.1	43.8	11.4	24.9	7.4	72	79	43	67	93	8
棉籽粕,粗蛋白质 45%,低纤维 Cottonseed meal,45% protein,low fiber	92.0	38.8	81.6	1.1	7.5	46.7	6.3	21.7	9.8	95	83		96	100	1

续表2-5-2

饲料样品描述	可消化养分及常规成分(饲喂基础)									消化率(%)					
	干物质 DM(%)	可消化粗蛋白质 DCP (%)	总可消化养分 TDN (%)	营养比 Nutritive ratio (1：)	粗灰分 Ash (%)	粗蛋白质 CP (%)	粗纤维 CF (%)	无氮浸出物 NFE (%)	粗脂肪 EE (%)	有机物 Organic matter	粗蛋白质 CP	粗纤维 CF	无氮浸出物 NFE	粗脂肪 EE	实验次数
棉籽粕，粗蛋白质 45%，高纤维 Cottonseed meal，45% protein，high fiber	93.7	39.3	81.3	1.1	5.8	46.8	10.4	23.1	7.6	82	84	69	79	97	2
豇豆 Cowpeas，seed	88.8	19.2	75.8	3.0	3.2	23.4	5.1	55.8	1.3	87	82	63	92	69	6
干酒糟 Distillers' dried grains	90.5	18.5	72.5	2.9	8.9	26.8	11.5	33.4	9.9	74	69	70	75	94	13
粕渣粉 Dreg meal	94.5	30.6	81.1	1.7	1.6	47.1	4.9	26.9	14.0	69	65	23	70	97	2
亚麻籽粕 Flaxseed oil meal	89.8	26.0	70.4	1.7	11.3	31.2	11.0	30.2	6.1	80	83	35	91	96	2
鱼粉，全部试验 Fish meal，all expts	82.7	49.0	60.9	0.2	20.6	55.1			5.5	86	89			95	44
鱼粉，低灰分 Fish meal，low ash	90.4	54.4	76.4	0.4	13.8	61.8			9.6	83	88		5	102	10
鱼粉，中等灰分 Fish meal，medium ash	90.1	54.4	67.1	0.2	22.4	61.2			6.1	87	89			92	22
鱼粉，高灰分 Fish meal，high ash	87.4	50.0	55.3	0.1	28.4	55.5			2.4	84	90			101	8
鱼粉，粗脂肪<5% Fish meal，under 5% fat	85.8	51.2	55.9	0.1	26.3	56.9			2.3	85	90			92	16
鱼粉，粗脂肪 5%～9% Fish meal，5%～9% fat	80.2	45.7	58.7	0.3	19.3	52.5			6.0	84	87			96	16
鱼粉，高脂 Fish meal，oily	90.2	55.3	79.4	0.4	15.1	62.1		2.4	10.6	89	89		15	99	10
鱼粉，粗蛋白质 50% Fish meal，50% protein	87.9	46.1	57.8	0.2	26.1	51.9			5.4	85	89			95	12
鱼粉，粗蛋白质 55% Fish meal，55% protein	88.5	49.8	62.7	0.3	23.7	56.6			5.7	84	88			101	4
鱼粉，粗蛋白质 60% Fish meal，60% protein	90.4	56.1	70.0	0.2	21.5	62.4			6.4	87	90			96	18

续表2-5-2

饲料样品描述	可消化养分及常规成分(饲喂基础)									消化率(%)					
	干物质 DM(%)	可消化粗蛋白质 DCP (%)	总可消化养分 TDN (%)	营养比 Nutritive ratio (1∶)	粗灰分 Ash (%)	粗蛋白质 CP (%)	粗纤维 CF (%)	无氮浸出物 NFE (%)	粗脂肪 EE (%)	有机物 Organic matter	粗蛋白质 CP	粗纤维 CF	无氮浸出物 NFE	粗脂肪 EE	实验次数
鱼粉,粗蛋白质 65% Fish meal,65% protein	90.8	59.0	74.9	0.3	17.2	67.2			7.9	85	88			89	8
鱼粉,鳕鱼,蒸汽干燥 Fish meal,cod, steam-dried	86.8	59.8	66.5	0.1	21.2	62.9			3.6	88	95			82	6
鱼粉,挪威鳕鱼,空气干燥 Fish meal, Norwegian cod,air-dried	83.0	47.5	51.4	0.1	29.1	51.6			1.8	85	92			96	4
鱼粉,鲱鱼 Fish meal,herring	90.0	50.0	75.6	0.5	16.6	56.9			11.7	92	88		−21	97	4
鱼粉,鲱鱼,高脂肪 Fish meal,herring,oily	90.0	59.7	80.7	0.4	15.3	64.9			9.4	85	92			99	4
鱼粉,鲱鱼,低盐 Fish meal,herring, low salt	91.6	57.5	77.3	0.3	16.1	65.4			8.4	88	88		58	104	4
鱼粉,鲱鱼,高盐 Fish meal,herring, high salt	90.4	49.4	62.0	0.3	25.0	56.0			5.7	86	88		−30	99	4
鱼粉,大西洋油鲱 Fish meal,menhaden	91.6	41.2	58.3	0.4	15.5	50.8			7.0	64	81			108	2
鱼粉,沙丁鱼 Fish meal,pilchard	91.8	49.5	60.8	0.2	23.3	60.3			5.1	75	82			99	2
鱼粉,棘鱼 Fish meal,stickleback	93.9	54.6	61.9	0.1	28.4	62.1			2.9	85	88			111	2
鱼粉,白鱼粉 Fish meal,white	86.1	54.2	61.9	0.1	24.1	58.3			3.8	87	93			90	12
鱼渣粉 Fish residue meal	94.3	51.8	57.8	0.1	22.6	69.0			2.6	76	75			101	2
浓缩压鱼浆 Fish press water,condensed	49.4	30.4	37.2	0.2	13.5	34.2			3.8	93	89			80	4
亚麻籽 Flaxseed	92.6	18.7	97.5	4.2	6.1	22.3	5.9	24.2	34.1	70	84	30	42	87	2

续表2-5-2

饲料样品描述	可消化养分及常规成分(饲喂基础)									消化率(%)					
	干物质 DM(%)	可消化粗蛋白质 DCP (%)	总可消化养分 TDN (%)	营养比 Nutritive ratio (1：)	粗灰分 Ash (%)	粗蛋白质 CP (%)	粗纤维 CF (%)	无氮浸出物 NFE (%)	粗脂肪 EE (%)	有机物 Organic matter	粗蛋白质 CP	粗纤维 CF	无氮浸出物 NFE	粗脂肪 EE	实验次数
刚果落花生 Goober,Congo	85.0	15.0	67.8	3.5	3.4	17.9	10.7	49.1	3.9	77	84	26	84	100	2
未成熟葡萄,干,欧洲 Grape immature,dried,Europe	86.4	13.4	62.9	3.7	9.2	17.9	15.4	39.1	4.8	77	75	74	79	66	4
远未成熟葡萄粉,脱水 Grape meal,very immature,dehydrated	87.7	17.9	64.7	2.6	11.0	22.9	13.5	34.7	5.6	78	78	78	79	71	2
葡萄与干草混合粉,脱水 Grape mixed hay meal,dehydrated	86.1	14.6	62.9	3.3	10.9	18.9	15.3	36.7	4.3	78	77	79	80	72	4
Grape mixed,low fiber,fed green	25.3	4.4	18.9	3.3	3.0	5.6	4.0	11.2	1.5	80	79	80	83	58	34
葡萄,混合,高蛋白质,青饲 Grape mixed,high protein,fed green	24.6	4.5	18.2	3.0	2.9	5.7	4.2	10.3	1.5	80	80	80	81	57	45
角粉 Horn meal	92.6	23.4	24.4	0.0	1.9	90.2			0.6	27	26			83	4
刀豆 Jack beans,seed	88.9	25.2	79.7	2.2	2.9	30.0	8.7	44.9	2.4	90	84	75	98	75	3
羽衣甘蓝,茎,现蕾期,青饲 Kale,marrow,prebloom,fed green	12.8	2.5	9.5	2.8	2.0	2.8	1.5	6.1	0.4	85	88	74	87	68	2
木棉粕,粗蛋白质30% Kapok oil meal,30% protein	87.0	27.2	56.6	1.1	6.4	30.6	20.0	22.8	7.2	59	89	10	51	97	2
木棉粕,粗蛋白质40% Kapok oil meal,40% protein	89.3	37.1	61.9	0.7	7.7	42.1	17.1	14.5	7.9	65	88	12	42	94	6
树叶,桤木,干 Leaves,alder,dry	85.0	8.8	41.7	3.8	5.0	18.7	14.4	41.8	5.1	50	47	7	70	24	8
扁豆 Lentil seed	88.0	19.6	74.0	2.8	2.2	24.8	2.8	57.1	1.1	85	79	52	90	62	1
亚麻籽粕,旧工艺,全部试验 Linseed oil meal,old process,all expts	89.1	28.7	74.0	1.6	6.8	34.1	8.3	32.4	7.5	80	84	50	79	92	22

续表2-5-2

饲料样品描述	可消化养分及常规成分(饲喂基础)									消化率(%)					
	干物质 DM(%)	可消化粗蛋白质 DCP (%)	总可消化养分 TDN (%)	营养比 Nutritive ratio (1∶)	粗灰分 Ash (%)	粗蛋白质 CP (%)	粗纤维 CF (%)	无氮浸出物 NFE (%)	粗脂肪 EE (%)	有机物 Organic matter	粗蛋白质 CP	粗纤维 CF	无氮浸出物 NFE	粗脂肪 EE	实验次数
亚麻籽粕,旧工艺,粗脂肪<8% Linseed oil meal,old process,under 8% fat	90.2	29.6	75.1	1.5	5.6	35.2	8.2	35.2	6.0	81	84	46	83	93	16
亚麻籽粕,旧工艺,粗脂肪 11% Linseed oil meal,old process,11% fat	86.0	26.6	72.2	1.7	9.5	31.3	8.4	25.5	11.3	78	85	62	70	89	6
亚麻籽粕,旧工艺,粗脂肪<8% Linseed oil meal, old process, under 8% fiber	89.5	31.4	74.9	1.4	5.5	36.5	7.3	34.4	5.7	82	86	41	83	93	8
亚麻籽粕,旧工艺,粗脂肪>8% Linseed oil meal, old process, over 8% fiber	88.9	27.1	73.7	1.7	7.4	32.7	8.9	31.4	8.5	79	83	55	77	91	14
亚麻籽粕,旧工艺,粗蛋白质 31% Linseed oil meal, old process, 31% protein	87.6	27.2	72.5	1.7	7.7	31.7	8.4	31.0	8.8	79	86	53	75	89	13
亚麻籽粕,旧工艺,粗蛋白质 34% Linseed oil meal, old process, 34% protein	91.3	28.7	77.5	1.7	5.1	35.4	8.8	35.3	6.7	81	81	52	84	97	5
亚麻籽粕,旧工艺,粗蛋白质 40% Linseed oil meal, old process, 40% protein	91.2	33.0	74.9	1.3	5.4	40.3	7.3	33.6	4.6	82	82	38	87	95	4
亚麻籽粕,浸提 Linseed oil meal, solvent process	87.9	31.6	71.6	1.3	5.2	36.4	7.4	35.9	3.0	82	87	43	85	92	4
亚麻籽粕,加 15% 尿素 Linseed oil meal,15% urea added	92.6	66.7	81.6	0.2	4.8	71.7	7.6	4.5	4.0	87	93	80	3	97	2

续表2-5-2

饲料样品描述	可消化养分及常规成分(饲喂基础)									消化率(%)					
	干物质 DM(%)	可消化粗蛋白质 DCP (%)	总可消化养分 TDN (%)	营养比 Nutritive ratio (1∶)	粗灰分 Ash (%)	粗蛋白质 CP (%)	粗纤维 CF (%)	无氮浸出物 NFE (%)	粗脂肪 EE (%)	有机物 Organic matter	粗蛋白质 CP	粗纤维 CF	无氮浸出物 NFE	粗脂肪 EE	实验次数
羽扇豆，全部试验 Lupine seed, all expts	89.8	33.0	80.5	1.4	3.6	37.5	16.2	28.2	4.3	87	88	97	85	80	76
羽扇豆，苦 Lupine seed, bitter	84.2	30.3	78.8	1.6	3.4	33.3	13.8	29.2	4.5	92	91	99	90	84	4
羽扇豆，去苦味 Lupine seed, bitterness extracted	86.5	31.0	76.7	1.5	2.7	35.6	17.3	27.1	3.8	88	87	91	86	78	20
蓝羽扇豆，甜，低纤维 Lupine seed, sweet blue, low fiber	87.3	30.1	76.4	1.5	3.3	33.9	7.2	37.1	5.8	84	89	98	77	81	1
蓝羽扇豆，甜，低品质 Lupine seed, sweet blue, poor quality	89.3	26.3	75.8	1.9	4.0	31.0	16.2	34.3	3.8	85	85	75	89	80	8
绿羽扇豆，甜 Lupine seed, sweet green	90.0	35.1	76.3	1.2	4.3	38.2	16.4	27.2	3.9	85	92	70	85	75	1
绿羽扇豆，甜 Lupine seed, sweet green	90.0	36.6	85.0	1.3	4.3	38.2	16.4	27.2	3.9	93	96	76	100	100	1
黄羽扇豆，甜 Lupine seed, sweet yellow	94.2	38.8	81.1	1.1	4.7	43.6	14.9	26.3	4.7	85	89	83	80	84	13
羽扇豆片，去苦味 Lupine flakes, bitterness extracted	90.5	32.8	89.0	1.7	1.5	37.2	7.5	39.2	5.1	96	88	137	98	66	1
皱叶锦葵，现蕾期，青饲 Mallow curly, prebloom, fed green	15.4	3.1	10.7	2.4	2.6	3.6	2.7	6.0	0.5	79	85	62	84	75	2
麦芽提取物 Malt sprout extract	53.3	15.0	37.0	1.5	8.3	21.4		23.6		82	70		93		2
肉下脚料，牛肉 Meat scrap, beef	89.4	43.9	70.1	0.6	21.5	53.6		2.3	12.0	73	82			97	3
脱脂牛奶，离心法 Milk, skimmed, gravity	9.5	3.3	8.8	1.6	0.7	3.6		5.1	0.1	101	94		101	110	3
脱脂牛奶，干 Milk, skimmed, dried	93.1	30.6	79.9	1.6	8.0	34.1		49.7	1.3	92	90		93	102	3

续表2-5-2

饲料样品描述	可消化养分及常规成分(饲喂基础)									消化率(%)					
	干物质 DM(%)	可消化粗蛋白质 DCP (%)	总可消化养分 TDN (%)	营养比 Nutritive ratio (1∶)	粗灰分 Ash (%)	粗蛋白质 CP (%)	粗纤维 CF (%)	无氮浸出物 NFE (%)	粗脂肪 EE (%)	有机物 Organic matter	粗蛋白质 CP	粗纤维 CF	无氮浸出物 NFE	粗脂肪 EE	实验次数
糖蜜,蒸馏残留物 Molasses, distillers' residue	7.1	1.6	4.9	2.1	1.5	2.1		3.2	0.3	65	76		86	79	1
糖蜜酵母混合物 Molasses yeast mixture	50.6	9.3	38.8	3.2	5.9	12.7		11.9		82	73		92		2
芥菜籽粕 Mustard seed oil meal	89.6	32.1	66.4	1.1	8.1	37.3	9.2	10.3	2.8	78	86	53	74	89	2
产脂内孢霉 Oil fungus(Endomyces vernalis)	93.8	14.6	93.7	5.4	4.9	22.5		38.5	27.9	75	65		75	80	1
骨胶原 Ossein	89.3	64.1	67.2	0	10.8	69.7		7.1	1.7	87	92		0	81	2
棕榈仁粕,低纤维 Palm kernel oil meal, low fiber	88.9	14.0	74.0	4.3	3.7	17.8	13.2	45.3	8.9	80	79	49	88	68	11
豌豆饲料 Pea seed	85.7	20.6	74.6	2.6	2.6	23.9	4.0	53.9	1.3	89	86	50	93	64	6
花生仁,去壳 Peanut kernel, hulls removed	95.2	23.6	116.9	3.9	2.5	28.5	4.0	13.3	46.9	70	83	39	−17	89	2
花生粕 Peanut oil meal	87.2	39.2	82.1	1.1	4.9	43.2	4.6	26.6	7.9	89	91	56	90	91	13
山黧豆,草 Peavine seed, grass(编者注:推测草为多余误加)	88.6	21.6	75.4	2.5	6.1	24.5	7.3	49.9	0.8	90	88	83	92	106	8
罂粟籽粕 Poppy seed oil meal	89.3	29.8	58.7	1.0	12.0	35.5	12.7	22.8	6.3	65	84	28	52	94	12
马铃薯片,加15%尿素 Potato flakes, 15% urea added	94.1	46.2	82.2	0.8	4.0	50.2	2.1	37.4	0.4	91	92	50	93	16	2
马铃薯废渣,干 Potato spent residue, dried	88.3	14.3	58.0	3.1	12.0	22.7	6.3	46.7	0.6	74	63	45	88	−15	5
马铃薯和盐生酵母,干 Potatoes and mineral yeast, dried	92.5	32.4	78.3	1.4	8.8	39.5	6.7	36.8	0.7	93	82	142	97	42	2

续表2-5-2

饲料样品描述	可消化养分及常规成分(饲喂基础)									消化率(%)					
	干物质 DM(%)	可消化粗蛋白质 DCP (%)	总可消化养分 TDN (%)	营养比 Nutritive ratio (1∶)	粗灰分 Ash (%)	粗蛋白质 CP (%)	粗纤维 CF (%)	无氮浸出物 NFE (%)	粗脂肪 EE (%)	有机物 Organic matter	粗蛋白质 CP	粗纤维 CF	无氮浸出物 NFE	粗脂肪 EE	实验次数
南瓜籽粕 Pumpkins seed meal	91.4	38.0	88.2	1.3	7.4	45.2	12.7	9.4	16.7	80	84	61	68	96	5
油菜，初花期，青饲 Rape, early bloom, fed green	11.3	2.3	8.5	2.7	1.6	2.7	1.8	4.8	0.4	84	86	77	88	56	2
油菜籽 Rape seed	88.0	30.9	67.7	1.2	7.3	35.5	13.7	25.5	6.0	76	87	36	82	81	1
菜籽粕 Rape seed oil meal	88.7	28.5	63.3	1.2	7.4	34.7	9.7	30.3	6.6	69	82	24	63	90	3
橡胶籽粕，液压工艺 Rubber seed oil meal, hydraulic process	90.7	27.1	106.1	2.9	4.6	29.8	3.2	32.9	20.1	95	91	121	95	97	3
瘤胃内容物，干 Rumen contents, dried	78.8	10.6	45.5	3.3	10.5	15.8	12.4	38.1	2.0	64	67	30	74	66	4
黑麦酒糟 Rye distillers' dried grains	89.7	11.2	57.8	4.2	2.4	18.7	13.5	49.3	5.8	60	60	56	60	72	6
黑麦饲料 Rye feed	88.3	10.9	65.2	4.9	4.9	14.8	5.5	59.7	3.4	74	74	35	80	59	9
黑麦饲用面粉，低等级 Rye feed flour, low-grade	85.8	7.2	80.4	10.1	1.3	9.5		73.5	1.5	91	76	−472	96	75	6
黑麦粗面粉(饲料粉)Rye flour middlings	86.1	9.4	69.0	6.4	3.1	13.0	3.8	63.4	2.8	78	72	11	85	86	2
黑麦胚芽粕 Rye germ meal	90.0	29.4	85.3	1.9	5.0	32.3	3.8	41.1	7.8	91	91	66	93	86	6
滨藜，澳大利亚，干 Saltbush, Australian, dry	96.4	17.2	46.5	1.7	18.6	20.6	16.4	39.5	1.3	59	83	27	61	16	3
芝麻粕 Sesame oil meal	90.2	36.7	70.8	0.9	10.6	40.3	5.9	22.1	11.3	79	91	55	65	65	16
皮革粉 Skin and dried "stick" meal	86.8	58.9	75.3	0.3	9.8	62.7			6.8	87	94			108	6

续表2-5-2

饲料样品描述	可消化养分及常规成分(饲喂基础)									消化率(%)					
	干物质 DM(%)	可消化粗蛋白质 DCP (%)	总可消化养分 TDN (%)	营养比 Nutritive ratio (1:)	粗灰分 Ash (%)	粗蛋白质 CP (%)	粗纤维 CF (%)	无氮浸出物 NFE (%)	粗脂肪 EE (%)	有机物 Organic matter	粗蛋白质 CP	粗纤维 CF	无氮浸出物 NFE	粗脂肪 EE	实验次数
向日葵仁粕,去壳 Sunflower seed oil meal,hulls,removed	89.5	31.0	77.0	1.5	6.4	34.0	14.9	20.8	13.4	75	91	28	71	90	6
肉骨下脚料粉 Tankage	86.8	55.3	68.6	0.2	8.2	66.7	1.5	3.3	7.1	82	83	8	19	78	8
肉骨下脚料胶 Tankage glue or “stick”	90.1	60.1	60.1	0	15.9	70.7		3.1	0.4	82	85				3
肉骨下脚料粉和角粉混合物 Tankage with horn meal	88.0	42.9	43.0	0	12.3	69.3	0.5	5.4	0.5	55	62			12	7
猫尾草籽,野生 Timothy seed,wild	86.0	10.9	50.6	3.6	3.1	18.6	6.3	54.9	3.1	58	59	17	64	48	2
尿素 Urea	98.9	98.8	98.8	0	0.1	98.8				100	100				1
黎豆 Velvet bean seed	88.5	18.6	79.4	3.3	2.7	22.9	8.1	50.9	3.9	89	81	72	97	64	2
巢菜干草 Vetch hay	87.8	24.8	78.8	2.2	3.3	28.3	3.1	51.9	1.2	92	88	−10	100	87	2
巢菜干草,毛状 Vetch hay,hairy	89.6	17.0	58.2	2.4	9.1	21.5	2.7	28.3	3.3	69	79	59	71	67	8
巢菜籽,黑色,苦 Vetch seed,black bitter	90.1	18.0	79.6	3.4	3.8	22.0	9.0	54.5	0.8	92	82	94	95	76	4
核桃粕,去壳 Walnut meal,hulls removed	91.2	38.0	88.8	1.3	5.3	41.8	6.2	29.1	8.8	89	91	37	100	98	2
鲸鱼肉,溶剂浸提脱脂 Whale meal,solvent extracted	90.2	76.7	80.4	0	3.9	83.3		1.4	1.6	91	92		−5	103	2
鲸鱼肉,部分脱脂 Whale meal,partially extracted	91.0	74.2	84.3	0.1	3.5	80.6		2.0	4.9	90	92		−38	98	2
鲸鱼肉,高脂 Whale meal,high fat	91.8	48.9	98.7	1.0	2.7	65.3		2.0	21.8	87	75		36	100	2

续表2-5-2

饲料样品描述	可消化养分及常规成分(饲喂基础)									消化率(%)					
	干物质 DM(%)	可消化粗蛋白质 DCP (%)	总可消化养分 TDN (%)	营养比 Nutritive ratio (1∶)	粗灰分 Ash (%)	粗蛋白质 CP (%)	粗纤维 CF (%)	无氮浸出物 NFE (%)	粗脂肪 EE (%)	有机物 Organic matter	粗蛋白质 CP	粗纤维 CF	无氮浸出物 NFE	粗脂肪 EE	实验次数
鲸鱼肉骨粉 Whale meat and bone meal	90.5	34.7	60.0	0.7	23.0	53.4		2.2	11.9	63	65			95	2
小麦棕色下脚料 Wheat brown shorts	90.6	16.1	77.7	3.8	4.2	19.0	5.8	56.3	5.3	84	85	60	85	85	6
小麦面粉细麸 Wheat flour middlings	87.6	14.8	72.9	3.9	2.6	18.3	4.3	58.4	4.0	81	81	24	85	82	6
小麦胚芽粕 Wheat germ oil meal	86.0	26.1	80.2	2.1	4.5	27.7	1.9	45.2	6.7	89	94	−24	91	89	2
小麦胚芽粕,商业,德国 Wheat germ oil meal,commercial,German	87.8	16.5	84.1	4.1	3.7	19.1	3.8	56.0	5.2	94	86	42	98	96	2
小麦蛋白饲料(小麦面筋饲料) Wheat gluten feed	89.0	16.0	79.9	4.0	3.6	18.2	6.0	56.8	4.4	91	88	120	92	46	1
小麦灰次粉 Wheat gray shorts	90.7	16.3	80.6	3.9	3.9	19.4	4.7	57.6	5.1	86	84	54	89	92	6
低等小麦粉 Wheat red dog	86.7	12.8	74.4	4.8	3.2	18.0	2.3	58.8	4.3	84	71	15	90	85	6
酵母,干 Yeast,dried	89.6	40.9	67.6	0.6	7.0	48.2	1.2	31.3	1.9	81	85	−105	88	7	23
盐生酵母 Yeast,mineral	86.9	37.5	61.1	0.6	9.7	43.6		28.2	5.4	74	86		73	25	2
酵母,亚硫酸盐法制备,干 Yeast,sulfite waste liquors,dried	91.6	36.8	59.1	0.6	9.1	42.9	2.1	36.0	1.5	71	86	−76	62	44	5
木糖酵母 Yeast,wood sugar	91.1	42.5	78.8	0.9	7.9	47.7	1.0	33.0	1.5	92	89	164	96	92	6

3.猪用饲料成分及消化率

表 2-5-3　猪用饲料成分及消化率

饲料样品描述	可消化养分及常规成分(饲喂基础)									消化率(%)					
	干物质 DM(%)	可消化粗蛋白质 DCP (%)	总可消化养分 TDN (%)	营养比 Nutritive ratio (1:)	粗灰分 Ash (%)	粗蛋白质 CP (%)	粗纤维 CF (%)	无氮浸出物 NFE (%)	粗脂肪 EE (%)	有机物 Organic matter	粗蛋白质 CP	粗纤维 CF	无氮浸出物 NFE	粗脂肪 EE	实验次数
血粉 Blood meal	87.3	64.6	61.1		2.9	82.8	0	0.4	1.2	78	78	0	−104	−116	6
骨粉,低灰分 Bone meal,low ash	92.5	34.6	52.9	0.5	45.7	37.6		1.8	7.4	71	92			110	1
骨粉和鱼粉混合物 Bone and fish mixed meal	78.0	52.9	55.7	0	2.6	68.7		3.5	3.2	76	77			39	1
啤酒糟 Brewers' dried grains	85.4	25.1	43.0	0.7	3.6	31.8	12.5	30.6	6.9	46	79	2	27	60	2
干脱脂乳 Buttermilk,dried	92.4	29.9	76.9	1.6	9.1	32.2		49.3	1.8	94	93		98	−30	2
三叶草籽筛下物 Clover seed screenings	88.3	21.4	59.2	1.8	10.7	30.6	13.3	28.5	5.2	72	70	66	83	45	1
金龟子,干 Cockchafers,dried	85.3	38.0	51.1	0.3	7.0	55.1	13.1	4.5	5.6	57	69	−2	44	90	7
椰子粕 Coconut oil meal	86.9	16.9	72.7	3.3	5.3	23.2	11.9	39.0	7.5	80	73	60	89	83	2
棉籽饲料 Cottonseed feed	90.8	27.5	60.9	1.2	5.6	35.8	15.3	27.8	6.3	63	77	39	56	84	2
棉籽粕,全部试验 Cottonseed meal, all expts	93.6	36.3	72.9	1.0	5.9	42.2	11.2	27.2	7.1	74	86	31	69	90	6
棉籽粕,粗蛋白质 40%,高纤维 Cottonseed meal,40% protein,high fiber	92.6	33.5	70.3	1.1	6.7	40.8	11.2	27.1	6.8	74	82	40	71	86	2
棉籽粕,粗蛋白质 41%,高纤维 Cottonseed meal,41% protein,high fiber	95.1	36.3	72.5	1.0	5.6	42.8	11.7	27.6	7.4	71	85	29	63	92	2
棉籽粕,粗蛋白质 43%,高纤维 Cottonseed meal,43% protein,high fiber	93.4	38.9	75.4	0.9	5.3	43.2	10.9	26.9	7.1	76	90	24	72	91	2
豇豆 Cowpeas,seed	88.8	24.2	74.7	2.1	3.8	25.8	6.7	50.7	1.8	86	94	49	90	38	2
鱼粉,全部试验 Fish meal,all expts	86.5	55.5	62.2	0.1	22.2	60.4			3.6	85	92			81	6

续表2-5-3

饲料样品描述	可消化养分及常规成分(饲喂基础)									消化率(%)					
	干物质 DM(%)	可消化粗蛋白质 DCP (%)	总可消化养分 TDN (%)	营养比 Nutritive ratio (1∶)	粗灰分 Ash (%)	粗蛋白质 CP (%)	粗纤维 CF (%)	无氮浸出物 NFE (%)	粗脂肪 EE (%)	有机物 Organic matter	粗蛋白质 CP	粗纤维 CF	无氮浸出物 NFE	粗脂肪 EE	实验次数
鱼粉,低灰分 Fish meal,low ash	89.2	66.2	78.0	0.2	14.1	71.2			5.8	89	93			91	2
鱼粉,中等灰分 Fish meal,medium ash	84.1	53.6	65.3	0.2	20.6	56.4			5.0	55	95			105	4
鱼粉,高灰分 Fish meal,high ash	86.1	47.9	49.2	0	31.9	52.6			1.5	86	91			42	2
鱼粉,粗蛋白质 50%Fish meal,50% protein	84.4	49.2	55.6	0.1	24.9	53.5			4.3	90	92			66	5
鱼粉,挪威鳕鱼,空气干燥 Fish meal,Norwegian cod,50% protein,air-dried	86.1	49.2	53.0	0.1	29.8	54.0			2.0	86	91			85	1
鱼粉,鳕鱼,粗蛋白质 60%,蒸汽干燥 Fish meal, cod, 60% protein, steam dried	85.5	61.0	65.7	0.1	20.7	62.9			1.2	88	97			176	1
鱼粉,鲱鱼,粗蛋白质 65%,高脂肪 Fish meal,herring,65% protein,oily	90.8	64.6	87.2	0.4	12.9	68.6			10.7	95	94			94	1
鱼粉,鲱鱼,粗蛋白质 70%,低脂肪 Fish meal,herring,70% protein,low fat	87.6	68.5	70.8	0	15.2	73.7			1.1	83	93			89	1
浓缩压鱼浆 Fish press water,condensed	63.2	39.9	50.4	0.3	15.8	41.6			4.7	102	96			99	2
卷心菜,干 Garbage,dried	91.5	19.1	57.3	2.0	17.7	31.3	7.2	24.3	11.0	85	61	47	65	77	2
卷心菜,"军营"品种 Garbage,military camp	30.4	5.6	37.5	5.7	1.8	6.2	0.5	13.2	8.7	95	90	69	99	95	2
谷朊粉 Gluten	89.4	79.9	90.2	0.1	0.7	83.2	0.3	0.7	4.5	92	96	−190	−46	111	1

续表2-5-3

饲料样品描述	可消化养分及常规成分(饲喂基础)									消化率(%)					
	干物质 DM(%)	可消化粗蛋白质 DCP (%)	总可消化养分 TDN (%)	营养比 Nutritive ratio (1∶)	粗灰分 Ash (%)	粗蛋白质 CP (%)	粗纤维 CF (%)	无氮浸出物 NFE (%)	粗脂肪 EE (%)	有机物 Organic matter	粗蛋白质 CP	粗纤维 CF	无氮浸出物 NFE	粗脂肪 EE	实验次数
混合牧草,不列颠群岛 Grass,mixed pasture,British Isles	28.5	4.6	14.4	2.1	4.2	6.9	4.4	12.0	1.0	62	67	57	72	−58	2
亚麻籽粕,旧工艺 Linseed oil meal, old process	90.7	32.3	68.4	1.1	5.9	35.9	11.3	31.3	6.3	75	90	20	80	62	5
羽扇豆,全部试验 Lupine seed, all expts	90.1	34.3	69.6	1.0	4.2	39.5	13.4	28.3	4.7	78	87	40	87	50	19
绿羽扇豆,甜 Lupine seed,sweet green	90.0	35.1	74.9	1.1	4.3	38.2	16.4	27.2	3.9	84	92	62	86	71	1
绿羽扇豆,甜 Lupine seed,sweet green	90.0	33.9	72.1	1.1	4.3	38.2	16.4	27.2	3.9	82	89	62	86	52	1
蓝羽扇豆,低纤维 Lupine seed,sweet blue,low fiber	87.3	28.4	70.1	1.5	3.3	33.9	7.2	37.1	5.8	78	84		91	60	2
蓝羽扇豆,甜,低品质 Lupine seed, sweet blue,poor quality	86.6	29.9	72.3	1.4	3.4	30.5	15.3	33.3	4.1	82	98	55	90	44	2
黄羽扇豆,甜 Lupine seed, sweet yellow	91.1	36.1	69.6	0.9	4.5	41.9	13.8	26.3	4.6	77	86	42	86	50	13
碎骨肉 Meat and bone scrap	90.7	48.5	79.2	0.6	19.0	54.5	0.3	2.8	14.1	82	89		−46	100	13
牛奶 Milk,cow's	12.3	3.5	15.3	3.4	0.8	3.6		4.5	3.4	97	97		97	96	4
脱脂牛奶,离心法 Milk,skimmed, centrifugal	9.6	2.7	9.4	2.5	0.6	2.7		6.2	0.1	102	98		102	151	6
脱脂牛奶,干 Milk,skimmed,dried	94.8	33.2	85.5	1.6	8.4	33.8		51.8	0.8	100	98		97	122	2
脱脂牛奶,加脂肪,乳化 Milk, skimmed,fat added and emulsified	12.2	2.6	17.5	5.8	0.7	2.7		3.4	5.4	97	97		98	96	12
糖蜜酵母混合物 Molasses yeast mixture	50.6	9.0	40.1	3.4	5.9	12.7		32.0		89	71		97		2
豌豆 Peas,seed	85.6	18.7	75.2	3.0	2.9	21.8	7.4	51.9	1.6	89	86	67	95	61	3

续表2-5-3

饲料样品描述	可消化养分及常规成分(饲喂基础)									消化率(%)					
	干物质 DM(%)	可消化粗蛋白质 DCP (%)	总可消化养分 TDN (%)	营养比 Nutritive ratio (1∶)	粗灰分 Ash (%)	粗蛋白质 CP (%)	粗纤维 CF (%)	无氮浸出物 NFE (%)	粗脂肪 EE (%)	有机物 Organic matter	粗蛋白质 CP	粗纤维 CF	无氮浸出物 NFE	粗脂肪 EE	实验次数
豌豆 Peas,seed	89.8	19.6	74.2	2.8	2.8	22.0	8.4	56.5	0.1	85	89	54	90	2	2
豌豆,煮熟 Peas,seed,cooked	82.5	19.1	71.4	2.8	2.7	21.9	6.3	50.1	1.5	89	87	55	95	36	1
豌豆麸 Pea bran	85.9	20.3	78.1	2.9	2.7	22.2	7.2	52.8	1.0	93	91	72	98	42	1
花生粕 Peanut oil meal	88.5	43.6	82.1	0.9	5.3	46.4	5.3	23.5	8.0	88	94	70	84	84	2
木豆籽实 Pigeon peas,seed	87.5	18.5	73.2	3.0	3.7	20.0	7.3	54.0	2.5	86	92	86	86	36	1
猪肉磨碎油渣 Pork cracklings,ground	93.7	56.1	124.0	1.2	2.2	59.1			30.7	96	95			98	24
马铃薯和盐生酵母,干 Potatoes and mineral yeast,dried	92.1	30.3	67.5	1.2	8.7	39.3	6.7	36.6	0.8	82	77	108	88	−113	2
马铃薯蛋白渣片 Potato-protein pulp flakes	89.0	25.4	43.4	0.7	6.3	37.4	4.9	39.8	0.6	74	68	−178	69	−48	6
黑麦胚芽粕 Rye germ meal	88.5	29.9	81.6	1.7	5.3	34.3	3.1	38.3	7.5	88	87	95	98	67	4
皮革粉 Skin meal	93.0	60.1	85.2	0.4	5.8	69.1		11.0	7.1	88	87		86	98	1
肉骨下脚料粉 Tankage	91.0	53.8	80.4	0.5	10.1	65.6	1.1	2.3	11.9	82	82	−19	45	96	28
肉骨下脚料粉,低脂肪 Tankage,low fat	92.0	60.5	65.4	0.1	19.2	68.8		1.1	2.9	84	88			73	2
肉骨下脚料粉,中等脂肪 Tankage,medium fat	90.0	58.9	83.2	0.4	9.2	67.7	1.4	1.4	10.3	85	87	−32	48	102	16
肉骨下脚料粉,高脂肪 Tankage,high fat	92.3	45.0	77.4	0.7	9.7	61.6	0.7	4.9	15.4	76	73	−3	48	87	10
肉骨下脚料粉,粗蛋白质 55%Tankage,55% protein	91.7	36.4	67.6	0.9	12.9	58.7	4.4	4.2	11.5	68	62	−45	138	106	9
肉骨下脚料粉,粗蛋白质 60%Tankage,60% protein	91.8	53.8	91.1	0.7	9.6	63.2		2.8	16.2	84	85	−4	1	102	6

续表2-5-3

饲料样品描述	可消化养分及常规成分(饲喂基础)									消化率(%)					
	干物质 DM(%)	可消化粗蛋白质 DCP (%)	总可消化养分 TDN (%)	营养比 Nutritive ratio (1：)	粗灰分 Ash (%)	粗蛋白质 CP (%)	粗纤维 CF (%)	无氮浸出物 NFE (%)	粗脂肪 EE (%)	有机物 Organic matter	粗蛋白质 CP	粗纤维 CF	无氮浸出物 NFE	粗脂肪 EE	实验次数
肉骨下脚料粉,粗蛋白质 65%Tankage,65% protein	92.1	62.3	76.1	0.2	15.9	68.4		0.5	7.3	90	91			84	5
肉骨下脚料粉,粗蛋白质 70%Tankage,70% protein	88.9	70.9	94.2	0.3	3.7	73.2			12.0	92	97			86	8
鲸鱼粉 Whale meal	90.0	71.4	91.6	0.3	4.6	75.2	0.1	0.7	9.4	95	95	275	79	92	4
鲸鱼粉,脱脂 Whale meal,extracted	89.7	75.4	78.6	0	3.9	82.9		1.3	1.6	88	91		49	69	6
鲸鱼粉,部分脱脂 Whale meal,partially extracted	86.9	71.7	81.5	0.1	3.2	77.1		1.9	4.7	92	93		65	81	5
鲸鱼肉骨粉 Whale meat and bone meal	94.1	36.5	63.4	0.7	32.4	48.0		2.4	11.3	68	76			106	2
小麦面粉细麸 Wheat flour middlings	89.8	14.5	71.8	3.9	4.7	18.1	5.9	55.2	5.9	77	80	21	81	85	16
小麦面粉细麸 Wheat flour middlings	89.3	15.0	72.7	3.8	3.8	18.1	5.2	57.2	5.0	79	83	20	82	87	18
小麦胚芽粕 Wheat germ oil meal	84.8	24.6	77.3	2.1	4.4	27.3	1.9	44.6	6.6	87	90	41	88	85	2
小麦胚芽粕,商业,德国 Wheat germ oil meal,commercial,German	88.4	18.1	81.9	3.5	3.7	19.3	3.8	56.4	5.2	89	94	42	91	93	2
小麦灰次粉 Wheat gray shorts	90.5	15.6	71.6	3.6	4.3	18.6	6.0	56.7	4.9	78	84	26	82	72	4
低等小麦粉 Wheat red dog	87.1	15.9	72.6	3.5	3.1	17.9	2.1	61.2	2.8	88	89	−34	91	26	4
乳清蛋白 Whey-protein	86.2	35.9	43.4	0.2	27.0	39.4		15.4	4.4	71	91		12	57	2
酵母,蒸过,压制 Yeast,boiled,pressed	25.6	13.6	19.5	0.4	2.8	16.2		5.0	1.6	78	84		66	70	2
酵母,干 Yeast,dried	90.1	44.0	65.4	0.5	7.5	49.9	0.5	30.5	1.7	86	88	3	90	−157	16
酵母,亚硫酸盐法制备,干 Yeast,sulfite waste liquors,dried	91.3	34.6	63.1	0.8	9.2	42.2	1.8	36.5	1.6	73	82	101	76	−32	4
酵母,湿 Yeast,wet	21.9	11.8	16.8	0.4	2.1	13.2		5.9	0.7	80	89		78	30	8
酵母,木糖 Yeast,wood sugar	89.0	41.5	74.0	0.8	7.6	46.6	0.7	32.7	1.4	91	89	8	97	23	8

4. 马用饲料成分及消化率

表 2-5-4 马用饲料成分及消化率

饲料样品描述	可消化养分及常规成分(饲喂基础)									消化率(%)					
	干物质 DM(%)	可消化粗蛋白质 DCP (%)	总可消化养分 TDN (%)	营养比 Nutritive ratio (1∶)	粗灰分 Ash (%)	粗蛋白质 CP (%)	粗纤维 CF (%)	无氮浸出物 NFE (%)	粗脂肪 EE (%)	有机物 Organic matter	粗蛋白质 CP	粗纤维 CF	无氮浸出物 NFE	粗脂肪 EE	实验次数
苜蓿叶,多梗,干 Alfalfa leaves, stemmy, dry	88.0	16.9	51.0	2.0	10.0	21.6	13.4	41.2	1.8	68	78	52	72	−61	1
菜豆 Beans, seed	85.8	21.6	75.2	2.5	3.2	24.3	6.1	51.0	1.2	90	89	83	94	21	1
菜豆 Beans, seed	83.6	23.9	70.3	1.9	3.1	27.8	6.7	44.7	1.3	87	86	69	93	9	4
啤酒糟 Brewers' dried grains	92.3	20.5	48.0	1.3	3.1	26.6	14.4	41.8	6.4	50	77	18	44	46	4
棉籽粕,粗蛋白质 36%,高纤维 Cottonseed meal, 36% protein, high fiber	91.2	32.0	64.1	1.0	6.1	37.7	11.7	28.4	7.3	66	85	29	49	90	2
蚕豆 Horsebeans, seed	87.0	19.2	69.8	2.6	3.6	25.3	7.1	49.9	1.1	84	76	69	91	11	4
亚麻籽粕,旧工艺 Linseed oil meal, old process	89.7	27.6	52.4	0.9	5.2	32.9	7.9	37.6	6.1	59	84		53	35	4
亚麻籽粕,粗蛋白质 31% Linseed oil meal, 31% protein	89.8	23.6	44.8	0.9	5.9	31.1	7.7	38.5	6.6	52	76		49	16	2
亚麻籽粕,粗蛋白质 34% Linseed oil meal, 34% protein	89.6	32.3	59.9	0.9	4.6	34.8	8.1	36.5	5.6	66	93	0	57	54	2
豌豆 Peas, seed	86.1	21.4	66.7	2.1	3.1	25.7	5.7	50.2	1.4	80	83	8	899	7	1
马铃薯废渣,液态 Potato spent residue, liquid	4.2	0.8	3.7	3.3	0.6	1.1	0.6	1.8	0.1	97	77	103	104	149	2
酵母,湿 Yeast, wet	16.3	8.5	14.3	0.7	1.3	9.3		5.7		92	91		103		2
木糖酵母 Yeast, wood sugar	89.8	46.7	116.5	1.5	6.0	44.9		38.1	0.8	129	104		178	109	4

2.5.2 Feedstuffs Ingredient Analysis Table(饲料原料分析表).1980—2016(无 1985、1986、1988、1996)[16]

1.营养成分及营养价值

表 2-5-5 营养成分及营养价值

年份	原料名称	国际饲料编号 IFN	干物质 DM (%)	粗蛋白质 CP (%)	粗脂肪 Crude fat (%)	粗纤维 CF(%)	钙 Ca (%)	总磷 Total P (%)	有效磷 Available P(%)	粗灰分 Ash (%)	瘤胃降解蛋白质 RDP (%)	反刍动物总可消化养分 Ruminant TDN (%)	家禽生产能 Poultry PE (kcal/kg)	家禽代谢能 Poultry ME (kcal/lb.)	家禽代谢能 Poultry ME (kcal/kg)	家禽真代谢能 True Poultry ME (kcal/kg)	猪代谢能 Swine ME (kcal/lb.)	猪代谢能 Swine ME (kcal/kg)	猪总可消化养分 Swine TDN (%)
1980—1989	血粉,动物 Blood meal,animal	5-00-380	89.3	80.0	1.0	1.0	0.28	0.22		4.4	63.1	60	2222		2845			1927	61
1990	血粉,动物 Blood meal,animal	5-00-380	89.3	80.0	1.0	1.0	0.28	0.22		4.4	63.1	60	2222		2845	3190*		1927	61
1991—1993	血粉,动物 Blood meal,animal	5-00-380	89.3	80.0	1.0	1.0	0.28	0.22		4.4	63.1	60	2222		2845	3190		1927	61
1994	血粉,动物 Blood meal,animal	5-00-380	89.3	80.0	1.0	1.0	0.28	0.22		4.4	63.1	60		1465	3220		875	1925	61
1995—1998	血粉,动物 Blood meal,animal	5-00-380	89	80.0	1.0	1.0	0.28	0.22		4.4	63.1	60		1465	3220		875	1925	61
1999—2016	血粉,动物 Blood meal,animal		89	80.0	1.0	1.0	0.28	0.22	0.22	4.4	63.1	60		1465	3220		875	1925	
1980—1989	肉粉下脚料 Tankage,meat meal	5-00-386	93.7	60.0	9.0	2.0	6.0	3.0		21.0	53.9	65	1760		2640			2050	68
1990	肉粉下脚料 Tankage,meat meal	5-00-386	93.7	60.0	9.0	2.0	6.0	3.0		21.0	53.9	65	1760		2640	2970*		2050	68
1991—1993	肉粉下脚料 Tankage,meat meal	5-00-386	93.7	60.0	9.0	2.0	6.0	3.0		21.0	53.9	65	1760		2640	2970		2050	68
1994	肉粉下脚料 Tankage,meat meal	5-00-386	93.7	60.0	9.0	2.0	6.0	3.0		21.0	53.9	65		1220	2680		1215	2675	68

续表2-5-5

年份	原料名称	国际饲料编号 IFN	干物质 DM (%)	粗蛋白质 CP (%)	粗脂肪 Crude fat (%)	粗纤维 CF(%)	钙 Ca (%)	总磷 Total P (%)	有效磷 Available P(%)	粗灰分 Ash (%)	瘤胃降解蛋白质 RDP (%)	反刍动物总可消化养分 Ruminant TDN (%)	家禽生产能 Poultry PE (kcal/kg)	家禽代谢能 Poultry ME (kcal/lb.)	家禽代谢能 Poultry ME (kcal/kg)	家禽真代谢能 True Poultry ME (kcal/kg)	猪代谢能 Swine ME (kcal/lb.)	猪代谢能 Swine ME (kcal/kg)	猪总可消化养分 Swine TDN (%)
1995—1998	肉粉下脚料 Tankage, meat meal	5-00-386	94	60.0	9.0	2.0	6.0	3.0		21.0	53.9	65		1220	2680		1215	2675	68
1999	肉粉下脚料 Tankage, meat meal		94	60.0	9.0	2.0	6.0	3.0	3.0	21.0	53.9	65		1220	2680		1215	2675	
1980—1989	干大麦芽 Malt sprouts, barley dried	5-00-545	92.3	25.0	1.2	15.0	0.2	0.7		7.0	19.7	63	1320		1411			1406	35
1990—1993	干大麦芽 Malt sprouts, barley dried	5-00-545	92.3	25.0	1.2	15.0	0.2	0.7		7.0	19.7	63	1320		1411	n/a		1406	35
1994	干大麦芽 Malt sprouts, barley dried	5-00-545	92.3	25.0	1.2	15.0	0.2	0.7		7.0	19.7	63		640	1410		640	1405	35
1995—1998	干大麦芽 Malt sprouts, barley dried	5-00-545	92	25.0	1.2	15.0	0.2	0.7		7.0	19.7	63		640	1410		640	1405	35
1999—2016	干大麦芽 Malt sprouts, barley dried		92	25.0	1.2	15.0	0.2	0.7	—	7.0	19.7	63		640	1410		640	1405	
1980—1989	干脱脂乳 Buttermilk, dried	5-01-160	89.0	32.0	5.0	0.3	1.3	0.9		10.0	25.3	84	1716		2750			3010	77
1990—1993	干脱脂乳 Buttermilk, dried	5-01-160	89.0	32.0	5.0	0.3	1.3	0.9		10.0	25.3	84	1716		2750	n/a		3010	77
1994	干脱脂乳 Buttermilk, dried	5-01-160	89.0	32.0	5.0	0.3	1.3	0.9		10.0	25.3	84		1250	2750		1370	3010	77

续表2-5-5

年份	原料名称	国际饲料编号 IFN	干物质 DM (%)	粗蛋白质 CP (%)	粗脂肪 Crude fat (%)	粗纤维 CF(%)	钙 Ca (%)	总磷 Total P (%)	有效磷 Available P(%)	粗灰分 Ash (%)	瘤胃降解蛋白质 RDP (%)	反刍动物总可消化养分 Ruminant TDN (%)	家禽生产能 Poultry PE (kcal/kg)	家禽代谢能 Poultry ME (kcal/lb.)	家禽代谢能 Poultry ME (kcal/kg)	家禽真代谢能 True Poultry ME (kcal/kg)	猪代谢能 Swine ME (kcal/lb.)	猪代谢能 Swine ME (kcal/kg)	猪总可消化养分 Swine TDN (%)
1995—1998	干脱脂乳 Butter-milk,dried	5-01-160	89	32.0	5.0	0.3	1.3	0.9		10.0	25.3	84		1250	2750		1370	3010	77
1999—2002	干脱脂乳 Butter-milk,dried		89	2.0	5.0	0.3	1.3	0.9	0.9	10.0	25.3	84		1250	2750		1370	3010	
2003—2005	干脱脂乳 Butter-milk,dried		89	2.0	5.0	0.3	1.3	0.90	0.90	10.0	25.3	84		1250	2750		1370	3010	
2006—2016	干脱脂乳 Butter-milk,dried		89	2.0	5.0	0.3	1.30	0.90	0.90	10.0	25.3	84		1250	2750		1370	3010	
1980—1982	干酪蛋白 Casein, dried	5-01-162	90.0	80.0	0.5	0.2	0.6	1.0		3.5	76.0	74	2836		4051			2740	80
1983—1989	干酪蛋白 Casein, dried	5-01-162	90.0	80.0	0.5	0.2	0.6	1.0		3.5	76.0	74	2836		4051			2740	80
1990—1993	干酪蛋白 Casein, dried	5-01-162	90.0	80.0	0.5	0.2	0.6	1.0		3.5	76.0	74	2836		4051	n/a		2740	80
1994—1998	干酪蛋白 Casein, dried	5-01-162	90.0	80.0	0.5	0.2	0.6	1.0		3.5	76	74		1875	4120		1245	2740	80
1999—2002	干酪蛋白 Casein, dried		90	80.0	0.5	0.2	0.6	1.0	1.0	3.5	76	74		1875	4120		1245	2740	
2003—2005	干酪蛋白 Casein, dried		90	80.0	0.5	0.2	0.60	1.00	1.00	3.5	76	74		1875	4120		1245	2740	
2006—2016	干酪蛋白 Casein, dried		90	80.0	0.5	0.2	0.60	1.00	1.00	3.5	76.0	74		1875	4120		1245	2740	

续表2-5-5

年份	原料名称	国际饲料编号 IFN	干物质 DM (%)	粗蛋白质 CP (%)	粗脂肪 Crude fat (%)	粗纤维 CF(%)	钙 Ca (%)	总磷 Total P (%)	有效磷 Available P(%)	粗灰分 Ash (%)	瘤胃降解蛋白质 RDP (%)	反刍动物总可消化养分 Ruminant TDN (%)	家禽生产能 Poultry PE (kcal/kg)	家禽代谢能 Poultry ME (kcal/lb.)	家禽代谢能 Poultry ME (kcal/kg)	家禽真代谢能 True Poultry ME (kcal/kg)	猪代谢能 Swine ME (kcal/lb.)	猪代谢能 Swine ME (kcal/kg)	猪总可消化养分 Swine TDN (%)
1981—1989	饲料级干全脂奶粉 Milk, whole, dried, feed grade*	5-01-167	96.2	25.5	26.7	0.1	0.9	0.72		5.6	n/a	110	n/a		n/a			n/a	133
1990—1993	饲料级干全脂奶粉 Milk, whole, dried, feed grade	5-01-167	96.2	25.5	26.7	0.1	0.9	0.72		5.6	n/a	110	n/a		n/a	n/a		n/a	133
1994	饲料级干全脂奶粉 Milk, whole, dried, feed grade	5-01-167	96.2	25.5	26.7	0.1	0.9	0.72		5.6	n/a	110		n/a	n/a		n/a	n/a	133
1995—1998	饲料级干全脂奶粉 Milk, whole, dried, feed grade	5-01-167	96	25.5	26.7	0.1	0.9	0.72		5.6	n/a	110		n/a	n/a		n/a	n/a	133
1999—2004	饲料级干全脂奶粉 Milk, whole, dried, feed grade		96	25.5	26.7	0.1	0.9	0.72	0.72	5.6	n/a	110		n/a	n/a		n/a	n/a	
2005—2016	饲料级干全脂奶粉 Milk, whole, dried, feed grade		96	25.5	26.7	0.1	0.90	0.72	0.72	5.6	n/a	110		n/a	n/a		n/a	n/a	
1980—1989	干脱脂奶粉 Skim milk, dried	5-01-175	91.6	33.0	0.5	0.0	1.25	1.0		8.0	26.8	80	1670		2500			3360	86
1990	干脱脂奶粉 Skim milk, dried	5-01-175	91.6	33.0	0.5	0.0	1.25	1.0		8.0	26.8	80	1670		2500	2120*		3360	86
1991—1993	干脱脂奶粉 Skim milk, dried	5-01-175	91.6	33.0	0.5	0.0	1.25	1.0		8.0	26.8	80	1670		2500	2120		3360	86

续表2-5-5

年份	原料名称	国际饲料编号 IFN	干物质 DM (%)	粗蛋白质 CP (%)	粗脂肪 Crude fat (%)	粗纤维 CF(%)	钙 Ca (%)	总磷 Total P (%)	有效磷 Available P(%)	粗灰分 Ash (%)	瘤胃降解蛋白质 RDP (%)	反刍动物总可消化养分 Ruminant TDN (%)	家禽生产能 Poultry PE (kcal/kg)	家禽代谢能 Poultry ME (kcal/lb.)	家禽代谢能 Poultry ME (kcal/kg)	家禽真代谢能 True Poultry ME (kcal/kg)	猪代谢能 Swine ME (kcal/lb.)	猪代谢能 Swine ME (kcal/kg)	猪总可消化养分 Swine TDN (%)
1994	干脱脂奶粉 Skim milk, dried	5-01-175	91.6	33.0	0.5	0.0	1.25	1.0		8.0	26.8	80		1135	2520		1525	3360	86
1995—1998	干脱脂奶粉 Skim milk, dried	5-01-175	92	33.0	0.5	0.0	1.25	1.0		8.0	26.8	80		1135	2520		1525	3360	86
1999—2004	干脱脂奶粉 Skim milk, dried		92	33.0	0.5	0.0	1.25	1.0	1.0	8.0	26.8	80		1135	2520		1525	3360	
2005—2016	干脱脂奶粉 Skim milk, dried		92	33.0	0.5	0.0	1.25	1.00	1.00	8.0	26.8	80		1135	2520		1525	3360	
1980—1989	椰子粕,浸提 Coconut oil meal, solvent	5-01-573	93.0	22.0	6.0	12.0	0.17	0.6		7.0	18.0	77	1320		1485			2500	73
1990—1993	椰子粕,压榨 Coconut meal, mech.	5-01-572	93.0	22.0	6.0	12.0	0.17	0.6		7.0	18.0	77	1320		1485	n/a		2500	73
1994	椰子粕,压榨 Coconut meal, mech.	5-01-572	93.0	22.0	6.0	12.0	0.17	0.6		7.0	18.0	77		690	1520		1135	2500	73
1995—1998	椰子粕,压榨 Coconut meal, mech.	5-01-572	93	22.0	6.0	12.0	0.17	0.6		7.0	18.0	77		690	1520		1135	2500	73
1999—2002	椰子粕,压榨 Coconut meal, mech.		93	22.0	6.0	12.0	0.17	0.6	—	7.0	18.0	77		690	1520		1135	2500	
2003—2016	椰子粕,压榨 Coconut meal, mech.		93	22.0	6.0	12.0	0.17	0.60	—	7.0	18.0	77		690	1520		1135	2500	

续表2-5-5

年份	原料名称	国际饲料编号 IFN	干物质 DM (%)	粗蛋白质 CP (%)	粗脂肪 Crude fat (%)	粗纤维 CF(%)	钙 Ca (%)	总磷 Total P (%)	有效磷 Available P(%)	粗灰分 Ash (%)	瘤胃降解蛋白质 RDP (%)	反刍动物总可消化养分 Ruminant TDN (%)	家禽生产能 Poultry PE (kcal/kg)	家禽代谢能 Poultry ME (kcal/lb.)	家禽代谢能 Poultry ME (kcal/kg)	家禽真代谢能 True Poultry ME (kcal/kg)	猪代谢能 Swine ME (kcal/lb.)	猪代谢能 Swine ME (kcal/kg)	猪总可消化养分 Swine TDN (%)
1980—1989	棉粕，CP 41%，压榨 Cottonseed meal，41%，mech. extd	5-01-617	91.4	41.0	3.9	12.6	0.17	0.97		6.2	32.9	71	1518		2272			2453	67
1990—1993	棉粕，CP 41%，压榨 Cottonseed meal，41%，mech. extd	5-01-617	91.4	41.0	3.9	12.6	0.17	0.97		6.2	32.9	71	1518		2272	n/a		2453	67
1994	棉粕，CP 41%，压榨 Cottonseed meal，41%，mech. extd	5-01-617	91.4	41.0	3.9	12.6	0.17	0.97		6.2	32.9	71		955	2100		1345	2955	67
1995—1998	棉粕，CP 41%，压榨 Cottonseed meal，41%，mech. extd.	5-01-617	91	41.0	3.9	12.6	0.17	0.97		6.2	32.9	71		955	2100		1345	2955	67
1999—2016	棉粕，CP 41%，压榨 Cottonseed meal，41%，mech. extd.		91	41.0	3.9	12.6	0.17	0.97	0.32	6.2	32.9	71		955	2100		1345	2955	
1980—1989	棉粕，CP 41%，直接浸提 Cottonseed meal，41%，direct solvent	5-01-621	90.4	41.0	2.1	11.3	0.16	1.0		6.4	29.5	72	1420		2188			n/a	61

续表2-5-5

年份	原料名称	国际饲料编号 IFN	干物质 DM (%)	粗蛋白质 CP (%)	粗脂肪 Crude fat (%)	粗纤维 CF(%)	钙 Ca (%)	总磷 Total P (%)	有效磷 Available P(%)	粗灰分 Ash (%)	瘤胃降解蛋白质 RDP (%)	反刍动物总可消化养分 Ruminant TDN (%)	家禽生产能 Poultry PE (kcal/kg)	家禽代谢能 Poultry ME (kcal/lb.)	家禽代谢能 Poultry ME (kcal/kg)	家禽真代谢能 True Poultry ME (kcal/kg)	猪代谢能 Swine ME (kcal/lb.)	猪代谢能 Swine ME (kcal/kg)	猪总可消化养分 Swine TDN (%)
1990—1993	棉粕,CP 41%,直接浸提 Cottonseed meal, 41%, direct solvent	5-01-621	90.4	41.0	2.1	11.3	0.16	1.0		6.4	29.5	72	1420		2188	n/a		n/a	61
1994	棉粕,CP 41%,直接浸提 Cottonseed meal, 41%, direct solvent	5-01-621	90.4	41.0	2.1	11.3	0.16	1.0		6.4	29.5	72		915	2010		1225	2690	61
1995—1998	棉粕,CP 41%,直接浸提 Cottonseed meal, 41%, direct solvent	5-01-621	90	41.0	2.1	11.3	0.16	1.0		6.4	29.5	72		915	2010		1225	2690	61
1999—2002	棉粕,CP 45%,直接浸提 Cottonseed meal, 41%, direct solvent		90	41.0	2.1	11.3	0.16	1.0	0.32	6.4	29.5	72		915	2010		1225	2690	
2003—2016	棉粕,CP 46%,直接浸提 Cottonseed meal, 41%, direct solvent		90	41.0	2.1	11.3	0.16	1.00	0.32	6.4	29.5	72		915	2010		1225	2690	
1980—1989	蟹粉 Crab meal	5-01-663	95.0	30.0	2.2	10.5	18.0	1.5		31.0	24.9	27	1320		1870			n/a	n/a
1990—1993	蟹粉 Crab meal	5-01-663	95.0	30.0	2.2	10.5	18.0	1.5		31.0	24.9	27	1320		1870	n/a		n/a	n/a
1994—1998	蟹粉 Crab meal	5-01-663	95.0	30.0	2.2	10.5	18.0	1.5		31.0	24.9	27		675	1485		n/a	n/a	n/a

续表2-5-5

年份	原料名称	国际饲料编号 IFN	干物质 DM（%）	粗蛋白质 CP（%）	粗脂肪 Crude fat（%）	粗纤维 CF（%）	钙 Ca（%）	总磷 Total P（%）	有效磷 Available P（%）	粗灰分 Ash（%）	瘤胃降解蛋白质 RDP（%）	反刍动物总可消化养分 Ruminant TDN（%）	家禽生产能 Poultry PE（kcal/kg）	家禽代谢能 Poultry ME（kcal/lb.）	家禽代谢能 Poultry ME（kcal/kg）	家禽真代谢能 True Poultry ME（kcal/kg）	猪代谢能 Swine ME（kcal/lb.）	猪代谢能 Swine ME（kcal/kg）	猪总可消化养分 Swine TDN（%）
1999—2002	蟹粉 Crab meal		95	30.0	2.2	10.5	18.0	1.5	1.5	31.0	24.9	27		675	1485		n/a	n/a	
2003—2016	蟹粉 Crab meal		95	30.0	2.2	10.5	18.00	1.50	1.50	31.0	24.9	27		675	1485		n/a	n/a	
1980—1983	鱼汁，50%固体 Fish solubles，50% solids	5-01-969	51.0	31.0	4.0	0.5	0.1	0.5		10.0	41.3	42	990		1430			1400	44
1984—1989	浓缩鱼汁 Fish solubles，condensed	5-01-969	51.0	31.0	4.0	0.5	0.1	0.5		10.0	41.3	42	990		1430			1400	44
1990—1993	浓缩鱼汁 Fish solubles，condensed	5-01-969	51.0	31.0	4.0	0.5	0.1	0.5		10.0	41.3	42	990		1430	n/a		1400	44
1994	浓缩鱼汁 Fish solubles，condensed	5-01-969	51.0	31.0	4.0	0.5	0.1	0.5		10.0	41.3	42		905	1990		830	1820	44
1995—1998	浓缩鱼汁 Fish solubles，condensed	5-01-969	51	31.0	4.0	0.5	0.1	0.5		10.0	41.3	42		905	1990		830	1820	44
1999—2002	浓缩鱼汁 Fish solubles，condensed		51	31.0	4.0	0.5	0.1	0.5	0.5	10.0	41.3	42		905	1990		830		
2003—2010	浓缩鱼汁 Fish solubles，condensed		51	31.0	4.0	0.5	0.10	0.50	0.50	10.0	41.3	42		905	1990		830		
2011	浓缩鱼汁 Fish solubles，condensed		51	31.0	4.0	0.5	0.10	0.50	0.50	10.0	41.3	42		905	1990		830	n/a	
2012—2016	浓缩鱼汁 Fish solubles，condensed		51	31.0	4.0	0.5	0.10	0.50	0.50	10.0	41.3	42		905	1990		830	—	

续表2-5-5

年份	原料名称	国际饲料编号 IFN	干物质 DM (%)	粗蛋白质 CP (%)	粗脂肪 Crude fat (%)	粗纤维 CF(%)	钙 Ca (%)	总磷 Total P (%)	有效磷 Available P(%)	粗灰分 Ash (%)	瘤胃降解蛋白质 RDP (%)	反刍动物总可消化养分 Ruminant TDN (%)	家禽生产能 Poultry PE (kcal/kg)	家禽代谢能 Poultry ME (kcal/lb.)	家禽代谢能 Poultry ME (kcal/kg)	家禽真代谢能 True Poultry ME (kcal/kg)	猪代谢能 Swine ME (kcal/lb.)	猪代谢能 Swine ME (kcal/kg)	猪总可消化养分 Swine TDN (%)
1980	浓缩鱼汁 Fish solubles, condensed	5-01-971	93.0	40.0	6.0	5.5	0.4	1.2		12.5	n/a	76	n/a		3388			3190	76.5
1981—1982	浓缩鱼汁 Fish solubles, condensed	5-01-971	93.0	40.0	6.0	5.5	0.4	1.2		12.5	n/a	76	n/a		3388			3190	76.5
1983	浓缩鱼汁 Fish solubles, condensed	5-01-971	93.0	40.0	6.0	5.5	0.4	1.2		12.5	n/a	76	n/a		3388			3190	77*
1984—1989	鱼汁,脱水/脱水鱼溶粉 Fish solubles, dehy	5-01-971	93.0	40.0	6.0	5.5	0.4	1.2		12.5	n/a	76	n/a		3388			3190	77
1990—1993	鱼汁,脱水/脱水鱼溶粉 Fish solubles, dehy	5-01-971	93.0	40.0	6.0	5.5	0.4	1.2		12.5	n/a	76	n/a		3388	n/a		3190	77
1994—1998	鱼汁,脱水/脱水鱼溶粉 Fish solubles, dehy	5-01-971	93.0	40.0	6.0	5.5	0.4	1.2		12.5	n/a	76		1580	3480		1335	2940	77
1999—2002	鱼汁,脱水/脱水鱼溶粉 Fish solubles, dehy		93	40.0	6.0	5.5	0.4	1.2	1.2	12.5	n/a	76		1580	3480		1335	2940	
2003—2016	鱼汁,脱水/脱水鱼溶粉 Fish solubles, dehy		93	40.0	6.0	5.5	0.40	1.20	1.20	12.5	n/a	76		1580	3480		1335	2940	
1981—1989	鱼粉,AAFCO Fish meal, AAFCO	5-01-977	88.4	59.0	5.6	1.0	5.5	3.3		20.2	n/a	59	1840		2359			2309	64

续表2-5-5

年份	原料名称	国际饲料编号 IFN	干物质 DM (%)	粗蛋白质 CP (%)	粗脂肪 Crude fat (%)	粗纤维 CF(%)	钙 Ca (%)	总磷 Total P (%)	有效磷 Available P(%)	粗灰分 Ash (%)	瘤胃降解蛋白质 RDP (%)	反刍动物总可消化养分 Ruminant TDN (%)	家禽生产能 Poultry PE (kcal/kg)	家禽代谢能 Poultry ME (kcal/lb.)	家禽代谢能 Poultry ME (kcal/kg)	家禽真代谢能 True Poultry ME (kcal/kg)	猪代谢能 Swine ME (kcal/lb.)	猪代谢能 Swine ME (kcal/kg)	猪总可消化养分 Swine TDN (%)
1990—1993	鱼粉，Fish meal，AAFCO	5-01-977	88.4	59.0	5.6	1.0	5.5	3.3		20.2	n/a	59	1840		2359	n/a		2309	64
1994—1998	鱼粉，Fish meal，AAFCO	5-01-977	88.4	59.0	5.6	1.0	5.5	3.3		20.2	n/a	59		1080	2600		1125	2480	64
1999—2002	鱼粉，Fish meal，AAFCO		88	59.0	5.6	1.0	5.5	3.3	3.3	20.2	n/a	59		1080	2600		1125	2480	
2003—2016	鱼粉，Fish meal. AAFCO		88	59.0	5.6	1.0	5.50	3.30	3.30	20.2	n/a	59		1080	2600		1125	2480	
1980—1989	鱼粉，秘鲁鳀鱼 Fish meal，anchovie，Peruvian	5-13-459	91.0	65.0	10.0	1.0	4.0	2.85		15.0	52.7	73	1892		2880			2450	70
1990	鱼粉，秘鲁鳀鱼 Fish meal，anchovy，Peruvian	5-01-985	91.0	65.0	10.0	1.0	4.0	2.85		15.0	52.7	73	1892		2880	3455*		2450	70
1991—1993	鱼粉，秘鲁鳀鱼 Fish meal，anchovy，Peruvian	5-01-985	91.0	65.0	10.0	1.0	4.0	2.85		15.0	52.7	73	1892		2880	3455		2450	70
1994—1998	鱼粉，秘鲁鳀鱼 Fish meal，anchovy，Peruvian	5-01-985	91.0	65.0	10.0	1.0	4.0	2.85		15.0	52.7	73		1280	2820		1115	2450	70
1999—2016	鱼粉，秘鲁鳀鱼 Fish meal，anchovy，Peruvian		91	65.0	10.0	1.0	4.0	2.85	2.85	15.0	52.7	73		1280	2820		1340	2950	

续表2-5-5

年份	原料名称	国际饲料编号 IFN	干物质 DM (%)	粗蛋白质 CP (%)	粗脂肪 Crude fat (%)	粗纤维 CF(%)	钙 Ca (%)	总磷 Total P (%)	有效磷 Available P(%)	粗灰分 Ash (%)	瘤胃降解蛋白质 RDP (%)	反刍动物总可消化养分 Ruminant TDN (%)	家禽生产能 Poultry PE (kcal/kg)	家禽代谢能 Poultry ME (kcal/lb.)	家禽代谢能 Poultry ME (kcal/kg)	家禽真代谢能 True Poultry ME (kcal/kg)	猪代谢能 Swine ME (kcal/lb.)	猪代谢能 Swine ME (kcal/kg)	猪总可消化养分 Swine TDN (%)
1981—1983	湿酒糟 Distillers dried grains w/ solubles	5-01-987	91.2	29.0	8.4	7.8	0.27	0.78		4.3	n/a	78	n/a		n/a			3570	90
1980—1989	鱼粉,大西洋鲱鱼 Fish meal, herring, Atlantic	5-02-000	93.0	72.0	10.0	1.0	2.0	1.0		10.4	56.6	73	2046		3005			2500	70
1990	鱼粉,大西洋鲱鱼 Fish meal, herring, Atlantic	5-02-000	93.0	72.0	10.0	1.0	2.0	1.0		10.4	56.6	73	2046		3005	3825*		2500	70
1991—1993	鱼粉,大西洋鲱鱼 Fish meal, herring, Atlantic	5-02-000	93.0	72.0	10.0	1.0	2.0	1.0		10.4	56.6	73	2046		3005	3825		2500	70
1994—1998	鱼粉,大西洋鲱鱼 Fish meal, herring, Atlantic	5-02-000	93.0	72.0	10.0	1.0	2.0	1.0		10.4	56.6	73		1450	3190		1135	2500	70
1999—2002	鱼粉,大西洋鲱鱼 Fish meal, herring, Atlantic		93	72.0	10.0	1.0	2.0	1.0	1.0	10.4	56.6	73		1450	3190		1420	3130	
2003—2016	鱼粉,大西洋鲱鱼 Fish meal, herring, Atlantic		93	72.0	10.0	1.0	2.00	1.00	1.00	10.4	56.6	73		1450	3190		1420	3130	
1980—1982	鱼粉,鲱鱼 Fish meal, menhaden	5-02-009	92.0	62.0	10.2	1.0	5.0	3.0		20.0	48.6	71	2068		2950			2230	62
1983—1989	鱼粉,鲱鱼 Fish meal, menhaden	5-02-009	92.0	62.0	10.2	1.0	5.0	3.0		20.0	48.6	71	2068		2950			2230	62

续表2-5-5

年份	原料名称	国际饲料编号 IFN	干物质 DM (%)	粗蛋白质 CP (%)	粗脂肪 Crude fat (%)	粗纤维 CF(%)	钙 Ca (%)	总磷 Total P (%)	有效磷 Available P(%)	粗灰分 Ash (%)	瘤胃降解蛋白质 RDP (%)	反刍动物总可消化养分 Ruminant TDN (%)	家禽生产能 Poultry PE (kcal/kg)	家禽代谢能 Poultry ME (kcal/lb.)	家禽代谢能 Poultry ME (kcal/kg)	家禽真代谢能 True Poultry ME (kcal/kg)	猪代谢能 Swine ME (kcal/lb.)	猪代谢能 Swine ME (kcal/kg)	猪总可消化养分 Swine TDN (%)
1990	鱼粉，鲱鱼 Fish meal, menhaden	5-02-009	92.0	62.0	10.2	1.0	5.0	3.0		20.0	48.6	71	2068		2950	3365*		2230	62
1991—1993	鱼粉，鲱鱼 Fish meal, menhaden	5-02-009	92.0	62.0	10.2	1.0	5.0	3.0		20.0	48.6	71	2068		2950	3365		2230	62
1994—1998	鱼粉，鲱鱼 Fish meal, menhaden	5-02-009	92.0	62.0	10.2	1.0	5.0	3.0		20.0	48.6	71		1340	2950		1015	2230	62
1999—2002	鱼粉，鲱鱼 Fish meal, menhaden		92	62.0	9.2	1.0	4.8	3.0	3.0	19.0	48.6	71		1340	2950		1460	3220	
2003—2016	鱼粉，鲱鱼 Fish meal, menhaden		92	62.0	9.2	1.0	4.80	3.00	3.00	19.0	48.6	71		1340	2950		1460	3220	
1980—1989	鱼粉，沙丁鱼 Fish meal, sardine	5-02-015	92.0	65.0	5.5	1.0	4.5	2.7		16.0	52.7	70	1980		2860			2500	66
1990—1993	鱼粉，沙丁鱼 Fish meal, sardine	5-02-015	92.0	65.0	5.5	1.0	4.5	2.7		16.0	52.7	70	1980		2860	n/a		2500	66
1994—1998	鱼粉，沙丁鱼 Fish meal, sardine	5-02-015	92.0	65.0	5.5	1.0	4.5	2.7		16.0	52.7	70		1300	2860		1160	2500	66
1999—2002	鱼粉，沙丁鱼 Fish meal, sardine		92	65.0	5.5	1.0	4.5	2.7	2.7	16.0	52.7	70		1300	2860		1160	2500	
2003—2016	鱼粉，沙丁鱼 Fish meal, sardine		92	65.0	5.5	1.0	4.50	2.70	2.70	16.0	52.7	70		1300	2860		1160	2500	
1980—1989	鱼粉，金枪鱼 Fish meal, tuna	5-02-023	93.0	60.0	7.0	1.0	8.9	4.7		23.0	50.5	71	1980		2860			2500	68
1990—1993	鱼粉，金枪鱼 Fish meal, tuna	5-02-023	93.0	60.0	7.0	1.0	8.9	4.7		23.0	50.5	71	1980		2860	n/a		2500	68

续表2-5-5

年份	原料名称	国际饲料编号 IFN	干物质 DM (%)	粗蛋白质 CP (%)	粗脂肪 Crude fat (%)	粗纤维 CF(%)	钙 Ca (%)	总磷 Total P (%)	有效磷 Available P(%)	粗灰分 Ash (%)	瘤胃降解蛋白质 RDP (%)	反刍动物总可消化养分 Ruminant TDN (%)	家禽生产能 Poultry PE (kcal/kg)	家禽代谢能 Poultry ME (kcal/lb.)	家禽代谢能 Poultry ME (kcal/kg)	家禽真代谢能 True Poultry ME (kcal/kg)	猪代谢能 Swine ME (kcal/lb.)	猪代谢能 Swine ME (kcal/kg)	猪总可消化养分 Swine TDN (%)
1994—1998	鱼粉,金枪鱼 Fish meal,tuna	5-02-023	93.0	53.0	11.0	5.0	8.4	4.2		25.0	50.5	71		1150	2530		1150	2530	68
1999—2002	鱼粉,金枪鱼 Fish meal,tuna		93	53.0	11.0	5.0	8.4	4.2	4.2	25.0	50.5	71		1150	2530		1150	2530	
2003—2016	鱼粉,金枪鱼 Fish meal,tuna		93	53.0	11.0	5.0	8.40	4.20	4.20	25.0	50.5	71		1150	2530		1150	2530	
1980—1989	鱼粉,白鱼 Fish meal,white	5-02-025	91.0	61.0	4.0	1.0	7.0	3.5		24.0	51.0	72	1815		2570			2460	69
1990	鱼粉,白鱼 Fish meal,white	5-02-025	91.0	61.0	4.0	1.0	7.0	3.5		24.0	51.0	72	1815		2570	3345*		2460	69
1991—1993	鱼粉,白鱼 Fish meal,white	5-02-025	91.0	61.0	4.0	1.0	7.0	3.5		24.0	51.0	72	1815		2570	3345		2460	69
1994—1998	鱼粉,白鱼 Fish meal,white	5-02-025	91.0	61.0	4.0	1.0	7.0	3.5		24.0	51.0	72		1180	2600		1120	2460	69
1999—2002	鱼粉,白鱼 Fish meal,white		91	61.0	4.0	1.0	7.0	3.5	3.5	24.0	51.0	72		1180	2600		1120	2460	
2003—2016	鱼粉,白鱼 Fish meal,white		91	61.0	4.0	1.0	7.00	3.50	3.50	24.0	51.0	72		1180	2600		1120	2460	
1980—1989	亚麻粕(压榨)Linseed meal flax(expeller)	5-02-045	90.0	32.0	3.5	9.5	0.4	0.8		6.0	28.1	75	1122		1518			2400	77
1990—1993	亚麻粕(压榨)Linseed meal flax(expeller)	5-02-045	90.0	32.0	3.5	9.5	0.4	0.8		6.0	28.1	75	1122		1518	n/a		2400	77

续表2-5-5

年份	原料名称	国际饲料编号 IFN	干物质 DM (%)	粗蛋白质 CP (%)	粗脂肪 Crude fat (%)	粗纤维 CF(%)	钙 Ca (%)	总磷 Total P (%)	有效磷 Available P(%)	粗灰分 Ash (%)	瘤胃降解蛋白质 RDP (%)	反刍动物总可消化养分 Ruminant TDN (%)	家禽生产能 Poultry PE (kcal/kg)	家禽代谢能 Poultry ME (kcal/lb.)	家禽代谢能 Poultry ME (kcal/kg)	家禽真代谢能 True Poultry ME (kcal/kg)	猪代谢能 Swine ME (kcal/lb.)	猪代谢能 Swine ME (kcal/kg)	猪总可消化养分 Swine TDN (%)
1994—1998	亚麻粕(压榨)Linseed meal flax(expeller)	5-02-045	90.0	32.0	3.5	9.5	0.4	0.8		6.0	28.1	75		700	1540		910	2000	77
1999—2004	亚麻粕(压榨)Linseed meal flax(expeller)		90	32.0	3.5	9.5	0.4	0.8	—	6.0	28.1	75		700	1540		910	2000	
2005—2016	亚麻粕(压榨)Linseed meal flax(expeller)		90	32.0	3.5	9.5	0.40	0.80	—	6.0	28.1	75		700	1540		910	2000	
1980—1989	亚麻粕(浸提)Linseed meal flax (solvent)	5-02-048	88.3	33.0	0.5	9.5	0.35	0.75		6.0	28.7	70	990		1408			2000	67
1981—1982	亚麻粕(浸提)Linseed meal flax (solvent)	5-02-048	88.3	33.0	0.5	9.5	0.35	0.75		6.0	28.7	70	990		1408			2000	67
1983—1989	亚麻粕(浸提)Linseed meal flax (solvent)	5-02-048	88.3	33.0	0.5	9.5	0.35	0.75		6.0	28.7	70	990		1408			2000	67
1990	亚麻粕(浸提)Linseed meal flax (solvent)	5-02-048	88.3	33.0	0.5	9.5	0.35	0.75		6.0	28.7	70	990		1408	2660*		2000	67
1991—1993	亚麻粕(浸提)Linseed meal flax (solvent)	5-02-048	88.3	33.0	0.5	9.5	0.35	0.75		6.0	28.7	70	990		1408	2660		2400	67

续表2-5-5

年份	原料名称	国际饲料编号 IFN	干物质 DM (%)	粗蛋白质 CP (%)	粗脂肪 Crude fat (%)	粗纤维 CF(%)	钙 Ca (%)	总磷 Total P (%)	有效磷 Available P(%)	粗灰分 Ash (%)	瘤胃降解蛋白质 RDP (%)	反刍动物总可消化养分 Ruminant TDN (%)	家禽生产能 Poultry PE (kcal/kg)	家禽代谢能 Poultry ME (kcal/lb.)	家禽代谢能 Poultry ME (kcal/kg)	家禽真代谢能 True Poultry ME (kcal/kg)	猪代谢能 Swine ME (kcal/lb.)	猪代谢能 Swine ME (kcal/kg)	猪总可消化养分 Swine TDN (%)
1994—1998	亚麻粕(浸提) Linseed meal flax (solvent)	5-02-048	88.3	33.0	0.5	9.5	0.35	0.75		6.0	28.7	70		635	1400		1090	2400	67
1999—2016	亚麻粕(浸提) Linseed meal flax (solvent)		88	33.0	0.5	9.5	0.35	0.75	—	6.0	28.7	70		635	1400		1090	2400	
1980—1989	干啤酒糟 Brewers dried grains	5-02-141	93.0	27.9	7.4	11.7	0.30	0.66		4.8	19.1	73	2170		2513			2240	43
1990	干啤酒糟 Brewers dried grain	5-02-141	93.0	27.9	7.4	11.7	0.30	0.66		4.8	19.1	73	2170		2513	3080*		2240	43
1991—1993	干啤酒糟 Brewers dried grain	5-02-141	93.0	27.9	7.4	11.7	0.30	0.66		4.8	19.1	73	2170		2513	3080		2240	43
1994—1998	干啤酒糟 Brewers dried grain	5-02-141	93.0	27.9	7.4	11.7	0.30	0.66		4.8	19.1	73		1020	2245		850	1870	43
1999—2002	干啤酒糟 Brewers dried grain		93	27.9	7.4	11.7	0.30	0.66	0.20	4.8	19.1	73		1020	2245		850	1870	
2003—2005	干啤酒糟 Brewers dried grain		93	27.9	7.4	11.7	0.3	0.66	0.20	4.8	19.1	73		1020	2245		850	1870	
2006—2016	干啤酒糟 Brewers dried grain		93	27.9	7.4	11.7	0.30	0.66	0.20	4.8	19.1	73		1020	2245		850	1870	
1981—1989	玉米胚芽粕,干磨 Corn germ meal, dry milled	5-02-868	90.8	17.7	0.9	10.9	0.03	0.5		3.5	n/a	69	n/a		n/a			2614	64

续表2-5-5

年份	原料名称	国际饲料编号 IFN	干物质 DM (%)	粗蛋白质 CP (%)	粗脂肪 Crude fat (%)	粗纤维 CF(%)	钙 Ca (%)	总磷 Total P (%)	有效磷 Available P(%)	粗灰分 Ash (%)	瘤胃降解蛋白质 RDP (%)	反刍动物总可消化养分 Ruminant TDN (%)	家禽生产能 Poultry PE (kcal/kg)	家禽代谢能 Poultry ME (kcal/lb.)	家禽代谢能 Poultry ME (kcal/kg)	家禽真代谢能 True Poultry ME (kcal/kg)	猪代谢能 Swine ME (kcal/lb.)	猪代谢能 Swine ME (kcal/kg)	猪总可消化养分 Swine TDN (%)
1990—1993	玉米胚芽粕，干磨 Corn germ meal, dry milled	5-02-868	90.8	17.7	0.9	10.9	0.03	0.5		3.5	n/a	69	n/a		n/a	n/a		2614	64
1994—1998	玉米胚芽粕，干磨 Corn germ meal, dry milled	5-02-868	90.8	17.7	0.9	10.9	0.03	0.5		3.5	n/a	69		n/a	n/a		1190	2615	64
1999—2002	玉米胚芽粕，干磨 Corn germ meal, dry milled		91	17.7	0.9	10.9	0.03	0.5	0.15	3.5	n/a	69		n/a	n/a		1190	2615	
2003—2016	玉米胚芽粕，干磨 Corn germ meal, dry milled		91	17.7	0.9	10.9	0.03	0.50	0.15	3.5	n/a	69		n/a	n/a		1190	2615	
1980—1989	玉米胚芽粕，湿磨 Corn germ meal, wet milled	5-02-898	90.0	20.0	1.0	12.0	0.3	0.5		3.8	19.3	70	1140		1694			n/a	70
1990—1993	玉米胚芽粕，湿磨 Corn germ meal, wet milled	5-25-552	90.0	20.0	1.0	12.0	0.3	0.5		3.8	19.3	70	1140		1694	n/a		2900	70
1994	玉米胚芽粕，湿磨 Corn germ meal, wet milled	5-25-552	90.0	20.0	1.0	12.0	0.3	0.5		3.8	19.3	70		770	1700		1320	2900	70
1995—1998	玉米胚芽粕，湿磨 Corn germ meal, wet milled	5-25-552	90	20.0	1.0	12.0	0.3	0.5		3.8	19.3	70		770	1700		1320	2900	70

续表2-5-5

年份	原料名称	国际饲料编号 IFN	干物质 DM (%)	粗蛋白质 CP (%)	粗脂肪 Crude fat (%)	粗纤维 CF(%)	钙 Ca (%)	总磷 Total P (%)	有效磷 Available P(%)	粗灰分 Ash (%)	瘤胃降解蛋白质 RDP (%)	反刍动物总可消化养分 Ruminant TDN (%)	家禽生产能 Poultry PE (kcal/kg)	家禽代谢能 Poultry ME (kcal/lb.)	家禽代谢能 Poultry ME (kcal/kg)	家禽真代谢能 True Poultry ME (kcal/kg)	猪代谢能 Swine ME (kcal/lb.)	猪代谢能 Swine ME (kcal/kg)	猪总可消化养分 Swine TDN (%)
1999—2002	玉米胚芽粕,湿磨 Corn germ meal, wet milled		90	20.0	1.0	12.0	0.3	0.5	0.15	3.8	19.3	70		770	1700		1320	2900	
2003—2016	玉米胚芽粕,湿磨 Corn germ meal, wet milled		90	20.0	1.0	12.0	0.30	0.50	0.15	3.8	19.3	70		770	1700		1320	2900	
1980—1989	玉米蛋白饲料 Corn gluten feed	5-02-903	88.0	21.0	2.0	10.0	0.2	0.9		7.8	19.3	75	1122		1672			2400	75
1990	玉米蛋白饲料 Corn gluten feed	5-02-903	88.0	21.0	2.0	10.0	0.2	0.9		7.8	19.3	75	1122		1672	2365*		2400	75
1991—1993	玉米蛋白饲料 Corn gluten feed	5-02-903	88.0	21.0	2.0	10.0	0.2	0.9		7.8	19.3	75	1122		1672	2365		2400	75
1994—1998	玉米蛋白饲料 Corn gluten feed	5-02-903	88.0	21.0	2.0	10.0	0.2	0.9		7.8	19.3	75		795	1750		1090	2400	75
1999—2002	玉米蛋白饲料 Corn gluten feed		88	21.0	2.0	10.0	0.2	0.9	0.22	7.8	19.3	75		795	1750		1090	2400	
2003—2016	玉米蛋白饲料 Corn gluten feed		88	21.0	2.0	10.0	0.20	0.90	0.22	7.8	19.3	75		795	1750		1090	2400	
1981—1983	花生粕,浸提 Peanut meal, solvent	5-03-650	91.5	47.0	1.2	13.1	0.2	0.65		4.5	42.7	70.0	1650		2200			2433	64
1980—1989	带壳花生粕,压榨 Peanut meal and hulls, mech. extd.	5-03-655	91.8	45.0	5.0	12.0	0.15	0.55		5.8	37.9	76	1870		2420			3200	86

续表2-5-5

年份	原料名称	国际饲料编号 IFN	干物质 DM（%）	粗蛋白质 CP（%）	粗脂肪 Crude fat（%）	粗纤维 CF（%）	钙 Ca（%）	总磷 Total P（%）	有效磷 Available P（%）	粗灰分 Ash（%）	瘤胃降解蛋白质 RDP（%）	反刍动物总可消化养分 Ruminant TDN（%）	家禽生产能 Poultry PE（kcal/kg）	家禽代谢能 Poultry ME（kcal/lb.）	家禽代谢能 Poultry ME（kcal/kg）	家禽真代谢能 True Poultry ME（kcal/kg）	猪代谢能 Swine ME（kcal/lb.）	猪代谢能 Swine ME（kcal/kg）	猪总可消化养分 Swine TDN（%）
1990—1993	带壳花生粕，压榨 Peanut meal and hulls, mech. extd.	5-03-655	91.8	45.0	5.0	12.0	0.15	0.55		5.8	37.9	76	1870		2420	n/a		3200	86
1994	带壳花生粕，压榨 Peanut meal and hulls, mech. extd.	5-03-655	91.8	45.0	5.0	12.0	0.15	0.55		5.8	37.9	76		n/a	n/a		1220	2680	86
1995—1998	带壳花生粕，压榨 Peanut meal and hulls, mech. extd.	5-03-655	92	45.0	5.0	12.0	0.15	0.55		5.8	37.9	76		n/a	n/a		1220	2680	86
1999—2016	带壳花生粕，压榨 Peanut meal and hulls, mech. extd.		92	45.0	5.0	12.0	0.15	0.55	0.18	5.8	37.9	76		n/a	n/a		1220	2680	
1980	带壳花生粕，浸提 Peanut meal and hulls, solvent（编号原文有重复）	5-03-656	92.3	47.0	1.0	13.0	0.20	0.60		4.8	39.0	68	1870		2420			2920	77
1981—1989	带壳花生粕，浸提 Peanut meal and hulls, solvent（编号原文有重复）	5-03-656	92.3	47.0	1.0	13.0	0.20	0.60		4.8	39.0	68	1870		2420			2920	77
1990—1993	带壳花生粕，浸提 Peanut meal and hulls, solvent（编号原文有重复）	5-03-656	92.3	47.0	1.0	13.0	0.20	0.60		4.8	39.0	68	1870		2420	n/a		2920	77
1984	花生粕，浸提 Peanut meal, solvent	5-03-656	91.5	48.0*	1.5*	6.8*	0.29*	0.65		7.2*	44.0*	71*	1965*		2690*			2433	79*

续表2-5-5

年份	原料名称	国际饲料编号 IFN	干物质 DM (%)	粗蛋白质 CP (%)	粗脂肪 Crude fat (%)	粗纤维 CF(%)	钙 Ca (%)	总磷 Total P (%)	有效磷 Available P(%)	粗灰分 Ash (%)	瘤胃降解蛋白质 RDP (%)	反刍动物总可消化养分 Ruminant TDN (%)	家禽生产能 Poultry PE (kcal/kg)	家禽代谢能 Poultry ME (kcal/lb.)	家禽代谢能 Poultry ME (kcal/kg)	家禽真代谢能 True Poultry ME (kcal/kg)	猪代谢能 Swine ME (kcal/lb.)	猪代谢能 Swine ME (kcal/kg)	猪总可消化养分 Swine TDN (%)
1985—1989	花生粕,浸提 Peanut meal,solvent	5-03-656	91.5	48.0	1.5	6.8	0.29	0.65		7.2	44.0	71	1650		2690			2433	79
1990—1993	花生粕,浸提 Peanut meal,solvent	5-03-656	91.5	48.0	1.5	6.8	0.29	0.65		7.2	44.0	71	1965		2690	n/a		2433	79
1994—1998	花生粕,浸提 Peanut meal,solvent	5-03-656	91.5	48.0	1.5	6.8	0.29	0.65		7.2	42.7	71		1000	2200		1295	2845	79.0
1999—2002	花生粕,浸提 Peanut meal,solvent		92	48.0	1.5	6.8	0.29	0.65	0.21	7.2	42.7	71		1000	2200		1295	2845	
2003—2016	花生粕,浸提 Peanut meal,solvent		92	48.0	1.5	6.8	0.29	0.65	0.21	6.0	42.7	71		1225	2700		1295	2845	
1980—1989	羽毛粉,禽 Feather meal,poultry	5-03-795	93.2	85.0	2.5	1.5	0.2	0.7		3.9	70.1	63	1320		2354			2270	63
1990	羽毛粉,禽 Feather meal,poultry	5-03-795	93.2	85.0	2.5	1.5	0.2	0.7		3.9	70.1	63	1320		2354	4015*		2270	63
1991—1993	羽毛粉,禽 Feather meal,poultry	5-03-795	93.2	85.0	2.5	1.5	0.2	0.7		3.9	70.1	63	1320		2354	4015		2270	63
1994—1998	羽毛粉,禽 Feather meal,poultry	5-03-795	93.2	85.0	2.5	1.5	0.2	0.7		3.9	70.1	63		1310	2880		1030	2270	63
1999—2002	羽毛粉,禽 Feather meal,poultry		93	85.0	2.5	1.5	0.2	0.7	0.70	3.9	70.1	63		1310	2880		1030	2270	
2003—2016	羽毛粉,禽 Feather meal,poultry		93	85.0	2.5	1.5	0.20	0.70	0.70	3.9	70.1	63		1310	2880		1030	2270	

续表2-5-5

年份	原料名称	国际饲料编号 IFN	干物质 DM (%)	粗蛋白质 CP (%)	粗脂肪 Crude fat (%)	粗纤维 CF(%)	钙 Ca (%)	总磷 Total P (%)	有效磷 Available P(%)	粗灰分 Ash (%)	瘤胃降解蛋白质 RDP (%)	反刍动物总可消化养分 Ruminant TDN (%)	家禽生产能 Poultry PE (kcal/kg)	家禽代谢能 Poultry ME (kcal/lb.)	家禽代谢能 Poultry ME (kcal/kg)	家禽真代谢能 True Poultry ME (kcal/kg)	猪代谢能 Swine ME (kcal/lb.)	猪代谢能 Swine ME (kcal/kg)	猪总可消化养分 Swine TDN (%)
1980—1989	家禽副产品粉 Poultry by-product meal	5-03-798	94.0	58.0	14.0	2.5	4.0	2.4		16.0	45.9	74	1980		2900			2740	74
1990	家禽副产品粉 Poultry by-product meal	5-03-798	94.0	58.0	14.0	2.5	4.0	2.4		16.0	45.9	74	1980		2900	4180*		2740	74
1991—1993	家禽副产品粉 Poultry by-product meal	5-03-798	94.0	58.0	14.0	2.5	4.0	2.4		16.0	45.9	74	1980		2900	4180		2740	74
1994—1998	家禽副产品粉 Poultry by-product meal	5-03-798	94.0	58.0	14.0	2.5	4.0	2.4		16.0	45.9	74		1380	3040		1380	3040	74
1999—2000	家禽副产品粉 Poultry by-product meal		94	58.0	14.0	2.5	4.0	2.4	2.4	16.0	45.9	74		1380	3040		1380	3040	
2001—2004	家禽副产品粉(饲料级) Poultry by-product meal(feed grade)		94	53.0	14.0	2.5	5.0	2.7	2.7	19.0	45.9	74		1380	3040		1380	3040	
2005—2016	家禽副产品粉(饲料级) Poultry by-product meal(feed grade)		94	53.0	14.0	2.5	5.00	2.70	2.70	19.0	45.9	74		1380	3040		1380	3040	
1980—1989	菜籽粕(菜粕),压榨 Rapeseed oil meal, expeller	5-03-870	94.0	36.0	6.7	12.2	0.71	1.0		6.8	32.0	64	1100		1870			2670	68

续表2-5-5

年份	原料名称	国际饲料编号 IFN	干物质 DM (%)	粗蛋白质 CP (%)	粗脂肪 Crude fat (%)	粗纤维 CF(%)	钙 Ca (%)	总磷 Total P (%)	有效磷 Available P(%)	粗灰分 Ash (%)	瘤胃降解蛋白质 RDP (%)	反刍动物总可消化养分 Ruminant TDN (%)	家禽生产能 Poultry PE (kcal/kg)	家禽代谢能 Poultry ME (kcal/lb.)	家禽代谢能 Poultry ME (kcal/kg)	家禽真代谢能 True Poultry ME (kcal/kg)	猪代谢能 Swine ME (kcal/lb.)	猪代谢能 Swine ME (kcal/kg)	猪总可消化养分 Swine TDN (%)
1980—1989	菜籽粕(菜粕),浸提 Rapeseed oil meal,solvent	5-03-871	92.0	36.0	2.6	13.2	0.66	0.93		7.2	32.0	64	1100		1770			2700	66
1990—1993	菜籽粕(菜粕),浸提 Rapeseed oil meal,solvent	5-03-871	92.0	36.0	2.6	13.2	0.66	0.93		7.2	32.0	64	1100		1770	n/a		2700	66
1994	菜籽粕(菜粕),浸提 Rapeseed oil meal,solvent	5-03-871	92.0	36.0	2.6	13.2	0.66	0.93		7.2	32.0	64		805	1770		1215	2670	66
1995—1998	菜籽粕(菜粕),浸提 Rapeseed oil meal,solvent	5-03-871	92	36.0	2.6	13.2	0.66	0.93		7.2	32.0	64		805	1770		1215	2670	66
1999—2016	菜籽粕(菜粕),浸提 Rapeseed oil meal,solvent		92	36.0	2.6	13.2	0.66	0.93	0.30	7.2	32.0	64		805	1770		1215	2670	
1980—1989	红花籽粕,压榨 Safflower seed meal,expeller	5-04-109	91.0	20.0	6.6	32.2	0.23	0.61		3.7	14.5	52	1000		1160			2435	55
1990—1993	红花籽粕,压榨 Safflower seed meal,expeller	5-04-109	91.0	20.0	6.6	32.2	0.23	0.61		3.7	14.5	52	1000		1160	n/a		2435	55
1994—1998	红花籽粕,压榨 Safflower seed meal,expeller	5-04-109	91.0	20.0	6.6	32.2	0.23	0.61		3.7	14.5	52		525	1160		1200	2640	55

续表2-5-5

年份	原料名称	国际饲料编号 IFN	干物质 DM (%)	粗蛋白质 CP (%)	粗脂肪 Crude fat (%)	粗纤维 CF(%)	钙 Ca (%)	总磷 Total P (%)	有效磷 Available P(%)	粗灰分 Ash (%)	瘤胃降解蛋白质 RDP (%)	反刍动物总可消化养分 Ruminant TDN (%)	家禽生产能 Poultry PE (kcal/kg)	家禽代谢能 Poultry ME (kcal/lb.)	家禽代谢能 Poultry ME (kcal/kg)	家禽真代谢能 True Poultry ME (kcal/kg)	猪代谢能 Swine ME (kcal/lb.)	猪代谢能 Swine ME (kcal/kg)	猪总可消化养分 Swine TDN (%)
1999—2016	红花籽粕，压榨 Safflower seed meal，expeller		91	20.0	6.6	32.2	0.23	0.61	0.20	3.7	14.5	52		525	1160		1200	2640	
1980—1989	红花籽粕，浸提 Safflower seed meal，solvent	5-04-110	90.0	22.0	0.5	37.0	0.34	0.84		5.0	17.4	52	1010		1498			2425	51
1990—1993	红花籽粕，浸提 Safflower seed meal，solvent	5-04-110	90.0	22.0	0.5	37.0	0.34	0.84		5.0	17.4	52	1010		1498	n/a		2425	51
1994	红花籽粕，浸提 Safflower seed meal，solvent	5-04-110	90.0	22.0	0.5	37.0	0.34	0.84		5.0	17.4	52		680	1520		1105	2435	51
1995—1998	红花籽粕，浸提 Safflower seed meal，solvent	5-04-110	90	22.0	0.5	37.0	0.34	0.84		5.0	17.4	52		680	1520		1105	2435	51
1999—2016	红花籽粕，浸提 Safflower seed meal，solvent		90	22.0	0.5	37.0	0.34	0.84	0.23	5.0	17.4	52		680	1520		1105	2435	
1980—1989	芝麻粕，压榨 Sesame meal，expeller	5-04-220	93.6	42.0	7.0	6.5	2.0	1.3		12.0	38.0	70	1710		2640			2560	71
1990—1993	芝麻粕，压榨 Sesame meal，expeller	5-04-220	93.6	42.0	7.0	6.5	2.0	1.3		12.0	38.0	70	1710		2640	n/a		2560	71
1994—1998	芝麻粕，压榨 Sesame meal，expeller	5-04-220	93.6	42.0	7.0	6.5	2.0	1.3		12.0	38.0	70		1025	2255		1165	2560	71

续表2-5-5

年份	原料名称	国际饲料编号 IFN	干物质 DM (%)	粗蛋白质 CP (%)	粗脂肪 Crude fat (%)	粗纤维 CF(%)	钙 Ca (%)	总磷 Total P (%)	有效磷 Available P(%)	粗灰分 Ash (%)	瘤胃降解蛋白质 RDP (%)	反刍动物总可消化养分 Ruminant TDN (%)	家禽生产能 Poultry PE (kcal/kg)	家禽代谢能 Poultry ME (kcal/lb.)	家禽代谢能 Poultry ME (kcal/kg)	家禽真代谢能 True Poultry ME (kcal/kg)	猪代谢能 Swine ME (kcal/lb.)	猪代谢能 Swine ME (kcal/kg)	猪总可消化养分 Swine TDN (%)
1999—2016	芝麻粕,压榨 Sesame meal,expeller		94	42.0	7.0	6.5	2.0	1.3	0.24	12.0	38.0	70		1025	2255		1165	2560	
2000—2004	芝麻粕,压榨 Sesame meal,expeller		94	42.0	7.0	6.5	2.0	1.3	0.24	12.0	38.0	70		1025	2255		1165	2560	
2005—2016	芝麻粕,压榨 Sesame meal,expeller		94	42.0	7.0	6.5	2.00	1.30	0.24	12.0	38.0	70		1025	2255		1165	2560	
1980—1989	高粱蛋白粉 Sorghum,gluten meal	4-04-329	90.0	42.0	4.3	3.5	0.04	0.3		1.8	34.0	83	1870		2720			3088	81
1990—1993	高粱蛋白粉 Sorghum,gluten meal	5-04-388	90.0	42.0	4.3	3.5	0.04	0.3		1.8	34.0	83	1870		2720	n/a		3088	81
1994—1998	高粱蛋白粉 Sorghum,gluten meal	5-04-388	90.0	42.0	4.3	3.5	0.04	0.3		1.8	34.0	83		1235	2720		1445	3180	81
1999—2004	高粱蛋白粉 Sorghum,gluten meal		90	42.0	4.3	3.5	0.04	0.3	0.10	1.8	34.0	83		1235	2720		1445	3180	
2005—2016	高粱蛋白粉 Sorghum,gluten meal		90	42.0	4.3	3.5	0.04	0.30	0.10	1.8	34.0	83		1235	2720		1445	3180	
1980—1989	高粱蛋白饲料 Sorghum,gluten feed	4-08-086	88.0	24.0	3.2	9.0	0.15	0.65		8.0	18.9	74	1100		2150			3182	80
1990—1993	高粱蛋白饲料 Sorghum,gluten feed	5-04-389	88.0	24.0	3.2	9.0	0.15	0.65		8.0	18.9	74	1100		2150	n/a		3182	80
1994—1998	高粱蛋白饲料 Sorghum,gluten feed	5-04-389	88.0	24.0	3.2	9.0	0.15	0.65		8.0	18.9	74		975	2150		1200	2640	80
1999—2016	高粱蛋白饲料 Sorghum,gluten feed		88	24.0	3.2	9.0	0.15	0.65	0.21	8.0	18.9	74		975	2150		1200	2640	

续表2-5-5

年份	原料名称	国际饲料编号 IFN	干物质 DM (%)	粗蛋白质 CP (%)	粗脂肪 Crude fat (%)	粗纤维 CF(%)	钙 Ca (%)	总磷 Total P (%)	有效磷 Available P(%)	粗灰分 Ash (%)	瘤胃降解蛋白质 RDP (%)	反刍动物总可消化养分 Ruminant TDN (%)	家禽生产能 Poultry PE (kcal/kg)	家禽代谢能 Poultry ME (kcal/lb.)	家禽代谢能 Poultry ME (kcal/kg)	家禽真代谢能 True Poultry ME (kcal/kg)	猪代谢能 Swine ME (kcal/lb.)	猪代谢能 Swine ME (kcal/kg)	猪总可消化养分 Swine TDN (%)
1980—1989	葵花粕，压榨 Sunflower meal, expeller	5-04-738	93.0	41.0	7.6	13.0	0.43	1.0		6.8	32.4	61	1270		2310			2715	71
1990—1993	葵花粕，压榨 Sunflower meal, expeller	5-04-738	93.0	41.0	7.6	13.0	0.43	1.0		6.8	32.4	61	1270		2310	n/a		2715	71
1994—1998	葵花粕，压榨 Sunflower meal, expeller	5-04-738	93.0	41.0	7.6	13.0	0.43	1.0		6.8	32.4	61		1050	2310		1245	2740	71
1999—2004	葵花粕，压榨 Sunflower meal, expeller		93	41.0	7.6	21	0.43	1.0	0.25	6.8	32.4	61		1050	2310		1245	2740	
2005—2016	葵花粕，压榨 Sunflower meal, expeller		93	41.0	7.6	21.0	0.43	1.00	0.25	6.8	32.4	61		1050	2310		1245	2740	
1980—1989	葵花粕，浸提 Sunflower meal, solvent	5-04-739	93.0	42.0	2.3	13.0	0.4	1.0		7.7	41.1	60	1210		1760			2605	68
1990 1993	葵花粕，浸提 Sunflower meal, solvent	5-04-739	93.0	42.0	2.3	13.0	0.4	1.0		7.7	41.1	60	1210		1760	n/a		2605	68
1994—1998	葵花粕，浸提 Sunflower meal, solvent	5-04-739	93.0	42.0	2.3	13.0	0.40	1.0		7.7	41.1	60		800	1760		1185	2605	68

续表2-5-5

年份	原料名称	国际饲料编号 IFN	干物质 DM (%)	粗蛋白质 CP (%)	粗脂肪 Crude fat (%)	粗纤维 CF(%)	钙 Ca (%)	总磷 Total P (%)	有效磷 Available P(%)	粗灰分 Ash (%)	瘤胃降解蛋白质 RDP (%)	反刍动物总可消化养分 Ruminant TDN (%)	家禽生产能 Poultry PE (kcal/kg)	家禽代谢能 Poultry ME (kcal/lb.)	家禽代谢能 Poultry ME (kcal/kg)	家禽真代谢能 True Poultry ME (kcal/kg)	猪代谢能 Swine ME (kcal/lb.)	猪代谢能 Swine ME (kcal/kg)	猪总可消化养分 Swine TDN (%)
1999—2002	葵花粕，浸提 Sunflower meal, solvent		93	42.0	2.3	21	0.40	1.0	0.25	7.0	41.1	60		800	1760		1040	2290	
2003—2004	葵花粕，浸提 Sunflower meal, solvent		93	42.0	2.3	21	0.4	1.0	0.25	7.0	41.1	60		800	1760		1040	2290	
2005—2016	葵花粕，浸提 Sunflower meal, solvent		93	42.0	2.3	21.0	0.40	1.00	0.25	7.0	41.1	60		800	1760		1040	2290	
1980—1989	番茄干浆 Tomato pulp, dried	5-05-041	93.0	21.0	10.0	25.0	0.4	0.57		6.0	12.6	67	1230		1760			n/a	n/a
1990—1993	番茄干浆 Tomato pulp, dried	5-05-041	93.0	21.0	10.0	25.0	0.4	0.57		6.0	12.6	67	1230		1760	n/a		n/a	n/a
1994	番茄干浆 Tomato pulp, dried	5-05-041	93.0	21.0	10.0	25.0	0.4	0.57		6.0	12.6	67		800	1760		n/a	n/a	n/a
1995—1998	番茄干浆 Tomato pulp, dried	5-05-041	93	21.0	10.0	25.0	0.4	0.57		6.0	12.6	67		800	1760		n/a	n/a	n/a
1999—2004	番茄干浆 Tomato pulp, dried		93	21.0	10.0	25.0	0.4	0.57	0.20	6.0	12.6	67		800	1760		n/a	n/a	
2005—2016	番茄干浆 Tomato pulp, dried		93	21.0	10.0	25.0	0.40	0.57	0.20	6.0	12.6	67		800	1760		n/a	n/a	
1980—1989	小麦胚芽粕 Wheat germ meal	5-05-218	88.0	25.0	7.0	3.5	0.01	1.0		5.3	19.5	84	1600		3000			2400	80

续表2-5-5

年份	原料名称	国际饲料编号 IFN	干物质 DM (%)	粗蛋白质 CP (%)	粗脂肪 Crude fat (%)	粗纤维 CF(%)	钙 Ca (%)	总磷 Total P (%)	有效磷 Available P(%)	粗灰分 Ash (%)	瘤胃降解蛋白质 RDP (%)	反刍动物总可消化养分 Ruminant TDN (%)	家禽生产能 Poultry PE (kcal/kg)	家禽代谢能 Poultry ME (kcal/lb.)	家禽代谢能 Poultry ME (kcal/kg)	家禽真代谢能 True Poultry ME (kcal/kg)	猪代谢能 Swine ME (kcal/lb.)	猪代谢能 Swine ME (kcal/kg)	猪总可消化养分 Swine TDN (%)
1990—1993	小麦胚芽粕 Wheat germ meal	5-05-218	88.0	25.0	7.0	3.5	0.01	1.0		5.3	19.5	84	1600		3000	n/a		2400	80
1994—1998	小麦胚芽粕 Wheat germ meal	5-05-218	89.0	25.0	7.0	3.5	0.01	1.0		5.3	19.5	84		1280	2820		1090	2400	80
1999—2004	小麦胚芽粕 Wheat germ meal		89	25.0	7.0	3.5	0.01	1.0	0.31	5.3	19.5	84		1280	2820		1090	2400	
2005—2016	小麦胚芽粕 Wheat germ meal		89	25.0	7.0	3.5	0.01	1.00	0.31	5.3	19.5	84		1280	2820		1090	2400	
1980—1989	干禽粪,平养 Poultry manure, dried, floor	5-05-587	84.5	25.3	2.3	18.6	2.5	1.6		14.1	n/a	n/a	n/a		n/a			n/a	n/a
1990—1993	干禽粪,平养 Poultry manure, dried, floor	5-05-587	84.5	25.3	2.3	18.6	2.5	1.6		14.1	n/a	n/a	n/a		n/a	n/a		n/a	n/a
1994—1998	干禽粪,平养 Poultry manure, dried, floor	5-05-587	84.5	25.3	2.3	18.6	2.5	1.6		14.1	n/a	n/a		n/a	n/a		n/a	n/a	n/a
1999—2004	干禽粪,平养 Poultry manure, dried, floor		85	25.3	2.3	18.6	2.5	1.6	—	14.1	n/a	n/a		n/a	n/a		n/a	n/a	
2005—2016	干禽粪,平养 Poultry manure, dried, floor		85	25.3	2.3	18.6	2.50	1.60	—	14.1	n/a	n/a		n/a	n/a		n/a	n/a	

续表2-5-5

年份	原料名称	国际饲料编号 IFN	干物质 DM (%)	粗蛋白质 CP (%)	粗脂肪 Crude fat (%)	粗纤维 CF(%)	钙 Ca (%)	总磷 Total P (%)	有效磷 Available P(%)	粗灰分 Ash (%)	瘤胃降解蛋白质 RDP (%)	反刍动物总可消化养分 Ruminant TDN (%)	家禽生产能 Poultry PE (kcal/kg)	家禽代谢能 Poultry ME (kcal/lb.)	家禽代谢能 Poultry ME (kcal/kg)	家禽真代谢能 True Poultry ME (kcal/kg)	猪代谢能 Swine ME (kcal/lb.)	猪代谢能 Swine ME (kcal/kg)	猪总可消化养分 Swine TDN (%)
1980—1989	棉粕,CP 41%,预压浸提 Cottonseed meal, 41%, pre-press solvent	5-07-872	89.9	41.0	0.81	12.7	0.17	1.0		6.4	30.6	71	1320		2156			2334	61
1990—1993	棉粕,CP 41%,预压浸提 Cottonseed meal, 41%, pre-press solvent	5-07-872	89.9	41.0	0.81	12.7	0.17	1.0		6.4	30.6	71	1320		2156	n/a		2334	61
1994—1998	棉粕,CP 41%,预压浸提 Cottonseed meal, 41%, pre-press solvent	5-07-872	89.9	41.0	0.8	12.7	0.17	1.0		6.4	30.6	71		880	1940		1200	2640	61
1999—2002	棉粕,CP 41%,预压浸提 Cottonseed meal, 41%, pre-press solvent		90	41.0	0.8	12.7	0.17	1.0	0.32	6.4	30.6	71		880	1940		1200	2640	
2003—2016	棉粕,CP 41%,预压浸提 Cottonseed meal, 41%, pre-press solvent		90	41.0	1.5	12.7	0.17	1.00	0.32	6.4	30.6	71		880	1940		1200	2640	
1980—1989	红花籽粕,浸提 Safflower seed meal,solvent	5-07-959	90.8	42.0	1.3	15.1	0.4	1.25		7.8	36.5	69	1190		2039			n/a	69
1990—1993	红花籽粕,浸提 Safflower seed meal,solvent	5-07-959	90.8	42.0	1.3	15.1	0.4	1.25		7.8	36.5	69	1190		2039	n/a		n/a	69

续表2-5-5

年份	原料名称	国际饲料编号 IFN	干物质 DM (%)	粗蛋白质 CP (%)	粗脂肪 Crude fat (%)	粗纤维 CF(%)	钙 Ca (%)	总磷 Total P (%)	有效磷 Available P(%)	粗灰分 Ash (%)	瘤胃降解蛋白质 RDP (%)	反刍动物总可消化养分 Ruminant TDN (%)	家禽生产能 Poultry PE (kcal/kg)	家禽代谢能 Poultry ME (kcal/lb.)	家禽代谢能 Poultry ME (kcal/kg)	家禽真代谢能 True Poultry ME (kcal/kg)	猪代谢能 Swine ME (kcal/lb.)	猪代谢能 Swine ME (kcal/kg)	猪总可消化养分 Swine TDN (%)
1994—1998	红花籽粕，浸提 Safflower seed meal，solvent	5-07-959	90.8	42.0	1.3	15.1	0.4	1.25		7.8	36.5	69		925	2040		n/a	n/a	69
1999—2004	红花籽粕，浸提 Safflower seed meal，solvent		91	42.0	1.3	15.1	0.4	1.25	0.37	7.8	36.5	69		925	2040		n/a	n/a	
2005—2016	红花籽粕，浸提 Safflower seed meal，solvent		91	42.0	1.3	15.1	0.40	1.25	0.37	7.8	36.5	69		925	2040		n/a	n/a	
1980—1989	鱼粉，红鱼 Fish meal，red fish	5-07-973	92.0	57.0	8.0	1.0	7.7	3.8		26.0	46.2	70	1900		2948			2550	66
1990	鱼粉，红鱼 Fish meal，red fish	5-07-973	92.0	57.0	8.0	1.0	7.7	3.8		26.0	46.2	70	1900		2948	2375*		2550	66
1991—1993	鱼粉，红鱼 Fish meal，red fish	5-07-973	92.0	57.0	8.0	1.0	7.7	3.8		26.0	46.2	70	1900		2948	2375		2550	66
1994—1998	鱼粉，红鱼 Fish meal，red fish	5-07-973	92.0	57.0	8.0	1.0	7.7	3.8		26.0	46.2	70		1350	2970		1160	2550	66
1999—2002	鱼粉，红鱼 Fish meal，red fish		92	57.0	8.0	1.0	7.7	3.8	3.8	26.0	46.2	70		1350	2970		1160	2550	
2003—2016	鱼粉，红鱼 Fish meal，red fish		92	57.0	8.0	1.0	7.70	3.80	3.80	26.0	46.2	70		1350	2970		1160	2550	
2010—2016	亚麻荠粕 Camelina meal		90	33.9	12.0	12.4	0.33	0.94	—	5.8	—	—		1510	3328		n/a	n/a	

续表2-5-5

年份	原料名称	国际饲料编号 IFN	干物质 DM (%)	粗蛋白质 CP (%)	粗脂肪 Crude fat (%)	粗纤维 CF(%)	钙 Ca (%)	总磷 Total P (%)	有效磷 Available P(%)	粗灰分 Ash (%)	瘤胃降解蛋白质 RDP (%)	反刍动物总可消化养分 Ruminant TDN (%)	家禽生产能 Poultry PE (kcal/kg)	家禽代谢能 Poultry ME (kcal/lb.)	家禽代谢能 Poultry ME (kcal/kg)	家禽真代谢能 True Poultry ME (kcal/kg)	猪代谢能 Swine ME (kcal/lb.)	猪代谢能 Swine ME (kcal/kg)	猪总可消化养分 Swine TDN (%)
1980—1985	菜籽粕,预压浸提 Rapeseed meal, prepress solvent	5-08-135	91.2	36.0	1.8	12.6	0.66	1.04		7.2	32.0	64	1100		1760			2700	66
1987	菜籽粕,预压浸提 Rapeseed meal, prepress solvent	5-08-135	91.2	35.3*	2.8*	12.8*	0.68	1.17		7.2	32.0	64	1100		1900			2700	66
1989	菜籽粕,预压浸提 Rapeseed meal, prepress solvent	5-08-135	91.2	35.3	2.8	12.8	0.68	1.17		7.2	32.0	64	1100		1900			2700	66
1990	卡诺拉菜籽粕(浸提) Canola meal (solvent)	5-08-135	91.2	35.3	2.8	12.8	0.68	1.17		7.2	32.0	64	1100		1900	2285*		2700	66
1991—1993	卡诺拉菜籽粕 Canola meal	5-08-135	91.2	38.0	3.8	11.1	0.68	1.17		7.2	32.0	64	1100		1900	2285		2700	66
1994—1998	卡诺拉菜籽粕 Canola meal	5-08-135	91.2	38.0	3.8	11.1	0.68	1.17		7.2	32.0	64		960	2110		1180	2600	66
1999—2016	卡诺拉菜籽粕 Canola meal		91	38.0	3.8	11.1	0.68	1.17	0.30	7.2	32.0	64		960	2110		1180	2600	
1980—1989	蚕豆 Beans, broad (*vicia faba*)	5-09-262	89.0	25.7	1.4	8.2	0.14	0.54		6.0	21.6	72	1800		2370			n/a	74
1990—1993	蚕豆 Beans, broad (*vicia faba*)	5-09-262	89.0	25.7	1.4	8.2	0.14	0.54		6.0	21.6	72	1800		2370	n/a		n/a	74
1994—1998	蚕豆 Beans, broad (*vicia faba*)	5-09-262	89.0	25.7	1.4	8.2	0.14	0.54		6.0	21.6	72		1100	2420		n/a	n/a	74

续表2-5-5

年份	原料名称	国际饲料编号 IFN	干物质 DM (%)	粗蛋白质 CP (%)	粗脂肪 Crude fat (%)	粗纤维 CF(%)	钙 Ca (%)	总磷 Total P (%)	有效磷 Available P(%)	粗灰分 Ash (%)	瘤胃降解蛋白质 RDP (%)	反刍动物总可消化养分 Ruminant TDN (%)	家禽生产能 Poultry PE (kcal/kg)	家禽代谢能 Poultry ME (kcal/lb.)	家禽代谢能 Poultry ME (kcal/kg)	家禽真代谢能 True Poultry ME (kcal/kg)	猪代谢能 Swine ME (kcal/lb.)	猪代谢能 Swine ME (kcal/kg)	猪总可消化养分 Swine TDN (%)
1999—2016	蚕豆 Beans, broad (*vicia faba*)		89	25.7	1.4	8.2	0.14	0.54	0.20	6.0	21.6	72		1100	2420		n/a	n/a	
1999—2002	马齿型黄玉米穗粉 Corn, dent, yellow, ears ground		88	7.5	3.0	10.0	0.04	0.2	0.07	1.5	4.3	73		1290	2840		1135	2500	
2003—2016	马齿型黄玉米穗粉 Corn, dent, yellow, ears ground		88	7.5	3.0	10.0	0.04	0.20	0.07	1.5	4.3	73		1290	2840		1135	2500	
1980—1989	玉米蛋白粉, CP 60% Corn gluten meal, 60%	5-09-318	90.0	60.0	2.0	2.5	0.02	0.7		1.8	47.4	86	2816		3850			n/a	n/a
1990—1993	玉米蛋白粉, CP 60% Corn gluten meal, 60%	5-09-318	90.0	60.0	2.0	2.5	0.02	0.7		1.8	47.4	86	2816		3850	3980*		n/a	n/a
1994—1998	玉米蛋白粉, CP 60% Corn gluten meal, 60%	5-09-318	90.0	60.0	2.0	2.5	0.02	0.7		1.8	47.4	86		1700	3740		n/a	n/a	n/a
1999—2002	玉米蛋白粉, CP 60% Corn gluten meal, 60%		90	60.0	2.0	2.5	0.02	0.5	0.18	1.8	47.4	86		1700	3740		n/a	n/a	
2003—2016	玉米蛋白粉, CP 60% Corn gluten meal, 60%		90	60.0	2.0	2.5	0.02	0.50	0.18	1.8	47.4	86		1700	3740		n/a	n/a	

续表2-5-5

年份	原料名称	国际饲料编号 IFN	干物质 DM (%)	粗蛋白质 CP (%)	粗脂肪 Crude fat (%)	粗纤维 CF(%)	钙 Ca (%)	总磷 Total P (%)	有效磷 Available P(%)	粗灰分 Ash (%)	瘤胃降解蛋白质 RDP (%)	反刍动物总可消化养分 Ruminant TDN (%)	家禽生产能 Poultry PE (kcal/kg)	家禽代谢能 Poultry ME (kcal/lb.)	家禽代谢能 Poultry ME (kcal/kg)	家禽真代谢能 True Poultry ME (kcal/kg)	猪代谢能 Swine ME (kcal/lb.)	猪代谢能 Swine ME (kcal/kg)	猪总可消化养分 Swine TDN (%)
1980—1989	肉骨粉,CP 45% Meat and bone meal,45%	5-09-321	92.4	45.0	8.5	2.5	11.0	5.9		37.0	35.5	63	1450		1716			2450	65
1990—1993	肉骨粉,CP 45% Meat and bone meal,45%	5-09-321	92.4	45.0	8.5	2.5	11.0	5.9		37.0	35.5	63	1450		1716	n/a		2450	65
1994	肉骨粉,CP 45% Meat and bone meal,45%	5-09-321	92.4	45.0	8.5	2.5	11.0	5.9		37.0	35.5	63		1080	2375		1090	2400	65
1995—1998	肉骨粉,CP 45% Meat and bone meal,45%	5-09-321	92	45.0	8.5	2.5	11.0	5.9		37.0	35.5	63		1080	2375		1090	2400	65
1999—2002	肉骨粉,CP 45% Meat and bone meal,45%		92	45.0	8.5	2.5	11.0	5.9	5.9	37.0	35.5	63		1080	2375		1090	2400	
2003—2004	肉骨粉,CP 45% Meat and bone meal,45%		92	45.0	8.5	2.5	11.00	5.9	5.9	37.0	35.5	63		1080	2375		1090	2400	
2005	肉骨粉,CP 45% Meat and bone meal,45%		92	45.0	8.5	2.5	11.00	5.90	5.9	37.0	35.5	63		1080	2375		1090	2400	
2006—2016	肉骨粉,CP 45% Meat and bone meal,45%		92	45.0	8.5	2.5	11.00	5.90	5.90	37.0	35.5	63		1080	2375		1090	2400	

续表2-5-5

年份	原料名称	国际饲料编号 IFN	干物质 DM (%)	粗蛋白质 CP (%)	粗脂肪 Crude fat (%)	粗纤维 CF(%)	钙 Ca (%)	总磷 Total P (%)	有效磷 Available P(%)	粗灰分 Ash (%)	瘤胃降解蛋白质 RDP (%)	反刍动物总可消化养分 Ruminant TDN (%)	家禽生产能 Poultry PE (kcal/kg)	家禽代谢能 Poultry ME (kcal/lb.)	家禽代谢能 Poultry ME (kcal/kg)	家禽真代谢能 True Poultry ME (kcal/kg)	猪代谢能 Swine ME (kcal/lb.)	猪代谢能 Swine ME (kcal/kg)	猪总可消化养分 Swine TDN (%)
1980—1989	肉骨粉, CP 50% Meat and bone meal, 50%	5-09-322	92.6	50.0	8.5	2.8	9.2	4.7		33.0	39.5	68	1584		1910			2434	65
1990—1993	肉骨粉, CP 50% Meat and bone meal, 50%	5-09-322	92.6	50.0	8.5	2.8	9.2	4.7		33.0	39.5	68	1584		1960*	2595*		2434	65
1994—1998	肉骨粉, CP 50% Meat and bone meal, 50%	5-09-322	92.6	50.0	8.5	2.8	9.2	4.7		33.0	39.5	68		1150	2530		1105	2435	65
1999—2004	肉骨粉, CP 50% Meat and bone meal, 50%		93	50.0	8.5	2.8	9.2	4.7	4.7	33.0	39.5	68		1150	2530		1105	2435	
2005	肉骨粉, CP 50% Meat and bone meal, 50%		93	50.0	8.5	2.8	9.20	4.70	4.7	33.0	39.5	68		1150	2530		1105	2435	
2006—2016	肉骨粉, CP 50% Meat and bone meal, 50%		93	50.0	8.5	2.8	9.20	4.70	4.70	33.0	39.5	68		1150	2530		1105	2435	
1980—1989	肉粉, CP 55% Meat meal, 55%	5-09-323	92.8	55.0	7.2	2.5	7.6	4.0		25.0	43.5	66	1670		2000			2540	68
1990—1993	肉粉, CP 55% Meat meal, 55%	5-09-323	92.8	55.0	7.2	2.5	7.6	4.0		25.0	43.5	66	1670		2670*	n/a		2540	68
1994—1998	肉粉, CP 55% Meat meal, 55%	5-09-323	92.8	55.0	7.2	2.5	7.6	4.0		25.0	43.5	66		1220	2685		1155	2540	68

续表2-5-5

年份	原料名称	国际饲料编号 IFN	干物质 DM (%)	粗蛋白质 CP (%)	粗脂肪 Crude fat (%)	粗纤维 CF(%)	钙 Ca (%)	总磷 Total P (%)	有效磷 Available P(%)	粗灰分 Ash (%)	瘤胃降解蛋白质 RDP (%)	反刍动物总可消化养分 Ruminant TDN (%)	家禽生产能 Poultry PE (kcal/kg)	家禽代谢能 Poultry ME (kcal/lb.)	家禽代谢能 Poultry ME (kcal/kg)	家禽真代谢能 True Poultry ME (kcal/kg)	猪代谢能 Swine ME (kcal/lb.)	猪代谢能 Swine ME (kcal/kg)	猪总可消化养分 Swine TDN (%)
1999—2004	肉粉, CP 55% Meat meal,55%		93	55.0	7.2	2.5	7.6	4.0	4.0	25.0	43.5	66		1220	2685		1155	2540	
2005	肉粉, CP 55% Meat meal,55%		93	55.0	7.2	2.5	7.60	4.00	4.0	25.0	43.5	66		1220	2685		1155	2540	
2006—2016	肉粉, CP 55% Meat meal,55%		93	55.0	7.2	2.5	7.60	4.00	4.00	25.0	43.5	66		1220	2685		1155	2540	
1980—1989	鱼粉,淡水灰西鲱(大肚鲱) Fish meal, freshwater, Alewife	5-09-830	90.0	65.7	12.8	1.0	5.2	2.9		14.6	53.3	71	2730		3500			3340	68
1990—1993	鱼粉,淡水灰西鲱(大肚鲱) Fish meal, freshwater, Alewife	5-09-830	90.0	65.7	12.8	1.0	5.2	2.9		14.6	53.3	71	2730		3500	n/a		3340	68
1994—1998	鱼粉,淡水灰西鲱(大肚鲱) Fish meal, freshwater, Alewife	5-09-830	90.0	65.7	12.8	1.0	5.2	2.9		14.6	53.3	71		1560	3430		1565	3440	68
1999—2002	鱼粉,淡水灰西鲱(大肚鲱) Fish meal, freshwater, Alewife		90	65.7	12.8	1.0	5.2	2.9	2.9	14.6	53.3	71		1560	3430		1565	3440	
2003—2016	鱼粉,淡水灰西鲱(大肚鲱) Fish meal, freshwater, Alewife		90	65.7	12.8	1.0	5.20	2.90	2.90	14.6	53.3	71		1560	3430		1565	3440	

续表2-5-5

年份	原料名称	国际饲料编号 IFN	干物质 DM (%)	粗蛋白质 CP (%)	粗脂肪 Crude fat (%)	粗纤维 CF(%)	钙 Ca (%)	总磷 Total P (%)	有效磷 Available P(%)	粗灰分 Ash (%)	瘤胃降解蛋白质 RDP (%)	反刍动物总可消化养分 Ruminant TDN (%)	家禽生产能 Poultry PE (kcal/kg)	家禽代谢能 Poultry ME (kcal/lb.)	家禽代谢能 Poultry ME (kcal/kg)	家禽真代谢能 True Poultry ME (kcal/kg)	猪代谢能 Swine ME (kcal/lb.)	猪代谢能 Swine ME (kcal/kg)	猪总可消化养分 Swine TDN (%)
1980—1989	干禽粪,笼养 Poultry manure, dried, cage	7-15-386	88.6	28.7	1.7	14.9	7.8	2.2		26.5	n/a	n/a	n/a		n/a			n/a	n/a
1990—1993	干禽粪,笼养 Poultry manure, dried, cage	5-14-015	88.6	28.7	1.7	14.9	7.8	2.2		26.5	n/a	n/a	n/a		n/a	n/a		n/a	n/a
1994—1998	干禽粪,笼养 Poultry manure, dried, cage	5-14-015	88.6	28.7	1.7	14.9	7.8	2.2		26.5	n/a	n/a		n/a	n/a		n/a	n/a	n/a
1999—2004	干禽粪,笼养 Poultry manure, dried, cage		89	28.7	1.7	14.9	7.8	2.2	—	26.5	n/a	n/a		n/a	n/a		n/a	n/a	
2005—2016	干禽粪,笼养 Poultry manure, dried, cage		89	28.7	1.7	14.9	7.80	2.20	—	26.5	n/a	n/a		n/a	n/a		n/a	n/a	
1980—1989	鱼粉,淡水,湖白鲑(湖鲱) Fish meal, freshwater, Tullibee	5-15-385	89.0	68.2	7.8	1.0	5.0	2.7		13.8	55.1	70	2870		3680			3350	66
1990—1993	鱼粉,淡水,湖白鲑(湖鲱) Fish meal, freshwater, Tullibee	5-15-385	89.0	68.2	7.8	1.0	5.0	2.7		13.8	55.1	70	2870		3680	n/a		3350	66

续表2-5-5

年份	原料名称	国际饲料编号 IFN	干物质 DM (%)	粗蛋白质 CP (%)	粗脂肪 Crude fat (%)	粗纤维 CF(%)	钙 Ca (%)	总磷 Total P (%)	有效磷 Available P(%)	粗灰分 Ash (%)	瘤胃降解蛋白质 RDP (%)	反刍动物总可消化养分 Ruminant TDN (%)	家禽生产能 Poultry PE (kcal/kg)	家禽代谢能 Poultry ME (kcal/lb.)	家禽代谢能 Poultry ME (kcal/kg)	家禽真代谢能 True Poultry ME (kcal/kg)	猪代谢能 Swine ME (kcal/lb.)	猪代谢能 Swine ME (kcal/kg)	猪总可消化养分 Swine TDN (%)
1980—1989	鱼粉,淡水,羊头鲷或石首鱼 Fish meal, freshwater, Sheepshead	5-15-387	90.0	62.4	8.4	1.0	7.5	3.6		20.5	50.5	70	2050		2630			2400	66
1990—1993	鱼粉,淡水,羊头鲷或石首鱼 Fish meal, freshwater, Sheepshead	5-15-389	90.0	62.4	8.4	1.0	7.5	3.6		20.5	50.5	70	2050		2630	n/a		2400	66
1980—1989	玉米蛋白粉,CP 41% Corn gluten meal,41%	5-20-706	90.0	42.0	2.0	4.0	0.16	0.4		3.0	35.7	76	1848		2750			3069	n/a
1990—1993	玉米蛋白粉,CP 41% Corn gluten meal,41%	5-20-411	90.0	42.0	2.0	4.0	0.16	0.4		3.0	35.7	76	1848		2750	3165*		3069	n/a
1994—1998	玉米蛋白粉,CP 41% Corn gluten meal,41%	5-20-411	90.0	42.0	2.0	4.0	0.16	0.4		3.0	35.7	76		1510	3310		1395	3070	n/a
1999—2002	玉米蛋白粉,CP 41% Corn gluten meal,41%		90	42.0	2.0	4.0	0.16	0.4	0.25	3.0	35.7	76		1510	3310		1395	3070	
2003—2016	玉米蛋白粉,CP 41% Corn gluten meal,41%		90	42.0	2.0	4.0	0.16	0.40	0.25	3.0	35.7	76		1510	3310		1395	3070	
1980—1989	鱼粉,淡水,江鳕 Fish meal, fresh-water, Maria	5-20-468	91.0	66.2	6.6	1.0	6.0	3.1		16.3	53.6	70	2480		3180			3000	66

续表2-5-5

年份	原料名称	国际饲料编号 IFN	干物质 DM (%)	粗蛋白质 CP (%)	粗脂肪 Crude fat (%)	粗纤维 CF(%)	钙 Ca (%)	总磷 Total P (%)	有效磷 Available P(%)	粗灰分 Ash (%)	瘤胃降解蛋白质 RDP (%)	反刍动物总可消化养分 Ruminant TDN (%)	家禽生产能 Poultry PE (kcal/kg)	家禽代谢能 Poultry ME (kcal/lb.)	家禽代谢能 Poultry ME (kcal/kg)	家禽真代谢能 True Poultry ME (kcal/kg)	猪代谢能 Swine ME (kcal/lb.)	猪代谢能 Swine ME (kcal/kg)	猪总可消化养分 Swine TDN (%)
1990—1993	鱼粉，淡水，江鳕 Fish meal, fresh-water, Maria	5-20-468	91.0	66.2	6.6	1.0	6.0	3.1		16.3	53.6	70	2480		3180	n/a		3000	66
1980—1989	次豌豆 Pea seed, cull	5-20-763	91.0	22.0	1.0	6.0	0.17	0.32		2.8	17.0	72	1820		2600			3200	80
1990—1993	次豌豆 Pea seed, cull	5-20-763	91.0	22.0	1.0	6.0	0.17	0.32		2.8	17.0	72	1820		2600	n/a		3200	80
1994	次豌豆 Pea seed, cull	5-20-763	91.0	22.0	1.0	6.0	0.17	0.32		2.8	17.0	72		1100	2420		1455	3200	80
1995—1998	次豌豆 Pea seed, cull	5-20-763	91	22.0	1.0	6.0	0.17	0.32		2.8	17.0	72		1100	2420		1455	3200	80
1999—2016	次豌豆 Pea seed, cull		91	22.0	1.0	6.0	0.17	0.32	0.13	2.8	17.0	72		1100	2420		1455	3200	
1983—1985	葵花粕，部分去壳，浸提 Sunflower meal partially detrulled(solvent)	5-04-737	92.0*	34.0*	0.5*	21.0*	0.3*	1.25*		7.1*	28.5*	61*	1470*		2262*			2298*	59
1984—1989	葵花粕，部分去壳，浸提 Sunflower meal partially detrulled(solvent)	5-25-634	92.0	34.0	0.5	21.0	0.3	1.25		7.1	28.5	61	1470		2262			2298	59
1990—1993	葵花粕，部分去壳，浸提 Sunflower meal, partially dehulled, solvent	5-25-634	92.0	34.0	0.5	21.0	0.3	1.25		7.1	28.5	61	1470		2260	n/a		2298	59

续表2-5-5

年份	原料名称	国际饲料编号 IFN	干物质 DM (%)	粗蛋白质 CP (%)	粗脂肪 Crude fat (%)	粗纤维 CF(%)	钙 Ca (%)	总磷 Total P (%)	有效磷 Available P(%)	粗灰分 Ash (%)	瘤胃降解蛋白质 RDP (%)	反刍动物总可消化养分 Ruminant TDN (%)	家禽生产能 Poultry PE (kcal/kg)	家禽代谢能 Poultry ME (kcal/lb.)	家禽代谢能 Poultry ME (kcal/kg)	家禽真代谢能 True Poultry ME (kcal/kg)	猪代谢能 Swine ME (kcal/lb.)	猪代谢能 Swine ME (kcal/kg)	猪总可消化养分 Swine TDN (%)
1994	葵花粕,部分去壳,浸提 Sunflower meal,partially dehulled,solvent	5-25-634	92.0	34.0	0.5	21.0	0.3	1.25		7.1	28.5	61		1025	2260		1040	2290	59
1995—1998	葵花粕,部分去壳,浸提 Sunflower meal,partially dehulled,solvent	5-25-634	92	34.0	0.5	13	0.3	1.25		7.1	28.5	61		1025	2260		1185	2600	59
1999—2004	葵花粕,部分去壳,浸提 Sunflower meal,partially dehulled,solvent		92	34.0	0.5	13	0.3	1.25	0.27	7.1	28.5	61		1025	2260		1185	2600	
2005—2016	葵花粕,部分去壳,浸提 Sunflower meal,partially dehulled,solvent		92	34.0	0.5	13.0	0.30	1.25	0.27	7.1	28.5	61		1025	2260		1185	2600	

注:RDP=Ruminant digestible protein,瘤胃降解蛋白质;n/a 表示 Data not available,数据不可用;"—"处表示含量不显著;* 在 1989—1991 年时表示与上年有所不同;表中所有数据均为饲喂基础;将以"cal/kg"为单位数值除以 2.2,即可换算为以"cal/lb"为单位数值;下同。"有效磷"处自 2007 年开始有备注,为鸡(chicks)测定值。此资料的期数和页码不再备注。此资料后表原料英文不再赘述。1980—1990 年为 anchovie,1991 及之后为 anchovy。

2. 氨基酸含量

表 2-5-6 氨基酸含量

%

年份	原料名称	国际饲料编号 IFN	蛋氨酸 Met	(半)胱氨酸 Cystine (Cysteine)*	赖氨酸 Lys	色氨酸 Trp	苏氨酸 Thr	异亮氨酸 Ile	组氨酸 His	缬氨酸 Val	亮氨酸 Leu	精氨酸 Arg	苯丙氨酸 Phe	甘氨酸 Gly	家禽氨基酸利用率 Poultry AA availability
1980—1993	血粉,动物 Blood meal, animal	5-00-380	1.0	1.4	5.3	1.0	3.8	0.8	3.05	5.2	10.3	2.35	5.1	4.4	60
1994	血粉,动物 Blood meal, animal	5-00-380	1.0	1.4	6.9	1.0	3.8	0.8	3.05	5.2	10.3	2.35	5.1		
1995—1998	血粉,动物 Blood meal, animal	5-00-380	1.0(91)	1.4(76)	6.9(86)	1.0	3.8(87)	0.8(78)	3.05(84)	5.2(87)	10.3(89)	2.35(87)	5.1(88)		
1999—2016	血粉,动物 Blood meal, animal		1.0(91)	1.4(76)	6.9(86)	1.0	3.8(87)	0.8(78)	3.05(84)	5.2(87)	10.3(89)	2.35(87)	5.1(88)		
1980—1993	肉粉下脚料 Tankage, meat meal	5-00-386	0.8	0.5	3.8	0.65	2.4	1.9	1.9	4.2	5.1	3.6	2.7	5.1	n/a
1994—1998	肉粉下脚料 Tankage, meat meal	5-00-386	0.8	0.5	3.8	0.65	2.4	1.9	1.9	4.2	5.1	3.6	2.7		
1999	肉粉下脚料 Tankage, meat meal		0.8	0.5	3.8	0.65	2.4	1.9	1.9	4.2	5.1	3.6	2.7		
1980—1993	干大麦芽 Malt sprouts, barley dried	5-00-545	0.32	0.23	1.1	0.41	n/a	n/a	n/a	n/a	n/a	1.0	n/a	n/a	n/a
1994—1998	干大麦芽 Malt sprouts, barley dried	5-00-545	0.32	0.23	1.1	0.41	n/a	n/a	n/a	n/a	n/a	1.00	n/a		
1999—2004	干大麦芽 Malt sprouts, barley dried		0.32	0.23	1.1	0.41	n/a	n/a	n/a	n/a	n/a	1.00	n/a		
2005—2016	干大麦芽 Malt sprouts, barley dried		0.32	0.23	1.10	0.41	n/a	n/a	n/a	n/a	n/a	1.00	n/a		

续表2-5-6

年份	原料名称	国际饲料编号 IFN	蛋氨酸 Met	(半)胱氨酸 Cystine (Cysteine)*	赖氨酸 Lys	色氨酸 Trp	苏氨酸 Thr	异亮氨酸 Ile	组氨酸 His	缬氨酸 Val	亮氨酸 Leu	精氨酸 Arg	苯丙氨酸 Phe	甘氨酸 Gly	家禽氨基酸利用率 Poultry AA availability
1980—1993	干脱脂乳 Buttermilk,dried	5-01-160	0.7	0.38	2.4	0.5	1.6	2.7	0.9	2.8	3.4	1.1	1.5	0.6	95
1994—1998	干脱脂乳 Buttermilk,dried	5-01-160	0.7	0.38	2.4	0.5	1.6	2.7	0.9	2.8	3.4	1.1	1.5		
1999—2004	干脱脂乳 Buttermilk,dried		0.7	0.38	2.4	0.5	1.6	2.7	0.9	2.8	3.4	1.1	1.5		
2005—2016	干脱脂乳 Buttermilk,dried		0.7	0.38	2.4	0.5	1.60	2.70	0.90	2.80	3.40	1.10	1.50		
1980—1993	干酪蛋白 Casein,dried	5-01-162	2.7	0.3	7.0	1.0	3.8	5.7	2.5	6.8	8.7	3.4	4.6	1.5	n/a
1994	干酪蛋白 Casein,dried	5-01-162	2.7	0.3	7.0	1.0	3.8	5.7	2.5	6.8	8.7	3.4	4.6		
1995—1998	干酪蛋白 Casein,dried	5-01-162	2.7(99)	0.3(84)	7.0(97)	1.0	3.8(98)	5.7(98)	2.5(96)	6.8(98)	8.7(99)	3.4(97)	4.6(99)		
1999—2016	干酪蛋白 Casein,dried		2.7(99)	0.3(84)	7.0(97)	1.0	3.8(98)	5.7(98)	2.5(96)	6.8(98)	8.7(99)	3.4(97)	4.6(99)		
1981—1993	饲料级干全脂奶粉 Milk, whole,dried,feed grade	5-01-167	0.62	0.4	2.26	0.41	1.03	1.33	0.72	1.74	2.57	0.92	1.33	n/a	n/a
1994—1998	饲料级干全脂奶粉 Milk, whole,dried,feed grade	5-01-167	0.62	0.4	2.26	0.41	1.03	1.33	0.72	1.74	2.57	0.92	1.33		
1999—2016	饲料级干全脂奶粉 Milk, whole,dried,feed grade		0.62	0.4	2.26	0.41	1.03	1.33	0.72	1.74	2.57	0.92	1.33		
1980—1993	干脱脂奶粉 Skim milk, dried	5-01-175	0.98	0.42	2.6	0.45	1.75	2.1	0.84	2.38	3.3	1.1	1.58	0.2	98

续表2-5-6

年份	原料名称	国际饲料编号 IFN	蛋氨酸 Met	(半)胱氨酸 Cystine (Cysteine)*	赖氨酸 Lys	色氨酸 Trp	苏氨酸 Thr	异亮氨酸 Ile	组氨酸 His	缬氨酸 Val	亮氨酸 Leu	精氨酸 Arg	苯丙氨酸 Phe	甘氨酸 Gly	家禽氨基酸利用率 Poultry AA availability
1994—1998	干脱脂奶粉 Skim milk, dried	5-01-175	0.98	0.42	2.6	0.45	1.75	2.1	0.84	2.38	3.3	1.1	1.58		
1999—2004	干脱脂奶粉 Skim milk, dried		0.98	0.42	2.6	0.45	1.75	2.1	0.84	2.38	3.3	1.1	1.58		
2005—2016	干脱脂奶粉 Skim milk, dried		0.98	0.42	2.60	0.45	1.75	2.10	0.84	2.38	3.30	1.10	1.58		
1980—1993	椰子粕，浸提 Coconut oil meal, solvent	5-01-573	0.33	0.2	0.54	0.2	0.6	1.0	0.3	1.0	1.49	2.3	0.8	1.1	n/a
1994	椰子粕，压榨 Coconut meal, mech.	5-01-572	0.33	0.2	0.54	0.2	0.6	1.0	0.3	1.0	1.49	2.3	0.8		
1995—1998	椰子粕，压榨 Coconut meal, mech.	5-01-572	0.33(83)	0.2(48)	0.54(58)	0.2	0.6(58)	1.0(78)	0.3(69)	1.0(78)	1.49(80)	2.3(85)	0.8(84)		
1999—2016	椰子粕，压榨 Coconut meal, mech.		0.33(83)	0.2(48)	0.54(58)	0.2	0.6(58)	1.0(78)	0.3(69)	1.0(78)	1.49(80)	2.3(85)	0.8(84)		
1980—1993	棉粕，CP 41%，压榨 Cotton-seed meal, 41%, mech. extd.	5-01-617	0.55	0.59	1.59	0.5	1.30	1.31	1.07	1.84	2.5	4.33	2.20	1.69	85
1994	棉粕，CP 41%，压榨 Cotton seed meal, 41%, mech. extd.	5-01-617	0.55	0.59	1.59	0.5	1.3	1.31	1.07	1.84	2.5	4.33	2.2		
1995—1998	棉粕，CP 41%，压榨 Cotton-seed meal, 41%, mech. extd.	5-01-617	0.55	0.59	1.59	0.5	1.3	1.31	1.07	1.84	2.5	4.33	2.2		
1999—2004	棉粕，CP 41%，压榨 Cotton-seed meal, 41%, mech. extd.		0.55	0.59	1.59	0.5	1.3	1.31	1.07	1.84	2.5	4.33	2.2		
2005—2016	棉粕，CP 41%，压榨 Cotton-seed meal, 41%, mech. extd.		0.55	0.59	1.52	0.50	1.30	1.31	1.07	1.84	2.50	4.33	2.20		

续表2-5-6

年份	原料名称	国际饲料编号 IFN	蛋氨酸 Met	(半)胱氨酸 Cystine (Cysteine)*	赖氨酸 Lys	色氨酸 Trp	苏氨酸 Thr	异亮氨酸 Ile	组氨酸 His	缬氨酸 Val	亮氨酸 Leu	精氨酸 Arg	苯丙氨酸 Phe	甘氨酸 Gly	家禽氨基酸利用率 Poultry AA availability
1980—1993	棉粕,CP 41%,直接浸提 Cottonseed meal,41%,direct solvent	5-01-621	0.51	0.62	1.76	0.52	1.34	1.33	1.10	1.82	2.4	4.66	2.23	1.69	85
1994—1998	棉粕,CP 41%,直接浸提 Cottonseed meal,41%,direct solvent	5-01-621	0.51	0.62	1.76	0.52	1.34	1.33	1.1	1.82	2.4	4.66	2.23		
1999—2002	棉粕,CP 41%,直接浸提 Cottonseed meal,41%,direct solvent		0.51	0.62	1.70	0.52	1.34	1.33	1.1	1.82	2.4	4.66	2.23		
2003—2016	棉粕,CP 41%,直接浸提 Cottonseed meal,41%,direct solvent		0.51	0.62	1.70	0.52	1.34	1.33	1.10	1.82	2.40	4.66	2.23		
1980—1993	蟹粉 Crab meal	5-01-663	0.5	0.2	1.4	0.3	1.2	1.2	0.5	1.5	1.6	1.7	1.2	1.8	85
1994—1998	蟹粉 Crab meal	5-01-663	0.5	0.2	1.4	0.3	1.2	1.2	0.5	1.5	1.6	1.7	1.2		
1999—2004	蟹粉 Crab meal		0.5	0.2	1.4	0.3	1.2	1.2	0.5	1.5	1.6	1.7	1.2		
2005—2016	蟹粉 Crab meal		0.5	0.20	1.4	0.30	1.20	1.20	0.50	1.50	1.60	1.70	1.20		
1980—1983	鱼汁,50%固体 Fish solubles,50% solids	5-01-969	0.45	0.19	1.46	0.11	0.7	0.7	1.09	1.0	1.6	1.37	0.7	2.74	95
1980—1983	浓缩鱼汁 Fish solubles,condensed	5-01-971	0.64	0.5	2.6	2.3	1.1	1.2	0.9	1.6	2.6	1.8	1.3	2.8	n/a

续表2-5-6

年份	原料名称	国际饲料编号 IFN	蛋氨酸 Met	(半)胱氨酸 Cystine (Cysteine)*	赖氨酸 Lys	色氨酸 Trp	苏氨酸 Thr	异亮氨酸 Ile	组氨酸 His	缬氨酸 Val	亮氨酸 Leu	精氨酸 Arg	苯丙氨酸 Phe	甘氨酸 Gly	家禽氨基酸利用率 Poultry AA availability
1984—1993	浓缩鱼汁 Fish solubles, condensed	5-01-969	0.45	0.19	1.46	0.11	0.7	0.7	1.09	1.0	1.6	1.37	0.7	2.74	95
1994—1998	浓缩鱼汁 Fish solubles, condensed	5-01-969	0.45	0.19	1.46	0.11	0.7	0.7	1.09	1.0	1.6	1.37	0.70		
1999—2004	浓缩鱼汁 Fish solubles, condensed		0.45	0.19	1.46	0.11	0.7	0.7	1.09	1.0	1.6	1.37	0.70		
2005—2016	浓缩鱼汁 Fish solubles, condensed		0.45	0.19	1.46	0.11	0.70	0.70	1.09	1.00	1.60	1.37	0.70		
1984—1993	鱼汁,脱水/脱水鱼溶粉 Fish solubles, dehy	5-01-971	0.64	0.5	2.6	2.3	1.1	1.2	0.9	1.6	2.6	1.8	1.3	2.8	n/a
1994—1998	鱼汁,脱水/脱水鱼溶粉 Fish solubles, dehy	5-01-971	0.64	0.5	2.6	2.3	1.1	1.2	0.9	1.6	2.6	1.8	1.3		
1999—2004	鱼汁,脱水/脱水鱼溶粉 Fish solubles, dehy		0.64	0.5	2.6	2.3	1.1	1.2	0.9	1.6	2.6	1.8	1.3		
2005—2016	鱼汁,脱水/脱水鱼溶粉 Fish solubles, dehy		0.64	0.5	2.6	2.30	1.10	1.20	0.90	1.60	2.60	1.80	1.30		
1981—1993	鱼粉, Fish meal, AAFCO	5-01-977	1.72	0.57	5.17	0.67	2.49	3.64	1.53	3.26	4.69	3.73	2.68	3.93	n/a
1994—1998	鱼粉, Fish meal, AAFCO	5-01-977	1.72	0.57	5.17	0.67	2.49	3.64	1.53	3.26	4.69	3.73	2.68		
1999—2016	鱼粉, Fish meal, AAFCO		1.72	0.57	5.17	0.67	2.49	3.64	1.53	3.26	4.69	3.73	2.68		
1980—1993	鱼粉,秘鲁鳀鱼 Fish meal, anchovie, Peruvian	5-13-459	1.9	0.6	4.9	0.75	2.7	3.0	1.5	3.4	5.0	3.38	2.39	4.07	95

续表2-5-6

年份	原料名称	国际饲料编号 IFN	蛋氨酸 Met	(半)胱氨酸 Cystine (Cysteine)*	赖氨酸 Lys	色氨酸 Trp	苏氨酸 Thr	异亮氨酸 Ile	组氨酸 His	缬氨酸 Val	亮氨酸 Leu	精氨酸 Arg	苯丙氨酸 Phe	甘氨酸 Gly	家禽氨基酸利用率 Poultry AA availability
1994—1998	鱼粉,秘鲁鳀鱼 Fish meal, anchovie, Peruvian	5-01-985	1.9	0.6	4.9	0.75	2.7	3.0	1.5	3.4	5.0	3.38	2.39		
1999—2002	鱼粉,秘鲁鳀鱼 Fish meal, anchovie, Peruvian		1.9	0.6	4.9	0.75	2.7	3.0	1.5	3.4	5.0	3.38	2.39		
2003—2016	鱼粉,秘鲁鳀鱼 Fish meal, anchovie, Peruvian		1.9	0.6	4.9	0.75	2.70	3.00	1.50	3.40	5.0	3.38	2.39		
1981—1983	湿酒糟 Distillers dried grains w/ solubles	5-01-987	0.46	0.52	0.81	0.2	1.12	1.93	0.81	1.83	2.34	1.12	1.93	n/a	n/a
1980—1993	鱼粉,大西洋鲱鱼 Fish meal, herring, Atlantic	5-02-000	2.2	0.72	5.7	0.8	2.88	3.00	1.91	5.7	5.1	5.64	2.56	4.6	95
1994—1998	鱼粉,大西洋鲱鱼 Fish meal, herring, Atlantic	5-02-000	2.2	0.72	5.7	0.8	2.88	3.0	1.91	5.7	5.1	5.64	2.56		
1999—2002	鱼粉,大西洋鲱鱼 Fish meal, herring, Atlantic		2.2	0.72	5.7	0.8	2.88	3.0	1.91	5.7	5.1	5.64	2.56		
2003—2016	鱼粉,大西洋鲱鱼 Fish meal, herring, Atlantic		2.2	0.72	5.7	0.80	2.88	3.00	1.91	5.70	5.10	5.64	2.56		
1980—1993	鱼粉,鲱鱼 Fish meal, menhaden	5-02-009	1.8	0.6	4.7	0.72	2.34	2.83	1.44	3.43	5.0	3.23	2.28	3.88	95
1994	鱼粉,鲱鱼 Fish meal, menhaden	5-02-009	1.8	0.6	4.7	0.72	2.34	2.83	1.44	3.43	5.0	3.23	2.28		
1995—1998	鱼粉,鲱鱼 Fish meal, menhaden	5-02-009	1.8(92)	0.6(73)	4.7(88)	0.72	2.34(98)	2.83(92)	1.44(92)	3.43(91)	5.0(92)	3.23(92)	2.28		
1999—2016	鱼粉,鲱鱼 Fish meal, menhaden		1.7(92)	0.5(73)	4.7(88)	0.5	2.75(98)	2.40(92)	1.52(92)	2.80(91)	4.4(92)	3.65(92)	2.28		

续表2-5-6

年份	原料名称	国际饲料编号 IFN	蛋氨酸 Met	(半)胱氨酸 Cystine (Cysteine)*	赖氨酸 Lys	色氨酸 Trp	苏氨酸 Thr	异亮氨酸 Ile	组氨酸 His	缬氨酸 Val	亮氨酸 Leu	精氨酸 Arg	苯丙氨酸 Phe	甘氨酸 Gly	家禽氨基酸利用率 Poultry AA availability
1980—1993	鱼粉,沙丁鱼 Fish meal, sardine	5-02-015	2.0	0.8	5.9	0.5	2.6	3.3	1.8	3.4	3.8	2.7	2.0	4.5	95
1994—1998	鱼粉,沙丁鱼 Fish meal, sardine	5-02-015	2.0	0.8	5.9	0.50	2.6	3.3	1.8	3.4	3.8	2.7	2.0		
1999—2004	鱼粉,沙丁鱼 Fish meal, sardine		2.0	0.8	5.9	0.50	2.6	3.3	1.8	3.4	3.8	2.7	2.0		
2005—2016	鱼粉,沙丁鱼 Fish meal, sardine		2.0	0.8	5.9	0.50	2.60	3.30	1.80	3.40	3.80	2.70	2.00		
1980—1993	鱼粉,金枪鱼 Fish meal, tuna	5-02-023	1.5	0.4	3.9	0.71	2.5	2.4	1.8	2.8	3.8	3.2	2.5	4.3	95
1994—1998	鱼粉,金枪鱼 Fish meal, tuna	5-02-023	1.5	0.4	3.9	0.71	2.5	2.4	1.8	2.8	3.8	3.2	2.5		
1999—2004	鱼粉,金枪鱼 Fish meal, tuna		1.5	0.4	3.9	0.71	2.5	2.4	1.8	2.8	3.8	3.2	2.5		
2005—2016	鱼粉,金枪鱼 Fish meal, tuna		1.5	0.4	3.9	0.71	2.50	2.40	1.80	2.80	3.80	3.20	2.50		
1980—1993	鱼粉,白鱼 Fish meal, white	5-02-025	1.65	0.75	4.3	0.70	2.6	3.1	1.93	3.25	4.5	4.2	2.8	2.7	95
1994—1998	鱼粉,白鱼 Fish meal, white	5-02-025	1.65	0.75	4.3	0.7	2.6	3.1	1.93	3.25	4.5	4.2	2.8		
1999—2004	鱼粉,白鱼 Fish meal, white		1.65	0.75	4.3	0.7	2.6	3.1	1.93	3.25	4.5	4.2	2.8		
2005—2016	鱼粉,白鱼 Fish meal, white		1.65	0.75	4.3	0.70	2.60	3.10	1.93	3.25	4.50	4.20	2.80		

续表2-5-6

年份	原料名称	国际饲料编号 IFN	蛋氨酸 Met	(半)胱氨酸 Cystine (Cysteine)*	赖氨酸 Lys	色氨酸 Trp	苏氨酸 Thr	异亮氨酸 Ile	组氨酸 His	缬氨酸 Val	亮氨酸 Leu	精氨酸 Arg	苯丙氨酸 Phe	甘氨酸 Gly	家禽氨基酸利用率 Poultry AA availability
1980—1993	亚麻粕(压榨) Linseed meal flax(expeller)	5-02-045	0.47	0.56	1.1	0.47	1.1	1.7	0.6	1.5	1.9	2.6	1.4	1.6	86
1994—1998	亚麻粕(压榨) Linseed meal flax(expeller)	5-02-045	0.47	0.56	1.1	0.47	1.1	1.7	0.6	1.5	1.9	2.6	1.4		
1999—2004	亚麻粕(压榨) Linseed meal flax(expeller)		0.47	0.56	1.1	0.47	1.1	1.7	0.6	1.5	1.9	2.6	1.4		
2005—2016	亚麻粕(压榨) Linseed meal flax(expeller)		0.47	0.56	1.10	0.47	1.10	1.70	0.60	1.50	1.90	2.60	1.40		
1980—1993	亚麻粕(浸提) Linseed meal flax(solvent)	5-02-048	0.48	0.58	1.1	0.48	1.2	1.8	0.7	1.6	2.0	2.7	1.5	1.7	86
1994—1998	亚麻粕(浸提) Linseed meal flax(solvent)	5-02-048	0.48	0.58	1.1	0.48	1.2	1.8	0.7	1.6	2.0	2.7	1.5		
1999—2004	亚麻粕(浸提) Linseed meal flax(solvent)		0.48	0.58	1.1	0.48	1.2	1.8	0.7	1.6	2.0	2.7	1.5		
2005—2016	亚麻粕(浸提) Linseed meal flax(solvent)		0.48	0.58	1.10	0.48	1.20	1.80	0.70	1.60	2.00	2.70	1.50		
1980—1993	干啤酒糟 Brewers dried grains	5-02-141	0.6	0.4	0.9	0.4	1.0	2.0	0.47	1.69	3.2	1.3	1.82	1.20	n/a
1994—1998	干啤酒糟 Brewers dried grain	5-02-141	0.6	0.4	0.9	0.4	1.0	2.0	0.47	1.69	3.2	1.3	1.82		
1999—2002	干啤酒糟 Brewers dried grain		0.6	0.4	0.9	0.4	1.0	2.0	0.47	1.69	3.2	1.3	1.82		
2003—2004	干啤酒糟 Brewers dried grain		0.6	0.4	0.9	0.4	1	2	0.47	1.69	3.2	1.3	1.82		

续表2-5-6

年份	原料名称	国际饲料编号 IFN	蛋氨酸 Met	(半)胱氨酸 Cystine (Cysteine)*	赖氨酸 Lys	色氨酸 Trp	苏氨酸 Thr	异亮氨酸 Ile	组氨酸 His	缬氨酸 Val	亮氨酸 Leu	精氨酸 Arg	苯丙氨酸 Phe	甘氨酸 Gly	家禽氨基酸利用率 Poultry AA availability
2005—2016	干啤酒糟 Brewers dried grain		0.6	0.4	0.9	0.4	1.00	2.00	0.47	1.69	3.20	1.30	1.82		
1981—1993	玉米胚芽粕，干磨 Corn germ meal, dry milled	5-02-868	0.43	0.4	1.1	0.25	n/a	n/a	n/a	n/a	n/a	1.4	n/a	1.1	n/a
1994—1998	玉米胚芽粕，干磨 Corn germ meal, dry milled	5-02-868	0.43	0.4	1.1	0.25	0.9	0.6	0.6	1.1	1.3	1.4	0.9		
1999—2004	玉米胚芽粕，干磨 Corn germ meal, dry milled		0.43	0.4	1.1	0.25	0.9	0.6	0.6	1.1	1.3	1.4	0.9		
2005—2016	玉米胚芽粕，干磨 Corn germ meal, dry milled		0.43	0.4	1.1	0.25	0.90	0.60	0.60	1.10	1.30	1.40	0.90		
1980—1993	玉米胚芽粕，湿磨 Corn germ meal, wet milled	5-02-898	0.6	0.4	0.9	0.2	1.1	0.7	0.7	1.2	1.7	1.3	0.9	1.1	75
1994—1998	玉米胚芽粕，湿磨 Corn germ meal, wet milled	5-25-552	0.6	0.4	0.9	0.2	1.1	0.7	0.7	1.2	1.7	1.3	0.9		
1999—2004	玉米胚芽粕，湿磨 Corn germ meal, wet milled		0.6	0.4	0.9	0.2	1.1	0.7	0.7	1.2	1.7	1.3	0.9		
2005—2016	玉米胚芽粕，湿磨 Corn germ meal, wet milled		0.6	0.4	0.9	0.20	1.10	0.70	0.70	1.20	1.70	1.30	0.90		
1980—1993	玉米蛋白饲料 Corn gluten feed	5-02-903	0.5	0.5	0.6	0.1	0.9	0.6	0.7	1.04	1.9	1.0	0.8	1.0	75
1994—1998	玉米蛋白饲料 Corn gluten feed	5-02-903	0.5	0.5	0.6	0.1	0.9	0.6	0.7	1.04	1.9	1.0	0.8		
1999—2002	玉米蛋白饲料 Corn gluten feed		0.5(84)	0.5(65)	0.6(72)	0.1	0.9(75)	0.6(81)	0.7(82)	1.04(83)	1.9(89)	1.0(87)	0.8(87)		

续表2-5-6

年份	原料名称	国际饲料编号 IFN	蛋氨酸 Met	(半)胱氨酸 Cystine (Cysteine)*	赖氨酸 Lys	色氨酸 Trp	苏氨酸 Thr	异亮氨酸 Ile	组氨酸 His	缬氨酸 Val	亮氨酸 Leu	精氨酸 Arg	苯丙氨酸 Phe	甘氨酸 Gly	家禽氨基酸利用率 Poultry AA availability
2003—2016	玉米蛋白饲料 Corn gluten feed		0.5(84)	0.5(65)	0.6(72)	0.10	0.9(75)	0.6(81)	0.7(82)	1.04(83)	1.9(89)	1.0(87)	0.8(87)		
1981—1983	花生粕,浸提 Peanut meal, solvent	5-03-650	0.4	0.7	2.3	0.5	1.5	2.0	1.2	2.8	3.7	5.9	2.7	n/a	n/a
1980—1993	带壳花生粕,压榨 Peanut meal and hulls, mech. extd.	5-03-655	0.41	0.68	1.55	0.46	1.4	1.8	1.1	2.6	3.6	4.7	2.6	2.3	80
1994—1998	带壳花生粕,压榨 Peanut meal and hulls, mech. extd.	5-03-655	0.41	0.68	1.55	0.46	1.4	1.8	1.1	2.6	3.6	4.7	2.6		
1999—2004	带壳花生粕,压榨 Peanut meal and hulls, mech. extd.		0.41	0.68	1.55	0.46	1.4	1.8	1.1	2.6	3.6	4.7	2.6		
2005—2016	带壳花生粕,压榨 Peanut meal and hulls, mech. extd.		0.41	0.68	1.55	0.46	1.40	1.80	1.10	2.60	3.60	4.70	2.60		
1980—1993	带壳花生粕,浸提 Peanut meal and hulls, solvent(编号原文有重复)	5-03-656	0.43	0.7	1.6	0.48	1.5	2.0	1.2	2.8	3.7	4.9	2.7	2.4	80
1984	花生粕,浸提 Peanut meal, solvent	5-03-656	0.42*	0.73*	1.77*	0.5	1.16*	1.76*	0.95*	1.88*	2.7*	4.55*	2.04*	2.35*	n/a
1985—1989	花生粕,浸提 Peanut meal, solvent	5-03-656	0.42	0.73	1.77	0.5	1.16	1.76	0.95	1.88	2.7	4.55	2.04	2.35	n/a
1990	花生粕,浸提 Peanut meal, solvent	5-03-656	0.42	0.73	1.77	0.5	1.16	1.76	0.95	1.88	2.7	4.55	2.04	2.35	n/a*
1991—1993	花生粕,浸提 Peanut meal, solvent	5-03-656	0.42	0.73	1.77	0.5	1.16	1.76	0.95	1.88	3.70	4.55	2.04	2.35	n/a

续表2-5-6

年份	原料名称	国际饲料编号 IFN	蛋氨酸 Met	(半)胱氨酸 Cystine (Cysteine)*	赖氨酸 Lys	色氨酸 Trp	苏氨酸 Thr	异亮氨酸 Ile	组氨酸 His	缬氨酸 Val	亮氨酸 Leu	精氨酸 Arg	苯丙氨酸 Phe	甘氨酸 Gly	家禽氨基酸利用率 Poultry AA availability
1994—1998	花生粕，浸提 Peanut meal, solvent	5-03-656	0.42	0.73	1.77	0.5	1.16	1.76	0.95	1.88	3.70	4.55	2.04		
1999—2004	花生粕，浸提 Peanut meal, solvent		0.42	0.73	1.77	0.5	1.16	1.76	0.95	1.88	3.70	4.55	2.04		
2005—2016	花生粕，浸提 Peanut meal, solvent		0.45(87)	0.56(78)	1.35(85)	0.39(93)	1.02(81)	1.34(88)	0.96(88)	1.64(87)	2.53(90)	4.40(90)	1.98(93)		
1980—1993	羽毛粉，禽 Feather meal, poultry	5-03-795	0.55	3.0	1.05	0.4	2.8	2.66	0.28	4.55	7.8	3.92	2.66	4.76	65
1994	羽毛粉，禽 Feather meal, poultry	5-03-795	0.55	3.0	1.05	0.4	2.8	2.66	0.28	4.55	7.8	3.92	2.66		
1995—1998	羽毛粉，禽 Feather meal, poultry	5-03-795	0.55(76)	3.0(59)	1.05(66)	0.4	2.8(73)	2.66(85)	0.28(72)	4.55(82)	7.8(82)	3.92(83)	2.66(85)		
1999—2002	羽毛粉，禽 Feather meal, poultry		0.55(76)	3.0(59)	1.05(66)	0.4	2.8(73)	2.66(85)	0.28(72)	4.55(82)	7.8(82)	3.92(83)	2.66(85)		
2003—2006	羽毛粉，禽 Feather meal, poultry		0.55(76)	3.0(59)	1.05(66)	0.40	2.8(73)	2.66(85)	0.28(72)	4.55(82)	7.8(82)	3.92(83)	2.66(85)		
2007—2016	羽毛粉，禽 Feather meal, poultry		0.65(76)	4.0(59)	2.05(66)	0.50	3.8(73)	3.66(85)	0.78(72)	5.75(82)	7.8(82)	5.75(83)	3.54(85)		
1980—1993	家禽副产品粉 Poultry by-product meal	5-03-798	1.04	1.0	2.57	0.55	2.03	2.33	1.61	2.65	4.4	3.84	1.79	2.93	86
1994—1998	家禽副产品粉 Poultry by-product meal	5-03-798	1.04(86)	1.0(61)	2.57(80)	0.55	2.03(80)	2.33(85)	1.61(78)	2.65(83)	4.4(85)	3.84(88)	1.79(84)		
1999—2000	家禽副产品粉 Poultry by-product meal		1.04(86)	1.0(61)	2.57(80)	0.55	2.03(80)	2.33(85)	1.61(78)	2.65(83)	4.4(85)	3.84(88)	1.79(84)		

续表2-5-6

年份	原料名称	国际饲料编号 IFN	蛋氨酸 Met	(半)胱氨酸 Cystine (Cysteine)*	赖氨酸 Lys	色氨酸 Trp	苏氨酸 Thr	异亮氨酸 Ile	组氨酸 His	缬氨酸 Val	亮氨酸 Leu	精氨酸 Arg	苯丙氨酸 Phe	甘氨酸 Gly	家禽氨基酸利用率 Poultry AA availability
2001—2016	家禽副产品粉(饲料级) Poultry by-product meal (feed grade)		0.91(86)	0.90(61)	2.25(80)	0.50	1.88(80)	2.10(85)	1.42(78)	2.32(83)	3.95(85)	3.50(88)	1.60(84)		
1980—1989	菜籽粕(菜粕),压榨 Rapeseed oil meal,expeller	5-03-870	0.68	0.4	1.69	0.36	1.49	1.34	0.89	1.71	2.4	1.88	1.35	1.7	n/a
1980—1993	菜籽粕(菜粕),浸提 Rapeseed oil meal,solvent	5-03-871	0.67	0.54	2.12	0.46	1.6	1.41	0.95	1.81	2.6	2.04	1.41	1.85	n/a
1994—1998	菜籽粕(菜粕),浸提 Rapeseed oil meal,solvent	5-03-871	0.67	0.54	2.12	0.46	1.6	1.41	0.95	1.81	2.6	2.04	1.41		
1999—2004	菜籽粕(菜粕),浸提 Rapeseed oil meal,solvent		0.67	0.54	2.12	0.46	1.6	1.41	0.95	1.81	2.6	2.04	1.41		
2005—2016	菜籽粕(菜粕),浸提 Rapeseed oil meal,solvent		0.67	0.54	2.12	0.46	1.60	1.41	0.95	1.81	2.60	2.04	1.41		
1980—1993	红花籽粕,压榨 Safflower seed meal,expeller	5-04-109	0.4	0.5	0.7	0.3	0.47	0.28	0.48	1.0	1.1	1.2	1.0	1.1	n/a
1994—1998	红花籽粕,压榨 Safflower seed meal,expeller	5-04-109	0.4	0.5	0.7	0.3	0.47	0.28	0.48	1.0	1.1	1.2	1.0		
1999—2004	红花籽粕,压榨 Safflower seed meal,expeller		0.4	0.5	0.7	0.3	0.47	0.28	0.48	1.0	1.1	1.2	1.0		
2005—2016	红花籽粕,压榨 Safflower seed meal,expeller		0.40	0.50	0.70	0.30	0.47	0.28	0.48	1.00	1.10	1.20	1.00		
1980—1993	红花籽粕,浸提 Safflower seed meal,solvent	5-04-110	0.33	0.35	0.7	0.26	0.5	0.27	0.5	1.0	1.2	1.9	1.0	1.1	n/a

续表2-5-6

年份	原料名称	国际饲料编号 IFN	蛋氨酸 Met	(半)胱氨酸 Cystine (Cysteine)*	赖氨酸 Lys	色氨酸 Trp	苏氨酸 Thr	异亮氨酸 Ile	组氨酸 His	缬氨酸 Val	亮氨酸 Leu	精氨酸 Arg	苯丙氨酸 Phe	甘氨酸 Gly	家禽氨基酸利用率 Poultry AA availability
1994—1998	红花籽粕,浸提 Safflower seed meal,solvent	5-04-110	0.33	0.35	0.7	0.26	0.5	0.27	0.5	1.0	1.2	1.9	1.0		
1999—2004	红花籽粕,浸提 Safflower seed meal,solvent		0.33	0.35	0.7	0.26	0.5	0.27	0.5	1.0	1.2	1.9	1.0		
2005—2016	红花籽粕,浸提 Safflower seed meal,solvent		0.33	0.35	0.70	0.26	0.50	0.27	0.50	1.00	1.20	1.90	1.00		
1980—1993	芝麻粕,压榨 Sesame meal,expeller	5-04-220	1.48	0.6	1.37	0.82	1.71	2.28	1.16	2.53	3.3	5.06	2.32	4.43	95
1994—1998	芝麻粕,压榨 Sesame meal,expeller	5-04-220	1.48(94)	0.6(82)	1.37(88)	0.82	1.71(87)	2.28(92)	1.16(89)	2.53(91)	3.3(91)	5.06(92)	2.32		
1999—2016	芝麻粕,压榨 Sesame meal,expeller		1.48(94)	0.6(82)	1.37(88)	0.82	1.71(87)	2.28(92)	1.16(89)	2.53(91)	3.3(91)	5.06(92)	2.32		
1980—1993	高粱蛋白粉 Sorghum,gluten meal	4-04-329	0.75	0.8	0.8	0.4	1.4	2.3	1.4	2.5	7.4	1.4	2.6	n/a	n/a
1994—1998	高粱蛋白粉 Sorghum,gluten meal	5-04-388	0.75	0.8	0.8	0.4	1.4	2.3	1.4	2.5	7.4	1.4	2.6		
1999—2004	高粱蛋白粉 Sorghum,gluten meal		0.75	0.8	0.8	0.4	1.4	2.3	1.4	2.5	7.4	1.4	2.6		
2005—2016	高粱蛋白粉 Sorghum,gluten meal		0.75	0.80	0.80	0.40	1.40	2.30	1.40	2.50	7.40	1.40	2.60		
1980—1993	高粱蛋白饲料 Sorghum,gluten feed	4-08-086	0.4	0.45	0.9	0.2	0.8	1.0	0.8	1.3	2.5	0.8	1.0	n/a	n/a
1994—1998	高粱蛋白饲料 Sorghum,gluten feed	5-04-389	0.4	0.45	0.9	0.2	0.8	1.0	0.8	1.3	2.5	0.8	1.0		

续表2-5-6

年份	原料名称	国际饲料编号 IFN	蛋氨酸 Met	(半)胱氨酸 Cystine (Cysteine)*	赖氨酸 Lys	色氨酸 Trp	苏氨酸 Thr	异亮氨酸 Ile	组氨酸 His	缬氨酸 Val	亮氨酸 Leu	精氨酸 Arg	苯丙氨酸 Phe	甘氨酸 Gly	家禽氨基酸利用率 Poultry AA availability
1999—2004	高粱蛋白饲料 Sorghum, gluten feed		0.4	0.45	0.9	0.2	0.8	1.0	0.8	1.3	2.5	0.8	1.0		
2005—2016	高粱蛋白饲料 Sorghum, gluten feed		0.40	0.45	0.90	0.20	0.80	1.00	0.80	1.30	2.50	0.80	1.00		
1980—1993	葵花粕，压榨 Sunflower meal, expeller	5-04-738	1.6	0.8	2.0	0.6	1.6	2.4	1.1	2.4	2.5	4.2	2.4	2.9	90
1994—1998	葵花粕，压榨 Sunflower meal, expeller	5-04-738	1.6	0.8	2.0	0.6	1.6	2.4	1.1	2.4	2.5	4.2	2.4		
1999—2004	葵花粕，压榨 Sunflower meal, expeller		1.6	0.8	2.0	0.6	1.6	2.4	1.1	2.4	2.5	4.2	2.4		
2005—2016	葵花粕，压榨 Sunflower meal, expeller		1.60	0.80	2.00	0.60	1.60	2.40	1.10	2.40	2.50	4.20	2.40		
1980—1993	葵花粕，浸提 Sunflower meal, solvent	5-04-739	1.5	0.7	1.7	0.5	1.5	2.1	1.0	2.3	2.6	3.5	2.2	2.7	90
1994—1998	葵花粕，浸提 Sunflower meal, solvent	5-04-739	1.5	0.7	1.7	0.5	1.5	2.1	1.0	2.3	2.6	3.5	2.2		
1999—2004	葵花粕，浸提 Sunflower meal, solvent		1.5	0.7	1.7	0.5	1.5	2.1	1.0	2.3	2.6	3.5	2.2		
2005—2016	葵花粕，浸提 Sunflower meal, solvent		1.50	0.70	1.70	0.50	1.50	2.10	1.00	2.30	2.60	3.50	2.20		
1980—1993	番茄干浆 Tomato pulp, dried	5-05-041	0.1	—	1.6	0.2	0.7	0.7	0.4	1.0	1.7	1.2	0.9	—	n/a
1994—1998	番茄干浆 Tomato pulp, dried	5-05-041	0.1	—	1.6	0.2	0.7	0.7	0.4	1.0	1.7	1.2	0.9		

续表2-5-6

年份	原料名称	国际饲料编号 IFN	蛋氨酸 Met	(半)胱氨酸 Cystine (Cysteine)*	赖氨酸 Lys	色氨酸 Trp	苏氨酸 Thr	异亮氨酸 Ile	组氨酸 His	缬氨酸 Val	亮氨酸 Leu	精氨酸 Arg	苯丙氨酸 Phe	甘氨酸 Gly	家禽氨基酸利用率 Poultry AA availability
1999—2004	番茄干浆 Tomato pulp, dried		0.1	—	1.6	0.2	0.7	0.7	0.4	1.0	1.7	1.2	0.9		
2005—2016	番茄干浆 Tomato pulp, dried		0.10	—	1.60	0.20	0.70	0.70	0.40	1.00	1.70	1.20	0.90		
1980—1993	小麦胚芽粕 Wheat germ meal	5-05-218	0.42	0.46	1.37	0.3	0.94	0.79	0.62	1.12	1.1	1.83	0.93	1.38	85
1994—1998	小麦胚芽粕 Wheat germ meal	5-05-218	0.42	0.46	1.37	0.3	0.94	0.79	0.62	1.12	1.1	1.83	0.93		
1999—2004	小麦胚芽粕 Wheat germ meal		0.42	0.46	1.37	0.3	0.94	0.79	0.62	1.12	1.1	1.83	0.93		
2005—2016	小麦胚芽粕 Wheat germ meal		0.42	0.46	1.37	0.30	0.94	0.79	0.62	1.12	1.10	1.83	0.93		
1980—1993	干禽粪，平养 Poultry manure, dried, floor	5-05-587	0.13	0.14	0.49	n/a	0.52	0.58	0.2	0.74	0.7	0.43	0.49	2.55	n/a
1994—1998	干禽粪，平养 Poultry manure, dried, floor	5-05-587	0.13	0.14	0.49	n/a	0.52	0.58	0.2	0.74	0.7	0.43	0.49		
1999—2004	干禽粪，平养 Poultry manure, dried, floor		0.13	0.14	0.49	n/a	0.52	0.58	0.2	0.74	0.7	0.43	0.49		
2005—2016	干禽粪，平养 Poultry manure, dried, floor		0.13	0.14	0.49	n/a	0.52	0.58	0.20	0.74	0.70	0.43	0.49		
1980—1993	棉粕，CP 41%，预压浸提 Cottonseed meal, 41%, pre-press solvent	5-07-872	0.52	0.64	1.71	0.47	1.32	1.33	1.10	1.88	2.4	4.59	2.22	1.70	85

续表2-5-6

年份	原料名称	国际饲料编号 IFN	蛋氨酸 Met	(半)胱氨酸 Cystine (Cysteine)*	赖氨酸 Lys	色氨酸 Trp	苏氨酸 Thr	异亮氨酸 Ile	组氨酸 His	缬氨酸 Val	亮氨酸 Leu	精氨酸 Arg	苯丙氨酸 Phe	甘氨酸 Gly	家禽氨基酸利用率 Poultry AA availability
1994	棉粕,CP 41%,预压浸提 Cottonseed meal,41%,pre-press solvent	5-07-872	0.52	0.64	1.71	0.47	1.32	1.33	1.1	1.88	2.4	4.59	2.22		
1995—1998	棉粕,CP 41%,预压浸提 Cottonseed meal,41%,pre-press solvent	5-07-872	0.52(73)	0.64(73)	1.71(67)	0.47	1.32(71)	1.33(75)	1.1(69)	1.88(78)	2.4(77)	4.59(87)	2.22(86)		
1999—2016	棉粕,CP 41%,预压浸提 Cottonseed meal,41%,pre-press solvent		0.52(73)	0.64(73)	1.71(67)	0.47	1.32(71)	1.33(75)	1.1(69)	1.88(78)	2.4(77)	4.59(87)	2.22(86)		
1980—1993	红花籽粕,浸提 Safflower seed meal,solvent	5-07-959	0.69	0.7	1.3	0.6	1.35	1.7	1.0	2.3	2.5	3.7	1.85	2.4	n/a
1994—1998	红花籽粕,浸提 Safflower seed meal,solvent	5-07-959	0.69	0.7	1.3	0.6	1.35	1.7	1.0	2.3	2.5	3.7	1.85		
1999—2004	红花籽粕,浸提 Safflower seed meal,solvent		0.69	0.7	1.3	0.6	1.35	1.7	1.0	2.3	2.5	3.7	1.85		
2005—2016	红花籽粕,浸提 Safflower seed meal,solvent		0.69	0.70	1.30	0.60	1.35	1.70	1.00	2.30	2.50	3.70	1.85		
1980—1989	鱼粉,红鱼 Fish meal,red fish	5-07-973	1.8	0.4	6.6	0.6	2.6	3.5	1.3	3.3	4.9	4.1	2.5	4.0	95
1990—1993	鱼粉,红鱼 Fish meal,red fish	5-07-973	1.8	0.4	6.6	0.6	2.6	3.5	1.3	3.3	4.90	4.1	2.5	4.0	95
1994—1998	鱼粉,红鱼 Fish meal,red fish	5-07-973	1.8	0.4	6.6	0.6	2.6	3.5	1.3	3.33	4.90	4.1	2.5		

续表2-5-6

年份	原料名称	国际饲料编号 IFN	蛋氨酸 Met	(半)胱氨酸 Cystine (Cysteine)*	赖氨酸 Lys	色氨酸 Trp	苏氨酸 Thr	异亮氨酸 Ile	组氨酸 His	缬氨酸 Val	亮氨酸 Leu	精氨酸 Arg	苯丙氨酸 Phe	甘氨酸 Gly	家禽氨基酸利用率 Poultry AA availability
1999—2004	鱼粉，红鱼 Fish meal，red fish		1.8	0.4	6.6	0.6	2.6	3.5	1.3	3.33	4.90	4.1	2.5		
2005—2016	鱼粉，红鱼 Fish meal，red fish		1.8	0.4	6.6	0.60	2.60	3.50	1.30	3.33	4.90	4.10	2.50		
2010—2016	亚麻荠粕 Camelina meal		0.61(92)	0.66(85)	1.54(86)	0.42(93)	1.30(84)	1.20(89)	0.75(91)	1.61(88)	2.13(91)	2.62(94)	1.40(92)		
1980—1993	菜籽粕，预压浸提 Rapeseed meal，prepress solvent	5-08-135	0.7	0.43	2.1	0.44	1.58	1.36	0.98	1.78	2.5	2.05	1.40	1.80	n/a
1990	卡诺拉菜籽粕(浸提)Canola meal(solvent)	5-08-135	0.7	0.47	2.3	0.44	1.71	1.51	1.1	1.94	2.6	2.3	1.5	1.9	n/a
1991—1993	卡诺拉菜籽粕 Canola meal	5-08-135	0.7	0.47	2.3	0.44	1.71	1.51	1.10	1.94	2.6	2.3	1.5	1.9	n/a
1994	卡诺拉菜籽粕 Canola meal	5-08-135	0.7	0.47	2.3	0.44	1.71	1.51	1.10	1.94	2.6	2.3	1.5		
1995—1998	卡诺拉菜籽粕 Canola meal	5-08-135	0.7(90)	0.47(75)	2.3(80)	0.44	1.71(78)	1.51(83)	1.10(85)	1.94(82)	2.6(87)	2.3(90)	1.5(87)		
1999—2005	卡诺拉菜籽粕 Canola meal		0.7(90)	0.47(75)	2.3(80)	0.44	1.71(78)	1.51(83)	1.10(85)	1.94(82)	2.6(87)	2.3(90)	1.5(87)		
2006—2016	卡诺拉菜籽粕 Canola meal		0.77(90)	0.97(73)	2.02(79)	0.46(82)	1.50(78)	1.51(83)	1.10(85)	1.94(82)	2.6(87)	2.3(90)	1.5(87)		
1980—1993	蚕豆 Beans，broad (*vicia faba*)	5-09-262	0.25	0.14	1.52	0.24	0.98	1.0	0.6	1.22	1.6	2.2	0.98	1.0	80～85
1994—1998	蚕豆 Beans，broad (*vicia faba*)	5-09-262	0.25	0.14	1.52	0.24	0.98	1.0	0.6	1.22	1.6	2.2	0.98		

续表2-5-6

年份	原料名称	国际饲料编号 IFN	蛋氨酸 Met	(半)胱氨酸 Cystine (Cysteine)*	赖氨酸 Lys	色氨酸 Trp	苏氨酸 Thr	异亮氨酸 Ile	组氨酸 His	缬氨酸 Val	亮氨酸 Leu	精氨酸 Arg	苯丙氨酸 Phe	甘氨酸 Gly	家禽氨基酸利用率 Poultry AA availability
1999—2002	蚕豆 Beans, broad (*vicia faba*)		0.25	0.14	1.52	0.24	0.98	1.0	0.6	1.22	1.6	2.2	0.98		
2003—2004	蚕豆 Beans, broad (*vicia faba*)		0.25	0.14	1.52	0.24	0.98	1	0.6	1.22	1.6	2.2	0.98		
2005—2016	蚕豆 Beans, broad (*vicia faba*)		0.25	0.14	1.52	0.24	0.98	1.00	0.60	1.22	1.60	2.20	0.98		
1999—2002	马齿型黄玉米穗粉 Corn, dent, yellow, ears ground		0.14	0.13	0.16	0.05	n/a	n/a	n/a	n/a	1.0	0.3	n/a		
2003—2016	马齿型黄玉米穗粉 Corn, dent, yellow, ears ground		0.14	0.13	0.16	0.05	n/a	n/a	n/a	n/a	1.00	0.3	n/a		
1980—1990	玉米蛋白粉, CP 60% Corn gluten meal, 60%	5-09-318	1.9	1.1	1.0	0.3	2.0	2.3	1.2	2.7	9.4	1.9	3.8	1.6	95
1991—1993	玉米蛋白粉, CP 60% Corn gluten meal, 60%	5-09-318	1.9	1.1	1.0	0.3	2.0	2.3	1.2	2.70	9.4	1.9	3.8	1.6	95
1994	玉米蛋白粉, CP 60% Corn gluten meal, 60%	5-09-318	1.9	1.1	1.0	0.3	2.0	2.3	1.2	2.70	9.4	1.9	3.8		
1995—1988	玉米蛋白粉, CP 60% Corn gluten meal, 60%	5-09-318	1.9(97)	1.1(86)	1.0(88)	0.3	2.0(92)	2.3(95)	1.2(94)	2.70(95)	9.4(98)	1.9(96)	3.8(97)		
1999—2002	玉米蛋白粉, CP 60% Corn gluten meal, 60%		1.9(97)	1.1(86)	1.0(88)	0.3	2.0(92)	2.3(95)	1.2(94)	2.70(95)	9.4(98)	1.9(96)	3.8(97)		
2003—2016	玉米蛋白粉, CP 60% Corn gluten meal, 60%		1.9(97)	1.1(86)	1.0(88)	0.30	2.0(92)	2.3(95)	1.2(94)	2.70(95)	9.4(98)	1.9(96)	3.8(97)		
1980—1993	肉骨粉, CP 45% Meat and bone meal, 45%	5-09-321	0.53	0.26	2.2	0.18	1.8	1.7	1.5	2.4	2.9	2.7	1.8	6.5	90

续表2-5-6

年份	原料名称	国际饲料编号 IFN	蛋氨酸 Met	(半)胱氨酸 Cystine (Cysteine)*	赖氨酸 Lys	色氨酸 Trp	苏氨酸 Thr	异亮氨酸 Ile	组氨酸 His	缬氨酸 Val	亮氨酸 Leu	精氨酸 Arg	苯丙氨酸 Phe	甘氨酸 Gly	家禽氨基酸利用率 Poultry AA availability
1994—1998	肉骨粉,CP 45% Meat and bone meal,45%	5-09-321	0.53	0.26	2.2	0.18	1.8	1.7	1.5	2.4	2.9	2.7	1.8		
1999—2004	肉骨粉,CP 45% Meat and bone meal,45%		0.53	0.26	2.2	0.18	1.58	1.7	1.5	2.4	2.9	2.7	1.8		
2005—2016	肉骨粉,CP 45% Meat and bone meal,45%		0.53	0.26	2.20	0.18	1.58	1.70	1.50	2.40	2.90	2.70	1.80		
1980—1993	肉骨粉,CP 50% Meat and bone meal,50%	5-09-322	0.67	0.33	2.6	0.26	1.63	1.7	0.96	2.25	3.2	3.35	1.7	6.9	90
1994—1998	肉骨粉,CP 50% Meat and bone meal,50%	5-09-322	0.67(85)	0.33(58)	2.6(79)	0.26	1.63(79)	1.7(83)	0.96(80)	2.25(82)	3.2(84)	3.35(85)	1.7(84)		
1999 2016	肉骨粉,CP 50% Meat and bone meal,50%		0.67(85)	0.33(58)	2.6(79)	0.26	1.70(79)	1.7(83)	0.96(80)	2.25(82)	3.2(84)	3.35(85)	1.7(84)		
1980—1993	肉粉,CP 55% Meat meal,55%	5-09-323	0.75	0.68	3.0	0.35	1.8	1.9	1.1	2.6	3.5	3.7	1.9	6.3	90
1994—1998	肉粉,CP 55% Meat meal,55%	5-09-323	0.75	0.68	3.0	0.35	1.8	1.9	1.1	2.6	3.5	3.7	1.9		
1999—2004	肉粉,CP 55% Meat meal,55%		0.75	0.68	3.0	0.35	1.81	1.9	1.1	2.6	3.5	3.7	1.9		
2005—2016	肉粉,CP 55% Meat meal,55%		0.75	0.68	3.00	0.35	1.81	1.90	1.10	2.60	3.50	3.70	1.90		
1980—1993	鱼粉,淡水灰西鲱(大肚鲱) Fish meal,freshwater,Alewife	5-09-830	1.93	0.47	5.49	0.63	3.29	3.4	1.93	3.58	4.8	4.69	2.91	3.7	95

续表2-5-6

年份	原料名称	国际饲料编号 IFN	蛋氨酸 Met	(半)胱氨酸 Cystine (Cysteine)*	赖氨酸 Lys	色氨酸 Trp	苏氨酸 Thr	异亮氨酸 Ile	组氨酸 His	缬氨酸 Val	亮氨酸 Leu	精氨酸 Arg	苯丙氨酸 Phe	甘氨酸 Gly	家禽氨基酸利用率 Poultry AA availability
1994—1998	鱼粉,淡水灰西鲱(大肚鲱) Fish meal, freshwater, Alewife	5-09-830	1.93	0.47	5.49	0.63	3.29	3.4	1.93	3.58	4.8	4.69	2.91		
1999—2004	鱼粉,淡水灰西鲱(大肚鲱) Fish meal, freshwater, Alewife		1.93	0.47	5.49	0.63	3.29	3.4	1.93	3.58	4.8	4.69	2.91		
2005—2016	鱼粉,淡水灰西鲱(大肚鲱) Fish meal, freshwater, Alewife		1.93	0.47	5.49	0.63	3.29	3.40	1.93	3.58	4.80	4.69	2.91		
1980—1993	干禽粪,笼养 Poultry manure, dried, cage	7-15-386	0.12	0.15	0.39	0.53	0.35	0.36	0.23	0.46	0.8	0.38	0.35	1.33	n/a
1994—1998	干禽粪,笼养 Poultry manure, dried, cage	5-14-015	0.12	0.15	0.39	0.53	0.35	0.36	0.23	0.46	0.8	0.38	0.35		
1999—2004	干禽粪,笼养 Poultry manure, dried, cage		0.12	0.15	0.39	0.53	0.35	0.36	0.23	0.46	0.8	0.38	0.35		
2005—2016	干禽粪,笼养 Poultry manure, dried, cage		0.12	0.15	0.39	0.53	0.35	0.36	0.23	0.46	0.80	0.38	0.35		
1980—1989	鱼粉,淡水,湖白鲑(湖鲱) Fish meal, freshwater, Tullibee	5-15-385	1.95	0.45	6.22	0.65	3.27	3.3	2.19	3.5	4.9	4.47	3.02	4.71	95
1990	鱼粉,淡水,湖白鲑(湖鲱) Fish meal, freshwater, Tullibee	5-15-385	1.95	0.45	6.22	0.65	3.27	3.3	2.19	3.50	4.9	4.47	3.02	4.71	95

续表2-5-6

年份	原料名称	国际饲料编号 IFN	蛋氨酸 Met	(半)胱氨酸 Cystine (Cysteine)*	赖氨酸 Lys	色氨酸 Trp	苏氨酸 Thr	异亮氨酸 Ile	组氨酸 His	缬氨酸 Val	亮氨酸 Leu	精氨酸 Arg	苯丙氨酸 Phe	甘氨酸 Gly	家禽氨基酸利用率 Poultry AA availability
1991—1992	鱼粉，淡水，湖白鲑(湖鲱) Fish meal，freshwater，Tullibee	5-15-385	1.95	0.45	6.22	0.65	3.27	3.30	2.19	3.5	4.9	4.47	3.02	4.71	95
1993	鱼粉，淡水，湖白鲑(湖鲱) Fish meal，freshwater，Tullibee	5-15-385	1.95	0.45	6.22	0.65	3.27	3.30	2.19	3.50	4.9	4.47	3.02	4.71	95
1980—1990	鱼粉，淡水，羊头鲷或石首鱼 Fish meal，freshwater，Sheepshead	5-15-387	1.64	0.36	5.24	0.51	2.79	2.87	1.71	3.09	4.6	4.95	2.5	4.45	95
1991—1993	鱼粉，淡水，羊头鲷或石首鱼 Fish meal，freshwater，Sheepshead	5-15-389	1.64	0.36	5.24	0.51	2.79	2.87	1.71	3.09	4.6	4.95	2.50	4.45	95
1980—1993	玉米蛋白粉，CP 41% Corn gluten meal，41%	5-20-706	1.0	0.6	0.8	0.2	1.4	2.3	0.9	2.2	6.6	1.4	2.9	1.5	95
1994—1998	玉米蛋白粉，CP 41% Corn gluten meal，41%	5-20-411	1.0	0.6	0.8	0.2	1.4	2.3	0.9	2.2	6.6	1.4	2.9		
1999—2004	玉米蛋白粉，CP 41% Corn gluten meal，41%		1.0	0.6	0.8	0.2	1.4	2.3	0.9	2.2	6.6	1.4	2.9		
2005—2016	玉米蛋白粉，CP 41% Corn gluten meal，41%		1.0	0.6	0.8	0.20	1.40	2.30	0.90	2.20	6.60	1.40	2.90		
1980—1993	鱼粉，淡水，江鳕 Fish meal，freshwater，Maria	5-20-468	1.89	0.49	5.96	0.59	3.18	3.11	1.98	3.41	4.9	4.71	2.83	5.04	95
1980—1990	次豌豆 Pea seed，cull	5-20-763	0.2	0.3	1.2	0.2	n/a	n/a	n/a	n/a	n/a	2.1	n/a	n/a	n/a

续表2-5-6

年份	原料名称	国际饲料编号 IFN	蛋氨酸 Met	(半)胱氨酸 Cystine (Cysteine)*	赖氨酸 Lys	色氨酸 Trp	苏氨酸 Thr	异亮氨酸 Ile	组氨酸 His	缬氨酸 Val	亮氨酸 Leu	精氨酸 Arg	苯丙氨酸 Phe	甘氨酸 Gly	家禽氨基酸利用率 Poultry AA availability
1991—1993	次豌豆 Pea seed,cull	5-20-763	0.2	0.30	1.2	0.2	n/a	n/a	n/a	n/a	n/a	2.10	n/a	n/a	n/a
1994—1998	次豌豆 Pea seed,cull	5-20-763	0.2	0.30	1.2	0.2	n/a	n/a	n/a	n/a	n/a	2.10	n/a		
1999—2004	次豌豆 Pea seed,cull		0.2	0.30	1.2	0.2	n/a	n/a	n/a	n/a	n/a	2.10	n/a		
2005—2016	次豌豆 Pea seed,cull		0.20	0.30	1.20	0.20	n/a	n/a	n/a	n/a	n/a	2.10	n/a		
1983	葵花粕,部分去壳,浸提 Sunflower meal partially detrulled(solvent)	5-04-737	0.64*	0.55*	1.42*	0.35*	1.48*	1.39*	1.51*	1.64*	2.58*	2.8*	1.61*	2.22*	85.5*
1984—1990	葵花粕,部分去壳,浸提 Sunflower meal partially detrulled(solvent)	5-25-634	0.64	0.55	1.42	0.35	1.48	1.39	1.51	1.64	2.58	2.8	1.61	2.22	85.5
1991—1993	葵花粕,部分去壳,浸提 Sunflower meal partially detrulled,solvent	5-25-634	0.64	0.55	1.42	0.35	1.48	1.39	1.51	1.64	2.58	2.8	1.61	2.22	86
1994—1998	葵花粕,部分去壳,浸提 Sunflower meal partially detrulled,solvent	5-25-634	0.64(93)	0.55(78)	1.42(84)	0.35	1.48(85)	1.39(90)	1.51(87)	1.64(86)	2.58(91)	2.8(83)	1.61(93)		
1999—2016	葵花粕,部分去壳,浸提 Sunflower meal partially detrulled,solvent		0.64(93)	0.55(78)	1.42(84)	0.35	1.48(85)	1.39(90)	1.51(87)	1.64(86)	2.58(91)	2.8(83)	1.61(93)		

注:* 1980—2005年为Cystine(胱氨酸),2006—2016年为Cysteine(半胱氨酸)。括号内数字为利用率,其中2009—2010年注释为可利用氨基酸换算系数(amino acid availability coefficients),为鸡(chickens)测定值;2011—2016年注释为真可利用氨基酸换算系数(true amino acid availability coefficients),为去盲肠公鸡(caecectomized roosters)测定值。

3. 维生素含量

表 2-5-7 维生素含量

年份	原料名称	国际饲料编号 IFN	胡萝卜素 Carotene (mg/kg)*	维生素 A IU/g*	维生素 E (mg/kg)**	维生素 B_1 Thiamin (mg/kg)	维生素 B_2 Riboflavin (mg/kg)	泛酸 Pantothenic acid (mg/kg)	生物素 Biotin (μg/kg)	叶酸 Folic acid (μg/kg)	胆碱 Choline (mg/kg)	维生素 B_{12} (μg/kg)	烟酸 Niacin (mg/kg)
1980—1982	血粉，动物 Blood meal, animal	5-00-380		—	—	0.44	1.5	1.1	80	80	990	—	31.0
1983	血粉，动物 Blood meal, animal	5-00-380	—*	—	—	0.44	1.5	1.1	80	80	990	—	31.0
1984—1998	血粉，动物 Blood meal, animal	5-00-380	—	—	—	0.44	1.5	1.1	80	80	990	—	31.0
1999—2005	血粉，动物 Blood meal, animal		—	—	—	0.44	1.5	1.1	80	80	990	—	31.0
2006—2016	血粉，动物 Blood meal, animal		—	—	—	0.44	1.50	1.1	80	80	990	—	31.0
1980—1982	肉粉下脚料 Tankage, meat meal	5-00-386		—	—	0.22	2.4	2.4	—	1500	2169	132	39.2
1983	肉粉下脚料 Tankage, meat meal	5-00-386	—*	—	—	0.22	2.4	2.4	—	1500	2169	132	39.2
1984—1998	肉粉下脚料 Tankage, meat meal	5-00-386	—	—	—	0.22	2.4	2.4	—	1500	2169	132	39.2
1999	肉粉下脚料 Tankage, meat meal		—	—	—	0.22	2.4	2.4	—	1500	2169	132	39.2
1980—1982	干大麦芽 Malt sprouts, barley dried	5-00-545		—	4.2	0.7	1.5	8.6	n/a	200	1584	—	43.3
1983	干大麦芽 Malt sprouts, barley dried	5-00-545	—*	—	4.2	0.7	1.5	8.6	n/a	200	1584	—	43.3

续表2-5-7

年份	原料名称	国际饲料编号 IFN	胡萝卜素 Carotene (mg/kg)*	维生素 A IU/g*	维生素 E (mg/kg)**	维生素 B_1 Thiamin (mg/kg)	维生素 B_2 Riboflavin (mg/kg)	泛酸 Pantothenic acid (mg/kg)	生物素 Biotin (μg/kg)	叶酸 Folic acid (μg/kg)	胆碱 Choline (mg/kg)	维生素 B_{12} (μg/kg)	烟酸 Niacin (mg/kg)
1984—1998	干大麦芽 Malt sprouts, barley dried	5-00-545	—	—	4.2	0.7	1.5	8.6	n/a	200	1584	—	43.3
1999—2005	干大麦芽 Malt sprouts, barley dried		—	—	4.2	0.7	1.5	8.6	n/a	200	1584	—	43.3
2006—2016	干大麦芽 Malt sprouts, barley dried		—	—	4.2	0.70	1.50	8.6	n/a	200	1584	—	43.3
1980—1982	干脱脂乳 Buttermilk, dried	5-01-160		—	—	3.7	31.0	29.7	290	400	1808	20	8.6
1983	干脱脂乳 Buttermilk, dried	5-01-160	—*	—	—	3.7	31.0	29.7	290	400	1808	20	8.6
1984—1998	干脱脂乳 Buttermilk, dried	5-01-160	—	—	—	3.7	31.0	29.7	290	400	1808	20	8.6
1999—2005	干脱脂乳 Buttermilk, dried		—	—	—	3.7	31.0	29.7	290	400	1808	20	8.6
2006—2016	干脱脂乳 Buttermilk, dried		—	—	—	3.70	31.00	29.7	290	400	1808	20.00	8.6
1980—1982	干酪蛋白 Casein, dried	5-01-162		—	—	0.4	1.5	2.6	40	400	209	—	1.3
1983	干酪蛋白 Casein, dried	5-01-162	—*	—	—	0.4	1.5	2.6	40	400	209	—	1.3
1984—1998	干酪蛋白 Casein, dried	5-01-162	—	—	—	0.4	1.5	2.6	40	400	209	—	1.3
1999—2005	干酪蛋白 Casein, dried		—	—	—	0.4	1.5	2.6	40	400	209	—	1.3
2006—2016	干酪蛋白 Casein, dried		—	—	—	0.40	1.50	2.6	40	400	209	—	1.3

续表2-5-7

年份	原料名称	国际饲料编号 IFN	胡萝卜素 Carotene (mg/kg)*	维生素A IU/g*	维生素E (mg/kg)**	维生素 B_1 Thiamin (mg/kg)	维生素 B_2 Riboflavin (mg/kg)	泛酸 Pantothenic acid (mg/kg)	生物素 Biotin (μg/kg)	叶酸 Folic acid (μg/kg)	胆碱 Choline (mg/kg)	维生素 B_{12} (μg/kg)	烟酸 Niacin (mg/kg)
1981—1982	饲料级干全脂奶粉 Milk, whole, dried, feed grade	5-01-167		11.1	n/a	n/a	17.2	23.3	380	n/a	n/a	n/a	7.7
1983	饲料级干全脂奶粉 Milk, whole, dried, feed grade	5-01-167	6*	11.1	n/a	n/a	17.2	23.3	380	n/a	n/a	n/a	7.7
1984—1998	饲料级干全脂奶粉 Milk, whole, dried, feed grade	5-01-167	6	11.1	n/a	n/a	17.2	23.3	380	n/a	n/a	n/a	7.7
1999—2005	饲料级干全脂奶粉 Milk, whole, dried, feed grade		6	11.1	n/a	n/a	17.2	23.3	380	n/a	n/a	n/a	7.7
2006—2016	饲料级干全脂奶粉 Milk, whole, dried, feed grade		6	11.1	n/a	n/a	17.20	23.3	380	n/a	n/a	n/a	7.7
1980—1982	干脱脂奶粉 Skim milk, dried	5-01-175		—	—	3.3	22.0	35.2	330	620	1250	10	12.5
1983	干脱脂奶粉 Skim milk, dried	5-01-175	—*	—	—	3.3	22.0	35.2	330	620	1250	10	12.5
1984—1998	干脱脂奶粉 Skim milk, dried	5-01-175	—	—	—	3.3	22.0	35.2	330	620	1250	10	12.5
1999—2005	干脱脂奶粉 Skim milk, dried		—	—	—	3.3	22.0	35.2	330	620	1250	10	12.5
2006—2016	干脱脂奶粉 Skim milk, dried		—	—	—	3.30	22.00	35.2	330	620	1250	10.00	12.5
1980—1982	椰子粕,浸提 Coconut oil meal, solvent	5-01-573		—	—	0.66	3.3	6.1	n/a	n/a	1100	—	28.6
1983	椰子粕,浸提 Coconut oil meal, solvent	5-01-573	—*	—	—	0.66	3.3	6.1	n/a	n/a	1100	—	28.6

续表2-5-7

年份	原料名称	国际饲料编号 IFN	胡萝卜素 Carotene (mg/kg)*	维生素 A IU/g*	维生素 E (mg/kg)**	维生素 B_1 Thiamin (mg/kg)	维生素 B_2 Riboflavin (mg/kg)	泛酸 Pantothenic acid (mg/kg)	生物素 Biotin (μg/kg)	叶酸 Folic acid (μg/kg)	胆碱 Choline (mg/kg)	维生素 B_{12} (μg/kg)	烟酸 Niacin (mg/kg)
1984—1998	椰子粕,压榨 Coconut meal, mech	5-01-572	—	—	—	0.66	3.3	6.1	n/a	n/a	1100	—	28.6
1999—2016	椰子粕,压榨 Coconut meal, mech		—	—	—	0.66	3.3	6.1	n/a	n/a	1100	—	28.6
1980—1982	棉粕,CP 41%,压榨 Cottonseed meal,41%,mech. extd.	5-01-617		—	15.0	9.7	4.2	7.7	528	2728	2807	—	37.8
1983	棉粕,CP 41%,压榨 Cottonseed meal,41%,mech. extd.	5-01-617	—*	—	15.0	9.7	4.2	7.7	528	2728	2807	—	37.8
1984—1998	棉粕,CP 41%,压榨 Cottonseed meal,41%,mech. extd.	5-01-617	—	—	15.0	9.7	4.2	7.7	528	2728	2807	—	37.8
1999—2005	棉粕,CP 41%,压榨 Cottonseed meal,41%,mech. extd.		—	—	15	9.7	4.2	7.7	528	2728	2807	—	37.8
2006—2016	棉粕,CP 41%,压榨 Cottonseed meal,41%,mech. extd.		—	—	15.0	9.70	4.20	7.7	528	2728	2807	—	37.8
1980—1982	棉粕,CP 41%,直接浸提 Cottonseed meal,41%, direct solvent	5-01-621		—	15.0	7.7	4.4	9.9	550	2794	2706	—	39.2
1983	棉粕,CP 41%,直接浸提 Cottonseed meal,41%, direct solvent	5-01-621	—*	—	15.0	7.7	4.4	9.9	550	2794	2706	—	39.2
1984—1990	棉粕,CP 41%,直接浸提 Cottonseed meal,41%, direct solvent	5-01-621	—	—	15.0	7.7	4.4	9.9	550	2794	2706	—	39.2

续表2-5-7

年份	原料名称	国际饲料编号 IFN	胡萝卜素 Carotene (mg/kg)*	维生素 A IU/g*	维生素 E (mg/kg)**	维生素 B_1 Thiamin (mg/kg)	维生素 B_2 Riboflavin (mg/kg)	泛酸 Pantothenic acid (mg/kg)	生物素 Biotin (μg/kg)	叶酸 Folic acid (μg/kg)	胆碱 Choline (mg/kg)	维生素 B_{12} (μg/kg)	烟酸 Niacin (mg/kg)
1991—1998	棉粕，CP 41%，直接浸提 Cottonseed meal，41%，direct solvent	5-01-621	—	—	15	7.7	4.4	9.9	550	2794	2706	—	39.2
1999—2005	棉粕，CP 41%，直接浸提 Cottonseed meal，41%，direct solvent		—	—	15	7.7	4.4	9.9	550	2794	2706	—	39.2
2006—2016	棉粕，CP 41%，直接浸提 Cottonseed meal，41%，direct solvent		—	—	15.0	7.70	4.40	9.9	550	2794	2706	—	39.2
1980—1982	蟹粉 Crab meal	5-01-663		—	—	—	7.5	6.6	n/a	n/a	2024	448	44.0
1983	蟹粉 Crab meal	5-01-663	—*	—	—	—	7.5	6.6	n/a	n/a	2024	448	44.0
1984—1998	蟹粉 Crab meal	5-01-663	—	—	—	—	7.5	6.6	n/a	n/a	2024	448	44.0
1999—2005	蟹粉 Crab meal		—	—	—	—	7.5	6.6	n/a	n/a	2024	448	44.0
2006—2016	蟹粉 Crab meal		—	—	—	—	7.50	6.6	n/a	n/a	2024	448.00	44.0
1980—1982	鱼汁，50%固体 Fish solubles，50% solids	5-01-969		2.2	—	5.5	14.5	35.4	200	n/a	4028	350	168.7
1983	鱼汁，50%固体 Fish solubles，50% solids	5-01-969	—*	2.2	—	5.5	14.5	35.4	200	n/a	4028	350	168.7
1980—1982	浓缩鱼汁 Fish solubles，condensed	5-01-971		—	—	6.8	16.5	48.4	490	726	3960	308	209

续表2-5-7

年份	原料名称	国际饲料编号 IFN	胡萝卜素 Carotene (mg/kg)*	维生素 A IU/g*	维生素 E (mg/kg)**	维生素 B_1 Thiamin (mg/kg)	维生素 B_2 Riboflavin (mg/kg)	泛酸 Pantothenic acid (mg/kg)	生物素 Biotin (μg/kg)	叶酸 Folic acid (μg/kg)	胆碱 Choline (mg/kg)	维生素 B_{12} (μg/kg)	烟酸 Niacin (mg/kg)
1983—1998	浓缩鱼汁 Fish solubles, condensed	5-01-971	—*	—	—	6.8	16.5	48.4	490	726	3960	308	209
1999—2005	浓缩鱼汁 Fish solubles, condensed		—	2.2	—	5.5	14.5	35.4	200	n/a	4028	350	169
2006—2016	浓缩鱼汁 Fish solubles, condensed		—	2.2	—	5.50	14.50	35.4	200	n/a	4028	350.00	169.0
1984—1998	鱼汁,脱水/脱水鱼溶粉 Fish solubles, dehy	5-01-971	—	—	—	6.8	16.5	48.4	490	726	3960	308	209
1999—2005	鱼汁,脱水/脱水鱼溶粉 Fish solubles, dehy		—	—	—	6.8	16.5	48.4	490	726	3960	308	209
2006—2016	鱼汁,脱水/脱水鱼溶粉 Fish solubles, dehy		—	—	—	6.80	16.50	48.4	490	726	3960	308.00	209.0
1981—1982	鱼粉, Fish meal, AAFCO	5-01-977		n/a	18.5	1.3	6.5	8.7	n/a	n/a	3510	250	60.8
1983	鱼粉, Fish meal, AAFCO	5-01-977	—*	—*	18.5	1.3	6.5	8.7	n/a	n/a	3510	250	60.8
1984—1998	鱼粉, Fish meal, AAFCO	5-01-977	—	—	18.5	1.3	6.5	8.7	n/a	n/a	3510	250	60.8
1999—2005	鱼粉, Fish meal, AAFCO		—	—	18.5	1.3	6.5	8.7	n/a	n/a	3510	250	60.8
2006—2016	鱼粉, Fish meal, AAFCO		—	—	18.5	1.30	6.50	8.7	n/a	n/a	3510	250.00	60.8
1980—1982	鱼粉,秘鲁鳀鱼 Fish meal, anchovie, Peruvian	5-13-459		—	5.6	0.1	7.5	20.3	200	220	5 100	600	135.3
1983	鱼粉,秘鲁鳀鱼 Fish meal, anchovie, Peruvian	5-13-459	—*	—	5.6	0.1	7.5	20.3	200	220	5 100	600	135.3

续表2-5-7

年份	原料名称	国际饲料编号 IFN	胡萝卜素 Carotene (mg/kg)*	维生素 A IU/g*	维生素 E (mg/kg)**	维生素 B_1 Thiamin (mg/kg)	维生素 B_2 Riboflavin (mg/kg)	泛酸 Pantothenic acid (mg/kg)	生物素 Biotin (μg/kg)	叶酸 Folic acid (μg/kg)	胆碱 Choline (mg/kg)	维生素 B_{12} (μg/kg)	烟酸 Niacin (mg/kg)
1984—1998	鱼粉，秘鲁鳀鱼 Fish meal, anchovie, Peruvian	5-01-985	—	—	5.6	0.1	7.5	20.3	200	220	5 100	600	135.3
1999—2005	鱼粉，秘鲁鳀鱼 Fish meal, anchovie, Peruvian		—	—	5.6	0.1	7.5	20.3	200	220	5 100	600	135
2006—2016	鱼粉，秘鲁鳀鱼 Fish meal, anchovie, Peruvian		—	—	5.6	0.10	7.50	20.3	200	220	5 100	600.00	135.0
1981—1982	湿酒糟 Distillers dried grains w/ solubles	5-01-987		n/a	n/a	4.0	9.6	12.3	400	n/a	4005	n/a	81.3
1983	湿酒糟 Distillers dried grains w/ solubles	5-01-987	—*	—*	n/a	4.0	9.6	12.3	400	n/a	4005	n/a	81.3
1980—1982	鱼粉，大西洋鲱鱼 Fish meal, herring, Atlantic	5-02-000		—	16.8	0.1	8.7	21.7	200	520	5 240	588	141.6
1983	鱼粉，大西洋鲱鱼 Fish meal, herring, Atlantic	5-02-000	—*	—	16.8	0.1	8.7	21.7	200	520	5 240	588	141.6
1984—1998	鱼粉，大西洋鲱鱼 Fish meal, herring, Atlantic	5-02-000	—	—	16.8	0.1	8.7	21.7	200	520	5 240	588	141.6
1999—2005	鱼粉，大西洋鲱鱼 Fish meal, herring, Atlantic		—	—	16.8	0.1	8.7	21.7	200	520	5 240	588	141.6
2006—2016	鱼粉，大西洋鲱鱼 Fish meal, herring, Atlantic		—	—	16.8	0.10	8.70	21.7	200	520	5 240	588.00	141.6
1980—1982	鱼粉，鲱鱼 Fish meal, menhaden	5-02-009		—	5.7	0.2	4.8	8.8	150	1000	3080	150	55.0
1983	鱼粉，鲱鱼 Fish meal, menhaden	5-02-009	—*	—	5.7	0.2	4.8	8.8	150	1000	3080	150	55.0

续表2-5-7

年份	原料名称	国际饲料编号 IFN	胡萝卜素 Carotene (mg/kg)*	维生素A IU/g*	维生素E (mg/kg)**	维生素 B_1 Thiamin (mg/kg)	维生素 B_2 Riboflavin (mg/kg)	泛酸 Pantothenic acid (mg/kg)	生物素 Biotin (μg/kg)	叶酸 Folic acid (μg/kg)	胆碱 Choline (mg/kg)	维生素 B_{12} (μg/kg)	烟酸 Niacin (mg/kg)
1984—1998	鱼粉，鲱鱼 Fish meal, menhaden	5-02-009	—	—	5.7	0.2	4.8	8.8	150	1000	3080	150	55.0
1999—2005	鱼粉，鲱鱼 Fish meal, menhaden		—	—	5.7	0.2	4.8	8.8	150	1000	3080	150	55.0
2006—2016	鱼粉，鲱鱼 Fish meal, menhaden		—	—	5.7	0.20	4.80	8.8	150	1000	3080	150.00	55.0
1980—1982	鱼粉，沙丁鱼 Fish meal, sardine	5-02-015		—	5.6	0.08	4.4	14.3	100	n/a	3880	300	100
1983	鱼粉，沙丁鱼 Fish meal, sardine	5-02-015	—*	—	5.6	0.08	4.4	14.3	100	n/a	3880	300	100
1984—1998	鱼粉，沙丁鱼 Fish meal, sardine	5-02-015	—	—	5.6	0.08	4.4	14.3	100	n/a	3880	300	100
1999—2005	鱼粉，沙丁鱼 Fish meal, sardine		—	—	5.6	0.08	4.4	14.3	100	n/a	3880	300	100
2006—2016	鱼粉，沙丁鱼 Fish meal, sardine		—	—	5.6	0.08	4.40	14.3	100	n/a	3880	300.00	100.0
1980—1982	鱼粉，金枪鱼 Fish meal, tuna	5-02-023		—	5.6	n/a	8.8	8.8	n/a	n/a	3050	143	65
1983	鱼粉，金枪鱼 Fish meal, tuna	5-02-023	—*	—	5.6	n/a	8.8	8.8	n/a	n/a	3050	143	65
1984—1998	鱼粉，金枪鱼 Fish meal, tuna	5-02-023	—	—	5.6	n/a	8.8	8.8	n/a	n/a	3050	143	65
1999—2005	鱼粉，金枪鱼 Fish meal, tuna		—	—	5.6	n/a	8.8	8.8	n/a	n/a	3050	143	65

续表2-5-7

年份	原料名称	国际饲料编号 IFN	胡萝卜素 Carotene (mg/kg)*	维生素 A IU/g*	维生素 E (mg/kg)**	维生素 B_1 Thiamin (mg/kg)	维生素 B_2 Riboflavin (mg/kg)	泛酸 Pantothenic acid (mg/kg)	生物素 Biotin (μg/kg)	叶酸 Folic acid (μg/kg)	胆碱 Choline (mg/kg)	维生素 B_{12} (μg/kg)	烟酸 Niacin (mg/kg)
2006—2016	鱼粉，金枪鱼 Fish meal, tuna		—	—	5.6	n/a	8.80	8.8	n/a	n/a	3050	143.00	65.0
1980—1982	鱼粉，白鱼 Fish meal, white	5-02-025		—	5.6	1.51	4.6	4.7	n/a	n/a	4050	71	38
1983	鱼粉，白鱼 Fish meal, white	5-02-025	—*	—	5.6	1.51	4.6	4.7	n/a	n/a	4050	71	38
1984—1998	鱼粉，白鱼 Fish meal, white	5-02-025	—	—	5.6	1.51	4.6	4.7	n/a	n/a	4050	71	38
1999—2005	鱼粉，白鱼 Fish meal, white		—	—	5.6	1.51	4.6	4.7	n/a	n/a	4050	71	38
2006—2016	鱼粉，白鱼 Fish meal, white		—	—	5.6	1.51	4.60	4.7	n/a	n/a	4050	71.00	38.0
1980—1982	亚麻粕(压榨) Linseed meal flax(expeller)	5-02-045		0.3	7.7	2.6	4.1	16.5	n/a	2900	1672	—	37.4
1983	亚麻粕(压榨) Linseed meal flax(expeller)	5-02-045	—*	0.3	7.7	2.6	4.1	16.5	n/a	2900	1672	—	37.4
1984—1998	亚麻粕(压榨) Linseed meal flax(expeller)	5-02-045	—	0.3	7.7	2.6	4.1	16.5	n/a	2900	1672	—	37.4
1999—2005	亚麻粕(压榨) Linseed meal flax(expeller)		—	0.3	7.7	2.6	4.1	16.5	n/a	2900	1672	—	37.4
2006—2016	亚麻粕(压榨) Linseed meal flax(expeller)		—	0.3	7.7	2.60	4.10	16.5	n/a	2900	1672	—	37.4
1980—1982	亚麻粕(浸提) Linseed meal flax(solvent)	5-02-048		—	5.8	6.6	4.1	16.5	n/a	1300	1760	—	32.8
1983	亚麻粕(浸提) Linseed meal flax(solvent)	5-02-048	—*	—	5.8	6.6	4.1	16.5	n/a	1300	1760	—	32.8

续表2-5-7

年份	原料名称	国际饲料编号 IFN	胡萝卜素 Carotene (mg/kg)*	维生素 A IU/g*	维生素 E (mg/kg)**	维生素 B_1 Thiamin (mg/kg)	维生素 B_2 Riboflavin (mg/kg)	泛酸 Pantothenic acid (mg/kg)	生物素 Biotin (μg/kg)	叶酸 Folic acid (μg/kg)	胆碱 Choline (mg/kg)	维生素 B_{12} (μg/kg)	烟酸 Niacin (mg/kg)
1984—1998	亚麻粕(浸提)Linseed meal flax(solvent)	5-02-048	—	—	5.8	6.6	4.1	16.5	n/a	1300	1760	—	32.8
1999—2005	亚麻粕(浸提)Linseed meal flax(solvent)		—	—	5.8	6.6	4.1	16.5	n/a	1300	1760	—	32.8
2006—2016	亚麻粕(浸提)Linseed meal flax(solvent)		—	—	5.8	6.60	4.10	16.5	n/a	1300	1760	—	32.8
1980—1982	干啤酒糟 Brewers dried grains	5-02-141		—	65.1	0.7	1.5	8.6	80	220	2110	3.7	46.43
1983	干啤酒糟 Brewers dried grains	5-02-141	—*	—	65.1	0.7	1.5	8.6	80	220	2110	3.7	46.43
1984—1998	干啤酒糟 Brewers dried grains	5-02-141	—	—	65.1	0.7	1.5	8.6	80	220	2110	3.7	46.43
1999—2005	干啤酒糟 Brewers dried grains		—	—	65.1	0.7	1.5	8.6	80	220	2110	4	46.43
2006—2016	干啤酒糟 Brewers dried grains		—	—	65.1	0.70	1.50	8.6	80	220	2110	4.00	46.4
1981—1982	玉米胚芽粕，干磨 Corn germ meal,dry milled	5-02-868		n/a	87	n/a	3.7	3.3	n/a	n/a	1936	n/a	42
1983	玉米胚芽粕，干磨 Corn germ meal,dry milled	5-02-868	2*	n/a	87	n/a	3.7	3.3	n/a	n/a	1936	n/a	42
1984—1998	玉米胚芽粕，干磨 Corn germ meal,dry milled	5-02-868	2	n/a	87	n/a	3.7	3.3	n/a	n/a	1936	n/a	42
1999—2005	玉米胚芽粕，干磨 Corn germ meal,dry milled		2	n/a	87	n/a	3.7	3.3	n/a	n/a	1936	n/a	42.0

续表2-5-7

年份	原料名称	国际饲料编号 IFN	胡萝卜素 Carotene (mg/kg)*	维生素 A IU/g*	维生素 E (mg/kg)**	维生素 B_1 Thiamin (mg/kg)	维生素 B_2 Riboflavin (mg/kg)	泛酸 Pantothenic acid (mg/kg)	生物素 Biotin (μg/kg)	叶酸 Folic acid (μg/kg)	胆碱 Choline (mg/kg)	维生素 B_{12} (μg/kg)	烟酸 Niacin (mg/kg)
2006—2016	玉米胚芽粕，干磨 Corn germ meal, dry milled		2	n/a	87.0	n/a	3.70	3.3	n/a	n/a	1936	n/a	42.0
1980—1982	玉米胚芽粕，湿磨 Corn germ meal, wet milled	5-02-898		—	80.8	6.0	3.7	6.7	220	200	2000	—	41.8
1983	玉米胚芽粕，湿磨 Corn germ meal, wet milled	5-02-898	2*	—	80.8	6.0	3.7	6.7	220	200	2000	—	41.8
1984—1998	玉米胚芽粕，湿磨 Corn germ meal, wet milled	5-25-552	2	—	80.8	6.0	3.7	6.7	220	200	2000	—	41.8
1999—2005	玉米胚芽粕，湿磨 Corn germ meal, wet milled		2	—	80.8	6.0	4	6.7	220	200	2000	—	41.8
2006—2016	玉米胚芽粕，湿磨 Corn germ meal, wet milled		2	—	80.8	6.00	4.00	6.7	220	200	2000	—	41.8
1980—1982	玉米蛋白饲料 Corn gluten feed	5-02-903		4.4	14.8	2.0	2.4	17.8	220	200	2420	—	75.0
1983	玉米蛋白饲料 Corn gluten feed	5-02-903	8.4*	13.1*	14.8	2.0	2.4	17.8	220	200	2420	—	75.0
1984—1998	玉米蛋白饲料 Corn gluten feed	5-02-903	8.4	13.1	14.8	2.0	2.4	17.8	220	200	2420	—	75.0
1999—2005	玉米蛋白饲料 Corn gluten feed		8	13.1	14.8	2.0	2.4	17.8	220	200	2420	—	75.0
2006—2016	玉米蛋白饲料 Corn gluten feed		8	13.1	14.8	2.00	2.40	17.8	220	200	2420	—	75.0
1981—1982	花生粕，浸提 Peanut meal, solvent	5-03-650		n/a	3.0	n/a	11.0	n/a	n/a	n/a	n/a	n/a	n/a

续表2-5-7

年份	原料名称	国际饲料编号 IFN	胡萝卜素 Carotene (mg/kg)*	维生素 A IU/g*	维生素 E (mg/kg)**	维生素 B_1 Thiamin (mg/kg)	维生素 B_2 Riboflavin (mg/kg)	泛酸 Pantothenic acid (mg/kg)	生物素 Biotin (μg/kg)	叶酸 Folic acid (μg/kg)	胆碱 Choline (mg/kg)	维生素 B_{12} (μg/kg)	烟酸 Niacin (mg/kg)
1983	花生粕,浸提 Peanut meal, solvent	5-03-650	—*	n/a	3.0	n/a	11.0	n/a	n/a	n/a	n/a	n/a	n/a
1980—1982	带壳花生粕,压榨 Peanut meal and hulls, mech. extd.	5-03-655		0.3	2.9	7.3	5.6	52.0	390	n/a	1540	—	170.0
1983	带壳花生粕,压榨 Peanut meal and hulls, mech. extd.	5-03-655	—*	0.3	2.9	7.3	5.6	52.0	390	n/a	1540	—	170.0
1984—1998	带壳花生粕,压榨 Peanut meal and hulls, mech. extd.	5-03-655	—	0.3	2.9	7.3	5.6	52.0	390	n/a	1540	—	170.0
1999—2005	带壳花生粕,压榨 Peanut meal and hulls, mech. extd.		—	0.3	2.9	7.3	5.6	52.0	390	n/a	1540	—	170
2006—2016	带壳花生粕,压榨 Peanut meal and hulls, mech. extd.		—	0.3	2.9	7.30	5.60	52.0	390	n/a	1540	—	170.0
1980—1982	带壳花生粕,浸提 Peanut meal and hulls, solvent(编号原文有重复)	5-03-656		—	2.0	7.1	5.6	52.0	390	n/a	1600	—	170.0
1983	带壳花生粕,浸提 Peanut meal and hulls, solvent(编号原文有重复)	5-03-656	—*	—	2.0	7.1	5.6	52.0	390	n/a	1600	—	170.0
1984—1990	带壳花生粕,浸提 Peanut meal and hulls, solvent(编号原文有重复)	5-03-656	—	—	2.0	7.1	5.6	52.0	390	n/a	1600	—	170.0
1991—1993	带壳花生粕,浸提 Peanut meal and hulls, solvent(编号原文有重复)	5-03-656	—	—	2	7.1	5.6	52.0	390	n/a	1600	—	170

·

续表2-5-7

年份	原料名称	国际饲料编号 IFN	胡萝卜素 Carotene (mg/kg)*	维生素 A IU/g*	维生素 E (mg/kg)**	维生素 B_1 Thiamin (mg/kg)	维生素 B_2 Riboflavin (mg/kg)	泛酸 Pantothenic acid (mg/kg)	生物素 Biotin (μg/kg)	叶酸 Folic acid (μg/kg)	胆碱 Choline (mg/kg)	维生素 B_{12} (μg/kg)	烟酸 Niacin (mg/kg)
1984—1998	花生粕，浸提 Peanut meal, solvent	5-03-656	—	n/a	3.0	5.7*	9.0*	46.6*	330*	650*	1948*	n/a	173*
1999—2005	花生粕，浸提 Peanut meal, solvent		—	n/a	3	5.7	9.0	46.6	330	650	1948	n/a	173.0
2006—2016	花生粕，浸提 Peanut meal, solvent		—	n/a	3.0	5.70	9.00	46.6	330	650	1948	n/a	173.0
1980—1982	羽毛粉，禽 Feather meal, poultry	5-03-795		—	—	—	2.0	11.0	44	220	880	70	30.8
1983	羽毛粉，禽 Feather meal, poultry	5-03-795	—*	—	—	—	2.0	11.0	44	220	880	70	30.8
1984—1998	羽毛粉，禽 Feather meal, poultry	5-03-795	—	—	—	—	2.0	11.0	44	220	880	70	30.8
1999—2005	家禽副产品粉 Poultry by-product meal		—	—	—	—	2.0	11.0	44	220	880	70	30.8
2006—2016	家禽副产品粉 Poultry by-product meal		—	—	—	—	2.00	11.0	44	220	880	70.00	30.8
1980—1982	家禽副产品粉 Poultry by-product meal	5-03-798		—	2.2	n/a	10.0	8.8	n/a	n/a	5980	310	39.6
1983	家禽副产品粉 Poultry by-product meal	5-03-798	—*	—	2.2	n/a	10.0	8.8	n/a	n/a	5980	310	39.6
1984—1998	家禽副产品粉 Poultry by-product meal	5-03-798	—	—	2.2	n/a	10.0	8.8	n/a	n/a	5980	310	39.6
1999—2000	家禽副产品粉 Poultry by-product meal		—	—	2.2	n/a	10.0	8.8	n/a	n/a	5980	310	39.6

续表2-5-7

年份	原料名称	国际饲料编号 IFN	胡萝卜素 Carotene (mg/kg)*	维生素 A IU/g*	维生素 E (mg/kg)**	维生素 B_1 Thiamin (mg/kg)	维生素 B_2 Riboflavin (mg/kg)	泛酸 Pantothenic acid (mg/kg)	生物素 Biotin (μg/kg)	叶酸 Folic acid (μg/kg)	胆碱 Choline (mg/kg)	维生素 B_{12} (μg/kg)	烟酸 Niacin (mg/kg)
2001—2005	家禽副产品粉(饲料级) Poultry by-product meal (feed grade)		—	—	2.2	n/a	10.0	8.8	n/a	n/a	5980	310	39.6
2006—2016	家禽副产品粉(饲料级) Poultry by-product meal (feed grade)		—	—	2.2	n/a	10.00	8.8	n/a	n/a	5980	310.00	39.6
1980—1982	菜籽粕(菜粕),压榨 Rapeseed oil meal,expeller	5-03-870		—	—	1.7	3.6	8.6	—	—	6300	—	150.0
1983	菜籽粕(菜粕),压榨 Rapeseed oil meal,expeller	5-03-870	—*	—	—	1.7	3.6	8.6	—	—	6300	—	150.0
1984—1989	菜籽粕(菜粕),压榨 Rapeseed oil meal,expeller	5-03-870	—	—	—	1.7	3.6	8.6	—	—	6300	—	150.0
1980—1982	菜籽粕(菜粕),浸提 Rapeseed oil meal,solvent	5-03-871		—	—	1.8	3.7	9.2	—	—	6700	—	159.5
1983	菜籽粕(菜粕),浸提 Rapeseed oil meal,solvent	5-03-871	—*	—	—	1.8	3.7	9.2	—	—	6700	—	159.5
1984—1998	菜籽粕(菜粕),浸提 Rapeseed oil meal,solvent	5-03-871	—	—	—	1.8	3.7	9.2	—	—	6700	—	159.5
1999—2005	菜籽粕(菜粕),浸提 Rapeseed oil meal,solvent		—	—	—	1.8	3.7	9.2	—	—	6700	—	159.5
2006—2016	菜籽粕(菜粕),浸提 Rapeseed oil meal,solvent		—	—	—	1.80	3.70	9.2	—	—	6700	—	159.5
1980—1982	红花籽粕,压榨 Safflower seed meal,expeller	5-04-109		—	0.9	n/a	18.0	4.0	1400	440	800	—	86.0

续表2-5-7

年份	原料名称	国际饲料编号 IFN	胡萝卜素 Carotene (mg/kg)*	维生素 A IU/g*	维生素 E (mg/kg)**	维生素 B_1 Thiamin (mg/kg)	维生素 B_2 Riboflavin (mg/kg)	泛酸 Pantothenic acid (mg/kg)	生物素 Biotin (μg/kg)	叶酸 Folic acid (μg/kg)	胆碱 Choline (mg/kg)	维生素 B_{12} (μg/kg)	烟酸 Niacin (mg/kg)
1983	红花籽粕，压榨 Safflower seed meal，expeller	5-04-109	—*	—	0.9	n/a	18.0	4.0	1400	440	800	—	86.0
1984—1998	红花籽粕，压榨 Safflower seed meal，expeller	5-04-109	—	—	0.9	n/a	18.0	4.0	1400	440	800	—	86.0
1999—2005	红花籽粕，压榨 Safflower seed meal，expeller		—	—	0.9	n/a	18.0	4.0	1400	440	800	—	86.0
2006—2016	红花籽粕，压榨 Safflower seed meal，expeller		—	—	0.9	n/a	18.00	4.0	1400	440	800	—	86.0
1980—1982	红花籽粕，浸提 Safflower seed meal，solvent	5-04-110		—	0.8	n/a	18.0	4.0	1400	440	800	—	85.8
1983	红花籽粕，浸提 Safflower seed meal，solvent	5-04-110	—*	—	0.8	n/a	18.0	4.0	1400	440	800	—	85.8
1984—1998	红花籽粕，浸提 Safflower seed meal，solvent	5-04-110	—	—	0.8	n/a	18.0	4.0	1400	440	800	—	85.8
1999—2005	红花籽粕，浸提 Safflower seed meal，solvent		—	—	0.8	n/a	18.0	4.0	1400	440	800	—	85.8
2006—2016	红花籽粕，浸提 Safflower seed meal，solvent		—	—	0.8	n/a	18.00	4.0	1400	440	800	—	85.8
1980—1982	芝麻粕，压榨 Sesame meal，expeller	5-04-220		—	—	2.8	3.3	5.9	—	—	1690	—	29.9
1983	芝麻粕，压榨 Sesame meal，expeller	5-04-220	—*	—	—	2.8	3.3	5.9	—	—	1690	—	29.9
1984—1998	芝麻粕，压榨 Sesame meal，expeller	5-04-220	—	—	—	2.8	3.3	5.9	—	—	1690	—	29.9

续表2-5-7

年份	原料名称	国际饲料编号 IFN	胡萝卜素 Carotene (mg/kg)*	维生素 A IU/g*	维生素 E (mg/kg)**	维生素 B_1 Thiamin (mg/kg)	维生素 B_2 Riboflavin (mg/kg)	泛酸 Pantothenic acid (mg/kg)	生物素 Biotin (μg/kg)	叶酸 Folic acid (μg/kg)	胆碱 Choline (mg/kg)	维生素 B_{12} (μg/kg)	烟酸 Niacin (mg/kg)
1999—2005	芝麻粕,压榨 Sesame meal, expeller		—	—	—	2.8	3.3	5.9	—	—	1690	—	29.9
2006—2016	芝麻粕,压榨 Sesame meal, expeller		—	—	—	2.80	3.30	5.9	—	—	1690	—	29.9
1980—1982	高粱蛋白粉 Sorghum, gluten meal	4-04-329		—	—	n/a	1.5	9.0	n/a	n/a	660	—	33.0
1983	高粱蛋白粉 Sorghum, gluten meal	4-04-329	—*	—	—	n/a	1.5	9.0	n/a	n/a	660	—	33.0
1984—1998	高粱蛋白粉 Sorghum, gluten meal	5-04-388	—	—	—	n/a	1.5	9.0	n/a	n/a	660	—	33.0
1999—2005	高粱蛋白粉 Sorghum, gluten meal		—	—	—	n/a	1.5	9.0	n/a	n/a	660	—	33.0
2006—2016	高粱蛋白粉 Sorghum, gluten meal		—	—	—	n/a	1.50	9.0	n/a	n/a	660	—	33.0
1980—1982	高粱蛋白饲料 Sorghum, gluten feed	4-08-086		—	—	n/a	2.9	17.6	n/a	n/a	1738	—	52.8
1983	高粱蛋白饲料 Sorghum, gluten feed	4-08-086	—*	—	—	n/a	2.9	17.6	n/a	n/a	1738	—	52.8
1984—1998	高粱蛋白饲料 Sorghum, gluten feed	5-04-389	—	—	—	n/a	2.9	17.6	n/a	n/a	1738	—	52.8
1999—2005	高粱蛋白饲料 Sorghum, gluten feed		—	—	—	n/a	2.9	17.6	n/a	n/a	1738	—	52.8
2006—2016	高粱蛋白饲料 Sorghum, gluten feed		—	—	—	n/a	2.90	17.6	n/a	n/a	1738	—	52.8

续表2-5-7

年份	原料名称	国际饲料编号 IFN	胡萝卜素 Carotene (mg/kg)*	维生素A IU/g*	维生素E (mg/kg)**	维生素B_1 Thiamin (mg/kg)	维生素B_2 Riboflavin (mg/kg)	泛酸 Pantothenic acid (mg/kg)	生物素 Biotin (μg/kg)	叶酸 Folic acid (μg/kg)	胆碱 Choline (mg/kg)	维生素B_{12} (μg/kg)	烟酸 Niacin (mg/kg)
1983	葵花粕，压榨 Sunflower meal,expeller	5-04-738	—*	—	n/a*	—	—	—	—	—	—	—	—
1984—1998	葵花粕，压榨 Sunflower meal,expeller	5-04-738	—	—	n/a	—	—	—	—	—	—	—	—
1999—2016	葵花粕，压榨 Sunflower meal,expeller		—	—	n/a	—	—	—	—	—	—	—	—
1980—1982	葵花粕，浸提 Sunflower meal,solvent	5-04-739		—	11.0	—	3.1	10.0	—	—	2900	—	220.0
1983	葵花粕，浸提 Sunflower meal,solvent	5-04-739	—*	—	11.0	—	3.1	10.0	—	—	2900	—	220.0
1984—1998	葵花粕，浸提 Sunflower meal,solvent	5-04-739	—	—	11.0	—	3.1	10.0	—	—	2900	—	220.0
1999—2005	葵花粕，浸提 Sunflower meal,solvent		—	—	11	—	3.1	10.0	—	—	2900	—	220
2006—2016	葵花粕，浸提 Sunflower meal,solvent		—	—	11.0	—	3.10	10.0	—	—	2900	—	220.0
1980—1982	番茄干浆 Tomato pulp,dried	5-05-041		—	—	11.8	6.2	n/a	n/a	n/a	n/a	n/a	n/a
1983	番茄干浆 Tomato pulp,dried	5-05-041	—*	—	—	11.8	6.2	n/a	n/a	n/a	n/a	n/a	n/a
1984—1998	番茄干浆 Tomato pulp,dried	5-05-041	—	—	—	11.8	6.2	n/a	n/a	n/a	n/a	n/a	n/a
1999—2005	番茄干浆 Tomato pulp,dried		—	—	—	11.8	6.2	n/a	n/a	n/a	n/a	n/a	n/a

续表2-5-7

年份	原料名称	国际饲料编号 IFN	胡萝卜素 Carotene (mg/kg)*	维生素 A IU/g*	维生素 E (mg/kg)**	维生素 B_1 Thiamin (mg/kg)	维生素 B_2 Riboflavin (mg/kg)	泛酸 Pantothenic acid (mg/kg)	生物素 Biotin (μg/kg)	叶酸 Folic acid (μg/kg)	胆碱 Choline (mg/kg)	维生素 B_{12} (μg/kg)	烟酸 Niacin (mg/kg)
2006—2016	番茄干浆 Tomato pulp, dried		—	—	—	11.80	6.20	n/a	n/a	n/a	n/a	n/a	n/a
1980—1982	小麦胚芽粕 Wheat germ meal	5-05-218			133	21.9	6.1	23.2	n/a	2800	3175	—	
1983	小麦胚芽粕 Wheat germ meal	5-05-218	—*		133	21.9	6.1	23.2	n/a	2800	3175	—	
1984—1990	小麦胚芽粕 Wheat germ meal	5-05-218	—		133	21.9	6.1	23.2	n/a	2800	3175	—	
1991—1998	小麦胚芽粕 Wheat germ meal	5-05-218	—	—	133	21.9	6.1	23.2	n/a	2800	3175	—	—
1999—2005	小麦胚芽粕 Wheat germ meal		—	—	133	21.9	6.1	23.2	n/a	2800	3175	—	—
2006—2016	小麦胚芽粕 Wheat germ meal		—	—	133.0	21.90	6.10	23.2	n/a	2800	3175	—	—
1980—1982	棉粕,CP 41%,预压浸提 Cottonseed meal, 41%, pre-press solvent	5-07-872		—	15.0	3.3	4.0	7.0	550	2662	2933	—	40.3
1983	棉粕,CP 41%,预压浸提 Cottonseed meal, 41%, pre-press solvent	5-07-872	—*	—	15.0	3.3	4.0	7.0	550	2662	2933	—	40.3
1984—1998	棉粕,CP 41%,预压浸提 Cottonseed meal, 41%, pre-press solvent	5-07-872	—	—	15.0	3.3	4.0	7.0	550	2662	2933	—	40.3

续表2-5-7

年份	原料名称	国际饲料编号 IFN	胡萝卜素 Carotene (mg/kg)*	维生素 A IU/g*	维生素 E (mg/kg)**	维生素 B_1 Thiamin (mg/kg)	维生素 B_2 Riboflavin (mg/kg)	泛酸 Pantothenic acid (mg/kg)	生物素 Biotin (μg/kg)	叶酸 Folic acid (μg/kg)	胆碱 Choline (mg/kg)	维生素 B_{12} (μg/kg)	烟酸 Niacin (mg/kg)
1999—2005	棉粕，CP 41%，预压浸提 Cottonseed meal, 41%, pre-press solvent		—	—	15	3.3	4.0	7.0	550	2662	2933	—	40.3
2006—2016	棉粕，CP 41%，预压浸提 Cottonseed meal, 41%, pre-press solvent		—	—	15.0	3.30	4.00	7.0	550	2662	2933	—	40.3
1980—1982	红花籽粕，浸提 Safflower seed meal, solvent	5-07-959		—	0.7	4.6	2.3	39.0	1700	1600	3260	—	22.0
1983	红花籽粕，浸提 Safflower seed meal, solvent	5-07-959	—*	—	0.7	4.6	2.3	39.0	1700	1600	3260	—	22.0
1984—1998	红花籽粕，浸提 Safflower seed meal, solvent	5-07-959	—	—	0.7	4.6	2.3	39.0	1700	1600	3260	—	22.0
1999—2005	红花籽粕，浸提 Safflower seed meal, solvent		—	—	0.7	4.6	2.3	39.0	1700	1600	3260	—	22.0
2006—2016	红花籽粕，浸提 Safflower seed meal, solvent		—	—	0.7	4.60	2.30	39.0	1700	1600	3260	—	22.0
1980—1982	鱼粉，红鱼 Fish meal, red fish	5-07-973		—	5.6	1.5	7.0	8.4	200	n/a	3429	n/a	35
1983	鱼粉，红鱼 Fish meal, red fish	5-07-973	—*	—	5.6	1.5	7.0	8.4	200	n/a	3429	n/a	35
1999—2005	鱼粉，红鱼 Fish meal, red fish		—	—	5.6	1.5	7.0	8.4	200	n/a	3429	n/a	35
2006—2016	鱼粉，红鱼 Fish meal, red fish		—	—	5.6	1.50	7.00	8.4	200	n/a	3429	n/a	35.0

续表2-5-7

年份	原料名称	国际饲料编号 IFN	胡萝卜素 Carotene (mg/kg)*	维生素A IU/g*	维生素E (mg/kg)**	维生素 B_1 Thiamin (mg/kg)	维生素 B_2 Riboflavin (mg/kg)	泛酸 Pantothenic acid (mg/kg)	生物素 Biotin (μg/kg)	叶酸 Folic acid (μg/kg)	胆碱 Choline (mg/kg)	维生素 B_{12} (μg/kg)	烟酸 Niacin (mg/kg)
1980—1982	菜籽粕,预压浸提 Rapeseed meal,prepress solvent	5-08-135		—	—	1.8	3.7	9.2	—	—	6700	—	159.5
1983	菜籽粕,预压浸提 Rapeseed meal,prepress solvent	5-08-135	—*	—	—	5.2	3.7	9.5	900	2300	6700	—	159.5
1984—1989	菜籽粕,预压浸提 Rapeseed meal,prepress solvent	5-08-135	—	—	—	5.2	3.7	9.5	900	2300	6700	—	159.5
1990	卡诺拉菜籽粕(浸提)Canola meal(solvent)	5-08-135	—	—	—	5.2	3.7	9.5	900	2300	6700	—	159.5
1991—1998	卡诺拉菜籽粕 Canola meal	5-08-135	—	—	—	5.2	3.7	9.5	900	2300	6700	—	159.5
1999—2005	卡诺拉菜籽粕 Canola meal		—	—	—	5.2	3.7	9.5	900	2300	6700	—	159.5
2006—22016	卡诺拉菜籽粕 Canola meal		—	—	—	5.20	3.70	9.5	900	2300	6700	—	159.5
1980—1982	蚕豆 Beans,broad(*vicia faba*)	5-09-262		—	1.0	5.5	1.6	2.7	90	n/a	1670	—	22.4
1983	蚕豆 Beans,broad(*vicia faba*)	5-09-262	—*	—	1.0	5.5	1.6	2.7	90	n/a	1670	—	22.4
1984—1998	蚕豆 Beans,broad(*vicia faba*)	5-09-262	—	—	1.0	5.5	1.6	2.7	90	n/a	1670	—	22.4
1999—2005	蚕豆 Beans,broad(*vicia faba*)		—	—	1	5.5	1.6	2.7	90	n/a	1670	—	22.4
2006—2016	蚕豆 Beans,broad(*vicia faba*)		—	—	1.0	5.50	1.60	2.7	90	n/a	1670	—	22.4

续表2-5-7

年份	原料名称	国际饲料编号 IFN	胡萝卜素 Carotene (mg/kg)*	维生素 A IU/g*	维生素 E (mg/kg)**	维生素 B_1 Thiamin (mg/kg)	维生素 B_2 Riboflavin (mg/kg)	泛酸 Pantothenic acid (mg/kg)	生物素 Biotin (μg/kg)	叶酸 Folic acid (μg/kg)	胆碱 Choline (mg/kg)	维生素 B_{12} (μg/kg)	烟酸 Niacin (mg/kg)
1999—2005	马齿型黄玉米穗粉 Corn, dent, yellow, ears ground		2	2	—	—	0.8	4.4	n/a	n/a	350	—	15.8
2006—2016	马齿型黄玉米穗粉 Corn, dent, yellow, ears ground		2	2.0	—	—	0.80	4.4	n/a	n/a	350	—	15.8
1980—1982	玉米蛋白粉, CP 60% Corn gluten meal, 60%	5-09-318		60.0	25.5	0.28	2.2	2.9	220	230	2200	—	81.0
1983	玉米蛋白粉, CP 60% Corn gluten meal, 60%	5-09-318	44*	60.0	25.5	0.28	2.2	2.9	220	230	2200	—	81.0
1984—1998	玉米蛋白粉, CP 60% Corn gluten meal, 60%	5-09-318	44	60.0	25.5	0.28	2.2	2.9	220	230	2200	—	81.0
1999—2005	玉米蛋白粉, CP 60% Corn gluten meal, 60%		44	60	25.5	0.28	2.2	2.9	220	230	2200	—	81.0
2006—2016	玉米蛋白粉, CP 60% Corn gluten meal, 60%		44	60.0	25.5	0.28	2.20	2.9	220	230	2200	—	81.0
1980—1982	肉骨粉, CP 45% Meat and bone meal, 45%	5-09-321		—	0.8	0.2	4.8	4.6	140	550	1980	100	56.0
1983	肉骨粉, CP 45% Meat and bone meal, 45%	5-09-321	—*	—	0.8	0.2	4.8	4.6	140	550	1980	100	56.0
1984—1998	肉骨粉, CP 45% Meat and bone meal, 45%	5-09-321	—	—	0.8	0.2	4.8	4.6	140	550	1980	100	56.0
1999—2005	肉骨粉, CP 45% Meat and bone meal, 45%		—	—	0.8	0.2	4.8	4.6	140	550	1980	100	56.0
2006—2016	肉骨粉, CP 45% Meat and bone meal, 45%		—	—	0.8	0.20	4.80	4.6	140	550	1980	100.00	56.0

续表2-5-7

年份	原料名称	国际饲料编号 IFN	胡萝卜素 Carotene (mg/kg)*	维生素 A IU/g*	维生素 E (mg/kg)**	维生素 B_1 Thiamin (mg/kg)	维生素 B_2 Riboflavin (mg/kg)	泛酸 Pantothenic acid (mg/kg)	生物素 Biotin (μg/kg)	叶酸 Folic acid (μg/kg)	胆碱 Choline (mg/kg)	维生素 B_{12} (μg/kg)	烟酸 Niacin (mg/kg)
1980—1982	肉骨粉,CP 50% Meat and bone meal,50%	5-09-322		—	0.8	0.2	5.2	4.4	140	600	2000	100	59.4
1983	肉骨粉,CP 50% Meat and bone meal,50%	5-09-322	—*	—	0.8	0.2	5.2	4.4	140	600	2000	100	59.4
1984—1998	肉骨粉,CP 50% Meat and bone meal,50%	5-09-322	—	—	0.8	0.2	5.2	4.4	140	600	2000	100	59.4
1999—2005	肉骨粉,CP 50% Meat and bone meal,50%		—	—	0.8	0.2	5.2	4.4	140	600	2000	100	59.4
2006—2016	肉骨粉,CP 50% Meat and bone meal,50%		—	—	0.8	0.20	5.20	4.4	140	600	2000	100.00	59.4
1980—1982	肉粉,CP 55% Meat meal,55%	5-09-323		—	—	0.2	5.2	5.8	140	600	2200	90	59.4
1983	肉粉,CP 55% Meat meal,55%	5-09-323	—*	—	—	0.2	5.2	5.8	140	600	2200	90	59.4
1984—1998	肉粉,CP 55% Meat meal,55%	5-09-323	—	—	—	0.2	5.2	5.8	140	600	2200	90	59.4
1999—2005	肉粉,CP 55% Meat meal,55%		—	—	—	0.2	5.2	5.8	140	600	2200	90	59.4
2006—2016	肉粉,CP 55% Meat meal,55%		—	—	—	0.20	5.20	5.8	140	600	2200	90.00	59.4
1980—1982	鱼粉,淡水灰西鲱(大肚鲱) Fish meal, freshwater, Alewife	5-09-830		—	5.6	0.1	3.7	10.0	n/a	n/a	4230	284	34

续表2-5-7

年份	原料名称	国际饲料编号 IFN	胡萝卜素 Carotene (mg/kg)*	维生素 A IU/g*	维生素 E (mg/kg)**	维生素 B_1 Thiamin (mg/kg)	维生素 B_2 Riboflavin (mg/kg)	泛酸 Pantothenic acid (mg/kg)	生物素 Biotin (μg/kg)	叶酸 Folic acid (μg/kg)	胆碱 Choline (mg/kg)	维生素 B_{12} (μg/kg)	烟酸 Niacin (mg/kg)
1983	鱼粉，淡水灰西鲱(大肚鲱) Fish meal, freshwater, Alewife	5-09-830	—*	—	5.6	0.1	3.7	10.0	n/a	n/a	4230	284	34
1984—1998	鱼粉，淡水灰西鲱(大肚鲱) Fish meal, freshwater, Alewife	5-09-830	—	—	5.6	0.1	3.7	10.0	n/a	n/a	4230	284	34
1999—2005	鱼粉，淡水灰西鲱(大肚鲱) Fish meal, freshwater, Alewife		—	—	5.6	0.1	3.7	10.0	n/a	n/a	4230	284	34.0
2006—2016	鱼粉，淡水灰西鲱(大肚鲱) Fish meal, freshwater, Alewife		—	—	5.6	0.10	3.70	10.0	n/a	n/a	4230	284.00	34.0
1980—1982	鱼粉，淡水，湖白鲑(湖鲱) Fish meal, freshwater, Tullibee	5-15-385		—	5.6	0.9	4.6	11.3	n/a	n/a	4560	284	32.8
1983	鱼粉，淡水，湖白鲑(湖鲱) Fish meal, freshwater, Tullibee	5-15-385	—*	—	5.6	0.9	4.6	11.3	n/a	n/a	4560	284	32.8
1984—1993	鱼粉，淡水，湖白鲑(湖鲱) Fish meal, freshwater, Tullibee	5-15-385	—	—	5.6	0.9	4.6	11.3	n/a	n/a	4560	284	32.8
1980—1982	鱼粉，淡水，羊头鲷或石首鱼 Fish meal, freshwater, Sheepshead	5-15-387		—	5.6	2.0	4.8	5.6	n/a	n/a	3240	170	35.5

续表2-5-7

年份	原料名称	国际饲料编号 IFN	胡萝卜素 Carotene (mg/kg)*	维生素 A IU/g*	维生素 E (mg/kg)**	维生素 B_1 Thiamin (mg/kg)	维生素 B_2 Riboflavin (mg/kg)	泛酸 Pantothenic acid (mg/kg)	生物素 Biotin (μg/kg)	叶酸 Folic acid (μg/kg)	胆碱 Choline (mg/kg)	维生素 B_{12} (μg/kg)	烟酸 Niacin (mg/kg)
1983	鱼粉,淡水,羊头鲷或石首鱼 Fish meal, freshwater, Sheepshead	5-15-387	—*	—	5.6	2.0	4.8	5.6	n/a	n/a	3240	170	35.5
1984—1993	鱼粉,淡水,羊头鲷或石首鱼 Fish meal, freshwater, Sheepshead	5-15-389	—	—	5.6	2.0	4.8	5.6	n/a	n/a	3240	170	35.5
1980—1982	玉米蛋白粉,CP 41% Corn gluten meal,41%	5-20-706		25.0	19.9	0.22	1.5	9.6	150	220	330	—	54.5
1983	玉米蛋白粉,CP 41% Corn gluten meal,41%	5-20-706	16.2*	25.0	19.9	0.22	1.5	9.6	150	220	330	—	54.5
1984—1998	玉米蛋白粉,CP 41% Corn gluten meal,41%	5-20-411	16.2	25.0	19.9	0.22	1.5	9.6	150	220	330	—	54.5
1999—2005	玉米蛋白粉,CP 41% Corn gluten meal,41%		16	25	19.9	0.22	1.5	9.6	150	220	330	—	54.5
2006—2016	玉米蛋白粉,CP 41% Corn gluten meal,41%		16	25.0	19.9	0.22	1.50	9.6	150	220	330	—	54.5
1980—1982	鱼粉,淡水,江鳕 Fish meal, freshwater,Maria	5-20-468		—	5.6	1.3	5.8	11.5	n/a	n/a	3260	374	32.2
1983	鱼粉,淡水,江鳕 Fish meal, freshwater,Maria	5-20-468	—*	—	5.6	1.3	5.8	11.5	n/a	n/a	3260	374	32.2
1984—1993	鱼粉,淡水,江鳕 Fish meal, freshwater,Maria	5-20-468	—	—	5.6	1.3	5.8	11.5	n/a	n/a	3260	374	32.2
1980—1982	次豌豆 Pea seed,cull	5-20-763		—	n/a	1.8	0.8	4.6	200	n/a	649	—	17.2
1983	次豌豆 Pea seed,cull	5-20-763	—*	—	n/a	1.8	0.8	4.6	200	n/a	649	—	17.2

续表2-5-7

年份	原料名称	国际饲料编号 IFN	胡萝卜素 Carotene (mg/kg)*	维生素 A IU/g*	维生素 E (mg/kg)**	维生素 B_1 Thiamin (mg/kg)	维生素 B_2 Riboflavin (mg/kg)	泛酸 Pantothenic acid (mg/kg)	生物素 Biotin (μg/kg)	叶酸 Folic acid (μg/kg)	胆碱 Choline (mg/kg)	维生素 B_{12} (μg/kg)	烟酸 Niacin (mg/kg)
1984—1998	次豌豆 Pea seed,cull	5-20-763	—	—	n/a	1.8	0.8	4.6	200	n/a	649	—	17.2
1999—2005	次豌豆 Pea seed,cull		—	—	n/a	1.8	0.8	4.6	200	n/a	649	—	17.2
2006—2016	次豌豆 Pea seed,cull		—	—	n/a	1.80	0.80	4.6	200	n/a	649	—	17.2
1983	葵花粕，部分去壳，浸提 Sunflower meal partially detrulled,solvent	5-04-737	—*	6.9*	23.3*	3.6*	3.2*	29.9*	1038*	1848*	1909*	—*	100*
1984—1998	葵花粕，部分去壳，浸提 Sunflower meal partially detrulled,solvent	5-25-634	—	6.9	23.3	3.6	3.2	29.9	1038	1848	1909	—	100
1999—2005	葵花粕，部分去壳，浸提 Sunflower meal, partially dehulled,solvent		—	6.9	23.3	3.6	3.2	29.9	1038	1848	1909	—	100
2006—2016	葵花粕，部分去壳，浸提 Sunflower meal, partially dehulled,solvent		—	6.9	23.3	3.60	3.20	29.9	1038	1848	1909	—	100.0

注：* 1980—1993 年注释为：假设胡萝卜素可全部转化为维生素 A，实际大多数动物的转化率为 20%～30%，家禽的转化率为 30%～70%。** 1980—1993 年注释为：1 IU 维生素 E 等于 1 mg *DL*-α-tocopheryl acetate(醋酸生育酚)。

4. 矿物质含量

表 2-5-8 矿物质含量

年份	原料名称	国际饲料编号 IFN	钠 Na (%)	钾 K (%)	氯 Cl (%)	镁 Mg (%)	硫 S (%)	锰 Mn (ppm)	铁 Fe (ppm)	铜 Cu (ppm)	锌 Zn (ppm)	硒 Se (ppm)
1980—1984	血粉,动物 Blood meal,animal	5-00-380	0.31	0.90		0.22	0.32	5.3	380	9.9	n/a	n/a
1985	血粉,动物 Blood meal,animal	5-00-380	0.31	0.9		0.22	0.32	5.3	380	9.9	n/a	n/a
1987	血粉,动物 Blood meal,animal	5-00-380	0.31	0.90		0.22	0.32	5.3	380	9.9	n/a	n/a
1989—1995	血粉,动物 Blood meal,animal	5-00-380	0.31	0.9		0.22	0.32	5.3	380	9.9	n/a	n/a
1990	血粉,动物 Blood meal,animal	5-00-380	0.31	0.90		0.22	0.32	5.3	380	9.9	n/a	n/a
1991—1994		5-00-380	0.31	0.9		0.22	0.32	5.3	380	9.9	n/a	n/a
1995		5-00-380	0.31	0.9		0.22	0.32	5	2500	10	300	n/a
1996—1998		5-00-380	0.31	0.9	0.28	0.22	0.32	5	2500	10	300	n/a
1999—2004			0.31	0.9	0.28	0.22	0.32	5	2500	10	300	n/a
2005			0.31	0.9	0.28	0.22	0.32	5	2500	10.0	300.0	n/a
2006—2016			0.31	0.90	0.28	0.22	0.32	5.0	2500.0	10.0	300.0	n/a
1980—1995	肉粉下脚料 Tankage,meat meal	5-00-386	1.67	0.56		0.16	0.71	19.1	890	38.7	n/a	n/a
1996—1998	肉粉下脚料 Tankage,meat meal	5-00-386	1.67	0.56	0.80	0.16	0.71	19.1	890	38.7	n/a	n/a
1999	肉粉下脚料 Tankage,meat meal		1.67	0.56	0.80	0.16	0.71	19.1	890	38.7	n/a	n/a
1980—1995	干大麦芽 Malt sprouts,barley dried	5-00-545	n/a	0.21		0.18	0.79	31.7	n/a	n/a	n/a	0.6
1996—1998	干大麦芽 Malt sprouts,barley dried	5-00-545	n/a	0.21	n/a	0.18	0.79	31.7	n/a	n/a	n/a	0.6
1999—2016	干大麦芽 Malt sprouts,barley dried		n/a	0.21	n/a	0.18	0.79	31.7	n/a	n/a	n/a	0.6
1980—1995	干脱脂乳 Buttermilk,dried	5-01-160	0.95	1.0		0.48	0.08	3.5	n/a	n/a	n/a	0.12
1996—1998	干脱脂乳 Buttermilk,dried	5-01-160	0.95	1.0	0.70	0.48	0.08	4	n/a	n/a	n/a	0.12
1999—2005	干脱脂乳 Buttermilk,dried		0.95	1.0	0.70	0.48	0.08	4	n/a	n/a	n/a	0.12
2006—2016	干脱脂乳 Buttermilk,dried		0.95	1.00	0.70	0.48	0.08	4.0	n/a	n/a	n/a	0.12

续表2-5-8

年份	原料名称	国际饲料编号 IFN	钠 Na (%)	钾 K (%)	氯 Cl (%)	镁 Mg (%)	硫 S (%)	锰 Mn (ppm)	铁 Fe (ppm)	铜 Cu (ppm)	锌 Zn (ppm)	硒 Se (ppm)
1980—1994	干酪蛋白 Casein, dried	5-01-162	n/a	n/a		n/a	n/a	4.4	n/a	n/a	n/a	n/a
1995	干酪蛋白 Casein, dried	5-01-162	0.01	n/a		n/a	n/a	4	17	4	30	n/a
1996—1998	干酪蛋白 Casein, dried	5-01-162	0.01	n/a	n/a	n/a	n/a	4	17	4	30	n/a
1999—2004	干酪蛋白 Casein, dried		0.01	n/a	n/a	n/a	n/a	4	17	4	30	n/a
2005	干酪蛋白 Casein, dried		0.01	n/a	n/a	n/a	n/a	4	17	4.0	30.0	n/a
2006—2016	干酪蛋白 Casein, dried		0.01	n/a	n/a	n/a	n/a	4.0	17.0	4.0	30.0	n/a
1981—1995	饲料级干全脂奶粉 Milk, whole, dried, feed grade	5-01-167	0.38	1.13		n/a	n/a	0.5	90	0.9	n/a	n/a
1996—1998	饲料级干全脂奶粉 Milk, whole, dried, feed grade	5-01-167	0.38	1.13	0.90	n/a	n/a	0.5	90	0.9	n/a	n/a
1999—2005	饲料级干全脂奶粉 Milk, whole, dried, feed grade		0.38	1.13	0.90	n/a	n/a	0.5	90	0.9	n/a	n/a
2006—2016	饲料级干全脂奶粉 Milk, whole, dried, feed grade		0.38	1.13	0.90	n/a	n/a	0.5	90.0	0.9	n/a	n/a
1980—1995	干脱脂奶粉 Skim milk, dried	5-01-175	n/a	1.67		0.11	0.32	2.2	50	11.5	n/a	0.12
1996—1998	干脱脂奶粉 Skim milk, dried	5-01-175	0.52	1.67	0.90	0.11	0.32	2.2	50	11.5	n/a	0.12
1999—2005	干脱脂奶粉 Skim milk, dried		0.52	1.67	0.90	0.11	0.32	2.2	50	11.5	n/a	0.12
2006—2016	干脱脂奶粉 Skim milk, dried		0.52	1.67	0.90	0.11	0.32	2.2	50.0	11.5	n/a	0.12
1980—1983	椰子粕，浸提 Coconut oil meal, solvent	5-01-573	n/a	0.6		n/a	n/a	n/a	n/a	n/a	n/a	n/a
1984	椰子粕，压榨 Coconut meal, mech.	5-01-572	0.06*	0.6		n/a	n/a	n/a	n/a	n/a	n/a	n/a
1985—1995	椰子粕，压榨 Coconut meal, mech.	5-01-572	0.06	0.6		n/a	n/a	n/a	n/a	n/a	n/a	n/a
1996—1998	椰子粕，压榨 Coconut meal, mech.	5-01-572	0.06	0.6	0.03	n/a	n/a	n/a	n/a	n/a	n/a	n/a

续表2-5-8

年份	原料名称	国际饲料编号 IFN	钠 Na (%)	钾 K (%)	氯 Cl (%)	镁 Mg (%)	硫 S (%)	锰 Mn (ppm)	铁 Fe (ppm)	铜 Cu (ppm)	锌 Zn (ppm)	硒 Se (ppm)
1999—2005	椰子粕,压榨 Coconut meal,mech.		0.06	0.6	0.03	n/a	n/a	n/a	n/a	n/a	n/a	n/a
2006—2016	椰子粕,压榨 Coconut meal,mech.		0.06	0.60	0.03	n/a	n/a	n/a	n/a	n/a	n/a	n/a
1980—1990	棉粕,CP 41%,压榨 Cottonseed meal,41%,mech. extd	5-01-617	0.04	1.20		0.42	0.4	21.6	100	16.7	57.4	0.9
1991—1994	棉粕,CP 41%,压榨 Cottonseed meal,41%,mech. extd	5-01-617	0.04	1.2		0.42	0.4	21.6	100	16.7	57.4	0.9
1995	棉粕,CP 41%,压榨 Cottonseed meal,41%,mech. extd	5-01-617	0.04	1.2		0.42	0.4	22	100	17	60	0.3
1996—1998	棉粕,CP 41%,压榨 Cottonseed meal,41%,mech. extd	5-01-617	0.04	1.2	0.04	0.42	0.4	22	100	17	60	0.3
1999—2004	棉粕,CP 41%,压榨 Cottonseed meal,41%,mech. extd		0.04	1.2	0.04	0.42	0.4	22	100	17	60	0.3
2005	棉粕,CP 41%,压榨 Cottonseed meal,42%,mech. extd		0.04	1.20	0.04	0.42	0.40	22	100	17.0	60.0	0.3
2006—2016	棉粕,CP 41%,压榨 Cottonseed meal,43%,mech. extd		0.04	1.20	0.04	0.42	0.40	22.0	100.0	17.0	60.0	0.30
1980—1990	棉粕,CP 41%,直接浸提 Cottonseed meal,41%,direct solvent	5-01-621	0.04	1.16		0.40	n/a	20.7	90	16.3	57.4	0.9
1991—1994	棉粕,CP 41%,直接浸提 Cottonseed meal,41%,direct solvent	5-01-621	0.04	1.16		0.4	n/a	20.7	90	16.3	57.4	0.9
1995	棉粕,CP 41%,直接浸提 Cottonseed meal,41%,direct solvent	5-01-621	0.04	1.16		0.4	0.3	21	90	16	60	0.3
1996—1998	棉粕,CP 41%,直接浸提 Cottonseed meal,41%,direct solvent	5-01-621	0.04	1.16	0.04	0.4	0.3	21	90	16	60	0.3

续表2-5-8

年份	原料名称	国际饲料编号 IFN	钠 Na (%)	钾 K (%)	氯 Cl (%)	镁 Mg (%)	硫 S (%)	锰 Mn (ppm)	铁 Fe (ppm)	铜 Cu (ppm)	锌 Zn (ppm)	硒 Se (ppm)
1999—2004	棉粕，CP 41%，直接浸提 Cotton-seed meal，41%，direct solvent		0.04	1.16	0.04	0.4	0.3	21	90	16	60	0.3
2005	棉粕，CP 41%，直接浸提 Cotton-seed meal，41%，direct solvent		0.04	1.16	0.04	0.40	0.30	21	90	16.0	60.0	0.3
2006—2016	棉粕，CP 41%，直接浸提 Cotton-seed meal，41%，direct solvent		0.04	1.16	0.04	0.40	0.30	21.0	90.0	16.0	60.0	0.30
1980—1990	蟹粉 Crab meal	5-01-663	0.85	0.45		0.88	0.04	133.0	440	32.8	102	3.8
1991—1994	蟹粉 Crab meal	5-01-663	0.85	0.45		0.88	0.04	133	440	32.8	102	3.8
1995	蟹粉 Crab meal	5-01-663	0.85	0.45		0.88	0.04	133	440	33	102	3.8
1996—1998	蟹粉 Crab meal	5-01-663	0.85	0.45	1.50	0.88	0.04	133	440	33	102	3.8
1999—2002	蟹粉 Crab meal		0.85	0.45	1.50	0.88	0.04	133	440	33	102	3.8
2003—2004	蟹粉 Crab meal		0.85	0.45	1.50	0.88	0.04	133.0	440	33	102	3.8
2005	蟹粉 Crab meal		0.85	0.45	1.50	0.88	0.04	133	440	33.0	102.0	3.8
2006—2016	蟹粉 Crab meal		0.85	0.45	1.50	0.88	0.04	133.0	440.0	33.0	102.0	3.80
1980—1983	鱼汁，50%固体 Fish solubles，50% solids	5-01-969	3.1	1.75		0.02	0.13	11.9	300	48.2	38.3	2.0
1980—1983	浓缩鱼汁 Fish solubles，condensed	5-01-971	1.7	2.5		0.27	0.45	10.0	948	20.0	500	2.7
1984—1990	浓缩鱼汁 Fish solubles，condensed	5-01-969	3.1	1.75		0.02	0.13	11.9	300	48.2	38.3	2.0
1991—1994	浓缩鱼汁 Fish solubles，condensed	5-01-969	3.10	1.75		0.02	0.13	11.9	300	48.2	38.3	2.0
1995	浓缩鱼汁 Fish solubles，condensed	5-01-969	1.00	1.75		0.02	0.13	12	300	48	38	2.0
1996—2005	浓缩鱼汁 Fish solubles，condensed	5-01-969	1.00	1.75	2.65	0.02	0.13	12	300	48	38	2.0
2006—2016	浓缩鱼汁 Fish solubles，condensed		1.00	1.75	2.65	0.02	0.13	12.0	300.0	48.0	38.0	2.00

续表2-5-8

年份	原料名称	国际饲料编号 IFN	钠 Na (%)	钾 K (%)	氯 Cl (%)	镁 Mg (%)	硫 S (%)	锰 Mn (ppm)	铁 Fe (ppm)	铜 Cu (ppm)	锌 Zn (ppm)	硒 Se (ppm)
1984—1990	鱼汁,脱水/脱水鱼溶粉 Fish solubles,dehy	5-01-971	2.34*	2.5		0.27	0.45	10.0	948	20.0	500	2.7
1991—1994	鱼汁,脱水/脱水鱼溶粉 Fish solubles,dehy	5-01-971	2.34	2.5		0.27	0.45	10	948	20	500	2.7
1995	鱼汁,脱水/脱水鱼溶粉 Fish solubles,dehy	5-01-971	0.40	2.5		0.27	0.45	10	948	20	76	2.7
1996—1998	鱼汁,脱水/脱水鱼溶粉 Fish solubles,dehy	5-01-971	0.40	2.5	n/a	0.27	0.45	10	948	20	76	2.7
1999—2005	鱼汁,脱水/脱水鱼溶粉 Fish solubles,dehy		0.40	2.5	n/a	0.27	0.45	10	948	20	76	2.7
2006—2016	鱼汁,脱水/脱水鱼溶粉 Fish solubles,dehy		0.40	2.50	n/a	0.27	0.45	10.0	948.0	20.0	76.0	2.70
1981—1985	鱼粉,Fish meal,AAFCO	5-01-977	1.07	0.39		0.21	0.24	22.8	360	14.6	n/a	1.5～2.0
1987	鱼粉,Fish meal,AAFCO	5-01-977	1.07	0.39		0.21	0.24	22.8	360	14.6	100*	1.5～2.0
1989—1994	鱼粉,Fish meal,AAFCO	5-01-977	1.07	0.39		0.21	0.24	22.8	360	14.6	100	1.5～2.0
1995	鱼粉,Fish meal,AAFCO	5-01-977	1.07	0.39		0.21	0.24	23	360	15	100	1.5～2.0
1996—1998	鱼粉,Fish meal,AAFCO	5-01-977	1.07	0.39	n/a	0.21	0.24	23	360	15	100	1.5～2.0
1999—2005	鱼粉,Fish meal,AAFCO		1.07	0.39	n/a	0.21	0.24	23	360	15	100	1.5～2.0
2006—2016	鱼粉,Fish meal,AAFCO		1.07	0.39	n/a	0.21	0.24	23.0	360.0	15.0	100.0	1.5～2.0
1980—1983	鱼粉,秘鲁鳀鱼 Fish meal,anchovie,Peruvian	5-13-459	1.1	0.9		0.27	n/a	9.3	226	9.2	100	1～4
1984—1985	鱼粉,秘鲁鳀鱼 Fish meal,anchovie,Peruvian	5-01-985	0.88*	0.9		0.27	n/a	9.3	226	9.2	100	1～4

续表2-5-8

年份	原料名称	国际饲料编号 IFN	钠 Na (%)	钾 K (%)	氯 Cl (%)	镁 Mg (%)	硫 S (%)	锰 Mn (ppm)	铁 Fe (ppm)	铜 Cu (ppm)	锌 Zn (ppm)	硒 Se (ppm)
1987	鱼粉，秘鲁鳀鱼 Fish meal, anchovie, Peruvian	5-01-985	0.88	0.9		0.27	0.54*	9.3	226	9.2	100	1～4
1989—1990	鱼粉，秘鲁鳀鱼 Fish meal, anchovie, Peruvian	5-01-985	0.88	0.9		0.27	0.54	9.3	226	9.2	100	1～4
1991—1994	鱼粉，秘鲁鳀鱼 Fish meal, anchovy, Peruvian	5-01-985	0.88	0.9		0.27	0.54	9.3	226	9.2	100	1.0～4.0
1995	鱼粉，秘鲁鳀鱼 Fish meal, anchovy, Peruvian	5-01-985	0.88	0.9		0.27	0.54	9	226	9	100	2.7
1996—1998	鱼粉，秘鲁鳀鱼 Fish meal, anchovy, Peruvian	5-01-985	0.88	0.9	0.60	0.27	0.54	9	226	9	100	2.7
1999—2005	鱼粉，秘鲁鳀鱼 Fish meal, anchovy, Peruvian		0.88	0.9	0.60	0.27	0.54	9	226	9	100	2.7
2006—2016	鱼粉，秘鲁鳀鱼 Fish meal, anchovy, Peruvian		0.88	0.90	0.60	0.27	0.54	9.0	226.0	9.0	100.0	2.70
1981—1983	湿酒糟 Distillers dried grains w/solubles	5-01-987	0.05	0.86		0.34	n/a	111	320	73	442	n/a
1980—1994	鱼粉，大西洋鲱鱼 Fish meal, herring, Atlantic	5-02-000	0.73	1.5		0.18	0.62	3.8	82	4.5	100	2.0
1995	鱼粉，大西洋鲱鱼 Fish meal, herring, Atlantic	5-02-000	0.73	1.5		0.18	0.62	5	110	5	100	2.0
1996—2005	鱼粉，大西洋鲱鱼 Fish meal, herring, Atlantic	5-02-000	0.73	1.5	0.90	0.18	0.62	5	110	5	100	2.0
2006—2016	鱼粉，大西洋鲱鱼 Fish meal, herring, Atlantic		0.73	1.50	0.90	0.18	0.62	5.0	110.0	5.0	100.0	2.00

续表2-5-8

年份	原料名称	国际饲料编号 IFN	钠 Na (%)	钾 K (%)	氯 Cl (%)	镁 Mg (%)	硫 S (%)	锰 Mn (ppm)	铁 Fe (ppm)	铜 Cu (ppm)	锌 Zn (ppm)	硒 Se (ppm)
1980—1994	鱼粉,鲱鱼 Fish meal,menhaden	5-02-009	0.34	0.72		0.14	n/a	35.6	438	11.4	151	2.2
1995	鱼粉,鲱鱼 Fish meal,menhaden	5-02-009	0.60	0.72		0.14	0.45	34	438	11	151	2.2
1996—2005	鱼粉,鲱鱼 Fish meal,menhaden	5-02-009	0.60	0.72	0.80	0.14	0.45	34	438	11	151	2.2
2006—2016	鱼粉,鲱鱼 Fish meal,menhaden		0.68	0.96	0.80	0.21	0.45	40.0	880.0	8.0	92.0	2.00
1980—1994	鱼粉,沙丁鱼 Fish meal,sardine	5-02-015	0.18	0.3		0.1	n/a	24.9	300	20	n/a	1.5～2.0
1995	鱼粉,沙丁鱼 Fish meal,sardine	5-02-015	0.18	0.3		0.1	0.3	25	300	20	105	1.8
1996—2004	鱼粉,沙丁鱼 Fish meal,sardine	5-02-015	0.18	0.3	n/a	0.1	0.3	25	300	20	105	1.8
2005	鱼粉,沙丁鱼 Fish meal,sardine		0.18	0.3	n/a	0.10	0.30	25	300	20	105	1.8
2006—2016	鱼粉,沙丁鱼 Fish meal,sardine		0.18	0.30	n/a	0.10	0.30	25.0	300.0	20.0	105.0	1.80
1980—1994	鱼粉,金枪鱼 Fish meal,tuna	5-02-023	0.7	0.7		0.2	n/a	8.7	368	10	213	4～6
1995	鱼粉,金枪鱼 Fish meal,tuna	5-02-023	0.70	0.4		0.3	n/a	10	650	6	240	4.0
1996—1998	鱼粉,金枪鱼 Fish meal,tuna	5-02-023	0.70	0.4	n/a	0.3	n/a	10	650	6	240	4.0
1999—2005	鱼粉,金枪鱼 Fish meal,tuna		0.70	0.4	n/a	0.3	n/a	10	650	6	240	4.0
2006—2016	鱼粉,金枪鱼 Fish meal,tuna		0.70	0.40	n/a	0.30	n/a	10.0	650.0	6.0	240.0	4.00
1980—1994	鱼粉,白鱼 Fish meal,white	5-02-025	0.97	1.1		0.22	n/a	9.7	80	8.0	80	1.5～2.0
1995	鱼粉,白鱼 Fish meal,white	5-02-025	0.97	1.1		0.22	n/a	10	80	8	80	1.5
1996—1998	鱼粉,白鱼 Fish meal,white	5-02-025	0.97	1.1	0.50	0.22	n/a	10	80	8	80	1.5
1999-2005	鱼粉,白鱼 Fish meal,white		0.97	1.1	0.50	0.22	n/a	10	80	8	80	1.5
2006—2016	鱼粉,白鱼 Fish meal,white		0.97	1.10	0.50	0.22	n/a	10.0	80.0	8.0	80.0	1.50
1980—1995	亚麻粕(压榨)Linseed meal flax (expeller)	5-02-045	0.11	1.24		0.58	0.39	39.4	200	26.4	n/a	0.5～1.0
1996—2005	亚麻粕(压榨)Linseed meal flax (expeller)	5-02-045	0.11	1.24	n/a	0.58	0.39	39.4	200	26.4	n/a	0.5～1.0

续表2-5-8

年份	原料名称	国际饲料编号 IFN	钠 Na (%)	钾 K (%)	氯 Cl (%)	镁 Mg (%)	硫 S (%)	锰 Mn (ppm)	铁 Fe (ppm)	铜 Cu (ppm)	锌 Zn (ppm)	硒 Se (ppm)
2006—2016	亚麻粕(压榨) Linseed meal flax (expeller)		0.11	1.24	n/a	0.58	0.39	39.4	200.0	26.4	n/a	0.5～1.0
1980—1995	亚麻粕(浸提) Linseed meal flax (solvent)	5-02-048	0.14	1.38		0.6	0.39	37.6	300	25.7	n/a	0.5～1.0
1996—2004	亚麻粕(浸提) Linseed meal flax (solvent)	5-02-048	0.14	1.38	n/a	0.6	0.39	37.6	300	25.7	n/a	0.5～1.0
2005	亚麻粕(浸提) Linseed meal flax (solvent)		0.14	1.38	n/a	0.60	0.39	37.6	300	25.7	n/a	0.5～1.0
2006—2016	亚麻粕(浸提) Linseed meal flax (solvent)		0.14	1.38	n/a	0.60	0.39	37.6	300.0	25.7	n/a	0.5～1.0
1980—1994	干啤酒糟 Brewers dried grains	5-02-141	0.26	0.08		0.19	0.3	37.6	290	21.3	n/a	0.7
1995	干啤酒糟 Brewers dried grains	5-02-141	0.26	0.08		0.19	0.3	38	290	21	100	0.7
1996—1998	干啤酒糟 Brewers dried grains	5-02-141	0.26	0.08	0.12	0.19	0.3	38	290	21	100	0.7
1999—2004	干啤酒糟 Brewers dried grains		0.26	0.08	0.12	0.19	0.3	38	290	21	100	0.7
2005	干啤酒糟 Brewers dried grains		0.26	0.08	0.12	0.19	0.30	38	290	21.0	100.0	0.70
2006—2016	干啤酒糟 Brewers dried grains		0.26	0.08	0.12	0.19	0.30	38.0	290.0	21.0	100.0	0.70
1981—1985	玉米胚芽粕,干磨 Corn germ meal, dry milled	5-02-868	n/a	n/a		n/a	n/a	16.5	320	13.0	n/a	n/a
1987	玉米胚芽粕,干磨 Corn germ meal, dry milled	5-02-868	0.04*	0.3*		0.1*	0.3*	16.5	320	13.0	75*	n/a
1989—1994	玉米胚芽粕,干磨 Corn germ meal, dry milled	5-02-868	0.04	0.3		0.1	0.3	16.5	320	13.0	75	n/a
1995	玉米胚芽粕,干磨 Corn germ meal, dry milled	5-02-868	0.04	0.3		0.1	0.3	17	320	13	75	n/a

续表2-5-8

年份	原料名称	国际饲料编号 IFN	钠 Na (%)	钾 K (%)	氯 Cl (%)	镁 Mg (%)	硫 S (%)	锰 Mn (ppm)	铁 Fe (ppm)	铜 Cu (ppm)	锌 Zn (ppm)	硒 Se (ppm)
1996—1998	玉米胚芽粕,干磨 Corn germ meal, dry milled	5-02-868	0.04	0.3	n/a	0.1	0.3	17	320	13	75	n/a
1999—2004	玉米胚芽粕,干磨 Corn germ meal, dry milled		0.04	0.3	n/a	0.1	0.3	17	320	13	75	n/a
2005	玉米胚芽粕,干磨 Corn germ meal, dry milled		0.04	0.3	n/a	0.10	0.30	17	320	13.0	75.0	n/a
2006—2016	玉米胚芽粕,干磨 Corn germ meal, dry milled		0.04	0.30	n/a	0.10	0.30	17.0	320.0	13.0	75.0	n/a
1980—1994	玉米胚芽粕,湿磨 Corn germ meal, wet milled	5-02-898	0.04	0.3		0.16	0.32	3.7	330	4.4	100	0.33
1995	玉米胚芽粕,湿磨 Corn germ meal, wet milled	5-25-552	0.04	0.3		0.16	0.32	4	330	4	100	0.33
1996—1998	玉米胚芽粕,湿磨 Corn germ meal, wet milled	5-25-552	0.04	0.3	n/a	0.16	0.32	4	330	4	100	0.33
1999—2004	玉米胚芽粕,湿磨 Corn germ meal, wet milled		0.04	0.3	n/a	0.16	0.32	4	330	4	100	0.33
2005	玉米胚芽粕,湿磨 Corn germ meal, wet milled		0.04	0.3	n/a	0.16	0.32	4	330	4.0	100.0	0.33
2006—2016	玉米胚芽粕,湿磨 Corn germ meal, wet milled		0.04	0.30	n/a	0.16	0.32	4.0	330.0	4.0	100.0	0.33
1980—1994	玉米蛋白饲料 Corn gluten feed	5-02-903	0.12	1.3		0.42	0.16	23.8	304	10	88	0.22
1995	玉米蛋白饲料 Corn gluten feed	5-02-903	0.15	1.3		0.42	0.16	24	460	35	80	0.22
1996—1998	玉米蛋白饲料 Corn gluten feed	5-02-903	0.15	1.3	0.22	0.42	0.16	24	460	35	80	0.22
1999—2004	玉米蛋白饲料 Corn gluten feed		0.15	1.3	0.22	0.42	0.16	24	460	35	80	0.22

续表2-5-8

年份	原料名称	国际饲料编号 IFN	钠 Na (%)	钾 K (%)	氯 Cl (%)	镁 Mg (%)	硫 S (%)	锰 Mn (ppm)	铁 Fe (ppm)	铜 Cu (ppm)	锌 Zn (ppm)	硒 Se (ppm)
2005	玉米蛋白饲料 Corn gluten feed		0.15	1.3	0.22	0.42	0.16	24	460	35.0	80.0	0.22
2006—2016	玉米蛋白饲料 Corn gluten feed		0.15	1.30	0.22	0.42	0.16	24.0	460.0	35.0	80.0	0.22
1981—1983	花生粕,浸提 Peanut meal,solvent	5-03-650	n/a	n/a		0.04	n/a	n/a	n/a	n/a	n/a	n/a
1980—1995	带壳花生粕,压榨 Peanut meal and hulls,mech. extd.	5-03-655	n/a	1.15		0.33	0.28	25.5	n/a	n/a	n/a	n/a
1996—2016	带壳花生粕,压榨 Peanut meal and hulls,mech. extd.	5-03-655	n/a	1.15	0.03	0.33	0.28	25.5	n/a	n/a	n/a	n/a
1980—1990	带壳花生粕,浸提 Peanut meal and hulls,solvent(编号原文有重复)	5-03-656	0.1	1.15		0.26	—	29.9	n/a	n/a	n/a	n/a
1991—1993	带壳花生粕,浸提 Peanut meal and hulls,solvent(编号原文有重复)	5-03-656	0.10	1.15		0.26	—	29.9	n/a	n/a	n/a	n/a
1984	花生粕,浸提 Peanut meal,solvent	5-03-656	0.07*	1.23*		0.15*	0.3*	27*	142*	15*	33*	n/a
1985—1995	花生粕,浸提 Peanut meal,solvent	5-03-656	0.07	1.23		0.15	0.3	27	142	15	33	n/a
1996—1998	花生粕,浸提 Peanut meal,solvent	5-03-656	0.07	1.23	0.03	0.15	0.3	27	142	15	25	n/a
1999—2004	花生粕,浸提 Peanut meal,solvent		0.07	1.23	0.03	0.15	0.3	27	142	15	25	n/a
2005—2016	花生粕,浸提 Peanut meal,solvent		0.07	1.22	0.03	0.31	0.30	32.9	547.4	12.4	56	n/a
1980—1985	羽毛粉,禽 Feather meal,poultry	5-03-795	0.7	0.3		0.2	n/a	n/a	n/a	n/a	n/a	n/a
1987	羽毛粉,禽 Feather meal,poultry	5-03-795	0.7	0.3		0.2	1.4*	9*	70*	7*	55*	n/a
1989	羽毛粉,禽 Feather meal,poultry	5-03-795	0.70	0.3		0.2	1.4	9	70	7	55	n/a
1990	羽毛粉,禽 Feather meal,poultry	5-03-795	0.7	0.3		0.2	1.4	9	70	7	55	n/a
1991—1995	羽毛粉,禽 Feather meal,poultry	5-03-795	0.70	0.3		0.2	1.4	9	70	7	55	n/a
1996—2004	羽毛粉,禽 Feather meal,poultry	5-03-795	0.70	0.3	0.28	0.2	1.4	9	70	7	55	0.8
2005	羽毛粉,禽 Feather meal,poultry		0.70	0.3	0.28	0.20	1.40	9	70	7	55	0.8

续表2-5-8

年份	原料名称	国际饲料编号 IFN	钠 Na (%)	钾 K (%)	氯 Cl (%)	镁 Mg (%)	硫 S (%)	锰 Mn (ppm)	铁 Fe (ppm)	铜 Cu (ppm)	锌 Zn (ppm)	硒 Se (ppm)
2006—2016	羽毛粉,禽 Feather meal,poultry		0.70	0.30	0.28	0.20	1.40	9.0	70.0	7.0	55.0	0.80
1980—1994	家禽副产品粉 Poultry by-product meal	5-03-798	0.28	0.6		0.15	—	n/a	n/a	n/a	n/a	0.5～1.0
1995	家禽副产品粉 Poultry by-product meal	5-03-798	0.3	0.6		0.2	0.5	11	500	14	120	0.8
1996—1998	家禽副产品粉 Poultry by-product meal	5-03-798	0.3	0.6	0.55	0.2	0.5	11	500	14	120	0.8
1999—2000	家禽副产品粉 Poultry by-product meal		0.3	0.6	0.55	0.2	0.5	11	500	14	120	0.8
2001—2004	家禽副产品粉(饲料级)Poultry by-product meal(feed grade)		0.3	0.6	0.55	0.2	0.5	11	500	14	120	0.8
2005	家禽副产品粉(饲料级)Poultry by-product meal(feed grade)		0.30	0.60	0.55	0.20	0.50	11	500	14	120	0.8
2006—2016	家禽副产品粉(饲料级)Poultry by-product meal(feed grade)		0.30	0.60	0.55	0.20	0.50	11.0	500.0	14.0	120.0	0.80
1980—1983	菜籽粕(菜粕),压榨 Rapeseed oil meal,expeller	5-03-870	—	—		0.51	n/a	43.0	180	6.6	65.5	0.98
1984	菜籽粕(菜粕),压榨 Rapeseed oil meal,expeller	5-03-870	0.09*	—		0.51	n/a	43.0	180	6.6	65.5	0.98
1985—1989	菜籽粕(菜粕),压榨 Rapeseed oil meal,expeller	5-03-870	0.09	—		0.51	n/a	43.0	180	6.6	65.5	0.98
1980—1983	菜籽粕(菜粕),浸提 Rapeseed oil meal,solvent	5-03-871	—	—		0.51	n/a	43.0	180	6.6	65.5	0.98

续表2-5-8

年份	原料名称	国际饲料编号 IFN	钠 Na (%)	钾 K (%)	氯 Cl (%)	镁 Mg (%)	硫 S (%)	锰 Mn (ppm)	铁 Fe (ppm)	铜 Cu (ppm)	锌 Zn (ppm)	硒 Se (ppm)
1984	菜籽粕(菜粕),浸提 Rapeseed oil meal,solvent	5-03-871	0.09*	—		0.51	n/a	43.0	180	6.6	65.5	0.98
1985—1995	菜籽粕(菜粕),浸提 Rapeseed oil meal,solvent	5-03-871	0.09	—		0.51	n/a	43.0	180	6.6	65.5	0.98
1996—2004	菜籽粕(菜粕),浸提 Rapeseed oil meal,solvent	5-03-871	0.09	—	n/a	0.51	n/a	43.0	180	6.6	65.5	0.98
2005	菜籽粕(菜粕),浸提 Rapeseed oil meal,solvent		0.09	—	n/a	0.51	n/a	43	180	6.6	65.5	0.98
2006—2016	菜籽粕(菜粕),浸提 Rapeseed oil meal,solvent		0.09	—	n/a	0.51	n/a	43.0	180.0	6.6	65.5	0.98
1980—1994	红花籽粕,压榨 Safflower seed meal,expeller	5-04-109	0.05	0.72		0.33	0.05	17.8	500	9.7	39.8	n/a
1995	红花籽粕,压榨 Safflower seed meal,expeller	5-04-109	0.05	0.72		0.33	0.1	17.8	500	9.7	39.8	n/a
1996—1998	红花籽粕,压榨 Safflower seed meal,expeller	5-04-109	0.05	0.72	0.16	0.33	0.1	17.8	500	9.7	39.8	n/a
1999—2004	红花籽粕,压榨 Safflower seed meal,expeller		0.05	0.72	0.16	0.33	0.1	17.8	500	9.7	39.8	n/a
2005	红花籽粕,压榨 Safflower seed meal,expeller		0.05	0.72	0.16	0.33	0.10	17.8	500	9.7	39.8	n/a
2006—2016	红花籽粕,浸提 Safflower seed meal,solvent		0.05	0.72	0.16	0.33	0.10	17.8	500.0	9.7	39.8	n/a
1980—1994	红花籽粕,浸提 Safflower seed meal,solvent	5-04-110	0.05	0.72		0.33	n/a	17.8	500	9.7	39.8	n/a

续表2-5-8

年份	原料名称	国际饲料编号 IFN	钠 Na (%)	钾 K (%)	氯 Cl (%)	镁 Mg (%)	硫 S (%)	锰 Mn (ppm)	铁 Fe (ppm)	铜 Cu (ppm)	锌 Zn (ppm)	硒 Se (ppm)
1995	红花籽粕，浸提 Safflower seed meal, solvent	5-04-110	0.05	0.72		0.33	0.1	17.8	500	9.7	39.8	n/a
1996—1998	红花籽粕，浸提 Safflower seed meal, solvent	5-04-110	0.05	0.72	0.16	0.33	0.1	17.8	500	9.7	39.8	n/a
1999—2004	红花籽粕，浸提 Safflower seed meal, solvent		0.05	0.72	0.16	0.33	0.1	17.8	500	9.7	39.8	n/a
2005	红花籽粕，浸提 Safflower seed meal, solvent		0.05	0.72	0.16	0.33	0.10	17.8	500	9.7	39.8	n/a
2006—2016	红花籽粕，浸提 Safflower seed meal, solvent		0.05	0.72	0.16	0.33	0.10	17.8	500.0	9.7	39.8	n/a
1980—1983	芝麻粕，压榨 Sesame meal, expeller	5-04-220	n/a	1.39		n/a	n/a	48.0	n/a	n/a	n/a	n/a
1984	芝麻粕，压榨 Sesame meal, expeller	5-04-220	0.04*	1.39		n/a	n/a	48.0	n/a	n/a	n/a	n/a
1985—1994	芝麻粕，压榨 Sesame meal, expeller	5-04-220	0.04	1.39		n/a	n/a	48.0	n/a	n/a	n/a	n/a
1995	芝麻粕，压榨 Sesame meal, expeller	5-04-220	0.04	1.39		0.8	0.4	48	95	n/a	100	n/a
1996—1998	芝麻粕，压榨 Sesame meal, expeller	5-04-220	0.04	1.39	0.06	0.8	0.4	48	95	n/a	100	n/a
1999—2004	芝麻粕，压榨 Sesame meal, expeller		0.04	1.39	0.06	0.8	0.4	48	95	n/a	100	n/a
2005	芝麻粕，压榨 Sesame meal, expeller		0.04	1.39	0.06	0.80	0.40	48	95	n/a	100	n/a
2006—2016	芝麻粕，压榨 Sesame meal, expeller		0.04	1.39	0.06	0.80	0.40	48.0	95.0	n/a	100.0	n/a
1980—1995	高粱蛋白粉 Sorghum, gluten meal	4-04-329	n/a	0.5		n/a	n/a	n/a	n/a	n/a	n/a	n/a
1996—1998	高粱蛋白粉 Sorghum, gluten meal	5-04-388	n/a	0.5	n/a	n/a	n/a	n/a	n/a	n/a	n/a	n/a
1999—2016	高粱蛋白粉 Sorghum, gluten meal		n/a	0.5	n/a	n/a	n/a	n/a	n/a	n/a	n/a	n/a
1980—1995	高粱蛋白饲料 Sorghum, gluten feed	4-08-086	n/a	1.45		n/a	n/a	n/a	n/a	n/a	n/a	n/a

续表2-5-8

年份	原料名称	国际饲料编号 IFN	钠 Na (%)	钾 K (%)	氯 Cl (%)	镁 Mg (%)	硫 S (%)	锰 Mn (ppm)	铁 Fe (ppm)	铜 Cu (ppm)	锌 Zn (ppm)	硒 Se (ppm)
1996—1998	高粱蛋白饲料 Sorghum, gluten feed	5-04-389	n/a	1.45	n/a	n/a	n/a	n/a	n/a	n/a	n/a	n/a
1999—2016	高粱蛋白饲料 Sorghum, gluten feed		n/a	1.45	n/a	n/a	n/a	n/a	n/a	n/a	n/a	n/a
1980—1982	葵花粕，压榨 Sunflower meal, expeller	5-04-738	2.0	1.0		0.75	n/a	22.9	34.2	3.5	n/a	n/a
1983	葵花粕，压榨 Sunflower meal, expeller	5-04-738	—*	1.0		0.75	n/a	22.9	34.2	3.5	n/a	n/a
1984	葵花粕，压榨 Sunflower meal, expeller	5-04-738	0.2*	1.0		0.75	n/a	22.9	34.2	3.5	n/a	n/a
1985	葵花粕，压榨 Sunflower meal, expeller	5-04-738	0.2	1.0		0.75	n/a	22.9	34.2	3.5	n/a	n/a
1987	葵花粕，压榨 Sunflower meal, expeller	5-04-738	0.2	1.0		0.75	n/a	22.9	34.2	3.5	100*	n/a
1989—1994	葵花粕，压榨 Sunflower meal, expeller	5-04-738	0.2	1.0		0.75	n/a	22.9	34.2	3.5	100	n/a
1995	葵花粕，压榨 Sunflower meal, expeller	5-04-738	0.20	1.0		0.75	n/a	22.9	110	35	100	n/a
1996—1998	葵花粕，压榨 Sunflower meal, expeller	5-04-738	0.20	1.0	0.01	0.75	n/a	22.9	110	35	100	n/a
1999—2005	葵花粕，压榨 Sunflower meal, expeller		0.20	1.0	0.01	0.75	n/a	22.9	110	35	100	n/a
2006—2016	葵花粕，压榨 Sunflower meal, expeller		0.20	1.00	0.01	0.75	n/a	22.9	110.0	35.0	100.0	n/a

续表2-5-8

年份	原料名称	国际饲料编号 IFN	钠 Na (%)	钾 K (%)	氯 Cl (%)	镁 Mg (%)	硫 S (%)	锰 Mn (ppm)	铁 Fe (ppm)	铜 Cu (ppm)	锌 Zn (ppm)	硒 Se (ppm)
1980—1982	葵花粕,浸提 Sunflower meal, solvent	5-04-739	2.0	1.0		0.75	n/a	23.0	34.2	3.5	n/a	n/a
1983	葵花粕,浸提 Sunflower meal, solvent	5-04-739	—*	1.0		0.75	n/a	23.0	34.2	3.5	n/a	n/a
1984	葵花粕,浸提 Sunflower meal, solvent	5-04-739	0.2*	1.0		0.75	n/a	23.0	34.2	3.5	n/a	n/a
1985	葵花粕,浸提 Sunflower meal, solvent	5-04-739	0.2	1.0		0.75	n/a	23.0	34.2	3.5	n/a	n/a
1987	葵花粕,浸提 Sunflower meal, solvent	5-04-739	0.2	1.0		0.75	n/a	23.0	34.2	3.5	100*	n/a
1989—1994	葵花粕,浸提 Sunflower meal, solvent	5-04-739	0.2	1.0		0.75	n/a	23.0	34.2	3.5	100	n/a
1995	葵花粕,浸提 Sunflower meal, solvent	5-04-739	0.20	1.0		0.75	n/a	23	110	35	100	n/a
1996—1998	葵花粕,浸提 Sunflower meal, solvent	5-04-739	0.20	1.0	0.01	0.75	n/a	23	110	35	100	n/a
1999—2004	葵花粕,浸提 Sunflower meal, solvent		0.20	1.0	0.01	0.75	n/a	23	110	35	100	n/a
2005	葵花粕,浸提 Sunflower meal, solvent		0.20	1.00	0.01	0.75	n/a	23	110	35	100	n/a
2006—2016	葵花粕,浸提 Sunflower meal, solvent		0.20	1.00	0.01	0.75	n/a	23.0	110.0	35.0	100.0	n/a
1980—1995	番茄干浆 Tomato pulp, dried	5-05-041	n/a	3.34		0.18	n/a	47	900	30	n/a	n/a
1996—1998	番茄干浆 Tomato pulp, dried	5-05-041	n/a	3.34	n/a	0.18	n/a	47	900	30.0	n/a	n/a

续表2-5-8

年份	原料名称	国际饲料编号 IFN	钠 Na (%)	钾 K (%)	氯 Cl (%)	镁 Mg (%)	硫 S (%)	锰 Mn (ppm)	铁 Fe (ppm)	铜 Cu (ppm)	锌 Zn (ppm)	硒 Se (ppm)
1999—2004	番茄干浆 Tomato pulp,dried		n/a	3.34	n/a	0.18	n/a	47	900	30.0	n/a	n/a
2005	番茄干浆 Tomato pulp,dried		n/a	3.34	n/a	0.18	n/a	47	900	30	n/a	n/a
2006—2016	番茄干浆 Tomato pulp,dried		n/a	3.34	n/a	0.18	n/a	47.0	900.0	30.0	n/a	n/a
1980—1994	小麦胚芽粕 Wheat germ meal	5-05-218	0.02	0.9		0.22	0.31	128.0	41	8.6	115	0.5-1.0
1995	小麦胚芽粕 Wheat germ meal	5-05-218	0.02	0.9		0.22	0.31	100	41	10	115	0.6
1996—1998	小麦胚芽粕 Wheat germ meal	5-05-218	0.02	0.9	0.08	0.22	0.31	100	41	10	115	0.6
1999—2004	小麦胚芽粕 Wheat germ meal		0.02	0.9	0.08	0.22	0.31	100	41	10	115	0.6
2005	小麦胚芽粕 Wheat germ meal		0.02	0.90	0.08	0.22	0.31	100	41	10.0	115	0.6
2006—2016	小麦胚芽粕 Wheat germ meal		0.02	0.90	0.08	0.22	0.31	100.0	41.0	10.0	115.0	0.60
1980—1995	干禽粪，平养 Poultry manure, dried, floor	5-05-587	0.42	1.77		0.35	n/a	—	—	23	343	—
1996—1998	干禽粪，平养 Poultry manure, dried, floor	5-05-587	0.42	1.77	n/a	0.35	n/a	—	—	23	343	—
1999—2016	干禽粪，平养 Poultry manure, dried, floor		0.42	1.77	n/a	0.35	n/a	—	—	23	343	—
1980—1990	棉粕，CP 41%，预压浸提 Cottonseed meal,41%,pre-press solvent	5-07-872	0.04	1.22		0.40	0.21	20.0	110	17.8	62.3	0.9
1991—1995	棉粕，CP 41%，预压浸提 Cottonseed meal,41%,pre-press solvent	5-07-872	0.04	1.22		0.4	0.21	20	110	17.8	62.3	0.9
1996—1998	棉粕，CP 41%，预压浸提 Cottonseed meal,41%,pre-press solvent	5-07-872	0.04	1.22	0.04	0.4	0.21	20	110	18	62	0.3
1999—2004	棉粕，CP 41%，预压浸提 Cottonseed meal,41%,pre-press solvent		0.04	1.22	0.04	0.4	0.21	20	110	18	62	0.3

续表2-5-8

年份	原料名称	国际饲料编号 IFN	钠 Na (%)	钾 K (%)	氯 Cl (%)	镁 Mg (%)	硫 S (%)	锰 Mn (ppm)	铁 Fe (ppm)	铜 Cu (ppm)	锌 Zn (ppm)	硒 Se (ppm)
2005	棉粕,CP 41%,预压浸提 Cottonseed meal,41%,pre-press solvent		0.04	1.22	0.04	0.40	0.21	20	110	18.0	62.0	0.3
2006—2016	棉粕,CP 41%,预压浸提 Cottonseed meal,41%,pre-press solvent		0.04	1.22	0.04	0.40	0.21	20.0	110.0	18.0	62.0	0.30
1980—1994	红花籽粕,浸提 Safflower seed meal,solvent	5-07-959	0.04	1.2		1.2	n/a	40	990	88	185	n/a
1995	红花籽粕,浸提 Safflower seed meal,solvent	5-07-959	0.04	1.2		1.2	0.1	40	990	88	185	n/a
1996—1998	红花籽粕,浸提 Safflower seed meal,solvent	5-07-959	0.04	1.2	0.16	1.2	0.1	40	990	88	185	n/a
1999—2004	红花籽粕,浸提 Safflower seed meal,solvent		0.04	1.2	0.16	1.2	0.1	40	990	88	185	n/a
2005	红花籽粕,浸提 Safflower seed meal,solvent		0.04	1.20	0.16	1.20	0.10	40	990	88	185	n/a
2006—2016	红花籽粕,浸提 Safflower seed meal,solvent		0.04	1.20	0.16	1.20	0.10	40.0	990.0	88.0	185.0	n/a
1980—1985	鱼粉,红鱼 Fish meal,red fish	5-07-973	0.1	0.3		n/a	n/a	7.7	n/a	n/a	n/a	1.5～2.0
1987	鱼粉,红鱼 Fish meal,red fish	5-07-973	0.1	0.3		0.15*	0.45*	7.7	280	7.7*	88*	1.5～2.0
1989—1994	鱼粉,红鱼 Fish meal,red fish	5-07-973	0.1	0.3		0.15	0.45	7.7	280	7.7	88	1.5～2.0
1995	鱼粉,红鱼 Fish meal,red fish	5-07-973	0.10	0.3		0.15	0.45	8	280	8	88	1.8
1996—1998	鱼粉,红鱼 Fish meal,red fish	5-07-973	0.10	0.3	n/a	0.15	0.45	8	280	8	88	1.8
1999—2005	鱼粉,红鱼 Fish meal,red fish		0.10	0.3	n/a	0.15	0.45	8	280	8	88	1.8
2006—2016	鱼粉,红鱼 Fish meal,red fish		0.10	0.30	n/a	0.15	0.45	8.0	280.0	8.0	88.0	1.80

续表2-5-8

年份	原料名称	国际饲料编号 IFN	钠 Na (%)	钾 K (%)	氯 Cl (%)	镁 Mg (%)	硫 S (%)	锰 Mn (ppm)	铁 Fe (ppm)	铜 Cu (ppm)	锌 Zn (ppm)	硒 Se (ppm)
2010—2016	亚麻荠粕 Camelina meal		0.10	1.24	—	0.40	—	45.0	n/a	9.0	85.0	—
1980—1981	菜籽粕，预压浸提 Rapeseed meal, prepress solvent	5-08-135	—	—		0.51	n/a	43.0	180	6.6	65.5	0.98
1982—1983	菜籽粕，预压浸提 Rapeseed meal, prepress solvent	5-08-135	—	1.29		0.64	n/a	54	159	10.4	71.4	1.0
1984	菜籽粕，预压浸提 Rapeseed meal, prepress solvent	5-08-135	0.07*	1.29		0.64	n/a	54	159	10.4	71.4	1.0
1985	菜籽粕，预压浸提 Rapeseed meal, prepress solvent	5-08-135	0.07	1.29		0.64	n/a	54	159	10.4	71.4	1.0
1987	菜籽粕，预压浸提 Rapeseed meal, prepress solvent	5-08-135	0.07	1.29		0.6*	1.0*	54	190*	4.0*	61*	1.0
1989	菜籽粕，预压浸提 Rapeseed meal, prepress solvent	5-08-135	0.07	1.29		0.6	1.0	54	190	4.0	61	1.0
1990	卡诺拉菜籽粕（浸提）Canola meal (solvent)	5-08-135	0.07	1.29		0.6	1.0	54	190	4.0	61	1.0
1991—1994	卡诺拉菜籽粕 Canola meal	5-08-135	—	1.29		0.6	1.0	54.0	190	4	61	1.0
1995	卡诺拉菜籽粕 Canola meal	5-08-135	—	1.29		0.6	1.0	54	175	8	65	1.0
1996—1998	卡诺拉菜籽粕 Canola meal	5-08-135	—	1.29	n/a	0.6	1.0	54	175	8	65	1.0
1999—2004	卡诺拉菜籽粕 Canola meal		—	1.29	n/a	0.6	1.0	54	175	8	65	1.0
2005	卡诺拉菜籽粕 Canola meal		—	1.29	n/a	0.60	1.00	54	175	8.0	65.0	1.00
2006—2016	卡诺拉菜籽粕 Canola meal		—	1.29	n/a	0.60	1.00	54.0	175.0	8.0	65.0	1.00
1980—1994	蚕豆 Beans, broad(*vicia faba*)	5-09-262	0.8	1.2		0.13	n/a	8.4	65	4.1	42	n/a
1995	蚕豆 Beans, broad(*vicia faba*)	5-09-262	0.08	1.2		0.13	n/a	8	65	4	42	n/a

续表2-5-8

年份	原料名称	国际饲料编号 IFN	钠 Na (%)	钾 K (%)	氯 Cl (%)	镁 Mg (%)	硫 S (%)	锰 Mn (ppm)	铁 Fe (ppm)	铜 Cu (ppm)	锌 Zn (ppm)	硒 Se (ppm)
1996—1998	蚕豆 Beans, broad(*vicia faba*)	5-09-262	0.08	1.2	0.04	0.13	n/a	8	65	4	42	n/a
1999—2004	蚕豆 Beans, broad(*vicia faba*)		0.08	1.2	0.04	0.13	n/a	8	65	4	42	n/a
2000	蚕豆 Beans, broad(*vicia faba*)		0.08	1.2	0.04	0.13	n/a	8	65	4	42	n/a
2005	蚕豆 Beans, broad(*vicia faba*)		0.08	1.2	0.04	0.13	n/a	8	65	4.0	42.0	n/a
2006—2016	蚕豆 Beans, broad(*vicia faba*)		0.08	1.20	0.04	0.13	n/a	8.0	65.0	4.0	42.0	n/a
1999—2005	马齿型黄玉米穗粉 Corn, dent, yellow, ears ground		n/a	0.53	n/a	0.13	0.19	n/a	n/a	n/a	n/a	0.075
2006—2016	马齿型黄玉米穗粉 Corn, dent, yellow, ears ground		n/a	0.53	n/a	0.13	0.19	n/a	n/a	n/a	n/a	0.08
1980—1994	玉米蛋白粉, CP 60% Corn gluten meal, 60%	5-09-318	0.03	0.45		0.15	0.8	4.4	167	22	41	1.0
1995	玉米蛋白粉, CP 60% Corn gluten meal, 60%	5-09-318	0.03	0.45		0.15	0.5	4	400	22	41	1.0
1996—1998	玉米蛋白粉, CP 60% Corn gluten meal, 60%	5-09-318	0.03	0.45	0.05	0.15	0.5	4	400	22	41	1.0
1999—2004	玉米蛋白粉, CP 60% Corn gluten meal, 60%		0.03	0.45	0.05	0.15	0.5	4	400	22	41	1.0
2005	玉米蛋白粉, CP 60% Corn gluten meal, 60%		0.03	0.45	0.05	0.15	0.50	4	400	22.0	41.0	1.0
2006—2016	玉米蛋白粉, CP 60% Corn gluten meal, 60%		0.03	0.45	0.05	0.15	0.50	4.0	400.0	22.0	41.0	1.00
1980—1984	肉骨粉, CP 45% Meat and bone meal, 45%	5-09-321	0.6	1.3		1.0	0.26	10.1	500	n/a	—	0.25

续表2-5-8

年份	原料名称	国际饲料编号 IFN	钠 Na (%)	钾 K (%)	氯 Cl (%)	镁 Mg (%)	硫 S (%)	锰 Mn (ppm)	铁 Fe (ppm)	铜 Cu (ppm)	锌 Zn (ppm)	硒 Se (ppm)
1985	肉骨粉,CP 45% Meat and bone meal,45%	5-09-321	0.60	1.3		1.0	0.26	10.1	500	n/a	—	0.25
1987	肉骨粉,CP 45% Meat and bone meal,45%	5-09-321	0.6	1.3		1.0	0.26	10.1	500	n/a	—	0.25
1989	肉骨粉,CP 45% Meat and bone meal,45%	5-09-321	0.60	1.3		1.0	0.26	10.1	500	n/a	—	0.25
1990	肉骨粉,CP 45% Meat and bone meal,45%	5-09-321	0.6	1.3		1.0	0.26	10.1	500	n/a	—	0.25
1991—1994	肉骨粉,CP 45% Meat and bone meal,45%	5-09-321	0.60	1.3		1.0	0.26	10.1	500	n/a	—	0.25
1995	肉骨粉,CP 45% Meat and bone meal,45%	5-09-321	0.60	1.3		1.0	0.4	10.1	500	n/a	90	0.25
1996—1998	肉骨粉,CP 45% Meat and bone meal,45%	5-09-321	0.60	1.3	0.70	1.0	0.4	10.1	500	n/a	90	0.25
1999—2004	肉骨粉,CP 45% Meat and bone meal,45%		0.60	1.3	0.70	1.0	0.4	10.1	500	n/a	90	0.25
2005	肉骨粉,CP 45% Meat and bone meal,45%		0.60	1.3	0.70	1.00	0.40	10.1	500	n/a	90	0.25
2006—2016	肉骨粉,CP 45% Meat and bone meal,45%		0.60	1.30	0.70	1.00	0.40	10.1	500.0	n/a	90.0	0.25
1980—1994	肉骨粉,CP 50% Meat and bone meal,50%	5-09-322	0.73	1.4		1.13	0.26	12.3	500	1.5	—	0.25
1995	肉骨粉,CP 50% Meat and bone meal,50%	5-09-322	0.73	1.4		1.13	0.4	12.3	500	1.5	90	0.25

续表2-5-8

年份	原料名称	国际饲料编号 IFN	钠 Na (%)	钾 K (%)	氯 Cl (%)	镁 Mg (%)	硫 S (%)	锰 Mn (ppm)	铁 Fe (ppm)	铜 Cu (ppm)	锌 Zn (ppm)	硒 Se (ppm)
1996—1998	肉骨粉,CP 50% Meat and bone meal,50%	5-09-322	0.73	1.4	0.75	1.13	0.4	12.3	500	1.5	90	0.25
1999—2005	肉骨粉,CP 50% Meat and bone meal,50%		0.73	1.4	0.75	1.13	0.4	12.3	500	1.5	90	0.25
2006—2016	肉骨粉,CP 50% Meat and bone meal,50%		0.73	1.40	0.75	1.13	0.40	12.3	500.0	1.5	90.0	0.25
1980—1984	肉粉,CP 55% Meat meal,55%	5-09-323	1.6	0.55		0.27	0.5	9.5	440	9.7	—	0.4
1985	肉粉,CP 55% Meat meal,55%	5-09-323	1.60	0.55		0.27	0.5	9.5	440	9.7	—	0.4
1987	肉粉,CP 55% Meat meal,55%	5-09-323	1.6	0.55		0.27	0.5	9.5	440	9.7	—	0.4
1989	肉粉,CP 55% Meat meal,55%	5-09-323	1.60	0.55		0.27	0.5	9.5	440	9.7	—	0.4
1990	肉粉,CP 55% Meat meal,55%	5-09-323	1.6	0.55		0.27	0.5	9.5	440	9.7	—	0.4
1991—1994	肉粉,CP 55% Meat meal,55%	5-09-323	1.60	0.55		0.27	0.5	9.5	440	9.7	—	0.4
1995	肉粉,CP 55% Meat meal,55%	5-09-323	1.60	0.55		0.4	0.5	9.5	440	9.7	100	0.4
1996—1998	肉粉,CP 55% Meat meal,55%	5-09-323	1.60	0.55	0.90	0.4	0.5	9.5	440	9.7	100	0.4
1999—2004	肉粉,CP 55% Meat meal,55%		1.60	0.55	0.90	0.4	0.5	9.5	440	9.7	100	0.4
2000	肉粉,CP 55% Meat meal,55%		1.60	0.55	0.90	0.4	0.5	9.5	440	9.7	100	0.4
2005	肉粉,CP 55% Meat meal,55%		1.60	0.55	0.90	0.40	0.50	9.5	440	9.7	100	0.4
2006—2016	肉粉,CP 55% Meat meal,55%		1.60	0.55	0.90	0.40	0.50	9.5	440.0	9.7	100.0	0.40
1980—1990	鱼粉,淡水灰西鲱(大肚鲱) Fish meal,freshwater,Alewife	5-09-830	0.24	0.6		0.15	n/a	20.0	620	18.0	100	1.5~2
1991—1994	鱼粉,淡水灰西鲱(大肚鲱) Fish meal,freshwater,Alewife	5-09-830	0.24	0.6		0.15	n/a	20	620	18	100	1.5~2.0

续表2-5-8

年份	原料名称	国际饲料编号IFN	钠 Na (%)	钾 K (%)	氯 Cl (%)	镁 Mg (%)	硫 S (%)	锰 Mn (ppm)	铁 Fe (ppm)	铜 Cu (ppm)	锌 Zn (ppm)	硒 Se (ppm)
1995	鱼粉，淡水灰西鲱（大肚鲱）Fish meal，freshwater，Alewife	5-09-830	0.24	0.6		0.15	n/a	20	620	18	100	1.7
1996—1998	鱼粉，淡水灰西鲱（大肚鲱）Fish meal，freshwater，Alewife	5-09-830	0.24	0.6	n/a	0.15	n/a	20	620	18	100	1.7
1999—2005	鱼粉，淡水灰西鲱（大肚鲱）Fish meal，freshwater，Alewife		0.24	0.6	n/a	0.15	n/a	20	620	18	100	1.7
2006—2016	鱼粉，淡水灰西鲱（大肚鲱）Fish meal，freshwater，Alewife		0.24	0.60	n/a	0.15	n/a	20.0	620.0	18.0	100.0	1.70
1980—1994	干禽粪，笼养 Poultry manure，dried，cage	7-15-386	0.42	1.37		0.63	n/a	291	200	61	325	—
1995	干禽粪，笼养 Poultry manure，dried，cage	5-14-015	0.1	1.37		0.63	n/a	291	200	61	325	—
1996—1998	干禽粪，笼养 Poultry manure，dried，cage	5-14-015	0.1	1.37	n/a	0.63	n/a	291	200	61	325	—
1999—2005	干禽粪，笼养 Poultry manure，dried，cage		0.1	1.37	n/a	0.63	n/a	291	200	61	325	—
2006—2016	干禽粪，笼养 Poultry manure，dried，cage		0.10	1.37	n/a	0.63	n/a	291.0	200.0	61.0	325.0	—
1980—1990	鱼粉，淡水，湖白鲑（湖鲱）Fish meal，freshwater，Tullibee	5-15-385	0.25	0.80		0.15	n/a	7.5	185	14.0	100	1.5～2
1991—1993	鱼粉，淡水，湖白鲑（湖鲱）Fish meal，freshwater，Tullibee	5-15-385	0.25	0.8		0.15	n/a	7.5	185	14	100	1.5～2.0
1980—1990	鱼粉，淡水，羊头鲷或石首鱼 Fish meal，freshwater，sheepshead	5-15-387	0.32	0.88		0.16	n/a	14.0	430	49.0	100	1.5～2

续表2-5-8

年份	原料名称	国际饲料编号 IFN	钠 Na (%)	钾 K (%)	氯 Cl (%)	镁 Mg (%)	硫 S (%)	锰 Mn (ppm)	铁 Fe (ppm)	铜 Cu (ppm)	锌 Zn (ppm)	硒 Se (ppm)
1991—1993	鱼粉,淡水,羊头鲷或石首鱼 Fish meal,freshwater,sheepshead	5-15-389	0.32	0.88		0.16	n/a	14	430	49	100	1.5～2.0
1980—1994	玉米蛋白粉,CP 41% Corn gluten meal,41%	5-20-706	0.1	0.03		0.05	0.6	7.3	400	28.2	—	1.0
1995	玉米蛋白粉,CP 41% Corn gluten meal,41%	5-20-411	0.10	0.03		0.05	0.6	7	400	28	—	1.0
1996—1998	玉米蛋白粉,CP 41% Corn gluten meal,41%	5-20-411	0.10	0.03	0.08	0.05	0.6	7	400	28	—	1.0
1999—2004	玉米蛋白粉,CP 41% Corn gluten meal,41%		0.10	0.03	0.08	0.05	0.6	7	400	28	—	1.0
2005	玉米蛋白粉,CP 41% Corn gluten meal,41%		0.10	0.03	0.08	0.05	0.60	7	400	28.0	—	1.0
2006—2016	玉米蛋白粉,CP 41% Corn gluten meal,41%		0.10	0.03	0.08	0.05	0.60	7.0	400.0	28.0	—	1.00
1980—1990	鱼粉,淡水,江鳕 Fish meal,freshwater,Maria	5-20-468	0.36	0.84		0.16	n/a	14.0	235	12.0	100	1.5～2
1991—1993	鱼粉,淡水,江鳕 Fish meal,freshwater,Maria	5-20-468	0.36	0.84		0.16	n/a	14	235	12	100	1.5～2.0
1980—1994	次豌豆 Pea seed,cull	5-20-763	n/a	1.0		n/a	n/a	n/a	n/a	n/a	n/a	n/a
1995	次豌豆 Pea seed,cull	5-20-763	0.1	1.0		0.1	n/a	n/a	n/a	n/a	30	n/a
1996—1998	次豌豆 Pea seed,cull	5-20-763	0.1	1.0	0.06	0.1	n/a	n/a	n/a	n/a	30	n/a
1999—2004	次豌豆 Pea seed,cull		0.1	1.0	0.06	0.1	n/a	n/a	n/a	n/a	30	n/a
2005	次豌豆 Pea seed,cull		0.10	1.00	0.06	0.10	n/a	n/a	n/a	n/a	30	n/a
2006—2016	次豌豆 Pea seed,cull		0.10	1.00	0.06	0.10	n/a	n/a	n/a	n/a	30.0	n/a

续表2-5-8

年份	原料名称	国际饲料编号 IFN	钠 Na (%)	钾 K (%)	氯 Cl (%)	镁 Mg (%)	硫 S (%)	锰 Mn (ppm)	铁 Fe (ppm)	铜 Cu (ppm)	锌 Zn (ppm)	硒 Se (ppm)
1983	葵花粕,部分去壳,浸提 Sunflower meal partially detrulled,solvent	5-04-737	—*	1.6*		0.62*	0.38*	34*	140*	35*	100*	1.5*
1984	葵花粕,部分去壳,浸提 Sunflower meal partially detrulled,solvent	5-25-634	0.2*	1.6		0.62	0.38	34	140	35	100	1.5
1985—1990	葵花粕,部分去壳,浸提 Sunflower meal,partially dehulled,solvent	5-25-634	0.2	1.6		0.62	0.38	34	140	35	100	1.5
1991—1994	葵花粕,部分去壳,浸提 Sunflower meal,partially dehulled,solvent	5-25-634	0.20	1.6		0.62	0.38	34	140	35	100	1.5
1995	葵花粕,部分去壳,浸提 Sunflower meal,partially dehulled,solvent	5-25-634	0.20	1.6		0.62	0.38	34	50	15	100	1.5
1996—1998	葵花粕,部分去壳,浸提 Sunflower meal,partially dehulled,solvent	5-25-634	0.20	1.6	0.01	0.62	0.38	34	50	15	100	1.5
1999—2004	葵花粕,部分去壳,浸提 Sunflower meal,partially dehulled,solvent		0.20	1.6	0.01	0.62	0.38	34	50	15	100	1.5
2005—2016	葵花粕,部分去壳,浸提 Sunflower meal,partially dehulled,solvent		0.20	1.60	0.01	0.62	0.38	34	50	15	100	1.5

2.5.3 National Research Council(美国国家科学研究委员会).Nutrition Requirement(营养需要)

2.5.3.1 Nutrient Requirements of Poultry(家禽营养需要).1994[17]

表 2-5-9 常规成分和营养价值

国际饲料编号	饲料名称	干物质 DM	氮校正代谢能 MEn	氮校正真代谢能 TMEn	粗蛋白质 CP	粗脂肪 EE	亚油酸 Linoleic acid	粗纤维 CF	钙 Ca	总磷 Total P	非植酸磷 Non-phytate P
		%	kcal/kg	kcal/kg	%	%	%	%	%	%	%
5-09-262	蚕豆 Broadbean *Vicia faba* seeds	87	2431	2339	24.0	1.4	—	7.0	0.11	0.54	—
5-00-380	血粉,蒸煮干燥 Blood meal,vat dried	94	2830	—	81.1	1.6	—	0.5	0.55	0.42	—
5-00-381	血粉,喷雾干燥或瞬间干燥 Blood meal, spray or ring dried	93	3420	3625	88.9	1.0	0.10	0.6	0.41	0.30	—
5-02-141	干啤酒糟 Brewer's grains dehydrated	92	2080	—	25.3	6.2	2.94	15.3	0.29	0.52	—
5-06-145	卡诺拉菜籽粕,预压浸提,低芥酸,低硫代葡萄糖苷 Canola *Brassica napus-Brassica campestris* seeds, meal prepressed solvent extracted,low erucic acid,low glucosinolates	93	2000	2070	38.0	3.8	—	12.0	0.68	1.17	0.30
5-01-162	酪蛋白,脱水 Casein dehydrated	93	4130	4134	87.2	0.8	—	0.2	0.61	1.00	1.00
5-20-837	酪蛋白,凝固脱水 Casein precipitated dehydrated	92	4118	—	85.0	0.06	—	0.2	0.68	0.82	0.82
5-01-175	脱脂牛奶,脱水 Cattle skim milk,dehydrated	93	2537	—	36.1	1.0	—	0.2	1.28	1.02	1.02
5-01-573	带皮椰子粕,溶剂浸提 Coconut *Cocos nucifera* kernels with coats,meal solvent extracted (copra meal)	92	1525	—	19.2	2.1	—	14.4	0.17	0.65	—
5-28-242	玉米蛋白粉,60%粗蛋白质 Corn,dent yellow *Zea mays* indentata gluten, meal, 60% protein	90	3720	3811	62.0	2.5	—	1.3	—	0.50	0.14

续表2-5-9

国际饲料编号	饲料名称	干物质 DM	氮校正代谢能 MEn	氮校正真代谢能 TMEn	粗蛋白质 CP	粗脂肪 EE	亚油酸 Linoleic acid	粗纤维 CF	钙 Ca	总磷 Total P	非植酸磷 Non-phytate P
		%	kcal/kg	kcal/kg	%	%	%	%	%	%	%
5-28-243	带麸玉米面筋饲料(玉米蛋白饲料)Corn, dent yellow *Zea mays* indentata gluten with bran(corn gluten feed)	90	1750	2228	21.0	2.5	—	8.0	0.40	0.80	—
5-01-617	棉籽饼,机械压榨,41%粗蛋白质(螺旋压榨) Cotton *Gossypium* spp. seeds, meal mechanically extracted 41% protein(expeller)	93	2320	—	40.9	3.9	2.47	12.0	0.20	1.05	—
5-07-872	棉籽粕,直接溶剂浸提,41%粗蛋白质 Cotton *Gossypium* spp. seeds, meal direct solvent extracted 41% protein	90	2400	—	41.4	0.5	—	13.6	0.15	0.97	0.22
5-07-873	棉籽粕,预压浸提,44%粗蛋白质 Cotton *Gossypium* spp. seeds, meal prepressed solvent extracted 44% protein	91	1857	2135	44.7	1.6	—	11.1	0.15	1.25	0.37
5-01-969	浓缩鱼汁/鱼溶浆 Fish solubles, condensed	51	1460	—	31.5	7.8	—	0.2	0.30	0.76	—
5-01-971	脱水鱼溶浆粉 Fish solubles, dehydrated	92	2830	—	63.6	9.3	0.12	0.5	1.23	1.63	—
5-01-985	鳀鱼粉,机械压榨 Fish, Anchovy *Engraulis ringen* meal mechanically extracted	92	2580	—	64.2	5.0	0.20	1.0	3.73	2.43	—
5-02-000	鲱鱼粉,机械压榨 Fish, Herring *Clupea harengus* meal mechanically extracted	93	3190	—	72.3	10.0	0.15	0.7	2.29	1.70	—
5-02-009	鱼粉,大西洋油鲱,机械压榨 Fish, Menhaden *Brevoortia tyrannus* meal mechanically extracted	92	2820	2977	60.5	9.4	0.12	0.7	5.11	2.88	—
5-02-025	白鱼粉,鳕科-鮟鱇科-鳐科,机械压榨 Fish, White Gadidae (family)-Lophiidae (family)-Rajidae(family) meal mechanically extracted	91	2593	—	62.6	4.6	0.08	0.7	7.31	3.81	—

续表2-5-9

国际饲料编号	饲料名称	干物质 DM	氮校正代谢能 MEn	氮校正真代谢能 TMEn	粗蛋白质 CP	粗脂肪 EE	亚油酸 Linoleic acid	粗纤维 CF	钙 Ca	总磷 Total P	非植酸磷 Non-phytate P
		%	kcal/kg	kcal/kg	%	%	%	%	%	%	%
5-14-503	明胶加工下脚料(明胶副产品)Gelatin process residue(gelatin by-product)	91	2360	3029	88.0	0.0	—	—	0.50	Trace	—
5-00-389	肝粉 Livers meal	92	2860	—	65.6	15.0	—	1.4	0.56	1.25	—
5-00-385	肉粉,提炼后 Meat meal rendered	92	2195	—	54.4	7.1	0.28	2.7	8.27	4.10	—
5-00-388	肉骨粉,提炼后 Meat with bone, meal rendered	93	2150	2495	50.4	10.0	0.36	2.8	10.30	5.10	—
5-03-600	豌豆 Pea *Pisum* spp. seeds	90	2570	2654	23.8	1.3	—	5.5	0.11	0.42	—
5-03-649	花生仁饼,机械压榨(花生饼)(螺旋压榨) Peanut *Arachis hypogaea* kernels, meal mechanically extracted(peanut meal)(expeller)	90	2500	—	42.0	7.3	1.43	12.0	0.16	0.56	—
5-03-650	花生仁粕,溶剂浸提(花生粕)Peanut *Arachis hypogaea* kernels, meal solvent extracted (peanut meal)	92	2200	2462	50.7	1.2	0.24	10.0	0.20	0.63	0.13
5-03-798	家禽副产品粉(内脏、头、爪),提炼后 Poultry by-product, meal rendered(viscera with feet and heads)	93	2950	3120	60.0	13.0	2.54	1.5	3.00	1.70	—
5-03-795	家禽羽毛粉,水解 Poultry feathers, meal hydrolyzed	93	2360	3276	81.0	7.0	—	1.0	0.33	0.55	—
5-04-110	带壳红花籽粕,溶剂浸提 Safflower *Carthamus tinctorius* seeds, meal solvent extracted	92	1193	—	23.4	1.4	—	30.0	0.34	0.75	—
5-07-959	去壳红花籽粕,溶剂浸提 Safflower *Carthamus tinctorius* seeds without hulls, meal solvent extracted	92	1921	—	43.0	1.3	—	13.5	0.35	1.29	0.39

续表2-5-9

国际饲料编号	饲料名称	干物质 DM	氮校正代谢能 MEn	氮校正真代谢能 TMEn	粗蛋白质 CP	粗脂肪 EE	亚油酸 Linoleic acid	粗纤维 CF	钙 Ca	总磷 Total P	非植酸磷 Non-phytate P
		%	kcal/kg	kcal/kg	%	%	%	%	%	%	%
5-04-220	芝麻饼，机械压榨（螺旋压榨）Sesame *Sesamum indicum* seeds, meal mechanically extracted(expeller)	93	2210	1978	43.8	6.5	1.90	7.0	1.99	1.37	0.34
4-04-594	大豆粉副产品（大豆加工厂废料）Soybean *Glycine max* flour by-product(soybean mill feed)	89	720	—	13.3	1.6	—	33.0	0.37	0.19	—
5-08-038	大豆浓缩蛋白，70%以上粗蛋白质 Soybean *Glycine max* protein concentrate, more than 70% protein	93	3500	—	84.1	0.4	—	0.2	0.02	0.80	0.32
5-09-340	带壳葵花籽粕，普通品种，溶剂浸提 Sunflower, common *Helianthus annuus* seeds, meal solvent extracted	90	1543	—	32.0	1.1	0.60	24.0	0.21	0.93	0.14
5-04-739	去壳葵花籽粕，普通品种，溶剂浸提 Sunflower, common *Helianthus annuus* seeds without hulls, meal solvent extracted	93	2320	2060	45.4	2.9	1.59	12.2	0.37	1.00	0.16

注：此资料后面表格中的饲料编号及名称与此表相同，故之后仅保留饲料中文名称。

表 2-5-10 矿物质含量

饲料名称	钾 K	氯 Cl	铁 Fe	镁 Mg	锰 Mn	钠 Na	硫 S	铜 Cu	硒 Se	锌 Zn
	%	%	mg/kg	%	mg/kg	%	%	mg/kg	mg/kg	mg/kg
蚕豆	1.2	—	70	0.13	8	0.08	—	4	—	42
血粉,蒸煮干燥	0.18	0.27	2020	0.16	5	0.32	0.32	10	0.01	4
血粉,喷雾干燥或瞬间干燥	0.18	0.27	3000	0.40	6	0.33	0.32	8	—	306
干啤酒糟	0.08	0.12	250	0.16	38	0.26	0.31	21	0.70	98
卡诺拉菜籽粕,预压浸提,低芥酸,低硫代葡萄糖苷	1.29	—	159	0.64	54	—	—	10	1.00	71
酪蛋白,脱水	0.01	—	18	0.01	44	0.01	—	4	—	33
酪蛋白,凝固脱水	0.01	—	17	0.01	44	0.01	—	4	—	32
脱脂牛奶,脱水	1.60	0.90	8	0.12	2	0.51	0.32	12	0.12	39
带皮椰子粕,溶剂浸提	1.41	0.03	—	0.31	54	0.04	—	—	—	—
玉米蛋白粉,60%粗蛋白质	0.35	0.05	400	0.15	4	0.02	0.43	26	1.00	33
带麸玉米面筋饲料(玉米蛋白饲料)	0.57	0.22	460	0.29	24	0.15	0.22	48	0.10	70
棉籽饼,机械压榨,41%粗蛋白质(螺旋压榨)	1.19	0.04	160	0.52	23	0.04	0.40	19	0.25	64
棉籽粕,直接溶剂浸提,41%粗蛋白质	1.22	0.03	110	0.40	20	0.04	0.31	18	—	70
浓缩鱼汁/鱼溶浆	1.74	2.65	160	0.02	14	2.62	0.12	45	2.00	38
脱水鱼溶浆粉	0.37	—	300	0.30	50	0.3	0.40	—	—	76
鳀鱼粉,机械压榨	0.69	0.60	220	0.24	10	0.65	0.54	9	1.36	103
鲱鱼粉,机械压榨	1.09	0.90	140	0.15	5	0.61	0.69	6	1.93	132
鱼粉,大西洋油鲱,机械压榨	0.65	0.60	440	0.16	33	0.65	0.45	11	2.10	147

续表2-5-10

饲料名称	钾 K	氯 Cl	铁 Fe	镁 Mg	锰 Mn	钠 Na	硫 S	铜 Cu	硒 Se	锌 Zn
	%	%	mg/kg	%	mg/kg	%	%	mg/kg	mg/kg	mg/kg
白鱼粉，鳕科-鮟鱇科-鳐科，机械压榨	0.83	0.50	181	0.18	12	0.78	0.48	6	1.62	90
明胶加工下脚料（明胶副产品）	—	—	—	0.05	—	—	—	—	—	—
肝粉	—	—	630	—	9	—	—	89	—	—
肉粉，提炼后	0.60	0.91	440	0.58	10	1.15	0.49	10	0.42	103
肉骨粉，提炼后	1.45	0.69	490	1.12	14	0.70	0.50	2	0.25	93
豌豆	1.02	0.06	50	0.13	—	0.04	—	—	—	30
花生仁饼，机械压榨（花生饼）（螺旋压榨）	1.15	0.03	156	0.33	25	0.06	0.29	15	0.28	30
花生仁粕，溶剂浸提（花生粕）	1.15	0.03	142	0.04	29	0.07	0.30	15	—	20
家禽副产品粉（内脏、头、爪），提炼后	0.55	0.54	440	0.22	11	0.40	0.51	14	0.75	120
家禽羽毛粉，水解	0.30	0.28	76	0.20	10	0.69	1.50	7	0.84	54
带壳红花籽粕，溶剂浸提	0.76	—	495	0.35	18	0.05	0.13	10	—	41
去壳红花籽粕，溶剂浸提	1.10	0.16	484	1.02	39	0.04	0.20	9	—	33
芝麻饼，机械压榨（螺旋压榨）	1.20	0.06	93	0.77	48	0.04	0.43	—	—	100
人豆粉副产品（大豆加工厂废料）	1.50	0.02	—	0.12	29	0.25	0.06	—	—	—
大豆浓缩蛋白，70%以上粗蛋白质	0.18	0.02	130	0.01	1	0.07	0.71	7	0.10	23
带壳葵花籽粕，普通品种，溶剂浸提	0.96	—	140	0.68	34	0.2	0.30	35	—	100
去壳葵花籽粕，普通品种，溶剂浸提	1.00	0.10	30	0.75	23	0.2	—	4	—	98

表 2-5-11 维生素含量

饲料名称	生物素 Biotin	胆碱 Choline	叶酸 Folacin	烟酸 Niacin	泛酸 Pantothenic acid	维生素 B_6 Pyridoxine	维生素 B_2 Riboflavin	维生素 B_1 Thiamin	维生素 B_{12}	维生素 E
	mg/kg	mg/kg	mg/kg	mg/kg	mg/kg	mg/kg	mg/kg	mg/kg	μg/kg	mg/kg
蚕豆	0.09	1.7	—	22	3.0	—	1.6	5.5	—	1
血粉,蒸煮干燥	0.08	695	0.1	29	3.0	4.4	2.6	0.4	44	—
血粉,喷雾干燥或瞬间干燥	0.20	280	0.4	13	5.0	4.4	1.3	0.5	44	—
干啤酒糟	0.96	1723	7.1	29	8.0	0.7	1.4	0.5	—	25
卡诺拉菜籽粕,预压浸提,低芥酸,低硫代葡萄糖苷	0.90	6700	2.3	160	9.5	—	3.7	5.2	—	—
酪蛋白,脱水	0.05	205	0.5	1	3.0	0.4	1.5	0.5	—	—
酪蛋白,凝固脱水	0.04	208	0.5	1	2.7	0.4	1.5	0.5	—	—
脱脂牛奶,脱水	0.33	1393	0.62	11.5	36.4	4.1	19.1	3.7	51	9
带皮椰子粕,溶剂浸提	—	1089	0.30	23.8	6.5	4.4	3.5	—	—	—
玉米蛋白粉,60%粗蛋白质	0.15	330	0.2	55	3.0	6.2	2.2	0.3	—	24
带麸玉米面筋饲料(玉米蛋白饲料)	0.33	1518	0.3	66	17.0	15.0	2.4	2.0	—	15
棉籽饼,机械压榨,41%粗蛋白质(螺旋压榨)	0.60	2753	1.0	38	10.0	5.3	5.1	6.4	—	39
棉籽粕,直接溶剂浸提,41%粗蛋白质	0.55	2933	2.7	40	7.0	3.0	4.0	3.3	—	15
棉籽粕,预压浸提,44%粗蛋白质	—	2685	0.9	46	14.5	—	4.7	—	—	—
浓缩鱼汁/鱼溶浆	0.18	3519	0.02	169	35.0	12.2	14.6	5.5	347	—
脱水鱼溶浆粉	0.26	5507	0.06	271	55.0	23.8	7.7	7.4	401	—
鳀鱼粉,机械压榨	0.23	4408	0.2	100	15.0	4.0	7.1	0.1	352	4
鲱鱼粉,机械压榨	0.31	5306	0.3	93	17.0	4.0	9.9	0.1	403	22

续表2-5-11

饲料名称	生物素 Biotin	胆碱 Choline	叶酸 Folacin	烟酸 Niacin	泛酸 Pantothenic acid	维生素 B_6 Pyridoxine	维生素 B_2 Riboflavin	维生素 B_1 Thiamin	维生素 B_{12}	维生素 E
	mg/kg	mg/kg	mg/kg	mg/kg	mg/kg	mg/kg	mg/kg	mg/kg	μg/kg	mg/kg
鱼粉，大西洋油鲱，机械压榨	0.20	3056	0.3	55	9.0	4.0	4.9	0.5	104	7
白鱼粉，鳕科-鮟鱇科-鳐科，机械压榨	0.08	3099	0.3	59	9.9	5.9	9.1	1.7	90	9
肝粉	0.02	11311	5.5	204	29.0	—	46.3	0.2	498	—
肉粉，提炼后	0.17	3077	0.3	57	5.0	3.0	5.5	0.2	68	1
肉骨粉，提炼后	0.14	1996	0.3	46	4.1	12.8	4.4	0.8	70	1
豌豆	0.18	642	0.4	34	10.0	1.0	2.3	4.6	—	3
花生仁饼，机械压榨(花生饼)(螺旋压榨)	0.33	1655	0.4	166	47.0	10.0	5.2	7.1	—	3
花生仁粕，溶剂浸提(花生粕)	0.39	2396	0.4	170	53.0	10.0	11.0	5.7	—	3
家禽副产品粉(内脏、头、爪)，提炼后	0.30	5952	1.0	40	12.3	4.4	11.0	1.0	310	2
家禽羽毛粉，水解	0.04	891	0.2	27	10.0	3.0	2.1	0.1	78	—
带壳红花籽粕，溶剂浸提	1.43	820	0.5	11	33.9	—	2.3	—	—	1
去壳红花籽粕，溶剂浸提	1.67	3248	1.6	22	39.1	11.3	2.4	4.5	—	1
芝麻饼，机械压榨(螺旋压榨)	0.34	1536	—	30	6.0	12.5	3.6	2.8	—	—
大豆粉副产品(大豆加工厂废料)	0.22	640	0.3	24	13.0	2.2	3.5	2.2	—	—
大豆浓缩蛋白，70%以上粗蛋白质	0.3	2	2.5	6	4.2	5.4	1.2	0.2	—	—
带壳葵花籽粕，普通品种，溶剂浸提	—	3791	—	264	29.9	11.1	3.0	3.0	—	—
去壳葵花籽粕，普通品种，溶剂浸提	1.45	2894	—	220	24.0	16.0	4.7	3.1	—	—

表 2-5-12 氨基酸含量(%)

饲料名称	干物质 DM	粗蛋白质 CP	精氨酸 Arg	甘氨酸 Gly	丝氨酸 Ser	组氨酸 His	异亮氨酸 Ile	亮氨酸 Leu	赖氨酸 Lys	蛋氨酸 Met	胱氨酸 Cys	苯丙氨酸 Phe	酪氨酸 Tyr	苏氨酸 Thr	色氨酸 Trp	缬氨酸 Val
蚕豆	87.0	23.6	2.12	1.02	11.5	0.82	0.95	1.76	1.50	0.18	0.28	1.00	0.80	0.85	0.20	1.07
血粉,蒸煮干燥	94.0	81.1	3.63	4.59	3.14	3.52	0.95	10.53	7.05	0.55	0.52	5.66	2.07	3.15	1.29	7.28
血粉,喷雾干燥或瞬间干燥	93.0	88.9	3.62	3.95	4.25	5.33	0.98	11.32	7.88	1.09	1.03	5.85	2.63	3.92	1.35	7.53
干啤酒糟	92.0	25.3	1.28	1.09	0.80	0.57	1.44	2.48	0.90	0.57	0.39	1.45	1.19	0.98	0.34	1.66
卡诺拉菜籽粕,预压浸提,低芥酸,低硫代葡萄糖苷	88.0	34.8	2.08	1.82	1.53	0.93	1.37	2.47	1.94	0.71	0.87	1.44	1.09	1.53	0.44	1.76
酪蛋白,脱水	83.0	87.2	3.61	1.79	5.81	2.78	4.82	9.00	7.99	2.65	0.21	4.96	5.37	4.29	1.05	6.46
酪蛋白,凝固脱水	92.0	85.0	3.42	1.81	5.52	2.52	4.77	8.62	7.31	2.80	0.15	4.81	5.17	4.00	0.98	5.82
脱脂牛奶,脱水	93.0	36.1	1.21	0.73	2.05	1.03	1.83	3.59	2.80	0.90	0.29	1.75	1.83	1.59	0.50	2.28
带皮椰子粕,溶剂浸提	92.6	19.2	1.97	0.82	0.79	0.36	0.63	1.18	0.50	0.28	0.28	0.88	0.44	0.58	0.12	0.91
玉米蛋白粉,60%粗蛋白质	88.0	60.2	1.82	1.67	2.96	1.20	2.45	10.4	1.03	1.49	1.10	3.56	3.07	2.00	0.36	2.78
带麸玉米面筋饲料(玉米蛋白饲料)	90.0	22.0	1.01	0.99	0.80	0.71	0.65	1.89	0.63	0.45	0.51	0.77	0.58	0.89	0.10	0.05
棉籽饼,机械压榨,41%粗蛋白质(螺旋压榨)	91.4	41.0	4.35	1.69	1.68	1.07	1.31	2.23	1.59	0.55	0.59	2.20	1.09	1.30	0.50	1.84
棉籽粕,直接溶剂浸提,41%粗蛋白质	90.4	41.4	4.66	1.69	1.78	1.10	1.33	2.41	1.76	0.51	0.62	2.23	1.14	1.34	0.52	1.82
棉籽粕,预压浸提,44%粗蛋白质	89.9	41.4	4.59	1.70	1.74	1.10	1.33	2.43	1.71	0.52	0.62	2.22	1.13	1.32	0.47	1.88
浓缩鱼汁/鱼溶浆	51.0	31.5	1.61	3.41	0.83	1.56	1.06	1.86	1.73	0.50	0.30	0.93	0.40	0.86	0.31	1.16
脱水鱼溶浆粉	92.0	63.6	2.78	5.89	2.02	2.18	1.95	3.16	3.28	1.00	0.66	1.48	0.78	1.35	0.51	2.22
鳀鱼粉,机械压榨	90.0	65.0	3.81	3.68	2.51	1.59	3.06	4.98	5.07	1.95	0.65	2.75	2.22	2.82	0.78	3.46
鲱鱼粉,机械压榨	92.0	72.0	4.21	4.30	2.75	1.74	3.23	5.46	5.47	2.16	0.72	2.82	2.25	3.07	0.83	3.90

续表2-5-12

饲料名称	干物质 DM	粗蛋白质 CP	精氨酸 Arg	甘氨酸 Gly	丝氨酸 Ser	组氨酸 His	异亮氨酸 Ile	亮氨酸 Leu	赖氨酸 Lys	蛋氨酸 Met	胱氨酸 Cys	苯丙氨酸 Phe	酪氨酸 Tyr	苏氨酸 Thr	色氨酸 Trp	缬氨酸 Val
鱼粉，大西洋油鲱，机械压榨	92.1	61.3	3.68	4.46	2.37	1.42	2.28	4.16	4.51	1.63	0.57	2.21	1.80	2.46	0.49	2.77
白鱼粉，鳕科-鮟鱇科-鳐科，机械压榨	91.0	62.2	4.02	4.42	3.06	1.34	2.72	4.36	4.53	1.68	0.75	2.28	1.83	2.57	0.67	3.02
明胶加工下脚料（明胶副产品）	91.0	88.0	7.40	20.00	2.80	0.85	1.40	3.10	3.70	0.68	0.09	1.70	0.26	1.30	0.09	1.80
肝粉	92.0	65.6	4.14	5.57	2.49	1.47	3.09	5.28	4.80	1.22	0.89	2.89	1.69	2.48	0.59	4.13
肉粉，提炼后	92.0	54.4	3.73	6.30	1.60	1.30	1.60	3.32	3.00	0.75	0.66	1.70	0.84	1.74	0.36	2.30
肉骨粉，提炼后	93.4	51.6	3.28	6.65	2.20	0.96	1.54	3.28	2.61	0.69	0.69	1.81	1.20	1.74	0.27	2.36
豌豆	88.8	23.8	2.23	1.00	1.08	0.59	0.97	1.65	1.68	0.24	0.33	1.10	0.73	0.84	0.18	1.10
花生仁饼，机械压榨（花生饼）（螺旋压榨）	90.2	40.0	4.35	2.18	1.83	0.87	1.27	2.42	1.26	0.45	0.52	1.97	1.47	1.01	0.39	1.53
花生仁粕，溶剂浸提（花生粕）	91.9	49.0	5.33	2.67	2.25	1.07	1.55	2.97	1.54	0.54	0.64	2.41	1.80	1.24	0.48	1.87
家禽副产品粉（内脏、头、爪），提炼后	94.2	59.5	3.94	6.17	2.71	1.07	2.16	3.99	3.10	0.99	0.98	2.29	1.68	2.17	0.37	2.87
家禽羽毛粉，水解	91.0	82.9	5.57	6.13	8.52	0.95	3.91	6.94	2.28	0.57	4.34	3.94	2.48	3.81	0.55	5.93
带壳红花籽粕，溶剂浸提	92.0	27.0	2.21	1.53	0.99	0.61	1.02	1.74	0.90	0.42	0.45	1.10	0.71	0.85	0.37	1.42
去壳红花籽粕，溶剂浸提	92.0	43.0	3.65	2.32	—	1.07	1.56	2.46	1.27	0.68	0.70	1.75	1.07	1.30	0.59	2.33
芝麻饼，机械压榨（螺旋压榨）	90.0	41.0	4.68	2.04	1.72	0.99	1.51	2.68	0.91	1.22	0.72	1.93	1.48	1.40	0.62	1.91
大豆粉副产品（大豆加工厂废料）	89.0	13.3	0.94	0.40	—	0.18	0.40	0.57	0.48	0.10	0.21	0.37	0.23	0.30	0.10	0.37
大豆浓缩蛋白，70%以上粗蛋白质	93.0	84.1	6.70	3.30	5.30	2.10	4.60	6.60	5.50	0.81	0.49	4.30	3.10	3.30	0.81	4.40
带壳葵花籽粕，普通品种，溶剂浸提	90.0	23.3	2.30	—	1.00	0.55	1.00	1.60	1.00	0.50	0.50	1.15	—	1.05	0.45	1.60
去壳葵花籽粕，普通品种，溶剂浸提	89.8	36.8	2.85	2.03	1.49	0.87	1.43	2.22	1.24	0.80	0.64	1.66	0.91	1.29	0.41	1.74

表 2-5-13　真氨基酸消化率(%)

名称及粗蛋白质含量	样本数	赖氨酸 Lys		蛋氨酸 Met		胱氨酸 Cys		精氨酸 Arg		苏氨酸 Thr		缬氨酸 Val		异亮氨酸 Ile		亮氨酸 Leu		组氨酸 His		苯丙氨酸 Phe	
	n	*X*	*SD*	*X*	*SD*	*X*	*SD*	*X*	*SD*	*X*	*SD*	*X*	*SD*	*X*	*SD*	*X*	*SD*	*X*	*SD*	*X*	*SD*
蚕豆(粗蛋白质 23%)	2	88	2	78	9	70	11	92	3	85	9	82	1	88	4	90	5	82	4	89	3
血粉(粗蛋白质 81%~89%)	30	86	11	91	9	76	11	87	9	87	10	87	12	78	10	89	11	84	11	88	11
卡诺拉菜籽粕(粗蛋白质 38%)	45	80	6	90	4	75	9	90	3	78	5	82	4	83	4	87	3	85	5	87	3
酪蛋白(粗蛋白质 85%)	1	97	—	99	—	84	—	97	—	98	—	98	—	98	—	99	—	96	—	99	—
椰子粕(粗蛋白质 25%)	2	58	31	83	8	48	6	85	3	58	11	78	8	78	7	80	1	69	8	84	4
玉米蛋白粉(粗蛋白质 60%)	14	88	4	97	1	86	3	96	2	92	2	95	1	95	1	98	1	94	1	97	1
玉米蛋白饲料(粗蛋白质 22%)	15	72	6	84	4	65	7	87	4	75	6	83	5	81	6	89	3	82	5	87	4
棉籽粕(粗蛋白质 41%)	5	67	5	73	2	73	4	87	3	71	7	78	5	75	6	77	4	69	10	86	3
羽毛粉(粗蛋白质 86%)	31	66	8	76	8	59	10	83	5	73	6	82	5	85	5	82	5	72	12	85	4
鱼粉(粗蛋白质 60%~63%)	38	88	5	92	3	73	11	92	3	89	6	91	5	92	5	92	4	89	4	91	5
明胶(粗蛋白质 88%)	1	94	—	93	—	68	—	96	—	95	—	97	—	95	—	97	—	95	—	97	—
羽扇豆粕(粗蛋白质 33%)	2	92	1	86	10	88	8	96	3	91	6	91	6	95	3	95	3	91	2	95	2
肉粉(粗蛋白质 50%~54%)	59	79	8	85	6	58	14	85	6	79	7	82	8	83	6	84	7	80	9	84	7
花生粕(粗蛋白质 46%)	1	83	—	88	—	78	—	84	—	82	—	88	—	91	—	92	—	83	—	94	—
家禽副产品粉(粗蛋白质 58%)	53	80	6	86	6	61	10	88	3	80	5	83	4	85	4	85	4	78	8	84	7
芝麻粕(粗蛋白质 44%)	2	88	5	94	3	82	5	92	3	87	3	91	3	92	3	91	2	89	3	93	3
去壳葵花籽粕(粗蛋白质 45%)	10	84	8	93	2	78	10	93	5	85	5	86	5	90	2	91	2	87	7	93	2

注:*X* 为平均值;*SD* 为标准差。

表 2-5-14 脂肪酸组成

%

饲料名称	干物质 DM	粗脂肪 EE	脂肪酸(占饲料中百分比)							
			C12:0	C14:0	C16:0	C16:1	C18:0	C18:1	C18:2	C18:3
黄玉米蛋白粉	90	2.5	—	—	0.50	—	0.06	0.61	1.16	—
棉籽粕,溶剂浸提,41%粗蛋白质	93	3.9	—	0.02	1.22	—	0.02	0.53	2.46	0.03
鱼粉,大西洋油鲱,机械压榨	92	9.4	0.01	1.15	3.61	1.58	0.57	1.96	0.14	0.08
肉骨粉,提炼后	93	8.6	—	0.22	2.36	0.44	1.42	3.74	0.31	—
花生仁饼,机械压榨(螺旋压榨)	90	7.3	—	—	1.52	0.08	0.23	3.32	1.43	—
家禽羽毛粉,水解	93	3.3	0.01	0.06	0.99	0.19	0.48	0.98	0.43	—

注:"—"表示无可用的数据。脂肪酸数据来源于 Edwards(1964).

2.5.3.2 Nutrient Requirements of Swine(猪的营养需要).1998[18]

表 2-5-15 营养成分及营养价值[a]

国际饲料编号[b]	饲料名称	干物质 DM	消化能 DE	代谢能 ME	净能 NE	粗蛋白质 CP	粗脂肪 EE	亚油酸 Linoleic acid	中性洗涤纤维 NDF	酸性洗涤纤维 ADF	钙 Ca	磷 P	有效磷 Bioavailability of P[c]
		%	kcal/kg	kcal/kg	kcal/kg	%	%	%	%	%	%	%	%
5-00-380	血粉,常规方法加工 Blood meal,conventional	92	2850	2350	1950	77.1	1.6	0.09	13.6	1.8	0.37	0.27	—
5-26-006	血粉,瞬间干燥 Blood meal,flash dried	92	2300	1950	1385[d]	87.6	1.6	—	—	—	0.21	0.21	—
5-00-381	血粉,喷雾或圆盘干燥 Blood meal,spray or ring dried	93	3370	2940	2070	88.8	1.3	0.17	—	—	0.41	0.30	92
—	血浆蛋白粉,喷雾干燥 Blood plasma sprays dried[e]	91	—	—	—	78.0	2.0	—	—	—	0.15	1.71	—
—	血浆蛋白粉,喷雾干燥 Blood cells,spray dried[e]	92	—	—	—	92.0	1.5	—	—	—	0.02	0.37	—
5-02-141	干啤酒糟 Brewers'Grain dried	92	2100	1960	1630	26.5	7.3	3.14	48.7	21.9	0.32	0.56	34
5-06-145	菜籽粕,Canola 品种,溶剂浸提 Canola(Rape-seed) meal,sol. extr.	90	2885	2640	1610	35.6	3.5	0.42	21.2	17.2	0.63	1.01	21

续表2-5-15

国际饲料编号[b]	饲料名称	干物质 DM	消化能 DE	代谢能 ME	净能 NE	粗蛋白质 CP	粗脂肪 EE	亚油酸 Linoleic acid	中性洗涤纤维 NDF	酸性洗涤纤维 ADF	钙 Ca	磷 P	有效磷 Bioavailability of P[c]
		%	kcal/kg	kcal/kg	kcal/kg	%	%	%	%	%	%	%	%
5-01-162	酪蛋白,脱水 Casein dried	91	4135	3535	2555	88.7	0.8	0.03	—	—	0.61	0.82	—
5-01-573	椰子饼粉,溶剂浸提 Coconut(Copra) meal, sol. extr.	92	3010	2565	1695	21.9	3.0	0.03	51.3	25.5	0.16	0.58	—
5-02-903	玉米淀粉渣 Corn yellow gluten feed	90	2990	2605	1740	21.5	3.0	1.43	33.3	10.7	0.22	0.83	59
5-28-242	玉米面筋粉,60%粗蛋白质 Corn yellow gluten meal,60% CP	90	4225	3830	2550	60.2	2.9	1.17	8.7	4.6	0.05	0.44	15
5-01-617	棉籽饼,机榨,41%粗蛋白质 Cottonseed meal, mech. extr.,41% CP	92	2945	2690	1870	42.4	6.1	3.15	25.7	18.0	0.23	1.03	—
5-07-872	棉籽粕,溶剂浸提,41%粗蛋白质 Cottonseed meal,sol. extr. 41% CP	90	2575	2315	1325	41.4	1.5	0.51	28.4	19.4	0.19	1.06	1
5-09-262	蚕豆粉 Fababean(Broadbean) seeds	87	3245	3045	2000	25.4	1.4	0.62	13.7	9.7	0.11	0.48	—
5-03-795	羽毛粉,脱水 Feather meal,hydrolyzed	93	2990	2485	2250	84.5	4.6	0.83	—	—	0.33	0.50	31
5-01-985	鱼粉,机榨 Fish Anchovy meal,mech. extr.	92	3230	2695	1695[d]	64.6	7.9	0.27	—	—	3.93	2.55	—
5-02-000	鲱鱼粉,机榨 Fish Herring meal,mech. extr.	93	3960	3260	2020	68.1	9.2	0.15	—	—	2.40	1.76	—
5-02-009	步鱼粉,机榨 Fish Menhaden meal,mech. extr.	92	3770	3360	2335	62.3	9.4	0.12	—	—	5.21	3.04	94
5-02-025	白鱼粉,机榨 Fish White meal,mech. extr.	91	3395	2810	2020	63.3	4.8	0.08	—	—	6.65	3.59	—
5-01-969	浓缩鱼汁 Fish solubles,condensed	51	1910	1625	995[d]	32.7	5.6	—	—	—	0.22	0.59	—
5-01-971	鱼精粉,脱水 Fish solubles,dried	92	3310	3045	1770	64.2	7.4	0.12	—	—	0.55	1.25	—
5-02-048	亚麻籽粕,溶剂浸提 Flax(Linseed) meal,sol. extr.	90	3060	2710	1840	33.6	1.8	0.36	23.9	15.0	0.39	0.83	—
5-02-506	小扁豆粉 Lentil seeds	89	3540	3450	2205	24.4	1.3	0.41	10.1	5.4	0.10	0.38	—
5-27-717	白羽扇豆粉 Lupin(Sweet White) seeds	89	3450	3305	2130	34.9	9.2	1.62	20.3	16.7	0.22	0.51	—

续表2-5-15

国际饲料编号[b]	饲料名称	干物质 DM	消化能 DE	代谢能 ME	净能 NE	粗蛋白质 CP	粗脂肪 EE	亚油酸 Linoleic acid	中性洗涤纤维 NDF	酸性洗涤纤维 ADF	钙 Ca	磷 P	有效磷 Bioavailability of P[c]
		%	kcal/kg	kcal/kg	kcal/kg	%	%	%	%	%	%	%	%
5-00-385	脱脂肉粉 Meat meal rendered	94	2695	2595	2175	54.0	12.0	0.80	31.6	8.3	7.69	3.88	—
5-00-388	脱脂肉骨粉 Meat meal rendered with bone	93	2440	2225	1355	51.5	10.9	0.72	32.5	5.6	9.99	4.98	90[f]
5-01-175	干燥脱脂牛奶粉 Milk(Cattle) skim,dried	96	3980	3715	2360	34.6	0.9	0.01	—	—	1.31	1.00	91
5-03-600	豌豆粉 Pea seeds	89	3435	3210	2195	22.8	1.2	0.47	12.7	7.2	0.11	0.39	—
5-03-649	花生饼,机榨 Peanut(Groundnut)meal,mech. extr.	92	3895	3560	2280	43.2	6.5	1.73	14.6	9.1	0.17	0.59	—
5-03-650	花生粕,溶剂浸提 Peanut(Groundnut) meal, sol. extr.	92	3415	3245	2170	49.1	1.2	0.30	16.2	12.2	0.22	0.65	12
5-25-392	马铃薯浓缩蛋白物 Potato protein concentrate	91	4140	3880	2040	73.8	1.7	—	1.8	—	0.17	0.19	—
5-03-798	脱脂家禽副产品粉 Poultry by-product,meal rendered	93	3090	2860	1945[d]	64.1	12.6	2.54	—	—	4.46	2.41	—
5-04-110	红花籽粕,溶剂浸提 Safflower meal,sol. extr.	92	2840	2170	870	23.4	1.4	0.84	55.9	38.8	0.34	0.75	—
5-07-959	脱壳红花籽粕,溶剂浸提 Saflower meal without hulls,sol. extr.	92	3055	2910	1585	42.5	1.3	0.74	25.9	18.0	0.37	1.31	—
5-04-220	芝麻饼粉,机榨 Seasame meal,mech. extr.	93	3350	3035	2090	42.6	7.5	3.07	18.0	13.2	1.90	1.22	—
—	浓缩大豆蛋白 Soybean protein concentrate	90	4100	3500	2000[d]	64.0	3.0	—	—	—	0.35	0.81	—
5-08-038	分离大豆蛋白 Soybean protein isolate	92	4150	3560	2000	85.8	0.6	—	—	—	0.15	0.65	—
5-09-340	葵花粕,溶剂浸提 Sunflower meal,sol. extr.	90	2010	1830	1230	26.8	1.3	0.98	42.4	30.3	0.36	0.86	3
5-04-739	脱壳葵花粕,溶剂浸提 Sunflower meal without hulls,sol. extr.	93	2840	2735	1635	42.2	2.9	1.07	27.8	18.4	0.37	1.01	—

注:[a]"—"表示无数据。[b]第一个数字表示饲料分类:5 表示蛋白质饲料,其他 5 位数字表示国际饲料编号。[c]估计的磷生物可利用率,相对于磷酸二氢钠或磷酸二氢钙的磷生物学效价。[d]根据原料的化学成分使用原书第一章中方程 1-12 计算。[e]喷雾干燥血浆蛋白粉和血球蛋白粉的 DE、ME 和 NE 的数据没有通过试验来检测,组成成分的数据不足以精确确定计算值。[f]有些肉骨粉磷的生物学效价可能只有 70%或更低。此资料后面表格中的饲料编号与此表相同,故之后仅保留饲料中文名称。

表 2-5-16　矿物元素含量[a]

国际饲料编号[b]	饲料名称	干物质 DM	钙 Ca	磷 P	钠 Na	氯 Cl	钾 K	镁 Mg	硫 S	铜 Cu	铁 Fe	锰 Mn	硒[c] Se	锌 Zn
		%	%	%	%	%	%	%	%	mg/kg	mg/kg	mg/kg	mg/kg	mg/kg
5-00-380	血粉,常规方法加工	92	0.37	0.27	0.50	0.30	0.11	0.11	0.48	11	1922	6	0.58	38
5-26-006	血粉,瞬间干燥	92	0.21	0.21	0.29	0.38	0.14	0.21	0.45	6	2341	10	—	16
5-00-381	血粉,喷雾或圆盘干燥	93	0.41	0.30	0.44	0.25	0.15	0.11	0.47	8	2919	6	—	30
—	血浆蛋白粉,喷雾干燥	91	0.15	1.71	3.02	1.50	0.20	0.34	—	—	55	—	—	—
—	血浆蛋白粉,喷雾干燥	92	0.02	0.37	0.58	1.40	0.62	—	—	—	2700	—	—	—
5-02-141	干啤酒糟	92	0.32	0.56	0.26	0.15	0.08	0.16	0.31	21	250	38	0.70	62
5-06-145	菜籽粕,Canola 品种,溶剂浸提	90	0.63	1.01	0.07	0.11	1.22	0.51	0.85	6	142	49	1.10	69
5-01-162	酪蛋白,脱水	91	0.61	0.82	0.01	0.04	0.01	0.01	0.60	4	14	4	0.16	30
5-01-573	椰子饼粉,溶剂浸提	92	0.16	0.58	0.04	0.37	1.83	0.31	0.31	25	486	69	—	49
5-02-903	玉米淀粉渣	90	0.22	0.83	0.15	0.22	0.98	0.33	0.22	48	460	24	0.27	70
5-28-242	玉米面筋粉,60%粗蛋白质	90	0.05	0.44	0.02	0.06	0.18	0.08	0.43	26	282	4	1.00	33
5-01-617	棉籽饼,机榨,41%粗蛋白质	92	0.23	1.03	0.04	0.04	1.34	0.52	0.40	19	160	23	0.90	64
5-07-872	棉籽粕,溶剂浸提,41%粗蛋白质	90	0.19	1.06	0.04	0.05	1.40	0.50	0.31	18	184	20	0.80	70
5-09-262	蚕豆粉	87	0.11	0.48	0.03	0.07	1.20	0.15	0.29	11	75	15	0.02	42
5-03-795	羽毛粉,脱水	93	0.33	0.50	0.34	0.26	0.19	0.20	1.39	10	76	10	0.69	111
5-01-985	鱼粉,机榨	92	3.93	2.55	0.88	1.02	0.75	0.24	0.77	9	220	10	1.36	103
5-02-000	鲱鱼粉,机榨	93	2.40	1.76	0.61	1.12	1.01	0.18	0.69	6	181	8	1.93	132
5-02-009	步鱼粉,机榨	92	5.21	3.04	0.40	0.55	0.70	0.16	0.45	11	440	37	2.10	147
5-02-025	白鱼粉,机榨	91	6.65	3.59	0.78	1.28	0.85	0.18	0.48	6	299	12	1.62	90
5-01-969	浓缩鱼汁	51	0.22	0.59	0.21	2.70	1.61	0.02	0.12	45	160	14	2.00	38
5-01-971	鱼精粉,脱水	92	0.55	1.25	0.37	6.29	2.03	0.30	0.40	35	300	50	2.20	76

续表2-5-16

国际饲料编号[b]	饲料名称	干物质 DM	钙 Ca	磷 P	钠 Na	氯 Cl	钾 K	镁 Mg	硫 S	铜 Cu	铁 Fe	锰 Mn	硒[c] Se	锌 Zn
		%	%	%	%	%	%	%	%	mg/kg	mg/kg	mg/kg	mg/kg	mg/kg
5-02-048	亚麻籽粕,溶剂浸提	90	0.39	0.83	0.13	0.06	1.26	0.54	0.39	22	270	41	0.63	66
5-02-506	小扁豆粉	89	0.10	0.38	0.02	0.03	0.89	0.12	0.20	10	85	13	0.10	25
5-27-717	白羽扇豆粉	89	0.22	0.51	0.02	0.03	1.10	0.19	0.24	6	54	1390	0.07	32
5-00-385	脱脂肉粉	94	9	3.88	0.80	0.97	0.57	0.35	0.45	10	440	10	0.37	94
5-00-388	脱脂肉骨粉	93	9.99	4.98	0.63	0.69	0.65	0.41	0.38	11	606	17	0.31	96
5-01-175	干燥脱脂牛奶粉	96	1.31	1.00	0.48	1.00	1.60	0.12	0.32	5	8	2	0.12	42
5-03-600	豌豆粉	89	0.11	0.39	0.04	0.05	1.02	0.12	0.20	9	65	23	0.38	23
5-03-649	花生饼,机榨	92	0.17	0.59	0.06	0.03	1.20	0.33	0.29	15	285	39	0.28	47
5-03-650	花生粕,溶剂浸提	92	0.22	0.65	0.07	0.04	1.25	0.31	0.30	15	260	40	0.21	41
5-25-392	马铃薯浓缩蛋白物	91	0.17	0.19	0.03	0.20	0.80	0.05	0.23	13	40	5	1.00	25
5-03-798	脱脂家禽副产品粉	93	4.46	2.41	0.49	0.49	0.53	0.18	0.52	10	442	9	0.88	94
5-04-110	红花籽粕,溶剂浸提	92	0.34	0.75	0.05	0.08	0.76	0.35	0.13	10	495	18	—	41
5-07-959	脱壳红花籽粕,溶剂浸提	92	0.37	1.31	0.04	0.16	1.00	1.02	0.20	9	484	39	—	33
5-04-220	芝麻饼粉,机榨	93	1.90	1.22	0.04	0.07	1.10	0.54	0.56	34	93	53	0.21	100
—	浓缩大豆蛋白	90	0.35	0.81	0.05	—	2.20	0.32	—	13	110	—	—	30
5-08-038	分离大豆蛋白	92	0.15	0.65	0.07	0.02	0.27	0.08	0.71	14	137	5	0.14	34
5-09-340	葵花粕,溶剂浸提	90	0.36	0.86	0.02	0.10	1.07	0.68	0.30	26	254	41	0.50	66
5-04-739	脱壳葵花粕,溶剂浸提	93	0.37	1.01	0.04	0.13	1.27	0.75	0.38	25	200	35	0.32	98

注:[a]"—"表示无数据。[b]第一个数字表示饲料分类:5 表示蛋白质饲料,其他 5 位数字表示国际饲料编号。[c]原料中硒的含量取决于土壤硒状况,有些原料硒的含量可能与本表所给的数据有很大的差异。

表 2-5-17[a] 维生素含量

国际饲料编号[b]	饲料名称	干物质 DM	生物素 Biotin	胆碱 Choline	叶酸 Folacin	烟酸 Niacin	泛酸 Pantothenic acid	维生素 B_2 Riboflavin	维生素 B_1 Thiamin	维生素 B_6 Vitamin B_6	维生素 B_{12} Vitamin B_{12}	维生素 E VitaminE[c]	β-胡萝卜素 Beta-Carotene[d]
		%	mg/kg	mg/kg	mg/kg	mg/kg	mg/kg	mg/kg	mg/kg	mg/kg	μg/kg	mg/kg	mg/kg
5-00-380	血粉,常规方法加工	92	0.03	852	0.10	31	2.0	2.4	0.4	4.4	44	1.0	—
5-26-006	血粉,瞬间干燥	92	0.08	781	0.10	23	1.0	1.4	1.0	4.4	44	1.0	—
5-00-381	血粉,喷雾或圆盘干燥	93	0.28	485	0.40	23	3.7	3.2	0.3	4.4	—	1.0	—
5-02-141	干啤酒糟	92	0.24	1723	7.10	43	8.0	1.4	0.6	0.7	0	—	0.2
5-06-145	菜籽粕,Canola 品种,溶剂浸提	90	0.98	6700	0.83	160	9.5	5.8	5.2	7.2	0	13.4	—
5-01-167	酪蛋白,脱水	91	0.04	205	0.51	1	2.7	1.5	0.4	0.4	—	—	—
5-01-573	椰子饼粉,溶剂浸提	92	0.25	1089	0.30	28	6.5	3.5	0.7	4.4	—	7.7	—
5-02-903	玉米淀粉渣	90	0.14	1518	0.28	66	17.0	2.4	2.0	13.0	0	8.5	1.0
5-28-242	玉米面筋粉,60%粗蛋白质	90	0.15	330	0.13	55	3.5	2.2	0.3	6.9	0	6.7	—
5-01-617	棉籽饼,机榨,41%粗蛋白质	92	0.30	2753	1.65	38	10.0	5.1	6.4	5.3	0	35.0	0.2
5-07-872	棉籽粕,溶剂浸提,41%粗蛋白质	90	0.30	2933	1.65	40	12.0	5.9	7.0	5.1	0	14.0	0.2
5-09-262	蚕豆粉	87	0.09	1670	—	26	3.0	2.9	5.5	—	0	0.8	—
5-03-795	羽毛粉,脱水	93	0.13	891	0.20	21	10.0	2.1	0.1	3.0	78	7.3	—
5-01-985	鱼粉,机榨	92	0.13	4408	0.37	100	15.0	7.1	0.3	4.0	280	5.0	—
5-02-000	鲱鱼粉,机榨	93	0.13	5306	0.37	93	17.0	9.9	0.4	4.8	403	15.0	—
5-02-009	步鱼粉,机榨	92	0.13	3056	0.37	55	9.0	4.9	0.5	4.0	143	5.0	—
5-02-025	白鱼粉,机榨	91	0.13	3099	0.37	59	9.9	9.1	1.7	5.9	90	5.0	—
5-01-969	浓缩鱼汁	51	0.18	3519	0.02	169	35.0	14.6	5.5	12.2	347	—	—
5-01-971	鱼精粉,脱水	92	0.26	5507	0.60	271	55.0	15.6	7.4	23.8	401	—	—

续表2-5-17

国际饲料编号[b]	饲料名称	干物质 DM	生物素 Biotin	胆碱 Choline	叶酸 Folacin	烟酸 Niacin	泛酸 Pantothenic acid	维生素 B_2 Riboflavin	维生素 B_1 Thiamin	维生素 B_6 Vitamin B_6	维生素 B_{12} Vitamin B_{12}	维生素 E VitaminE[c]	β-胡萝卜素 Beta-Carotene[d]
		%	mg/kg	mg/kg	mg/kg	mg/kg	mg/kg	mg/kg	mg/kg	mg/kg	μg/kg	mg/kg	mg/kg
5-02-048	亚麻籽粕，溶剂浸提	90	0.41	1512	1.30	33	14.7	2.9	7.5	6.0	0	2.0	0.2
5-02-506	小扁豆粉	89	0.13	—	0.70	22	14.9	2.4	3.9	5.5	0	0.0	1.0
5-27-717	白羽扇豆粉	89	0.05	—	—	—	—	—	—	—	—	7.5	—
5-00-385	脱脂肉粉	94	0.08	2077	0.50	57	5.0	4.7	0.6	2.4	80	1.2	—
5-00-388	脱脂肉骨粉	93	0.08	1996	0.41	49	4.1	4.7	0.4	4.6	90	1.6	—
5-01-175	干燥脱脂牛奶粉	96	0.25	1393	0.47	12	36.4	19.1	3.7	4.1	36	4.1	—
5-03-600	豌豆粉	89	0.15	547	0.20	31	18.7	1.8	4.6	1.0	0	0.2	1.0
5-03-649	花生饼，机榨	92	0.35	1848	0.70	166	47.0	5.2	7.1	7.4	0	2.7	—
5-03-650	花生粕，溶剂浸提	92	0.39	1854	0.50	170	53.0	7.0	5.7	6.0	0	2.7	—
5-03-798	脱脂家禽副产品粉	93	0.09	6029	0.50	47	11.1	10.5	0.2	4.4	—	—	—
5-04-110	红花籽粕，溶剂浸提	92	1.03	820	0.50	11	33.9	2.3	4.6	12.0	0	16.0	—
5-07-959	脱壳红花籽粕，溶剂浸提	92	1.03	3248	1.60	22	39.1	2.4	4.5	11.3	0	16.0	—
5-04-220	芝麻饼粉，机榨	93	0.24	1536	—	30	6.0	3.6	2.8	12.5	0	1.0	0.2
—	浓缩大豆蛋白	90	—	—	—	—	—	—	—	—	—	—	—
5-08-038	分离大豆蛋白	92	0.30	2	2.50	6	4.2	1.7[e]	0.3[e]	5.4[e]	0	—	—
5-09-340	葵花粕，溶剂浸提	90	1.40	3791	1.14	264	29.9	3.0	3.0	11.1	0	9.1	—
5-04-739	脱壳葵花粕，溶剂浸提	93	1.45	3150	1.14	220	24.0	3.6	3.5	13.7	0	9.1	—

注：[a]"—"表示无数据。[b]第一个数字表示饲料分类：5表示蛋白质饲料，其他5位数字表示国际饲料编号。[c]为α生育酚(a-tocopherol)。[d]1 mg 的全反式β-胡萝卜素(all-trans beta-carotene)＝267 IU 的维生素 A 或 80 μg 维生素 A(retinol)或 92 μg 维生素 A 乙酸酯(retinyl acetate)。[e]大豆分离蛋白中的维生素 B_2、维生素 B_1 和维生素 B_6 无生物学活性。

表 2-5-18 氨基酸含量(%)[a]

国际饲料编号[b]	饲料名称	干物质 DM	粗蛋白质 CP	精氨酸 Arg	组氨酸 His	异亮氨酸 Ile	亮氨酸 Leu	赖氨酸 Lys	蛋氨酸 Met	胱氨酸 Cys	苯丙氨酸 Phe	酪氨酸 Tyr	苏氨酸 Thr	色氨酸 Trp	缬氨酸 Val
5-00-380	血粉,常规方法加工	92	77.1	3.34	5.06	0.91	10.99	7.04	0.99	1.09	5.34	2.29	4.05	1.08	7.05
5-26-006	血粉,瞬间干燥	92	87.6	3.37	4.57	0.88	11.48	7.56	0.95	1.20	6.41	2.32	4.07	1.06	8.03
5-00-381	血粉,喷雾或圆盘干燥	93	88.8	3.69	5.30	1.03	10.81	7.45	0.99	1.04	5.81	2.71	3.78	1.48	7.03
—	血浆蛋白粉,喷雾干燥	92	78.0	4.55	2.55	2.71	7.61	6.84	0.75	2.63	4.42	3.53	4.72	1.36	4.94
—	血浆蛋白粉,喷雾干燥	92	92.0	3.77	6.99	0.49	12.70	8.51	0.81	0.61	6.69	2.14	3.38	1.37	8.50
5-02-141	干啤酒糟	92	26.5	1.53	0.53	1.02	2.08	1.08	0.45	0.49	1.22	0.88	0.95	0.26	1.26
5-06-145	菜籽粕,Canola 品种,溶剂浸提	90	35.6	2.21	0.96	1.43	2.58	2.08	0.74	0.91	1.43	1.13	1.59	0.45	1.82
5-01-162	酪蛋白,脱水	91	88.7	3.26	2.82	4.66	8.79	7.35	2.70	0.41	4.79	4.77	3.98	1.14	6.10
5-01-573	椰子饼粉,溶剂浸提	92	21.9	2.38	0.39	0.75	1.36	0.58	0.35	0.29	0.84	0.58	0.67	0.19	1.07
5-02-903	玉米淀粉渣	90	21.5	1.04	0.67	0.66	1.96	0.63	0.35	0.46	0.76	0.58	0.74	0.07	1.01
5-28-242	玉米面筋粉,60%粗蛋白质	90	60.2	1.93	1.28	2.48	10.19	1.02	1.43	1.09	3.84	3.25	2.08	0.31	2.79
5-01-617	棉籽饼,机榨,41%粗蛋白质	92	42.4	4.26	1.11	1.29	2.45	1.65	0.67	0.69	1.97	1.23	1.34	0.54	1.76
5-07-872	棉籽粕,溶剂浸提,41%粗蛋白质	90	41.4	4.55	1.17	1.30	2.47	1.72	0.67	0.70	2.20	1.22	1.36	0.48	1.78
5-09-262	蚕豆粉	87	25.4	2.28	0.67	1.03	1.89	1.62	0.20	0.32	1.03	0.87	0.89	0.22	1.14
5-03-795	羽毛粉,脱水	93	84.5	5.62	0.93	3.86	6.79	2.08	0.61	4.13	4.01	2.41	3.82	0.54	5.88
5-01-985	鱼粉,机榨	92	64.6	3.68	1.56	3.06	5.00	5.11	1.95	0.61	2.66	2.15	2.82	0.76	3.51
5-02-000	鲱鱼粉,机榨	93	68.1	4.01	1.52	2.91	5.20	5.46	2.04	0.66	2.75	2.18	3.02	0.74	3.46
5-02-009	步鱼粉,机榨	92	62.9	3.66	1.78	2.57	4.54	4.81	1.77	0.57	2.51	2.04	2.64	0.66	3.03
5-02-025	白鱼粉,机榨	91	63.3	4.04	1.34	2.61	4.39	4.51	1.76	0.68	2.32	2.03	2.60	0.66	3.06
5-01-969	浓缩鱼汁	51	32.7	1.61	1.56	1.06	1.86	1.73	0.50	0.30	0.93	0.40	0.86	0.31	1.16

续表2-5-18

国际饲料编号[b]	饲料名称	干物质 DM	粗蛋白质 CP	精氨酸 Arg	组氨酸 His	异亮氨酸 Ile	亮氨酸 Leu	赖氨酸 Lys	蛋氨酸 Met	胱氨酸 Cys	苯丙氨酸 Phe	酪氨酸 Tyr	苏氨酸 Thr	色氨酸 Trp	缬氨酸 Val
5-01-971	鱼精粉，脱水	92	64.2	2.67	1.23	1.56	2.68	2.84	0.98	0.49	1.22	0.62	1.40	0.34	1.94
5-02-048	亚麻籽粕，溶剂浸提	90	33.6	2.97	0.68	1.56	2.06	1.24	0.59	0.59	1.57	1.03	1.26	0.52	1.74
5-02-506	小扁豆粉	89	24.4	2.05	0.78	1.00	1.84	1.71	0.18	0.27	1.29	0.70	0.84	0.21	1.27
5-27-717	白羽扇豆粉	89	34.9	3.38	0.77	1.40	2.43	1.54	0.27	0.51	1.22	1.35	1.20	0.26	1.29
5-00-385	脱脂肉粉	94	54.0	3.60	1.14	1.60	3.84	3.07	0.80	0.60	2.17	1.40	1.97	0.35	2.66
5-00-388	脱脂肉骨粉	93	51.5	3.45	0.91	1.34	2.98	2.51	0.68	0.50	1.62	1.07	1.59	0.28	2.04
5-01-175	干燥脱脂牛奶粉	96	34.6	1.24	1.05	1.87	3.67	2.86	0.92	0.30	1.78	1.87	1.62	0.51	2.33
5-03-600	豌豆粉	89	22.8	1.87	0.54	0.86	1.51	1.50	0.21	0.31	0.98	0.71	0.78	0.19	0.98
5-03-649	花生饼，机榨	92	43.2	4.79	1.01	1.41	2.77	1.48	0.50	0.60	2.02	1.74	1.16	0.41	1.70
5-03-650	花生粕，溶剂浸提	92	49.1	5.09	1.06	1.78	2.83	1.66	0.52	0.69	2.35	1.80	1.27	0.48	1.98
5-25-392	马铃薯浓缩蛋白物	91	73.8	3.80	1.71	4.09	7.61	5.83	1.68	1.20	4.89	4.27	4.30	1.02	4.89
5-03-798	脱脂家禽副产品粉	93	64.1	3.94	1.25	2.01	3.89	3.32	1.11	0.65	2.26	1.56	2.18	0.48	2.51
5-04-110	红花籽粕，溶剂浸提	92	23.4	2.04	0.59	0.67	1.52	0.74	0.34	0.38	1.07	0.77	0.65	0.33	1.18
5-07-959	脱壳红花籽粕，溶剂浸提	92	42.5	3.59	1.07	1.69	2.57	1.17	0.66	0.69	2.00	1.08	1.28	0.54	2.33
5-04-220	芝麻饼粉，机榨	93	42.6	4.86	0.98	1.47	2.74	1.01	1.15	0.82	1.77	1.52	1.44	0.54	1.85
—	浓缩大豆蛋白	90	64.0	5.79	1.80	3.30	5.30	4.20	0.90	1.00	3.40	2.50	2.80	0.90	3.40
5-08-038	分离大豆蛋白	92	85.8	6.87	2.25	4.25	6.64	5.26	1.01	1.19	4.34	3.10	3.17	1.08	4.21
5-09-340	葵花粕，溶剂浸提	90	26.8	2.38	0.66	1.29	1.86	1.01	0.59	0.48	1.23	0.76	1.04	0.38	1.49
5-04-739	脱壳葵花粕，溶剂浸提	93	42.2	2.93	0.92	1.44	2.31	1.20	0.82	0.66	1.66	1.03	1.33	0.44	1.74

注：[a]“—”表示无数据。[b]第一个数字表示饲料分类：5 表示蛋白质饲料，其他 5 位数字表示国际饲料编号。

表 2-5-19 回肠末端表观氨基酸消化率(%)[a]

国际饲料编号[b]	饲料名称	干物质 DM	粗蛋白质 CP	精氨酸 Arg	组氨酸 His	异亮氨酸 Ile	亮氨酸 Leu	赖氨酸 Lys	蛋氨酸 Met	胱氨酸 Cys	苯丙氨酸 Phe	酪氨酸 Tyr	苏氨酸 Thr	色氨酸 Trp	缬氨酸 Val
5-00-380	血粉,常规方法加工	92	77.1	56	60	55	60	56	42	55	60	—	54	65	54
5-26-006	血粉,瞬间干燥	92	87.6	—	—	—	—	—	—	—	—	—	—	—	—
5-00-381	血粉,喷雾或圆盘干燥	93	88.8	91	92	71	91	91	85	81	90	88	86	88	90
—	血浆蛋白粉,喷雾干燥	91	78.0	90	91	85	84	87	64	—	88	—	82	92	86
—	血浆蛋白粉,喷雾干燥	92	92.0	—	—	—	—	—	—	—	—	—	—	—	—
5-02-141	干啤酒糟	92	26.5	81	70	81	73	69	74	67	81	91	70	73	73
5-06-145	菜籽粕,Canola 品种,溶剂浸提	90	35.6	81	80	74	78	74	82	79	76	73	69	73	71
5-01-162	酪蛋白,脱水	91	88.7	94	95	92	96	95	96	77	95	96	88	92	94
5-01-573	椰子饼粉,溶剂浸提	92	21.9	81	63	64	68	51	67	54	71	—	51	63	68
5-02-903	玉米淀粉渣	90	21.5	79	69	68	81	51	79	53	80	80	57	47	71
5-28-242	玉米面筋粉,60%粗蛋白质	90	60.2	87	82	84	88	75	87	79	86	84	80	81	82
5-07-872	棉籽粕,溶剂浸提,41%粗蛋白质	90	41.4	88	77	69	70	61	73	68	81	77	63	67	71
5-09-262	蚕豆粉	87	25.4	89	85	80	82	84	73	65	78	79	75	68	78
5-03-795	羽毛粉,脱水	93	84.5	81	56	81	80	54	65	71	82	73	74	63	80
5-02-009	步鱼粉,机榨	92	62.9	90	86	87	88	89	88	73	85	86	85	79	85
5-01-969	浓缩鱼汁	51	32.7	—	90	88	91	92	92	61	91	82	88	63	88
5-02-048	亚麻籽粕,溶剂浸提	90	33.6	86	72	75	68	70	76	—	78	—	63	75	74

续表2-5-19

国际饲料编号[b]	饲料名称	干物质 DM	粗蛋白质 CP	精氨酸 Arg	组氨酸 His	异亮氨酸 Ile	亮氨酸 Leu	赖氨酸 Lys	蛋氨酸 Met	胱氨酸 Cys	苯丙氨酸 Phe	酪氨酸 Tyr	苏氨酸 Thr	色氨酸 Trp	缬氨酸 Val
5-02-506	小扁豆粉	89	24.4	81	76	75	76	83	79	—	71	—	70	—	72
5-27-717	白羽扇豆粉	89	34.9	91	85	82	81	78	65	78	82	81	74	—	77
5-00-385	脱脂肉粉	94	54.0	88	82	82	82	83	85	55	83	79	79	73	79
5-00-388	脱脂肉骨粉	93	51.5	81	75	74	76	74	79	55	76	71	70	60	74
5-01-175	干燥脱脂牛奶粉	96	34.6	89	93	86	93	91	92	81	93	94	85	90	87
5-03-600	豌豆粉	89	22.8	87	83	79	80	84	78	68	81	83	73	70	76
5-03-650	花生粕，溶剂浸提	92	49.1	93	81	83	85	78	85	77	89	91	74	73	82
5-25-392	马铃薯浓缩蛋白物	91	73.8	83	84	80	83	79	83	56	82	78	78	59	78
5-03-798	脱脂家禽副产品粉	93	64.1	85	76	77	78	78	74	70	80	71	72	74	74
5-04-220	芝麻饼粉，机榨	93	42.6	94	76	85	85	76	90	86	89	87	78	85	84
—	浓缩大豆蛋白	90	64.0	97	95	93	93	93	91	90	94	93	90	89	91
5-08-038	分离大豆蛋白	92	85.8	91	88	90	92	88	—	—	88	89	85	—	86
5-09-340	葵花粕，溶剂浸提	90	26.8	90	79	79	79	75	88	75	82	83	74	79	77
5-04-739	脱壳葵花粕，溶剂浸提	93	42.2	89	79	78	77	74	87	74	80	77	71	76	75

注：[a]"—"表示无数据。[b]第一个数字表示饲料分类：5表示蛋白质饲料，其他5位数字表示国际饲料编号。数据源自Southern(1991)，Rhone-Poulenc(1993)，Jondreville等(1995)和Heartland Lysine(1995)。

表 2-5-20　回肠末端真氨基酸消化率[a]

%

国际饲料编号[b]	饲料名称	干物质 DM	粗蛋白质 CP	精氨酸 Arg	组氨酸 His	异亮氨酸 Ile	亮氨酸 Leu	赖氨酸 Lys	蛋氨酸 Met	胱氨酸 Cys	苯丙氨酸 Phe	酪氨酸 Tyr	苏氨酸 Thr	色氨酸 Trp	缬氨酸 Val
5-00-381	血粉,喷雾或圆盘干燥	93	88.8	92	92	88	92	94	96	91	93	93	94	94	91
5-02-141	干啤酒糟	92	26.5	95	84	89	88	82	90	77	92	94	81	83	86
5-06-145	菜籽粕,Canola 品种,溶剂浸提	90	35.6	85	85	78	81	78	86	83	82	79	76	75	77
5-02-903	玉米淀粉渣	90	21.5	87	78	80	85	66	83	59	87	84	71	64	77
5-28-242	玉米面筋粉,60%粗蛋白质	90	60.2	89	80	84	88	80	90	82	85	87	84	63	80
5-07-872	棉籽粕,溶剂浸提,41%粗蛋白质	90	41.4	89	79	71	73	64	75	69	81	78	68	65	72
5-09-262	蚕豆粉	87	25.4	91	87	84	86	87	81	76	85	82	82	75	82
5-03-795	羽毛粉,脱水	93	84.5	85	74	88	84	67	74	73	86	79	82	86	84
5-02-009	步鱼粉,机榨	92	62.9	94	93	94	94	95	94	88	93	92	88	90	93
5-01-969	浓缩鱼汁	51	32.7	98	93	94	96	95	95	78	96	94	95	91	94
5-27-717	白羽扇豆粉	89	34.9	92	88	83	83	79	68	84	85	85	79	—	80
5-00-385	脱脂肉粉	94	54.0	86	83	84	83	83	87	58	85	80	82	79	80
5-00-388	脱脂肉骨粉	93	51.5	83	83	82	81	80	83	63	81	78	80	78	79
5-01-175	干燥脱脂牛奶粉	96	34.6	92	96	88	97	93	96	89	98	97	92	97	91
5-03-600	豌豆粉	89	22.8	90	89	85	86	88	84	79	87	87	83	81	83
5-03-650	花生粕,溶剂浸提	92	49.1	97	91	92	93	88	89	86	94	95	90	—	91
5-25-392	马铃薯浓缩蛋白物	91	73.8	88	86	82	85	81	86	64	85	80	83	66	81
5-03-798	脱脂家禽副产品粉	93	64.1	85	78	81	80	80	77	72	81	76	77	—	74
5-04-220	芝麻饼粉,机榨	93	42.6	96	93	91	92	85	92	92	93	91	90	—	89
—	浓缩大豆蛋白	90	64.0	99	97	95	95	95	94	94	97	96	94	93	94
5-08-038	分离大豆蛋白	92	85.8	—	—	—	—	—	—	—	—	—	—	—	—
5-09-340	葵花粕,溶剂浸提	90	26.8	93	83	84	85	81	91	81	87	88	82	84	82
5-04-739	脱壳葵花粕,溶剂浸提	93	42.2	93	85	84	85	83	90	81	86	88	84	—	82

注:[a]"—"表示无数据。[b]第一个数字表示饲料分类:5 表示蛋白质饲料,其他 5 位数字表示国际饲料编号。数据源自 Southern(1991),Rhone-Poulenc(1993)和 Jondreville 等(1995)。

编者注:回肠末端真氨基酸消化率原文为 True Ileal Digestibility of Amino Acids。

表 2-5-21 用原料粗蛋白质含量预测其氨基酸的系数[a,b]

饲料名称	干物质 DM(%)	粗蛋白质 CP(%)	回归因子 Regression factors	赖氨酸 Lys	色氨酸 Trp	苏氨酸 Thr	蛋氨酸 Met	蛋氨酸+胱氨酸 Met+Cys
啤酒糟 Brewers' grains	88	10.6	*a*	0.1800	0.0690	0.0730	−0.1270	−0.0580
			b	0.0295	0.0086	0.0333	0.0250	0.0436
			r	0.73	0.90	0.98	0.95	0.93
菜籽粕,Canola 品种 Canola meal(rapeseed)	88	10.6	*a*	0.0520	−0.1750	0.4800	0.1410	−0.031
			b	0.0547	0.0181	0.0303	0.0164	0.0467
			r	0.53	0.71	0.63	0.65	0.72
椰子饼粉 Coconut meal	88	10.6	*a*	0.1500	−0.0040	0.0200	−0.0460	−0.0700
			b	0.0174	0.0080	0.0297	0.0175	0.0349
			r	0.74	0.98	0.92	0.86	0.95
玉米淀粉渣 Corn gluten feed	88	10.6	*a*	−0.2440	—	−0.1340	−0.0310	—
			b	0.0433	—	0.0430	0.0184	—
			r	0.64	—	0.88	0.68	—
玉米面筋粉 Corn gluten meal	88	10.6	*a*	—	−0.0660	0.3030	—	—
			b	—	0.0063	0.0293	—	—
			r	—	0.59	0.76	—	—
棉籽粕 Cottonseed meal	88	10.6	*a*	−0.1250	−0.0510	0.1530	0.1070	−0.0780
			b	0.0440	0.0132	0.0289	0.0135	0.0347
			r	0.82	0.92	0.88	0.80	0.83
蚕豆粉 Fababean seeds	88	10.6	*a*	0.1120	0.0540	0.1920	0.0210	0.1290
			b	0.0598	0.0109	0.0278	0.0072	0.0155
			r	0.78	0.71	0.88	0.63	0.68

续表2-5-21

饲料名称	干物质 DM(%)	粗蛋白质 CP(%)	回归因子 Regression factors	赖氨酸 Lys	色氨酸 Trp	苏氨酸 Thr	蛋氨酸 Met	蛋氨酸+胱氨酸 Met+Cys
鱼粉 Fish meal	88	10.6	*a*	−1.9980	−0.3880	−0.7420	−0.6900	−0.5710
			b	0.1081	0.0158	0.0537	0.0391	0.0463
			r	0.86	0.76	0.85	0.82	0.78
小扁豆粉 Lupin seeds	88	10.6	*a*	0.5510	0.0230	0.3550	−0.2020	−0.2470
			b	0.0294	0.0069	0.0250	0.0138	0.0303
			r	0.86	0.91	0.93	0.91	0.87
肉骨粉 Meat and bone meal	88	10.6	*a*	−1.0560	−0.4030	−0.8060	−0.4390	−0.7240
			b	0.0729	0.0139	0.0488	0.0228	0.0387
			r	0.82	0.76	0.86	0.74	0.70
肉粉 Meat meal	88	10.6	*a*	−0.8780	−0.3150	−0.5460	−0.2210	−0.5480
			b	0.0694	0.0127	0.0447	0.0184	0.0366
			r	0.80	0.74	0.86	0.80	0.66
干燥脱脂牛奶粉 Milk,dried skim	88	10.6	*a*	−0.4360	−0.2320	0.3720	0.1150	0.2720
			b	0.0893	0.0102	0.0337	0.0216	0.0252
			r	0.75	0.92	0.67	0.65	0.64
花生粕 Peanut meal	88	10.6	*a*	0.2300	−0.0277	0.3780	0.1290	0.1540
			b	0.0290	0.0164	0.0181	0.0087	0.0219
			r	0.76	0.90	0.93	0.64	0.78
豌豆粉 Peas,seeds	88	10.6	*a*	0.4830	0.0500	0.3490	—	—
			b	0.0485	0.0066	0.0207	—	—
			r	0.75	0.64	0.72	—	—

续表2-5-21

饲料名称	干物质 DM(%)	粗蛋白质 CP(%)	回归因子 Regression factors	赖氨酸 Lys	色氨酸 Trp	苏氨酸 Thr	蛋氨酸 Met	蛋氨酸+胱氨酸 Met+Cys
马铃薯浓缩蛋白物 Potato protein concentrate	88	10.6	*a*	−1.2540	−0.6410	−1.7150	0.3050	—
			b	0.0960	0.0226	0.0815	0.0186	—
			r	0.50	0.63	0.60	0.50	—
家禽副产品粉 Poultry by-product meal	88	10.6	*a*	−0.2600	−0.2830	−0.7270	−0.4940	−0.5660
			b	0.0620	0.0135	0.0504	0.0278	0.0404
			r	0.72	0.71	0.79	0.75	0.65
芝麻粕 Sesame meal	88	10.6	*a*	0.1540	−0.1680	0.1760	−0.0080	0.0250
			b	0.0210	0.0181	0.0308	0.0282	0.0473
			r	0.81	0.94	0.94	0.88	0.91
葵花粕 Sunflower meal	88	10.6	*a*	0.1720	−0.0490	0.0360	−0.0570	−0.0160
			b	0.0304	0.0134	0.0361	0.0247	0.0411
			r	0.86	0.92	0.95	0.93	0.94

注：[a] 采用公式 $y=a+bx$ 估测氨基酸含量，y 为样品中氨基酸含量的百分比，x 为样品中粗蛋白质含量的百分比，a 为截距，b 为回归系数。r 为两个变量之间的相关系数。需要指出的是，此表中的粗蛋白质含量和干物质含量与之前表格中数值不同，原因是它们来自不同的数据。[b]"—"表示无数据。源自：Fickler 等(1995)。

表 2-5-22　一些猪研究中常用的纯合饲料原料的组成成分表(饲喂基础)[a]

国际饲料编号[b]	饲料名称 Description	干物质 Dry Matter (%)	消化能 DE (kcal/kg)	代谢能 ME (kcal/kg)	净能 NE (kcal/kg)	粗蛋白质 Crude protein (%)	粗脂肪 Crude fat (%)	亚油酸 Linoleic acid (%)	钙 Calcium (%)	磷 Phosphorus (%)	赖氨酸 Lysine[c]
5-01-162	酪蛋白 Casein	91	4135	3535	2555	88.7	0.80	0.03	0.63	1.01	7.35
5-14-503	明胶 Gelatin	90	2800	2140	1570[d]	88.6	0.50	—	0.49	—	3.62

注：[a]"—"表示无数据。[b] 第一个数字表示饲料分类：5 表示蛋白质饲料，其他 5 位数字表示国际饲料编号。[c] 酪蛋白的氨基酸组成列于原文的表 11-4 中。明胶中的其他氨基酸组成为：精氨酸 6.60%；组氨酸 0.66%；异亮氨酸 1.42%；亮氨酸 2.91%；蛋氨酸 0.76%；胱氨酸 0.12%；苯丙氨酸 1.74%；酪氨酸 0.43%；苏氨酸 1.82%；色氨酸 0.05%；缬氨酸 2.26%。[d] 由原书第一章中方程 1-12 计算而来。

2.5.3.3 Nutrient Requirements of Swine(猪的营养需要).2012[19]

表 2-5-23 概略养分及有效能值

国际饲料编号	饲料名称	干物质 DM %	粗蛋白质 CP %	粗纤维 CF %	粗脂肪 EE %	酸乙醚浸出物 AEE %	粗灰分 Ash %	总能 GE kcal/kg	消化能 DE kcal/kg	代谢能 ME kcal/kg	净能 NE kcal/kg
	蚕豆 Beans, *faba*	88.12	27.16	8.55	1.30		3.43	4473	3245	3060	2143
		(*n*=15,*SD*=0.84)	(*n*=26,*SD*=1.83)	(*n*=3,*SD*=0.82)	(*n*=13,*SD*=0.14)		(*n*=15,*SD*=0.38)				
	菜豆 Beans, phaselous beans		22.90								
	血细胞 Blood cells	93.43	92.83		1.50	1.50	7.00	5216			
		(*n*=3,*SD*=2.75)	(*n*=3,*SD*=1.27)			(*n*=1)	(*n*=1)	(*n*=1)			
5-26-005	血粉 Blood meal	93.23	88.65		1.45	2.00	5.82	5330	4376	3773	2279
		(*n*=7,*SD*=1.97)	(*n*=13,*SD*=2.74)		(*n*=4,*SD*=0.06)	(*n*=1)	(*n*=5,*SD*=0.76)	(*n*=1)			
	血浆 Blood plasma	91.97	77.84		2.00	2.7	8.68	4733	4546	4017	2506
		(*n*=6,*SD*=1.1)	(*n*=12,*SD*=2.12)		(*n*=2,*SD*=0)	(*n*=1)	(*n*=4,*SD*=0.22)	(*n*=3,*SD*=98)	(*n*=1)		
5-00-516	啤酒糟 Brewers grains	92.00	26.50		4.72	7.30		4805	2100	1920	1155
	亚麻荠粕 Camelina meal		35.15	11.9	18.5			4931			
			(*n*=2,*SD*=2.90)	(*n*=1)	(*n*=1)			(*n*=1)			
5-03-870	压榨双低菜籽粕 Canola meal, expelled	93.11	35.19	9.77	9.97		6.39	4873	3779	3540	2351
		(*n*=3,*SD*=2.21)	(*n*=14,*SD*=4.08)	(*n*=3,*SD*=2.66)	(*n*=4,*SD*=3.34)		(*n*=3,*SD*=0.19)	(*n*=3,*SD*=120)	(*n*=2,*SD*=17)		
5-05-146	浸提双低菜籽粕 Canola meal, Solvent extracted	91.33	37.50	10.50	3.22		6.89	4332	3273	3013	1890
		(*n*=46,*SD*=2.40)	(*n*=96,*SD*=3.01)	(*n*=16,SD1.59=)	(*n*=34,*SD*=1.23)		(*n*=22,*SD*=0.84)	(*n*=19,*SD*=112)	(*n*=20,*SD*=361)		
	压榨椰子粕 Copra expelled		20.40					4308	3756	3617	
								(*n*=1)	(*n*=1)		

续表2-5-23

国际饲料编号	饲料名称	干物质 DM	粗蛋白质 CP	粗纤维 CF	粗脂肪 EE	酸乙醚浸出物 AEE	粗灰分 Ash	总能 GE	消化能 DE	代谢能 ME	净能 NE
		%	%	%	%	%	%	kcal/kg	kcal/kg	kcal/kg	kcal/kg
5-01-573	椰子粕 Copra meal	92.00	21.90		3.00			4199	3010	2861	1747
5-02-894	玉米胚芽粕 Corn germ meal	90.10	23.33	9.53	2.12	5.41	2.96	4178	2988	2830	1888
		(n=1)	(n=2,SD=3.19)	(n=1)	(n=1)	(n=1)	(n=2,SD=0.78)	(n=2,SD=100)			
5-02-903	玉米蛋白饲料 Corn gluten feed	87.13	17.39	7.08	4.21		5.14	3989	2990	2872	2043
		(n=4,SD=2.89)	(n=4,SD=3.82)	(n=3,SD=0.75)	(n=3,SD=0.21)		(n=4,SD=0.72)	(n=2,SD=294)			
5-02-900	玉米蛋白粉 Corn gluten meal	90.04	58.25	0.70	4.74	0.63	1.46	4865	4133	3737	2464
		(n=6,SD=0.72)	(n=10,SD=5.97)	(n=4,SD=0.13)	(n=5,SD=1.97)	(n=1)	(n=5,SD=0.56)	(n=5,SD=324)	(n=4,SD=124)		
5-01-609	全脂棉籽 Cottonseed, full fat	92.56	23.77		16.51		4	5 248	3207	3045	1970
		(n=8,SD=0.38)	(n=9,SD=1.88)		(n=9,SD=1.26)		(n=9,SD=0.28)				
5-01-632	棉粕 Cottonseed meal	90.69	39.22	13.96	5.50		6.39	4383	2912	2645	1624
		(n=8,SD=1.87)	(n=25,SD=3.59)	(n=5,SD=1.68)	(n=6,SD=2.50)		(n=5,SD=0.46)	(n=5,SD=148)			
	喷干全鸡蛋粉 Egg, whole spray dried	95.16	50.97		34.26	35.40	5.75	6 283			
		(n=3,SD=0.98)	(n=4,SD=2.25)		(n=2,SD-4.6)	(n=1)	(n=1)	(n=2,SD=202)			
5-03-795	羽毛粉 Feather meal	94.24	80.90	0.32	5.97		5.08	5 467	3400	2850	1740
		(n=4,SD=1.44)	(n=6,SD=6.58)	(n=1)	(n=1)		(n=1)				
5-01-977	混合鱼粉 Fish meal, combined	93.70	63.28	0.24	9.71	8.73	16.07	4496	3958	3528	2351
		(n=8,SD=2.42)	(n=23,SD=4.66)	(n=4,SD=0.22)	(n=5,SD=1.28)	(n=1)	(n=5,SD=3.16)	(n=4,SD=84.4)	(n=3,SD=392)		
	亚麻籽 Flaxseed	92.13	22.53	6.00	33.77		3.33	6 117			
		(n=3,SD=1.49)	(n=7,SD=1.53)	(n=1)	(n=5,SD=4.41)		(n=4,SD=0.20)	(n=5,SD=72)			

续表2-5-23

国际饲料编号	饲料名称	干物质 DM	粗蛋白质 CP	粗纤维 CF	粗脂肪 EE	酸乙醚浸出物 AEE	粗灰分 Ash	总能 GE	消化能 DE	代谢能 ME	净能 NE
		%	%	%	%	%	%	kcal/kg	kcal/kg	kcal/kg	kcal/kg
5-30-288	亚麻籽粕 Flaxseed meal	90.18	33.28	9.18	6.45		5.23	4887	3060	2834	1830
		(n=4,SD=1.43)	(n=8,SD=1.79)	(n=4,SD=1.10)	(n=7,SD=3.20)		(n=5,SD=0.55)	(n=2,SD=175)			
5-14-503	明胶 Gelatin	87.54	100.1		0.00			5 645	4900	4219	2519
		(n=3,SD=2.53)	(n=1)								
	膨化芸豆 Kidney beans,extruded	91.45	20.03	4.42	1.10		2.65				
		(n=2,SD=2.47)	(n=3,SD=5.89)	(n=2,SD=2.95)	(n=2,SD=0.59)		(n=2,SD=1.34)				
	生芸豆 Kidney beans,raw	86.6	20.00	6.4	1.35		3.5				
		(n=1)	(n=1)	(n=1)	(n=1)		(n=1)				
5-02-506	扁豆 Lentils	90.00	26.00		1.30		2.79	4483	3540	3363	2437
		(n=1)	(n=1)				(n=1)				
5-27-717	羽扇豆 Lupins	91.13	32.44	14.25	6.08		3.67	4366	3397	3176	2043
		(n=23,SD=1.34)	(n=31,SD=4.63)	(n=2,SD=2.91)	(n=20,SD=1.14)		(n=15,SD=0.38)	(n=9,SD=70)	(n=8,SD=183)		
5-00-388	肉骨粉,磷>4% Meat and bone meal, P>4%	95.16	50.05		9.21		31.95	3806	3303	2963	1961
		(n=16,SD=1.55)	(n=33,SD=4.33)		(n=16,SD=1.54)		(n=20,SD=5.59)	(n=13,SD=481)	(n=7,SD=405)		
5-00-385	肉粉 Meat meal	96.12	56.40		11.09		21.59	4497	3452	3068	2010
		(n=28,SD=1.38)	(n=35,SD=3.33)		(n=25,SD=1.33)		(n=29,SD=3.6)	(n=26,SD=251)	(n=14,SD=424)		
5-01-162	酪蛋白(来源于牛奶) Milk,casein	91.72	88.95	0	0.17			5 670	4135	3530	2088
		(n=7,SD=2.41)	(n=15,SD=4.94)	(n=1)	(n=2,SD=0.11)			(n=1)			

续表2-5-23

国际饲料编号	饲料名称	干物质 DM	粗蛋白质 CP	粗纤维 CF	粗脂肪 EE	酸乙醚浸出物 AEE	粗灰分 Ash	总能 GE	消化能 DE	代谢能 ME	净能 NE
		%	%	%	%	%	%	kcal/kg	kcal/kg	kcal/kg	kcal/kg
5-01-175	脱脂奶粉 Milk, skim milk powder	94.60	36.77		0.90			4437	3980	3730	2695
			(n=5, SD=5.85)								
5-06-836	乳清浓缩蛋白 Milk, whey protein concentrate	94.40	76.32	1.33	0.20		2.63	5 245	4949	4430	2797
		(n=8, SD=1.72)	(n=7, SD=4.61)	(n=1)			(n=8, SD=0.44)	(n=1)	(n=1)		
5-03-649	压榨花生粕 Peanut meal, expelled	92.00	44.23		6.50			4906	3895	3594	2381
			(n=3, SD=3.89)								
5-03-650	花生粕 Peanut meal, extracted	91.80	45.03		1.20			4622	3415	3109	1924
		(n=1)	(n=5, SD=4.24)								
	豌豆浓缩蛋白 Pea protein concentrate	94.31	82.82		8.04		6.22	5 562	4620	4057	2610
		(n=1)	(n=1)		(n-1)		(n=1)				
	鹰嘴豆 Peas, chick peas	89.74	20.33		4.14		2.86	4554	3504	3366	2491
		(n=3, SD=1.15)	(n=3, SD=0.89)		(n=2, SD=0.23)		(n=3, SD=0.04)				
	豇豆 Peas, Cow peas	88.10	22.19		1.20			4417	3504	3353	2420
	紫花豌豆 Peas, field peas	88.10	22.17	6.16	1.20		2.86	4035	3504	3353	2419
		(n=28, SD=2.67)	(n=61, SD=1.51)	(n=20, SD=0.92)	(n=35, SD=0.48)		(n=34, SD=0.18)	(n=4, SD=54)	(n=2, SD=21)		
	裂荚紫花豌豆 Peas, field pea splits	88.10	22.19		1.20			4417	3504	3353	2419
	宠物食品的副产物 Pet food by-product	92.80	20.94	1.70	8.29		5.65	4601			
		(n=1)	(n=1)	(n=1)	(n=1)		(n=1)	(n=1SD)			

续表2-5-23

国际饲料编号	饲料名称	干物质 DM	粗蛋白质 CP	粗纤维 CF	粗脂肪 EE	酸乙醚浸出物 AEE	粗灰分 Ash	总能 GE	消化能 DE	代谢能 ME	净能 NE
		%	%	%	%	%	%	kcal/kg	kcal/kg	kcal/kg	kcal/kg
5-00-393	猪肠膜蛋白 Porcine solubles, dried		51.01								
			(n=1)								
5-25-392	马铃薯浓缩蛋白 Potato protein concentrate	93.39	79.80	1.43	2.78		1.28	5 439	4140	6 597	
		(n=2,SD=1.84)	(n=2,SD=1.91)	(n=2,SD=1.40)	(n=2,SD=1.74)		(n=2,SD=1.07)				
5-03-800	禽副产物 Poultry by-product	92.08	64.03	0.35	12.02	18.30	13.32	5 300	3090	2655	1774
		(n=7,SD=3.69)	(n=11,SD=2.35)	(n=2,SD=0.21)	(n=3,SD=1.08)	(n=2,SD=1.27)	(n=5,SD=2.25)	(n=2,SD=112)			
5-03-798	禽肉粉 Poultry meal	96.20	64.72			14.40	12.06				
		(n=1)	(n=5,SD=4.54)			(n=1)	(n=3,SD=1.32)				
	大米浓缩蛋白 Rice protein concentrate	92.68	67.51		0.00		3.41	4954	4724	4265	2692
		(n=1)	(n=1)				(n=1)	(n=1)	(n=1)		
5-04-110	红花粕 Safflower meal	92.00	23.40		2.24			4589	2840	2681	1497
5-07-959	去壳红花粕 Safflower meal, dehulled	92.00	42.50		1.30			4823	3055	2766	1623
5-18-778	鲑鱼蛋白水解物 Salmon protein hydrolysate	91.99	90.79		2.12		4.77	4713	4173	3556	2129
		(n=2,SD=0.78)	(n=2,SD=2.69)		(n=1)		(n=2,SD=2.93)	(n=2,SD=135)	(n=1)		
5-04-220	芝麻粕 Sesame meal	93.00	42.60		7.50			4702	3350	3060	1972
5-04-375	高粱酒精糟及可溶物 Sorghum, DDGS	89.84	30.80	7.06	9.75		6.62	4860	3878	3669	2394
		(n=4,SD=1.69)	(n=4,SD=1.34)	(n=2,SD=0.22)	(n=4,SD=1.69)		(n=3,SD=4.57)				
5-32-183	大豆浓缩蛋白 Soy protein concentrate	92.64	65.20	3.42	1.05	0.65	6.11	4605	4260	3817	2376
		(n=12,SD=1.87)	(n=21,SD=4.08)	(n=7,SD=0.65)	(n=6,SD=0.61)	(n=5,SD=0.41)	(n=10,SD=0.58)	(n=2,SD=148)	(n=1)		

续表2-5-23

国际饲料编号	饲料名称	干物质 DM	粗蛋白质 CP	粗纤维 CF	粗脂肪 EE	酸乙醚浸出物 AEE	粗灰分 Ash	总能 GE	消化能 DE	代谢能 ME	净能 NE
		%	%	%	%	%	%	kcal/kg	kcal/kg	kcal/kg	kcal/kg
5-24-811	大豆分离蛋白 Soy protein isolate	93.71	84.78	0.17	2.76		4.17	5 386	4150	3573	2187
		($n=3,SD=1.75$)	($n=7,SD=4.12$)	($n=3,SD=0.11$)	($n=3,SD=1.84$)		($n=2,SD=0.69$)				
5-30-032	全脂葵花籽 Sunflower, full fat	96.83	16.60	13.10	42.69		3.25	6 163	4517	4404	3561
		($n=2,SD=1.09$)	($n=4,SD=1.16$)	($n=3,SD=0.43$)	($n=3,SD=2.02$)		($n=3,SD=0.25$)	($n=2,SD=473$)			
5-30-034	溶剂浸提去壳葵花粕 Sunflower meal, dehulled, solvent extracted	90.40	39.86	18.44	2.90		6.06	4415	2840	2569	1482
		($n=2,SD=0.14$)	($n=8,SD=4.78$)	($n=2,SD=2.53$)			($n=2,SD=0.89$)	($n=2,SD=54$)			
5-30-032	溶剂浸提葵花粕 Sunflower meal, solvent extracted	87.93	30.70	23.40	3.06		5.97	4086	2010	1801	937
		($n=3,SD=0.55$)	($n=12,SD=2.63$)	($n=4,SD=2.90$)	($n=4,SD=0.43$)		($n=4,SD=0.26$)	($n=1$)			
	黑小麦酒精糟及可溶物 Triticale DDGS	89.30	27.42		4.82		3.93				
		($n=1$)	($n=1$)		($n=1$)		($n=1$)				
5-05-194	小麦酒精糟及可溶物 Wheat DDGS	92.59	36.61	6.75	5.34	5.09	4.57	4650	3151	2902	1847
	小麦蛋白 Wheat gluten		72.11								
			($n=9,SD=3.94$)								
	白酒酵母 Yeast, ethanol	93.30	46.52		2.05			4648	4015	3699	2394
	酵母单细胞蛋白 Yeast, single cell protein	93.30	36.25		2.05			3725	4166	3920	2593
			($n=1$)					($n=2,SD=1698$)	($n=2,SD=128$)		

注：n 为样本数，SD 为标准差，下同。此资料后面表格中的饲料编号及名称与此表相同，故之后仅保留饲料中文名称。

表 2-5-24 矿物元素含量

饲料名称	钙 Ca	氯 Cl	钾 K	镁 Mg	钠 Na	磷 P	硫 S	铜 Cu	铁 Fe	锰 Mn	硒 Se	锌 Zn	植酸磷 Phytate P	磷全消化道表观消化率 ATTD of P	磷全消化道标准消化率 STTD of P
	%	%	%	%	%	%	%	mg/kg	mg/kg	mg/kg	mg/kg	mg/kg	%	%	%
蚕豆	0.14	0.07	1.20	0.15	0.03	0.42	0.29	11	75	15	0.02	42	0.23	32	36
	(*n*=3, *SD*=0.04)					(*n*=3, *SD*=0.01)								(*n*=1)	(*n*=1)
菜豆	0.21					0.52							0.17	38	43
	(*n*=1)					(*n*=1)							(*n*=1)	(*n*=1)	(*n*=1)
血细胞	0.02	0.96	0.80	0.02	0.84	0.34	0.49	2.55	2675	0.4	1.00	15.75		80	93
	(*n*=2, *SD*=0.01)	(*n*=2, *SD*=0.49)	(*n*=1)	(*n*=1)	(*n*=2, *SD*=0.40)	(*n*=2, *SD*=0.00)	(*n*=1)	(*n*=2, *SD*=0.64)	(*n*=2, *SD*=80.04)	(*n*=1)	(*n*=1)	(*n*=2, *SD*=0.35)		(*n*=1)	(*n*=1)
血粉	0.05	0.63	0.15	0.11	0.63	0.21	0.47	7.60	1494	0.00		49.10		67	88
	(*n*=2, *SD*=0.01)	(*n*=1)			(*n*=1)	(*n*=2, *SD*=0.15)		(*n*=1)	(*n*=1)	(*n*=1)		(*n*=1)		(*n*=2, *SD*=13.29)	(*n*=2, *SD*=2.55)
血浆	0.13	1.19	0.02	0.03	2.76	1.28	1.02	14.75	81	2.50	1.60	13.45		92	98
	(*n*=3, *SD*=0.04)	(*n*=1)	(*n*=1)	(*n*=1)	(*n*=1)	(*n*=3, *SD*=0.55)	(*n*=1)	(*n*=2, *SD*=4.60)	(*n*=2, *SD*=5.59)	(*n*=1)	(*n*=1)	(*n*=2, *SD*=0.64)		(*n*=1)	(*n*=1)
啤酒糟	0.21	0.15	0.08	0.16	0.26	0.58	0.31	21	250	38	0.70	62	0.35	32	39
亚麻荠粕	0.21		1.23	0.40	0.01	0.77	0.72	6.80	137	23.85		47.95			
	(*n*=2, *SD*=0.00)		(*n*=2, *SD*=0.11)	(*n*=2, *SD*=0.02)	(*n*=2, *SD*=0.00)	(*n*=2, *SD*=0.03)	(*n*=2, *SD*=0.12)	(*n*=2, *SD*=0.35)	(*n*=2, *SD*=16.26)	(*n*=2, *SD*=1.91)		(*n*=2, *SD*=4.17)			
压榨双低菜籽粕	0.69			0.52		1.15		5.40	232	60.30		72.00	0.87	28	32
	(*n*=9, *SD*=0.11)			(*n*=1)		(*n*=10, *SD*=0.16)		(*n*=1)	(*n*=1)	(*n*=1)		(*n*=1)	(*n*=2, *SD*=0.06)		

续表2-5-24

饲料名称	钙 Ca	氯 Cl	钾 K	镁 Mg	钠 Na	磷 P	硫 S	铜 Cu	铁 Fe	锰 Mn	硒 Se	锌 Zn	植酸磷 Phytate P	磷全消化道表观消化率 ATTD of P	磷全消化道标准消化率 STTD of P
	%	%	%	%	%	%	%	mg/kg	mg/kg	mg/kg	mg/kg	mg/kg	%	%	%
浸提双低菜籽粕	0.69	0.11	1.69	0.28	0.07	1.08	0.85	4.90	163	76.90	1.10	49.73	0.65	28	32
	($n=19$, $SD=0.10$)		($n=1$)	($n=1$)		($n=19$, $SD=0.07$)		($n=1$)	($n=1$)	($n=1$)		($n=1$)	($n=5$, $SD=0.30$)	($n=7$, $SD=4.02$)	($n=7$, $SD=5.73$)
压榨椰子粕	0.04					0.52							0.22	61	72
	($n=1$)					($n=1$)							($n=1$)	($n=1$)	($n=1$)
椰子粕	0.13	0.37	1.83	0.31	0.04	0.58	0.31	25	486	69		49	0.26	34	44
	($n=1$)					($n=1$)							($n=1$)	($n=1$)	($n=1$)
玉米胚芽粕	0.03		0.54	0.36		0.90	0.36	7.03		20.99		133		33	37
	($n=1$)		($n=1$)	($n=1$)		($n=1$)	($n=1$)	($n=1$)		($n=1$)		($n=1$)			
玉米蛋白饲料	0.09	0.22	0.98	0.33	0.15	0.78	0.22	48	460	24	0.27	70	0.62	26	32
	($n=4$, $SD=0.04$)					($n=4$, $SD=0.15$)							($n=2$, $SD=0.01$)	($n=4$, $SD=8.21$)	($n=4$, $SD=8.85$)
玉米蛋白粉	0.03	0.06	0.18	0.09	0.02	0.49	1.00	11.04	282	3.98	1.00	25.97		38	47
	($n=2$, $SD=0.00$)		($n=1$)	($n=1$)		($n=3$, $SD=0.04$)	($n=1$)	($n=1$)		($n=1$)		($n=1$)		($n=2$, $SD=2.40$)	($n=2$, $SD=2.40$)
全脂棉籽	0.15					0.65								31	36
	($n=1$)					($n=1$)									
棉粕	0.25	0.05	1.40	0.50	0.04	0.98	0.31	18.00	184	20.00	0.80	70.00		31	36
	($n=4$, $SD=0.03$)					($n=6$, $SD=0.09$)								($n=5$, $SD=$)9.98	($n=5$, $SD=8.99$)

续表2-5-24

饲料名称	钙 Ca	氯 Cl	钾 K	镁 Mg	钠 Na	磷 P	硫 S	铜 Cu	铁 Fe	锰 Mn	硒 Se	锌 Zn	植酸磷 Phytate P	磷全消化道表观消化率 ATTD of P	磷全消化道标准消化率 STTD of P
	%	%	%	%	%	%	%	mg/kg	mg/kg	mg/kg	mg/kg	mg/kg	%	%	%
喷干全鸡蛋粉	0.29					0.69		1.80	61	0.00		43.70		50	55
	(*n*=2, *SD*=0.11)					(*n*=2, *SD*=0.03)		(*n*=1)	(*n*=1)	(*n*=1)		(*n*=1)		(*n*=1)	(*n*=1)
羽毛粉	0.41	0.26	0.19	0.20	0.34	0.28	1.39	10.00	76	10.00	0.69	111		74	89
	(*n*=2, *SD*=0.06)					(*n*=3, *SD*=0.10)								(*n*=2, *SD*=1.91)	(*n*=2, *SD*=2.33)
混合鱼粉	4.28		0.62	0.13		2.93		8.00	411	38.90		88.98		79	82
	(*n*=11, *SD*=1.14)		(*n*=2, *SD*=0.10)	(*n*=1)		(*n*=14, *SD*=0.51)		(*n*=1)	(*n*=2, *SD*=416)	(*n*=1)		(*n*=2, *SD*=27.61)		(*n*=7, *SD*=11.53)	(*n*=7, *SD*=11.44)
亚麻籽	0.38					0.61								21	28
亚麻籽粕	0.37	0.06	1.26	0.50	0.13	0.87	0.39	16.20	111	45.90	0.63	57.90		21	28
	(*n*=4, *SD*=0.03)			(*n*=3, *SD*=0.04)		(*n*=5, *SD*=0.05)		(*n*=3, *SD*=1.80)	(*n*=2, *SD*=32.46)	(*n*=3, *SD*=0.90)		(*n*=3, *SD*=6.32)		(*n*=1)	(*n*=1)
扁豆	0.10	0.03	0.89	0.12	0.02	0.38	0.20	10.00	85	13.00	0.10	25.00			
羽扇豆	0.37	0.03	1.10	0.19	0.02	0.31	0.24	6.00	54	1390	0.07	32.00	0.21	50	57
	(*n*=2, *SD*=0.04)					(*n*=9, *SD*=0.05)							(*n*=9, *SD*=0.05)		
肉骨粉，磷>4%	10.94	0.69	0.65	0.41	0.63	5.26	0.38	11.00	606	17.00	0.31	96.00		68	70
	(*n*=28, *SD*=1.79)					(*n*=30, *SD*=0.88)								(*n*=3, *SD*=10.40)	(*n*=3, *SD*=10.38)

续表2-5-24

饲料名称	钙 Ca	氯 Cl	钾 K	镁 Mg	钠 Na	磷 P	硫 S	铜 Cu	铁 Fe	锰 Mn	硒 Se	锌 Zn	植酸磷 Phytate P	磷全消化道表观消化率 ATTD of P	磷全消化道标准消化率 STTD of P
	%	%	%	%	%	%	%	mg/kg	mg/kg	mg/kg	mg/kg	mg/kg	%	%	%
肉粉	6.37	0.97	0.57	0.35	0.80	3.16	0.45	10.00	440	10.00	0.37	94.00		82	86
	(n=37, SD=1.43)					(n=37, SD=0.62)								(n=6, SD=4.15)	(n=6, SD=3.48)
酪蛋白(来源于牛奶)	0.20	0.04	0.01	0.01	0.01	0.68	0.60	4.00	14	4.00	0.16	30.00		87	98
	(n=3, SD=0.17)					(n=3, SD=0.01)								(n=10, SD=7.05)	
脱脂奶粉	1.27	1.00	1.60	0.12	0.48	1.06	0.32	0.10	0.00	0.00	0.12	43.10		91	98
	(n=1)					(n=1)		(n=1)	(n=1)	(n=1)		(n=1)		(n=1)	
乳清浓缩蛋白	0.63					0.38								82	92
	(n=1)					(n−1)									
压榨花生粕	0.17	0.03	1.20	0.33	0.06	0.63	0.29	15	285	39	0.28	47			
花生粕	0.39	0.04	1.25	0.31	0.07	0.58	0.30	15.00	260	40.00	0.21	41.00			
	(n=2, SD=0.16)					(n=2, SD=0.03)									
紫花豌豆	0.09					0.42							0.17	49	56
	(n=10, SD=0.04)					(n=13, SD=0.06)							(n=7, SD=0.07)	(n=8, SD=6.13)	(n=7, SD=5.65)
裂荚紫花豌豆	0.10					0.432								49	56
	(n=1)					(n=1)									
宠物食品的副产物	0.82	0.32	0.74	0.15	0.22	0.84		4.40	152	85.80		293			
	(n=1)	(n=1)	(n=1)	(n=1)	(n=1)	(n=1)		(n=1)	(n=1)	(n=1)		(n=1)			

续表2-5-24

饲料名称	钙 Ca	氯 Cl	钾 K	镁 Mg	钠 Na	磷 P	硫 S	铜 Cu	铁 Fe	锰 Mn	硒 Se	锌 Zn	植酸磷 Phytate P	磷全消化道表观消化率 ATTD of P	磷全消化道标准消化率 STTD of P
	%	%	%	%	%	%	%	mg/kg	mg/kg	mg/kg	mg/kg	mg/kg	%	%	%
马铃薯浓缩蛋白								28.50	128	0.10		14.30			
								($n=1$)	($n=1$)	($n=1$)		($n=1$)			
禽副产物	4.54	0.49	0.53	0.18	0.49	2.51	0.52	10.00	442	9.00	0.88	94.00		48	53
	($n=8$, $SD=0.41$)					($n=8$, $SD=0.18$)									
禽肉粉	2.82					1.94		35.70	230	5.20		99.40		49	62
	($n=3$, $SD=0.28$)					($n=3$, $SD=0.14$)		($n=1$)	($n=1$)	($n=1$)		($n=1$)		($n=1$)	($n=1$)
大米浓缩蛋白	0.10					0.75									
	($n=1$)					($n=1$)									
红花粕	0.34	0.08	0.76	0.35	0.05	0.75	0.13	10	495	18		41			
去壳红花粕	0.37	0.16	1.00	1.02	0.04	1.31	0.20	9	484	39		33			
鲑鱼蛋白水解物	0.09		1.79	0.07		0.84			6.29			54.13			
	($n=2$, $SD=0.05$)		($n=1$)	($n=1$)		($n=2$, $SD=0.27$)			($n=1$)			($n=1$)			
芝麻粕	1.70	0.07	1.10	0.54	0.04	1.18	0.56	34	93	53	0.21	100	0.89	29	42
高粱酒精糟及可溶物	0.12					0.76									
	($n=1$)					($n=1$)									
大豆浓缩蛋白	0.32					0.82								39	48
	($n=5$, $SD=0.05$)					($n=5$, $SD=0.07$)									

续表2-5-24

饲料名称	钙 Ca	氯 Cl	钾 K	镁 Mg	钠 Na	磷 P	硫 S	铜 Cu	铁 Fe	锰 Mn	硒 Se	锌 Zn	植酸磷 Phytate P	磷全消化道表观消化率 ATTD of P	磷全消化道标准消化率 STTD of P
	%	%	%	%	%	%	%	mg/kg	mg/kg	mg/kg	mg/kg	mg/kg	%	%	%
大豆分离蛋白	0.17	0.02	0.16	0.05	1.14	0.75		12.90	15.61	11.90	0.14	40.26		39	48
	(n=4, SD=0.03)		(n=3, SD=0.03)	(n=3, SD=0.01)	(n=2, SD=0.01)	(n=4, SD=0.02)		(n=3, SD=0.45)	(n=3, SD=4.00)	(n=3, SD=1.40)		(n=3, SD=3.84)			
全脂葵花籽	0.30					0.20								20	29
	(n=1)					(n=1)									
溶剂浸提去壳葵花粕	0.39	0.04	0.17	0.75	0.04	1.16	0.38	25	200	35	0.32	98	0.89	20	29
	(n=1)					(n=1)							(n=1)		(n=1)
溶剂浸提葵花粕	0.38	0.10	1.07	0.68	0.02	0.95	0.30	26.00	254	41.00	0.50	66.00	0.84	20	29
	(n=3, SD=0.04)					(n=3, SD=0.09)							(n=1)		(n=2, SD−7.39)
黑小麦酒精糟及可溶物	0.06		0.88	0.29	0.01	0.70	0.29							56	61
	(n=1)		(n=1)	(n=1)	(n=1)	(n=1)	(n=1)								
小麦酒精糟及可溶物	0.16		1.06	0.39	0.28	0.92	0.44						0.21	56	61
白酒酵母	0.29					0.68								57	70
	(n=2, SD=0.00)					(n=2, SD=0.01)								(n=2, SD=4.10)	(n=2, SD=4.10)
酵母单细胞蛋白						1.54								70	75
						(n=2, SD=0.67)								(n=2, SD=3.25)	(n=2, SD=1.31)

表 2-5-25 维生素含量

饲料名称	β-胡萝卜素 β-Carotene	维生素 E	维生素 B_6	维生素 B_{12}	生物素 Biotin	叶酸 Folacin	烟酸 Niacin	泛酸 Pantothenic acid	维生素 B_2 Riboflavin	维生素 B_1 Thiamin	胆碱 Choline
	mg/kg	mg/kg	mg/kg	μg/kg	mg/kg	mg/kg	mg/kg	mg/kg	mg/kg	mg/kg	mg/kg
蚕豆		0.8		0	0.09		26	3.0	2.9	5.5	1670
血粉		1.0	4.4	44	0.03	0.10	31	2.0	2.4	0.4	852
啤酒糟	0.2		0.7	0	0.06	7.10	43	8.0	1.4	0.6	1723
浸提双低菜籽粕		13.4	7.2	0	0.98	0.83	160	9.5	5.8	5.2	6700
椰子粕		7.7	4.4		0.25	0.30	28	6.5	3.5	0.70	1089
玉米蛋白饲料	1.0	8.5	13.0	0	0.14	0.28	66	17.0	2.4	2.0	1518
玉米蛋白粉		6.7	6.9	0	0.15	0.13	55	3.5	2.2	0.3	330
棉粕	0.2	14.0	5.1	0	0.30	1.65	40	12.0	5.9	7.0	2933
羽毛粉		7.3	3.0	78	0.13	0.20	21	10.0	2.1	0.1	891
亚麻籽粕	0.2	2.0	6.0	0	0.41	1.30	33	14.7	2.9	7.5	1512
扁豆	1.0	0	5.5	0	0.13	0.70	22	14.9	2.4	3.9	
羽扇豆		7.5			0.05						
肉骨粉,磷>4%		1.6	4.6	90	0.08	0.41	49	4.1	4.7	0.4	1996
肉粉		1.2	2.4	80	0.08	0.50	57	5.0	4.7	0.6	2077
酪蛋白(来源于牛奶)			0.4		0.04	0.51	1	2.7	1.5	0.4	205
脱脂奶粉		4.1	4.1	36	0.25	0.47	12	36.4	19.1	3.7	1393
压榨花生粕		2.7	7.4	0	0.35	0.70	166	47.0	5.2	7.1	1848
花生粕		2.7	7.4	0	0.35	0.70	166	47.0	5.2	7.1	1848
禽副产物			4.4		0.09	0.50	47	11.1	10.5	0.2	6029
红花粕		16.0	12.0	0	1.03	0.50	11	33.9	3.3	4.6	820
去壳红花粕		16.0	11.3	0	1.03	1.60	22	39.1	2.4	4.5	3248
芝麻粕	0.2	1.0	12.5	0	0.24		30	6.0	3.6	2.8	1536
大豆分离蛋白			5.4	0	0.30	2.5	6	4.2	1.7	0.3	2
溶剂浸提去壳葵花粕		9.1	13.7	0	1.45	1.14	220	24.0	3.6	3.5	3150
溶剂浸提葵花粕		9.1	11.1	0	1.40	1.14	264	29.9	3.0	3.0	3791

表 2-5-26 氨基酸含量

%

饲料名称	粗蛋白质 CP	精氨酸 Arg	组氨酸 His	异亮氨酸 Ile	亮氨酸 Leu	赖氨酸 Lys	蛋氨酸 Met	苯丙氨酸 Phe	苏氨酸 Thr	色氨酸 Trp	缬氨酸 Val	丙氨酸 Ala	天冬氨酸 Asp	半胱氨酸 Cys	谷氨酸 Glu	甘氨酸 Gly	脯氨酸 Pro	丝氨酸 Ser	酪氨酸 Tyr
蚕豆	27.16	2.43	0.72	1.13	1.94	1.65	0.19	1.19	0.91	0.22	1.22	1.05	2.80	0.34	4.40	1.09	0.99	1.22	0.84
	(*n*=26, *SD*=1.83)	(*n*=19, *SD*=0.31)	(*n*=21, *SD*=0.05)	(*n*=25, *SD*=0.10)	(*n*=25, *SD*=0.20)	(*n*=25, *SD*=0.20)	(*n*=25, *SD*=0.02)	(*n*=21, *SD*=0.11)	(*n*=25, *SD*=0.13)	(*n*=16, *SD*=0.06)	(*n*=25, *SD*=0.13)	(*n*=19, *SD*=0.12)	(*n*=19, *SD*=0.34)	(*n*=23, *SD*=0.03)	(*n*=19, *SD*=0.65)	(*n*=19, *SD*=0.15)	(*n*=13, *SD*=0.34)	(*n*=19, *SD*=0.24)	(*n*=7, *SD*=0.14)
菜豆	22.90	1.91	0.74	1.17	2.05	1.67	0.29	1.41	1.12	0.27	1.33	1.12	3.06	0.29	4.17	1.06	1.04	1.54	0.85
血细胞	92.83	3.37	5.84	0.31	12.72	7.75	0.97	6.66	3.43	1.72	8.44			0.58					2.32
	(*n*=3, *SD*=1.27)	(*n*=3, *SD*=0.19)	(*n*=2, *SD*=0.20)	(*n*=3, *SD*=0.06)	(*n*=3, *SD*=0.25)	(*n*=3, *SD*=1.49)	(*n*=3, *SD*=0.32)	(*n*=3, *SD*=0.40)	(*n*=3, *SD*=0.78)	(*n*=2, *SD*=0.09)	(*n*=3, *SD*=0.17)			(*n*=2, *SD*=0.08)					(*n*=2, *SD*=0.01)
血粉	88.65	3.83	5.39	0.97	11.45	8.60	1.18	6.15	4.36	1.34	7.96	7.29	7.78	1.26	7.18	3.69	5.03	4.64	2.66
	(*n*=13, *SD*=2.74)	(*n*=9, *SD*=0.43)	(*n*=9, *SD*=0.33)	(*n*=9, *SD*=0.63)	(*n*=9, *SD*=1.10)	(*n*=8, *SD*=0.57)	(*n*=6, *SD*=0.20)	(*n*=9, *SD*=0.82)	(*n*=9, *SD*=0.32)	(*n*=8, *SD*=0.35)	(*n*=9, *SD*=0.66)	(*n*=2, *SD*=0.75)	(*n*=2, *SD*=2.23)	(*n*=4, *SD*=0.44)	(*n*=2, *SD*=1.13)	(*n*=2, *SD*=0.24)	(*n*=2, *SD*=1.78)	(*n*=2, *SD*=0.21)	(*n*=5, *SD*=0.25)
血浆	77.84	4.39	2.53	2.69	7.39	6.90	0.79	4.25	4.47	1.41	5.12	4.01	7.39	2.60	10.92	2.75	4.30	4.15	3.89
	(*n*=12, *SD*=2.12)	(*n*=13, *SD*=0.29)	(*n*=13, *SD*=0.18)	(*n*=13, *SD*=0.36)	(*n*=13, *SD*=0.64)	(*n*=12, *SD*=0.30)	(*n*=13, *SD*=0.19)	(*n*=13, *SD*=0.33)	(*n*=13, *SD*=0.31)	(*n*=10, *SD*=0.13)	(*n*=12, *SD*=0.27)	(*n*=7, *SD*=0.33)	(*n*=7, *SD*=0.33)	(*n*=9, *SD*=0.33)	(*n*=7, *SD*=0.65)	(*n*=7, *SD*=0.18)	(*n*=7, *SD*=0.38)	(*n*=7, *SD*=0.33)	(*n*=10, *SD*=0.32)
啤酒糟	26.50	1.53	0.53	1.02	2.08	1.08	0.45	1.22	0.95	0.26	1.26	1.43	1.94	0.49	5.13	1.10	2.36	1.20	0.88
亚麻荠粕	35.15	2.11	0.80	1.32	2.21	1.62	0.87	1.40	1.30	0.42	1.81	1.55	2.75	0.95	5.77	1.75		1.34	0.77
	(*n*=2, *SD*=2.90)	(*n*=2, *SD*=0.96)	(*n*=2, *SD*=0.06)	(*n*=2, *SD*=0.09)	(*n*=2, *SD*=0.12)	(*n*=2, *SD*=0.16)	(*n*=2, *SD*=0.06)	(*n*=2, *SD*=0.09)	(*n*=2, *SD*=0.10)	(*n*=2, *SD*=0.11)	(*n*=2, *SD*=0.14)	(*n*=2, *SD*=0.08)	(*n*=2, *SD*=0.16)	(*n*=1)	(*n*=2, *SD*=0.05)	(*n*=2, *SD*=0.09)		(*n*=2, *SD*=0.07)	(*n*=2, *SD*=0.06)
压榨双低菜籽粕	35.19	1.76	0.82	1.67	1.95	1.58	0.61	1.48	1.22	0.32	1.63	1.36	2.17	0.79	5.82	1.67	0.99	0.99	0.78
	(*n*=14, *SD*=4.08)	(*n*=12, *SD*=0.26)	(*n*=12, *SD*=0.25)	(*n*=12, *SD*=0.54)	(*n*=12, *SD*=0.30)	(*n*=12, *SD*=0.58)	(*n*=12, *SD*=0.16)	(*n*=12, *SD*=0.49)	(*n*=12, *SD*=0.20)	(*n*=4, *SD*=0.21)	(*n*=12, *SD*=0.36)	(*n*=9, *SD*=0.11)	(*n*=9, *SD*=0.33)	(*n*=11, *SD*=0.29)	(*n*=9, *SD*=0.97)	(*n*=9, *SD*=0.24)	(*n*=4, *SD*=0.85)	(*n*=9, *SD*=0.27)	(*n*=10, *SD*=0.16)
浸提双低菜籽粕	37.50	2.28	1.07	1.42	2.45	2.07	0.71	1.48	1.55	0.43	1.78	1.61	2.56	0.86	6.35	1.80	2.02	1.49	1.06
	(*n*=96, *SD*=3.01)	(*n*=78, *SD*=0.57)	(*n*=71, *SD*=0.25)	(*n*=78, *SD*=0.14)	(*n*=78, *SD*=0.27)	(*n*=78, *SD*=0.33)	(*n*=55, *SD*=0.18)	(*n*=72, *SD*=0.24)	(*n*=78, *SD*=0.38)	(*n*=35, *SD*=0.10)	(*n*=78, *SD*=0.21)	(*n*=50, *SD*=0.22)	(*n*=48, *SD*=0.22)	(*n*=49, *SD*=0.12)	(*n*=48, *SD*=0.94)	(*n*=50, *SD*=0.25)	(*n*=48, *SD*=0.78)	(*n*=50, *SD*=0.24)	(*n*=48, *SD*=0.22)
压榨椰子粕	20.40	2.45	0.40	0.72	1.39	0.56	0.34	0.94	0.67	0.16	1.08	0.94	1.77	0.34	4.08	0.94	0.79	0.94	0.54

续表2-5-26

饲料名称	粗蛋白质 CP	精氨酸 Arg	组氨酸 His	异亮氨酸 Ile	亮氨酸 Leu	赖氨酸 Lys	蛋氨酸 Met	苯丙氨酸 Phe	苏氨酸 Thr	色氨酸 Trp	缬氨酸 Val	丙氨酸 Ala	天冬氨酸 Asp	半胱氨酸 Cys	谷氨酸 Glu	甘氨酸 Gly	脯氨酸 Pro	丝氨酸 Ser	酪氨酸 Tyr
椰子粕	21.90	2.38	0.39	0.75	1.36	0.58	0.35	0.84	0.67	0.19	1.07	0.83	1.58	0.29	3.71	0.83	0.69	0.85	0.58
玉米胚芽粕	23.33	1.49	1.17	0.64	0.75	1.70	1.04	0.37	0.89	0.78	0.63	1.26	1.50	0.25	0.33	2.87	0.91	1.07	0.63
	(n=2, SD=3.19)	(n=1)	(n=1)	(n=1)	(n=1)	(n=1)	(n=1)	(n=1)	(n=1)	(n=1)	(n=1)	(n=1)	(n=1)		(n=1)	(n=1)	(n=1)	(n=1)	(n=1)
玉米蛋白饲料	17.39	1.04	0.67	0.66	1.96	0.63	0.35	0.76	0.74	0.07	1.01	1.28	1.05	0.46	3.11	0.79	1.56	0.78	0.58
	(n=4, SD=3.82)																		
玉米蛋白粉	58.25	1.66	1.32	2.23	9.82	0.93	1.21	3.52	1.81	0.27	2.42	4.33	2.97	1.01	11.20	1.28	4.93	2.29	2.86
	(n=10, SD=5.97)	(n=8, SD=0.46)	(n=8, SD=0.33)	(n=8, SD=0.33)	(n=7, SD=0.98)	(n=8, SD=0.18)	(n=7, SD=0.44)	(n=8, SD=0.57)	(n=8, SD=0.47)	(n=6, SD=0.07)	(n=8, SD=0.53)	(n=5, SD=1.11)	(n=5, SD=0.82)	(n=6, SD=0.29)	(n=5, SD=2.99)	(n=5, SD=0.37)	(n=5, SD=1.25)	(n=5, SD=0.87)	(n=5, SD=0.28)
全脂棉籽	23.77	2.41	0.61	0.7	1.18	0.87	0.33	1.17	0.67	0.25	0.98	0.78	1.87	0.33	4.24	0.80	0.79	0.90	0.56
	(n=9, SD=1.88)																		
棉粕	39.22	4.04	1.11	1.21	2.18	1.50	0.51	1.98	1.35	0.53	1.86	1.51	3.28	0.82	6.93	1.58	1.50	1.80	0.98
	(n=25, SD=3.59)	(n=16, SD=0.68)	(n=19, SD=0.16)	(n=19, SD=0.24)	(n=19, SD=0.39)	(n=19, SD=0.28)	(n=15, SD=0.14)	(n=19, SD=0.32)	(n=19, SD=0.18)	(n=13, SD=0.16)	(n=19, SD=0.42)	(n=13, SD=0.31)	(n=14, SD=0.78)	(n=12, SD=0.31)	(n=14, SD=1.56)	(n=14, SD=0.32)	(n=11, SD=0.43)	(n=14, SD=0.61)	(n=15, SD=0.19)
喷干全鸡蛋粉	50.97	3.01	1.20	2.81	4.41	3.54	1.62	2.68	2.13	0.94	3.34	2.63	4.65	1.19	5.92	1.54	1.57	2.72	1.95
	(n=4, SD=2.25)	(n=3, SD=0.01)	(n=3, SD=0.12)	(n=3, SD=0.21)	(n=3, SD=0.28)	(n=3, SD=)0.15	(n=3, SD=0.09)	(n=3, SD=0.1)	(n=3, SD=0.03)	(n=3, SD=0.14)	(n=3, SD=0.16)	(n=1)	(n=1)	(n=2, SD=0.06)	(n=1)	(n=1)	(n=1)	(n=1)	(n=2, SD=0.06)
羽毛粉	80.90	5.63	0.82	3.63	6.59	2.00	0.59	3.95	3.72	0.60	5.75	3.90	4.95	4.32	8.40	7.08	10.16	8.18	2.12
	(n=6, SD=6.58)	(n=7, SD=0.58)	(n=8, SD=0.18)	(n=8, SD=0.91)	(n=7, SD=1.24)	(n=8, SD=0.36)	(n=5, SD=0.13)	(n=7, SD=0.99)	(n=8, SD=)0.40	(n=6, SD=0.16)	(n=8, SD=1.28)	(n=4, SD=0.44)	(n=4, SD=1.41)	(n=4, SD=)0.44	(n=4, SD=2.61)	(n=4, SD=1.50)	(n=4, SD=)1.61	(n=4, SD=2.66)	(n=6, SD=0.55)
混合鱼粉	63.28	3.84	1.44	2.56	4.47	4.56	1.73	2.47	2.58	0.63	3.06	3.93	5.41	0.61	7.88	4.71	2.89	2.43	1.88
	(n=23, SD=4.66)	(n=24, SD=0.48)	(n=21, SD=0.29)	(n=25, SD=0.31)	(n=25, SD=0.50)	(n=24, SD=0.90)	(n=22, SD=0.45)	(n=24, SD=0.22)	(n=25, SD=0.33)	(n=16, SD=0.10)	(n=25, SD=0.45)	(n=18, SD=0.54)	(n=17, SD=1.18)	(n=16, SD=0.20)	(n=17, SD=1.18)	(n=18, SD=0.98)	(n=18, SD=1.07)	(n=18, SD=0.59)	(n=15, SD=0.38)

续表2-5-26

饲料名称	粗蛋白质 CP	精氨酸 Arg	组氨酸 His	异亮氨酸 Ile	亮氨酸 Leu	赖氨酸 Lys	蛋氨酸 Met	苯丙氨酸 Phe	苏氨酸 Thr	色氨酸 Trp	缬氨酸 Val	丙氨酸 Ala	天冬氨酸 Asp	半胱氨酸 Cys	谷氨酸 Glu	甘氨酸 Gly	脯氨酸 Pro	丝氨酸 Ser	酪氨酸 Tyr
亚麻籽	22.53	2.2	0.51	0.95	1.35	0.91	0.43	1.08	0.85		1.16	1.05	2.18	0.41	4.46	1.38	0.84	1.06	
	(n=7, SD=1.53)	(n=1)	(n=1)	(n=1)	(n=1)	(n=1)	(n=1)	(n=1)	(n=1)		(n=1)	(n=1)	(n=1)	(n=1)	(n=1)	(n=1)	(n=1)	(n=1)	
亚麻籽粕	33.28	3.00	0.67	1.33	1.91	1.19	0.77	1.49	1.13	0.51	1.55	1.45	2.80	0.59	6.15	1.84	1.45	1.39	0.72
	(n=8, SD=1.79)	(n=3, SD=0.58)	(n=3, SD=0.03)	(n=3, SD=0.02)	(n=3, SD=0.08)	(n=3, SD=0.07)	(n=3, SD=0.27)	(n=3, SD=0.08)	(n=3, SD=0.05)	(n=3, SD=0.14)	(n=3, SD=0.05)	(n=2, SD=0.01)	(n=2, SD=0.17)	(n=2, SD=0.07)	(n=2, SD=0.04)	(n=2, SD=0.05)	(n=2, SD=0.33)	(n=2, SD=0.04)	(n=2, SD=0.11)
明胶	100.1	7.91	0.76	1.25	2.79	3.87	0.97	1.89	2.17	0.09	2.27	8.99	4.73	0.11	8.73	25.39	15.25	2.95	0.65
	(n=1)	(n=4, SD=0.23)	(n=4, SD=0.12)	(n=4, SD=0.15)	(n=4, SD=0.22)	(n=4, SD=0.29)	(n=4, SD=0.06)	(n=4, SD=0.16)	(n=4, SD=0.85)	(n=4, SD=0.09)	(n=4, SD=0.22)	(n=3, SD=0.37)	(n=3, SD=1.62)	(n=4, SD=0.06)	(n=3, SD=3.02)	(n=3, SD=7.11)	(n=3, SD=4.63)	(n=3, SD=0.42)	(n=4, SD=0.27)
膨化芸豆	20.03	1.28	0.19	0.94	1.9	1.51	0.25	1.35	0.94		1.13	1	2.08	0.21	2	1.16	0.77	1.35	0.81
	(n=3, SD=5.89)	(n=1)	(n=1)	(n=1)	(n=1)	(n=1)	(n=1)	(n=1)	(n=1)		(n=1)	(n=1)	(n=1)	(n=1)	(n=1)	(n=1)	(n=1)	(n=1)	(n=1)
生芸豆	20.00	1.27	0.2	0.96	1.9	1.53	0.28	1.31	0.93		1.15	1.02	2.04	0.24	1.94	1.12	0.76	1.36	0.8
	(n=1)	(n=1)	(n=1)	(n=1)	(n=1)	(n=1)	(n=1)	(n=1)	(n=1)		(n=1)	(n=1)	(n=1)	(n=1)	(n=1)	(n=1)	(n=1)	(n=1)	(n=1)
扁豆	26.00	2.05	0.78	1.00	1.84	1.71	0.18	1.29	0.84	0.21	1.27	1.24	2.82	0.27	4.03	1.11	1.05	1.13	0.70
	(n=1)																		
羽扇豆	32.44	3.61	0.92	1.39	2.31	1.58	0.21	1.34	1.20	0.26	1.32	1.14	3.26	0.46	7.00	1.38	1.37	1.61	1.16
	(n=31, SD-4.63)	(n=13, SD-0.73)	(n=19, SD-0.24)	(n=19, SD-0.24)	(n=19, SD=0.40)	(n=19, SD=0.25)	(n=19, SD=0.07)	(n=19, SD=0.24)	(n=18, SD=0.15)	(n=14, SD=0.08)	(n=19, SD=0.19)	(n=13, SD=0.18)	(n=13, SD=0.65)	(n=17, SD=0.09)	(n=13, SD=1.57)	(n=13, SD=0.23)	(n=13, SD=0.21)	(n=13, SD=0.33)	(n=8, SD=0.42)
肉骨粉,磷>4%	50.05	3.53	0.91	1.47	3.06	2.59	0.69	1.65	1.63	0.30	2.19	3.87	3.74	0.46	6.09	7.06	4.38	1.89	1.08
	(n=33, SD=4.33)	(n=27, SD=0.30)	(n=27, SD=0.17)	(n=27, SD=0.26)	(n=27, SD=0.42)	(n=27, SD=0.38)	(n=21, SD=0.18)	(n=27, SD=0.22)	(n=27, SD=0.28)	(n=26, SD=0.06)	(n=27, SD=0.35)	(n=13, SD=0.44)	(n=13, SD=0.64)	(n=20, SD=0.15)	(n=13, SD=0.89)	(n=13, SD=0.68)	(n=13, SD=0.62)	(n=13, SD=0.32)	(n=20, SD=0.19)
肉粉	56.40	3.65	1.24	1.82	3.70	3.20	0.83	1.98	1.89	0.40	2.61	3.82	4.28	0.56	7.03	5.98	3.92	1.99	1.35
	(n=35, SD=3.33)	(n=33, SD=0.28)	(n=33, SD=0.21)	(n=33, SD=0.23)	(n=33, SD=0.40)	(n=33, SD=0.40)	(n=30, SD=0.13)	(n=33, SD=0.27)	(n=33, SD=0.20)	(n=30, SD=0.06)	(n=33, SD=0.31)	(n=28, SD=0.38)	(n=28, SD=0.39)	(n=30, SD=0.15)	(n=28, SD=0.48)	(n=28, SD=0.69)	(n=28, SD=0.56)	(n=28, SD=0.35)	(n=30, SD=0.13)

续表2-5-26

饲料名称	粗蛋白质 CP	精氨酸 Arg	组氨酸 His	异亮氨酸 Ile	亮氨酸 Leu	赖氨酸 Lys	蛋氨酸 Met	苯丙氨酸 Phe	苏氨酸 Thr	色氨酸 Trp	缬氨酸 Val	丙氨酸 Ala	天冬氨酸 Asp	半胱氨酸 Cys	谷氨酸 Glu	甘氨酸 Gly	脯氨酸 Pro	丝氨酸 Ser	酪氨酸 Tyr
酪蛋白(来源于牛奶)	88.95	3.13	2.57	4.49	8.24	6.87	2.52	4.49	3.77	1.33	5.81	2.58	5.93	0.45	18.06	1.60	9.82	4.55	4.87
	(*n*=15, *SD*=4.94)	(*n*=17, *SD*=0.20)	(*n*=17, *SD*=0.32)	(*n*=17, *SD*=0.48)	(*n*=17, *SD*=0.51)	(*n*=17, *SD*=0.57)	(*n*=17, *SD*=0.28)	(*n*=17, *SD*=0.30)	(*n*=17, *SD*=0.44)	(*n*=13, *SD*=0.59)	(*n*=17, *SD*=0.53)	(*n*=14, *SD*=0.19)	(*n*=14, *SD*=0.69)	(*n*=15, *SD*=0.16)	(*n*=14, *SD*=2.87)	(*n*=14, *SD*=0.16)	(*n*=13, *SD*=0.74)	(*n*=14, *SD*=0.62)	(*n*=12, *SD*=0.36)
脱脂奶粉	36.77	1.17	0.94	1.45	3.02	2.42	0.82	1.51	1.44	0.44	1.85	1.19	2.67	0.33	7.05	0.76	3.17	1.81	1.48
	(*n*=5, *SD*=5.85)	(*n*=5, *SD*=0.21)	(*n*=5, *SD*=0.14)	(*n*=5, *SD*=0.34)	(*n*=5, *SD*=0.29)	(*n*=4, *SD*=0.28)	(*n*=5, *SD*=0.08)	(*n*=5, *SD*=0.12)	(*n*=5, *SD*=0.15)		(*n*=5, *SD*=0.45)	(*n*=3, *SD*=0.15)	(*n*=3, *SD*=0.16)	(*n*=2, *SD*=0.10)	(*n*=3, *SD*=0.42)	(*n*=3, *SD*=0.20)	(*n*=3, *SD*=0.19)	(*n*=3, *SD*=0.02)	(*n*=3, *SD*=0.25)
乳清浓缩蛋白	76.32	2.01	1.46	4.74	8.43	6.85	1.65	2.70	4.82	1.59	4.54	3.77	7.80	1.79	12.29	1.45	4.29	3.28	2.34
	(*n*=7, *SD*=4.61)	(*n*=8, *SD*=0.21)	(*n*=8, *SD*=0.21)	(*n*=8, *SD*=0.63)	(*n*=8, *SD*=1.15)	(*n*=8, *SD*=0.86)	(*n*=8, *SD*=0.28)	(*n*=8, *SD*=0.27)	(*n*=8, *SD*=0.69)	(*n*=8, *SD*=0.21)	(*n*=8, *SD*=0.50)	(*n*=8, *SD*=0.37)	(*n*=8, *SD*=0.88)	(*n*=8, *SD*=0.35)	(*n*=8, *SD*=1.79)	(*n*=8, *SD*=0.11)	(*n*=8, *SD*=0.83)	(*n*=8, *SD*=0.50)	(*n*=6, *SD*=0.22)
压榨花生粕	44.23	5.20	1.04	1.46	2.65	1.55	0.50	2.12	1.16	0.33	1.75			0.60					1.74
	(*n*=3, *SD*=3.89)	(*n*=3, *SD*=0.37)	(*n*=3, *SD*=0.09)	(*n*=3, *SD*=0.08)	(*n*=3, *SD*=0.17)	(*n*=3, *SD*=0.10)		(*n*=3, *SD*=0.17)	(*n*=3, *SD*=0.06)	(*n*=3, *SD*=0.03)	(*n*=3, *SD*=0.09)								
花生粕	45.03	5.27	0.98	1.42	2.61	1.44	0.50	1.97	1.26	0.40	1.58	1.87	4.49	0.54	7.51	2.73	1.52	2.13	1.42
	(*n*=5, *SD*=4.24)	(*n*=6, *SD*=0.63)	(*n*=6, *SD*=0.17)	(*n*=6, *SD*=0.17)	(*n*=6, *SD*=0.25)	(*n*=6, *SD*=0.13)	(*n*=6, *SD*=0.16)	(*n*=6, *SD*=0.17)	(*n*=6, *SD*=0.23)	(*n*=4, *SD*=0.05)	(*n*=6, *SD*=0.27)	(*n*=4, *SD*=0.30)	(*n*=4, *SD*=1.40)	(*n*=4, *SD*=0.05)	(*n*=4, *SD*=2.42)	(*n*=4, *SD*=0.40)	(*n*=4, *SD*=0.82)	(*n*=4, *SD*=0.26)	(*n*=5, *SD*=0.13)
豌豆浓缩蛋白	82.82	6.46	1.96	3.73	6.57	5.78	0.80	4.48	3.01	0.83	4.06	3.39	9.36	0.80	12.94	3.21	3.27	4.06	
	(*n*=1, *SD*=)	(*n*=1, *SD*=)	(*n*=1, *SD*=)	(*n*=1, *SD*=)	(*n*=1, *SD*=)	(*n*=1, *SD*=)	(*n*=1, *SD*=)	(*n*=1, *SD*=)	(*n*=1, *SD*=)	(*n*=1, *SD*=)	(*n*=1, *SD*=)	(*n*=1, *SD*=)	(*n*=1, *SD*=)	(*n*=1, *SD*=)	(*n*=1, *SD*=)	(*n*=1, *SD*=)	(*n*=1, *SD*=)	(*n*=1, *SD*=)	
鹰嘴豆	20.33	2.25	0.84	0.91	1.61	1.41	0.30	1.23	0.91		1.02	0.59	2.50	0.44	3.12	0.99		1.06	0.82
	(*n*=3, *SD*=0.89)	(*n*=2, *SD*=0.52)	(*n*=2, *SD*=0.01)	(*n*=2, *SD*=0.17)	(*n*=2, *SD*=0.06)	(*n*=2, *SD*=0.22)	(*n*=2, *SD*=0.00)	(*n*=2, *SD*=0.08)	(*n*=2, *SD*=0.05)		(*n*=2, *SD*=0.08)	(*n*=2, *SD*=0.00)	(*n*=2, *SD*=0.05)	(*n*=2, *SD*=0.00)	(*n*=2, *SD*=0.08)	(*n*=2, *SD*=0.05)		(*n*=2, *SD*=0.02)	(*n*=2, *SD*=0.10)
紫花豌豆	22.17	1.91	0.53	0.94	1.56	1.63	0.21	1.02	0.83	0.21	1.03	0.95	2.56	0.31	3.87	0.95	0.94	1.05	0.59
	(*n*=61, *SD*=1.51)	(*n*=53, *SD*=0.36)	(*n*=59, *SD*=0.05)	(*n*=59, *SD*=0.12)	(*n*=59, *SD*=0.14)	(*n*=61, *SD*=0.18)	(*n*=59, *SD*=0.03)	(*n*=58, *SD*=0.10)	(*n*=59, *SD*=0.10)	(*n*=47, *SD*=0.08)	(*n*=59, *SD*=0.10)	(*n*=49, *SD*=0.11)	(*n*=49, *SD*=0.27)	(*n*=57, *SD*=0.04)	(*n*=49, *SD*=0.54)	(*n*=49, *SD*=0.11)	(*n*=29, *SD*=0.19)	(*n*=48, *SD*=0.15)	(*n*=46, *SD*=0.13)

续表2-5-26

饲料名称	粗蛋白质 CP	精氨酸 Arg	组氨酸 His	异亮氨酸 Ile	亮氨酸 Leu	赖氨酸 Lys	蛋氨酸 Met	苯丙氨酸 Phe	苏氨酸 Thr	色氨酸 Trp	缬氨酸 Val	丙氨酸 Ala	天冬氨酸 Asp	半胱氨酸 Cys	谷氨酸 Glu	甘氨酸 Gly	脯氨酸 Pro	丝氨酸 Ser	酪氨酸 Tyr
宠物食品的副产物	20.94	1.60	0.53	0.90	1.59	1.25	0.45	0.97	0.82		1.05	1.28	1.89	0.09	3.66	1.60	1.20	0.89	
	(n=1, SD=)	(n=1, SD=)	(n=1, SD=)	(n=1, SD=)	(n=1, SD=)	(n=1, SD=)	(n=1, SD=)	(n=1, SD=)	(n=1, SD=)		(n=1, SD=)	(n=1, SD=)	(n=1, SD=)	(n=1, SD=)	(n=1, SD=)	(n=1, SD=)	(n=1, SD=)	(n=1, SD=)	
猪肠膜蛋白	51.01	2.72	1.06	2.06	3.94	3.81	0.96	2.23	2.10	0.25	2.60	2.95		0.78		3.65	2.83	1.86	1.86
	(n=1, SD=)	(n=1, SD=)	(n=1, SD=)	(n=1, SD=)	(n=1, SD=)	(n=1, SD=)	(n=1, SD=)	(n=1, SD=)	(n=1, SD=)	(n=1, SD=)	(n=1, SD=)	(n=1, SD=)		(n=1, SD=)		(n=1, SD=)	(n=1, SD=)	(n=1, SD=)	(n=1, SD=)
马铃薯浓缩蛋白	79.80	4.14	1.76	4.18	8.14	6.18	1.74	5.10	4.61	1.10	5.36	4.02	9.99	1.13	8.65	4.08	4.06	4.35	3.93
	(n=2, SD=1.91)	(n=2, SD=0.11)	(n=2, SD=0.07)	(n=2, SD=0.52)	(n=2, SD=0.03)	(n=2, SD=0.13)	(n=2, SD=0.05)	(n=2, SD=0.01)	(n=2, SD=0.04)	(n=2, SD=0.00)	(n=2, SD=0.10)	(n=2, SD=0.18)	(n=2, SD=0.28)	(n=2, SD=0.03)	(n=2, SD=0.26)	(n=2, SD=0.01)	(n=2, SD=0.01)	(n=2, SD=0.08)	
禽副产物	64.03	4.35	1.28	2.38	4.42	3.69	1.25	2.23	2.35	0.46	2.91	3.75	4.11	0.63	6.41	6.17	3.91	2.27	1.93
	(n=11, SD=2.35)	(n=11, SD=0.26)	(n=11, SD=0.09)	(n=11, SD=0.13)	(n=11, SD=0.21)	(n=11, SD=0.31)	(n=7, SD=0.12)	(n=11, SD=0.19)	(n=11, SD=0.25)	(n=9, SD=0.12)	(n=11, SD=0.39)	(n=3, SD=1.02)	(n=3, SD=0.09)	(n=5, SD=0.38)	(n=3, SD=1.33)	(n=4, SD=2.25)	(n=4, SD=1.98)	(n=4, SD=0.28)	(n=5, SD=0.24)
禽肉粉	64.72	4.46	1.69	2.50	4.63	3.99	1.15	2.64	2.55	0.62	3.07	4.18	5.71	0.87	8.80	5.79	4.23	3.67	1.84
	(n=5, SD=4.54)	(n=2, SD=0.36)	(n=2, SD=0.06)	(n=5, SD=0.16)	(n=5, SD=0.23)	(n=5, SD=0.6)	(n=5, SD=0.23)	(n=2, SD=0.07)	(n=5, SD=0.25)	(n=4, SD=0.1)	(n=5, SD=0.13)	(n=2, SD=0.07)	(n=2, SD=0.49)	(n=5, SD=0.25)	(n=2, SD=0.75)	(n=2, SD=0.7)	(n=1)	(n=2, SD=0.83)	(n=2, SD=0.26)
大米浓缩蛋白	67.51	5.26	1.65	2.91	5.31	2.21	1.77	3.52	2.12	0.81	4.13	3.47	5.39	1.45	10.87	2.77	2.94	2.36	3.32
	(n=1)	(n=1)	(n=1)	(n=1)	(n=1)	(n=1)	(n=1)	(n=1)	(n=1)	(n=1)	(n=1)	(n=1)	(n=1)	(n=1)	(n=1)	(n=1)	(n=1)	(n=1)	(n=1)
红花粕	23.4	2.04	0.59	0.67	1.52	0.74	0.34	1.07	0.65	0.33	1.18			0.38					0.77
去壳红花粕	42.50	3.59	1.07	1.69	2.57	1.17	0.66	2.00	1.28	0.54	2.33			0.69					1.08
鲑鱼蛋白水解物	90.79	5.33	1.55	2.11	3.97	4.96	1.84	2.08	2.68	0.44	2.69	5.77	6.05	0.41	9.82	11.18	5.74	2.85	1.34
	(n=2, SD=2.69)	(n=2, SD=0.19)	(n=2, SD=0.05)	(n=2, SD=0.06)	(n=2, SD=0)	(n=2, SD=0.12)	(n=2, SD=0.06)	(n=2, SD=0.02)	(n=2, SD=0.08)	(n=2, SD=0.06)	(n=2, SD=0.12)	(n=2, SD=0.22)	(n=2, SD=0.18)	(n=2, SD=0.01)	(n=2, SD=0.26)	(n=2, SD=1.14)	(n=2, SD=0.61)	(n=2, SD=0.35)	(n=2, SD=0.03)
芝麻粕	42.60	4.86	0.98	1.47	2.74	1.01	1.15	1.77	1.44	0.54	1.87	1.62	2.30	0.82	6.53	1.65	1.23	1.50	1.52

续表2-5-26

饲料名称	粗蛋白质 CP	精氨酸 Arg	组氨酸 His	异亮氨酸 Ile	亮氨酸 Leu	赖氨酸 Lys	蛋氨酸 Met	苯丙氨酸 Phe	苏氨酸 Thr	色氨酸 Trp	缬氨酸 Val	丙氨酸 Ala	天冬氨酸 Asp	半胱氨酸 Cys	谷氨酸 Glu	甘氨酸 Gly	脯氨酸 Pro	丝氨酸 Ser	酪氨酸 Tyr
高粱酒精糟及可溶物	30.80	1.10	0.71	1.29	4.01	0.82	0.54	1.68	1.06	0.25	1.65	2.90	2.17	0.53	6.31	1.03	2.50	1.40	
	(n=4, SD=1.34)	(n=1,)	(n=1,)	(n=3, SD=0.06)	(n=3, SD=0.14)	(n=3, SD=0.14)	(n=3, SD=0.04)	(n=1,)	(n=3, SD=0.03)	(n=3, SD=0.09)	(n=3, SD=0.03)	(n=1,)	(n=1,)	(n=3, SD=0.05)	(n=1,)	(n=1,)	(n=1,)	(n=1,)	
大豆浓缩蛋白	65.20	4.75	1.70	2.99	5.16	4.09	0.87	3.38	2.52	0.81	3.14	2.82	7.58	0.90	12.02	2.75	3.58	3.33	2.26
	(n=21, SD=4.08)	(n=18, SD=0.20)	(n=18, SD=0.08)	(n=18, SD=0.15)	(n=18, SD=0.20)	(n=19, SD=0.31)	(n=16, SD=0.08)	(n=18, SD=0.16)	(n=19, SD=0.15)	(n=13, SD=0.27)	(n=18, SD=0.17)	(n=15, SD=0.11)	(n=15, SD=0.36)	(n=16, SD=0.14)	(n=15, SD=0.65)	(n=15, SD=0.11)	(n=14, SD=0.36)	(n=15, SD=0.26)	(n=12, SD=0.10)
大豆分离蛋白	84.78	6.14	2.19	3.83	6.76	5.19	1.11	4.40	3.09	1.13	4.02	3.54	9.64	0.98	16.00	3.54	4.45	4.37	3.08
	(n=7, SD=4.12)	(n=9, SD=0.38)	(n=9, SD=0.14)	(n=9, SD=0.32)	(n=6, SD=0.48)	(n=8, SD=0.27)	(n=9, SD=0.20)	(n=9, SD=0.25)	(n=9, SD=0.27)	(n=5, SD=0.07)	(n=9, SD=0.20)	(n=5, SD=0.26)	(n=5, SD=0.67)	(n=7, SD=0.06)	(n=5, SD=1.45)	(n=5, SD=0.27)	(n=5, SD=0.62)	(n=5, SD=0.66)	(n=4, SD=0.21)
全脂葵花籽	16.60	1.72	0.55	0.90	1.36	0.54	0.39	1.02	0.85		0.94	0.95	2.13	0.24	4.54	1.24		1.00	0.55
	(n=4, SD=1.16)	(n=1)	(n=1)	(n=1)	(n=1)	(n=2, SD=0.07)	(n=2, SD=0.03)	(n=1)	(n=1)		(n=1)	(n=1)	(n=1)		(n=1)	(n=1)		(n=1)	(n=1)
溶剂浸提去壳葵花粕	39.86	3.32	0.93	1.54	2.47	1.45	0.78	1.63	1.37	0.48	1.76	1.63	3.55	0.48	8.25	2.09	2.01	1.66	0.81
	(n=8, SD=4.78)	(n=6, SD=0.27)	(n=6, SD=0.10)	(n=6, SD=0.18)	(n=6, SD=0.11)	(n=6, SD=0.10)	(n=5, SD=0.17)	(n=6, SD=0.23)	(n=6, SD=0.06)	(n=2, SD=0.04)	(n=6, SD=0.21)	(n=3, SD=0.09)	(n=3, SD=0.21)	(n=4, SD=0.21)	(n=3, SD=0.74)	(n=3, SD=0.13)	(n=3, SD=0.61)	(n=3, SD=0.10)	(n=3, SD=0.17)
溶剂浸提葵花粕	30.70	2.53	0.78	1.29	1.96	1.13	0.74	1.39	1.17	0.39	1.51	1.32	2.68	0.53	6.12	1.76	1.29	1.36	0.70
	(n=12, SD=2.63)	(n=10, SD=0.22)	(n=10, SD=0.06)	(n=10, SD=0.06)	(n=10, SD=0.12)	(n=10, SD=0.07)	(n=9, SD=0.04)	(n=10, SD=0.08)	(n=10, SD=0.06)	(n=8, SD=0.04)	(n=10, SD=0.09)	(n=8, SD=0.07)	(n=8, SD=0.41)	(n=9, SD=0.06)	(n=8, SD=0.47)	(n=8, SD=0.08)	(n=4, SD=0.12)	(n=8, SD=0.06)	(n=9, SD=0.14)
小麦酒精糟及可溶物	36.61	1.41	0.76	1.25	2.45	0.73	0.52	1.67	1.13	0.37	1.60	1.35	1.85	0.61	9.59	1.48	3.34	1.69	1.06
小麦蛋白	72.11	2.67	1.66	2.66	5.06	1.27	1.08	3.91	2.42	1.03	2.88	2.12	3.08	1.48	23.87	2.74	9.67	4.07	2.42
	(n=9, SD=3.94)	(n=9, SD=0.28)	(n=9, SD=0.36)	(n=9, SD=0.18)	(n=9, SD=0.21)	(n=9, SD=0.22)	(n=9, SD=0.14)	(n=9, SD=0.32)	(n=9, SD=0.68)	(n=9, SD=0.46)	(n=9, SD=0.24)								(n=8, SD=0.12)
酵母单细胞蛋白	36.25	1.45	0.71	1.36	1.81	2.58	0.84	1.18	1.42		1.53	1.45	2.30		3.56	1.31	1.10	1.26	0.61
	(n=1)	(n=1)	(n=1)	(n=1)	(n=1)	(n=1)	(n=1)	(n=1)	(n=1)		(n=1)	(n=1)	(n=1)		(n=1)	(n=1)	(n=1)	(n=1)	(n=1)

表 2-5-27 回肠末端表观氨基酸消化率

%

饲料名称	粗蛋白质 CP	精氨酸 Arg	组氨酸 His	异亮氨酸 Ile	亮氨酸 Leu	赖氨酸 Lys	蛋氨酸 Met	苯丙氨酸 Phe	苏氨酸 Thr	色氨酸 Trp	缬氨酸 Val	丙氨酸 Ala	天冬氨酸 Asp	半胱氨酸 Cys	谷氨酸 Glu	甘氨酸 Gly	脯氨酸 Pro	丝氨酸 Ser	酪氨酸 Tyr
蚕豆	73	88	76	77	79	82	65	77	70	61	73	72	81	56	85	62	50	77	74
	(n=24, SD=5.88)	(n=18, SD=3.28)	(n=20, SD=7.83)	(n=25, SD=6.03)	(n=25, SD=4.80)	(n=25, SD=4.16)	(n=23, SD=8.22)	(n=20, SD=5.37)	(n=25, SD=6.37)	(n=16, SD=11.40)	(n=25, SD=5.84)	(n=18, SD=5.45)	(n=18, SD=4.39)	(n=22, SD=9.80)	(n=18, SD=4.10)	(n=18, SD=9.85)	(n=11, SD=23.39)	(n=18, SD=7.47)	(n=10, SD=5.65)
菜豆	49	70		50	52	65	52	41	50	50	49	50	45	38	53	41		53	52
血粉	87	91	90	68	85	93	82	91	86	89	91	89	87	81	86	86	85	88	82
	(n=3, SD=1.73)	(n=6, SD=5.99)	(n=6, SD=6.09)	(n=4, SD=9.25)	(n=6, SD=1.68)	(n=6, SD=1.71)	(n=4, SD=1.46)	(n=6, SD=1.64)	(n=6, SD=2.39)	(n=4, SD=3.51)	(n=6, SD=2.64)	(n=2, SD=1.77)	(n=2, SD=1.77)		(n=2, SD=0.40)			(n=2, SD=1.10)	(n=4, SD=7.56)
血浆	76	88	85	81	84	85	80	83	77	85	79	81	83	82	85	73	87	84	74
	(n=2, SD=3.96)	(n=4, SD=6.11)	(n=4, SD=4.62)	(n=4, SD=10.41)	(n=4, SD=5.57)	(n=4, SD=5.57)	(n=4, SD=5.74)	(n=4, SD=5.55)	(n=4, SD=11.32)	(n=2, SD=8.56)	(n=4, SD=9.84)	(n=3, SD=7.89)	(n=3, SD=7.62)	(n=2, SD=12.23)	(n=3, SD=7.72)	(n=3, SD=5.96)	(n=3, SD=4.42)	(n=3, SD=5.49)	(n=3, SD=25.71)
啤酒糟	70	81	70	81	73	69	74	81	70	73	73	71	70	67	71	66	69	68	91
压榨双低菜籽粕	70	80	76	76	77	70	82	79	67	72	71	73	71	74	82	64	66	68	72
	(n=6, SD=5.05)	(n=13, SD=6.37)	(n=13, SD=11.46)	(n=13, SD=8.17)	(n=13, SD=7.39)	(n=13, SD=13.25)	(n=13, SD=4.23)	(n=12, SD=8.37)	(n=13, SD=11.84)	(n=4, SD=13.09)	(n=13, SD=11.00)	(n=12, SD=8.45)	(n=12, SD=10.61)	(n=10, SD=8.38)	(n=12, SD=6.78)	(n=12, SD=14.96)	(n=7, SD=9.87)	(n=12, SD=14.53)	(n=12, SD=11.11)
浸提双低菜籽粕	68	82	75	72	74	71	82	74	65	66	69	72	72	70	81	69	66	69	72
	(n=42, SD=9.49)	(n=44, SD=6.42)	(n=39, SD=10.89)	(n=44, SD=9.22)	(n=44, SD=7.88)	(n=44, SD=10.43)	(n=41, SD=7.77)	(n=39, SD=8.60)	(n=44, SD=9.67)	(n=22, SD=9.49)	(n=44, SD=10.95)	(n=29, SD=7.99)	(n=29, SD=7.73)	(n=33, SD=8.46)	(n=29, SD=7.37)	(n=29, SD=8.71)	(n=27, SD=13.91)	(n=29, SD=8.50)	(n=27, SD=9.75)
压榨椰子粕	52	56	53	53	54	51	55	54	49	49	53	53	53	52	55	48	43	51	52
椰子粕	52	81	63	64	68	51	67	71	51	63	68	53	54	54	55	49	44	51	53
玉米胚芽粕	60	76	71	66	72	53	77	75	59	53	64	62	60	59	62	55	59	59	75
玉米蛋白饲料	64	79	69	68	81	51	79	80	57	47	71	80	66	53	78	52	71	68	80

续表2-5-27

饲料名称	粗蛋白质 CP	精氨酸 Arg	组氨酸 His	异亮氨酸 Ile	亮氨酸 Leu	赖氨酸 Lys	蛋氨酸 Met	苯丙氨酸 Phe	苏氨酸 Thr	色氨酸 Trp	缬氨酸 Val	丙氨酸 Ala	天冬氨酸 Asp	半胱氨酸 Cys	谷氨酸 Glu	甘氨酸 Gly	脯氨酸 Pro	丝氨酸 Ser	酪氨酸 Tyr
玉米蛋白粉	72	88	86	91	96	77	92	93	84	61	89	92	86	86	93	78	78	91	93
	(*n*=6, *SD*=20.43)	(*n*=6, *SD*=2.10)	(*n*=6, *SD*=2.94)	(*n*=6, *SD*=1.48)	(*n*=6, *SD*=1.17)	(*n*=6, *SD*=4.79)	(*n*=5, *SD*=8.82)	(*n*=6, *SD*=2.76)	(*n*=6, *SD*=5.02)	(*n*=5, *SD*=10.15)	(*n*=6, *SD*=1.51)	(*n*=5, *SD*=3.59)	(*n*=5, *SD*=2.05)	(*n*=4, *SD*=2.30)	(*n*=5, *SD*=2.73)	(*n*=5, *SD*=13.22)	(*n*=5, *SD*=15.81)	(*n*=5, *SD*=2.23)	(*n*=3, *SD*=2.02)
全脂棉籽	73	87	72	67	70	59	70	79	64	68	69	66	74	73	83	67	58	72	73
	(*n*=17, *SD*=5.18)	(*n*=20, *SD*=3.73)	(*n*=20, *SD*=8.93)	(*n*=20, *SD*=9.32)	(*n*=20, *SD*=7.90)	(*n*=20, *SD*=10.87)	(*n*=16, *SD*=14.08)	(*n*=20, *SD*=5.61)	(*n*=20, *SD*=9.89)	(*n*=11, *SD*=8.81)	(*n*=20, *SD*=8.45)	(*n*=17, *SD*=8.91)	(*n*=17, *SD*=6.40)	(*n*=7, *SD*=9.92)	(*n*=16, *SD*=4.96)	(*n*=17, *SD*=9.66)	(*n*=15, *SD*=17.42)	(*n*=17, *SD*=7.49)	(*n*=16, *SD*=6.39)
棉粕	73	87	72	67	70	59	70	79	64	68	69	66	74	73	83	67	58	72	73
	(*n*=17, *SD*=5.18)	(*n*=20, *SD*=3.73)	(*n*=20, *SD*=8.93)	(*n*=20, *SD*=9.32)	(*n*=20, *SD*=7.90)	(*n*=20, *SD*=10.87)	(*n*=16, *SD*=14.08)	(*n*=20, *SD*=5.61)	(*n*=20, *SD*=9.89)	(*n*=11, *SD*=8.81)	(*n*=20, *SD*=8.45)	(*n*=17, *SD*=8.91)	(*n*=17, *SD*=6.40)	(*n*=7, *SD*=9.92)	(*n*=16, *SD*=4.96)	(*n*=17, *SD*=9.66)	(*n*=15, *SD*=17.42)	(*n*=17, *SD*=7.49)	(*n*=16, *SD*=6.39)
羽毛粉	75	81	54	75	77	54	65	78	69	60	75	70	47	71	75	78	86	76	73
	(*n*=2, *SD*=16.97)	(*n*=2, *SD*=2.83)	(*n*=2, *SD*=)26.87	(*n*=2, *SD*=0.71)	(*n*=2, *SD*=2.12)	(*n*=2, *SD*=)19.80		(*n*=2, *SD*=2.83)	(*n*=2, *SD*=4.24)	(*n*=1)	(*n*=2, *SD*=3.54)				(*n*=1)	(*n*=1)		(*n*=1)	
混合鱼粉	82	85	82	82	82	85	86	80	78	73	81	79	71	62	79	71	65	72	73
	(*n*=16, *SD*=7.04)	(*n*=22, *SD*=9.98)	(*n*=22, *SD*=10.56)	(*n*=22, *SD*=12.03)	(*n*=22, *SD*=11.64)	(*n*=22, *SD*=8.35)	(*n*=18, *SD*=7.53)	(*n*=22, *SD*=12.37)	(*n*=21, *SD*=14.37)	(*n*=10, *SD*=9.43)	(*n*=22, *SD*=10.16)	(*n*=15, *SD*=14.67)	(*n*=15, *SD*=22.27)	(*n*=11, *SD*=18.94)	(*n*=15, *SD*=14.48)	(*n*=15, *SD*=20.64)	(*n*=14, *SD*=25.52)	(*n*=15, *SD*=20.75)	(*n*=13, *SD*=17.12)
亚麻籽粕	61	80	69	74	73	65	74	75	59	57	68	72	73	60	73	71	64	71	65
	(*n*=1)	(*n*=3, *SD*=8.01)	(*n*=3, *SD*=4.02)	(*n*=3, *SD*=10.15)	(*n*=3, *SD*=8.19)	(*n*=3, *SD*=6.14)	(*n*=3, *SD*=1.41)	(*n*=3, *SD*=4.48	(*n*=3, *SD*=1.59)	(*n*=3, *SD*=27.71)	(*n*=3, *SD*=3.50)			(*n*=2, *SD*=12.37)			(*n*=2, *SD*=16.62)		(*n*=2, *SD*=2.90)
明胶	82	85	88	93	85	90	91	91	78	93	86	87	63		80	82	79	79	62
	(*n*=2, *SD*=1.41)		(*n*=2, *SD*=2.83)	(*n*=2, *SD*=0.00)	(*n*=2, *SD*=1.41)	(*n*=2, *SD*=0.71)	(*n*=2, *SD*=0.71)	(*n*=2, *SD*=0.71)	(*n*=2, *SD*=1.41)	(*n*=2, *SD*=0.71)	(*n*=2, *SD*=0.00)	(*n*=2, *SD*=0.71)	(*n*=2, *SD*=11.31)		(*n*=2, *SD*=2.83)	(*n*=2, *SD*=0.71)	(*n*=2, *SD*=1.14)	(*n*=2, *SD*=0.00)	(*n*=2, *SD*=26.87)
膨化芸豆	64	84	58	66	65	82		70	67		58	68	86		83	47	45	68	61
	(*n*=1)	(*n*=1)	(*n*=1)	(*n*=1)	(*n*=1)	(*n*=1)		(*n*=1)	(*n*=1)		(*n*=1)	(*n*=1)	(*n*=1)		(*n*=1)	(*n*=1)	(*n*=1)	(*n*=1)	(*n*=1)
扁豆	73	84	76	73	73	77	66	72	66	62	70	69	76	57	79	67	73	72	73

续表2-5-27

饲料名称	粗蛋白质 CP	精氨酸 Arg	组氨酸 His	异亮氨酸 Ile	亮氨酸 Leu	赖氨酸 Lys	蛋氨酸 Met	苯丙氨酸 Phe	苏氨酸 Thr	色氨酸 Trp	缬氨酸 Val	丙氨酸 Ala	天冬氨酸 Asp	半胱氨酸 Cys	谷氨酸 Glu	甘氨酸 Gly	脯氨酸 Pro	丝氨酸 Ser	酪氨酸 Tyr
羽扇豆	80	92	83	83	82	82	75	82	76	78	77	72	81	78	86	70	67	80	79
	(n=18, SD=4.23)	(n=11, SD=4.40)	(n=18, SD=5.15)	(n=18, SD=5.87)	(n=18, SD=5.71)	(n=18, SD=4.07)	(n=18, SD=8.95)	(n=18, SD=5.99)	(n=18, SD=5.78)	(n=13, SD=3.94)	(n=18, SD=6.01)	(n=11, SD=7.35)	(n=11, SD=9.36)	(n=16, SD=7.93)	(n=11, SD=7.97)	(n=11, SD=7.81)	(n=11, SD=14.04)	(n=11, SD=8.16)	(n=8, SD=6.59)
肉骨粉,磷>4%	68	80	68	69	72	70	81	76	64	52	72	76	61	46	71	74	70	66	59
	(n=11, SD=5.49)	(n=12, SD=3.84)	(n=12, SD=7.75)	(n=12, SD=7.86)	(n=12, SD=5.75)	(n=12, SD=7.42)	(n=4, SD=4.35)	(n=12, SD=5.91)	(n=12, SD=7.07)	(n=10, SD=10.82)	(n=12, SD=5.87)	(n=6, SD=1.94)	(n=6, SD=4.82)	(n=4, SD=28.55)	(n=6, SD=3.39)	(n=6, SD=4.91)	(n=4, SD=6.43)	(n=6, SD=4.22)	(n=6, SD=15.12)
肉粉	73	83	73	75	75	76	80	77	71	67	74	78	68	59	75	77	77	73	77
	(n=9, SD=6.87)	(n=9, SD=4.69)	(n=9, SD=9.83)	(n=9, SD=6.94)	(n=9, SD=8.59)	(n=9, SD=7.61)	(n=6, SD=7.19)	(n=9, SD=7.12)	(n=9, SD=7.32)	(n=4, SD=12.47)	(n=9, SD=8.69)	(n=5, SD=8.06)	(n=5, SD=7.90)	(n=5, SD=9.45)	(n=5, SD=8.74)	(n=5, SD=6.18)	(n=5, SD=6.61)	(n=5, SD=8.81)	(n=6, SD=7.38)
酪蛋白(来源于牛奶)	87	88	93	91	94	95	96	93	86	92	92	83	88	67	93	63	80	86	94
	(n=13, SD=8.96)	(n=14, SD=11.52)	(n=15, SD=4.89)	(n=15, SD=5.37)	(n=15, SD=4.09)	(n=15, SD=4.08)	(n=14, SD=2.88)	(n=15, SD=5.48)	(n=15, SD=10.60)	(n=9, SD=7.17)	(n=15, SD=5.01)	(n=15, SD=10.91)	(n=15, SD=6.92)	(n=13, SD=25.29)	(n=15, SD=3.64)	(n=14, SD=30.14)	(n=14, SD=27.87)	(n=15, SD=8.46)	(n=14, SD=4.26)
脱脂奶粉	86	90	91	89	92	92	91	93	88	90	89	85	88	81	89	76	91	82	91
	(n=6, SD=3.33)	(n=7, SD=5.41)	(n=7, SD=5.48)	(n=7, SD=7.05)	(n=7, SD=3.01)	(n=7, SD=4.35)	(n=6, SD=3.74)	(n=7, SD=3.67)	(n=7, SD=5.82)		(n=7, SD=5.88)	(n=3, SD=4.36)	(n=3, SD=0.54)		(n=3, SD=4.29)	(n=3, SD=7.79)	(n=3, SD=4.42)	(n=3, SD=10.74)	(n=4, SD=5.96)
乳清浓缩蛋白	84	88	86	89	90	92	91	82	83	88	90	86	89	84	88	72	81	85	81
	(n=2, SD=4.95)	(n=3, SD=4.36)	(n=3, SD=3.79)	(n=3, SD=6.21)	(n=3, SD=5.73)	(n=3, SD=1.66)	(n=3, SD=4.59)	(n=3, SD=4.26)	(n=3, SD=1.63)	(n=3, SD=4.71)	(n=3, SD=2.42)	(n=3, SD=3.17	(n=3, SD=3.59)	(n=3, SD=4.80)	(n=3, SD=4.41)	(n=3, SD=17.70)	(n=3, SD=3.75)	(n=3, SD=2.01)	(n=1, SD=)
压榨花生粕	79	93	79	78	79	73	80	86	70	73	75			78					88
							(n=4, SD=4.08)	(n=4, SD=4.56)						(n=1, SD=)					(n=2, SD=3.11)
花生粕	79	93	79	78	79	73	80	86	70	73	75	81	86	78	88	73	87	83	88
							(n=4, SD=4.08)	(n=4, SD=4.56)						(n=1, SD=)					(n=2, SD=3.11)

续表2-5-27

饲料名称	粗蛋白质 CP	精氨酸 Arg	组氨酸 His	异亮氨酸 Ile	亮氨酸 Leu	赖氨酸 Lys	蛋氨酸 Met	苯丙氨酸 Phe	苏氨酸 Thr	色氨酸 Trp	缬氨酸 Val	丙氨酸 Ala	天冬氨酸 Asp	半胱氨酸 Cys	谷氨酸 Glu	甘氨酸 Gly	脯氨酸 Pro	丝氨酸 Ser	酪氨酸 Tyr
豌豆浓缩蛋白	73 (n=41，SD=4.02)	87 (n=39，SD=4.35)	78 (n=45，SD=4.37)	76 (n=45，SD=5.10)	77 (n=45，SD=4.39)	82 (n=45，SD=2.91)	72 (n=39，SD=4.08)	77 (n=45，SD=3.98)	68 (n=45，SD=6.13)	63 (n=29，SD=4.65)	72 (n=45，SD=5.60)	70 (n=39，SD=5.15)	78 (n=39，SD=3.53)	61 (n=37，SD=4.17)	83 (n=39，SD=3.61)	64 (n=39，SD=6.22)	59 (n=31，SD=14.05)	73 (n=39，SD=5.55)	
鹰嘴豆	73 (n=41，SD=4.02)	87 (n=39，SD=4.35)	78 (n=45，SD=4.37)	76 (n=45，SD=5.10)	77 (n=45，SD=4.39)	82 (n=45，SD=2.91)	72 (n=39，SD=4.08)	77 (n=45，SD=3.98)	68 (n=45，SD=6.13)		72 (n=45，SD=5.60)	70 (n=39，SD=5.15)	78 (n=39，SD=3.53)	61 (n=37，SD=4.17)	83 (n=39，SD=3.61)	64 (n=39，SD=6.22)		73 (n=39，SD=5.55)	74 (n=32，SD=5.62)
紫花豌豆	73 (n=41，SD=4.02)	87 (n=39，SD=4.35)	78 (n=45，SD=4.37)	76 (n=45，SD=5.10)	77 (n=45，SD=4.39)	82 (n=45，SD=2.91)	72 (n=39，SD=4.08)	77 (n=45，SD=3.98)	68 (n=45，SD=6.13)	63 (n=29，SD=4.65)	72 (n=45，SD=5.60)	70 (n=39，SD=5.15)	78 (n=39，SD=3.53)	61 (n=37，SD=4.17)	83 (n=39，SD=3.61)	64 (n=39，SD=6.22)	59 (n=31，SD=14.05)	73 (n=39，SD=5.55)	74 (n=32，SD=5.62)
裂荚紫花豌豆	73 (n=41，SD=4.02)																		
马铃薯浓缩蛋白	85 (n=2，SD=2.83)	91 (n=2，SD=1.41)	87 (n=2，SD=2.83)	87 (n=2，SD=2.12)	89 (n=2，SD=2.12)	88 (n=2，SD=2.12)	90 (n=2，SD=1.41)	82 (n=2，SD=2.12)	84 (n=2，SD=2.83)	78 (n=2，SD=3.54)	88 (n=2，SD=2.12)	86 (n=2，SD=2.12)	84 (n=2，SD=4.24)	65 (n=2，SD=4.24)	86 (n=2，SD=3.54)	85 (n=2，SD=4.24)	88 (n=2，SD=1.41)	86 (n=2，SD=2.83)	78
禽副产物	75 (n=5，SD=2.71)	87 (n=5，SD=2.48)	80 (n=5，SD=4.97)	79 (n=5，SD=1.96)	80 (n=5，SD=4.41)	84 (n=5，SD=5.08)	74	82 (n=5，SD=3.79)	74 (n=5，SD=3.95)	74 (n=5，SD=13.02)	78 (n=5，SD=2.45)	78 (n=1，)	59 (n=1，)	70	75 (n=1，)	75 (n=1，)	75 (n=1，)	72 (n=1，)	51 (n=1，)
芝麻粕	81	94	76	85	85	76	90	89	78	85	84	82	82	86	83	80	78	81	87
高粱酒精糟及可溶物	65 (n=1，)	70 (n=1，)	69 (n=1，)	72 (n=1，)	76 (n=1，)	59 (n=1，)	75 (n=1，)	74 (n=1，)	64 (n=1，)	67 (n=1，)	71 (n=1，)	72 (n=1，)	65 (n=1，)	63 (n=1，)	75 (n=1，)	41 (n=1，)	35 (n=1，)	68 (n=1，)	
大豆浓缩蛋白	85 (n=10，SD=3.65)	93 (n=12，SD=2.43)	89 (n=12，SD=3.18)	89 (n=12，SD=3.13)	89 (n=12，SD=3.19)	89 (n=12，SD=3.35)	90 (n=11，SD=2.63)	88 (n=12，SD=3.62)	82 (n=12，SD=4.89)	85 (n=10，SD=3.91)	87 (n=12，SD=3.52)	85 (n=11，SD=4.77)	86 (n=11，SD=3.99)	75 (n=11，SD=4.35)	90 (n=11，SD=3.72)	79 (n=11，SD=9.83)	77 (n=10，SD=22.44)	88 (n=11，SD=4.58)	89 (n=6，SD=3.94)

续表2-5-27

饲料名称	粗蛋白质 CP	精氨酸 Arg	组氨酸 His	异亮氨酸 Ile	亮氨酸 Leu	赖氨酸 Lys	蛋氨酸 Met	苯丙氨酸 Phe	苏氨酸 Thr	色氨酸 Trp	缬氨酸 Val	丙氨酸 Ala	天冬氨酸 Asp	半胱氨酸 Cys	谷氨酸 Glu	甘氨酸 Gly	脯氨酸 Pro	丝氨酸 Ser	酪氨酸 Tyr
大豆分离蛋白	84	93	86	86	88	90	84	87	79	84	83	86	90	74	93	80	83	90	86
	(n=4, SD=4.15)	(n=6, SD=3.33)	(n=6, SD=6.21)	(n=6, SD=9.41)	(n=6, SD=6.06)	(n=6, SD=3.83)	(n=5, SD=11.49)	(n=6, SD=5.53)	(n=6, SD=8.20)	(n=2, SD=0.21)	(n=6, SD=9.91)	(n=5, SD=5.39)	(n=5, SD=3.74)	(n=3, SD=10.21)	(n=5, SD=3.66)	(n=5, SD=8.98)	(n=4, SD=9.65)	(n=5, SD=4.67)	(n=4, SD=11.04)
溶剂浸提去壳葵花粕	76	91	82	78	77	75	84	79	72	73	76	68	74	77	84	63	63	72	72
	(n=4, SD=60.4)	(n=5, SD=3.43)	(n=5, SD=6.48)	(n=5, SD=6.19)	(n=5, SD=5.36)	(n=5, SD=4.25)	(n=4, SD=3.84)	(n=5, SD=7.47)	(n=5, SD=8.48)	(n=2, SD=3.39)	(n=5, SD=8.37)	(n=3, SD=2.17)	(n=3, SD=1.22)	(n=3, SD=3.89)	(n=3, SD=0.70)	(n=3, SD=4.30)	(n=3, SD=16.86)	(n=3, SD=3.19)	(n=3, SD=6.07)
溶剂浸提葵花粕	77	91	80	79	79	76	88	83	75	80	76	74	80	76	86	65	79	76	83
	(n=6, SD=5.06)	(n=6, SD=2.94)	(n=6, SD=4.97)	(n=6, SD=2.96)	(n=6, SD=3.05)	(n=6, SD=3.33)	(n=5, SD=2.66)	(n=6, SD=4.39)	(n=6, SD=5.50)	(n=3, SD=4.33)	(n=6, SD=5.00)	(n=3, SD=6.31)	(n=3, SD=3.75)	(n=3, SD=4.88)	(n=3, SD=2.53)	(n=3, SD=5.96)		(n=3, SD=5.09)	(n=4, SD=5.23)
小麦酒精糟及可溶物	69	76	72	69	77	44	70	82	64	72	69	64	52	69	79	59	68	71	77
酵母单细胞蛋白	66	73	64	57	59	73	87	51	51		55	51	52		60	48	55	56	60
	(n=1)	(n=1)	(n=1)	(n=1)	(n=1)	(n=1)	(n=1)	(n=1)	(n=1)		(n=1)	(n=1)	(n=1)		(n=1)	(n=1)	(n=1)	(n=1)	(n=1)

表 2-5-28 回肠末端标准氨基酸消化率

%

饲料名称	粗蛋白质 CP	精氨酸 Arg	组氨酸 His	异亮氨酸 Ile	亮氨酸 Leu	赖氨酸 Lys	蛋氨酸 Met	苯丙氨酸 Phe	苏氨酸 Thr	色氨酸 Trp	缬氨酸 Val	丙氨酸 Ala	天冬氨酸 Asp	半胱氨酸 Cys	谷氨酸 Glu	甘氨酸 Gly	脯氨酸 Pro	丝氨酸 Ser	酪氨酸 Tyr
蚕豆	79 (*n*=24, *SD*=5.67)	90 (*n*=18, *SD*=3.09)	79 (*n*=20, *SD*=8.10)	81 (*n*=25, *SD*=5.25)	82 (*n*=25, *SD*=4.94)	85 (*n*=25, *SD*=4.26)	73 (*n*=23, *SD*=11.69)	80 (*n*=20, *SD*=5.93)	78 (*n*=25, *SD*=6.34)	64 (*n*=14, *SD*=11.22)	78 (*n*=25, *SD*=4.95)	78 (*n*=18, *SD*=5.60)	85 (*n*=18, *SD*=4.18)	62 (*n*=22, *SD*=10.87)	88 (*n*=18, *SD*=3.14)	76 (*n*=18, *SD*=9.24)	87 (*n*=11, *SD*=20.89)	83 (*n*=18, *SD*=5.50)	82 (*n*=9, *SD*=6.80)
莱豆		72	58	54	55	68	55	44	55	55	53	55	47	45	56	50	60	57	56
血粉	89 (*n*=3, *SD*=1.84)	92 (*n*=5, *SD*=6.02)	91 (*n*=5, *SD*=6.09)	73 (*n*=4, *SD*=9.19)	93 (*n*=5, *SD*=1.67)	93 (*n*=5, *SD*=1.71)	88	92 (*n*=5, *SD*=1.56)	87 (*n*=5, *SD*=2.36)	91 (*n*=3, *SD*=3.55)	92 (*n*=5, *SD*=2.62)	90 (*n*=2, *SD*=1.57)	88 (*n*=2, *SD*=1.64)	86	87 (*n*=2, *SD*=0.51)	88	88	89 (*n*=2, *SD*=1.15)	88
血浆	81 (*n*=2, *SD*=7.90)	91 (*n*=4, *SD*=6.98)	87 (*n*=4, *SD*=5.30)	85 (*n*=4, *SD*=12.32)	87 (*n*=4, *SD*=6.89)	87 (*n*=4, *SD*=6.31)	84 (*n*=4, *SD*=9.00)	86 (*n*=4, *SD*=7.08)	80 (*n*=4, *SD*=12.86)	92 (*n*=2, *SD*=12.23)	82 (*n*=4, *SD*=11.31)	85 (*n*=3, *SD*=7.34)	86 (*n*=3, *SD*=6.48)	85 (*n*=2, *SD*=7.78)	87 (*n*=3, *SD*=6.38)	85 (*n*=3, *SD*=2.16)	99 (*n*=3, *SD*=5.03)	87 (*n*=3, *SD*=5.46)	76 (*n*=3, *SD*=27.25)
啤酒糟		93	83	87	86	80	87	90	80	81	84	74	74	76	74	74	74	74	93
压榨双低菜籽粕	75 (*n*=6, *SD*=4.26)	83 (*n*=13, *SD*=6.79)	78 (*n*=13, *SD*=11.30)	78 (*n*=13, *SD*=7.94)	78 (*n*=13, *SD*=7.60)	71 (*n*=13, *SD*=13.18)	83 (*n*=13, *SD*=4.30)	80 (*n*=12, *SD*=8.51)	70 (*n*=13, *SD*=12..09)	73	73 (*n*=13, *SD*=10.74)	76 (*n*=12, *SD*=8.66)	73 (*n*=12, *SD*=10.76)	76 (*n*=10, *SD*=8.19)	84 (*n*=12, *SD*=7.24)	70 (*n*=12, *SD*=17.39)	132 (*n*=7, *SD*=71.15)	71 (*n*=12, *SD*=15.55)	74 (*n*=12, *SD*=11.65)
浸提双低菜籽粕	74 (*n*=39, *SD*=8.24)	85 (*n*=41, *SD*=5.56)	78 (*n*=36, *SD*=10.24)	76 (*n*=41, *SD*=8.34)	78 (*n*=41, *SD*=6.44)	74 (*n*=41, *SD*=9.65)	85 (*n*=39, *SD*=4.06)	77 (*n*=36, *SD*=8.42)	70 (*n*=41, *SD*=9.64)	71	74 (*n*=41, *SD*=9.78)	77 (*n*=27, *SD*=7.25)	76 (*n*=27, *SD*=7.11)	74 (*n*=31, *SD*=7.44)	84 (*n*=27, *SD*=3.94)	78 (*n*=27, *SD*=8.60)	92 (*n*=25, *SD*=11.82)	75 (*n*=27, *SD*=6.51)	77 (*n*=22, *SD*=8.33)
压榨椰子粕		58	58	58	58	58	58	58	58	58	58	58	58	58	58	58	58	58	58
椰子粕		88	70	72	73	64	77	75	67	69	71	58	58	65	58	58	58	58	72

续表2-5-28

饲料名称	粗蛋白质 CP	精氨酸 Arg	组氨酸 His	异亮氨酸 Ile	亮氨酸 Leu	赖氨酸 Lys	蛋氨酸 Met	苯丙氨酸 Phe	苏氨酸 Thr	色氨酸 Trp	缬氨酸 Val	丙氨酸 Ala	天冬氨酸 Asp	半胱氨酸 Cys	谷氨酸 Glu	甘氨酸 Gly	脯氨酸 Pro	丝氨酸 Ser	酪氨酸 Tyr
玉米胚芽粕		83	78	75	78	62	80	81	70	66	73	65	65	63	65	65	65	65	79
玉米蛋白饲料		86	75	80	85	66	82	85	71	66	77	84	72	62	82	62	78	76	84
玉米蛋白粉	75 (n=6, SD=20.11)	91 (n=6, SD=2.00)	87 (n=6, SD=3.07)	93 (n=6, SD=1.55)	96 (n=6, SD=1.22)	81 (n=6, SD=4.78)	93 (n=5, SD=8.85)	94 (n=6, SD=2.76)	87 (n=6, SD=6.14)	77	91 (n=6, SD=1.18)	93 (n=5, SD=3.24)	89 (n=5, SD=2.70)	88 (n=4, SD=3.13)	94 (n=5, SD=2.74)	89 (n=5, SD=14.31)	86 (n=5, SD=14.54)	93 (n=5, SD=3.51)	94 (n=3, SD=2.00)
全脂棉籽	77 (n=17, SD=5.16)	88 (n=20, SD=3.77)	74 (n=20, SD=8.36)	70 (n=20, SD=9.46)	73 (n=20, SD=7.76)	63 (n=20, SD=10.85)	73 (n=16, SD=13.63)	81 (n=20, SD=5.56)	68 (n=20, SD=9.61)	71 (n=11, SD=8.95)	73 (n=20, SD=8.23)	70 (n=17, SD=8.86)	76 (n=17, SD=6.27)	76 (n=7, SD=9.83)	84 (n=16, SD=4.87)	77 (n=17, SD=9.74)	84 (n=14, SD=16.06)	75 (n=17, SD=7.12)	76 (n=14, SD=6.24)
棉粕	77 (n=17, SD=5.16)	88 (n=20, SD=3.77)	74 (n=20, SD=8.36)	70 (n=20, SD=9.46)	73 (n=20, SD=7.76)	63 (n=20, SD=10.85)	73 (n=16, SD=13.63)	81 (n=20, SD=5.56)	68 (n=20, SD=9.61)	71 (n=11, SD=8.95)	73 (n=20, SD=8.23)	70 (n=17, SD=8.86)	76 (n=17, SD=6.27)	76 (n=7, SD=9.83)	84 (n=16, SD=4.87)	77 (n=17, SD=9.71)	84 (n=14, SD=16.06)	75 (n=17, SD=7.12)	76 (n=14, SD=6.24)
羽毛粉	68 (n=2, SD=4.31)	81 (n=2, SD=2.17)	56 (n=2, SD=24.77)	76 (n=2, SD=0.06)	77 (n=2, SD=)2.28	56 (n=2, SD=18.61)	73 (n=1)	79 (n=2, SD=2.64)	71 (n=2, SD=4.62)	63 (n=1)	75 (n=2, SD=3.34)	71	48	73	76 (n=1)	80 (n=1)	87	77 (n=1)	79
混合鱼粉	85 (n=16, SD=6.16)	86 (n=22, SD=10.11)	84 (n=22, SD=10.55)	83 (n=22, SD=12.06)	83 (n=22, SD=11.71)	86 (n=22, SD=8.37)	87 (n=18, SD=7.57)	82 (n=22, SD=12.43)	81 (n=22, SD=14.49)	76 (n=10, SD=9.97)	83 (n=22, SD=10.22)	80 (n=15, SD=14.65)	73 (n=15, SD=22.53)	64 (n=11, SD=17.71)	80 (n=15, SD=14.54)	75 (n=15, SD=20.63)	86 (n=14, SD=21.49)	75 (n=15, SD=20.96)	74 (n=12, SD=17.65)
亚麻籽				77		84	85		82	86	77	77	77		77	77	77	77	

续表2-5-28

饲料名称	粗蛋白质 CP	精氨酸 Arg	组氨酸 His	异亮氨酸 Ile	亮氨酸 Leu	赖氨酸 Lys	蛋氨酸 Met	苯丙氨酸 Phe	苏氨酸 Thr	色氨酸 Trp	缬氨酸 Val	丙氨酸 Ala	天冬氨酸 Asp	半胱氨酸 Cys	谷氨酸 Glu	甘氨酸 Gly	脯氨酸 Pro	丝氨酸 Ser	酪氨酸 Tyr
亚麻籽粕	78	82	74	79	78	77	82	79	74	78	75	75	75	77	75	77	75	76	78
	(n=1)	(n=3，SD=9.23)	(n=3，SD=4.48)	(n=3，SD=10.59)	(n=3，SD=8.47)			(n=3，SD=6.08)					(n=2，SD=12.22)			(n=2，SD=2.22)		(n=2，SD=5.86)	
明胶	85	95	91	96	88	92	92	93	81	98	90	88	66		82	83	83	86	76
	(n=2，SD=0.71)	(n=2，SD=0.00)	(n=2，SD=2.12)	(n=2，SD=0.71)	(n=2，SD=1.14)	(n=2，SD=0.71)	(n=2，SD=0.71)	(n=2，SD=1.14)	(n=2，SD=1.14)	(n=2，SD=1.14)	(n=2，SD=0.00)	(n=2，SD=0.71)	(n=2，SD=11.31)		(n=2，SD=2.12)	(n=2，SD=0.71)	(n=2，SD=1.41)		(n=2，SD=19.09)
膨化芸豆	76	94	66	72	71	85		74	76		65	82	89		87	101		77	67
	(n=1)	(n=1)	(n=1)	(n=1)	(n=1)	(n=1)		(n=1)	(n=1)		(n=1)	(n=1)	(n=1)		(n=1)	(n=1)		(n=1)	(n=1)
扁豆		86	79	77	76	79	71	75	73	68	75	73	79	66	82	75	84	78	77
羽扇豆	86	93	86	85	85	85	81	84	82	82	81	78	85	83	88	80	93	84	82
	(n=16，SD=3.78)	(n=11，SD=4.47)	(n=18，SD=5.37)	(n=18，SD=5.93)	(n=18，SD=5.79)	(n=18，SD=4.00)	(n=18，SD=7.95)	(n=18，SD=6.12)	(n=18，SD=6.00)	(n=11，SD=4.40)	(n=18，SD=5.82)	(n=11，SD=7.31)	(n=11，SD=9.42)	(n=18，SD=7.91)	(n=11，SD=7.83)	(n=11，SD=8.25)	(n=11，SD=6.91)	(n=11，SD=8.13)	(n=8，SD=5.68)
肉骨粉，磷>4%	72	83	71	73	76	73	84	79	69	62	76	79	65	56	75	78	81	71	68
	(n=11，SD=6.62)	(n=12，SD=5.14)	(n=12，SD=8.76)	(n=12，SD=8.56)	(n=12，SD=5.87)	(n=12，SD=8.17)	(n=4，SD=2.90)	(n=12，SD=5.98)	(n=12，SD=8.00)	(n=10，SD=13.17)	(n=12，SD=6.19)	(n=6，SD=3.66)	(n=6，SD=6.49)	(n=4，SD=24.15)	(n=6，SD=5.23)	(n=6，SD=5.88)	(n=4，SD=3.87)	(n=6，SD=6.84)	(n=6，SD=11.10)
肉粉	76	84	75	78	77	78	82	79	74	76	76	80	71	62	77	79	86	76	78
	(n=9，SD=7.39)	(n=9，SD=4.57)	(n=9，SD=9.95)	(n=9，SD=6.53)	(n=9，SD=8.54)	(n=9，SD=7.62)	(n=6，SD=6.73)	(n=9，SD=7.12)	(n=9，SD=7.49)		(n=9，SD=8.51)	(n=5，SD=7.92)	(n=5，SD=7.99)	(n=5，SD=9.60)	(n=5，SD=8.26)	(n=5，SD=5.94)	(n=5，SD=8.20)	(n=5，SD=8.53)	(n=6，SD=8.18)

续表2-5-28

饲料名称	粗蛋白质 CP	精氨酸 Arg	组氨酸 His	异亮氨酸 Ile	亮氨酸 Leu	赖氨酸 Lys	蛋氨酸 Met	苯丙氨酸 Phe	苏氨酸 Thr	色氨酸 Trp	缬氨酸 Val	丙氨酸 Ala	天冬氨酸 Asp	半胱氨酸 Cys	谷氨酸 Glu	甘氨酸 Gly	脯氨酸 Pro	丝氨酸 Ser	酪氨酸 Tyr
酪蛋白（来源于牛奶）	94 (n=13, SD=6.11)	95 (n=14, SD=5.45)	97 (n=15, SD=3.42)	95 (n=15, SD=3.40)	97 (n=15, SD=3.01)	97 (n=15, SD=2.76)	98 (n=14, SD=2.17)	96 (n=15, SD=5.22)	93 (n=15, SD=6.47)	96 (n=10, SD=4.56)	96 (n=15, SD=3.42)	92 (n=15, SD=6.47)	94 (n=15, SD=4.74)	85 (n=13, SD=18.21)	96 (n=15, SD=2.70)	87 (n=14, SD=20.85)	99 (n=14, SD=7.64)	92 (n=15, SD=4.39)	97 (n=14, SD=3.64)
脱脂奶粉	90 (n=6, SD=3.00)	95 (n=7, SD=5.05)	93 (n=7, SD=5.42)	91 (n=7, SD=6.77)	94 (n=7, SD=2.94)	94 (n=7, SD=4.53)	92 (n=6, SD=3.78)	95 (n=7, SD=3.43)	92 (n=7, SD=5.48)	88	92 (n=7, SD=5.68)	90 (n=3, SD=4.17)	91 (n=3, SD=0.47)	86	90 (n=3, SD=4.32)	99 (n=3, SD=5.63)	100	85 (n=3, SD=10.73)	93 (n=4, SD=5.86)
乳清浓缩蛋白	86 (n=2, SD=4.78)	93 (n=3, SD=4.11)	92	95	95	93 (n=3, SD=2.54)	96	87	85 (n=3, SD=3.00)	95	95	90 (n=3, SD=3.37)	91 (n=3, SD=4.02)	85 (n=3, SD=4.68)	89 (n=3, SD=4.56)	87 (n=3, SD=10.37)	93 (n=3, SD=2.63)	88 (n=3, SD=2.62)	86 (n=1)
压榨花生粕	87 (n=3, SD=3.78)	93	81	81	81	76	83 (n=4, SD=4.44)	88 (n=4, SD=4.85)	74	76	78 (n=4, SD=10.38)			81 (n=1)					92 (n=1)
花生粕	87 (n=3, SD=3.78)	93	81	81	81	76	83 (n=4, SD=4.44)	88 (n=4, SD=4.85)	74	76	78 (n=4, SD－10.38)	84	87	81 (n－1)	89	76	92	86	92 (n=1)
豌豆浓缩蛋白	80 (n=41, SD=3.48)	90 (n=39, SD=3.28)	82 (n=45, SD=3.65)	81 (n=45, SD=3.62)	81 (n=45, SD=4.16)	85 (n=45, SD=2.72)	77 (n=39, SD=3.78)	80 (n=45, SD=3.84)	76 (n=45, SD=5.92)	69 (n=25, SD=5.13)	78 (n=45, SD=4.60)	77 (n=39, SD=4.25)	82 (n=39, SD=3.41)	68 (n=37, SD=4.02)	86 (n=39, SD=3.51)	79 (n=39, SD=5.97)	97 (n=31, SD=18.47)	79 (n=39, SD=4.64)	

续表2-5-28

饲料名称	粗蛋白质 CP	精氨酸 Arg	组氨酸 His	异亮氨酸 Ile	亮氨酸 Leu	赖氨酸 Lys	蛋氨酸 Met	苯丙氨酸 Phe	苏氨酸 Thr	色氨酸 Trp	缬氨酸 Val	丙氨酸 Ala	天冬氨酸 Asp	半胱氨酸 Cys	谷氨酸 Glu	甘氨酸 Gly	脯氨酸 Pro	丝氨酸 Ser	酪氨酸 Tyr
鹰嘴豆	80 (n=41，SD=3.48)	90 (n=39，SD=3.28)	82 (n=45，SD=3.65)	81 (n=45，SD=3.62)	81 (n=45，SD=4.16)	85 (n=45，SD=2.72)	77 (n=39，SD=3.78)	80 (n=45，SD=3.84)	76 (n=45，SD=5.92)		78 (n=45，SD=4.60)	77 (n=39，SD=4.25)	82 (n=39，SD=3.41)	68 (n=37，SD=4.02)	86 (n=39，SD=3.51)	79 (n=39，SD=5.97)		79 (n=39，SD=4.64)	78 (n=31，SD=4.96)
紫花豌豆	80 (n=41，SD=3.48)	90 (n=39，SD=3.28)	82 (n=45，SD=3.65)	81 (n=45，SD=3.62)	81 (n=45，SD=4.16)	85 (n=45，SD=2.72)	77 (n=39，SD=3.78)	80 (n=45，SD=3.84)	76 (n=45，SD=5.92)	69 (n=25，SD=5.13)	78 (n=45，SD=4.60)	77 (n=39，SD=4.25)	82 (n=39，SD=3.41)	68 (n=37，SD=4.02)	86 (n=39，SD=3.51)	79 (n=39，SD=5.97)	97 (n=31，SD=18.47)	79 (n=39，SD=4.64)	78 (n=31，SD=4.96)
裂荚紫花豌豆	80 (n=41，SD=3.48)																		
马铃薯浓缩蛋白	87 (n=2，SD=2.78)	92 (n=2，SD=1.38)	88 (n=2，SD=2.79)	87 (n=2，SD=2.02)	89 (n=2，SD=2.12)	88 (n=2，SD=2.11)	91 (n=2，SD=1.39)	82 (n=2，SD=2.12)	85 (n=2，SD=2.82)	79 (n=2，SD=3.54)	88 (n=2，SD=2.10)	87 (n=2，SD=2.05)	85 (n=2，SD=4.22)	67 (n=2，SD=4.29)	87 (n=2，SD=3.50)	89 (n=2，SD=4.23)	100 (n=2，SD=1.37)	87 (n=2，SD=2.85)	85
禽副产物	78 (n=5，SD=2.14)	89 (n=5，SD=1.91)	82 (n=5，SD=3.92)	81 (n=5，SD=1.49)	82 (n=5，SD=3.05)	85 (n=2，SD=4.07)	77	84 (n=5，SD=3.15)	77 (n=5，SD=2.59)	78 (n=5，SD=9.46)	80 (n=5，SD=2.17)	81 (n=1)	63 (n=1)	72	78 (n=1)	79 (n=1)	81 (n=1)	76 (n=1)	69
红花粕		84	84	87	87	82	84	90	79	84	88			84					
芝麻粕		96	84	87	92	85	92	93	90	85	89	84	84	92	84	84	84	84	91
高粱酒精糟及可溶物	73 (n=1)	79 (n=1)	72 (n=1)	74 (n=1)	77 (n=1)	64 (n=1)	77 (n=1)	77 (n=1)	70 (n=1)	72 (n=1)	74 (n=1)	75 (n=1)	69 (n=1)	67 (n=1)	77 (n=1)	69 (n=1)	74 (n=1)	78 (n=1)	

续表2-5-28

饲料名称	粗蛋白质 CP	精氨酸 Arg	组氨酸 His	异亮氨酸 Ile	亮氨酸 Leu	赖氨酸 Lys	蛋氨酸 Met	苯丙氨酸 Phe	苏氨酸 Thr	色氨酸 Trp	缬氨酸 Val	丙氨酸 Ala	天冬氨酸 Asp	半胱氨酸 Cys	谷氨酸 Glu	甘氨酸 Gly	脯氨酸 Pro	丝氨酸 Ser	酪氨酸 Tyr
大豆浓缩蛋白	89	95	91	91	91	91	92	90	86	88	90	89	88	79	91	88	102	91	93
	(n=10, SD=1.32)	(n=12, SD=1.92)	(n=12, SD=2.82)	(n=12, SD=2.65)	(n=12, SD=2.52)	(n=12, SD=2.84)	(n=11, SD=2.29)	(n=12, SD=3.30)	(n=12, SD=3.99)	(n=10, SD=3.29)	(n=12, SD=2.76)	(n=11, SD=2.79)	(n=11, SD=3.64)	(n=11, SD=5.36)	(n=11, SD=3.07)	(n=11, SD=2.40)	(n=10, SD=8.13)	(n=11, SD=3.04)	(n=6, SD=3.49)
大豆分离蛋白	89	94	88	88	89	91	86	88	83	87	86	90	92	79	94	89	113	93	88
	(n=4, SD=5.86)	(n=6, SD=4.06)	(n=6, SD=6.65)	(n=6, SD=9.62)	(n=6, SD=6.07)	(n=6, SD=3.93)	(n=5, SD=12.11)	(n=6, SD=6.09)	(n=6, SD=8.42)	(n=2, SD=2.89)	(n=6, SD=10.21)	(n=5, SD=4.22)	(n=5, SD=2.98)	(n=3, SD=12.18)	(n=5, SD=3.53)	(n=5, SD=3.12)	(n=4, SD=29.34)	(n=5, SD=3.28)	(n=4, SD=11.56)
全脂葵花籽		89	84	81	83	77	85	84	76	77	78			73					86
溶剂浸提去壳葵花粕	81	93	85	80	80	78	89	81	77	80	79	72	77	82	86	70	81	76	84
	(n=4, SD=5.31)	(n=5, SD=3.35)	(n=5, SD=6.28)	(n=5, SD=6.15)	(n=5, SD=5.27)	(n=5, SD=5.13)		(n=5, SD=7.11)	(n=5, SD=8.54)		(n=5, SD=8.06)	(n=3, SD=3.62)	(n=3, SD=1.51)	(n=3, SD=3.42)	(n=3, SD=1.05)	(n=3, SD=4.95)	(n=3, SD=10.91)	(n=3, SD=4.86)	
溶剂浸提葵花粕	83	93	83	82	82	80	90	86	80	84	79	80	84	80	88	74	87	81	88
	(n=6, SD=4.64)	(n=6, SD=2.80)	(n=6, SD=5.14)	(n=6, SD=2.62)	(n=6, SD=2.79)	(n=6, SD=3.71)	(n=5, SD=2.56)	(n=6, SD=3.95)	(n=6, SD=4.53)		(n=6, SD=4.37)	(n=3, SD=4.92)	(n=3, SD=3.17)	(n=3, SD=4.09)	(n=3, SD=2.07)	(n=3, SD=5.47)		(n=3, SD=3.56)	(n=4, SD=5.04)
小麦酒精糟及可溶物	75	82	75	73	80	51	78	84	71	77	73	70	59	76	87	72	90	77	81
酵母单细胞蛋白	69	75	66	59	61	74	88	53	54		58	52	55		62	56	65	60	
	(n=1)	(n=1)	(n=1)	(n=1)	(n=1)	(n=1)	(n=1)	(n=1)	(n=1)		(n=1)	(n=1)	(n=1)		(n=1)	(n=1)	(n=1)	(n=1)	

表 2-5-29　碳水化合物含量

%

饲料名称	乳糖 Lactose	蔗糖 Sucrose	棉籽糖 Raffinose	水苏糖 Stachyose	毛蕊花糖 Verbascose	寡糖 Oligosaccharides	淀粉 Starch	中性洗涤纤维 NDF	酸性洗涤纤维 ADF	半纤维素 Hemicellulose	酸性洗涤木质素 Acid detergent lignin	总膳食纤维 Total dietary fiber	不溶性膳食纤维 Insoluble dietary fiber	可溶性膳食纤维 Soluble dietary fiber
蚕豆	0.00 (*n*=6, *SD*=0)	0.00 (*n*=6, *SD*=0)	0.00 (*n*=6, *SD*=0)	0.00 (*n*=6, *SD*=0)	0.00 (*n*=6, *SD*=0)		39.22 (*n*=14, *SD*=2.38)	13.29 (*n*=16, *SD*=2.39)	10.33 (*n*=16, *SD*=1.07)	1.86 (*n*=6, *SD*=0.43)	0.48 (*n*=8, *SD*=0.41)			
菜豆							34.40							
血细胞							0.00		0.00					
血粉							0.00		0.00					
血浆							0.00		0.00					
啤酒糟							5.30	48.70	20.14					
亚麻荠粕							6.50							
压榨双低菜籽粕							3.80	23.77 (*n*=4, *SD*=2.22)	17.57 (*n*=3, *SD*=0.72)	5.48 (*n*=1)	7.31 (*n*=1)	25.81 (*n*=1)		
浸提双低菜籽粕						26.77 (*n*=1)	6.07 (*n*=2, *SD*=1.37)	22.64 (*n*=33, *SD*=4.51)	15.42 (*n*=24, *SD*=3.18)	5.29 (*n*=1)	3.36 (*n*=7, *SD*=2.49)	26.6 (*n*=3, *SD*=1.63)		
压榨椰子粕							0.60							
椰子粕							2.60	51.30	25.50					
玉米胚芽粕							14.20 (*n*=1)	44.46 (*n*=2, *SD*=14.07)	10.75 (*n*=2, *SD*=0.54)	43.28 (*n*=1)	1.09 (*n*=1)	41.56 (*n*=2, *SD*=1.43)		
玉米蛋白饲料	0.00 (*n*=3, *SD*=0.00)	0.00 (*n*=3, *SD*=0.00)	0.00 (*n*=3, *SD*=0.00)	0.00 (*n*=3, *SD*=0.00)	0.00 (*n*=3, *SD*=0.00)		23.67 (*n*=3, *SD*=9.39)	27.50 (*n*=4, *SD*=3.06)	8.43 (*n*=4, *SD*=2.22)			26.8 (*n*=1)		

续表2-5-29

饲料名称	乳糖 Lactose	蔗糖 Sucrose	棉籽糖 Raffinose	水苏糖 Stachyose	毛蕊花糖 Verbascose	寡糖 Oligosaccharides	淀粉 Starch	中性洗涤纤维 NDF	酸性洗涤纤维 ADF	半纤维素 Hemicellulose	酸性洗涤木质素 Acid detergent lignin	总膳食纤维 Total dietary fiber	不溶性膳食纤维 Insoluble dietary fiber	可溶性膳食纤维 Soluble dietary fiber
玉米蛋白粉	0.00	0.00	0.00	0.00	0.00		17.93	1.57	7.08					
	(n=3, SD=0.00)	(n=3, SD=0.00)	(n=3, SD=0.00)	(n=3, SD=0.00)	(n=3, SD=0.00)		(n=2, SD=1.21)	(n=2, SD=0.05)						
全脂棉籽							2.30	51.04	38.59		10.75			
								(n=9, SD=3.77)	(n=9, SD=2.9)		(n=4, SD=0.49)			
棉粕	0.00	0.00	0.00	0.00	0.00		1.95	25.15	17.92					
	(n=5, SD=0.00)	(n=5, SD=0.00)	(n=5, SD=0.00)	(n=5, SD=0.00)	(n=5, SD=0.00)		(n=4, SD=0.48)	(n=4, SD=4.07)	(n=5, SD=1.99)					
羽毛粉							0.00		0.00					
混合鱼粉							0.00		0.00					
亚麻籽								39.65	24.85					
								(n=2, SD=11.38)	(n=2, SD=6.86)					
亚麻籽粕		4.67					5.17	24.93	15.87		5.89			
		(n=1)					(n=2, SD=5.48)	(n=6, SD=2.44)	(n=6, SD=2.07)		(n=1)			
明胶								0.00		0.00				
扁豆							41.75	17.37	2.97					
								(n=1)	(n=1)					

续表2-5-29

饲料名称	乳糖 Lactose	蔗糖 Sucrose	棉籽糖 Raffinose	水苏糖 Stachyose	毛蕊花糖 Verbascose	寡糖 Oligosac-charides	淀粉 Starch	中性洗涤纤维 NDF	酸性洗涤纤维 ADF	半纤维素 Hemicellulose	酸性洗涤木质素 Acid detergent lignin	总膳食纤维 Total dietary fiber	不溶性膳食纤维 Insoluble dietary fiber	可溶性膳食纤维 Soluble dietary fiber
羽扇豆							7.44	24.11	19.90	3.70	1.52		3.03	1.61
							(*n*=9, *SD*=1.77)	(*n*=22, *SD*=2.88)	(*n*=22, *SD*=3.08)	(*n*=5, *SD*=0.72)	(*n*=14, *SD*=0.75)		(*n*=1)	(*n*=1)
肉骨粉,磷>4%							0.00	32.50	5.05					
									(*n*=2, *SD*=0.95)					
肉粉							0.00	31.6	8.30					
酪蛋白(来源于牛奶)							0.00		0.00					
脱脂奶粉	47.82								0.00					
乳清浓缩蛋白	5.00										0.00			
压榨花生粕							6.65	14.6	9.1					
花生粕							6.70	16.20	12.46					
豌豆浓缩蛋白									0.00					
鹰嘴豆							44.80	15.82	6.75	7.84	0.57			
								(*n*=3, *SD*=4.96)	(*n*=3, *SD*=3.49)	(*n*=2, *SD*=1.39)	(*n*=2, *SD*=0.79)			
豇豆							43.46		6.75					

续表2-5-29

饲料名称	乳糖 Lactose	蔗糖 Sucrose	棉籽糖 Raffinose	水苏糖 Stachyose	毛蕊花糖 Verbascose	寡糖 Oligosaccharides	淀粉 Starch	中性洗涤纤维 NDF	酸性洗涤纤维 ADF	半纤维素 Hemicellulose	酸性洗涤木质素 Acid detergent lignin	总膳食纤维 Total dietary fiber	不溶性膳食纤维 Insoluble dietary fiber	可溶性膳食纤维 Soluble dietary fiber
紫花豌豆		0.19	0.04	0.23	0.32		43.46	12.84	6.90	2.79	0.45			
		(n=9, SD=0.58)	(n=9, SD=0.13)	(n=9, SD=0.68)	(n=9, SD=0.96)		(n=30, SD=3.72)	(n=30, SD=3.90)	(n=24, SD=1.50)	(n=6, SD=0.84)	(n=10, SD=0.51)			
裂荚紫花豌豆							43.46		6.90					
禽副产物							0.00		0.00					
禽肉粉												2.60		
												(n=1)		
大米浓缩蛋白							0.00		0.00					
红花粕							0.90	55.9	36.56					
去壳红花粕							1.40	25.9	18.0					
芝麻粕							1.80	18.00	13.20					
高粱酒精糟及可溶物							0.00	33.60	22.68					
								(n=4, SD=6.17)	(n=4, SD=3.44)					
大豆浓缩蛋白		0.67	0.46	0.91		2.46	1.89	8.10	4.42			18.87		
		(n=3, SD=0.35)	(n=2, SD=0.44)	(n=2, SD=0.06)		(n=1)		(n=3, SD=1.15)	(n=1)			(n=3, SD=2.06)		
大豆分离蛋白		0.13				0.37	1.89	0.19	0.00					
		(n=1)				(n=1)		(n=1)	(n=1)					

续表2-5-29

饲料名称	乳糖 Lactose	蔗糖 Sucrose	棉籽糖 Raffinose	水苏糖 Stachyose	毛蕊花糖 Verbascose	寡糖 Oligosac-charides	淀粉 Starch	中性洗涤纤维 NDF	酸性洗涤纤维 ADF	半纤维素 Hemicellulose	酸性洗涤木质素 Acid detergent lignin	总膳食纤维 Total dietary fiber	不溶性膳食纤维 Insoluble dietary fiber	可溶性膳食纤维 Soluble dietary fiber
全脂葵花籽							2.04	23.23	16.93		4.52			
								(n=4, SD=2.43)	(n=4, SD=2.10)		(n=2, SD=0.17)			
溶剂浸提去壳葵花粕	0.00	0.00	0.00	0.00	0.00		2.08	30.24	23.00					
	(n=2)	(n=2)	(n=2)	(n=2)	(n=2)		(n=2, SD=1.03)	(n=2, SD=0.27)	(n=2, SD=2.97)					
溶剂浸提葵花粕	0.00	0.00	0.00	0.00	0.00		2.03	36.82	28.67		7.54			
	(n=2)	(n=2)	(n=2)	(n=2)	(n=2)		(n=1)	(n=3, SD=2.73)	(n=3, SD=2.85)		(n=1)			
黑小麦酒精糟及可溶物								26.43	12.23					
								(n=1)	(n=1)					
小麦酒精糟及可溶物							1.78	34.7	13.81		4.45			
白酒酵母							0.00		3.00					
酵母单细胞蛋白							0.00		3.00					

表 2-5-30 脂肪酸含量(占粗脂肪百分比,%)

饲料名称	粗脂肪 EE	C12:0	C14:0	C16:0	C16:1	C18:0	C18:1	C18:2	C18:3	C18:4	C20:0	C20:1	C20:4	C20:5	C22:0	C22:1	C22:5	C22:6	C24:0	饱和脂肪酸 SFA	单不饱和脂肪酸 MUFA	多不饱和脂肪酸 PUFA	碘价 IV	碘价物 IVP
蚕豆	1.30	0.00	0.32	13.52	0.00	2.08	20.80	39.68	2.80		0.00	0.00	0.00	0.00	0.00	0.00	0.00	0.00	0.00	15.92	20.80	42.48	98.16	12.76
啤酒糟	6.70	0.00	0.54	9.99	0.00	0.68	5.40	24.93	2.52	0.00	0.00	0.00	0.00	0.00	0.00	0.00	0.00	0.00	0.00	11.21	5.40	27.45	56.86	38.10
压榨双低菜籽粕	2.30	0.00	0.08	3.36	0.32	1.44	46.40	16.40	7.84	0.00	0.00	0.00	0.00	0.00	0.00	0.00	0.00	0.00	0.00	4.88	46.72	24.24	93.13	21.42
浸提双低菜籽粕	2.30	0.00	0.08	3.36	0.32	1.44	46.40	16.40	7.84	0.00	0.00	0.00	0.00	0.00	0.00	0.00	0.00	0.00	0.00	4.88	46.72	24.24	93.13	21.42
压榨椰子粕	8.20	41.76	15.93	8.01	0.36	2.70	5.85	1.62	0.09	0.00	0.45	0.00	0.00	0.00	0.00	0.00	0.00	0.00	0.00	80.64	6.21	1.71	8.79	7.21
玉米胚芽粕	2.50	0.00	0.08	8.33	0.30	1.35	20.18	42.38	0.75	0.00	0.00	0.00	0.00	0.00	0.00	0.00	0.00	0.00	0.00	9.75	20.48	43.13	97.17	24.29
玉米蛋白饲料	2.70	0.00	0.09	9.99	0.36	1.62	24.21	50.85	0.90	0.00	0.00	0.00	0.00	0.00	0.00	0.00	0.00	0.00	0.00	11.70	24.57	51.75	116.61	31.48
玉米蛋白粉	2.50	0.00	0.08	8.88	0.32	1.44	21.52	45.20	0.80	0.00	0.00	0.00	0.00	0.00	0.00	0.00	0.00	0.00	0.00	10.40	21.84	46.00	103.65	25.91
全脂棉籽		0.00	0.94	23.24	0.71	2.35	18.22	49.23	0.19		0.00	0.00								26.53	18.93	49.42	106.69	176.15
棉粕	4.77	0.00	0.88	21.99	0.67	2.22	17.25	46.60	0.19		0.00	0.00								25.09	17.92	46.79	101.04	48.19
羽毛粉	6.80	0.00	1.00	17.40	3.10	6.90	19.95	1.65	0.00	0.00	0.00	0.00	0.00	0.00	0.00	0.00	0.00	0.00	0.00	25.30	23.05	1.65	24.00	16.32
亚麻籽	42.16	0.00	0.02	5.14	0.06	3.15	17.45	14.00	54.11		0.12	0.16	0.00	0.00	0.12	0.03	0.00	0.00	0.07	8.63	17.70	68.11	189.20	797.66
亚麻籽粕	3.00	0.00	0.08	4.80	0.08	2.55	14.03	11.03	40.65	0.00	0.00	0.00	0.00	0.00	0.00	0.00	0.00	0.00	0.00	7.43	14.10	51.68	143.79	43.14
生芸豆	0.83	0.00	0.00	12.77	0.00	1.69	7.71	21.45	33.61	0.00	0.00	0.00	0.00	0.00	0.00	0.00	0.00	0.00	0.00	14.46	7.71	55.06	137.66	11.43
羽扇豆	9.74	0.08	0.13	7.62	0.35	3.24	36.53	20.48	4.58	0.00	0.00	2.62				0.95				11.08	40.45	25.06	85.62	83.39
肉骨粉,磷>4%	10.60	0.14	1.89	19.25	2.59	13.44	28.49	2.52	0.63	0.00	1.05	0.00	0.00	0.00	0.00	0.00	0.00	0.00	0.00	35.77	31.08	3.15	34.47	36.53

续表2-5-30

饲料名称	粗脂肪 EE	C12:0	C14:0	C16:0	C16:1	C18:0	C18:1	C18:2	C18:3	C18:4	C20:0	C20:1	C20:4	C20:5	C22:0	C22:1	C22:5	C22:6	C24:0	饱和脂肪酸 SFA	单不饱和脂肪酸 MUFA	多不饱和脂肪酸 PUFA	碘价 IV	碘价物 IVP
脱脂奶粉	0.77	1.82	10.78	30.52	2.86	11.04	21.69	2.47	1.43		0.00	0.00								56.49	24.55	3.90	30.71	2.36
压榨花生粕		0.00	0.00	8.73	0.00	1.82	39.82	26.00	0.00		0.00	1.09								10.55	40.91	26.00	83.73	54.42
鹰嘴豆	6.04	0.00	0.15	8.29	0.20	1.41	22.28	42.93	1.67		0.00	0.00								9.85	22.48	44.60	102.49	61.91
豇豆	1.26	0.08	0.24	20.16	0.32	4.21	6.98	27.22	15.79		0.00	0.08								24.68	7.38	43.02	99.83	12.58
马铃薯浓缩蛋白	0.90	0.00	0.32	13.76	0.40	3.12	1.28	23.36	16.56	0.00	0.80	0.00	0.00	0.00	0.48	0.00	0.00	0.00	0.00	18.48	1.68	39.92	89.11	8.02
红花粕	2.39	0.00	0.08	6.03	0.08	2.18	11.30	65.94	0.25		0.00	0.00								8.28	11.38	66.19	130.27	31.13
芝麻粕		0.00	0.25	8.94	0.30	4.21	37.29	43.03	0.76		0.00	0.14								13.40	37.73	43.79	113.86	85.40
大豆浓缩蛋白	0.46	0.00	0.22	8.26	0.22	2.83	16.96	38.48	5.22		0.00	0.00								11.30	17.17	43.70	99.36	4.57
大豆分离蛋白	3.39	0.00	0.24	9.14	0.24	3.07	18.79	42.86	5.75		0.00	0.00								12.45	19.03	48.61	110.42	37.43
全脂葵花籽	49.57	0.00	0.10	5.64	0.10	4.44	18.87	65.83	0.14		0.00	0.10								10.18	19.07	65.97	136.66	677.44
溶剂浸提去壳葵花粕	1.70	0.00	0.15	4.73	0.30	3.23	15.23	48.68	0.23	0.00	0.00	0.00	0.00	0.00	0.00	0.00	0.00	0.00	0.00	8.10	15.53	48.90	102.69	17.46
溶剂浸提葵花粕	1.61	0.00	0.06	4.60	0.06	3.66	15.47	53.91	0.12		0.00	0.06								8.32	15.59	54.04	111.93	18.02
小麦酒精糟及可溶物	6.50	0.00	0.07	11.57	0.26	0.52	9.88	36.66	3.84		0.00	0.85	0.00	0.00	0.00	0.00	0.00	0.00	0.00	12.16	10.99	40.50	86.66	56.33

2.5.3.4 Nutrient Requirements of Beef Cattle(肉牛营养需要). 2000[20]

表 2-5-31(1) 肉牛用营养成分及营养价值

国际饲料编号及中英文名称	数值说明	于维持水平摄入时测定			生长牛净能值	
		可消化总养分 TDN	消化能 DE	代谢能 ME	维持净能 NEm	增重净能 NEg
		%	Mcal/kg		Mcal/kg	
5-00-380 血粉 Blood meal	平均数	66	2.91	2.49	1.51	0.92
	样本数	—	—	—	—	—
	标准差	—	—	—	—	—
5-02-141 啤酒糟，脱水 Brewer's grains dehydrated	平均数	66	2.39	2.39	1.51	0.91
	样本数	—	—	—	—	—
	标准差	—	—	—	—	1.51
卡诺拉菜籽 Canola (*Brassica dapus*) grain	平均数	70	3.09	2.53	1.63	1.03
	样本数	—	—	—	—	—
	标准差	—	—	—	—	—
5-03-871 卡诺拉菜籽粕，晒干 Canola(*Brassica dapus*) meal, sun-cured	平均数	69	3.04	2.49	1.60	1.0
	样本数	—	—	—	—	—
	标准差	—	—	—	—	—
5-28-243 玉米蛋白饲料 Corn, dent yellow (*Zea mays indentata*) gluten feed	平均数	80	3.53	2.89	1.94	1.30
	样本数	—	—	—	—	—
	标准差	—	—	—	—	—
5-28-242 玉米蛋白粉 Corn, dent yellow(*Zea mays indentata*)gluten meal	平均数	89	3.92	3.22	2.20	1.52
	样本数	—	—	—	—	—
	标准差	—	—	—	—	—
5-01-614 棉籽 Cotton (*Gossypium* spp.) seed	平均数	90	3.97	3.25	2.24	1.55
	样本数	—	—	—	—	—
	标准差	—	—	—	—	—

续表2-5-31(1)

国际饲料编号及中英文名称	数值说明	于维持水平摄入时测定			生长牛净能值	
		可消化总养分 TDN	消化能 DE	代谢能 ME	维持净能 NEm	增重净能 NEg
		%	Mcal/kg		Mcal/kg	
5-07-873 棉籽粕，浸提 Cotton (*Gossypium* spp.) seed, meal solv-extd	平均数	75	3.31	2.71	1.79	1.16
	样本数	—	—	—	—	—
	标准差	—	—	—	—	—
5-03-795 家禽羽毛粉 Feather meal poultry	平均数	68	3.00	2.46	1.57	0.97
	样本数	—	—	—	—	—
	标准差	—	—	—	—	—
5-01-985 鳀鱼粉，机械压榨 Fish, anchovy (*Engraulis ringen*) meal, mechanical extracted	平均数	79	3.48	2.86	1.91	1.27
	样本数	—	—	—	—	—
	标准差	—	—	—	—	—
5-02-009 鱼粉，大西洋油鲱，机械压榨 Fish, menhaden (*Brevoortia tyrannus*) meal, mechanical extracted	平均数	73	3.22	2.64	1.73	1.11
	样本数	—	—	—	—	—
	标准差	—	—	—	—	—
5-00-385 肉粉，脱脂后 Meat Meal, rendered	平均数	71	3.13	2.57	1.66	1.05
	样本数	—	—	—	—	—
	标准差	—	—	—	—	—
5-03-650 去壳花生粕，浸提 Peanut (*Arachis bypegaea*) seeds without coats, meal solvent extracted	平均数	77	3.40	2.78	1.85	1.22
	样本数	—	—	—	—	—
	标准差	—	—	—	—	—
5-04-739 去壳葵花粕，浸提 Sunflower common (*Helianthus annuus*) seeds without hulls, meal solvent extracted	平均数	65	2.87	2.35	1.47	0.88
	样本数	—	—	—	—	—
	标准差	—	—	—	—	—

表 2-5-31(2) 肉牛用营养成分及营养价值

国际饲料编号及中英文名称	数值说明	干物质 DM	粗蛋白质 CP	过瘤胃率 RD	粗脂肪 EE	纤维 Fiber	中性洗涤纤维 NDF	酸性洗涤纤维 ADF	粗灰分 Ash	钙 Ca	磷 P	镁 Mg	钾 K	钠 Na	硫 S	铜 Cu	碘 I	铁 Fe	锰 Mn	硒 Se	锌 Zn	钴 Co	钼 Mo
		%														mg/kg							
5-00-380 血粉 Blood meal	平均数	90.50	93.8	75	1.69	1.35	41.6	2.81	2.62	0.40	0.32	0.04	0.31	0.40	0.80	13.9	—	2281	11.7	—	33.0	—	0.53
	样本数	52	40	7	19	2	28	37	15	39	39	39	39	39	27	39	—	39	39	—	39	—	39
	标准差	5.9	12.1	12	3.4	14	20.2	2.60	2.4	0.74	0.37	0.06	0.22	0.26	0.39	6.4	—	469	6.4	—	13.9	—	1.03
5-02-141 啤酒糟，脱水 Brewer's grains dehydrated	平均数	90.20	29.2	50	10.8	7.8	48.7	31.2	4.18	0.29	0.70	0.27	0.58	0.15	0.40	11.3	—	221	44	—	82.0	—	3.16
	样本数	581	571	10	10	40	133	320	100	267	267	267	267	267	90	267	—	267	267	—	267	—	267
	标准差	3.70	13	3.25	1.47	10.2	4.4	0.34	0.18	0.10	0.05	0.18	0.23	0.08	6.4	—	104	12.7	—	13.7	—	0.74	—
卡诺拉菜籽 Canola (*Brassica dapus*) grain	平均数	92.2	30.7	20	7.4	12.5	55.4	22.1	4.0	0.30	0.59	0.21	0.16	0.03	0.42	12.4	—	253	47.7	—	88.3	—	4.2
	样本数	39	346	—	7	6	66	150	11	126	126	126	126	126	17	126	—	126	126	—	126	—	126
	标准差	1.55	4.32	—	0.71	1.82	10.4	3.89	0.03	0.12	0.09	0.04	0.17	0.10	0.06	5.2	—	370	9.8	—	16.8	—	0.85
5-03-871 卡诺拉菜籽粕，晒干 Canola (*Brassica dapus*) meal, sun-cured	平均数	82.0	40.9	28	3.47	13.3	27.2	17.0	7.10	0.70	1.20	0.57	1.37	0.03	1.17	7.95	—	211	55.8	—	71.5	—	1.79
	样本数	154	129	10	105	120	24	19	31	102	133	27	38	25	14	14	—	25	27	—	27	—	22
	标准差	1.63	4.32	17	1.13	1.95	4.81	3.36	0.38	0.10	0.11	0.11	0.20	0.07	0.04	0.94		88	12.6		6.0		0.35
5-28-243 玉米蛋白饲料 Corn, dent yellow (*Zea mays indentata*) gluten feed	平均数	90.0	23.8	22	3.91	7.5	36.2	12.7	6.9	0.07	0.95	0.40	1.40	0.26	0.47	6.98	—	226	22.1	—	73.3	—	1.80
	样本数	33	57	2	10	6	25	48	8	61	61	61	61	61	20	61	—	61	61	—	61	—	49
	标准差	1.69	3.59	11	1.04	2.41	6.8	2.62	1.74	0.05	0.29	0.10	0.34	0.20	0.09	2.55	—	127	7.28	—	19.4	—	0.49
5-28-242 玉米蛋白粉 Corn, dent yellow (*Zea mays indentata*) gluten meal	平均数	88.2	66.3	59	2.56	5.5	8.9	7.9	2.86	0.07	0.61	0.15	0.48	0.06	0.90	4.76	—	159	20.6	—	61.4	—	0.93
	样本数	20	29	8	12	1	12	25	7	33	33	33	33	33	8	33	—	33	33	—	33	—	33
	标准差	2.10	2.97	12	0.30	—	2.86	4.1	0.52	0.09	0.29	0.16	0.06	0.13	0.16	6.5	—	86.9	38.1	—	86.6	—	0.63

续表2-5-31(2)

国际饲料编号及中英文名称	数值说明	干物质 DM	粗蛋白质 CP	过瘤胃率 RD	粗脂肪 EE	纤维 Fiber	中性洗涤纤维 NDF	酸性洗涤纤维 ADF	粗灰分 Ash	钙 Ca	磷 P	镁 Mg	钾 K	钠 Na	硫 S	铜 Cu	碘 I	铁 Fe	锰 Mn	硒 Se	锌 Zn	钴 Co	钼 Mo
		%														mg/kg							
5-01-614 棉籽 Cotton (*Gossypium* spp.) seed	平均数	89.4	24.4	27	17.5	25.6	51.6	41.8	4.16	0.17	0.62	0.384	1.24	0.01	0.27	7.9	—	107	131	—	37.7	—	1.16
	样本数	241	476	—	167	62	260	418	16	383	383	383	383	383	121	383	—	383	383	—	383	—	374
	标准差	2.51	3.16	—	2.99	3.91	6.04	4.78	0.29	0.10	0.10	0.05	0.07	0.01	0.05	2.7	—	190	210	—	8.1	—	0.50
5-07-873 棉籽粕,浸提 Cotton (*Gossypium* spp.) seed, meal solv-extd	平均数	90.2	46.1	43	3.15	13.2	28.9	17.9	7.0	0.20	1.16	0.65	1.65	0.07	0.42	16.5	—	162	26.9	—	73.5	—	25.0
	样本数	138	117	21	91	53	25	35	34	164	167	47	167	79	21	41	—	42	43	—	37	—	33
	标准差	1.57	3.17	11	1.72	1.64	7.05	3.27	0.47	0.13	0.08	0.09	0.08	0.05	0.12	2.8	—	71	13.2	—	15.3	—	0.87
5-03-795 家禽羽毛粉 Feather meal poultry	平均数	93.3	85.8	76	7.21	0.9	54.9	18.3	3.50	1.19	0.68	0.06	0.20	0.24	1.85	14.2	—	702	12.0	—	105	—	0.56
	样本数	19	20	2	9	1	11	20	5	18	18	18	18	18	15	18	—	18	18	—	18	—	18
	标准差	2.16	7.41	6	2.28	—	7.56	9.29	0.40	1.69	0.84	0.04	0.09	0.13	0.45	5.24	—	422	45	—	9.0	—	0.20
5-01-985 鳀鱼粉,机械压榨 Fish, anchovy (*Engraulis ringen*) meal, mechanical extracted	平均数	92.0	71.2	60	4.6	1.1	—	—	16.0	4.06	2.69	0.27	0.79	0.96	0.78	9.9	3.41	234	12	1.47	114	—	0.19
	样本数	67	58	26	36	9	—	—	47	51	52	32	35	32	4	27	2	28	31	27	31	—	1
	标准差	1.19	2.24	16	1.62	0.01	—	—	1.54	0.54	0.45	0.05	0.27	0.33	0.23	1.80	3.49	63.2	5.9	0.25	16.7	—	—
5-02-009 鱼粉,大西洋油鲱,机械压榨 Fish, menhaden (*Brevoortia tyrannus*) meal, mechanical extracted	平均数	91.7	67.9	60	10.7	0.8	—	—	20.6	5.46	3.14	0.16	0.77	0.44	0.58	11.3	1.19	594	40	2.34	157	—	0.17
	样本数	79	91	26	96	38	—	—	87	68	67	19	21	22	4	20	2	21	21	16	18	—	2
	标准差	1.18	2.65	16	1.84	0.20	—	—	2.12	0.800	0.31	0.03	0.16	0.13	0.26	3.5	1.41	271	17.7	0.69	19.0	—	0.07
5-00-385 肉粉,脱脂后 Meat meal, rendered	平均数	93.8	58.2	56	11.0	2.01	48.2	6.35	21.3	9.13	4.34	0.27	0.49	0.80	0.51	21.4	—	758	174	—	265	—	2.3
	样本数	65	53	7	20	9	22	43	7	52	52	52	52	52	25	52	—	52	52	—	52	—	52
	标准差	4.38	7.94	21	2.15	0.92	11.8	3.39	5.67	2.75	1.21	0.30	0.16	0.33	0.14	68.3	—	609	990	—	995	—	1.8

续表2-5-31(2)

国际饲料编号及中英文名称	数值说明	干物质 DM	粗蛋白质 CP	过瘤胃率 RD	粗脂肪 EE	纤维 Fiber	中性洗涤纤维 NDF	酸性洗涤纤维 ADF	粗灰分 Ash	钙 Ca	磷 P	镁 Mg	钾 K	钠 Na	硫 S	铜 Cu	碘 I	铁 Fe	锰 Mn	硒 Se	锌 Zn	钴 Co	钼 Mo
		%														mg/kg							
5-03-650 去壳花生粕，浸提 Peanut (*Arachis bypegaea*) seeds without coats, meal solvent extracted	平均数	92.4	52.9	30	2.30	8.40	—	—	6.3	0.32	0.66	0.17	1.28	0.03	0.33	16.0	0.07	155	29	—	36	—	0.12
	样本数	16	12	2	10	10	—	—	7	2	3	1	2	1	2	1	1	1	1	—	1	—	1
	标准差	1.82	3.93	0.06	1.00	1.19	—	—	1.02	0.247	0.05	—	0.03	—	0.01	—	—	—	—	—	—	—	—
5-04-739 去壳葵花粕，浸提 Sunflower common (*Helianthus annuus*) seeds without hulls, meal solvent extracted	平均数	92.5	26	26	2.9	12.7	40.0	30.0	8.1	0.45	1.02	0.70	1.27	0.03	0.33	4.0	—	33	20	2.30	105	—	—
	样本数	21	22	9	19	20	1	1	14	11	11	7	7	2	2	1	—	1	2	1	1	—	—
	标准差	1.73	3.96	5	0.63	2.18	—	—	0.34	0.08	0.25	0.12	0.33	0.02	0.14	—	—	—	6.0	—	—	—	—

注：RD为Ruminal Undegradability，过瘤胃率。

表 2-5-32(1) 肉牛用原料能值、营养成分，蛋白质、碳水化合物组成及其消化率

国际饲料编号	饲料名称	精料所占日粮比例 Conc.(%DM)	粗料所占日粮比例 Forage(%DM)	干物质 DM (%AF)	中性洗涤纤维 NDF (%DM)	木质素占NDF比例 Lignin (%NDF)	有效中性洗涤纤维占NDF比例 eNDF (%NDF)	可消化总养分 TDN (%DM)	代谢能 ME (Mcal/kg)	维持净能 NEm (Mcal/kg)	增重净能 NEg (Mcal/kg)	粗蛋白质 CP (%DM)	降解食入蛋白质占粗蛋白质比例 DIP (%CP)	可溶性粗蛋白质占粗蛋白质比例 solCP (%CP)	非蛋白氮占可溶性粗蛋白质比例 NPN (%SolCP)
5-01-614	全黑棉籽 Cottonseed, black whole	100	0	92.0	40.00	15.00	100	95.0	3.43	2.38	1.67	23.00	69.6	40.4	2.50
5-01-614	高绒棉籽 Cottonseed, high lint	100	0	92.0	51.60	16.00	100	90.0	3.25	2.24	1.55	24.40	69.6	40.0	2.50

续表2-5-32(1)

国际饲料编号	饲料名称	精料所占日粮比例 Conc.(%DM)	粗料所占日粮比例 Forage(%DM)	干物质 DM(%AF)	中性洗涤纤维 NDF(%DM)	木质素占NDF比例 Lignin(%NDF)	有效中性洗涤纤维占NDF比例 eNDF(%NDF)	可消化总养分 TDN(%DM)	代谢能 ME(Mcal/kg)	维持净能 NEm(Mcal/kg)	增重净能 NEg(Mcal/kg)	粗蛋白质 CP(%DM)	降解食入蛋白质占粗蛋白质比例 DIP(%CP)	可溶性粗蛋白质占粗蛋白质比例 solCP(%CP)	非蛋白氮占可溶性粗蛋白质比例 NPN(%SolCP)
5-01-617	棉籽饼,机械压榨 Cottonseed, meal-mech	100	0	92.0	28.00	21.40	36	78.0	2.82	1.88	1.24	44.00	57.0	20.0	40.00
5-07-873	浸提棉籽粕,41%粗蛋白质 Cottonseed, meal-sol-41%CP	100	0	92.0	28.90	20.80	36	75.0	2.71	1.79	1.16	46.10	57.0	20.0	40.00
5-01-630	浸提棉籽粕,43%粗蛋白质 Cottonseed, meal-sol-43%CP	100	0	92.0	28.00	20.80	36	75.0	2.71	1.79	1.16	48.90	57.0	20.0	40.00
5-02-142	啤酒糟,21%干物质 Brewers grain, 21% dry matter	100	0	21.0	42.00	9.52	18	70.0	2.53	1.63	1.03	26.00	40.9	8.0	50.00
5-02-141	干啤酒糟 Brewers grain, dehydrated	100	0	92.0	48.70	13.04	18	66.0	2.39	1.51	0.91	29.20	34.1	4.0	75.00
5-03-871	卡诺拉菜籽粕 Canola, meal	100	0	92.0	27.20	12.76	23	69.0	2.49	1.60	1.00	40.90	67.9	32.4	65.00
	椰子粕 Coconut, meal	100	0	92.0	56.00	17.86	23	64.0	2.31	1.44	0.86	21.50	61.6	14.0	75.00
5-28-243	玉米蛋白饲料 Corn gluten, feed	100	0	90.0	36.20	2.22	36	80.0	2.89	1.94	1.30	23.80	75.0	49.0	100.00
5-02-900	玉米蛋白粉 Corn gluten, meal	100	0	91.0	37.00	2.70	36	84.0	3.04	2.06	1.40	46.80	38.1	4.0	75.00

续表 2-5-32(1)

国际饲料编号	饲料名称	精料所占日粮比例 Conc.（%DM）	粗料所占日粮比例 Forage（%DM）	干物质 DM（%AF）	中性洗涤纤维 NDF（%DM）	木质素占 NDF 比例 Lignin（%NDF）	有效中性洗涤纤维占 NDF 比例 eNDF（%NDF）	可消化总养分 TDN（%DM）	代谢能 ME（Mcal/kg）	维持净能 NEm（Mcal/kg）	增重净能 NEg（Mcal/kg）	粗蛋白质 CP（%DM）	降解食入蛋白质占粗蛋白质比例 DIP（%CP）	可溶性粗蛋白质占粗蛋白质比例 solCP（%CP）	非蛋白氮占可溶性粗蛋白质比例 NPN（%SolCP）
5-28-242	玉米蛋白粉，60%粗蛋白质 Corn gluten，meal 60% CP	100	0	91.0	8.90	7.14	36	89.0	3.22	2.21	1.52	66.30	41.0	4.0	75.00
	羽扇豆 Lupins	100	0	90.0	33.00	10.00	0	78.0	2.82	1.88	1.24	34.20	69.2	26.0	23.00
5-03-650	花生粕 Peanut，meal	100	0	92.4	14.00	10.00	36	77.0	2.78	1.85	1.22	52.90	80.0	33.0	27.00
5-04-739	葵花粕 Sunflower，seed meal	100	0	90.0	40.00	30.00	23	65.0	2.35	1.47	0.88	25.90	80.0	30.0	37.00
5-02-848	亚麻籽粕 Linseed，meals	100	0	90.0	25.00	24.00	23	78.0	2.82	1.88	1.24	38.30	65.0	20.0	10.00
5-00-380	血粉 Blood meal	100	0	90.0	0.94	0.00	0	66.0	2.39	1.51	0.91	93.79	25.0	5.0	0.00
5-03-795	羽毛粉 Feather，meal	100	0	90.0	42.90	0.00	23	68.0	2.46	1.57	0.97	85.80	30.0	9.0	89.00
5-02-009	鱼粉 Fish meal	100	0	90.0	0.68	0.00	10	73.0	2.64	1.73	1.11	67.90	40.0	21.0	0.00
5-00-385	肉粉 Meat，meal	100	0	95.0	32.84	0.00	0	71.0	2.57	1.66	1.05	58.20	45.0	13.4	26.50

表 2-5-32(2) 肉牛用原料能值、营养成分,蛋白质、碳水化合物组成及其消化率

国际饲料编号	饲料名称	中性洗涤剂不溶蛋白质 NDFIP (%CP)	酸性洗涤剂不溶蛋白质 ADFIP (%CP)	淀粉占非结构性碳水化合物比例 Starch (%NSC)	脂肪 Fat (%DM)	粗灰分 Ash (%DM)	碳水化合物消化率 Carbohydrate kd			蛋白质消化率 Protein kd		
							糖 A	淀粉 B_1	可利用纤维 B_2	快速降解蛋白质 B_1	中速降解蛋白质 B_2	慢速降解蛋白质 B_3
							%/h			%/h		
5-01-614	全黑棉籽 Cottonseed, black whole	6.00	6.00	90	17.50	5.00	300	25	6.0	175	8	0.25
5-01-614	高绒棉籽 Cottonseed, high lint	10.00	6.00	90	17.50	4.16	300	25	6.0	175	8	0.25
5-01-617	棉籽饼,机械压榨 Cottonseed, meal-mech	10.00	8.00	90	5.00	7.00	300	25	6.0	175	8	0.25
5-07-873	浸提棉籽粕,41%粗蛋白质 Cottonseed, meal-sol-41%CP	10.00	8.00	90	3.15	7.00	300	25	6.0	175	8	0.25
5-01-630	浸提棉籽粕,43%粗蛋白质 Cottonseed, meal-sol-43%CP	10.00	8.00	90	1.70	7.00	300	25	6.0	175	8	0.25
5-02-142	啤酒糟,21%干物质 Brewers grain, 21% dry matter	38.00	10.00	100	6.50	10.00	300	38	6.0	150	8	0.50
5-02-141	干啤酒糟 Brewers grain, dehydrated	40.00	12.00	100	10.80	4.00	300	38	6.0	150	6	0.50
5-03-871	卡诺拉菜籽粕 Canola, meal	10.64	6.38	90	3.47	7.10	300	40	6.0	230	12	0.20
	椰子粕 Coconut, meal	10.00	3.00	90	7.40	7.00	300	40	6.0	230	12	0.20
5-28-243	玉米蛋白饲料 Corn gluten, feed	8.00	2.00	100	3.91	6.90	300	50	5.0	150	4	0.10

续表2-5-32(2)

国际饲料编号	饲料名称	中性洗涤剂不溶蛋白质 NDFIP (%CP)	酸性洗涤剂不溶蛋白质 ADFIP (%CP)	淀粉占非结构性碳水化合物比例 Starch (%NSC)	脂肪 Fat (%DM)	粗灰分 Ash (%DM)	碳水化合物消化率 Carbohydrate kd			蛋白质消化率 Protein kd		
							糖 A	淀粉 B_1	可利用纤维 B_2	快速降解蛋白质 B_1	中速降解蛋白质 B_2	慢速降解蛋白质 B_3
							%/h			%/h		
5-02-900	玉米蛋白粉 Corn gluten, meal	11.00	2.00	100	2.40	3.00	300	50	5.0	150	4	0.10
5-28-242	玉米蛋白粉,60%粗蛋白质 Corn gluten, meal 60% CP	11.00	2.00	100	2.56	2.86	300	50	5.0	150	4	0.10
	羽扇豆 Lupins,	4.00	3.00	90	5.50	5.10	300	30	5.0	200	10	0.20
5-03-650	花生粕 Peanut, meal	10.00	1.00	90	2.30	6.30	300	45	6.0	230	13	0.20
5-04-739	葵花粕 Sunflower, seed meal	8.00	5.00	90	2.90	8.10	300	35	4.0	160	10	0.15
5-02-848	亚麻籽粕 Linseed, meal	10.00	2.40	90	1.50	6.50	300	35	6.0	230	11	0.20
5-00-380	血粉 Blood meal	1.00	1.00	0	1.70	2.62	0	0	0.0	135	1.3	0.09
5-03-795	羽毛粉 Feather, meal	50.00	32.00	90	7.21	4.52	0	0	0.0	125	3	0.09
5-02-009	鱼粉 Fish meal	1.00	1.00	90	10.70	20.60	0	0	0.0	150	1	0.80
5-00-385	肉粉 Meat, meal	56.41	3.16	0	11.00	21.30	0	0	0.0	150	5	0.12

注:eNDF = effective neutral detergent fiber,有效中性洗涤纤维;DIP = degraded intake protein,降解食入蛋白质;solCP = soluble CP,可溶蛋白质;NDFIP = neutral detergent insoluble protein,中性洗涤剂不溶蛋白质;ADFIP = acid detergent insoluble protein,酸性洗涤剂不溶蛋白质;NSC = nonstructural carbohydrate,非结构性碳水化合物;kd,降解率;h,小时。编者注:《国内外饲料成分及营养价值史料汇编》(第一辑)将 NDFIP 和 ADFIP 分别误写为"NDIP"和"ADIP",特此致歉。

表 2-5-33(1) 肉牛用原料氨基酸、矿物质和维生素含量

国际饲料编号	饲料名称	氨基酸									
		蛋氨酸 Met	赖氨酸 Lys	精氨酸 Arg	苏氨酸 Thr	亮氨酸 Leu	异亮氨酸 Ile	缬氨酸 Val	组氨酸 His	苯丙氨酸 Phe	色氨酸 Trp
		%UIP									
5-01-614	全黑棉籽 Cottonseed, black whole	0.63	3.85	10.40	3.45	6.33	3.77	5.27	3.14	5.85	1.74
5-01-614	高绒棉籽 Cottonseed, high lint	0.63	3.85	10.40	3.45	6.33	3.77	5.27	3.14	5.85	1.74
5-01-617	棉籽饼,机械压榨 Cottonseed, meal-mech	0.63	3.85	10.40	3.45	6.33	3.77	5.27	3.14	5.85	1.74
5-07-873	浸提棉籽粕,41%粗蛋白质 Cottonseed, meal-Sol-41%CP	0.63	3.85	10.40	3.45	6.33	3.77	5.27	3.14	5.85	1.74
5-01-630	浸提棉籽粕,43%粗蛋白质 Cottonseed, meal-Sol-43%CP	0.63	3.85	10.40	3.45	6.33	3.77	5.27	3.14	5.85	1.74
5-02-142	啤酒糟,21%干物质 Brewers grain, 21% dry matter	1.70	3.23	4.69	3.43	9.18	5.71	5.95	1.90	5.31	1.36
5-02-141	干啤酒糟 Brewers grain, dehydrated	1.26	2.15	2.61	2.76	8.46	3.53	3.78	1.47	4.80	1.12
5-03-871	卡诺拉菜籽粕 Canola, meal	1.40	6.67	6.78	4.85	7.99	4.94	6.44	4.04	4.68	1.22
	椰子粕 Coconut, meal	1.45	2.60	10.26	2.29	6.15	3.28	4.74	1.88	4.58	0.63
5-28-243	玉米蛋白饲料 Corn gluten, feed	1.68	1.50	6.97	1.71	7.04	0.89	5.32	2.18	1.68	0.66
5-02-900	玉米蛋白粉 Corn gluten, meal	2.09	1.24	3.17	2.93	16.22	4.34	5.04	2.45	6.48	0.37
5-28-242	玉米蛋白粉,60%粗蛋白质 Corn gluten, meal 60% CP	2.09	1.24	3.17	2.93	16.22	4.34	5.04	2.45	6.48	0.37
	羽扇豆 Lupins,	1.01	7.06	9.37	3.53	6.93	4.08	4.62	2.48	4.62	0.76
5-03-650	花生粕 Peanut, meal	1.10	3.14	10.88	2.53	6.06	3.16	3.82	2.18	4.92	0.98
5-04-739	葵花粕 Sunflower, seed meal	2.15	4.29	9.87	4.51	6.86	4.29	6.87	2.36	4.94	1.93
5-02-848	亚麻籽粕 Linseed, meals	1.95	4.31	10.70	4.22	6.80	5.37	5.76	2.52	5.25	1.63
5-00-380	血粉 Blood meal	1.07	9.34	5.01	4.73	13.40	0.88	9.08	6.45	7.86	1.88
5-03-795	羽毛粉 Feather, meal	0.49	2.57	7.42	4.17	8.31	4.60	7.95	0.94	5.21	0.80
5-02-009	鱼粉 Fishmeal	2.84	7.13	7.19	4.17	7.01	4.53	4.81	2.30	4.33	1.52
5-00-385	肉粉 Meat, meal	1.34	5.06	6.36	3.37	6.36	2.98	4.57	1.86	3.51	0.52

表 2-5-33(2) 肉牛用原料氨基酸、矿物质和维生素含量

国际饲料编号	中英文名称	矿物质 Minerals														维生素 Vitamins		
		钙 Ca	磷 P	镁 Mg	氯 Cl	钾 K	钠 Na	硫 S	钴 Co	铜 Cu	碘 I	铁 Fe	锰 Mn	硒 Se	锌 Zn	维生素 A	维生素 D	维生素 E
		%DM							mg/kg							10^3 IU/kg		IU/kg
5-01-614	全黑棉籽 Cottonseed, black whole	0.16	0.62	0.35	0.00	1.22	0.03	0.26	0.00	7.90	0.00	160.00	12.20	0.00	37.70	0.00	0.00	0.00
5-01-614	高绒棉籽 Cottonseed, high lint	0.17	0.62	0.38	0.00	1.24	0.01	0.27	0.00	7.90	0.00	107.00	131.00	0.00	37.70	0.00	0.00	0.00
5-01-617	棉籽饼，机械压榨 Cottonseed, meal-mech	0.16	0.76	0.35	0.00	1.22	0.03	0.26	0.00	53.90	0.00	160.00	12.20	0.00	0.00	0.00	0.00	0.00
5-07-873	浸提棉籽粕，41%粗蛋白质 Cottonseed, meal-Sol-41%CP	0.20	1.16	0.65	0.00	1.65	0.07	0.42	0.53	16.50	0.00	162.00	26.90	0.98	74.00	0.00	0.00	0.00
5-01-630	浸提棉籽粕，43%粗蛋白质 Cottonseed, meal-Sol-43%CP	0.16	0.76	0.35	0.00	1.22	0.03	0.26	0.00	53.90	0.00	160.00	12.20	0.00	0.00	0.00	0.00	.000
5-02-142	啤酒糟，21%干物质 Brewers grain, 21% Dry Matter	0.29	0.70	0.27	0.13	0.58	0.15	0.34	0.10	11.30	0.07	270.00	40.90	0.00	106.00	0.80	0.00	29.00
5-02-141	干啤酒糟 Brewers grain, dehydrated	0.29	0.70	0.27	0.17	0.58	0.15	0.40	0.08	11.30	0.07	221.00	44.00	0.76	82.00	0.80	0.00	29.00
5-03-871	卡诺拉菜籽粕 Canola, meal	0.70	1.20	0.57	0.00	1.37	0.03	1.17	0.00	7.95	0.00	211.00	55.80	0.00	71.50	0.00	0.00	0.00
	椰子粕 Coconut, meal	0.21	0.65	0.83	0.00	1.80	0.04	0.37	0.14	18.20	0.00	750.00	76.60	0.00	53.00	0.00	0.00	0.00
5-28-243	玉米蛋白饲料 Corn gluten, feed	0.07	0.95	0.40	0.25	1.40	0.26	0.47	0.10	6.98	0.07	226.00	22.10	0.30	73.30	1.00	0.00	94.00
5-02-900	玉米蛋白粉 Corn gluten, meal	0.16	0.51	0.06	0.07	0.03	0.10	0.22	0.09	30.30	0.00	430.00	8.50	1.11	190.20	29.80	0.00	32.00
5-28-242	玉米蛋白粉，60%粗蛋白质 Corn gluten, meal 60% CP	0.07	0.61	0.15	0.07	0.48	0.06	0.90	0.09	4.76	0.00	159.00	20.60	0.00	61.40	14.00	0.00	26.00

续表2-5-33(2)

国际饲料编号	中英文名称	矿物质 Minerals														维生素 Vitamins		
		钙 Ca	磷 P	镁 Mg	氯 Cl	钾 K	钠 Na	硫 S	钴 Co	铜 Cu	碘 I	铁 Fe	锰 Mn	硒 Se	锌 Zn	维生素 A	维生素 D	维生素 E
		%DM							mg/kg							10^3 IU/kg		IU/kg
	羽扇豆 Lupins	0.26	0.44	0.00	0.00	0.91	0.00	0.00	0.00	0.00	0.00	0.00	0.00	0.00	0.00	0.00	0.00	0.00
5-03-650	花生粕 Peanut, meal	0.32	0.66	0.17	0.00	1.28	0.03	0.33	0.00	16.00	0.07	155.00	29.00	0.00	36.00	0.00	0.00	0.00
5-04-739	葵花粕 Sunflower, seed meal	0.45	1.02	0.70	0.11	1.27	0.03	0.33	0.00	4.00	0.00	33.00	20.00	2.30	105.00	0.00	0.00	0.00
5-02-848	亚麻籽粕 Linseed, meals	0.43	0.89	0.66	0.04	1.53	0.15	0.43	0.21	29.00	0.00	354.00	42.00	0.91	0.00	0.00	0.00	0.00
5-00-380	血粉 Blood meal	0.40	0.32	0.04	0.33	0.31	0.40	0.80	0.10	13.90	0.00	2281.00	11.70	0.80	33.00	0.00	0.00	0.00
5-03-795	羽毛粉 Feather, meal	1.19	0.68	0.06	0.30	0.20	0.24	1.85	0.13	14.20	0.05	702.00	12.00	0.98	105.00	0.00	0.00	0.00
5-02-009	鱼粉 Fish meal	5.46	3.14	0.16	1.37	0.77	0.44	0.58	0.12	11.30	1.19	594.00	40.00	2.34	157.00	0.00	0.00	13.00
5-00-385	肉粉 Meat, meal	9.13	4.34	0.27	0.00	0.49	0.80	0.51	0.00	21.40	0.00	758.00	174.00	0.00	265.00	0.00	0.00	1.00

注:UIP 为 undegraded intake protein,非降解摄入蛋白质。

2.5.3.5 Nutrient Requirements of Beef Cattle(肉牛营养需要). 2016[21]

表 2-5-34(1) 肉牛饲粮中常用饲料原料的营养成分平均值和标准差[a,b]

饲料名称	DM(%AF)	Ash(%DM)	TDN(%DM)	DE(Mcal/kg)	ME(Mcal/kg)	NEm(Mcal/kg)	NEg(Mcal/kg)	Sugar(%DM)	Starch(%DM)	Fat(%DM)
血粉 Blood meal	89.56±2.79 (1203)	2.80±1.76(233)	74.6±2.65(877)	3.29±0.17(880)	2.70	1.78	1.15		0.62±0.25(5)	1.21±1.34(304)
干啤酒糟 Brewers dried grains	93.16±2.69 (189)	4.57±1.33(148)	72.0±5.17(169)	3.17±0.23(168)	2.60	1.70	1.08		5.77±5.52(127)	8.52±2.58(159)
湿啤酒糟 Brewers wet grains	25.96±6.24 (3921)	4.38±0.61 (1654)	73.9±2.68 (2389)	3.26±0.15 (2394)	2.67	1.75	1.13	0.50	4.81±3.50 (1487)	9.51±1.37(1899)
油菜籽[c]Canola grain	94.72±1.77 (171)	4.33±1.28(16)	109.2±5.54(5)	4.81±0.24(5)	3.95	2.78	1.99		1.40±1.65(11)	39.79±4.24(150)

续表2-5-34(1)

饲料名称	DM(%AF)	Ash(%DM)	TDN(%DM)	DE(Mcal/kg)	ME(Mcal/kg)	NEm(Mcal/kg)	NEg(Mcal/kg)	Sugar(%DM)	Starch(%DM)	Fat(%DM)
菜籽粕[d]Canola meal	90.43±2.13(3137)	7.41±0.92(664)	71.1±5.46(1446)	3.13±0.23(1474)	2.57	1.67	1.06	8.75±0.78(2)	1.29±0.93(271)	7.32±5.26(1290)
玉米胚芽粕 Corn germ meal	90.59±2.12(562)	4.31±1.71(237)	78.6±11.70(301)	3.46±0.42(297)	2.84	1.90	1.26		19.67±6.74(76)	11.50±8.81(431)
玉米喷浆蛋白饲料和酒精糟 Corn gluten feed and distillers; Golden synergy	50.44±4.65(69)	4,40±0.42(11)	89.0±7.17(22)		3.22	2.21	1.52		11.50	8.70±0.78(49)
湿玉米喷浆蛋白饲料 Corn gluten feed, wet	43.76±8.18(767)	6.40±1.94(816)	86.0	3.79	3.11	2.12	1.45	3.40±2.53(11)	15.23±4.03(774)	4.29±2.19(1608)
湿玉米喷浆蛋白饲料(甜麸) Corn gluten feed wet; sweet bran	60.07±2.16(75)		89.0±3.01(63)	3.92	3.22	2.21	1.52			4.65±1.83(27)
干玉米喷浆饲料 Corn gluten feed, dry	88.92±1.54(3654)	8.20±1.53(1356)	80.0±2.01(1224)	3.53±0.09(1169)	2.89	1.94	1.30	2.68±1.99(34)	16.92±3.05(1029)	3.32±0.86(1852)
玉米蛋白粉 Corn gluten meal	90.40±1.54(934)	2.91±0.95(550)	87.8±3.14(202)	3.87±0.25(201)	3.17	2.17	1.49	0.23±0.06(3)	15.42±3.47(56)	2.40±0.93(583)
棉籽粕 Cottonseed meal	88.59±1.67(2887)	7.53±1.76(549)	69.6±6.59(454)	3.07±0.36(434)	2.52	1.62	1.02		1.70±4.02(105)	3.93±2.74(961)
全棉籽 Cottonseed, whole	92.63±2.10(529)	4.12±0.36(95)	93.0		3.36	2.33	1.62		2.20(2)	19.45±2.59(534)
玉米酒精糟及可溶物 Distillers grain plus soluble, dry, corn	89.99±2.07(28793)	5.32±0.88(9665)	89.0±4.48(6335)	3.92±0.19(5976)	3.22	2.21	1.52	1.16±1.26(2137)	5.88±2.43(7954)	10.73±2.05(24960)

续表2-5-34(1)

饲料名称	DM(%AF)	Ash(%DM)	TDN(%DM)	DE(Mcal/kg)	ME(Mcal/kg)	NEm(Mcal/kg)	NEg(Mcal/kg)	Sugar(%DM)	Starch(%DM)	Fat(%DM)
半干玉米谷物酒精糟及可溶物 Distillers grains plus soluble, modified, corn	47.83±4.09 (1198)	6.65±0.72(16)	93.0±5.71(798)	4.10	3.36	2.33	1.62		3.36±1.07(51)	10.22±2.21(813)
湿玉米谷物酒精糟及可溶物 Distillers grains plus solubles, wet, corn	31.44±8.02 (6616)	5.13±1.13 (10280)	98.0±10.88 (3672)	4.32±0.23 (2347)	3.54±0.24 (2347)	2.47±0.19 (2353)	1.74±0.16 (2350)	0.90±1.04 (8662)	6.06±2.61 (13429)	10.84±1.75 (32368)
玉米谷物酒精蒸馏可溶物 Distillers solubles, corn	30.89±6.02 (584)	9.11±1.72 (2126)	98.0±7.79(112)	4.32	3.54	2.47	1.74	4.02±4.41 (1823)	10.68±5.46 (3220)	16.85±5.00(9764)
羽毛粉 Feather meal	92.00±2.35 (906)	2.75±1.46(326)	79.1±6.00(605)	3.49±0.24(607)	2.86±0.25(606)	1.92±0.22(601)	1.27±0.19(603)	17.7	0.74±0.43(55)	9.67±3.04(338)
高蛋白豌豆 Field peas, high CP	88.17±1.49 (111)		75.8±423(5)		2.74	1.81	1.19		43.90±3.46(5)	0.95±0.41(4)
鱼粉 Fish meal	92.30±1.98 (331)	20.02±4.82 (220)	81.9±8.87(279)	3.61±0.35(276)	2.96	2	1.35		5.82±9.07(29)	11.89±4.26(255)
亚麻籽 Flaxseed	91.63±2.05 (402)	5.12±1.30(98)	81.6±8.91(49)	3.60±0.73(186)	2.95	1.99	1.34		1.98±1.51(108)	27.67±10.19(272)
亚麻籽粕 Linseed meal	90.47±1.99 (165)	6.18±1.07(42)	73.6±7.57(80)	3.24±0.32(80)	2.66	1.74	1.12		2.54±2.39(28)	11.96±12.10(95)
花生粕 Peanut meal	94.11±0.93 (551)	5.55±1.26(44)	80.8±7.72(54)	3.56±0.60(58)	2.92	1.96	1.32		6.93±3.56(6)	7.73±2.40(193)

续表2-5-34(1)

饲料名称	DM(%AF)	Ash(%DM)	TDN(%DM)	DE(Mcal/kg)	ME(Mcal/kg)	NEm(Mcal/kg)	NEg(Mcal/kg)	Sugar(%DM)	Starch(%DM)	Fat(%DM)
豌豆 Peas	87.28±10.06(298)	3.75±1.06(62)	80.0±4.41(199)	3.53±0.15(183)	2.89	1.94	1.30		42.66±11.04(95)	1.86±1.04(99)
红花籽粕 Safflower meal	93.50±3.22(85)	4.85±1.11(44)	55.8±5.67(43)	2.46±0.68(48)	2.02	1.17	0.61		1.15±0.81(12)	12.34±11.93(62)
高蛋白大豆粕 Soybean meal, high CP	89.24±1.15(8795)	7.36±0.69(1276)	79.5±1.33(1983)	3.51±0.06(1953)	2.88	1.93	1.28	13.30	2.02±0.80(421)	1.88±1.12(2089)
低蛋白大豆粕 Soybean meal, low CP	91.68±2.94	6.43±1.27	81.1±6.73	3.58±0.33(648)	2.93	1.98	1.33	11.55±0.64	5.05±1.51	8.34±4.32
加热大豆粕 Soybean meal, heated	89.76±1.38(3941)	6.55±1.11(307)	79.3±2.93(2607)	3.50±0.12(2605)	2.87	1.92	1.28		1.32±0.58(177)	8.27±5.39(780)
热轧大豆 Soybeans, expelled	88.59±1.59(176)		77.0		2.78	1.85	1.22			8.17±1.85(175)
挤压膨化大豆 Soybeans, extruded	92.51±2.77(362)	6.15±0.83(184)	91.9±5.58(123)	4.05±0.24(144)	3.32	2.29	1.60		1.29±0.63(33)	13.14±5.52(283)
烘焙大豆 Soybeans, roasted	93.32±2.30(1208)	5.62±0.69(327)	97.4±2.11(426)	4.30±0.18(688)	3.52	2.45	1.73		1.30±0.91(98)	21.03±2.00(701)
整粒大豆 Soybeans, whole	92.85±2.93(1098)	5.49±0.74(156)	91.0±2.42(401)	4.0±0.16(392)	3.29	2.27	1.57		1.03±0.68(128)	20.61±2.23(596)
向日葵粕 Sunflower meal	90.44±2.46(1742)	6.41±1.23(337)	66.4±9.69(321)	2.93±0.42(303)	2.40	1.52	0.93		1.07±0.88(90)	10.80±7.75(558)

表 2-5-34(2) 肉牛饲粮中常用饲料原料的营养成分平均值和标准差[a,b]

饲料名称	NDF(%DM)	ADF(%DM)	Lignin(%DM)	CP(%DM)	RDP(%CP)	RUP(%CP)	SolubleCP(%CP)	ADICP(%DM)
血粉 Blood meal	4.53±8.41(9)	0.70±0.43(5)	2.00±0.96(3)	95.05±4.88(411)	25.23±10.99(54)	74.64±10.86(54)	14.18±8.40(176)	21.41±24.65(128)
干啤酒糟 Brewers dried grains	52.12±9.75(170)	25.39±5.28(170)	6.65±2.03(143)	25.02±5.09(179)	40.31±13.32(87)	59.14±13.86(88)	17.91±13.60(144)	19.25±11.12(133)
湿啤酒糟 Brewers wet grains	49.99±5.46(2500)	24.32±3.11(2484)	6.74±0.92(1544)	28.52±4.47(2896)	36.15±5.16(1420)	63.77±5.17(1420)	11.40±4.88(1726)	21.75±6.56(1443)
油菜籽[c]Canola grain	28.25±8.82(31)	21.99±7.14(34)	6.40±2.90(10)	23.90±3.54(159)	62.86±15.95(7)	36.99±15.97(7)	41.48±17.89(20)	11.11±3.86(9)
菜籽粕[d]Canola meal	30.16±3.67(1523)	21.42±2.99(1497)	8.83±1.87(325)	40.86±2.84(3014)	57.46±9.62(134)	42.25±9.75(135)	32.17±11.78(786)	17.36±6.64(285)
玉米胚芽粕 Corn germ meal	39.41±9.39(313)	12.27±3.20(402)	2.44±1.04(130)	22.14±4.90(525)	52.21±14.94(11)	47.80±14.94(11)	29.53±12.88(77)	6.42±5.48(148)
玉米喷浆蛋白饲料和酒精糟(Golden synergy) Corn gluten feed and distillers; Golden synergy	29.28±4.07(4)	10.27±1.56(22)		24.55±1.66(64)			16.30	
湿玉米喷浆蛋白饲料 Corn gluten feed, wet	38.53±6.39(833)	11.78±2.17(995)	1.60±0.77(112)	21.70±3.83(2359)	65.70±7.01(47)	34.11±6.97(47)	59.12±15.48(412)	6.95±5.02(67)
湿玉米喷浆蛋白饲料(甜麸) Corn gluten feed wet; sweet bran	26.75±3.61(2)	9.79±1.19(64)		23.76±1.48(71)			50.47±9.41(3)	
干玉米喷浆饲料 Corn gluten feed, dry	35.05±4.78(1575)	11.18±2.14(1443)	1.86±0.96(210)	22.64±2.64(3368)	63.69±10.47(159)	37.10±11.99(147)	51.70±12.95(782)	8.85±5.99(269)
玉米蛋白粉 Corn gluten meal	8.07±6.16(291)	4.81±2.80(293)	2.26±1.38(34)	68.21±9.92(863)	29.99±21.81(21)	69.72±21.66(21)	14.74±14.05(127)	15.08±11.53(56)
棉籽粕 Cottonseed meal	33.60±11.66(481)	23.67±9.72(494)	8.51±4.18(223)	44.98±4.73(2833)	57.19±7.35(63)	42.70±7.32(63)	16.90±6.10(306)	14.31±9.55(127)
全棉籽 Cottonseed, whole	47.82±6.96(192)	42.85±5.80(90)		22.87±2.53(536)			32.77±2.66(3)	22.87±18.48(165)

续表2-5-34(2)

饲料名称	NDF(%DM)	ADF(%DM)	Lignin(%DM)	CP(%DM)	RDP(%CP)	RUP(%CP)	SolubleCP(%CP)	ADICP(%DM)
玉米酒精糟及可溶物 Distillers grain plus soluble, dry, corn	33.66±3.51 (12700)	16.17±3.15 (11655)	4.96±1.52(3226)	30.79±2.67 (24403)	32.00±6.26(1933)	67.93±6.27(1933)	16.53±4.73(3532)	27.85±12.58 (7641)
半干玉米谷物酒精糟及可溶物 Distillers grains plus soluble, modified, corn	28.73±3.67(176)	14.81±3.06(810)		29.08±2.45(1101)			6.69±7.03(24)	2.10±1.27(2)
湿玉米谷物酒精糟及可溶物 Distillers grains plus solubles, wet, corn	31.52±5.57(8052)	15.27±4.46 (10162)	4.70±1.39(1304)	30.63±3.22 (34175)	29.92±5.18(593)	69.93±5.30(594)	15.58±10.01 (3448)	26.41±12.79 (4891)
玉米谷物酒精蒸馏可溶物 Distillers solubles, corn	4.71±2.74(99)	3.81±2.14(325)		18.94±4.92(9791)			43.64±28.99(66)	10.40±6.39(451)
羽毛粉 Feather meal	25.80(2)	14.25(2)		91.07±4.56(879)	29.16±7.24(4)	70.84±7.24(4)	10.31±5.44(70)	113.62±47.71(53)
高蛋白豌豆 Field peas, high CP	13.10±2.83(3)	7.16±1.97(12)		25.17±2.29(112)				
鱼粉 Fish meal	13.60±11.47(80)	3.14±2.07(76)		66.24±8.07(316)	54.96±12.20(42)	45.04±12.20(42)	25.24±10.13(116)	13.20±15.00(24)
亚麻籽 Flaxseed	31.84±7.27(191)	18.94±5.31(194)	5.75±1.98(31)	28.68±7.19(389)	65.08±9.37(38)	34.77±9.21(38)	46.33±12.30(95)	7.44±3.66(22)
亚麻籽粕 Linseed meal	32.10±5.30(80)	17.28±3.95(78)	5.72±2.33(20)	36.93±5.12(170)	68.06±6.25(12)	31.94±6.25(12)	44.00±12.42(47)	8.59±2.82(23)
花生粕 Peanut meal	19.89±4.71(55)	13.15±4.08(54)	3.30±1.33(9)	44.96±3.80	71.80	28.20	29.83±10.66(22)	12.53±8.60(18)

续表2-5-34(2)

饲料名称	NDF(%DM)	ADF(%DM)	Lignin(%DM)	CP(%DM)	RDP(%CP)	RUP(%CP)	SolubleCP(%CP)	ADICP(%DM)
豌豆 Peas	13.67±6.02(193)	9.23±6.26(219)	1.06±0.71(28)	23.91±3.04(278)	84.40±2.89(9)	15.49±3.02(9)	69.73±10.27(73)	4.38±5.16(13)
红花籽粕 Safflower meal	51.48±9.51(53)	37.62±7.92(62)	13.45±2.15(13)	23.12±5.93(82)	76.29±8.33(7)	23.71±8.33(7)	33.25±12.41(23)	8.47±1.50(9)
高蛋白大豆粕 Soybean meal, high CP	11.33±2.41(2047)	7.48±1.46(2067)	1.17±0.51(430)	52.85±1.32(8973)	70.42±6.94(275)	29.45±6.67(274)	44.11±6.83(9)	10.17±6.37(434)
低蛋白大豆粕 Soybean meal, low CP	18.78±6.57	10.93±3.11	1.48±0.67	46.53±3.06	55.88±10.07	44.08±10.07	19.49±7.94	8.97±8.92
加热大豆粕 Soybean meal, heated	22.67±3.24(2631)	10.90±1.93(2592)	1.81±0.75(100)	48.85±2.63(3962)	50.45±8.00(271)	49.44±7.93(271)	13.05±3.88(379)	10.78±6.31(182)
热轧大豆 Soybeans, expelled	12.60	8.80±0.42(2)		46.54±1.95(177)				
挤压膨化大豆 Soybeans, extruded	16.58±3.21(143)	10.85±2.22(145)	1.83±0.81(44)	44.40±4.27(361)	57.78±11.91(82)	42.17±11.86(82)	24.68±11.47(130)	6.15±3.91(39)
烘焙大豆 Soybeans, roasted	21.83±5.35(690)	11.53±3.06(677)	2.20±0.88(100)	40.49±3.39(1183)	56.32±8.88(253)	43.63±8.84(253)	16.72±5.33(582)	9.76±5.87(104)
整粒大豆 Soybeans, whole	17.98±3.89(395)	10.75±2.48(480)	1.92±0.86(34)	39.97±3.50(1004)	70.99±14.81(15)	29.01±14.81(15)	52.98±20.92(170)	10.61±5.09(35)
向日葵粕 Sunflower meal	41.71±6.46(345)	30.34±6.25(376)	9.04±2.27(100)	35.01±5.55(1721)	71.97±7.51(27)	27.89±7.50(27)	32.39±12.33(188)	8.83±3.52(86)

表 2-5-34(3) 肉牛饲粮中常用饲料原料的营养成分平均值和标准差[a,b]

饲料名称	Ca(%DM)	P(%DM)	Mg(%DM)	K(%DM)	Na(%DM)	Cl(%DM)	S(%DM)	Co(mg/kg)
血粉 Blood meal	0.14±0.40(183)	0.23±0.21(187)	0.04±0.04(155)	0.41±0.23(157)	0.26±0.14(150)	0.32±0.16(5)	0.65±0.26(152)	
干啤酒糟 Brewers dried grains	0.32±0.25(132)	0.65±0.16(132)	0.22±0.06(127)	0.34±0.47(134)	0.02±0.01(70)	0.10±0.08(35)	0.29±0.06(124)	1.13
湿啤酒糟 Brewers wet grains	0.35±0.11(1971)	0.68±0.10(1966)	0.23±0.03(1932)	0.12±0.09(1884)	0.02±0.02(696)	0.09±0.08(139)	0.32±0.06(1727)	1.50±0.71(2)
油菜籽[c]Canola grain	0.53±0.18(23)	0.70±0.22(23)	0.35±0.07(20)	0.85±0.16(22)	0.02±0.01(13)	0.07±0.02(8)	0.41±0.08(16)	
菜籽粕[d]Canola meal	0.69±0.13(932)	1.10±0.14(1042)	0,56±0.09(881)	1.26±0.18(969)	0.06±0.06(635)	0.12±0.12(171)	0.71±0.10(723)	0.14
玉米胚芽粕 Corn germ meal	0.04±0.05(145)	1.07±0.27(249)	0.30±0.16(139)	0.69±0.48(145)	0.04±0.04(114)	0.10±0.12(21)	0.06±0.24(192)	
玉米喷浆蛋白饲料和酒精糟 Corn gluten feed and distillers	0.09±0.04(29)	0.82±0.09(29)	0.34±0.03(16)	1.17±0.15(16)	0.21±0.07(4)	0.14	0.62±0.08(55)	
湿玉米喷浆蛋白饲料 Corn gluten feed, wet	0.05±0.03(1397)	0.90±0.29(1449)	0.41±0.14(979)	1.32±0.45(1236)	0.16±0.10(533)	0.19±0.12(191)	0.52+0.14(2040)	
湿玉米喷浆蛋白饲料(甜麸)Corn gluten feed wet; sweet bran	0.06±0.03(66)	0.97±0.08(67)	0.40±0.03(58)	1.39±0.17(59)			0.49±0.05(57)	
干玉米喷浆饲料 Corn gluten feed, dry	0.10±0.10(1346)	1.01±0.18(1455)	0.43±0.09(1062)	1.41±0.37(1154)	0.30±0.23(879)	0.26±0.07(129)	0.58±0.14(2048)	0.11±0.03(3)
玉米蛋白粉 Corn gluten meal	0.04±0.04(151)	0.55±0.15(230)	0.09±0.07(197)	0.26±0.23(197)	0.05±0.06(137)	0.11±0.04(34)	0.82±0.11(470)	
棉籽粕 Cottonseed meal	0.28±0.09(675)	1.13±0.21(736)	0.63±0.11(464)	1.56±0.26(508)	0.14±0.12(301)	0.08±0.03(78)	0.43±0.10(320)	
全棉籽 Cottonseed, whole	0.22±0.12(92)	0.53±0.09(94)	0.38±0.13(54)	1.12±0.14(57)	0.08±0.10(4)		0.39±1.15(51)	
玉米酒精糟及可溶物 Distillers grain plus soluble, dry, corn	0.05±0.04(18286)	0.86±0.11(21246)	0.32±0.06(14340)	1.05±0.18(14843)	0.18±0.10(10380)	0.27±0.26(1103)	0.66±0.16(18,646)	0.72±0.90(4)

续表2-5-34(3)

饲料名称	Ca(%DM)	P(%DM)	Mg(%DM)	K(%DM)	Na(%DM)	Cl(%DM)	S(%DM)	Co(mg/kg)
半干玉米谷物酒精糟及可溶物 Distillers grains plus soluble, modified, corn	0.08±0.05(775)	0.94±0.14(798)	0.38±0.07(475)	1.27±0.23(492)	0.39±0.19(49)	0.16±0.03(3)	0.67±0.16(856)	
湿玉米谷物酒精糟及可溶物 Distillers grains plus solubles, wet, corn	0.05±0.05(18972)	0.81±0.18(20116)	0.35±0.16(10941)	1.00±0.26(14018)	0.20±0.13(7429)	0.17±0.04(504)	0.65±0.54(29648)	0.11
玉米谷物酒精蒸馏可溶物 Distillers solubles, corn	0.11±0.07(4477)	1.52±0.35(4759)	0.69±0.16(2114)	2.34±0.58(4194)	0.42±0.20(2238)	0.37±0.06(522)	0.82±0.30(8715)	
羽毛粉 Feather meal	0.76±0.83(73)	0.44±0.37(69)	0.08±0.18(66)	0.24±0.27(69)	0.21±0.14(67)	0.27±0.13(54)	1.69±0.35(69)	
高蛋白豌豆 Field peas, high CP	0.14±0.08(16)	0.45±0.09(16)	0.15±0.01(11)	1.04±0.13(11)	0.02		0.18±0.03(5)	
鱼粉 Fish meal	5.20±2.41(143)	2.90±1.07(146)	0.20±0.07(75)	0.92±0.34(89)	0.65±0.31(100)	1.15±0.58(23)	0.82±0.23(75)	1.24±0.68(3)
亚麻籽 Flaxseed	0.31±0.12(142)	0.70±0.20(144)	0.45±0.11(135)	0.94±0.25(135)	0.06±0.03(122)	0.09±0.04(25)	0.29±0.07(80)	0.71
亚麻籽粕 Linseed meal	0.39±0.09(65)	0.88±0.18(67)	0.58±0.10(53)	1.18±0.22(56)	0.09±0.06(51)	0.08±0.03(8)	0.38±0.04(45)	
花生粕 Peanut meal	0.21±0.12(32)	0.59±0.19(32)	0.32±0.06(32)	1.11±0.20(40)	0.03±0.03(29)	0.21±0.25(6)	0.27±0.08(20)	1.19
豌豆 Peas	0.13±0.08(153)	0.42±0.10(160)	0.18±0.14(127)	1.07±0.23(135)	0.03±0.03(69)	0.13±0.03(17)	0.57±1.16(78)	
红花籽粕 Safflower meal	0.34±0.08(37)	0.63±0.18(40)	0.34±0.11(28)	0.96±0.26(30)	0.07±0.04(18)	0.27±0.16(5)	0.24±0.10(19)	
高蛋白大豆粕 Soybean meal, high CP	0.42±0.11(2085)	0.75±0.06(2068)	0.32±0.03(1339)	2.36±0.22(1531)	0.02±0.01(703)	0.06±0.03(234)	0.41±0.03(816)	1.07±0.76(2)
低蛋白大豆粕 Soybean meal, low CP	0.37±0.14	0.66±0.13	0.29±0.12	2.02±0.46	0.07±0.18	1.09±1.97	1.05±3.46	0.75±0.07
加热大豆粕 Soybean meal, heated	0.35±0.09(301)	0.69±0.09(301)	0.29±0.05(208)	2.13±0.28(294)	0.04±0.03(130)	0.07±0.03(74)	0.37±0.05(236)	
热轧大豆 Soybeans, expelled	0.35±0.01(3)	0.63±0.09(3)						
挤压膨化大豆 Soybeans, extruded	0.29±0.09(118)	0.67±0.11(119)	0.28±0.02(115)	2.05±0.21(115)	0.02±0.02(46)	0.08±0.04(26)	0.35±0.03(91)	
烘焙大豆 Soybeans, roasted	0.25±0.05(493)	0.63±0.08(508)	0.26±0.03(477)	1.83±0.30(524)	0.03±0.04(161)	0.08±0.04(55)	0.32±0.03(386)	
整粒大豆 Soybeans, whole	0.25±0.08(253)	0.62±0.11(262)	0.25±0.03(249)	1.81±0.30(271)	0.02±0.02(82)	0.07±0.02(28)	0.31±0.05(178)	1.01
向日葵粕 Sunflower meal	0.44±0.12(356)	1.04±0.24(380)	0.57±0.10(323)	1.56±0.29(347)	0.04±0.05(117)	0.15±0.05(65)	0.40±0.11(205)	1.00

表 2-5-34(4) 肉牛饲粮中常用饲料原料的营养成分平均值和标准差[a,b]

饲料名称	Cu(mg/kg)	I(mg/kg)	Fe(mg/kg)	Mn(mg/kg)	Mo(mg/kg)	Se(mg/kg)	Zn(mg/kg)
血粉 Blood meal	4.35±2.00(96)		2,378.00±513.70(96)	5.33±4.01(78)			36.59±18.98(96)
干啤酒糟 Brewers dried grains	17.64±6.60(48)		327.41±249.85(46)	56.09±19.61(49)			214.62±209.01(50)
湿啤酒糟 Brewers wet grains	17.41±5.33(238)		222.05±86.41(218)	51.26±11.83(240)	2.00±0.28(2)		93.01±16.801(237)
油菜籽[c]Canola grain	5.31±3.29(9)		98.09±37.41(7)	74.51±69.23(9)			46.52±14.47(9)
菜籽粕[d]Canola meal	6.46±4.34(418)		230.51±101.35(396)	68.40±12.28(416)	1.00±0.32(8)	1.10	59.84±10.69(411)
玉米胚芽粕 Corn germ meal	7.18±1.48(119)		129.72±29.67(117)	16.40±5.61(118)			106.31±30.31(120)
玉米喷浆蛋白饲料和酒精糟(Golden synergy) Corn gluten feed and distillers; golden synergy	5.35±0.42(4)			17.75±2.63(4)	0.96±0.09(4)		62.45±6.62(4)
湿玉米喷浆蛋白饲料 Corn gluten feed, wet	5.41±1.15(230)		152.45±66.07(69)	17.42±3.82(232)	1.39±0.11(3)		62.41±12.63(232)
湿玉米喷浆蛋白饲料(甜麸)Corn gluten feed wet; sweet bran							
干玉米喷浆饲料 Corn gluten feed, dry	6.30±1.89(456)		133.33±49.88(280)	20.07±6.39(453)	1.21±0.18(8)	0.22±0.08(2)	68.57±18.51(462)
玉米蛋白粉 Corn gluten meal	12.70±2.80(141)		74.17	5.70±5.23(136)	0.84±0.03(3)		29.08±8.20(139)
棉籽粕 Cottonseed meal	12.44±4.13(161)		149.92±80.36(156)	22.30±5.67(162)	0.88±0.13(4)	1.29	63.90±19.69(179)
全棉籽 Cottonseed, whole	8.95±3.72(28)			21.70±31.64(23)	0.23±0.33(3)		29.44±8.62(29)
玉米酒精糟及可溶物 Distillers grain plus soluble, dry, corn	6.69±4.10(7055)		103.41±37.64(1054)	22.04±18.32(6921)	1.33±0.48(68)	1.14(2)	63.34±19.24(7022)
半干玉米谷物酒精糟及可溶物 Distillers grains plus soluble, modified, corn	7.03±1.64(43)			19.31±3.75(42)	0.97±0.39(26)		72.94±8.07(41)
湿玉米谷物酒精糟及可溶物 Distillers grains plus solubles, wet, corn	7.02±2.90(5594)		154.92±90.32(185)	30.47±24.85(5506)	0.37±0.31(526)	0.99(2)	55.06±16.53(5510)

续表 2-5-34(4)

饲料名称	Cu(mg/kg)	I(mg/kg)	Fe(mg/kg)	Mn(mg/kg)	Mo(mg/kg)	Se(mg/kg)	Zn(mg/kg)
玉米谷物酒精蒸馏可溶物 Distillers solubles，corn	7.41±3.67(1865)			35.81±13.02(1878)	1.10±0.57(13)	6.28±0.03(2)	101.6±38.93(1906)
羽毛粉 Feather meal	12.20±5.07(8)		283.16±115.93(4)	56.69±69.53(7)			171.11±134.72(7)
高蛋白豌豆 Field peas，high CP	5.90(2)			15.50(2)	2.10		32.30(2)
鱼粉 Fish meal	9.00±7.12(25)		931.75±827.49(25)	79.97±78.73(26)	0.44	1.37±0.58(6)	128.67±69.24(26)
亚麻籽 Flaxseed	14.93±4.14(66)		109.60±82.04(63)	32.92±9.36(65)	0.60		52.72±14.72(66)
亚麻籽粕 Linseed meal	21.39±3.33(19)		280.49±249.34(17)	50.73±18.41(19)			73.91±11.60(19)
花生粕 Peanut meal	14.10±4.24(30)		462.90±391.68(29)	32.11±12.76(31)			53.45±10.35(31)
豌豆 Peas	8.80±2.20(69)		112.70±79.51(60)	21.47±11.37(67)	0.81(5)		36.26±8.65(69)
红花籽粕 Safflower meal	17.00±4.03(10)		161.03±75.38(8)	25.67±7.30(10)		0.12	60.40±22.35(10)
高蛋白大豆粕 Soybean meal，high CP	15.9±1.86(661)		201.87±105.64(538)	42.30±7.18(662)	5.23±2.24(19)	0.53±0.21(2)	51.68±7.47(657)
低蛋白大豆粕 Soybean meal，low CP	17.61±4.84		160.56±104.06	40.66±21.21	3.18±1.27		71.84±91.53
加热大豆粕 Soybean meal，heated	2.40±4.28(97)		148.60±96.65(97)	30.07±9.31(97)			40.40±11.80(97)
热轧大豆 Soybeans，expelled							
挤压膨化大豆 Soybeans，extruded	4.40±2.05(42)		142.73±46.18(41)	35.08±8.20(41)			48.25±7.63(41)
烘焙大豆 Soybeans，roasted	13.80±2.12(154)		144.61±72.43(152)	29.18±6.40(153)			44.30±7.21(153)
整粒大豆 Soybeans，whole	14.59±2.80(89)		139.14±78.45(82)	31.63±18.83(87)	1.87±1.71(2)		47.22±8.85(90)
向日葵粕 Sunflower meal	31.55±13.05(114)		243.19±130.62(95)	50.30±27.39(113)		1.00	92.79±39.17(114)

注：[a] 若样本量为 1，则无 *SD* 和 *n* 值。ME、NEm 和 NEg 值是通过 TDN 值利用原书第 19 章的方法计算的。

[b] 营养指标英文所对应的中文名称：DM＝干物质(%)；Ash＝粗灰分(%DM)；TDN＝总可消化养分(%DM)；DE＝消化能(Mcal/kg)；ME＝代谢能(Mcal/kg)；NEm＝维持净能(Mcal/kg)；NEg＝增重净能(Mcal/kg)；Sugar＝糖(%DM)；Starch＝淀粉(%DM)；Fat＝脂肪(%DM)；NDF＝中性洗涤纤维(%DM)；ADF＝酸性洗涤纤维(%DM)；Lignin＝木质素(%DM)；CP＝粗蛋白质(%DM)；RDP＝瘤胃降解蛋白(%CP)；RUP＝瘤胃非降解蛋白(%CP)；Soluble CP＝可溶性蛋白(%CP)；ADICP＝酸性洗涤不溶蛋白(%DM)；Ca＝钙(%DM)；P＝磷(%DM)；Mg＝镁(%DM)；K＝钾(%DM)；Na＝钠(%DM)；Cl＝氯(%DM)；S＝硫(%DM)；Co＝钴(mg/kg)；Cu＝铜(mg/kg)；I＝碘(mg/kg)；Fe＝铁(mg/kg)；Mn＝锰(mg/kg)；Mo＝钼(mg/kg)；Se＝硒(mg/kg)；Zn＝锌(mg/kg)。

[c,d] 表中所指油菜籽及菜籽粕均使用双低油菜籽。

编者注：表格内数字格式为：平均值±标准差(样本数)。由于本资料在《国内外饲料成分及营养价值史料汇编》(第一辑)中未纳入，因此本辑包括了其中所有应纳入的蛋白类原料。

2.5.3.6 Nutrient Requirements of Dairy Cattle(奶牛营养需要).2001[22]

表 2-5-35 奶牛常用饲料原料的营养成分及其变异范围(干物质基础)

饲料名称与说明	国际饲料编号 IFN	总可消化养分(1倍维持) TDN-1X (%)	总可消化养分方程式要求类别 TDN equation class	加工校正系数 PAF	消化能(1倍维持) DE-1X (Mcal/kg)	代谢能(3倍维持) ME-3X (Mcal/kg)	产奶净能(3倍维持) NEL-3X (Mcal/kg)	产奶净能(4倍维持) NEL-4X (Mcal/kg)	维持净能(3倍维持) NEM-3X (Mcal/kg)	增重净能(3倍维持) NEG-3X (Mcal/kg)	干物质 DM (%)	粗蛋白质 CP (%)	中性洗涤剂不溶粗蛋白质 NDICP (%)	酸性洗涤剂不溶粗蛋白质 ADICP (%)	粗脂肪 EE (%)	中性洗涤纤维 NDF (%)	酸性洗涤纤维 ADF (%)	木质素 Lignin (%)	粗灰分 Ash (%)
大麦(麦芽根) Barley malt sprouts	5-00-545	66.4	精饲料	1.00	3.06	2.38	1.49	1.40	1.61	1.01	90.5	20.1	3.7	1.1	2.3	47.0	21.8	3.4	7.4
	n										42	40	2	2	21	37	37	2	9
	SD										5.5	3.5			0.4	7.6	4.9		1.3
血粉(连续干燥,编者译为:瞬间干燥) Blood meal, ring dried	5-00-380	76.4	动物性饲料	1.00	4.35	3.58	2.33	2.21	2.49	1.76	90.2	95.5	NA	NA	1.2	NA	NA	NA	2.5
	n										97	84			47				31
	SD										4.0	8.3			2.0				1.4
血粉(间歇干燥)(营养成分数据来自连续干燥血粉) Blood meal, batch dried (composition data from ring-dried)		65.9	动物性饲料	1.00	3.76	3.04	1.95	1.84	2.11	1.41	90.2	95.5	NA	NA	1.2	NA	NA	NA	2.5
啤酒糟(脱水) Brewers grains dried	5-12-024	71.3	精饲料	1.00	3.38	2.69	1.71	1.62	1.84	1.21	90.7	29.2	9.1	3.5	5.2	47.4	22.2	5.0	4.3
	n										698	688	32	30	88	221	88	34	138
	SD										3.5	4.0	3.7	0.9	1.6	6.6	3.9	2.7	0.9
啤酒糟(湿) Brewers grains wet	5-00-517	71.6	精饲料	1.00	3.38	2.69	1.71	1.62	1.84	1.21	21.8	28.4	9.3	2.9	5.2	47.1	23.1	4.7	4.9
	n										1309	1127	23	29		685	686	35	110
	SD										5.0	4.0	3.9	0.9		6.8	3.8	0.9	1.1

续表2-5-35

饲料名称与说明	国际饲料编号 IFN	总可消化养分(1倍维持) TDN-1X (%)	总可消化养分方程式要求类别 TDN equation class	加工校正系数 PAF	消化能(1倍维持) DE-1X (Mcal/kg)	代谢能(3倍维持) ME-3X (Mcal/kg)	产奶净能(3倍维持) NEL-3X (Mcal/kg)	产奶净能(4倍维持) NEL-4X (Mcal/kg)	维持净能(3倍维持) NEM-3X (Mcal/kg)	增重净能(3倍维持) NEG-3X (Mcal/kg)	干物质 DM (%)	粗蛋白质 CP (%)	中性洗涤剂不溶粗蛋白质 NDICP (%)	酸性洗涤剂不溶粗蛋白质 ADICP (%)	粗脂肪 EE (%)	中性洗涤纤维 NDF (%)	酸性洗涤纤维 ADF (%)	木质素 Lignin (%)	粗灰分 Ash (%)
卡诺拉油菜籽 Canola seed	5-08-109	127.4	精饲料	1.00	5.60	4.92	3.52	3.36	3.28	2.38	89.9	20.5	3.4	1.3	40.5	17.8	11.6	2.7	4.6
	n										1	1			1	1	1	1	1
	SD																		
油菜籽粕(压榨浸提工艺) Canola meal, mech. extracted	5-03-870	69.9	精饲料	1.00	3.44	2.75	1.76	1.66	1.88	1.25	90.3	37.8	6.3	2.4	5.4	29.8	20.5	9.5	7.4
	n										230	230	16	19	71	81	82	18	27
	SD										1.1	1.1	2.5	0.7	5.5	6.6	5.1	4.3	1.2
黄玉米麸(脱水) Corn, yellow gluten feed, dried	5-28-243	74.1	精饲料	1.00	3.43	2.73	1.73	1.64	1.87	1.24	89.4	23.8	3.6	1.4	3.5	35.5	12.1	2.0	6.8
	n										131	186	9	22	68	122	142	10	25
	SD										1.2	5.7	1.5	2.0	1.1	6.8	3.0	1.1	1.5
黄玉米蛋白粉(脱水) Corn, yellow gluten meal, dried	5-28-242	84.4	精饲料	1.00	4.43	3.66	2.38	2.25	2.54	1.79	86.4	65.0	3.6	3.0	2.5	11.1	8.2	1.5	3.3
	n										66	57	11	13	42	39	52	10	20
	SD										10.1	7.8	2.7	2.0	1.1	10.1	4.7	0.8	1.2
带绒全棉籽 Cotton seed whole seeds with lint	5-01-614	77.2	精饲料	1.00	3.55	2.91	1.94	1.83	1.96	1.31	90.1	23.5	2.4	1.9	19.3	50.3	40.1	12.9	4.2
	n										1059	1124	71	4	27	953	1024	76	193
	SD										4.6	2.6	1.2	0.1	1.4	5.8	4.4	3.2	2.1
棉籽粕(浸提, CP41%) Cotton seed meal, solvent, 41% CP	5-01-630	66.4	精饲料	1.00	3.40	2.70	1.71	1.61	1.84	1.23	90.5	44.9	3.3	1.8	1.9	30.8	19.9	7.6	6.7
	n										180	158	7	8	113	47	58	3	44
	SD										1.9	4.1	0.9	0.5	2.2	9.0	5.4		0.7

续表2-5-35

饲料名称与说明	国际饲料编号 IFN	总可消化养分(1倍维持)TDN-1X(%)	总可消化养分方程式要求类别 TDN equation class	加工校正系数 PAF	消化能(1倍维持)DE-1X(Mcal/kg)	代谢能(3倍维持)ME-3X(Mcal/kg)	产奶净能(3倍维持)NEL-3X(Mcal/kg)	产奶净能(4倍维持)NEL-4X(Mcal/kg)	维持净能(3倍维持)NEM-3X(Mcal/kg)	增重净能(3倍维持)NEG-3X(Mcal/kg)	干物质 DM(%)	粗蛋白质 CP(%)	中性洗涤剂不溶粗蛋白质 NDICP(%)	酸性洗涤剂不溶粗蛋白质 ADICP(%)	粗脂肪 EE(%)	中性洗涤纤维 NDF(%)	酸性洗涤纤维 ADF(%)	木质素 Lignin(%)	粗灰分 Ash(%)
水解羽毛粉 Feathers hydrolyzed meal		72.8	动物性饲料	1.00	4.05	3.32	2.15	2.03	2.29	1.60	93.3	92	NA	NA	4.6	NA	NA	NA	3.5
	n										19								
	SD										2.2								
水解羽毛粉(含部分内脏)Feathers hydrolyzed meal with some viscera	5-13-540	80.1	动物性饲料	1.00	4.32	3.58	2.36	2.24	2.47	1.73	91.5	85.0	NA	NA	8.8	NA	NA	NA	5.5
	n										38	39			24				12
	SD										6.1	9.8			5.6				2.1
鳀鱼鱼粉(压榨)Fish byproducts anchovy, meal, mech.	5-01-985	76.1	动物性饲料	1.00	4.16	3.42	2.22	2.10	2.34	1.65	92.0	71.2	NA	NA	4.6	NA	NA	NA	16.0
	n										67	58			36				47
	SD										1.2	2.2			1.6				1.5
鲱鱼鱼粉(压榨)Fish byproducts menhaden, meal, mech.	5-02-009	79.9	动物性饲料	1.00	4.25	3.52	2.33	2.20	2.44	1.70	91.2	68.5	NA	NA	10.4	NA	NA	NA	19.7
	n										135	147			143				113
	SD										3.3	4.4			2.0				2.4
亚麻籽粕(浸提)Linseed (Flax) meal, solvent	5-30-288	65.4	精饲料	1.00	3.19	2.51	1.57	1.48	1.48	1.10	90.3	32.6	7.9	1.1	1.7	36.1	22.1	8.3	6.5
	n										6	6	1	2	2	6	6	1	1
	SD										1.5	4.9				5.7	3.1		
肉粉(已熬油)Meat meal, rendered	5-09-323	79.6	动物性饲料	1.00	4.05	3.35	2.21	2.10	2.29	1.59	93.9	57.6	NA	NA	12.7	NA	NA	NA	22.9
	n										78	66			32				12
	SD										4.0	7.6			3.8				5.6

续表2-5-35

饲料名称与说明	国际饲料编号 IFN	总可消化养分(1倍维持)TDN-1X(%)	总可消化养分方程式要求类别 TDN equation class	加工校正系数 PAF	消化能(1倍维持)DE-1X(Mcal/kg)	代谢能(3倍维持)ME-3X(Mcal/kg)	产奶净能(3倍维持)NEL-3X(Mcal/kg)	产奶净能(4倍维持)NEL-4X(Mcal/kg)	维持净能(3倍维持)NEM-3X(Mcal/kg)	增重净能(3倍维持)NEG-3X(Mcal/kg)	干物质 DM(%)	粗蛋白质 CP(%)	中性洗涤剂不溶粗蛋白质 NDICP(%)	酸性洗涤剂不溶粗蛋白质 ADICP(%)	粗脂肪 EE(%)	中性洗涤纤维 NDF(%)	酸性洗涤纤维 ADF(%)	木质素 Lignin(%)	粗灰分 Ash(%)
肉骨粉(已熬油) Meat meat and bone, rendered	5-00-388	61.9	动物性饲料	1.00	3.19	2.54	1.63	1.54	1.71	1.09	94.0	54.2	NA	NA	10.4	NA	NA	NA	30.4
	n										62	62			54				13
	SD										4.9	5.6			2.8				7.5
花生粕(浸提) Peanut meal, solvent	5-08-605	74.8	精饲料	1.00	3.85	3.12	2.00	1.90	2.14	1.48	92.3	51.8	5.8	1.1	1.4	21.4	13.5	4.6	5.8
	n										55	51	2	2	25	15	15	1	11
	SD										1.7	4.4			2.6	5.7	4.4		1.5
红花籽粕(浸提) Safflower meal, solvent	5-04-110	52.5	精饲料	1.00	2.60	1.96	1.19	1.11	1.27	0.70	93.5	29.0	2.0	1.2	2.4	53.8	39.1	14.5	4.7
	n										5	5	1	1	3	5	5	1	1
	SD										0.3	0.2				2.9	1.6		
葵花籽粕(浸提) Sunflower meal, solvent	5-30-032	59.9	精饲料	1.00	2.90	2.24	1.38	1.30	1.49	0.92	92.2	28.4	5.5	1.4	1.4	40.3	30.0	9.5	7.7
	n										47	48	3	3	36	16	16	3	20
	SD										1.4	5.0		0.4	2.3	6.6	6.4		0.4
葵花籽(油用品种,带壳) Sunflower oil seeds, whole	5-08-530	122.3	精饲料	1.00	5.37	4.71	3.38	3.22	3.13	2.27	91.8	19.2	2.9	1.9	41.9	24.0	16.7	6.0	5.1
	n										13	15	1	1	4	1	2	1	5
	SD										2.5	4.2			3.5				1.5
番茄渣 Tomato pomace	5-05-042	65.5	精饲料	1.00	2.99	2.37	1.52	1.43	1.56	0.96	24.7	19.3	8.0	3.8	13.3	60.0	47.6	13.3	5.5
	n										4	22	1	2	4	4	4	3	3
	SD										20.1	4.8		0.1	4.9	5.8	2.8	10.8	1.9

注:*n* 为样本数,*SD* 为标准差;NDICP = neutral detergent insoluble crude protein (N × 6.25),中性洗涤剂不溶粗蛋白质;PAF = processing adjustment factor,加工校正系数;ADICP = acid detergent insoluble crude protein (N × 6.25),酸性洗涤剂不溶粗蛋白质;下同。

表 2-5-36(1) 饲料原料的氮组分、瘤胃非降解蛋白质的消化率及氨基酸含量

饲料名称与说明	国际饲料编号 IFN	饲料类型	粗蛋白质 CP (%)	中性洗涤剂不溶粗蛋白质 NDICP (%)	酸性洗涤剂不溶粗蛋白质 ADICP (%)	N 组分 N Fractions (%CP)			潜在降解组分 B 的降解速度 kd of B (%/h)	瘤胃非降解蛋白质 Example RUP (%CP)		瘤胃非降解蛋白质消化率 RUP Digest (%)
						可溶解组分 A	潜在降解组分 B	非降解组分 C		DMI 占体重 2.0%;粗料占 DMI 25%	DMI 占体重 4.0%; 粗料占 DMI 50%	
大麦(麦芽根)Barley malt sprouts	5-00-545	精饲料	20.1	3.7	1.1	56.0	44.0	0.0	4.5	21.2	27.4	80
	n		40	2	2	1	1	1	1			
	SD		3.5									
血粉(连续干燥,编者译为:瞬间干燥)Blood meal, ring dried	5-00-380	精饲料	95.5	NA	NA	10.1	60.9	29.0	1.9	70.9	77.5	80
	n		84			8	8	5	8			
	SD		8.3			8.5	39.7	33.3	2.3			
血粉(间歇干燥)(营养成分数据来自连续干燥血粉)Blood meal, batch dried (CP and amino acids from blood meal, ring dried)		精饲料	95.5	NA	NA	10.1	60.9	29.0	1.9	70.9	77.5	65
	n											
	SD											
啤酒糟(脱水)Brewers grains dried	5-12-024	精饲料	29.2	9.1	3.5	18.3	64.6	17.1	4.7	47.5	56.6	80
	n		688	32	30	14	14	14	14			
	SD		4.0	3.7	0.9	7.9	13.8	10.3	1.4			
啤酒糟(湿)Brewers grains wet (Trp from brewers grains, dried)	5-00-517	精饲料	28.4	9.3	2.9	48.3	42.5	9.2	4.6	29.4	35.4	85
	n		1127	23	29	4	4	4	4			
	SD		4.0	3.9	0.9	3.3	5.2	3.8	2.3			
卡诺拉油菜籽 Canola seeds, ground (Amino acids from canola meal)	5-08-109	精饲料	20.5	3.4	1.3	35.2	59.5	5.3	20.1	15.5	21.3	50
	n		1			2	2	1	2			
	SD					4.4	0.6		1.7			

续表2-5-36(1)

饲料名称与说明		国际饲料编号 IFN	饲料类型	粗蛋白质 CP (%)	中性洗涤剂不溶粗蛋白质 NDICP (%)	酸性洗涤剂不溶粗蛋白质 ADICP (%)	N 组分 N Fractions (%CP)			潜在降解组分 B 的降解速度 kd of B (%/h)	瘤胃非降解蛋白质 Example RUP (%CP)		瘤胃非降解蛋白质消化率 RUP Digest (%)
							可溶解组分 A	潜在降解组分 B	非降解组分 C		DMI 占体重 2.0%;粗料占 DMI 25%	DMI 占体重 4.0%; 粗料占 DMI 50%	
油菜籽粕(压榨浸提工艺)Canola meal, mech. extracted		5-03-870	精饲料	37.8	6.3	2.4	23.2	70.4	6.4	10.4	26.6	35.7	75
	n			230	16	19	22	22	22	22			
	SD			1.1	2.5	0.7	5.8	7.0	5.4	3.7			
黄玉米麸(脱水)Corn, yellow gluten feed, dried		5-28-243	精饲料	23.8	3.6	1.4	48.0	43.2	8.8	7.7	24.0	30.0	85
	n			186	9	22	7	7	7	7			
	SD			5.7	1.5	2.0	8.5	9.8	3.5	2.9			
黄玉米蛋白粉(脱水)Gluten meal, dried		5-28-242	精饲料	65.0	3.6	3.0	3.9	90.9	5.2	2.3	63.8	74.6	92
	n			57	11	13	3	3	3	3			
	SD			7.8	2.7	20	5.8	5.3	2.9	0.5			
带绒全棉籽 Cotton seed whole seeds with lint		5-01-614	精饲料	23.5	2.4	1.9	45.4	46.7	7.9	15.7	17.7	22.9	80
	n			1124	71	4	4	4	4	4			
	SD			2.6	1.2	0.1	5	7.9	4.0	6.9			
棉籽粕(浸提,CP 41%)Cotton seed meal, solvent, 41% CP		5-01-630	精饲料	44.9	3.3	1.8	25.6	55.5	18.9	6.8	40.0	47.9	92
	n			158	7	8	14	14	14	14			
	SD			4.1	0.9	0.5	6.1	16.5	15.9	2.8			
水解羽毛粉 Feathers hydrolyzed meal			精饲料	92.0	NA	NA	23.4	23.7	52.9	6.6	62.1	65.4	65
	n						3	3	3	3			
	SD						2.4	17.6	19.9	10.0			

续表2-5-36(1)

饲料名称与说明	国际饲料编号 IFN	饲料类型	粗蛋白质 CP (%)	中性洗涤剂不溶粗蛋白质 NDICP (%)	酸性洗涤剂不溶粗蛋白质 ADICP (%)	N组分 N Fractions (%CP)			潜在降解组分B的降解速度 kd of B (%/h)	瘤胃非降解蛋白质 Example RUP (%CP)		瘤胃非降解蛋白质消化率 RUP Digest (%)
						可溶解组分 A	潜在降解组分 B	非降解组分 C		DMI 占体重 2.0%;粗料占 DMI 25%	DMI 占体重 4.0%;粗料占 DMI 50%	
水解羽毛粉(含部分内脏)Feathers hydrolyzed meal with some viscera (N fractions and kd from feather meal)	5-13-540	精饲料	85.0	NA	NA	23.4	23.7	52.9	6.6	62.1	65.4	70
	n		39									
	SD		9.8									
鳀鱼鱼粉(压榨)Fish by-products anchovy, meal, mech.	5-01-985	精饲料	71.2	NA	NA	32.4	37.9	29.7	3.2	51.2	56.2	90
	n		58			7	7	7	7			
	SD		2.2			11.3	19.8	17.5	2.0			
鲱鱼鱼粉(压榨)Fish by-products menhaden, meal, mech.	5-02-009	精饲料	68.5	NA	NA	22.8	72.0	5.2	1.4	59.1	65.8	90
	n		147			10	10	10	10			
	SD		4.4			8.0	19.1	11.8	0.4			
亚麻籽粕(浸提)Linseed (flax) meal, solvent	5-30-288	精饲料	32.6	7.9	1.1	17.6	69.9	12.5	5.4	43.0	53.0	85
	n		6	1	2	2	2	2	2			
	SD					17.5	35.1	17.6	2.3			
肉粉(已熬油)Meat meal, rendered	5-09-323	精饲料	57.6	NA	NA	34.9	40.1	25.0	6.0	41.5	47.2	80
	n		66			1	1	1	1			
	SD		7.6									
肉骨粉(已熬油)Meat meat and bone, rendered	5-00-388	精饲料	54.2	NA	NA	18.1	48.2	33.7	7.2	51.4	58.2	60
	n		62			8	8	4	8			
	SD		5.6			8.2	19.1	11.7	6.5			

续表2-5-36(1)

饲料名称与说明	国际饲料编号 IFN	饲料类型	粗蛋白质 CP (%)	中性洗涤剂不溶粗蛋白质 NDICP (%)	酸性洗涤剂不溶粗蛋白质 ADICP (%)	N 组分 N Fractions (%CP)			潜在降解组分 B 的降解速度 kd of B (%/h)	瘤胃非降解蛋白质 Example RUP (%CP)		瘤胃非降解蛋白质消化率 RUP Digest (%)
						可溶解组分 A	潜在降解组分 B	非降解组分 C		DMI 占体重 2.0%;粗料占 DMI 25%	DMI 占体重 4.0%;粗料占 DMI 50%	
花生粕(浸提)Peanut meal, solvent	5-08-605	精饲料	51.8	5.8	1.1	61.7	36.6	1.7	16.1	9.2	13.2	90
	n		51	2	2	2	2	2	2			
	SD		4.4			26.4	29.2	2.4	4.4			
红花籽粕(浸提)Safflower meal, solvent (N fractions and kd from canola meal)	5-04-110	精饲料	29.0	2.0	1.2	23.2	70.4	6.4	10.4	26.6	35.7	75
	n		5	1	1							
	SD		0.2									
葵花籽粕(浸提)Sunflower meal, solvent	5-30-032	精饲料	28.4	5.5	1.4	42.0	52.8	5.2	29.2	11.8	15.9	90
	n		48	3	3	5	5	5	5			
	SD		5.0		0.4	17.7	17.3	4.4	15.2			
葵花籽(油用品种,带壳)Sunflower oil seeds, whole (Amino acids from sunflower meal, solvent)	5-08-530	精饲料	19.2	2.9	1.9	66.7	31.7	1.6	17.0	7.9	11.2	80
	n		15	1	1	1	1	1	1			
	SD		4.2									
番茄渣 Tomato pomace (N fractions and kd from citrus pulp, dried)	5-05-042	精饲料	19.3	8.0	3.8	41.7	53.3	5.0	7.4	24.2	31.7	80
	n		22	1	2							
	SD		4.8		0.1							

表 2-5-36(2) 饲料原料的氮组分、瘤胃非降解蛋白质的消化率及氨基酸含量

饲料名称与说明	国际饲料编号 IFN	精氨酸 Arg	组氨酸 His	异亮氨酸 Ile	亮氨酸 Leu	赖氨酸 Lys	蛋氨酸 Met	半胱氨酸 Cys	苯丙氨酸 Phe	苏氨酸 Thr	色氨酸 Trp	缬氨酸 Val	总必需氨基酸 TEAA	赖氨酸 Lys	蛋氨酸 Met
		%CP	%CP	%CP	%CP	%CP	%CP	%CP	%CP	%CP	%CP	%CP	%CP	%EAA	%EAA
大麦(麦芽根)Barley malt sprouts	5-00-545	4.25	1.84	4.00	6.00	4.38	1.33	1.10	3.20	3.61	0.90	5.38	34.89	12.55	3.81
	n	4	4	4	4	4	4	4	4	4	4	4			
	SD	0.85	0.44	0.31	0.36	0.94	0.13	0.23	0.64	0.32	0.28	0.55			
血粉(连续干燥,编者译为:瞬间干燥)Blood meal, ring dried	5-00-380	4.38	6.36	1.26	12.82	8.98	1.17	1.28	6.85	4.34	1.59	8.68	56.43	15.91	2.07
	n	53	53	53	53	53	53	53	53	53	53	53			
	SD	0.23	0.35	0.2	0.38	0.34	0.15	0.16	0.31	0.36	0.13	0.33			
血粉(间歇干燥)(营养成分数据来自连续干燥血粉)Blood meal, batch dried (CP and amino acids from blood meal, ring dried)		4.38	6.36	1.26	12.82	8.98	1.17	1.28	6.85	4.34	1.59	8.68	56.43	15.91	2.07
	n														
	SD														
啤酒糟(脱水)Brewers grains dried	5-12-024	5.77	2.00	3.85	7.85	4.08	1.70	1.85	4.60	3.58	0.98	4.75	39.16	10.42	4.34
	n														
	SD														
啤酒糟(湿)Brewers grains wet (Trp from brewers grains, dried)	5-00-517	4.47	2.25	3.85	9.61	3.40	1.93	1.96	5.57	3.61	0.98	5.14	40.81	8.33	4.66
	n	4	4	4	4	4	4	4	4	4		4			
	SD	0.31	0.04	0.21	1.03	0.03	0.06	0.24	0.37	0.08		0.41			
卡诺拉油菜籽 Canola seeds, ground (Amino acids from canola meal)	5-08-109	7.01	2.80	3.83	6.77	5.62	1.87	2.54	4.06	4.42	1.46	4.73	42.56	13.20	4.39
	n														
	SD														
油菜籽粕(压榨浸提工艺)Canola meal, mech. extracted	5-03-870	7.01	2.80	3.83	6.77	5.62	1.87	2.54	4.06	4.42	1.46	4.73	42.56	13.20	4.39
	n	58	58	58	58	58	58	58	58	58	58	58			
	SD	0.46	0.25	0.12	0.32	0.28	0.10	0.19	0.33	0.18	0.12	0.18			

续表2-5-36(2)

饲料名称与说明	国际饲料编号 IFN	精氨酸 Arg	组氨酸 His	异亮氨酸 Ile	亮氨酸 Leu	赖氨酸 Lys	蛋氨酸 Met	半胱氨酸 Cys	苯丙氨酸 Phe	苏氨酸 Thr	色氨酸 Trp	缬氨酸 Val	总必需氨基酸 TEAA	赖氨酸 Lys	蛋氨酸 Met
		%CP	%CP	%CP	%CP	%CP	%CP	%CP	%CP	%CP	%CP	%CP	%CP	%EAA	%EAA
黄玉米麸(脱水)Corn, yellow gluten feed, dried	5-28-243	3.85	2.93	3.10	8.98	2.74	1.61	2.13	3.68	3.48	0.56	4.46	35.39	7.74	4.55
	n	11	11	11	11	11	11	11	11	11	11	11			
	SD	0.7	0.23	0.17	0.57	0.27	0.1	0.21	0.26	0.15	0.07	0.13			
黄玉米蛋白粉(脱水)Gluten meal, dried	5-28-242	3.20	2.13	4.11	16.79	1.69	2.37	1.80	6.35	3.38	0.53	4.64	45.20	3.74	5.24
	n	118	118	118	118	118	118	118	118	118	118	118			
	SD	0.21	0.13	0.10	0.52	0.15	0.16	0.14	0.13	0.11	0.04	0.16			
带绒全棉籽 Cotton seed whole seeds with lint	5-01-614	11.5	3.11	3.20	5.88	4.35	1.71	1.76	5.30	3.46	1.27	4.70	44.51	9.77	3.84
	n	79	79	79	79	79	79	79	79	79	79	79			
	SD	2.21	0.70	0.34	0.90	0.48	0.26	0.23	0.63	0.91	0.53	0.52			
棉籽粕(浸提,CP 41%)Cotton seed meal, solvent, 41% CP	5-01-630	11.1	2.82	3.09	5.89	4.13	1.59	1.68	5.31	3.23	1.21	4.24	42.55	9.71	3.74
	n	50	50	50	50	50	50	50	50	50	50	50			
	SD	0.73	0.20	0.20	0.25	0.29	0.10	0.23	0.14	0.15	0.06	0.31			
水解羽毛粉 Feathers hydrolyzed meal		6.93	1.15	4.85	8.51	2.57	0.75	5.09	4.93	4.73	0.73	7.52	42.68	6.02	1.76
	n	156	156	156	156	156	156	156	156	156	156	156			
	SD	0.62	0.02	0.27	0.39	0.35	0.07	0.71	0.19	0.25	0.14	0.40			
水解羽毛粉(含部分内脏)Feathers hydrolyzed meal with some viscera (N fractions and kd from feather meal)	5-13-540	6.27	1.33	4.34	8.44	2.90	0.84	4.34	4.83	4.70	0.73	6.76	41.14	7.05	2.04
	n														
	SD														
鳀鱼鱼粉(压榨)Fish by-product anchovy, meal, mech.	5-01-985	5.70	2.41	4.74	7.74	7.91	3.02	0.94	4.12	4.37	1.18	5.43	46.62	16.97	6.48
	n														
	SD														

续表2-5-36(2)

饲料名称与说明	国际饲料编号 IFN	精氨酸 Arg %CP	组氨酸 His %CP	异亮氨酸 Ile %CP	亮氨酸 Leu %CP	赖氨酸 Lys %CP	蛋氨酸 Met %CP	半胱氨酸 Cys %CP	苯丙氨酸 Phe %CP	苏氨酸 Thr %CP	色氨酸 Trp %CP	缬氨酸 Val %CP	总必需氨基酸 TEAA %CP	赖氨酸 Lys %EAA	蛋氨酸 Met %EAA
鲱鱼鱼粉(压榨)Fish by-product menhaden, meal, mech.	5-02-009	5.82	2.83	4.09	7.22	7.65	2.81	0.91	3.99	4.20	1.05	4.82	44.48	17.20	6.32
	n														
	SD														
亚麻籽粕(浸提)Linseed (Flax) meal, solvent	5-30-288	8.84	2.02	4.64	6.13	3.69	1.76	1.76	4.67	3.75	1.55	5.18	42.23	8.74	4.17
	n														
	SD														
肉粉(已熬油)Meat meal, rendered	5-09-323	7.06	2.06	2.96	6.31	5.38	1.43	1.12	3.57	3.38	0.67	4.44	37.26	14.44	3.84
	n	435	435	435	435	435	435	435	435	435	435	435			
	SD	0.75	0.26	0.40	0.54	0.57	0.21	0.42	0.29	0.29	0.07	0.49			
肉骨粉(已熬油)meat meat and bone, rendered	5-00-388	6.98	1.89	2.76	6.13	5.18	1.40	1.01	3.36	3.27	0.58	4.20	35.74	14.49	3.92
	n	227	227	227	227	227	227	227	227	227	227	227			
	SD	0.53	0.33	0.32	0.59	0.42	0.18	0.27	0.29	0.26	0.14	0.45			
花生粕(浸提)Peanut meal, solvent	5-08-605	11.1	2.42	3.27	6.40	3.34	1.17	1.38	4.85	2.69	0.98	3.94	40.13	8.32	2.92
	n	22	22	22	22	22	22	22	22	22	22	22			
	SD	0.44	0.15	0.11	0.14	0.25	0.10	0.10	0.22	0.10	0.08	0.18			
红花籽粕(浸提)Safflower meal, solvent (N fractions and kd from canola meal)	5-04-110	8.72	2.52	2.86	6.50	3.16	1.45	1.62	4.57	2.78	1.41	5.04	39.01	8.10	3.72
	n														
	SD														
葵花籽粕(浸提)Sunflower meal, solvent	5-30-032	8.18	2.60	4.09	6.41	3.56	2.29	1.77	4.62	3.72	1.19	4.95	41.61	8.56	5.50
	n	109	109	109	109	109	109	109	109	109	109	109			
	SD	0.45	0.18	0.15	0.21	0.19	0.12	0.12	0.22	0.13	0.06	0.20			

续表2-5-36(2)

饲料名称与说明	国际饲料编号 IFN	精氨酸 Arg	组氨酸 His	异亮氨酸 Ile	亮氨酸 Leu	赖氨酸 Lys	蛋氨酸 Met	半胱氨酸 Cys	苯丙氨酸 Phe	苏氨酸 Thr	色氨酸 Trp	缬氨酸 Val	总必需氨基酸 TEAA	赖氨酸 Lys	蛋氨酸 Met
		%CP	%CP	%CP	%CP	%CP	%CP	%CP	%CP	%CP	%CP	%CP	%CP	%EAA	%EAA
葵花籽(油用品种,带壳)Sunflower oil seeds, whole (Amino acids from sunflower meal, solvent)	5-08-530	8.18	2.60	4.09	6.41	3.56	2.29	1.77	4.62	3.72	1.19	4.95	41.61	8.56	5.50
	n														
	SD														
番茄渣 Tomato pomace (N fractions and kd from citrus pulp, dried)	5-05-042	5.53	1.83	3.23	7.87	7.40	0.47	0.47	4.17	3.23	0.94	4.64	39.31	18.80	1.20
	n														
	SD														

注:DMI = Dry matter intake,干物质采食量。粗蛋白质的组成(N fraction)和中速降解粗蛋白质的消化速度(kd)数据是已公开发表资料的综合。瘤胃非降解蛋白质的数据由文中有关章节的方程式计算得来。大部分的氨基酸数据来自 Degussa 公司提供的大量取自 *The Amino Acid Composition of Feedstuffs* (Fickler et al., 1996)一书的资料。此外,挤压膨化豆粕、带皮葵花籽、红花籽粕和非酶褐变大豆的氨基酸数据引自 Rhone-Poulenc 公司动物营养部;含内脏羽毛粉的氨基酸数据引自 Cunningham 等,1994;番茄渣的氨基酸数据来自《美国-加拿大饲料成分表》(1982);脱水啤酒糟、鱼类副产品、亚麻籽粕、红花籽粕的氨基酸数据引自 NRC,1998。翻译参考孟庆翔主译《奶牛营养需要》(第 7 次修订版)(中国农业大学出版社)。

表 2-5-37(1)　奶牛不常用饲料的氮组分与氨基酸组成(表中数据引自文献,但未包括在原文的表 15-2a 中)

饲料名称与说明	样本数与标准差	饲料类型	粗蛋白质 CP(%)	N 组分(% CP)			潜在降解组分 B 的降解速度 kd of B (%/h)	瘤胃非降解 CP 消化率 RUP Digest (%)
				可溶解组分 A	潜在降解组分 B	非降解组分 C		
玻璃苣粉(干)Borage (*Borago officinalis*) meal, dry		精饲料	32.5	31.8	48.6	19.6	7.9	
	n		2	2	2	2	2	
	SD		1.3	0.1	4.5	4.4	2.7	
卡诺拉油菜籽(粗粉碎,AA 数据引自压榨油菜籽粕)Canola seeds, coarse grind (AA from canola meal, mech. extracted)		精饲料	25	3.6	84.6	11.8	7.4	50
	n		1	1	1	1	1	
	SD							

续表2-5-37(1)

饲料名称与说明	样本数与标准差	饲料类型	粗蛋白质 CP(%)	N组分(% CP)			潜在降解组分B的降解速度 kd of B (%/h)	瘤胃非降解CP消化率 RUP Digest (%)
				可溶解组分A	潜在降解组分B	非降解组分C		
卡诺拉油菜籽(粗粉碎,AA数据引自压榨油菜籽粕)Canola meal, mech. extracted, heated (amino acids from canola meal, mech. extracted)		精饲料	39.3	18.3	80.7	1.0	4.4	70
	n							
	SD							
椰子粕(AA数据引自NRC1998猪营养需要)Coconut meal (amino acids from NRC, 1998)		精饲料	21.3	28.0	65.1	6.9	8.7	90
	n		2	2	2	2	2	
	SD		3.5	1.3	5.9	7.2	1.8	
带棉绒棉籽(加热处理,AA数据引自带棉绒棉籽)Cotton seed whole seeds with lint, heated (amino acids from whole seeds with lint)		精饲料	23	24.4	64.5	11.1	8.2	80
	n		5	6	6	6	6	
	SD		0	11	13.1	5.8	5.2	
海甘蓝仁粕(去壳,浸提)Crambe (*Crabme abyssinica*) meal, solvent, dehulled		精饲料	49.4	56.0	42.0	2.0	18.4	90
	n		1	1	1	1	1	
	SD							
海甘蓝仁粕(部分去壳,浸提)Crambe (*Crabme abyssinica*) meal, solvent, partly hulled		精饲料	29.2	78.0	13.0	9.0	11.4	90
	n		1	1	1	1	1	
	SD							
生蚕豆(破碎,AA数据引自NRC1998猪营养需要)Faba beans seed, raw, cracked (amino acids from 1998 Swine NRC)		精饲料	31.4	67.0	33.0	0.0	3.9	90
	n		1	1	1	1	1	
	SD							

续表2-5-37(1)

饲料名称与说明	样本数与标准差	饲料类型	粗蛋白质 CP(%)	N 组分(% CP)			潜在降解组分 B 的降解速度 kd of B (%/h)	瘤胃非降解 CP 消化率 RUP Digest (%)
				可溶解组分 A	潜在降解组分 B	非降解组分 C		
大麻子粕 Hemp (*Cannabis sativa* L.) meal		精饲料	32.1	6.5	90.1	3.4	2.9	85
	n		1	1	1	1	1	1
	SD							
亚麻子粕 Linseed (Flax) meal, expellers (Amino acids from meal, solvent)		精饲料	37.8	19.3	59.7	21	5.3	85
	n		1	1	1	1	1	
	SD							
羽生扇豆(破碎) Lupin seed, cracked, raw		精饲料	34.5	30.1	66.5	3.4	26.1	75
	n		7	7	7	7	7	
	SD		2.4	27.3	24.9	4.6	21.3	
羽扇豆(挤压膨化,AA 数据来于破碎羽生扇豆) Lupin seed, extruded (Amino acids from seed, cracked, raw)		精饲料	37.9	41.3	57.9	0.8	4.6	95
	n		7	7	7	7	7	
	SD		2.7	23.7	24.2	0.6	2.2	
脱脂奶粉 Milk skimmed, dry powder		精饲料	38.5					95
	n		15					
	SD		1.5					
棕榈仁下脚料粉 Palm kernel by-product meal		精饲料	18.9	9.6	80.8	9.6	1.6	75
	n		7	7	7	7	7	
	SD		1.9	6.1	7.6	2.2	0.4	
生紫花豌豆 Peas field, raw		精饲料	25.6	55.5	44.4	0.1	16.7	80
	n		2	5	5	5	5	
	SD		1.7	11.5	11.5	0.1	8.1	

续表2-5-37(1)

饲料名称与说明	样本数与标准差	饲料类型	粗蛋白质 CP(%)	N 组分(% CP)			潜在降解组分 B 的降解速度 kd of B (%/h)	瘤胃非降解 CP 消化率 RUP Digest (%)
				可溶解组分 A	潜在降解组分 B	非降解组分 C		
紫花豌豆(挤压膨化,AA 数据引自生紫花豌豆)Peas field, extruded (Amino acids from field, raw)		精饲料	24.5	15.7	75.4	8.9	13.1	90
	n		4	4	4	4	4	
	SD		0.8	3.5	3.9	7	6.6	
家禽垫料 Poul try litter		精饲料	21.8	70.9	18.6	10.6	11.8	80
	n		1	2	2	2	2	
	SD			0	0.4	0.4	8.8	
油菜籽粕(浸提)Rapeseed meal, solvent		精饲料	38.4	23.4	69.2	7.4	13.1	70
	n		6	6	6	6	6	
	SD		2.5	6.6	6.6	2.6	4.3	
油菜籽粕(浸提,加热处理,AA 数据引自浸提油菜籽粕)Rapeseed meal, solvent, heated (Amino acids from meal, solvent)		精饲料	38.4	18.3	74.8	6.9	10.4	75
	n		6	6	6	6	6	
	SD		2.5	8	7.5	3.3	2.6	
葵花籽粕(浸提,烘烤,CP 与 AA 数据引自浸提葵花籽粕)Sunflower meal, solvent, roasted (CP and amino acids from meal, solvent)		精饲料	28.4	33.4	32.3	34.3	4.4	90
	n			6	6	6	6	
	SD			2.9	11	11.9	0.8	
小麦酒精糟(脱水)Wheat distillers grains, dried		精饲料	42.3	21.1	76.9	2	26.1	80
	n		2	2	2	2	2	
	SD		1.8	2.1	2.5	0.4	0.8	

表 2-5-37(2) 奶牛不常用饲料的氮组分与氨基酸组成(表中数据引自文献,但未包括在原文的表 15-2a 中)

饲料名称与说明	样本数与标准差 n and SD	精氨酸 Arg %CP	组氨酸 His %CP	异亮氨酸 Ile %CP	亮氨酸 Leu %CP	赖氨酸 Lys %CP	蛋氨酸 Met %CP	半胱氨酸 Cys %CP	苯丙氨酸 Phe %CP	苏氨酸 Thr %CP	色氨酸 Trp %CP	缬氨酸 Val %CP	总必需氨基酸 TEAA %CP	赖氨酸 Lys %EAA	蛋氨酸 Met %EAA
卡诺拉油菜籽(粗粉碎,AA数据引自压榨油菜籽粕)Canola seeds, coarse grind (AA from canola meal, mech. extracted)		7.01	2.80	3.83	6.77	5.62	1.87	2.54	4.06	4.42	1.46	4.73	42.56	13.20	4.39
	n														
	SD														
卡诺拉油菜籽(粗粉碎,AA数据引自压榨油菜籽粕)Canola meal, mech. extracted, heated (Amino acids from canola meal, mech. extracted)		7.01	2.8	3.83	6.77	5.62	1.87	2.54	4.06	4.42	1.46	4.73	42.56	13.2	4.39
	n														
	SD														
椰子粕(AA数据引自NRC1998猪营养需要)Coconut meal (Amino acids from NRC, 1998)		10.87	1.78	3.42	6.21	2.65	1.60	1.32	3.84	3.06	0.87	4.89	39.19	6.76	4.08
	n														
	SD														
带棉绒棉籽(加热处理,AA数据引自带棉绒棉籽)Cotton seed whole seeds with lint, heated (Amino acids from whole seeds with lint)		11.52	3.11	3.2	5.88	4.35	1.71	1.76	5.3	3.46	1.27	4.70	44.51	9.77	3.84
	n														
	SD														
生蚕豆(破碎,AA数据引自NRC1998猪营养需要)Faba beans seed, raw, cracked (Amino acids from 1998 Swine NRC)		8.98	2.64	4.06	7.44	6.38	0.79	1.26	4.06	3.5	0.87	4.49	43.21	14.77	1.83
	n														
	SD														

续表2-5-37(2)

饲料名称与说明	样本数与标准差 n and SD	精氨酸 Arg	组氨酸 His	异亮氨酸 Ile	亮氨酸 Leu	赖氨酸 Lys	蛋氨酸 Met	半胱氨酸 Cys	苯丙氨酸 Phe	苏氨酸 Thr	色氨酸 Trp	缬氨酸 Val	总必需氨基酸 TEAA %CP	赖氨酸 Lys	蛋氨酸 Met
		%CP	%CP	%CP	%CP	%CP	%CP	%CP	%CP	%CP	%CP	%CP		%EAA	%EAA
亚麻籽粕 Linseed (Flax) meal, expellers (amino acids from meal, solvent)		8.84	2.02	4.64	6.13	3.69	1.76	1.76	4.67	3.75	1.55	5.18	42.23	8.74	4.17
	n														
	SD														
羽生扇豆(破碎)Lupin seed, cracked, raw		10.08	2.38	4.13	7.23	4.49	0.81	1.51	3.80	3.50	0.76	3.80	40.99	10.95	1.98
	n	9	9	9	9	9	9	9	9	9	9	9	9	9	9
	SD	1.1	0.35	0.13	0.24	0.25	0.09	0.38	0.18	0.15	0.04	0.15			
羽扇豆(挤压膨化,AA 数据来于破碎羽生扇豆) Lupin seed, extruded (amino acids from seed, cracked, raw)		10.08	2.38	4.13	7.23	4.49	0.81	1.51	3.80	3.50	0.76	3.80	40.99	10.95	1.98
	n														
	SD														
脱脂奶粉 Milk skimmed, dry powder		3.37	2.84	5.13	9.84	7.71	2.49	0.79	4.88	4.41	1.37	6.32	48.36	15.94	5.15
	n	15	15	15	15	15	15	15	15	15	15	15	15	15	15
	SD	0.2	0.14	0.24	0.39	0.48	0.14	0.05	0.18	0.22	0.02	0.17			
生紫花豌豆 Peas field, raw		8.93	2.59	4.09	7.24	7.17	1.00	1.47	4.70	3.75	0.90	4.67	46.51	15.42	2.15
	n	77	77	77	77	77	77	77	77	77	77	77	77	77	77
	SD	0.98	0.15	0.15	0.19	0.25	0.08	0.12	0.22	0.13	0.04	0.18			
紫花豌豆(挤压膨化,AA 数据引自生紫花豌豆) Peas field, extruded (amino acids from field, raw)		8.93	2.59	4.09	7.24	7.17	1.00	1.47	4.70	3.75	0.90	4.67	46.51	15.42	2.15
	n														
	SD														
油菜籽粕(浸提) Rapeseed meal, solvent		6.17	2.80	3.93	7.09	5.62	2.04	2.54	4.06	4.42	1.30	5.09	42.52	13.22	4.80
	n	268	268	268	268	268	268	268	268	268	268	268	268	268	268
	SD	0.52	0.21	0.15	0.18	0.41	0.10	0.18	0.16	0.18	0.08	0.23			

续表2-5-37(2)

饲料名称与说明	样本数与标准差 n and SD	精氨酸 Arg	组氨酸 His	异亮氨酸 Ile	亮氨酸 Leu	赖氨酸 Lys	蛋氨酸 Met	半胱氨酸 Cys	苯丙氨酸 Phe	苏氨酸 Thr	色氨酸 Trp	缬氨酸 Val	总必需氨基酸 TEAA %CP	赖氨酸 Lys	蛋氨酸 Met
		%CP	%CP	%CP	%CP	%CP	%CP	%CP	%CP	%CP	%CP	%CP		%EAA	%EAA
油菜籽粕(浸提,加热处理,AA数据引自浸提油菜籽粕) Rapeseed meal, solvent, heated (amino acids from meal, solvent)		6.17	2.80	3.93	7.09	5.62	2.04	2.54	4.06	4.42	1.30	5.09	42.52	13.22	4.80
	n														
	SD														
葵花籽粕(浸提,烘烤,CP与AA数据引自浸提葵花籽粕) Sunflower meal, solvent, roasted (CP and amino acids from meal, solvent)		8.77	2.60	4.16	6.42	3.38	2.36	1.77	4.62	3.68	1.24	4.95	42.19	8.01	5.59
	n														
	SD														
小麦酒精糟(脱水) Wheat distillers grains, dried		2.59	3.16	3.53	6.12	1.55	1.41		4.43	3.05	1.09	4.54	31.47	4.93	4.48
	n	1	1	1	1	1	1		1	1	1	1	1	1	1
	SD														

注:此表对应为原文的表15-2b。氨基酸数据由Degussa公司提供,但小麦酒糟氨基酸数据引自Rhone-Poulenc公司动物营养部。

表2-5-38 奶牛常用饲料原料的矿物质成分(干物质基础)

饲料名称与说明	国际饲料编号 IFN	粗灰分 Ash	钙 Ca	磷 P	镁 Mg	钾 K	钠 Na	氯 Cl	硫 S	钴 Co	铜 Cu	碘 I	铁 Fe	锰 Mn	硒 Se	锌 Zn	钼 Mo
		%	%	%	%	%	%	%	%	mg/kg	mg/kg	mg/kg	mg/kg	mg/kg	mg/kg	mg/kg	mg/kg
大麦(麦芽根) Barley malt sprouts	5-00-545	7.4	0.24	0.51	0.18	1.19	0.04		0.29		9		353	49	0.67	65	2.0
	n	9	31	31	31	31	31		10		31		31	31	6	31	31
	SD	1.3	0.16	0.11	0.04	0.18	0.00		0.05		2		207	14	0.55	13	0.6
血粉(连续干燥) Blood meal, ring dried	5-00-380	2.5	0.30	0.30	0.03	0.33	0.40	0.33	0.77		10		2453	9	0.77	33	0.6
	n	31	75	75	75	75	75	7	46		75		75	75	13	75	75
	SD	1.4	0.40	0.26	0.02	0.22	0.28	0.16	0.34		4		420	6	0.84	14	0.8

续表2-5-38

饲料名称与说明	国际饲料编号 IFN	粗灰分 Ash	钙 Ca	磷 P	镁 Mg	钾 K	钠 Na	氯 Cl	硫 S	钴 Co	铜 Cu	碘 I	铁 Fe	锰 Mn	硒 Se	锌 Zn	钼 Mo
		%	%	%	%	%	%	%	%	mg/kg	mg/kg	mg/kg	mg/kg	mg/kg	mg/kg	mg/kg	mg/kg
血粉(间歇干燥)(营养成分数据来自连续干燥血粉) Blood meal, batch dried		2.5	0.30	0.30	0.03	0.33	0.40	0.33	0.77		10		2453	9	0.77	33	0.6
啤酒糟(脱水) Brewers grains dried	5-12-024	4.3	0.30	0.67	0.26	0.50	0.04	0.07	0.38		11		224	45	1.06	85	3.2
	n	138	344	344	344	344	77	22	138		344		344	344	4	344	340
	SD	0.9	0.11	0.06	0.35	0.26	0.06	0.02	0.08		6		119	12	0.28	15	0.8
啤酒糟(湿) Brewers grains wet	5-00-517	4.9	0.35	0.59	0.21	0.47	0.01	0.12	0.33		9		247	49	1.06	91	3.4
	n	110	427	427	427	427	13	1	190		389		389	389		389	389.0
	SD	1.1	0.22	0.10	0.26	0.26	0.01		0.06		7		270	13		17	1
卡诺拉油菜籽 Canola seeds, ground	5-08-109	4.6	0.44														
	n	1	1														
	SD																
油菜籽粕(压榨浸提工艺) Canola meal, mech. extracted	5-03-870	7.4	0.75	1.10	0.53	1.41	0.07	0.04	0.73		5		296	62	1.09	61	2.7
	n	27	79	79	79	79	79	9	32		29		79	79	19	79	79
	SD	1.2	0.11	0.20	0.07	0.13	0.10	0.01	0.19		3		251	12	0.99	7	0.6
黄玉米麸(脱水) Corn, yellow gluten feed, dried	5-28-243	6.8	0.07	1.00	0.42	1.46	0.13	0.20	0.44		6		196	23	0.19	75	2.2
	n	25	144	144	144	144	83	2	65		144		144	144	12	144	131
	SD	1.5	0.08	0.23	0.11	0.33	0.12		0.09		3		103	9	0.11	16	0.7
黄玉米蛋白粉(脱水) Gluten meal, dried	5-28-242	3.3	0.06	0.60	0.14	0.46	0.05	0.11	0.86		4		138	15	0.34	49	1.1
	n	20	57	57	57	57	57	1	23		57		57	57	11	57	57
	SD	1.2	0.06	0.28	0.16	0.29	0.09		0.17		5		73	24	0.3	59	0.8

续表2-5-38

饲料名称与说明	国际饲料编号 IFN	粗灰分 Ash	钙 Ca	磷 P	镁 Mg	钾 K	钠 Na	氯 Cl	硫 S	钴 Co	铜 Cu	碘 I	铁 Fe	锰 Mn	硒 Se	锌 Zn	钼 Mo
		%	%	%	%	%	%	%	%	mg/kg	mg/kg	mg/kg	mg/kg	mg/kg	mg/kg	mg/kg	mg/kg
带绒全棉籽 Cotton seed whole seeds with lint	5-01-614	4.2	0.17	0.60	0.37	1.13	0.02	0.06	0.23		7		94	18	0.14	37	1.3
	n	193	928	928	928	928	928	148	424		928		928	928	9	928	919
	SD	2.1	0.08	0.08	0.04	0.07	0.02	0.03	0.04		3		185	13	0.11	18	0.6
棉籽粕(浸提,CP 41%) Cotton seed meal, solvent, 41% CP	5-01-630	6.7	0.20	1.15	0.61	1.64	0.07	0.07	0.40		14		149	24	0.30	67	3
	n	44	185	185	65	185	97	3	30		59		60	61	2	55	18.0
	SD	0.7	0.10	0.10	0.11	0.38	0.06		0.11		3		47	11		15	0.8
水解羽毛粉 Feathers hydrolyzed meal		3.5	0.33	0.50	0.22	0.33	0.34	0.26	1.39	0.04	10	0.04	76	10	0.69	111	
	n																
	SD																
水解羽毛粉(含部分内脏) Feathers hydrolyzed meal with some viscera	5-13-540	5.5	1.36	0.77	0.06	0.24	0.27	0.47	1.75		12		625	12	0.69	100	0.8
	n	12	29	29	29	29	29	1	24		29		29	29	1	29	29
	SD	2.1	1.75	0.90	0.05	0.13	0.14		0.50		6		372	36		9	0.5
鳀鱼鱼粉(压榨) Fish by-products anchovy, meal, mech.	5-01-985	16.0	4.06	2.69	0.27	0.79	0.96	0.80	0.78		10	3.41	234	12	1.47	114	0.2
	n	47	51	52	32	35	32		4		27	2	28	31	27	31	1
	SD	1.5	0.54	0.45	0.05	0.27	0.33		0.23		2		63	6	0.25	17	
鲱鱼鱼粉(压榨) Fish by-products menhaden, meal, mech.	5-02-009	19.7	5.34	3.05	0.20	0.74	0.68	0.80	1.16		7	1.19	562	32	2.26	112	1.8
	n	113	112	111	63	65	66	2	34		64	2	65	65	30	62	46
	SD	2.4	1.15	0.53	0.05	0.25	0.27		1.01		4		354	23	1.5	24	0.9
亚麻籽粕(浸提) Linseed (Flax) meal, solvent	5-30-288	6.5	0.40	0.83	0.55	1.22	0.09		0.37		19		369	39	1.05	69	2.0
	n	1	5	5	5	5	5		2		5		5	5	10	5	5
	SD														0.63		0.6

续表2-5-38

饲料名称与说明	国际饲料编号 IFN	粗灰分 Ash	钙 Ca	磷 P	镁 Mg	钾 K	钠 Na	氯 Cl	硫 S	钴 Co	铜 Cu	碘 I	铁 Fe	锰 Mn	硒 Se	锌 Zn	钼 Mo
		%	%	%	%	%	%	%	%	mg/kg	mg/kg	mg/kg	mg/kg	mg/kg	mg/kg	mg/kg	mg/kg
肉粉(已熬油)Meat meal, rendered	5-09-323	22.9	8.86	4.20	0.26	0.49	0.78	0.44	0.51		21		701	26	0.45	114	2.4
	n	12	62	62	62	62	62		29		62		32	10	34	10	62
	SD	5.6	2.58	1.14	0.27	0.16	0.31		0.13		8		560	33	0.68	82	1.9
肉骨粉(已熬油)Meat meat and bone, rendered	5-00-388	30.4	10.60	4.73	0.24	1.02	0.71	0.44	0.39		10		602	22		94	2.7
	n	13	51	51	51	51	51	2	13		51		51	51		51	51
	SD	7.5	2.35	1.06	0.05	0.12	0.16		0.08		4		322	8		17	2.3
花生粕(浸提)Peanut meal, solvent	5-08-605	5.8	0.20	0.64	0.32	1.32	0.03	0.10	0.32		13	0.07	302	33	0.21	54	3.8
	n	11	15	16	14	15	14	1	8		14	1	14	14	1	14	14
	SD	1.5	0.15	0.06	0.03	0.08	0.04		0.02		3		115	5		11	2
红花籽粕(浸提)Safflower meal, solvent	5-04-110	4.7	0.38	0.72	0.39	1.21	0.04		0.32		22		319	30		77	2.3
	n	1	5	5	5	5	5		2		5		5	5		5	5
	SD		0.04	0.08	0.04	0.06	0.04				4		53	4		5	0.8
葵花籽粕(浸提)Sunflower meal, solvent	5-30-032	7.7	0.48	1.00	0.63	1.50	0.04	0.12	0.39		32		298	45	0.50	88	2.7
	n	20	23	23	19	19	14	1	9		12		12	12	1	12	12
	SD	0.4	0.17	0.25	0.10	0.24	0.03		0.10		20		70	5		8	0.8
葵花籽(油用品种,带壳)Sunflower oil seeds, whole	5-08-530	5.1	0.71	0.51	0.34	1.06	0.01		0.21		20		144	35		53	1.8
	n	5	6	6	6	6	6		4		6		6	6		6	6
	SD	1.5	0.47	0.18	0.06	0.69	0.01		0.03		7		46	10		21	0.8
番茄渣 Tomato pomace	5-05-042	5.5	0.22	0.47	0.28	0.98	0.12		0.15		11		541	11		54	1.8
	n	3	10	10	9	9	9		6		9		9	9		9	9
	SD	1.9	0.11	0.20	0.07	0.26	0.23		0.06		3		574	3		10	0.3

2.5.3.7 Nutrient Requirements of Dogs and Cats. 2006. 犬猫营养需要. 丁丽敏,等译(2010)[23]

表 2-5-39 选定饲料成分的初步分析(饲喂基础)[a]

名称/性状描述	国际饲料号 IFN	干物质 DM (%)	粗蛋白质 CP (%)	粗脂肪 (%)	总膳食纤维 TDF(%)	粗纤维 CF(%)	粗灰分 Ash(%)	犬代谢能 ME (kcal/g)	猫代谢能 ME (kcal/g)
动物源性成分									
腌肉,猪肉,熏制		68.40	8.70	57.50	0.00		2.10		
	n	251	321	202	1		50		
牛肉,机械分离		40.60	15.00	23.50	0.00		2.10	2.72	2.60
	n	56	56	64	1		56		
牛肉,脱水肉汤(肉汁)		96.70	16.00	8.90	0.00		48.20	2.38	2.34
	n	3	3	3	1		3		
牛肉,生心脏		24.40	17.10	3.80	0.00		1.00	1.13	1.11
	n	15	4	4	1		10		
牛肉,生肾脏		23.00	16.60	3.10	0.00		1.10	1.03	1.01
	n	28	5	9	1		11		
牛肉,生肝脏		31.00	20.00	3.90	0.00		1.30	1.38	1.36
	n	50	6	15	1		11		
牛肉,生内脏		18.60	14.60	4.00	0.00		0.40	0.94	0.92
	n	6	11	6	1		4		
鸡肉,生肉和鸡皮		38.20	17.60	20.30	0.00		1.00	2.53	2.43
	n	1	1	1	1		1		
鸡肉,脱水肉汤(肉汁)		97.70	16.70	13.90	0.00		49.20		
	n	4	4	4	1		4		
鸡肉,肌胃(砂囊)		23.80	18.20	4.20	0.00		0.90	1.13	1.11
	n	13	15	14	1		12		

续表2-5-39

名称/性状描述	国际饲料号 IFN	干物质 DM (%)	粗蛋白质 CP (%)	粗脂肪 (%)	总膳食纤维 TDF(%)	粗纤维 CF(%)	粗灰分 Ash(%)	犬代谢能 ME (kcal/g)	猫代谢能 ME (kcal/g)
鸡肉，肝脏		26.40	18.00	3.90	0.00		1.20	1.20	1.18
	n	18	13	54	1		12		
鸡蛋，风干的，整的		96.60	47.20	41.10	0.00	0.00	3.60	5.91	5.70
	n	3	3	3	1	1	3		
鱼，鲱鱼粉	5-02-009	91.20	62.50	9.50		1.00	18.00	3.72	3.67
	n	136	148	144		1	114		
鱼，鲔鱼粉	5-02-023	93.00	53.00	11.00		5.00	25.00	3.35	3.30
	n	1	1	1		1	1		
鱼，白色鱼粉	5-02-025	91.00	61.80	4.30		0.90	24.00	3.22	3.20
	n	2	2	2		2	1		
羔羊肉，碎肉		40.50	16.60	23.40	0.00		0.90	2.77	2.65
	n	1	1	1	1		1		
羔羊肉，肝脏		28.60	20.40	5.00	0.00		1.40	1.34	1.31
	n	17	1	1	1		1		
羔羊肉，机械分离		41.30	15.00	23.50	0.00		1.20	2.72	2.60
	n	5	1	6	1		1		
畜肉(不包含鱼、禽)，粉料，熬制	5-09-323	93.90	54.10	11.80		2.50	21.80	3.62	3.56
	n	79	67	33		1	13		
畜肉(不包含鱼、禽)，肉骨粉，熬制	5-00-388	94.00	50.90	9.80		2.80	19.20	3.61	3.56
	n	63	63	55		1	13		
家禽副产品	5-03-798	93.50	59.00	13.50		2.00	16.00	3.96	3.89
	n	2	2	2		2	1		

续表2-5-39

名称/性状描述	国际饲料号 IFN	干物质 DM (%)	粗蛋白质 CP (%)	粗脂肪 (%)	总膳食纤维 TDF(%)	粗纤维 CF(%)	粗灰分 Ash(%)	犬代谢能 ME (kcal/g)	猫代谢能 ME (kcal/g)
虾肉		24.10	20.30	1.70	0.00		1.20	1.00	1.00
	n	212	201	100	1		161		
脱脂奶粉	5-01-175	92.50	34.60	0.80		0.10	8.00	3.71	3.71
	n	2	2	2		2	1		
火鸡,机械脱骨		30.90	13.30	16.00	0.00		1.10	1.97	1.89
	n	21	21	21	1		10		
植物源性成分									
黄色玉米,米脱水酒糟	5-02-842	94.00	27.00	9.00		13.00	2.20	3.84	3.80
	n	1	1	1		1	1		
黄色玉米,水溶性脱水酒糟	5-02-843 和 5-28-236	90.20	26.80	9.00		8.50	4.70	3.92	3.88
	n	893	880	465		1	135		
黄色玉米,干玉米淀粉渣	5-28-243 和 5-02-903	89.40	21.30	3.10		10.00	6.10	3.51	3.49
	n	132	187	69		1	26		
黄色玉米,面筋粉	5-28-242	86.50	56.30	2.20		1.30	2.90	3.94	3.93
	n	67	58	43		1	20		
亚麻籽(亚麻油),整个		92.20	21.00	34.70	27.90	6.30	4.00	5.32	5.15
	n	3	3	3	2	1	3		
豌豆,绿色生豌豆		21.10	5.40	0.40	5.10		0.90	0.83	0.83
	n	10	7	7	1		7		
马铃薯,带皮生马铃薯		8.00	2.00	0.00	2.40		0.80	0.29	0.29
	n	9	9	9	9		9		
大豆,脱脂豆粉		92.80	51.50	1.20	17.50		6.20	3.70	3.70
	n	6	6	6	1		2		

续表2-5-39

名称/性状描述	国际饲料号 IFN	干物质 DM (%)	粗蛋白质 CP (%)	粗脂肪 (%)	总膳食纤维 TDF(%)	粗纤维 CF(%)	粗灰分 Ash(%)	犬代谢能 ME (kcal/g)	猫代谢能 ME (kcal/g)
大豆,全脂烘焙豆粉		96.20	38.10	21.90			5.90	4.84	4.73
	n	58	52	31			16		
大豆,可溶性豆粕(44%CP)	5-20-637 和 5-04-604	89.10	44.50	1.40		7.00	5.90	3.56	3.55
	n	12	112	88		1	66		
大豆,可溶性豆粕(不含豆皮)(48%CP)	5-20-638 和 5-04-612	89.50	48.20	1.00		3.90	5.70	3.66	3.66
	n	562	550	42		1	119		
小麦胚芽		88.90	23.20	9.70	13.20		4.20	3.87	3.82
	n	10	7	8	1		9		
小麦胚芽粉	5-05-218	89.00	25.00	7.00		3.50	5.30	4.00	3.96
	n	1	1	1		1	1		

注:[a] 每种日粮成分给出 2 组数据;第 1 组数据表示每种成分在日粮中所占的百分比;第 2 组数据(*n*)表示样本量。

表 2-5-40 犬猫日粮中一些常见成分的碳水化合物和木质素的浓度(DM 基础)[a]

常用名		样品数量	属/种	分子质量相对小的糖类								水溶性非纤维多糖							
				单糖	蔗糖	棉籽糖	水苏糖	总糖	淀粉	同质多糖体	β-葡萄糖	总 S-NCP[b]	鼠李糖	阿拉伯糖	木糖	甘露糖	半乳糖	葡萄糖	糖醛酸
面筋段		1		2	2	1	1	6	207	0	1	6	0	1	1	3	0	2	0
大豆	大豆粕	6	大豆	7	70	10	47	137	27	—	—	63	1	9	2	5	16	6	25
	浓缩大豆蛋白	1		4	0	2	14	21	69	—	—	81	1	13	5	2	30	2	27

常用名		水溶性纤维多糖									碳水化合物和木质素				
		总 I-NCP[c]	鼠李糖	阿拉伯糖	木糖	甘露糖	半乳糖	葡萄糖	糖醛酸	纤维素	总 NSP[d]	硫酸盐木素	日粮纤维	分析	核算
面筋段		14	0	3	3	0	0	6	2	5	25	0	25	238	252
大豆	大豆粕	92	2	17	17	8	25	1	23	62	217	16	233	400	416
	浓缩大豆蛋白	67	1	12	7	7	24	2	14	30	177	8	185	275	277

注:[a] 改编自 Bach-Knudsen,1997。[b] 水溶性非纤维多糖。[c] 不可溶性非纤维多糖。[d] 非淀粉多糖。[e] 未测量。

表 2-5-41 选定饲料成分中总脂肪浓度和脂肪酸组成

成分		总脂肪(%)	脂肪酸的百分比																	
			C10:0	C12:0	C13:0	C13:1	C14:0	C14:1	C15:0	C16:0	C16:1n-7	C17:0	C17:1	C18:0	C18:1n-9	C18:1n-7	C18:2n-6	C18:3n-6	C18:3n-3	C20:0
鸡肉		12.90	0.00	0.04	0.00	0.00	0.60	0.21	0.08	23.88	6.50	0.16	0.12	7.58	36.41	3.07	14.70	0.64	0.60	0.18
n=64	SD	1.67	0.01	0.03	0.00	0.00	0.10	0.08	0.03	1.01	0.66	0.06	0.11	0.77	1.43	0.43	3.11	2.69	0.19	0.10
羔羊肉		13.80	0.07	0.17	0.01	0.01	2.71	0.17	0.63	21.05	1.72	1.56	0.54	22.00	30.49	5.90	2.01	0.29	1.05	0.36
n=42	SD	1.63	0.05	0.10	0.04	0.03	0.69	0.10	0.15	1.02	0.41	0.22	0.33	3.22	1.35	1.04	0.53	0.29	0.31	0.22
牛肉		13.16	0.05	0.09	0.00	0.00	2.39	0.41	0.42	22.79	2.68	1.17	0.47	17.28	32.10	5.74	5.51	0.09	0.53	0.34
n=8	SD	0.88	0.02	0.02	0.00	0.00	0.49	0.14	0.29	1.82	0.20	0.39	0.30	1.96	4.26	1.83	2.17	0.18	0.21	0.21
大米蛋白质		6.73	0.00	0.00	0.00	0.00	0.07	0.01	0.03	23.79	0.15	0.06	0.02	2.23	29.31	1.09	38.89	0.00	1.39	0.51
n=4	SD	0.15	0.00	0.00	0.00	0.00	0.23	0.02	0.00	3.00	0.02	0.00	0.02	0.05	2.51	0.11	0.58	0.00	0.07	0.04
玉米面筋		5.97	0.00	0.00	0.00	0.00	0.05	0.02	0.03	11.48	0.16	0.08	0.02	2.24	25.09	0.96	55.46	0.00	2.12	0.50
n=6	SD	1.31	0.00	0.00	0.00	0.00	0.00	0.02	0.00	0.28	0.02	0.00	0.02	0.03	0.30	0.05	0.14	0.00	0.03	0.03
鲱鱼粉		12.40	0.06	0.05	0.00	0.00	4.46	0.08	0.41	16.24	3.89	0.08	0.00	3.37	16.65	2.50	4.48	0.09	0.94	0.18
n=2	SD	0.00	0.00	0.01	0.00	0.00	0.39	0.00	0.03	0.39	0.06	0.00	0.00	0.31	0.19	0.09	0.37	0.01	0.02	0.00

成分		脂肪酸的百分比																	
		C20:1n-9	C20:2n-6	C20:3n-9	C20:3n-6(5,11,14)	C20:3n-6(8,11,14)	C20:3n-3	C20:4n-6	C20:5n-3	C22:0	C22:1n-9	C22:2n-6	C23:0	C22:4n-6	C22:5n-6	C22:5n-3	C24:0	C22:6n-3	C24:1
鸡肉		0.32	0.25	0.01	0.01	0.28	0.01	1.37	0.02	0.15	0.01	0.03	0.00	0.36	0.05	0.09	0.16	0.11	0.23
n=64	SD	0.11	0.08	0.04	0.06	0.14	0.05	0.37	0.08	0.06	0.03	0.05	0.00	0.10	0.06	0.06	0.06	0.04	0.08
羔羊肉		0.30	0.10	0.00	0.00	0.07	0.00	0.62	0.21	0.23	0.06	0.04	0.02	0.11	0.10	0.31	0.29	0.23	0.27
n=42	SD	0.23	0.20	0.00	0.00	0.14	0.00	0.25	0.13	0.12	0.14	0.09	0.07	0.09	0.29	0.15	0.16	0.11	0.17
牛肉		0.50	0.26	0.00	0.00	0.28	0.16	0.62	0.02	0.12	0.20	0.08	0.00	0.17	0.00	0.10	0.13	0.11	0.13
n=8	SD	0.21	0.26	0.00	0.00	0.24	0.30	0.23	0.05	0.03	0.23	0.14	0.00	0.07	0.00	0.05	0.03	0.07	0.04
大米蛋白质		0.36	0.00	0.00	0.00	0.00	0.00	0.00	0.00	0.22	0.00	0.02	0.00	0.03	0.00	0.00	0.52	0.00	0.00
n=4	SD	0.02	0.00	0.00	0.00	0.00	0.00	0.00	0.00	0.00	0.01	0.04	0.00	0.03	0.00	0.00	0.03	0.00	0.00
玉米面筋		0.27	0.01	0.00	0.00	0.00	0.00	0.00	0.00	0.40	0.00	0.00	0.00	0.09	0.00	0.52	0.52	0.00	0.00
n=6	SD	0.01	0.02	0.00	0.00	0.00	0.00	0.00	0.00	0.05	0.00	0.00	0.00	0.01	0.00	0.08	0.08	0.00	0.00
鲱鱼粉		6.50	0.22	0.00	0.00	0.04	0.00	0.67	5.49	0.14	10.36	0.18	0.00	0.19	0.00	0.63	0.63	11.28	1.62
n=2	SD	0.08	0.01	0.00	0.00	0.00	0.00	0.02	0.30	0.01	0.04	0.01	0.00	0.02	0.00	0.03	0.03	0.08	0.09

表 2-5-42 选定饲料成分中的氨基酸组成 %

名称/性状描述	国际饲料编号 IFN	干物质 DM	粗蛋白质 CP	精氨酸 Arg	组氨酸 His	异亮氨酸 Ile	亮氨酸 Leu	赖氨酸 Lys	蛋氨酸 Met	胱氨酸 Cys	苯丙氨酸 Phe	酪氨酸 Tyr	苏氨酸 Thr	色氨酸 Trp	牛磺酸 Tau	缬氨酸 Val
动物源性成分																
腌肉,猪肉,熏制		68.40	8.70	0.53	0.25	0.35	0.60	0.64	0.19	0.09	0.33	0.25	0.33	0.08		0.42
	n	251	321	9	10	10	10	10	10	4	10	10	10	4		10
牛肉,机械分离		40.6	15.00	1.15	0.44	0.58	1.20	1.16	0.43	0.23	0.64	0.38	0.47	0.17	0.008	0.92
	n	56	56	30	30	30	30	30	30	30	30	30	30	1	1	30
牛肉,脱水肉汤(肉汁)		96.70	16.00													
	n	3	3													
牛肉,生心脏		24.40	17.10	1.14	0.47	0.75	1.51	1.41	0.44	0.22	0.77	0.62	0.80	0.19	0.065	0.89
	n	15	4	1	1	1	1	1	1	1	1	1	1	1	3	1
牛肉,生肾脏		23.00	16.60	0.97	0.43	0.68	1.33	1.10	0.35	0.05	0.50	0.62	0.80	0.23	0.023	1.04
	n	28	5	4	4	4	4	4	4	4	4	4	4	3	9	4
牛肉,生肝脏		31.00	20.00	1.26	0.55	0.92	1.88	1.39	0.51	0.31	1.07	0.79	0.92	0.29	0.069	1.24
	n	50	6	1	1	1	1	1	1	1	1	1	1	1	8	1
牛肉,生内脏		18.60	14.60	1.00	0.36	0.59	0.95	1.04	0.32	0.17	0.47	0.40	0.50	0.11		0.61
	n	6	11	6	5	6	6	7	9	4	8	7	7	5		6
鸡肉,生肉和皮		38.20	17.60	1.10	0.52	0.88	1.28	1.43	0.47	0.23	0.68	0.57	0.73	0.20		0.85
	n	1	1	1	1	1	1	1	1	1	1	1	1	1	1	1
鸡肉,脱水肉汤(肉汁)		97.70	16.70													
	n	4	4													
鸡肉,肌胃(砂囊)		23.80	18.20	1.31	0.37	0.86	1.28	1.26	0.48	0.24	0.76	0.55	0.84	0.16		0.82
	n	13	15	1	1	1	1	1	1	1	1	1	1	1		1
鸡肉,肝脏		26.40	18.00	1.10	0.48	0.95	1.62	1.36	0.43	0.24	0.89	0.63	0.80	0.25	0.110	1.13
	n	18	13	1	1	1	1	1	1	1	1	1	1	1	1	1
鸡蛋,风干的,整的		96.60	47.20	2.84	1.12	2.58	4.05	3.40	1.48	1.10	2.52	1.93	2.27	0.58		2.89
	n	3	3	1	1	1	1	1	1	1	1	1	1	1	1	1

续表2-5-42

名称/性状描述	国际饲料编号 IFN	干物质 DM	粗蛋白质 CP	精氨酸 Arg	组氨酸 His	异亮氨酸 Ile	亮氨酸 Leu	赖氨酸 Lys	蛋氨酸 Met	胱氨酸 Cys	苯丙氨酸 Phe	酪氨酸 Tyr	苏氨酸 Thr	色氨酸 Trp	牛磺酸 Tau	缬氨酸 Val
鱼,鲱鱼粉	5-02-009	91.20	62.50	3.64	1.64	2.48	4.46	4.74	1.73	0.53	2		2.69	0.58	0.320	2.91
	n	136	148	2	2	2	2	2	2	2	2		2	2	2	2
鱼,鲔鱼粉	5-02-023	93.00	53.00	3.20	1.80	2.40	3.80	3.90	1.50	0.40	2.50		2.50	0.71	0.106	2.80
	n	1	1	1	1	1	1	1	1	1	1		1	1	6	1
鱼,白色鱼粉	5-02-025	91.00	61.80	4.11	1.64	2.91	4.43	4.42	1.67	0.75	2.54	1.83	2.59	0.69		2.48
	n	2	2	2	2	2	2	2	2	2	2	1	2	2		2
羔羊肉,碎肉		40.50	16.60	0.98	0.52	0.80	1.29	1.46	0.43	0.20	0.67	0.56	0.71	0.19		0.89
	n	1	1	1	1	1	1	1	1	1	1	1	1	1		1
羔羊肉,肝脏		28.60	20.40	1.14	0.48	0.88	1.67	1.10	0.44	0.21	0.91	0.73	0.88	0.24		1.12
	n	17	1	6	6	6	6	6	6	6	6	6	6	6		6
羔羊肉,机械分离		41.30	15.00	1.06	0.53	0.84	1.14	1.14	0.42		0.58		0.53			0.72
	n	5	1	1	1	1	1	1	1		1		1			1
畜肉(不包含鱼、禽),粉料	5-09-323	93.90	54.10	3.82	1.11	1.60	3.41	2.91	0.77	0.61	1.93		1.83	0.36		2.40
	n	79	67	436	436	436	436	436	436	436	436		436	436		436
畜肉(不包含鱼、禽),肉骨粉	5-00-388	94.00	50.90	3.55	0.96	1.41	3.12	2.64	0.71	0.52	1.71	1.20	1.67	0.30		2.14
	n	63	63	228	228	228	228	228	228	228	228	1	228	228		228
家禽副产品	5-03-798	93.50	59.00	3.89	1.34	2.25	4.20	2.84	1.02	0.99	2.04	1.68	2.10	0.46	0.305	2.76
	n	2	2	2	2	2	2	2	2	2	2	1	2	2	12	2
虾肉		24.10	20.30	1.78	0.41	0.99	1.61	1.77	0.57	0.23	0.86	0.68	0.82	0.28	0.039	0.96
	n	212	201	1	1	1	1	1	1	1	1	1	1	1	1	1
脱脂奶粉	5-01-175	92.50	34.60	1.16	0.94	1.97	3.45	2.70	0.94	0.36	1.67	1.83	1.67	0.48	0.007	2.33
	n	2	2	2	2	2	2	2	2	2	2	1	2	2	1	2
火鸡肉,机械脱骨		30.90	13.30	0.87	0.50	0.50	1.08	1.15	0.37	0.10	0.55	0.47	0.64	0.11	0.093	0.54
	n	21	21	1	1	1	1	1	1	1	1	1	1	1	3	1

续表 2-5-42

名称/性状描述	国际饲料编号 IFN	干物质 DM	粗蛋白质 CP	精氨酸 Arg	组氨酸 His	异亮氨酸 Ile	亮氨酸 Leu	赖氨酸 Lys	蛋氨酸 Met	胱氨酸 Cys	苯丙氨酸 Phe	酪氨酸 Tyr	苏氨酸 Thr	色氨酸 Trp	牛磺酸 Tau	缬氨酸 Val
植物源性成分																
黄色玉米，面筋粉	5-28-242	86.50	56.30	1.80	1.20	2.31	9.43	0.95	1.33	1.01	3.57	3.07	1.90	0.30		2.61
	n	67	58	119	119	119	119	119	119	119	119	1	119	119		119
黄色玉米，脱水酒糟	5-02-842	94.00	27.00	1.00	0.60	0.93	2.60	0.90	0.45	0.32	0.60		0.30	0.21		1.20
	n	1	1	1	1	1	1	1	1	1	1		1	1		1
黄色玉米，水溶性脱水酒糟	5-02-843 和 5-28-236	90.20	26.80	1.08	0.55	0.99	2.58	0.60	0.50	0.49	1.30		0.92	0.23		1.26
	n	893	880	13	13	13	13	13	13	13	13		13	13		13
黄色玉米，干玉米淀粉渣	5-28-243 和 5-02-903	89.40	21.30	0.83	0.63	0.65	1.91	0.58	0.36	0.46	0.78		0.75	0.12		0.96
	n	132	187	12	12	12	12	12	12	12	12		12	12		12
豌豆，绿色生豌豆		21.10	5.40	0.43	0.11	0.20	0.32	0.32	0.08	0.03	0.20	0.11	0.20	0.04		0.24
	n	10	7	1	1	1	1	1	1	1	1	1	1	1		1
大豆，脱脂豆粉		92.80	51.50	3.65	1.27	2.28	3.93	3.13	0.63	0.76	2.45	1.78	2.04	0.68		2.35
	n	6	6	1	1	1	1	1	1	1	1	1	1	1		1
大豆，全脂烘焙豆粉		96.20	38.10	2.70	0.94	1.69	2.83	2.32	0.47	0.56	1.82	1.32	1.51	0.51		1.74
	n	58	52	1	1	1	1	1	1	1	1	1	1	1		1
大豆，可溶性豆粕(44%CP)	5-20-637 和 5-04-604	89.10	44.50	3.28	1.23	2.03	3.47	2.79	0.64	0.68	2.34	1.91	1.77	0.57		2.09
	n	12	112	346	346	346	346	346	346	346	346	1	346	346		
大豆，可溶性豆粕(不含豆皮)(48%CP)	5-20-638 和 5-04-612	89.50	48.20	3.52	1.33	2.20	3.76	3.03	0.69	0.72	2.53	1.95	1.91	0.61		2.23
	n	562	550	296	296	296	296	296	296	296	296	1	296	296		296
小麦胚芽		88.90	23.20	1.87	0.64	0.85	1.57	1.47	0.46	0.46	0.93	0.70	0.97	0.32		1.20
	n	10	7	13	13	13	13	13	13	13	13	13	13	3		13
小麦胚芽粉	5-05-218	89.00	25.00	1.83	0.62	0.79	1.10	1.37	0.42	0.46	0.93		0.94	0.30		1.12
	n	1	1	1	1	1	1	1	1	1	1		1	1		1

注：[a] 每种日粮成分给出 2 组数据；第 1 组数据表示每种氨基酸在该种成分中所占的百分比；第 2 组数据(*n*)表示样本量。

表 2-5-43 选定饲料成分中的矿物质含量(饲喂基础)[a]

名称/性状描述	国际饲料编号 IFN	干物质 DM (%)	Ca (%)	P (%)	有效 P(%)	Mg (%)	K (%)	Na (%)	Cl (%)	S (%)	Cu (mg/kg)	Fe (mg/kg)	Mn (mg/kg)	Se (mg/kg)	Zn (mg/kg)
动物源性成分															
腌肉,猪肉,熏制		68.40	0.01	0.14		0.01	0.15	0.73			0.64	6.00	0.00	0.25	12.00
	n	251	2	20		0	15	20			18	20	18	14	19
牛肉,机械分离		40.6	0.49	0.32		0.02	0.28	0.06			0.56	57.00	0.00	0.21	36.00
	n	56	55	28		1	1	1			20	36	1	1	47
牛肉,脱水肉汤(肉汁)		96.70	0.06	0.32		0.05	0.45	16.98			0.00	10.00	5.00	0.28	
	n	3	1	2		2	2	3			1	1	3	1	
牛肉,生心脏		24.40	0.00	0.17		0.02	0.27	0.06			3.61	46.00	0.00	0.22	24.00
	n	15	7	7		7	7	11			8	10	2	3	38
牛肉,生肾脏		23.00	0.01	0.21		0.02	0.26	0.18			4.69	74.00	1.00	1.49	19.00
	n	28	9	9		9	8	8			509	13	231	9	251
牛肉,生肝脏		31.00	0.01	0.32		0.02	0.32	0.07			33.39	68.00	3.00	0.41	39.00
	n	50	1	10		13	10	9			311	33	232	6	293
牛肉,生内脏		18.60	0.01	0.08		0.01	0.27	0.05			0.90	20.00	0.00	0.46	25.00
	n	6	1	1		1	1	1			1	4	1	1	10
鸡肉,生肉和皮		38.20	0.01	0.17		0.02	0.20	0.07			0.74	10.00	0.00	0.14	12.00
	n	1	1	1		1	1	1			1	1	1	1	1
鸡肉,脱水肉汤(肉汁)		97.70	0.19	0.17		0.06	0.31	18.59			0.00	10.00	2.00	0.28	1.00
	n	4	1	2		2	1	3			1	1	1	1	1
鸡肉,肌胃(砂囊)		23.80	0.01	0.14		0.02	0.24	0.08			0.96	35.00	1.00	0.56	0.00
	n	13	10	10		10	10	10			10	10	10	1	8
鸡肉,肝脏		26.40	0.01	0.27		0.02	0.23	0.08	0.00		3.95	86.00	3.00	0.64	31.00
	n	18	10	10		10	10	10	10		20	10	10	6	8
鸡蛋,风干的,整个的		96.60	0.22	0.82		0.04	0.49	0.52			1.96	68.00	1.00	1.20	53.00
	n	3	3	3		2	2	2			2	2	2	1	2

续表2-5-43

名称/性状描述	国际饲料编号 IFN	干物质 DM (%)	Ca (%)	P (%)	有效 P(%)	Mg (%)	K (%)	Na (%)	Cl (%)	S (%)	Cu (mg/kg)	Fe (mg/kg)	Mn (mg/kg)	Se (mg/kg)	Zn (mg/kg)
鱼,鲱鱼粉	5-02-009	91.20	4.87	2.78	2.61	0.18	0.68	0.62	0.75	1.04	6.41	518.00	29.00	2.06	102.00
	n	136	113	112		64	66	67	3	35	65	66	66	31	63
鱼,鲔鱼粉	5-02-023	93.00	8.40	4.20	4.20	0.30	0.40	0.70			6.00	650.00	10.00	4.00	240.00
	n	1	1	1	1	1	1	1			1	1	1	1	1
鱼,白色鱼粉	5-02-025	91.00	7.16	3.66	3.50	0.20	0.97	0.88	0.50	0.48	7.00	131.00	11.00	1.56	85.00
	n	2	2	2	1	2	2	2	2	1	2	2	2	2	2
羔羊肉,碎肉		40.50	0.02	0.16		0.02	0.22	0.06			1.01	16.00	0.00	0.19	34.00
	n	1	1	1		1	1	1			1	1	1	1	1
羔羊肉,肝脏		28.60	0.01	0.36		0.02	0.31	0.07			69.79	74.00	2.00	0.82	47.00
	n	17	1	1		1	1	1			520	1	13	13	8
羔羊肉,机械分离		41.30	0.16	0.34		0.02	0.29	0.06			0.58	59.00	0.00	0.20	37.00
	n	5	5	1		1	1	1			1	1	1	1	1
畜肉(不包含鱼、禽)粉料	5-09-323	93.90	8.31	3.94		0.25	0.46	0.75	0.66	0.48	19.56	665.00	23.00	0.42	106.00
	n	79	63	63		63	63	63	2	30	63	63	11	35	11
畜肉(不包含鱼、禽)肉骨粉	5-00-388	94.00	9.97	4.46		0.24	0.97	0.67	0.51	0.38	9.26	564.00	21.00	0.25	88.00
	n	63	52	52		52	52	52	3	14	52	52	52	1	52
家禽副产品	5-03-798	93.50	3.50	2.05		0.21	0.58	0.35	0.55	0.51	14.00	470.00	11.00	0.78	120.00
	n	2	2	2		2	2	2	2	2	2	2	2	2	2
虾肉		24.10	0.05	0.21		0.04	0.19	0.15			2.64	24.00	1.00	0.38	11.00
	n	212	117	112		6	27	26			285	8	1	15	275
脱脂奶粉	5-01-175	92.50	1.27	1.01	1.00	0.12	0.84	0.52	0.90	0.32	11.75	29.00	2.00	0.12	39.00
	n	2	2	2	1	2	2	2	1	2	2	2	2	2	1
火鸡肉,机械脱骨		30.90	0.15	0.12		0.01	0.17	0.05			0.93	16.00	0.00	0.27	29.00
	n	21	6	1		1	1	1			1	6	1	1	6
植物源性成分															
黄色玉米,脱水酒糟	5-02-842	94.00	0.09	0.41	0.17	0.20	0.16	0.47	0.07	0.43	30.00	300.00	23.00	0.35	55.00
	n	1	1	1	1	1	1	1	1	1	1	1	1	1	1

续表2-5-43

名称/性状描述	国际饲料编号 IFN	干物质 DM (%)	Ca (%)	P (%)	有效 P(%)	Mg (%)	K (%)	Na (%)	Cl (%)	S (%)	Cu (mg/kg)	Fe (mg/kg)	Mn (mg/kg)	Se (mg/kg)	Zn (mg/kg)
黄色玉米，水溶性脱水酒糟	5-02-843 和 5-28-236	90.20	0.20	0.75	0.40	0.30	0.99	0.27	0.23	0.40	7.28	161.00	24.00	0.35	59.00
	n	893	650	650	1	649	649	648	91	279	649	266	649	13	649
黄色玉米，干玉米淀粉渣	5-28-243 和 5-02-903	89.40	0.06	0.89	0.22	0.38	1.31	0.12	0.19	0.39	5.57	177.00	21.00	0.17	67.00
	n	132	145	145	1	145	145	84	3	66	145	145	145	13	145
黄色玉米，面筋粉	5-28-242	86.50	0.05	0.52		0.12	0.40	0.04	0.07	0.73	3.84	124.00	13.00	0.35	42.00
	n	67	57	58		58	58	58	2	24	24	58	58	12	58
亚麻籽(亚麻油)，整个		92.20	0.2	0.50		0.36	0.70	0.03			10.41	62.00	33.00	0.06	42.00
	n	3	6	6		5	6	5			5	5	5	5	5
豌豆，绿色生豌豆		21.10	0.03	0.11		0.03	0.24	0.01			1.76	15.00	4.00	0.02	12.00
	n	10	8	8		8	10	7			7	8	7	1	7
大豆，脱脂豆粉		92.80	0.24	0.67		0.29	2.38	0.02			40.65	92.00	30.00	17.00	25.00
	n	6	17	11		13	13	13			14	13	13	1	14
大豆，全脂烘焙豆粉		96.20	0.19	0.48		0.37	2.04	0.01			22.21	58.00	21.00	0.08	36.00
	n	58	1	1		1	1	1			1	1	1	1	1
大豆，可溶性豆粕(44%CP)	5-20-637 和 5-04-604	89.10	0.35	0.63		0.28	1.98	0.03	0.08	0.41	19.75	162.00	31.00	0.19	50.00
	n	12	27	30		20	22	13	2	7	16	16	16	43	14
大豆，可溶性豆粕(不含豆皮)(48%CP)	5-20-638 和 5-04-612	89.50	0.31	0.63		0.26	2.16	0.03	0.12	0.35	14.32	184.00	36.00	0.12	52.00
	n	562	257	257		244	247	238	97	143	244	238	238	35	238
小麦胚芽		88.90	0.04	0.84		0.24	0.89	0.01			7.96	63.00	133.00	0.79	123.00
	n	10	6	6		6	6	6			6	7	9	1	6
小麦胚芽粉	5-05-218	89.00	0.01	1.00	0.31	0.22	0.90	0.02	0.08	0.31	10.00	41.00	100.00	0.60	115.00
	n	1	1	1	1	1	1	1	1	1	1	1	1	1	1

注：[a] 每种日粮成分给出2组数据；第1组数据表示每种矿物质在该种成分中所占的百分比；第2组数据(*n*)表示样本量。

表 2-5-44 选定饲料成分中的维生素含量(饲喂基础)[a](mg/kg)

名称/性状描述	国际饲料编号 IFN	生物素	胆碱	叶酸酯	烟酸	泛酸	核黄素	硫胺素	维生素 B_6	维生素 B_{12}	胡萝卜素	维生素 E
动物源性成分												
腌肉,猪肉,熏制				0.02	28.00	3.50	1.00	3.70	1.40	0.01		4.90
	n			7	18	6	18	18	18	15		1
牛肉,机械分离				0.05	25.00	2.80	1.20	0.70	2.90	0.03		
	n			1	1	1	1	1	1	1		
牛肉,脱水肉汤(肉汁)				0.32	45.00	3.00	2.40	0.70	2.00	0.01		2.40
	n			1	2	1	2	1	1	1		1
牛肉,生心脏				0.02	95.00	23.20	10.20	1.90	4.30	0.14		2.00
	n			1	1	1	1	1	2	2		1
牛肉,生肾脏				0.08	80.00	36.40	25.50	3.80	5.10	0.27		2.00
	n			4	1	2	1	2	3	2		1
牛肉,生肝脏				2.48	128.00	76.20	27.80	2.60	9.40	0.69		6.70
	n			9	3	2	3	2	4	9		1
牛肉,生内脏				0.02	1.00	5.60	1.70	0.10	0.40	0.02		0.80
	n			1	1	1	3	6	1	1		1
鸡肉,生肉和皮				0.06	63.00	9.20	1.70	1.10	3.30	0.00		
	n			1	1	1	1	1	1	1		
鸡肉,脱水肉汤(肉汁)				0.32	25.00	6.00	4.30	1.00	1.00	1.00		1.10
	n			1	2	1	2	1	1	1		1
鸡肉,肌胃(砂囊)				0.52	47.00	7.50	1.90	0.30	1.40	0.02		11.90
	n			3	8	1	8	8	6	2		1
鸡肉,肝脏				7.38	93.00	61.80	19.60	1.40	7.60	0.23		14.40
	n			3	8	6	10	8	7	4		1
鸡蛋,风干的,整个的				1.71	3.00	59.10	15.40	2.00	3.90	0.04		43.80
	n			2	2	2	2	2	2	2		1

续表2-5-44

名称/性状描述	国际饲料编号 IFN	生物素	胆碱	叶酸酯	烟酸	泛酸	核黄素	硫胺素	维生素 B_6	维生素 B_{12}	胡萝卜素	维生素 E
鱼,鲱鱼粉	5-02-009	0.15	3080.00	1.00	55.00	8.80	4.80	0.20		0.15		5.70
	n	1	1	1	1	1	1	1		1		1
鱼,鲔鱼粉	5-02-023		3050.00		65.00	8.80	8.80			0.14		5.60
	n		1		1	1	1			1		1
鱼,白色鱼粉	5-02-025	0.80	3575.00	0.30	49.00	7.30	6.90	1.60	5.90	0.08		7.30
	n	1	2	1	2	2	2	2	1	2		2
羔羊肉,碎肉				0.18	60.00	6.50	2.10	1.10	1.30	0.02		2.00
	n			1	1	1	1	1	1	1		1
羔羊肉,肝脏				2.30	161.00	61.30	36.30	3.40	9.00	0.90		
	n			4	1	1	1	1	1	19		
羔羊肉,机械分离				0.05	25.00		1.20	0.70	1.10	0.03		
	n			1	1		1	1	1	1		
畜肉(不包含鱼、禽)粉料	5-09-323	0.14	2200.00	0.60	59.00	5.80	5.20	0.20		0.09		
	n	1	1	1	1	1	1	1		1		
畜肉(不包含鱼、禽)肉骨粉	5-00-388	0.14	1996.00	0.30	46.00	4.10	4.40	0.80	12.80	70.00		1.00
	n	1	1	1	1	1	1	1	1	1		1
家禽副产品	5-03-798	0.30	5966.00	1.00	40.00	10.60	10.50	1.00	4.40	0.31		2.10
	n	1	2	1	2	2	2	1	1	2		2
虾肉				0.03	26.00	2.80	0.30	0.30	1.00	0.01		8.20
	n			1	6	2	6	5	3	19		1
脱脂奶粉	5-01-175	0.33	1322.00	0.62	12.00	35.80	20.60	3.50	0.40	0.03		9.00
	n	2	2	2	2	2	2	2	1	2		1
火鸡肉,机械脱骨				0.07	20.00	6.70	1.30	0.50	2.10	0.00		
	n			1	1	1	1	1	1	1		
植物源性成分												
黄色玉米,脱水酒糟	5-02-842	0.40	1850.00	0.00	42.00	5.90	2.80	1.60			2.00	30.50
	n	1	1	1	1	1	1	1			1	1

续表2-5-44

名称/性状描述	国际饲料编号 IFN	生物素	胆碱	叶酸酯	烟酸	泛酸	核黄素	硫胺素	维生素 B_6	维生素 B_{12}	胡萝卜素	维生素 E
黄色玉米，水溶性脱水酒糟	5-02-843 和 5-28-236	0.30	3400.00	0.88	80.00	11.40	9.00	3.50			4.00	40.00
	n		1	1	1	1	1	1			1	1
黄色玉米，干玉米淀粉渣	5-28-243 和 5-02-903	0.22	2420.000	0.20	75.00	17.80	2.40	2.00			8.00	14.80
	n	1	1	1	1	1	1	1			1	1
黄色玉米，面筋粉	5-28-242	0.15	330.00	0.20	55.00	3.00	2.20	0.30	6.20			24.00
	n	1	1	1	1	1	1	1	1			1
亚麻籽（亚麻油），整个				2.78	14.00	15.30	1.60	1.70	9.30	0.00		50.00
	n			1	1	1	1	1	1	1		1
豌豆，绿色生豌豆				0.65	21.00	1.00	1.30	2.70	1.70	0.00		3.90
	n			1	7	1	7	7	7	1		1
大豆，脱脂豆粉				3.05	26.00	20.00	2.50	7.00	5.70	0.00		
	n			7	5	5	5	5	5	1		
大豆，全脂烘焙豆粉				2.27	33.00	12.10	9.40	4.10	3.50	0.00		
	n			1	1	1	1	1	1	1		
大豆，可溶性豆粕（44%CP）	5-20-637 和 5-04-604	0.32	2794.00	1.30	29.00	16.00	2.90	4.50	6.00			2.00
	n	1	1	1	1	1	1	1	1			1
大豆，可溶性豆粕（不含豆皮）（48%CP）	5-20-638 和 5-04-612	0.32	2731.00	1.30	22.00	15.00	2.90	3.20	5.00			3.00
	n											
小麦胚芽				2.81	68.00	22.60	5.00	18.80	13.00	0.00		
	n			10	7	6	7	7	7	1		
小麦胚芽粉	5-05-218		3175.00	2.80		23.20	6.10	21.90				133.00
	n		1	1		1	1	1				1

注：[a] 每种日粮成分给出 2 组数据；第 1 组数据表示每种维生素在该种成分中所占的百分比；第 2 组数据（*n*）表示样本量。

2.5.3.8　Nutrient Requirements of Fish and Shrimp. 2011. 鱼类与甲壳类营养需要. 麦康森，李鹏，赵建民，主译(2015)[24]

表 2-5-45　水产动物饲料中常用天然和化学成分确定原料的典型干物质含量及常规组成(以饲料重为基础)[a]

原料	国际饲料编号[b]	典型干物质含量(%)	常规成分(%)			
			粗蛋白质	粗脂肪	粗纤维	粗灰分
螺旋藻粉	5-19-931	93	57.5	7.7	3.6	6.2
瞬间干燥猪血粉		92	87.6	1.6	—	—
喷雾干燥血粉	5-00-381	93	88.6	1.4	1.0	5.8
骨粉(鱼加工副产品)		92	39.5	3.5	—	45.0
脱水酒糟	5-02-141	92	23.1	6.4	13.7	3.7
亚麻籽粕		90	33.9	12.0	12.4	5.8
油菜籽(低芥酸)		89	32.9	3.2	—	—
菜籽粕(溶剂提取)	5-03-871	93	38.0	3.8	11.1	6.8
菜籽浓缩蛋白		90	69.2	0.1	2.8	—
酪蛋白	5-01-162	91	84.0	0.2	0.2	3.5
椰子粕(机械提取)	5-01-572	93	22.0	6.0	12.0	7.0
玉米酒糟及可溶物(干燥)	5-02-843	91	27.0	9.3	9.1	6.4
玉米酒糟可溶物(干燥)	5-02-844	90	27.6	8.5	4.6	7.5
玉米蛋白粉(干燥，粗蛋白质>60%)	5-09-538	91	63.7	2.2	1.5	1.6
玉米蛋白饲料(干燥)	5-02-903	90	21.5	3.0	9.4	7.0
棉籽粕(溶剂萃取，41%粗蛋白质)	5-07-872	92	41.7	1.8	11.3	6.4
蟹粉(干燥加工废弃物)	5-01-663	92	32.0	2.5	10.6	41.0
浓缩鱼膏(30%粗蛋白质)	5-01-969	50	31.5	6.1	0.5	9.6
干燥鱼膏(60%粗蛋白质)	5-01-971	93	64.1	8.2	1.3	2.5

续表2-5-45

原料	国际饲料编号[b]	典型干物质含量(%)	常规成分(%)			
			粗蛋白质	粗脂肪	粗纤维	粗灰分
鳀鱼粉(机械提取)	5-01-985	92	65.4	7.6	1.0	14.3
鲱鱼粉(机械提取)	5-02-000	92	72.0	8.4	0.6	10.4
油鲱鱼粉(机械提取)	5-02-009	92	64.5	9.6	0.7	19.0
鲑鱼粉(机械提取)	5-02-012	90	70.3	10.1	—	10.2
金枪鱼粉(机械提取)	5-02-023	93	59.0	9.24	0.8	21.5
白鱼粉(机械提取)	5-02-025	92	62.0	7.8	0.8	21.3
明胶	5-14-503	88	85.9	0.1	0	1.3
磷虾粉(带壳)	5-16-423	92	58.8	9.2	6.4	13.6
亚麻籽粕(溶剂提取)	5-02-048	90	35.0	1.6	8.9	5.7
羽扇豆粉	5-27-717	92	30.4	6.7	1.1	3.7
肉骨粉	5-00-388	94	50.9	9.7	2.4	29.2
猪肉骨粉		97	59.0	11.0	—	20.0
肉粉	5-00-385	93	55.6	5.6	2.3	27.0
花生粕(溶剂浸提)	5-03-650	92	49.0	1.3	9.9	5.9
豌豆(去壳、膨化)	5-03-600	90	25.3	1.4	6.9	3.3
豌豆浓缩蛋白		90	55.0	2.0	—	6.0
马铃薯浓缩蛋白		93	81.1	2.7	—	0.5
饲料级禽肉骨粉	5-03-798	89	55.9	13.6	2.1	14.5
饲料级低灰分禽肉骨粉		89	62.1	19.8	—	7.5

续表2-5-45

原料	国际饲料编号[b]	典型干物质含量(%)	常规成分(%)			
			粗蛋白质	粗脂肪	粗纤维	粗灰分
宠物食品级禽肉骨粉		91	57.7	—	—	—
水解干燥羽毛粉	5-03-795	93	83.3	5.4	1.2	2.9
大米浓缩蛋白		92	68.9	10.2	2.7	3.9
红花籽粕(机械提取)	5-04-109	91	20.0	6.7	35.4	4.1
红花籽粕(溶剂提取)	5-08-501	90	22.0	1.4	—	—
芝麻粕(机械提取)	5-04-220	94	42.0	7.0	6.5	12.0
干燥虾粉	5-04-226	88	39.5	3.2	12.8	27.2
膨化大豆(全脂)	5-04-597	90	35.2	18.0	5.0	4.5
大豆粕(溶剂提取,44%粗蛋白质)	5-04-604	89	44.0	1.5	7.3	6.3
大豆粕(烘烤,溶剂脱壳,48%粗蛋白质)	5-04-612	90	48.5	0.9	3.4	5.8
大豆浓缩蛋白		92	63.6	0.5	4.5	—
大豆分离蛋白	5-08-038	95	80.7	3.4	5.6	3.6
鱿鱼肝脏粉	5-09-286	89	45.2	15.3	—	6.8
鱿鱼粉	5-04-671	95	76.5	3.8	—	6.1
葵花籽粕(溶剂提取)	5-04-737	90	32.3	2.3	21.0	7.0
葵花籽粕(部分脱壳,溶剂提取)	5-04-739	93	46.5	0.5	13.0	7.1
小麦面筋粉	5-05-220	89	80.7	1.5	0.5	0.7

注:[a]"—"表示无相关数据。[b]美国饲料管理协会(AAFCO,2009)有相关的编号和规定。

表 2-5-46　饲料原料的氨基酸组成(以饲料重为基础,%)[a]

原料	国际饲料编号	干物质	典型粗蛋白质含量	精氨酸	组氨酸	异亮氨酸	亮氨酸	赖氨酸	蛋氨酸	胱氨酸	苯丙氨酸	酪氨酸	苏氨酸	色氨酸	缬氨酸
螺旋藻粉	5-19-931	93	57.50	4.15	1.09	3.21	4.95	3.03	1.15	0.66	2.78	2.58	2.97	0.93	3.51
瞬间干燥猪血粉		92	87.60	3.70	7.00	1.51	12.30	8.22	1.67	0.82	5.48	2.80	3.18	1.00	7.70
喷雾干燥血粉	5-00-381	93	88.60	2.35	5.00	0.80	10.30	7.10	1.00	1.40	5.10	2.30	3.80	1.00	5.20
骨粉(鲑鱼加工副产品)		92	39.50	2.56	0.66	1.13	2.04	2.06	0.91	0.27	1.12	0.81	1.36	0.29	1.50
脱水酒糟	5-02-141	92	23.10	1.27	0.52	1.54	2.49	0.09	0.46	0.35	1.44	1.20	0.93	0.37	1.61
亚麻籽粕		90	33.90	2.62	0.75	1.20	2.13	1.54	0.61	0.66	1.40	—	1.30	0.42	1.61
菜籽粕(溶剂提取)	5-03-871	93	38.00	2.32	1.10	1.51	2.60	2.02	0.77	0.97	1.50	0.99	1.50	0.46	1.94
双低菜籽粕		93	38.00	2.32	0.64	1.09	2.89	0.65	0.50	0.46	1.39	0.99	0.98	0.10	1.50
菜籽粕(低芥酸)		89	32.90	2.06	0.99	1.35	2.50	1.98	0.71	0.30	1.41	0.79	1.56	0.43	1.79
菜籽粕(低芥子油苷)		89	35.20	0.49	0.24	0.49	0.70	0.48	0.15	—	0.39	—	—	—	—
菜籽浓缩蛋白		90	69.20	4.20	1.70	2.82	4.92	3.10	1.26	1.27	2.81	0.99	2.49	0.20	3.33
酪蛋白(干燥)	5-01-162	91	84.00	3.26	2.82	4.66	8.79	7.35	2.70	0.41	4.79	4.77	3.98	1.14	6.10
椰子粕(机械提取)	5-01-572	93	22.00	2.30	0.30	1.00	1.49	0.54	0.33	0.20	0.80	—	0.60	0.20	1.00
玉米酒糟及可溶物(干燥)	5-02-843	91	27.00	1.10	0.65	1.00	2.80	0.90	0.51	0.50	1.20	0.31	0.92	0.20	1.33
玉米酒糟可溶物(干燥)	5-02-844	90	27.60	1.00	0.60	1.20	2.10	0.20	0.60	0.60	1.50	0.99	0.98	0.20	1.50
玉米蛋白饲料(干燥)	5-02-903	90	21.50	1.04	0.67	0.66	1.96	0.63	0.35	0.46	0.76	0.58	0.74	0.07	1.01
玉米蛋白粉(干燥,粗蛋白质>60%)	5-09-318	91	63.70	1.90	1.20	2.30	9.40	1.07	1.90	1.10	3.80	0.87	2.00	0.30	2.70
棉籽粕(溶剂萃取,41%粗蛋白质)	5-07-872	92	41.70	4.18	1.07	1.45	2.32	1.60	0.58	0.73	2.18	0.94	1.34	0.53	1.90
蟹粉(干燥加工废弃物)	5-01-663	92	32.00	3.97	0.83	1.15	1.80	1.89	0.50	0.45	2.10	0.80	1.02	0.42	1.68

续表2-5-46

原料	国际饲料编号	干物质	典型粗蛋白质含量	精氨酸	组氨酸	异亮氨酸	亮氨酸	赖氨酸	蛋氨酸	胱氨酸	苯丙氨酸	酪氨酸	苏氨酸	色氨酸	缬氨酸
浓缩鱼膏(30%粗蛋白质)	5-01-969	50	31.50	1.66	1.09	0.70	1.54	1.38	0.53	0.24	0.70	0.40	1.00	0.29	1.00
干燥鱼膏(60%粗蛋白质)	5-01-971	93	64.10	3.05	2.10	2.05	2.97	3.51	1.18	0.62	1.53	0.85	1.35	0.59	2.10
鳀鱼粉(机械提取)	5-01-985	92	65.40	3.68	1.56	3.06	5.00	5.11	1.95	0.61	2.66	2.15	2.82	0.76	3.51
鲱鱼粉(机械提取)	5-02-000	92	72.00	3.73	1.53	3.64	4.69	7.30	2.20	1.60	2.68	2.10	2.49	0.67	3.26
油鲱鱼粉(机械提取)	5-02-009	92	64.50	3.66	1.78	2.57	4.54	4.81	1.77	0.57	2.51	2.04	2.64	0.66	3.03
鲑鱼粉(机械提取)	5-02-012	90	70.30	6.84	2.46	4.10	7.20	7.38	3.04	—	4.32	3.69	4.19		5.07
金枪鱼粉(机械提取)	5-02-023	93	59.00	3.43	1.75	2.45	3.79	4.22	1.47	0.47	2.15	1.69	2.31	0.57	2.77
白鱼粉(机械提取)	5-02-025	92	62.00	4.02	1.34	2.72	4.36	4.53	1.68	0.75	2.28	1.83	2.57	0.67	3.02
明胶	5-14-503	88	85.90	6.62	0.76	1.38	2.91	3.55	0.73	0.13	1.79	0.52	1.76	0.05	2.09
磷虾粉(带壳)	5-16-423	92	58.80	3.47	1.23	2.82	4.41	4.17	1.76	—	2.53	—	2.53	0.53	2.82
亚麻籽粕(溶剂提取)	5-02-048	90	35.00	2.97	0.68	1.56	2.06	1.24	0.59	0.59	1.57	1.03	1.26	0.52	1.74
羽扇豆粉	5-27-717	92	30.40	3.38	0.77	1.38	2.43	1.54	0.27	0.51	1.22	1.35	1.20	0.26	1.29
肉骨粉	5-00-388	94	50.90	3.60	0.96	1.70	3.20	2.60	0.67	0.33	1.70	1.30	1.70	0.26	2.25
猪肉骨粉		97	53.00	3.95	1.06	1.77	3.66	3.07	0.83	0.41	1.89	1.48	1.95	0.41	2.60
肉粉	5-00-385	93	55.60	3.60	1.14	1.60	3.84	3.07	0.80	0.60	2.17	1.40	1.97	0.35	2.66
豌豆浓缩蛋白		90	55.00	4.83	1.30	2.15	3.75	3.75	0.41	0.62	2.56	1.58	1.85	0.49	2.35
花生粕(溶剂提取)	5-03-650	92	49.00	3.37	0.96	1.43	3.00	2.67	0.65	0.50	1.70	1.09	1.65	0.30	2.45
豌豆(去壳、膨化)	5-03-600	90	25.30	1.87	0.54	0.86	1.51	1.50	0.21	0.31	0.98	0.71	0.78	0.19	0.98
马铃薯浓缩蛋白		93	81.10	4.02	1.77	4.62	7.94	6.09	1.77	1.27	5.19	4.56	4.62	—	5.33
饲料级禽肉骨粉	5-03-798	89	55.91	4.32	1.05	2.30	4.27	3.32	1.29	0.92	1.66	1.21	2.14	—	3.65

续表2-5-46

原料	国际饲料编号	干物质	典型粗蛋白质含量	精氨酸	组氨酸	异亮氨酸	亮氨酸	赖氨酸	蛋氨酸	胱氨酸	苯丙氨酸	酪氨酸	苏氨酸	色氨酸	缬氨酸
饲料级低灰分禽肉骨粉		89	62.13	4.99	1.17	2.38	4.14	3.44	1.24	—	1.63	1.30	2.39	—	3.03
宠物食品级禽肉骨粉		91	57.70	5.02	0.99	2.19	4.06	3.22	1.32	—	1.49	1.06	2.32	—	2.99
水解干燥羽毛粉	5-03-795	93	83.30	5.80	0.70	4.15	6.94	1.81	0.50	3.84	4.12	2.00	3.85	0.55	4.55
大米浓缩蛋白		92	68.90	5.58	1.38	5.51	2.75	2.41	1.77	1.45	3.52	3.32	2.54	0.81	4.34
红花籽粕(机械提取)	5-04-109	91	20.00	1.20	0.48	0.28	1.10	0.70	0.40	0.50	1.00	—	0.47	0.30	1.00
红花籽粕(溶剂提取)	5-08-501	90	22.00	1.90	0.50	0.27	1.20	0.70	0.33	0.35	1.00	—	0.50	0.26	1.00
芝麻粕(机械提取)	5-04-220	94	42.00	5.06	1.16	2.28	3.30	1.37	1.48	0.60	2.32	—	1.71	0.82	2.53
干燥虾粉	5-04-226	88	39.50	1.54	0.51	0.91	1.62	1.66	0.55	0.59	0.99	—	3.24	0.24	1.03
大豆粕(烘烤,无壳,48%粗蛋白质)	5-04-612	90	48.50	3.60	1.30	2.60	3.80	2.24	0.70	0.71	2.70	1.25	2.00	0.70	2.70
大豆粕(溶剂提取,44%粗蛋白质)	5-04-604	89	44.00	3.23	1.17	1.99	3.42	2.83	0.61	0.70	2.18	1.69	1.73	0.61	2.40
大豆浓缩蛋白		92	63.63	4.64	1.58	2.94	4.92	3.93	0.81	0.89	3.28	2.30	2.47	0.84	3.06
大豆分离蛋白	5-08-038	95	80.70	4.15	1.08	3.21	4.95	3.02	1.15	0.66	2.78	2.58	2.97	0.93	3.51
膨化大豆(全脂)	5-04-597	90	35.20	2.60	0.96	1.61	2.75	2.22	0.53	0.55	1.83	1.32	1.41	0.48	1.68
鱿鱼肝脏粉	5-09-286	89	45.20	2.48	—	—	—	2.56	0.97	—	—	—	1.74	0.49	
鱿鱼粉	5-04-671	95	76.50	5.78	2.05	3.98	6.92	5.99	2.69	—	3.26		3.42	0.86	3.95
葵花籽粕(溶剂提取)	5-04-737	90	32.30	2.93	0.92	1.44	2.31	1.20	0.82	0.66	1.66	1.03	1.33	0.44	1.74
葵花籽粕(溶剂提取,无壳)	5-04-739	93	46.50	3.50	1.00	2.10	2.60	1.70	1.50	0.70	1.23	0.76	1.48	0.38	2.30
小麦面筋粉	5-05-220	89	80.70	3.80	2.00	3.70	6.30	4.90	1.60	—	4.50	—	1.60	1.05	4.00

表 2-5-47 水产动物饲料常用原料的矿物质组成(以饲料重为基础)[a]

原料	国际饲料编号[b]	典型干物质含量(%)	钙(%)	磷(%)	钠(%)	氯(%)	钾(%)	镁(%)	硫(%)	铜(mg/kg)	铁(mg/kg)	锰(mg/kg)	硒(mg/kg)	锌(mg/kg)
螺旋藻粉	5-19-931	93	0.12	0.12	1.05	—	1.36	0.20	—	61.00	285.0	19.00	0.07	20.0
瞬间干燥猪血粉		92	0.04	0.17	0.60	—	0.58	0.02	—	7.00	2200.0	0.80	—	20.0
喷雾干燥血粉	5-00-381	93	0.41	0.30	0.38	0.25	0.15	0.15	0.34	8.20	2769.0	640	—	309.0
骨粉(鱼加工副产品)		92	15.33	7.69	1.21	—	0.47	0.23	—	5.00	50.0	34.00	—	142.0
脱水酒糟	5-02-141	92	0.29	0.51	0.20	0.13	0.09	0.15	0.29	21.70	233.0	37.20	0.70	27.0
亚麻籽粕		90	0.33	0.94	0.10	—	1.24	0.40	—	9.00	—	45.00	—	85.0
菜籽粕(溶剂提取)	5-03-871	93	0.63	1.01	0.07	0.11	1.22	0.51	0.85	6.00	142.0	49.00	1.10	69.0
酪蛋白	5-01-162	91	0.61	0.82	0.01	0.04	0.01	0.01	0.60	3.80	14.0	4.30	0.13	27.0
椰子粕(机械提取)		93	0.17	0.60	0.06	0.03	0.60	—	—	—	—	—	—	—
玉米酒糟及可溶物(干燥)	5-02-843	91	0.14	0.66	0.52	0.16	0.40	0.16	0.35	52.80	236.0	22.80	0.35	80.0
玉米酒糟可溶物(干燥)	5-02-844	90	0.30	1.44	0.23	0.26	1.64	0.59	0.36	81.00	555.0	72.80	0.36	84.0
玉米蛋白粉(干燥,粗蛋白质>60%)	5-09-318	91	0.07	0.44	0.05	0.07	0.19	0.07	0.57	26.10	229.0	6.30	0.83	31.0
玉米蛋白饲料(干燥)	5-02-903	90	0.22	0.83	0.15	0.22	0.92	0.33	0.22	48.00	460.0	24.00	0.27	70.0
棉籽粕(溶剂萃取,41%粗蛋白质)	5-07-872	92	0.17	1.17	0.04	0.04	1.39	0.41	0.30	19.00	208.0	21.00	0.06	61.0
蟹粉(干燥加工废弃物)	5-01-663	92	14.56	1.59	0.88	1.51	0.45	0.94	0.25	32.73	4356.0	133.0	3.80	102.0
浓缩鱼膏(30%粗蛋白质)	5-01-969	50	0.16	0.57	2.45	2.93	1.64	0.03	0.12	46.60	276.0	13.20	1.97	43.0
干燥鱼膏(60%粗蛋白质)	5-01-971	93	0.40	1.20	0.40	2.50	—	0.27	0.45	20.00	948.0	10.00	2.70	76.0

续表2-5-47

原料	国际饲料编号[b]	典型干物质含量(%)	钙(%)	磷(%)	钠(%)	氯(%)	钾(%)	镁(%)	硫(%)	铜(mg/kg)	铁(mg/kg)	锰(mg/kg)	硒(mg/kg)	锌(mg/kg)
鳀鱼粉(机械提取)	5-01-985	92	3.73	2.43	1.10	1.00	0.90	0.24	0.54	9.03	220.0	9.50	1.36	103.0
鲱鱼粉(机械提取)	5-02-000	92	2.20	1.67	0.59	0.99	1.08	0.14	0.46	5.60	114.0	4.80	1.95	125.0
油鲱鱼粉(机械提取)	5-02-009	92	5.19	2.88	0.41	0.55	0.70	0.15	0.56	10.30	544.0	37.00	2.15	144.0
鲑鱼粉(机械提取)	5-02-012	90	3.00	2.08	0.68	—	0.78	0.20	—	10.70	130.0	3.50	—	183.0
金枪鱼粉(机械提取)	5-02-023	93	7.86	4.21	0.74	1.01	0.72	0.23	0.68	10.31	355.0	8.40	4.30	211.0
白鱼粉(机械提取)	5-02-025	92	6.65	3.59	0.78	1.28	0.85	0.18	0.48	6.00	299.0	12.00	1.62	90.0
白鱼粉(加工副产品,压缩饼粉碎)		91	7.31	3.81	0.78	0.50	0.83	0.18	0.48	5.90	181.0	12.40	1.62	90.0
明胶	5-14-503	88	0.06	0.04	0.20	—	0.02	0.02	—	21.60	11.1	1.05	0.40	1.4
磷虾粉(带壳)	5-30-288	92	0.46	0.29	0.73	—	0.09	0.23	—	10.00	10.0	2.70	—	47.0
亚麻籽粕(溶剂提取)	5-30-288	90	0.49	0.06	—	—	—	0.05	—	—	—	—	—	—
羽扇豆粉	5-27-717	92	0.22	0.51	0.02	0.03	1.10	0.19	0.24	6.00	54.00	1390.0	0.07	32.0
肉骨粉	5-00-388	94	9.99	4.98	0.63	0.69	0.65	0.41	0.38	11.00	606.0	17.00	0.31	96.0
猪肉骨粉		96	8.70	4.30	0.64	—	0.64	0.23	—	10.00	320.0	22.00		140.0
肉粉	5-00-385	93	9.00	3.88	0.80	0.97	0.57	0.35	0.45	10.00	440.0	10.00	0.37	94.0
花生粕(溶剂提取)	5-03-650	92	0.77	0.08	0.16	2.26	2.98	0.31	0.35	59.00	196.0	43.70	—	16.0
豌豆(去壳、膨化)	5-03-600	90	0.11	0.39	0.04	0.05	1.02	0.12	0.20	9.00	65.0	23.00	0.38	23.0
豌豆浓缩蛋白		90	0.09	0.84	0.01	—	1.96	0.22	0.39	15.00	85.0	25.00	0.08	59.0

续表2-5-47

原料	国际饲料编号[b]	典型干物质含量(%)	钙(%)	磷(%)	钠(%)	氯(%)	钾(%)	镁(%)	硫(%)	铜(mg/kg)	铁(mg/kg)	锰(mg/kg)	硒(mg/kg)	锌(mg/kg)
马铃薯浓缩蛋白		93	0.15	0.45	0.05	—	0.80	0.10	—	—	40.0	—	—	—
饲料级禽肉骨粉	5-03-798	89	0.27	0.61	0.07	0.03	1.16	0.27	0.31	15.00	142.0	26.70	—	20.0
水解干燥羽毛粉	5-03-795	93	3.51	1.83	0.82	0.54	0.39	0.18	0.52	14.12	442.0	11.00	0.78	121.0
红花籽粕(机械提取)	5-04-109	91	0.03	0.27	0.07	0.08	0.13	0.11	0.04	—	—	18.00	0.27	17.0
红花籽粕(溶剂提取)	5-08-501	90	0.34	0.75	0.05	0.08	0.76	0.35	0.13	10.00	495.0	18.00	—	41.00
芝麻粕(机械提取)	5-04-220	94	2.00	1.30	0.04	0.06	1.39	0.80	0.40	—	95.0	48.00	—	100.00
干燥虾粉	5-04-226	88	6.30	1.60	1.70	1.20	0.70	0.70	—	—	64.0	33.20	—	32.00
大豆(蒸汽蒸制,全脂)	5-04-597	90	0.25	0.59	0.03	0.03	1.70	0.28	0.30	16.00	80.0	30.00	0.11	39.00
大豆粕(溶剂浸提,44%粗蛋白质)	5-04-604	89	0.03	0.28	0.04	0.08	0.31	0.13	0.08	10.00	48.0	15.80	0.20	17.00
大豆粕(溶剂浸提,无壳,48%粗蛋白质)	5-04-612	90	0.34	0.69	0.02	0.05	2.14	0.30	0.44	20.00	176.0	36.00	0.27	55.00
大豆浓缩蛋白		92	0.30	0.65	0.04	0.04	2.11	0.29	0.42	23.00	140.0	30.60	0.10	52.00
大豆分离蛋白	5-08-038	95	0.18	0.78	1.00	—	0.08	0.04	—	15.99	145.0	390.00	0.00	40.00
鱿鱼粉	5-04-671	95	0.09	0.99	—	—	—	—	—	—	—	—	—	—
葵花籽粕(溶剂提取)	5-04-737	90	0.36	0.86	0.02	0.10	1.07	0.68	0.30	26.00	254.0	41.00	0.50	66.00
葵花籽粕(溶剂提取,无壳)	5-04-739	93	0.42	0.94	0.22	0.16	1.19	0.69	0.21	4.00	31.0	18.90	2.13	98.00
小麦面筋粉	5-05-220	89	0.14	0.26	0.03	—	0.10	0.03	—	1.82	52.0	—	0.40	8.50

表 2-5-48 水产动物饲料常用原料的维生素组成(以饲料重为基础)[a]

原料	国际饲料编号	生物素(mg/kg)	胆碱(mg/kg)	叶酸(%)	烟酸(mg/kg)	泛酸(mg/kg)	吡哆醇(维生素 B_6)(mg/kg)	核黄素(mg/kg)	硫胺素(mg/kg)	维生素 A(mg/kg)	维生素 D(mg/kg)	维生素 B_{12}(mg/kg)	维生素 E(mg/kg)	维生素 K(mg/kg)
喷雾干燥血粉	5-00-381	0.28			22.0	3.2	4.45	2.9	0.30	—	—	13.0	—	—
脱水酒糟	5-02-141	0.63	1652	7.10	44.0	8.2	0.68	1.5	0.60	—	—	4.0	26.7	—
菜籽粕(溶剂提取)	5-03-871	0.98	6700	0.83	160.0	9.5	7.2	5.8	5.20	—	—	0.0	13.4	—
酪蛋白	5-01-162	0.04	208	0.47	1.0	2.7	0.42	1.5	0.40	—	—	—	—	—
椰子粕(机械提取)	5-01-572	—	1100	—	28.6	6.1	—	3.3	0.66	—	—	—		—
玉米酒糟及可溶物(干燥)	5-02-843	0.77	2551	0.90	72.0	13.9	5.00	8.3	2.80	—	—	—	39.1	—
玉米酒糟及可溶物(干燥)	5-02-844	1.63	4687	1.30	122.0	22.9	8.85	17.0	6.60	—	—	3.0	50.5	—
玉米蛋白粉(干燥,粗蛋白质>60%)	5-09-318	0.19	352	0.30	60.0	3.5	6.90	2.0	0.30	—	—	—	23.4	—
玉米蛋白饲料(干燥)	5-02-903	0.14	1518	0.28	66.0	17.0	13.00	2.4	2.00	—	—	0.0	8.5	—
棉籽粕(溶剂萃取,41%粗蛋白质)	5-07-872	0.97	2764	1.40	41.0	13.7	7.00	3.3	6.60	—	—	0.0	16.0	—
蟹粉(干燥加工废弃物)	5-01-663	0.07	2011	0.11	45.0	6.5	6.63	6.1	0.40	—	—	438.3	—	—
浓缩鱼膏(30%粗蛋白质)	5-01-969	0.14	3370	0.20	176.0	35.7	12.14	12.9	5.50	—	—	507.0		—
鳀鱼粉(机械提取)	5-01-985	0.23	4408	0.20	100.0	15.0	4.64	7.1	0.10	—	—	352.0	5.0	2.20
鲱鱼粉(机械提取)	5-02-000	0.49	5266	0.30	85.0	17.3	4.77	9.7	0.40	—	—	430.0	22.1	—
油鲱鱼粉(机械提取)	5-02-009	0.18	3112	0.12	55.0	8.6	4.66	4.8	0.60	—	—	123.0	12.0	—
金枪鱼粉(机械提取)	5-02-023	0.20	2994	—	144.0	7.7	—	6.8	1.50	—	—	300.1	5.6	—
白鱼粉(机械提取)	5-02-025	0.13	4050	0.37	59.0	9.9	5.90	9.1	1.70	—	—	90.0	5.0	—
白鱼粉(加工副产品,压缩饼粉碎)		0.08	3099	0.35	59.0	9.9	5.92	9.1	1.70	—	—	89.5	8.9	—

续表2-5-48

原料	国际饲料编号	生物素(mg/kg)	胆碱(mg/kg)	叶酸(%)	烟酸(mg/kg)	泛酸(mg/kg)	吡哆醇(维生素 B_6)(mg/kg)	核黄素(mg/kg)	硫胺素(mg/kg)	维生素 A(mg/kg)	维生素 D(mg/kg)	维生素 B_{12}(mg/kg)	维生素 E(mg/kg)	维生素 K(mg/kg)
亚麻籽粕(溶剂提取)	5-02-048	—	1760	1.30	32.8	16.5	—	4.1	6.60	—	—	—	5.8	
羽扇豆粉	5-27-717	0.05	—	—	—	—	—	—	—	—	—	—	7.5	—
肉骨粉	5-00-388	0.08	1996	0.41	49.0	4.1	—	4.7	0.40	—	—	90.0	1.6	—
肉粉	5-00-385	0.08	2077	0.50	57.0	5.0	2.40	4.7	0.60	—	—	80.0	1.2	—
花生粕(溶剂提取)	5-03-650	0.67	704	0.10	36.0	37.5	4.22	2.8	0.90	—	—	—	5.4	—
豌豆(去壳、膨化)	5-03-600	0.15	547	0.20	31.0	18.7	1.00	1.8	4.60	—	—	0.0	0.2	—
饲料级禽肉骨粉	5-03-798	0.33	1896	0.70	178.0	46.6	6.38	9.1	5.70	—	—	0.0	2.9	—
水解干燥羽毛粉	5-03-795	0.09	6029	0.51	47.0	11.0	4.41	10.5	0.20	—	—	301.2	2.2	—
红花籽粕(机械提取)	5-04-220	0.08	878	0.20	23.0	3.3	—	0.4	1.40	—	—	—	14.5	—
红花籽粕(溶剂提取)	5-08-501	1.03	820	0.50	11.0	33.9	12.00	2.3	4.60	—	—	0.0	16.0	—
大豆(蒸汽蒸制,全脂)	5-04-597	0.24	2307	3.60	22.0	15.0	10.80	2.6	11.00	—	—	0.0	18.1	—
大豆粕(溶剂提取,44%粗蛋白质)	5-04-604	0.23	638	0.20	37.0	11.0	4.70	1.1	4.10	—	—	—	12.1	—
大豆粕(溶剂提取,无壳,48%粗蛋白质)	5-04-612	0.26	2731	1.37	22.0	15.0	6.40	3.1	3.20	—	—	0.0	2.3	—
大豆浓缩蛋白		0.32	2609	0.60	28.0	16.3	6.00	2.9	6.00	—	—	—	2.4	—
大豆分离蛋白	5-08-038	0.32	2753	0.70	22.0	14.8	4.90	2.9	3.10	—	—	—	3.3	—
葵花籽粕(溶剂提取)	5-04-737	1.40	3791	1.14	264.0	29.9	11.10	3.0	3.00	—	—	0.0	9.1	—
葵花籽粕(溶剂提取,无壳)	5-04-739	—	3632	—	242.0	40.6	13.70	3.5	3.10	—	—	—	11.1	—

表 2-5-49 水产动物营养研究中常用纯化饲料原料的化学成分(以饲料重为基础)

原料	国际饲料编号	干重(%)	消化能(kcal/kg)	粗蛋(%)	粗脂肪(%)	钙(%)	磷(%)	赖氨酸[a](%)
酪蛋白	5-01-162	91	4135	84.0	0.2	0.61	0.82	7.35
明胶	5-14-503	88	2800	85.9	0.1	0.60	0.4	3.55

注:[a]酪蛋白的氨基酸组成见表 2-5-46。明胶的氨基酸组成如下:精氨酸,6.60%;组氨酸,0.66%;异亮氨酸,4.42%;亮氨酸,2.91%;蛋氨酸,0.76%;胱氨酸,0.12%;苯丙氨酸,1.74%;酪氨酸,0.43%;苏氨酸,1.82%;色氨酸,0.05%;缬氨酸,2.26%。

2.6 美国和加拿大资料

2.6.1 National Research Council. 1982. United States-Canadian Tables of Feed Composition(美国-加拿大饲料成分表)[25] *

1. 饲料原料的组成(能值,概略养分,植物细胞壁成分和酸性洗涤纤维)

表 2-6-1(1) 饲料原料的组成、能值、概略养分、植物细胞壁成分和酸性洗涤纤维(饲喂基础或干物质基础)

饲料名称及描述	国际饲料编号 IFN	干物质 DM(%)	反刍动物 Ruminants					奶牛产奶	鸡 Chickens			马 Horses		
			总可消化养分 TDN(%)	消化能 DE (Mcal/kg)	代谢能 ME (Mcal/kg)	维持净能 NEm (Mcal/kg)	增重净能 NEg (Mcal/kg)	净能 Dairy Cattle NE1 (Mcal/kg)	氮校正代谢能 MEn (kcal/kg)	真代谢能 TME (kcal/kg)	生产净能 NEp (kcal/kg)	总可消化养分 TDN (%)	消化能 DE (Mcal/kg)	代谢能 ME (Mcal/kg)
动物副产品粉,脱脂 Animal by-product, meal rendered	5-08-786	93.0	68.0	2.99	2.61	1.55	0.98	1.55	2714.0	—	—	—	—	—
		100.0	73.0	3.22	2.80	1.67	1.06	1.67	2918.0	—	—	—	—	—
大麦芽,脱水 Barley *Hordeum vulgare* malt sprouts, dehy	5-00-545	94.0	66.0	2.93	2.54	1.51	0.94	1.52	1463.0		1205.0	—	—	—
		100.0	71.0	3.13	2.71	1.61	1.00	1.62	1561.0		1286.0	—	—	—
菜豆 Bean, navy *Phaseolus vulgaris* seeds	5-00-623	89.0	75.0	3.31	2.95	1.79	1.21	1.73	2320.0	—	986.0	—	—	—
		100.0	84.0	3.70	3.29	2.00	1.35	1.94	2593.0	—	1102.0	—	—	
血粉 Blood meal	5-00-380	92.0	61.0	2.66	2.28	1.34	0.78	1.37	2833.0	2361.0	2179.0	—	—	—
		100.0	66.0	2.91	2.49	1.47	0.85	1.50	3096.0	2580.0	2381.0	—	—	—
血粉,瞬间脱水 Blood meal flash dehy	5-26-006	92.0	60.0	2.64	2.25	1.33	0.75	1.36	2821.0	3200.0	2241.0	—	—	—
		100.0	65.0	2.87	2.45	1.44	0.82	1.47	3065.0	3476.0	2435.0	—	—	—

* 编者注:此资料有些数值饲喂基础与干物质基础相同,可能为四舍五入小数点位数较小所致,也可能为计算错误导致。

续表 2-6-1(1)

饲料名称及描述	国际饲料编号 IFN	干物质 DM(%)	反刍动物 Ruminants 总可消化养分 TDN(%)	反刍动物 Ruminants 消化能 DE (Mcal/kg)	反刍动物 Ruminants 代谢能 ME (Mcal/kg)	反刍动物 Ruminants 维持净能 NEm (Mcal/kg)	反刍动物 Ruminants 增重净能 NEg (Mcal/kg)	奶牛产奶净能 Dairy Cattle NE1 (Mcal/kg)	鸡 Chickens 氮校正代谢能 MEn (kcal/kg)	鸡 Chickens 真代谢能 TME (kcal/kg)	鸡 Chickens 生产净能 NEp (kcal/kg)	马 Horses 总可消化养分 TDN (%)	马 Horses 消化能 DE (Mcal/kg)	马 Horses 代谢能 ME (Mcal/kg)
血粉,喷雾脱水 Blood meal spray dehy (Blood flour)	5-00-381	93.0	85.0	3.73	3.35	2.06	1.41	1.96	2784.0	—	2251.0	—	—	—
		100.0	91.0	4.01	3.60	2.22	1.52	2.11	2994.0	—	2420.0	—	—	—
啤酒糟,脱水 Brewers grain,dehy	5-02-141	92.0	81.0	3.57	2.46	2.10	1.25	1.47	2293.0	3056.0	1969.0	48.0	—	—
		100.0	88.0	3.88	2.67	2.28	1.36	1.60	2491.0	3319.0	2139.0	52.0	—	—
啤酒糟,湿 Brewers grains,wet	5-02-142	21.0	18.5	0.81	0.56	0.48	0.29	0.37				—	—	—
		100.0	88.0	3.88	2.67	2.28	1.36	1.60				—	—	—
荞麦细麸,普通品种 Buckwheat, common *Fagopyrum sagittatum* middlings	5-00-991	89.0	75.0	3.30	2.93	1.78	1.20	1.73	—	—	—	—	—	—
		100.0	84.0	3.70	3.29	2.00	1.35	1.94	—	—	—	—	—	—
酪乳,浓缩(牛)Buttermilk condensed(Cattle)	5-01-159	29.0	26.0	1.14	1.02	0.62	0.43	0.60	—	—	—	—	—	—
		100.0	88.0	3.88	3.47	2.12	1.45	2.04	—	—	—	—	—	—
酪乳,脱水(牛)Buttermilk dehy(Cattle)	5-01-160	92.0	82.0	3.62	3.24	1.99	1.36	1.90	2752.0	—	1731.0	—	—	—
		100.0	89.0	3.92	3.51	2.15	1.47	2.06	2982.0	—	1876.0	—	—	—
酪蛋白,脱水(牛)Casein dehy(cattle)	5-01-162	91.0	81.0	3.56	3.18	1.95	1.33	1.87	4117.0	—	—	—	—	—
		100.0	89.0	3.92	3.51	2.15	1.47	2.06	4544.0	—	—	—	—	—
酪蛋白,脱水,无抗生素(牛)Casein dehy, vitamin-free(cattle)	5-20-679	92.0	82.0	3.61	3.23	1.98	1.35	1.90	—	—	—	—	—	—
		100.0	89.0	3.92	3.51	2.15	1.47	2.06	—	—	—	—	—	—
酪蛋白,凝固脱水(牛)Casein precipitated dehy(cattle)	5-20-837	92.0	82.0	3.61	3.23	1.98	1.35	1.90	—	—	—	—	—	—
		100.0	89.0	3.92	3.51	2.15	1.47	2.06	—	—	—	—	—	—

续表2-6-1(1)

饲料名称及描述	国际饲料编号 IFN	干物质 DM(%)	反刍动物 Ruminants 总可消化养分 TDN(%)	消化能 DE (Mcal/kg)	代谢能 ME (Mcal/kg)	维持净能 NEm (Mcal/kg)	增重净能 NEg (Mcal/kg)	奶牛产奶净能 Dairy Cattle NE1 (Mcal/kg)	鸡 Chickens 氮校正代谢能 MEn (kcal/kg)	真代谢能 TME (kcal/kg)	生产净能 NEp (kcal/kg)	马 Horses 总可消化养分 TDN (%)	消化能 DE (Mcal/kg)	代谢能 ME (Mcal/kg)
牛舌,新鲜 Cattle *Bos taurus* lips,fresh	5-07-940	30.0	28.0	1.24	1.12	0.69	0.48	0.66	—	—	—	—	—	—
		100.0	94.0	4.14	3.74	2.31	1.59	2.18	—	—	—	—	—	—
牛肝,新鲜 Cattle *Bos taurus* livers,fresh	5-01-166	28.0	27.0	1.18	1.07	0.66	0.46	0.62	—	—	—	—	—	—
		100.0	96.0	4.23	3.83	2.37	1.64	2.23	—	—	—	—	—	—
牛脾,新鲜 Cattle *Bos taurus* spleens,fresh	5-07-942	24.0	23.0	1.01	0.91	0.56	0.39	0.53	—	—	—	—	—	—
		100.0	95.0	4.19	3.78	2.34	1.61	2.21	—	—	—	—	—	—
牛乳房,新鲜 Cattle *Bos taurus* udders,fresh	5-07-943	20.0	20.0	0.86	0.78	0.48	0.33	0.45	—	—	—	—	—	—
		100.0	96.0	4.23	3.83	2.37	1.64	2.23	—	—	—	—	—	—
母肉鸡,整鸡,新鲜 Chicken *Gallus domesticus* hens,whole,fresh	5-07-950	33.0	31.0	1.37	1.23	0.76	0.52	0.72	1048.0	—	768.0	—	—	—
		100.0	94.0	4.14	3.74	2.31	1.59	2.18	3175.0	—	2327.0	—	—	—
椰子粕,机械压榨 Coconut *Cocos nucifera* meats,meal mech extd (Copra meal)	5-01-572	92.0	76.0	3.34	2.96	1.79	1.20	1.74	1514.0	—	1339.0	—	—	—
		100.0	82.0	3.62	3.20	1.94	1.30	1.89	1640.0	—	1451.0	—	—	—
椰子粕,溶剂浸提 Coconut *Cocos nucifera* meats,meal solv extd (Copra meal)	5-01-573	91.0	68.0	3.01	2.63	1.57	1.01	1.56	1506.0	—	1329.0	—	—	—
		100.0	75.0	3.31	2.89	1.73	1.11	1.72	1653.0	—	1460.0	—	—	—
玉米胚芽粕,湿法,溶剂浸提 Corn,dent yellow *Zea mays* indentata germs,meal wet milled solv extd	5-28-240	91.0	67.0	2.97	2.59	1.55	0.99	1.54	1690.0	—	—	—	—	—
		100.0	74.0	3.26	2.85	1.70	1.08	1.69	1854.0	—	—	—	—	—
玉米蛋白粉 Corn,dent yellow *Zea mays* indentata gluten,meal	5-28-241	91.0	78.0	3.46	3.09	1.88	1.27	1.81	2992.0	3623.0	1971.0	—	—	—
		100.0	86.0	3.79	3.38	2.06	1.40	1.99	3278.0	3969.0	2160.0	—	—	—

续表2-6-1(1)

饲料名称及描述	国际饲料编号 IFN	干物质 DM(%)	反刍动物 Ruminants					奶牛产奶净能 Dairy Cattle NE1 (Mcal/kg)	鸡 Chickens			马 Horses		
			总可消化养分 TDN(%)	消化能 DE (Mcal/kg)	代谢能 ME (Mcal/kg)	维持净能 NEm (Mcal/kg)	增重净能 NEg (Mcal/kg)		氮校正代谢能 MEn (kcal/kg)	真代谢能 TME (kcal/kg)	生产净能 NEp (kcal/kg)	总可消化养分 TDN (%)	消化能 DE (Mcal/kg)	代谢能 ME (Mcal/kg)
玉米蛋白粉,60%粗蛋白质 Corn, dent yellow *Zea mays* indentata gluten, meal,60% protein	5-28-242	90.0	81.0	3.54	3.17	1.95	1.33	1.86	3689.0	4003.0	2724.0	—	—	—
		100.0	89.0	3.92	3.51	2.15	1.47	2.06	4086.0	4434.0	3017.0	—	—	—
玉米蛋白饲料 Corn, dent yellow *Zea mays* indentata gluten with bran (Corn gluten feed)	5-28-243	90.0	75.0	3.29	2.92	1.77	1.19	1.72	1731.0	2368.0	1162.0	—	—	—
		100.0	83.0	3.66	3.25	1.97	1.32	1.91	1924.0	2632.0	1291.0	—	—	—
棉籽,带绒 Cotton *Gossypium* spp. seeds, with lint	5-01-614	92.0	88.0	3.89	3.52	2.18	1.51	2.05	—	—	—	—	—	—
		100.0	96.0	4.23	3.83	2.37	1.64	2.23	—	—	—	—	—	—
棉籽粕,机械压榨 Cotton *Gossypium* spp. seeds, meal mech extd (Whole pressed cottonseed)	5-01-609	93.0	55.0	2.46	2.06	1.22	0.61	1.25	—	—	—	—	—	—
		100.0	60.0	2.65	2.22	1.31	0.65	1.35	—	—	—	—	—	—
棉籽粕,机械压榨,36%粗蛋白质 Cotton *Gossypium* spp. seeds, meal mech extd ,36% protein	5-01-625	92.0	67.0	2.97	2.58	1.54	0.97	1.54	1970.0	—	1299.0	—	—	—
		100.0	73.0	3.22	2.80	1.67	1.06	1.67	2137.0	—	1408.0	—	—	—
棉籽粕,机械压榨,41%粗蛋白质 Cotton *Gossypium* spp. seeds, meal mech extd ,41% protein	5-01-617	93.0	72.0	3.19	2.80	1.68	1.10	1.66	2258.0	—	1590.0	—	—	—
		100.0	78.0	3.44	3.02	1.82	1.19	1.79	2437.0	—	1716.0	—	—	—
棉籽粕,预压浸提,41%粗蛋白质 Cotton *Gossypium* spp. seeds, meal prepressed ,solv extd,41% protein	5-07-872	91.0	72.0	3.19	2.82	1.70	1.13	1.67	2144.0	—	1286.0	—	—	—
		100.0	80.0	3.53	3.11	1.88	1.24	1.84	2368.0	—	1420.0	—	—	—

续表2-6-1(1)

饲料名称及描述	国际饲料编号 IFN	干物质 DM(%)	反刍动物 Ruminants 总可消化养分 TDN(%)	消化能 DE (Mcal/kg)	代谢能 ME (Mcal/kg)	维持净能 NEm (Mcal/kg)	增重净能 NEg (Mcal/kg)	奶牛产奶净能 Dairy Cattle NE1 (Mcal/kg)	鸡 Chickens 氮校正代谢能 MEn (kcal/kg)	真代谢能 TME (kcal/kg)	生产净能 NEp (kcal/kg)	马 Horses 总可消化养分 TDN (%)	消化能 DE (Mcal/kg)	代谢能 ME (Mcal/kg)
棉籽粕,预压浸提,44%粗蛋白质 Cotton *Gossypium* spp. seeds, meal pre-pressed, solv extd ,44% protein	5-07-873	91.0	73.0	3.22	2.84	1.72	1.14	1.68	1857.0	—	1253.0	—	—	—
		100.0	80.0	3.53	3.11	1.88	1.24	1.84	2033.0	—	1372.0	—	—	—
棉籽粕,溶剂浸提,低棉酚 Cotton *Gossypium* spp. seeds, meal solv extd, low gossypol	5-01-633	93.0	66.0	2.90	2.51	1.49	0.98	1.50	—	—	—	—	—	—
		100.0	71.0	3.13	2.71	1.61	1.00	1.62	—	—	—	—	—	—
棉籽粕,溶剂浸提,41%粗蛋白质 Cotton *Gossypium* spp. seeds, meal solv extd 41% protein	5-01-621	91.0	70.0	3.06	2.68	1.60	1.04	1.59	1943.0	—	1410.0	—	—	—
		100.0	76.0	3.35	2.93	1.76	1.14	1.74	2131.0	—	1546.0	—	—	—
无壳棉籽粕,预压浸提,50%粗蛋白质 Cotton *Gossypium* spp. seeds without hulls, meal prepressed solv extd, 50% protein	5-07-874	93.0	70.0	3.08	2.69	1.61	1.03	1.60	2141.0	—	1636.0	—	—	—
		100.0	75.0	3.31	2.89	1.73	1.11	1.72	2302.0	—	1759.0	—	—	—
蟹粉 Crab *Callinectes sapidus*-Cancer spp. process residue, meal (Crab meal)	5-01-663	92.0	27.0	1.18	0.78	0.72	—	0.55	1825.0	—	1316.0	—	—	—
		100.0	29.0	1.28	0.84	0.78	—	0.59	1977.0	—	1425.0	—	—	—
鱼肝粉,机械压榨 Fish livers, meal mech extd	5-01-968	93.0	97.0	4.26	3.88	2.43	1.69	2.25	—	—	—	—	—	—
		100.0	104.0	4.59	4.18	2.62	1.82	2.43	—	—	—	—	—	—
浓鱼汁 Fish solubles, condensed	5-01-969	50.0	42.0	1.86	1.65	1.00	0.68	0.97	1786.0	—	1048.0	—	—	—
		100.0	84.0	3.70	3.29	2.00	1.35	1.94	3562.0	—	2091.0	—	—	—

续表2-6-1(1)

饲料名称及描述	国际饲料编号 IFN	干物质 DM(%)	反刍动物 Ruminants 总可消化养分 TDN(%)	反刍动物 Ruminants 消化能 DE (Mcal/kg)	反刍动物 Ruminants 代谢能 ME (Mcal/kg)	反刍动物 Ruminants 维持净能 NEm (Mcal/kg)	反刍动物 Ruminants 增重净能 NEg (Mcal/kg)	奶牛产奶净能 Dairy Cattle NE1 (Mcal/kg)	鸡 Chickens 氮校正代谢能 MEn (kcal/kg)	鸡 Chickens 真代谢能 TME (kcal/kg)	鸡 Chickens 生产净能 NEp (kcal/kg)	马 Horses 总可消化养分 TDN (%)	马 Horses 消化能 DE (Mcal/kg)	马 Horses 代谢能 ME (Mcal/kg)
鱼汁，脱水 Fish solubles, dehy	5-01-971	93.0	77.0	3.39	3.01	1.83	1.22	1.77	2911.0	—	2003.0	—	—	—
		100.0	83.0	3.66	3.25	1.97	1.32	1.91	3140.0	—	2161.0	—	—	—
鱼粉，淡水灰西鲱(大肚鲱)，机械压榨 Fish, alewife *Pomolobus pseudoharengus* meal mech extd	5-09-830	90.0	69.0	3.05	2.68	1.61	1.05	1.59	3494.0	—	2725.0	—	—	—
		100.0	77.0	3.40	2.98	1.79	1.17	1.77	3889.0	—	3033.0	—	—	—
鱼粉，秘鲁鳀鱼，机械压榨 Fish, anchovy *Engraulis ringen* meal mech extd	5-01-985	92.0	72.0	3.20	2.82	1.70	1.12	1.67	2708.0	2972.0	1908.0	—	—	—
		100.0	79.0	3.48	3.07	1.85	1.22	1.82	2948.0	3235.0	2077.0	—	—	—
鱼粉，大西洋鲱丁鱼，机械压榨 Fish, herring *Clupea harengus* meal mech extd	5-02-000	92.0	76.0	3.36	2.98	1.81	1.21	1.76	3261.0	3377.0	2101.0	—	—	—
		100.0	83.0	3.66	3.25	1.97	1.32	1.91	3548.0	3674.0	2285.0	—	—	—
鱼粉，大鲱鱼，机械压榨 Fish, menhaden *Brevoortia tyrannus* meal mech extd	5-02-009	92.0	67.0	2.95	2.57	1.53	0.97	1.53	2849.0	2744.0	2037.0	—	—	—
		100.0	73.0	3.22	2.80	1.67	1.06	1.67	3110.0	2995.0	2225.0	—	—	—
鱼粉，红鱼，机械压榨 Fish, Redfish *Sciaenops ocellata* meal mech extd	5-07-973	93.0	72.0	3.16	2.78	1.66	1.09	1.65	3229.0	2359.0	1908.0	—	—	—
		100.0	77.0	3.40	2.98	1.79	1.17	1.77	3467.0	2533.0	2048.0	—	—	—
鱼粉，沙丁鱼，机械压榨 Fish, salmon *Oncorhynchus* spp.-*Salmo* spp. meal mech extd	5-02-012	93.0	71.0	3.16	2.77	1.66	1.08	1.64	—	—	—	—	—	—
		100.0	77.0	3.40	2.98	1.79	1.17	1.77	—	—	—	—	—	—
鱼粉，鲑鱼，机械压榨 Fish, sardine *Clupea* spp.-*Sardinops* spp. meal mech extd	5-02-015	93.0	70.0	3.08	2.69	1.61	1.03	1.60	2896.0	—	2005.0	—	—	—
		100.0	75.0	3.31	2.89	1.73	1.11	1.72	3109.0	—	2152.0	—	—	—

续表2-6-1(1)

饲料名称及描述	国际饲料编号 IFN	干物质 DM(%)	反刍动物 Ruminants					奶牛产奶净能 Dairy Cattle NE1 (Mcal/kg)	鸡 Chickens			马 Horses		
			总可消化养分 TDN(%)	消化能 DE (Mcal/kg)	代谢能 ME (Mcal/kg)	维持净能 NEm (Mcal/kg)	增重净能 NEg (Mcal/kg)		氮校正代谢能 MEn (kcal/kg)	真代谢能 TME (kcal/kg)	生产净能 NEp (kcal/kg)	总可消化养分 TDN (%)	消化能 DE (Mcal/kg)	代谢能 ME (Mcal/kg)
鱼粉，金枪鱼，机械压榨 Fish, tuna *Thunnus thynnus-Thunnus albacares* meal mech extd	5-02-023	93.0	65.0	2.86	2.47	1.47	0.90	1.48	2813.0	—	1979.0	—	—	—
		100.0	70.0	3.09	2.67	1.58	0.97	1.60	3032.0	—	2134.0	—	—	—
鱼粉，白鱼，机械压榨 Fish, white gadidae (family)-Lophiidae (family) meal mech extd	5-02-025	91.0	70.0	3.10	2.72	1.63	1.06	1.61	2593.0	2387.0	1821.0	—	—	—
		100.0	77.0	3.40	2.98	1.79	1.17	1.77	2843.0	2616.0	1997.0	—	—	—
亚麻籽粕，机械压榨 Flax *Linum usitatissimum* seeds, meal mech extd (Linseed meal)	5-02-045	91.0	74.0	3.28	2.90	1.76	1.18	1.71	1518.0	—	1123.0	—	—	—
		100.0	82.0	3.62	3.20	1.94	1.30	1.89	1673.0	—	1237.0	—	—	—
亚麻籽粕，溶剂浸提 Flax *Linum usitatissimum* seeds, meal solv extd (Linseed meal)	5-02-048	90.0	70.0	3.10	2.73	1.64	1.08	1.62	1411.0	2644.0	991.0	—	—	—
		100.0	75.0	3.44	3.02	1.82	1.19	1.79	1565.0	2931.0	1099.0	—	—	—
明胶加工下脚料 Gelatin process residue (Gelatin by-product)	5-14-503	90.0	72.0	3.17	2.80	1.69	1.12	1.65	2138.0	—	—	—	—	—
		100.0	80.0	3.53	3.11	1.88	1.24	1.84	2379.0	—	—	—	—	—
肝粉 Livers meal	5-00-389	92.0	89.0	3.96	3.58	2.22	1.54	2.09	2875.0	—	—	—	—	—
		100.0	97.0	4.28	3.87	2.40	1.66	2.26	3109.0	—	—	—	—	—
肉粉，脱脂 Meat meal rendered	5-00-385	94.0	67.0	2.93	2.54	1.51	0.94	1.52	2091.0	2905.0	1644.0			—
		100.0	71.0	3.13	2.71	1.61	1.00	1.62	2231.0	3100.0	1755.0	—	—	—
带血肉粉，脱脂 Meat with blood, meal rendered (Tankage)	5-00-386	92.0	67.0	2.92	2.54	1.51	0.95	1.51	2672.0	2981.0	1781.0	—	—	—
		100.0	72.0	3.17	2.76	1.64	1.03	1.64	2901.0	3238.0	1934.0	—	—	—

续表2-6-1(1)

饲料名称及描述	国际饲料编号 IFN	干物质 DM(%)	反刍动物 Ruminants					奶牛产奶净能 Dairy Cattle NE1 (Mcal/kg)	鸡 Chickens			马 Horses		
			总可消化养分 TDN(%)	消化能 DE (Mcal/kg)	代谢能 ME (Mcal/kg)	维持净能 NEm (Mcal/kg)	增重净能 NEg (Mcal/kg)		氮校正代谢能 MEn (kcal/kg)	真代谢能 TME (kcal/kg)	生产净能 NEp (kcal/kg)	总可消化养分 TDN (%)	消化能 DE (Mcal/kg)	代谢能 ME (Mcal/kg)
带血肉骨粉,脱脂 Meat with blood with bone,meal rendered (Tankage)	5-00-387	93.0	63.0	2.79	2.40	1.42	0.84	1.44	1791.0	—	1514.0	—	—	—
		100.0	68.0	3.00	2.58	1.52	0.91	1.55	1928.0	—	1629.0	—	—	—
肉骨粉,脱脂 Meat with bone,meal rendered	5-00-388	93.0	66.0	2.92	2.53	1.50	0.93	1.51	2082.0	—	1706.0	—	—	—
		100.0	71.0	3.13	2.71	1.61	1.00	1.62	2236.0	—	1832.0	—	—	—
奶粉(牛)Milk dehy(Cattle)	5-01-167	96.0	114.0	5.03	4.64	2.95	2.08	2.68	—	—	—	—	—	—
		100.0	119.0	5.25	4.85	3.08	2.17	2.80	—	—	—	—	—	—
鲜奶(牛)Milk fresh(Cattle)	5-01-168	12.0	16.0	0.70	0.65	0.42	0.30	0.38	—	—	—	—	—	—
		100.0	129.0	5.69	5.29	3.37	2.41	3.04	—	—	—	—	—	—
脱脂奶粉(牛) Milk skimmed dehy (Cattle)	5-01-175	94.0	79.0	3.52	3.13	1.91	1.29	1.84	2533.0	2129.0	1653.0	—	—	—
		100.0	85.0	3.75	3.34	2.03	1.37	1.96	2696.0	2267.0	1760.0	—	—	—
脱脂鲜奶(牛) Milk skimmed fresh(Cattle)	5-01-170	10.0	9.0	0.39	0.35	0.22	0.15	0.20	—	—	—	—	—	—
		100.0	92.0	4.06	3.65	2.25	1.54	2.13	—	—	—	—	—	—
豌豆 Pea *Pisum* spp. seeds	5-03-600	89.0	77.0	3.41	3.05	1.86	1.26	1.79	2123.0	—	1542.0	69.0	—	—
		100.0	87.0	3.84	3.42	2.09	1.42	2.01	2385.0	—	1732.0	78.0	—	—
花生粕,机械压榨 Peanut *Arachis hypogaea* kernels,meal mech extd(Peanut meal)	5-03-649	93.0	77.0	3.39	3.01	1.82	1.22	1.77	2662.0	—	1898.0	—	—	—
		100.0	83.0	3.66	3.25	1.97	1.32	1.91	2874.0	—	2049.0	—	—	—
花生粕,溶剂浸提 Peanut *Arachis hypogaea* kernels,meal solv extd (Peanut meal)	5-03-650	92.0	71.0	3.12	2.74	1.64	1.07	1.63	2693.0	—	1967.0	—	—	—
		100.0	77.0	3.40	2.98	1.79	1.17	1.77	2928.0	—	2138.0	—	—	—

续表2-6-1(1)

饲料名称及描述	国际饲料编号 IFN	干物质 DM(%)	反刍动物 Ruminants					奶牛产奶	鸡 Chickens			马 Horses		
			总可消化养分 TDN(%)	消化能 DE (Mcal/kg)	代谢能 ME (Mcal/kg)	维持净能 NEm (Mcal/kg)	增重净能 NEg (Mcal/kg)	净能 Dairy Cattle NE1 (Mcal/kg)	氮校正代谢能 MEn (kcal/kg)	真代谢能 TME (kcal/kg)	生产净能 NEp (kcal/kg)	总可消化养分 TDN (%)	消化能 DE (Mcal/kg)	代谢能 ME (Mcal/kg)
家禽副产品粉,脱脂(包含内脏、头、爪)Poultry by-product, meal rendered (Viscera with feet with heads)	5-03-798	93.0	74.0	3.26	2.87	1.73	1.14	1.70	2851.0	4171.0	2016.0	—	—	—
		100.0	79.0	3.48	3.07	1.85	1.22	1.82	3051.0	4463.0	2158.0	—	—	—
家禽羽毛粉,水解 Poultry feathers, hydrolyzed	5-03-795	93.0	65.0	2.87	2.48	1.47	0.90	1.48	2427.0	3941.0	1521.0	—	—	—
		100.0	70.0	3.09	2.67	1.58	0.97	1.60	2609.0	4238.0	1636.0	—	—	—
家禽粪便和垫料 Poultry manure and litter	5-05-587	89.0	59.0	2.60	2.22	1.31	0.76	1.34	—	—	—	—	—	—
		100.0	66.0	2.91	2.49	1.47	0.85	1.50	—	—	—	—	—	—
家禽粪便,脱水 Poultry manure, dehy	5-14-015	90.0	52.0	2.31	1.93	1.14	0.53	1.17	1031.0	—	—	—	—	—
		100.0	58.0	2.56	2.13	1.26	0.58	1.30	1142.0	—	—	—	—	—
芸薹属油菜粕,机械压榨 Rape *Brassica* spp. seeds, meal mech extd	5-03-870	92.0	70.0	3.08	2.70	1.62	1.05	1.60	2003.0	2216.0	1076.0	—	—	—
		100.0	76.0	3.35	2.93	1.76	1.14	1.74	2177.0	2410.0	1170.0	—	—	—
芸薹属油菜粕,溶剂浸提 Rape *Brassica* spp. seeds, meal solv extd	5-03-871	91.0	63.0	2.77	2.39	1.41	0.86	1.43	1751.0	2103.0	1088.0	—	—	—
		100.0	69.0	3.04	2.62	1.55	0.94	1.57	1924.0	2310.0	1196.0	—	—	—
甘蓝型油菜籽粕,机械压榨 Rape, summer *Brassica napus* seeds, meal mech extd	5-08-136	94.0	70.0	3.07	2.68	1.60	1.02	1.59	—	—	—	—	—	—
		100.0	74.0	3.26	2.85	1.70	1.08	1.69	—	—	—	—	—	—
甘蓝型油菜籽粕,预压浸提 Rape, summer brassica napus seeds, meal prepressed, solv extd	5-08-135	92.0	69.0	3.04	2.66	1.59	1.02	1.58	—	—	—	—	—	—
		100.0	75.0	3.31	2.89	1.73	1.11	1.72	—	—	—	—	—	—
黑麦酒糟,脱水 Rye secale cereale distillers grains, dehy	5-04-023	92.0	56.0	2.47	2.08	1.23	0.63	1.26	—	—	—	—	—	—
		100.0	61.0	2.69	2.27	1.33	0.69	1.38	—	—	—	—	—	—

续表2-6-1(1)

饲料名称及描述	国际饲料编号 IFN	干物质 DM(%)	反刍动物 Ruminants 总可消化养分 TDN(%)	消化能 DE (Mcal/kg)	代谢能 ME (Mcal/kg)	维持净能 NEm (Mcal/kg)	增重净能 NEg (Mcal/kg)	奶牛产奶净能 Dairy Cattle NE1 (Mcal/kg)	鸡 Chickens 氮校正代谢能 MEn (kcal/kg)	真代谢能 TME (kcal/kg)	生产净能 NEp (kcal/kg)	马 Horses 总可消化养分 TDN (%)	消化能 DE (Mcal/kg)	代谢能 ME (Mcal/kg)
红花籽粕,机械压榨 Safflower *Carthamus tinctorius* seeds, meal mech extd	5-04-109	91.0	55.0	2.42	2.03	1.20	0.60	1.24	—	—	—	—	—	—
		100.0	60.0	2.65	2.22	1.31	0.65	1.35	—	—	—	—	—	—
红花籽粕,溶剂浸提 Safflower *Carthamus tinctorius* seeds, meal solv extd	5-04-110	92.0	52.0	2.32	1.93	1.14	0.50	1.18	1193.0	—	1035.0	—	—	—
		100.0	57.0	2.51	2.09	1.23	0.55	1.28	1294.0	—	1122.0	—	—	—
去壳红花籽粕,溶剂浸提 Safflower *Carthamus tinctorius* seeds without hulls, meal solv extd	5-07-959	92.0	67.0	2.95	2.57	1.53	0.97	1.53	1921.0	—	1185.0	—	—	—
		100.0	73.0	3.22	2.80	1.67	1.06	1.67	2096.0	—	1293.0	—	—	—
芝麻粕,机械压榨 Sesame *Sesamum indicum* seeds, meal mech extd	5-04-220	93.0	71.0	3.15	2.76	1.66	1.08	1.64	2213.0	—	1708.0	—	—	—
		100.0	77.0	3.40	2.98	1.79	1.17	1.77	2387.0	—	1842.0	—	—	—
虾粉 Shrimp *Pandalus* spp.-*penaeus* spp. process residue, meal(Shrimp meal)	5-04-226	90.0	41.0	1.83	1.44	0.90	0.09	0.91	1920.0	—	883.0	—	—	—
		100.0	46.0	2.03	1.60	0.99	0.10	1.01	2131.0	—	980.0	—	—	—
高粱酒糟,脱水 Sorghum *Sorghum bicolor* distillers grains, dehy	5-04-374	94.0	78.0	3.43	3.04	1.85	1.24	1.79	—	—	—	—	—	—
		100.0	83.0	3.66	3.25	1.97	1.32	1.91	—	—	—	—	—	—
大豆浓缩蛋白,粗蛋白质>70% Soybean *Glycine max* protein concentrate, more than 70% protein	5-08-038	92.0	70.0	3.08	2.69	1.61	1.04	1.60	2472.0	—	1798.0	—	—	—
		100.0	76.0	3.35	2.93	1.76	1.14	1.74	2695.0	—	1960.0	—	—	—
向日葵粕,溶剂浸提 Sunflower, common *Helianthus annuus* seeds, meal solv extd	5-09-340	90.0	40.0	1.75	1.36	0.86	0.01	0.86	1543.0	—	—	—	—	—
		100.0	44.0	1.94	1.51	0.96	0.01	0.96	1715.0	—	—	—	—	—

续表2-6-1(1)

饲料名称及描述	国际饲料编号 IFN	干物质 DM(%)	反刍动物 Ruminants 总可消化养分 TDN(%)	反刍动物 Ruminants 消化能 DE (Mcal/kg)	反刍动物 Ruminants 代谢能 ME (Mcal/kg)	反刍动物 Ruminants 维持净能 NEm (Mcal/kg)	反刍动物 Ruminants 增重净能 NEg (Mcal/kg)	奶牛产奶净能 Dairy Cattle NE1 (Mcal/kg)	鸡 Chickens 氮校正代谢能 MEn (kcal/kg)	鸡 Chickens 真代谢能 TME (kcal/kg)	鸡 Chickens 生产净能 NEp (kcal/kg)	马 Horses 总可消化养分 TDN (%)	马 Horses 消化能 DE (Mcal/kg)	马 Horses 代谢能 ME (Mcal/kg)
去壳向日葵粕,溶剂浸提 Sunflower, common *Helianthus annuus* seeds, without hulls, meal mech extd	5-04-738	93.0	69.0	3.03	2.64	1.57	1.00	1.57	2218.0	—	1220.0	—	—	—
		100.0	74.0	3.26	2.85	1.70	1.08	1.69	2391.0	—	1315.0	—	—	—
去壳红花籽粕,溶剂浸提 Sunflower, common *Helianthus annuus* seeds, without hulls, meal solv extd	5-04-739	93.0	60.0	2.67	2.27	1.34	0.76	1.37	2085.0	2390.0	1213.0	—	—	—
		100.0	65.0	2.87	2.45	1.44	0.82	1.47	2242.0	2570.0	1304.0	—	—	—
猪肝,新鲜 Swine *Sus scrofa* livers, fresh	5-04-792	30.0	29.0	1.29	1.17	0.73	0.50	0.68	—	—	—	—	—	—
		100.0	97.0	4.28	3.87	2.40	1.66	2.26	—	—	—	—	—	—
猪肺,新鲜 Swine *Sus scrofa* lungs, fresh	5-26-140	16.0	15.0	0.65	0.58	0.36	0.25	0.34	—	—	—	—	—	—
		100.0	93.0	4.10	3.69	2.28	1.57	2.16	—	—	—	—	—	—
番茄渣,脱水 Tomato *Lycopersicon esculentum* pomace, dehy	5-05-041	92.0	53.0	2.35	1.96	1.16	0.53	1.19	1751.0	—	—	—	—	—
		100.0	58.0	2.56	2.13	1.26	0.58	1.30	1908.0	—	—	—	—	—
尿素,45%氮,281%蛋白质当量 Urea 45% Nitrogen, 281% protein equivalent	5-05-070	99.0	0.0	0.0	0.0	0.0	0.0	0.0	—	—	—	—	—	—
		100.0	0.0	0.0	0.0	0.0	0.0	0.0	—	—	—	—	—	—
鲸肉粉,脱脂 Whale *Balaena glacialis*-Balaenoptera spp. meat, meal rendered	5-05-160	91.0	80.0	3.55	3.17	1.94	1.32	1.86	—	—	—	—	—	—
		100.0	88.0	3.88	3.47	2.12	1.45	2.04	—	—	—	—	—	—
小麦胚芽,粉碎 Wheat *Triticum aestivum* germs, ground	5-05-218	88.0	83.0	3.66	3.30	2.04	1.40	1.93	2694.0	—	1619.0	—	—	—
		100.0	94.0	4.14	3.74	2.31	1.59	2.18	3051.0	—	1834.0	—	—	—

表 2-6-1(2) 饲料原料的组成、能值、概略养分、植物细胞壁成分和酸性洗涤纤维(饲喂基础或干物质基础)

饲料名称及描述	干物质 DM (%)	猪			粗蛋白质 CP (%)	植物细胞壁成分 Plant cell wall constituents(%)						粗脂肪 EE (%)	粗灰分 Ash (%)
		总可消化养分 TDN (%)	消化能 DE (kcal/kg)	代谢能 ME (kcal/kg)		细胞壁 Cell walls	纤维素 Cellulose	半纤维素 Hemicellulose	木质素 Lignin	酸性洗涤纤维 ADF	粗纤维 CF		
动物副产品粉,脱脂 Animal by-product, meal rendered	93.0	—	—	—	60.2	—	—	—	—	—	2.2	9.0	21.9
	100.0	—	—	—	64.7	—	—	—	—	—	2.4	9.7	23.6
大麦芽,脱水 Barley *Hordeum vulgare* malt sprouts, dehy	94.0	36.0	2438.0	2204.0	26.3	44.0	13.0	25.0	3.0	17.0	15.0	1.3	6.6
	100.0	38.0	2602.0	2352.0	28.1	47.0	14.0	27.0	3.0	18.0	16.0	1.4	7.0
菜豆 Bean, navy *Phaseolus vulgaris* seeds	89.0	—	3714.0	3376.0	22.6	—	—	—	—	—	4.5	1.3	4.7
	100.0	—	4150.0	3772.0	25.3	—	—	—	—	—	5.0	1.5	5.2
血粉 Blood meal	92.0	61.0	2739.0	2313.0	79.8	—	—	—	—	—	1.0	1.3	5.3
	100.0	67.0	2993.0	2527.0	87.2	—	—	—	—	—	1.1	1.4	5.8
血粉,瞬间脱水 Blood meal flash dehy	92.0	—	2529.0	1951.0	85.9	—	—	—	—	—	1.0	1.6	—
	100.0	—	2748.0	2120.0	93.3	—	—	—	—	—	1.1	1.8	—
血粉,喷雾脱水 Blood meal spray dehy (Blood flour)	93.0	—	2712.0	1950.0	85.6	—	—	—	—	—	1.0	1.3	6.6
	100.0	—	2916.0	2097.0	93.0	—	—	—	—	—	1.1	1.4	7.1
啤酒糟,脱水 Brewers grain, dehy	92.0	58.0	2487.0	2285.0	27.1	42.0	—	—	6.0	22.0	13.2	6.6	3.6
	100.0	63.0	2701.0	2482.0	29.4	46.0	—	—	6.0	24.0	14.4	7.2	3.9
啤酒糟,湿 Brewers grains, wet	21.0	—	—	—	4.9	9.0	—	—	1.0	5.0	3.2	1.4	1.0
	100.0	—	—	—	23.2	42.0	—	—	5.0	23.0	15.3	6.5	4.8
荞麦细麸,普通品种 Buckwheat, common *Fagopyrum sagittatum* middlings	89.0	—	—	—	29.8	—	—	—	—	—	7.4	7.3	4.9
	100.0	—	—	—	33.5	—	—	—	—	—	8.3	8.2	5.5
酪乳,浓缩(牛) Buttermilk condensed (Cattle)	29.0	22.0	974.0	862.0	10.8	—	—	—	—	—	0.1	2.4	3.6
	100.0	76.0	3315.0	2935.0	36.9	—	—	—	—	—	0.3	8.3	12.3
酪乳,脱水(牛) Buttermilk dehy (Cattle)	92.0	77.0	3411.0	3046.0	31.7	—	—	—	—	—	0.3	4.7	9.1
	100.0	84.0	3696.0	3300.0	34.4	—	—	—	—	—	0.4	5.0	9.9

续表2-6-1(2)

饲料名称及描述	干物质 DM (%)	猪 总可消化养分 TDN (%)	猪 消化能 DE (kcal/kg)	猪 代谢能 ME (kcal/kg)	粗蛋白质 CP (%)	植物细胞壁成分 Plant cell wall constituents(%) 细胞壁 Cell walls	纤维素 Cellulose	半纤维素 Hemicellulose	木质素 Lignin	酸性洗涤纤维 ADF	粗纤维 CF	粗脂肪 EE (%)	粗灰分 Ash (%)
酪蛋白,脱水(牛)Casein dehy(cattle)	91.0	80.0	3507.0	2710.0	84.0	—	—	—	—	—	0.2	0.6	2.2
	100.0	88.0	3870.0	2991.0	92.7	—	—	—	—	—	0.2	0.7	2.4
酪蛋白,凝固脱水(牛)Casein precipitated dehy(cattle)	92.0	—	—	—	85.0	—	—	—	—	—	—	—	—
	100.0	—	—	—	92.4	—	—	—	—	—	—	—	—
牛舌,新鲜 Cattle *Bos taurus* lips,fresh	30.0	—	—	—	18.0	—	—	—	—	—	—	7.0	—
	100.0	—	—	—	60.0	—	—	—	—	—	—	23.3	—
牛肝,新鲜 Cattle *Bos taurus* livers,fresh	28.0	—	—	—	19.5	—	—	—	—	—	0.2	5.1	1.4
	100.0	—	—	—	69.6	—	—	—	—	—	0.6	18.3	4.9
牛脾,新鲜 Cattle *Bos taurus* spleens,fresh	24.0	—	—	—	16.5	—	—	—	—	—	1.0	3.9	1.5
	100.0	—	—	—	68.7	—	—	—	—	—	4.0	16.1	6.0
牛乳房,新鲜 Cattle *Bos taurus* udders,fresh	20.0	—	—	—	11.9	—	—	—	—	—	0.3	6.1	1.5
	100.0	—	—	—	58.6	—	—	—	—	—	1.2	30.0	7.4
母肉鸡,整鸡,新鲜 Chicken *Gallus domesticus* hens,whole,fresh	33.0	24.0	1101.0	933.0	19.9	—	—	—	—	—	0.5	7.9	1.0
	100.0	74.0	3337.0	2829.0	60.3	—	—	—	—	—	1.5	24.1	3.1
椰子粕,机械压榨 Coconut *Cocos nucifera* meats,meal mech extd (Copra meal)	92.0	75.0	3739.0	3420.0	20.7	—	—	—	—	—	11.8	6.4	6.8
	100.0	82.0	4051.0	3706.0	22.4	—	—			—	12.8	6.9	7.3
椰子粕,溶剂浸提 Coconut *Cocos nucifera* meats,meal solv extd (Copra meal)	91.0	73.0	3216.0	3053.0	21.3	—	—	—	—	—	14.0	3.5	6.0
	100.0	80.0	3532.0	3353.0	23.4	—	—	—	—	—	15.4	3.9	6.6
玉米胚芽粕,湿法,溶剂浸提 Corn,dent yellow *Zea mays* indentata germs,meal wet milled solv extd	91.0	—	3283.0	3004.0	20.4	—	—	—	—	—	12.0	3.7	3.8
	100.0	—	3061.0	3295.0	22.3	—	—	—	—	—	13.1	4.1	4.2

续表2-6-1(2)

饲料名称及描述	干物质 DM (%)	猪			粗蛋白质 CP (%)	植物细胞壁成分 Plant cell wall constituents(%)						粗脂肪 EE (%)	粗灰分 Ash (%)
		总可消化养分 TDN (%)	消化能 DE (kcal/kg)	代谢能 ME (kcal/kg)		细胞壁 Cell walls	纤维素 Cellulose	半纤维素 Hemicellulose	木质素 Lignin	酸性洗涤纤维 ADF	粗纤维 CF		
玉米蛋白粉 Corn, dent yellow *Zea mays* indentata gluten, meal	91.0	80.0	3538.0	3136.0	42.7	34.0	7.0	—	1.0	8.0	4.4	2.2	3.1
	100.0	88.0	3876.0	3436.0	46.8	37.0	8.0	—	1.0	9.0	4.8	2.4	3.4
玉米蛋白粉,60%粗蛋白质 Corn, dent yellow *Zea mays* indentata gluten, meal, 60% protein	90.0	80.0	3981.0	3528.0	60.7	13.0	4.0	—	1.0	5.0	2.0	2.2	1.6
	100.0	89.0	4409.0	3907.0	67.2	14.0	4.0	—	1.0	5.0	2.2	2.4	1.8
玉米蛋白饲料 Corn, dent yellow *Zea mays* indentata gluten with bran (Corn gluten feed)	90.0	76.0	3205.0	2475.0	23.0	—	—	—	—	—	8.7	2.2	6.7
	100.0	84.0	3562.0	2751.0	25.6	—	—	—	—	—	9.7	2.4	7.5
棉籽,带绒 Cotton *Gossypium* spp. seeds, with lint	92.0	—	—	—	22.0	36.0	—	—	—	27.0	19.1	21.3	4.4
	100.0	—	—	—	23.9	39.0	—	—	—	29.0	20.8	23.1	4.8
棉籽粕,机械压榨 Cotton *Gossypium* spp. seeds, meal mech extd (Whole pressed cottonseed)	93.0	—	3559.0	3054.0	37.9	—	—	—	—	—	13.3	5.0	6.3
	100.0	—	3831.0	3287.0	40.8	—	—	—	—	—	14.3	5.4	6.8
棉籽粕,机械压榨,36%粗蛋白质 Cotton *Gossypium* spp. seeds, meal mech extd, 36% protein	92.0	67.0	2961.0	2610.0	38.6	—	—	—	—	—	14.3	4.2	6.7
	100.0	73.0	3212.0	2831.0	41.9	—	—	—	—	—	15.5	4.6	7.3
棉籽粕,机械压榨,41%粗蛋白质 Cotton *Gossypium* spp. seeds, meal mech extd, 41% protein	93.0	69.0	2939.0	2714.0	41.0	26.0	12.0	—	6.0	19.0	11.9	4.6	6.1
	100.0	75.0	3173.0	2929.0	44.3	28.0	13.0	—	6.0	20.0	12.8	5.0	6.6
棉籽粕,预压浸提,41%粗蛋白质 Cotton *Gossypium* spp. seeds, meal pre-pressed, solv extd, 41% protein	91.0	61.0	2615.0	2485.0	41.3	24.0	11.0	—	5.0	17.0	12.8	1.1	6.4
	100.0	68.0	2888.0	2745.0	45.6	26.0	12.0	—	6.0	19.0	14.1	1.3	7.0
棉籽粕,预压浸提,44%粗蛋白质 Cotton *Gossypium* spp. seeds, meal pre-pressed, solv extd, 44% protein	91.0	—	—	—	44.7	26.0	12.0	—	6.0	19.0	11.1	1.6	6.1
	100.0	—	—	—	48.9	28.0	13.0	—	7.0	21.0	12.1	1.7	6.7

续表2-6-1(2)

饲料名称及描述	干物质 DM (%)	猪 总可消化养分 TDN (%)	猪 消化能 DE (kcal/kg)	猪 代谢能 ME (kcal/kg)	粗蛋白质 CP (%)	植物细胞壁成分 Plant cell wall constituents(%) 细胞壁 Cell walls	纤维素 Cellulose	半纤维素 Hemicellulose	木质素 Lignin	酸性洗涤纤维 ADF	粗纤维 CF	粗脂肪 EE (%)	粗灰分 Ash (%)
棉籽粕,溶剂浸提,低棉酚 Cotton *Gossypium* spp. seeds,meal solv extd,low gossypol	93.0	—	—	—	41.5	—	—	—	—	—	12.7	1.2	5.8
	100.0	—	—	—	44.8	—	—	—	—	—	13.7	1.3	6.3
棉籽粕,溶剂浸提,41%粗蛋白质 Cotton *Gossypium* spp. seeds,meal solv extd 41% protein	91.0	61.0	2675.0	2364.0	41.2	—	—	—	—	—	12.1	1.4	6.5
	100.0	67.0	2933.0	2592.0	45.2	—	—	—	—	—	13.3	1.6	7.1
无壳棉籽粕,预压浸提,50%粗蛋白质 Cotton *Gossypium* spp. seeds without hulls,meal prepressed solv extd,50% protein	93.0	—	—	—	50.3	—	—	—	—	—	8.2	1.3	6.6
	100.0	—	—	—	54.0	—	—	—	—	—	8.8	1.4	7.1
蟹粉 Crab *Callinectes sapidus*-Cancer spp. process residue,meal (Crab meal)	92.0	—	1378.0	1226.0	32.1	—	—	—	—	—	10.7	2.0	41.2
	100.0	—	1493.0	1328.0	34.8	—	—	—	—	—	11.6	2.1	44.6
鱼肝粉,机械压榨 Fish livers,meal mech extd	93.0	—	—	—	62.8	—	—	—	—	—	1.2	17.3	6.1
	100.0	—	—	—	67.7	—	—	—	—	—	1.3	18.6	6.6
浓鱼汁 Fish solubles,condensed	50.0	44.0	1898.0	1613.0	32.7	—	—	—	—	—	0.5	5.6	9.6
	100.0	88.0	3784.0	3217.0	65.3	—	—	—	—	—	0.9	11.2	19.2
鱼汁,脱水 Fish solubles,dehy	93.0	66.0	2922.0	2814.0	64.1	—	—	—	—	—	1.4	8.2	12.5
	100.0	72.0	3153.0	3036.0	69.2	—	—	—	—	—	1.5	8.9	13.5
鱼粉,淡水灰西鲱(大肚鲱),机械压榨 Fish,alewife *Pomolobus pseudoharengus* meal mech extd	90.0	68.0	3798.0	3334.0	36.4	—	—	—	—	—	1.4	9.8	16.7
	100.0	76.0	4227.0	3711.0	40.6	—	—	—	—	—	1.6	10.9	18.6
鱼粉,秘鲁鳀鱼,机械压榨 Fish,Anchovy *Engraulis ringen* meal mech extd	92.0	69.0	3017.0	2476.0	65.5	—	—	—	—	—	1.0	4.1	14.8
	100.0	75.0	3283.0	2695.0	71.2	—	—	—	—	—	1.1	4.5	16.1

续表2-6-1(2)

饲料名称及描述	干物质 DM (%)	猪			粗蛋白质 CP (%)	植物细胞壁成分 Plant cell wall constituents(%)						粗脂肪 EE (%)	粗灰分 Ash (%)
		总可消化养分 TDN (%)	消化能 DE (kcal/kg)	代谢能 ME (kcal/kg)		细胞壁 Cell walls	纤维素 Cellulose	半纤维素 Hemicellulose	木质素 Lignin	酸性洗涤纤维 ADF	粗纤维 CF		
鱼粉,大西洋鲱丁鱼,机械压榨 Fish, herring *Clupea harengus* meal mech extd	92.0	75.0	3597.0	2781.0	72.0	—	—	—	—	—	0.7	8.4	10.5
	100.0	82.0	3914.0	3026.0	78.3	—	—	—	—	—	0.7	9.2	11.4
鱼粉,大鲱鱼,机械压榨 Fish, menhaden *Brevoortia tyrannus* meal mech extd	92.0	61.0	3480.0	2633.0	61.1	—	—	—	—	—	0.9	9.6	19
	100.0	67.0	3799.0	2875.0	66.7	—	—	—	—	—	1.0	10.5	20.8
鱼粉,红鱼,机械压榨 Fish, redfish *Sciaenops ocellata* meal mech extd	93.0	67.0	2946.0	2582.0	56.8	—	—	—	—	—	0.9	9.1	25.3
	100.0	72.0	3163.0	2772.0	61.0	—	—	—	—	—	1.0	9.8	27.1
鱼粉,沙丁鱼,机械压榨 Fish, salmon *Oncorhynchus* spp.-*Salmo* spp. meal mech extd	93.0	—	—	—	61.1	—	—	—	—	—	0.3	11.4	17.8
	100.0	—	—	—	65.6	—	—	—	—	—	0.3	12.2	19.1
鱼粉,鲑鱼,机械压榨 Fish, *Sardine clupea* spp.-*Sardinops* spp. meal mech extd	93.0	67.0	2946.0	2531.0	65.2	—	—	—	—	—	1.0	5.0	15.8
	100.0	72.0	3163.0	2717.0	70.0	—	—	—	—	—	1.1	5.4	17
鱼粉,金枪鱼,机械压榨 Fish, tuna *thunnus thynnus*-*Thunnus albacares* meal mech extd	93.0	65.0	3237.0	2369.0	59.0	—	—	—	—	—	0.8	6.9	21.9
	100.0	70.0	3489.0	2554.0	63.6	—	—	—	—	—	0.9	7.4	23.6
鱼粉,白鱼,机械压榨 Fish, white gadidae (family)-Lophiidae (family) meal mech extd	91.0	68.0	3017.0	2656.0	62.6	—	—	—	—	—	0.7	4.6	23.2
	100.0	75.0	3307.0	2912.0	68.2	—	—	—	—	—	0.8	5.1	25.4
亚麻籽粕,机械压榨 Flax *Linum usitatissimum* seeds, meal mech extd (Linseed meal)	91.0	73.0	3381.0	2761.0	34.3	23.0	—	—	6.0	15.0	8.8	5.4	5.7
	100.0	81.0	3727.0	3044.0	37.9	25.0	—	—	7.0	17.0	9.6	6.0	6.3
亚麻籽粕,溶剂浸提 Flax *Linum usitatissimum* seeds, meal solv extd (Linseed meal)	90.0	65.0	2883.0	2523.0	34.6	23.0	—	—	5.0	17.0	9.1	1.4	5.8
	100.0	72.0	3196.0	2797.0	38.3	25.0	—	—	6.0	19.0	10.1	1.5	6.5

续表2-6-1(2)

饲料名称及描述	干物质 DM (%)	猪			粗蛋白质 CP (%)	植物细胞壁成分 Plant cell wall constituents(%)						粗脂肪 EE (%)	粗灰分 Ash (%)
		总可消化养分 TDN (%)	消化能 DE (kcal/kg)	代谢能 ME (kcal/kg)		细胞壁 Cell walls	纤维素 Cellulose	半纤维素 Hemicellulose	木质素 Lignin	酸性洗涤纤维 ADF	粗纤维 CF		
明胶加工下脚料 Gelatin process residue (Gelatin by-product)	90.0	—	2801.0	2138.0	87.6	—	—	—	—	—	—	0.0	—
	100.0	—	3177.0	2379.0	97.4	—	—	—	—	—	—	0.1	—
肝粉 Livers meal	92.0	—	—	—	66.0	—	—	—	—	—	1.4	15.7	6.3
	100.0	—	—	—	71.4	—	—	—	—	—	1.5	17.0	6.8
肉粉,脱脂 Meat meal rendered	94.0	64.0	2062.0	2222.0	51.4	—	—	—	—	—	2.7	9.1	27.0
	100.0	68.0	2200.0	2371.0	54.8	—	—	—	—	—	2.8	9.7	28.8
带血肉粉,脱脂 Meat with blood, meal rendered (Tankage)	92.0	67.0	2450.0	2095.0	59.4	—	—	—	—	—	2.0	8.9	21.5
	100.0	73.0	2660.0	2275.0	64.5	—	—	—	—	—	2.2	9.7	23.5
带血肉骨粉,脱脂 Meat with blood with bone, meal rendered (Tankage)	93.0	68.0	2992.0	2644.0	46.6	—	—	—	—	—	2.2	12.8	28.2
	100.0	73.0	3220.0	2846.0	50.2	—	—	—	—	—	2.4	13.7	30.4
肉骨粉,脱脂 Meat with bone, meal rendered	93.0	68.0	2271.0	2184.0	50.4	—	—	—	—	—	2.2	9.7	29.3
	100.0	73.0	2440.0	2346.0	54.1	—	—	—	—	—	2.4	10.4	31.5
奶粉(牛)Milk dehy(Cattle)	96.0	—	—	—	25.4	—	—	—	—	—	0.2	26.6	5.4
	100.0	—	—	—	26.5	—	—	—	—	—	0.2	27.8	5.7
鲜奶(牛)Milk fresh(Cattle)	12.0	15.0	680.0	616.0	3.3	—	—	—	—	—	—	3.6	0.8
	100.0	125.0	5512.0	4994.0	26.7	—	—	—	—	—	—	29.5	6.3
脱脂奶粉(牛)Milk skimmed dehy (Cattle)	94.0	86.0	3866.0	3548.0	33.7			—	—	—	0.2	0.8	7.9
	100.0	92.0	4116.0	3777.0	35.8	—	—	—	—	—	0.2	0.9	8.4
脱脂鲜奶(牛)Milk skimmed fresh (Cattle)	10.0	9.0	415.0	372.0	3.0	—	—	—	—	—	—	0.1	0.7
	100.0	96.0	4340.0	3893.0	31.2	—	—	—	—	—	—	1.0	6.9
豌豆 Pea *Pisum* spp. seeds	89.0	76.0	3346.0	3041.0	22.5	—	—	—	—	—	6.1	1.2	3.0
	100.0	85.0	3759.0	3416.0	25.3	—	—	—	—	—	6.9	1.4	3.3

续表2-6-1(2)

饲料名称及描述	干物质 DM (%)	猪			粗蛋白质 CP (%)	植物细胞壁成分 Plant cell wall constituents(%)						粗脂肪 EE (%)	粗灰分 Ash (%)
		总可消化养分 TDN (%)	消化能 DE (kcal/kg)	代谢能 ME (kcal/kg)		细胞壁 Cell walls	纤维素 Cellulose	半纤维素 Hemicellulose	木质素 Lignin	酸性洗涤纤维 ADF	粗纤维 CF		
花生粕,机械压榨 Peanut *Arachis hypogaea* kernels, meal mech extd (Peanut meal)	93.0	80.0	4107.0	3466.0	48.1	13.0	4.0	—	—	6.0	6.9	5.8	5.1
	100.0	86.0	4434.0	3741.0	52.0	14.0	5.0	—	—	6.0	7.5	6.3	5.5
花生粕,溶剂浸提 Peanut *Arachis hypogaea* kernels, meal solv extd (Peanut meal)	92.0	79.0	3496.0	3031.0	48.1	—	—	—	—	—	9.9	1.3	5.8
	100.0	86.0	3800.0	3295.0	52.3	—	—	—	—	—	10.8	1.4	6.3
家禽副产品粉,脱脂(包含内脏、头、爪)Poultry by-product, meal rendered (Viscera with feet with heads)	93.0	75.0	3088.0	2858.0	58.7	—	—	—	—	—	2.3	13.1	15.7
	100.0	81.0	3305.0	3058.0	62.8	—	—	—	—	—	2.4	14.1	16.8
家禽羽毛粉,水解 Poultry feathers, hydrolyzed	93.0	62.0	2731.0	2215.0	84.9	—	—	—	—	—	1.4	2.9	3.5
	100.0	67.0	2936.0	2382.0	91.3	—	—	—	—	—	1.5	3.2	3.8
家禽粪便和垫料 Poultry manure and litter	89.0	—	—	—	21.9	—	—	—	—	—	14.4	2.7	19.7
	100.0	—	—	—	24.5	—	—	—	—	—	16.1	3.0	22.0
家禽粪便,脱水 Poultry manure, dehy	90.0	—	—	—	25.5	34.0	—	—	2.0	14.0	11.9	2.2	27.2
	100.0	—	—	—	28.2	38.0	—	—	2.0	15.0	13.2	2.4	30.1
芸薹属油菜粕,机械压榨 Rape *Brassica* spp. seeds, meal mech extd	92.0	67.0	2933.0	2612.0	35.6	—	—	—	—	—	12.0	7.3	6.9
	100.0	72.0	3189.0	2840.0	38.7	—	—	—	—	—	13.2	7.9	7.5
芸薹属油菜粕,溶剂浸提 Rape *Brassica* spp. seeds, meal solv extd	91.0	65.0	2878.0	2672.0	37.0	—	—	—	—	—	15.5	1.7	6.8
	100.0	72.0	3161.0	2935.0	40.6	—	—	—	—	—	16.5	1.8	7.5
甘蓝型油菜籽粕,机械压榨 Rape, summer *Brassica napus* seeds, meal mech extd	94.0	—	—	—	35.2	—	—	—	—	—	9.3	7.0	6.8
	100.0	—	—	—	37.4	—	—	—	—	—	10.1	7.4	7.2

续表2-6-1(2)

饲料名称及描述	干物质 DM (%)	猪 总可消化养分 TDN (%)	猪 消化能 DE (kcal/kg)	猪 代谢能 ME (kcal/kg)	粗蛋白质 CP (%)	植物细胞壁成分 Plant cell wall constituents(%) 细胞壁 Cell walls	纤维素 Cellulose	半纤维素 Hemicellulose	木质素 Lignin	酸性洗涤纤维 ADF	粗纤维 CF	粗脂肪 EE (%)	粗灰分 Ash (%)
甘蓝型油菜籽粕,预压浸提 Rape, summer brassica napus seeds, meal prepressed, solv extd	92.0	—	—	—	40.5	—	—	—	—	—	7.8	1.1	7.2
	100.0	—	—	—	44.0	—	—	—	—	—	26.7	1.2	7.8
黑麦酒糟,脱水 Rye secale cereale distillers grains, dehy	92.0	—	—	—	21.6	—	—	—	—	—	12.3	7.2	2.3
	100.0	—	—	—	23.5	—	—	—	—	—	13.4	7.8	2.5
红花籽粕,机械压榨 Safflower *Carthamus tinctorius* seeds, meal mech extd	91.0	—	1525.0	1396.0	20.2	54.0	—	—	—	38.0	32.4	6.1	3.8
	100.0	—	1667.0	1526.0	22.1	59.0	—	—	—	41.0	35.4	6.7	4.1
红花籽粕,溶剂浸提 Safflower *Carthamus tinctorius* seeds, meal solv extd	92.0	—	—	—	23.4	53.0	—	—	13.0	38.0	30.0	1.4	5.4
	100.0	—	—	—	25.4	58.0	—	—	14.0	41.0	32.5	1.5	5.9
去壳红花籽粕,溶剂浸提 Safflower *Carthamus tinctorius* seeds without hulls, meal solv extd	92.0	—	3361.0	2908.0	43.0	—	—	—	—	—	13.5	1.3	7.5
	100.0	—	3666.0	3172.0	46.9	—	—	—	—	—	14.7	1.4	8.2
芝麻粕,机械压榨 Sesame *Sesamum indicum* seeds, meal mech extd	93.0	70.0	3101.0	2945.0	45.5	16.0	—	—	2.0	16.0	5.7	6.9	11.2
	100.0	76.0	3344.0	3176.0	49.1	17.0	—	—	2.0	17.0	6.1	7.5	12.1
虾粉 Shrimp *Pandalus* spp.-*penaeus* spp. process residue, meal (Shrimp meal)	90.0	—	2420.0	2108.0	39.9	—	—	—	—	15.0	14.1	3.9	26.8
	100.0	—	2686.0	2339.0	44.2	—	—	—	—	17.0	15.6	4.3	29.7
高粱酒糟,脱水 Sorghum *Sorghum bicolor* distillers grains, dehy	94.0	—	—	—	32.2	—	—	—	—	—	11.9	8.9	3.6
	100.0	—	—	—	34.4	—	—	—	—	—	12.7	9.5	3.8
大豆浓缩蛋白,粗蛋白质>70% Soybean *Glycine max* protein concentrate, more than 70% protein	92.0	—	4943.0	3821.0	84.3	—	—	—	—	—	0.1	0.5	3.5
	100.0	—	5377.0	4161.0	91.9	—	—	—	—	—	0.1	0.6	3.8

续表2-6-1(2)

饲料名称及描述	干物质 DM (%)	猪			粗蛋白质 CP (%)	植物细胞壁成分 Plant cell wall constituents(%)						粗脂肪 EE (%)	粗灰分 Ash (%)
		总可消化养分 TDN (%)	消化能 DE (kcal/kg)	代谢能 ME (kcal/kg)		细胞壁 Cell walls	纤维素 Cellulose	半纤维素 Hemicellulose	木质素 Lignin	酸性洗涤纤维 ADF	粗纤维 CF		
向日葵粕,溶剂浸提 Sunflower, Common *Helianthus annuus* seeds, meal solv extd	90.0	—	1991.0	1807.0	23.3	36.0	—	—	11.0	30.0	31.6	1.1	5.6
	100.0	—	2213.0	2009.0	25.9	40.0	—	—	12.0	33.0	35.1	1.2	6.3
去壳向日葵粕,溶剂浸提 Sunflower, common *Helianthus annuus* seeds, without hulls, meal mech extd	93.0	71.0	3113.0	2737.0	41.4	—	—	—	—	—	12.2	8.0	6.6
	100.0	77.0	3357.0	2951.0	44.6	—	—	—	—	—	13.1	8.7	7.1
去壳红花籽粕,溶剂浸提 Sunflower, common *Helianthus annuus* seeds, without hulls, meal solv extd	93.0	69.0	3049.0	2652.0	46.3	—	—	—	—	—	11.4	2.9	7.6
	100.0	74.0	3278.0	2851.0	49.8	—	—	—	—	—	12.2	3.1	8.1
猪肝,新鲜 Swine *Sus scrofa* livers, fresh	30.0	—	—	—	20.8	—	—	—	—	—	0.1	5.0	1.6
	100.0	—	—	—	68.8	—	—	—	—	—	0.3	16.5	5.3
猪肺,新鲜 Swine *Sus scrofa* lungs, fresh	16.0	—	—	—	14	—	—	—	—	—	0.1	2.5	0.8
	100.0	—	—	—	88.6	—	—	—	—	—	0.3	15.8	5.1
番茄渣,脱水 Tomato *Lycopersicon esculentum* pomace, dehy	92.0	—	—	—	21.6	50.0	—	—	10.0	46.0	24.2	9.5	6.9
	100.0	—	—	—	23.5	55.0	—	—	11.0	50.0	26.4	10.3	7.5
尿素,45%氮,281%蛋白质当量 Urea 45% Nitrogen, 281% protein equivalent	99.0	—	—	—	275.8	—	—	—	—	—	—	—	—
	100.0	—	—	—	279.6	—	—	—	—	—	—	—	—
鲸肉粉,脱脂 Whale *Balaena glacialis-Balaenoptera* spp. meat, meal rendered	91.0	93.0	4103.0	3292.0	71.4	—	—	—	—	—	2.8	7.6	4.0
	100.0	102.0	4488.0	3601.0	78.1	—	—	—	—	—	3.0	8.4	4.4
小麦胚芽,粉碎 Wheat *Triticum aestivum* germs, ground	88.0	80.0	3539.0	3354.0	24.8	—	—	—	—	—	3.1	8.4	4.2
	100.0	91.0	4008.0	3798.0	28.1	—	—	—	—	—	3.5	9.5	4.7

2. 饲料原料的矿物质

表 2-6-2 饲料原料的矿物质含量(饲喂基础或干物质基础)

饲料名称及描述	国际饲料编号	干物质 DM(%)	钙(%)	氯(%)	镁(%)	磷(%)	钾(%)	钠(%)	硫(%)	钴(mg/kg)	铜(mg/kg)	碘(mg/kg)	铁(mg/kg)	锰(mg/kg)	硒(mg/kg)	锌(mg/kg)
大麦芽,脱水	5-00-545	94.0	0.21	0.36	0.18	0.71	0.21	1.18	0.80	—	—	—	—	32.0	0.45	—
		100.0	0.23	0.39	0.20	0.75	0.23	1.26	0.85	—	—	—	—	34.0	0.48	—
菜豆	5-00-623	89.0	0.16	0.06	0.13	0.52	1.31	0.04	0.23	—	10.0	—	99.0	21.0	—	—
		100.0	0.18	0.06	0.15	0.59	1.47	0.05	0.26	—	11.0	—	110.0	24.0	—	—
血粉	5-00-380	92.0	0.29	0.28	0.22	0.24	0.09	0.32	0.34	0.09	10.0	—	3719.0	5.0	0.73	4.0
		100.0	0.32	0.30	0.24	0.26	0.10	0.35	0.37	0.10	11.0	—	4064.0	6.0	0.80	5.0
血粉,瞬间脱水	5-26-006	92.0	0.30	0.25	0.21	0.23	0.10	0.29	0.45	0.09	6.0	0.02	2341.0	10.0	—	16.0
		100.0	0.32	0.27	0.23	0.25	0.11	0.32	0.49	0.10	7.0	0.02	2543.0	11.0	—	17.0
血粉,喷雾脱水	5-00-381	93.0	0.48	0.25	0.22	0.24	0.09	0.39	0.34	—	8.0	—	2784.0	6.0	—	—
		100.0	0.52	0.27	0.24	0.26	0.10	0.42	0.37	—	9.0	—	2993.0	7.0	—	—
啤酒糟,脱水	5-02-141	92.0	0.30	0.15	0.15	0.51	0.08	0.21	0.30	0.08	21.0	0.07	245.0	37.0	0.70	27.0
		100.0	0.33	0.17	0.16	0.55	0.09	0.23	0.32	0.08	23.0	0.07	266.0	40.0	0.76	30.0
啤酒糟,湿	5-02-142	21.0	0.07	0.04	0.03	0.12	0.02	0.05	0.07	0.02	5.0	0.02	56.0	9.0	0.16	6.0
		100.0	0.33	0.17	0.16	0.55	0.09	0.23	0.32	0.10	23.0	0.07	266.0	40.0	0.76	30.0
酪乳,浓缩(牛)	5-01-159	29.0	0.42	0.13	0.15	0.30	0.26	0.26	0.03	—	0.0	—	3.0	1.0	—	13.0
		100.0	1.44	0.43	0.52	1.01	0.90	0.90	0.09	—	1.0	—	9.0	4.0	—	44.0
酪乳,脱水(牛)	5-01-160	92.0	1.33	0.40	0.48	0.94	0.83	0.83	0.08	—	1.0	—	8.0	3.0	—	40.0
		100.0	1.44	0.43	0.52	1.01	0.90	0.90	0.09	—	1.0	—	9.0	4.0	—	44.0
酪蛋白,脱水(牛)	5-01-162	91.0	0.61	—	0.01	0.82	0.01	0.01	—	—	4.0	—	14.0	4.0	—	27.0
		100.0	0.67	—	0.01	0.90	0.01	0.01	—	—	4.0	—	15.0	5.0	—	30.0
牛肝,新鲜	5-01-166	28.0	0.01	—	0.01	0.23	0.20	0.10	—	—	6.0	—	46.0	3.0	—	27.0
		100.0	0.04	—	0.04	0.82	0.72	0.35	—	—	22.0	—	165.0	10.0	—	95.0

续表2-6-2

饲料名称及描述	国际饲料编号	干物质DM(%)	钙(%)	氯(%)	镁(%)	磷(%)	钾(%)	钠(%)	硫(%)	钴(mg/kg)	铜(mg/kg)	碘(mg/kg)	铁(mg/kg)	锰(mg/kg)	硒(mg/kg)	锌(mg/kg)
牛肺,新鲜 Cattle *Bos taurus* lungs,fresh	5-07-941	21.0	0.01	—	0.01	0.15	0.07	0.15	—	0.09	1.0	0.07	69.0	0.0	0.07	12.0
		100.0	0.06	—	0.03	0.69	0.33	0.69	—	0.42	5.0	0.31	322.0	0.0	0.35	55.0
牛脾,新鲜	5-07-942	24.0	0.01	—	0.01	0.27	0.22	0.14	—	0.24	0.0	0.18	407.0	—	—	19.0
		100.0	0.02	—	0.05	1.13	0.91	0.58	—	1.00	1.0	0.76	1691.0	—	—	81.0
牛乳房,新鲜	5-07-943	20.0	0.53	—	0.02	0.28	0.16	0.12	—	0.31	1.0	—	21.0	1.0	0.11	21.0
		100.0	2.62	—	0.08	1.37	0.79	0.58	—	1.53	3.0	—	102.0	3.0	0.54	104.0
肉鸡,整鸡,新鲜 Chicken *Gallus domesticus* broilers,whole,fresh	5-07-945	24.0	0.01	—	—	0.20	—	—	—	—	—	—	20.0	—	—	—
		100.0	0.04	—	—	0.82	—	—	—	—	—	—	81.0	—	—	—
带壳鸡蛋,新鲜 Chicken *Gallus domesticus* eggs, with shells, fresh	5-01-213	43.0	9.55	—	—	0.14	—	—	—	—	—	—	—	—	—	—
		100.0	22.20	—	—	0.33	—	—	—	—	—	—	—	—	—	—
鸡脚,新鲜 Chicken *Gallus domesticus* feet, fresh	5-07-947	33.0	2.10	—	0.03	0.76	0.08	0.12	—	2.02	1.0	0.12	31.0	1.0	—	16.0
		100.0	6.45	—	0.10	2.33	0.26	0.38	—	6.22	2.0	0.37	96.0	2.0	—	49.0
鸡胗(肌胃),新鲜 Chicken *Gallus domesticus* gizzards,fresh	5-07-948	25.0	0.01	—	—	0.11	0.24	0.07	—	—	—	—	29.0	—	—	—
		100.0	0.04	—	—	0.42	0.96	0.26	—	—	—	—	116.0	—	—	—
母肉鸡,胴体,新鲜 Chicken *Gallus domesticus* hens,carass,fresh	5-08-095	33.0	0.01	—	—	0.19	—	—	—	—	—	—	17.0	—	—	—
		100.0	0.04	—	—	0.60	—	—	—	—	—	—	52.0	—	—	—
母肉鸡,整鸡,新鲜	5-07-950	33.0	0.01	—	0.07	0.19	0.10	0.27	—	—	—	—	—	—	—	—
		100.0	0.03	—	0.22	0.59	0.31	0.83	—	—	—	—	—	—	—	—
椰子粕,机械压榨	5-01-572	92.0	0.20	—	0.31	0.61	1.50	0.04	0.34	0.13	14.0	—	1524.0	65.0	—	—
		100.0	0.22	—	0.33	0.66	1.62	0.04	0.36	0.14	15.0	—	1651.0	71.0	—	—

续表2-6-2

饲料名称及描述	国际饲料编号	干物质 DM(%)	钙(%)	氯(%)	镁(%)	磷(%)	钾(%)	钠(%)	硫(%)	钴(mg/kg)	铜(mg/kg)	碘(mg/kg)	铁(mg/kg)	锰(mg/kg)	硒(mg/kg)	锌(mg/kg)
椰子粕,溶剂浸提	5-01-573	91.0	0.17	0.03	0.33	0.60	1.49	0.04	0.34	0.13	9.0	—	683.0	65.0	—	—
		100.0	0.19	0.03	0.36	0.66	1.63	0.04	0.37	0.14	10.0	—	750.0	72.0	—	—
玉米胚芽粕,湿法,溶剂浸提	5-28-240	91.0	0.04	0.04	0.31	0.43	0.28	0.30	0.30	—	4.0	—	337.0	4.0	0.34	104.0
		100.0	0.04	0.04	0.34	0.47	0.31	0.33	0.33	—	5.0	—	370.0	4.0	0.37	114.0
玉米蛋白粉	5-28-241	91.0	0.15	0.06	0.06	0.45	0.03	0.35	0.35	0.08	28.0	—	386.0	8.0	1.01	174.0
		100.0	0.16	0.07	0.06	0.50	0.03	0.39	0.39	0.08	30.0	—	423.0	8.0	1.11	190.0
玉米蛋白粉,60%粗蛋白质	5-28-242	90.0	0.07	0.09	0.08	0.48	0.19	0.65	0.65	0.05	26.0	0.02	282.0	7.0	0.83	31.0
		100.0	0.08	0.10	0.09	0.54	0.21	0.72	0.72	0.05	29.0	0.02	313.0	7.0	0.92	35.0
玉米蛋白饲料	5-28-243	90.0	0.33	0.22	0.33	0.74	0.57	0.21	0.21	0.09	47.0	0.07	424.0	23.0	0.27	65.0
		100.0	0.36	0.25	0.36	0.82	0.64	0.23	0.23	0.10	52.0	0.07	471.0	26.0	0.30	72.0
棉籽,带绒	5-01-614	92.0	0.14	—	0.32	0.68	1.11	0.29	0.24	—	50.0	—	138.0	10.0	—	—
		100.0	0.16	—	0.35	0.75	1.21	0.31	0.26	—	54.0	—	151.0	10.0	—	—
棉籽粕,机械压榨	5-01-609	93.0	0.20	0.02	0.53	0.90	1.26	0.04	0.24	0.15	21.0	—	139.0	22.0	—	—
		100.0	0.21	0.02	0.57	0.97	1.35	0.04	0.26	0.16	23.0	—	150.0	24.0	—	—
棉籽粕,机械压榨,36%粗蛋白质	5-01-625	92.0	0.18	—	0.53	0.96	1.35	0.04	0.26	0.15	19.0	—	181.0	23.0	—	—
		100.0	0.20	—	0.58	1.04	1.46	0.05	0.28	0.16	20.0	—	197.0	25.0	—	—
棉籽粕,机械压榨,41%粗蛋白质	5-01-617	93.0	0.19	0.04	0.54	1.08	1.34	0.04	0.40	0.16	19.0	—	182.0	22.0	—	64.0
		100.0	0.21	0.05	0.58	1.16	1.45	0.05	0.43	0.17	20.0	—	197.0	24.0	—	69.0
棉籽粕,预压浸提,41%粗蛋白质	5-07-872	91.0	0.20	0.04	0.50	1.09	1.26	0.04	0.31	0.74	18.0	—	202.0	20.0	—	63.0
		100.0	0.22	0.04	0.55	1.21	1.39	0.04	0.34	0.82	20.0	—	223.0	23.0	—	69.0
棉籽粕,预压浸提,44%粗蛋白质	5-07-873	91.0	0.15	—	—	0.91	—	—	—	—	—	—	—	—	—	—
		100.0	0.17	—	—	1.00	—	—	—	—	—	—	—	—	—	—

续表2-6-2

饲料名称及描述	国际饲料编号	干物质DM(%)	钙(%)	氯(%)	镁(%)	磷(%)	钾(%)	钠(%)	硫(%)	钴(mg/kg)	铜(mg/kg)	碘(mg/kg)	铁(mg/kg)	锰(mg/kg)	硒(mg/kg)	锌(mg/kg)
棉籽粕,溶剂浸提,41%粗蛋白质	5-01-621	91.0	0.17	0.05	0.54	1.10	1.39	0.04	0.26	0.15	20.0	—	208.0	21.0	—	61.0
		100.0	0.18	0.05	0.59	1.21	1.52	0.05	0.28	0.17	22.0	—	228.0	23.0	—	68.0
无壳棉籽粕,预压浸提,50%粗蛋白质	5-07-874	93.0	0.18	0.05	0.46	1.16	1.45	0.05	0.52	0.04	15.0	—	112.0	23.0	—	74.0
		100.0	0.19	0.05	0.50	1.24	1.56	0.06	0.56	0.05	16.0	—	120.0	25.0	—	79.0
蟹粉	5-01-663	92.0	14.56	1.51	0.94	1.59	0.45	0.88	0.25	—	33.0	0.56	4356.0	133.0	—	—
		100.0	15.77	1.63	1.02	1.72	0.49	0.95	0.27	—	35.0	0.60	4719.0	144.0	—	—
浓鱼汁	5-01-969	50.0	0.22	2.70	0.03	0.59	1.61	2.34	0.12	0.07	46.0	1.11	223.0	13.0	1.97	44.0
		100.0	0.43	5.38	0.06	1.18	3.22	4.67	0.25	0.14	92.0	2.21	445.0	27.0	3.92	87.0
鱼汁,脱水	5-01-971	93.0	1.29	—	0.30	1.49	0.37	0.37	—	—	—	—	302.0	50.0	—	77.0
		100.0	1.39	—	0.32	1.60	0.40	0.40	—	—	—	—	326.0	54.0	—	83.0
鱼粉,淡水灰西鲱(大肚鲱),机械压榨	5-09-830	90.0	5.95	—	0.17	3.18	0.66	0.26	—	—	21.0	—	680.0	22.0	—	110.0
		100.0	6.63	—	0.18	3.54	0.73	0.29	—	—	23.0	—	756.0	24.0	—	122.0
鱼粉,秘鲁鳀鱼,机械压榨	5-01-985	92.0	3.75	1.00	0.25	2.49	0.72	0.88	0.77	0.17	9.0	3.13	218.0	11.0	1.35	105.0
		100.0	4.08	1.08	0.27	2.70	0.78	0.95	0.84	0.19	10.0	3.41	237.0	12.0	1.47	114.0
鲤鱼,全鱼,新鲜 Fish, carp *Cyprinus carpio* whole, fresh	5-01-986	31.0	0.07	—	—	0.35	0.40	0.07	—	—	—	—	12.0	—	—	—
		100.0	0.23	—	—	1.14	1.29	0.23	—	—	—	—	40.0	—	—	—
鲶鱼,切屑,新鲜 Fish, catfish *Ictalurus* spp. cuttings, fresh	5-09-832	34.0	1.87	—	—	—	—	—	—	—	2.0	—	—	—	—	—
		100.0	5.57	—	—	—	—	—	—	—	7.0	—	—	—	—	—
鱼粉,鲶鱼,机械压榨 Fish, catfish *Ictalurus* spp. meal mech extd	5-09-835	92.0	7.18	—	—	—	—	—	—	—	26.0	—	—	—	—	—
		100.0	7.77	—	—	—	—	—	—	—	28.0	—	—	—	—	—
无须鳕属和长鳍鳕属,全鱼,新鲜 Fish, hake *Merluccius* spp.-*Urophycis* spp. whole, fresh	5-07-969	20.0	0.61	—	—	0.39	—	—	—	—	—	—	—	—	—	—
		100.0	3.06	—	—	1.93	—	—	—	—	—	—	—	—	—	—

续表2-6-2

饲料名称及描述	国际饲料编号	干物质DM (%)	钙 (%)	氯 (%)	镁 (%)	磷 (%)	钾 (%)	钠 (%)	硫 (%)	钴 (mg/kg)	铜 (mg/kg)	碘 (mg/kg)	铁 (mg/kg)	锰 (mg/kg)	硒 (mg/kg)	锌 (mg/kg)
鱼粉,大西洋鲱丁鱼,机械压榨	5-02-000	92.0	2.20	0.99	0.15	1.68	1.08	0.60	0.46	0.05	6.0	0.53	125.0	6.0	1.90	131.0
		100.0	2.40	1.08	0.16	1.82	1.17	0.66	0.50	0.06	6.0	0.57	136.0	6.0	2.07	143.0
大西洋鲱丁鱼,全鱼,新鲜 Fish, herring *Clupea harengus* whole, fresh	5-01-999	26.0	—	—	—	0.25	0.53	0.09	—	—	—	—	13.0	—	—	—
		100.0	—	—	—	0.96	2.04	0.36	—	—	—	—	50.0	—	—	—
鲭鱼,全鱼,新鲜 Fish, mackerel, atlantic Scomber scombrus whole, fresh	5-07-971	30.0	1.10	—	0.03	0.39	0.17	0.17	—	0.09	1.0	0.23	27.0	—	—	24.0
		100.0	3.64	—	0.10	1.28	0.55	0.56	—	0.29	3.0	0.76	90.0	—	—	78.0
鱼粉,大鲱鱼,机械压榨	5-02-009	92.0	5.18	0.55	0.14	2.89	0.70	0.39	0.45	0.15	11.0	1.09	480.0	34.0	2.19	148.0
		100.0	5.65	0.60	0.16	3.16	0.76	0.43	0.49	0.17	12.0	1.19	524.0	37.0	2.40	162.0
鱼粉,红鱼,机械压榨	5-07-973	93.0	6.48	—	—	3.39	—	—	—	—	—	—	—	8.0	1.77	—
		100.0	6.96	—	—	3.64	—	—	—	—	—	—	—	8.0	1.90	—
红鱼,全鱼,新鲜 Fish, redfish *Sciaenops ocellata* whole, fresh	5-08-191	24.0	—	—	—	—	0.30	0.07	—	—	—	—	—	—	—	—
		100.0	—	—	—	—	1.26	0.30	—	—	—	—	—	—	—	—
鱼粉,沙丁鱼,机械压榨	5-02-012	93.0	5.47	—	—	3.46	—	—	—	0.06	12.0	—	179.0	8.0	1.78	—
		100.0	5.88	—	—	3.72	—	—	—	0.07	13.0	—	193.0	8.0	1.91	—
沙丁鱼,全鱼,新鲜 Fish, salmon *Oncorhynchus* spp.-*Salmo* spp. whole, fresh	5-02-011	36.0	0.08	—	—	0.25	0.40	0.04	—	—	—	—	10.0	—	—	—
		100.0	0.22	—	—	0.68	1.12	0.11	—	—	—	—	27.0	—		—
鱼粉,鲑鱼,机械压榨	5-02-015	93.0	4.61	0.41	0.10	2.68	0.32	0.18	0.31	0.18	20.0	—	299.0	23.0	1.77	—
		100.0	4.95	0.44	0.11	2.88	0.35	0.19	0.33	0.20	22.0	—	321.0	25.0	1.90	—
鲑鱼,全鱼,新鲜 Fish, salmon *Oncorhynchus* spp.-*Salmo* spp. whole, fresh	5-07-976	20.0	0.63	—	—	0.39	—	—	—	—	—	—	—	—	—	—
		100.0	3.19	—	—	2.00	—	—	—	—	—	—	—	—	—	—

续表2-6-2

饲料名称及描述	国际饲料编号	干物质DM (%)	钙(%)	氯(%)	镁(%)	磷(%)	钾(%)	钠(%)	硫(%)	钴(mg/kg)	铜(mg/kg)	碘(mg/kg)	铁(mg/kg)	锰(mg/kg)	硒(mg/kg)	锌(mg/kg)
鱼粉,金枪鱼,机械压榨	5-02-023	93.0	7.86	1.01	0.23	4.21	0.72	0.74	0.68	0.18	10.0	—	355.0	8.0	4.30	211.0
		100.0	8.48	1.09	0.25	4.54	0.77	0.80	0.73	0.19	11.0	—	383.0	9.0	4.64	227.0
大菱鲆,全鱼,新鲜 Fish,turbot *Psetta maxima* whole,fresh	5-07-978	25.0	0.31	—	—	0.22	—	—	—	—	—	—	—	—	—	—
		100.0	1.24	—	—	0.88	—	—	—	—	—	—	—	—	—	—
鱼粉,白鱼,机械压榨	5-02-025	91.0	7.31	0.50	0.18	3.81	0.83	0.78	0.48	—	6.0	—	181.0	12.0	1.62	90.0
		100.0	8.02	0.55	0.20	4.17	0.91	0.85	0.53	—	6.0	—	199.0	14.0	1.77	98.0
亚麻籽粕,机械压榨	5-02-045	91.0	0.41	0.04	0.58	0.87	1.22	0.11	0.37	0.41	26.0	0.07	176.0	38.0	0.81	33.0
		100.0	0.45	0.04	0.64	0.96	1.34	0.12	0.41	0.46	29.0	0.07	194.0	42.0	0.89	36.0
亚麻籽粕,溶剂浸提	5-02-048	90.0	0.39	0.04	0.60	0.80	1.38	0.14	0.39	0.19	26.0	—	319.0	38.0	0.82	—
		100.0	0.43	0.04	0.66	0.89	1.53	0.15	0.43	0.21	29.0	—	354.0	42.0	0.91	—
明胶加工下脚料	5-14-503	90.0	0.49	—	0.05	—	—	—	—	—	—	—	—	—	—	—
		100.0	0.55	—	0.05	—	—	—	—	—	—	—	—	—	—	—
马肉,新鲜 Horse *Equus caballus* meat,fresh	5-07-980	29.0	0.02	—	0.01	0.31	0.11	0.05	—	0.06	—	0.09	49.0	0.0	—	18.0
		100.0	0.07	—	0.04	1.06	0.38	0.18	—	0.21	—	0.29	167.0	0.0	—	60.0
肝粉	5-00-389	92.0	0.56	—	—	1.26	—	—	—	0.13	89.0	—	630.0	9.0	—	—
		100.0	0.61	—	—	1.36	—	—	—	0.15	97.0	—	681.0	10.0	—	—
肉粉,脱脂	5-00-385	94.0	8.85	1.19	0.27	4.44	0.57	1.29	0.47	0.13	10.0	—	440.0	10.0	0.44	80.0
		100.0	9.44	1.27	0.29	4.74	0.61	1.37	0.50	0.14	10.0	—	470.0	10.0	0.47	85.0
带血肉粉,脱脂	5-00-386	92.0	5.86	1.73	0.36	3.07	0.55	1.67	0.70	0.15	39.0	—	2103.0	19.0	—	—
		100.0	6.37	1.88	0.39	3.33	0.60	1.81	0.76	0.17	42.0	—	2283.0	21.0	—	—
带血肉骨粉,脱脂	5-00-387	93.0	11.16	—	—	5.41	—	—	0.26	—	—	—	—	—	0.26	—
		100.0	12.01	—	—	5.82	—	—	0.28	—	—	—	—	—	0.28	—

续表2-6-2

饲料名称及描述	国际饲料编号	干物质 DM（%）	钙（%）	氯（%）	镁（%）	磷（%）	钾（%）	钠（%）	硫（%）	钴（mg/kg）	铜（mg/kg）	碘（mg/kg）	铁（mg/kg）	锰（mg/kg）	硒（mg/kg）	锌（mg/kg）
肉骨粉，脱脂	5-00-388	93.0	10.30	0.74	1.02	5.10	1.33	0.72	0.25	0.18	2.0	1.31	684.0	13.0	0.26	89.0
		100.0	11.06	0.80	1.09	5.48	1.43	0.77	0.27	0.19	2.0	1.41	735.0	14.0	0.28	96.0
奶粉（牛）	5-01-167	96.0	0.91	0.88	0.09	0.71	1.04	0.37	0.31	0.01	1.0	—	10.0	0.0	—	22.0
		100.0	0.95	0.92	0.10	0.74	1.08	0.38	0.32	0.01	1.0	—	10.0	0.0	—	23.0
鲜奶（牛）	5-01-168	12.0	0.12	0.11	0.01	0.09	0.14	0.05	0.04	0.00	0.0	—	1.0	—	—	3.0
		100.0	0.95	0.92	0.10	0.76	1.12	0.38	0.32	0.01	1.0	—	10.0	—	—	23.0
脱脂奶粉（牛）	5-01-175	94.0	1.28	0.90	0.12	1.02	1.59	0.46	0.32	0.11	1.0	—	9.0	2.0	0.13	38.0
		100.0	1.36	0.96	0.13	1.09	1.70	0.49	0.34	0.12	1.0	—	10.0	2.0	0.13	41.0
脱脂鲜奶（牛）	5-01-170	10.0	0.13	0.09	0.01	0.10	0.18	0.04	0.03	0.01	—	—	1.0	0.0	—	5.0
		100.0	1.31	0.96	0.12	1.04	1.90	0.47	0.32	0.11	—	—	10.0	2.0	—	51.0
豌豆	5-03-600	89.0	0.14	0.06	0.13	0.39	1.01	0.04	—	—	—	—	50.0	—	—	29.0
		100.0	0.15	0.06	0.14	0.44	1.13	0.05	—	—	—	—	57.0	—	—	33.0
花生粕，机械压榨	5-03-649	93.0	0.19	0.03	0.29	0.57	1.16	0.21	0.27	0.11	15.0	0.07	156.0	26.0	0.29	21.0
		100.0	0.20	0.03	0.31	0.61	1.25	0.23	0.29	0.12	16.0	0.07	169.0	28.0	0.31	22.0
花生粕，溶剂浸提	5-03-650	92.0	0.27	0.03	0.15	0.62	1.13	0.07	0.30	0.11	15.0	0.07	142.0	27.0	—	20.0
		100.0	0.29	0.03	0.17	0.68	1.23	0.08	0.33	0.12	17.0	0.07	154.0	29.0	—	22.0
家禽副产品粉，脱脂（包含内脏、头、爪）	5-03-798	93.0	3.51	0.54	0.18	1.83	0.39	0.82	0.52	0.22	14.0	3.09	442.0	11.0	0.78	121.0
		100.0	3.76	0.58	0.19	1.96	0.42	0.87	0.56	0.24	15.0	3.31	473.0	12.0	0.83	129.0
家禽羽毛粉，水解	5-03-795	93.0	0.26	0.28	0.20	0.67	0.29	0.70	1.50	0.04	7.0	0.04	76.0	13.0	0.84	69.0
		100.0	0.28	0.30	0.22	0.72	0.31	0.76	1.61	0.05	7.0	0.05	81.0	14.0	0.90	74.0
家禽粪便和垫料	5-05-587	89.0	2.82	—	0.45	1.59	1.50	0.45	1.13	—	172.0	—	695.0	258.0	0.70	397.0
		100.0	3.16	—	0.50	1.78	1.68	0.51	1.26	—	192.0	—	778.0	289.0	0.79	444.0

续表2-6-2

饲料名称及描述	国际饲料编号	干物质DM(%)	钙(%)	氯(%)	镁(%)	磷(%)	钾(%)	钠(%)	硫(%)	钴(mg/kg)	铜(mg/kg)	碘(mg/kg)	铁(mg/kg)	锰(mg/kg)	硒(mg/kg)	锌(mg/kg)
家禽粪便,脱水	5-14-015	90.0	8.40	0.86	0.57	2.28	2.03	0.67	0.16	0.00	80.0	—	1805.0	366.0	—	392.0
		100.0	9.31	0.95	0.64	2.52	2.25	0.74	0.18	0.00	89.0	—	2000.0	406.0	—	434.0
芸薹属油菜粕,机械压榨	5-03-870	92.0	0.66	—	0.50	1.04	0.83	0.46	—	—	7.0	—	175.0	55.0	0.96	43.0
		100.0	0.72	—	0.54	1.14	0.90	0.50	—	—	7.0	—	190.0	60.0	1.04	47.0
芸薹属油菜粕,溶剂浸提	5-03-871	91.0	0.61	0.10	0.55	0.95	1.24	0.09	1.14	—	—	—	—	—	0.97	—
		100.0	0.67	0.11	0.60	1.04	1.36	0.10	1.25	—	—	—	—	—	1.07	—
甘蓝型油菜籽粕,机械压榨	5-08-136	94.0	0.71	—	—	1.00	—	—	—	—	—	—	—	—	—	—
		100.0	0.76	—	—	1.06	—	—	—	—	—	—	—	—	—	—
甘蓝型油菜籽粕,预压浸提	5-08-135	92.0	0.66	—	—	0.93	—	—	—	—	—	—	—	—	—	—
		100.0	0.72	—	—	1.01	—	—	—	—	—	—	—	—	—	—
黑麦酒糟,脱水	5-04-023	92.0	0.15	0.05	0.17	0.48	0.07	0.17	0.44	—	—	—	—	18.0	—	—
		100.0	0.16	0.05	0.18	0.52	0.08	0.18	0.48	—	—	—	—	20.0	—	—
红花籽粕,机械压榨	5-04-109	91.0	0.25	—	0.33	0.71	0.72	0.05	—	—	10.0	—	471.0	18.0	—	40.0
		100.0	0.27	—	0.36	0.78	0.79	0.05	—	—	11.0	—	515.0	20.0	—	44.0
红花籽粕,溶剂浸提	5-04-110	92.0	0.34	—	0.35	0.75	0.76	0.05	0.13	—	10.0	—	495.0	18.0	—	41.0
		100.0	0.37	—	0.37	0.81	0.82	0.05	0.14	—	11.0	—	537.0	20.0	—	44.0
去壳红花籽粕,溶剂浸提	5-07-959	92.0	0.35	0.16	1.02	1.29	1.10	0.04	0.20	1.97	9.0	—	484.0	39.0	—	33.0
		100.0	0.38	0.18	1.11	1.40	1.19	0.05	0.22	2.15	9.0	—	528.0	43.0	—	36.0
芝麻粕,机械压榨	5-04-220	93.0	2.01	0.07	0.46	1.36	1.25	0.04	0.33	—	—	—	93.0	48.0	—	100.0
		100.0	2.17	0.07	0.50	1.46	1.35	0.04	0.35	—	—	—	100.0	52.0	—	108.0
虾粉	5-04-226	90.0	9.73	1.04	0.54	1.84	0.83	1.57	—	—	—	—	105.0	30.0	—	28.0
		100.0	10.80	1.15	0.60	2.05	0.92	1.74	—	—	—	—	116.0	33.0	—	32.0

续表2-6-2

饲料名称及描述	国际饲料编号	干物质 DM(%)	钙(%)	氯(%)	镁(%)	磷(%)	钾(%)	钠(%)	硫(%)	钴(mg/kg)	铜(mg/kg)	碘(mg/kg)	铁(mg/kg)	锰(mg/kg)	硒(mg/kg)	锌(mg/kg)
高粱酒糟,脱水	5-04-374	94.0	0.15	—	0.18	0.69	0.36	0.05	0.17	—	—	—	47.0	—	—	—
		100.0	0.16	—	0.19	0.74	0.38	0.05	0.18	—	—	—	50.0	—	—	—
大豆浓缩蛋白,粗蛋白质>70%	5-08-038	21.0	0.11	0.02	0.02	0.68	0.17	0.07	0.70	0.39	14.0	0.32	137.0	5.0	0.14	34.0
		100.0	0.12	0.02	0.02	0.74	0.19	0.08	0.76	0.42	15.0	0.35	149.0	6.0	0.15	37.0
向日葵粕,溶剂浸提	5-09-340	90.0	0.21	—	0.68	0.93	0.96	—	0.30	—	—	—	—	—	—	—
		100.0	0.23	—	0.75	1.03	1.06	—	0.33	—	—	—	—	—	—	—
去壳向日葵粕,溶剂浸提	5-04-738	93.0	0.39	0.19	0.72	1.06	1.06	0.22	—	—	4.0	—	31.0	21.0	—	—
		100.0	0.42	0.20	0.78	1.14	1.14	0.24	—	—	4.0	—	33.0	22.0	—	—
去壳红花籽粕,溶剂浸提	5-04-739	93.0	0.41	0.10	0.71	0.91	1.06	0.22	—	—	4.0	—	31.0	19.0	—	—
		100.0	0.44	0.11	0.77	0.98	1.14	0.24	—	—	4.0	—	33.0	20.0	—	—
猪肝,新鲜	5-04-792	30.0	0.01	—	0.01	0.37	0.26	0.07	—	0.25	56.0	0.34	145.0	2.0	0.34	44.0
		100.0	0.04	—	0.04	1.22	0.85	0.24	—	0.84	187.0	1.12	480.0	6.0	1.12	146.0
猪肺,新鲜	5-26-140	16.0	0.01	—	0.01	0.17	0.06	0.15	—	0.33	0.0	0.13	75.0	—	—	11.0
		100.0	0.05	—	0.04	1.05	0.39	0.96	—	2.09	0.0	0.82	475.0	—	—	68.0
番茄渣,脱水	5-05-041	92.0	0.39	—	0.18	0.55	3.33	—	—	—	30.0	—	4223.0	47.0	—	—
		100.0	0.43	—	0.20	0.60	3.63	—	—	—	33.0	—	4600.0	51.0	—	—
鲸肉粉,脱脂	5-05-160	91.0	0.40	—	—	0.56	—	—	—	—	—	—	—	—	—	—
		100.0	0.44	—	—	0.61	—	—	—	—	—	—	—	—	—	—
小麦胚芽,粉碎	5-05-218	88.0	0.05	0.07	0.25	0.92	0.97	0.03	0.25	0.12	10.0	—	51.0	134.0	0.36	119.0
		100.0	0.06	0.08	0.28	1.05	1.09	0.03	0.28	0.13	11.0	—	58.0	151.0	0.40	135.0

3. 饲料原料的维生素

表 2-6-3　饲料原料的维生素含量(饲喂基础或干物质基础)

样品描述	国际饲料编号	干物质 DM (%)	脂溶性维生素					水溶性维生素									
			胡萝卜素 Carotene (维生素A原) (mg/kg)	维生素A (IU/g)	维生素 D_2 (IU/kg)	维生素E (mg/kg)	维生素K (mg/kg)	生物素 Biotin (mg/kg)	胆碱 Choline (mg/kg)	叶酸 Folic acid (mg/kg)	烟酸 Niacin (mg/kg)	泛酸 Pantothenic acid (mg/kg)	维生素 B_2 Riboflavin (mg/kg)	维生素 B_1 Thiamine (mg/kg)	维生素 B_6 (mg/kg)	维生素 B_{12} (μg/kg)	叶黄素 Xanthophylls (mg/kg)
大麦芽,脱水	5-00-545	94.0	—	—	—	15.0	—	4.12	1606.0	0.2	51.0	8.9	3.0	8.4	9.5	—	—
		100.0	—	—	—	16.0	—	4.40	1713.0	0.2	54.0	9.5	3.2	8.9	10.2	—	—
菜豆	5-00-623	89.0	—	—	—	1.0	—	0.11	1341.0	1.3	25.0	2.1	1.8	6.3	0.3	—	—
		100.0	—	—	—	1.0	—	0.12	1499.0	1.4	28.0	2.3	2.0	7.1	0.3	—	—
血粉	5-00-380	92.0	—	—	—	—	—	0.09	781.0	0.1	31.0	2.4	2.0	0.3	4.4	44.0	—
		100.0	—	—	—	—	—	0.09	854.0	0.1	34.0	2.6	2.2	0.4	4.8	49.0	—
血粉,瞬间脱水	5-26-006	92.0	—	—	—	—	—	—	781.0	—	23.0	1.0	1.4	1.0	—	—	—
		100.0	—	—	—	—	—	—	848.0	—	25.0	1.1	1.6	1.1	—	—	—
血粉,喷雾脱水	5-00-381	93.0	—	—	—	—	—	0.28	600.0	0.4	22.0	3.2	2.9	0.3	4.5	12.0	—
		100.0	—	—	—	—	—	0.3	645.0	0.4	24.0	3.5	3.1	0.3	4.8	13.0	—
啤酒糟,脱水	5-02-141	92.0	0.0	—	—	26.0	—	0.63	1617.0	7.1	43.0	8.2	1.4	0.6	0.7	—	—
		100.0	0.0	—	—	29.0	—	0.68	1757.0	7.7	47.0	8.9	1.6	0.7	0.8	—	—
酪乳,脱水(牛)	5-01-160	92.0	—	2.2	—	6.0	—	0.29	1746.0	0.4	9.0	37.0	30.6	3.4	2.4	20.0	—
		100.0	—	2.4	—	7.0	—	0.31	1891.0	0.4	9.0	40.1	33.1	3.7	2.6	21.0	—
酪蛋白,脱水(牛)	5-01-162	91.0	—	—	—	—	—	0.04	208.0	0.5	1.0	2.7	1.5	0.4	0.4	—	—
		100.0	—	—	—	—	—	0.05	229.0	0.5	1.0	2.9	1.7	0.5	0.5	—	—
牛肝,新鲜	5-01-166	28.0	—	122.7	—	7.0	—	0.98	1424.0	2.3	75.0	46.1	25.8	1.8	5.0	426.0	—
		100.0	—	439.1	—	25.0	—	3.51	5093.0	8.4	269.0	164.9	92.2	6.3	18.0	1523.0	—

续表2-6-3

样品描述	国际饲料编号	干物质 DM (%)	脂溶性维生素					水溶性维生素									
			胡萝卜素 Carotene (维生素A原) (mg/kg)	维生素A (IU/g)	维生素D_2 (IU/kg)	维生素E (mg/kg)	维生素K (mg/kg)	生物素 Biotin (mg/kg)	胆碱 Choline (mg/kg)	叶酸 Folic acid (mg/kg)	烟酸 Niacin (mg/kg)	泛酸 Pantothenic acid (mg/kg)	维生素B_2 Riboflavin (mg/kg)	维生素B_1 Thiamine (mg/kg)	维生素B_6 (mg/kg)	维生素B_{12} (μg/kg)	叶黄素 Xanthophylls (mg/kg)
牛肺,新鲜	5-07-941	21.0	—	0.7	—	3.0	—	0.03	1693.0	0.2	11.0	0.5	1.8	0.6	0.4	90.0	—
		100.0	—	3.3	—	13.0	—	0.12	7933.0	0.9	49.0	2.6	8.4	2.8	1.8	423.0	—
牛脾,新鲜	5-07-942	24.0	—	0.7	—	14.0	—	0.04	491.0	1.2	6.0	2.0	3.7	0.7	0.3	60.0	—
		100.0	—	3.0	—	56.0	—	0.16	2036.0	4.8	25.0	8.2	15.3	3.1	1.3	247.0	—
牛乳房,新鲜	5-07-943	20.0	—	1.8	—	10.0	—	0.06	877.0	0.1	21.0	9.5	3.0	6.6	1.4	114.0	—
		100.0	—	9.0	—	49.0	—	0.30	4320.0	0.3	102.0	46.7	14.6	32.7	6.8	562.0	—
肉鸡,整鸡,新鲜	5-07-945	24.0	—	7.3	—	—	—	—	—	—	56.0	—	3.8	0.7	—	—	—
		100.0	—	30.0	—	—	—	—	—	—	230.0	—	15.6	2.9	—	—	—
鸡脚,新鲜	5-07-947	33.0	—	0.5	—	4.0	—	0.03	170.0	0.8	36.0	4.1	0.9	0.1	0.6	18.0	—
		100.0	—	1.5	—	13.0	—	0.08	523.0	2.4	117.0	12.6	2.8	0.3	1.9	55.0	—
母肉鸡,整鸡,新鲜	5-07-950	33.0	—	—	—	102.0	—	0.15	2075.0	0.2	74.0	6.7	2.1	0.8	1.5	92.0	10.0
		100.0	—	—	—	310.0	—	0.46	6288.0	0.5	225.0	20.4	6.4	2.4	4.6	278.0	31.0
椰子粕,机械压榨	5-01-572	92.0	—	—	—	—	—	—	956.0	1.4	24.0	6.3	3.2	0.8	—	—	—
		100.0	—	—	—	—	—	—	1036.0	1.5	26.0	6.8	3.4	0.8	—	—	—
椰子粕,溶剂浸提	5-01-573	91.0	—	—	—	—	—	—	1083.0	0.3	26.0	6.3	3.3	0.6	4.4	—	—
		100.0	—	—	—	—	—	—	1189.0	0.3	28.0	6.9	3.7	0.7	4.8	—	—
玉米胚芽粕,湿法,溶剂浸提	5-28-240	91.0	2.0	—	—	85.0	—	0.22	1627.0	0.2	30.0	4.2	3.9	4.5	6.2	—	—
		100.0	2.0	—	—	94.0	—	0.24	1785.0	0.2	33.0	4.6	4.2	4.9	6.8	—	—

续表2-6-3

样品描述	国际饲料编号	干物质 DM (%)	脂溶性维生素					水溶性维生素									
			胡萝卜素 Carotene (维生素A原) (mg/kg)	维生素A (IU/g)	维生素 D_2 (IU/kg)	维生素E (mg/kg)	维生素K (mg/kg)	生物素 Biotin (mg/kg)	胆碱 Choline (mg/kg)	叶酸 Folic acid (mg/kg)	烟酸 Niacin (mg/kg)	泛酸 Pantothenic acid (mg/kg)	维生素 B_2 Riboflavin (mg/kg)	维生素 B_1 Thiamine (mg/kg)	维生素 B_6 (mg/kg)	维生素 B_{12} (μg/kg)	叶黄素 Xanthophylls (mg/kg)
玉米蛋白粉	5-28-241	91.0	16.0	—	—	31.0	—	0.18	357.0	0.3	51.0	10.2	1.6	0.2	8.0	—	175.0
		100.0	18.0	—	—	34.0	—	0.2	391.0	0.3	55.0	11.2	1.8	0.2	8.8	—	191.0
玉米蛋白粉，60%粗蛋白质	5-28-242	90.0	30.0	—	—	24.0	—	0.19	352.0	0.3	60.0	3.5	2.0	0.2	6.9	—	294.0
		100.0	34.0	—	—	26.0	—	0.21	390.0	0.3	66.0	3.9	2.2	0.3	7.6	—	326.0
玉米蛋白饲料	5-28-243	90.0	6.0	—	—	12.0	—	0.33	1515.0	0.3	71.0	13.6	2.2	2.0	13.3	—	37.0
		100.0	7.0	—	—	14.0	—	0.36	1684.0	0.3	79.0	15.1	2.5	2.2	14.8	—	42.0
棉籽粕，机械压榨，41%粗蛋白质	5-01-617	93.0	0.0	—	—	32.0	—	1.11	2747.0	2.1	35.0	10.4	5.2	6.5	5.0	—	—
		100.0	0.0	—	—	35.0	—	1.19	2965.0	2.3	38.0	11.2	5.7	7.0	5.4	—	—
棉籽粕，预压浸提，41%粗蛋白质	5-07-872	91.0	—	—	—	—	—	0.56	2844.0	2.5	40.0	7.4	4.4	3.3	4.2	—	—
		100.0	—	—	—	—	—	0.61	3141.0	2.8	44.0	8.2	4.9	3.7	4.6	—	—
棉籽粕，预压浸提，44%粗蛋白质	5-07-873	91.0	—	—	—	—	—	—	2685.0	0.9	46.0	14.5	4.7	—	—	—	—
		100.0	—	—	—	—	—	—	2939.0	1.0	51.0	15.9	5.1	—	—	—	—
棉籽粕，溶剂浸提，41%粗蛋白质	5-01-621	91.0	—	—	—	16.0	—	0.97	2787.0	1.4	41.0	13.7	4.8	6.6	5.6	—	—
		100.0	—	—	—	17.0	—	1.06	3056.0	1.5	45.0	15.0	5.2	7.3	6.2	—	—
无壳棉籽粕，预压浸提，50%粗蛋白质	5-07-874	93.0	—	—	—	11.0	—	0.44	2962.0	0.9	45.0	14.3	4.9	8.2	6.3	—	—
		100.0	—	—	—	12.0	—	0.48	3184.0	1.0	48.0	15.4	5.3	8.8	6.8	—	—

续表2-6-3

样品描述	国际饲料编号	干物质 DM (%)	脂溶性维生素					水溶性维生素									
			胡萝卜素 Carotene (维生素A原) (mg/kg)	维生素 A (IU/g)	维生素 D_2 (IU/kg)	维生素 E (mg/kg)	维生素 K (mg/kg)	生物素 Biotin (mg/kg)	胆碱 Choline (mg/kg)	叶酸 Folic acid (mg/kg)	烟酸 Niacin (mg/kg)	泛酸 Pantothenic acid (mg/kg)	维生素 B_2 Riboflavin (mg/kg)	维生素 B_1 Thiamine (mg/kg)	维生素 B_6 (mg/kg)	维生素 B_{12} (μg/kg)	叶黄素 Xanthophylls (mg/kg)
蟹粉	5-01-663	92.0	—	—	—	—	—	0.07	2011.0	0.1	45.0	6.5	6.1	0.4	6.6	438.0	—
		100.0	—	—	—	—	—	0.07	2179.0	0.1	49.0	7.0	6.7	0.5	7.2	475.0	—
浓鱼汁	5-01-969	50.0	1.0	—	—	—	—	0.14	3389.0	0.2	175.0	35.5	12.6	5.0	12.1	505.0	—
		100.0	3.0	—	—	—	—	0.28	6759.0	0.4	350.0	70.8	25.2	10.0	24.2	1007.0	—
鱼汁，脱水	5-01-971	93.0	—	—	—	6.0	—	0.39	5518.0	0.6	255.0	50.3	13.5	7.4	24.0	485.0	—
		100.0	—	—	—	7.0	—	0.43	5954.0	0.6	276.0	54.3	14.6	8.0	25.9	524.0	—
鱼粉，淡水灰西鲱（大肚鲱），机械压榨	5-09-830	90.0	—	3.9	—	—	—	—	4636.0	—	30.0	8.2	2.8	0.1	—	311.0	—
		100.0	—	4.3	—	—	—	—	5160.0	—	33.0	9.1	3.2	0.1	—	346.0	—
鱼粉，秘鲁鳀鱼，机械压榨	5-01-985	92.0	—	—	—	5.0	—	0.20	3709.0	0.2	82.0	10.0	7.5	0.5	4.6	214.0	—
		100.0	—	—	—	5.0	—	0.21	4036.0	0.2	89.0	10.9	8.2	0.5	5.0	233.0	—
鱼粉，大西洋鲱丁鱼，机械压榨	5-02-000	92.0	—	—	—	22.0	2.2	0.48	5286.0	0.3	85.0	16.8	10.1	0.4	4.8	429.0	—
		100.0	—	—	—	24.0	2.3	0.52	5752.0	0.4	93.0	18.2	11.0	0.4	5.2	467.0	—
鲭鱼，全鱼，新鲜	5-07-971	30.0	—	25.8	—	10.0	—	0.04	1035.0	2.6	7.0	5.4	2.9	0.9	0.4	228.0	—
		100.0	—	85.5	—	34.0	—	0.12	3422.0	8.5	24.0	17.9	9.6	2.9	1.2	753.0	—
鱼粉，大鲱鱼，机械压榨	5-02-009	92.0	—	—	—	12.0	—	0.18	3112.0	0.2	55.0	8.6	4.8	0.6	4.7	122.0	—
		100.0	—	—	—	13.0	—	0.20	3398.0	0.2	60.0	9.4	5.2	0.6	5.1	133.0	—
鱼粉，红鱼，机械压榨	5-07-973	93.0	—	—	—	6.0	—	0.17	3429.0	—	41.0	8.4	7.0	0.2	—	141.0	—
		100.0	—	—	—	6.0	—	0.18	3681.0	—	44.0	9.0	7.5	0.2	—	152.0	—

续表2-6-3

样品描述	国际饲料编号	干物质DM(%)	脂溶性维生素					水溶性维生素									
			胡萝卜素 Carotene(维生素A原)(mg/kg)	维生素A(IU/g)	维生素 D_2(IU/kg)	维生素E(mg/kg)	维生素K(mg/kg)	生物素 Biotin(mg/kg)	胆碱 Choline(mg/kg)	叶酸 Folic acid(mg/kg)	烟酸 Niacin(mg/kg)	泛酸 Pantothenic acid(mg/kg)	维生素 B_2 Riboflavin(mg/kg)	维生素 B_1 Thiamine(mg/kg)	维生素 B_6(mg/kg)	维生素 B_{12}(μg/kg)	叶黄素 Xanthophylls(mg/kg)
鱼粉，沙丁鱼，机械压榨	5-02-012	93.0	—	—	—	—	—	—	2783.0	—	25.0	6.9	5.8	0.9	—	—	—
		100.0	—	—	—	—	—	—	2990.0	—	27.0	7.4	6.2	0.9	—	—	—
鱼粉，鲑鱼，机械压榨	5-02-015	93.0	—	—	—	—	—	0.10	3277.0	—	75.0	11.0	5.4	0.3	—	238.0	—
		100.0	—	—	—	—	—	0.11	3518.0	—	81.0	11.8	5.8	0.3	—	256.0	—
鱼粉，金枪鱼，机械压榨	5-02-023	93.0	—	—	—	6.0	—	0.20	2994.0	—	144.0	7.7	6.8	1.5	—	300.0	—
		100.0	—	—	—	6.0	—	0.22	3227.0	—	155.0	8.4	7.3	1.6	—	324.0	—
鱼粉，白鱼，机械压榨	5-02-025	91.0	—	—	—	9.0	—	0.08	3099.0	0.3	59.0	9.9	9.1	1.7	5.9	90.0	—
		100.0	—	—	—	10.0	—	0.09	3397.0	0.4	65.0	10.9	10.0	1.8	6.5	98.0	—
亚麻籽粕，机械压榨	5-02-045	91.0	0.0	—	—	8.0	—	0.33	1780.0	2.8	37.0	14.3	3.2	4.2	5.5	—	2.0
		100.0	0.0	—	—	9.0	—	0.36	1962.0	3.1	41.0	15.8	3.5	4.6	6.1	—	2.0
亚麻籽粕，溶剂浸提	5-02-048	90.0	—	—	—	14.0	—	—	1393.0	1.3	33.0	14.7	2.9	7.5	—	—	—
		100.0	—	—	—	15.0	—	—	1544.0	1.4	37.0	16.3	3.2	8.4	—	—	—
马肉，新鲜	5-07-980	29.0	—	0.6	—	7.0	—	0.02	304.0	0.2	5.0	1.4	—	0.4	0.2	41.0	—
		100.0	—	2.0	—	25.0	—	0.08	1043.0	0.8	16.0	4.8	—	1.4	0.7	142.0	—
肝粉	5-00-389	92.0	—	—	—	—	—	0.02	11359.0	5.6	205.0	29.1	36.2	0.2	—	501.0	—
		100.0	—	—	—	—	—	0.02	12281.0	6.0	221.0	31.5	39.1	0.2	—	542.0	—
肉粉，脱脂	5-00-385	94.0	—	—	—	1.0	—	0.12	2041.0	0.4	56.0	6.1	5.2	0.2	2.7	67.0	—
		100.0	—	—	—	1.0	—	0.13	2177.0	0.4	60.0	6.5	5.6	0.2	2.9	72.0	—

续表2-6-3

样品描述	国际饲料编号	干物质 DM (%)	脂溶性维生素					水溶性维生素									
			胡萝卜素 Carotene (维生素A原) (mg/kg)	维生素A (IU/g)	维生素D_2 (IU/kg)	维生素E (mg/kg)	维生素K (mg/kg)	生物素 Biotin (mg/kg)	胆碱 Choline (mg/kg)	叶酸 Folic acid (mg/kg)	烟酸 Niacin (mg/kg)	泛酸 Panto-thenic acid (mg/kg)	维生素B_2 Riboflavin (mg/kg)	维生素B_1 Thiamine (mg/kg)	维生素B_6 (mg/kg)	维生素B_{12} (μg/kg)	叶黄素 Xanthophylls (mg/kg)
带血肉粉，脱脂	5-00-386	92.0	—	—	—	—	—	—	2201.0	1.5	37.0	2.6	2.2	0.3	—	135.0	—
		100.0	—	—	—	—	—	—	2391.0	1.7	40.0	2.8	2.4	0.4	—	147.0	—
肉骨粉，脱脂	5-00-388	93.0	—	—	—	1.0	—	0.10	2044.0	0.4	49.0	4.1	4.5	0.2	8.7	108.0	—
		100.0	—	—	—	1.0	—	0.11	2196.0	0.4	53.0	4.4	4.9	0.2	9.4	116.0	—
奶粉（牛）	5-01-167	96.0	—	11.7	338.0	—	—	0.38	—	—	8.0	22.8	19.7	3.8	4.7	—	—
		100.0	—	12.3	353.0	—	—	0.40	—	—	9.0	23.8	20.6	3.9	4.9	—	—
脱脂奶粉（牛）	5-01-175	94.0	—	—	419.0	9.0	—	0.33	1390.0	0.6	11.0	36.3	19.3	3.7	4.2	51.0	—
		100.0	—	—	446.0	10.0	—	0.35	1480.0	0.7	12.0	38.6	20.5	3.9	4.5	54.0	—
豌豆	5-03-600	89.0	1.0	—	—	3.0	—	0.2	589.0	0.3	32.0	18.7	1.8	4.6	1.5	—	—
		100.0	1.0	—	—	3.0	—	0.22	662.0	0.3	36.0	21.0	2.0	5.2	1.7	—	—
花生粕，机械压榨	5-03-649	93.0	0.0	—	—	2.0	—	0.33	1900.0	0.7	172.0	46.0	8.1	6.1	7.4	—	—
		100.0	0.0	—	—	3.0	—	0.35	2052.0	0.7	186.0	49.7	8.8	6.6	8.0	—	—
花生粕，溶剂浸提	5-03-650	92.0	—	—	—	—	—	0.33	1951.0	0.7	173.0	46.6	9.1	5.7	6.4	—	—
		100.0	—	—	—	—	—	0.36	2120.0	0.7	188.0	50.7	9.8	6.2	6.9	—	—
家禽副产品粉，脱脂（包含内脏、头、爪）	5-03-798	93.0	—	—	—	2.0	—	0.09	6029.0	0.5	47.0	11.1	10.5	0.2	4.4	301.0	—
		100.0	—	—	—	2.0	—	0.09	6451.0	0.5	50.0	11.8	11.2	0.2	4.7	322.0	—
家禽羽毛粉，水解	5-03-795	93.0	—	—	—	—	—	0.04	895.0	0.2	21.0	9.0	2.0	0.1	3.0	83.0	—
		100.0	—	—	—	—	—	0.05	962.0	0.2	23.0	9.7	2.1	0.1	3.2	90.0	—

续表2-6-3

样品描述	国际饲料编号	干物质 DM (%)	脂溶性维生素					水溶性维生素									
			胡萝卜素 Carotene (维生素A原) (mg/kg)	维生素A (IU/g)	维生素D_2 (IU/kg)	维生素E (mg/kg)	维生素K (mg/kg)	生物素 Biotin (mg/kg)	胆碱 Choline (mg/kg)	叶酸 Folic acid (mg/kg)	烟酸 Niacin (mg/kg)	泛酸 Pantothenic acid (mg/kg)	维生素B_2 Riboflavin (mg/kg)	维生素B_1 Thiamine (mg/kg)	维生素B_6 (mg/kg)	维生素B_{12} (μg/kg)	叶黄素 Xanthophylls (mg/kg)
芸薹属油菜粕,机械压榨	5-03-870	92.0	—	—	—	19.0	—	—	6533.0	—	155.0	9.0	3.0	1.8	—	—	—
		100.0	—	—	—	20.0	—	—	7103.0	—	168.0	9.8	3.3	1.9	—	—	—
芸薹属油菜粕,溶剂浸提	5-03-871	91.0	—	—	—	—	—	—	6625.0	—	147.0	8.0	5.8	1.6	7.2	—	—
		100.0	—	—	—	—	—	—	7278.0	—	161.0	8.8	6.4	1.7	8.0	—	—
黑麦酒糟,脱水	5-04-023	92.0	—	—	—	—	—	—	—	—	17.0	5.2	3.3	1.3	—	—	—
		100.0	—	—	—	—	—	—	—	—	18.0	5.7	3.6	1.4	—	—	—
红花籽粕,机械压榨	5-04-109	91.0	—	—	—	1.0	—	1.41	1178.0	0.4	—	—	—	—	—	—	—
		100.0	—	—	—	1.0	—	1.54	1287.0	0.5	—	—	—	—	—	—	—
红花籽粕,溶剂浸提	5-04-110	92.0	—	—	—	1.0	—	1.43	820.0	0.5	11.0	33.9	2.3	—	—	—	—
		100.0	—	—	—	1.0	—	1.56	889.0	0.5	12.0	36.7	2.5	—	—	—	—
去壳红花籽粕,溶剂浸提	5-07-959	92.0	—	—	—	1.0	—	1.67	3248.0	1.6	22.0	39.1	2.4	4.5	11.3	—	—
		100.0	—	—	—	1.0	—	1.82	3543.0	1.7	24.0	42.7	2.6	4.9	12.4	—	—
芝麻粕,机械压榨	5-04-220	93.0	0.0	—	—	—	—	—	1535.0	—	19.0	6.0	3.4	2.8	12.5	—	—
		100.0	0.0	—	—	—	—	—	1655.0	—	20.0	6.4	3.6	3.0	13.4	—	—

续表2-6-3

样品描述	国际饲料编号	干物质 DM (%)	脂溶性维生素					水溶性维生素									
			胡萝卜素 Carotene (维生素A原) (mg/kg)	维生素A (IU/g)	维生素D_2 (IU/kg)	维生素E (mg/kg)	维生素K (mg/kg)	生物素 Biotin (mg/kg)	胆碱 Choline (mg/kg)	叶酸 Folic acid (mg/kg)	烟酸 Niacin (mg/kg)	泛酸 Pantothenic acid (mg/kg)	维生素B_2 Riboflavin (mg/kg)	维生素B_1 Thiamine (mg/kg)	维生素B_6 (mg/kg)	维生素B_{12} (μg/kg)	叶黄素 Xanthophylls (mg/kg)
高粱酒糟，脱水	5-04-374	94.0	—	—	—	—	—	0.34	788.0	—	54.0	5.7	2.9	0.7	—	—	—
		100.0	—	—	—	—	—	0.37	841.0	—	58.0	6.1	3.1	0.7	—	—	—
大豆浓缩蛋白，粗蛋白质>70%	5-08-038	92.0	—	—	—	—	0.0	—	2.0	—	5.0	3.5	0.7	0.3	—	—	—
		100.0	—	—	—	—	0.0	—	2.0	—	5.0	3.8	0.8	0.4	—	—	—
向日葵粕，溶剂浸提	5-09-340	90.0	—	—	—	—	—	—	3791.0	—	264.0	29.9	3.0	3.0	11.1	—	—
		100.0	—	—	—	—	—	—	4214.0	—	293.0	33.3	3.4	3.4	12.4	—	—
去壳红花籽粕，溶剂浸提	5-04-739	93.0	—	—	—	11.0	—	—	4120.0	—	268.0	40.8	3.9	3.1	13.7	—	—
		100.0	—	—	—	12.0	—	—	4430.0	—	288.0	43.9	4.2	3.4	14.8	—	—
猪肝，新鲜	5-04-792	30.0	—	109.4	—	—	—	0.75	—	2.1	165.0	23.6	27.3	2.3	3.0	283.0	—
		100.0	—	361.7	—	—	—	2.49	—	6.9	544.0	77.9	90.3	7.7	10.0	935.0	—
猪肺，新鲜	5-26-140	16.0	—	0.8	—	4.0	—	0.05	2271.0	0.1	13.0	0.6	2.1	0.4	0.4	24.0	—
		100.0	—	4.8	—	27.0	—	0.32	14373.0	0.9	80.0	4.1	13.4	2.2	2.2	152.0	—
番茄渣，脱水	5-05-041	92.0				—	—	—	—	—	—	—	6.1	11.3	—	—	—
		100.0	—	—	—	—	—	—	—	—	—	—	6.7	12.3	—	—	—
小麦胚芽，粉碎	5-05-218	88.0	—	—	—	142.0	—	0.22	3062.0	2.2	72.0	20.1	6.0	22.8	11.4	—	—
		100.0	—	—	—	160.0	—	0.24	3468.0	2.4	81.0	22.8	6.8	25.8	12.9	—	—

4.饲料原料的氨基酸

表 2-6-4 饲料原料的氨基酸(饲喂基础或干物质基础,%)

样品描述	国际饲料编号	干物质 DM	粗蛋白质 CP	精氨酸 Arg	甘氨酸 Gly	组氨酸 His	异亮氨酸 Ile	亮氨酸 Leu	赖氨酸 Lys	蛋氨酸 Met	胱氨酸 Cys	苯丙氨酸 Phe	酪氨酸 Tyr	丝氨酸 Ser	苏氨酸 Thr	色氨酸 Trp	缬氨酸 Val
大麦芽,脱水	5-00-545	94.0	26.3	1.1	1.1	0.5	1.1	1.65	1.21	0.33	0.24	0.92	0.61	—	1.01	0.42	1.45
		100.0	28.1	1.2	1.2	0.6	1.2	1.76	1.29	0.35	0.25	0.98	0.65	—	1.07	0.44	1.55
菜豆	5-00-623	89.0	22.6	1.2	0.8	—	—	—	1.29	0.25	0.23	—	—	—	—	0.24	—
		100.0	25.3	1.3	0.9	—	—	—	1.44	0.28	0.26	—	—	—	—	0.27	—
血粉	5-00-380	92.0	79.8	3.3	3.4	4.0	0.9	9.94	6.33	0.88	1.24	5.49	1.92	4.35	3.56	0.98	6.52
		100.0	87.2	3.6	3.7	4.3	1.0	10.86	6.92	0.97	1.35	6.00	2.09	4.75	3.89	1.07	7.12
血粉,瞬间脱水	5-26-006	92.0	85.9	3.3	4.2	4.6	0.9	11.48	7.56	0.95	1.20	6.41	2.32	5.46	4.07	1.06	8.03
		100.0	93.3	3.6	4.6	5.0	1.0	12.47	8.21	1.03	1.30	6.97	2.52	5.93	4.42	1.15	8.72
血粉,喷雾脱水	5-00-381	93.0	86.5	3.6	3.9	5.2	0.9	11.03	7.48	0.88	0.72	5.92	2.27	3.55	3.65	1.05	7.56
		100.0	93.0	3.9	4.1	5.6	1.0	11.86	8.04	0.95	0.78	6.36	2.44	3.82	3.93	1.13	8.13
啤酒糟,脱水	5-02-141	92.0	27.1	1.3	1.1	0.5	1.5	2.49	0.88	0.46	0.35	1.44	1.20	1.30	0.93	0.37	1.61
		100.0	29.4	1.4	1.2	0.6	1.7	2.70	0.95	0.50	0.38	1.56	1.30	1.42	1.01	0.40	1.75
酪乳,脱水(牛)	5-01-160	92.0	31.7	1.08	0.47	0.85	2.42	3.21	2.28	0.71	0.39	1.46	1.00	1.50	1.52	0.49	2.58
		100.0	34.4	1.17	0.51	0.92	2.62	3.48	2.47	0.76	0.42	1.58	1.08	1.62	1.64	0.53	2.80
酪蛋白,脱水(牛)	5-01-162	91.0	84.0	3.49	1.61	2.59	5.72	8.80	7.14	2.81	0.31	4.81	4.90	5.46	3.91	1.08	6.71
		100.0	92.7	3.85	1.77	2.86	6.32	9.71	7.88	3.10	0.34	5.31	5.41	6.03	4.32	1.19	7.40
酪蛋白,凝固脱水	5-20-837	92.0	85.0	3.42	1.81	2.52	4.77	8.62	7.31	2.80	0.15	4.81	5.17	5.52	4.00	0.98	5.82
		100.0	92.4	3.72	1.97	2.74	5.19	9.37	7.95	3.04	0.16	5.23	5.62	6.00	4.35	1.07	6.33
牛肺,新鲜	5-07-941	21.0	13.9	0.66	1.19	0.24	0.29	0.58	0.55	0.13	0.14	0.31	0.22	—	0.30	0.06	0.40
		100.0	65.0	3.11	5.57	1.13	1.37	2.74	2.59	0.61	0.66	1.46	1.04	—	1.42	0.28	1.89
母肉鸡,整鸡,新鲜	5-07-950	33.0	19.9	0.85	1.10	0.25	0.60	0.81	0.55	0.24	0.20	0.42	0.24	—	0.45	0.10	0.60
		100.0	60.3	2.59	3.32	0.77	2.00	2.46	1.66	0.74	0.62	1.26	0.74	—	1.35	0.31	1.82

续表2-6-4

样品描述	国际饲料编号	干物质 DM	粗蛋白质 CP	精氨酸 Arg	甘氨酸 Gly	组氨酸 His	异亮氨酸 Ile	亮氨酸 Leu	赖氨酸 Lys	蛋氨酸 Met	胱氨酸 Cys	苯丙氨酸 Phe	酪氨酸 Tyr	丝氨酸 Ser	苏氨酸 Thr	色氨酸 Trp	缬氨酸 Val
椰子粕,机械压榨	5-01-572	92.0	20.7	2.40	1.05	0.42	0.63	1.26	0.59	0.32	0.21	0.84	0.52	—	0.61	0.20	0.94
		100.0	22.4	2.60	1.13	0.46	0.68	1.36	0.64	0.34	0.23	0.91	0.57	—	0.66	0.22	1.02
椰子粕,溶剂浸提	5-01-573	91.0	21.3	2.41	1.03	0.38	0.83	1.44	0.60	0.32	0.25	0.86	0.57	—	0.66	0.20	1.04
		100.0	23.4	2.65	1.14	0.41	0.91	1.59	0.66	0.35	0.27	0.95	0.63	—	0.73	0.22	1.14
玉米胚芽粕,湿法,溶剂浸提	5-28-240	91.0	20.4	1.30	1.10	0.69	0.69	1.79	0.90	0.58	0.40	0.90	0.69	1.00	1.09	0.20	1.19
		100.0	22.3	1.43	1.20	0.76	0.76	1.97	0.98	0.64	0.44	0.98	0.76	1.09	1.19	0.21	1.31
玉米蛋白粉	5-28-241	91.0	42.7	1.39	1.51	0.97	2.25	7.22	0.80	1.04	0.67	2.78	1.01	1.80	1.42	0.21	2.19
		100.0	46.8	1.53	1.65	1.06	2.46	7.92	0.87	1.14	0.73	3.05	1.11	1.97	1.56	0.23	2.40
玉米蛋白粉,60%粗蛋白质	5-28-242	90.0	60.7	2.08	2.10	1.40	2.54	10.23	1.01	1.78	0.99	4.02	3.19	3.35	2.22	0.30	3.09
		100.0	67.2	2.31	2.33	1.55	2.82	11.33	1.12	1.98	1.10	4.45	3.54	3.71	2.46	0.33	3.43
玉米蛋白饲料	5-28-243	90.0	23.0	0.78	0.85	0.61	0.88	2.20	0.64	0.37	0.44	0.81	0.72	0.85	0.78	0.15	1.10
		100.0	25.6	0.87	0.94	0.68	0.98	2.44	0.71	0.41	0.49	0.90	0.81	0.94	0.87	0.17	1.22
棉籽粕,机械压榨	5-01-609	93.0	37.9	4.48	—	0.91	1.65	2.53	1.91	0.73	0.64	2.50	1.35	—	1.57	0.66	2.08
		100.0	40.8	4.82	—	0.98	1.77	2.72	2.06	0.78	0.69	2.69	1.45	—	1.69	0.71	2.24
棉籽粕,机械压榨,36%粗蛋白质	5-01-625	92.0	38.6	3.56	1.83	0.92	1.32	—	1.22	0.55	0.79	1.88	—	—	1.12	0.46	2.85
		100.0	41.9	3.86	1.99	0.99	1.44	—	1.33	0.60	0.86	2.04	—	—	1.21	0.50	3.09
棉籽粕,机械压榨,41%粗蛋白质	5-01-617	93.0	41.0	4.18	1.91	1.07	1.45	2.32	1.60	0.58	0.73	2.18	0.94	1.71	1.34	0.53	1.90
		100.0	44.3	4.51	2.06	1.15	1.56	2.50	1.73	0.62	0.78	2.35	1.01	1.84	1.44	0.57	2.05
棉籽粕,预压浸提,41%粗蛋白质	5-07-872	91.0	41.3	4.27	1.94	1.15	1.44	2.42	1.82	0.56	0.81	2.01	1.15	1.82	1.34	0.51	1.99
		100.0	45.6	4.71	2.14	1.27	1.59	2.67	2.01	0.62	0.90	2.21	1.27	2.01	1.48	0.56	2.20

续表2-6-4

样品描述	国际饲料编号	干物质 DM	粗蛋白质 CP	精氨酸 Arg	甘氨酸 Gly	组氨酸 His	异亮氨酸 Ile	亮氨酸 Leu	赖氨酸 Lys	蛋氨酸 Met	胱氨酸 Cys	苯丙氨酸 Phe	酪氨酸 Tyr	丝氨酸 Ser	苏氨酸 Thr	色氨酸 Trp	缬氨酸 Val
棉籽粕,预压浸提,44%粗蛋白质	5-07-873	91.0	44.7	4.77	1.80	1.48	1.36	2.44	1.73	0.61	1.12	1.55	1.45	2.17	1.49	0.55	1.91
		100.0	48.9	5.22	1.97	1.62	1.49	2.67	1.89	0.67	1.22	1.70	1.59	2.37	1.63	0.60	2.10
棉籽粕,溶剂浸提,低棉酚	5-01-633	93.0	41.5	—	—	—	—	—	1.72	—	—	—	—	—	—	—	—
		100.0	44.8	—	—	—	—	—	1.85	—	—	—	—	—	—	—	—
棉籽粕,溶剂浸提,41%粗蛋白质	5-01-621	91.0	41.2	4.21	1.98	1.11	1.52	2.33	1.69	0.59	0.77	2.24	1.03	1.75	1.38	0.56	1.88
		100.0	45.2	4.62	2.17	1.21	1.67	2.56	1.86	0.64	0.85	2.46	1.13	1.92	1.52	0.61	2.06
无壳棉籽粕,预压浸提,50%粗蛋白质	5-07-874	93.0	50.3	4.83	2.82	1.21	1.48	2.28	1.70	0.76	1.05	2.62	0.81	—	1.66	0.62	2.16
		100.0	54.0	5.20	3.03	1.30	1.59	2.45	1.82	0.81	1.13	2.81	0.87	—	1.78	0.67	2.32
蟹粉	5-01-663	92.0	32.1	1.66	1.75	0.49	1.17	1.54	1.38	0.53	0.24	1.16	1.17	1.38	1.00	0.29	1.47
		100.0	34.8	1.80	1.89	0.53	1.26	1.67	1.50	0.57	0.26	1.26	1.26	1.50	1.09	0.32	1.59
浓鱼汁	5-01-969	50.0	32.7	1.63	3.85	1.43	1.03	1.86	1.86	0.71	0.27	1.02	0.44	1.03	0.87	0.34	1.22
		100.0	65.3	3.25	7.68	2.85	2.06	3.72	3.71	1.42	0.54	2.04	0.87	2.05	1.73	0.68	2.43
鱼汁,脱水	5-01-971	93.0	64.1	3.05	5.74	2.10	2.05	2.97	3.51	1.18	0.62	1.53	0.85	2.03	1.35	0.59	2.10
		100.0	69.2	3.29	6.20	2.26	2.21	3.21	3.79	1.27	0.66	1.65	0.92	2.19	1.46	0.64	2.26
鱼粉,淡水灰西鲱(大肚鲱),机械压榨	5-09-830	90.0	36.4	5.37	4.24	2.19	3.90	6.20	6.29	2.19	0.56	3.32	3.10	—	3.77	0.70	4.12
		100.0	40.6	5.98	4.72	2.44	4.34	6.90	7.00	2.44	0.62	3.70	3.45	—	4.20	0.78	4.58
鱼粉,秘鲁鳀鱼,机械压榨	5-01-985	92.0	65.5	3.77	3.69	1.61	3.10	4.99	5.04	1.99	0.60	2.78	2.24	2.41	2.76	0.75	3.50
		100.0	71.2	4.11	4.01	1.76	3.38	5.43	5.49	2.16	0.66	3.03	2.44	2.63	3.00	0.82	3.87
鱼粉,鲤鱼,机械压榨	5-01-987	90.0	52.7	—	—	—	—	—	—	1.40	—	—	—	—	—	—	—
		100.0	58.6	—	—	—	—	—	—	1.56	—	—	—	—	—	—	—

续表2-6-4

样品描述	国际饲料编号	干物质 DM	粗蛋白质 CP	精氨酸 Arg	甘氨酸 Gly	组氨酸 His	异亮氨酸 Ile	亮氨酸 Leu	赖氨酸 Lys	蛋氨酸 Met	胱氨酸 Cys	苯丙氨酸 Phe	酪氨酸 Tyr	丝氨酸 Ser	苏氨酸 Thr	色氨酸 Trp	缬氨酸 Val
鱼粉，大西洋鲱丁鱼，机械压榨	5-02-000	92.0	72.0	4.62	4.41	1.65	3.13	5.19	5.36	2.08	0.74	2.71	2.20	2.65	2.90	0.77	4.30
		100.0	78.3	5.02	4.80	1.80	3.41	5.64	5.83	2.27	0.81	2.94	2.39	2.88	3.16	0.83	4.68
鱼粉，大鲱鱼，机械压榨	5-02-009	92.0	61.1	3.75	4.19	1.45	2.88	4.48	4.72	1.75	0.56	2.46	1.94	2.23	2.50	0.65	3.22
		100.0	66.7	4.09	4.57	1.58	3.15	4.89	5.15	1.91	0.61	2.69	2.12	2.43	2.73	0.71	3.52
鱼粉，红鱼，机械压榨	5-07-973	93.0	56.8	4.06	4.05	1.30	3.46	4.86	6.56	1.80	0.41	2.50	1.68	—	2.60	0.60	3.30
		100.0	61.0	4.36	4.35	1.39	3.72	5.22	7.04	1.94	0.44	2.68	1.81	—	2.79	0.65	3.55
鱼粉，沙丁鱼，机械压榨	5-02-012	93.0	61.1	5.20	5.20	—	—	—	7.60	1.60	0.70	—	—	—	—	0.50	—
		100.0	65.6	5.59	5.59	—	—	—	8.17	1.72	0.75	—	—	—	—	0.54	—
鱼粉，鲑鱼，机械压榨	5-02-015	93.0	65.2	2.70	4.50	1.80	3.34	—	5.91	2.01	0.80	2.00	2.80	—	2.60	0.50	4.10
		100.0	70.0	2.90	4.84	1.93	3.59	—	6.34	2.16	0.86	2.15	3.00	—	2.79	0.54	4.40
鱼粉，金枪鱼，机械压榨	5-02-023	93.0	59.0	3.43	4.09	1.75	2.45	3.79	4.22	1.47	0.47	2.15	1.69	2.09	2.31	0.57	2.77
		100.0	63.6	3.69	4.41	1.89	2.64	4.09	4.54	1.58	0.50	2.32	1.82	2.25	2.49	0.62	2.98
鱼粉，金枪鱼加工废料，脱水	5-07-977	94.0	53.4	3.43	4.08	1.47	2.38	3.85	3.89	1.47	0.42	2.19	2.04	2.28	2.31	0.56	2.83
		100.0	56.8	3.65	4.34	1.56	2.53	4.09	4.14	1.56	0.45	2.33	2.17	2.43	2.46	0.60	3.01
大菱鲆，全鱼，新鲜	5-07-978	25.0	14.4	—	—	—	—	—	—	—	—	—	0.11	0.17	0.10	—	—
		100.0	57.3	—	—	—	—	—	—	—	—	—	0.14	0.67	0.41	—	—
鱼粉，白鱼，机械压榨	5-02-025	91.0	62.2	4.02	4.42	1.34	2.72	4.36	4.53	1.68	0.75	2.28	1.83	3.06	2.57	0.67	3.02
		100.0	68.2	4.41	4.84	1.47	2.98	4.78	4.96	1.84	0.82	2.50	2.00	3.35	2.82	0.73	3.31
亚麻籽粕，机械压榨	5-02-045	91.0	34.3	2.81	1.63	0.65	1.69	1.92	1.18	0.58	0.61	1.38	0.96	1.89	1.14	0.50	1.61
		100.0	37.9	3.10	1.80	0.71	1.86	2.11	1.30	0.64	0.67	1.53	1.06	2.09	1.25	0.56	1.77
亚麻籽粕，溶剂浸提	5-02-048	90.0	34.6	2.94	1.74	0.69	1.68	2.02	1.16	0.54	0.61	1.46	1.09	1.92	1.22	0.51	1.74
		100.0	38.3	3.25	1.93	0.77	1.87	2.24	1.28	0.60	0.67	1.62	1.21	2.13	1.35	0.56	1.93

续表2-6-4

样品描述	国际饲料编号	干物质 DM	粗蛋白质 CP	精氨酸 Arg	甘氨酸 Gly	组氨酸 His	异亮氨酸 Ile	亮氨酸 Leu	赖氨酸 Lys	蛋氨酸 Met	胱氨酸 Cys	苯丙氨酸 Phe	酪氨酸 Tyr	丝氨酸 Ser	苏氨酸 Thr	色氨酸 Trp	缬氨酸 Val
明胶加工下脚料	5-14-503	90.0	87.6	6.97	19.30	0.76	1.38	2.91	3.55	0.73	0.13	1.79	0.52	3.10	1.76	0.05	2.09
		100.0	97.4	7.75	21.48	0.85	1.54	3.24	3.95	0.81	0.15	1.99	0.58	3.45	1.96	0.05	2.33
肝粉	5-00-389	92.0	66.0	4.04	5.6	1.48	3.1	5.31	5.21	1.22	0.94	2.92	1.70	2.50	2.49	0.69	4.15
		100.0	71.4	4.37	6.05	1.6	3.36	5.74	5.63	1.32	1.01	3.15	1.84	2.70	2.70	0.74	4.49
肉粉,脱脂	5-00-385	94.0	51.4	3.60	6.29	0.96	1.75	3.19	3.23	0.70	0.65	1.81	0.96	2.16	1.64	0.34	2.52
		100.0	54.8	3.84	6.71	1.02	1.86	3.40	3.45	0.75	0.70	1.94	1.02	2.30	1.75	0.37	2.68
带血肉粉,脱脂	5-00-386	92.0	59.4	3.59	6.61	1.83	1.93	5.12	3.74	0.73	0.45	2.54	1.29	—	2.32	0.65	3.77
		100.0	64.5	3.90	7.17	1.99	2.09	5.56	4.06	0.79	0.49	2.76	1.40	—	2.52	0.70	4.10
带血肉骨粉,脱脂	5-00-387	93.0	46.6	2.82	6.58	1.76	1.87	5.27	3.32	0.69	0.27	2.28	—	—	2.18	0.62	3.42
		100.0	50.2	3.03	7.08	1.90	2.01	5.67	3.57	0.74	0.29	2.46	—	—	2.35	0.67	3.68
肉骨粉,脱脂	5-00-388	93.0	50.4	3.49	6.45	0.96	1.64	3.06	2.90	0.65	0.50	1.70	0.79	1.81	1.65	0.30	2.45
		100.0	54.1	3.75	6.93	1.04	1.76	3.29	3.11	0.70	0.53	1.83	0.85	1.94	1.77	0.32	2.63
奶粉(牛)	5-01-167	96.0	25.4	0.92	—	0.72	1.33	2.56	2.25	0.61	—	1.33	1.33	—	1.02	0.41	1.74
		100.0	26.5	0.96	—	0.75	1.39	2.67	2.35	0.64	—	1.39	1.39	—	1.07	0.43	1.81
鲜奶(牛)	5-01-168	12.0	3.3	—	—	—	0.32	0.25	0.28	0.09	—	0.16	—	—	0.16	0.05	0.25
		100.0	26.7	—	—	—	2.58	2.03	2.27	0.69	—	1.33	—	—	1.33	0.39	2.03
脱脂奶粉(牛)	5-01-175	94.0	33.7	1.15	0.29	0.86	2.18	3.32	2.53	0.60	0.45	1.56	1.14	1.67	1.56	0.43	2.28
		100.0	35.8	1.23	0.31	0.92	2.32	3.53	2.70	0.96	0.48	1.66	1.22	1.78	1.67	0.46	2.43
脱脂鲜奶(牛)	5-01-170	10.0	3.0	—	—	—	—	—	0.28	—	—	—	—	—	—	—	—
		100.0	31.2	—	—	—	—	—	2.92	—	—	—	—	—	—	—	—
豌豆	5-03-600	89.0	22.5	1.39	1.08	0.65	1.14	1.78	1.54	0.28	0.19	1.25	—	—	0.93	0.22	1.25
		100.0	25.3	1.56	1.22	0.73	1.28	2.00	1.73	0.32	0.22	1.41	—	—	1.04	0.25	1.41

续表2-6-4

样品描述	国际饲料编号	干物质 DM	粗蛋白质 CP	精氨酸 Arg	甘氨酸 Gly	组氨酸 His	异亮氨酸 Ile	亮氨酸 Leu	赖氨酸 Lys	蛋氨酸 Met	胱氨酸 Cys	苯丙氨酸 Phe	酪氨酸 Tyr	丝氨酸 Ser	苏氨酸 Thr	色氨酸 Trp	缬氨酸 Val
花生粕，机械压榨	5-03-649	93.0	48.1	5.06	2.40	1.08	1.69	3.02	1.50	0.49	0.75	2.34	1.66	1.44	1.24	0.47	2.08
		100.0	52.0	5.46	2.59	1.17	1.83	3.26	1.62	0.53	0.81	2.53	1.79	1.56	1.34	0.51	2.24
花生粕，溶剂浸提	5-03-650	92.0	48.1	4.55	2.35	0.95	1.76	2.70	1.77	0.42	0.73	2.04	1.51	3.10	1.16	0.48	1.88
		100.0	52.3	4.95	2.56	1.03	1.91	2.94	1.93	0.46	0.79	2.22	1.65	3.37	1.26	0.52	2.04
家禽副产品粉，脱脂（包含内脏、头、爪）	5-03-798	93.0	58.7	3.77	5.42	1.01	2.38	4.00	2.89	1.06	0.92	1.84	0.94	2.62	1.94	0.46	2.86
		100.0	62.8	4.03	5.80	1.08	2.54	4.28	3.10	1.13	0.98	1.97	1.01	2.81	2.08	0.50	3.06
家禽羽毛粉，水解	5-03-795	93.0	84.9	7.05	6.44	0.99	4.06	6.94	2.32	0.55	3.24	3.05	2.32	9.26	3.97	0.52	6.48
		100.0	91.3	7.58	6.92	1.06	4.37	7.46	2.49	0.59	3.48	3.28	2.49	9.96	4.27	0.56	6.97
家禽粪便和垫料	5-05-587	89.0	21.9	0.40	1.60	0.20	0.46	0.79	0.44	0.12	0.13	0.41	0.27	0.50	0.43	0.54	0.59
		100.0	24.5	0.45	1.79	0.22	0.51	0.88	0.49	0.13	0.14	0.46	0.30	0.56	0.48	0.60	0.66
家禽粪便，脱水	5-14-015	90.0	25.5	0.46	1.02	0.20	0.53	0.78	0.48	0.16	0.77	0.46	0.30	0.54	0.50	0.52	0.71
		100.0	28.2	0.51	1.13	0.22	0.58	0.86	0.53	0.18	0.86	0.51	0.33	0.60	0.56	0.57	0.79
芸薹属油菜粕，机械压榨	5-03-870	92.0	35.6	1.99	1.88	0.90	1.41	2.41	1.67	0.68	0.30	1.42	0.85	1.45	1.53	0.48	1.81
		100.0	38.7	2.16	2.04	0.98	1.53	2.62	1.82	0.74	0.32	1.54	0.92	1.58	1.66	0.53	1.97
芸薹属油菜粕，溶剂浸提	5-03-871	91.0	37.0	2.06	1.79	0.99	1.35	2.50	1.98	0.71	0.30	1.41	0.79	1.57	1.56	0.43	1.79
		100.0	40.6	2.26	1.97	1.09	1.48	2.74	2.18	0.78	0.33	1.55	0.87	1.72	1.72	0.47	1.96
甘蓝型油菜籽粕，机械压榨	5-08-136	94.0	35.2	1.79	1.65	0.85	1.31	2.27	1.55	0.66	—	1.32	0.76	1.42	1.44	0.33	1.68
		100.0	37.4	1.91	1.75	0.90	1.39	2.42	1.64	0.70	—	1.40	0.81	1.51	1.53	0.35	1.78
甘蓝型油菜籽粕，预压浸提	5-08-135	92.0	40.5	2.23	1.94	1.09	1.46	2.71	2.15	0.77	—	1.54	0.85	1.70	1.70	0.49	1.94
		100.0	44.0	2.42	2.11	1.19	1.59	2.95	2.33	0.84	—	1.67	0.92	1.85	1.85	0.53	2.11
红花籽粕，机械压榨	5-04-109	91.0	20.2	1.38	1.11	0.44	0.56	1.21	0.68	0.39	0.81	1.16	—	—	0.56	0.29	1.09
		100.0	22.1	1.51	1.21	0.48	0.62	1.33	0.74	0.42	0.88	1.26	—	—	0.61	0.32	1.19

续表2-6-4

样品描述	国际饲料编号	干物质 DM	粗蛋白质 CP	精氨酸 Arg	甘氨酸 Gly	组氨酸 His	异亮氨酸 Ile	亮氨酸 Leu	赖氨酸 Lys	蛋氨酸 Met	胱氨酸 Cys	苯丙氨酸 Phe	酪氨酸 Tyr	丝氨酸 Ser	苏氨酸 Thr	色氨酸 Trp	缬氨酸 Val
红花籽粕,溶剂浸提	5-04-110	92.0	23.4	1.95	1.13	—	0.28	—	0.72	0.34	0.36	—	—	—	0.51	0.27	—
		100.0	25.4	2.11	1.22	—	0.30	—	0.78	0.37	0.39	—	—	—	0.56	0.29	—
去壳红花籽粕,溶剂浸提	5-07-959	92.0	43.0	3.65	2.32	1.07	1.56	2.46	1.27	0.68	0.70	1.75	1.07	—	1.30	0.59	2.33
		100.0	46.9	3.98	2.54	1.16	1.70	2.68	1.38	0.74	0.76	1.91	1.17	—	1.42	0.65	2.54
芝麻粕,机械压榨	5-04-220	93.0	45.5	4.55	3.97	1.07	1.96	3.20	1.27	1.37	0.59	2.14	1.87	2.95	1.60	0.71	2.33
		100.0	49.1	4.91	4.28	1.16	2.12	3.45	1.36	1.48	0.64	2.31	2.02	3.18	1.72	0.76	2.51
虾粉	5-04-226	90.0	39.9	25.20	—	0.96	1.68	2.68	2.17	0.82	0.59	1.59	1.33	—	1.42	0.36	1.83
		100.0	44.2	2.79	—	1.07	1.86	2.98	2.41	0.91	0.66	1.76	1.47	—	1.58	0.40	2.03
大豆浓缩蛋白,粗蛋白质>70%	5-08-038	92.0	84.3	7.34	3.32	2.41	4.60	6.33	5.61	0.88	0.92	4.33	3.10	5.19	3.34	0.88	4.38
		100.0	91.9	8.00	3.62	2.63	5.02	6.90	6.12	0.96	1.00	4.71	3.38	5.66	3.64	0.96	4.77
向日葵粕,溶剂浸提	5-09-340	90.0	23.3	2.30	—	0.55	1.00	1.60	1.00	0.50	0.50	1.15	—	1.00	1.05	0.45	1.60
		100.0	25.9	2.56	—	0.61	1.11	1.78	1.11	0.56	0.56	1.28	—	1.11	1.17	0.50	1.78
去壳向日葵粕,溶剂浸提	5-04-738	93.0	41.4	3.45	1.77	0.90	1.76	2.47	1.61	0.94	0.69	1.80	1.00	—	1.37	0.50	2.01
		100.0	44.6	3.72	1.91	0.97	1.90	2.66	1.73	1.01	0.74	1.94	1.08	—	1.47	0.54	2.17
去壳红花籽粕,溶剂浸提	5-04-739	93.0	46.3	4.42	2.82	1.23	2.25	3.83	1.92	1.16	0.74	2.36	1.39	2.20	1.93	0.61	2.60
		100.0	49.8	4.75	3.03	1.32	2.42	4.12	2.06	1.25	0.79	2.54	1.49	2.37	2.07	0.65	2.80
番茄渣,脱水	5-05-041	92.0	21.6	1.20	—	0.40	0.70	1.70	1.60	0.10	—	0.90	0.90	—	0.70	0.20	1.00
		100.0	23.5	1.30	—	0.43	0.76	1.85	1.74	0.11	—	0.98	0.98	—	0.76	0.22	1.09
鲸肉粉,脱脂	5-05-160	91.0	71.4	2.49	6.31	1.19	2.72	4.27	3.48	1.01	0.63	2.06	—	—	1.63	0.82	2.81
		100.0	78.1	2.72	6.90	1.30	2.97	4.67	3.80	1.10	0.69	2.26	—	—	1.79	0.89	3.07
小麦胚芽,粉碎	5-05-218	88.0	24.8	1.87	1.47	0.65	0.90	1.54	1.54	0.43	0.48	0.94	0.73	1.13	0.97	0.30	1.17
		100.0	28.1	2.12	1.66	0.74	1.02	1.75	1.74	0.49	0.54	1.07	0.83	1.28	1.09	0.34	1.32

5. 饲料原料的脂肪和脂肪酸

表 2-6-5 饲料原料的脂肪和脂肪酸含量(饲喂基础和干物质基础,%)[a]

饲料名称及描述	国际饲料编号	干物质 DM	粗脂肪 EE	饱和脂肪酸 Saturated fat[b]	不饱和脂肪酸 Unsaturated fat[b]	亚油酸 Linoleic acid	花生四烯酸 Arachidonic acid[c]
黄玉米蛋白粉	5-02-900	91.0	7.6	1.4	6.2	3.83	—
		100.0	8.4	1.5	6.8	4.21	—
蟹粉	5-01-663	92.0	1.7	0.5	1.2	0.33	—
		100.0	1.9	0.5	1.3	0.35	—
浓鱼汁	5-01-969	51.0	6.5	2.9	3.6	0.20	—
		100.0	12.8	5.7	7.1	0.39	—
鱼粉,大鲱鱼,机械压榨	5-02-009	92.0	7.7	4.4	3.3	0.11	—
		100.0	8.4	4.8	3.6	0.12	—
亚麻籽粕,溶剂浸提	5-02-048	91.0	1.7	0.4	1.3	0.37	—
		100.0	1.9	0.4	1.5	0.41	—
肉粉,脱脂	5-00-385	94.0	9.9	4.70	5.30	0.34	—
		100.0	10.6	5.00	5.70	0.36	—
带血肉粉,脱脂	5-00-386	92.0	8.1	4.00	4.10	0.28	—
		100.0	8.8	4.40	4.50	0.30	—
脱脂奶粉(牛)	5-01-175	94.0	0.9	0.40	0.60	0.01	—
		100.0	1.0	0.40	0.60	0.01	—
花生粕,机械压榨	5-03-649	92.0	6.7	1.60	5.10	1.25	—
		100.0	7.3	1.70	5.50	1.36	—
家禽副产品粉,脱脂(包含内脏、头、爪)	5-03-798	93.0	11.6	4.20	7.50	1.72	—
		100.0	12.5	4.50	8.00	1.98	—

注:[a] 除花生四烯酸外,其他数据都来源于 Edwards (1964);[b] 由假设粗脂肪全部为甘油三酯计算得来,因此,饱和脂肪酸和不饱和脂肪酸含量由两者所占比例分别乘以粗脂肪;[c] 数据都来源于 Hiditch and Williams (1964)。

2.7 日本资料

2.7.1 农业·食品产业技术综合研究机构.2009.日本标准饲料成分表[26]

1.牛饲料营养组成、消化率及营养价值

表 2-7-1 牛饲料营养组成、消化率及营养价值(上段数字为饲喂基础,下段数字为干物质基础,括号内数字为标准差)

饲料编号	饲料名称	组成 Composition								牛 Cattle								
										消化率 Digestibility				营养价值 Nutritive values				
		水分(%)	CP(%)	EE(%)	NFE(%)	CF(%)	ADF(%)	NDF(%)	CA(%)	CP(%)	EE(%)	NFE(%)	CF(%)	TDN(%)	DE(Mcal/kg)	DE(MJ/kg)	ME(Mcal/kg)	ME(MJ/kg)
2160	银合欢树叶 Leucaena leaves	70.5	8.5	1.6	12.6	4.8	—	—	2.0	71	43	66	32	17.4	0.77	3.22	0.64	2.67
			28.8	5.4	42.7	16.3	—	—	6.8					59.1	2.61	10.91	2.17	9.07
2170	金合欢树叶 Acacia leaves	48.2	11.2	2.5	25.7	8.0	—	—	4.4	—	—	—	—	—	—	—	—	—
			21.6	4.8	49.6	15.4	—	—	8.5					—	—	—	—	—
2180	刺槐树叶 Black locust leaves	71.1	7.2	1.3	13.6	4.8	—	—	2.0	69	53	72	44	18.4	0.84	3.40	0.68	2.86
		(4.4)	(1.5)	(0.5)	(1.0)	(1.2)			(0.1)									
			24.9	4.5	47.1	16.6	—	—	6.9					63.7	2.81	11.76	2.36	9.89
2190	桑树叶 Mulberry	69.8	7.7	1.6	15.2	3.5	—	—	2.2	69	31	76	73	20.5	0.91	3.79	0.77	3.21
			25.5	5.3	50.3	11.6	—	—	7.3					68.0	3.00	12.55	2.54	10.64
3525	多花黑麦草干草(秋季刈割,营养后期)Italian ryegrass (autumn cutting, late vegetative)	13.9	20.5	4.5	39.7	13.8	15.8	36.2	7.6	78	60	82	80	65.7	2.90	12.12	2.49	10.42
		(1.9)	(3.7)	(0.6)	(4.9)	(1.6)			(2.4)									
			23.8	5.2	46.1	16.0	18.4	42.0	8.8					76.3	3.36	14.07	2.89	12.10

续表2-7-1

饲料编号	饲料名称	组成 Composition								牛 Cattle								
										消化率 Digestibility				营养价值 Nutritive values				
		水分 (%)	CP (%)	EE (%)	NFE (%)	CF (%)	ADF (%)	NDF (%)	CA (%)	CP (%)	EE (%)	NFE (%)	CF (%)	TDN (%)	DE (Mcal/kg)	DE (MJ/kg)	ME (Mcal/kg)	ME (MJ/kg)
3841	白三叶干草(盛花期) White clover (bloom)	15.6	20.4	4.0	35.6	13.6	—	—	10.8	74	52	78	67	56.7	2.50	10.45	2.12	8.85
		(2.5)	(4.9)	(0.7)	(2.7)	(2.6)			(1.5)									
			24.2	4.7	42.2	16.1	—	—	12.8					67.1	2.96	12.39	2.51	10.49
4490	木薯叶粉 Cassava leaf meal	10.6	18.0	8.4	43.2	11.5	—	—	8.3	60	42	59	51	50.1	2.21	9.24	1.82	7.62
		(0.9)	(0.7)	(0.5)	(0.6)	(0.4)			(0.3)									
			20.1	9.4	48.3	12.9	—	—	9.3					56.0	2.47	10.34	2.04	8.52
4500	萝卜叶 Radish leaves	11.4	23.0	1.7	37.7	9.6	—	—	16.6	88	81	94	80	66.5	2.93	12.26	2.52	10.52
			26.0	1.9	42.6	10.8	—	—	18.7					75.0	3.31	13.84	2.84	11.88
4510	芜菁叶 Turnip leaves	10.8	18.9	1.5	44.2	10.7	—	—	13.9	75	34	81	72	58.8	2.59	10.85	2.19	9.17
			21.2	1.7	49.6	12.0	—	—	15.6					66.0	2.91	12.17	2.46	10.28
4790	银合欢树叶粉 Leucaena leaf meal	11.7	26.8	5.2	37.7	9.4	15.1	—	9.2	38	30	58	28	38.2	1.68	7.05	1.32	5.53
		(0.4)	(0.8)	(0.4)	(0.7)	(1.1)			(0.4)									
			30.4	5.9	42.7	10.6	17.1		10.4					43.3	1.91	7.98	1.50	6.26
4800	刺槐树叶粉 Black locust leaf meal	10.8	18.8	3.5	42.5	11.1	—	—	13.3	38	30	58	28	37.3	1.64	6.88	1.28	5.36
		(0.8)	(1.2)	(0.4)	(1.7)	(1.3)			(1.7)									
			21.1	3.9	47.6	12.4	—	—	14.9					41.8	1.84	7.71	1.43	6.00
4812	桑树叶粉 Mulberry leaf meal	9.5	18.3	3.8	48.2	9.2	—	—	11.0	63	41	67	39	50.9	2.24	9.39	1.85	7.74
		(0.3)	(0.3)	(0.2)	(0.6)	(0.6)			(0.5)									
			20.2	4.2	53.3	10.2	—	—	12.2					56.2	2.48	10.38	2.05	8.56

续表2-7-1

饲料编号	饲料名称	组成 Composition 水分(%)	CP(%)	EE(%)	NFE(%)	CF(%)	ADF(%)	NDF(%)	CA(%)	牛 Cattle 消化率 Digestibility CP(%)	EE(%)	NFE(%)	CF(%)	营养价值 Nutritive values TDN(%)	DE(Mcal/kg)	DE(MJ/kg)	ME(Mcal/kg)	ME(MJ/kg)
5781	蚕豆 Broad Bean	11.9	26.2	1.0	50.2	7.3	—	—	3.4	87	83	91	58	74.6	3.29	13.76	2.86	11.97
			29.7	1.1	57.0	8.3	—	—	3.9					84.7	3.73	15.62	3.25	13.58
5791	豌豆 Peas	17.9	20.9	0.9	52.7	4.8	—	—	2.8	86	64	93	50	70.7	3.12	13.04	2.72	11.36
		(5.5)	(0.3)	(0.2)	(2.1)	2.1			(0.1)									
			25.5	1.1	64.2	5.8	—	—	3.4					86.1	3.80	15.89	3.31	13.84
5801	羽扇豆 Lupine	10.9	29.9	5.5	36.9	14.1	—	—	2.7	90	84	93	82	83.2	3.67	15.35	3.22	13.47
		(1.2)	(1.2)	(0.6)	(1.5)	(1.6)			(0.1)									
			33.6	6.2	41.4	15.8	—	—	3.0					93.4	4.12	17.23	3.61	15.12
6331	玉米蛋白饲料 Corn gluten feed	9.7	20.9	3.6	52.6	7.5	10.9	38.5	5.6	86	74	88	70	75.6	3.33	13.95	2.90	12.12
		(1.6)	(1.5)	(1.2)	(2.5)	(1.3)	(1.5)	(6.1)	(0.7)									
			23.2	4.0	58.3	8.3	12.1	42.7	6.2					83.8	3.69	15.46	3.21	13.43
6371	酱油渣饼(湿)Soy sauce cake (wet)	34.0	18.3	10.9	17.8	10.4	16.1	23.1	8.6	67	88	64	66	52.2	2.30	9.63	1.99	8.32
		(4.3)	(3.0)	(3.8)	(2.5)	(2.1)	(2.2)	(3.8)	(2.0)									
			27.7	16.6	27.0	15.8	24.4	35.0	13.0					79.0	3.49	14.58	3.01	12.59
6372	酱油渣饼(干)Soy sauce cake (dry)	11.3	29.3	11.2	23.3	14.1	23.7	30.4	10.9	67	88	64	66	65.9	2.91	12.17	2.49	10.43
		(3.0)	(5.2)	(3.6)	(5.8)	(4.0)	(1.9)	(4.3)	(2.1)									
			33.0	12.6	26.3	15.9	26.7	34.3	12.3					74.3	3.28	13.71	2.81	11.76
6382	高蛋白酱油渣饼(干) Tamari soy sauce cake (dry)	12.1	33.7	9.0	23.1	10.4	21.9	26.1	11.7	67	88	64	66	62.0	2.74	11.45	2.33	9.75
		(1.8)	(3.8)	(1.4)	(5.3)	(2.3)			(1.6)									
			38.3	10.2	26.3	11.8	24.9	29.7	13.3					70.6	3.11	13.02	2.65	11.10

续表2-7-1

饲料编号	饲料名称	组成 Composition								牛 Cattle								
										消化率 Digestibility				营养价值 Nutritive values				
		水分(%)	CP(%)	EE(%)	NFE(%)	CF(%)	ADF(%)	NDF(%)	CA(%)	CP(%)	EE(%)	NFE(%)	CF(%)	TDN(%)	DE(Mcal/kg)	DE(MJ/kg)	ME(Mcal/kg)	ME(MJ/kg)
6491	啤酒糟(湿) Brewers grains (wet)	72.3	6.9	2.8	12.4	4.4	6.7	18.6	1.2	73	84	64	39	20.0	0.88	3.69	0.75	3.15
		(5.9)	(1.6)	(0.8)	(3.0)	(1.1)	(1.6)	(4.5)	(0.3)									
			24.8	10.1	44.8	16.0	24.2	67.2	4.3					72.1	3.18	13.31	2.72	11.37
6492	啤酒糟(干) Brewers grains (dry)	8.3	23.4	8.5	42.2	13.9	21.6	57.3	3.7	73	84	64	39	65.6	2.89	12.10	2.47	10.33
		(2.7)	(3.2)	(1.6)	(4.8)	(2.8)	(3.3)	(8.9)	(0.7)									
			25.5	9.3	46.0	15.1	23.5	62.5	4.1					71.5	3.15	13.19	2.69	11.26
6521	麦芽 Malt sprouts	10.3	28.3	1.4	41.4	12.5	—	—	6.1	77	68	64	64	58.4	2.58	10.78	2.17	9.09
		(2.8)	(2.9)	(0.5)	(2.8)	(1.5)			(0.8)									
			31.5	1.6	46.2	13.9	—	—	6.8					65.1	2.87	12.02	2.42	10.13
6541	大麦酒糟(湿) Barley distillers grains (wet)	76.4	5.5	2.4	11.1	3.9	5.3	16.0	0.7	80	89	46	21	15.1	0.67	2.79	0.56	2.35
		(4.7)	(0.7)	(0.3)	(0.4)	(0.7)			(0.1)									
			23.3	10.2	47.0	16.5	22.5	67.8	3.0					64.1	2.83	11.83	2.38	9.95
6542	大麦酒糟(干) Barley distillers grains (dry)	8.4	22.1	9.8	41.2	14.9	23.5	61.0	3.6	80	89	46	21	59.4	2.62	10.96	2.21	9.23
		(2.0)	(1.8)	(1.4)	(1.4)	(1.4)			(0.4)									
			24.1	10.7	45.0	16.3	25.7	66.6	3.9					64.8	2.86	11.96	2.41	10.08
6544	大麦酒糟可溶物(湿) Barley distillers solubles (wet)	59.0	14.5	1.2	21.3	0.1	—	—	3.9	80	88	97	50	34.7	1.53	6.40	1.33	5.57
		(2.4)	(1.6)	(0.7)	(1.9)	(0.1)			(0.5)									
			35.4	2.9	52.0	0.2	—	—	9.5					84.6	3.73	15.61	3.24	13.57
6548	大麦酒糟及其可溶物/大麦 DDGS(干) Barley distillers grains with solubles (dry)	9.4	27.0	6.1	42.6	8.9	—	—	6.0	70	87	67	55	64.3	2.83	11.86	2.42	10.11
		(4.0)	(1.3)	(2.1)	(2.9)	(1.4)			(0.5)									
			29.8	6.7	47.0	9.8	—	—	6.6					70.9	3.31	13.09	2.67	11.16

续表2-7-1

饲料编号	饲料名称	组成 Composition								牛 Cattle								
										消化率 Digestibility				营养价值 Nutritive values				
		水分(%)	CP(%)	EE(%)	NFE(%)	CF(%)	ADF(%)	NDF(%)	CA(%)	CP(%)	EE(%)	NFE(%)	CF(%)	TDN(%)	DE(Mcal/kg)	DE(MJ/kg)	ME(Mcal/kg)	ME(MJ/kg)
6551	玉米大麦酒糟(湿)Corn barley distillers grains (wet)	71.6	8.3	2.7	12.8	3.9	—	—	0.7	81	64	78	70	23.3	1.03	4.30	0.89	3.73
		(2.9)	(0.5)	(0.5)	(1.1)	(0.7)			(0.3)									
			29.2	9.5	45.1	13.7	—	—	2.5					82.1	3.62	15.15	3.14	13.14
6552	玉米大麦酒糟(干)Corn barley distillers grains (dry)	7.5	26.1	7.8	44.7	11.6	—	—	2.3	81	64	78	70	75.4	3.32	13.90	2.88	12.04
		(1.9)	(1.7)	(0.8)	(1.9)	(0.9)			(0.4)									
			28.2	8.4	48.3	12.5	—	—	2.5					81.5	3.59	15.03	3.11	13.02
6554	玉米大麦酒糟可溶物(湿)Corn barley distillers solubles (wet)	61.9	13.4	8.8	12.6	0.0	—	—	3.3	81	79	92	0	38.1	1.68	7.03	1.48	6.21
		(2.3)	(0.3)	(1.6)	(1.8)	(0.1)			(0.2)									
			35.2	23.1	33.1	0.0	—	—	8.7					100.0	4.41	18.45	3.89	16.29
6558	玉米大麦酒糟可溶物(干)Corn barley distillers grains with solubles (dry)	7.6	29.1	11.5	39.8	6.9	—	—	5.1	78	90	80	44	80.9	3.57	14.92	3.11	13.02
		(2.2)	(1.6)	(1.9)	(2.7)	(1.3)			(1.8)									
			31.5	12.4	43.1	7.5	—	—	5.5					87.5	3.86	16.15	3.37	14.09
6598	小麦玉米酒糟及其可溶物/小麦玉米 DDGS(干) Wheat corn distillers grains with solubles (dry)	12.5	33.2	9.0	35.2	5.2	—	—	4.8	90	92	77	36	77.5	3.42	14.30	2.99	12.49
		(0.8)	(0.4)	(0.8)	(0.9)	(0.2)			(0.2)									
			38.0	10.3	40.2	6.0	—	—	5.5					88.6	3.91	16.34	3.41	14.28
6602	小麦酒糟(干)Wheat distillers grains (dry)	15.1	37.0	7.7	28.8	9.3	—	—	2.2	86	80	56	37	65.2	2.88	12.03	2.47	10.36
		(1.7)	(1.0)	(0.4)	(1.0)	(0.4)			(0.1)									
			43.6	9.1	33.9	10.9	—	—	2.5					76.8	3.39	14.17	2.91	12.20

续表2-7-1

饲料编号	饲料名称	组成 Composition								牛 Cattle								
										消化率 Digestibility				营养价值 Nutritive values				
		水分(%)	CP(%)	EE(%)	NFE(%)	CF(%)	ADF(%)	NDF(%)	CA(%)	CP(%)	EE(%)	NFE(%)	CF(%)	TDN(%)	DE(Mcal/kg)	DE(MJ/kg)	ME(Mcal/kg)	ME(MJ/kg)
6618	精米酒糟及其可溶物/精米 DDGS(干)Polished rice distillers grains with solubles (dry)	9.7	45.1	6.1	33.1	2.3	—	—	3.6	60	82	86	33	67.6	2.98	12.47	2.56	10.70
		(1.5)	(1.9)	(1.8)	(2.0)	(0.5)			(0.2)									
			50.0	6.8	36.7	2.6	—	—	4.0					74.9	3.30	13.81	2.83	11.85
6681	烧酒酒糟渣(甘薯,湿)Shochu distillers residue (sweet potato,wet)	94.5	1.3	0.5	2.7	0.6	—	—	0.4	60	46	75	50	3.6	0.16	0.67	0.13	0.56
		(0.6)	(0.1)	(1.5)	(0.1)	(0.0)			(0.0)									
			23.6	9.1	49.1	10.9	—	—	7.3					65.9	2.90	12.15	2.45	10.26
6692	烧酒酒糟渣(大麦,干)Shochu distillers residue (barley,dry)	10.8	34.2	4.7	43.2	3.8	—	—	3.3	85	82	88	26	76.7	3.38	14.16	2.95	12.33
			38.3	5.3	48.4	4.3	—	—	3.7					86.0	3.79	15.88	3.30	13.83
6712	烧酒酒糟渣(大米,干)Shochu distillers residue (rice,dry)	13.6	41.8	11.5	27.9	2.5	—	—	2.7	77	74	96	50	79.4	3.50	14.64	3.07	12.84
		(0.2)	(2.6)	(0.7)	(1.6)	(0.2)			(0.6)									
			48.4	13.3	32.3	2.9	—	—	3.1					91.9	4.05	16.95	3.55	14.86
6842	谷氨酸副产品(浓缩液)Glutamic acid by-products (condensed liquid)	42.0	20.7	0.2	25.5	0.0	—	—	11.6	63	39	85	0	34.9	1.54	6.44	1.28	5.37
			(1.5)	(0.2)	(1.3)	(0.0)			(1.4)									
			35.7	0.3	44.0	0.0	—	—	20.0					60.2	2.65	11.10	2.21	9.25
6891	豆腐渣(湿)Soybean curd residue (wet)	77.5	5.9	2.6	9.5	3.6	5.0	7.6	0.9	85	84	78	89	20.5	0.90	3.79	0.79	3.32
		(3.7)	(1.2)	(0.8)	(1.9)	(0.8)	(1.1)	(2.1)	(0.2)									
			26.1	11.5	42.3	16.0	22.3	33.6	4.1					91.1	4.02	16.81	3.52	14.72

续表2-7-1

饲料编号	饲料名称	组成 Composition								牛 Cattle								
										消化率 Digestibility				营养价值 Nutritive values				
		水分(%)	CP(%)	EE(%)	NFE(%)	CF(%)	ADF(%)	NDF(%)	CA(%)	CP(%)	EE(%)	NFE(%)	CF(%)	TDN(%)	DE(Mcal/kg)	DE(MJ/kg)	ME(Mcal/kg)	ME(MJ/kg)
6892	豆腐渣(干)Soybean curd residue (dry)	8.6	25.5	11.6	35.9	14.7	21.0	31.2	3.8	85	84	78	89	84.6	3.73	15.61	3.27	13.69
		(3.8)	(2.7)	(2.7)	(4.5)	(3.3)	(4.8)	(6.1)	(0.4)									
			27.8	12.6	39.2	16.1	23.0	34.2	4.2					92.5	4.08	17.07	3.58	14.97
6902	豆腐渣(脱脂大豆,干)Soybean curd residue (defatted soybean, dry)	8.2	24.8	0.5	52.0	10.6	14.6	25.2	4.0	85	54	97	83	80.9	3.57	14.93	3.12	13.04
		(0.9)	(0.7)	(0.2)	(1.1)	(0.5)			(0.2)									
			27.0	0.6	56.6	11.5	15.9	27.5	4.3					88.1	3.89	16.26	3.39	14.19
6922	豆浆渣(干)Soybean milk residue (dry)	8.2	39.7	13.0	27.4	7.3	—	—	4.4	85	84	78	89	86.2	3.80	15.90	3.34	13.97
		(1.3)	(2.3)	(2.9)	(6.2)	(3.1)			(0.8)									
			43.2	14.2	29.8	8.0	—	—	4.8					93.9	4.14	17.32	3.64	15.21
6932	豆浆渣(脱脂大豆,干)Soybean milk residue (defatted soybean, dry)	7.3	37.7	0.4	39.4	11.6	—	—	3.6	81	3	86	74	73.0	3.22	13.48	2.78	11.63
		(1.6)	(2.0)	(0.1)	(2.6)	(1.2)			(0.6)									
			40.7	0.4	42.5	12.6	—	—	3.9					78.8	3.48	14.54	3.00	12.55
7112	淀粉糖浆废料 Starch syrup waste (dry)	9.9	30.1	5.4	46.5	3.2	—	—	4.9	62	82	73	58	64.4	2.84	11.89	2.42	10.14
		(1.7)	(1.2)	(0.4)	(1.2)	(1.0)			(0.4)									
			33.4	6.0	51.6	3.6	—	—	5.4					71.5	3.15	13.19	2.69	11.26
7251	大米胚芽 Rice germ	10.1	18.9	19.8	38.3	5.7	—	—	7.2	72	90	87	34	89.0	3.92	16.41	3.46	14.48
			21.0	22.0	42.6	6.3	—	—	8.0					99.0	4.36	18.26	3.85	16.11
7491	棉籽粕 Cottonseed meal	11.5	35.4	0.8	32.8	13.8	22.9	32.1	5.7	81	92	60	57	57.9	2.55	10.68	2.15	9.01
		(0.9)	(0.6)	(0.3)	(1.1)	(1.3)			(0.3)									
			40.0	0.9	37.1	15.6	25.9	36.3	6.4					65.4	2.88	12.07	2.43	10.18

续表2-7-1

饲料编号	饲料名称	组成 Composition								牛 Cattle								
										消化率 Digestibility				营养价值 Nutritive values				
		水分 (%)	CP (%)	EE (%)	NFE (%)	CF (%)	ADF (%)	NDF (%)	CA (%)	CP (%)	EE (%)	NFE (%)	CF (%)	TDN (%)	DE (Mcal/kg)	DE (MJ/kg)	ME (Mcal/kg)	ME (MJ/kg)
7501	菜籽粕 Rapeseed meal	11.8	37.3	2.9	31.9	9.4	18.7	24.0	6.6	86	89	72	51	65.8	2.90	12.13	2.49	10.41
		(1.0)	(1.4)	(0.7)	(1.1)	(0.8)	(1.8)	(5.0)	(0.5)									
			42.3	3.3	36.2	10.7	21.2	27.2	7.5					74.6	3.29	13.76	2.82	11.80
7502	菜籽粕(粗颗粒) Rapeseed meal (coarse granules)	12.1	37.1	2.6	31.5	10.2	—	—	6.5	83	92	84	46	67.4	2.97	12.44	2.56	10.71
		(1.0)	(1.0)	(0.4)	(1.1)	(0.5)			(0.1)									
			42.2	3.0	35.8	11.6	—	—	7.4					76.7	3.38	14.15	2.91	12.17
7503	菜籽粕(细颗粒) Rapeseed meal (fine granules)	11.7	44.4	2.9	28.7	5.1	—	—	7.2	90	91	94	72	76.6	3.38	14.13	2.94	12.31
		(1.0)	(0.9)	(0.6)	(0.9)	(0.5)			(0.2)									
			50.3	3.3	32.5	5.8	—	—	8.1					86.7	3.82	16.00	3.33	13.94
7511	花生粕 Groundnut meal	8.9	45.0	1.1	28.2	9.7	13.0	15.6	7.1	81	92	87	51	68.2	3.01	12.59	2.58	10.80
		(0.7)	(2.0)	(0.6)	(1.7)	(2.1)			(0.7)									
			49.4	1.2	31.0	10.6	14.3	17.1	7.8					74.9	3.30	13.81	2.83	11.85
7521	亚麻籽粕 Linseed meal	11.6	36.0	2.5	36.7	7.8	14.7	22.9	5.4	88	89	82	52	70.8	3.12	13.06	2.70	11.29
		(1.3)	(1.7)	(0.9)	(1.6)	(0.7)	(1.6)	(2.6)	(0.4)									
			40.7	2.8	41.5	8.9	16.6	25.9	6.1					80.1	3.53	14.78	3.05	12.78
7522	亚麻籽粕(压榨)Linseed meal (press extracted)	11.9	31.6	4.6	36.2	9.6	—	—	6.1	85	90	78	45	68.7	3.03	12.68	2.61	10.93
		(2.8)	(6.0)	(0.0)	(2.1)	(3.6)			(1.9)									
			35.9	5.2	41.1	10.9	—	—	6.9					78.0	3.44	14.39	2.97	12.41
7531	芝麻粕 Sesame meal	8.5	46.3	2.0	20.7	9.0	13.9	28.9	13.5	81	94	75	55	62.2	2.74	11.48	2.33	9.73
		(2.2)	(4.3)	(0.9)	(2.9)	(2.0)	(1.9)	(4.3)	(1.3)									
			50.6	2.2	22.6	9.8	15.2	31.6	14.8					68.0	3.00	12.54	2.54	10.64

续表2-7-1

饲料编号	饲料名称	组成 Composition								牛 Cattle								
										消化率 Digestibility				营养价值 Nutritive values				
		水分(%)	CP(%)	EE(%)	NFE(%)	CF(%)	ADF(%)	NDF(%)	CA(%)	CP(%)	EE(%)	NFE(%)	CF(%)	TDN(%)	DE(Mcal/kg)	DE(MJ/kg)	ME(Mcal/kg)	ME(MJ/kg)
7532	芝麻粕(压榨)Sesame meal (press extracted)	6.1	46.4	10.9	16.8	8.4	14.5	31.7	11.4	81	94	75	55	77.9	3.43	14.37	2.98	12.47
		(3.0)	(4.5)	(4.3)	(4.0)	(2.3)			(1.3)									
			49.4	11.6	17.9	8.9	15.1	33.7	12.1					82.9	3.66	15.30	3.17	13.28
7541	椰子粕 Copra meal	12.9	21.0	0.5	51.1	9.0	20.9	40.9	5.5	78	96	78	63	63.0	2.78	11.62	2.37	9.93
		(1.4)	(0.8)	(0.2)	(1.6)	(1.5)			(0.4)									
			24.1	0.6	58.7	10.3	24.0	47.0	6.3					72.3	3.19	13.34	2.73	11.40
7542	椰子粕(压榨)Copra meal (press extracted)	12.0	20.0	5.8	46.3	9.8	22.7	44.6	6.1	78	96	78	63	70.4	3.11	12.99	2.68	11.23
			22.7	6.6	52.6	11.1	25.8	50.7	6.9					80.8	3.53	14.76	3.05	12.76
7543	椰子粕(压榨,10%粗脂肪)Copra meal (press extracted, 10%fat)	6.5	20.6	10.4	47.5	9.4	22.7	44.4	5.7	78	97	83	61	83.8	3.70	15.46	3.23	13.52
		(1.2)	(0.9)	(1.4)	(2.4)	(1.3)			(0.4)									
			22.0	11.1	50.8	10.1	24.2	47.5	6.1					89.6	3.93	16.53	3.46	14.46
7571	去壳红花籽粕 Dehulled safflower meal	10.4	40.1	1.3	28.6	11.9	13.8	15.2	7.7	88	93	63	23	58.8	2.59	10.84	2.19	9.15
		(1.8)	(9.2)	(0.4)	(7.4)	(5.1)			(2.7)									
			44.8	1.5	31.9	13.3	15.4	17.0	8.6					65.6	2.89	12.10	2.44	10.24
7611	玉米胚芽粕 Corn germ meal	11.7	20.7	3.7	52.6	8.9	13.4	48.4	2.4	90	60	83	80	74.5	3.28	13.74	2.86	11.95
		(0.9)	(1.2)	(1.7)	(3.3)	(1.6)	(0.9)	(7.5)	(0.8)									
			23.5	4.2	59.6	10.0	15.1	54.8	2.7					84.3	3.72	15.56	3.23	13.53
7771	玉米蛋白粉(60%粗蛋白质)Corn gluten meal (60%CP)	9.9	63.7	2.5	19.9	0.8	—	—	3.2	90	79	88	55	79.6	3.51	14.70	3.07	12.84
		(2.0)	(3.0)	(1.8)	(4.2)	(0.6)			(1.2)									
			70.7	2.8	22.0	0.9	—	—	3.6					88.4	3.90	16.32	3.41	14.25

续表2-7-1

饲料编号	饲料名称	组成 Composition								牛 Cattle								
										消化率 Digestibility				营养价值 Nutritive values				
		水分(%)	CP(%)	EE(%)	NFE(%)	CF(%)	ADF(%)	NDF(%)	CA(%)	CP(%)	EE(%)	NFE(%)	CF(%)	TDN(%)	DE(Mcal/kg)	DE(MJ/kg)	ME(Mcal/kg)	ME(MJ/kg)
7781	玉米蛋白粉(40%粗蛋白质)Corn gluten meal (40%CP)	11.1	38.9	3.5	43.2	2.1	—	—	1.2	90	79	88	55	80.4	3.55	14.84	3.10	12.98
		(1.3)	(0.4)	(1.7)	(5.1)	(1.2)			(0.8)									
			43.8	3.9	48.6	2.4	—	—	1.3					90.4	3.99	16.69	3.49	14.61
7792	小麦面筋(酶解)Wheat gluten (degradated with enzyme)	3.7	80.2	1.1	14.1	0.0	—	—	0.9	95	78	98	—	91.9	4.05	16.96	3.57	14.92
			83.3	1.1	14.6	0.0	—	—	0.9					95.5	4.21	17.62	3.70	15.50
7821	大豆浓缩蛋白 Soybean protein concentrate	4.7	66.2	0.5	18.5	3.8	—	—	6.3	92	46	92	77	81.4	3.59	15.01	3.12	13.07
			69.5	0.5	19.4	4.0	—	—	6.6					85.4	3.77	15.75	3.28	13.71
7831	大豆分离蛋白 Isolated soybean protein	5.8	84.4	0.2	5.3	0.1	—	—	4.1	96	—	67	60	84.7	3.73	15.62	3.27	13.67
		(0.4)	(0.7)	(0.0)	(0.5)	(0.0)			(0.2)									
			89.6	0.2	5.6	0.1	—	—	4.4					89.9	3.96	16.58	3.47	14.51
7841	大豆乳清 Soybean whey	59.7	9.5	0.3	21.0	0.0	—	—	9.5	89	26	93	—	28.1	1.24	5.19	1.05	4.41
		(1.3)	(0.6)	(0.1)	(1.0)				(0.5)									
			23.5	0.7	52.1	0.0	—	—	23.6					69.8	3.08	12.89	2.62	10.96
7851	马铃薯蛋白 Potato protein	10.1	73.7	3.7	9.3	0.6	—	—	2.6	83	38	53	73	69.7	3.07	12.86	2.65	11.08
		(1.3)	(0.6)	(2.9)	(2.3)	(0.5)			(0.4)									
			82.0	4.1	10.3	0.7	—	—	2.9					77.5	3.42	14.31	2.95	12.32
8191	明胶 Gelatin	5.8	87.5	0.3	2.1	0.3	—	—	4.0	91	0	0	0	79.6	3.51	14.69	3.05	12.77
		(1.1)	(1.2)	(0.2)	(1.1)	(0.2)			(0.7)									
			92.9	0.3	2.2	0.3	—	—	4.2					84.5	3.73	15.60	3.24	13.56

续表2-7-1

饲料编号	饲料名称	组成 Composition								牛 Cattle								
										消化率 Digestibility				营养价值 Nutritive values				
		水分(%)	CP(%)	EE(%)	NFE(%)	CF(%)	ADF(%)	NDF(%)	CA(%)	CP(%)	EE(%)	NFE(%)	CF(%)	TDN(%)	DE(Mcal/kg)	DE(MJ/kg)	ME(Mcal/kg)	ME(MJ/kg)
8351	蚕蛹粉 Silkworm pupa meal	9.4	71.7	3.2	5.5	4.9	—	—	5.3	87	98	0	0	69.4	3.06	12.81	2.63	11.02
		(1.4)	(3.9)	(1.8)	(1.4)	(1.0)			(1.3)									
			79.1	3.5	6.1	5.4	—	—	5.8					76.6	3.38	14.14	2.91	12.17
8362	干蚕蛹 Dried silkworm pupae	6.6	56.8	26.1	3.6	3.4	—	—	3.5	85	96	0	0	104.7	4.62	19.31	4.11	17.21
		(1.0)	(2.3)	(2.3)	(2.3)	(0.8)			(0.6)									
			60.8	27.9	3.9	3.6	—	—	3.7					112.1	4.94	20.68	4.40	18.43
8401	全脂牛奶 Whole milk	87.7	3.2	3.7	4.7	0.0	—	—	0.7	95	99	98	—	15.9	0.70	2.93	0.63	2.64
			26.0	30.1	38.2	0.0	—	—	5.7					129.2	5.70	23.83	5.13	21.45
8402	全脂牛奶粉 Dried whole milk	3.0	25.5	26.2	39.2	0.1	—	—	6.0	95	99	98	0	121.0	5.34	22.33	4.79	20.05
			26.3	27.0	40.4	0.1	—	—	6.2					124.7	5.50	23.02	4.94	20.67
8411	脱脂牛奶 Skimmed milk	91.5	3.1	0.1	4.6	0.0	—	—	0.7	95	99	98	—	7.7	0.34	1.42	0.30	1.24
			36.0	1.2	54.6	0.0	—	—	8.2					90.3	3.98	16.66	3.49	14.58
8412	脱脂牛奶粉 Dried skimmed milk	4.4	34.6	0.5	52.5	0.1	—	—	7.9	95	99	98	0	85.3	3.76	15.75	3.29	13.77
		(1.6)	(2.1)	(0.5)	(3.3)	(0.3)			(0.6)									
			36.2	0.5	54.9	0.1	—	—	8.2					89.3	3.94	16.48	3.44	14.41
8432	乳清浓缩蛋白 Whey protein concentrate	4.1	35.3	0.2	53.8	0.0	—	—	6.5	97	99	99	—	88.0	3.88	16.23	3.40	14.23
		(1.4)	(1.8)	(0.1)					(1.0)									
			36.9	0.2	56.1	0.0	—	—	6.8					91.8	40.5	16.93	3.55	14.84

续表2-7-1

饲料编号	饲料名称	组成 Composition								牛 Cattle								
										消化率 Digestibility				营养价值 Nutritive values				
		水分(%)	CP(%)	EE(%)	NFE(%)	CF(%)	ADF(%)	NDF(%)	CA(%)	CP(%)	EE(%)	NFE(%)	CF(%)	TDN(%)	DE(Mcal/kg)	DE(MJ/kg)	ME(Mcal/kg)	ME(MJ/kg)
8442	乳清浓缩蛋白(77%粗蛋白质) Whey protein concentrate (77%CP)	6.6	73.4	0.3	16.2	0.0	—	—	3.5	95	99	99	—	86.4	3.81	15.94	3.34	13.98
		(0.6)	(1.3)	(0.2)	(1.1)				(0.7)									
			78.6	0.3	17.4	0.0	—	—	3.7					92.5	4.08	17.07	3.58	14.97
8452	酪蛋白 Casein	8.8	89.2	0.2	0.0	0.2	—	—	1.6	93	0	—	0	83.0	3.66	15.31	3.20	13.40
			97.8	0.2	0.0	0.2	—	—	1.8					91.0	4.01	16.78	3.51	14.70
8661	尿素 Urea	0.5	284.0	0.0	0.0	0.0	—	—	0.0	70	—	—	—	0.0	0.00	0.00	0.00	0.00
			285.4	0.0	0.0	0.0	—	—	0.0					0.0	0.00	0.00	0.00	0.00
8662	二脲基异丁烷 Diureido isobutane	2.0	190.0	0.0	0.0	0.0	—	—	0.0	70	—	—	—	0.0	0.00	0.00	0.00	0.00
			193.9	0.0	0.0	0.0	—	—	0.0					0.0	0.00	0.00	0.00	0.00
8751	啤酒酵母(饲料级) Brewers yeast (feed grade)	7.5	52.5	0.8	29.4	1.2	—	—	8.6	91	44	88	0	74.4	3.28	13.74	2.84	11.88
		(2.4)	(3.1)	(0.5)	(4.5)	(1.2)			(1.9)									
			56.8	0.9	31.8	1.3	—	—	9.3					80.5	3.55	14.85	3.07	12.84
8761	面包酵母(饲料级) Bread yeast (feed grade)	5.5	44.3	2.7	40.8	3.6	—	—	3.1	91	44	88	0	78.9	3.48	14.56	3.02	12.64
		(1.8)	(2.8)	(1.1)	(2.8)	(1.3)			(0.7)									
			46.9	2.9	43.2	3.8	—	—	3.3					83.5	3.68	15.40	3.20	13.38
8771	圆酵母(饲料级) Torula yeast (feed grade)	8.4	44.7	1.1	36.9	2.0	—	—	6.9	86	25	73	0	66.0	2.91	12.18	2.49	10.40
		(1.5)	(3.4)	(0.4)	(3.7)	(0.9)			(1.0)									
			48.8	1.2	40.3	2.2	—	—	7.5					72.0	3.18	13.29	2.71	11.36

续表2-7-1

饲料编号	饲料名称	组成 Composition								牛 Cattle								
										消化率 Digestibility				营养价值 Nutritive values				
		水分 (%)	CP (%)	EE (%)	NFE (%)	CF (%)	ADF (%)	NDF (%)	CA (%)	CP (%)	EE (%)	NFE (%)	CF (%)	TDN (%)	DE (Mcal/kg)	DE (MJ/kg)	ME (Mcal/kg)	ME (MJ/kg)
8781	圆酵母(核酸提取后,饲料级) Torula yeast (nucleic acid extracted, feed grade)	8.1	48.5	1.3	33.1	2.8	—	—	6.2	86	25	73	0	66.6	2.94	12.29	2.51	10.50
		(1.7)	(3.9)	(0.7)	(3.7)	(1.5)			(2.2)									
			52.8	1.4	36.0	3.0	—	—	6.7					72.5	3.20	13.37	2.73	11.43
8791	酵母提取物 Yeast extracts	7.3	46.0	0.3	39.0	0.7	—	—	6.7	89	0	90	31	76.3	3.36	14.08	2.92	12.20
		(0.5)	(1.6)	(0.1)	(1.5)	(0.3)			(0.4)									
			49.6	0.3	42.1	0.8	—	—	7.3					82.3	3.63	15.18	3.14	13.16
9411	玉米浆 Corn steep liquor	52.5	22.7	0.4	16.3	0.0	—	—	8.1	75	0	95	—	32.5	1.43	6.00	1.22	5.09
		(4.5)	(1.0)	(0.3)	(1.0)				(1.0)									
			47.8	0.8	34.3	0.0	—	—	17.1					68.4	3.02	12.63	2.56	10.72
9451	甜菜制糖副产品(浓缩液) Beet sugar refinary by-product (condensed liquid)	49.6	14.2	0.1	17.0	0.0	—	—	19.1	39	0	52	—	14.4	0.63	2.65	0.44	1.85
		(1.4)	(0.5)	(0.1)	(0.9)	(0.0)			(0.9)									
			28.2	0.2	33.7	0.0	—	—	37.9					28.5	1.26	5.26	0.88	3.66
9461	魔芋粉废料 Devils tongue flour refuse	12.3	23.4	1.3	50.1	5.4	—	—	7.5	65	63	68	62	54.5	2.40	10.05	2.01	8.42
		(1.3)	(1.8)	(0.6)	(2.1)	(1.0)			(0.7)									
			26.7	1.5	57.1	6.2	—	—	8.6					62.1	2.74	11.46	2.29	9.60
9481	小球藻 Chlorella	4.9	56.3	4.4	25.5	1.8	—	—	7.1	61	69	46	0	52.9	2.33	9.76	1.92	8.04
		(1.1)	(4.0)	(3.9)	(5.8)	(1.6)			(1.0)									
			59.2	4.6	26.8	1.9	—	—	7.5					55.6	2.45	10.26	2.02	8.45

注:CP = 粗蛋白质,EE = 粗脂肪,NFE = 无氮浸出物,CF = 粗纤维,ADF = 酸性洗涤纤维,NDF = 中性洗涤纤维,CA = 粗灰分,TDN = 总可消化养分,DE = 消化能,ME = 代谢能,下同。

2. 猪、鸡饲料营养组成、消化率及营养价值

表 2-7-2 猪、鸡饲料营养组成、消化率及营养价值(上段数字为饲喂基础,下段数字为干物质基础,括号内数字为标准差)

饲料编号	饲料名称	组成 Composition									
		水分(%)	CP(%)	EE(%)	NFE(%)	CF(%)	ADF(%)	NDF (%)	CA(%)	总能 GE	
										(Mcal/kg)	(MJ/kg)
5781	蚕豆 Broad bean	11.9	26.2	1.0	50.2	7.3	—	—	3.4	—	—
			29.7	1.1	57.0	8.3	—	—	3.9	—	—
5791	豌豆 Peas	17.9	20.9	0.9	52.7	4.8	—	—	2.8	3.75	15.69
		(5.5)	(0.3)	(0.2)	(2.1)	(2.1)			(0.1)		
			25.5	1.1	64.2	5.8	—	—	3.4	4.56	19.10
5801	羽扇豆 Lupine	10.9	29.9	5.5	36.9	14.1	—	—	2.7	4.49	18.79
		(1.2)	(1.2)	(0.6)	(1.5)	(1.6)			(0.1)		
			33.6	6.2	41.4	15.8	—	—	3.0	5.04	21.09
5811	去壳羽扇豆 Dehulled lupine	13.8	37.0	6.1	36.6	3.7	—	—	2.8	—	—
			42.9	7.1	42.5	4.3	—	—	3.2	—	—
5831	芝麻 Sesame	3.7	22.9	49.5	13.0	4.5	—	—	6.4	6.72	28.11
		(1.6)	(1.5)	(3.3)	(2.8)	(1.4)			(1.4)	0.29	
			23.8	51.4	13.5	4.6	—	—	6.6	6.98	29.19
6331	玉米蛋白饲料 Corn gluten feed	9.7	20.9	3.6	52.6	7.5	10.9	38.5	5.6	4.14	17.33
		(1.6)	(1.5)	(1.2)	(2.5)	(1.3)	(1.5)	(6.1)	(0.7)		
			23.2	4.0	58.3	8.3	12.1	42.7	6.2	4.59	19.21

续表2-7-2

饲料编号	饲料名称	组成 Composition									
		水分(%)	CP(%)	EE(%)	NFE(%)	CF(%)	ADF(%)	NDF (%)	CA(%)	总能 GE	
										(Mcal/kg)	(MJ/kg)
6371	酱油渣饼(湿)Soy sauce cake (wet)	34.0	18.3	10.9	17.8	10.4	16.1	23.1	8.6	—	—
		(4.3)	(3.0)	(3.8)	(2.5)	(2.1)	(2.2)	(3.8)	(2.0)		
			27.7	16.6	27.0	15.8	24.4	35.0	13.0	—	—
6372	酱油渣饼(干)Soy sauce cake (dry)	11.3	29.3	11.2	23.3	14.1	23.7	30.4	10.9	4.42	18.50
		(3.0)	(5.2)	(3.6)	(5.8)	(4.0)	(1.9)	(4.3)	(2.1)		
			33.0	12.6	26.3	15.9	26.7	34.3	12.3	4.98	20.85
6382	高蛋白酱油渣饼(干)Tamari soy sauce cake (dry)	12.1	33.7	9.0	23.1	10.4	21.9	26.1	11.7	4.27	17.88
		(1.8)	(3.8)	(1.4)	(5.3)	(2.3)			(1.6)		
			38.3	10.2	26.3	11.8	24.9	29.7	13.3	4.86	20.34
6392	酱油渣和豆腐渣(发酵后,干)Soy sauce cake and tofu cake (fermented,dry)	10.7	28.0	12.6	26.2	13.0	—	—	9.5	4.69	19.62
		(1.8)	(2.2.)	(1.2)	(1.7)	(1.0)			(0.6)		
			31.4	14.1	29.4	14.5	—	—	10.7	5.25	21.98
6491	啤酒糟(湿)Brewers grains (wet)	72.3	6.9	2.8	12.4	4.4	6.7	18.6	1.2	—	—
		(5.9)	(1.6)	(0.8)	(3.0)	(1.1)	(1.6)	(4.5)	(0.3)		
			24.8	10.1	44.8	16.0	24.2	67.2	4.3	—	—
6492	啤酒糟(干)Brewers grains (dry)	8.3	23.4	8.5	42.2	13.9	21.6	57.3	3.7	—	—
		(2.7)	(3.2)	(1.6)	(4.8)	(2.8)	(3.3)	(8.9)	(0.7)		
			25.5	9.3	46.0	15.1	23.5	62.5	4.1	—	—
6502	清酒糟(干)Sake cake (dry)	10.3	33.1	1.5	52.7	1.3	—	—	1.1	—	—
			36.9	1.7	58.8	1.4	—	—	1.2	—	—

续表2-7-2

饲料编号	饲料名称	组成 Composition									
		水分(%)	CP(%)	EE(%)	NFE(%)	CF(%)	ADF(%)	NDF (%)	CA(%)	总能 GE	
										(Mcal/kg)	(MJ/kg)
6521	麦芽 Malt sprouts	10.3	28.3	1.4	41.4	12.5	—	—	6.1	—	—
		(2.8)	(2.9)	(0.5)	(2.8)	(1.5)			(0.8)		
			31.5	1.6	46.2	13.9	—	—	6.8	—	—
6541	大麦酒糟(湿)Barley distillers grains (wet)	76.4	5.5	2.4	11.1	3.9	5.3	16.0	0.7	—	—
		(4.7)	(0.7)	(0.3)	(0.4)	(0.7)			(0.1)		
			23.3	10.2	47.0	16.5	22.5	67.8	3.0	—	—
6542	大麦酒糟(干)Barley distillers grains (dry)	8.4	22.1	9.8	41.2	14.9	23.5	61.0	3.6	4.68	19.59
		(2.0)	(1.8)	(1.4)	(1.4)	(1.4)			(0.4)		
			24.1	10.7	45.0	16.3	25.7	66.6	3.9	5.11	21.39
6544	大麦酒糟可溶物(湿)Barley distillers solubles (wet)	59.0	14.5	1.2	21.3	0.1	—	—	3.9	1.85	7.73
		(2.4)	(1.6)	(0.7)	(1.9)	(0.1)			(0.5)		
			35.4	2.9	52.0	0.2	—	—	9.5	4.51	18.86
6548	大麦酒糟及其可溶物/大麦 DDGS (干)Barley distillers grains with solubles (dry)	9.4	27.0	6.1	42.6	8.9	—	—	6.0	4.37	18.28
		(4.0)	(1.3)	(2.1)	(2.9)	(1.4)			(0.5)		
			29.8	6.7	47.0	9.8	—	—	6.6	4.82	20.17
6551	玉米大麦酒糟(湿)Corn barley distillers grains (wet)	71.6	8.3	2.7	12.8	3.9	—	—	0.7	1.47	6.14
		(2.9)	(0.5)	(0.5)	(1.1)	(0.7)			(0.3)		
			29.2	9.5	45.1	13.7	—	—	2.5	5.17	21.61
6552	玉米大麦酒糟(干)Corn barley distillers grains (dry)	7.5	26.1	7.8	44.7	11.6	—	—	2.3	4.70	19.68
		(1.9)	(1.7)	(0.8)	(1.9)	(0.9)			(0.4)		
			28.2	8.4	48.3	12.5	—	—	2.5	5.08	21.27

续表2-7-2

饲料编号	饲料名称	组成 Composition								总能 GE	
		水分(%)	CP(%)	EE(%)	NFE(%)	CF(%)	ADF(%)	NDF (%)	CA(%)	(Mcal/kg)	(MJ/kg)
6554	玉米大麦酒糟可溶物(湿)Corn barley distillers solubles (wet)	61.9	13.4	8.8	12.6	0.0	—	—	3.3	2.15	8.98
		(2.3)	(0.3)	(1.6)	(1.8)	(0.1)			(0.2)		
			35.2	23.1	33.1	0.0	—	—	8.7	5.64	23.58
6558	玉米大麦酒糟可溶物(干)Corn barley distillers grains with solubles (dry)	7.6	29.1	11.5	39.8	6.9	—	—	5.1	4.79	20.05
		(2.2)	(1.6)	(1.9)	(2.7)	(1.3)			(1.8)		
			31.5	12.4	43.1	7.5	—	—	5.5	5.19	21.70
6618	精米酒糟及其可溶物/精米 DDGS (干) Polished rice distillers grains with solubles (dry)	9.7	45.1	6.1	33.1	2.3	—	—	3.6	4.85	20.27
		(1.5)	(1.9)	(1.8)	(2.0)	(0.5)			(0.2)	(0.09)	
			50.0	6.8	36.7	2.6	—	—	4.0	5.37	22.45
6681	烧酒酒糟渣(甘薯,湿) Shochu distillers residue (sweet potato,wet)	94.5	1.3	0.5	2.7	0.6	—	—	0.4	—	—
		(0.6)	(0.1)	(1.5)	(0.1)	(0.0)			(0.0)		
			23.6	9.1	49.1	10.9	—	—	7.3	—	—
6702	烧酒酒糟渣(大麦,干) Shochu distillers residue (barley,dry)	7.3	29.4	11.4	44.3	5.8	—	—	1.8	—	—
		(0.8)	(0.8)	(0.6)	(1.0)	(0.6)			(0.1)		
			31.7	12.3	47.7	6.3	—	—	2.0	—	—
6822	赖氨酸发酵副产品(干) Lysine fermentation by-products (dry)	10.2	68.3	3.6	9.4	1.0	—	—	7.5	4.67	19.54
		(1.9)	(6.5)	(2.3)	(2.0)	(1.5)			(2.8)		
			76.1	4.0	10.5	1.1	—	—	8.4	5.20	21.76
6832	谷氨酸发酵副产品(干) Glutamic acid fermentation by-products (dry)	8.5	69.4	2.8	9.1	1.9	—	—	8.3	4.69	19.61
		(1.8)	(10.1)	(2.0)	(4.8)	(2.1)			(5.3)		
			75.8	3.1	9.9	2.1	—	—	9.1	5.12	21.43

续表2-7-2

饲料编号	饲料名称	组成 Composition									
		水分(%)	CP(%)	EE(%)	NFE(%)	CF(%)	ADF(%)	NDF (%)	CA(%)	总能 GE	
										(Mcal/kg)	(MJ/kg)
6842	谷氨酸副产品(浓缩液)Glutamic acid by-products (condensed liquid)	42.0	20.7	0.2	25.5	0.0	—	—	11.6	—	—
			(1.5)	(0.2)	(1.3)	(0.0)			(1.4)		
			35.7	0.3	44.0	0.0	—	—	20.0	—	—
6891	豆腐渣(湿)Soybean curd residue (wet)	77.5	5.9	2.6	9.5	3.6	5.0	7.6	0.9	—	—
		(3.7)	(1.2)	(0.8)	(1.9)	(0.8)	(1.1)	(2.1)	(0.2)		
			26.1	11.5	42.3	16.0	22.3	33.6	4.1	—	—
6892	豆腐渣(干)Soybean curd residue (dry)	8.6	25.5	11.6	35.9	14.7	21.0	31.2	3.8	—	—
		(3.8)	(2.7)	(2.7)	(4.5)	(3.3)	(4.8)	(6.1)	(0.4)		
			27.8	12.6	39.2	16.1	23.0	34.2	4.2	—	—
6902	豆腐渣(脱脂大豆,干)Soybean curd residue (defatted soybean,dry)	8.2	24.8	0.5	52.0	10.6	14.6	25.2	4.0	—	—
		(0.9)	(0.7)	(0.2)	(1.1)	(0.5)			(0.2)		
			27.0	0.6	56.6	11.5	15.9	27.5	4.3	—	—
6922	豆浆渣(干)Soybean milk residue (dry)	8.2	39.7	13.0	27.4	7.3	—	—	4.4	—	—
		(1.3)	(2.3)	(2.9)	(6.2)	(3.1)			(0.8)		
			43.2	14.2	29.8	8.0	—	—	4.8	—	—
6932	豆浆渣(脱脂大豆,干)Soybean milk residue (defatted soybean,dry)	7.3	37.7	0.4	39.4	11.6	—	—	3.6	—	—
		(1.6)	(2.0)	(0.1)	(2.6)	(1.2)			(0.6)		
			40.7	0.4	42.5	12.6	—	—	3.9	—	—
7251	大米胚芽 Rice germ	10.1	18.9	19.8	38.3	5.7	—	—	7.2	—	—
			21.0	22.0	42.6	6.3	—	—	8.0	—	—

续表2-7-2

饲料编号	饲料名称	组成 Composition								总能 GE	
		水分(%)	CP(%)	EE(%)	NFE(%)	CF(%)	ADF(%)	NDF (%)	CA(%)	(Mcal/kg)	(MJ/kg)
7261	小麦胚芽 Wheat germ	12.8	26.3	8.7	44.1	3.2	—	—	4.9	—	—
		(1.5)	(2.2)	(1.8)	(4.9)	(0.4)			(1.2)		
			30.2	10.0	50.6	3.7	—	—	5.6	—	—
7281	大豆胚芽 Soybean germ	8.3	36.7	11.8	34.5	4.4	—	—	4.3	4.94	20.68
		(0.9)	(0.9)	(0.6)	(0.8)	(0.8)			(0.3)		
			40.0	12.9	37.6	4.8	—	—	4.7	5.39	22.56
7481	大豆胚芽粕 Soybean germ meal	8.8	42.3	1.9	35.8	5.7	—	—	5.5	4.37	18.29
		(0.5)	(0.6)	(0.3)	(0.7)	(0.4)			(0.3)		
			46.4	2.1	39.2	6.2	—	—	6.1	4.79	20.04
7491	棉籽粕 Cottonseed meal	11.5	35.4	0.8	32.8	13.8	22.9	32.1	5.7	4.15	17.37
		(0.9)	(0.6)	(0.3)	(1.1)	(1.3)			(0.3)		
			40.0	0.9	37.1	15.6	25.9	36.3	6.4	4.69	19.63
7501	菜籽粕 Rapeseed meal	11.8	37.3	2.9	31.9	9.4	18.7	24.0	6.6	4.24	17.76
		(1.0)	(1.4)	(0.7)	(1.1)	(0.8)	(1.8)	(5.0)	(0.5)		
			42.3	3.3	36.2	10.7	21.2	27.2	7.5	4.81	20.13
7502	菜籽粕(粗颗粒)Rapeseed meal (coarse granules)	12.1	37.1	2.6	31.5	10.2	—	—	6.5	4.21	17.60
		(1.0)	(1.0)	(0.4)	(1.1)	(0.5)			(0.1)	(0.06)	
			42.2	3.0	35.8	11.6	—	—	7.4	4.78	20.00
7503	菜籽粕(细颗粒)Rapeseed meal (fine granules)	11.7	44.4	2.9	28.7	5.1	—	—	7.2	4.26	17.82
		(1.0)	(0.9)	(0.6)	(0.9)	(0.5)			(0.2)	(0.07)	
			50.3	3.3	32.5	5.8	—	—	8.1	4.82	20.18

续表2-7-2

饲料编号	饲料名称	组成 Composition								总能 GE	
		水分(%)	CP(%)	EE(%)	NFE(%)	CF(%)	ADF(%)	NDF (%)	CA(%)	(Mcal/kg)	(MJ/kg)
7511	花生粕 Groundnut meal	8.9	45.0	1.1	28.2	9.7	13.0	15.6	7.1	4.33	18.12
		(0.7)	(2.0)	(0.6)	(1.7)	(2.1)			(0.7)		
			49.4	1.2	31.0	10.6	14.3	17.1	7.8	4.75	19.89
7521	亚麻籽粕 Linseed meal	11.6	36.0	2.5	36.7	7.8	14.7	22.9	5.4	4.22	17.67
		(1.3)	(1.7)	(0.9)	(1.6)	(0.7)	(1.6)	(2.6)	(0.4)		
			40.7	2.8	41.5	8.9	16.6	25.9	6.1	4.78	20.00
7522	亚麻籽粕(压榨) Linseed meal (press extracted)	11.9	31.6	4.6	36.2	9.6	—	—	6.1	4.25	17.76
		(2.8)	(6.0)	(0.0)	(2.1)	(3.6)			(1.9)		
			35.9	5.2	41.1	10.9	—	—	6.9	4.82	20.16
7531	芝麻粕 Sesame meal	8.5	46.3	2.0	20.7	9.0	13.9	28.9	13.5	4.14	17.32
		(2.2)	(4.3)	(09)	(2.9)	(2.0)	(1.9)	(4.3)	(1.3)		
			50.6	2.2	22.6	9.8	15.2	31.6	14.8	4.52	18.93
7532	芝麻粕(压榨)Sesame meal (press extracted)	6.1	46.4	10.9	16.8	8.4	14.5	31.7	11.4	4.81	20.13
		(3.0)	(4.5)	(4.3)	(4.0)	(2.3)			(1.3)		
			49.4	11.6	17.9	8.9	15.5	33.7	12.1	5.12	21.44
7541	椰子粕 Copra meal	12.9	21.0	0.5	51.1	9.0	20.9	40.9	5.5	3.85	16.12
		(1.4)	(0.8)	(0.2)	(1.6)	(1.5)			(0.4)		
			24.1	0.6	58.7	10.3	24.0	47.0	6.3	4.42	18.50
7542	椰子粕(压榨)Copra meal (press extracted)	12.0	20.0	5.8	46.3	9.8	22.7	44.6	6.1	4.14	17.34
			22.7	6.6	52.6	11.1	25.8	50.7	6.9	4.71	19.72

续表2-7-2

饲料编号	饲料名称	组成 Composition									
		水分(%)	CP(%)	EE(%)	NFE(%)	CF(%)	ADF(%)	NDF (%)	CA(%)	总能 GE	
										(Mcal/kg)	(MJ/kg)
7543	椰子粕(压榨,10%粗脂肪)Copra meal (press extracted,10%fat)	6.5	20.6	10.4	47.5	9.4	22.7	44.4	5.7	—	—
		(1.2)	(0.9)	(1.4)	(2.4)	(1.3)			(0.4)		
			22.0	11.1	50.8	10.1	24.2	47.5	6.1	—	—
7571	去壳红花籽粕 Dehulled safflower meal	10.4	40.1	1.3	28.6	11.9	13.8	15.2	7.7	4.20	17.58
		(1.8)	(9.2)	(0.4)	(7.4)	(5.1)			(2.7)		
			44.8	1.5	31.9	13.3	15.4	17.0	8.6	4.69	19.63
7611	玉米胚芽粕 Corn germ meal	11.7	20.7	3.7	52.6	8.9	13.4	48.4	2.4	4.21	17.62
		(0.9)	(1.2)	(1.7)	(3.3)	(1.6)	(0.9)	(7.5)	(0.8)		
			23.5	4.2	59.6	10.0	15.1	54.8	2.7	4.76	19.93
7771	玉米蛋白粉(60%粗蛋白质)Corn gluten meal (60%CP)	9.9	63.7	2.5	19.9	0.8	—	—	3.2	4.97	20.79
		(2.0)	(3.0)	(1.8)	(4.2)	(0.6)			(1.2)		
			70.7	2.8	22.0	0.9	—	—	3.6	5.51	23.06
7781	玉米蛋白粉(40%粗蛋白质)Corn gluten meal (40%CP)	11.1	38.9	3.5	43.2	2.1	—	—	1.2	4.48	18.76
		(1.3)	(0.4)	(1.7)	(5.1)	(1.2)			(0.8)		
			43.8	3.9	48.6	2.4	—	—	1.3	5.04	21.10
7791	小麦面筋 Wheat gluten	6.7	80.0	0.7	10.0	0.2	—	—	2.4	—	—
			85.7	0.8	10.7	0.2	—	—	2.6	—	—
7792	小麦面筋(酶解)Wheat gluten (degradated with enzyme)	3.7	80.2	1.1	14.1	0.0	—	—	0.9	—	—
			83.3	1.1	14.6	0.0	—	—	0.9	—	—

续表2-7-2

饲料编号	饲料名称	组成 Composition								总能 GE	
		水分(%)	CP(%)	EE(%)	NFE(%)	CF(%)	ADF(%)	NDF (%)	CA(%)	(Mcal/kg)	(MJ/kg)
7801	猜测为豆腐渣 Fu waste フ屑	12.5	27.6	0.5	57.9	0.4	—	—	1.1	—	—
		(1.1)	(1.6)	(0.1)	(1.7)	(0.1)			(0.1)		
			31.6	0.6	66.2	0.4	—	—	1.2	—	—
7811	大米浓缩蛋白 Rice protein concentrate	6.8	65.0	8.2	14.4	2.3	—	—	3.3	—	—
		(1.0)	(2.2.)	(1.3)	(1.3)	(0.5)			(0.4)		
			69.7	8.8	15.4	2.5	—	—	3.6	—	—
7821	大豆浓缩蛋白 Soybean protein concentrate	4.7	66.2	0.5	18.5	3.8	—	—	6.3	—	—
			69.5	0.5	19.4	4.0	—	—	6.6	—	—
7831	大豆分离蛋白 Isolated soybean protein	5.8	84.4	0.2	5.3	0.1	—	—	4.1	—	—
		(0.4)	(0.7)	(0.0)	(0.5)	(0.0)			(0.2)		
			89.6	0.2	5.6	0.1	—	—	4.4	—	—
7851	马铃薯蛋白 Potato protein	10.1	73.7	3.7	9.3	0.6	—	—	2.6	4.96	20.76
		(1.3)	(0.6)	(2.9)	(2.3)	(0.5)			(0.4)		
			82.0	4.1	10.3	0.7	—	—	2.9	5.52	23.09
7852	马铃薯蛋白(78%CP)Potato protein (78% CP)	6.3	78.2	2.8	9.5	0.3	—	—	2.9	—	—
			83.5	3.0	10.1	0.3	—	—	3.1	—	—
8011	白鱼粉 White fish meal	7.2	65.4	6.1	0.8	0.2	—	—	20.3	4.34	18.17
		(1.7)	(1.8)	(1.4)	(0.9)	(0.0)			(3.2)		
			70.5	6.6	0.9	0.2	—	—	21.9	4.68	19.58

续表2-7-2

饲料编号	饲料名称	组成 Composition								总能 GE	
		水分(%)	CP(%)	EE(%)	NFE(%)	CF(%)	ADF(%)	NDF (%)	CA(%)	(Mcal/kg)	(MJ/kg)
8012	鱼粉(65%CP)Fish meal (65%CP)	7.6	67.0	8.4	0.4	0.2	—	—	16.4	4.64	19.40
		(2.0)	(2.9)	(2.0)	(1.3)	(0.3)			(2.5)		
			72.5	9.1	0.4	0.3	—	—	17.8	5.02	21.00
8013	鱼粉(60%CP)Fish meal (60%CP)	7.4	62.7	9.0	1.4	0.4	—	—	19.1	4.51	18.85
		(1.7)	(2.7)	(1.8)	(1.6)	(0.4)			(2.2)		
			67.7	9.7	1.5	0.5	—	—	20.6	4.87	20.36
8014	鱼粉(55%CP)Fish meal (55%CP)	8.4	56.7	9.4	2.3	0.6	—	—	22.6	4.26	17.81
		(1.8)	(1.9)	(3.1)	(1.7)	(0.5)			(3.5)		
			61.9	10.3	2.5	0.7	—	—	24.7	4.64	19.43
8015	鱼粉 50%CP)Fish meal (50%CP)	8.1	52.0	12.0	3.7	0.6	—	—	23.7	4.29	17.96
		(2.2)	(2.9)	(3.8)	(2.3)	(0.6)			(4.9)		
			56.6	13.0	4.0	0.6	—	—	25.8	4.67	19.54
8021	鱼汁 Fish soluble	51.0	36.8	5.2	0.0	0.0	—	—	7.0	2.59	10.84
		(7.1)	(2.1)	(2.2)	(0.0)	(0.0)			(1.6)		
			75.1	10.6	0.0	0.0	—	—	14.3	5.29	22.11
8031	鱼汁吸附饲料(55%CP)Fish soluble absorbed feed (55%CP)	7.8	56.1	10.3	9.3	4.6	—	—	11.9	4.80	20.08
		(3.0)	(1.3)	(1.1)	(4.0)	(1.6)			(2.1)		
			60.8	11.2	10.1	5.0	—	—	12.9	5.20	21.78
8051	虾粉 Shrimp meal	9.2	39.5	3.1	0.3	10.8	—	—	37.1	3.08	12.89
		(4.1)	(4.5)	(1.8)	(0.8)	(2.1)			(7.4)		
			43.5	3.4	0.3	11.9	—	—	40.9	3.39	14.20

续表2-7-2

饲料编号	饲料名称	组成 Composition									
		水分(%)	CP(%)	EE(%)	NFE(%)	CF(%)	ADF(%)	NDF (%)	CA(%)	总能 GE	
										(Mcal/kg)	(MJ/kg)
8061	磷虾粉 Krill meal	9.0	60.0	11.0	2.0	5.0	—	—	13.0	4.80	20.07
		(5.2)	(5.8)	(4.2)	(2.5)	(1.7)			(2.5)		
			65.9	12.1	2.2	5.5	—	—	14.3	5.27	22.04
8071	磷虾壳粉 Krill shell meal	5.2	52.6	3.8	1.2	13.8	—	—	23.4	4.08	17.06
		(2.0)	(4.2)	(1.2)	(1.2)	(2.1)			(2.9)		
			55.5	4.0	1.3	14.6	—	—	24.7	4.30	18.00
8151	猪肉骨粉 Porcine meat and bone meal	4.3	58.9	13.6	2.7	0.4	—	—	20.2	4.70	19.67
		(1.1)	(6.5)	(3.2)	(1.9)	(0.2)			(6.9)	(0.55)	
			61.5	14.2	2.8	0.4	—	—	21.1	4.91	20.56
8161	酶解猪肠 Swine intestine degradated with enzyme	2.9	50.0	9.1	11.7	1.5	—	—	24.8	—	—
		(1.1)	(1.2)	(1.7)	(1.7)	(0.9)			(1.1)		
			51.5	9.4	12.0	1.6	—	—	25.5	—	—
8171	血粉 Blood meal	9.6	84.1	0.5	1.3	0.7	—	—	3.8	4.91	20.53
		(3.0)	(5.1)	(0.4)	(1.5)	(1.4)			(1.1)		
			93.0	0.6	1.4	0.8	—	—	4.2	5.43	22.71
8181	血浆浓缩蛋白 Plasma protein concentrate	7.9	80.3	0.0	4.4	0.0	—	—	7.4	—	—
		(0.4)	(1.2)	(0.0)	(0.7)	(0.0)			(0.3)		
			87.2	0.0	4.8	0.0	—	—	8.0	—	—
8191	明胶 Gelatin	5.8	87.5	0.3	2.1	0.3	—	—	4.0	5.09	21.31
		(1.1)	(1.2)	(0.2)	(1.1)	(0.2)			(0.7)		
			92.9	0.3	2.2	0.3	—	—	4.2	5.41	22.63

续表2-7-2

饲料编号	饲料名称	组成 Composition								总能 GE	
		水分(%)	CP(%)	EE(%)	NFE(%)	CF(%)	ADF(%)	NDF (%)	CA(%)	(Mcal/kg)	(MJ/kg)
8251	羽毛粉 Feather meal	7.7	83.1	4.9	1.4	0.5	—	—	2.4	5.27	22.05
		(2.6)	(4.0)	(2.2)	(1.8)	(0.5)			(1.2)		
			90.0	5.3	1.5	0.6	—	—	2.7	5.71	23.88
8261	家禽副产品粉 Poultry by-product meal	4.1	60.2	12.0	2.7	0.7	—	—	20.2	4.73	19.77
		(1.6)	(3.4)	(2.1)	(1.4)	(0.7)			(3.1)		
			62.8	12.5	2.8	0.7	—	—	21.1	4.93	20.62
8271	全鸡粉 Whole chicken meal	3.7	65.8	14.8	0.7	0.5	—	—	14.6	5.16	21.60
		(0.7)	(0.9)	(0.6)	(0.7)	(0.2)			(0.7)	(0.07)	
			68.3	15.3	0.8	0.5	—	—	15.1	5.36	22.42
8351	蚕蛹粉 Silk worm pupa meal	9.4	71.7	3.2	5.5	4.9	—	—	5.3	4.85	20.29
		(1.4)	(3.9)	(1.8)	(1.4)	(1.0)			(1.3)		
			79.1	3.5	6.1	5.4	—	—	5.8	5.35	22.40
8401	全脂牛奶 Whole milk	87.7	3.2	3.7	4.7	0.0	—	—	0.7	—	—
			26.0	30.1	38.2	0.0	—	—	5.7	—	—
8402	全脂牛奶粉 Dried whole milk	3.0	25.5	26.2	39.2	0.1	—	—	6.0	—	—
			26.3	27.0	40.4	0.1	—	—	6.2	—	—
8411	脱脂牛奶 Skimmed milk	91.5	3.1	0.1	4.6	0.0	—	—	0.7	—	—
			36.0	1.2	54.6	0.0	—	—	8.2	—	—

续表2-7-2

饲料编号	饲料名称	组成 Composition									
		水分(%)	CP(%)	EE(%)	NFE(%)	CF(%)	ADF(%)	NDF (%)	CA(%)	总能 GE	
										(Mcal/kg)	(MJ/kg)
8412	脱脂牛奶粉 Dried skimmed milk	4.4	34.6	0.5	52.5	0.1	—	—	7.9	4.24	17.76
		(1.6)	(2.1)	(0.5)	(3.3)	(0.3)			(0.6)		
			36.2	0.5	54.9	0.1	—	—	8.2	4.44	18.58
8432	乳清浓缩蛋白 Whey protein concentrate	4.1	35.3	0.2	53.8	0.0	—	—	6.5	—	—
		(1.4)	(1.8)	(0.1)					(1.0)		
			36.9	0.2	56.1	0.0	—	—	6.8	—	—
8442	乳清浓缩蛋白(77%粗蛋白质)Whey protein concentrate (77%CP)	6.6	73.4	0.3	16.2	0.0	—	—	3.5	—	—
		(0.6)	(1.3)	(0.2)	(1.1)				(0.7)		
			78.6	0.3	17.4	0.0	—	—	3.7	—	—
8452	酪蛋白 Casein	8.8	89.2	0.2	0.0	0.2	—	—	1.6	5.09	21.28
			97.8	0.2	0.0	0.2	—	—	1.8	5.58	23.34
8502	酶解全蛋粉 Whole egg degradated with enzyme	6.6	51.9	30.4	6.0	0.0	—	—	5.1	—	—
			55.6	32.5	6.4	0.0	—	—	5.5	—	—
8512	带壳鸡蛋粉 Egg powder with shell	5.2	36.4	25.1	4.0	0.7	—	—	28.8	4.66	19.48
		(2.5)	(2.4)	(1.6)	(1.1)	(0.4)			(4.3)	(0.4)	
			38.4	26.4	4.2	0.7	—	—	30.3	4.91	20.54
8671	赖氨酸盐酸盐 *L*-lysine hydrochloride	1.5	93.0	0.0	0.0	0.0	—	—	1.0	5.02	21.02
			94.4	0.0	0.0	0.0	—	—	1.0	5.10	21.34

续表2-7-2

饲料编号	饲料名称	组成 Composition								总能 GE	
		水分(%)	CP(%)	EE(%)	NFE(%)	CF(%)	ADF(%)	NDF (%)	CA(%)	(Mcal/kg)	(MJ/kg)
8672	赖氨酸硫酸盐 *L*-lysine sulfate	3.0	74.0	3.0	17.9	0.0	—	—	2.1	4.56	19.07
			76.3	3.1	18.5	0.0	—	—	2.2	4.70	19.66
8673	*DL*-蛋氨酸 *DL*-methionine	0.5	57.5	0.0	0.0	0.0	—	—	1.0	5.66	23.69
			57.8	0.0	0.0	0.0	—	—	1.0	5.69	23.81
8674	*L*-苏氨酸 *L*-threonine	0.5	72.0	0.0	0.0	0.0	—	—	0.5	4.05	16.93
			72.4	0.0	0.0	0.0	—	—	0.5	4.07	17.01
8675	*L*-色氨酸 *L*-tryptophan	1.0	83.6	0.0	0.0	0.0	—	—	1.0	6.35	26.58
			84.4	0.0	0.0	0.0	—	—	1.0	6.42	26.85
8676	*L*-精氨酸 *L*-arginine	1.0	195.0	0.0	0.0	0.0	—	—	1.0	5.15	21.56
			197.0	0.0	0.0	0.0	—	—	1.0	5.21	21.78
8677	*L*-缬氨酸 *L*-valine	1.0	72.5	0.0	0.0	0.0	—	—	1.0	5.80	24.25
			73.3	0.0	0.0	0.0	—	—	1.0	5.85	24.49
8751	啤酒酵母(饲料级)Brewers yeast (feed grade)	7.5	52.5	0.8	29.4	1.2	—	—	8.6	4.36	18.25
		(2.4)	(3.1)	(0.5)	(4.5)	(1.2)			(1.9)		
			56.8	0.9	31.8	1.3	—	—	9.3	4.72	19.73

续表2-7-2

饲料编号	饲料名称	组成 Composition								总能 GE	
		水分(%)	CP(%)	EE(%)	NFE(%)	CF(%)	ADF(%)	NDF (%)	CA(%)	(Mcal/kg)	(MJ/kg)
8761	面包酵母(饲料级)Bread yeast (feed grade)	5.5	44.3	2.7	40.8	3.6	—	—	3.1	4.68	19.60
		(1.8)	(2.8)	(1.1)	(2.8)	(1.3)			(0.7)		
			46.9	2.9	43.2	3.8	—	—	3.3	4.96	20.74
8771	圆酵母(饲料级)Torula yeast (feed grade)	8.4	44.7	1.1	36.9	2.0	—	—	6.9	4.31	18.02
		(1.5)	(3.4)	(0.4)	(3.7)	(0.9)			(1.0)		
			48.8	1.2	40.3	2.2	—	—	7.5	4.73	19.67
8781	圆酵母(核酸提取后,饲料级)Torula yeast (nucleic acid extracted, feed grade)	8.1	48.5	1.3	33.1	2.8	—	—	6.2	4.42	18.49
		(1.7)	(3.9)	(0.7)	(3.7)	(1.5)			(2.2)		
			52.8	1.4	36.0	3.0	—	—	6.7	4.81	20.12
8791	酵母提取物 Yeast extracts	7.3	46.0	0.3	39.0	0.7	—	—	6.7	4.33	18.12
		(0.5)	(1.6)	(0.1)	(1.5)	(0.3)			(0.4)	(0.03)	
			49.6	0.3	42.1	0.8	—	—	7.3	4.67	19.54
9411	玉米浆 Corn steep liquor	52.5	22.7	0.4	16.3	0.0	—	—	8.1	2.02	8.45
		(4.5)	(1.0)	(0.3)	(1.0)				(1.0)		
			47.8	0.8	34.3	0.0	—	—	17.1	4.25	17.78
9451	甜菜制糖副产品(浓缩液)Beet sugar refinary by-product (condensed liquid)	49.6	14.2	0.1	17.0	0.0	—	—	19.1	—	
		(1.4)	(0.5)	(0.1)	(0.9)	(0.0)			(0.9)		
			28.2	0.2	33.7	0.0	—	—	37.9	—	—
9461	魔芋粉废料 Devils tongue flour refuse	12.3	23.4	1.3	50.1	5.4	—	—	7.5	—	—
		(1.3)	(1.8)	(0.6)	(2.1)	(1.0)			(0.7)		
			26.7	1.5	57.1	6.2	—	—	8.6	—	—

续表2-7-2

饲料编号	饲料名称	组成 Composition									
		水分(%)	CP(%)	EE(%)	NFE(%)	CF(%)	ADF(%)	NDF (%)	CA(%)	总能 GE (Mcal/kg)	总能 GE (MJ/kg)
9481	小球藻 Chlorella	4.9	56.3	4.4	25.5	1.8	—	—	7.1	4.79	20.04
		(1.1)	(4.0)	(3.9)	(5.8)	(1.6)			(1.0)		
			59.2	4.6	26.8	1.9	—	—	7.5	5.04	21.07
9751	食品副产物 Dried leftover	4.6	22.3	9.3	52.1	4.3	—	—	7.4	4.73	19.81
		(1.2)	(1.3)	(1.4)	(3.1)	(1.2)			(1.0)		
			23.3	9.8	54.7	4.5	—	—	7.8	4.96	20.76
9753	食品副产物 Dried leftover	11.0	21.5	6.1	52.3	2.9	—	—	6.2	—	—
		(0.9)	(0.7)	(0.4)	(0.9)	(0.4)			(0.3)		
			24.2	6.8	58.7	3.3	—	—	6.9	—	—
9754	食品副产物 Dried leftover	9.9	20.6	21.4	39.3	4.4	—	—	3.7	5.20	21.76
		(0.4)	(0.3)	(0.9)	(1.3)	(0.4)			(0.2)	-0.06	
			22.9	23.8	44.3	4.9	—	—	4.1	5.77	24.15
4790	银合欢树叶粉 Leucaena leaf meal	11.7	26.8	5.2	37.7	9.4	15.1	—	9.2	4.09	17.09
		(0.4)	(0.8)	(0.4)	(0.7)	(1.1)			(0.4)		
			30.4	5.9	42.7	10.6	17.1	—	10.4	4.63	19.36
4800	刺槐树叶粉 Black locust leaf meal	10.8	18.8	3.5	42.5	11.1	—	—	13.3	3.75	15.71
		(0.8)	(1.2)	(0.4)	(1.7)	(1.3)			(1.7)		
			21.1	3.9	47.6	12.4	—	—	14.9	4.21	17.61
4812	桑树叶粉 Mulberry leaf meal	9.5	18.3	3.8	48.2	9.2	—	—	11.0	3.94	16.49
		(0.3)	(0.3)	(0.2)	(0.6)	(0.6)			(0.5)	(0.02)	
			20.2	4.2	53.3	10.2	—	—	12.2	4.36	18.22

续表 2-7-2

饲料编号	饲料名称	猪 Swine							鸡 Chickens							
		消化率 Digestibility				营养价值 Nutritive values			消化率 Digestibility				代谢率*	营养价值 Nutritive values		
		CP (%)	EE (%)	NFE (%)	CF (%)	TDN (%)	DE (Mcal/kg)	DE (MJ/kg)	CP (%)	EE (%)	NFE (%)	CF (%)	ME/GE (%)	TDN (%)	ME (Mcal/kg)	ME (MJ/kg)
5781	蚕豆 Broad bean	79	49	84	36	66.6	2.94	12.29	—	—	—	—	—	—	—	—
						75.6	3.33	13.95						—	—	—
5791	豌豆 Peas	88	47	93	58	71.1	3.14	13.13	88	86	86	10	72.0	65.9	2.70	11.30
						86.6	3.82	15.99						80.3	3.29	13.76
5801	羽扇豆 Lupine	85	76	84	38	71.2	3.14	13.13	77	73	34	0	45.5	44.6	2.04	8.54
						79.9	3.52	14.74						50.1	2.29	9.58
5811	去壳羽扇豆 Dehulled lupine	84	64	99	35	77.4	3.41	14.28	—	—	—	—	—	—	—	—
						89.8	3.96	16.57						—	—	—
5831	芝麻 Sesame	—	—	—	—	—	—	—	—	—	—	—	48.4	—	3.25	13.61
						—	—	—						—	3.38	14.13
6331	玉米蛋白饲料 Corn gluten feed	73	63	68	48	59.8	2.64	11.04	70	60	55	4	48.3	48.8	2.00	8.38
						66.3	2.92	12.23						54.1	2.22	9.28
6371	酱油渣饼(湿) Soy sauce cake (wet)	64	74	65	53	47.0	2.07	8.68	—	—	—	—	—	—	—	—
						71.2	3.14	13.14						—	—	—

续表2-7-2

饲料编号	饲料名称	猪 Swine							鸡 Chickens							
		消化率 Digestibility				营养价值 Nutritive values			消化率 Digestibility				代谢率*	营养价值 Nutritive values		
		CP (%)	EE (%)	NFE (%)	CF (%)	TDN (%)	DE (Mcal/kg)	DE (MJ/kg)	CP (%)	EE (%)	NFE (%)	CF (%)	ME/GE (%)	TDN (%)	ME (Mcal/kg)	ME (MJ/kg)
6372	酱油渣饼(干)Soy sauce cake (dry)	64	74	65	53	59.9	2.64	11.06	72	78	30	22	47.3	50.8	20.9	8.75
						67.6	2.98	12.47						57.2	2.36	9.87
6382	高蛋白酱油渣饼(干)Tamari soy sauce cake (dry)	64	74	65	53	57.1	2.52	10.53	72	78	30	22	47.5	49.3	2.03	8.50
						64.9	2.86	11.98						56.1	2.31	9.67
6392	酱油渣和豆腐渣(发酵后,干)Soy sauce cake and tofu cake (fermented,dry)	63	76	46	68	60.0	2.65	11.07	—	—	—	—	38.6	—	1.81	7.57
						67.2	2.96	12.40						—	20.3	8.48
6491	啤酒糟(湿)Brewers grains (wet)	69	60	34	15	13.4	0.59	2.48	—	—	—	—	—	—	—	—
						48.4	2.13	8.93						—	—	—
6492	啤酒糟(干)Brewers grains (dry)	69	60	34	15	44.1	1.94	8.13	—	—	—	—	—	—	—	—
						48.0	2.12	8.86						—	—	—
6502	清酒糟(干)Sake cake (dry)	78	14	94	93	77.0	3.40	14.21	—	—	—	—	—	—	—	—
						85.9	3.79	15.85						—	—	—
6521	麦芽 Malt sprouts	68	43	62	48	52.3	2.30	9.64	—	—	—	—	—	—	—	—
						58.3	2.57	10.75						—	—	—

续表2-7-2

饲料编号	饲料名称	猪 Swine 消化率 Digestibility CP (%)	EE (%)	NFE (%)	CF (%)	营养价值 Nutritive values TDN (%)	DE (Mcal/kg)	DE (MJ/kg)	鸡 Chickens 消化率 Digestibility CP (%)	EE (%)	NFE (%)	CF (%)	代谢率* ME/GE (%)	营养价值 Nutritive values TDN (%)	ME (Mcal/kg)	ME (MJ/kg)
6541	大麦酒糟(湿)Barley distillers grains (wet)	66	70	39	7	12.0	0.53	2.22	—	—	—	—	—	—	—	—
						50.9	2.24	9.39						—	—	—
6542	大麦酒糟(干)Barley distillers grains (dry)	66	70	39	7	47.1	2.08	8.70	56	69	0	0	24.5	27.6	1.15	4.80
						51.5	2.27	9.49						30.1	1.25	5.23
6544	大麦酒糟可溶物(湿)Barley distillers solubles (wet)	74	29	96	40	32.0	1.41	5.90	65	90	35	3	43.0	19.3	0.79	3.33
						78.1	3.44	14.40						47.1	1.94	8.11
6548	大麦酒糟及其可溶物/大麦 DDGS(干)Barley distillers grains with solubles (dry)	66	73	66	6	56.5	2.49	10.42	67	82	28	3	39.2	41.5	1.71	7.17
						62.4	2.75	11.50						45.8	1.89	7.91
6551	玉米大麦酒糟(湿)Corn barley distillers grains (wet)	72	64	42	33	16.5	0.73	3.05	65	90	20	0	37.9	13.4	0.56	2.32
						58.2	2.57	10.74						47.3	1.96	8.18
6552	玉米大麦酒糟(干)Corn barley distillers grains (dry)	72	64	42	33	52.6	2.32	9.71	65	90	20	0	36.7	41.7	1.72	7.22
						56.9	2.51	10.50						45.1	1.86	7.80
6554	玉米大麦酒糟可溶物(湿)Corn barley distillers solubles (wet)	67	65	99	0	34.3	1.51	6.33	73	87	80	0	71.5	37.1	1.53	6.42
						90.1	3.97	16.62						97.3	4.03	16.85

续表2-7-2

饲料编号	饲料名称	猪 Swine							鸡 Chickens							
		消化率 Digestibility				营养价值 Nutritive values			消化率 Digestibility				代谢率*	营养价值 Nutritive values		
		CP	EE	NFE	CF	TDN	DE		CP	EE	NFE	CF	ME/GE	TDN	ME	
		(%)	(%)	(%)	(%)	(%)	(Mcal/kg)	(MJ/kg)	(%)	(%)	(%)	(%)	(%)	(%)	(Mcal/kg)	(MJ/kg)
6558	玉米大麦酒糟可溶物(干) Corn barley distillers grains with solubles (dry)	76	71	60	25	66.1	2.91	12.19	74	91	28	15	49.4	57.3	2.37	9.90
						71.5	3.15	13.20						62.0	2.56	10.71
6618	精米酒糟及其可溶物/精米 DDGS(干) Polished rice distillers grains with solubles (dry)	51	75	93	8	64.3	2.84	11.86	—	—	—	—	53.3	—	2.58	10.81
						71.2	3.14	13.14						—	2.86	11.97
6681	烧酒酒糟渣(甘薯,湿) Shochu distillers residue (sweet potato, wet)	65	49	70	40	3.5	0.16	0.65	—	—	—	—	—	—	—	—
						64.1	2.83	11.83						—	—	—
6702	烧酒酒糟渣(大麦,干) Shochu distillers residue (barley, dry)	52	57	82	54	69.4	3.06	12.80	—	—	—	—	—	—	—	—
						74.8	3.30	13.81						—	—	—
6822	赖氨酸发酵副产品(干) Lysine fermentation by-product (dry)	—	—	—	—	—	—	—	53	18	0	0	33.3	37.7	1.56	6.51
						—	—	—						41.9	1.73	7.25
6832	谷氨酸发酵副产品(干) Glutamic acid fermentation by-product (dry)	74	45	67	0	60.3	2.66	11.12	84	22	0	0	52.6	59.7	2.47	10.32
						65.9	2.91	12.16						65.2	2.69	11.27
6842	谷氨酸副产品(浓缩液) Glutamic acid by-product (condensed liquid)	63	39	85	0	39.4	1.54	6.44	—	—	—	—	—	—	—	—
						60.2	2.65	11.10						—	—	—

续表2-7-2

饲料编号	饲料名称	猪 Swine							鸡 Chickens							
		消化率 Digestibility				营养价值 Nutritive values			消化率 Digestibility				代谢率*	营养价值 Nutritive values		
		CP (%)	EE (%)	NFE (%)	CF (%)	TDN (%)	DE (Mcal/kg)	DE (MJ/kg)	CP (%)	EE (%)	NFE (%)	CF (%)	ME/GE (%)	TDN (%)	ME (Mcal/kg)	ME (MJ/kg)
6891	豆腐渣(湿) Soybean curd residue (wet)	69	63	68	48	15.9	0.70	2.94	—	—	—	—	—	—	—	—
						70.7	3.12	13.04						—	—	—
6892	豆腐渣(干) Soybean curd residue (dry)	69	63	68	48	65.4	2.88	12.07	—	—	—	—	—	—	—	—
						71.5	3.16	13.20						—	—	—
6902	豆腐渣(脱脂大豆，干) Soybean curd residue (defatted soybean, dry)	69	0	94	74	73.8	3.26	13.62	—	—	—	—	—	—	—	—
						80.4	3.54	14.83						—	—	—
6922	豆浆渣(干) Soybean milk residue (dry)	69	63	68	48	68.0	3.00	12.54	—	—	—	—	—	—	—	—
						74.0	3.26	13.66						—	—	—
6932	豆浆渣(脱脂大豆，干) Soybean milk residue (defatted soybean, dry)	76	0	88	66	71.0	3.13	13.10	—	—	—	—	—	—	—	—
						76.6	3.38	14.13						—	—	—
7251	大米胚芽 Rice germ	71	79	76	25	79.1	3.49	14.60	—	—	—	—	—	—	—	—
						88.0	3.88	16.24						—	—	—
7261	小麦胚芽 Wheat germ	86	73	91	61	79.0	3.48	14.57	—	—	—	—	—	—	—	—
						90.6	3.99	16.71						—	—	—

续表2-7-2

饲料编号	饲料名称	猪 Swine							鸡 Chickens							
		消化率 Digestibility				营养价值 Nutritive values			消化率 Digestibility				代谢率*	营养价值 Nutritive values		
		CP	EE	NFE	CF	TDN	DE		CP	EE	NFE	CF	ME/GE	TDN	ME	
		(%)	(%)	(%)	(%)	(%)	(Mcal/kg)	(MJ/kg)	(%)	(%)	(%)	(%)	(%)	(%)	(Mcal/kg)	(MJ/kg)
7281	大豆胚芽 Soybean germ	—	—	—	—	—	—	—	82	89	53	10	59.5	72.5	2.94	12.30
						—	—	—						79.0	3.21	13.41
7481	大豆胚芽粕 Soybean germ meal	—	—	—	—	—	—	—	87	17	62	17	58.4	60.6	2.55	10.67
						—	—	—						66.5	2.80	11.70
7491	棉籽粕 Cottonseed meal	73	79	50	43	49.6	2.19	9.15	82	85	44	4	45.1	45.5	1.87	7.84
						56.0	2.47	10.34						51.5	2.12	8.85
7501	菜籽粕 Rapeseed meal	79	64	71	46	60.7	2.68	11.20	73	71	32	0	40.9	42.1	1.74	7.27
						68.8	3.04	12.70						47.8	1.97	8.24
7502	菜籽粕(粗颗粒)Rapeseed meal (coarse granules)	82	49	84	44	64.3	2.84	11.87	—	—	—	—	42.7	—	1.80	7.52
						73.1	3.22	13.49						—	2.04	8.55
7503	菜籽粕(细颗粒)Rapeseed meal (fine granules)	88	64	91	63	72.6	3.20	13.39	—	—	—	—	47.0	—	2.00	8.37
						82.2	3.63	15.17						—	2.27	9.48
7511	花生粕 Groundnut meal	88	67	83	49	69.4	3.06	12.81	85	87	55	10	54.0	56.9	2.34	9.79
						76.2	3.36	14.06						62.4	2.57	10.74

续表2-7-2

饲料编号	饲料名称	猪 Swine							鸡 Chickens							
		消化率 Digestibility				营养价值 Nutritive values			消化率 Digestibility				代谢率*	营养价值 Nutritive values		
		CP (%)	EE (%)	NFE (%)	CF (%)	TDN (%)	DE (Mcal/kg)	DE (MJ/kg)	CP (%)	EE (%)	NFE (%)	CF (%)	ME/GE (%)	TDN (%)	ME (Mcal/kg)	ME (MJ/kg)
7521	亚麻籽粕 Linseed meal	81	60	79	55	65.8	2.90	12.14	73	59	41	9	44.1	45.3	1.86	7.80
						74.4	3.28	13.74						51.3	2.11	8.82
7522	亚麻籽粕(压榨) Linseed meal (press extracted)	81	60	79	55	65.7	2.90	12.12	73	59	41	9	43.5	44.9	1.85	7.72
						74.6	3.29	13.76						50.9	2.10	8.77
7531	芝麻粕 Sesame meal	70	78	71	45	54.7	2.41	10.09	75	88	30	10	45.6	45.8	1.89	7.90
						59.7	2.63	11.02						50.0	2.06	8.63
7532	芝麻粕(压榨)Sesame meal (press extracted)	70	78	71	45	67.3	2.97	12.42	75	88	30	10	53.5	62.3	2.58	10.78
						71.7	3.16	13.23						66.3	2.74	11.48
7541	椰子粕 Copra meal	65	73	82	65	62.2	2.74	11.48	70	91	32	10	35.1	33.0	1.35	5.65
						71.4	3.15	13.18						37.9	1.55	6.49
7542	椰子粕(压榨)Copra meal (press extracted)	65	73	82	65	66.9	2.95	12.34	70	91	32	10	41.4	41.7	1.72	7.18
						76.0	3.35	14.02						47.4	1.95	8.16
7543	椰子粕(压榨,10%粗脂肪)Copra meal (press extracted,10%fat)	64	94	92	77	86.0	3.79	15.87	—	—	—	—	—	—	—	—
						92.0	4.06	16.97						—	—	—

续表2-7-2

饲料编号	饲料名称	猪 Swine							鸡 Chickens							
		消化率 Digestibility				营养价值 Nutritive values			消化率 Digestibility				代谢率*	营养价值 Nutritive values		
		CP (%)	EE (%)	NFE (%)	CF (%)	TDN (%)	DE (Mcal/kg)	DE (MJ/kg)	CP (%)	EE (%)	NFE (%)	CF (%)	ME/GE (%)	TDN (%)	ME (Mcal/kg)	ME (MJ/kg)
7571	去壳红花籽粕 Dehulled safflower meal	77	47	32	14	43.1	1.90	7.95	79	60	40	0	44.0	44.9	1.85	7.73
						48.1	2.12	8.87						50.1	2.06	8.63
7611	玉米胚芽粕 Corn germ meal	86	67	88	41	73.4	3.24	13.55	80	85	60	0	54.0	55.3	2.27	9.51
						83.1	3.67	15.34						62.6	2.57	10.76
7771	玉米蛋白粉(60%粗蛋白质) Corn gluten meal (60%CP)	87	56	84	34	75.5	3.33	13.93	81	70	80	0	72.1	71.4	3.58	14.97
						83.8	3.70	15.46						79.2	3.97	16.62
7781	玉米蛋白粉(40%粗蛋白质) Corn gluten meal (40%CP)	87	56	84	34	75.3	3.32	13.89	81	70	80	0	65.6	71.6	2.94	12.31
						84.7	3.73	15.62						80.5	3.31	13.84
7791	小麦面筋 Wheat gluten	95	55	94	47	86.4	3.81	15.93	—	—	—	—	—	—	—	—
						92.6	4.08	17.08						—	—	—
7792	小麦面筋(酶解)Wheat gluten (degradated with enzyme)	95	55	96	—	91.1	4.02	16.81	—	—	—	—	—	—	—	—
						94.6	4.17	17.45						—	—	—
7801	猜测为豆腐渣 Fu waste 刁屑	95	77	97	60	83.5	3.68	15.42	—	—	—	—	—	—	—	—
						95.5	4.21	17.61						—	—	—

续表2-7-2

饲料编号	饲料名称	猪 Swine							鸡 Chickens							
		消化率 Digestibility				营养价值 Nutritive values			消化率 Digestibility				代谢率*	营养价值 Nutritive values		
		CP (%)	EE (%)	NFE (%)	CF (%)	TDN (%)	DE (Mcal/kg)	DE (MJ/kg)	CP (%)	EE (%)	NFE (%)	CF (%)	ME/GE (%)	TDN (%)	ME (Mcal/kg)	ME (MJ/kg)
7811	大米浓缩蛋白 Rice protein concentrate	94	98	93	77	94.4	4.16	17.41	—	—	—	—	—	—	—	—
						101.2	4.46	18.68						—	—	—
7821	大豆浓缩蛋白 Soybean protein concentrate	94	46	92	94	83.3	3.68	15.38	—	—	—	—	—	—	—	—
						87.4	3.86	16.14						—	—	—
7831	大豆分离蛋白 Isolated soybean protein	91	0	100	0	82.1	3.62	15.15	—	—	—	—	—	—	—	—
						87.2	3.84	16.09						—	—	—
7851	马铃薯蛋白 Potato protein	74	50	50	0	63.4	2.79	11.69	70	50	30	0	48.7	58.5	2.42	10.12
						70.5	3.11	13.00						65.1	2.69	11.25
7852	马铃薯蛋白 Potato protein (78% CP)	92	52	64	0	81.3	3.59	15.00	—	—	—	—	—	—	—	—
						86.8	3.83	16.01						—	—	—
8011	白鱼粉 White fish meal	91	91	0	0	72.0	3.18	13.29	91	89	0	0	68.3	71.7	2.97	12.42
						77.6	3.42	14.32						77.3	3.20	13.38
8012	鱼粉 Fish meal (65%CP)	87	78	0	0	73.0	3.22	13.47	87	88	0	0	66.9	74.9	3.10	12.97
						79.0	3.48	14.58						81.0	3.35	14.04

续表2-7-2

饲料编号	饲料名称	猪 Swine							鸡 Chickens							
		消化率 Digestibility				营养价值 Nutritive values			消化率 Digestibility				代谢率*	营养价值 Nutritive values		
		CP (%)	EE (%)	NFE (%)	CF (%)	TDN (%)	DE (Mcal/kg)	DE (MJ/kg)	CP (%)	EE (%)	NFE (%)	CF (%)	ME/GE (%)	TDN (%)	ME (Mcal/kg)	ME (MJ/kg)
8013	鱼粉 Fish meal (60%CP)	87	78	0	0	70.3	3.10	12.97	86	88	0	0	65.9	71.7	2.97	12.42
						76.0	3.35	14.01						77.5	3.21	13.42
8014	鱼粉 Fish meal (55%CP)	84	73	0	0	63.2	2.79	11.65	82	72	0	0	60.1	61.8	2.56	10.71
						68.9	3.04	12.72						67.5	2.79	11.69
8015	鱼粉 Fish meal (50%CP)	80	67	0	0	59.7	2.63	11.01	78	67	0	0	56.6	58.6	2.43	10.17
						64.9	2.86	11.98						63.8	2.64	11.06
8021	鱼汁 Fish soluble	89	80	—	—	42.1	1.86	7.77	91	92	—	—	70.7	44.3	1.83	7.67
						85.9	3.79	15.86						90.3	3.74	15.65
8031	鱼汁吸附饲料 Fish soluble absorbed feed (55%CP)	84	80	36	0	69.0	3.04	12.73	81	81	0	0	63.0	64.2	3.02	12.64
						74.9	3.30	13.81						69.6	3.28	13.71
8051	虾粉 Shrimp meal	87	87	0	0	40.4	1.78	7.46	60	86	0	0	39.9	29.7	1.23	5.14
						44.5	1.96	8.22						32.7	1.35	5.66
8061	磷虾粉 Krill meal	83	91	5	49	74.8	3.30	13.81	—	—	—	—	55.2	—	2.65	11.07
						82.2	3.63	15.17						—	2.91	12.16

续表2-7-2

饲料编号	饲料名称	猪 Swine							鸡 Chickens							
		消化率 Digestibility				营养价值 Nutritive values			消化率 Digestibility				代谢率*	营养价值 Nutritive values		
		CP (%)	EE (%)	NFE (%)	CF (%)	TDN (%)	DE (Mcal/kg)	DE (MJ/kg)	CP (%)	EE (%)	NFE (%)	CF (%)	ME/GE (%)	TDN (%)	ME (Mcal/kg)	ME (MJ/kg)
8071	磷虾壳粉 Krill shell meal	87	87	0	0	53.2	2.35	9.82	60	85	0	0	39.4	38.8	1.61	6.72
						56.1	2.47	10.35						41.0	1.69	7.09
8151	猪肉骨粉 Porcine meat and bone meal	87	100	0	0	81.7	3.60	15.08	—	—	—	—	63.6	—	2.99	12.51
						85.4	3.77	15.76						—	3.12	13.07
8161	酶解猪肠 Swine intestine degradated with enzyme	94	85	92	0	75.2	3.32	13.87	—	—	—	—	—	—	—	—
						77.4	3.41	14.28						—	—	—
8171	血粉 Blood meal	72	33	0	0	60.9	2.69	11.24	70	85	0	0	50.4	59.8	2.47	10.34
						67.4	2.97	12.43						66.2	2.73	11.44
8181	血浆浓缩蛋白 Plasma protein concentrate	91	—	76	—	76.4	3.37	14.10	—	—	—	—	—	—	—	—
						83.0	3.66	15.31						—	—	
8191	明胶 Gelatin	82	0	0	0	71.8	3.16	13.24	88	0	0	0	62.4	77.0	3.18	13.31
						76.2	3.36	14.05						81.7	3.38	14.12
8251	羽毛粉 Feather meal	77	67	0	0	71.4	3.15	13.17	65	65	0	0	47.4	61.2	2.50	10.45
						77.3	3.41	14.26						66.3	2.70	11.31

续表2-7-2

饲料编号	饲料名称	猪 Swine							鸡 Chickens							
		消化率 Digestibility				营养价值 Nutritive values			消化率 Digestibility				代谢率*	营养价值 Nutritive values		
		CP (%)	EE (%)	NFE (%)	CF (%)	TDN (%)	DE (Mcal/kg)	DE (MJ/kg)	CP (%)	EE (%)	NFE (%)	CF (%)	ME/GE (%)	TDN (%)	ME (Mcal/kg)	ME (MJ/kg)
8261	家禽副产品粉 Poultry by-product meal	80	67	0	0	66.3	2.92	12.23	78	67	0	0	57.0	65.1	2.70	11.28
						69.1	3.05	12.76						67.9	2.81	11.76
8271	全鸡粉 Whole chicken meal	—	—	—	—	—	—	—	—	—	—	—	56.8	—	2.93	12.26
						—	—	—						—	3.04	12.73
8351	蚕蛹粉 Silk worm pupa meal	87	98	0	0	69.4	3.06	12.81	85	90	0	0	57.5	67.4	2.79	11.66
						76.6	3.38	14.14						74.4	3.08	12.87
8401	全脂牛奶 Whole milk	94	96	97	—	15.6	0.69	2.87	—	—	—	—	—	—	—	—
						126.5	5.58	23.34						—	—	—
8402	全脂牛奶粉 Dried whole milk	94	96	97	0	118.6	5.23	21.88	—	—	—	—	—	—	—	—
						122.3	5.39	22.56						—	—	—
8411	脱脂牛奶 Skimmed milk	94	96	97	—	7.6	0.33	1.40	—	—	—	—	—	—	—	—
						89.3	3.94	16.48						—	—	—
8412	脱脂牛奶粉 Dried skimmed milk	94	96	97	0	84.4	3.72	15.58	94	96	97	0	81.6	84.4	3.46	14.49
						88.4	3.90	16.30						88.4	3.62	15.16

续表2-7-2

饲料编号	饲料名称	猪 Swine							鸡 Chickens							
		消化率 Digestibility				营养价值 Nutritive values			消化率 Digestibility				代谢率*	营养价值 Nutritive values		
		CP (%)	EE (%)	NFE (%)	CF (%)	TDN (%)	DE (Mcal/kg)	DE (MJ/kg)	CP (%)	EE (%)	NFE (%)	CF (%)	ME/GE (%)	TDN (%)	ME (Mcal/kg)	ME (MJ/kg)
8432	乳清浓缩蛋白 Whey protein concentrate	98	81	93	—	85.0	3.75	15.69	—	—	—	—	—	—	—	—
						88.7	3.91	16.36						—	—	—
8442	乳清浓缩蛋白(77%粗蛋白质) Whey protein concentrate (77%CP)	98	81	96	—	88.0	3.88	16.24	—	—	—	—	—	—	—	—
						94.2	4.16	17.39						—	—	—
8452	酪蛋白 Casein	93	0	—	0	83.0	3.66	15.31	93	0	—	0	80.7	83.0	4.10	17.17
						91.0	4.01	16.78						91.0	4.50	18.83
8502	酶解全蛋粉 Whole egg degradated with enzyme	91	88	46	—	110.2	4.86	20.33	—	—	—	—	—	—	—	—
						118.0	5.20	21.77						—	—	—
8512	带壳鸡蛋粉 Egg powder with shell	92	100	79	61	93.4	4.12	17.23	—	—	—	—	82.7	—	3.85	16.11
						98.5	4.34	18.17						—	4.06	16.98
8671	赖氨酸盐酸盐 *L*-lysine hydrochloride	100	—	—		93.0	4.10	17.16	100	—	—	—	75.9	93.0	3.81	15.95
						94.4	4.16	17.42						94.4	3.87	16.19
8672	赖氨酸硫酸盐 *L*-lysine sulfate	100	85	74	—	93.0	4.10	17.16	100	70	82	—	82.1	93.4	3.74	15.67
						95.9	4.23	17.69						96.3	3.86	16.15

续表2-7-2

饲料编号	饲料名称	猪 Swine							鸡 Chickens							
		消化率 Digestibility				营养价值 Nutritive values			消化率 Digestibility				代谢率*	营养价值 Nutritive values		
		CP (%)	EE (%)	NFE (%)	CF (%)	TDN (%)	DE (Mcal/kg)	DE (MJ/kg)	CP (%)	EE (%)	NFE (%)	CF (%)	ME/GE (%)	TDN (%)	ME (Mcal/kg)	ME (MJ/kg)
8673	*DL*-蛋氨酸 *DL*-methionine	100	—	—	—	57.5	5.66	23.69	100	—	—	—	86.8	57.5	4.92	20.57
						57.8	5.69	23.81						57.8	4.94	20.67
8674	*L*-苏氨酸 *L*-threonine	100	—	—	—	72.0	4.05	16.93	100	—	—	—	76.7	72.0	3.10	12.98
						72.4	4.07	17.01						72.4	3.12	13.05
8675	*L*-色氨酸 *L*-tryptophan	100	—	—	—	83.6	6.35	26.58	100	—	—	—	83.3	83.6	5.29	22.15
						84.4	6.42	26.85						84.4	5.35	22.38
8676	*L*-精氨酸 *L*-arginine	100	—	—	—	195.0	5.15	21.56	100	—	—	—	55.3	195.0	2.85	11.93
						197.0	5.21	21.78						197.0	2.88	12.05
8677	*L*-缬氨酸 *L*-valine	100	—	—	—	72.5	5.80	24.25	100	—	—	—	83.5	72.5	4.84	20.26
						73.3	5.85	24.49						73.3	4.89	20.46
8751	啤酒酵母(饲料级)Brewers yeast (feed grade)	89	44	85	0	72.5	3.20	13.38	75	60	70	0	57.6	61.0	2.51	10.51
						78.4	3.46	14.46						66.0	2.71	11.36
8761	面包酵母(饲料级)Bread yeast (feed grade)	89	44	85	0	76.8	3.39	14.17	75	60	70	0	57.4	65.4	2.69	11.25
						81.2	3.58	14.99						69.2	2.85	11.91

续表2-7-2

饲料编号	饲料名称	猪 Swine							鸡 Chickens							
		消化率 Digestibility				营养价值 Nutritive values			消化率 Digestibility				代谢率*	营养价值 Nutritive values		
		CP (%)	EE (%)	NFE (%)	CF (%)	TDN (%)	DE (Mcal/kg)	DE (MJ/kg)	CP (%)	EE (%)	NFE (%)	CF (%)	ME/GE (%)	TDN (%)	ME (Mcal/kg)	ME (MJ/kg)
8771	圆酵母(饲料级) Torula yeast (feed grade)	83	25	77	0	66.1	2.92	12.20	78	59	53	0	53.4	55.9	2.30	9.62
						72.2	3.18	13.32						61.0	2.51	10.50
8781	圆酵母(核酸提取后,饲料级) Torula yeast (nucleic acid extracted, feed grade)	83	25	77	0	66.5	2.93	12.27	78	59	53	0	53.2	57.1	2.35	9.83
						72.3	3.19	13.35						62.0	2.56	10.70
8791	酵母提取物 Yeast extracts	92	0	96	46	80.1	3.53	14.78	—	—	—	—	62.6	—	2.71	11.34
						86.4	3.81	15.94						—	2.92	12.23
9411	玉米浆 Corn steep liquor	75	0	95	—	32.5	1.43	6.00	75	0	95	—	66.1	32.5	1.33	5.59
						68.4	3.02	12.63						68.4	2.81	11.76
9451	甜菜制糖副产品(浓缩液) Beet sugar refinary by-product (Condensed liquid)	39	0	52	—	14.4	0.63	2.65	—	—	—	—	—	—	—	—
						28.5	1.26	5.26						—	—	—
9461	魔芋粉废料 Devils tongue flour refuse	65	63	68	31	52.8	2.33	9.74	—	—	—	—	—	—	—	—
						60.2	2.65	11.11						—	—	—
9481	小球藻 Chlorella	80	70	50	0	64.7	2.85	11.94	63	64	35	0	43.7	50.7	2.09	8.76
						68.1	3.00	12.56						53.3	2.20	9.21

续表2-7-2

饲料编号	饲料名称	猪 Swine							鸡 Chickens							
		消化率 Digestibility				营养价值 Nutritive values			消化率 Digestibility				代谢率*	营养价值 Nutritive values		
		CP (%)	EE (%)	NFE (%)	CF (%)	TDN (%)	DE (Mcal/kg)	DE (MJ/kg)	CP (%)	EE (%)	NFE (%)	CF (%)	ME/GE (%)	TDN (%)	ME (Mcal/kg)	ME (MJ/kg)
9751	食品副产物 Dried leftover	60	86	88	45	79.2	3.49	14.61	52	91	80	11	62.1	72.8	2.94	12.30
						83.0	3.66	15.32						76.4	3.08	12.89
9753	食品副产物 Dried leftover	66	85	92	63	75.8	3.34	13.98	—	—	—	—	—	—	—	—
						85.2	3.76	15.71						—	—	—
9754	食品副产物 Dried leftover	84	97	96	59	105.0	4.63	19.38	—	—	—	—	80.2	—	4.17	17.45
						116.6	5.14	21.51						—	4.63	19.37
4790	银合欢树叶粉 Leucaena leaf meal	29	28	35	23	26.4	1.16	4.87	32	27	40	0	21.5	26.8	0.88	3.67
						29.9	1.32	5.52						30.4	0.99	4.15
4800	刺槐树叶粉 Black locust leaf meal	29	28	35	23	25.1	1.11	4.63	33	79	21	0	27.5	21.4	1.03	4.33
						28.1	1.24	5.19						23.9	1.16	4.85
4812	桑树叶粉 Mulberry leaf meal	35	0	62	12	37.4	1.65	6.90	—	—	—	—	13.9	—	0.55	2.29
						41.3	1.82	7.62						—	0.61	2.53

注：* 代谢率(ME/GE)为代谢能占总能比率。

3. 无机物含量

表 2-7-3 无机物含量(干物质基础,括号内数字为标准差)

饲料编号	饲料名称	干物质 DM (%)	钙 Ca (%)	磷 P (%)	镁 Mg (%)	钾 K (%)	钠 Na (%)	氯 Cl (%)	硫 S (%)	铁 Fe (mg/kg)	铜 Cu (mg/kg)	钴 Co (mg/kg)	锌 Zn (mg/kg)	锰 Mn (mg/kg)	氟 F (mg/kg)	钼 Mo (mg/kg)	碘 I (mg/kg)
4790	银合欢树叶粉	88.3	7.42	0.26	0.49	1.40	0.02	—	—	1200	14.1	—	25	91	—	—	1.58
5781	蚕豆	88.1	0.15	0.49	0.17	1.28	0.02	0.21	0.09	100	8.3	0.03	55	54	1	0.5	—
5791	豌豆	82.1	0.16	0.48	0.17	1.21	—	—	—	100	—	0.01	50	12	—	—	—
5801	羽扇豆	89.1	0.24	0.32	0.19	0.81	0.05	—	—	86	4.2	—	35	12	—	—	—
5821	棉籽	91.0	0.18 (0.04)	0.59 (0.06)	0.36 (0.04)	1.05 (0.09)	0.02 (0.00)	—	0.22 (0.02)	90 (10)	8.2 (0.7)	1.50 (0.27)	35(4)	19(5)	—	—	—
5831	芝麻	96.3	1.61 (0.48)	0.66 (0.04)	—	—	—	—	—	—	—	—	—	—	—	—	—
6331	玉米蛋白饲料	90.3	0.17 (0.24)	0.99 (0.18)	0.45 (0.08)	1.63 (0.35)	0.08 (7.5)	—	—	146 (7.5)	7.0 (7.5)	—	80 (13)	24(8)	—	—	1.12
6371	酱油渣饼(湿)	66.0	0.48 (0.16)	0.16 (0.04)	0.08 (0.04)	0.43 (0.14)	4.43 (0.94)	—	—	—	—	—	—	—	—	—	—
6372	酱油渣饼(干)	88.7	0.68 (0.26)	0.19 (0.15)	0.08 (0.03)	0.40 (0.11)	3.33 (0.59)	4.53 (584)	—	458 (584)	62.3 (11.9)	—	59(25)	24(10)	—	—	—
6382	高蛋白酱油渣饼(干)	87.9	0.44	0.25	0.08	0.46	4.41	—	—	—	—	—	—	—	—	—	—
6491	啤酒糟(湿)	27.7	0.30 (0.09)	0.61 (0.13)	0.21 (0.05)	0.08 (0.05)	0.03 (0.02)	0.05 (0.04)	0.23 (0.04)	246(76)	19.7 (12.8)	0.09	106(20)	55(17)	—	1.3	—
6492	啤酒糟(干)	91.7	0.27 (0.10)	0.57 (0.18)	0.21 (0.07)	0.04 (0.04)	0.04	0.07	0.21	248 (10.4)	24.1 (10.4)	—	88(11)	63(23)	—	—	—
6502	清酒糟(干)	89.7	0.08	0.40	—	—	—	—	—	—	—	—	—	—	—	—	—
6521	麦芽	89.7	0.11	0.87	0.16	2.18	0.06	0.59	—	100	12.8	0.07	79	35	—	0.5	—
6541	大麦酒糟(湿)	23.6	0.16	0.34	0.10	0.02	0.01	0.02	0.21	200	12.7	0.00	81	41	—	0.0	—

续表2-7-3

饲料编号	饲料名称	干物质 DM (%)	钙 Ca (%)	磷 P (%)	镁 Mg (%)	钾 K (%)	钠 Na (%)	氯 Cl (%)	硫 S (%)	铁 Fe (mg/kg)	铜 Cu (mg/kg)	钴 Co (mg/kg)	锌 Zn (mg/kg)	锰 Mn (mg/kg)	氟 F (mg/kg)	钼 Mo (mg/kg)	碘 I (mg/kg)
6542	大麦酒糟(干)	91.6	0.19	0.52	0.19	0.06	0.01	0.01	0.19	420	40.9	0.00	83	42	—	0.0	—
6544	大麦酒糟可溶物(湿)	41.0	0.09	1.64	0.59	2.47	0.10	0.75	0.49	853	100.0	0.00	13	20	—	0.0	0.00
6548	大麦酒糟及其可溶物/大麦 DDGS(干)	90.6	0.15	0.72	0.34	0.72	0.06	0.28	—	800	—	—	—	—	—	—	—
6551	玉米大麦酒糟(湿)	28.4	0.03	0.36	0.12	0.34	0.00	0.06	0.31	87	36.3	—	38	7	—	—	—
6552	玉米大麦酒糟(干)	92.5	0.02	0.36	0.13	0.36	0.01	0.06	0.31	100	34.2	—	40	7	—	—	—
6554	玉米大麦酒糟可溶物(湿)	38.1	0.08	1.78	0.70	2.19	0.10	0.40	0.51	200	24.2	—	83	36	—	—	—
6558	玉米大麦酒糟可溶物(干)	92.4	0.04	0.94	0.37	1.09	0.02	—	—	100	10.9	—	64	19	—	—	—
6681	烧酒酒糟渣(甘薯,湿)	5.5	0.14	0.53	—	—	—	—	—	—	—	—	—	—	—	—	—
6822	赖氨酸发酵副产品(干)	89.8	0.36	0.53	0.06	0.15	1.01	—	—	530	13.7	—	56	86	—	—	—
6832	谷氨酸发酵副产品(干)	91.5	0.84	1.00	0.21	0.85	0.06	—	—	660	59.6	—	16	17	—	—	—
6891	豆腐渣(湿)	22.5	0.38 (0.13)	0.36 (0.06)	0.16 (0.05)	1.45 (0.33)	—	—	—	—	—	—	—	—	—	—	—
6892	豆腐渣(干)	91.4	0.34 (0.09)	0.37 (0.08)	0.16 (0.03)	1.41 (0.23)	0.02	—	—	74(30)	8.4(2.3)	—	28(11)	20(7)	—	—	—
6922	豆浆渣(干)	91.8	0.24	0.57	—	—	—	—	—	—	—	—	—	—	—	—	—
7251	大米胚芽	89.9	0.05	2.61	—	—	—	—	—	—	—	—	—	—	—	—	—
7261	小麦胚芽	87.2	0.04	1.13	—	—	—	—	—	105	5.8	—	88	125	—	—	—
7491	棉籽粕	88.5	0.21	1.11	0.55	1.39	0.04	0.04	0.34	300	16.3	0.82	55	25	—	—	—

续表2-7-3

饲料编号	饲料名称	干物质 DM (%)	钙 Ca (%)	磷 P (%)	镁 Mg (%)	钾 K (%)	钠 Na (%)	氯 Cl (%)	硫 S (%)	铁 Fe (mg/kg)	铜 Cu (mg/kg)	钴 Co (mg/kg)	锌 Zn (mg/kg)	锰 Mn (mg/kg)	氟 F (mg/kg)	钼 Mo (mg/kg)	碘 I (mg/kg)
7501	菜籽粕	88.2	0.71 (0.12)	1.26 (0.11)	0.55 (0.06)	1.37 (0.35)	0.02 (0.05)	—	—	185(55)	6.8(2.3)	—	68(9)	62(15)	—	—	—
7511	花生粕	91.1	0.35	0.62	0.37	1.38	0.02	—	—	1200	29.0	—	66	65	—	—	—
7521	亚麻籽粕	88.4	0.42 (0.13)	0.92 (0.12)	0.58 (0.10)	1.16 (0.34)	0.13	0.05	0.51	300	24.1	1.25	134	37	—	—	—
7522	亚麻籽粕(压榨)	88.1	0.47	0.96	0.64	1.33	0.13	0.04	0.40	194	25.6	0.45	36	38	—	—	0.07
7531	芝麻粕	91.5	2.40	1.33	0.68	1.17	0.03	—	—	979 (679)	50.1 (27.0)	—	154	78	—	—	—
7532	芝麻粕(压榨)	93.9	2.17 (0.48)	1.33 (0.14)	0.50	1.31	0.05	0.14	0.35	867 (848)	40.4 (5.5)	—	108	52	—	—	—
7541	椰子粕	87.1	0.21	0.69	0.30	2.69	0.04	0.91	—	700	38.9	—	50	69	—	0.7	—
7542	椰子粕(压榨)	88.0	0.11	0.69	0.33	1.76	0.05	—	0.37	742	18.2	0.13	53	77	—	—	—
7543	椰了粕(压榨,10%粗脂肪)	93.5	0.10 (0.09)	0.61 (0.15)	—	—	—	—	—	424 (400)	31.9 (6.4)	—	53(12)	54(18)	—	—	—
7551	葵花粕	89.8	0.56	0.90	0.75	1.06	—	—	0.33	—	—	—	112	26	—	—	—
7561	红花粕	91.5	0.44	0.64	0.48	1.45	0.02	—	—	500	9.7	—	40	18	—	—	—
7571	去壳红花籽粕	89.6	0.47	0.92	0.02	1.11	0.05	0.16	0.08	500	10.7	2.22	44	20	—	—	—
7611	玉米胚芽粕	88.3	0.10	0.75	0.16	0.23	0.01	—	—	200	10.2	—	165	10	—	—	—
7771	玉米蛋白粉(60%粗蛋白质)	90.1	0.02 (0.03)	0.38 (0.15)	0.03 (0.02)	0.14 (0.14)	0.01 (0.01)	—	—	150 (82)	10.4 (6.5)	—	23(7)	4(3)	—	—	1.12
7851	马铃薯蛋白	89.9	0.14 (0.10)	0.34 (0.10)	—	—	—	—	—	548 (904)	37.4 (14.6)	—	22(15)	6(4)	—	—	—
8011	白鱼粉	92.8	5.89	3.27	0.32	0.55	0.79	0.63	—	200	6.4	—	73	9	—	—	6.53

续表2-7-3

饲料编号	饲料名称	干物质 DM (%)	钙 Ca (%)	磷 P (%)	镁 Mg (%)	钾 K (%)	钠 Na (%)	氯 Cl (%)	硫 S (%)	铁 Fe (mg/kg)	铜 Cu (mg/kg)	钴 Co (mg/kg)	锌 Zn (mg/kg)	锰 Mn (mg/kg)	氟 F (mg/kg)	钼 Mo (mg/kg)	碘 I (mg/kg)
8012	鱼粉(65%CP)	92.4	4.56 (1.03)	2.88 (0.43)	0.23 (0.06)	0.74	1.04 (0.27)	0.71	1.00	337 (190)	8.4 (2.9)	—	102 (31)	11(3)	—	—	7.26
8013	鱼粉(60%CP)	92.6	(1.10)	3.31 (0.45)	0.20 (0.04)	0.71 (0.19)	0.99 (0.31)	—	—	673 (3.9)	11.4 (3.9)	—	122 (29)	15(6)	—	—	11.5
8014	鱼粉(55%CP)	91.6	7.62 (2.29)	3.97 (0.31)	0.22 (0.02)	0.69 (0.13)	1.05 (0.20)	0.57	—	785 (449)	10.2 (3.1)	—	126 (36)	23(14)	—	—	7.24
8015	鱼粉(50%CP)	91.9	8.32	4.48	0.28	0.61	1.00	—	—	200	5.4	—	131	23	—	—	4.60
8021	鱼汁	49.0	0.13	1.28	0.13	2.00	2.10	3.68	—	280	22.6	—	43	15	—	—	—
8031	鱼汁吸附饲料(55%CP)	92.2	0.39	1.09	0.11	2.26	1.87	—	—	488	15.3	—	32	12	—	—	16.20
8041	蟹粉	90.8	14.79	2.68	—	0.33	—	0.24	—	310	24.4	—	55	136	—	—	—
8051	虾粉	90.8	9.25	1.49	—	—	—	5.78	—	—	—	—	—	—	—	—	—
8061	磷虾粉	91.0	3.51 (1.74)	1.60 (0.51)	0.69	0.60	2.06	1.60	—	731 (1.74)	83.6 (8)	—	59 (29)	9(8)	—	—	—
8071	磷虾壳粉	94.8	3.99	1.82	—	—	—	5.50	—	860	24.2	—	68	10	—	—	—
8151	猪肉骨粉	95.7	4.62 (1.10)	2.75 (0.47)	—	—	—	—	—	—	—	—	—	—	—	—	—
8171	血粉	90.4	0.20	0.24	0.02	0.17	0.69	0.70	0.42	2200	15.4	0.08	30	10	9	0.2	—
8191	明胶	94.2	0.48	0.18	0.05	—	—	—	—	—	—	—	—	—	—	—	—
8251	羽毛粉	92.3	0.44 (0.29)	0.31 (0.18)	0.03	0.24	0.26 (0.10)	0.35	1.76	513 (170)	7.4 (2.9)	—	107 (22)	11(3)	—	—	—
8261	家禽副产品粉	95.9	6.97 (0.64)	3.62 (0.64)	0.18	0.52 (0.17)	0.60 (0.16)	—	—	378 (160)	7.0(2.2)	—	108(14)	13(7)	—	—	—
8351	蚕蛹粉	90.6	0.25	0.85	0.38	1.15	0.03	0.02	—	2120	27.8	—	283	54	—	—	—

续表2-7-3

饲料编号	饲料名称	干物质 DM (%)	钙 Ca (%)	磷 P (%)	镁 Mg (%)	钾 K (%)	钠 Na (%)	氯 Cl (%)	硫 S (%)	铁 Fe (mg/kg)	铜 Cu (mg/kg)	钴 Co (mg/kg)	锌 Zn (mg/kg)	锰 Mn (mg/kg)	氟 F (mg/kg)	钼 Mo (mg/kg)	碘 I (mg/kg)
8362	干蚕蛹	93.4	0.13	0.88	—	—	—	—	—	—	—	—	—	—	—	—	—
8401	全脂牛奶	12.3	0.87	0.79	0.10	1.31	0.43	0.92	0.32	9	1.0	0.01	23	—	—	—	—
8402	全脂牛奶粉	97.0	0.95	0.75	0.10	1.85	0.44	0.92	0.32	4	1.0	0.01	23	—	—	—	—
8411	脱脂牛奶	8.5	1.18	1.12	0.12	1.80	0.60	0.96	0.32	12	—	0.11	51	2	—	—	—
8412	脱脂牛奶粉	95.6	1.38 (0.24)	1.03 (0.10)	0.12 (0.01)	1.82 (0.19)	0.74 (0.41)	1.21	—	9(3)	2.4	0.00	41(6)	1	—	—	0.63
8432	乳清浓缩蛋白	95.9	0.74 (0.01)	0.67 (0.29)	0.10 (0.01)	1.49 (0.46)	0.59 (0.20)	—	—	—	—	—	—	—	—	—	—
8452	酪蛋白	91.2	0.11	0.82	0.01	0.01	0.02	—	—	80	—	—	—	—	—	—	—
8751	啤酒酵母(饲料级)	92.5	0.23	1.86	0.32	2.38	0.04	—	—	100	45.8	—	65	13	—	—	—
8761	面包酵母(饲料级)	94.5	0.07	0.63	0.06	—	—	—	—	130	—	—	—	—	—	—	—
8771	圆酵母(饲料级)	91.6	0.60	1.14	0.10	1.13	0.02	0.03	0.30	300	10.2	0.08	127	34	—	—	4.60
8781	圆酵母(核酸提取后,饲料级)	91.9	0.51	1.21	0.09	0.81	0.02	0.05	0.50	300	9.7	0.04	88	57	—	—	4.50
9151	圆酵母细胞壁(核酸提取后,饲料级)	99.6	38.10	0.07	0.30	0.10	0.21	0.01	—	2900	—	—	—	134	—	—	—
9161	蒸汽骨粉	97.1	30.71	12.86	0.33	0.19	5.69	0.01	2.51	500	11.5	0.00	130	23	—	—	—
9411	玉米浆	47.5	0.04	3.42	—	—	—	—	—	—	—	—	—	—	—	—	—
9461	魔芋粉废料	87.8	0.97	0.46	0.17	2.56	0.03	—	—	700	38.6	0.23	88	59	—	—	—

4. 氨基酸含量

表 2-7-4　氨基酸含量(上段数字为干物质基础下百分含量,下段数字为该氨基酸占粗蛋白质百分比)　%

饲料编号	饲料名称	干物质 DM	粗蛋白质 CP	精氨酸 Arg	甘氨酸 Gly	组氨酸 His	异亮氨酸 Ile	亮氨酸 Leu	赖氨酸 Lys	蛋氨酸 Met	胱氨酸 Cys	苯丙氨酸 Phe	酪氨酸 Tyr	苏氨酸 Thr	色氨酸 Trp	缬氨酸 Val	丝氨酸 Ser	脯氨酸 Pro	丙氨酸 Ala	天冬氨酸 Asp	谷氨酸 Glu
4800	刺槐树叶粉	89.2	21.1	1.24	1.02	0.41	0.92	1.66	1.13	0.22	0.21	1.04	0.71	0.89	0.5	1.10	0.89	—	—	—	—
				5.89	4.84	1.95	4.37	7.89	5.37	1.05	1.00	4.95	3.37	4.21	2.37	5.21	4.21	—	—	—	—
5781	蚕豆	88.1	29.7	2.71	1.19	0.77	1.22	2.11	1.87	0.23	0.39	1.19	0.86	0.98	0.24	1.37	1.22	—	—	—	—
				9.10	4.00	2.60	4.10	7.10	6.30	0.78	1.30	4.00	2.90	3.30	0.82	4.60	4.10	—	—	—	—
5791	豌豆	82.1	25.5	2.15	1.09	0.64	1.04	1.80	1.80	0.23	0.36	1.22	0.83	0.94	0.23	1.17	1.19	1.04	1.09	2.91	4.14
				8.44	4.30	2.51	4.07	7.09	7.06	0.90	1.43	4.78	3.28	3.71	0.91	4.61	4.69	4.07	4.27	11.42	16.26
5801	羽扇豆	89.1	33.6	3.58	1.39	0.95	1.37	2.31	1.67	0.20	0.52	1.35	1.17	1.14	0.24	1.31	1.61	1.30	1.14	3.27	6.98
				10.67	4.14	2.84	4.09	6.88	4.99	0.60	1.56	4.02	3.47	3.40	0.71	3.91	4.81	3.88	3.40	9.73	20.81
5821	棉籽	91.0	21.9	2.42	0.90	0.79	0.63	1.27	1.22	0.39	0.62	1.18	0.55	0.74	0.18	0.82	1.01	0.85	0.89	1.98	4.48
				11.04	4.11	3.61	2.88	5.79	5.57	1.78	2.81	5.39	2.52	3.39	0.84	3.72	4.62	3.88	4.07	9.01	20.41
5831	芝麻	96.3	23.8	2.78	1.15	0.62	0.83	1.53	0.58	0.62	0.44	1.00	—	0.81	—	1.07	—	—	—	—	—
				11.68	4.82	2.59	3.48	6.41	2.43	2.60	1.85	4.19	—	3.39	—	4.50	—	—	—	—	—
6331	玉米蛋白饲料	90.3	23.2	1.05	1.06	0.70	0.68	2.10	0.78	0.36	0.56	0.85	0.58	0.85	0.16	1.10	0.96	2.11	1.83	1.21	3.30
				4.53	4.58	3.04	2.94	9.06	3.38	1.55	2.40	3.69	2.53	3.66	0.69	4.76	4.16	9.10	7.90	5.24	14.26
6372	酱油渣饼(干)	88.7	33.0	1.47	1.32	0.75	1.35	2.54	0.92	0.44	0.42	1.65	2.73	0.98	0.40	1.59	1.17	0.70	1.36	2.02	4.13
				4.46	4.01	2.29	4.09	7.69	2.80	1.33	1.27	5.00	8.27	2.98	1.21	4.82	3.54	2.13	4.11	6.12	12.52
6382	高蛋白酱油渣饼(干)	87.9	38.3	1.69	1.58	0.82	1.80	3.51	1.56	0.54	0.58	2.32	2.90	1.49	0.75	1.88	1.82	—	—	—	—
				4.42	4.13	2.13	4.69	9.15	4.06	1.41	1.50	6.05	7.56	3.88	1.95	4.91	4.75	—	—	—	—
6491	啤酒糟(湿)	27.7	24.8	1.21	0.93	0.53	1.10	1.87	0.92	0.43	0.53	1.32	0.75	0.85	0.33	1.44	1.09	—	—	—	—
				4.85	3.76	2.15	4.42	7.52	3.69	1.74	2.12	5.31	3.02	3.42	1.34	5.79	4.40	—	—	—	—

续表2-7-4

饲料编号	饲料名称	干物质 DM	粗蛋白质 CP	精氨酸 Arg	甘氨酸 Gly	组氨酸 His	异亮氨酸 Ile	亮氨酸 Leu	赖氨酸 Lys	蛋氨酸 Met	胱氨酸 Cys	苯丙氨酸 Phe	酪氨酸 Tyr	苏氨酸 Thr	色氨酸 Trp	缬氨酸 Val	丝氨酸 Ser	脯氨酸 Pro	丙氨酸 Ala	天冬氨酸 Asp	谷氨酸 Glu
6492	啤酒糟(干)	91.7	25.5	1.24	0.96	0.55	1.13	1.92	0.94	0.44	0.54	1.36	0.77	0.87	0.34	1.48	1.12	—	—	—	—
				4.85	3.76	2.15	4.42	7.52	3.69	1.74	2.12	5.31	3.02	3.42	1.34	5.79	4.40	—	—	—	—
9521	大麦芽	89.7	31.5	1.36	1.37	0.60	1.20	1.77	1.45	0.41	0.29	0.95	0.74	1.07	0.47	1.61	—	—	—	—	—
				4.30	4.35	1.90	3.80	5.60	4.60	1.30	0.91	3.00	2.36	3.40	1.50	5.10	—	—	—	—	—
6541	大麦酒糟(湿)	23.6	23.3	1.17	0.89	0.54	0.98	1.71	0.89	0.34	0.52	1.35	0.77	0.82	0.35	1.46	1.04	—	—	—	—
				5.00	3.82	2.32	4.22	7.32	3.82	1.47	2.23	5.79	3.32	3.51	1.49	6.28	4.46	—	—	—	—
6542	大麦酒糟(干)	91.6	24.1	1.21	0.92	0.56	1.02	1.77	0.92	0.35	0.54	1.40	0.80	0.85	0.36	1.52	1.08	—	—	—	—
				5.00	3.82	2.32	4.22	7.32	3.82	1.47	2.23	5.79	3.32	3.51	1.49	6.28	4.46	—	—	—	—
6544	大麦酒糟可溶物(湿)	41.0	35.4	0.83	1.55	0.63	1.11	1.64	1.47	0.4?	0.54	1.02	0.92	1.13	0.22	1.49	1.24	—	—	—	—
				2.34	4.39	1.78	3.14	4.65	4.15	1.12	1.54	2.87	2.60	3.20	0.62	4.21	3.52	—	—	—	—
6548	大麦酒糟及其可溶物/大麦 DDGS(干)	90.6	29.8	1.12	1.17	0.53	1.04	1.68	1.16	0.38	0.44	1.22	0.71	0.96	0.25	1.32	1.12	—	—	—	—
				3.77	3.91	1.78	3.48	5.65	3.88	1.27	1.49	4.09	2.39	3.22	0.83	4.42	3.77	—	—	—	—
6552	玉米大麦酒糟(干)	92.5	28.2	1.16	0.99	0.71	1.27	3.74	0.92	0.56	0.63	1.59	1.20	1.06	0.25	1.59	1.44	—	—	—	—
				4.12	3.50	2.50	4.50	13.25	3.25	2.00	2.25	5.63	4.25	3.75	0.87	5.63	5.12	—	—	—	—
6554	玉米大麦酒糟可溶物(湿)	38.1	35.2	1.33	1.51	0.98	1.12	2.60	1.44	0.50	0.60	1.23	1.04	1.20	0.24	1.57	1.39	—	—	—	—
				3.77	4.30	2.79	3.18	7.38	4.09	1.43	1.71	3.50	2.95	3.40	0.67	4.45	3.95	—	—	—	—
6558	玉米大麦酒糟可溶物(干)	92.4	31.5	1.26	1.14	0.82	1.07	3.20	1.05	0.55	0.56	1.25	1.25	1.09	0.25	1.40	1.56	—	—	—	—
				3.99	3.61	2.60	3.41	10.17	3.34	1.75	1.79	3.96	3.96	3.47	0.78	4.46	4.94				
6822	赖氨酸发酵副产品(干)	89.8	76.1	3.32	2.87	1.17	3.03	4.80	5.67	1.42	0.26	2.79	1.76	3.26	0.84	4.41	2.63	—	—	—	—
				4.36	3.78	1.54	3.98	6.31	7.46	1.87	0.34	3.67	2.32	4.28	1.10	5.80	3.46	—	—	—	—
6832	谷氨酸发酵副产品(干)	91.5	75.8	3.93	3.03	1.24	3.09	4.90	3.05	1.89	0.41	2.53	1.78	3.22	0.77	4.23	2.43	—	—	—	—
				5.18	4.00	1.63	4.08	6.46	4.02	2.49	0.54	3.34	2.35	4.25	1.02	5.58	3.21	—	—	—	—

续表2-7-4

饲料编号	饲料名称	干物质 DM	粗蛋白质 CP	精氨酸 Arg	甘氨酸 Gly	组氨酸 His	异亮氨酸 Ile	亮氨酸 Leu	赖氨酸 Lys	蛋氨酸 Met	胱氨酸 Cys	苯丙氨酸 Phe	酪氨酸 Tyr	苏氨酸 Thr	色氨酸 Trp	缬氨酸 Val	丝氨酸 Ser	脯氨酸 Pro	丙氨酸 Ala	天冬氨酸 Asp	谷氨酸 Glu
6891	豆腐渣(湿)	22.5	26.1	1.79	1.23	0.74	1.23	2.10	1.67	0.43	0.25	1.42	0.99	1.17	0.37	1.48	136	—	—	—	—
				6.86	4.73	2.84	4.73	8.04	6.39	1.66	0.95	5.44	3.79	4.50	1.42	5.68	5.21	—	—	—	—
6892	豆腐渣(干)	91.4	27.8	1.81	1.25	0.76	1.20	2.22	1.75	0.41	0.26	1.38	0.92	1.16	0.34	1.42	1.38	1.39	1.24	2.86	4.24
				6.50	4.51	2.72	4.31	7.96	6.30	1.46	0.92	4.96	3.29	4.18	1.21	5.09	4.94	4.98	4.44	10.27	15.23
6912	豆腐渣(发酵,干)	87.6	31.1	—	—	—	—	—	1.56	0.42	0.35	—	—	—	—	—	—	—	—	—	—
				—	—	—	—	—	5.02	1.33	1.14	—	—	—	—	—	—	—	—	—	—
6922	豆浆渣(干)	91.8	43.2	2.99	1.91	1.22	2.15	3.63	2.67	0.48	0.61	2.27	1.54	1.90	0.40	2.41	2.31	—	—	—	—
				6.91	4.42	2.81	4.97	8.39	6.18	1.11	1.41	5.24	3.55	4.40	0.93	5.58	5.35	—	—	—	—
7251	大米胚芽	89.9	21.0	1.66	1.09	0.65	0.67	1.33	1.25	0.39	0.24	0.85	0.61	0.79	—	1.04	0.86	—	—	—	—
				7.88	5.17	3.10	3.20	6.35	5.96	1.87	1.13	4.04	2.91	3.74	—	4.93	4.09	—	—	—	—
7261	小麦胚芽	87.2	30.2	2.27	1.63	0.71	1.01	1.83	1.83	0.50	0.32	1.03	0.83	1.12	0.26	1.52	1.13	—	—	—	—
				7.51	5.40	2.36	3.35	6.06	6.08	1.65	1.05	3.42	2.76	3.71	0.85	5.03	3.74	—	—	—	—
7491	棉籽粕	88.5	40.0	4.48	2.14	1.00	1.60	2.36	1.64	0.60	0.68	2.08	1.08	1.32	0.52	1.92	2.00	—	—	—	—
				11.20	5.36	2.50	4.00	5.90	4.10	1.50	1.70	5.20	2.70	3.30	1.30	4.80	4.99	—	—	—	—
7501	菜籽粕	88.2	42.3	2.55	2.13	1.13	1.57	3.08	2.53	0.78	1.04	1.69	1.11	1.83	0.54	2.01	1.79	2.51	1.87	2.97	7.05
				6.02	5.04	2.67	3.71	7.28	5.97	1.85	2.46	3.99	2.62	4.33	1.28	4.75	4.24	5.94	4.42	7.01	16.65
7511	花生粕	91.1	49.4	5.50	2.73	1.14	1.57	3.05	1.57	0.50	0.64	2.41	—	1.28	0.49	1.93	2.27	2.08	1.87	5.55	9.01
				11.14	5.53	2.30	3.18	6.18	3.18	1.02	1.29	4.88	—	2.59	0.99	3.91	4.60	4.21	3.78	11.23	18.24
7521	亚麻籽粕	88.4	40.7	3.60	2.32	0.96	1.57	2.28	1.62	0.73	0.90	1.80	0.95	1.45	0.50	1.87	1.86	1.47	1.76	3.56	7.90
				8.82	5.70	2.36	3.85	5.61	3.97	1.80	2.22	4.41	2.32	3.56	1.22	4.59	4.57	3.62	4.32	8.74	19.40
7522	亚麻籽粕(压榨)	88.1	35.9	3.03	1.76	0.69	1.79	2.06	1.26	0.62	0.65	1.51	1.20	1.23	0.55	1.77	2.04	—	—	—	—
				8.45	4.90	1.93	4.99	5.75	3.51	1.74	1.80	4.22	3.35	3.43	1.53	4.93	5.69	—	—	—	—

续表2-7-4

饲料编号	饲料名称	干物质 DM	粗蛋白质 CP	精氨酸 Arg	甘氨酸 Gly	组氨酸 His	异亮氨酸 Ile	亮氨酸 Leu	赖氨酸 Lys	蛋氨酸 Met	胱氨酸 Cys	苯丙氨酸 Phe	酪氨酸 Tyr	苏氨酸 Thr	色氨酸 Trp	缬氨酸 Val	丝氨酸 Ser	脯氨酸 Pro	丙氨酸 Ala	天冬氨酸 Asp	谷氨酸 Glu
7531	芝麻粕	91.5	50.6	3.85	2.24	1.22	1.63	3.00	0.62	1.38	0.28	2.11	1.56	1.33	0.46	2.01	1.24	1.55	2.19	3.05	9.04
				7.62	4.43	2.41	3.22	5.93	1.23	2.73	0.55	4.17	3.09	2.62	0.92	3.96	2.45	3.06	4.33	6.02	17.87
7532	芝麻粕(压榨)	93.9	49.4	4.15	2.24	1.14	1.54	3.01	0.81	1.33	0.48	2.00	1.52	1.29	0.51	1.97	1.47	1.58	2.16	3.27	8.97
				8.40	4.54	2.32	3.13	6.09	1.63	2.70	0.97	4.06	3.07	2.62	1.02	3.98	2.97	3.21	4.38	6.62	18.16
7541	椰子粕	87.1	24.1	2.74	1.01	0.47	0.78	1.40	0.68	0.40	0.33	0.97	0.52	0.66	0.17	1.18	1.03	—	—	—	—
				11.35	4.19	1.96	3.22	5.81	2.80	1.66	1.38	4.03	2.14	2.72	0.69	4.91	4.26	—	—	—	—
7542	椰子粕(压榨)	88.0	22.7	2.45	1.13	0.41	1.11	1.54	0.60	0.36	0.23	0.87	0.64	0.66	0.23	1.13	—	—	—	—	—
				10.78	4.96	1.81	4.87	6.77	2.63	1.55	0.99	3.84	2.80	2.89	0.99	4.96	—	—	—	—	—
7543	椰子粕(压榨,10%粗脂肪)	93.5	22.0	2.40	0.94	0.47	0.62	1.39	0.58	0.34	0.44	0.92	0.49	0.71	0.15	1.02	0.95	0.75	0.93	1.64	4.08
				10.92	4.26	2.12	2.81	6.32	2.66	1.52	2.00	4.19	2.23	3.24	0.69	4.64	4.32	3.40	4.23	7.45	18.55
7551	葵花粕	89.8	35.6	289	2.04	0.88	1.41	2.21	1.24	0.77	0.59	1.61	0.97	1.28	0.47	1.72	1.48	1.53	1.50	3.18	6.83
				8.12	5.72	2.48	3.97	6.19	3.48	2.17	1.65	4.53	2.71	3.59	1.33	4.83	4.16	4.28	4.22	8.91	19.17
7561	红花粕	91.5	22.6	1.86	1.29	0.556	0.79	1.43	0.75	0.35	0.35	0.98	0.51	0.74	0.33	1.10	0.99	0.88	0.91	2.06	4.10
				8.21	5.69	2.49	3.48	6.31	3.32	1.55	1.54	4.33	2.27	3.28	1.45	4.87	4.36	3.90	4.02	9.09	18.11
7571	去壳红花籽粕	89.6	44.8	3.84	2.48	1.03	1.69	2.56	1.32	0.71	0.74	1.84	1.06	1.38	0.62	2.31	—	—	—	—	—
				8.59	5.54	2.30	3.77	5.73	2.96	1.58	1.66	4.11	2.37	3.09	1.38	5.16	—	—	—	—	—
7611	玉米胚芽粕	88.3	23.5	1.53	1.22	0.71	0.80	1.71	1.10	0.41	0.36	0.96	0.60	0.92	0.27	1.26	0.97	1.32	1.29	1.61	3.12
				6.53	5.20	3.02	3.40	7.30	4.69	1.74	1.54	4.09	2.54	3.93	1.15	5.37	4.12	5.62	5.48	6.87	13.29
7771	玉米蛋白粉(60%粗蛋白质)	90.1	70.7	2.24	1.91	1.40	2.72	12.11	1.21	1.66	1.30	4.38	3.57	2.36	0.35	3.18	3.59	6.51	6.41	4.21	14.63
				3.17	2.70	1.98	3.85	17.14	1.72	2.35	1.84	6.20	5.06	3.34	0.50	4.50	5.07	9.22	9.07	5.96	20.70
7791	小麦面筋	93.3	85.7	2.44	2.54	1.84	2.44	5.07	1.44	1.37	2.63	3.72	2.38	1.83	0.33	2.66	3.88	9.23	1.94	231	31.25
				2.85	2.96	2.15	2.84	5.91	1.68	1.60	3.07	4.33	2.78	2.14	0.39	3.10	4.52	10.77	2.26	2.70	36.45

续表2-7-4

饲料编号	饲料名称	干物质 DM	粗蛋白质 CP	精氨酸 Arg	甘氨酸 Gly	组氨酸 His	异亮氨酸 Ile	亮氨酸 Leu	赖氨酸 Lys	蛋氨酸 Met	胱氨酸 Cys	苯丙氨酸 Phe	酪氨酸 Tyr	苏氨酸 Thr	色氨酸 Trp	缬氨酸 Val	丝氨酸 Ser	脯氨酸 Pro	丙氨酸 Ala	天冬氨酸 Asp	谷氨酸 Glu
7821	大豆浓缩蛋白	95.3	69.5	4.97	2.90	2.07	3.06	5.37	4.80	1.05	1.49	3.48	2.37	2.72	0.59	3.08	3.58	3.53	3.01	7.87	12.91
				7.15	4.17	2.98	4.40	7.73	6.92	1.51	2.15	5.01	3.42	3.91	0.86	4.44	5.16	5.08	4.33	11.33	18.58
7851	马铃薯蛋白	89.9	82.0	4.22	4.03	1.87	4.13	8.05	6.90	1.74	1.63	5.00	4.34	4.62	0.48	4.89	4.62	4.01	3.92	10.40	9.43
				5.14	4.92	2.28	5.03	9.82	8.41	2.13	1.99	6.09	5.29	5.63	0.59	5.96	5.63	4.89	4.79	12.69	11.51
8011	白鱼粉	92.8	70.5	4.48	4.76	1.72	3.00	5.17	5.10	2.13	0.64	2.82	2.48	3.05	0.83	3.47	3.23	—	—	—	—
				6.36	6.76	2.44	4.26	7.33	7.24	3.02	0.91	4.00	3.52	4.33	1.18	4.92	4.58	—	—	—	—
8012	鱼粉(65%CP)	92.4	72.5	4.25	5.03	2.18	2.82	5.35	5.38	2.01	0.65	2.83	2.12	2.97	0.83	3.37	2.78	3.23	4.58	6.22	8.57
				5.86	6.93	3.00	3.88	7.37	7.42	2.77	0.89	3.91	2.92	4.10	1.14	4.65	3.84	4.45	6.32	8.57	11.82
8013	鱼粉(60%CP)	92.6	67.7	3.99	5.69	1.74	2.43	4.58	4.47	1.68	0.55	2.49	1.81	2.65	0.76	2.96	2.66	3.45	4.35	5.50	7.65
				5.88	8.40	2.56	3.59	6.76	6.59	2.48	0.81	3.68	2.68	3.92	1.13	4.38	3.93	5.09	6.42	8.12	11.29
8014	鱼粉(55%CP)	91.6	61.9	3.82	5.17	1.58	2.38	4.39	4.30	1.74	0.61	2.43	1.88	2.55	0.62	2.90	2.59	3.26	4.16	5.30	7.33
				6.18	8.35	2.55	3.84	7.09	6.95	2.82	0.98	3.92	3.03	4.12	1.00	4.69	4.18	5.27	6.72	8.57	11.84
8015	鱼粉(50%CP)	91.9	56.6	3.85	5.11	1.55	2.39	4.24	4.30	1.48	0.42	2.30	1.82	2.67	0.58	2.92	2.69	—	—	—	—
				6.80	9.03	2.74	4.23	7.49	7.60	2.61	0.74	4.06	3.22	4.72	1.03	5.16	4.76	—	—	—	—
8021	鱼汁	49.0	75.1	3.36	8.89	1.10	0.96	2.28	2.28	0.82	0.28	1.20	0.59	1.56	0.26	1.44	2.64	—	—	—	—
				4.48	11.84	1.47	1.28	304	3.04	1.09	037	1.60	0.78	2.08	0.34	1.92	3.52	—	—	—	—
8031	鱼汁吸附饲料(55%CP)	92.2	60.8	3.40	6.74	1.20	1.74	3.06	3.03	1.16	0.39	1.71	0.97	2.00	0.36	2.21	2.35	—	—	—	—
				5.58	11.07	1.98	2.86	5.03	4.98	1.91	0.64	2.81	1.60	3.29	0.59	3.63	3.87	—	—	—	—
8051	虾粉	90.8	43.5	2.28	2.54	0.87	1.54	2.55	2.21	0.78	0.42	1.87	—	1.50	0.42	1.89	1.52	1.98	2.26	3.58	5.27
				5.24	5.83	1.99	3.55	5.86	5.09	1.79	0.79	4.29	—	3.44	0.97	4.34	3.50	4.55	5.19	8.24	12.11
8061	磷虾粉	91.0	65.9	3.91	3.06	1.27	2.93	4.93	4.47	1.86	0.45	3.18	2.35	2.64	0.71	3.06	2.47	3.29	3.27	5.80	7.49
				5.93	4.65	1.93	4.45	7.49	6.78	2.83	0.69	4.83	3.57	4.01	1.08	4.64	3.75	4.99	4.96	8.80	11.38

续表2-7-4

饲料编号	饲料名称	干物质 DM	粗蛋白质 CP	精氨酸 Arg	甘氨酸 Gly	组氨酸 His	异亮氨酸 Ile	亮氨酸 Leu	赖氨酸 Lys	蛋氨酸 Met	胱氨酸 Cys	苯丙氨酸 Phe	酪氨酸 Tyr	苏氨酸 Thr	色氨酸 Trp	缬氨酸 Val	丝氨酸 Ser	脯氨酸 Pro	丙氨酸 Ala	天冬氨酸 Asp	谷氨酸 Glu
8071	磷虾壳粉	94.8	55.5	3.10	2.46	1.54	2.42	3.72	4.71	1.48	0.35	2.73	2.41	2.50	0.65	2.76	2.37	—	—	—	—
				5.58	4.43	2.78	4.37	6.70	8.48	2.67	0.63	4.92	4.34	4.50	1.18	4.97	4.27	—	—	—	—
8151	猪肉骨粉	95.7	61.5	4.31	7.70	1.79	1.74	3.83	4.67	0.94	0.90	2.31	1.49	2.09	0.27	2.39	2.50	4.74	4.51	4.69	7.90
				7.01	12.52	2.91	2.83	6.23	7.60	1.53	1.47	3.76	2.43	3.40	0.44	3.88	4.07	7.71	7.33	7.62	12.85
8171	血粉	90.4	93.0	3.85	3.86	5.43	1.10	11.31	8.39	1.18	0.96	6.51	—	4.51	1.55	7.61	4.71	3.54	7.21	9.43	8.36
				4.14	4.15	5.84	1.18	12.16	9.02	1.27	1.03	7.00	—	4.85	1.67	8.18	5.06	3.81	7.75	10.14	8.99
8191	明胶	94.2	92.9	6.28	19.27	0.94	1.59	3.47	3.52	0.87	0.30	2.07	0.93	2.00	0.51	2.42	2.73	—	—	—	—
				6.76	20.75	1.01	1.71	3.74	3.79	0.94	0.32	2.23	1.00	2.15	0.55	2.60	2.94	—	—	—	—
8251	羽毛粉	92.3	90.0	6.09	7.09	0.90	4.23	7.53	2.23	0.64	3.39	4.41	2.48	4.21	0.57	6.52	9.55	8.97	4.31	5.86	9.29
				6.77	7.88	1.00	4.70	8.37	2.48	0.71	3.77	4.91	2.76	4.68	0.63	725	10.62	9.96	4.79	6.51	10.33
8261	家禽副产品粉	95.9	62.8	4.22	6.70	1.28	2.09	4.11	3.63	1.18	0.78	2.36	1.56	2.28	0.46	2.63	2.55	4.48	4.18	4.73	7.53
				6.72	10.67	2.03	3.33	6.54	5.77	1.87	1.24	3.76	2.48	3.63	0.74	4.18	4.05	7.13	6.66	7.53	11.98
8351	蚕蛹粉	90.6	79.1	3.70	3.97	185	3.29	5.10	4.71	2.22	0.70	3.66	4.70	3.24	—	3.86	3.43	—	—	—	—
				4.68	5.02	2.34	4.16	6.44	5.95	2.80	088	4.63	5.94	4.10	—	4.88	4.34	—	—	—	—
8362	干蚕蛹	93.4	60.8	2.99	2.66	1.68	2.34	3.69	3.57	1.57	0.64	2.85	3.93	2.40	1.25	2.64	2.44	—	—	—	—
				4.91	4.38	2.76	3.85	6.06	5.87	2.58	1.06	4.68	6.47	3.95	2.06	4.34	4.01	—	—	—	—
8401	全脂牛奶	12.3	26.0	0.82	0.46	0.69	1.35	2.47	2.06	0.66	0.23	1.20	0.94	1.04	0.33	1.63	1.20	—	—	—	—
				3.13	1.76	2.64	5.19	9.50	7.93	2.55	0.87	4.60	3.62	4.02	1.27	6.27	4.60	—	—	—	—
8411	脱脂牛奶	8.5	36.0	1.27	—	0.95	1.94	3.46	2.75	0.95	032	1.69	1.38	1.62	0.49	2.44	—	—	—	—	—
				3.53	—	2.64	539	9.60	7.64	2.64	0.88	4.70	3.82	4.51	1.37	6.76	—	—	—	—	—
8412	脱脂牛奶粉	95.6	36.2	1.22	0.70	1.03	1.82	3.46	2.77	0.87	0.31	1.72	1.64	1.59	0.46	2.17	1.92	3.72	1.17	2.74	7.45
				3.37	1.93	2.84	5.03	9.55	7.66	2.40	0.84	4.75	4.54	4.40	1.28	5.99	5.30	10.27	3.24	7.56	20.57

续表2-7-4

饲料编号	饲料名称	干物质 DM	粗蛋白质 CP	精氨酸 Arg	甘氨酸 Gly	组氨酸 His	异亮氨酸 Ile	亮氨酸 Leu	赖氨酸 Lys	蛋氨酸 Met	胱氨酸 Cys	苯丙氨酸 Phe	酪氨酸 Tyr	苏氨酸 Thr	色氨酸 Trp	缬氨酸 Val	丝氨酸 Ser	脯氨酸 Pro	丙氨酸 Ala	天冬氨酸 Asp	谷氨酸 Glu
8432	乳清浓缩蛋白	95.9	36.9	0.93	0.75	0.69	2.28	3.81	3.34	0.66	0.94	1.22	0.97	2.78	0.70	2.18	1.99	2.27	1.85	3.93	6.27
				2.51	2.04	1.86	6.18	10.33	9.06	1.80	2.55	3.31	2.62	7.54	1.89	5.92	5.39	6.16	5.01	10.67	17.01
8452	酪蛋白	91.2	97.8	3.44	1.85	2.95	5.06	9.29	7.81	2.87	0.45	5.03	5.64	4.16	1.24	6.44	5.44	10.87	2.95	6.94	21.40
				3.52	1.89	3.02	5.17	9.50	7.99	2.93	0.46	5.14	5.77	4.25	1.27	6.58	5.56	11.11	3.02	7.10	21.88
8751	啤酒酵母(饲料级)	92.5	56.8	3.18	2.47	1.19	2.49	3.81	4.10	0.86	0.42	2.12	1.81	2.58	0.73	3.08	2.74	—	—	—	—
				5.61	4.35	2.10	4.39	6.72	7.23	1.51	0.74	3.74	3.19	4.54	1.28	5.42	4.83	—	—	—	—
8761	面包酵母(饲料级)	94.5	46.9	2.27	1.82	0.96	1.93	2.93	3.32	0.56	0.46	2.17	1.44	2.36	0.55	2.97	1.91	—	—	—	—
				4.85	3.88	2.05	4.12	6.26	7.09	1.25	0.99	4.62	3.08	5.03	1.17	6.34	4.08	—	—	—	—
8771	圆酵母(饲料级)	91.6	48.8	2.74	2.06	1.18	2.53	3.76	4.05	0.63	0.35	2.57	1.68	2.88	0.63	2.90	2.64	—	—	—	—
				5.61	-4.23	2.42	5.18	7.71	8.30	1.30	0.72	5.27	3.44	5.90	1.30	5.94	5.41	—	—	—	—
8781	圆酵母(核酸提取后,饲料级)	91.9	52.8	3.63	2.44	1.19	3.04	4.82	4.66	0.77	0.42	2.74	1.96	3.17	0.74	3.74	3.04	—	—	—	—
				6.87	4.63	2.25	5.76	9.14	8.83	1.36	0.79	5.20	3.72	6.01	1.40	7.08	5.76	—	—	—	—
9411	玉米浆	47.5	47.8	1.50	2.45	2.00	1.56	4.29	2.39	1.18	2.75	1.45	0.58	2.08	0.12	2.41	2.15	—	—	—	—
				3.14	5.13	4.19	3.26	8.97	5.01	2.47	5.75	3.04	1.21	4.36	0.26	5.05	4.49	—	—	—	—
9461	魔芋粉废料	87.7	26.7	2.48	1.23	0.62	0.85	1.33	1.11	0.41	0.36	1.32	0.79	1.00	0.39	1.32	1.66	—	—	—	—
				9.29	4.62	2.32	3.17	4.97	4.17	1.53	1.36	4.96	2.95	3.76	1.17	4.93	6.21	—	—	—	—

注:《国内外饲料成分及营养价值史料汇编》(第一辑)(2016)中,错将上段数字注释为:"饲喂基础下百分含量",实际应为:"干物质基础下百分含量"。特此致歉。

5. 维生素含量

表 2-7-5 维生素含量(干物质基础)

饲料编号	饲料名称	干物质 DM (%)	总胡萝卜素 Total carotene (mg/kg)	维生素 A (IU/kg)	维生素 D (IU/kg)	维生素 E (mg/kg)	维生素 K (mg/kg)	维生素 B_1 Thiamin (mg/kg)	维生素 B_2 Riboflavin (mg/kg)	泛酸 Pantothenic acid (mg/kg)	烟酸 Niacin (mg/kg)	维生素 B_6 Pyridoxine (mg/kg)	生物素 Biotin (mg/kg)	叶酸 Folic acid (mg/kg)	胆碱 Choline (mg/kg)	维生素 B_{12} (mg/kg)
1380	萝卜叶	11.2	209	—	—	—	—	—	—	—	—	—	—	—	—	—
5781	蚕豆	88.1	1	600	—	—	—	5.8	2.3	—	29	—	—	—	—	—
5791	豌豆	82.1	—	—	—	—	—	2.0	0.9	5.1	19	1.1	0.20	0.40	700	—
5801	羽扇豆	89.1	4	—	—	—	—	—	—	—	—	—	—	—	—	—
6331	玉米蛋白饲料	90.3	9	0	—	81	—	2.2	2.7	18.9	79	16.6	0.37	0.34	1700	0.25
6491	啤酒糟(湿)	27.7	—	—	—	27	—	0.2	0.8	3.5	58	1.2	0.18	0.05	1800	0.00
6492	啤酒糟(干)	91.7	—	—	—	27	—	0.8	1.6	9.3	47	0.7	—	0.24	1700	0.00
6521	麦芽	89.7	—	—	—	—	—	0.8	1.6	9.2	47	—	—	0.22	1700	—
6541	大麦酒糟(湿)	23.6	—	—	—	40	—	0.4	1.2	5.0	77	1.7	0.26	0.07	1800	0.24
6542	大麦酒糟(干)	91.6	—	—	—	40	—	0.4	1.2	5.0	77	1.7	0.26	0.07	1800	0.24
6544	大麦酒糟可溶物(湿)	41.0	0	—	—	0	—	4.8	27.2	16.0	401	17.6	0.67	2.44	6800	0.01
6551	玉米大麦酒糟(湿)	28.4	—	—	—	88	—	2.0	3.7	5.1	58	4.1	0.19	0.17	0	0.00
6552	玉米大麦酒糟(干)	92.5	—	—	—	88	—	2.0	3.7	5.1	58	4.1	0.19	0.17	0	0.00
6554	玉米大麦酒糟可溶物(湿)	38.1	—	—	—	110	—	5.7	15.3	10.5	151	11.0	0.30	0.30	4800	0.01
6558	玉米大麦酒糟可溶物(干)	92.4	—	—	—	53	—	3.5	4.6	5.3	110	5.1	—	0.30	1400	0.00
6822	赖氨酸发酵副产品(干)	89.8	—	—	—	—	—	4.3	32.8	11.4	40	3.3	—	2.60	—	0.01

续表2-7-5

饲料编号	饲料名称	干物质 DM (%)	总胡萝卜素 Total carotene (mg/kg)	维生素 A (IU/kg)	维生素 D (IU/kg)	维生素 E (mg/kg)	维生素 K (mg/kg)	维生素 B_1 Thiamin (mg/kg)	维生素 B_2 Riboflavin (mg/kg)	泛酸 Pantothenic acid (mg/kg)	烟酸 Niacin (mg/kg)	维生素 B_6 Pyridoxine (mg/kg)	生物素 Biotin (mg/kg)	叶酸 Folic acid (mg/kg)	胆碱 Choline (mg/kg)	维生素 B_{12} (mg/kg)
6832	谷氨酸发酵副产品(干)	91.5	—	—	—	—	—	3.9	34.3	47.2	68	10.9	0.25	2.10	—	0.01
6892	豆腐渣(干)	91.4	—	—	—	—	—	0.6	0.2	—	2	—	—	—	—	—
7251	大米胚芽	89.9	—	—	—	—	—	—	—	—	—	—	—	—	—	—
7261	小麦胚芽	87.2	—	—	—	—	—	21.0	6.0	—	70	—	—	—	—	—
7491	棉籽粕	88.5	—	—	—	16	—	7.1	5.5	15.3	43	7.0	0.11	2.51	3100	—
7501	菜籽粕	88.2	—	—	—	54	—	1.8	3.8	9.2	160	15.5	1.34	0.95	6700	—
7511	花生粕	91.1	—	—	—	3	—	7.9	12.0	57.6	185	10.9	0.42	0.39	2200	—
7521	亚麻籽粕	88.4	—	—	—	—	—	10.4	3.2	13.4	33	9.3	0.66	0.34	1300	0.02
7522	亚麻籽粕(压榨)	88.1	0	—	—	9	—	5.6	3.8	19.6	39	6.1	0.36	3.19	2000	—
7531	芝麻粕	91.5	—	—	—	—	—	3.1	4.0	6.9	32	13.4	—	—	1600	—
7541	椰子粕	87.1	—	—	—	—	—	1.0	3.9	7.2	26	4.8	—	0.33	1200	—
7542	椰子粕(压榨)	88.0	—	—	—	—	—	0.8	3.3	7.1	27	—	—	1.40	1000	—
7551	葵花粕	89.8	—	—	—	12	—	—	3.3	10.8	237	17.2	—	—	3100	—
7561	红花粕	91.5	—	—	—	1	—	—	2.6	56.5	14	—	—	—	1600	—
7571	去壳红花籽粕	89.6	—	—	—	1	—	5.1	2.7	43.3	24	13.0	1.90	1.80	3600	—
7611	玉米胚芽粕	88.3	—	—	—	94	—	1.1	4.4	4.4	38	—	3.23	0.22	1900	—
7771	玉米蛋白粉(60%粗蛋白质)	90.1	—	0	—	46	—	0.2	1.6	11.3	55	8.8	0.16	0.22	400	0.05
8011	白鱼粉	92.8	—	—	—	10	—	2.0	9.8	9.6	76	3.6	0.09	0.22	9700	0.11
8012	鱼粉(65%CP)	92.4	—	71300	—	—	—	2.8	5.8	9.3	82	2.3	1.30	0.90	5600	0.21
8013	鱼粉(60%CP)	92.6	—	3800	—	—	—	1.1	8.3	10.6	99	6.2	1.19	0.87	5100	0.20

续表2-7-5

饲料编号	饲料名称	干物质 DM (%)	总胡萝卜素 Total carotene (mg/kg)	维生素 A (IU/kg)	维生素 D (IU/kg)	维生素 E (mg/kg)	维生素 K (mg/kg)	维生素 B_1 Thiamin (mg/kg)	维生素 B_2 Riboflavin (mg/kg)	泛酸 Pantothenic acid (mg/kg)	烟酸 Niacin (mg/kg)	维生素 B_6 Pyridoxine (mg/kg)	生物素 Biotin (mg/kg)	叶酸 Folic acid (mg/kg)	胆碱 Choline (mg/kg)	维生素 B_{12} (mg/kg)
8014	鱼粉(55%CP)	91.6	—	—	—	—	—	0.4	9.1	12.0	133	—	—	—	3000	0.26
8015	鱼粉(50%CP)	91.9	—	5900	—	—	—	1.0	6.8	8.5	89	—	—	—	3800	0.39
8021	鱼汁	49.0	—	—	—	—	—	10.8	28.4	69.4	331	24.0	0.39	—	7900	1.31
8031	鱼汁吸附饲料(55%CP)	92.2	—	—	—	—	—	2.6	27.3	30.9	171	19.1	0.23	—	3400	0.61
8061	磷虾粉	91.0	—	23300	—	—	—	2.5	4.4	—	—	—	—	—	3500	—
8071	磷虾壳粉	94.8	—	10100	—	—	—	5.7	4.6	—	—	—	—	—	—	—
8171	血粉	90.4	—	—	—	0	—	0.4	1.6	1.2	35	4.8	0.09	0.11	800	0.05
8251	羽毛粉	92.3	—	0	—	15	—	0.0	1.3	5.5	23	0.3	0.22	0.61	300	0.16
8261	家禽副产品粉	95.9	—	600	—	—	—	0.0	7.5	14.7	107	—	—	—	1800	0.22
8351	蚕蛹粉	90.6	—	—	—	900	—	13.5	72.0	—	—	—	—	—	—	0.45
8401	全脂牛奶	12.3	1	8800	—	—	—	3.5	13.2	68.0	9	—	—	—	7300	—
8402	全脂牛奶粉	97.0	2	—	400	—	—	2.6	11.3	—	8	—	—	—	—	—
8411	脱脂牛奶	8.5	—	—	—	—	—	4.7	17.6	—	12	—	—	—	—	—
8412	脱脂牛奶粉	95.6	—	300	—	10	—	3.7	21.4	35.9	12	4.2	0.35	0.66	1500	0.04
8452	酪蛋白	91.2	—	—	—	—	—	0.0	0.0	—	0	—	—	—	—	—
8751	啤酒酵母(饲料级)	92.5	0	—	—	0	—	98.6	37.6	118.0	481	46.6	1.04	10.40	4200	—
8761	面包酵母(饲料级)	94.5	—	—	—	—	—	3.4	23.9	—	—	1.0	—	—	—	0.02
8771	圆酵母(饲料级)	91.6	—	—	—	—	—	6.6	48.0	73.2	540	31.7	1.16	25.00	3100	0.02
8781	圆酵母(核酸提取后,饲料级)	91.9	—	—	—	159	—	6.1	3.5	9.9	18	0.2	2.30	0.27	4700	—

6.饲料粗蛋白质瘤胃降解参数

表 2-7-6　饲料粗蛋白质瘤胃降解参数

饲料编号	饲料名称	分解			分解性粗蛋白质 CPd(CP 中%)	非分解性粗蛋白质 CPu(CP 中%)
		a(CP 中%)	b(CP 中%)	Kd(%/h)*		
5821	棉籽	43	50	12	81	19
5822	棉籽(热处理)	23	70	6	67	33
6331	玉米蛋白饲料	52	43	7	81	19
6370	酱油粕	67	27	9	86	14
6491	啤酒糟(湿)	24	65	6	66	34
6492	啤酒糟(干)	10	67	5	49	51
6510	清酒糟	24	64	5	62	38
6521	麦芽	50	42	7	77	23
6540	大麦酒糟	17	69	7	63	37
6890	豆腐渣	21	78	6	70	30
7491	棉籽粕	30	64	7	72	28
7501	菜籽粕	26	65	13	78	22
7504	菜籽粕(热处理)	14	74	7	62	38
7511	花生粕	28	72	10	81	19
7521	亚麻籽粕	22	71	8	71	29
7523	亚麻籽粕(热处理)	12	79	5	59	41
7541	椰子粕	21	74	5	66	34
7551	葵花粕	31	62	20	83	17
7552	葵花粕(热处理)	34	35	5	54	46
7561	红花粕	18	66	9	64	36
7771	玉米蛋白粉(60%粗蛋白质)	7	69	3	38	62
8661	尿素	100	0	0	100	0
9291	棉籽仁	25	51	8	61	39

注:a 为可溶解组分,b 为潜在降解组分,Kd 为潜在降解组分 b 的降解速度。*原文为“Kd(%/时间)”,编者推测应为“kd(%/h),h 为小时”。

7. 非结构性碳水化合物(NCWFE)及其他纤维含量

表 2-7-7 NCWFE(Nitrogen cell wall free extracts,非结构性碳水化合物)及其他纤维含量(干物质基础) %

饲料编号	饲料名称	非结构性碳水化合物 NCWFE	中性洗涤纤维 NDF	酸性洗涤纤维 ADF	粗纤维
5821	棉籽	11.1	45.4	34.9	25.8
6331	玉米蛋白饲料	35.6	37.8	11.8	9.2
6372	酱油渣饼(干)	6.8	34.5	24.7	14.5
6492	啤酒糟(干)	6.0	67.3	25.9	16.4
6892	豆腐渣(干)	11.2	31.3	18.4	16.1
7491	棉籽粕	14.0	36.3	25.9	15.6
7501	菜籽粕	19.0	33.2	22.1	11.1
7511	花生粕	20.7	17.1	14.2	10.6
7521	亚麻籽粕	20.6	24.4	16.2	8.8
7541	椰子粕	32.7	48.6	24.8	10.7

8. 酵素法划分纤维及中性纤维、酸性洗涤纤维含量

表 2-7-8 酵素法划分纤维及中性纤维、酸性洗涤纤维含量(干物质基础,括号内为标准差) %

饲料编号	饲料名称	OCW	Oa	Ob	NDF	ADF
5821	棉籽	53.2(4.0)	6.3	46.9(3.7)	45.4	37.8(3.4)
6331	玉米蛋白饲料	35.6	2.7	33.0	40.3	10.0
6370	酱油粕	41.5(7.2)	11.5	30.0(6.1)	32.5(6.5)	25.8(7.0)
6470	啤酒糟	55.6(5.4)	10.6	39.0(4.1)	65.2(5.2)	19.9(2.2)
6511	清酒糟	66.5(7.8)	10.3	56.2(7.4)	50.6(7.9)	41.3(7.6)
6541	大麦酒糟(湿)	66.5(5.7)	23.7	42.8(4.4)	65.0(5.9)	25.1(2.7
6542	大麦酒糟(干)	56.3(7.4)	11.1	35.2(7.8)	47.8(10.2)	22.1(5.5)
6544	大麦酒糟可溶物(湿)	3	0.7	2.3	9.6	5.6

续表2-7-8

饲料编号	饲料名称	OCW	Oa	Ob	NDF	ADF
6890	豆腐渣	48.5(8.0)	16.5	32.0(6.1)	33.1(9.1)	22.1(4.3)
7121	红豆粕(湿)	79.7(9.5)	51.8	27.9(12.5)	74.4(5.7)	51.0(7.4)
7131	白豆粕(湿)	80.7(8.9)	56.7	15.0(16.4)	72.8(5.6)	54.0(10.0)
7491	棉籽粕	48.9	15.0	33.9	31.6	23.4
7501	菜籽粕	30.4	3.4	27.0	27.9	19.8
7521	亚麻籽粕	31	6.0	25.1	23.8	15.1
7611	玉米胚芽粕	64.3	43.4	20.9	60.8	14.8
7771	玉米蛋白粉(60%粗蛋白质)	18.3	0.0	18.3	10.2	7.0

注:OCW 为 Organic cell wall,总纤维,细胞壁物质;Oa 为 High digestible fiber,Organic a fraction,高消化性纤维;Ob 为 Low digestible fiber,Organic b fraction,低消化性纤维;OCW = Oa + Ob;NDF(中性洗涤纤维)和 ADF(酸性洗涤纤维)为实测值。

9.硒含量

表 2-7-9 硒含量(干物质基础)

mg/kg

饲料编号	饲料名称	样本数	平均值	标准偏差	最小值	最大值
5820	棉籽	6	0.12	0.05	0.05	0.16
6330	玉米蛋白饲料	10	0.26	0.15	0.05	0.47
6370	酱油渣	4	0.31	0.18	0.16	0.55
6490	啤酒糟	6	0.36	0.17	0.15	0.61
6540	大麦酒糟	2	0.00		0.00	0.00
6543	大麦酒糟可溶物	2	0.30		0.30	0.30
6890	豆腐渣	4	0.07	0.05	0.02	0.14
7500	菜籽粕	13	1.89	0.29	1.53	2.62
7520	亚麻籽粕	2	1.61		1.06	2.17
7530	芝麻粕	2	0.42		0.21	0.62
7770	玉米胚芽粕	10	0.74	0.65	0.11	1.89
8010	鱼粉	23	3.64	1.22	1.80	7.74

10. 非植酸磷含量

表 2-7-10 非植酸磷含量(干物质基础)

%

饲料编号	饲料名称	总磷	总磷中非植酸磷含量	饲料中非植酸磷含量
7491	棉籽粕	1.11	26	0.29
7501	菜籽粕	1.26	32	0.40
7511	花生粕	0.62	43	0.27
7531	芝麻粕	1.33	33	0.44
7551	葵花粕	0.90	15	0.14
7771	玉米蛋白粉(60%CP)	0.38	38	0.14
9161	蒸汽骨粉	12.86	100	12.86

11. 猪回肠末端真氨基酸消化率

表 2-7-11 猪回肠末端真氨基酸消化率

%

饲料编号	饲料名称	精氨酸	甘氨酸	组氨酸	异亮氨酸	亮氨酸	赖氨酸	蛋氨酸	蛋氨酸+胱氨酸	苯丙氨酸	酪氨酸	苏氨酸	色氨酸	缬氨酸	丝氨酸	丙氨酸	天冬氨酸	谷氨酸
		Arg	Gly	His	Ile	Leu	Lys	Met	Met+Cys	Phe	Tyr	Thr	Trp	Val	Ser	Ala	Asp	Glu
6191	小麦面筋	78	—	78	83	79	81	82	79	78	—	77	82	78	—	—	—	—
6331	玉米蛋白饲料	85	—	76	80	85	65	81	69	84	—	72	66	77	—	—	—	—
7491	棉籽粕	92	93	81	79	79	70	80	79	86	81	76	82	83	79	76	77	86
7501	菜籽粕	84	85	80	75	77	74	81	75	77	—	71	71	72	77	82	86	87
7511	花生粕	94	—	83	88	87	81	85	81	92	—	83	86	87	—	—	—	—
7521	亚麻籽粕	78	—	81	81	80	82	85	85	80	—	79	84	82	—	—	—	—
7531	芝麻粕	92	—	89	92	91	88	84	89	90	—	87	90	91	—	—	—	—
7551	葵花粕	92	—	82	83	81	79	88	83	82	—	80	83	81	—	—	—	—
7611	玉米胚芽粕	85	—	76	80	85	65	81	69	84	—	72	66	77	—	—	—	—
7771	玉米蛋白粉(60%CP)	93	—	86	89	91	87	97	93	91	—	90	86	88	—	—	—	—

续表2-7-11

饲料编号	饲料名称	精氨酸 Arg	甘氨酸 Gly	组氨酸 His	异亮氨酸 Ile	亮氨酸 Leu	赖氨酸 Lys	蛋氨酸 Met	蛋氨酸+胱氨酸 Met+Cys	苯丙氨酸 Phe	酪氨酸 Tyr	苏氨酸 Thr	色氨酸 Trp	缬氨酸 Val	丝氨酸 Ser	丙氨酸 Ala	天冬氨酸 Asp	谷氨酸 Glu
7851	马铃薯蛋白	93	—	87	89	91	90	91	82	90	—	86	80	88	—	—	—	—
8010	鱼粉	92	98	87	90	90	89	89	85	87	96	88	86	89	94	96	94	96
8171	血粉	95	—	95	75	73	94	88	88	92	—	89	91	93	—	—	—	—
8251	鱼汁	80	80	63	80	76	49	58	63	81	77	69	56	78	80	80	57	76
8412	脱脂牛奶粉	97	—	98	89	96	97	97	96	98	—	93	91	90	—	—	—	—
8452	酪蛋白	100	100	99	94	99	100	97	—	100	100	96	—	96	92	99	97	95

12.鸡饲料氨基酸真消化率

表 2-7-12 鸡饲料氨基酸真消化率(TME 法测定) %

饲料编号	饲料名称	精氨酸 Arg	甘氨酸 Gly	组氨酸 His	异亮氨酸 Ile	亮氨酸 Leu	赖氨酸 Lys	蛋氨酸 Met	蛋氨酸+胱氨酸 Met+Cys	苯丙氨酸 Phe	酪氨酸 Tyr	苏氨酸 Thr	色氨酸 Trp	缬氨酸 Val	丝氨酸 Ser	丙氨酸 Ala	天冬氨酸 Asp	谷氨酸 Glu
6331	玉米蛋白饲料	90	85	86	88	91	79	90	74	89	88	80	72	87	86	89	91	82
7491	棉籽粕	80	75	82	68	75	91	71	63	83	78	71	75	74	76	73	77	80
7501	菜籽粕	87	82	88	81	85	77	86	74	85	79	77	84	79	79	80	82	79
7511	花生粕	85	86	91	85	89	78	84	75	92	90	83	85	87	87	89	89	80
7531	芝麻粕	75	56	66	66	67	25	71	62	59	73	54	63	65	62	64	59	50
7541	椰子粕	83	74	75	75	81	43	85	62	84	78	68	51	80	74	79	77	77
7771	玉米蛋白粉(60%CP)	96	96	97	95	98	93	98	94	98	97	93	95	96	96	97	98	95
8010	鱼粉	90	90	92	90	92	91	93	84	88	89	90	91	91	89	90	90	89
8011	白鱼粉	91	94	93	95	96	93	94	89	95	95	93	95	95	94	92	95	93
8251	羽毛粉	81	72	67	85	81	63	71	55	82	78	69	72	79	76	70	79	50
8261	家禽处理副产物	87	88	88	89	90	88	91	71	90	90	88	88	88	87	88	89	87
4490	银合欢叶粉	79	74	69	77	77	69	74	52	76	78	73	70	78	72	76	78	78

13. 亚油酸含量

表 2-7-13 亚油酸含量(干物质基础)

%

饲料编号	饲料名称	饲料中亚油酸含量
7491	棉籽粕	0.56
7511	花生粕	0.24
7522	亚麻仁粕(压榨)	1.15
7771	玉米蛋白粉(60%粗蛋白质)	1.64
8016	鱼粉	0.10
8021	鱼汁	0.33
8041	蟹粉	0.69
8251	羽毛粉	0.62
8261	鸡肉粉	1.97
8412	脱脂牛奶粉	0.00
8751	啤酒酵母(饲料级)	0.04

14. 叶黄素含量

表 2-7-14 叶黄素含量(干物质基础)

饲料编号	饲料名称	叶黄素含量(mg/kg)
6331	玉米蛋白饲料	42
7522	亚麻仁粕	2
7771	玉米蛋白粉(CP 60%)	326
8281	产蛋鸡全屠体肉粉	31
9511	辣椒	795

2.8 韩国资料

2.8.1 IN K. Han, et al. 1982. Korean Tables of Feed Composition(韩国饲料成分表)[27]

1. 常规成分及有效能值

表 2-8-1 常规成分及有效能值

名称及描述	国际饲料编号 IFN	常规成分						可消化粗蛋白质				牛有效能值						山羊有效能值			绵羊有效能值			猪有效能值			鸡有效能值		
		干物质 DM	粗脂肪 EE	无氮浸出物 NFE	粗纤维 CF	粗灰分 Ash	粗蛋白质 CP	牛	山羊	绵羊	猪	消化能 DE	代谢能 ME	维持净能 NEm	增重净能 NEg	产奶净能 NEl	总可消化养分 TDN	消化能 DE	代谢能 ME	总可消化养分 TDN	消化能 DE	代谢能 ME	总可消化养分 TDN	消化能 DE	代谢能 ME	总可消化养分 TDN	氮校正代谢能 MEn	生产净能 NEp	真代谢能 TME
		%	%	%	%	%	%	%	%	%	%	Mcal/kg					%	Mcal/kg		%	Mcal/kg		%	kcal/kg		%	kcal/kg		
家禽孵化场副产品粉，蒸过 Poultry, hatchery by-product, meal boiled	5-03-796	90	11.4^{+}	17.4^{*}	1.5^{*}	33.7^{+}	26.0^{+}	—	—	—	—	2.14^{*}	1.76^{*}	0.92^{*}	0.50^{*}	1.08^{*}	49^{*}	$2.14^{\#}$	$1.76^{\#}$	$49^{\#}$	2.14^{*}	1.76^{*}	49^{*}	—	—	—	1694^{+}	—	—
		100	12.7^{+}	19.3^{*}	1.7^{*}	37.4^{+}	28.9^{+}	—	—	—	—	2.38^{*}	1.95^{*}	1.11^{*}	0.55^{*}	1.20^{*}	54^{*}	$2.38^{\#}$	$1.95^{\#}$	$54^{\#}$	2.38^{*}	1.95^{*}	54^{*}	—	—	—	1882^{+}	—	—
家禽羽毛粉，水解 Poultry, feathers, meal hydrolyzed	5-03-795	92	3.2	3.0	2.3	8.1	74.9	—	$59.2^{\#}$	59.2	60.8^{+}	2.83^{*}	2.44^{*}	1.45^{*}	0.89^{*}	1.46^{*}	64^{*}	$2.68^{\#}$	$2.30^{\#}$	$61^{\#}$	2.68^{*}	2.30^{*}	61	2687^{+}	2180^{+}	61^{+}	1491	1497^{+}	3878^{+}
		100	3.5	3.2	2.5	8.8	81.9	—	$64.7^{\#}$	64.7	66.5^{+}	3.09^{*}	2.67^{*}	1.64^{*}	0.97^{*}	1.60^{*}	70^{*}	$2.93^{\#}$	$2.51^{\#}$	$67^{\#}$	2.93^{*}	2.51^{*}	67	2936^{+}	2382^{+}	67^{+}	1629	1636^{+}	4238^{+}
菜豆种子 Bean, kidney, seeds	5-00-600	87	2.5	53.0	4.6	3.3	24.0	—	$14.4^{\#}$	14.4^{+}	—	3.18^{*}	2.82^{*}	1.70^{*}	1.19^{*}	1.66^{*}	72^{*}	$3.44^{\#}$	$3.08^{\#}$	$78^{\#}$	3.44^{*}	3.08^{*}	78^{*}	—	—	—	—	—	—
		100	2.9	60.7	5.2	3.7	27.5	—	$16.5^{\#}$	16.5^{+}	—	3.64^{*}	3.23^{*}	2.02^{*}	1.36^{*}	1.90^{*}	83^{*}	$3.94^{\#}$	$3.53^{\#}$	$89^{\#}$	3.94^{*}	3.53^{*}	89^{*}	—	—	—	—	—	—
辣椒种子粕，机械压榨 Pepper, tabasco, seeds, meal mechanical extracted	5-06-696	90	5.1	28.6	27.8	6.4	21.9	—	$7.7^{\#}$	7.7	—	2.14^{*}	1.75^{*}	0.92^{*}	0.49^{*}	1.08^{*}	48^{*}	$2.02^{\#}$	$1.64^{\#}$	$46^{\#}$	2.02^{*}	1.64^{*}	46	—	—	—	—	—	—
		100	5.6	31.9	31.0	7.1	24.4	—	$8.5^{\#}$	8.5	—	2.38^{*}	1.96^{*}	1.11^{*}	0.55^{*}	1.20^{*}	54^{*}	$2.25^{\#}$	$1.82^{\#}$	$51^{\#}$	2.25^{*}	1.82^{*}	51	—	—	—	—	—	—
辣椒种子粕，溶剂浸提 Pepper, tabasco, seeds, meal solvent extracted	5-06-697	90	1.9	29.5	29.6	5.4	23.1	—	$8.1^{\#}$	8.1	—	1.93^{*}	1.54^{*}	0.74^{*}	0.34^{*}	0.96^{*}	44^{*}	$2.14^{\#}$	$1.76^{\#}$	$48^{\#}$	2.14^{*}	1.76^{*}	48	—	—	—	—	—	—
		100	2.1	33.0	33.0	6.0	25.8	—	$9.0^{\#}$	9.0	—	2.15^{*}	1.72^{*}	0.92^{*}	0.38^{*}	1.08^{*}	49^{*}	$2.39^{\#}$	$1.96^{\#}$	$54^{\#}$	2.39^{*}	1.96^{*}	54						
蚕蛹，脱水 Silkworm, pupae, dehydrated	5-11-787	90	26.0	3.5	4.9	3.8	52.0	—	—	—	—	4.39^{*}	4.03^{*}	2.51^{*}	1.82^{*}	2.33^{*}	100^{*}	$4.24^{\#}$	$3.87^{\#}$	$96^{\#}$	4.24^{*}	3.87^{*}	96^{*}	—	—	—	—	—	—
		100	28.8	3.9	5.5	4.3	57.6	—	—	—	—	4.86^{*}	4.46^{*}	2.81^{*}	2.02^{*}	2.58^{*}	110^{*}	$4.70^{\#}$	$4.29^{\#}$	$106^{\#}$	4.70^{*}	4.29^{*}	106^{*}	—	—	—	—	—	—

续表2-8-1

名称及描述	国际饲料编号 IFN	常规成分 干物质 DM	粗脂肪 EE	无氮浸出物 NFE	粗纤维 CF	粗灰分 Ash	粗蛋白质 CP	可消化粗蛋白质 牛	山羊	绵羊	猪	牛有效能值 消化能 DE	代谢能 ME	维持净能 NEm	增重净能 NEg	产奶净能 NEl	总可消化养分 TDN	山羊有效能值 消化能 DE	代谢能 ME	总可消化养分 TDN	绵羊有效能值 消化能 DE	代谢能 ME	总可消化养分 TDN	猪有效能值 消化能 DE	代谢能 ME	总可消化养分 TDN	鸡有效能值 氮校正代谢能 MEn	生产净能 NEp	真代谢能 TME
		%	%	%	%	%	%	%	%	%	%	Mcal/kg					%	Mcal/kg		%	Mcal/kg		%	kcal/kg		%	kcal/kg		
蚕蛹，溶剂浸提 Silkworm，pupae，solvent extracted	5-20-950	87	1.2	10.4	6.1	6.3	62.9	—	—	—	—	3.13*	2.77*	1.66*	1.17*	1.64*	71*	3.02#	2.66#	69#	3.02*	2.66*	69*	—	—	—	—	—	—
		100	1.4	12.0	7.0	7.3	72.4	—	—	—	—	3.61*	3.19*	2.00*	1.34*	1.88*	82*	3.48#	3.07#	79#	3.48*	3.07*	79*	—	—	—	—	—	—
蚕蛹粪 Silkworm，manure	5-25-496	87	2.2	40.6	13.8	19.2	11.4	—	—	—	—	2.33*	1.96*	1.07*	0.66*	1.19*	53*	2.09#	1.72#	47#	2.09*	1.72*	47*	—	—	—	—	—	—
		100	2.5	46.6	15.8	22.0	13.1	—	—	—	—	2.67*	2.25*	1.33*	0.75*	1.37*	61*	2.40#	1.97#	54#	2.40*	1.97*	54*	—	—	—	—	—	—
鸡内脏粉 Chicken，viscera，meal	5-06-703	83	30.3	0.2	4.4	6.6	42.0	—	—	—	—	4.25*	3.91*	2.42*	1.78*	2.26*	96*	3.97#	3.63#	90#	3.97*	3.63*	90*	—	—	—	—	—	—
		100	36.3	0.2	5.3	7.9	50.4	—	—	—	—	5.09*	4.69*	2.96*	2.13*	2.71*	115*	4.75#	4.35#	108#	4.75*	4.35*	108*	—	—	—	—	—	—
鸡粪，脱水 Chicken，hens，manure，dehydrated	5-06-648	92	1.3	31.7	11.8	25.4	22.2	—	—	—	—	2.51*	2.12*	1.21*	0.73*	1.28*	57*	1.97#	1.58#	45#	1.97*	1.58*	45*	—	—	—	—	—	—
		100	1.4	34.2	12.8	27.5	24.0	—	—	—	—	2.72*	2.29*	1.37*	0.78*	1.39*	62*	2.14#	1.71#	48#	2.14*	1.71*	48*	—	—	—	—	—	—
猪粪，脱水 Swine，manure，dehydrated	5-06-790	90	3.6	32.3	15.1	24.2	14.4	9.6*	10.7*	10.7*	—	2.42*	2.04*	1.14*	0.69*	1.24*	55*	1.89#	1.60#	45#	1.89*	1.60*	45*	1037*	962*	24*	—	—	—
		100	4.0	36.1	16.8	27.0	16.0	10.7*	11.9*	11.9*	—	2.70*	2.27*	1.35*	0.77*	1.38*	61*	2.21#	1.78#	50#	2.21*	1.78*	50*	1158*	1074*	26*	—	—	—
猪粪，湿 Swine，manure，wet	5-07-121	40	4.3+	11.6+	6.0+	6.8+	11.4+	8.8ε	9.3ε	9.4ε	—	1.21ε	1.04ε	0.67ε	0.40ε	0.63ε	27ε	1.07#	0.90#	24#	1.07ε	0.90ε	24ε	1079ε	974ε	24ε	—	—	—
		100	10.7+	29.0+	15.1+	16.9+	28.4+	22.1ε	23.2ε	23.3ε	—	3.03ε	2.61ε	1.66ε	0.99ε	1.56ε	69ε	2.67#	2.24#	60#	2.67ε	2.24ε	60ε	2699ε	2436ε	61ε	—	—	—
动物皮革粉，酸水解，脱脂 Animal，skin splits，meal acid hydrolyzed rendered	5-07-182	87	1.1	0.7	0.7	2.6	81.5	—	—	—	—	3.54*	3.19*	1.95*	1.40*	1.86*	80*	3.42#	3.07#	78#	3.42*	3.07*	78*	—	—	—	—	—	—
		100	1.3	0.8	0.8	3.0	94.1	—	—	—	—	4.09*	3.68*	2.32*	1.61*	2.15*	93*	3.95#	3.54#	90#	3.95*	3.54*	90*	—	—	—	—	—	—

续表2-8-1

名称及描述	国际饲料编号 IFN	常规成分						可消化粗蛋白质				牛有效能值						山羊有效能值			绵羊有效能值			猪有效能值			鸡有效能值		
		干物质 DM	粗脂肪 EE	无氮浸出物 NFE	粗纤维 CF	粗灰分 Ash	粗蛋白质 CP	牛	山羊	绵羊	猪	消化能 DE	代谢能 ME	维持净能 NEm	增重净能 NEg	产奶净能 NE1	总可消化养分 TDN	消化能 DE	代谢能 ME	总可消化养分 TDN	消化能 DE	代谢能 ME	总可消化养分 TDN	消化能 DE	代谢能 ME	总可消化养分 TDN	氮校正代谢能 MEn	生产净能 NEp	真代谢能 TME
		%	%	%	%	%	%	%	%	%	%	Mcal/kg					%	Mcal/kg		%	Mcal/kg		%	kcal/kg		%	kcal/kg		
动物皮肉渣,酸水解,脱脂 Animal, skin fleshings, acid hydrolyzed wet rendered	5-08-094	90	3.4	0.6	1.4	10.2	74.6	—	—	—	—	3.56*	3.19*	1.96*	1.39*	1.87*	81*	3.18#	2.81#	72#	3.18*	2.81*	72*	—	—	—	—	—	—
		100	3.7	0.6	1.6	11.3	82.7	—	—	—	—	3.94*	3.53*	2.22*	1.54*	2.07*	89*	3.53#	3.11#	80#	3.53*	3.11*	80*	—	—	—	—	—	—
动物肉骨粉,脱脂 Animal, meat with bone, meal rendered	5-00-388	94	11.4	1.4+	4.9	37.7	43.1	46.2+	—	—	43.6+	2.97*	2.57*	1.55*	1.11*	1.53*	67*	2.97#	2.57#	67#	2.97*	2.57*	67*	2273+	2167+	68+	2092+	1714+	—
		100	12.2	1.5+	5.3	40.3	46.1	49.3+	—	—	46.6+	3.17*	2.75*	1.69*	1.19*	1.64*	72*	3.17#	2.75#	72#	3.17*	2.75*	72*	2430+	2317+	73+	2236+	1832+	—
动物肉骨粉,脱脂,粗蛋白质45% Animal, meat with bone, meal rendered, 45% protein	5-09-321	94	11.3	3.7	3.3	28.9	46.4	—	—	—	—	2.81*	2.42*	1.43*	0.99*	1.45*	64*	2.81#	2.42#	64#	2.81*	2.42*	64*	2022ε	1735+	—	1891+	1450+	—
		100	12.0	4.0	3.6	30.9	49.5	—	—	—	—	3.00*	2.58*	1.57*	1.06*	1.55*	68*	3.00#	2.58#	68#	3.00*	2.58*	68*	2159ε	1853+	—	2019+	1548+	—
动物肉骨粉,脱脂,粗蛋白质50% Animal, meat with bone, meal rendered, 50% protein	5-09-322	93	10.3	1.5+	2.1	30.6	50.1	—	—	—	44.3+	2.86*	2.47*	1.47*	1.05*	1.48*	65*	2.86#	2.47#	65#	2.86*	2.47*	65*	2822+	2042+	64+	1954+	1617+	2866+
		100	11.1	1.6+	2.3	33.1	54.2	—	—	—	47.8+	3.09*	2.67*	1.64*	1.13*	1.60*	70*	3.09#	2.67#	70#	3.09*	2.67*	70*	3049+	2206+	69+	2111+	1747+	3096+
动物肉骨粉,脱脂,粗蛋白质55% Animal, meat with bone, meal rendered, 55% protein	5-06-631	93	13.6	0.2	0.6	22.8	55.5	—	—	—	—	3.06*	2.68*	1.61*	1.20*	1.59*	69*	3.06#	2.68#	69#	3.06*	2.68*	69*	—	—	—	—	—	—
		100	14.7	0.2	0.6	24.5	60.0	—	—	—	—	3.31*	2.89*	1.79*	1.30*	1.72*	75*	3.31#	2.89#	75#	3.31*	2.89*	75*	—	—	—	—	—	—
动物肉粉,脱脂,粗蛋白质60.1%~65%,粗脂肪<10% Animal, meat, meal rendered, 60.1%~65% protein less than 10% fat	5-06-627	91	9.5	6.2	1.4	9.2	64.6	—	—	—	—	3.83*	3.46*	2.15*	1.53*	2.02*	87*	3.51#	3.14#	80#	3.51*	3.14*	80*	—	—	—	—	—	—
		100	10.5	6.8	1.6	10.1	71.0	—	—	—	—	4.21*	3.80*	2.40*	1.68*	2.22*	95*	3.86#	3.45#	88#	3.86*	3.45*	88*	—	—	—	—	—	—

续表2-8-1

名称及描述	国际饲料编号 IFN	常规成分 干物质 DM	常规成分 粗脂肪 EE	常规成分 无氮浸出物 NFE	常规成分 粗纤维 CF	常规成分 粗灰分 Ash	常规成分 粗蛋白质 CP	可消化粗蛋白质 牛	可消化粗蛋白质 山羊	可消化粗蛋白质 绵羊	可消化粗蛋白质 猪	牛有效能值 消化能 DE	牛有效能值 代谢能 ME	牛有效能值 维持净能 NEm	牛有效能值 增重净能 NEg	牛有效能值 产奶净能 NEl	牛有效能值 总可消化养分 TDN	山羊有效能值 消化能 DE	山羊有效能值 代谢能 ME	山羊有效能值 总可消化养分 TDN	绵羊有效能值 消化能 DE	绵羊有效能值 代谢能 ME	绵羊有效能值 总可消化养分 TDN	猪有效能值 消化能 DE	猪有效能值 代谢能 ME	猪有效能值 总可消化养分 TDN	鸡有效能值 氮校正代谢能 MEn	鸡有效能值 生产净能 NEp	鸡有效能值 真代谢能 TME
		%	%	%	%	%	%	%	%	%	%	Mcal/kg	Mcal/kg	Mcal/kg	Mcal/kg	Mcal/kg	%	Mcal/kg	Mcal/kg	%	Mcal/kg	Mcal/kg	%	kcal/kg	kcal/kg	%	kcal/kg	kcal/kg	kcal/kg
动物肉粉，脱脂，粗蛋白质 60.1%～65%，粗脂肪 >10% Animal, meat, meal rendered, 60.1%～65% protein more than 10% fat	5-06-628	89	14.2	0.2	1.0	9.8	64.0	—	—	—	—	3.61*	3.61*	2.00*	1.61*	1.90*	82*	3.61#	3.25#	82#	3.61*	3.25*	82*	—	—	—	—	—	—
		100	16.0	0.2	1.1	11.0	71.7	—	—	—	—	4.06*	3.65*	2.30*	1.81*	2.13*	92*	4.06#	3.65#	92#	4.06*	3.65*	92*	—	—	—	—	—	—
动物肉粉，脱脂，粗蛋白质 60.1%～65%，粗脂肪 <10% Animal, meat, meal rendered, 65.1%～70% protein more than 10% fat	5-06-630	95	11.0	11.3	1.0	3.9	67.4	—	—	—	—	4.17*	3.78*	2.37*	1.69*	2.20*	94*	4.05#	3.66#	92#	4.05*	3.66*	92*	—	—	—	—	—	—
		100	11.6	11.9	1.1	4.1	71.2	—	—	—	—	4.40*	4.00*	2.52*	1.78*	2.33*	100*	4.28#	3.87#	97#	4.28*	3.87*	97*	—	—	—	—	—	—
动物肉粉，脱脂，粗蛋白质 70% Animal, meat, meal rendered, 70% protein	5-27-530	91	6.8	2.7	2.4	8.2	70.9	—	—	—	—	3.66*	3.29*	2.03*	1.44*	1.93*	83*	3.26#	2.89#	74#	3.26*	2.89*	74*	—	—	—	—	—	—
		100	7.5	3.0	2.6	9.0	77.9	—	—	—	—	4.02*	3.61*	2.27*	1.58*	2.12*	91*	3.58#	3.17#	81#	3.58*	3.17*	81*	—	—	—	—	—	—
动物血粉 Animal, blood, meal	5-00-380	89	0.4	0.0	1.0	3.4	84.7	—	55.8#	55.8+	58.7+	3.60*	3.23*	1.99*	1.41*	1.89*	82*	3.45#	3.08#	78#	3.45*	3.08*	78*	2636+	2187+	60+	2770+	2130+	2308+
		100	0.4	0.0	1.1	3.8	94.6	—	62.4#	62.4+	65.6+	4.02*	3.61*	2.27*	1.58*	2.12*	91*	3.86#	3.45#	88#	3.86*	3.45*	88*	2946+	2444+	67+	3096+	2381+	2580+
动物血粉，粗蛋白质 80% Animal, blood, meal, 80% protein	5-20-970	94	0.7	0.2	1.3	4.1	87.2	—	—	—	—	3.75*	3.36*	2.09*	1.47*	1.97*	85*	3.58#	3.19#	81#	3.58*	3.19*	81*	—	—	—	—	—	—
		100	0.7	0.2	1.4	4.4	93.3	—	—	—	—	4.01*	3.60*	2.27*	1.57*	2.11*	91*	3.83#	3.41#	87#	3.83*	3.41*	87*	—	—	—	—	—	—

续表2-8-1

名称及描述	国际饲料编号 IFN	常规成分						可消化粗蛋白质				牛有效能值						山羊有效能值			绵羊有效能值			猪有效能值			鸡有效能值		
		干物质 DM	粗脂肪 EE	无氮浸出物 NFE	粗纤维 CF	粗灰分 Ash	粗蛋白质 CP	牛	山羊	绵羊	猪	消化能 DE	代谢能 ME	维持净能 NEm	增重净能 NEg	产奶净能 NE1	总可消化养分 TDN	消化能 DE	代谢能 ME	总可消化养分 TDN	消化能 DE	代谢能 ME	总可消化养分 TDN	消化能 DE	代谢能 ME	总可消化养分 TDN	氮校正代谢能 MEn	生产净能 NEp	真代谢能 TME
		%	%	%	%	%	%	%	%	%	%	Mcal/kg					%	Mcal/kg		%	Mcal/kg		%	kcal/kg		%	kcal/kg		
紫苏籽粕,机械压榨 Perilla, common, seeds, meal mechanical extracted	5-03-690	88	7.0	19.4	18.1	8.2	35.7	—	31.1#	31.1	—	2.69*	2.31*	1.34*	0.88*	1.39*	61*	3.08#	2.71#	70#	3.08*	2.71*	70	—	—	—	—	—	—
		100	8.0	21.9	20.5	9.3	40.4	—	35.1#	35.1	—	3.04*	2.62*	1.60*	1.00*	1.57*	69*	3.48#	3.06#	79#	3.48*	3.06*	79	—	—	—	—	—	—
紫苏籽粕,溶剂浸提 Perilla, common, seeds, meal solvent extracted	5-06-698	88	1.4	18.3	21.0	8.5	38.8	33.4	33.8#	33.8	34.5	2.82*	2.45*	1.44*	0.97*	1.46*	64	2.30#	1.93#	52#	2.30*	1.93*	52	2780*	2421*	63	1424	—	—
		100	1.6	20.8	23.9	9.6	44.1	37.9	38.3#	38.3	39.2	3.20*	2.78*	1.71*	1.10*	1.66*	73	2.62#	2.19#	59#	2.62*	2.19*	59	3158*	2750*	72	1617	—	—
去壳花生仁 Peanut, seeds without coats	5-03-657	93	47.0	15.7	6.7	2.3	21.7	—	22.8#	22.8+	—	5.22*	4.85*	3.04*	2.22*	2.79*	118*	5.17#	4.80#	117#	5.17*	4.80*	117*	—	—	—	—	—	—
		100	50.4	16.8	7.2	2.4	23.2	—	24.5#	24.5+	—	5.59*	5.20*	3.27*	2.38*	2.99*	127*	5.54#	5.15#	126#	5.54*	5.15*	126*	—	—	—	—	—	—
去壳花生饼,机械压榨 Peanut, seeds without coats, meal mechanical extracted	5-03-649	91	9.6	19.4	13.7	10.8	37.2	42.6+	43.1#	43.1+	44.5+	3.12	2.75*	1.66*	1.13*	1.62*	73	2.93#	2.55#	66#	2.93*	2.55*	66*	3085	2706*	76	2601+	1855+	—
		100	10.5	21.4	15.1	11.9	41.0	47.1+	47.6#	47.6+	49.2+	3.45	3.03*	1.90*	1.25*	1.79*	81	3.23#	2.82#	73#	3.23*	2.82*	73*	3408	2989*	84	2874+	2049+	—
去壳花生粕,溶剂浸提 Peanut, seeds without coats, meal solvent extracted	5-03-650	90	1.9	30.6	8.9	8.2	40.6	42.5+	—	—	40.1+	3.01*	2.64*	1.58*	1.07*	1.57*	68*	3.01#	2.64#	68#	3.01*	2.64*	68*	3214+	2855+	78+	2641+	1929+	—
		100	2.2	33.9	9.9	9.1	45.0	47.1+	—	—	44.4+	3.34*	2.93*	1.81*	1.19*	1.74*	76*	3.34#	2.92#	76#	3.34*	2.92*	76*	3563+	3165+	86+	2928+	2138+	—
棉籽粕,机械压榨 Cotton, seeds, meal mechanical extracted	5-01-609	89	6.9	30.0	18.1	6.5	27.6	—	20.7#	20.7	—	2.71*	2.33*	1.36*	0.89*	1.40*	61*	2.77#	2.40#	63#	2.77*	2.40*	63	—	—	—	—	—	—
		100	7.8	33.6	20.3	7.3	31.0	—	23.2#	23.2	—	3.04*	2.62*	1.60*	1.00*	1.57*	69*	3.11#	2.69#	71#	3.11*	2.69*	71	—	—	—	—	—	—
带壳棉籽饼,机械压榨,粗脂肪 4.1%~8% Cotton, seeds with some hulls, meal mechanical extracted, 4.1%~8% fat	5-25-821	92	6.3	32.2	21.0	5.6	26.8	—	—	—	—	2.65*	2.26*	1.31*	0.82*	1.36*	60*	2.89#	2.51#	66#	2.89*	2.51*	66*	—	—	—	—	—	—
		100	6.9	35.0	22.9	6.1	29.1	—	—	—	—	2.88*	2.46*	1.48*	0.90*	1.48*	65*	3.15#	2.73#	71#	3.15*	2.73*	71*	—	—	—	—	—	—

续表2-8-1

名称及描述	国际饲料编号 IFN	常规成分 干物质 DM	粗脂肪 EE	无氮浸出物 NFE	粗纤维 CF	粗灰分 Ash	粗蛋白质 CP	可消化粗蛋白质 牛	山羊	绵羊	猪	牛有效能值 消化能 DE	代谢能 ME	维持净能 NEm	增重净能 NEg	产奶净能 NEl	总可消化养分 TDN	山羊有效能值 消化能 DE	代谢能 ME	总可消化养分 TDN	绵羊有效能值 消化能 DE	代谢能 ME	总可消化养分 TDN	猪有效能值 消化能 DE	代谢能 ME	总可消化养分 TDN	鸡有效能值 氮校正代谢能 MEn	生产净能 NEp	真代谢能 TME
		%	%	%	%	%	%	%	%	%	%	Mcal/kg					%	Mcal/kg		%	Mcal/kg		%	kcal/kg		%	kcal/kg		
带壳棉籽饼，机械压榨，粗脂肪 8.1%～12% Cotton，seeds with some hulls，meal mechanical extracted，8.1%～12% fat	5-14-639	92	9.0	27.2	14.3	6.6	34.6	—	—	—	—	3.11*	2.73*	1.65*	1.12*	1.62*	71*	3.19#	2.81#	72#	3.19*	2.81*	72*	—	—	—	—	—	—
		100	9.8	29.7	15.6	7.2	37.7	—	—	—	—	3.39*	2.98*	1.85*	1.22*	1.76*	77*	3.48#	3.06#	79#	3.48*	3.06*	79*	—	—	—	—	—	—
去绒棉籽粕，溶剂浸提 Cotton，seeds without lint，meal solvent extracted	5-01-619	89	0.8	32.5	20.7	9.4	25.4	—	—	—	—	2.23*	1.86*	0.99*	0.57*	1.14*	51*	2.36#	1.98#	54#	2.36*	1.98*	54*	—	—	—	1441	1404+	—
		100	0.9	36.6	23.3	10.6	28.6	—	—	—	—	2.51*	2.09*	1.21*	0.65*	1.28*	57*	2.66#	2.23#	60#	2.66*	2.23*	60*	—	—	—	1621	1580+	—
小麦面筋 Wheat，gluten	5-05-221	90	1.1	10.3	1.7	1.7	75.4	—	—	—	—	3.61*	3.24*	2.00*	1.41*	1.90*	82*	3.60#	3.23#	82#	3.60*	3.23*	82*	—	—	—	—	—	—
		100	1.2	11.4	1.9	1.8	83.6	—	—	—	—	4.01*	3.60*	2.27*	1.57*	2.11*	91*	3.99#	3.58#	91#	3.99*	3.58*	91*	—	—	—	—	—	—
小麦胚芽粕，机械压榨 Wheat，germs，meal mechanical extracted	5-05-217	88	6.4	51.0	3.5	4.0	22.7	—	20.7#	20.7	21.1	3.39*	3.03*	1.85*	1.31*	1.78*	77*	3.57#	3.21#	81#	3.57*	3.21*	81	3677*	3337*	83	2889	—	—
		100	7.3	58.2	4.0	4.5	25.9	—	23.6#	23.6	24.1	3.87*	3.46*	2.17*	1.50*	2.03*	88*	4.07#	3.66#	92#	4.07*	3.66*	92	4194*	3807*	95	3295	—	—
小麦胚芽，粉碎 Wheat，germs，ground	5-05-218	87	8.6	45.7	3.3	4.1	25.6	22.7+	—	—	—	3.50*	3.14*	1.92*	1.37*	1.84*	79*	3.64#	3.29#	83#	3.64*	3.29*	83*	3671ε	3319+	79+	2666+	1655+	—
		100	9.8	52.3	3.8	4.7	29.3	25.9+		—	—	4.00*	3.59*	2.26*	1.57*	2.10*	91*	4.17#	3.76#	95#	4.17*	3.76*	95*	4201ε	3798+	91+	3051+	1894+	—
酿酒大麦，脱水 Barley，brewers grains，dehydrated	5-00-516	91	7.7	36.8	14.7	6.3	25.1	—	—	—	—	2.63*	2.25*	1.30*	0.82*	1.35*	60	3.12#	2.74#	71#	3.12*	2.74*	71*	—	—	—	—	—	—
		100	8.5	40.7	16.2	7.0	27.7	—	—	—	—	2.90*	2.48*	1.50*	0.91*	1.49*	66	3.45#	3.03#	78#	3.45*	3.03*	78*	—	—	—	—	—	—
酿酒大麦，湿 Barley，brewers grains，wet	5-00-517	25	1.7	8.6	4.3	3.9	6.1	—	—	—	—	0.73*	0.62*	0.35*	0.23*	0.37*	16*	0.69#	0.59#	16#	0.69*	0.59*	16*	—	—	—	—	—	—
		100	6.9	34.9	17.3	15.9	24.9	—	—	—	—	2.96*	2.53*	1.54*	0.94*	1.52*	67*	2.81#	2.39#	64#	2.81*	2.39*	64*	—	—	—	—	—	—

续表2-8-1

名称及描述	国际饲料编号 IFN	常规成分						可消化粗蛋白质				牛有效能值						山羊有效能值			绵羊有效能值			猪有效能值			鸡有效能值		
		干物质 DM	粗脂肪 EE	无氮浸出物 NFE	粗纤维 CF	粗灰分 Ash	粗蛋白质 CP	牛	山羊	绵羊	猪	消化能 DE	代谢能 ME	维持净能 NEm	增重净能 NEg	产奶净能 NEl	总可消化养分 TDN	消化能 DE	代谢能 ME	总可消化养分 TDN	消化能 DE	代谢能 ME	总可消化养分 TDN	消化能 DE	代谢能 ME	总可消化养分 TDN	氮校正代谢能 MEn	生产净能 NEp	真代谢能 TME
		%	%	%	%	%	%	%	%	%	%	Mcal/kg					%	Mcal/kg		%	Mcal/kg		%	kcal/kg		%	kcal/kg		
大麦胚芽 Barley, germs	5-06-639	88	19.0	32.2	3.9	6.7	26.5	—	—	—	—	3.90*	3.54*	2.19*	1.58*	2.06*	89*	3.85#	3.50#	87#	3.85*	3.50*	87*	—	—	—	—	—	—
		100	21.5	36.4	4.5	7.6	30.0	—	—	—	—	4.42*	4.01*	2.53*	1.79*	2.33*	100*	4.36#	3.96#	99#	4.36*	3.96*	99*	—	—	—	—	—	—
大麦芽,脱水 Barley, malt sprouts, dehydrated	5-00-545	90	1.2	39.1	14.2	5.8	29.5	—	22.7#	22.7	—	2.70*	2.32*	1.35*	0.88*	1.39*	61*	2.55#	2.17#	58#	2.55*	2.17*	58	2336ε	2110+	34+	1401+	1154+	—
		100	1.4	43.5	15.8	6.4	32.9	—	25.3#	25.3	—	3.01*	2.59*	1.58*	0.98*	1.55*	68*	2.84#	2.42#	64#	2.84*	2.42*	64	2604ε	2352+	38+	1561+	1286+	—
甘蔗糖蜜,添加尿素 Sugarcane, molasses urea added	5-07-066	68	3.2	—	—	7.7	30.5	—	—	—	—	—	—	—	—	—	—	—	—	—	—	—	—	—	—	—	—	—	—
		100	4.7	—	—	11.3	44.7	—	—	—	—	—	—	—	—	—	—	—	—	—	—	—	—	—	—	—	—	—	—
全虾,脱水 Shrimp, whole, dehydrated	5-25-525	90	6.0	32.6	9.2	11.6	30.4	—	—	—	—	3.05*	2.68*	1.61*	1.09*	1.59*	69*	2.94#	2.56#	67#	2.94*	2.56*	67*	—	—	—	2156+	—	—
		100	6.6	36.3	10.3	13.0	33.9	—	—	—	—	3.39*	2.98*	1.85*	1.22*	1.77*	77*	3.27#	2.85#	74#	3.27*	2.85*	74*	—	—	—	2401+	—	—
牛奶,脱水 Cattle, milk, dehydrated	5-01-167	88	22.9	38.4	0.6	4.8	21.4	—	—	—	—	4.24*	3.89*	2.42*	1.76*	2.25*	96*	4.25#	3.89#	96#	4.25*	3.89*	96*	—	—	—	—	—	—
		100	26.0	43.6	0.7	5.5	24.3	—	—	—	—	4.82*	4.41*	2.79*	2.00*	2.56*	109*	4.82#	4.42#	109#	4.82*	4.42*	109*	—	—	—	—	—	—
牛奶,喷雾干燥 Cattle, milk, spray dehydrated	5-11-797	96	3.6	55.9	1.5	7.5	27.0	—	—	—	—	3.62*	3.22*	2.01*	1.38*	1.90*	82*	3.70#	3.31#	84#	3.70*	3.31*	84*	—	—	—	—	—	—
		100	3.8	58.5	1.6	7.9	28.3	—	—	—	—	3.79*	3.37*	2.12*	1.45*	1.98*	86*	3.88#	3.47#	88#	3.88*	3.47*	88*	—	—	—	—	—	—
牛蹄角粉,水解 Cattle, horns with hoofs, meal hydrolyzed	5-06-645	89	0.4	—	1.2	13.8	77.9	—	—	—	—	3.43*	3.06*	1.88*	1.32*	1.80*	78*	3.07#	2.70#	70#	3.07*	2.70*	70*	—	—	—	—	—	—
		100	0.4	—	1.3	15.4	87.2	—	—	—	—	3.84*	3.43*	2.15*	1.48*	2.01*	87*	3.43#	3.02#	78#	3.43*	3.02*	78*	—	—	—	—	—	—
牛毛,水解 Cattle, hair, hydrolyzed	5-24-884	90	4.0	2.1	3.4	8.2	72.2	—	—	—	—	3.51*	3.14*	1.93*	1.36*	1.84*	80*	3.23#	2.86#	73#	3.23*	2.86*	73*	—	—	—	—	—	—
		100	4.5	2.3	3.8	9.1	80.3	—	—	—	—	3.90*	3.49*	2.19*	1.51*	2.05*	88*	3.59#	3.18#	82#	3.59*	3.18*	82*	—	—	—	—	—	—
脱脂牛奶,脱水 Cattle, skim milk, dehydrated	5-01-175	87	9.1	43.1	1.6	6.0	27.7	—	27.8#	27.8#	29.4+	3.58*	3.22*	1.98*	1.42*	1.89*	81*	3.63#	3.27#	82#	3.63*	3.27*	82*	3599+	3336+	80+	2358+	1539+	1982+
		100	10.4	49.3	1.8	6.8	31.7	—	31.7#	31.7#	33.6+	4.10*	3.69*	2.33*	1.62*	2.16*	93*	4.15#	3.74#	94#	4.15*	3.74*	94*	4116+	3815+	92+	2696+	1760+	2267+
亚麻籽 Flax, common, seeds	5-02-052	89	23.1	23.8	15.0	3.8	23.4	—	19.7#	19.7+	—	3.59*	3.23*	1.98*	1.41*	1.89*	81*	3.72#	3.36#	84#	3.72*	3.36*	84*	—	—	—	—	—	—
		100	26.0	26.7	16.8	4.3	26.3	—	22.1#	22.1+	—	4.04*	3.63*	2.29*	1.59*	2.12*	92*	4.18#	3.77#	95#	4.18*	3.77*	94*	—	—	—	—	—	—

续表2-8-1

名称及描述	国际饲料编号 IFN	常规成分 干物质 DM	粗脂肪 EE	无氮浸出物 NFE	粗纤维 CF	粗灰分 Ash	粗蛋白质 CP	可消化粗蛋白质 牛	山羊	绵羊	猪	牛有效能值 消化能 DE	代谢能 ME	维持净能 NEm	增重净能 NEg	产奶净能 NE1	总可消化养分 TDN	山羊有效能值 消化能 DE	代谢能 ME	总可消化养分 TDN	绵羊有效能值 消化能 DE	代谢能 ME	总可消化养分 TDN	猪有效能值 消化能 DE	代谢能 ME	总可消化养分 TDN	鸡有效能值 氮校正代谢能 MEn	生产净能 NEp	真代谢能 TME
		%	%	%	%	%	%	%	%	%	%	Mcal/kg					%	Mcal/kg		%	Mcal/kg		%	kcal/kg		%	kcal/kg		
亚麻籽饼，机械压榨 Flax, common, seeds, meal mechanical extracted(linseed meal)	5-02-045	90	6.4	35.2	9.1	5.6	33.9	30.2^{+}	22.7$^{\#}$	22.7^{+}	29.9	3.22*	2.85*	1.73*	1.19*	1.68*	73*	3.32$^{\#}$	2.95$^{\#}$	75$^{\#}$	3.32*	2.95*	75	3860*	3412*	88	1510^{+}	1116^{+}	—
		100	7.1	39.0	10.1	6.2	37.6	33.4^{+}	25.2$^{\#}$	25.2^{+}	33.1	3.57*	3.16*	1.97*	1.32*	1.86*	81*	3.68$^{\#}$	3.27$^{\#}$	84$^{\#}$	3.68*	3.27*	84	4278*	3782*	97	1673^{+}	1237^{+}	—
亚麻籽饼，机械压榨，粗脂肪 4.1%～8% Flax, common, seeds, meal mechanical extracted, 4.1%～8% fat	5-25-626	93	7.9	35.5	9.2	6.3	34.4	—	—	—	—	3.39*	3.00*	1.85*	1.27*	1.77*	77*	3.47$^{\#}$	3.08$^{\#}$	79$^{\#}$	3.47*	3.08*	79*	—	—	—	—	—	—
		100	8.5	38.0	9.9	6.8	36.9	—	—	—	—	3.63*	3.21*	2.01*	1.36*	1.90*	82*	3.72$^{\#}$	3.30$^{\#}$	84$^{\#}$	3.72*	3.30*	84*	—	—	—	—	—	—
亚麻籽粕，溶剂浸提 Flax, common, seeds, meal solvent extracted (linseed meal)	5-02-048	89	1.4	31.8	9.1	10.6	36.5	30.2^{+}	27.0$^{\#}$	27.0^{+}	—	2.89*	2.52*	1.49*	1.00*	1.50*	66*	2.66$^{\#}$	2.28$^{\#}$	60$^{\#}$	2.66*	2.28*	60	2835$^{\varepsilon}$	2502^{+}	65^{+}	1399^{+}	983^{+}	2621^{+}
		100	1.5	35.6	10.2	11.9	40.8	33.8^{+}	30.2$^{\#}$	30.2^{+}	—	3.23*	2.81*	1.74*	1.12*	1.68*	73*	2.97$^{\#}$	2.55$^{\#}$	67$^{\#}$	2.97*	2.55*	67	3169$^{\varepsilon}$	2797^{+}	72^{+}	1565^{+}	1099^{+}	2931^{+}
鱼粉，鲭鱼，机械压榨 Fish, mackerel, meal mechanical extracted	5-02-006	88	9.1	8.1	4.4	20.8	45.4	—	—	—	—	2.44*	2.07*	1.15*	0.78*	1.25*	63*	2.59$^{\#}$	2.22$^{\#}$	59$^{\#}$	2.59*	2.22*	59*	—	—	—	—	—	—
		100	10.4	9.3	5.0	23.7	51.7	—	—	—	—	2.78*	2.36*	1.42*	0.89*	1.42*	72*	2.94$^{\#}$	2.52$^{\#}$	67$^{\#}$	2.94*	2.52*	67*	—	—	—	—	—	—
鱼粉，鳀鱼，机械压榨，粗蛋白质 50.1%～55% Fish, anchovy, meal mechanical extracted, 50.1%～55% protein	5-06-673	87	10.9	4.6	1.2	16.7	54.0	—	—	—	—	2.99*	2.63*	1.56*	1.22*	1.56	68*	2.99$^{\#}$	2.63$^{\#}$	68$^{\#}$	2.99*	2.63*	68*		—	—	—	—	—
		100	12.4	5.3	1.4	19.1	61.8	—	—	—	—	3.42*	3.01*	1.87*	1.39*	1.79	78*	3.42$^{\#}$	3.01$^{\#}$	78$^{\#}$	3.42*	3.01*	78*	—	—	—	—	—	—

续表2-8-1

名称及描述	国际饲料编号 IFN	常规成分						可消化粗蛋白质				牛有效能值						山羊有效能值			绵羊有效能值			猪有效能值			鸡有效能值		
		干物质 DM	粗脂肪 EE	无氮浸出物 NFE	粗纤维 CF	粗灰分 Ash	粗蛋白质 CP	牛	山羊	绵羊	猪	消化能 DE	代谢能 ME	维持净能 NEm	增重净能 NEg	产奶净能 NEl	总可消化养分 TDN	消化能 DE	代谢能 ME	总可消化养分 TDN	消化能 DE	代谢能 ME	总可消化养分 TDN	消化能 DE	代谢能 ME	总可消化养分 TDN	氮校正代谢能 MEn	生产净能 NEp	真代谢能 TME
		%	%	%	%	%	%	%	%	%	%	Mcal/kg					%	Mcal/kg		%	Mcal/kg		%	kcal/kg		%	kcal/kg		
鱼粉,鳀鱼,机械压榨,粗蛋白质55.1%~60% Fish, anchovy, meal mechanical extracted, 55.1%~60% protein	5-06-674	89	7.2	5.3	0.4	16.7	59.3	—	—	—	—	2.86*	2.49*	1.47*	1.09*	1.49*	65*	2.95#	2.58#	67#	2.95*	2.58*	67*	—	—	—	—	—	—
		100	8.1	6.0	0.4	18.8	66.7	—	—	—	—	3.22*	2.80*	1.73*	1.23*	1.67*	73*	3.32#	2.90#	75#	3.32*	2.90*	75*	—	—	—	—	—	—
鱼粉,鳕鱼,机械压榨,粗蛋白质60.1%~65% Fish, pollack, meal mechanical extracted, 60.1%~65% protein	5-07-119	91	5.6	1.3	0.4	19.2	64.9	—	—	—	—	2.78*	2.40*	1.41*	1.01*	1.44*	63*	2.84#	2.46#	64#	2.84*	2.46*	64*	—	—	—	—	—	—
		100	6.1	1.5	0.4	21.0	71.0	—	—	—	—	3.04*	2.62*	1.60*	1.10*	1.57*	69*	3.11#	2.69#	70#	3.11*	2.69*	70*	—	—	—	—	—	—
鱼粉,鳕鱼,机械压榨,生长期鱼 Fish, pollack, meal mechanical extracted, grower	5-06-781	90	8.1	1.7	0.4	22.0	57.6	—	—	—	—	2.78*	2.40*	1.41*	1.02*	1.44*	63*	2.71#	2.33#	61#	2.71*	2.33*	61*	—	—	—	—	—	—
		100	9.1	1.9	0.5	24.5	64.1	—	—	—	—	3.09*	2.67*	1.64*	1.13*	1.60*	70*	3.02#	2.60#	68#	3.02*	2.60*	68*	—	—	—	—	—	—
鱼粉,太平洋沙丁鱼,机械压榨 Fish, sardine, pacific, meal mechanical extracted	5-08-986	88	5.3	0.3	11.4	13.7	57.7	—	—	—	52.5	3.33*	2.96*	1.81*	1.27*	1.74*	75*	3.49#	3.13#	79#	3.49*	3.13*	79*	3876*	3211*	88	—	—	—
		100	6.0	0.3	13.0	15.5	65.2	—	—	—	59.3	3.76*	3.35*	2.10*	1.43*	1.97*	85*	3.95#	3.54#	90#	3.95*	3.54*	90*	4384*	3631*	99	—	—	—
鱼粉,鲀鱼,机械压榨 Fish, file-fish, meal mechanical extracted	5-06-676	90	8.4	2.6	0.7	26.5	51.3	—	—	—	—	2.61*	2.23*	1.28*	0.90*	1.34*	59*	2.44#	2.06#	55#	2.44*	2.06*	55*	—	—	—	—	—	—
		100	9.4	2.9	0.8	29.6	57.3	—	—	—	—	2.91*	2.49*	1.51*	1.00*	1.50*	66*	2.72#	2.30#	62#	2.72*	2.30*	62*	—	—	—	—	—	—

续表2-8-1

名称及描述	国际饲料编号 IFN	常规成分 干物质 DM	粗脂肪 EE	无氮浸出物 NFE	粗纤维 CF	粗灰分 Ash	粗蛋白质 CP	可消化粗蛋白质 牛	山羊	绵羊	猪	牛有效能值 消化能 DE	代谢能 ME	维持净能 NEm	增重净能 NEg	产奶净能 NEl	总可消化养分 TDN	山羊有效能值 消化能 DE	代谢能 ME	总可消化养分 TDN	绵羊有效能值 消化能 DE	代谢能 ME	总可消化养分 TDN	猪有效能值 消化能 DE	代谢能 ME	总可消化养分 TDN	鸡有效能值 氮校正代谢能 MEn	生产净能 NEp	真代谢能 TME
		%	%	%	%	%	%	%	%	%	%	Mcal/kg					%	Mcal/kg		%	Mcal/kg		%	kcal/kg		%	kcal/kg		
鱼粉，大眼鲱鱼（大眼海鲢?），机械压榨 Fish, herring, big eyed, meal mechanical extracted	5-06-675	92	9.1	2.5	0.2	18.5	61.4	—	—	—	—	2.99*	2.61*	1.56*	1.16*	1.55*	68*	3.03#	2.65#	69#	3.03*	2.65*	69*	—	—	—	—	—	—
		100	9.9	2.8	0.2	20.2	66.9	—	—	—	—	3.26*	2.84*	1.76*	1.26*	1.69*	74*	3.30#	2.89#	75#	3.30*	2.89*	75*	—	—	—	—	—	—
鱼粉，太平洋鲱鱼，机械压榨 Fish, herring, pacific, meal mechanical extracted	5-08-985	89	11.8	—	0.4	14.3	62.8	—	—	—	—	3.02*	2.65*	1.59*	1.20*	1.58*	69*	3.26#	2.89#	74#	3.26*	2.89*	74*	—	—	—	2848+	—	—
		100	13.2	—	0.4	16.0	70.5	—	—	—	—	3.39*	2.97*	1.85*	1.35*	1.77*	77*	3.65#	3.24#	83#	3.65*	3.24*	83*	—	—	—	3193+	—	—
鱼粉，机械压榨，粗蛋白质 40.1%～45% Fish, meal mechanical extracted, 40.1%～45% protein	5-24-391	87	10.6	9.0	1.5	29.7	36.2	—	—	—	—	2.50*	2.13*	1.20*	0.84*	1.28*	57*	2.50#	2.13#	57#	2.50*	2.13*	57*	—	—	—	—	—	—
		100	12.2	10.4	1.7	34.1	41.6	—	—	—	—	2.87*	2.45*	1.48*	0.96*	1.47*	65*	2.87#	2.45#	65#	2.87*	2.45*	65*	—	—	—	—	—	—
鱼粉，机械压榨，粗蛋白质 40.1%～45%，粗脂肪＞8% Fish, meal mechanical extracted, 40.1%～45% protein more than 8% fat	5-24-292	83	14.2	3.3	0.8	20.7	44.0	—	—	—	—	2.71*	2.36*	1.36*	1.05*	1.40*	61*	2.71#	2.36#	61#	2.71*	2.36*	61*	—	—	—	—	—	—
		100	17.1	4.0	1.0	24.9	53.0	—	—	—	—	3.26*	2.84*	1.76*	1.26*	1.69*	74*	3.26#	2.84#	74#	3.26*	2.84*	74*	—	—	—	—	—	—
鱼粉，机械压榨，粗蛋白质 40.1%～50% Fish, meal mechanical extracted, 40.1%～50% protein	5-24-392	88	8.4	5.4	1.9	24.8	47.3	—	39.8#	39.8	—	2.59*	2.22*	1.27*	0.91*	1.34*	59*	2.71#	2.34#	61#	2.71*	2.34*	61*	—	—	—	—	—	—
		100	9.5	6.2	2.2	28.2	53.9	—	45.3#	45.3	—	2.95*	2.53*	1.54*	1.03*	1.52*	67*	3.08#	2.66#	70#	3.08*	2.66*	70*	—	—	—	—	—	—

续表2-8-1

名称及描述	国际饲料编号 IFN	常规成分						可消化粗蛋白质				牛有效能值						山羊有效能值			绵羊有效能值			猪有效能值			鸡有效能值		
		干物质 DM	粗脂肪 EE	无氮浸出物 NFE	粗纤维 CF	粗灰分 Ash	粗蛋白质 CP	牛	山羊	绵羊	猪	消化能 DE	代谢能 ME	维持净能 NEm	增重净能 NEg	产奶净能 NEl	总可消化养分 TDN	消化能 DE	代谢能 ME	总可消化养分 TDN	消化能 DE	代谢能 ME	总可消化养分 TDN	消化能 DE	代谢能 ME	总可消化养分 TDN	氮校正代谢能 MEn	生产净能 NEp	真代谢能 TME
		%	%	%	%	%	%	%	%	%	%	Mcal/kg					%	Mcal/kg		%	Mcal/kg		%	kcal/kg		%	kcal/kg		
鱼粉,机械压榨,粗蛋白质 50.1%~55%,粗脂肪 3.1%~8% Fish, meal mechanical extracted, 50.1% ~ 55% protein 3.1%~8% fat	5-24-283	90	7.1	4.8	2.1	23.0	52.7	—	—	—	—	2.69*	2.32*	1.34*	0.95*	1.39*	61*	2.55#	2.17#	58#	2.55*	2.17*	58*	—	—	—	—	—	—
		100	7.9	5.4	2.4	25.6	58.8	—	—	—	—	3.00*	2.58*	1.57*	1.06*	1.55*	68*	2.84#	2.42#	64#	2.84*	2.42*	64*	—	—	—	—	—	—
鱼粉,机械压榨,粗蛋白质 50.1% ~ 55%,粗脂肪>8% Fish, meal mechanical extracted, 50.1% ~ 55% protein more than 8% fat	5-24-284	88	9.6	4.5	1.6	21.9	50.2	—	—	—	—	2.75*	2.38*	1.39*	1.02*	1.43*	68*	2.64#	2.27#	60#	2.64*	2.27*	60*	—	—	—	—	—	—
		100	10.9	5.1	1.8	25.0	57.2	—	—	—	—	3.13*	2.71*	1.66*	1.16*	1.62*	71*	3.01#	2.59#	68#	3.01*	2.59*	68*	—	—	—	—	—	—
鱼粉,机械压榨,粗蛋白质 55.1%~60%,粗脂肪 3.1%~8% Fish, meal mechanical extracted, 55.1% ~ 60% protein 3.1%~8% fat	5-24-008	90	6.7	3.3	1.4	21.0	57.8	—	—	—	—	2.74*	2.36*	1.38*	0.99*	1.42*	62*	2.69#	2.32#	61#	2.69*	2.32*	61*	—	—	—	—	—	—
		100	7.4	3.7	1.6	23.2	64.1	—	—	—	—	3.04*	2.62*	1.60*	1.10*	1.57*	69*	2.99#	2.57#	68#	2.99*	2.57*	68*	—	—	—	—	—	—
鱼粉,机械压榨,粗蛋白质 55.1% ~ 60%,粗脂肪>8% Fish, meal mechanical extracted, 55.1% ~ 60% protein more than 8% fat	5-24-009	89	10.0	1.3	1.4	18.6	57.3	—	—	—	51.0	2.94*	2.56*	1.53*	1.15*	1.53*	67*	2.89#	2.52#	65#	2.89*	2.52*	65*	3364*	2790*	76	—	—	—
		100	11.3	1.5	1.6	21.0	64.6	—	—	—	57.5	3.31*	2.89*	1.79*	1.30*	1.72*	75*	3.25#	2.84#	74#	3.25*	2.84*	74*	3793*	3146*	86	—	—	—

续表2-8-1

名称及描述	国际饲料编号 IFN	常规成分						可消化粗蛋白质				牛有效能值						山羊有效能值			绵羊有效能值			猪有效能值			鸡有效能值		
		干物质 DM	粗脂肪 EE	无氮浸出物 NFE	粗纤维 CF	粗灰分 Ash	粗蛋白质 CP	牛	山羊	绵羊	猪	消化能 DE	代谢能 ME	维持净能 NEm	增重净能 NEg	产奶净能 NE1	总可消化养分 TDN	消化能 DE	代谢能 ME	总可消化养分 TDN	消化能 DE	代谢能 ME	总可消化养分 TDN	消化能 DE	代谢能 ME	总可消化养分 TDN	氮校正代谢能 MEn	生产净能 NEp	真代谢能 TME
		%	%	%	%	%	%	%	%	%	%	Mcal/kg					%	Mcal/kg		%	Mcal/kg		%	kcal/kg		%	kcal/kg		
鱼粉,机械压榨,粗蛋白质 60.1%~64%,粗脂肪 3.1%~8% Fish, meal mechanical extracted, 60.1%~64% protein 3.1%~8% fat	5-24-011	91	5.8	6.0	1.6	16.4	61.1	—	—	—	—	2.89*	2.75*	1.49*	1.27*	1.49*	66*	2.96#	2.58#	67#	2.96*	2.58*	67*	—	—	—	—	—	—
		100	6.4	6.6	1.8	18.0	67.2	—	—	—	—	3.17*	3.02*	1.69*	1.39*	1.64*	72*	3.25#	2.83#	74#	3.25*	2.83*	74*	—	—	—	—	—	—
鱼粉,机械压榨,粗蛋白质 60.1%~64%,粗脂肪>8% Fish, meal mechanical extracted, 60.1%~64% protein more than 8% fat	5-24-012	89	9.4	1.1	0.9	15.7	62.1	—	—	—	—	2.99*	2.62*	1.56*	1.18*	1.55*	68*	3.07#	2.70#	70#	3.07*	2.70*	70*	—	—	—	3455+	—	—
		100	10.5	1.2	1.0	17.6	69.6	—	—	—	—	3.35*	2.93*	1.82*	1.32*	1.74*	76*	3.44#	3.02#	78#	3.44*	3.02*	78*	—	—	—	3870+	—	—
鱼粉,机械压榨,粗蛋白质 60% Fish, meal mechanical extracted, 60% protein	5-01-981	91	5.6	4.8	2.6	14.6	63.6	—	54.4#	54.4+	—	2.97*	2.59*	1.55*	1.15*	1.54*	67*	3.02#	2.63#	68#	3.02*	2.63*	68*	—	—	—	2994+	—	2535+
		100	6.1	5.3	2.9	16.0	69.7	—	59.7#	59.7+	—	3.26*	2.84*	1.76*	1.26*	1.69*	74*	3.31#	2.89#	75#	3.31*	2.89*	75*	—	—	—	3282+	—	2780+
鱼粉,机械压榨,粗蛋白质 64.1%~70%,粗脂肪<3% Fish, meal mechanical extracted, 64.1%~70% protein less than 3% fat	5-24-013	90	2.3	4.7	0.7	15.8	66.5	—	—	—	—	2.74*	2.36*	1.38*	0.99*	1.41*	62*	2.86#	2.48#	65#	2.86*	2.48*	65*	—	—	—	—	—	—
		100	2.6	5.2	0.8	17.5	73.9	—	—	—	—	3.04*	2.62*	1.60*	1.10*	1.57*	69*	3.18#	2.76#	72#	3.18*	2.76*	72*	—	—	—	—	—	—

续表2-8-1

名称及描述	国际饲料编号 IFN	常规成分						可消化粗蛋白质				牛有效能值						山羊有效能值			绵羊有效能值			猪有效能值			鸡有效能值		
		干物质 DM	粗脂肪 EE	无氮浸出物 NFE	粗纤维 CF	粗灰分 Ash	粗蛋白质 CP	牛	山羊	绵羊	猪	消化能 DE	代谢能 ME	维持净能 NEm	增重净能 NEg	产奶净能 NEl	总可消化养分 TDN	消化能 DE	代谢能 ME	总可消化养分 TDN	消化能 DE	代谢能 ME	总可消化养分 TDN	消化能 DE	代谢能 ME	总可消化养分 TDN	氮校正代谢能 MEn	生产净能 NEp	真代谢能 TME
		%	%	%	%	%	%	%	%	%	%	Mcal/kg					%	Mcal/kg		%	Mcal/kg		%	kcal/kg		%	kcal/kg		
鱼粉,机械压榨,粗蛋白质64.1%~70%,粗脂肪3.1%~8% Fish, meal mechanical extracted, 64.1%~70% protein 3.1%~8% fat	5-24-014	91	4.9	3.1	1.2	15.6	66.2	—	—	—	—	2.93*	2.55*	1.52*	1.12*	1.52*	66*	2.98#	2.60#	67#	2.98*	2.60*	67*	—	—	—	—	—	—
		100	5.4	3.4	1.4	17.1	72.7	—	—	—	—	3.22*	2.80*	1.73*	1.23*	1.67*	73*	3.27#	2.85#	74#	3.27*	2.85*	74*	—	—	—	—	—	—
鱼粉,机械压榨,粗蛋白质64.1%~70%,粗脂肪>8% Fish, meal mechanical extracted, 64.1%~70% protein more than 8% fat	5-24-015	91	8.7	0.2	1.1	14.1	66.8	—	—	—	—	2.76*	2.38*	1.40*	0.99*	1.43*	72*	3.27#	2.89#	74#	3.27*	2.89*	74*	—	—	—	—	—	—
		100	9.6	0.2	1.2	15.5	73.5	—	—	—	—	3.04*	2.62*	1.60*	1.09*	1.57*	79*	3.60#	3.19#	82#	3.60*	3.19*	82*	—	—	—	—	—	—
鱼粉,机械压榨,粗蛋白质>70% Fish, meal mechanical extracted, more than 70% protein	5-24-288	93	6.4	0.3	0.9	13.8	71.8	—	—	—	—	3.49*	3.11*	1.92*	1.50*	1.83*	79*	3.23#	2.84#	73#	3.23*	2.84*	73*	—	—	—	—	—	—
		100	6.8	0.3	0.9	14.8	77.1	—	—	—	—	3.75*	3.34*	2.09*	1.61*	1.96*	85*	3.47#	3.05#	79#	3.47*	3.05*	79*	—	—	—	—	—	—
鱼粉,粗蛋白质>40% Fish, meal, more than 40% protein	5-07-125	75	6.0	2.6	1.5	24.1	40.8	—	—	—	—	2.05*	1.73*	0.84*	0.64*	1.05*	46*	1.86#	1.54#	42#	1.86*	1.54*	42*	—	—	—	—	—	—
		100	8.1	3.4	1.9	32.2	54.4	—	—	—	—	2.73*	2.31*	1.37*	0.85*	1.40*	62*	2.48#	2.05#	56#	2.48*	2.05*	56*	—	—	—	—	—	—
鱼粉,粗蛋白质>45% Fish, meal, more than 45% protein	5-07-122	83	10.7	1.7	1.5	20.7	48.3	—	—	—	—	2.67*	2.32*	1.33*	1.02*	1.38*	61*	2.55#	2.20#	58#	2.55*	2.20*	58*	—	—	—	—	—	—
		100	12.9	2.1	1.8	25.0	58.3	—	—	—	—	3.22*	2.80*	1.73*	1.23*	1.67*	73*	3.07#	2.65#	70#	3.07*	2.65*	70*	—	—	—	—	—	—

续表2-8-1

名称及描述	国际饲料编号 IFN	常规成分						可消化粗蛋白质				牛有效能值						山羊有效能值			绵羊有效能值			猪有效能值			鸡有效能值		
		干物质 DM	粗脂肪 EE	无氮浸出物 NFE	粗纤维 CF	粗灰分 Ash	粗蛋白质 CP	牛	山羊	绵羊	猪	消化能 DE	代谢能 ME	维持净能 NEm	增重净能 NEg	产奶净能 NEl	总可消化养分 TDN	消化能 DE	代谢能 ME	总可消化养分 TDN	消化能 DE	代谢能 ME	总可消化养分 TDN	消化能 DE	代谢能 ME	总可消化养分 TDN	氮校正代谢能 MEn	生产净能 NEp	真代谢能 TME
		%	%	%	%	%	%	%	%	%	%	Mcal/kg					%	Mcal/kg		%	Mcal/kg		%	kcal/kg		%	kcal/kg		
鱼粉，粗蛋白质>50% Fish，meal，more than 50% protein	5-07-118	88	18.3	0.1	0.3	17.5	51.4	—	—	—	—	3.29*	2.93*	1.78*	1.41*	1.72*	74*	3.25#	2.88#	74#	3.25*	2.88*	74*	—	—	—	—	—	—
		100	20.9	0.1	0.3	20.0	58.7	—	—	—	—	3.75*	3.34*	2.09*	1.61*	1.96*	85*	3.71#	3.29#	84#	3.71*	3.29*	84*	—	—	—	—	—	—
鱼粉，粗蛋白质>55% Fish，meal，more than 55% protein	5-07-123	90	6.7	3.9	1.4	15.0	63.2	—	—	—	—	2.94*	2.56*	1.53*	1.14*	1.52*	67*	3.04#	2.66#	69#	3.04*	2.66*	69*	—	—	—	—	—	—
		100	7.4	4.3	1.6	16.6	70.1	—	—	—	—	3.26*	2.84*	1.76*	1.26*	1.69*	74*	3.37#	2.95#	76#	3.37*	2.95*	76*	—	—		—	—	—
浓缩鱼汁 Fish，solubles，condensed	5-01-969	48	1.9	7.0	0.5+	9.0+	32.7	—	26.4#	26.4+	26.7+	1.83ε	1.64+	1.22ε	0.79ε	0.92ε	40+	1.77#	1.57#	40#	1.77ε	1.57ε	40+	1809+	1538+	42+	1591+	1006+	—
		100	4.0	14.6	1.0+	18.9+	68.4	—	55.3#	55.3+	55.9+	3.83ε	3.42+	2.55ε	1.66ε	1.92ε	83+	3.70#	3.29#	84#	3.70ε	3.29ε	84+	3784+	3217+	88+	3329+	2104+	—
乌贼内脏，新鲜 Cuttlefish，viscera，fresh	5-07-114	10	1.2	0.9	—	0.3	8.0	—	—	—	—	0.44*	0.40*	-0.64*	0.20*	0.23*	10*	0.44#	0.40#	10#	0.44*	0.40*	10*	—	—	—	—	—	—
		100	11.5	8.6	—	2.9	76.6	—	—	—	—	4.36*	3.95*	2.49*	2.00*	2.31*	99*	4.36#	3.95#	99#	4.36*	3.95*	99*	—	—	—	—	—	—
玉米麸，含胚芽 Maize，bran with germs	5-13-768	87	0.9	67.8	4.8	0.7	12.4		—	—	—	3.07*	2.71*	1.62*	1.13*	1.60*	70*	3.53#	3.17#	80#	3.53*	3.17*	80*	—	—	—	—	—	—
		100	1.1	78.3	5.6	0.8	14.3	—	—	—	—	3.55*	3.13*	1.96*	1.31*	1.85*	80*	4.07#	3.66#	92#	4.07*	3.66*	92*	—	—	—	—	—	—
玉米蛋白粉 Maize，gluten，meal	5-02-900	88	8.1	19.3	2.1	1.6	56.4	34.3+	35.2#	35.2+	—	3.72*	3.36*	2.07*	1.49*	1.96*	84*	3.76#	3.40#	85#	3.76*	3.40*	85*	4795+	3034+	77+	2887+	1926+	3894+
		100	9.3	22.1	2.4	1.8	64.5	39.2+	40.2#	40.2+	—	4.25*	3.84*	2.42*	1.70*	2.24*	96*	4.30#	3.89#	97#	4.30*	3.89*	97*	5480+	3468+	88+	3300+	2202+	4450+
玉米蛋白粉，粗蛋白质 41% Maize，gluten，meal，41% protein	5-20-411	91	5.6	39.2	2.3	1.4	42.3	—	—	—	—	3.67*	3.29*	2.04*	1.44*	1.93*	83*	3.85#	3.48#	87#	3.85*	3.48*	87*	3501ε	3034+	—	3013+	1846+	3165+
		100	6.1	43.2	2.5	1.5	46.6	—	—	—	—	4.04*	3.63*	2.29*	1.59*	2.13*	92*	4.25#	3.84#	96#	4.25*	3.84*	96*	3858ε	3343+	—	3321+	2035+	3489+
玉米蛋白粉，粗蛋白质 50% Maize，gluten，meal，50% protein	5-06-659	90	7.6	27.3	2.6	1.7	51.2	—	—	—	38.9	3.76*	3.39*	2.10*	1.49*	1.98*	85*	3.85#	3.48#	87#	3.85*	3.48*	87*	2861*	2419*	65	—	—	—
		100	8.4	30.2	2.8	1.9	56.7	—	—	—	43.1	4.16*	3.75*	2.36*	1.65*	2.19*	94*	4.26#	3.85#	97#	4.26*	3.85*	97*	3164*	2675*	72	—	—	—
玉米蛋白粉，粗蛋白质 60% Maize，gluten，meal，60% protein	5-09-318	91	5.7	21.7	2.4	2.4	58.9	—	46.2#	46.2	44.8	3.73*	3.36*	2.08*	1.47*	1.96*	85*	3.31#	2.93#	75#	3.31*	2.93*	75	3304*	2741*	75	4591	2749+	4039+
		100	6.2	23.8	2.7	2.7	64.7	—	50.8#	50.8	49.1	4.09*	3.68*	2.32*	1.62*	2.15*	93*	3.63#	3.22#	82#	3.63*	3.22*	82	3627*	3008*	82	5039	3017+	4434+

续表2-8-1

名称及描述	国际饲料编号 IFN	常规成分						可消化粗蛋白质				牛有效能值						山羊有效能值			绵羊有效能值			猪有效能值			鸡有效能值		
		干物质 DM	粗脂肪 EE	无氮浸出物 NFE	粗纤维 CF	粗灰分 Ash	粗蛋白质 CP	牛	山羊	绵羊	猪	消化能 DE	代谢能 ME	维持净能 NEm	增重净能 NEg	产奶净能 NE1	总可消化养分 TDN	消化能 DE	代谢能 ME	总可消化养分 TDN	消化能 DE	代谢能 ME	总可消化养分 TDN	消化能 DE	代谢能 ME	总可消化养分 TDN	氮校正代谢能 MEn	生产净能 NEp	真代谢能 TME
		%	%	%	%	%	%	%	%	%	%	Mcal/kg					%	Mcal/kg		%	Mcal/kg		%	kcal/kg		%	kcal/kg		
玉米胚芽 Maize, germs	5-02-896	93	18.3	49.1	8.0	3.4	14.3	—	—	—	—	3.86*	3.48*	2.17*	1.53*	2.03*	88*	4.09#	3.71#	93#	4.09*	3.71*	93*	—	—	—	—	—	—
		100	19.6	52.8	8.6	3.7	15.3	—	—	—	—	4.14*	3.74*	2.35*	1.65*	2.18*	94*	4.39#	3.98#	100#	4.39*	3.98*	100*	—	—	—	—	—	—
玉米胚芽粕,机械压榨,粗脂肪 4.1%~8% Maize, germs, meal mechanical extracted, 4.1%~8% fat	5-25-554	90	5.3	52.1	9.9	3.2	19.6	—	—	—	—	3.12*	2.75*	1.66*	1.14*	1.63*	71*	3.44#	3.07#	78#	3.44*	3.07*	78*	—	—	—	—	—	—
		100	5.9	57.8	10.9	3.6	21.7	—	—	—	—	3.46*	3.05*	1.90*	1.26*	1.80*	79*	3.81#	3.40#	86#	3.81*	3.40*	86*	—	—	—	—	—	—
玉米胚芽粕,干磨法,溶剂浸提 Maize, germs, meal dry milled solvent extracted	5-02-868	90	1.6	52.7	10.1	2.3	22.9	14.8ε	15.8ε	14.2	20.8	3.47	3.11*	1.90*	1.34*	1.84*	76	3.38#	3.01#	77#	3.38*	3.01*	77	3869*	3515*	88	2275	1135+	—
		100	1.8	58.8	11.3	2.6	25.6	16.6ε	17.7ε	15.9	23.3	3.88	3.47*	2.18*	1.50*	2.06*	85	3.77#	3.36#	86#	3.77*	3.36*	86	4319*	3923*	98	2540	1267+	—
豌豆种子 Pea, garden, seeds	5-08-482	88	0.5	55.2	6.7	2.4	22.9	—	—	—	—	3.01*	2.65*	1.58*	1.09*	1.57*	68*	3.35#	2.99#	76#	3.35*	2.99*	76*	—	—	—	—	—	—
		100	0.6	62.9	7.6	2.7	26.1	—	—	—	—	3.43*	3.02*	1.88*	1.24*	1.79*	78*	3.82#	3.40#	87#	3.82*	3.40*	87*	—	—	—	—	—	—
油菜籽 Rape, seeds	5-08-109	88	19.5	24.3	17.3	4.2	23.1	—	—	—	—	3.29*	2.92*	1.78*	1.24*	1.72*	75*	3.44#	3.08#	78#	3.44*	3.08*	78*	—	—	—	—	—	—
		100	22.1	27.5	19.6	4.8	26.1	—	—	—	—	3.72*	3.30*	2.07*	1.41*	1.95*	84*	3.89#	3.48#	88#	3.89*	3.48*	88*	—	—	—	—	—	—
菜籽粕,机械压榨 Rape, seeds, meal mechanical extracted	5-03-870	89	4.6	28.3	12.2	7.6	36.1	—	24.2#	24.2	—	2.91*	2.54*	1.51*	1.02*	1.51*	66*	2.90#	2.53#	66#	2.90*	2.53*	66*	2857ε	2524+	64+	1655	1040+	2142+
		100	5.2	31.8	13.7	8.6	40.6	—	27.2#	27.2	—	3.27*	2.85*	1.76*	1.14*	1.70*	74*	3.26#	2.85#	74#	3.26*	2.85*	74*	3215ε	2840+	72+	1863	1170+	2410+
菜籽粕,溶剂浸提 Rape, seeds, meal solvent extracted	5-03-871	88	1.8	30.4	11.9	7.6	36.6	—	—	—	31.1	2.79*	2.42*	1.41*	0.94*	1.44*	63*	2.84#	2.47#	64#	2.84*	2.47*	64*	2702*	2373*	61	1701+	1057+	2042+
		100	2.1	34.4	13.5	8.6	41.4	—	—	—	35..2	3.15*	2.73*	1.68*	1.07*	1.63*	71*	3.21#	2.80#	73#	3.21*	2.80*	73*	3062*	2684*	69	1924+	1196+	2310+
芝麻籽 Sesame, seeds	5-08-509	88	40.0	1.4	17.5	5.6	23.1	—	—	—	—	4.10*	3.75*	2.33*	1.69*	2.17*	93*	4.01#	3.65#	91#	4.01*	3.65*	91*	—	—	—	—	—	—
		100	45.7	1.6	20.0	6.4	26.4	—	—	—	—	4.68*	4.28*	2.70*	1.93*	2.48*	106*	4.58#	4.17#	104#	4.58*	4.17*	104*	—	—	—	—	—	—

续表2-8-1

名称及描述	国际饲料编号 IFN	常规成分						可消化粗蛋白质				牛有效能值						山羊有效能值			绵羊有效能值			猪有效能值			鸡有效能值		
		干物质 DM	粗脂肪 EE	无氮浸出物 NFE	粗纤维 CF	粗灰分 Ash	粗蛋白质 CP	牛	山羊	绵羊	猪	消化能 DE	代谢能 ME	维持净能 NEm	增重净能 NEg	产奶净能 NEl	总可消化养分 TDN	消化能 DE	代谢能 ME	总可消化养分 TDN	消化能 DE	代谢能 ME	总可消化养分 TDN	消化能 DE	代谢能 ME	总可消化养分 TDN	氮校正代谢能 MEn	生产净能 NEp	真代谢能 TME
		%	%	%	%	%	%	%	%	%	%	Mcal/kg					%	Mcal/kg		%	Mcal/kg		%	kcal/kg		%	kcal/kg		
芝麻饼，机械压榨 Sesame, seeds, meal mechanical extracted	5-04-220	89	5.0	16.7	13.8	11.4	42.1	35.3+	16.0#	16.0	—	3.02*	2.65*	1.59*	1.04*	1.57*	68*	3.02#	2.65#	68#	3.02*	2.65*	68*	3288+	2905+	67+	2085+	1638+	—
		100	5.6	18.8	15.5	12.8	47.3	39.7+	18.0#	18.0	—	3.40*	2.98*	1.85*	1.17*	1.77*	77*	3.40#	2.98#	77#	3.40*	2.98*	77*	3698+	3267+	76+	2345+	1842+	—
芝麻粕，溶剂浸提 Sesame, seeds, meal solvent extracted	5-09-906	89	2.1	16.8	12.3	12.1	46.0	—	—	—	—	2.76*	2.39*	1.40*	0.92*	1.43*	63*	2.58#	2.20#	59#	2.58*	2.20*	59*	—	—	—	—	—	—
		100	2.3	18.8	13.8	13.6	51.5	—	—	—	—	3.09*	2.67*	1.64*	1.03*	1.60*	70*	2.89#	2.47#	65#	2.89*	2.47*	65*	—	—	—	—	—	—
芝麻饼，蒸熟机械压榨 Sesame, seeds, meal boiled mechanical extracted	5-13-202	89	4.9+	24.6+	4.8+	8.9+	45.8+	—	—	—	43.0+	2.95+	3.58ε	1.54*	1.04ε	1.52ε	67ε	3.18#	2.81#	72#	3.18ε	2.81ε	72ε	3378+	2892ε	76+	—	—	—
		100	5.5+	27.6+	5.4+	10.0+	51.5+	—	—	—	48.4+	3.31+	2.90ε	1.79*	1.17ε	1.71ε	75ε	3.58#	3.17#	81#	3.58ε	3.17ε	81ε	3800+	3253ε	86+	—	—	—
芝麻粕，蒸熟溶剂浸提 Sesame, seeds, meal boiled solvent extracted	5-17-602	89	1.7	18.1	13.7	11.1	44.1	—	—	—	—	2.66*	2.29*	1.32*	0.86*	1.37*	60*	2.54#	2.17#	58#	2.54*	2.17*	58*	—	—	—	—	—	—
		100	1.9	20.4	15.4	12.5	49.7	—	—	—	—	3.00*	2.58*	1.57*	0.98*	1.55*	68*	2.87#	2.45#	65#	2.87*	2.45*	65*	—	—	—	—	—	—
带壳椰子粕，机械压榨 Coconut, kernels with coats, meal mechanical extracted(copra meal)	5-01-572	89	7.0	39.5	13.7	6.8	22.3	—	13.2#	13.2	14.5+	2.91*	2.54*	1.51*	1.01*	1.51*	66*	2.78#	2.40#	63#	2.78*	2.40*	63	3228+	3312+	73+	1285	1297+	—
		100	7.8	44.2	15.4	7.6	25.0	—	14.7#	14.7	16.2+	3.26*	2.84*	1.76*	1.13*	1.69*	74*	3.11#	2.69#	70#	3.11*	2.69*	70	3612+	3706+	82+	1438	1451+	—
赤豆(红小豆)种子 Bean, adzuki, seeds	5-25-158	85	0.8	54.8	4.1	3.6	21.7	—	—	—	—	3.03*	2.68*	1.59*	1.12*	1.58*	69*	3.29#	2.94#	75#	3.29*	2.94*	75*	—	—	—	—	—	—
		100	1.0	64.5	4.8	4.2	25.6	—	—	—	—	3.57*	3.15*	1.97*	1.32*	1.86*	81*	3.87#	3.46#	88#	3.87*	3.46*	88*	—	—	—	—	—	—
蓖麻籽粕，机械压榨 Castorbean, seeds, meal mechanical extracted	5-27-524	91	8.7	16.0	22.7	6.4	37.6	—	—	—	—	2.68*	2.30*	1.34*	0.85*	1.38*	61*	2.80#	2.42#	64#	2.80*	2.42*	64*	—	—	—	—	—	—
		100	9.5	17.5	24.8	7.0	41.2	—	—	—	—	2.93*	2.51*	1.52*	0.93*	1.51*	67*	3.07#	2.65#	70#	3.07*	2.65*	70*	—	—	—	—	—	—

续表2-8-1

名称及描述	国际饲料编号 IFN	常规成分 干物质 DM	粗脂肪 EE	无氮浸出物 NFE	粗纤维 CF	粗灰分 Ash	粗蛋白质 CP	可消化粗蛋白质 牛	山羊	绵羊	猪	牛有效能值 消化能 DE	代谢能 ME	维持净能 NEm	增重净能 NEg	产奶净能 NE1	总可消化养分 TDN	山羊有效能值 消化能 DE	代谢能 ME	总可消化养分 TDN	绵羊有效能值 消化能 DE	代谢能 ME	总可消化养分 TDN	猪有效能值 消化能 DE	代谢能 ME	总可消化养分 TDN	鸡有效能值 氮校正代谢能 MEn	生产净能 NEp	真代谢能 TME
		%	%	%	%	%	%	%	%	%	%	Mcal/kg					%	Mcal/kg		%	Mcal/kg		%	kcal/kg		%	kcal/kg		
蓖麻籽粕,溶剂浸提 Castorbean, seeds, meal solvent extracted	5-13-341	89	0.2	15.6	22.8	8.5	42.2	—	—	—	—	2.20*	1.82*	0.96*	0.55*	1.12*	50*	2.28#	1.90#	52#	2.28*	1.90*	52*	—	—	—	—	—	—
		100	0.2	17.5	25.6	9.5	47.2	—	—	—	—	2.47*	2.04*	1.18*	0.61*	1.25*	56*	2.55#	2.13#	58#	2.55*	2.13*	58*	—	—	—	—	—	—
向日葵籽 Sunflower, seeds	5-08-530	89	14.1	27.5	25.5	3.8	18.0	—	—	—	—	2.64*	2.27*	1.31*	0.85*	1.36*	60*	2.96#	2.59#	67#	2.96*	2.59*	67*	—	—	—	—	—	—
		100	15.8	31.0	28.7	4.2	20.2	—	—	—	—	2.97*	2.55*	1.55*	0.96*	1.53*	67*	3.33#	2.91#	75#	3.33*	2.91*	75*	—	—	—	—	—	—
向日葵仁饼,机械压榨 Sunflower, seeds, meal mechanical extracted	5-27-477	88	25.2	6.8	35.7	3.6	16.7	—	—	—	—	2.57*	2.20*	1.25*	0.81*	1.32*	58*	2.85#	2.49#	65#	2.85*	2.49*	65*	—	—	—	—	—	—
		100	28.6	7.7	40.6	4.1	19.0	—	—	—	—	2.92*	2.50*	1.51*	0.92*	1.50*	66*	3.24#	2.83#	74#	3.24*	2.83*	74*	—	—	—	—	—	—
向日葵仁粕,溶剂浸提 Sunflower, seeds, meal solvent1 extracted	5-30-032	90	1.6	28.8	25.7	6.0	28.0	—	—	—	—	2.14*	1.75*	0.92*	0.49*	1.08*	48*	2.42#	2.04#	55#	2.42*	2.04*	55*	—	—	—	—	—	—
		100	1.7	32.0	28.6	6.7	31.1	—	—	—	—	2.37*	1.95*	1.10*	0.54*	1.20*	54*	2.68#	2.26#	61#	2.68*	2.26*	61*	—	—	—	—	—	—
去壳向日葵籽 Sunflower, seeds without hulls	5-08-128	87	54.0	6.9	3.4	2.3	20.2	—	—	—	—	5.44*	5.10*	3.18*	2.35*	2.92*	123*	5.28#	4.94#	120#	5.28*	4.94*	120*	—	—	—	—	—	—
		100	62.2	7.9.	3.9	2.7	23.3	—	—	—	—	6.27*	5.88*	3.70*	2.71*	3.36*	142*	6.08#	5.69#	138#	6.08*	5.69*	138*	—	—	—	—	—	—
去壳向日葵籽,溶剂浸提 Sunflower, seeds without hulls, meal solvent extracted	5-30-034	89	0.7	27.7	21.7	7.1	32.2	—	—	—	—	2.28*	1.90*	1.03*	0.60*	1.16*	52*	2.46#	2.09#	56#	2.46*	2.09*	56*	—	—	—	—	—	—
		100	0.8	30..9	24.3	7.9	36.0	—	—	—	—	2.54*	2.12*	1.23*	0.67*	1.29*	58*	2.75#	2.33#	62#	2.75*	2.33*	62*	—	—	—	—	—	—
褐藻,全藻,晒干 Algae, brown, whole, sun-cured	5-06-718	92	1.7	55.0	3.5	21.8	9.8	—	—	—	—	2.94*	2.56*	1.53*	1.01*	1.53*	67*	2.58#	2.19#	58#	2.58*	2.19*	58*	—	—	—	—	—	—
		100	1.9	59.9	3.8	23.7	10.7	—	—	—	—	3.21*	2.79*	1.72*	1.10*	1.66*	73*	2.81#	2.38#	64#	2.81*	2.38*	64*	—	—	—	—	—	—
褐藻,全藻,晒干 Algae, brown, whole, sun-cured	5-06-725	90	1.6	43.6	9.2	25.9	9.9	—	—	—	—	2.52*	2.14*	1.21*	0.75*	1.29*	57*	2.01#	1.66#	46#	2.01*	1.66*	46*	—	—	—	—	—	—
		100	1.8	48.3	10.2	28.7	11.0	—	—	—	—	2.79*	2.37*	1.42*	0.83*	1.43*	63*	2.23#	1.80#	50#	2.23*	1.80*	50*	—	—	—	—	—	—

续表2-8-1

名称及描述	国际饲料编号 IFN	常规成分						可消化粗蛋白质				牛有效能值						山羊有效能值			绵羊有效能值			猪有效能值			鸡有效能值		
		干物质 DM	粗脂肪 EE	无氮浸出物 NFE	粗纤维 CF	粗灰分 Ash	粗蛋白质 CP	牛	山羊	绵羊	猪	消化能 DE	代谢能 ME	维持净能 NEm	增重净能 NEg	产奶净能 NEl	总可消化养分 TDN	消化能 DE	代谢能 ME	总可消化养分 TDN	消化能 DE	代谢能 ME	总可消化养分 TDN	消化能 DE	代谢能 ME	总可消化养分 TDN	氮校正代谢能 MEn	生产净能 NEp	真代谢能 TME
		%	%	%	%	%	%	%	%	%	%	Mcal/kg					%	Mcal/kg		%	Mcal/kg		%	kcal/kg		%	kcal/kg		
wrighlitica 藻，全藻，晒干 Algae，wrighlitica，whole，sun-cured	5-06-723	85	1.9	50.4	3.8	18.6	10.3	—	—	—	—	2.75*	2.39*	1.39*	0.95*	1.42*	62*	2.46$^{\#}$	2.11$^{\#}$	56$^{\#}$	2.46*	2.11*	56*	—	—	—	—	—	—
		100	2.2	59.3	4.5	21.9	12.1	—	—	—	—	3.23*	2.81*	1.74*	1.12*	1.68*	73*	2.90$^{\#}$	2.48$^{\#}$	66$^{\#}$	2.90*	2.48*	66*	—	—	—	—	—	—
褐藻，全藻，晒干 Algae，brown，whole，sun-cured	5-06-728	92	2.1	33.6	4.0	44.1	8.7	—	—	—	—	1.26*	0.85*	0.16*	-0.44*	0.45*	29*	1.26$^{\#}$	0.85$^{\#}$	28$^{\#}$	1.26*	0.85*	28*	—	—	—	—	—	—
		100	2.3	36.3	4.3	47.7	9.4	—	—	—	—	1.36*	0.92*	0.25*	-0.48*	0.49*	31*	1.36$^{\#}$	0.92$^{\#}$	31$^{\#}$	1.36*	0.92*	31*	—	—	—	—	—	—
红藻，全藻，晒干 Algae，red，whole，meal	5-06-720	86	1.8	43.6	9.9	16.9	14.1	—	—	—	—	2.53*	2.16*	1.22*	0.80*	1.30*	57*	2.34$^{\#}$	1.97$^{\#}$	53$^{\#}$	2.34*	1.97*	53*	—	—	—	—	—	—
		100	2.0	50.5	11.5	19.6	16.4	—	—	—	—	2.93*	2.51*	1.52*	0.93*	1.51*	66*	2.71$^{\#}$	2.29$^{\#}$	61$^{\#}$	2.71*	2.29*	61*	—	—	—	—	—	—
刺松藻(推测译名，Codium fragile 为刺松藻，绿藻中的一种)，全藻，晒干 Algae，fragile，whole，sun-cured	5-06-717	92	2.1	21.0	3.9*	56.2	8.8	—	—	—	—	0.98*	0.57*	-0.10*	-0.76*	0.28*	22*	0.98*	0.57*	22*	0.98*	0.57*	22*	—	—	—	—	—	—
		100	2.3	22.8	4.2*	61.1	9.6	—	—	—	—	1.06*	0.62*	-0.03*	-0.83*	0.30*	24*	1.06*	0.62*	24*	1.06*	0.62*	24*	—	—	—	—	—	—
绿藻，全藻，晒干 Algae，green，whole，sun-cured	5-06-721	92	0.8	39.1	6.0	37.8	8.1	—	—	—	—	1.48*	1.08*	0.36*	-0.19*	0.70*	33*	1.48$^{\#}$	1.08$^{\#}$	33$^{\#}$	1.48*	1.08*	33*	—	—	—	—	—	—
		100	0.9	42.6	6.5	41.2	8.8	—	—	—	—	1.61*	1.18*	0.47*	-0.21*	0.76*	36*	1.61$^{\#}$	1.18$^{\#}$	36$^{\#}$	1.61*	1.18*	36*	—	—	—	—	—	—
褐藻，全藻，晒干 Algae，stolonifera，whole，sun-cured	5-06-719	91	0.2	46.9	3.8	28.8	11.5	—	—	—	—	2.71*	2.33*	1.36*	0.87*	1.40*	61*	2.06$^{\#}$	1.67$^{\#}$	47$^{\#}$	2.06*	1.67*	47*	—	—	—	—	—	—
		100	0.2	51.4	4.2	31.6	12.6	—	—	—	—	2.97*	2.55*	1.55*	0.95*	1.53*	67*	2.26$^{\#}$	1.83$^{\#}$	51$^{\#}$	2.26*	1.83*	51*	—	—	—	—	—	—

注：*表示没有试验数据，采用回归公式计算；$^{+}$表示没有韩国数据，以美国和加拿大数据补充；$^{\varepsilon}$表示为美国和加拿大计算值；$^{\#}$表示数据没有山羊的数据，以绵羊数据补充。此表的数字及小数点遵照原文格式，小数点后无数字者可将其视为精确到个位，小数点前无数字者应视为小数点前数字为 0。下同。

2. 细胞壁成分及矿物质含量

表 2-8-2 细胞壁成分及矿物质含量

名称及描述	国际饲料编号	干物质 DM	细胞壁 CW	纤维素 Cellulose	半纤维素 Hemicellulose	木质素 Lignin	酸性洗涤纤维 ADF	钙 Ca	氯 Cl	镁 Mg	磷 P	钾 K	钠 Na	硫 S	钴 Co	铜 Cu	碘 I	铁 Fe	锰 Mn	硅 Si	钨 W	硒 Se	锌 Zn
		%													mg/kg								
家禽孵化场副产品粉,蒸过 Poultry, hatchery by-product, meal boiled	5-03-796	90	—	—	—	—	—	0.93	—	0.09	0.27	0.10	0.40	—	—	—	—	—	—	—	—	—	66
		100	—	—	—	—	—	1.03	—	0.10	0.30	0.11	0.44	—	—	—	—	—	—	—	—	—	74
家禽羽毛粉,水解 Poultry, feathers, meal hydrolyzed	5-03-795	92	—	—	—	—	—	0.51	0.28^{+}	0.07	0.36	0.11	0.69^{+}	1.48^{+}	0.04^{+}	6^{+}	0.04^{+}	459	55	—	—	0.82^{+}	20
		100	—	—	—	—	—	0.55	0.30^{+}	0.08	0.40	0.12	0.76^{+}	1.61^{+}	0.05^{+}	7^{+}	0.05^{+}	502	60	—	—	0.90^{+}	22
菜豆种子 Bean, kidney, seeds	5-00-600	87	—	—	—	—	—	0.36	—	0.10^{+}	0.16	0.92^{+}	0.01^{+}	—	0.50^{+}	6^{+}	—	63^{+}	13	—	—	0.35^{+}	40
		100	—	—	—	—	—	0.41	—	0.12^{+}	0.18	1.05^{+}	0.01^{+}	—	0.57^{+}	7	—	72^{+}	15	—	—	0.40^{+}	45
辣椒种子粕,溶剂浸提 Pepper, tabasco, seeds, meal solvent extracted	5-06-697	90	—	—	—	—	—	0.09	—	0.17	0.72	2.08	0.02	—	—	21	—	248	76	—	—	—	45
		100	—	—	—	—	—	0.10	—	0.19	0.81	2.33	0.02	—	—	24	—	277	85	—	—	—	50
蚕蛹,脱水 Silkworm, pupae, dehydrated	5-11-787	90	—	—	—	—	—	0.38	—	0.24	0.74	1.14	0.06	—	—	56	—	148	95	—	—	—	—
		100	—	—	—	—	—	0.42	—	0.27	0.82	1.26	0.07	—	—	62	—	164	106	—	—	—	—
鸡粪,脱水 Chicken, hens, manure, dehydrated	5-06-648	92	—	—	—	—	—	5.23	—	—	—	—	—	—	—	—	—	—	—	—	—	—	—
		100	—	—	—	—	—	5.66	—	—	—	—	—	—	—	—	—	—	—	—	—	—	—
大豆粉,热加工 Soybean, flour, heat, processed	5-20-876	90	—	—	—	—	—	0.64	—	—	0.25	—	—	—	—	—	—	—	—	—	—	—	—
		100	—	—	—	—	—	0.71	—	—	0.28	—	—	—	—	—	—	—	—	—	—	—	—
豆腐渣,脱水 Soybean, curd process residue, dehydrated	5-06-735	90	—	—	—	—	—	0.55	—	0.19	0.47	0.72	0.26	—	—	7	—	618	48	—	—	—	52
		100	—	—	—	—	—	0.61	—	0.21	0.52	0.80	0.29	—	—	7	—	687	53	—	—	—	58
豆腐渣,湿 Soybean, curd process residue, wet	5-06-736	18	—	—	—	—	—	0.16	—	—	—	—	—	—	—	—	—	—	—	—	—	—	—
		100	—	—	—	—	—	0.88	—	—	—	—	—	—	—	—	—	—	—	—	—	—	—

续表2-8-2

名称及描述	国际饲料编号	干物质 DM	细胞壁 CW	纤维素 Cellulose	半纤维素 Hemicellulose	木质素 Lignin	酸性洗涤纤维 ADF	钙 Ca	氯 Cl	镁 Mg	磷 P	钾 K	钠 Na	硫 S	钴 Co	铜 Cu	碘 I	铁 Fe	锰 Mn	硅 Si	钨 W	硒 Se	锌 Zn
		%													mg/kg								
酱油渣，脱水 Soybean, soysauce process residue, dehydrated	5-06-737	83	—	—	—	—	—	0.49	—	—	0.19	—	—	—	—	—	—	—	—	—	—	—	—
		100	—	—	—	—	—	0.59	—	—	0.23	—	—	—	—	—	—	—	—	—	—	—	—
猪粪，脱水 Swine, manure, dehydrated	5-06-790	90	—	—	—	—	—	3.58	—	—	—	—	—	—	—	—	—	—	—	—	—	—	—
		100	—	—	—	—	—	4.00	—	—	—	—	—	—	—	—	—	—	—	—	—	—	—
动物皮肉渣，酸水解，脱脂 Animal, skin fleshings, acid hydrolyzed wet rendered	5-08-094	90	—	—	—	—	—	0.22	—	—	0.06	—	—	—	—	—	—	—	—	—	—	—	—
		100	—	—	—	—	—	0.24	—	—	0.07	—	—	—	—	—	—	—	—	—	—	—	—
动物肉骨粉，脱脂 Animal, meat with bone, meal rendered	5-00-388	94	—	—	—	—	—	11.51	0.75^{+}	1.02^{+}	4.76	1.34^{+}	0.72^{+}	0.25^{+}	0.18^{+}	2^{+}	1.32^{+}	655^{+}	13^{+}	—	—	0.26^{+}	95^{+}
		100	—	—	—	—	—	12.30	0.80^{+}	1.09^{+}	5.09	1.43^{+}	0.77^{+}	0.27^{+}	0.19^{+}	2^{+}	1.41^{+}	700^{+}	14^{+}	—	—	0.28^{+}	101^{+}
动物肉骨粉，脱脂，粗蛋白质 45% Animal, meat with bone, meal rendered, 45% protein	5-09-321	94	—	—	—	—	—	8.02	—	—	3.65	—	—	—	—	—	—	—	—	—	—	—	—
		100	—	—	—	—	—	8.56	—	—	3.89	—	—	—	—	—	—	—	—	—	—	—	—
动物肉骨粉，脱脂，粗蛋白质 50% Animal, meat with bone, meal rendered, 50% protein	5-09-322	93	—	—	—	—	—	11.91	0.35^{+}	0.05	6.02	1.42^{+}	0.71^{+}	0.25^{+}	—	—	—	579	—	—	—	—	108
		100	—	—	—	—	—	12.87	0.37^{+}	0.05	6.50	1.54^{+}	0.77^{+}	0.28^{+}	—	—	—	626	—	—	—	—	117
动物肉粉，脱脂，粗蛋白质 60.1%～65%，粗脂肪 < 10% Animal, meat, meal rendered, 60.1%～65% protein less than 10% fat	5-06-627	91	—	—	—	—	—	1.99	—	0.10	—	0.95	0.10	—	—	—	—	235	11	—	—	—	195
		100	—	—	—	—	—	2.19	—	0.11	—	1.04	0.11	—	—	—	—	258	12	—	—	—	215
动物肉粉，脱脂，粗蛋白质 60.1%～65%，粗脂肪 > 10% Animal, meat, meal rendered, 60.1%～65% protein more than 10% fat	5-06-628	89	—	—	—	—	—	3.62	—	—	—	—	—	—	—	—	—	—	—	—	—	—	—
		100	—	—	—	—	—	4.06	—	—	—	—	—	—	—	—	—	—	—	—	—	—	—

续表2-8-2

名称及描述	国际饲料编号	干物质 DM	细胞壁 CW	纤维素 Cellulose	半纤维素 Hemicellulose	木质素 Lignin	酸性洗涤纤维 ADF	钙 Ca	氯 Cl	镁 Mg	磷 P	钾 K	钠 Na	硫 S	钴 Co	铜 Cu	碘 I	铁 Fe	锰 Mn	硅 Si	钨 W	硒 Se	锌 Zn
		%													mg/kg								
动物肉粉,脱脂,粗蛋白质 70% Animal, meat, meal rendered, 70% protein	5-27-530	91	—	—	—	—	—	4.38	—	—	0.15	—	—	—	—	—	—	—	—	—	—	—	—
		100	—	—	—	—	—	4.81	—	—	0.17	—	—	—	—	—	—	—	—	—	—	—	—
动物血粉 Animal, blood, meal	5-00-380	89	—	—	—	—	—	0.05	0.30^{+}	0.22^{+}	0.18	0.05	0.31^{+}	0.33^{+}	0.09^{+}	15	—	2010	5	—	—	0.72^{+}	13
		100	—	—	—	—	—	0.06	0.33^{+}	0.24^{+}	0.20	0.06	0.35^{+}	0.37^{+}	0.10^{+}	17	—	2247	6	—	—	0.80^{+}	15
动物血粉,粗蛋白质 80% Animal, blood, meal, 80% protein	5-20-970	94	—	—	—	—	—	0.10	—	—	0.14	—	—	—	—	—	—	—	—	—	—	—	—
		100	—	—	—	—	—	0.11	—	—	0.15	—	—	—	—	—	—	—	—	—	—	—	—
紫苏籽粕,机械压榨 Perilla, common, seeds, meal mechanical extracted	5-03-690	88	—	—	—	—	—	0.66	—	0.18	1.05	1.86	—	—	—	43	—	146	75	—	—	—	—
		100	—	—	—	—	—	0.75	—	0.21	1.19	2.10	—	—	—	48	—	165	84	—	—	—	—
紫苏籽粕,溶剂浸提 Perilla, common, seeds, meal solvent extracted	5-06-698	88	—	—	—	—	—	0.69	—	0.46	1.17	1.11	0.05	—	—	12	—	449	168	—	—	—	86
		100	—	—	—	—	—	0.79	—	0.52	1.33	1.26	0.06	—	—	14	—	510	191	—	—	—	98
去壳花生仁 Peanut, seeds without coats	5-03-657	93	—	—	—	—	—	0.07^{+}	—	0.18^{+}	0.43^{+}	0.61^{+}	0.12^{+}	0.25^{+}	—	12^{+}	—	17^{+}	18^{+}	—	—	—	61^{+}
		100	—	—	—	—	—	0.08^{+}	—	0.19^{+}	0.46^{+}	0.66^{+}	0.13^{+}	0.26^{+}	—	13^{+}	—	18^{+}	20^{+}	—	—	—	66^{+}
去壳花生饼,机械压榨 Peanut, seeds without coats, meal mechanical extracted	5-03-649	91	—	—	—	—	—	0.71	—	0.28^{+}	1.04	1.13^{+}	0.21^{+}	0.26^{+}	0.11^{+}	15^{+}	0.06^{+}	153^{+}	25^{+}	—	—	—	32^{+}
		100	—	—	—	—	—	0.78	—	0.31^{+}	1.15	1.25^{+}	0.23^{+}	0.29^{+}	0.12^{+}	16^{+}	0.07^{+}	169^{+}	28^{+}	—	—	—	35^{+}
去壳花生粕,溶剂浸提 Peanut, seeds without coats, meal solvent extracted	5-03-650	90	—	—	—	—	—	0.21	0.03^{+}	0.21	0.57	0.84	0.18	0.29^{+}	0.11^{+}	15^{+}	0.06^{+}	368	26^{+}	—	—	—	16
		100	—	—	—	—	—	0.23	0.03^{+}	0.23	0.63	0.93	0.20	0.33^{+}	0.12^{+}	17^{+}	0.07^{+}	408	29^{+}	—	—	—	18
棉籽粕,机械压榨 Cotton, seeds, meal mechanical extracted	5-01-609	89	—	—	—	—	—	0.33	—	0.47	0.73	1.36	0.04	0.23^{+}	—	19	—	53	34	—	—	—	130
		100	—	—	—	—	—	0.37	—	0.53	0.82	1.53	0.04	0.26^{+}	—	21	—	59	38	—	—	—	146

续表2-8-2

名称及描述	国际饲料编号	干物质 DM	细胞壁 CW	纤维素 Cellulose	半纤维素 Hemicellulose	木质素 Lignin	酸性洗涤纤维 ADF	钙 Ca	氯 Cl	镁 Mg	磷 P	钾 K	钠 Na	硫 S	钴 Co	铜 Cu	碘 I	铁 Fe	锰 Mn	硅 Si	钨 W	硒 Se	锌 Zn
		%													mg/kg								
去绒棉籽粕，溶剂浸提 Cotton, seeds without lint, meal solvent extracted	5-01-619	89	—	—	—	—	—	0.13	—	0.52	0.68	1.30	0.09	—	—	11	—	422	23	—	—	—	56
		100	—	—	—	—	—	0.14	—	0.59	0.77	1.46	0.10	—	—	12	—	475	26	—	—	—	63
小麦面筋 Wheat, gluten	5-05-221	90	—	—	—	—	—	0.13	—	0.09	0.21	0.11	0.06	0.95^{+}	0.05^{+}	47	0.06^{+}	39	39	—	—	3.75^{+}	57
		100	—	—	—	—	—	0.14	—	0.10	0.24	0.12	0.07	1.06^{+}	0.05^{+}	52	0.06^{+}	44	43	—	—	4.16^{+}	63
小麦胚芽粕，机械压榨 Wheat, germs, meal mechanical extracted	5-05-217	88	—	—	—	—	—	0.10	—	0.33^{+}	0.42	1.03^{+}	0.02^{+}	—	0.04^{+}	10^{+}	—	107^{+}	184^{+}	—	—	0.28^{+}	175^{+}
		100	—	—	—	—	—	0.12	—	0.38^{+}	0.48	1.18^{+}	0.02^{+}	—	0.05^{+}	12^{+}	—	122^{+}	210^{+}	—	—	0.32^{+}	199^{+}
小麦胚芽，粉碎 Wheat, germs, ground	5-05-218	87	—	—	—	—	4^{+}	0.19	0.05^{+}	0.45	0.80	1.27	0.01	0.27^{+}	0.12^{+}	10	—	114	145	—	—	0.46^{+}	115
		100	—	—	—	—	5^{+}	0.22	0.06^{+}	0.51	0.91	1.45	0.01	0.31^{+}	0.14^{+}	12	—	130	165	—	—	0.52^{+}	132
酿酒大麦，脱水 Barley, brewers grains, dehydrated	5-00-516	91	—	—	—	—	—	0.16	—	0.17	0.47	0.08	0.22	—	—	77	—	319	57	—	—	—	52
		100	—	—	—	—	—	0.18	—	0.18	0.51	0.09	0.24	—	—	85	—	352	62	—	—	—	57
大麦胚芽 Barley, germs	5-06-639	88	—	—	—	—	—	0.06	—	—	0.26	—	—	—	—	—	—	—	—	—	—	—	—
		100	—	—	—	—	—	0.07	—	—	0.29	—	—	—	—	—	—	—	—	—	—	—	—
大麦芽，脱水 Barley, malt sprouts, dehydrated	5-00-545	90	—	—	—	—	—	0.20	0.35^{+}	0.18^{+}	0.65	0.21^{+}	1.13^{+}	0.77^{+}	—	—	—	173^{+}	31^{+}	—	—	0.43^{+}	73^{+}
		100	—	—	—	—	—	0.22	0.39^{+}	0.20^{+}	0.72	0.23^{+}	1.26^{+}	0.85^{+}	—	—	—	193^{+}	35^{+}	—	—	0.48^{+}	82^{+}
全虾，脱水 Shrimp, whole, dehydrated	5-25-525	90	—	—	—	—	—	0.62	—	0.40	0.53	1.38	—	—	—	51	—	192	41	—	—	—	110
		100	—	—	—	—	—	0.69	—	0.44	0.59	1.53	—	—	—	57	—	214	45	—	—	—	122
牛奶，脱水 Cattle, milk, dehydrated	5-01-167	88	—		—	—	—	0.57	1.36^{+}	0.08^{+}	0.49	0.97^{+}	0.34^{+}	0.28^{+}	0.00^{+}	1^{+}	—	159^{+}	0^{+}	—	—	—	20^{+}
		100	—	—	—	—	—	0.65	1.55^{+}	0.09^{+}	0.56	1.10^{+}	0.38^{+}	0.32^{+}	0.01^{+}	1^{+}	—	181^{+}	0^{+}	—	—	—	23^{+}
牛奶，喷雾干燥 Cattle, milk, spray dehydrated	5-11-797	96	—	—	—	—	—	1.10	—	—	0.75	—	—	—	—	—	—	—	—	—	—	—	—
		100	—	—	—	—	—	1.15	—	—	0.79	—	—	—	—	—	—	—	—	—	—	—	—
牛蹄角粉，水解 Cattle, horns with hoofs, meal hydrolyzed	5-06-645	89	—	—	—	—	—	6.18	—	—	2.31	—	—	—	—	—	—	—	—	—	—	—	—
		100	—	—	—	—	—	6.91	—	—	2.58	—	—	—	—	—	—	—	—	—	—	—	—

续表2-8-2

名称及描述	国际饲料编号	干物质 DM	细胞壁 CW	纤维素 Cellulose	半纤维素 Hemicellulose	木质素 Lignin	酸性洗涤纤维 ADF	钙 Ca	氯 Cl	镁 Mg	磷 P	钾 K	钠 Na	硫 S	钴 Co	铜 Cu	碘 I	铁 Fe	锰 Mn	硅 Si	钨 W	硒 Se	锌 Zn
		%													mg/kg								
牛毛，水解 Cattle, hair, hydrolyzed	5-24-884	90	—	—	—	—	—	1.44	—	—	1.29	—	—	—	—	—	—	—	—	—	—	—	—
		100	—	—	—	—	—	1.60	—	—	1.43	—	—	—	—	—	—	—	—	—	—	—	—
脱脂牛奶，脱水 Cattle, skimmed milk, dehydrated	5-01-175	87	—	—	—	—	—	0.31	0.84^{+}	0.11^{+}	0.30	1.48^{+}	0.43^{+}	0.30^{+}	0.11^{+}	11^{+}	—	19^{+}	2^{+}	—	—	0.12^{+}	36^{+}
		100	—	—	—	—	—	0.36	0.96^{+}	0.13^{+}	0.35	1.70^{+}	0.49^{+}	0.34^{+}	0.12^{+}	12^{+}	—	22^{+}	2^{+}	—	—	0.13^{+}	41^{+}
亚麻籽 Flax, common, seeds	5-02-052	89	—	—	—	—	7^{+}	0.21^{+}	—	0.38^{+}	0.49^{+}	0.75^{+}	—	0.22^{+}	—	—	—	85^{+}	58^{+}	—	—	—	—
		100	—	—	—	—	8^{+}	0.23^{+}	—	0.43^{+}	0.55^{+}	0.84^{+}	—	0.25^{+}	—	—	—	96^{+}	65^{+}	—	—	—	—
亚麻籽饼，机械压榨 Flax, common, seeds, meal mechanical extracted (linseed meal)	5-02-045	90	—	—	—	—	—	0.39	0.04^{+}	0.45	0.87	1.99	0.20	0.37^{+}	0.41^{+}	20	0.07^{+}	558	79	—	—	0.80^{+}	76
		100	—	—	—	—	—	0.43	0.04^{+}	0.50	0.96	2.20	0.22	0.41^{+}	0.46^{+}	22	0.07^{+}	618	88	—	—	0.89^{+}	85
亚麻籽饼，机械压榨，粗脂肪 4.1%～8% Flax, common, seeds, meal mechanical extracted, 4.1%～8% fat	5-25-626	93	—	—	—	—	—	0.52	—	—	0.81	—	—	—	—	—	—	—	—	—	—	—	—
		100	—	—	—	—	—	0.56	—	—	0.87	—	—	—	—	—	—	—	—	—	—	—	—
亚麻籽粕，溶剂浸提 Flax, common, seeds, meal solvent extracted (linseed meal)	5-02-048	89	—	—	—	—	—	0.28	0.04^{+}	0.53	0.72	1.37^{+}	0.17	0.39^{+}	0.19^{+}	60	—	291	43	—	—	0.81^{+}	77
		100	—	—	—	—	—	0.31	0.04^{+}	0.59	0.80	1.53^{+}	0.19	0.43^{+}	0.21^{+}	67	—	325	48	—	—	0.91^{+}	86
鱼粉，鲭鱼，机械压榨 Fish, mackerel, meal mechanical extracted	5-02-006	88	—	—	—	—	—	6.01	—	0.24	3.15	0.46	1.42	—	—	—	—	214	24	—	—	—	—
		100	—	—	—	—	—	6.84	—	0.27	3.59	0.52	1.62	—	—	—	—	243	27	—	—	—	—
鱼粉，鳀鱼，机械压榨，粗蛋白质 50.1%～55% Fish, anchovy, meal mechanical extracted, 50.1%～55% protein	5-06-673	87	—	—	—	—	—	3.68	2.79	0.28	1.73	0.80	1.18	—	—	10	—	273	35	—	—	—	187
		100	—	—	—	—	—	4.21	3.19	0.33	1.98	0.92	1.35	—	—	12	—	313	40	—	—	—	213

续表2-8-2

名称及描述	国际饲料编号	干物质 DM	细胞壁 CW	纤维素 Cellulose	半纤维素 Hemicellulose	木质素 Lignin	酸性洗涤纤维 ADF	钙 Ca	氯 Cl	镁 Mg	磷 P	钾 K	钠 Na	硫 S	钴 Co	铜 Cu	碘 I	铁 Fe	锰 Mn	硅 Si	钨 W	硒 Se	锌 Zn
		%													mg/kg								
鱼粉，鳀鱼，机械压榨，粗蛋白质 55.1%～60% Fish，anchovy，meal mechanical extracted，55.1%～60% protein	5-06-674	89	—	—	—	—	—	1.59	—	0.34	1.57	1.30	3.66	—	—	9	—	214	25	—	—	—	107
		100	—	—	—	—	—	1.79	—	0.38	1.76	1.46	4.12	—	—	11	—	241	28	—	—	—	120
鱼粉，鳕鱼，机械压榨，粗蛋白质 60.1%～65% Fish，pollack，meal mechanical extracted，60.1% ～ 65% protein	5-07-119	91	—	—	—	—	—	6.49	—	—	3.57	—	—	—	—	—	—	—	—	—	—	—	—
		100	—	—	—	—	—	7.10	—	—	3.91	—	—	—	—	—	—	—	—	—	—	—	—
鱼粉，鳕鱼，机械压榨，生长期鱼 Fish，pollack，meal mechanical extracted，grower	5-06-781	90	—	—	—	—	—	2.60	—	0.20	2.40	1.21	0.49	—	—	—	—	329	19	—	—	—	43
		100	—	—	—	—	—	2.89	—	0.22	2.67	1.34	0.54	—	—	—	—	366	21	—	—	—	48
鱼粉，太平洋沙丁鱼，机械压榨 Fish，sardine，pacific，meal mechanical extracted	5-08-986	88	—	—	—	—	—	2.17	—	0.15	2.06	1.08	1.92	—	—	—	—	807	111	—	—	—	81
		100	—	—	—	—	—	2.45	—	0.17	2.33	1.22	2.17	—	—	—	—	912	125	—	—	—	91
鱼粉，鲀鱼，机械压榨 Fish，file-fish，meal mechanical extracted	5-06-676	90	—	—	—	—	—	8.47	—	—	4.56	—	—	—	—	—	—	—	—	—	—	—	—
		100	—	—	—	—	—	9.46	—	—	5.09	—	—	—	—	—	—	—	—	—	—	—	—
鱼粉，大眼鲱鱼（大眼海鲢?），机械压榨 Fish，herring，big eyed，meal mechanical extracted	5-06-675	92	—	—	—	—	—	2.34	—	0.28	0.93	1.11	1.75	—	—	3	—	388	21	—	—	—	35
		100	—	—	—	—	—	2.55	—	0.31	1.01	1.21	1.90	—	—	3	—	423	23	—	—	—	39
鱼粉，太平洋鲱鱼，机械压榨 Fish，herring，pacific，meal mechanical extracted	5-08-985	89	—	—	—	—	—	2.37	—	—	1.70	—	—	—	—	—	—	—	—	—	—	—	—
		100	—	—	—	—	—	2.66	—	—	1.90	—	—	—	—	—	—	—	—	—	—	—	—

续表2-8-2

名称及描述	国际饲料编号	干物质 DM	细胞壁 CW	纤维素 Cellulose	半纤维素 Hemicellulose	木质素 Lignin	酸性洗涤纤维 ADF	钙 Ca	氯 Cl	镁 Mg	磷 P	钾 K	钠 Na	硫 S	钴 Co	铜 Cu	碘 I	铁 Fe	锰 Mn	硅 Si	钨 W	硒 Se	锌 Zn
		%													mg/kg								
鱼粉,机械压榨,粗蛋白质 40.1%~45% Fish, meal mechanical extracted, 40.1%~45% protein	5-24-391	87	—	—	—	—	—	6.18	—	—	3.09	—	—	—	—	—	—	—	—	—	—	—	—
		100	—	—	—	—	—	7.10	—	—	3.55	—	—	—	—	—	—	—	—	—	—	—	—
鱼粉,机械压榨,粗蛋白质 40.1%~45%,粗脂肪>8% Fish, meal mechanical extracted, 40.1% ~ 45% protein more than 8% fat	5-24-292	83	—	—	—	—	—	—	—	—	—	—	—	—	—	—	—	—	—	—	—	—	—
		100	—	—	—	—	—	—	—	—	—	—	—	—	—	—	—	—	—	—	—	—	—
鱼粉,机械压榨,粗蛋白质 50.1%~55%,粗脂肪 3.1% ~ 8% Fish, meal mechanical extracted, 50.1% ~ 55% protein 3.1%~8% fat	5-24-283	90	—	—	—	—	—	7.82	—	—	4.02	—	—	—	—	—	—	—	—	—	—	—	—
		100	—	—	—	—	—	8.71	—	—	4.48	—	—	—	—	—	—	—	—	—	—	—	—
鱼粉,机械压榨,粗蛋白质 50.1%~55%,粗脂肪 >8% Fish, meal mechanical extracted, 50.1% ~ 55% protein more than 8% fat	5-24-284	88	—	—	—	—	—	5.77	—	—	2.94	—	—	—	—	—	—	—	—	—	—	—	—
		100	—	—	—	—	—	6.59	—	—	3.35	—	—	—	—	—	—	—	—	—	—	—	—
鱼粉,机械压榨,粗蛋白质 55.1%~60%,粗脂肪 3.1% ~ 8% Fish, meal mechanical extracted, 55.1% ~ 60% protein 3.1%~8% fat	5-24-008	90	—	—	—	—	—	5.23	—	0.22	2.31	0.60	0.91	—	—	13	—	44	17	—	—	—	105
		100	—	—	—	—	—	5.80	—	0.24	2.56	0.67	1.01	—	—	15	—	49	19	—	—	—	116

续表2-8-2

名称及描述	国际饲料编号	干物质 DM	细胞壁 CW	纤维素 Cellulose	半纤维素 Hemicellulose	木质素 Lignin	酸性洗涤纤维 ADF	钙 Ca	氯 Cl	镁 Mg	磷 P	钾 K	钠 Na	硫 S	钴 Co	铜 Cu	碘 I	铁 Fe	锰 Mn	硅 Si	钨 W	硒 Se	锌 Zn
		%													mg/kg								
鱼粉，机械压榨，粗蛋白质 55.1%～60%，粗脂肪 > 8% Fish, meal mechanical extracted, 55.1% ～ 60% protein more than 8% fat	5-24-009	89	—	—	—	—	—	4.69	—	—	2.60	—	—	—	—	—	—	—	—	—	—	—	—
		100	—	—	—	—	—	5.28	—	—	2.94	—	—	—	—	—	—	—	—	—	—	—	—
鱼粉，机械压榨，粗蛋白质 60.1%～64%，粗脂肪 3.1% ～ 8% Fish, meal mechanical extracted, 60.1% ～ 64% protein 3.1%～8% fat	5-24-011	91	—	—	—	—	—	5.03	—	1.05	2.24	0.76	4.13	—	—	—	—	430	28	—	—	—	105
		100	—	—	—	—	—	5.53	—	1.16	2.46	0.84	4.54	—	—	—	—	473	31	—	—	—	116
鱼粉，机械压榨，粗蛋白质 60.1%～64%，粗脂肪 > 8% Fish, meal mechanical extracted, 60.1% ～ 64% protein more than 8% fat	5-24-012	89	—	—	—	—	—	3.93	—	—	2.50	—	—	—	—	—	—	—	—	—	—	—	—
		100	—	—	—	—	—	4.40	—	—	2.80	—	—	—	—	—	—	—	—	—	—	—	—
鱼粉，机械压榨，粗蛋白质 60% Fish, meal mechanical extracted, 60% protein	5-01-981	91	—	—	—	—	—	4.02	—	0.19^{+}	2.81	0.42^{+}	0.26^{+}	—	3.20^{+}	4^{+}	—	320^{+}	16^{+}	—	—	—	94^{+}
		100	—	—	—	—	—	4.41	—	0.21^{+}	3.08	0.46^{+}	0.28^{+}	—	3.51^{+}	4^{+}	—	351^{+}	18^{+}	—	—	—	103^{+}
鱼粉，机械压榨，粗蛋白质 64.1%～70%，粗脂肪 3.1% ～ 8% Fish, meal mechanical extracted, 64.1% ～ 70% protein 3.1%～8% fat	5-24-014	91	—	—	—	—	—	4.03	—	0.29	2.55	0.75	1.20	—	—	9	—	380	25	—	—	—	106
		100	—	—	—	—	—	4.43	—	0.32	2.80	0.83	1.32	—	—	100	—	418	27	—	—	—	116

续表2-8-2

名称及描述	国际饲料编号	干物质 DM	细胞壁 CW	纤维素 Cellulose	半纤维素 Hemicellulose	木质素 Lignin	酸性洗涤纤维 ADF	钙 Ca	氯 Cl	镁 Mg	磷 P	钾 K	钠 Na	硫 S	钴 Co	铜 Cu	碘 I	铁 Fe	锰 Mn	硅 Si	钨 W	硒 Se	锌 Zn
		%													mg/kg								
鱼粉，机械压榨，粗蛋白质64.1%~70%，粗脂肪>8% Fish, meal mechanical extracted, 64.1%~70% protein more than 8% fat	5-24-015	91	—	—	—	—	—	3.08	—	—	1.90	—	—	—	—	—	—	—	—	—	—	—	—
		100	—	—	—	—	—	3.40	—	—	2.09	—	—	—	—	—	—	—	—	—	—	—	—
鱼粉，机械压榨，粗蛋白质>70% Fish, meal mechanical extracted, more than 70% protein	5-24-288	93	—	—	—	—	—	3.01	—	0.41	2.12	0.70	1.84	—	—	8	—	267	21	—	—	—	124
		100	—	—	—	—	—	3.23	—	0.44	2.28	0.75	1.97	—	—	9	—	287	22	—	—	—	133
鱼粉，粗蛋白质>40% Fish, meal, more than 40% protein	5-07-125	75	—	—	—	—	—	2.54	—	—	1.64	—	—	—	—	—	—	—	—	—	—	—	—
		100	—	—	—	—	—	3.38	—	—	2.19	—	—	—	—	—	—	—	—	—	—	—	—
浓缩鱼汁 Fish, solubles, condensed	5-01-969	48	—	—	—	—	—	0.13^{+}	2.57^{+}	0.03^{+}	0.55^{+}	1.54^{+}	2.23^{+}	0.12^{+}	0.07^{+}	44^{+}	1.05^{+}	250^{+}	13^{+}	—	—	—	42^{+}
		100	—	—	—	—	—	0.27^{+}	5.38^{+}	0.06^{+}	1.15^{+}	3.22^{+}	4.67^{+}	0.25^{+}	0.14^{+}	92^{+}	2.21^{+}	522^{+}	27^{+}	—	—	—	87^{+}
玉米麸，含胚芽 Maize, bran with germs	5-13-768	87	—	—	—	—	—	0.07	—	0.27	0.19	0.73	—	—	—	—	—	—	19	—	—	—	—
		100	—	—	—	—	—	0.08	—	0.31	0.22	0.84	—	—	—	—	—	—	22	—	—	—	—
玉米蛋白粉 Maize, gluten, meal	5-02-900	88	—	—	—	—	—	0.21	0.06^{+}	0.06^{+}	0.19	0.03^{+}	0.09^{+}	0.19^{+}	0.07^{+}	27^{+}	—	368^{+}	7^{+}	—	—	0.97^{+}	166^{+}
		100	—	—	—	—	—	0.24	0.07^{+}	0.06^{+}	0.22	0.03^{+}	0.10^{+}	0.22^{+}	0.08^{+}	30^{+}	—	420^{+}	8^{+}	—	—	1.11^{+}	190^{+}
玉米蛋白粉，粗蛋白质41% Maize, gluten, meal, 41% protein	5-20-411	91	—	—	—	—	—	0.07	—	0.05^{+}	0.07	0.03^{+}	0.10^{+}	0.50^{+}	—	28^{+}	—	399^{+}	7^{+}	—	—	—	—
		100	—	—	—	—	—	0.08	—	0.05^{+}	0.08	0.03^{+}	0.11^{+}	0.55^{+}	—	31^{+}	—	440^{+}	8^{+}	—	—	—	—
玉米蛋白粉，粗蛋白质50% Maize, gluten, meal, 50% protein	5-06-659	90	—	—	—	—	—	0.11	—	0.09	0.11	0.03	0.10	—	—	—	—	569	—	—	—	—	38
		100	—	—	—	—	—	0.12	—	0.09	0.12	0.03	0.11	—	—	—	—	629	—	—	—	—	42
玉米蛋白粉，粗蛋白质60% Maize, gluten, meal, 60% protein	5-09-318	91	—	—	—	—	—	0.10	0.09^{+}	0.09	0.26	0.04	0.01	0.66^{+}	0.05^{+}	97	0.02^{+}	358	106	—	—	0.84^{+}	33
		100	—	—	—	—	—	0.11	0.10^{+}	0.09	0.29	0.04	0.01	0.72^{+}	0.05^{+}	107	0.02^{+}	393	116	—	—	0.92^{+}	36

续表2-8-2

名称及描述	国际饲料编号	干物质 DM	细胞壁 CW	纤维素 Cellulose	半纤维素 Hemicellulose	木质素 Lignin	酸性洗涤纤维 ADF	钙 Ca	氯 Cl	镁 Mg	磷 P	钾 K	钠 Na	硫 S	钴 Co	铜 Cu	碘 I	铁 Fe	锰 Mn	硅 Si	钨 W	硒 Se	锌 Zn
		%													mg/kg								
玉米胚芽 Maize, germs	5-02-896	93	—	—	—	—	—	0.04	—	0.11	0.20	0.09	0.08	—	—	8	—	166	6	—	—	—	48
		100	—	—	—	—	—	0.05	—	0.12	0.21	0.10	0.09	—	—	9	—	179	6	—	—	—	51
玉米胚芽粕，机械压榨，粗脂肪 4.1%～8% Maize, germs, meal mechanical extracted, 4.1%～8% fat	5-25-554	90	—	—	—	—	—	0.01	—	0.54	0.46	0.42	0.03	—	—	5	—	169	11	—	—	—	35
		100	—	—	—	—	—	0.01	—	0.60	0.51	0.47	0.03	—	—	6	—	187	12	—	—	—	39
玉米胚芽粕，干磨法，溶剂浸提 Maize, germs, meal dry milled solvent extracted	5-02-868	90	—	—	—	—	—	0.08	0.05^{+}	0.04	0.18	0.09	0.01	—	0.86^{+}	10^{+}	—	192	13	—	—	0.32^{+}	31
		100	—	—	—	—	—	0.09	0.06^{+}	0.04	0.20	0.10	0.01	—	0.96^{+}	11^{+}	—	215	14	—	—	0.36^{+}	34
豌豆种子 Pea, garden, seeds	5-08-482	88	—	—	—	—	—	0.11	—	—	0.36	0.89^{+}	—	—	—	—	—	—	—	—	—	—	—
		100	—	—	—	—	—	0.13	—	—	0.41	1.01^{+}	—	—	—	—	—	—	—	—	—	—	—
油菜籽 Rape, seeds	5-08-109	88	—	—	—	—	—	0.28^{+}	—	—	0.54^{+}	—	—	—	—	—	—	—	—	—	—	—	—
		100	—	—	—	—	—	0.31^{+}	—	—	0.61^{+}	—	—	—	—	—	—	—	—	—	—	—	—
菜籽粕，机械压榨 Rape, seeds, meal mechanical extracted	5-03-870	89	—	—	—	—	—	0.70	—	0.38	0.86	1.19	0.37	—	—	21	—	341	84	—	—	0.93^{+}	81
		100	—	—	—	—	—	0.78	—	0.43	0.97	1.33	0.42	—	—	23	—	384	94	—	—	1.04^{+}	91
菜籽粕，溶剂浸提 Rape, seeds, meal solvent extracted	5-03-871	88	—	—	—	—	—	0.58	0.10^{+}	0.53	1.00	1.57	1.30	1.11^{+}	—	14	—	32	69	—	—	0.94^{+}	68
		100	—	—	—	—	—	0.66	0.11^{+}	0.60	1.13	1.78	1.48	1.25^{+}	—	16	—	36	78	—	—	1.07^{+}	77
芝麻籽 Sesame, seeds	5-08-509	88	—	—	—	—	—	0.90^{+}	—	—	0.67^{+}	—	—	—	—	—	—	—	—	—	—	—	—
		100	—	—	—	—	—	1.02^{+}	—	—	0.76^{+}	—	—	—	—	—	—	—	—	—	—	—	—
芝麻饼，机械压榨 Sesame, seeds, meal mechanical extracted	5-04-220	89	—	—	—	—	—	1.49	0.06^{+}	0.68	1.62	0.31	0.10	0.31^{+}	—	—	—	792	46^{+}	—	—	—	218
		100	—	—	—	—	—	1.68	0.07^{+}	0.77	1.83	0.35	0.11	0.35^{+}	—	—	—	891	52^{+}	—	—	—	245

续表2-8-2

名称及描述	国际饲料编号	干物质 DM	细胞壁 CW	纤维素 Cellulose	半纤维素 Hemicellulose	木质素 Lignin	酸性洗涤纤维 ADF	钙 Ca	氯 Cl	镁 Mg	磷 P	钾 K	钠 Na	硫 S	钴 Co	铜 Cu	碘 I	铁 Fe	锰 Mn	硅 Si	钨 W	硒 Se	锌 Zn
		%													mg/kg								
芝麻粕,溶剂浸提 Sesame, seeds, meal solvent extracted	5-09-906	89	—	—	—	—	—	0.99	—	0.63	1.31	1.34	0.10	—	—	70	—	82	77	—	—	—	86
		100	—	—	—	—	—	1.11	—	0.71	1.47	1.50	0.11	—	—	78	—	92	86	—	—	—	96
芝麻饼,蒸熟机械压榨 Sesame, seeds, meal boiled mechanical extracted	5-13-202	89	—	—	—	—	—	0.88	—	0.68	1.37	1.12	0.20	—	—	63	—	600	13	—	—	—	120
		100	—	—	—	—	—	0.99	—	0.77	1.54	1.26	0.23	—	—	71	—	675	15	—	—	—	135
芝麻粕,蒸熟溶剂浸提 Sesame, seeds, meal boiled solvent extracted	5-17-602	89	—	—	—	—	—	0.75	—	0.75	1.15	1.11	0.01	—	—	72	—	93	86	—	—	—	102
		100	—	—	—	—	—	0.85	—	0.85	1.30	1.25	0.01	—	—	81	—	105	97	—	—	—	115
带壳椰子粕,机械压榨 Coconut, kernels with coats, meal mechanical extracted(copra meal)	5-01-572	89	—	—	—	—	18^{+}	0.12	—	0.18	0.54	2.20	0.06	0.33^{+}	0.12^{+}	48	—	1476^{+}	75	—	—	—	79
		100	—	—	—	—	20^{+}	0.13	—	0.20	0.60	2.46	0.07	0.36^{+}	0.14^{+}	54	—	1651^{+}	83	—	—	—	88
赤豆(红小豆)种子 Bean, adzuki, seeds	5-25-158	85	—	—	—	—	—	0.09	—	0.20	0.53	—	0.10	—	—	12	—	25	25	—	—	—	41
		100	—	—	—	—	—	0.11	—	0.24	0.62	—	0.12	—	—	14	—	30	30	—	—	—	48
蓖麻籽粕,溶剂浸提 Castorbean, seeds, meal solvent extracted	5-13-341	89	—	—	—	—	—	0.21	—	—	0.98	—	—	—	—	—	—	—	—	—	—	—	—
		100	—	—	—	—	—	0.24	—	—	1.09	—	—	—	—	—	—	—	—	—	—	—	—
向日葵籽 Sunflower, seeds	5-08-530	89	—	—	—	—	—	0.09	0.02^{+}	0.20	0.37	0.64^{+}	0.03	—	—	19	—	232	11	—	—	—	65^{+}
		100	—	—	—	—	—	0.10	0.02^{+}	0.23	0.41	0.72^{+}	0.03	—	—	22	—	262	12	—	—	—	73^{+}
向日葵仁饼,机械压榨 Sunflower, seeds, meal mechanical extracted	5-27-477	88	—	—	—	—	—	0.30	—	0.27	0.64	0.69	0.04	—	—	—	—	—	20	—	—	—	73
		100	—	—	—	—	—	0.35	—	0.31	0.72	0.78	0.05	—	—	—	—	—	22	—	—	—	84
向日葵仁粕,溶剂浸提 Sunflower, seeds, meal solvent extracted	5-30-032	90	—	—	—	—	—	0.26^{+}	—	0.51^{+}	0.58	1.28^{+}	0.01^{+}	—	2.57^{+}	31^{+}	—	209^{+}	23^{+}	—	—	—	94^{+}
		100	—	—	—	—	—	0.29^{+}	—	0.56^{+}	0.65	1.42^{+}	0.01^{+}	—	2.85^{+}	34^{+}	—	232^{+}	26^{+}	—	—	—	105^{+}

续表2-8-2

名称及描述	国际饲料编号	干物质 DM	细胞壁 CW	纤维素 Cellulose	半纤维素 Hemicellulose	木质素 Lignin	酸性洗涤纤维 ADF	钙 Ca	氯 Cl	镁 Mg	磷 P	钾 K	钠 Na	硫 S	钴 Co	铜 Cu	碘 I	铁 Fe	锰 Mn	硅 Si	钨 W	硒 Se	锌 Zn
		%													mg/kg								
去壳向日葵籽 Sunflower, seeds without hulls	5-08-128	87	—	—	—	—	—	0.15^{+}	0.01^{+}	0.35^{+}	0.82^{+}	0.84^{+}	0.03^{+}	0.02^{+}	—	—	—	64^{+}	—	—	—	—	—
		100	—	—	—	—	—	0.17^{+}	0.01^{+}	0.40^{+}	0.94^{+}	0.97^{+}	0.03^{+}	0.02^{+}	—	—	—	74^{+}	—	—	—	—	—
褐藻,全藻,晒干 Algae, brown, whole, sun-cured (*Ecklonia kurome*)	5-06-718	92	—	—	—	—	—	0.22	—	0.79	0.23	2.93	9.94	—	—	18	—	602	—	—	—	—	51
		100	—	—	—	—	—	0.24	—	0.86	0.25	3.19	10.83	—	—	20	—	656	—	—	—	—	56
wrighlitica 藻,全藻,晒干 Algae, wrighlitica, whole, sun-cured	5-06-723	85	—	—	—	—	—	0.59	—	0.70	0.12	4.00	2.79	—	—	12	—	208	6	—	—	—	24
		100	—	—	—	—	—	0.70	—	0.82	0.14	4.71	3.28	—	—	14	—	245	7	—	—	—	28
褐藻,全藻,晒干 Algae, brown, whole, sun-cured (*Undaria Pinnatifida*)	5-06-728	92	—	—	—	—	—	0.44	—	0.44	0.24	8.33	7.64	—	—	9	—	352	14	—	—	—	27
		100	—	—	—	—	—	0.48	—	0.48	0.26	9.01	8.26	—	—	10	—	381	15	—	—	—	29
刺松藻(推测译名,Codium fragile 为刺松藻,绿藻中的一种),全藻,晒干 Algae, fragile, whole, sun-cured	5-06-717	92	—	—	—	—	—	0.67	—	0.53	0.10	1.31	17.10	—	—	28	—	—	84	—	—	—	54
		100	—	—	—	—	—	0.73	—	0.58	0.11	1.42	18.59	—	—	30	—	—	91	—	—	—	59
绿藻,全藻,晒干 Algae, green, whole, sun-cured	5-06-721	92	—	—	—	—	—	0.56	—	0.54	0.12	10.29	3.09	—	—	6	—	342	12	—	—	—	57
		100	—	—	—	—	—	0.61	—	0.59	0.13	11.21	3.37	—	—	7	—	373	13	—	—	—	62
stolonifera 褐藻,全藻,晒干 Algae, stolonifera, whole, sun-cured	5-06-719	91	—	—	—	—	—	0.66	—	0.53	0.10	1.30	16.95	—	—	28	—	330	83	—	—	—	54
		100	—	—	—	—	—	0.73	—	0.58	0.11	1.42	18.59	—	—	30	—	362	91	—	—	—	59
啤酒酵母,脱水 Yeast, brewers, dehydrated	5-05-527	91	—	—	—	—	4^{+}	0.40	0.07^{+}	0.23^{+}	0.48	1.66^{+}	0.07^{+}	0.41^{+}	0.18^{+}	38^{+}	0.35^{+}	84^{+}	7^{+}	—	—	0.89^{+}	38^{+}
		100	—	—	—	—	4^{+}	0.44	0.08^{+}	0.26^{+}	0.53	1.83^{+}	0.08^{+}	0.45^{+}	0.20^{+}	42^{+}	0.38^{+}	92^{+}	7^{+}	—	—	0.98^{+}	42^{+}
啤酒酵母,湿 Yeast, brewers, wet	5-13-789	26	—	—	—	—	—	0.11	—	—	0.18	—	—	—	—	—	—	—	—	—	—	—	—
		100	—	—	—	—	—	0.43	—	—	0.71	—	—	—	—	—	—	—	—	—	—	—	—

注:CW 为 Cell walls(细胞壁),W 为 Tungsten(钨)。

3. 维生素含量

表 2-8-3 维生素含量

名称及描述	国际饲料编号	干物质 DM	胡萝卜素 Carotene	维生素 A	维生素 D_2	维生素 E	维生素 K	生物素 Biotin	胆碱 Choline	叶酸 Folic acid	烟酸 Niacin	泛酸 Pantothenic acid	维生素 B_2	维生素 B_1	维生素 B_6	维生素 B_{12}	叶黄素 Xanthophylls
		%	mg/kg	IU/g	IU/kg	mg/kg	mg/kg	mg/kg	mg/kg	mg/kg	mg/kg	mg/kg	mg/kg	mg/kg	mg/kg	μg/kg	mg/kg
家禽羽毛粉，水解 Poultry, feathers, meal hydrolyzed	5-03-795	92	—	—	—	—	—	0.04^{+}	881^{+}	0.21^{+}	21^{+}	8.9^{+}	2.0^{+}	0.1^{+}	2.9^{+}	82^{+}	—
		100	—	—	—	—	—	0.05^{+}	962^{+}	0.23^{+}	23^{+}	9.7^{+}	2.2^{+}	0.1^{+}	3.2^{+}	90^{+}	—
菜豆种子 Bean, kidney, seeds	5-00-600	87	—	0.2^{+}	—	—	—	—	—	—	24^{+}	—	1.8^{+}	5.6^{+}	—	—	—
		100	—	0.2^{+}	—	—	—	—	—	—	27^{+}	—	2.1^{+}	6.4^{+}	—	—	—
辣椒种子粕，溶剂浸提 Pepper, tabasco, seeds, meal solvent extracted	5-06-697	90	—	—	—	—	—	4.80	523	—	124	—	1.9	—	—	—	—
		100	—	—	—	—	—	5.36	584	—	138	—	2.1	—	—	—	—
蚕蛹，脱水 Silkworm, pupae, dehydrated	5-11-787	90	—	—	—	—	—	1.77	959	—	2	—	2.3	—	—	—	—
		100	—	—	—	—	—	1.96	1063	—	2	—	2.5	—	—	—	—
动物肉骨粉，脱脂 Animal, meat with bone, meal rendered	5-00-388	94	—	—	—	1^{+}	—	0.10^{+}	2054^{+}	0.37^{+}	51^{+}	5.5^{+}	4.7^{+}	0.2^{+}	6.2^{+}	119^{+}	—
		100	—	—	—	1^{+}	—	0.11^{+}	2196^{+}	0.40^{+}	55^{+}	5.9^{+}	5.0^{+}	0.2^{+}	6.6^{+}	127^{+}	—
动物肉骨粉，脱脂，粗蛋白质 45% Animal, meat with bone, meal rendered, 45% protein	5-09-321	94	—	—	—	—	—	—	2198^{+}	—	46^{+}	4.6^{+}	3.9^{+}	—	—	30^{+}	—
		100	—	—	—	—	—	—	2347^{+}	—	49^{+}	4.9^{+}	4.2^{+}	—	—	32^{+}	—
动物肉骨粉，脱脂，粗蛋白质 50% Animal, meat with bone, meal rendered, 50% protein	5-09-322	93	—	—	—	1^{+}	—	0.23^{+}	2104^{+}	0.43^{+}	50^{+}	4.4^{+}	4.4^{+}	0.2^{+}	3.0^{+}	127^{+}	—
		100	—	—	—	2^{+}	—	0.24^{+}	2273^{+}	0.46^{+}	54^{+}	4.8^{+}	4.7^{+}	0.2^{+}	3.2^{+}	137^{+}	—

续表2-8-3

名称及描述	国际饲料编号	干物质 DM	胡萝卜素 Carotene	维生素 A	维生素 D_2	维生素 E	维生素 K	生物素 Biotin	胆碱 Choline	叶酸 Folic acid	烟酸 Niacin	泛酸 Pantothenic acid	维生素 B_2	维生素 B_1	维生素 B_6	维生素 B_{12}	叶黄素 Xanthophylls
		%	mg/kg	IU/g	IU/kg	mg/kg	mg/kg	mg/kg	mg/kg	mg/kg	mg/kg	mg/kg	mg/kg	mg/kg	mg/kg	μg/kg	mg/kg
动物血粉 Animal, blood, meal	5-00-380	89	—	—	—	—	—	0.08^{+}	764^{+}	0.10^{+}	31^{+}	2.3^{+}	1.9^{+}	0.3^{+}	4.3^{+}	43^{+}	—
		100	—	—	—	—	—	0.09^{+}	854^{+}	0.11^{+}	34^{+}	2.6^{+}	2.2^{+}	0.4^{+}	4.8^{+}	49^{+}	—
紫苏籽粕,机械压榨 Perilla, common, seeds, meal mechanical extracted	5-03-690	88	—	—	—	—	—	2.23	949	—	240	—	1.6	—	—	—	—
		100	—	—	—	—	—	2.52	1072	—	272	—	1.8	—	—	—	—
去壳花生仁 Peanut, seeds without coats	5-03-657	93	—	—	—	—	—	—	—	—	146^{+}	34.6^{+}	1.8^{+}	9.0^{+}	—	—	—
		100	—	—	—	—	—	—	—	—	156^{+}	37.1^{+}	2.0^{+}	9.7^{+}	—	—	—
去壳花生饼,机械压榨 Peanut, seeds without coats, meal mechanical extracted	5-03-649	91	—	—	—	2^{+}	—	0.32^{+}	1857^{+}	0.64^{+}	168^{+}	45.0^{+}	7.0^{+}	6.4^{+}	7.2^{+}	—	—
		100	—	—	—	3^{+}	—	0.35^{+}	2052^{+}	0.71^{+}	186^{+}	49.7^{+}	7.7^{+}	7.0^{+}	8.0^{+}	—	—
去壳花生粕,溶剂浸提 Pea nut, seeds without coats, meal solvent extracted	5-03-650	90	—	—	—	3^{+}	—	0.32^{+}	1913^{+}	0.64^{+}	170^{+}	45.7^{+}	8.9^{+}	5.6^{+}	5.5^{+}	—	—
		100	—	—	—	3^{+}	—	0.36^{+}	2120^{+}	0.71^{+}	188^{+}	50.7^{+}	9.8^{+}	6.2^{+}	6.1^{+}	—	—
棉籽粕,机械压榨 Cotton, seeds, meal mechanical extracted	5-01-609	89	—	—	—	—	—	—	—	—	—	—	3.0^{+}	—	—	—	—
		100	—	—	—	—	—	—	—	—	—	—	3.3^{+}	—	—	—	—
去绒棉籽粕,溶剂浸提 Cotton, seeds without lint, meal solvent extracted	5-01-619	89	—	—	—	8^{+}	—	—	2678^{+}	—	—	—	—	—	6.1^{+}	—	—
		100	—	—	—	9^{+}	—	—	3013^{+}	—	—	—	—	—	6.9^{+}	—	—
小麦面筋 Wheat, gluten	5-05-221	90	—	0.5^{+}	80^{+}	34^{+}	—	0.00^{+}	576^{+}	0.74^{+}	9	5.8^{+}	1.8	0.9^{+}	2.3^{+}	73^{+}	—
		100	—	0.5^{+}	88^{+}	38^{+}	—	0.00^{+}	640^{+}	0.82^{+}	10	6.4^{+}	2.0	1.0^{+}	2.5^{+}	81^{+}	—
小麦胚芽粕,机械压榨 Wheat, germs, meal mechanical extracted	5-05-217	88	6^{+}	—	—	100^{+}	—	0.21^{+}	3466^{+}	1.92^{+}	49^{+}	11.6^{+}	5.0^{+}	24.9^{+}	12.5^{+}	—	—
		100	7^{+}	—	—	114^{+}	—	0.24^{+}	3953^{+}	2.19^{+}	56^{+}	13.3^{+}	5.7^{+}	28.4^{+}	14.3^{+}	—	—

续表2-8-3

名称及描述	国际饲料编号	干物质 DM	胡萝卜素 Carotene	维生素 A	维生素 D_2	维生素 E	维生素 K	生物素 Biotin	胆碱 Choline	叶酸 Folic acid	烟酸 Niacin	泛酸 Pantothenic acid	维生素 B_2	维生素 B_1	维生素 B_6	维生素 B_{12}	叶黄素 Xanthophylls
		%	mg/kg	IU/g	IU/kg	mg/kg	mg/kg	mg/kg	mg/kg	mg/kg	mg/kg	mg/kg	mg/kg	mg/kg	mg/kg	μg/kg	mg/kg
小麦胚芽,粉碎 Wheat, germs, ground	5-05-218	87	—	—	—	140^{+}	—	0.21^{+}	3028^{+}	2.10^{+}	67^{+}	18.3^{+}	5.5^{+}	22.9^{+}	9.9^{+}	—	—
		100	—	—	—	160^{+}	—	0.24^{+}	3465^{+}	2.40^{+}	77^{+}	20.9^{+}	6.3^{+}	26.2^{+}	11.3^{+}	—	—
大麦芽,脱水 Barley, malt sprouts, dehydrated	5-00-545	90	—	—	—	12^{+}	—	3.95^{+}	1537^{+}	0.20^{+}	49^{+}	8.5^{+}	2.9^{+}	8.0^{+}	9.8^{+}	—	—
		100	—	—	—	13^{+}	—	4.40^{+}	1713^{+}	0.22^{+}	54^{+}	9.5^{+}	3.2^{+}	8.9^{+}	10.9^{+}	—	—
牛奶,脱水 Cattle, milk, dehydrated	5-01-167	88	—	10.8^{+}	311^{+}	—	—	0.35^{+}	—	—	8^{+}	21.0^{+}	18.2^{+}	3.5^{+}	4.4^{+}	—	—
		100	—	12.3^{+}	353^{+}	—	—	0.40^{+}	—	—	9^{+}	23.8^{+}	20.6^{+}	3.9^{+}	4.9^{+}	—	—
脱脂牛奶,脱水 Cattle, skimmed milk, dehydrated	5-01-175	87	—	—	390^{+}	8^{+}	—	0.31^{+}	1294^{+}	0.58^{+}	11^{+}	33.8^{+}	17.7^{+}	3.5^{+}	4.0^{+}	47^{+}	—
		100	—	—	446^{+}	10^{+}	—	0.35^{+}	1480^{+}	0.66^{+}	12^{+}	38.6^{+}	20.3^{+}	3.9^{+}	4.5^{+}	54^{+}	—
亚麻籽饼,机械压榨 Flax, common, seeds, meal mechanical extracted (linseed meal)	5-02-045	90	—	—	—	8^{+}	—	4.30	1770^{+}	2.83^{+}	37^{+}	14.3^{+}	5.0^{+}	4.2^{+}	5.5^{+}	—	2^{+}
		100	—	—	—	9^{+}	—	4.76	1962^{+}	3.13^{+}	41^{+}	15.8^{+}	5.5^{+}	4.6^{+}	6.1^{+}	—	2^{+}
亚麻籽粕,溶剂浸提 Flax, common, seeds, meal solvent extracted (linseed meal)	5-02-048	89	—	—	—	12^{+}	—	—	1381^{+}	1.25^{+}	33^{+}	14.5^{+}	2.8^{+}	7.5^{+}	7.7^{+}	—	—
		100	—	—	—	13^{+}	—	—	1544^{+}	1.40^{+}	37^{+}	16.3^{+}	3.2^{+}	8.4^{+}	8.6^{+}	—	—
鱼粉,鲭鱼,机械压榨 Fish, mackerel, meal mechanical extracted	5-02-006	88	—	—	—	—	—	—	—	—	61^{+}	—	5.4^{+}	—	—	390^{+}	—
		100	—	—	—	—	—	—	—	—	69^{+}	—	6.1^{+}	—	—	443^{+}	—
鱼粉,鳕鱼,机械压榨,生长期鱼 Fish, pollack, meal mechanical extracted, grower	5-06-781	90	—	—	—	—	—	2.49	—	—	—	—	5.3	—	—	—	—
		100	—	—	—	—	—	2.77	—	—	—	—	5.9	—	—	—	—

续表2-8-3

名称及描述	国际饲料编号	干物质 DM	胡萝卜素 Carotene	维生素 A	维生素 D_2	维生素 E	维生素 K	生物素 Biotin	胆碱 Choline	叶酸 Folic acid	烟酸 Niacin	泛酸 Pantothenic acid	维生素 B_2	维生素 B_1	维生素 B_6	维生素 B_{12}	叶黄素 Xanthophylls
		%	mg/kg	IU/g	IU/kg	mg/kg	mg/kg	mg/kg	mg/kg	mg/kg	mg/kg	mg/kg	mg/kg	mg/kg	mg/kg	μg/kg	mg/kg
鱼粉，太平洋沙丁鱼，机械压榨 Fish, sardine, pacific, meal mechanical extracted	5-08-986	88	—	—	—	—	—	0.45	—	—	—	—	4.0	—	—	—	—
		100	—	—	—	—	—	0.51	—	—	—	—	4.5	—	—	—	—
鱼粉，鲀鱼，机械压榨 Fish, file-fish, meal mechanical extracted	5-06-676	90	—	—	—	—	—	4.21	—	—	—	—	8.9	—	—	—	—
		100	—	—	—	—	—	4.70	—	—	—	—	9.9	—	—	—	—
鱼粉，机械压榨，粗蛋白质 50.1%～55%，粗脂肪 3.1%～8% Fish, meal mechanical extracted, 50.1% ～ 55% protein 3.1%～8% fat	5-24-283	90	—	—	—	—	—	2.45	—	—	—	—	7.8	—	—	—	—
		100	—	—	—	—	—	2.73	—	—	—	—	8.7	—	—	—	—
鱼粉，机械压榨，粗蛋白质 55.1%～60%，粗脂肪 3.1%～8% Fish, meal mechanical extracted, 55.1%～60% protein 3.1%～8% fat	5-24-008	90	—	—	—	—	—	1.75	—	—	—	—	2.0	—	—	—	—
		100	—	—	—	—	—	1.94	—	—	—	—	2.3	—	—	—	—
鱼粉，机械压榨，粗蛋白质 60% Fish, meal mechanical extracted, 60% protein	5-01-981	91	—	—	—	—	—	—	2904^{+}	—	63^{+}	6.7^{+}	5.6^{+}	—	—	—	—
		100	—	—	—	—	—	—	3184^{+}	—	69^{+}	7.3^{+}	6.1^{+}	—	—	—	—
浓缩鱼汁 Fish, solubles, condensed	5-01-969	48	1^{+}	—	—	—	—	0.13^{+}	3178^{+}	0.21^{+}	168^{+}	33.8^{+}	11.8^{+}	4.8^{+}	11.6^{+}	451^{+}	0^{+}
		100	3^{+}	—	—	—	—	0.28^{+}	6650^{+}	0.44^{+}	351^{+}	70.8^{+}	24.7^{+}	10.0^{+}	24.2^{+}	944^{+}	0^{+}
玉米蛋白粉 Maize, gluten, meal	5-02-900	88	16^{+}	—	—	28^{+}	—	0.18^{+}	345^{+}	0.29^{+}	48^{+}	9.6^{+}	1.4^{+}	0.2^{+}	7.7^{+}	—	177^{+}
		100	18^{+}	—	—	32^{+}	—	0.21^{+}	394^{+}	0.33^{+}	55^{+}	10.9^{+}	1.6^{+}	0.2^{+}	8.8^{+}	—	202^{+}
玉米蛋白粉，粗蛋白质 41% Maize, gluten, meal, 41% protein	5-20-411	91	16^{+}	—	—	42^{+}	—	0.15^{+}	329^{+}	0.20^{+}	52^{+}	11.3^{+}	2.0^{+}	0.2^{+}	8.0^{+}	—	133^{+}
		100	18^{+}	—	—	46^{+}	—	0.16^{+}	363^{+}	0.22^{+}	58^{+}	12.5^{+}	2.2^{+}	0.2^{+}	8.8^{+}	—	147^{+}
玉米蛋白粉，粗蛋白质 60% Maize, gluten, meal, 60% protein	5-09-318	91	31^{+}	—	—	24^{+}	—	1.18	355^{+}	0.26^{+}	60^{+}	3.5^{+}	0.6	0.2^{+}	7.0^{+}	—	268^{+}
		100	34^{+}	—	—	26^{+}	—	1.29	390^{+}	0.28^{+}	66^{+}	3.9^{+}	0.6	0.3^{+}	7.6^{+}	—	294^{+}

续表2-8-3

名称及描述	国际饲料编号	干物质 DM	胡萝卜素 Carotene	维生素 A	维生素 D_2	维生素 E	维生素 K	生物素 Biotin	胆碱 Choline	叶酸 Folic acid	烟酸 Niacin	泛酸 Pantothenic acid	维生素 B_2	维生素 B_1	维生素 B_6	维生素 B_{12}	叶黄素 Xanthophylls
		%	mg/kg	IU/g	IU/kg	mg/kg	mg/kg	mg/kg	mg/kg	mg/kg	mg/kg	mg/kg	mg/kg	mg/kg	mg/kg	μg/kg	mg/kg
玉米胚芽 Maize,germs	5-02-896	93	—	—	—	—	—	2.14	1840^{+}	—	32^{+}	5.2^{+}	0.6	25.1^{+}	—	—	—
		100	—	—	—	—	—	2.30	1977^{+}	—	34^{+}	5.6^{+}	0.6	26.9^{+}	—	—	—
玉米胚芽粕,干磨法,溶剂浸提 Maize,germs,meal dry milled solvent extracted	5-02-868	90	—	—	—	86^{+}	—	8.30	212	0.69^{+}	23	4.4^{+}	2.7	2.8^{+}	—	—	—
		100	—	—	—	96^{+}	—	9.26	236	0.77^{+}	26	4.9^{+}	3.1	3.1^{+}	—	—	—
油菜籽 Rape,seeds	5-08-109	88	—	—	—	—	—	—	—	—	—	—	—	—	11.3^{+}	—	—
		100	—	—	—	—	—	—	—	—	—	—	—	—	12.8^{+}	—	—
菜籽粕,机械压榨 Rape,seeds,meal mechanical extracted	5-03-870	89	—	—	—	18^{+}	—	—	6131^{+}	—	145^{+}	8.4^{+}	3.5^{+}	1.6^{+}	—	—	—
		100	—	—	—	20^{+}	—	—	6899^{+}	—	163^{+}	9.4^{+}	3.9^{+}	1.8^{+}	—	—	—
菜籽粕,溶剂浸提 Rape,seeds,meal solvent extracted	5-03-871	88	—	—	—	—	—	1.43	6434^{+}	—	142^{+}	7.8^{+}	1.8	1.5^{+}	7.0^{+}	—	—
		100	—	—	—	—	—	1.61	7278^{+}	—	161^{+}	8.8^{+}	2.0	1.7^{+}	8.0^{+}	—	—
芝麻饼,机械压榨 Sesame,seeds,meal mechanical extracted	5-04-220	89	—	—	—	—	—	—	1479^{+}	—	18^{+}	5.6^{+}	3.2^{+}	2.7^{+}	12.0^{+}	—	—
		100	—	—	—	—	—	—	1663^{+}	—	20^{+}	6.3^{+}	3.6^{+}	3.0^{+}	13.4^{+}	—	—
芝麻饼,蒸熟机械压榨 Sesame,seeds,meal boiled mechanical extracted	5-13-202	89	—	—	—	—	—	—	1469^{+}	—	13^{+}	6.1^{+}	3.6^{+}	—	—	—	—
		100	—	—	—	—	—	—	1652^{+}	—	14^{+}	6.9^{+}	4.0^{+}	—	—	—	—
带壳椰子粕,机械压榨 Coconut,kernels with coats,meal mechanical extracted (copra meal)	5-01-572	89	—	—	—	—	—	1.39	429	1.34^{+}	3	6.1^{+}	0.8	0.7^{+}	—	—	—
		100	—	—	—	—	—	1.56	480	1.50^{+}	4	6.8^{+}	0.9	0.8^{+}	—	—	—
向日葵籽 Sunflower,seeds	5-08-530	89	—	—	—	—	—	—	—	—	—	—	3.1^{+}	0.4^{+}	—	—	—
		100	—	—	—	—	—	—	—	—	—	—	3.5^{+}	0.5^{+}	—	—	—
去壳向日葵籽 Sunflower,seeds without hulls	5-08-128	87	—	—	0.5^{+}	—	—	—	—	—	49^{+}	—	2.1^{+}	17.9^{+}	—	—	—
		100	—	—	0.5^{+}	—	—	—	—	—	57^{+}	—	2.4^{+}	20.6^{+}	—	—	—

4. 氨基酸含量

表 2-8-4 氨基酸含量

%

名称及描述	国际饲料编号	干物质 DM	粗蛋白质 CP	精氨酸 Arg	甘氨酸 Gly	组氨酸 His	异亮氨酸 Ile	亮氨酸 Leu	赖氨酸 Lys	蛋氨酸 Met	胱氨酸 Cystine	苯丙氨酸 Phe	酪氨酸 Tyr	丝氨酸 Ser	苏氨酸 Thr	色氨酸 Trp	缬氨酸 Val	丙氨酸 Ala	天冬氨酸 Asp	半胱氨酸 Cysteine	谷氨酸 Glu	羟(基)脯氨酸 Hydroxyproline	脯氨酸 Pro	生物价值 Biological Value	龙葵素,茄碱 Solanine
家禽孵化场副产品粉,蒸过 Poultry, hatchery by-product, meal boiled	5-03-796	90	26.0^{+}	1.25^{+}	1.43^{+}	0.52^{+}	0.94^{+}	1.59^{+}	1.07^{+}	0.49^{+}	—	0.91^{+}	—	—	0.88^{+}	0.34^{+}	1.30^{+}	—	—	—	—	—	—	—	—
		100	28.9^{+}	1.39^{+}	1.59^{+}	0.58^{+}	1.04^{+}	1.77^{+}	1.19^{+}	0.54^{+}	—	1.01^{+}	—	—	0.98^{+}	0.38^{+}	1.44^{+}	—	—	—	—	—	—	—	—
家禽羽毛粉,水解 Poultry, feathers, meal hydrolyzed	5-03-795	92	74.9	5.17	6.29	0.38	3.91	6.57	1.51	0.29	3.21	3.92	1.65	6.49	3.35	0.51^{+}	6.23	3.55	4.39	—	8.85	—	9.20	—	—
		100	81.9	5.65	6.87	0.42	4.27	7.18	1.65	0.32	3.51	4.28	1.80	7.09	3.66	0.56^{+}	6.91	3.88	4.80	—	9.67	—	10.06	—	—
辣椒种子粕,机械压榨 Pepper, tabasco, seeds, meal mechanical extracted	5-06-696	90	21.9	1.54	0.99	0.33	0.67	1.27	0.73	0.23	—	0.78	0.39	0.83	0.72	—	0.83	1.02	1.84	—	4.00	—	0.81	—	—
		100	24.4	1.72	1.10	0.37	0.75	1.42	0.81	0.26	—	0.87	0.43	0.93	0.80	—	0.93	1.14	2.05	—	4.46	—	0.90	—	—
蚕蛹,脱水 Silkworm, pupae, dehydrated	5-11-787	90	52.0	—	1.23	—	3.01	2.58	—	2.32	5.66	1.60	—	—	—	—	2.30	—	—	—	—	—	—	—	—
		100	57.6	—	1.36	—	3.34	2.86	—	2.57	6.27	1.78	—	—	—	—	2.55	—	—	—	—	—	—	—	—
肉鸡粪,脱水 Chicken, broilers, manure, dehydrated	5-06-647	87	—	0.35	1.07	0.16	0.38	0.65	0.30	0.14	0.14	0.36	0.27	0.37	0.39	—	0.50	0.64	0.73	—	1.24	—	0.69	—	—
		100	—	0.40	1.23	0.18	0.44	0.75	0.35	0.16	0.16	0.41	0.31	0.42	0.45	—	0.58	0.74	0.84	—	1.43	—	0.79	—	—
豆腐渣,脱水 Soybean, curd process residue, dehydrated	5-06-735	90	28.0	1.38	1.48	0.82	1.35	2.35	2.06	0.55	0.37	1.45	1.05	1.16	1.15	—	1.29	1.09	2.38	—	2.09	—	0.47	—	—
		100	31.1	1.54	1.64	0.91	1.50	2.61	2.29	0.61	0.41	1.61	1.16	1.29	1.28	—	1.43	1.21	2.64	—	2.32	—	0.52	—	—
猪粪,脱水 Swine, manure, dehydrated	5-06-790	90	14.4	0.31	—	—	—	—	—	—	—	—	—	—	—	—	—	—	—	—	—	—	—	—	—
		100	16.0	0.34	—	—	—	—	—	—	—	—	—	—	—	—	—	—	—	—	—	—	—	—	—
猪粪,湿 Swine, manure, wet	5-07-121	40	11.4^{+}	0.14	0.18	0.08	0.13	0.37	0.17	0.05	—	0.14	0.08	0.14	0.13	—	0.18	0.33	0.29	—	0.52	—	0.20	—	—
		100	28.4^{+}	0.35	0.44	0.20	0.32	0.93	0.43	0.12	—	0.36	0.21	0.34	0.33	—	0.45	0.82	0.71	—	1.30	—	0.49	—	—
动物皮肉渣,酸水解,脱脂 Animal, skin fleshings, acid hydrolyzed wet rendered	5-08-094	90	74.6	5.06	16.90	0.39	0.99	2.00	2.08	0.48	0.03	1.35	0.47	2.27	1.25	—	1.49	6.80	4.25	—	8.47	—	9.68	—	—
		100	82.7	5.61	18.74	0.43	1.09	2.22	2.30	0.54	0.03	1.49	0.52	2.52	1.38	—	1.65	7.54	4.71	—	9.39	—	10.73	—	—

续表2-8-4

名称及描述	国际饲料编号	干物质 DM	粗蛋白质 CP	精氨酸 Arg	甘氨酸 Gly	组氨酸 His	异亮氨酸 Ile	亮氨酸 Leu	赖氨酸 Lys	蛋氨酸 Met	胱氨酸 Cystine	苯丙氨酸 Phe	酪氨酸 Tyr	丝氨酸 Ser	苏氨酸 Thr	色氨酸 Trp	缬氨酸 Val	丙氨酸 Ala	天冬氨酸 Asp	半胱氨酸 Cysteine	谷氨酸 Glu	羟(基)脯氨酸 Hydroxy-proline	脯氨酸 Pro	生物价值 Biological Value	龙葵素,茄碱 Solanine
动物肉骨粉,脱脂 Animal, meat with bone, meal rendered	5-00-388	94	43.1	3.54+	6.51+	1.01+	1.65+	3.11+	2.94+	0.67+	0.53+	1.72+	0.89+	1.90+	1.67+	0.31+	2.45+	3.98+	3.60+	—	8.41+	3.26+	6.94+	—	—
		100	46.1	3.78+	6.96+	1.08+	1.76+	3.33+	3.14+	0.72+	0.56+	1.84+	0.96+	2.03+	1.78+	0.33+	2.61+	4.25+	3.84+	—	8.99+	3.48+	7.42+	—	—
动物肉骨粉,脱脂,粗蛋白质 45% Animal, meat with bone, meal rendered, 45% protein	5-09-321	94	46.4	4.58	4.50	1.09	2.62	2.52	2.19	0.55	0.77	1.13	0.71	1.54+	1.17	0.26+	1.75+	3.86+	3.34+	—	5.45+	3.82+	4.38+	—	—
		100	49.5	4.89	4.80	1.17	2.80	2.69	2.34	0.58	0.82	1.21	0.76	1.65+	1.25	0.28+	1.87+	4.12+	3.56+	—	5.82+	4.08+	4.68+	—	—
动物肉骨粉,脱脂,粗蛋白质 50% Animal, meat with bone, meal rendered, 50% protein	5-09-322	93	50.1	3.64+	6.67+	1.15+	1.43+	2.95+	2.87+	0.68+	0.45+	1.62+	1.05+	1.87+	1.57+	0.27+	2.09+	4.07+	3.72+	—	5.50+	3.22+	4.27+	—	—
		100	54.2	3.93+	7.21+	1.24+	1.54+	3.19+	3.11+	0.73+	0.49+	1.75+	1.14+	2.02+	1.69+	0.30+	2.26+	4.40+	4.02+	—	5.94+	3.48+	4.61+	—	—
动物血粉 Animal, blood, meal	5-00-380	89	84.7	3.15+	3.35+	3.86+	0.85+	9.75+	6.18+	0.90+	1.26+	5.38+	1.83+	4.25+	3.47+	0.99+	6.38+	5.47+	8.58+	—	6.96+	—	3.62+	—	—
		100	94.6	3.52+	3.74+	4.31+	0.95+	10.89+	6.91+	1.00+	1.41+	6.01+	2.05+	4.75+	3.88+	1.10+	7.13+	6.12+	9.59+	—	7.78+	—	4.04+	—	—
猪内脏粉 Swine, viscera, meal	5-07-120	90	—	0.41	0.81	0.43	0.41	0.72	0.48	0.15	—	0.41	0.22	0.45	0.44	—	0.56	0.80	1.02		1.35	—	0.49	—	—
		100	—	0.46	0.90	0.48	0.45	0.80	0.54	0.17	—	0.46	0.24	0.50	0.49	—	0.62	0.89	1.14		1.50	—	0.55	—	—
紫苏籽粕,机械压榨 Perilla, common, seeds, meal mechanical extracted	5-03-690	88	35.7	3.44	1.65	0.77	1.27	2.36	1.06	0.80	0.49	1.65	1.16	1.69	1.19	—	1.51	1.49	2.89		7.55	—	1.38	—	—
		100	40.4	3.89	1.87	0.87	1.44	2.67	1.20	0.90	0.55	1.86	1.31	1.92	1.35	—	1.71	1.68	3.27		8.54	—	1.56	—	—
紫苏籽粕,溶剂浸提 Perilla, common, seeds, meal solvent extracted	5-06-698	88	38.8	3.24	1.62	0.54	1.11	2.23	0.96	0.84	0.44	1.48	1.01	1.52	1.03	—	1.51	1.50	2.82		7.55	—	1.41	—	—
		100	44.1	3.68	1.84	0.61	1.26	2.54	1.09	0.96	0.50	1.69	1.15	1.72	1.17	—	1.71	1.70	3.20		8.58	—	1.60		—
去壳花生饼,机械压榨 Peanut, seeds without coats, meal mechanical extracted	5-03-649	91	37.2	4.76+	2.35+	0.95+	1.66+	2.87+	1.36+	0.50+	0.85+	2.21+	1.44+	1.41+	1.16+	0.43+	2.06+	—	—	—	—	—	—	—	—
		100	41.0	5.25+	2.59+	1.05+	1.84+	3.17+	1.50+	0.55+	0.93+	2.44+	1.60+	1.56+	1.28+	0.47+	2.28+	—	—	—	—	—	—	—	—
去壳花生粕,溶剂浸提 Peanut, seeds without coats, meal solvent extracted	5-03-650	90	40.6	4.46+	2.31+	0.93+	1.73+	2.65+	1.74+	0.41+	0.71+	2.01+	1.48+	3.04+	1.14+	0.47+	1.84+	—	—	—	—	—	—	—	—
		100	45.0	4.95+	2.56+	1.03+	1.91+	2.94+	1.93+	0.46+	0.79+	2.22+	1.65+	3.37+	1.26+	0.52+	2.04+	—	—	—	—	—	—	—	—

续表2-8-4

名称及描述	国际饲料编号	干物质 DM	粗蛋白质 CP	精氨酸 Arg	甘氨酸 Gly	组氨酸 His	异亮氨酸 Ile	亮氨酸 Leu	赖氨酸 Lys	蛋氨酸 Met	胱氨酸 Cystine	苯丙氨酸 Phe	酪氨酸 Tyr	丝氨酸 Ser	苏氨酸 Thr	色氨酸 Trp	缬氨酸 Val	丙氨酸 Ala	天冬氨酸 Asp	半胱氨酸 Cysteine	谷氨酸 Glu	羟(基)脯氨酸 Hydroxy-proline	脯氨酸 Pro	生物价值 Biological Value	龙葵素，茄碱 Solanine
去绒棉籽粕，溶剂浸提 Cotton, seeds without lint, meal solvent extracted	5-01-619	89	25.4	2.04	0.87	0.47	0.73	1.27	0.79	0.33	0.28	1.05	0.56	0.80	0.70	0.46^{+}	0.98	0.89	1.98	—	4.27	—	1.81	—	—
		100	28.6	2.29	0.98	0.53	0.83	1.43	0.89	0.37	0.32	1.18	0.63	0.90	0.79	0.52^{+}	1.11	1.01	2.23	—	4.81	—	2.03	—	—
小麦面筋 Wheat, gluten	5-05-221	90	75.4	2.97^{+}	2.05	0.94	1.69	3.99	1.11	0.74	0.35	3.14	1.73	2.70	1.66	1.32	2.11	1.50	1.98	—	23.33	—	7.67	—	—
		100	83.6	3.30^{+}	2.28	1.04	1.88	4.43	1.23	0.82	0.39	3.48	1.92	3.00	1.84	1.46	2.35	1.66	2.20	—	25.89	—	8.51	—	—
小麦胚芽，粉碎 Wheat, germs, ground	5-05-218	87	25.6	1.43	1.14	0.48	0.65	1.31	1.27	0.49	0.35	0.82	0.60	0.87	0.78	0.29^{+}	1.05	1.22	1.69	—	3.47	—	1.25	—	—
		100	29.3	1.63	1.31	0.55	0.74	1.50	1.45	0.56	0.40	0.94	0.69	1.00	0.89	0.34^{+}	1.20	1.40	1.93	—	3.97	—	1.43	—	—
酿酒大麦，脱水 Barley, brewers grains, dehydrated	5-00-516	91	25.1	1.54	0.43	0.71	—	1.79	0.25	0.45	0.49	1.52	0.81	1.53	0.96	—	1.39	1.11	1.79	—	5.61	—	3.03	—	—
		100	27.7	1.70	0.47	0.78	—	1.98	0.28	0.49	0.54	1.68	0.90	1.69	1.06	—	1.53	1.23	1.98	—	6.20	—	3.35	—	—
大麦芽，脱水 Barley, malt sprouts, dehydrated	5-00-545	90	29.5	1.07^{+}	1.07^{+}	0.50^{+}	1.06^{+}	1.58^{+}	1.16^{+}	0.32^{+}	0.23^{+}	0.88^{+}	0.59^{+}	—	0.96^{+}	0.40^{+}	1.39^{+}	—	—	—	—	—	—	—	—
		100	32.9	1.19^{+}	1.20^{+}	0.56^{+}	1.19^{+}	1.76^{+}	1.29^{+}	0.35^{+}	0.25^{+}	0.98^{+}	0.65^{+}	—	1.07^{+}	0.44^{+}	1.55^{+}	—	—	—	—	—	—	—	—
牛奶，脱水 Cattle, milk, dehydrated	5-01-167	88	21.4	0.85^{+}	—	0.66^{+}	1.22^{+}	2.35^{+}	2.07^{+}	0.56^{+}	—	1.22^{+}	1.22^{+}	—	0.94^{+}	0.38^{+}	1.60^{+}	—	—	—	—	—	—	—	—
		100	24.3	0.96^{+}	—	0.75^{+}	1.39^{+}	2.67^{+}	2.35^{+}	0.64^{+}	—	1.39^{+}	1.39^{+}		1.07^{+}	0.43^{+}	1.81^{+}	—	—	—	—	—	—	—	—
牛蹄角粉，水解 Cattle, horns with hoofs, meal hydrolyzed	5-06-645	89	77.9	—	7.21	—	3.40	9.91	4.20	0.38	—	3.70	—	—	4.40	—	3.50	—	—	—	—	—	—	—	—
		100	87.2	—	8.06	—	3.81	11.09	4.70	0.43	—	4.14	—	—	4.93	—	3.92	—	—	—	—	—	—	—	—
脱脂牛奶，脱水 Cattle, skimmed milk, dehydrated	5-01-175	87	27.7	1.08	2.63	0.69	1.04	1.81	1.45	0.36	0.30	1.45^{+}	2.79	1.11	1.08	0.40^{+}	1.00	0.94	2.31	—	4.26	—	1.65	—	—
		100	31.7	1.24	3.01	0.79	1.19	2.07	1.66	0.41	0.35	1.66^{+}	3.19	1.27	1.24	0.46^{+}	1.14	1.08	2.64	—	4.87	—	1.88	—	—
亚麻籽 Flax, common, seeds	5-02-052	89	23.4	2.05^{+}	1.32^{+}	0.43^{+}	0.91^{+}	1.28^{+}	0.82^{+}	0.39^{+}	—	0.98^{+}	0.55^{+}	1.09^{+}	0.80^{+}	—	0.98^{+}	0.94^{+}	2.10^{+}	—	4.22^{+}	—	0.84^{+}	—	—
		100	26.3	2.30^{+}	1.49^{+}	0.49^{+}	1.02^{+}	1.43^{+}	0.92^{+}	0.44^{+}	—	1.10^{+}	0.61^{+}	1.23^{+}	0.90^{+}	—	1.10^{+}	1.05^{+}	2.36^{+}	—	4.74^{+}	—	0.95^{+}	—	—
亚麻籽饼，机械压榨 Flax, common, seeds, meal mechanical extracted (linseed meal)	5-02-045	90	33.9	2.79^{+}	1.63^{+}	0.64^{+}	1.68^{+}	1.91^{+}	1.17^{+}	0.58^{+}	0.60^{+}	1.38^{+}	0.96^{+}	1.88^{+}	1.13^{+}	0.50^{+}	1.60^{+}	—	—	—	—	—	—	—	—
		100	37.6	3.10^{+}	1.80^{+}	0.71^{+}	1.86^{+}	2.11^{+}	1.30^{+}	0.64^{+}	0.67^{+}	1.53^{+}	1.06^{+}	2.09^{+}	1.25^{+}	0.56^{+}	1.77^{+}	—	—	—	—	—	—	—	—
亚麻籽粕，溶剂浸提 Flax, common, seeds, meal solvent extracted (linseed meal)	5-02-048	89	36.5	2.91^{+}	1.72^{+}	0.69^{+}	1.67^{+}	2.00^{+}	1.15^{+}	0.54^{+}	0.60^{+}	1.45^{+}	1.08^{+}	1.91^{+}	1.21^{+}	0.50^{+}	1.72^{+}	1.60^{+}	3.59^{+}	—	7.39^{+}	—	1.43^{+}	—	—
		100	40.8	3.25^{+}	1.93^{+}	0.77^{+}	1.87^{+}	2.24^{+}	1.28^{+}	0.60^{+}	0.67^{+}	1.62^{+}	1.21^{+}	2.13^{+}	1.35^{+}	0.56^{+}	1.93^{+}	1.79^{+}	4.01^{+}	—	8.27^{+}	—	1.60^{+}	—	—

续表2-8-4

名称及描述	国际饲料编号	干物质 DM	粗蛋白质 CP	精氨酸 Arg	甘氨酸 Gly	组氨酸 His	异亮氨酸 Ile	亮氨酸 Leu	赖氨酸 Lys	蛋氨酸 Met	胱氨酸 Cystine	苯丙氨酸 Phe	酪氨酸 Tyr	丝氨酸 Ser	苏氨酸 Thr	色氨酸 Trp	缬氨酸 Val	丙氨酸 Ala	天冬氨酸 Asp	半胱氨酸 Cysteine	谷氨酸 Glu	羟(基)脯氨酸 Hydroxyproline	脯氨酸 Pro	生物价值 Biological Value	龙葵素,茄碱 Solanine
鱼粉,鳀鱼,机械压榨,粗蛋白质50.1%～55% Fish,anchovy,meal mechanical extracted,50.1%～55% protein	5-06-673	87	54.0	3.39	2.87	2.03	2.28	3.86	5.94	1.65	0.48	2.12	1.72	2.38	2.13	—	2.40	3.15	4.84	—	6.36	—	2.19	—	—
		100	61.8	3.88	3.29	2.32	2.61	4.42	6.80	1.89	0.54	2.43	1.97	2.72	2.44	—	2.75	3.60	5.54	—	7.28	—	2.50	—	—
鱼粉,鳕鱼,机械压榨,生长期鱼 Fish,pollack,meal mechanical extracted,grower	5-06-781	90	57.6	3.19	3.98	1.38	—	—	4.45	1.45	0.54	1.92	—	1.12	1.88	—	—	—	4.31	—	6.14	—	3.01	—	—
		100	64.1	3.55	4.42	1.54	—	—	4.95	1.61	0.60	2.14	—	1.24	2.09	—	—	—	4.79	—	6.83	—	3.35	—	—
鱼粉,鲀鱼,机械压榨 Fish,file-fish,meal mechanical extracted	5-06-676	90	51.3	2.92	3.72	0.95	1.93	3.54	3.73	1.25	0.43	1.97	1.59	2.21	2.12	—	2.14	3.25	4.80	—	8.14	—	1.68	—	—
		100	57.3	3.26	4.15	1.06	2.15	3.95	4.16	1.40	0.48	2.19	1.77	2.47	2.37	—	2.39	3.62	5.36	—	9.09	—	1.87	—	—
鱼粉,大眼鲱鱼(大眼海鲢?),机械压榨 Fish,herring,big eyed,meal mechanical extracted	5-06-675	92	61.4	2.95	3.47	1.15	1.85	3.40	4.99	1.26	0.37	1.70	1.39	1.84	1.90	—	5.55	2.99	4.29	—	6.39	—	2.64	—	—
		100	66.9	3.22	3.79	1.26	2.02	3.70	5.44	1.37	0.40	1.86	1.52	2.00	2.07	—	6.04	3.26	4.67	—	6.96	—	2.88	—	—
鱼粉,太平洋鲱鱼,机械压榨 Fish,herring,pacific,meal mechanical extracted	5-08-985	89	62.8	6.73	2.35	1.91	2.28	5.59	5.76	2.37	0.88	2.30	1.91	—	2.26	—	—	—	—	—	—	—	—	—	—
		100	70.5	7.54	2.63	2.14	2.56	6.27	6.45	2.66	0.99	2.58	2.14	—	2.54	—	—	—	—	—	—	—	—	—	—
鱼粉,机械压榨,粗蛋白质50.1%～55%,粗脂肪3.1%～8% Fish,meal mechanical extracted,50.1%～55% protein 3.1%～8% fat	5-24-283	90	52.7	2.84	3.90	0.97	2.27	3.52	3.74	1.21	0.44	2.14	1.65	1.66	1.99	—	2.70	2.51	4.73	—	7.05	—	3.90	—	—
		100	58.8	3.17	4.34	1.08	2.53	3.92	4.17	1.35	0.49	2.39	1.84	1.85	2.22	—	3.01	2.80	5.27	—	7.85	—	4.34	—	—
鱼粉,机械压榨,粗蛋白质55.1%～60%,粗脂肪3.1%～8% Fish,meal mechanical extracted,55.1%～60% protein 3.1%～8% fat	5-24-008	90	57.8	3.33	5.05	1.24	2.46	3.97	5.44	1.98	0.57	2.21	1.54	1.25	2.07	—	2.53	3.14	4.58	—	6.45	—	2.85	—	—
		100	64.1	3.70	5.60	1.37	2.72	4.40	6.03	2.20	0.63	2.45	1.70	1.38	2.29	—	2.80	3.48	5.07	—	7.15	—	3.16	—	—

续表2-8-4

名称及描述	国际饲料编号	干物质 DM	粗蛋白质 CP	精氨酸 Arg	甘氨酸 Gly	组氨酸 His	异亮氨酸 Ile	亮氨酸 Leu	赖氨酸 Lys	蛋氨酸 Met	胱氨酸 Cystine	苯丙氨酸 Phe	酪氨酸 Tyr	丝氨酸 Ser	苏氨酸 Thr	色氨酸 Trp	缬氨酸 Val	丙氨酸 Ala	天冬氨酸 Asp	半胱氨酸 Cysteine	谷氨酸 Glu	羟(基)脯氨酸 Hydroxy-proline	脯氨酸 Pro	生物价值 Biological Value	龙葵素，茄碱 Solanine
鱼粉，机械压榨，粗蛋白质60.1%～64%，粗脂肪3.1%～8% Fish, meal mechanical extracted, 60.1%～64% protein 3.1%～8% fat	5-24-011	91	61.1	3.36	3.85	1.00	1.94	4.11	4.04	1.64	0.56	2.14	1.88	2.75	2.52	—	2.42	3.51	5.88	—	8.48	—	2.03	—	—
		100	67.2	3.70	4.23	1.10	2.14	4.51	4.44	1.81	0.61	2.36	2.07	3.02	2.77	—	2.66	3.86	6.46	—	9.32	—	2.23	—	—
鱼粉，机械压榨，粗蛋白质60% Fish, meal mechanical extracted, 60% protein	5-01-981	91	63.6	3.47+	4.79+	1.18+	2.64+	4.00+	4.64+	1.43+	1.34+	2.16+	1.08+	2.73+	2.42+	0.62+	2.81+	4.29+	5.45+	—	7.38+	—	4.75+	—	—
		100	69.7	3.81+	5.26+	1.29+	2.89+	4.38+	5.09+	1.56+	1.47+	2.36+	1.18+	2.99+	2.65+	0.68+	3.08+	4.70+	5.98+	—	8.10+	—	5.21+	—	—
鱼粉，机械压榨，粗蛋白质64.1%～70%，粗脂肪3.1%～8% Fish, meal mechanical extracted, 64.1%～70% protein 3.1%～8% fat	5-24-014	91	66.2	4.12	3.05	1.92	2.99	4.73	6.32	1.61	0.50	2.83	2.19	2.32	2.75	—	5.01	3.33	6.36	—	8.13	—	1.99	—	—
		100	72.7	4.53	3.35	2.11	3.29	5.19	6.95	1.77	0.55	3.11	2.40	2.55	3.02	—	5.51	3.66	7.00	—	8.94	—	2.19	—	—
鱼粉，机械压榨，粗蛋白质>70% Fish, meal mechanical extracted, more than 70% protein	5-24-288	93	71.8	4.01	4.19	0.93	2.57	5.78	5.84	1.61	—	2.63	2.22	3.16	2.93	—	3.28	4.82	8.02	—	8.60	—	2.78	—	—
		100	77.1	4.31	4.50	1.00	2.76	6.21	6.27	1.73	—	2.82	2.38	3.39	3.15	—	3.52	5.18	8.61	—	9.23	—	2.98	—	—
浓缩鱼汁 Fish, solubles, condensed	5-01-969	48	32.7	1.50+	3.57+	1.36+	0.98+	1.78+	1.71+	0.66+	0.27+	0.98+	0.42+	0.98+	0.83+	0.29+	1.16+	2.34+	3.75+	—	5.40+	—	1.98+	—	—
		100	68.4	3.13+	7.47+	2.85+	2.06+	3.72+	3.59+	1.38+	0.56+	2.04+	0.87+	2.05+	1.73+	0.61+	2.43+	4.90+	7.84+	—	11.29+	—	4.15+	—	—
玉米蛋白粉 Maize, gluten, meal	5-02-900	88	56.4	1.34+	1.45+	0.93+	2.15+	7.07+	0.77+	0.99+	0.64+	2.73+	0.97+	1.63+	1.37+	0.20+	2.14+	4.08+	5.03+	0.68+	7.82+	—	2.95+	—	—
		100	64.5	1.53+	1.65+	1.06+	2.46+	8.08+	0.88+	1.13+	0.73+	3.12+	1.11+	1.86+	1.56+	0.23+	2.44+	4.67+	5.74+	0.77+	8.93+	—	3.37+	—	—
玉米蛋白粉，粗蛋白质41% Maize, gluten, meal, 41% protein	5-20-411	91	42.3	1.79	1.27	1.00	2.29	7.58	0.80	0.82	0.46	2.45	1.32	1.99+	0.63	0.21+	1.98	—	—	—	—	—	3.59+	—	—
		100	46.6	1.97	1.40	1.10	2.53	8.35	0.88	0.90	0.51	2.70	1.45	2.20+	0.69	0.23+	2.19	—	—	—	—	—	3.96+	—	—

续表2-8-4

名称及描述	国际饲料编号	干物质 DM	粗蛋白质 CP	精氨酸 Arg	甘氨酸 Gly	组氨酸 His	异亮氨酸 Ile	亮氨酸 Leu	赖氨酸 Lys	蛋氨酸 Met	胱氨酸 Cystine	苯丙氨酸 Phe	酪氨酸 Tyr	丝氨酸 Ser	苏氨酸 Thr	色氨酸 Trp	缬氨酸 Val	丙氨酸 Ala	天冬氨酸 Asp	半胱氨酸 Cysteine	谷氨酸 Glu	羟(基)脯氨酸 Hydroxy-proline	脯氨酸 Pro	生物价值 Biological Value	龙葵素,茄碱 Solanine
玉米蛋白粉,粗蛋白质60% Maize, gluten, meal, 60% protein	5-09-318	91	58.9	1.76	1.25	1.41+	0.40	2.01	1.04+	0.80	0.45	2.41	3.34+	3.54+	0.62	0.30+	1.95	5.92+	4.59+	—	15.51+	—	6.52+	—	—
		100	64.7	1.93	1.37	1.55+	0.44	2.21	1.14+	0.88	0.50	2.65	3.67+	3.89+	0.68	0.33+	2.14	6.50+	5.04+	—	17.03+	—	7.15+	—	—
玉米胚芽粕,机械压榨,粗脂肪4.1%~8% Maize, germs, meal mechanical extracted, 4.1%~8% fat	5-25-554	90	19.6	1.25	1.04	0.54	0.67	1.62	0.94	0.48	0.34	0.64	0.39	0.46	0.54	—	0.97	1.04	1.15	—	2.60	—	1.14	—	—
		100	21.7	1.38	1.16	0.60	0.74	1.80	1.04	0.53	0.37	0.71	0.44	0.51	0.60	—	1.08	1.15	1.27	—	2.89	—	1.26	—	—
玉米胚芽粕,干磨法,溶剂浸提 Maize, germs, meal dry milled solvent extracted	5-02-868	90	22.9	0.79	.85	0.30	0.45	1.18	0.29	0.26	0.17	0.50	0.28	0.50	0.46	0.25+	0.68	0.56	0.78	—	2.08	—	0.45	—	—
		100	25.6	0.88	.95	0.33	0.51	1.31	0.32	0.29	0.19	0.56	0.31	0.56	0.51	0.28+	0.76	0.62	0.87	—	2.32	—	0.51	—	—
豌豆种子 Pea, garden, seeds	5-08-482	88	22.9	1.41+	—	0.62+	1.01+	1.58+	1.45+	0.33+	—	1.18+	—	—	0.79+	0.23+	1.16+	—	—	—	—	—	—	—	—
		100	26.1	1.60+	—	0.71+	1.16+	1.81+	1.65+	0.38+	—	1.35+	—	—	0.90+	0.26+	1.32+	—	—	—	—	—	—	—	—
菜籽粕,机械压榨 Rape, seeds, meal mechanical extracted	5-03-870	89	36.1	1.75	1.46	0.75	1.25	2.25	1.49	0.80	1.03	1.11	0.84	1.35	1.32	0.43+	1.61	1.42	2.20	—	6.40	—	2.29	—	—
		100	40.6	1.97	1.64	0.85	1.41	2.53	1.67	0.90	1.16	1.25	0.95	1.52	1.49	0.48+	1.81	1.59	2.47	—	7.20	—	2.58	—	—
菜籽粕,溶剂浸提 Rape, seeds, meal solvent extracted	5-03-871	88	36.6	1.85	1.54	0.83	1.34	2.29	1.56	0.69	0.98	1.35	0.80	1.42	1.21	0.41+	1.63	1.47	2.27	—	6.93	—	2.28	—	—
		100	41.4	2.09	1.74	0.93	1.51	2.60	1.76	0.79	1.11	1.53	0.91	1.61	1.37	0.47+	1.85	1.66	2.57	—	7.84	—	2.58	—	—
芝麻籽 Sesame, seeds	5-08-509	88	23.1	3.46+	1.31+	0.62+	0.94+	1.80+	0.57+	0.74+	0.76+	1.16+	0.91+	1.25+	0.93+	—	1.23+	1.22+	2.18+	—	5.49+	—	0.91+	—	—
		100	26.4	3.95+	1.49+	0.71+	1.07+	2.05+	0.65+	0.85+	0.87+	1.33+	1.04+	1.42+	1.06+	—	1.40+	1.39+	2.49+	—	6.27+	—	1.04+	—	—
芝麻饼,机械压榨 Sesame, seeds, meal mechanical extracted	5-04-220	89	42.1	2.19	1.75	0.74	1.20	2.36	0.71	1.11	0.14	1.51	1.27	0.73	0.85	0.69+	1.73	1.63	2.33	—	7.25	3.29+	1.71	—	—
		100	47.3	2.46	1.97	0.83	1.35	2.65	0.79	1.25	0.15	1.69	1.42	0.82	0.96	0.78+	1.94	1.84	2.62	—	8.15	3.70+	1.92	—	—
芝麻粕,溶剂浸提 Sesame, seeds, meal solvent extracted	5-09-906	89	46.0	2.33	1.61	0.55	1.12	2.17	0.69	0.86	0.11	1.40	1.11	0.71	0.86	—	1.47	1.46	2.31	1.81	7.29	—	1.81	—	—
		100	51.5	2.61	1.80	0.62	1.26	2.43	0.77	0.96	0.12	1.57	1.24	0.79	0.96	—	1.65	1.63	2.58	2.02	8.16	—	2.03	—	—
芝麻饼,蒸熟机械压榨 Sesame, seeds, meal boiled mechanical extracted	5-13-202	89	45.8+	—	—	—	—	—	1.15+	1.24+	0.81+	—	—	—	—	0.57+	—	—	—	—	—	—	—	—	—
		100	51.5+	—	—	—	—	—	1.29+	1.40+	0.91+	—	—	—	—	0.65+	—	—	—	—	—	—	—	—	—

续表2-8-4

名称及描述	国际饲料编号	干物质 DM	粗蛋白质 CP	精氨酸 Arg	甘氨酸 Gly	组氨酸 His	异亮氨酸 Ile	亮氨酸 Leu	赖氨酸 Lys	蛋氨酸 Met	胱氨酸 Cystine	苯丙氨酸 Phe	酪氨酸 Tyr	丝氨酸 Ser	苏氨酸 Thr	色氨酸 Trp	缬氨酸 Val	丙氨酸 Ala	天冬氨酸 Asp	半胱氨酸 Cysteine	谷氨酸 Glu	羟(基)脯氨酸 Hydroxy-proline	脯氨酸 Pro	生物价值 Biological Value	龙葵素，茄碱 Solanine
带壳椰子粕，机械压榨 Coconut，kernels with coats，meal mechanical extracted(copra meal)	5-01-572	89	22.3	1.33	0.92	0.30	0.61	1.24	0.44	0.28	0.19	0.79	0.43	0.92	0.76	0.20^{+}	0.82	0.81	1.62	—	3.94	—	1.43	—	—
		100	25.0	1.49	1.03	0.34	0.69	1.39	0.50	0.32	0.21	0.89	0.48	1.03	0.85	0.22^{+}	0.92	0.91	1.81	—	4.41	—	1.60	—	—
蓖麻籽粕，机械压榨 Castorbean，seeds，meal mechanical extracted	5-27-524	91	37.6	3.57	1.34	0.71	1.40	2.39	0.95	0.63	0.96	1.26	0.83	1.72	1.06	—	1.86	1.45	3.15	—	6.77	—	1.51	—	—
		100	41.2	3.91	1.47	0.78	1.53	2.61	1.04	0.69	1.05	1.37	0.91	1.88	1.15	—	2.04	1.59	3.44	—	7.41	—	1.65	—	—
蓖麻籽粕，溶剂浸提 Castorbean，seeds，meal solvent extracted	5-13-341	89	42.2	3.55	1.39	0.72	1.42	2.55	0.99	0.66	0.92	1.37	0.90	1.59	1.11	—	1.80	1.49	3.24	—	6.89	—	1.53	—	—
		100	47.2	3.98	1.56	0.81	1.59	2.85	1.11	0.75	1.03	1.54	1.01	1.78	1.25	—	2.02	1.66	3.63	—	7.72	—	1.71	—	—
向日葵籽 Sunflower，seeds	5-08-530	89	18.0	1.40	0.86	0.50	0.63	0.91	0.72	0.31	0.18	0.66	0.34	0.65	0.33	0.30^{+}	0.83	0.57	1.26	—	3.22	—	1.34	—	—
		100	20.2	1.58	0.97	0.56	0.71	1.02	0.81	0.35	0.20	0.74	0.39	0.74	0.37	0.34^{+}	0.93	0.65	1.42	—	3.63	—	1.51	—	—
向日葵仁饼，机械压榨 Sunflower，seeds，meal mechanical extracted	5-27-477	88	16.7	0.45	0.78	0.27	0.63	0.93	0.19	—	—	0.99	0.31	0.45	0.44	—	0.74	0.59	0.33	—	3.46	—	1.41	—	—
		100	19.0	0.51	0.89	0.31	0.71	1.06	0.22	—	—	1.13	0.36	0.51	0.49	—	0.84	0.67	0.38	—	3.93	—	1.60	—	—
向日葵仁粕，溶剂浸提 Sunflower，seeds，meal solvent extracted	5-30-032	90	28.0	1.14	1.48	0.67	0.93	1.45	0.96	0.71	0.39	0.92	0.59	1.00	0.81	—	1.35	1.11	2.30	—	6.57	—	1.29	—	—
		100	31.1	1.26	1.64	0.74	1.03	1.61	1.06	0.78	0.44	1.02	0.65	1.11	0.90	—	1.50	1.23	2.55	—	7.29	—	1.43	—	—
去壳向日葵籽 Sunflower，seeds without hulls	5-08-128	87	20.2	1.04^{+}	0.63^{+}	0.26^{+}	0.44^{+}	0.72^{+}	0.44^{+}	0.22^{+}	0.12^{+}	0.50^{+}	0.30^{+}	0.46^{+}	0.41^{+}	—	0.54^{+}	0.50^{+}	1.16^{+}	—	2.72^{+}	—	0.59^{+}	—	—
		100	23.3	1.20^{+}	0.72^{+}	0.30^{+}	0.51^{+}	0.83^{+}	0.51^{+}	0.25^{+}	0.14^{+}	0.58^{+}	0.35^{+}	0.53^{+}	0.47^{+}	—	0.62^{+}	0.57^{+}	1.34^{+}	—	3.13^{+}	—	0.68^{+}	—	—
褐藻，全藻，晒干 Algae，brown，whole，sun-cured (*Undaria Pinnatifida*)	5-06-728	92	8.7	1.54	1.44	0.65	0.98	2.07	1.65	0.55	—	0.26	—	1.07	1.03	—	1.24	1.78	2.39	—	2.79	—	1.04	—	—
		100	9.4	1.67	1.56	0.70	1.06	2.24	1.78	0.59	—	0.28	—	1.16	1.11	—	1.34	1.92	2.58	—	3.02	—	1.12	—	—

2.8.2 薛东摄,等.1988. Composition of Korean Feedstuffs(韩国标准饲料成分表)[28]

1.反刍动物(牛、羊)化学成分、消化率及营养价值

表 2-8-5 反刍动物(牛、羊)化学成分、消化率及营养价值

编号	名称及描述	化学成分						样本数	消化率				营养价值						
		干物质 DM	粗蛋白质 CP	粗脂肪 EE	无氮浸出物 NFE	粗纤维 CF	粗灰分 Ash		粗蛋白质 CP	粗脂肪 EE	无氮浸出物 NFE	粗纤维 CF	可消化粗蛋白质 DCP	总可消化养分 TDN	消化能 DE	代谢能 ME	维持净能 NEm	增重净能 NEg	产奶净能 NE1
		%	%	%	%	%	%		%	%	%	%	%	%	Mcal/kg	Mcal/kg	Mcal/kg	Mcal/kg	Mcal/kg
125	羽扇豆种子 Lupin seed	89.08	30.29	5.24	37.13	13.77	2.65	4	88.70	92.40	91.40	85.50	26.86	83.46	3.68	3.02	2.05	1.39	1.92
126	羽扇豆种子(压片) Lupin seed (flake)	87.33	30.12	5.29	35.59	13.63	2.70	1	90.80	98.80	92.40	77.50	27.35	81.96	3.61	2.96	2.00	1.35	1.93
127	绿豆 Mung bean	86.91	25.11	0.78	52.23	5.07	3.72	6											
128	花生 Peanut	90.80	28.80	45.40	13.40	2.80	2.40	5						82.40	3.63		2.08	1.35	1.99
129	豌豆 Pea	87.92	23.10	1.44	54.83	5.76	2.79	7	86.00	64.00	93.00	50.00	19.87	75.81	3.34	2.74	1.81	1.19	1.78
130	赤小豆 Small red bean	87.46	23.68	1.04	54.98	4.63	3.13	10											
184	芝麻粕(溶剂浸提)Sesame meal (solv-extd)	88.34	46.26	2.68	14.22	13.62	12.06	159	81.00	94.00	75.00	55.00	37.47	61.29	2.70	2.22	1.35	0.78	1.41
185	芝麻粕(机械压榨)Sesame meal(mech-extd)	89.22	42.25	9.09	11.89	14.21	11.78	23	88.00	92.00	75.00	42.00	37.18	70.88	3.13	2.56	1.66	1.05	1.65
186	菜籽粕(国产,溶剂浸提)Rapeseed meal (domestic,solv-extd)	88.58	35.84	2.65	30.59	11.25	8.25	153	86.00	89.00	72.00	24.00	30.82	60.85	2.68	2.20	1.34	0.76	1.40
187	菜籽粕(国产,机械压榨)Mech-extd	88.34	33.78	6.97	28.07	11.17	8.35	22	74.00	89.00	70.00	23.00	25.00	61.17	2.70	2.21	1.35	0.77	1.41

续表2-8-5

编号	名称及描述	化学成分						样本数	消化率				营养价值						
		干物质 DM	粗蛋白质 CP	粗脂肪 EE	无氮浸出物 NFE	粗纤维 CF	粗灰分 Ash		粗蛋白质 CP	粗脂肪 EE	无氮浸出物 NFE	粗纤维 CF	可消化粗蛋白质 DCP	总可消化养分 TDN	消化能 DE	代谢能 ME	维持净能 NEm	增重净能 NEg	产奶净能 NE1
		%	%	%	%	%	%		%	%	%	%	%	%	Mcal/kg	Mcal/kg	Mcal/kg	Mcal/kg	Mcal/kg
188	菜籽粕(进口,溶剂浸提) Rapeseed meal (imported ,solv-extd)	89.54	36.40	2.92	31.03	9.25	9.42	14	86.00	89.00	72.00	24.00	31.30	61.71	2.72	2.23	1.37	0.79	1.39
189	菜籽粕(加拿大进口,溶剂浸提)Canada	88.91	35.66	3.25	32.11	9.69	8.20	4					30.67	62.62	2.76	2.26	1.39	0.81	1.41
190	菜籽粕(印度进口,溶剂浸提)India	90.49	34.76	6.32	28.61	12.34	7.64	2	74.00	89.00	70.00	23.00	25.72	61.24	2.70	2.21	1.35	0.77	1.38
191	菜籽粕(中国进口,溶剂浸提)China	89.67	37.56	2.22	28.61	10.04	9.48	3	86.00	89.00	72.00	24.00	32.30	61.61	2.72	2.23	1.37	0.79	1.39
193	棉籽粕(机械压榨) Cotton seed meal (Mech -extd)	89.05	29.80	6.81	30.04	15.51	6.89	17	76.10	97.20	83.20	34.90	22.68	67.98	3.00	2.46	1.57	0.97	1.58
194	花生粕(溶剂浸提) Peanut meal (solv-extd)	90.70	44.40	3.60	24.80	10.00	7.90	17	81.00	92.00	87.00	51.00	36.00	70.10	3.09	2.53	1.61	1.07	1.65
197	亚麻籽粕(溶剂浸提) Flaxseed meal (solv-extd)	88.81	37.56	1.69	35.39	8.35	5.82	12	88.00	89.00	82.00	52.00	33.05	69.80	3.08	2.52	1.63	1.02	1.62
198	亚麻籽粕(机械压榨) Flaxseed meal (mech-extd)	88.43	32.87	6.90	33.80	9.12	5.74	6	83.30	80.40	68.10	28.00	27.38	65.43	2.88	2.37	1.49	0.90	1.52

续表2-8-5

编号	名称及描述	化学成分						样本数	消化率				营养价值						
		干物质 DM	粗蛋白质 CP	粗脂肪 EE	无氮浸出物 NFE	粗纤维 CF	粗灰分 Ash		粗蛋白质 CP	粗脂肪 EE	无氮浸出物 NFE	粗纤维 CF	可消化粗蛋白质 DCP	总可消化养分 TDN	消化能 DE	代谢能 ME	维持净能 NEm	增重净能 NEg	产奶净能 NE1
		%	%	%	%	%	%		%	%	%	%	%	%	Mcal/kg	Mcal/kg	Mcal/kg	Mcal/kg	Mcal/kg
199	花生粕(溶剂浸提)Coconut meal (solv-extd)	90.23	24.65	3.14	41.63	13.30	7.51	5	78.00	96.00	78.00	63.00	19.23	66.86	2.95	2.42	1.53	0.94	1.55
200	棉籽粕(机械压榨)Coconut meal (mech-extd)	89.06	23.89	7.75	38.14	13.83	5.45	5	69.40	99.80	77.40	22.00	16.58	66.55	2.93	2.41	1.52	0.93	1.54
201	玉米胚芽粕(溶剂浸提)Corn germ meal (solv-extd)	90.35	23.22	2.57	51.92	9.44	3.22	231	72.70	59.80	89.60	68.60	16.88	73.34	3.23	2.65	1.74	1.12	1.71
218	高粱+玉米酒糟,干(Sorghum +Corn,dry)	90.35	19.31	9.02	39.53	14.84	7.65	1											
226	大米酒糟,精制酒(Rice,refined wine)	38.81	12.69	1.06	20.28	4.31	0.47	1											
230	玉米蛋白粉 Corn gluten meal	90.44	60.85	3.28	20.82	1.85	3.64	442	91.50	0	94.90	0	55.68	75.44	3.33	2.73	1.80	1.18	1.77
231	玉米蛋白粉,40%粗蛋白质 40% protein	89.98	37.10	3.71	45.03	3.15	0.99	2	89.00	89.10	74.20	66.70	33.02	75.97	3.35	2.75	1.82	1.19	1.74
232	玉米蛋白粉,50%粗蛋白质 50% protein	91.06	47.46	3.33	34.76	3.92	1.59	19					42.24	77.32	3.41	2.80	1.86	1.23	1.82
233	玉米蛋白粉,55%粗蛋白质 55% protein	91.60	53.20	3.68	33.05	1.08	1.59	43	91.50	0	94.90	0	48.68	80.04	3.53	2.89	1.94	1.30	1.88

续表2-8-5

编号	名称及描述	化学成分						样本数	消化率				营养价值						
		干物质 DM	粗蛋白质 CP	粗脂肪 EE	无氮浸出物 NFE	粗纤维 CF	粗灰分 Ash		粗蛋白质 CP	粗脂肪 EE	无氮浸出物 NFE	粗纤维 CF	可消化粗蛋白质 DCP	总可消化养分 TDN	消化能 DE	代谢能 ME	维持净能 NEm	增重净能 NEg	产奶净能 NE1
		%	%	%	%	%	%		%	%	%	%	%	%	Mcal/kg	Mcal/kg	Mcal/kg	Mcal/kg	Mcal/kg
234	玉米蛋白粉,60%粗蛋白质 60% protein	90.50	57.93	3.27	24.85	2.39	2.06	117					53.01	76.59	3.38	2.77	1.84	1.21	1.80
235	玉米蛋白粉,65%粗蛋白质 65% protein	89.82	62.49	3.03	20.88	1.80	1.62	166					57.18	76.99	3.39	2.78	1.84	1.21	1.80
236	玉米蛋白粉,70%粗蛋白质 70% protein	90.73	67.20	3.11	17.35	1.31	1.76	74					61.49	77.95	3.44	2.82	1.88	1.25	1.83
237	玉米蛋白粉,70%粗蛋白质 70% protein	91.12	71.76	4.47	11.84	0.80	2.25	21					65.66	76.90	3.39	2.78	1.85	1.21	1.76
238	玉米蛋白饲料 Corn gluten feed	87.73	18.46	2.20	54.01	7.10	5.96	13	86.00	74.00	88.00	70.00	15.88	72.04	3.18	2.60	1.70	1.08	1.68
241	大麦麦芽(干)Barley malt sprouts (dry)	87.37	26.70	1.33	40.31	12.28	6.75	15	77.30	27.20	64.70	39.50	20.64	52.38	2.31	1.89	1.05	0.50	1.19
244	小麦面筋 Wheat gluten	90.64	72.83	1.18	13.56	0.98	2.09	5	88.00	46.00	92.00	100	64.09	78.77	3.47	2.85	1.90	1.26	1.85
246	发酵大豆酱残留物(新鲜)Fermented soybean paste residues (fresh)	59.40	18.00	5.10	17.10	9.30	9.90	9	67.00	88.00	64.00	66.00	12.06	39.24	1.73	1.42	0.58	0.05	0.86
247	发酵大豆酱残留物(干)Fermented soybean paste residues (dry)	88.75	31.70	7.81	23.08	14.29	11.87	16					21.24	60.90	2.69	2.20	1.34	0.76	1.37

续表2-8-5

编号	名称及描述	化学成分						样本数	消化率				营养价值						
		干物质 DM	粗蛋白质 CP	粗脂肪 EE	无氮浸出物 NFE	粗纤维 CF	粗灰分 Ash		粗蛋白质 CP	粗脂肪 EE	无氮浸出物 NFE	粗纤维 CF	可消化粗蛋白质 DCP	总可消化养分 TDN	消化能 DE	代谢能 ME	维持净能 NEm	增重净能 NEg	产奶净能 NE1
		%	%	%	%	%	%		%	%	%	%	%	%	Mcal/kg	Mcal/kg	Mcal/kg	Mcal/kg	Mcal/kg
249	豆腐渣(干) Soybean curd residue(dry)	88.90	25.38	11.55	34.07	14.31	3.59	12					20.86	75.10	3.31	2.72	1.80	1.17	1.72
250	豆粕副产品(新鲜) Soymeal by-product (fresh)	20.76	8.57	3.62	5.95	1.74	0.88	1	82.20	86.30	68.80	58.50	7.04	19.19	0.85	0.69	0.48	0.33	0.36
251	豆粕副产品(干) Soymeal by-product (dry)	93.51	38.62	16.58	26.52	7.84	3.95	1					31.75	86.77	3.83	3.14	2.15	1.47	2.05
266	啤酒酵母 Brewer Yeasts	86.02	43.30	0.66	34.29	1.37	6.40	3	86.84	0	91.48	0	37.60	68.97	3.04	2.49	1.60	1.00	1.60
267	酵母 Yeasts	92.07	44.30	1.14	40.59	6.03	0.01	1	91.00	44.00	88.00	0	40.31	77.16	3.40	2.79	1.86	1.22	1.81
274	鱼粉(进口) Fish meal (imported)	90.33	63.33	7.53	2.84	1.37	15.26	110	91.70	91.70	0	0	58.07	73.61	3.25	2.66	1.75	1.13	1.72
275	鱼粉(国产) Fish meal (domestic)	91.54	57.42	9.31	0	1.63	23.18	2081	93.00	90.00	0	0	53.40	72.25	3.19	2.61	1.70	1.09	1.69
276	鱼粉,45%粗蛋白质 45% protein	87.42	42.01	11.17	5.31	1.68	27.25	152	90.00	85.60	0	0	37.81	59.32	2.62	2.14	1.29	0.72	1.36
277	鱼粉,45%~50%粗蛋白质 45%~50% protein	91.20	47.48	12.00	1.97	1.51	28.24	274					42.73	65.84	2.90	2.38	1.50	0.91	1.53

续表2-8-5

编号	名称及描述	化学成分						样本数	消化率				营养价值						
		干物质 DM	粗蛋白质 CP	粗脂肪 EE	无氮浸出物 NFE	粗纤维 CF	粗灰分 Ash		粗蛋白质 CP	粗脂肪 EE	无氮浸出物 NFE	粗纤维 CF	可消化粗蛋白质 DCP	总可消化养分 TDN	消化能 DE	代谢能 ME	维持净能 NEm	增重净能 NEg	产奶净能 NE1
		%	%	%	%	%	%		%	%	%	%	%	%	Mcal/kg	Mcal/kg	Mcal/kg	Mcal/kg	Mcal/kg
278	鱼粉,50%～55%粗蛋白质 50%～55% protein	92.10	53.01	9.58	1.12	1.26	27.13	526					47.71	66.16	2.92	2.39	1.51	0.92	1.53
279	鱼粉,55%～60%粗蛋白质 55%～60% protein	91.68	57.17	9.41	0.06	1.43	23.61	393					51.45	69.57	3.07	2.52	1.62	1.02	1.62
280	鱼粉,60%～65%粗蛋白质 60%～65% protein	91.74	62.75	9.07	0	1.79	18.13	213	93.00	90.00	0	0	58.36	76.23	3.36	2.76	1.83	1.20	1.79
281	鱼粉,65%～70%粗蛋白质 65%～70% protein	93.51	67.54	6.86	0	5.34	13.77	305					62.81	76.70	3.38	2.77	1.84	1.21	1.80
282	鱼粉,70%粗蛋白质 70% protein	94.72	72.36	6.24	0	3.11	13.01	218					67.29	79.93	3.52	2.89	1.94	1.30	1.88
283	羽毛粉(进口)Feather meal (imp.)	91.80	77.50	4.80	0.30	3.00	6.20	2	72.30	99.80	0	0	56.03	66.81	2.95	2.42	1.53	0.94	1.55
284	羽毛粉(国产)Feather meal(domestic)	91.41	75.54	3.73	0	2.36	9.78	33	72.30	99.80	0	0	54.62	62.99	2.78	2.28	1.41	0.83	1.45
285	奶粉(全脂)Milk powder (whole)	91.90	24.89	19.94	40.29	0.54	5.95	6	95.00	99.00	98.00	0	23.65	107.55	4.74	3.89	2.74	1.96	2.57
286	奶粉(脱脂)Milk powder (fat free)	88.20	31.40	1.80	47.25	0.40	7.40	1					28.20	77.10	3.40	2.79	1.86	1.22	1.81

续表2-8-5

编号	名称及描述	化学成分						样本数	消化率				营养价值						
		干物质 DM	粗蛋白质 CP	粗脂肪 EE	无氮浸出物 NFE	粗纤维 CF	粗灰分 Ash		粗蛋白质 CP	粗脂肪 EE	无氮浸出物 NFE	粗纤维 CF	可消化粗蛋白质 DCP	总可消化养分 TDN	消化能 DE	代谢能 ME	维持净能 NEm	增重净能 NEg	产奶净能 NE1
		%	%	%	%	%	%		%	%	%	%	%	%	Mcal/kg	Mcal/kg	Mcal/kg	Mcal/kg	Mcal/kg
287	酪蛋白 Casein	88.16	82.91	0.26	2.64	0.12	2.23	4											
289	血粉 Blood meal	87.24	83.35	0.19	0	0.91	2.79	5	71.00	38.00	0	10.00	59.18	59.43	2.62	2.14	1.29	0.71	1.36
290	肉骨粉 Meat and bone meal	93.06	30.14	14.00	0	1.73	47.19	18	82.00	95.00	0	0	24.71	54.64	2.41	1.98	1.13	0.57	1.25
291	蚕蛹 Silk worm pupa	91.56	53.68	27.58	1.35	5.08	3.87	23											
292	蚕蛹(溶剂浸提) Silk worm meal (solv-extd)	86.90	62.90	1.20	10.40	6.10	6.30	1											
293	蚕蛹(机械压榨) Silk worm meal (mech-extd)	90.00	54.40	11.40	11.70	7.10	5.40	2											
294	家禽内脏 Poultry wastes (viscera)	93.70	50.90	11.70	3.70	2.90	24.50						0	64.50	2.85	2.33	1.41	0.88	1.50
295	家禽肌胃内皮 Poultry gizzard endothelium(原文为:ondothelium,疑为笔误)	89.04	83.26	0.59	3.78	0.17	1.24	1											
297	皮革粉 Leather meal	87.17	68.20	2.12	4.64	1.70	10.51	5	84.00	96.70	94.70	5.10	57.29	66.38	2.93	2.40	1.52	0.92	1.54
298	肉粉 Meat meal	92.21	71.45	12.64	0	1.54	6.58	6											

续表2-8-5

编号	名称及描述	化学成分						样本数	消化率				营养价值						
		干物质 DM	粗蛋白质 CP	粗脂肪 EE	无氮浸出物 NFE	粗纤维 CF	粗灰分 Ash		粗蛋白质 CP	粗脂肪 EE	无氮浸出物 NFE	粗纤维 CF	可消化粗蛋白质 DCP	总可消化养分 TDN	消化能 DE	代谢能 ME	维持净能 NEm	增重净能 NEg	产奶净能 NE1
		%	%	%	%	%	%		%	%	%	%	%	%	Mcal/kg	Mcal/kg	Mcal/kg	Mcal/kg	Mcal/kg
306	萝卜（新鲜）Radish (fresh)（原文为：Rad-dish，疑为笔误）	9.56	2.40	0.09	5.06	1.21	0.80	1	71.00	64.00	95.00	94.00	1.70	7.78	0.34	0.28	0.19	0.13	0.18
358	向日葵（盛花期）(Full bloom)	88.00	21.05	5.94	36.17	14.20	10.64	1											
364	绿豆叶（新鲜）Mung bean leaves (fresh)	29.00	6.10	0.90	14.50	4.90	2.60	1	74.10	50.90	69.60	74.00	4.52	19.27	0.85	0.70	0.44	0.27	0.36
365	绿豆叶（干）Mung bean leaves(dry)	86.75	18.29	2.81	43.34	14.51	7.80	1											
376	胡萝卜叶（新鲜）Carrot leaves (fresh)	12.22	2.75	0.49	5.31	1.41	2.26	1					2.00	11.9	0.52	—	0.27	0.17	0.27
377	胡萝卜叶（干）Carrot leaves(dry)	88.75	20.00	3.54	38.57	10.21	16.43	1											
378	萝卜叶（新鲜）Radish leaves (fresh)（原文为：Raddish，疑为笔误）	10.91	2.71	0.55	4.23	1.44	1.98	6	78.30	81.00	75.90	66.90	2.12	7.30	0.32	0.26	0.17	0.10	0.17
379	萝卜叶（干）Radish leaves(dry)（原文为：Raddish，疑为笔误）	87.92	23.69	3.25	29.82	11.65	19.51	5					18.55	54.90	2.42	1.98	1.14	0.58	1.25
380	棉花叶 Cotton leaves	86.71	17.57	3.98	41.25	12.61	11.30	3											

续表2-8-5

编号	名称及描述	化学成分						样本数	消化率				营养价值						
		干物质 DM	粗蛋白质 CP	粗脂肪 EE	无氮浸出物 NFE	粗纤维 CF	粗灰分 Ash		粗蛋白质 CP	粗脂肪 EE	无氮浸出物 NFE	粗纤维 CF	可消化粗蛋白质 DCP	总可消化养分 TDN	消化能 DE	代谢能 ME	维持净能 NEm	增重净能 NEg	产奶净能 NE1
		%	%	%	%	%	%		%	%	%	%	%	%	Mcal/kg	Mcal/kg	Mcal/kg	Mcal/kg	Mcal/kg
383	赤小豆(新鲜)Small red bean (fresh)	20.28	5.59	0.91	8.77	1.65	3.36	1											
384	赤小豆(干)Small red bean (dry)	92.48	24.97	4.08	41.07	7.37	14.99	1											
386	大白菜废弃物(新鲜)Chinese cabbage wastes (fresh)	11.00	2.60	0.20	5.10	1.50	1.60	1											
387	大白菜废弃物(干)Chinese cabbage wastes(dry)	88.00	20.80	1.60	42.40	10.80	14.40	1											
390	向日葵叶(干)Sunflower leaves(dry)	86.90	23.90	4.20	32.40	9.10	17.30	3					14.10	51.91	2.29	1.88	1.04	0.49	1.18
872	尖叶眼子菜 *potamogeton oxyphyllus*	87.74	17.97	1.32	29.74	13.21	25.50	7	52.60	62.20	47.40	36.10	9.45	30.17	1.33	1.09	0.22	—	0.63
881	构树叶 Paper mulberry leaves	87.04	21.69	5.82	33.97	10.35	15.21	5											
886	桑树叶 Mulberry leaves (dry)	87.56	21.15	4.23	41.51	11.12	9.55	6											
890	槐树叶(新鲜)Accacia leaves (fresh)	30.58	8.18	1.33	15.79	3.69	1.59	4	51.00	51.00	56.00	40.00	4.17	16.02	0.71	0.58	0.32	0.15	0.36

续表2-8-5

编号	名称及描述	化学成分						样本数	消化率				营养价值						
		干物质 DM	粗蛋白质 CP	粗脂肪 EE	无氮浸出物 NFE	粗纤维 CF	粗灰分 Ash		粗蛋白质 CP	粗脂肪 EE	无氮浸出物 NFE	粗纤维 CF	可消化粗蛋白质 DCP	总可消化养分 TDN	消化能 DE	代谢能 ME	维持净能 NEm	增重净能 NEg	产奶净能 NE1
		%	%	%	%	%	%		%	%	%	%	%	%	Mcal/kg	Mcal/kg	Mcal/kg	Mcal/kg	Mcal/kg
891	槐树叶（干）Accacia leaves (dry)	88.83	20.99	4.23	45.59	12.40	5.62	65					0.70	46.05	2.03	1.66	0.83	0.29	1.03
892	槐树叶+茎(新鲜) Accacia leaves + stem (fresh)	34.86	8.48	1.50	17.65	5.18	2.05	2					4.32	18.00	0.79	0.65	0.36	0.17	0.40
893	槐树叶+茎(干) Accacia leaves + stem (dry)	89.78	21.89	3.83	45.38	13.42	5.26	2					11.16	46.34	2.04	1.68	0.84	0.30	1.02
898	紫穗槐 *Amorpha fructicosa*	86.93	21.96	4.43	43.74	12.96	3.84	10											
903	杨树叶(韩国,干)Popular(Korean,dry)	85.50	18.46	5.53	45.74	13.02	2.75	1					10.63	61.72	2.72	2.23	1.37	0.79	1.42
929	枸杞叶 Chinese matrimony	89.59	27.12	5.38	36.38	7.70	13.01	1											
931	蝇蛆 Maggot	87.70	49.20	19.10	14.00	1.10	4.30	1											
939	禽粪 Poultry feces	86.70	23.20	5.50	33.10	8.10	16.80	1	70.80	42.10	47.30	65.50	16.40	42.60	1.88	1.54	0.91	0.21	0.96

注:原文有100%干物质基础对应数据,读者可自行计算得到,下同。

编者注:原文有100%干物质基础对应数据,读者可自行计算得到;原文部分数据有注释,由于较为繁杂,恕未列出;部分数据请读者谨慎判断,如消化率100%、0%等。下同。

2. 非反刍动物(猪、鸡)化学成分、消化率及营养价值

表 2-8-6 非反刍动物(猪、鸡)化学成分、消化率及营养价值

编号	名称及描述	化学成分						样本数	消化率(猪)				营养价值(猪)				营养价值(鸡)	
		干物质 DM	粗蛋白质 CP	粗脂肪 EE	无氮浸出物 NFE	粗纤维 CF	粗灰分 Ash		粗蛋白质 CP	粗脂肪 EE	无氮浸出物 NFE	粗纤维 CF	可消化粗蛋白质 DCP	总可消化养分 TDN	消化能 DE	代谢能 ME	代谢能 ME	真代谢能 TME
		%	%	%	%	%	%		%	%	%	%	%	%	Mcal/kg	Mcal/kg	Mcal/kg	Mcal/kg
125	羽扇豆种子 Lupin seed	89.08	30.29	5.24	37.13	13.77	2.65	4	93.10	100.00	63.50	81.10	28.20	74.74	3.29	2.96		2.76
126	羽扇豆种子(压片) Lupin seed (flake)	87.33	30.12	5.29	35.59	13.63	2.70	1										2.49
127	绿豆 Mung bean	86.91	25.11	0.78	52.23	5.07	3.72	6									2.67	
128	花生 Peanut	92.80	28.80	45.40	13.40	2.80	2.40	5									5.41	
129	豌豆 Pea	87.92	23.10	1.44	54.83	5.76	2.79	7	88.00	47.00	93.00	58.00	20.33	76.18	3.35	3.06	2.69	
130	赤小豆 Small red bean	87.46	23.68	1.04	54.98	4.63	3.13	10									3.16	
184	芝麻粕(溶剂浸提)Sesame meal (solv-extd)	88.34	46.26	2.68	14.22	13.62	12.06	159	64.00	65.10	45.10	66.50	29.61	49.00	2.16	1.87	2.00	
185	芝麻粕(机械压榨)Sesame meal(mech-extd)	89.22	42.25	9.09	11.89	14.21	11.78	23	70.00	78.00	71.00	45.00	29.58	60.36	2.66	2.32	2.44	
186	菜籽粕(国产,溶剂浸提)Rape seed meal (domestic,solv-extd)	88.58	35.84	2.65	30.59	11.25	8.25	153	60.00	62.70	78.20	51.70	21.50	54.98	2.42	2.15	1.82	2.10
187	菜籽粕(国产,机械压榨) Rape seed meal (mech-extd)	88.34	33.78	6.97	28.07	11.17	8.35	22					20.27	57.83	2.54	2.27	1.47	

续表2-8-6

编号	名称及描述	化学成分						样本数	消化率(猪)				营养价值(猪)				营养价值(鸡)	
		干物质 DM	粗蛋白质 CP	粗脂肪 EE	无氮浸出物 NFE	粗纤维 CF	粗灰分 Ash		粗蛋白质 CP	粗脂肪 EE	无氮浸出物 NFE	粗纤维 CF	可消化粗蛋白质 DCP	总可消化养分 TDN	消化能 DE	代谢能 ME	代谢能 ME	真代谢能 TME
		%	%	%	%	%	%		%	%	%	%	%	%	Mcal/kg	Mcal/kg	Mcal/kg	Mcal/kg
188	菜籽粕(进口,溶剂浸提)Rape seed meal imported	89.54	36.40	2.92	31.03	9.25	9.42	14	60.00	62.70	78.20	51.70	21.84	55.01	2.42	2.15		
189	菜籽粕(加拿大进口,溶剂浸提)Canada	88.91	35.66	3.25	32.11	9.60	8.20	4					21.40	56.10	2.47	2.19		
190	菜籽粕(印度进口,溶剂浸提)India	90.49	37.56	2.22	31.19	12.34	9.48	3					20.86	58.52	2.58	2.29		
191	菜籽粕(中国进口,溶剂浸提)China (mech-extd)	89.67	34.76	6.32	28.61	12.34	7.64	2					22.54	55.25	2.43	2.15		
193	棉籽粕(机械压榨)Cotton seed meal (mech-extd)	89.05	29.80	6.81	30.04	15.51	6.89	17	73.10	95.60	45.10	15.00	21.78	52.31	2.30	2.07	2.32	2.12
194	花生粕(溶剂浸提)Peanut meal (mech-extd)	90.70	44.40	3.60	24.80	10.00	7.90	17	81.00	92.00	87.00	51.00	36.00	70.10	3.09	2.53	2.17	
197	亚麻籽粕(溶剂浸提)Flax seed meal (solv-extd)	88.81	37.56	1.69	35.39	8.35	5.82	12	90.50	62.00	80.00	20.00	33.99	66.33	2.92	2.58	1.08	2.03
198	亚麻籽粕(机械压榨)Flax seed meal (mech-extd)	88.43	32.87	6.90	33.80	9.12	5.74	6	88.31	81.38	81.35	97.03	29.03	78.01	3.43	3.07	7.52	2.03

续表2-8-6

编号	名称及描述	化学成分						样本数	消化率(猪)				营养价值(猪)				营养价值(鸡)	
		干物质 DM	粗蛋白质 CP	粗脂肪 EE	无氮浸出物 NFE	粗纤维 CF	粗灰分 Ash		粗蛋白质 CP	粗脂肪 EE	无氮浸出物 NFE	粗纤维 CF	可消化粗蛋白质 DCP	总可消化养分 TDN	消化能 DE	代谢能 ME	代谢能 ME	真代谢能 TME
		%	%	%	%	%	%		%	%	%	%	%	%	Mcal/kg	Mcal/kg	Mcal/kg	Mcal/kg
199	花生粕(溶剂浸提)Coconut meal (solv-extd)	90.23	24.65	3.14	41.63	13.30	7.51	5	65.00	73.00	82.00	65.00	16.02	63.96	2.81	2.56	1.49	
200	棉籽粕(机械压榨)Coconut meal(mech-extd)	89.06	23.89	7.75	38.14	13.83	5.45	5					15.53	68.52	3.01	2.75	1.77	
201	玉米胚芽粕(溶剂浸提)Corn germ meal (solv-extd)	90.35	23.22	2.57	51.92	9.44	3.20	231	86.00	67.00	88.00	41.00	19.97	73.40	3.23	2.95	2.23	
217	高粱+玉米酒糟(干)(Sorghum +Corn,dry)	90.35	19.31	9.02	39.53	14.84	7.65	1					12.55	56.10	2.47	2.27		
225	大米酒糟(精制酒)(Rice,refined wine)	38.81	12.69	1.06	20.28	4.31	0.47	1					8.76	17.73	0.78	0.73		
229	玉米蛋白粉 Corn gluten meal	90.44	60.85	3.28	20.82	1.85	3.64	442	86.00	67.00	88.00	41.00	52.33	76.36	3.36	2.81		
230	玉米蛋白粉,40%粗蛋白质 Low 40% protein	89.98	37.10	3.71	45.03	3.15	0.99	2	87.00	56.00	84.00	34.00	32.28	75.85	3.34	2.95		
231	玉米蛋白粉,50%粗蛋白质 Low 50% protein	91.06	47.46	3.33	34.76	3.92	1.59	19	87.00	56.00	84.00	34.00	41.29	76.02	3.34	2.89	4.28	
232	玉米蛋白粉,55%粗蛋白质 Low 55% protein	91.60	53.20	3.68	33.05	1.08	1.59	43	86.00	67.00	88.00	41.00	45.75	80.83	3.56	3.04	3.25	

续表2-8-6

编号	名称及描述	化学成分						样本数	消化率(猪)				营养价值(猪)				营养价值(鸡)	
		干物质 DM	粗蛋白质 CP	粗脂肪 EE	无氮浸出物 NFE	粗纤维 CF	粗灰分 Ash		粗蛋白质 CP	粗脂肪 EE	无氮浸出物 NFE	粗纤维 CF	可消化粗蛋白质 DCP	总可消化养分 TDN	消化能 DE	代谢能 ME	代谢能 ME	真代谢能 TME
		%	%	%	%	%	%		%	%	%	%	%	%	Mcal/kg	Mcal/kg	Mcal/kg	Mcal/kg
233	玉米蛋白粉,60%粗蛋白质 Low 60% protein	90.50	57.93	3.27	24.85	2.39	2.06	117					49.82	77.60	3.41	2.87	3.93	
234	玉米蛋白粉,65%粗蛋白质 Low 65% protein	89.82	62.49	3.03	20.88	1.80	1.62	166					53.74	77.42	3.41	2.84	4.13	3.64
235	玉米蛋白粉,70%粗蛋白质 Low 70% protein	90.73	67.20	3.11	17.35	1.31	1.76	74					57.79	78.29	3.44	2.84		
236	玉米蛋白粉,70%粗蛋白质 High 70% protein	91.12	71.76	4.47	11.84	0.80	2.25	21					61.71	79.20	3.48	2.84	4.09	
237	玉米蛋白饲料 Corn gluten feed	87.73	18.46	2.20	54.01	7.10	5.96	13	70.10	66.60	45.80	55.50	12.94	44.91	1.98	1.82	1.94	
240	大麦麦芽(干) Barley malt sprouts (dry)	87.37	26.70	1.33	40.31	12.28	6.75	15	68.00	43.00	62.00	72.10	18.16	53.29	2.34	2.12		1.91
243	小麦面筋 Wheat gluten	90.64	72.83	1.18	13.56	0.98	2.09	5	86.00	67.00	88.00	41.00	62.63	76.75	3.38	2.75		
244	发酵大豆酱残留物(新鲜) Fermented soybean waste residues (fresh)	59.40	18.00	5.10	17.10	9.30	9.90	9	64.00	74.00	65.00	53.00	11.52	36.06	1.59	1.47		
245	发酵大豆酱残留物(干) Fermented soybean waste residues (dry)	88.75	31.70	7.81	23.08	14.29	11.87	16					20.29	55.87	2.46	2.20		

续表2-8-6

编号	名称及描述	化学成分						样本数	消化率(猪)				营养价值(猪)				营养价值(鸡)	
		干物质 DM	粗蛋白质 CP	粗脂肪 EE	无氮浸出物 NFE	粗纤维 CF	粗灰分 Ash		粗蛋白质 CP	粗脂肪 EE	无氮浸出物 NFE	粗纤维 CF	可消化粗蛋白质 DCP	总可消化养分 TDN	消化能 DE	代谢能 ME	代谢能 ME	真代谢能 TME
		%	%	%	%	%	%		%	%	%	%	%	%	Mcal/kg	Mcal/kg	Mcal/kg	Mcal/kg
247	豆腐渣(干)Soybean curd residue(dry)	88.90	25.38	11.55	34.07	14.31	3.59	12					17.51	63.92	2.81	2.56		
248	豆粕副产品(新鲜) Soymeal by-product (fresh)	20.76	8.57	3.62	5.95	1.74	0.88	1					5.91	15.93	0.70	0.66		
249	豆粕副产品(干) Soymeal by-product(dry)	93.51	38.62	16.58	26.52	7.84	3.95	1					26.65	71.95	3.17	2.79		
264	啤酒酵母 Brewer Yeasts	86.02	43.30	0.66	34.29	1.37	6.40	3	89.00	0	85.00	48.00	38.54	68.34	3.01	2.63		
265	酵母 Yeasts	92.07	44.30	1.14	40.59	6.03	0.01	1	89.00	0	85.00	48.00	39.43	76.82	3.38	2.94		
272	鱼粉(进口)Fish meal (imported)	90.33	63.33	7.53	2.84	1.37	15.26	110	87.00	78.00	0	0	55.10	68.31	3.01	2.50		
273	鱼粉(泰国)Thailand	92.08	60.28	10.07	0	0.47	21.26	1					52.44	70.11	3.09	2.59		
274	鱼粉(智利)Chile	89.98	63.28	9.04	2.29	0.33	15.04	8					55.05	70.92	3.12	2.60		
275	鱼粉(秘鲁)Peru	90.34	63.35	7.38	2.96	1.43	15.22	99					55.11	68.07	2.99	2.49	2.94	
276	鱼粉(国产)Fish meal (domestic)	91.54	57.42	9.31	0	1.63	23.18	2081	90.00	85.60	0	0	51.68	69.61	3.06	2.59		

续表2-8-6

编号	名称及描述	化学成分						样本数	消化率(猪)				营养价值(猪)				营养价值(鸡)	
		干物质 DM	粗蛋白质 CP	粗脂肪 EE	无氮浸出物 NFE	粗纤维 CF	粗灰分 Ash		粗蛋白质 CP	粗脂肪 EE	无氮浸出物 NFE	粗纤维 CF	可消化粗蛋白质 DCP	总可消化养分 TDN	消化能 DE	代谢能 ME	代谢能 ME	真代谢能 TME
		%	%	%	%	%	%		%	%	%	%	%	%	Mcal/kg	Mcal/kg	Mcal/kg	Mcal/kg
277	鱼粉，45%粗蛋白质 Low 45% protein	87.42	42.01	11.17	5.31	1.68	27.25	152	92.00	72.00	0	0	38.65	56.74	2.50	2.19	2.23	
278	鱼粉，45%～50%粗蛋白质 45%～50% protein	91.20	47.48	12.00	1.97	1.51	28.24	274	82.90	71.50	0	0	39.36	58.67	2.58	2.23	2.62	
279	鱼粉，50%～55%粗蛋白质 50%～55% protein	92.10	53.01	9.58	1.12	1.26	27.13	526	87.80	86.80	0	0	46.54	65.25	2.87	2.45	2.56	3.16
280	鱼粉，55%～60%粗蛋白质 55%～60% protein	91.68	57.17	9.41	0.06	1.43	23.61	393	73.10	68.50	0	0	41.79	56.29	2.48	2.09	2.83	
281	鱼粉，60%～65%粗蛋白质 60%～65% protein	91.74	62.75	9.07	0	1.79	18.13	213	90.00	85.60	0	0	56.48	73.94	3.25	2.71		
282	鱼粉，65%～70%粗蛋白质 65%～70% protein	93.51	67.54	6.86	0	5.34	13.77	305	90.00	85.60	0	0	60.79	74.00	3.26	2.68		
283	鱼粉，70%粗蛋白质 high 70% protein	94.72	72.36	6.24	0	3.11	13.01	218					65.12	77.14	3.39	2.76		
284	鱼粉(鳀鱼)Anchovy	86.54	52.64	10.01	2.81	1.06	20.02	45					47.38	66.66	2.93	2.50	2.45	

续表2-8-6

编号	名称及描述	化学成分						样本数	消化率(猪)				营养价值(猪)				营养价值(鸡)	
		干物质 DM	粗蛋白质 CP	粗脂肪 EE	无氮浸出物 NFE	粗纤维 CF	粗灰分 Ash		粗蛋白质 CP	粗脂肪 EE	无氮浸出物 NFE	粗纤维 CF	可消化粗蛋白质 DCP	总可消化养分 TDN	消化能 DE	代谢能 ME	代谢能 ME	真代谢能 TME
		%	%	%	%	%	%		%	%	%	%	%	%	Mcal/kg	Mcal/kg	Mcal/kg	Mcal/kg
285	鱼粉(阿拉斯加鳕鱼) Alaskan Pollack(推测应为 Alaska Pollock)	88.46	58.98	8.99	0	0.54	19.95	8					53.08	70.40	3.10	2.60		
286	鱼粉(鲳鱼银鲳)Pomfret	83.30	54.06	5.58	0.16	0.13	23.37	5	92.00	72.00	0	0	49.74	58.77	2.59	2.20		
287	鱼粉(虾)Shrimph	86.93	51.78	8.03	0.88	6.47	19.77	7					47.64	60.65	2.67	2.28		
288	鱼粉(虾虎鱼)Goby	88.94	64.85	9.57	0.63	0.55	13.34	2	90.00	85.60	0	0	58.37	76.80	3.38	2.80		
289	鱼粉(鲱鱼)Herring	87.48	62.63	11.34	0	0.37	13.14	2					56.37	78.21	3.44	2.87		
290	鱼粉(带鱼)Hair tail	82.60	51.81	9.46	0	0.61	20.72	1	92.00	72.00	0	0	47.67	62.99	2.77	2.37		
291	鱼粉(秋刀鱼)Saury	90.19	63.62	5.07	8.71	0.20	12.59	3	90.00	85.60	0	0	57.26	67.02	2.95	2.45		
292	鱼粉(青鳞小沙丁鱼)File fish	89.92	57.83	9.52	1.28	0.49	20.80	7	92.00	72.00	0	0	53.20	68.63	3.02	2.55	4.40	
293	鱼粉(鲭鱼)Mackerel fish	87.40	66.20	6.58	0	0	14.62	1	90.00	85.60	0	0	59.58	72.25	3.18	2.63		
294	鱼粉(沙鱼)Sand fish	90.18	62.75	4.21	8.94	0.25	14.03	1					56.48	64.58	2.84	2.37		
295	鱼粉(진저리) 진저리	93.39	59.06	7.37	5.28	0.87	20.81	2	90.00	85.60	0	0	53.15	67.35	2.96	2.49		
296	鱼粉(豚鱼쥐치)File fish	89.66	49.96	8.98	3.49	0.62	26.61	14					44.96	62.26	2.74	2.35	31.4	
297	鱼粉(沙丁鱼)Sardine	89.78	61.19	8.56	4.04	0.15	15.84	8	91.00	96.55	0	0	55.68	74.27	3.27	2.73	2.25	

续表2-8-6

编号	名称及描述	化学成分						样本数	消化率(猪)				营养价值(猪)				营养价值(鸡)	
		干物质 DM	粗蛋白质 CP	粗脂肪 EE	无氮浸出物 NFE	粗纤维 CF	粗灰分 Ash		粗蛋白质 CP	粗脂肪 EE	无氮浸出物 NFE	粗纤维 CF	可消化粗蛋白质 DCP	总可消化养分 TDN	消化能 DE	代谢能 ME	代谢能 ME	真代谢能 TME
		%	%	%	%	%	%		%	%	%	%	%	%	Mcal/kg	Mcal/kg	Mcal/kg	Mcal/kg
298	鱼粉(까나리) 까나리	83.02	54.35	13.26	1.22	0.64	13.55	2					49.46	78.25	3.44	2.93		
299	鱼粉(강다리) 강다리	80.00	51.65	6.75	0	0.36	21.24	1					47.00	61.66	2.71	2.32		
300	鱼粉(小明太鱼) Young pollack	90.21	60.54	8.60	0	0.50	20.57	12	90.00	85.60	0	0	54.49	71.05	3.13	2.62	1.41	
301	鱼粉(黄鳍刺虾虎鱼) 문절구	85.61	53.91	5.86	0.66	0.23	24.95	1	98.00	93.40	0	0	52.83	65.15	2.87	2.44	2.36	
302	蚯蚓 Earthworm	92.29	61.91	8.57	12.81	0.32	8.68	2										
303	海星 Starfish	92.03	32.61	6.01	15.34	1.20	36.87	3										
304	蛙(新鲜) Frog (fresh)(原文为 Forg,疑为笔误)	17.11	10.88	1.38	1.12	0.36	3.37	1										
305	蛙(干)Frog (dry)	86.07	56.73	7.19	2.67	1.87	17.61	1										
306	羽毛粉(进口) Feather meal (imp.)	91.80	77.50	4.80	0.30	3.00	6.20	2	77.00	67.00	0	0	59.68	66.91	2.94	2.37	2.33	
307	羽毛粉(国产) Feather meal(domestic)	91.41	75.54	3.73	0	2.36	9.78	33					58.17	63.79	2.81	2.27	1.35	
308	奶粉(全脂) Milk powder (whole fat)	91.90	22.00	24.80	39.30	0.60	5.20	4							5.88	5.33		
309	奶粉(脱脂) Milk powder (skimmed)	88.20	31.40	1.80	47.20	0.40	7.40	1	94.00	96.00	97.00	0	29.50	79.20	3.48	3.12	3.16	

续表2-8-6

编号	名称及描述	化学成分						样本数	消化率(猪)				营养价值(猪)				营养价值(鸡)	
		干物质 DM	粗蛋白质 CP	粗脂肪 EE	无氮浸出物 NFE	粗纤维 CF	粗灰分 Ash		粗蛋白质 CP	粗脂肪 EE	无氮浸出物 NFE	粗纤维 CF	可消化粗蛋白质 DCP	总可消化养分 TDN	消化能 DE	代谢能 ME	代谢能 ME	真代谢能 TME
		%	%	%	%	%	%		%	%	%	%	%	%	Mcal/kg	Mcal/kg	Mcal/kg	Mcal/kg
310	酪蛋白 Casein	88.16	82.91	0.26	2.64	0.12	2.23	4	93.0	0	98.00	0	77.11	79.69	3.51	2.78	4.03	
312	血粉 Blood meal	87.24	83.35	0.19	0	0.91	2.79	5	78.00	0	25.00	0	65.01	64.81	2.85	2.26	2.71	
313	肉骨粉 Meat and bone meal	93.06	30.14	14.00	0	1.73	47.19	18	91.00	100	0	0	27.43	58.93	2.59	2.33	1.91	
314	蚕蛹 Silk worm pupa	91.56	53.68	27.58	1.35	5.08	3.87	23									5.55	
315	蚕蛹(溶剂浸提)Silk worm meal (solv-extd)	86.90	62.90	1.20	10.40	6.10	6.30	1										
316	蚕蛹(机械压榨)Silk worm meal(mech-extd)	90.00	54.40	11.40	11.70	7.10	5.40	2										
317	家禽内脏 Poultry wastes (viscera)	93.70	50.90	11.70	3.70	2.90	24.50	1	82.00	96.00	19.00	0	41.74	67.71	2.98	2.55		
318	家禽肌胃内皮 Poultry gizzard endothelium	89.04	83.26	0.59	3.78	0.17	1.24	1										
320	皮革粉 Leather meal	87.17	68.20	2.12	4.64	1.70	10.51	5										
321	牛肉粉 Meat meal	92.21	71.45	12.64	0	1.54	6.58	6	85.82	79.25	0	100	61.32	84.52	3.72	3.03		4.55
322	牛油(原文英文为 Tallow,但根据注释推测应为:牛肉)	93.36	68.98	15.04	0	4.96	4.38	2	85.80	79.30	0	100	59.18	90.98	4.00	3.29	8.5	
329	萝卜(新鲜)Radish (fresh)	9.56	2.40	0.09	5.06	1.21	0.80	1										

3.矿物质含量

表 2-8-7 矿物质含量

编号	名称及描述	干物质 DM (%)	钙 (%)	磷 (%)	钾 (%)	钠 (%)	镁 (%)	氯 (%)	硫 (%)	铁 (mg/kg)	锰 (mg/kg)	钴 (mg/kg)	锌 (mg/kg)	铜 (mg/kg)	氟 (mg/kg)	样本数 *n*
97	羽扇豆种子 lupine seed	88.40	0.05	0.80	0.65	0.01	0.03	—	—	387	99	—	86	10	—	2
98	绿豆 Mung bean	86.50	0.15	0.44	1.28	0.02	0.17	0.21	0.09	100	54	—	55	8	—	1
99	豌豆 Pea	88.90	0.12	0.18	1.21	—	0.17	—	—	100	12	—	43	—	—	3
100	赤小豆 Small red bean	83.30	0.09	0.52	—	0.10	0.20	—	—	25	25	—	40	12	—	1
129	芝麻粕(溶剂浸提)Sesame meal (solv-extd)	91.77	1.41	1.09	1.34	0.07	0.70	—	—	904	52	—	103	53	—	6
130	芝麻粕(机械压榨)Sesame meal (mech-extd)	88.17	0.75	1.34	1.18	0.14	0.55	—	—	600	44	—	108	59	—	3
131	菜籽粕(国产,溶剂浸提)Rape seed meal (solv-extd)	88.60	0.43	1.63	1.76	0.09	0.48	0.04	—	557	92	—	136	10	—	4
132	菜籽粕(进口,溶剂浸提)Rape seed meal(mech-extd)	88.86	0.65	1.05	1.23	0.10	0.39	0.04	0.39	379	85	—	78	21	—	5
134	棉籽粕(机械压榨)Cotton seed meal (mech -extd)	89.04	0.13	0.87	1.62	0.03	0.42	0.06	0.40	753	31	—	99	15	—	4
135	花生粕(溶剂浸提)Peanut meal (solv-extd)	88.40	0.22	0.58	0.42	0.15	0.25	—	—	336	37	—	76	6	—	5
138	亚麻籽粕(溶剂浸提)Flax seed meal (solv-extd)	88.85	0.23	0.68	0.68	0.30	0.38	—	—	381	47	—	76	36	—	2
139	亚麻籽粕(机械压榨)Flax seed meal(mech-extd)	89.94	0.39	0.87	5.00	0.20	0.45	—	—	562	180	—	177	20	—	2
140	花生粕(溶剂浸提)Coconut meal (solv-extd)	88.25	0.25	0.80	2.31	0.06	0.26	0.03	—	767	66	—	61	29	—	3
141	棉籽粕(机械压榨)Coconut meal(mech-extd)	92.70	0.21	0.62	1.52	0.04	0.31	—	0.34	1,320	654	—	—	14	—	1

续表2-8-7

编号	名称及描述	干物质 DM (%)	钙 (%)	磷 (%)	钾 (%)	钠 (%)	镁 (%)	氯 (%)	硫 (%)	铁 (mg/kg)	锰 (mg/kg)	钴 (mg/kg)	锌 (mg/kg)	铜 (mg/kg)	氟 (mg/kg)	样本数 n
142	玉米胚芽粕(溶剂浸提)Corn germ meal (solv-extd)	89.31	0.05	0.55	0.45	0.02	0.13	—	—	174	12	—	53	4	—	5
144	向日葵仁粕(溶剂浸提)Sunflower seed meal(solv-extd)	89.25	0.37	0.97	1.89	0.04	0.36	—	—	37	10	—	32	17	—	3
145	向日葵仁粕(机械压榨)Sunflower seed meal(mech-extd)	91.10	—	0.59	—	—	—	—	—	—	—	—	—	—	—	1
146	向日葵仁粕(中国)Sunflower seed meal(China 중공산)	89.02	0.13	1.04	1.14	0.05	0.61	—	—	594	63	—	90	24	—	1
156	高粱+玉米酒糟(干)(Soghum +Corn,dry)	90.40	0.05	0.63	0.97	0.04	0.24	—	—	260	70	—	80	—	—	1
168	玉米蛋白粉 Corn gluten meal	91.15	0.06	0.42	0.27	0.01	0.05	0.07	—	434	78	—	49	10	—	9
169	玉米蛋白饲料 Corn gluten feed	88.45	0.04	0.41	0.10	0.02	0.08	—	—	365	128	—	51	10	—	6
173	大麦麦芽(干)Barley malt sprouts	84.82	0.05	0.40	0.57	0.03	0.13	—	—	187	64	—	40	5	—	2
176	小麦面筋 Wheat gluten	91.70	0.09	0.32	—	0.03	0.09	—	—	60	185	—	2	55	—	1
177	发酵大豆酱残留物(新鲜)Fermented soybean paste residues	90.96	0.39	0.43	0.66	1.82	0.38	—	—	41	7	—	20	4	—	2
179	发酵大豆酱残留物(干)Soybean curd residue(dry)	92.66	0.38	0.33	1.29	0.19	0.18	—	—	369	29	—	81	7	—	2
180	豆粕副产品(新鲜)Soymeal by-products (fresh)	20.76	0.04	0.04	0.35	0.05	0.04	—	—	18	3	—	27	—	—	1
181	豆粕副产品(干)Soymeal by-products(dry)	91.81	0.28	0.29	1.42	0.22	0.19	—	—	540	27	—	101	20	—	2
190	啤酒酵母 Beer yeast	87.67	0.45	0.54	0.93	0.17	0.19	—	—	295	53	—	90	12	—	3

续表2-8-7

编号	名称及描述	干物质 DM (%)	钙 (%)	磷 (%)	钾 (%)	钠 (%)	镁 (%)	氯 (%)	硫 (%)	铁 (mg/kg)	锰 (mg/kg)	钴 (mg/kg)	锌 (mg/kg)	铜 (mg/kg)	氟 (mg/kg)	样本数 n
196	鱼粉(进口)Fish meal (imported)	89.87	2.19	1.70	0.69	0.93	0.20	—	—	490	13	—	100	8	—	6
197	鱼粉(国产高品质)Fish meal (domestic high gr.)	95.83	3.42	2.64	0.93	0.95	0.16	—	—	474	36	—	159	11	—	4
198	鱼粉(国产中品质)Fish meal (domestic medium gr.)	91.00	4.52	2.25	0.71	0.80	0.23	1.21	0.24	712	30	—	205	8	—	5
199	鱼粉(国产低品质)domestic low gr.	89.52	6.48	3.10	0.47	0.74	0.26	—	—	502	27	—	101	8	—	3
200	鱼粉(鳀鱼,中品质)Anchovy (medium gr)	88.40	2.36	1.63	1.23	1.99	0.29	—	—	220	19	—	158	11	—	4
201	鱼粉(鳀鱼,低品质)Anchovy (low gr)	87.80	2.66	1.84	1.22	2.80	0.34	—	—	126	17	—	89	9	—	5
202	鱼粉(阿拉斯加鳕鱼)Alaskan pollack	88.69	4.26	2.25	0.32	1.10	0.35	—	—	197	21	—	100	30	—	3
203	鱼粉(虾)Shrimp	90.40	11.48	1.38	0.50	1.36	0.73	—	—	4063	154	—	86	10	—	1
204	鱼粉(虾虎鱼)Goby	84.70	3.50	1.85	—		0.27	—	—	160	20	—	—	—	—	1
205	鱼粉(鲭鱼)Mackerel fish	88.36	5.08	2.60	0.46	1.43	0.24	—	—	215	24	—	—	10	—	3
206	鱼粉(青鳞小沙丁鱼)File fish	94.07	2.73	2.00	1.15	1.82	0.30	—	—	329	41	—	87	3	—	3
207	鱼粉(진저리)Chondrus ocella	88.60	0.05	0.07	1.05	1.08	0.40	—	—	249	17	—	32	16	—	2
208	鱼粉(豚鱼쥐치)File fish	91.90	5.75	3.02	0.69	0.65	0.27	—	—	95	9	—	36	3	—	7
209	鱼粉(沙丁鱼)Sardine	90.33	3.32	1.75	1.10	0.69	0.19	0.41	—	416	49	—	135	9	—	8
210	鱼粉(小明太鱼)Young pollack	91.81	3.38	1.85	1.12	0.61	0.37	—	—	1772	27	—	47	13	—	5
211	鱼粉(泥鳅)mi Kula ji 미꾸라지	81.66	3.98	1.05	1.39	0.61	0.23	—	—	84	26	—	78	3	—	1
212	蚯蚓 Earth worm	92.30	0.29	1.30	0.59	0.62	0.27	—	—	3,920	142	—	116	25	—	2
213	海星 Starfish	91.03	8.26	0.45	0.07	0.15	0.05	—	—	1,087	40	—	181	14	—	2

续表2-8-7

编号	名称及描述	干物质DM (%)	钙 (%)	磷 (%)	钾 (%)	钠 (%)	镁 (%)	氯 (%)	硫 (%)	铁 (mg/kg)	锰 (mg/kg)	钴 (mg/kg)	锌 (mg/kg)	铜 (mg/kg)	氟 (mg/kg)	样本数 *n*
214	羽毛粉(国产)Feather meal (domestic)	91.95	0.72	0.23	0.10	0.40	0.08	—	—	5567	55	—	51	20	—	4
215	羽毛粉(进口)Feather meal (imported)	90.75	0.25	0.30	—	—	0.08	—	—	2500	40	—	16	28	—	2
216	奶粉(脱脂)Milk powder (skimmed)	94.30	1.27	1.03	1.61	0.02	0.12	—	0.32	30	2	—	—	12	—	1
217	酪蛋白 Casein	88.78	0.39	0.62	0.01	0.03	0.01	—	—	23	—	—	98	—	—	1
219	血粉 Blood meal	89.00	0.05	0.18	0.05	—	—	0.40	—	2000	5	—	13	15	—	1
220	肉骨粉 Meat and bone meal (sheep)	95.03	12.91	5.53	2.20	0.63	1.16	—	—	479	362	—	72	15	—	4
221	肉骨粉 Meat and bone meal	92.70	19.05	9.87	—	—	1.16	—	—	580	—	—	108	—	—	1
222	骨粉(高品质)Bone meal (high grade)	93.20	26.34	12.13	—	—	—	—	—	—	—	—	—	—	—	1
223	骨粉(中品质)Bone meal (medium grade)	93.80	25.60	11.09	—	—	—	—	—	—	—	—	—	—	—	—
224	骨粉(低品质)Bone meal (low grade)	94.40	21.28	8.17	—	0.82	1.84	—	—	50	—	—	—	—	—	2
226	蚕蛹 Silk worm pupa	89.70	0.46	0.87	0.78	0.06	0.31	—	—	—	—	—	—	—	—	4
227	家禽肌肉内皮 Poultry muscle endothelium	89.04	0.56	0.15	0.75	0.04	0.32	—	—	130	25	—	89	11	—	1
228	皮革粉 Leather meal	86.25	4.40	0.15	0.05	0.11	0.11	—	—	1764	44	—	56	—	—	1
273	萝卜叶(Reddish leaves)	—	—	0.46	—	—	0.12	—	—	287	34	—	125	9	—	1
274	胡萝卜叶(新鲜)Carrot leaves (fresh)	13.41	0.06	0.23	0.60	0.08	0.05	—	—	249	59	—	26	1	—	1
275	胡萝卜叶(干)Carrot leaves (dry)	92.07	0.30	1.54	4.07	0.49	0.35	—	—	1758	424	—	190	8	—	2

4. 氨基酸含量

表 2-8-8 氨基酸含量

编号	名称及描述	干物质 DM	粗蛋白质 CP	胱氨酸 Cys	蛋氨酸 Met	天冬氨酸 Asp	苏氨酸 Thr	丝氨酸 Ser	谷氨酸 Glu	脯氨酸 Pro	甘氨酸 Gly	丙氨酸 Ala	缬氨酸 Val	异亮氨酸 Ile	亮氨酸 Leu	酪氨酸 Tyr	苯丙氨酸 Phe	赖氨酸 Lys	组氨酸 His	精氨酸 Arg	色氨酸 Trp	样本数
		%	%	%	%	%	%	%	%	%	%	%	%	%	%	%	%	%	%	%	%	
69	羽扇豆种子 Lupine seed	89.08	30.99	0.221	0.201	2.823	0.680	0.131	6.774	1.780	1.709	0.999	1.041	1.203	2.068	0.951	1.534	1.232	1.222	2.381	—	2
70	赤小豆 Small red bean	87.46	22.14	0.316	0.419	2.521	0.791	1.261	3.420	1.279	0.827	0.922	1.076	0.936	1.681	0.646	1.176	1.611	0.694	1.534	—	1
71	豇豆 *Vigna sinensis*	88.27	24.57	0.259	0.376	1.491	0.972	1.499	2.402	0.969	1.208	3.855	0.424	0.821	0.956	1.006	0.867	1.617	0.715	1.204	—	16
94	鱼汁吸附饲料(墨鱼肠50%+小麦麸50%)Fish soluble adsorption (Cuttle fish intestine 50% + wheat bran 50%)	88.27	40.44	0.415	0.762	2.096	1.002	1.048	3.563	1.249	1.620	1.466	1.563	1.203	1.954	0.865	1.292	2.151	0.809	1.976	—	1
95	鱼汁吸附饲料(墨鱼肠25%+鱼汁25%+小麦麸50%)Fish soluble adsorption (Cuttle fish intestine 25%+fish soluble 25%+wheat bran 50%)	88.36	26.83	0.150	0.282	1.415	0.563	0.575	2.324	0.960	1.251	1.585	1.333	0.890	1.453	0.548	0.876	0.965	0.283	0.933	—	1
108	紫苏粕(溶剂浸提)Perilla meal (solv-extd)	88.30	40.32	0.434	0.908	2.892	1.133	1.533	7.469	1.825	1.724	1.639	1.638	1.265	2.373	1.111	1.624	0.897	0.876	3.363	—	25
109	紫苏饼(机械压榨)Perilla meal (mech-extd)	89.22	35.68	0.610	0.886	2.916	1.183	1.772	6.949	2.455	1.622	1.556	1.473	1.216	2.163	1.100	1.665	1.230	0.920	3.330	—	1
110	芝麻粕(溶剂浸提)Sesame meal (solv-extd)	88.34	44.68	0.217	1.027	2.920	1.063	0.970	8.571	1.740	2.001	2.066	2.085	1.461	2.866	1.333	1.838	0.703	1.015	3.141	0.560	13
111	芝麻粕(机械压榨)Sesame meal (mech-extd)	89.70	40.60	0.140	1.040	2.380	0.830	0.710	7.570	1.850	1.930	1.670	2.280	1.850	2.960	1.250	1.620	1.020	1.080	3.080	—	1

续表2-8-8

编号	名称及描述	干物质 DM	粗蛋白质 CP	胱氨酸 Cys	蛋氨酸 Met	天冬氨酸 Asp	苏氨酸 Thr	丝氨酸 Ser	谷氨酸 Glu	脯氨酸 Pro	甘氨酸 Gly	丙氨酸 Ala	缬氨酸 Val	异亮氨酸 Ile	亮氨酸 Leu	酪氨酸 Tyr	苯丙氨酸 Phe	赖氨酸 Lys	组氨酸 His	精氨酸 Arg	色氨酸 Trp	样本数
		%	%	%	%	%	%	%	%	%	%	%	%	%	%	%	%	%	%	%	%	
112	菜籽粕(国产,溶剂浸提) Rape seed meal (solv-extd)	89.54	36.41	0.896	0.784	2.307	1.410	1.486	6.904	2.380	1.698	1.468	1.761	1.352	2.396	0.891	1.241	1.656	0.849	1.952	0.680	18
113	菜籽粕(加拿大进口,溶剂浸提) Rape seed meal (Canada,solv-extd)	88.91	35.96	0.814	0.742	2.551	1.448	1.348	6.480	1.947	1.756	1.572	1.869	1.457	2.517	0.913	1.416	2.005	0.928	2.298	—	6
114	菜籽粕(智利,溶剂浸提) Rape seed meal (Chile, solv-extd)	88.46	35.14	—	—	2.670	1.565	1.565	6.415	—	1.785	1.580	1.905	1.420	2.520	0.860	1.455	1.915	1.340	2.330	—	2
115	菜籽粕(印度进口,溶剂浸提) Rape seed meal (India,solv-extd)	90.49	42.64	0.850	0.670	2.640	1.530	1.605	7.760	—	1.970	1.620	2.105	1.465	2.800	1.045	1.650	2.130	1.525	2.840	—	2
116	菜籽粕(中国进口,溶剂浸提) Rape seed meal (China,solv-extd)	89.67	38.71	0.773	0.807	2.354	1.456	1.448	6.662	—	1.682	1.520	1.710	1.328	2.444	0.750	1.324	1.228	1.753	2.064	—	5
117	亚麻籽粕 Flax seed meal	88.60	35.50	0.540	0.540	—	1.080	1.590	—	—	1.870	—	1.480	1.310	1.820	0.910	1.480	1.140	0.620	3.520	—	1
118	棉籽粕(溶剂浸提)Cotton seed meal (solv-extd)	89.69	38.27	0.482	0.799	3.319	1.206	1.536	7.465	1.393	1.554	1.389	1.719	1.186	2.246	0.896	1.719	1.582	0.949	4.222	—	5
119	棉籽粕(机械压榨)Cotton seed meal (mech-extd)	89.05	21.91	0.278	0.324	1.975	0.722	0.801	4.254	1.801	0.868	0.889	0.983	0.729	1.265	0.551	1.044	0.790	0.470	2.031	—	2
120	花生粕(溶剂浸提)Peanut meal (solv-extd)	90.70	42.99	0.218	0.528	4.388	1.439	1.870	8.368	2.044	1.571	1.679	1.919	1.662	2.872	1.370	1.789	2.062	0.908	2.508	0.990	2
121	辣椒籽粕(溶剂浸提) Pepper seed meal (solv-extd)	89.80	22.18	0.365	0.174	1.955	0.747	1.175	3.903	1.040	0.948	0.886	0.730	0.528	1.121	0.291	0.748	0.812	0.309	1.201	—	1

续表2-8-8

编号	名称及描述	干物质 DM	粗蛋白质 CP	胱氨酸 Cys	蛋氨酸 Met	天冬氨酸 Asp	苏氨酸 Thr	丝氨酸 Ser	谷氨酸 Glu	脯氨酸 Pro	甘氨酸 Gly	丙氨酸 Ala	缬氨酸 Val	异亮氨酸 Ile	亮氨酸 Leu	酪氨酸 Tyr	苯丙氨酸 Phe	赖氨酸 Lys	组氨酸 His	精氨酸 Arg	色氨酸 Trp	样本数
		%	%	%	%	%	%	%	%	%	%	%	%	%	%	%	%	%	%	%	%	
122	棉籽粕(机械压榨)Coconut meal (solv-extd)	90.23	17.97	0.187	0.323	1.406	0.528	0.737	3.365	0.359	0.646	0.729	0.856	0.537	1.102	0.352	0.692	0.417	0.818	1.584	—	7
123	玉米胚芽粕(溶剂浸提) Corn germ meal (solv-extd)	90.35	21.83	0.343	0.456	1.264	0.664	0.693	2.555	1.102	0.972	1.120	0.981	0.613	1.376	0.523	0.740	0.828	0.568	1.106	0.250	5
124	向日葵仁粕(溶剂浸提) Sunflower seed meal (solv-extd)	89.63	36.50	0.536	1.104	2.799	1.205	1.370	7.106	1.723	1.928	1.459	1.696	1.458	2.273	0.713	1.578	1.201	0.677	3.324	—	8
125	向日葵仁粕(溶剂浸提,中国)China	88.27	37.91	0.527	1.197	3.320	1.219	1.390	7.517	1.723	1.988	1.475	1.767	1.615	2.397	0.719	1.663	1.274	0.643	3.825	—	4
126	向日葵仁粕(溶剂浸提,阿根廷)Argentina	88.48	35.09	0.545	1.010	2.278	1.190	1.350	6.695	—	1.868	1.443	1.625	1.300	2.148	0.708	1.493	1.128	0.710	2.823	—	4
127	榛子粕 Filbert	89.27	42.14	0.620	0.625	3.691	1.026	1.459	8.170	1.437	1.777	1.381	1.673	1.372	2.576	1.119	1.699	0.648	0.595	4.305	—	4
128	蓖麻籽粕 Castor bean meal	88.42	35.90	0.954	0.680	3.300	1.113	1.745	6.840	1.528	1.364	1.470	1.857	1.476	2.535	0.887	1.361	0.999	0.736	3.641	—	13
134	裸大麦酒糟(优质)(Naked barley,fine)	88.43	28.96	0.425	0.613	2.442	1.272	1.396	4.578	1.557	1.395	1.701	2.102	1.383	2.558	1.079	1.494	1.074	0.588	1.112	—	1
138	玉米蛋白粉 Corn gluten meal	90.44	62.97	0.676	1.514	0.817	2.033	3.199	15.369	6.516	1.718	5.885	2.828	2.533	10.877	3.209	4.045	1.485	1.104	1.964	—	19
139	玉米蛋白粉,55%粗蛋白质 55% protein	91.60	53.73	0.730	1.304	3.019	1.608	2.521	11.510	5.753	1.227	4.164	2.321	1.924	7.794	2.411	3.015	1.536	1.578	2.448	—	1
140	玉米蛋白粉,60%粗蛋白质 60% protein	90.50	57.88	0.883	1.530	3.307	1.675	2.668	14.107	5.964	1.423	6.752	2.493	2.082	9.563	2.613	3.541	1.793	1.050	1.906	—	2

续表2-8-8

编号	名称及描述	干物质 DM	粗蛋白质 CP	胱氨酸 Cys	蛋氨酸 Met	天冬氨酸 Asp	苏氨酸 Thr	丝氨酸 Ser	谷氨酸 Glu	脯氨酸 Pro	甘氨酸 Gly	丙氨酸 Ala	缬氨酸 Val	异亮氨酸 Ile	亮氨酸 Leu	酪氨酸 Tyr	苯丙氨酸 Phe	赖氨酸 Lys	组氨酸 His	精氨酸 Arg	色氨酸 Trp	样本数
		%	%	%	%	%	%	%	%	%	%	%	%	%	%	%	%	%	%	%	%	
141	玉米蛋白粉,65%粗蛋白质 65% protein	89.82	62.73	0.539	1.438	3.975	2.112	3.427	15.515	6.580	1.804	5.943	2.942	2.648	11.446	3.355	4.223	1.266	1.023	1.919	—	12
142	玉米蛋白粉,70%粗蛋白质 70% protein	90.73	67.46	0.738	1.833	3.869	2.112	3.112	16.397	6.402	1.672	5.850	2.859	2.580	10.683	3.270	4.068	2.317	1.264	1.927	—	3
143	玉米蛋白粉,70%粗蛋白质 70% protein	91.12	71.75	0.980	1.452	3.582	1.991	3.145	16.921	7.623	1.918	5.273	2.554	2.528	10.346	3.265	3.880	0.946	1.218	2.245	—	1
144	玉米蛋白饲料 Corn gluten feed	87.73	19.21	0.234	0.203	1.040	0.642	0.751	2.983	1.884	0.833	1.557	0.866	0.560	1.669	0.469	0.694	0.565	0.463	3.973	—	6
145	啤酒糟 Brewer grains	88.91	30.99	0.520	0.476	1.729	1.007	1.442	6.136	3.095	0.746	1.304	1.381	1.041	2.314	0.905	1.603	1.025	0.814	1.405	—	2
147	小麦胚芽 Wheat germ	88.27	21.99	0.374	0.438	1.673	0.783	0.868	3.614	1.268	1.165	1.192	1.053	0.691	1.284	0.514	0.794	1.242	0.633	1.295	—	6
148	豆腐渣 Soybean curd residue	88.90	26.50	0.358	0.552	2.652	1.089	1.268	3.779	0.723	1.213	1.132	1.234	1.200	2.126	0.861	1.349	1.664	0.632	1.611	—	4
149	豆粕副产品 Soymeal by-products	91.28	31.65	0.443	0.490	3.560	1.199	1.419	5.147	1.636	1.446	1.442	1.681	1.979	2.647	1.035	1.584	2.150	0.801	2.148	—	2
150	大豆蛋白 Soy protein	88.79	86.64	0.589	0.831	8.442	2.508	3.388	15.236	3.847	2.975	2.524	3.797	3.277	6.101	2.656	3.939	4.771	1.443	6.180	—	3
151	白蛋白 Albumin	89.21	85.00	1.720	2.679	8.949	3.356	4.419	9.205	2.831	2.349	2.614	5.635	4.643	6.903	2.357	4.932	7.309	2.543	7.000	—	1
152	大麦麦芽 Barley malt sprouts	87.37	30.99	0.550	0.568	3.681	0.802	0.671	3.001	0.284	0.990	1.077	1.258	0.834	1.624	0.655	0.905	1.510	0.503	1.199	—	1
153	可可粉 Cocoa meal	88.86	21.74	0.237	0.243	1.615	0.558	0.918	3.944	1.433	0.831	0.814	0.690	0.446	1.049	0.430	0.787	0.411	0.303	2.153	—	1
154	Macol 粉副产品* Macol by-products	87.46	26.50	0.071	0.114	0.982	0.298	0.198	4.277	2.061	0.795	0.928	1.079	0.728	1.748	0.652	1.182	0.490	0.728	0.061	—	1
158	啤酒酵母 Brewer yeasts	86.02	38.75	0.419	0.757	0.629	1.267	1.333	4.113	1.603	1.474	2.247	1.677	1.210	2.049	0.972	1.362	2.924	0.807	2.088	—	1

* 原文韩文为:맥콜박,原文英文为:Mc Col by-products,可能有误,猜测应为 Macol by-products。Macol 粉是从大麦籽粒中提取液体糖浆的副产物之一。

续表 2-8-8

编号	名称及描述	干物质 DM	粗蛋白质 CP	胱氨酸 Cys	蛋氨酸 Met	天冬氨酸 Asp	苏氨酸 Thr	丝氨酸 Ser	谷氨酸 Glu	脯氨酸 Pro	甘氨酸 Gly	丙氨酸 Ala	缬氨酸 Val	异亮氨酸 Ile	亮氨酸 Leu	酪氨酸 Tyr	苯丙氨酸 Phe	赖氨酸 Lys	组氨酸 His	精氨酸 Arg	色氨酸 Trp	样本数
		%	%	%	%	%	%	%	%	%	%	%	%	%	%	%	%	%	%	%	%	
159	酵母 Yeasts	92.07	42.43	0.585	0.780	4.210	1.785	2.015	6.300	—	1.725	2.375	2.305	1.785	2.945	1.170	1.140	2.415	2.005	3.085	—	2
162	鱼粉（进口）Fish meal (imported)	90.33	64.22	0.545	1.825	5.815	2.512	1.971	8.018	2.688	3.715	3.845	5.184	2.709	4.671	1.900	2.470	6.017	2.304	4.059	0.680	6
163	鱼粉,45%～50%粗蛋白质 45%～50% protein	91.20	45.70	0.310	1.580	4.160	1.550	1.430	4.470	3.120	3.220	3.470	2.270	2.090	3.600	1.010	2.040	4.840	0.960	2.850	—	1
164	鱼粉,50%～55%粗蛋白质 50%～55% protein	92.10	53.33	0.610	1.888	4.577	1.973	2.286	6.765	2.651	4.570	3.466	2.610	1.969	3.612	1.331	1.987	3.220	1.234	3.470	—	17
165	鱼粉,55%～60%粗蛋白质 55%～60% protein	91.68	57.94	0.532	1.756	4.740	2.140	2.217	7.147	3.078	4.216	3.436	2.751	2.211	3.815	1.473	2.089	3.805	1.155	3.391	—	13
166	鱼粉,60%～65%粗蛋白质 60%～65% protein	91.74	62.93	0.555	2.045	5.655	2.454	2.587	8.268	2.860	4.384	3.908	2.948	2.631	4.599	1.814	2.392	4.541	1.376	3.804	—	37
167	鱼粉,65%～70%粗蛋白质 65%～70% protein	93.51	67.81	0.435	1.489	6.729	2.729	2.791	10.218	2.868	4.569	4.232	3.221	2.863	5.202	2.232	2.740	4.915	1.613	4.294	—	5
168	鱼粉,70%粗蛋白质 70% protein	94.72	71.51	0.677	3.091	7.438	2.929	3.131	11.697	3.667	4.705	4.479	3.866	2.662	5.634	2.138	2.898	5.464	1.285	4.666	1.340	3
169	鱼粉(鳀鱼)Anchovy	86.54	60.79	0.489	1.756	5.043	2.221	1.991	6.628	2.278	2.999	3.283	2.499	2.379	4.023	1.791	2.211	6.189	2.112	3.528	—	2
170	鱼粉(阿拉斯加鳕鱼) Alaskan pollack	88.46	66.19	0.583	2.298	6.001	2.539	3.165	8.805	3.020	5.038	3.781	2.855	2.401	4.400	1.976	2.273	4.292	2.213	3.852	—	4
171	鱼粉(鲳鱼)Pomfret	83.30	61.50	0.550	1.490	5.590	3.350	2.300	8.540	2.000	3.990	3.460	2.670	2.250	3.910	1.750	2.120	4.431	1.110	3.782	—	1
172	鱼粉(虾)Shrimp	86.93	34.19	0.246	0.585	2.997	1.076	1.113	3.889	1.239	2.037	0.574	1.286	1.144	1.886	2.807	1.265	0.663	0.086	0.779	—	1
173	鱼粉(青鳞小沙丁鱼 디포리)File fish	89.92	61.06	0.383	1.300	4.430	1.960	1.900	6.600	2.726	3.591	3.090	5.730	1.910	3.510	1.440	1.762	5.164	1.194	3.052	—	1
174	鱼粉(豚鱼쥐치)File fish	89.66	51.23	0.356	1.261	3.938	2.073	2.062	6.871	2.495	4.077	3.378	2.329	1.729	3.329	1.526	1.895	3.657	1.235	3.175	—	6

续表2-8-8

编号	名称及描述	干物质 DM	粗蛋白质 CP	胱氨酸 Cys	蛋氨酸 Met	天冬氨酸 Asp	苏氨酸 Thr	丝氨酸 Ser	谷氨酸 Glu	脯氨酸 Pro	甘氨酸 Gly	丙氨酸 Ala	缬氨酸 Val	异亮氨酸 Ile	亮氨酸 Leu	酪氨酸 Tyr	苯丙氨酸 Phe	赖氨酸 Lys	组氨酸 His	精氨酸 Arg	色氨酸 Trp	样本数
		%	%	%	%	%	%	%	%	%	%	%	%	%	%	%	%	%	%	%	%	
175	鱼粉(沙丁鱼)Sardine	89.78	61.47	0.459	1.522	6.247	2.953	2.282	7.996	2.607	3.679	3.895	2.974	2.364	4.275	1.789	2.248	4.760	1.481	3.348	—	5
176	鱼粉(小明太鱼)Young pollack	90.21	61.80	0.550	1.490	4.430	1.932	2.150	6.330	3.100	4.090	3.191	2.424	2.001	3.610	1.640	1.982	4.584	1.430	3.280	—	1
177	蚯蚓 Earth worm	92.29	61.91	0.839	1.050	5.837	2.508	2.721	8.343	2.598	2.318	3.151	3.066	2.781	5.080	1.868	2.318	4.387	0.985	4.524	—	2
178	海星 Starfish	93.20	32.40	0.485	0.732	2.519	1.240	1.248	2.919	0.073	5.871	1.445	0.844	1.043	1.891	0.994	1.045	2.172	0.444	0.542	—	1
179	奶粉(全脂)Milk powder (whole)	91.90	24.13	0.115	0.574	1.575	0.992	1.370	6.105	3.069	0.502	0.764	1.547	1.235	2.355	1.318	1.200	1.953	0.720	0.729	—	1
180	酪蛋白 Casein	88.16	85.27	0.356	2.092	5.082	2.971	3.935	17.420	8.715	1.536	1.316	3.697	4.574	5.150	5.661	4.136	6.026	1.936	3.127	—	2
181	肉骨粉 Meat and bone meal	93.28	16.88	0.044	0.198	0.924	0.315	0.404	1.694	1.648	2.407	0.932	0.502	0.285	0.804	0.177	0.426	0.802	0.164	1.032	—	1
182	皮革粉 Leather meal	87.17	71.75	0.034	0.681	3.669	1.159	2.023	7.521	8.794	16.325	6.587	1.278	0.976	1.872	0.370	1.126	2.189	0.349	5.698	—	7
183	肉粉 Meat meal (tallow by-products)	92.21	67.22	0.472	1.484	4.811	1.964	2.238	7.996	5.765	10.113	4.951	2.919	1.930	3.915	1.252	1.902	3.663	1.208	4.282	—	4
184	牛皮(Cattle skin)	92.19	81.00	—	0.646	4.008	1.096	1.621	7.561	9.685	16.323	6.221	1.626	1.112	2.182	0.349	1.371	2.429	0.437	4.707	—	1
185	家禽副产品 Poultry by-product	89.75	65.19	1.450	1.020	5.115	2.83	4.675	8.120	—	4.765	3.565	3.680	2.920	5.435	2.075	2.900	3.035	3.045	4.410	—	2
186	羽毛粉 Feather meal	91.80	89.50	3.930	0.280	4.210	3.420	9.280	9.280	8.740	5.520	3.340	6.010	4.020	6.090	2.190	3.830	1.590	0.370	4.890	—	1
257	构树叶 Paper mulberry leaves	88.30	27.05	0.215	0.433	1.947	0.829	0.876	2.129	1.118	1.115	1.391	1.199	0.857	1.631	0.633	0.997	0.978	0.320	0.900		2
259	桑树叶 Mulberry leaves	87.00	21.30	0.131	0.174	1.575	0.535	0.549	1.648	0.805	0.693	0.741	0.729	0.635	0.995	0.428	0.662	0.478	0.258	0.653		8
261	槐树叶 Acacia leaves	89.90	25.50	0.216	0.476	2.387	1.019	0.967	2.870	1.340	1.192	1.386	1.271	1.170	2.149	0.907	1.430	1.345	0.461	1.364		9

5. 维生素含量

表 2-8-9 维生素含量

编号	名称及描述	干物质 DM	胡萝卜素 Carotin	维生素 A	维生素 E	维生素 B_1	维生素 B_2	泛酸 Pantothenic	烟酸 Niacin	维生素 B_6	生物素 Biotin	叶酸 Folic acid	胆碱 Choline	维生素 B_{12}
		%	mg/kg	mg/kg	mg/kg	mg/kg	mg/kg	mg/kg	mg/kg	mg/kg	mg/kg	mg/kg	mg/kg	mg/kg
53	芝麻粕(溶剂浸提)Sesame meal (solv-extd)	87.80	—	—	—	3.04	4.03	6.90	32.30	13.44			1648	
54	菜籽粕(进口,溶剂浸提)Rape seed meal (solv-extd)	88.50	—	—	—	9.24	2.60	12.10	30				1223	
55	棉籽粕(溶剂浸提)Cotton seed meal (solv-extd)	89.30	—	—	15.0	7.60	4.40	13.80	42.40	4.80	0.54	2.79	2784	
57	亚麻籽粕(溶剂浸提)Flax seed meal (solv-extd)	88.80	—	—	—	4.33	5.01	13.40	33.10				1346	
58	花生粕(溶剂浸提)Coconut meal (solv-extd)	88.30	—	—	—	1.1	3.70	5.8	31.0	4.78		0.33	1263	
59	玉米胚芽粕(溶剂浸提)Corn germ meal (solv-extd)	88.80	—	—	93.50	1.38	4.40	4.40	37.70		3.23	0.22	1935	
68	玉米蛋白粉 Corn gluten meal	89.14	16.40	26300	24.00	0.15	2.44	10.40	50.00	7.96	0.20	0.22	3300	
69	玉米蛋白饲料 Corn gluten feed	88.95	—	—	—	3.15	2.15							
70	大麦麦芽 Barley malt sprouts	90.10	—	—	—	4.00	2.90	7.90	56.70	7.05		0.22	895	
72	豆腐渣 Soybean curd residue	91.50	—	—	—	3.62	0.13							

续表2-8-9

编号	名称及描述	干物质 DM	胡萝卜素 Carotin	维生素 A	维生素 E	维生素 B_1	维生素 B_2	泛酸 Pantothenic	烟酸 Niacin	维生素 B_6	生物素 Biotin	叶酸 Folic acid	胆碱 Choline	维生素 B_{12}
		%	mg/kg	mg/kg	mg/kg	mg/kg	mg/kg	mg/kg	mg/kg	mg/kg	mg/kg	mg/kg	mg/kg	mg/kg
73	豆粕副产品 Soymeal by-products	91.80	—	—	—	2.85	1.87							
75	鱼粉(高等级) Fish meal (high grade)	91.40	—	—	—	2.27	7.29							
76	鱼粉(中等级) Fish meal (medium grade)	91.30	—	—	18.50	2.11	7.93	8.70	60.80	14.10			3510	0.25
77	鱼粉(低等级) Fish meal (low grade)	91.20	—	—	—	4.16	8.80							
78	鱼粉(鳀鱼)Anchovy	85.60	—	—	3.40	0.37	5.78							
79	鱼粉(豚鱼쥐치)File fish	91.80	—	—	—	1.53	7.54							
80	鱼粉(沙丁鱼)Sardine	90.60	—	—	—	0.46	4.12	9.30	62.50				2983	0.17
81	鱼粉(小明太鱼)Young pollack	90.70	—	—	—	2.52	5.35							
82	羽毛粉 Feather meal	91.80	—	—	—	2.20	11.00	30.90					882	
83	奶粉(全脂) Milk powder (whole)	94.10	—	—	—	1.32	5.45							
84	奶粉(脱脂) Milk powder (skimmed)	94.30	—	300	9.20	3.50	19.30	34	10.60	3.98	0.35	0.62	1442	0.04

2.9 澳大利亚资料

2.9.1 Standing Committee on Agriculture, Pig Subcommittee. 1987. Feeding Standards for Australian Livestock (Pigs)(澳大利亚猪饲养标准)[29]

1. 饲料常规成分

表 2-9-1 饲料常规成分(风干基础,以 90%干物质计,%)[1]

饲料原料	粗蛋白质 CP	粗纤维 CF	粗脂肪 EE	粗灰分 Ash	无氮浸出物 NFE
血粉 Blood meal	77.9	1.4	2.5	3.4	4.8
脱脂奶粉 Buttermilk(dried)	28.4	0.1	7.3	9.0	44.9
椰子粕(机械压榨)Coconut meal(mech-extd)	21.3	11.9	7.8	5.1	43.8
棉籽粕 Cottonseed meal	37.8	10.8	6.4	6.2	23.5
鱼粉(粗蛋白质不低于 65%)Fish meal(min 65% protein)	68.6	1.0	7.2	13.7	—
亚麻籽饼(机械压榨)Linseed meal(mech-extd)	34.3	9.0	5.5	5.0	36.3
亚麻籽粕(溶剂浸提)Linseed meal(solv-extd)	34.1	9.7	2.8	4.6	38.8
肝粉 Liver meal	60.6	5.0	21.9	5.0	—
羽扇豆,甜 Lupin, sweet	29.0	13.1	5.5	2.8	39.7
羽扇豆,白 Lupin, white	34.9	10.4	8.1	3.2	33.7
肉骨粉(粗蛋白质 45%)Meat-and-bone meal(45% protein)	47.0	3.7	14.9	21.5	2.9
肉骨粉(粗蛋白质 50%)Meat-and-bone meal(50% protein)	49.6	3.6	16.5	18.4	2.1
豌豆 Peas	21.6	6.0	1.0	3.4	58.1
花生粕(去壳)Peanut meal(dehulled)	45.7	5.6	5.3	5.0	28.3
菜籽粕(机械压榨)Rapeseed meal(mech-extd)	34.9	11.7	7.5	5.8	30.1
红花籽粕(机械压榨)Safflower seed meal(solv-extd)	23.2	34.6	1.2	3.9	27.1
红花籽粕(去壳,溶剂浸提)Safflower seed meal(dehulled, solv-extd)	38.8	15.4	2.1	6.4	27.4
脱脂奶粉 Skim milk powder	33.8	0.1	2.3	7.7	46.1
向日葵仁粕(机械压榨)Sunflower seed meal(mech-extd)	31.4	19.2	8.9	5.8	24.8
向日葵仁粕(溶剂浸提)Sunflower seed meal(solv-extd)	32.8	22.9	1.7	5.9	26.9
向日葵仁粕(去壳,机械压榨)Sunflower seed meal(dehulled, mech-extd)	37.4	14.0	1.7	—	—
向日葵仁粕(去壳,溶剂浸提)Sunflower seed meal(dehulled, solv-extd)	37.5	14.0	2.6	6.3	29.5
干啤酒糟 Brewer's grains(dried)	18.6	—	—	—	—
干酒糟 Distiller's grains(dried)	17.0	18.5	9.2	2.9	46.5
玉米面筋 Maize gluten	52.0	0.3	1.4	1.0	35.3
麦芽渣 Malt combings	21.8	21.8	1.0	7.1	38.3
干酵母 Yeast(dried)	46.4	—	5.6	7.8	—

注:[1] 引自 The Australian Stockfeed Reference Book (Richard Milne Pty Limited, 1981)。

2. 饲料中粗蛋白质和总氨基酸含量

表 2-9-2 饲料中粗蛋白质和总氨基酸含量[1](风干基础,干物质以 90%计,括号内为标准误差,g/kg)

饲料原料	粗蛋白质范围	粗蛋白质平均值±标准误差	天冬氨酸 Asp	苏氨酸 Thr	丝氨酸 Ser	谷氨酸 Glu	甘氨酸 Gly	丙氨酸 Ala	缬氨酸 Val	蛋氨酸 Met	异亮氨酸 Ile	亮氨酸 Leu	酪氨酸 Tyr	苯丙氨酸 Phe	组氨酸 His	赖氨酸 Lys	精氨酸 Arg	胱氨酸 Cys	样品数	胱氨酸遗失数 Missing cystine
啤酒糟 Brewer's dried grains	157	157	10.0	5.0	5.0	33.0	6.0	8.0	10.0	3.0	8.0	12.0	5.0	7.0	3.0	4.0	6.0	1.0	1	
麦芽渣 Malt combings	297.0～303.0	300.0 (4.2)	32.0 (4.2)	10.5 (0.7)	10.5 (2.1)	36.0 (1.4)	11.5 (0.7)	15.5 (2.1)	16.5 (2.1)	4.5 (0.7)	11.5 (0.7)	17.5 (0.7)	6.5 (0.7)	9.0 (0.0)	5.0 (0.0)	14.0 (1.4)	13.0 (0.0)	2.0 (0.0)	2	
玉米蛋白饲料 Maize gluten feed	246.0	246.0	11.0	9.0	10.0	46.0	9.0	16.0	11.0	4.0	8.0	31.0	9.0	11.0	6.0	6.0	9.0	2.0	1	
玉米蛋白粉 Maize gluten meal	664.0	664.0	29.0	21.0	42.0	140.0	13.0	45.0	29.0	16.0	26.0	107.0	35.0	39.0	15.0	9.0	19.0	17.0	1	
小麦蛋白粉 Wheat gluten meal	619.0～850.0	733.2 (57.7)	23.5 (3.2)	19.2 (1.5)	38.3 (4.8)	268.2 (26.1)	25.9 (0.8)	20.3 (3.6)	31.1 (2.5)	10.4 (2.1)	29.5 (3.7)	52.7 (2.8)	26.9 (2.3)	39.5 (2.4)	14.7 (1.2)	13.3 (0.9)	26.0 (1.1)	14.0 (1.1)	11	
豆类 Beans	344.0	344.0	35.0	12.0	17.0	62.0	12.0	12.0	15.0	22.0	14.0	21.0	12.0	11.0	7.0	14.0	31.0	2.0	1	
绿豆 Mung beans	251.0	251.0	27.0	8.0	13.0	35.0	8.0	12.0	15.0	2.0	12.0	18.0	6.0	12.0	5.0	17.0	15.0	1.0	1	
棉籽粕 Cottonseed meal	350.0～455.0	393.9 (24.7)	37.3 (5.4)	13.5 (1.8)	18.6 (2.9)	77.8 (4.6)	16.7 (1.8)	16.0 (1.4)	17.7 (2.0)	5.9 (1.1)	12.7 (1.3)	22.9 (1.9)	11.7 (1.5)	20.2 (4.0)	10.8 (1.3)	17.9 (2.3)	46.4 (7.6)	6.5 (2.2)	32	
亚麻籽 Linseed	300.0～370.0	341.6 (18.5)	26.2 (3.0)	12.3 (1.1)	12.5 (2.3)	70.6 (4.6)	20.1 (2.5)	13.5 (1.4)	15.9 (2.0)	6.0 (0.9)	13.5 (2.0)	21.1 (1.9)	9.3 (1.0)	16.2 (1.4)	7.1 (0.5)	12.5 (1.5)	30.0 (3.2)	3.5 (1.2)	12	
羽扇豆 Lupin	255.0～344.0	291.8 (21.6)	24.0 (4.9)	9.1 (1.5)	11.8 (2.7)	63.9 (5.9)	12.8 (1.6)	8.8 (1.6)	10.5 (2.3)	1.9 (0.3)	11.2 (1.3)	20.6 (1.8)	10.1 (1.0)	11.2 (1.3)	7.6 (1.0)	12.9 (2.1)	29.8 (5.2)	3.3 (1.1)	18	
豌豆 Peas	200.0～237.0	215.2 (15.4)	23.3 (3.3)	7.9 (0.9)	9.9 (1.3)	36.2 (5.2)	9.0 (0.8)	8.8 (1.1)	9.6 (2.0)	2.2 (0.4)	8.5 (1.8)	15.5 (2.0)	6.9 (0.6)	9.9 (1.2)	4.8 (0.7)	14.3 (1.8)	20.0 (3.0)	2.4 (0.8)	6	
豌豆细麸 Pea pollard	154.0～184.0	169.0 (21.2)	18.5 (3.5)	6.1 (1.6)	7.6 (2.3)	27.5 (3.5)	7.4 (0.5)	7.0 (1.3)	8.2 (1.7)	1.7 (1.0)	7.0 (1.4)	11.5 (2.1)	5.2 (1.7)	7.9 (1.2)	3.7 (1.0)	11.5 (2.1)	15.5 (2.1)	1.9 (1.2)	2	

续表2-9-2

饲料原料	粗蛋白质范围	粗蛋白质平均值±标准误差	天冬氨酸 Asp	苏氨酸 Thr	丝氨酸 Ser	谷氨酸 Glu	甘氨酸 Gly	丙氨酸 Ala	缬氨酸 Val	蛋氨酸 Met	异亮氨酸 Ile	亮氨酸 Leu	酪氨酸 Tyr	苯丙氨酸 Phe	组氨酸 His	赖氨酸 Lys	精氨酸 Arg	胱氨酸 Cys	样品数	胱氨酸遗失数 Missing cystine
花生 Peanut	469.0～ 498.0	481.0 (12.2)	42.8 (4.8)	13.0 (1.8)	20.0 (1.8)	96.0 (7.5)	25.3 (1.9)	16.8 (1.3)	18.8 (2.5)	6.0 (1.4)	14.0 (3.4)	31.0 (2.0)	14.8 (6.7)	23.8 (1.0)	9.3 (1.0)	15.8 (1.5)	50.0 (4.4)	5.8 (2.9)	4	
罂粟籽 Poppy seed	215.0～ 390.0	302.5 (123.7)	25.0 (7.1)	11.0 (4.2)	11.5 (3.5)	65.5 (34.6)	11.5 (4.9)	12.5 (4.9)	15.0 (5.7)	6.5 (3.5)	11.0 (4.2)	18.5 (9.2)	9.0 (5.7)	10.5 (4.9)	5.5 (3.5)	8.5 (2.1)	23.5 (9.2)	3.0 (1.4)	2	
菜籽粕 Rapeseed meal	311.0～ 388.0	360.4 (14.5)	21.2 (3.6)	14.3 (2.4)	13.3 (2.9)	65.9 (6.2)	19.6 (2.9)	14.7 (2.4)	18.0 (2.7)	7.6 (0.9)	14.2 (1.3)	26.2 (2.4)	10.6 (1.8)	15.2 (2.6)	9.6 (1.6)	18.6 (2.2)	20.8 (2.9)	4.2 (1.2)	32	3
全脂菜籽 Full fat rapeseed	210.0	210.0	16.0	10.0	11.0	37.0	11.0	10.0	12.0	4.0	8.6	15.0	7.1	8.7	5.8	13.0	16.0	5.3	1	
红花籽粕 Safflower meal	231.0～ 336.0	273.1 (33.0)	23.0 (3.7)	7.5 (1.6)	9.8 (1.1)	54.1 (11.0)	14.5 (3.2)	10.3 (1.2)	13.5 (2.5)	3.4 (0.7)	10.7 (2.5)	17.2 (3.3)	6.9 (2.1)	12.1 (4.3)	5.9 (1.2)	8.1 (1.8)	22.5 (2.9)	1.8 (0.6)	11	
红花籽粕 Safflower meal	410.0～ 469.0	437.8 (27.5)	31.6 (8.1)	13.2 (1.3)	15.8 (3.4)	96.8 (19.7)	26.6 (1.1)	20.2 (6.3)	21.4 (2.6)	7.2 (0.4)	16.0 (1.9)	29.6 (4.0)	14.0 (0.7)	21.0 (1.0)	10.6 (0.9)	12.6 (1.1)	37.8 (6.3)	5.4 (1.5)	5	
芝麻籽 Sesame seed	260.0	260.0	15.0	7.0	8.0	47.0	13.0	9.0	11.0	7.0	8.0	14.0	6.0	9.0	5.0	7.0	33.0	3.0	1	
向日葵粕 Sunflower meal	270.0～ 310.0	294.4 (11.9)	23.8 (4.2)	11.2 (1.7)	11.8 (2.0)	60.9 (5.3)	17.4 (1.8)	11.6 (1.6)	13.9 (2.6)	6.3 (0.8)	12.5 (1.6)	19.1 (1.9)	7.8 (1.1)	14.1 (1.8)	7.1 (1.1)	10.9 (1.5)	23.9 (2.5)	3.2 (1.3)	14	
向日葵粕 Sunflower meal	321.0～ 110.0	358.1 (24.6)	31.0 (6.4)	12.7 (1.7)	14.7 (2.0)	71.2 (9.8)	19.6 (2.9)	15.1 (1.8)	17.4 (2.5)	7.1 (1.5)	14.7 (1.8)	22.4 (2.8)	8.4 (1.8)	15.8 (2.1)	7.8 (1.3)	11.5 (1.8)	28.2 (4.0)	4.0 (1.2)	47	8
家禽下脚料粉 Poultry offal meal	532.0～ 738.0	631.5 (29.6)	46.7 (6.3)	27.5 (2.7)	46.9 (6.8)	77.8 (8.3)	55.7 (6.1)	38.3 (4.0)	37.3 (4.7)	10.4 (9.7)	26.7 (3.2)	46.1 (4.7)	17.4 (2.3)	26.4 (3.7)	10.0 (2.0)	30.1 (4.9)	42.1 (5.4)	14.0 (3.8)	91	16
羽毛粉 Feather meal	671.0～ 862.0	777.3 (68.0)	52.7 (5.4)	37.3 (5.0)	86.8 (16.2)	85.3 (9.2)	75.3 (5.7)	37.5 (3.8)	55.2 (12.4)	5.3 (1.7)	37.7 (6.6)	61.8 (5.9)	21.5 (1.4)	37.0 (4.3)	8.4 (2.9)	22.7 (5.5)	51.8 (3.4)	34.8 (11.9)	6	
羽毛血粉 Feather blood meal	740.0	740.0	54.0	36.0	76.0	80.0	53.0	41.0	48.0	7.1	34.0	64.0	23.0	37.0	13.0	28.0	53.0	35.0	1	
酿酒酵母 Brewer's yeast	397.0～ 442.0	419.5 (31.8)	35.5 (3.5)	18.5 (2.1)	18.5 (0.7)	61.5 (6.4)	18.5 (2.1)	23.5 (2.1)	26.5 (3.5)	7.0 (0.0)	21.5 (2.1)	31.5 (3.5)	14.0 (1.4)	18.0 (1.4)	8.5 (0.7)	26.0 (1.4)	20.5 (0.7)	3.0 (0.0)	2	

续表2-9-2

饲料原料	粗蛋白质范围	粗蛋白质平均值±标准误差	天冬氨酸 Asp	苏氨酸 Thr	丝氨酸 Ser	谷氨酸 Glu	甘氨酸 Gly	丙氨酸 Ala	缬氨酸 Val	蛋氨酸 Met	异亮氨酸 Ile	亮氨酸 Leu	酪氨酸 Tyr	苯丙氨酸 Phe	组氨酸 His	赖氨酸 Lys	精氨酸 Arg	胱氨酸 Cys	样品数	胱氨酸遗失数 Missing cystine
血粉 Blood meal	746.0～976.0	857.8 (48.3)	84.8 (14.5)	42.2 (6.4)	43.1 (9.0)	76.6 (8.4)	37.7 (3.8)	64.3 (11.5)	75.8 (8.7)	12.9 (2.3)	8.1 (1.7)	108.7 (10.3)	24.8 (3.9)	62.4 (6.6)	49.5 (7.0)	77.2 (7.8)	36.2 (4.8)	6.5 (3.2)	32	
肉粉 Meat meal	480.0～556.0	512.4 (17.0)	36.0 (5.6)	16.9 (2.5)	21.4 (4.1)	62.7 (6.1)	69.7 (9.4)	39.4 (5.4)	23.5 (3.3)	7.6 (1.3)	14.4 (2.3)	31.8 (3.7)	11.5 (1.9)	17.8 (2.8)	9.0 (2.0)	26.9 (3.0)	36.2 (4.6)	3.9 (2.2)	170	18
肉粉 Meat meal	562.0～700.0	596.8 (45.1)	39.6 (4.7)	20.9 (5.1)	27.5 (10.9)	67.4 (12.5)	69.6 (5.6)	39.6 (4.2)	29.3 (9.1)	8.0 (1.9)	16.5 (6.8)	37.6 (7.9)	13.8 (3.4)	21.6 (5.1)	10.0 (2.8)	29.8 (4.9)	38.1 (3.4)	7.5 (6.5)	8	1
肉骨粉 Meat bone meal	414.0～478.0	453.6 (19.3)	29.4 (5.2)	12.9 (2.3)	15.5 (3.9)	54.3 (5.8)	62.1 (8.8)	34.1 (7.5)	19.3 (3.8)	6.2 (1.0)	12.0 (2.0)	25.5 (3.5)	8.9 (2.3)	14.2 (3.0)	7.2 (2.1)	23.1 (3.4)	30.9 (3.6)	2.2 (1.3)	31	2
奶粉 Milk powder	319.0	319.0	29.0	16.0	20.0	52.0	7.0	11.0	19.0	8.0	19.0	32.0	16.0	15.0	8.0	25.0	12.0	2.0	1	
脱(乳)糖乳清 Delactosed whey	260.0～350.0	295.0 (48.2)	24.3 (3.2)	17.3 (2.1)	14.0 (2.6)	55.3 (9.1)	8.3 (2.3)	12.3 (0.6)	17.7 (1.2)	6.3 (0.6)	18.7 (3.1)	31.7 (5.0)	8.3 (0.6)	9.7 (0.6)	5.0 (1.0)	18.0 (3.6)	7.7 (1.5)	6.0 (2.0)	3	
胰脏粉 Pancreas meal	650.0	650.0	61.0	31.0	40.0	71.0	39.0	38.0	31.0	12.0	22.0	51.0	25.0	28.0	14.0	49.0	43.0	10.0	1	
鱼粉 Fish meal	527.0～540.0	532.7 (6.7)	45.0 (2.0)	22.0 (3.0)	19.7 (3.8)	70.0 (15.1)	47.0 (15.1)	36.3 (4.0)	34.0 (11.4)	15.3 (5.7)	22.0 (1.7)	37.7 (7.5)	17.7 (3.8)	21.7 (3.1)	13.7 (6.1)	32.7 (13.0)	30.7 (3.1)	2.7 (1.5)	3	
鱼粉 Fish meal	581.0～600.0	593.7 (11.0)	43.7 (2.9)	22.7 (2.1)	21.0 (5.3)	86.0 (8.9)	41.7 (9.0)	29.7 (3.5)	28.0 (1.0)	18.7 (0.6)	25.7 (4.2)	43.0 (6.6)	19.7 (2.1)	23.3 (1.5)	14.7 (2.5)	45.3 (5.8)	35.3 (3.2)	3.0 (1.7)	3	
鱼粉 Fish meal	636.0～670.0	651.9 (9.0)	54.8 (9.2)	26.8 (3.3)	28.0 (8.7)	86.7 (11.4)	51.0 (20.0)	40.2 (4.8)	33.6 (6.2)	18.4 (3.8)	27.9 (3.8)	46.6 (5.1)	20.9 (4.7)	25.9 (4.1)	15.7 (3.8)	48.8 (9.5)	41.3 (9.9)	4.3 (3.1)	12	
鱼粉 Fish meal	683.0～731.0	699.1 (15.5)	64.7 (7.7)	28.4 (2.9)	29.4 (4.5)	97.4 (7.3)	47.0 (6.9)	44.7 (5.0)	38.6 (2.9)	20.4 (2.8)	31.4 (3.2)	51.1 (4.0)	22.4 (2.8)	28.1 (3.2)	17.0 (3.4)	55.3 (3.4)	40.7 (7.9)	4.6 (2.1)	7	

注:[1] 引自 Poultry Husbandry Research Foundation, University of Sydney。

3. 饲料中粗蛋白质和色氨酸含量

表 2-9-3 饲料中粗蛋白质和色氨酸含量(风干基础,以90%干物质计)[1]

饲料原料	粗蛋白质 CP (g/kg)	色氨酸 Trp	
		(g/16 g N)	(g/kg)
血粉 Blood meal	893	1.39	12.4
鹰嘴豆粕 Chick pea meal	233	0.64	1.5
棉籽粕 Cottonseed meal	424	1.04	4.4
紫花豌豆粕 Field pea meal	216	0.83	1.8
鱼粉 Fish meal	649	0.96	6.2
羽扇豆粕,Lupin seed meal(*L. albus*)	315	0.60	1.9
羽扇豆粕,Lupin seed meal(*L. angustifolius*)	309	0.61	1.9
肉骨粉 Meat-and-bone meal	443	0.32	1.4
肉骨粉 Meat-and-bone meal	511	0.29	1.5
肉骨粉 Meat-and-bone meal	554	0.47	2.6
花生粕 Peanut meal	448	0.83	3.7
木豆粕 Pigeon pea meal	204	0.74	1.5
菜籽粕 Rapeseed meal	400	0.85	3.4
向日葵仁粕 Sunflower meal	369	0.89	3.3

注:[1] 引自 Batterham et al.(1983)。

4. 饲料中赖氨酸可利用率

表 2-9-4 饲料中由斜率法计算及回肠末端消化率法测定的赖氨酸可利用率及其推荐值

%

饲料原料	斜率推测的赖氨酸消化率平均值及范围 Slope-ration value mean (range)	赖氨酸回肠消化率平均值及范围 Ileal digestibility value mean(range)	赖氨酸消化率推荐值 Recommended value
血粉(瞬间干燥)Blood meal (ring dried)	1.08[D]	—	0.95
	(1.03～1.13)		
棉籽粕 Cottonseed meal	0.41[A,C]	0.72[E]	0.40
	(0.39～0.43)		
豌豆粕 Field pea meal (*Pisum sativum*)	0.93[C]	0.90[J]	0.92
鱼粉 Fish meal	0.89[A]	—	0.89
羽扇豆粕 Lupin seed meal (*L. albus*)	0.51[D]	0.82[G]	0.50
	(0.44～0.57)		
狭叶羽扇豆 *L. angustifolius*	0.57[B,C]	0.90[I,J]	0.55
	(0.37～0.74)	(0.86～0.93)	
肉粉和肉骨粉 Meat meal and meat-and-bone meal	0.70[A,D]	0.71[E,I]	0.70
	(0.40～0.96)	(0.67～0.75)	
花生粕 Peanut meal	0.57[C]	0.79[E]	0.60
菜籽粕 Rapeseed meal	0.87[B]	—	0.87
	(0.77～0.97)		
脱脂奶粉 Skim-milk powder	0.85[A]	0.82[E]	0.84
	(0.80～0.98)		
向日葵仁粕 Sunflower meal	0.60[B]	—	0.60
	(0.54～0.66)		

注：[A] 引自 Batterham et al. (1979)；[B] 引自 Batterham et al. (1981)；[C] 引自 Batterham et al. (1984)；[D] 引自 E. S. Batterham(personal communication)；[E] 引自 J. M. Leibholz(personal communication)；[G] 引自 Taverner. (1982)；[I] 引自 Taverner et al. (1983)；[J] 引自 M. R. Taverner(personal communication)。

5. 饲料原料消化能(风干基础,以 90%干物质计)

表 2-9-5 饲料原料消化能(风干基础,以 90%干物质计)

饲料原料	消化能 DE(MJ/kg)		样本数	文献出处
	平均值	范围		
血粉 Blood meal	19.1	18.3～19.8	2	G,P
羽扇豆粕 Lupin seed meal(*L. angustifolius*)	14.4	13.1～15.3	5	A,N,O,S
羽扇豆粕 Lupin seed meal (*L. albus*)	15.4	14.3～16.7	3	A,H,O
肉粉和肉骨粉 Meat meal and meat-and-bone meal	11.3	9.4～13.9	14	C
鹰嘴豆粕 Pea meals, Chick (*Cicer aretinum*)	15.6	14.9～16.2	2	E
豌豆粕 Pea meals, Field (*Pisum sativum*)	13.5	13.0～13.9	2	D,O
木豆粕 Pea meals, Pigeon (*Cajanus cajan*)	15.1	—	1	E

注:[A] 引自 Batterham(1979);[C] 引自 Batterham et al. (1980b);[D] 引自 Batterham et al. (1984);[E] 引自 E. S. Batterham(pers. comm);[G] 引自 King and Campbell(1978);[H] 引自 King(1981);[N] 引自 Taverner et al. (1983);[O] 引自 Taverner and Curic. (1983);[P] 引自 M. R. Taverner. (pers. comm);[S] 引自 Taverner. (1975)。

6. 猪饲料中常用原料矿物质含量

表 2-9-6 猪饲料中常用原料矿物质含量(风干基础,以 90%干物质计,mg/kg)[1]

饲料原料	钙 Ca	磷 P	镁 Mg	钾 K	钠 Na	铁 Fe	铜 Cu	锰 Mn	锌 Zn	硒 Se[2]
	g/kg					mg/kg				
动物血粉(脱水,粉碎)Animal blood (dehy., ground)	2.4	2.1	0.3	2.0	8.4	2120	12	14	28	0.80
动物骨头(脱水,粉碎)Animal bone (dehy., ground)	296.0	116.4	4.1	0.9	5.2	180	12	10	115	—
动物屠宰下脚料(粗蛋白质不低于 40%,脱水)Animal carcass residue (min. 40% CP, dehy.)	123.4	62.6	2.6	3.1	5.4	122	11	24	84	—
动物屠宰下脚料(粗蛋白质不低于 45%,脱水)Animal carcass residue (min. 45% CP, dehy.)	116.0	57.9	2.4	3.6	6.3	510	9	27	80	—
动物屠宰下脚料(粗蛋白质不低于 46%,P 最高 4.4%,脱水)Animal carcass residue (min. 46% CP, Max. 4.4% P, dehy.)	84.8	37.7	1.7	4.4	5.9	460	10	30	81	—

续表2-9-6

饲料原料	钙 Ca	磷 P	镁 Mg	钾 K	钠 Na	铁 Fe	铜 Cu	锰 Mn	锌 Zn	硒 Se[2]
	g/kg					mg/kg				
动物屠宰下脚料(粗蛋白质不低于 50%,脱水)Animal carcass residue (min. 50% CP, dehy.)	100.0	50.9	1.9	4.5	6.9	610	8	19	78	0.31
动物肝脏(脱水)Animal livers (dehy.)	4.3	7.9	0.6	5.6	3.8	870	64	14	84	—
牛酪乳粉(脱水)Cattle (buttermilk, dehy.)	10.6	9.4	1.9	13.7	13.4	50	9	5	41	—
脱脂牛奶粉(脱水)Cattle (milk skimmed, dehy.)	13.9	14.7	1.4	10.5	6.4	30	4	3	46	—
椰子粕(机械压榨)Cocount meal (mech. extd.)	1.6	6.1	3.8	18.7	0.7	180	28	46	54	—
棉籽粕(机械压榨)Cotton seed meal (mech. extd.)	3.0	10.0	7.2	14.4	0.2	110	14	23	64	—
鱼粉(粗蛋白质不低于 50%,机械压榨,脱水)Fish meal (min. 50% CP, mech. extd., dehy.)	51.0	32.6	4.4	8.2	8.2	180	9	13	94	1.59
鱼粉(粗蛋白质不低于 65%,机械压榨,脱水)Fish meal (min. 65% CP, mech. extd., dehy.)	38.1	25.2	2.2	8.6	7.4	250	9	12	96	—
亚麻籽粕(机械压榨)Linseed meal (mech. extd.)	3.7	8.1	5.4	7.3	1.1	190	17	41	62	—
羽扇豆粕 Lupin seed meal (*L. angustifolius*)	1.9	2.8	1.5	6.6	0.3	50	7	17	42	0.11
羽扇豆粕 Lupin seed meal (*L. albus*)	2.0	3.7	—	—	0.2	—	5	393	26	—
花生粕(机械压榨)Peanut meal (mech. extd)	1.9	8.9	3.6	11.3	0.2	—	23	54	61	—
羽毛粉(水解,脱水)Feather meal (dehydrol., dehy.)	4.8	3.2	0.2	1.3	1.2	1710	30	70	126	—
家禽下脚料(脱水)Poultry offal (dehy)	189	9.8	0.8	4.4	3.6	575	5	—	79	—
菜籽粕(机械压榨)Rape seed meal (mech. extd.)	5.1	9.5	4.5	11.4	0.5	300	6	61	63	0.66
红花籽粕(机械压榨)Safflower seed meal (mech. extd.)	3.7	5.9	2.0	7.2	0.4	110	2	19	50	—
红花籽粕(溶剂浸提)Safflower seed meal (solv. extd.)	4.7	11.6	2.9	9.6	0.1	350	30	34	103	—
向日葵仁粕(机械压榨)Sunflower meal (mech. extd.)	5.3	8.7	4.8	14.8	0.2	280	44	48	101	—
向日葵仁粕(溶剂浸提)Sunflower meal (solv. extd.)	3.7	8.3	4.7	15.2	0.1	250	29	45	81	0.26

注:[1] Australian Feed Information Centre, CSIRO, Blacktown, N. S. W., 2148; [2] J. A. Nell, Poultry Research Foundation, University of Sydney, Camden, N. S. W., 2570。

7. 猪饲料中常用原料维生素含量

表 2-9-7 猪饲料中常用原料维生素含量(风干基础,以 90%干物质计)[1]

mg/kg

饲料原料	维生素 H (生物素) Biotin	胆碱 Choline	叶酸 Folacin	烟酸 Niacin	维生素 B_5 (泛酸) Pantothenic acid	维生素 B_6 (吡哆醇) Pyridoxine	维生素 B_2 (核黄素) Riboflavin	维生素 B_1 (硫胺) Thiamin	维生素 B_{12} Vitamin B_{12}	维生素 E Vitamin E[2]
血粉(喷雾或瞬间干燥) Blood meal (spray or ring dried)	0.30	749	0.3	22	1.1	4.4	1.3	0.5	0.440	—
啤酒糟 Brewer's dried grains	0.96	1723	7.1	29	8.0	0.7	1.4	0.5	—	25
棉籽粕(机械压榨) Cottonseed meal (mech. extd.)	0.60	2753	2.7	38	7.7	5.3	4.2	9.7	—	15
棉籽粕(溶剂浸提) Cottonseed meal (solv. extd.)	0.55	2933	2.7	40	9.9	3.0	4.0	7.7	—	15
羽毛粉 Feather meal	0.04	891	0.2	27	10.0	—	2.1	0.1	0.600	—
鱼粉(鳀鱼)Fish meal (anchovy)	0.23	5100	0.2	135	20.0	4.0	7.1	0.1	0.352	6
鱼粉(鲱鱼)Fish meal (herring)	0.20	5306	0.5	142	22.0	4.0	9.9	0.1	0.588	17
鱼粉(大西洋油鲱)Fish meal (Menhaden)	0.15	3056	1.0	55	9.0	4.0	4.9	0.2	0.150	7
鱼汁(浓缩)Fish soluble (condensed)	0.18	4028	—	169	35.0	12.2	14.6	5.5	0.347	—
羽扇豆 Lucerne	0.30	1097	6.3	38	28.4	6.5	15.7	3.4	0.004	125
肉骨粉(50%) Meat-and-bone -meal (50%)	0.14	1996	0.6	46	4.1	12.8	4.4	0.2	0.070	0.8
花生粕(浸提)Peanut meal (solvent)	0.39	1980	—	165	50.6	—	11.0	6.6	—	3.0
菜籽粕 Rapeseed meal	—	6464	—	153	9.0	7.0	3.7	1.7	—	19.1
红花籽粕(浸提)Safflower meal (solvent)	1.56	2247	0.5	60	43.8	—	11.3	2.8	—	0.9
向日葵仁粕(去壳,浸提)Sunflower meal (dehulled, solvent)	1.45	2894	—	220	10.0	16.0	3.1	—	—	11.0

注:[1] National Research Council(1979);[2] i. u. /kg。

2.10 巴西资料

2.10.1 Horacio Santiago Rostagno, et al. 2011. Brazilian Tables for Poultry and Swine: Composition of Feedstuffs and Nutritional Requirements(巴西家禽与猪饲料成分及营养需要)[30]

1. 家禽和猪用饲料原料化学成分、消化率和能值

表 2-10-1(1) 家禽和猪用饲料原料化学成分、消化率和能值(饲喂基础)

饲料名称	干物质 DM	粗蛋白质 CP	家禽粗蛋白质消化率 Coef. Dig. CP Poultry	家禽可消化粗蛋白质 Dig. CP Poultry	猪粗蛋白质消化率 Coef. Dig. CP Swine	猪可消化粗蛋白质 Dig. CP Swine	粗脂肪 Fat	家禽粗脂肪消化率 Coef. Dig. Fat Poultry[1]	家禽可消化粗脂肪 Dig. Fat Poultry	猪粗脂肪消化率 Coef. Dig. Fat Swine[1]	猪可消化粗脂肪 Dig. Fat Swine	亚油酸 Linoleic acid	亚麻酸 Linolenic acid	淀粉 Starch	粗纤维 CF	猪粗纤维消化率 Coef. Dig. CF Swine	中性洗涤纤维 NDF	猪中性洗涤纤维消化率 Coef. Dig. NDF Swine
	%	%	%	%	%	%	%	%	%	%	%	%	%	%	%	%	%	%
巴巴苏粕(巴西棕榈粕) Babassu meal	92.41	20.19	—	—	—	—	2.15	—	—	—	—	—	—	—	47.52	—	63.21	—
干燥血细胞 Blood cells dried	90.21	86.29	90.00	77.66	88.00	75.93	0.51	85.00	0.43	85.00	0.43	—	—	—	—	—	—	—
血粉 Blood meal	92.90	83.50	76.00	63.46	75.00	62.60	0.46	70.00	0.32	70.00	0.32	—	—	—	—	—	—	—
血浆粉 Blood plasma	91.01	71.89	90.00	64.70	95.00	68.30	1.09	95.00	1.04	95.00	1.04	—	—	—	—	—	—	—
卡诺拉菜籽粕 Canola meal	89.29	37.97	78.00	29.62	75.10	28.52	1.21	70.00	0.85	70.00	0.85	0.23	0.12	7.00	11.20	—	24.48	—
酪蛋白 Casein	91.35	84.21	97.94	82.48	98.00	82.53	0.80	—	—	—	—	—	—	—	—	—	—	—
蓖麻粕 Castor oil plant meal	89.40	39.20	—	—	—	—	1.55	—	—	—	—	—	—	—	18.50	—	—	—
椰子粕 Coconut meal	90.90	21.85	71.20	15.56	67.30	14.71	3.15	—	—	65.00	2.05	0.06	—	—	13.90	—	51.35	—
玉米蛋白粉 Corn gluten meal(21%)	88.50	21.10	78.00	16.46	76.00	16.04	3.34	56.00	1.87	76.00	2.54	1.75	0.02	21.53	7.78	51.00	36.19	55.70
玉米蛋白粉 Corn gluten meal(60%)	91.11	61.07	94.00	57.41	93.00	56.80	2.30	95.00	2.19	70.00	1.61	1.21	0.02	15.80	1.12	—	6.39	73.50
棉籽粕 Cottonseed meal (30%)	89.65	29.98	76.00	22.78	75.00	22.49	1.28	85.00	1.09	75.00	0.96	0.69	—	3.00	24.93	32.00	42.33	43.82

续表2-10-1(1)

饲料名称	干物质 DM	粗蛋白质 CP	家禽粗蛋白质消化率 Coef. Dig. CP Poultry	家禽可消化粗蛋白质 Dig. CP Poultry	猪粗蛋白质消化率 Coef. Dig. CP Swine	猪可消化粗蛋白质 Dig. CP Swine	粗脂肪 Fat	家禽粗脂肪消化率 Coef. Dig. Fat Poultry[1]	家禽可消化粗脂肪 Dig. Fat Poultry	猪粗脂肪消化率 Coef. Dig. Fat Swine[1]	猪可消化粗脂肪 Dig. Fat Swine	亚油酸 Linoleic acid	亚麻酸 Linolenic acid	淀粉 Starch	粗纤维 CF	猪粗纤维消化率 Coef. Dig. CF Swine	中性洗涤纤维 NDF	猪中性洗涤纤维消化率 Coef. Dig. NDF Swine
	%	%	%	%	%	%	%	%	%	%	%	%	%	%	%	%	%	%
棉籽粕 Cottonseed meal (39%)	89.83	39.21	78.73	30.87	76.00	29.80	1.37	85.00	1.16	80.00	1.10	0.74	—	4.00	13.97	19.00	29.40	18.00
羽毛粉 Feather meal (75%)	89.74	74.91	72.40	54.23	70.00	52.43	6.13	50.00	3.06	40.00	2.45	—	—	—	—	—	—	—
羽毛粉 Feather meal (84%)	91.06	83.63	71.80	60.04	67.00	56.03	4.70	40.00	1.88	40.00	1.88	—	—	—	—	—	—	—
家禽羽毛粉副产品 Feather poultry by-prod. meal	91.40	65.71	77.00	50.60	70.00	46.00	14.63	80.00	11.70	71.00	10.39	2.00	0.23	—	—	—	—	—
鱼粉 Fish meal (54%)	92.06	54.58	87.00	47.49	78.00	42.57	7.46	90.00	6.71	90.00	6.71	0.10	0.06	—	—	—	—	—
鱼粉 Fish meal (61%)	91.71	61.42	87.00	53.44	80.00	49.14	5.85	87.00	5.09	75.00	4.39	0.8	0.04	—	—	—	—	—
肉骨粉 Meat & bone meal (36%)	92.91	36.31	73.00	26.51	70.00	25.42	12.63	48.00	6.06	36.70	4.64	0.39	0.08	—	—	—	—	—
肉骨粉 Meat & bone meal (38%)	93.60	38.48	77.00	29.62	74.00	28.47	12.32	52.30	6.44	35.20	4.34	0.38	0.07	—	—	—	—	—
肉骨粉 Meat & bone meal(41%)	92.74	40.83	77.00	31.44	78.00	31.85	12.50	50.00	6.25	41.80	5.22	0.39	0.08	—	—	—	—	—
肉骨粉 Meat & bone meal (44%)	93.27	43.50	79.50	34.58	78.00	33.93	12.44	58.80	7.31	44.00	5.47	0.39	0.07	—	—	—	—	—
肉骨粉 Meat & bone meal (46%)	93.27	45.87	79.50	36.47	79.00	36.24	12.04	76.00	9.15	47.50	5.72	0.37	0.07	—	—	—	—	—
肉骨粉 Meat & bone meal(48%)	93.77	48.01	81.00	38.89	79.50	38.17	12.23	73.40	8.98	48.00	5.87	0.38	0.07	—	—	—	—	—
肉骨粉 Meat & bone meal(50%)	93.95	50.36	81.50	41.04	80.00	40.45	12.65	70.00	8.86	40.00	5.06	0.39	0.08	—	—	—	—	—

续表2-10-1(1)

饲料名称	干物质 DM	粗蛋白质 CP	家禽粗蛋白质消化率 Coef. Dig. CP Poultry	家禽可消化粗蛋白质 Dig. CP Poultry	猪粗蛋白质消化率 Coef. Dig. CP Swine	猪可消化粗蛋白质 Dig. CP Swine	粗脂肪 Fat	家禽粗脂肪消化率 Coef. Dig. Fat Poultry[1]	家禽可消化粗脂肪 Dig. Fat Poultry	猪粗脂肪消化率 Coef. Dig. Fat Swine[1]	猪可消化粗脂肪 Dig. Fat Swine	亚油酸 Linoleic acid	亚麻酸 Linolenic acid	淀粉 Starch	粗纤维 CF	猪粗纤维消化率 Coef. Dig. CF Swine	中性洗涤纤维 NDF	猪中性洗涤纤维消化率 Coef. Dig. NDF Swine
	%	%	%	%	%	%	%	%	%	%	%	%	%	%	%	%	%	%
肉骨粉 Meat & bone meal(55%)	93.54	54.74	82.00	44.89	80.00	43.79	11.54	72.20	8.33	39.70	4.58	0.36	0.07	—	—	—	—	—
肉骨粉 Meat & bone meal(63%)	94.50	63.17	81.00	51.17	81.00	51.17	10.10	64.70	6.53	35.00	3.53	0.31	0.06	—	—	—	—	—
脱脂奶粉 Milk skimmed dried	94.30	33.10	—	—	94.00	31.11	0.73	—	—	95.00	0.69	0.02	—	—	—	—	—	—
全脂奶粉 Milk whole dried	96.20	23.70	—	—	92.00	21.80	26.00	—	—	92.00	23.92	—	—	—	—	—	—	—
小冠椰子粕 Palm ouricuri meal	90.00	23.00	—	—	—	—	0.82	—	—	—	—	—	—	—	17.60	—	—	—
花生粕 Peanut meal	89.42	47.77	85.00	40.60	90.50	43.23	1.01	83.00	0.85	55.00	0.56	0.28	—	—	7.55	—	15.60	—
家禽副产品粉 Poultry by-product meal	93.00	57.68	82.00	47.30	81.00	46.72	14.17	91.30	12.94	93.50	13.25	2.93	0.18	—	—	—	—	—
高油家禽副产品粉 Poultry by-prod meal high fat	93.90	55.30	82.00	45.35	81.00	44.79	20.60	90.20	18.59	94.00	17.81	4.26	0.27	—	—	—	—	—
大豆浓缩蛋白 Soybean protein concentrate	90.22	63.07	92.00	58.02	92.00	58.02	0.45	50.00	0.23	50.00	0.23	0.24	—	—	2.77	—	11.61	—
向日葵粕 Sunflower meal	89.74	30.22	85.00	25.69	80.00	24.18	1.78	60.00	1.07	20.00	0.36	—	—	5.00	25.73	—	41.01	
猪副产品粉 Swine by-product meal	94.00	47.00	84.00	39.48	78.00	30.79	14.60	40.00	5.84	53.70	7.84	1.42	0.14	—	—	—	—	—
小麦胚芽 Wheat germ	88.27	28.29	89.00	25.18	86.00	24.33	9.19	64.00	5.88	60.00	5.51	3.43	—	15.45	2.50	—	9.58	—
酒精厂酵母 Yeast alcohol distillery	91.20	37.20	58.00	21.58	77.00	28.64	0.48	70.00	0.34	80.00	0.38	—	—	—	0.50	—	—	—
酿酒酵母 Yeast brewery	90.00	41.80	64.00	26.75	77.00	32.19	1.38	75.00	1.04	82.00	1.13	—	—	1.00	1.33	—	6.20	—

表 2-10-1(2) 家禽和猪用饲料原料化学成分、消化率和能值(饲喂基础)

饲料名称	酸性洗涤纤维 ADF	猪酸性洗涤纤维消化率 Coef. Dig. ADF Swine	无氮浸出物 NFE	家禽无氮浸出物消化率 Coef. Dig. NFE Poultry[1]	家禽可消化无氮浸出物 Dig. NFE Poultry	家禽不可消化的无氮浸出物和粗纤维 Non Dig. NFE+CF Poultry	有机物 OM	猪有机物消化率 Coef. Dig. OM Swine[1]	猪可消化有机物 Dig. OM Swine	猪不可消化有机物 Non Dig. OM Swine	粗灰分 Ash	钾 K	钠 Na	氯 Cl	总能 GE	家禽代谢能 ME Poultry	母鸡代谢能 ME Hens	家禽真代谢能 TME Poultry	猪消化能 DE Swine	母猪消化能 DE Sows	猪代谢能 ME Swine	母猪代谢能 ME Sows	猪净能 NE Swine[1]
	%	%	%	%	%	%	%	%	%	%	%	%	%	%	kcal/kg	kcal/kg	kcal/kg	kcal/kg	kcal/kg	kcal/kg	kcal/kg	kcal/kg	kcal/kg
巴巴苏粕(巴西棕榈粕) Babassu meal	36.93	—	—	—	—	—	—	—	—	—	4.06	—	—	—	4207	1116	—	—	—	—	—	—	—
干燥血细胞 Blood cells dried	—	—	—	—	—	—	86.35	84.00	72.53	—	3.86	0.30	0.60	0.80	4981	3385	—	—	4300	—	3787	—	2193
血粉 Blood meal	—	—	5.50	40.00	2.20	—	89.46	66.00	59.04	—	3.44	0.26	0.48	0.36	5134	2857	—	3067	3381	—	2986	—	1626
血浆粉 Blood plasma	—	—	6.15	90.00	5.54	—	79.11	89.00	70.40	—	11.90	0.56	3.12	—	4580	3114	—	3304	4050	—	3714	—	2244
卡诺拉菜籽粕 Canola meal	2.05	—	33.08	25.00	8.27	36.01	83.46	73.00	60.92	22.54	5.83	0.55	0.09	0.11	4203	1692	1800	1900	3019	3244	2787	2956	1713
酪蛋白 Casein	—	—	3.74	—	—	—	88.75	79.83	70.85	—	2.60	0.01	0.01	0.04	5210	3900	—	—	4159	—	3529	—	2022
蓖麻粕 Castor oil plant meal	—	—	23.35	—	—	—	82.60	—	—	—	6.80	0.60	0.01	—	—	1484	—	—	2230	—	2084	—	—
椰子粕 Coconut meal	27.10	—	45.64	—	—	—	84.54	77.10	65.18	19.36	6.36	1.61	0.05	0.80	3979	1921	—	2323	3030	3224	2885	3030	1866
玉米蛋白粉 Corn gluten meal(21%)	11.08	59.00	50.55	44.50	22.49	35.84	82.77	67.00	55.46	27.31	5.73	1.12	0.11	0.21	3952	1813	1921	1895	2700	2973	2560	2765	1775
玉米蛋白粉 Corn gluten meal(60%)	8.63	44.70	25.02	98.00	24.52	1.62	89.51	91.30	81.72	7.79	1.60	0.13	0.01	0.05	5010	3696	3701	3868	4341	4419	3929	3987	2536
棉籽粕 Cottonseed meal(30%)	31.11	47.66	28.16	49.00	13.23	39.86	84.35	52.00	43.86	40.49	5.30	0.59	0.04	—	4130	1666	1786	1768	2222	2627	1996	2300	1042
棉籽粕 Cottonseed meal(39%)	17.00	17.30	29.07	42.00	12.21	30.83	83.62	58.20	48.67	34.95	6.21	1.34	0.11	0.04	4170	1947	2039	2173	2507	2857	2323	2585	1330
羽毛粉 Feather meal (75%)	—	—	5.70	—	—	—	86.74	60.89	52.82	—	3.00	0.12	0.12	0.19	5206	2621	—	2766	3170	—	2805	—	1626

续表2-10-1(2)

饲料名称	酸性洗涤纤维 ADF	猪酸性洗涤纤维消化率 Coef. Dig. ADF Swine	无氮浸出物 NFE	家禽无氮浸出物消化率 Coef. Dig. NFE Poultry[1]	家禽可消化无氮浸出物 Dig. NFE Poultry	家禽不可消化的无氮浸出物和粗纤维 Non Dig. NFE+CF Poultry	有机物 OM	猪有机物消化率 Coef. Dig. OM Swine[1]	猪可消化有机物 Dig. OM Swine	猪不可消化有机物 Non Dig. OM Swine	粗灰分 Ash	钾 K	钠 Na	氯 Cl	总能 GE	家禽代谢能 ME Poultry	母鸡代谢能 ME Hens	家禽真代谢能 TME Poultry	猪消化能 DE Swine	母猪消化能 DE Sows	猪代谢能 ME Swine	母猪代谢能 ME Sows	猪净能 NE Swine[1]
	%	%	%	%	%	%	%	%	%	%	%	%	%	%	kcal/kg	kcal/kg	kcal/kg	kcal/kg	kcal/kg	kcal/kg	kcal/kg	kcal/kg	kcal/kg
羽毛粉 Feather meal (84%)	—	—	0.31	—	—	—	88.64	64.69	57.34	—	2.42	0.25	0.27	0.25	5225	2761	—	2849	3380	—	2922	—	1634
家禽羽毛粉副产品 Feather poultry by-prod. meal	—	—	4.45	—	—	—	84.79	68.21	57.84	—	6.61	0.35	0.33	0.34	5231	3264	—	3482	3568	—	3263	—	2133
鱼粉 Fish meal (54%)	—	—	7.28	—	—	—	69.32	75.03	52.01	—	22.74	0.60	0.68	0.90	4065	2670	—	3065	3050	—	2740	—	1732
鱼粉 Fish meal (61%)	—	—	4.80	—	—	—	72.36	75.49	54.62	—	19.35	0.58	0.50	0.70	4199	2778	—	—	3170	—	2845	—	1742
肉骨粉 Meat & bone meal(36%)	—	—	2.17	—	—	—	51.11	58.00	29.64	—	41.80	0.70	0.49	0.50	3122	1700	—	1778	1852	—	1695	—	1160
肉骨粉 Meat & bone meal(38%)	—	—	2.60	—	—	—	53.40	64.00	34.18	—	40.20	0.70	0.32	—	3209	1873	—	—	2044	—	1820	—	1232
肉骨粉 Meat & bone meal(41%)	—	—	0.98	—	—	—	54.31	67.00	36.39	—	38.43	0.70	0.51	0.60	3286	1937	—	1995	2296	—	2068	—	1400
肉骨粉 Meat & bone meal(44%)	—	—	1.20	—	—	—	57.14	70.00	40.00	—	36.13	—	0.70	—	3490	2177	—	—	2430	—	2200	—	1477
肉骨粉 Meat & bone meal(46%)	—	—	0.25	—	—	—	58.16	69.40	40.36	—	35.11	0.66	0.72	0.63	3665	2417	—	—	2564	—	2332	—	
肉骨粉 Meat & bone meal (48%)	—	—	0.51	—	—	—	60.75	69.50	42.22	—	33.02	0.54	0.59	0.60	3984	2511	—	—	2705	—	2446	—	
肉骨粉 Meat & bone meal(50%)	—	—	0.13	—	—	—	62.88	69.50	43.70	—	31.07	0.54	0.59	0.60	3984	2591	—	2701	2752	—	2485	—	1642
肉骨粉 Meat & bone meal(55%)	—	—	0.38	—	—	—	66.66	70.90	47.26	—	26.88	0.50	0.70	0.57	4017	2710	—	—	2905	—	2598	—	1681
肉骨粉 Meat & bone meal(63%)	—	—	0.92	—	—	—	72.75	71.70	52.16	—	21.76	0.47	0.60	0.55	4341	2810	—	2872	3210	—	2870	—	1804

续表2-10-1(2)

饲料名称	酸性洗涤纤维 ADF	猪酸性洗涤纤维消化率 Coef. Dig. ADF Swine	无氮浸出物 NFE	家禽无氮浸出物消化率 Coef. Dig. NFE Poultry[1]	家禽可消化无氮浸出物 Dig. NFE Poultry	家禽不可消化的无氮浸出物和粗纤维 Non Dig. NFE+CF Poultry	有机物 OM	猪有机物消化率 Coef. Dig. OM Swine[1]	猪可消化有机物 Dig. OM Swine	猪不可消化有机物 Non Dig. OM Swine	粗灰分 Ash	钾 K	钠 Na	氯 Cl	总能 GE	家禽代谢能 ME Poultry	母鸡代谢能 ME Hens	家禽真代谢能 TME Poultry	猪消化能 DE Swine	母猪消化能 DE Sows	猪代谢能 ME Swine	母猪代谢能 ME Sows	猪净能 NE Swine[1]
	%	%	%	%	%	%	%	%	%	%	%	%	%	%	kcal/kg	kcal/kg	kcal/kg	kcal/kg	kcal/kg	kcal/kg	kcal/kg	kcal/kg	kcal/kg
脱脂奶粉 Milk skimmed dried	—	—	52.77	—	—	—	86.60	92.00	79.67	—	7.70	1.47	0.41	0.90	4163	2781	—	—	3805	—	3590	—	2408
全脂奶粉 Milk whole dried	—	—	40.00	—	—	—	89.70	94.50	84.76	—	6.50	1.17	0.32	0.71	5431	—	—	—	5137	—	4948	—	3794
小冠椰子粕 Palm ouricuri meal	—	—	42.26	—	—	—	83.68	—	—	—	6.32	0.62	0.03	—	—	1431	—	—	1982	—	1766	—	975
花生粕 Peanut meal	10.88	—	27.06	38.00	10.28	24.33	83.39	81.00	67.55	15.84	6.03	1.28	0.03	0.06	4316	2253	2326	2396	3475	3633	3178	3297	1940
家禽副产品粉 Poultry by-product meal	—	—	5.96	—	—	—	77.81	82.00	63.80	—	15.19	0.52	0.39	0.51	4750	3241	—	3546	3905	—	3566	—	2402
高油家禽副产品粉 Poultry by-prod meal high fat	—	—	6.40	—	—	—	82.30	79.00	65.00	—	11.60	0.53	0.51	0.51	5343	3682	—	3850	4215	—	3905	—	2750
大豆浓缩蛋白 Soybean protein concentrate	6.06	—	18.79	28.00	5.26	16.30	85.08	88.10	74.96	10.12	5.14	2.18	0.05	—	4461	2621	2670	2870	4017	4118	3586	3662	2174
向日葵粕 Sunflower meal	24.89	—	26.03	54.50	14.19	37.57	83.73	50.20	42.03	41.70	5.98	1.57	0.02	—	4289	1795	1908	2200	2141	2558	1955	2268	1017
猪副产品粉 Swine by-product meal	—	—	4.50	—	—	—	66.10	58.00	38.34	—	27.90	—	—	—	4200	2240	—	—	2485	—	2266	—	1531
小麦胚芽 Wheat germ	3.65	—	44.16	49.50	21.86	24.80	84.13	87.30	73.45	10.68	4.14	0.73	0.01	0.07	4343	2536	2610	2718	3700	3807	3578	3658	2576
酒精厂酵母 Yeast alcohol distillery	—	—	49.66	75.10	37.29	12.87	87.84	80.00	70.27	17.57	3.36	1.13	0.20	—	4157	2506	2545	2615	3370	3546	3164	3296	2062
酿酒酵母 Yeast brewery	1.80	—	41.85	77.40	32.39	10.79	86.36	81.60	70.47	15.89	3.64	1.32	0.19	—	4339	2590	2622	—	3474	3633	3240	3359	2094

注：[1] 为计算值或估计值。Dig. = Digestible，消化(可消化)。

2. 猪和家禽用饲料原料氨基酸含量

表 2-10-2　猪和家禽用饲料原料氨基酸含量(%,饲喂基础)

饲料名称	粗蛋白质 CP	赖氨酸 Lys	蛋氨酸 Met	蛋氨酸+胱氨酸 Met +Cys	苏氨酸 Thr	色氨酸 Trp	精氨酸 Arg	甘氨酸+丝氨酸 Gly +Ser	缬氨酸 Val	异亮氨酸 Ile	亮氨酸 Leu	组氨酸 His	苯丙氨酸 Phe	苯丙氨酸+酪氨酸 Phe+Tyr
小麦胚芽 Wheat germ	28.29	1.75	0.49	0.91	1.04	0.3	2.07	2.39	1.35	0.92	1.70	0.67	0.99	1.67
巴巴苏粕(巴西棕榈粕)Babassu meal	20.19	0.66	0.44	0.60	0.61	—	2.34	1.75	0.93	0.63	1.23	0.36	0.88	1.32
干燥血细胞 Blood cells dried	86.29	8.62	1.22	1.80	4.25	1.43	3.40	8.70	8.20	0.49	12.40	6.03	7.10	9.80
血粉 Blood meal	83.50	7.55	1.04	1.81	4.17	1.46	3.44	8.20	7.35	0.69	10.97	5.09	6.16	8.50
血浆粉 Blood plasma	71.89	6.54	0.88	3.03	4.41	1.28	3.89	7.07	4.90	2.26	6.99	2.16	3.95	7.04
卡诺拉菜籽粕 Canola meal	37.97	2.01	0.78	1.64	1.57	0.49	2.32	3.42	1.84	1.56	2.65	1.01	1.45	2.36
酪蛋白 Casein	84.21	6.94	2.60	2.97	3.79	1.08	3.07	6.31	5.66	4.61	7.47	2.43	4.13	9.51
蓖麻粕 Castor oil plant meal	39.20	0.78	0.61	1.07	1.13	0.58	3.21	3.18	1.78	1.75	2.68	56.00	1.35	2.26
椰子粕 Coconut meal	21.85	0.58	0.33	0.62	0.67	0.18	2.56	1.84	1.12	0.77	1.37	0.44	0.85	1.37
玉米蛋白粉 Corn gluten meal (21%)	21.10	0.55	0.35	0.85	0.77	0.13	0.87	1.85	1.05	0.64	1.87	0.70	0.76	1.20
玉米蛋白粉 Corn gluten meal (60%)	61.07	1.00	1.38	2.45	2.09	0.31	1.96	4.89	2.86	2.54	10.61	1.28	3.93	7.16
棉籽粕 Cottonseed meal (30%)	29.98	1.21	0.44	0.93	0.94	0.51	3.41	2.46	1.30	0.92	1.74	0.84	1.64	2.35
棉籽粕 Cottonseed meal (39%)	39.21	1.62	0.59	1.27	1.34	0.51	4.43	3.57	1.84	1.35	2.36	1.14	2.20	3.27
羽毛粉 Feather meal(75%)	74.91	2.32	0.66	3.80	3.66	0.55	5.07	14.03	5.56	3.56	6.47	1.07	3.77	5.91
羽毛粉 Feather meal(84%)	83.63	2.41	0.68	4.17	3.84	0.60	5.58	15.39	5.97	3.85	6.96	1.14	4.04	6.54
家禽羽毛粉副产品 Feather & poultry by-product meal	65.71	2.84	0.89	2.80	2.81	0.56	4.47	10.10	3.86	2.82	4.98	1.18	2.93	5.24
鱼粉 Fish meal(54%)	54.58	3.40	1.35	2.28	2.30	0.47	3.38	7.63	2.82	2.24	3.89	1.08	2.24	3.74

续表2-10-2

饲料名称	粗蛋白质 CP	赖氨酸 Lys	蛋氨酸 Met	蛋氨酸+胱氨酸 Met +Cys	苏氨酸 Thr	色氨酸 Trp	精氨酸 Arg	甘氨酸+丝氨酸 Gly +Ser	缬氨酸 Val	异亮氨酸 Ile	亮氨酸 Leu	组氨酸 His	苯丙氨酸 Phe	苯丙氨酸+酪氨酸 Phe+Tyr
鱼粉 Fish meal (61%)	61.42	4.33	1.61	2.25	2.55	0.59	3.81	8.31	3.04	2.49	4.40	1.32	2.38	4.34
肉骨粉 Meat & bone meal(36%)	36.31	1.69	0.46	0.68	0.99	0.14	2.86	8.14	1.32	0.80	1.73	0.51	1.09	1.60
肉骨粉 Meat & bone meal(38%)	38.48	1.82	0.48	0.74	1.09	0.16	3.05	8.27	1.48	0.89	1.90	0.54	1.46	1.71
肉骨粉 Meat & bone meal(41%)	40.83	1.98	0.56	0.87	1.21	0.18	3.22	8.46	1.48	0.99	2.10	0.62	1.45	1.86
肉骨粉 Meat & bone meal(44%)	43.50	2.14	0.56	0.92	1.34	0.20	3.20	8.63	1.62	1.06	2.29	0.67	1.29	2.05
肉骨粉 Meat & bone meal(46%)	45.87	2.27	0.58	0.98	1.45	0.22	3.32	8.82	1.75	1.13	2.45	0.72	1.40	2.15
肉骨粉 Meat & bone meal(48%)	48.01	2.54	0.65	1.08	1.56	0.25	3.69	8.92	2.13	1.40	2.67	0.81	1.22	2.32
肉骨粉 Meat & bone meal(50%)	50.36	2.65	0.67	1.17	1.65	0.27	3.80	9.10	2.24	1.46	2.84	0.86	1.42	2.47
肉骨粉 Meat & bone meal(55%)	54.74	2.91	0.77	1.32	1.80	0.32	3.80	9.52	2.46	1.60	3.16	0.99	1.70	2.83
肉骨粉 Meat & bone meal(63%)	63.17	3.30	0.92	1.50	2.02	0.22	4.05	9.80	2.67	1.84	3.74	1.14	2.08	3.40
脱脂奶粉 Milk skimmed dried	33.10	2.77	0.88	1.19	1.55	0.45	1.26	2.59	2.28	1.97	3.38	1.02	1.70	3.11
全脂奶粉 Milk wholc dried	23.70	1.95	0.61	0.84	1.14	0.31	0.91	1.90	1.56	1.33	2.44	0.71	1.22	2.20
小冠椰子粕 Palm ouricuri meal	23.00	0.70	0.36	0.68	0.59	0.21	2.71	1.68	1.06	0.76	1.30	0.38	0.92	1.39
花生粕 Peanut meal	47.77	1.57	0.52	1.11	1.26	0.58	5.31	4.95	1.95	1.64	3.07	1.12	2.37	4.18
家禽副产品粉 Poultry by-product meal	57.68	3.33	1.10	1.95	2.36	0.54	4.09	8.41	2.93	2.31	4.10	1.10	2.39	3.99
高油家禽副产品粉 Poultry by-product meal high fat	55.30	3.09	1.06	1.84	2.16	0.52	3.90	7.75	2.67	2.07	3.89	1.07	2.24	3.71
大豆浓缩蛋白 Soybean protein concentrate	63.07	4.07	0.92	1.88	2.59	0.87	5.21	6.07	3.16	3.00	5.07	1.72	3.37	5.73
向日葵粕 Sunflower meal	30.22	0.95	0.62	1.10	1.04	0.39	2.25	2.80	1.39	1.16	1.74	0.67	1.26	1.94
猪副产品粉 Swine by-product meal	47.00	2.60	0.74	1.12	1.88	0.23	3.61	8.40	2.22	1.42	3.47	1.02	1.82	2.87
酒精厂酵母 Yeast alcohol distillery	37.20	2.99	0.61	0.89	2.14	0.48	1.75	3.77	2.24	1.92	2.69	0.83	1.64	2.53
酿酒酵母 Yeast brewery	41.80	3.54	0.69	1.05	2.31	0.51	2.14	4.20	2.36	2.45	3.16	0.96	1.84	3.05

3. 家禽用饲料原料的真可消化氨基酸

表 2-10-3 家禽用饲料原料真可消化氨基酸含量及消化率(%,饲喂基础)

饲料名称	含量及消化率	赖氨酸 Lys	蛋氨酸 Met	蛋氨酸+胱氨酸 Met +Cys	苏氨酸 Thr	色氨酸 Trp	精氨酸 Arg	甘氨酸+丝氨酸 Gly +Ser	缬氨酸 Val	异亮氨酸 Ile	亮氨酸 Leu	组氨酸 His	苯丙氨酸 Phe	苯丙氨酸+酪氨酸 Phe+Tyr
小麦胚芽 Wheat germ	Value[1]	1.64	0.46	0.83	0.91	0.26	1.96	—	1.21	0.84	1.56	0.63	0.90	1.53
	Coef.[2]	93.8	94.4	91.6	88.3	86.7	94.6	—	89.6	91.5	91.5	93.7	91.1	91.7
巴巴苏粕(巴西棕榈粕)Babassu meal	Value[1]	0.38	0.37	0.31	0.35	—	1.88	0.95	0.74	0.47	0.94	0.23	0.68	0.94
	Coef.[2]	57.6	84.1	51.7	57.4	—	80.3	54.3	79.6	74.6	76.4	63.9	77.3	71.2
干燥血细胞 Blood cells dried	Value[1]	7.66	1.07	1.44	3.69	1.22	3.17	8.31	7.16	0.33	12.15	5.55	6.97	9.55
	Coef.[2]	95.3	94.5	90.0	94.1	94.7	95.4	95.5	94.5	80.8	98.3	96.9	98.6	98.6
血粉 Blood meal	Value[1]	5.83	0.84	1.31	3.22	1.17	2.71	6.23	5.67	0.45	8.72	4.01	5.01	6.89
	Coef.[2]	77.2	80.4	72.2	77.1	79.9	78.8	76.0	77.1	65.4	79.5	78.8	81.4	81.0
血浆粉 Blood plasma	Value[1]	6.00	0.79	2.72	3.98	1.15	3.63	5.83	4.40	1.99	6.37	1.96	3.65	6.75
	Coef.[2]	91.8	89.7	90.0	90.1	89.3	93.4	82.4	89.7	88.3	91.1	90.8	92.5	95.8
卡诺拉菜籽粕 Canola meal	Value[1]	1.72	0.70	1.48	1.30	0.42	2.10	2.91	1.59	1.24	2.20	0.90	1.27	2.02
	Coef.[2]	85.4	90.0	90.1	83.0	86.0	90.4	85.0	86.2	79.8	82.9	89.3	87.8	85.7
酪蛋白 Casein	Value[1]	6.64	2.50	2.84	3.55	1.05	3.05	6.15	5.55	4.52	7.44	2.41	4.12	9.49
	Coef.[2]	95.7	96.3	95.6	93.7	96.9	99.3	97.4	98.1	98.1	99.6	99.2	99.8	99.8
玉米蛋白粉 Corn gluten meal (21%)	Value[1]	0.40	0.30	0.64	0.58	0.10	0.78	1.33	0.88	0.53	1.68	0.58	0.66	1.03
	Coef.[2]	72.9	85.2	75.5	75.8	77.5	89.4	72.0	83.4	82.7	90.0	82.8	86.9	85.7
玉米蛋白粉 Corn gluten meal (60%)	Value[1]	0.91	1.33	2.27	1.92	0.29	1.88	4.20	2.68	2.39	10.35	1.19	3.74	6.95
棉籽粕 Cottonseed meal (30%)	Value[1]	0.89	0.33	0.63	0.65	0.39	2.50	1.85	0.98	0.83	1.27	0.61	1.28	1.83
	Coef.[2]	73.3	75.5	67.7	77.0	69.5	73.3	75.1	75.3	90.4	73.3	72.5	77.9	77.9
棉籽粕 Cottonseed meal (39%)	Value[1]	1.19	0.47	0.94	0.98	0.36	3.96	2.54	1.35	0.95	1.85	0.89	1.89	2.66

续表2-10-3

饲料名称	含量及消化率	赖氨酸 Lys	蛋氨酸 Met	蛋氨酸+胱氨酸 Met +Cys	苏氨酸 Thr	色氨酸 Trp	精氨酸 Arg	甘氨酸+丝氨酸 Gly +Ser	缬氨酸 Val	异亮氨酸 Ile	亮氨酸 Leu	组氨酸 His	苯丙氨酸 Phe	苯丙氨酸+酪氨酸 Phe+Tyr
羽毛粉 Feather meal(75%)	Value[1]	1.65	0.51	2.22	2.50	0.41	3.86	12.24	4.18	2.85	5.01	0.75	3.05	4.41
	Coef.[2]	71.2	76.8	58.5	68.2	73.6	76.1	87.2	75.0	79.9	77.5	70.4	80.9	74.7
羽毛粉 Feather meal(84%)	Value[1]	1.68	0.52	2.73	2.80	0.44	4.50	12.21	4.70	3.08	5.32	0.86	3.24	5.36
	Coef.[2]	69.8	76.4	65.5	73.0	73.5	80.6	79.3	78.7	80.0	76.5	75.8	80.1	81.9
家禽羽毛粉副产品 Feather & poultry by product meal	Value[1]	1.91	0.78	1.77	2.22	0.46	3.71	7.88	3.04	2.32	3.89	0.82	2.41	4.23
	Coef.[2]	67.2	87.5	63.3	79.1	82.0	83.1	78.0	78.8	82.2	78.2	69.5	82.1	80.7
鱼粉 Fish meal(54%)	Value[1]	2.96	1.20	1.93	1.95	0.41	3.02	6.56	2.42	2.04	3.39	0.89	1.95	3.10
	Coef.[2]	86.9	89.1	84.7	84.8	87.4	89.3	86.0	85.7	91.4	87.0	82.6	87.1	83.1
鱼粉 Fish meal(61%)	Value[1]	3.81	1.43	1.89	2.13	0.51	3.37	7.23	2.52	2.23	3.81	1.13	2.10	3.82
肉骨粉 Meat & bone meal(36%)	Value[1]	1.25	0.29	0.43	0.67	0.09	2.25	5.61	0.90	0.56	1.25	0.34	0.78	1.15
	Coef.[2]	73.8	61.5	63.9	67.4	64.4	78.6	69.0	68.5	70.1	71.9	66.1	71.1	72.0
肉骨粉 Meat & bone meal(38%)	Value[1]	1.49	0.38	0.56	0.87	0.13	2.61	6.78	1.21	0.74	1.62	0.44	1.21	1.40
	Coef.[2]	82.0	79.1	76.0	79.2	82.5	85.7	82.0	81.6	83.7	85.2	81.6	82.9	82.0
肉骨粉 Meat & bone meal(41%)	Value[1]	1.64	0.42	0.65	0.93	0.14	2.66	6.77	1.32	0.81	1.75	0.43	1.21	1.52
	Coef.[2]	83.2	75.9	74.7	76.7	80.9	82.7	80.0	89.3	82.0	83.7	70.0	83.6	82.0
肉骨粉 Meat & bone meal(44%)	Value[1]	1.78	0.44	0.71	1.05	0.16	2.63	7.07	1.38	0.88	1.90	0.56	1.06	1.65
	Coef.[2]	83.4	78.4	76.8	78.6	79.7	82.1	82.0	85.1	82.8	82.8	83.1	81.8	80.9
肉骨粉 Meat & bone meal(46%)	Value[1]	1.90	0.47	0.77	1.17	0.17	2.71	7.15	1.40	0.94	2.01	0.58	1.12	1.71
肉骨粉 Meat & bone meal(48%)	Value[1]	2.10	0.52	0.85	1.23	0.20	3.08	7.05	1.73	1.17	2.23	0.66	1.01	1.91
	Coef.[2]	82.7	80.7	78.5	78.8	80.9	83.6	79.0	81.0	83.3	83.7	81.4	82.7	82.4
肉骨粉 Meat & bone meal(50%)	Value[1]	2.17	0.54	0.92	1.29	0.22	3.26	7.28	1.83	1.21	2.43	0.68	1.21	2.10
	Coef.[2]	82.0	80.6	79.0	78.1	83.3	85.7	80.0	81.8	83.1	85.4	79.3	85.4	85.0

续表2-10-3

饲料名称	含量及消化率	赖氨酸 Lys	蛋氨酸 Met	蛋氨酸+胱氨酸 Met +Cys	苏氨酸 Thr	色氨酸 Trp	精氨酸 Arg	甘氨酸+丝氨酸 Gly +Ser	缬氨酸 Val	异亮氨酸 Ile	亮氨酸 Leu	组氨酸 His	苯丙氨酸 Phe	苯丙氨酸+酪氨酸 Phe+Tyr
肉骨粉 Meat & bone meal(55%)	Value[1]	2.35	0.65	1.07	1.43	0.24	3.19	7.61	1.99	1.32	2.66	0.81	1.43	2.38
	Coef.[2]	81.0	83.7	80.8	79.4	80.2	84.0	80.0	81.0	82.6	84.0	82.0	84.0	84.0
花生粕 Peanut meal	Value[1]	1.22	0.45	0.92	1.06	0.50	4.73	4.03	1.72	1.43	2.76	1.00	2.16	3.80
	Coef.[2]	78.0	87.0	83.0	84.0	86.0	89.0	82.0	88.0	87.0	90.0	89.0	91.0	91.0
家禽副产品粉 Poultry by-product meal	Value[1]	2.67	0.92	1.53	1.85	0.42	3.59	6.45	2.41	1.92	3.40	0.78	2.03	3.39
	Coef.[2]	80.0	83.9	78.5	78.4	78.3	87.9	76.7	82.2	83.5	82.9	71.0	84.9	84.8
高油家禽副产品粉 Poultry by-product meal high fat	Value[1]	2.47	0.89	1.44	1.69	0.41	3.43	5.95	2.19	1.73	3.23	0.76	1.90	3.15
大豆浓缩蛋白 Soybean protein concentrate	Value[1]	3.77	0.85	1.69	2.29	0.80	5.02	5.52	2.85	2.75	4.68	1.61	3.10	5.28
	Coef.[2]	92.8	91.9	90.0	88.6	91.8	96.5	91.0	90.1	91.4	92.4	93.8	92.2	92.2
向日葵粕 Sunflower meal	Value[1]	0.78	0.56	0.94	0.86	0.33	2.06	2.24	1.23	1.04	1.55	0.58	1.13	1.73
	Coef.[2]	82.2	91.1	85.7	83.0	85.0	91.8	80.2	88.4	89.6	89.1	86.9	90.0	89.1
猪副产品粉 Swine by-product meal	Value[1]	2.24	0.65	0.95	1.56	0.20	3.21	7.14	1.97	1.26	3.09	0.85	1.62	2.53
	Coef.[2]	86.1	87.2	84.5	82.8	86.0	89.1	85.0	88.9	88.4	89.1	82.8	88.9	88.1
酒精厂酵母 Yeast alcohol distillery	Value[1]	2.11	0.35	0.43	1.07	0.26	1.25	2.41	1.26	1.04	1.53	0.47	0.84	1.29
	Coef.[2]	70.6	57.5	49.0	49.8	53.6	71.5	64.0	56.3	54.3	57.0	56.8	51.2	51.1
酿酒酵母 Yeast brewery	Value[1]	2.57	0.42	0.51	1.23	0.30	1.59	2.70	1.48	1.59	2.14	0.65	1.30	2.14
	Coef.[2]	72.5	60.7	49.0	53.4	58.7	74.5	64.4	63.0	65.0	67.9	67.8	70.3	70.3

注：[1] 真可消化氨基酸含量 True Digestible Amino Acid Content；[2] 消化率 Digestibility Coefficient。下同。

4. 猪用饲料原料真可消化氨基酸

表 2-10-4 猪用饲料原料真可消化氨基酸含量及消化率(%,饲喂基础)

饲料名称	含量及消化率	赖氨酸 Lys	蛋氨酸 Met	蛋氨酸+胱氨酸 Met +Cys	苏氨酸 Thr	色氨酸 Trp	精氨酸 Arg	缬氨酸 Val	异亮氨酸 Ile	亮氨酸 Leu	组氨酸 His	苯丙氨酸 Phe	苯丙氨酸+酪氨酸 Phe+Tyr
小麦胚芽 Wheat germ	Value[1]	1.52	0.44	0.75	0.80	0.22	1.93	1.11	0.75	1.43	0.62	0.85	1.46
	Coef.[2]	86.9	89.8	82.6	77.5	73.3	93.1	82.4	82.4	84.0	92.2	86.0	87.6
干燥血细胞 Blood cells dried	Value[1]	8.06	1.14	1.51	3.67	1.28	3.17	7.34	0.27	11.91	6.03	6.80	9.22
	Coef.[2]	93.5	93.1	84.2	86.3	89.5	93.2	89.6	55.8	96.1	100.0	95.8	94.0
血粉 Blood meal	Value[1]	5.84	0.80	1.38	3.17	1.07	2.65	5.16	0.55	7.70	3.74	4.40	6.55
	Coef.[2]	77.3	76.4	76.2	76.1	73.3	77.0	70.2	79.9	70.2	73.6	71.5	77.0
血浆粉 Blood plasma	Value[1]	6.25	0.82	2.79	4.06	1.16	3.79	4.55	2.06	6.59	2.08	3.71	6.54
	Coef.[2]	95.7	92.3	92.2	92.0	90.2	97.3	92.8	91.5	94.3	96.2	93.9	92.8
卡诺拉菜籽粕 Canola meal	Value[1]	1.54	0.67	1.38	1.18	0.38	2.00	1.42	1.22	2.16	0.85	1.20	1.91
	Coef.[2]	76.5	86.5	84.0	75.5	77.5	86.0	77.0	78.0	81.5	84.5	82.5	81.0
酪蛋白 Casein	Value[1]	6.83	2.57	2.88	3.63	1.06	—	5.43	4.42	—	—	—	—
	Coef.[2]	98.4	98.9	97.1	95.8	98.3	—	95.9	96.1	—	—	—	—
玉米蛋白粉 Corn gluten meal (21%)	Value[1]	0.36	0.29	0.63	0.54	0.08	0.75	0.78	0.50	1.57	0.51	0.64	1.01
	Coef.[2]	65.7	83.4	73.5	70.6	65.4	86.0	74.4	78.1	83.9	72.9	84.9	83.5
玉米蛋白粉 Corn gluten meal (60%)	Value[1]	0.86	1.28	2.24	1.89	0.25	1.85	2.55	2.25	9.77	1.17	3.61	6.55
棉籽粕 Cottonseed meal (30%)	Value[1]	0.71	0.30	0.58	0.54	0.36	3.01	0.86	0.58	1.16	0.69	1.28	1.88
	Coef.[2]	58.7	69.7	62.2	70.2	57.5	88.4	65.7	63.1	66.6	82.1	78.2	80.2
棉籽粕 Cottonseed meal (39%)	Value[1]	1.04	0.44	0.94	0.94	0.35	3.96	1.37	0.98	1.76	0.88	1.80	2.65
羽毛粉 Feather meal(75%)	Value[1]	1.76	0.49	2.66	2.88	0.40	4.44	4.37	2.91	5.14	0.79	3.10	4.36
	Coef.[2]	75.8	74.7	70.0	78.7	72.0	87.7	78.6	81.8	79.4	74.3	82.4	73.8

续表2-10-4

饲料名称	含量及消化率	赖氨酸 Lys	蛋氨酸 Met	蛋氨酸+胱氨酸 Met +Cys	苏氨酸 Thr	色氨酸 Trp	精氨酸 Arg	缬氨酸 Val	异亮氨酸 Ile	亮氨酸 Leu	组氨酸 His	苯丙氨酸 Phe	苯丙氨酸+酪氨酸 Phe+Tyr
羽毛粉 Feather meal(84%)	Value[1]	1.81	0.54	3.29	3.21	0.41	4.83	5.01	3.34	5.88	0.87	3.49	5.54
	Coef.[2]	75.2	79.3	78.9	83.6	67.8	86.5	84.0	86.8	84.4	76.7	86.3	84.6
鱼粉 Fish meal(54%)	Value[1]	2.63	1.00	1.43	1.56	0.35	2.81	1.98	1.71	2.84	0.79	1.65	2.95
	Coef.[2]	77.1	74.2	62.8	67.6	73.7	83.0	70.2	76.5	73.1	73.5	73.6	79.0
鱼粉 Fish meal(61%)	Value[1]	3.61	1.31	1.68	1.99	0.47	3.16	2.42	2.07	3.52	1.06	1.92	3.50
肉骨粉 Meat & bone meal(36%)	Value[1]	1.22	0.38	0.51	0.74	0.11	2.41	0.99	0.61	1.38	0.39	0.86	1.25
	Coef.[2]	72.4	80.0	77.0	73.0	76.0	83.0	74.9	76.3	79.5	76.7	78.3	78.0
肉骨粉 Meat & bone meal(38%)	Value[1]	1.36	0.36	0.54	0.80	0.11	2.41	1.11	0.66	1.44	0.41	1.11	1.28
	Coef.[2]	74.9	75.0	73.0	73.6	73.0	79.0	75.1	74.4	76.0	73.3	73.3	75.0
肉骨粉 Meat & bone meal(41%)	Value[1]	1.47	0.44	0.65	0.93	0.14	2.67	1.11	0.75	1.63	0.47	1.16	1.49
	Coef.[2]	74.6	78.7	75.0	76.5	78.0	83.0	75.5	75.2	78.0	77.0	80.1	80.0
肉骨粉 Meat & bone meal(44%)	Value[1]	1.61	0.44	0.70	1.03	0.16	2.73	1.25	0.81	1.78	0.52	1.03	1.62
	Coef.[2]	75.4	79.0	76.0	77.0	78.6	85.2	76.9	76.4	77.6	77.9	80.0	79.3
肉骨粉 Meat & bone meal(46%)	Value[1]	1.73	0.46	0.75	1.13	0.17	2.90	1.37	0.88	1.89	0.56	1.11	1.69
肉骨粉 Meat & bone meal(48%)	Value[1]	1.98	0.52	0.84	1.22	0.20	3.20	1.69	1.11	2.13	0.66	0.99	1.85
	Coef.[2]	78.2	80.7	77.4	78.3	79.6	86.9	79.2	78.9	80.1	80.8	81.0	79.5
肉骨粉 Meat & bone meal(50%)	Value[1]	2.12	0.55	0.91	1.31	0.22	3.28	1.80	1.17	2.35	0.71	1.17	1.99
	Coef.[2]	80.1	82.1	77.7	79.1	80.0	86.3	80.1	80.4	82.9	82.9	82.2	80.5
肉骨粉 Meat & bone meal(55%)	Value[1]	2.35	0.64	1.04	1.40	0.26	3.27	1.96	1.30	2.69	0.78	1.44	2.38
	Coef.[2]	81.0	82.3	79.0	77.8	78.9	86.0	79.6	81.4	85.0	79.0	85.0	84.0
脱脂奶粉 Milk skimmed dried	Value[1]	2.65	0.84	1.10	1.41	0.43	1.19	2.08	1.77	3.27	0.97	1.66	3.02

续表2-10-4

饲料名称	含量及消化率	赖氨酸 Lys	蛋氨酸 Met	蛋氨酸+胱氨酸 Met +Cys	苏氨酸 Thr	色氨酸 Trp	精氨酸 Arg	缬氨酸 Val	异亮氨酸 Ile	亮氨酸 Leu	组氨酸 His	苯丙氨酸 Phe	苯丙氨酸+酪氨酸 Phe+Tyr
全脂奶粉 Milk whole dried	Value[1]	1.80	0.59	0.79	1.06	0.30	0.83	1.43	1.19	2.36	0.68	1.19	2.15
	Coef.[2]	92.3	96.0	94.4	92.6	95.8	91.1	91.6	89.6	96.9	95.9	97.7	97.5
小冠椰子粕 Palm ouricuri meal	Value[1]	—	—	—	—	—	—	—	—	—	—	—	—
花生粕 Peanut meal	Value[1]	1.24	0.44	0.92	1.05	0.49	5.04	1.71	1.46	2.78	0.98	2.20	3.87
	Coef.[2]	79.0	84.0	82.7	83.7	84.7	95.0	87.7	89.0	90.7	87.1	92.7	92.7
家禽副产品粉 Poultry by-product meal	Value[1]	2.48	0.87	1.42	1.83	0.41	3.50	2.08	1.76	3.13	0.88	1.84	3.06
	Coef.[2]	74.5	78.7	72.8	77.3	76.6	85.5	71.2	76.2	76.2	79.5	77.2	76.5
高油家禽副产品粉 Poultry by-product meal high fat	Value[1]	2.30	0.83	1.34	1.67	0.40	3.34	1.90	1.58	2.97	0.85	1.73	2.84
大豆浓缩蛋白 Soybean protein concentrate	Value[1]	3.78	0.84	1.70	2.33	0.78	5.05	2.87	2.79	4.71	1.64	3.16	3.78
	Coef.[2]	93.0	91.0	90.5	90.0	90.0	97.0	91.0	93.0	93.0	95.0	94.0	93.5
向日葵粕 Sunflower meal	Value[1]	0.74	0.56	0.94	0.82	0.32	2.09	1.13	0.96	1.46	0.56	1.10	1.69
	Coef.[2]	78.3	90.7	85.8	79.1	82.6	93.1	81.3	83.2	84.1	82.5	87.0	87.1
猪副产品粉 Swine by-product meal	Value[1]	1.97	0.61	0.89	1.55	0.18	2.97	1.82	1.17	2.86	0.53	1.49	2.34
	Coef.[2]	75.9	82.0	80.0	82.4	78.0	82.5	81.8	82.4	82.5	52.5	81.6	81.6
酒精厂酵母 Yeast alcohol distillery	Value[1]	2.48	0.47	0.64	1.51	0.38	1.47	1.63	1.43	2.03	0.67	1.21	1.98
	Coef.[2]	83.0	77.1	72.5	70.4	78.4	83.8	72.7	74.6	75.7	80.5	74.2	78.3
酿酒酵母 Yeast brewery	Value[1]	2.94	0.53	0.76	1.62	0.40	1.79	1.71	1.83	2.39	0.77	1.37	2.39
	Coef.[2]	83.0	77.1	72.5	70.4	78.4	83.8	72.7	74.6	75.7	80.5	74.2	78.3

5. 晶体氨基酸的组成、家禽消化率及能值

表 2-10-5 晶体氨基酸的组成、家禽消化率及能值(干物质基础)

氨基酸 Amino acid	氮 Nitrogen	蛋白质 Protein (N * 6.25)	真消化率 True digestibility[1]	总能 Gross energy	真消化能和代谢能 True dig. energy and met. energy	
	(%)	(%)	(%)	(kcal/kg)	TDE-(kcal/kg)-TMEn[2]	
丙氨酸 Alanine	16.39	102.45	99.7	4389	4376	3029
精氨酸 Arginine	29.90	186.60	100	4492	4492	2863
天冬氨酸 Aspartic acid	10.30	64.36	99.7	2854	2854	1998
胱氨酸 Cystine	11.90	74.40	97.2	4325	4204	3226
苯丙氨酸 Phenylalanine	8.21	51.32	98.1	6932	6800	6125
甘氨酸 Glycine	19.00	118.75	97.0	3163	3068	1506
谷氨酸 Glutamic acid	9.09	56.80	99.4	3686	3664	2917
组氨酸 Histidine	23.83	148.90	99.0	4036	3996	2037
异亮氨酸 Isoleucine	11.01	68.78	100	6605	6605	5700
亮氨酸 Leucine	10.98	68.63	99.5	6714	6680	5777
赖氨酸盐酸盐 Lysine-HCl	13.73	85.81	99.8	4901	4891	3762
蛋氨酸 Methionine	9.50	59.38	99.2	5684	5639	4858
脯氨酸 Proline	11.28	70.51	99.1	5065	5019	4092
酪氨酸 Tyrosine	7.80	48.75	99.6	3860	3845	2994
苏氨酸 Threonine	12.50	78.09	98.1	4173	4094	3067
色氨酸 Tryptophan	13.71	85.64	99.3	6506	6461	5334
缬氨酸 Valine	12.59	78.68	100	6026	6026	4991

注:[1] 用去盲肠的雏公鸡和肉仔鸡测定(回肠消化率)。[2] 除了精氨酸转化为尿素外,还考虑到氮转化为尿酸。

6. 晶体氨基酸的组成、猪消化率及能值(干物质基础)

表 2-10-6 晶体氨基酸的组成、猪消化率及能值(干物质基础)

氨基酸 Amino acid	氮 Nitrogen	蛋白质 Protein (N * 6.25)	真消化率 True digestibility[1]	总能 Gross energy	真消化能和代谢能 True dig. energy and met. energy	
	(%)	(%)	(%)	(kcal/kg)	TDE-(kcal/kg)-TMEn[2]	
丙氨酸 Alanine	16.39	102.45	92.0	4389	4038	3725
精氨酸 Arginine	29.90	186.60	95.5	4492	4290	3720
天冬氨酸 Aspartic acid	10.30	64.36	93.5	2854	2669	2473
胱氨酸 Cystine	11.90	74.40	92.4	4325	3996	3769
苯丙氨酸 Phenylalanine	8.21	51.32	95.2	6932	6599	6442
甘氨酸 Glycine	19.00	118.75	97.0	3163	3068	2706
谷氨酸 Glutamic acid	9.09	56.80	99.2	3686	3657	3484
组氨酸 Histidine	23.83	148.90	100.0	4036	4036	3581
异亮氨酸 Isoleucine	11.01	68.78	97.1	6605	6414	6204
亮氨酸 Leucine	10.98	68.63	95.4	6714	6405	6196
赖氨酸盐酸盐 Lysine-HCl	13.73	85.81	98.1	4901	4808	4599
蛋氨酸 Methionine	9.50	59.38	99.5	5684	5656	5475
脯氨酸 Proline	11.28	70.51	99.0	5065	5014	4799
酪氨酸 Tyrosine	7.80	48.75	88.0	5990	5870	5721
苏氨酸 Threonine	12.50	78.09	96.8	4173	4040	3802
色氨酸 Tryptophan	13.71	85.64	99.0	6506	6441	6180
缬氨酸 Valine	12.59	78.68	95.5	6026	5755	5069

注:[1] 用回肠末端的瘘管猪测定。[2] 考虑到 35%的氮转化为尿素。

7. 钙磷含量

表 2-10-7 钙磷含量(饲喂基础)

%

饲料原料	钙 Ca	总磷 PT	植酸磷 P_{Phy}	有效磷 Pav	磷真消化率 P true digestibility			
					鸡 Poultry		猪 Swine	
					值 Value	消化率 Coef	值 Value	消化率 Coef
巴巴苏粕(巴西棕榈粕)Babassu meal	0.12	0.23	0.82	0.41	—	—	—	—
干燥血细胞 Blood cells	0.03	0.20	—	0.20	0.18	92.0	0.18	92.0
血粉 Blood meal	0.23	0.22	—	0.22	0.20	92.0	0.20	92.0
血浆粉 Blood plasma	0.19	0.45	—	0.45	0.41	92.0	0.41	92.0
稻子豆粕 Carob meal	0.27	0.14	0.09	0.05	—	—	—	—
酪蛋白 Casein	0.40	0.70	—	0.70	0.63	90.0	0.63	90.0
蓖麻粕 Castor oil plant meal	0.62	0.62	0.42	0.20	—	—	—	—
椰子粕 Coconut meal	0.18	0.61	0.41	0.20	—	—	0.21	35.2
玉米蛋白粉 Corn gluten meal(21%)	0.11	0.74	0.64	0.10	0.22	30.0	0.21	28.0
玉米蛋白粉 Corn gluten meal(60%)	0.03	0.47	0.41	0.06	0.14	30.0	0.14	30.0
棉籽粕 Cottonseed meal(30%)	0.23	0.87	0.50	0.37	0.33	37.8	0.30	37.8
棉籽粕 Cottonseed meal(39%)	0.43	1.03	0.59	0.44	0.39	37.8	0.37	37.8
棉籽粕 Feather meal(75%)	0.35	0.63	—	0.63	0.35	56.0	0.35	56.0
棉籽粕 Feather meal(84%)	0.31	0.66	—	0.66	0.37	56.0	0.37	56.0
家禽羽毛粉副产品 Feather & poul. prod. meal	2.54	1.37	—	1.37	0.73	53.0	0.73	53.0
鱼粉 Fish meal(54%)	5.88	2.89	—	2.89	2.17	75.0	2.33	80.7
鱼粉 Fish meal(61%)	4.70	2.41	—	2.41	1.81	75.0	1.94	80.7
肉骨粉 Meat & bone meal(36%)	14.21	7.11	—	6.40	4.41	62.0	4.55	64.0
肉骨粉 Meat & bone meal(38%)	13.67	6.83	—	6.15	4.23	62.0	4.37	64.0

续表2-10-7

饲料原料	钙 Ca	总磷 PT	植酸磷 P_{Phy}	有效磷 Pav	磷真消化率 P true digestibility			
					鸡 Poultry		猪 Swine	
					值 Value	消化率 Coef	值 Value	消化率 Coef
肉骨粉 Meat & bone meal(41%)	13.07	6.53	—	5.88	4.05	62.0	4.18	64.0
肉骨粉 Meat & bone meal(44%)	12.28	6.14	—	5.53	3.81	62.0	3.93	64.0
肉骨粉 Meat & bone meal(46%)	11.94	5.97	—	5.37	3.70	62.0	3.82	64.0
肉骨粉 Meat & bone meal(48%)	11.23	5.61	—	5.05	3.48	62.0	3.59	64.0
肉骨粉 Meat & bone meal(50%)	10.56	5.28	—	4.75	3.27	62.0	3.38	64.0
肉骨粉 Meat & bone meal(55%)	9.14	4.57	—	4.11	2.83	62.0	2.92	64.0
肉骨粉 Meat & bone meal(60%)	7.40	3.70	—	3.33	2.29	62.0	2.37	64.0
脱脂奶粉 Milk skimmed dried	1.21	0.75	—	0.75	—	—	0.67	90.0
全脂奶粉 Milk whole dried	0.97	0.60	—	0.60			0.54	90.0
小冠椰子粕 Palm ouricuri meal	0.10	0.70	0.47	0.23	0.21	30.0	0.24	34.7
花生粕 Peanut meal	0.17	0.63	0.42	0.21	—	—	—	—
家禽副产品粉 Poultry by-product meal	4.34	2.54	—	2.54	1.34	53.0	1.35	53.0
家禽副产品粉 Poul by-product meal high fat	4.06	2.37	—	2.37	1.26	53.0	1.26	53.0
猪副产品粉 Swine by-product meal	7.28	4.68	—	4.68	2.90	62.0	3.00	64.0
大豆浓缩蛋白 Soybean protein conc.	0.28	0.80	0.59	0.21	0.32	40.0	0.32	40.0
向日葵粕 Sunflower,meal	0.35	1.03	0.69	0.34	0.40	39.0	0.26	25.0
小麦胚芽 Wheat germ	0.09	0.88	0.58	0.30	0.25	28.0	0.25	28.0
酒精厂酵母 Yeast alcohol distillery	0.29	0.82	—	0.27	0.38	45.9	0.38	45.9
酿酒酵母 Yeast brewery	0.26	0.77	—	0.25	0.35	45.9	0.35	45.9

注:PT = Total Phosphorus,总磷;P_{Phy} = Phytic Phosphorus,植酸磷;Pav = PT−P_{Phy} = Available Phosphorus(有效磷)。

8. 微量元素含量

表 2-10-8 微量元素含量(饲喂基础)

饲料原料	镁 Mg (%)	锰 Mn (mg/kg)	铁 Fe (mg/kg)	铜 Cu (mg/kg)	锌 Zn (mg/kg)	硒 Se (mg/kg)	硫 S (g/kg)
巴巴苏粕(巴西棕榈粕)Babassu, meal	0.38	118.1	350	16.8	38.2	—	—
血粉 Blood, meal	0.1	7.3	1664.2	13.8	36.1	0.58	—
干燥血红细胞 Blood red cells, dried	0.01	—	2021.0	13.8	130.3	0.24	—
血浆粉 Blood plasma	0.02	—	105.9	45.9	89.2	0.42	—
蓖麻粕 Castor oil plant, meal	0.35	23.7	1.0	3.9	11.3	—	—
椰子粕 Coconut, meal	0.26	68.2	423	25.6	62.3	—	3.10
玉米蛋白粉 Corn gluten, meal(21%)	0.3	19.2	133.5	16.9	72.9	0.21	2.80
玉米蛋白粉 Corn gluten, meal(60%)	0.06	3.1	112.9	19.1	25.3	0.20	5.30
棉籽粕 Cottonseed, meal(30%)	0.36	9.7	53.9	6.7	23.9	0.31	3.30
棉籽粕 Cottonseed, meal(39%)	0.48	14.3	157.9	10.5	56.7	0.58	3.30
羽毛粉 Feather, meal(75%)	0.03	3.3	567.9	20.9	72.4	0.29	1.43
家禽羽毛粉副产品 Feat & poul. by-product, meal	0.13	6.8	221.1	9.5	95.2	0.61	5.20
鱼粉 Fish, meal(54%)	0.16	41.4	444.1	12.0	84.3	0.79	6.40
肉骨粉 Meat & bone meal(35%)	0.22	11.7	816.4	36.3	66.9	0.42	—
肉骨粉 Meat & bone meal(41%)	0.22	1.5	323.9	48.0	69.3	0.36	—
肉骨粉 Meat & bone meal(45%)	0.28	12.9	449.7	14.0	80.6	0.30	—
肉骨粉 Meat & bone meal(51%)	0.42	20	247.7	8.5	80.8	0.37	8.90
小冠椰子粕 Palm, ouricuri, meal	0.25	39.3	310.0	15.6	68.7	—	—
花生粕 Peanut, meal	0.31	37.0	195	17.5	48.3	0.25	3.10
家禽副产品粉 Poultry by-product, meal	0.16	2.1	176.7	19.3	80.4	0.52	5.50
大豆浓缩蛋白 Soybeans protein conc.	0.29	38.3	92.3	32.6	24.0	—	—
向日葵粕 Sunflower meal	0.60	0.34	248	26	79	0.50	3.20
猪副产品粉 Swine by-product, meal	0.15	23.9	655.0	16.7	115.0	—	—
小麦胚芽 Wheat, germ	0.25	134.5	110.3	4.8	197.4	—	—
酒精厂酵母 Yeast alcohol dist.	0.09	14.0	191.3	30.0	107.9	0.55	4.00

9. 肉鸡和蛋鸡日粮中饲料原料的常用(Pr)和最大(Max)添加比例(占日粮的百分比)

表 2-10-9 肉鸡和蛋鸡日粮中饲料原料的常用(Pr)和最大(Max)添加比例(占日粮的百分比)

饲料名称	肉鸡 Broilers				蛋鸡 Layers	
	雏鸡 Starter		生长鸡 Grower			
	常用 Pr	最大 Max	常用 Pr	最大 Max	常用 Pr	最大 Max
血粉 Blood, meal	1	2	2	3	1	2
卡诺拉菜籽粕 Canola, meal	1	3	2	5	2	4
椰子粕 Coconut, meal	3	6	4	8	5	8
玉米蛋白粉 Corn, gluten meal(22%)	3	8	4	8	4	12
玉米蛋白粉 Corn, gluten meal(60%)	4	8	4	8	4	10
棉籽粕 Cottonseed, meal(30%)	2	4	3	5	3	5
棉籽粕 Cottonseed, meal(39%)	3	7	5	8	5	8
羽毛粉 Feather, meal	1	2	2	4	2	4
家禽羽毛粉副产品 Feather poultry product, meal	2	4	2	4	2	4
鱼粉 Fish, meal	3	7	2	5	2	5
肉骨粉 Meat & bone meal(41%)	4	7	4	8	4	8
肉骨粉 Meat & bone meal(50%)	5	8	5	10	5	10
花生粕 Peanut, meal	3	7	5	10	5	10
家禽副产品粉 Poultry by-product, meal	3	7	3	8	3	8
向日葵粕 Sunflower meal	5	10	8	15	8	15
猪副产品粉 Swine by-product, meal	4	7	4	8	4	8
酒精厂酵母 Yeast, dist. alcohol	2	3	3	4	3	4
酿酒酵母 Yeast brewery	2	3	3	4	3	4

10. 商品猪和母猪日粮中饲料原料的常用(Pr)和最大(Max)添加比例(占日粮的百分比)

表 2-10-10 商品猪和母猪日粮中饲料原料的常用(Pr)和最大(Max)添加比例(占日粮的百分比)

饲料名称	商品猪 Growing pigs						母猪 Sows			
	断奶仔猪 Starter		生长猪 Grower		育肥猪 Finisher		妊娠母猪 Gestation		泌乳母猪 Lactation	
	常用 Pr	最大 Max	常用 Pr	最大 Max	常用 Pr	最大 Max	常用 Pr	最大 Max	常用 Pr	最大 Max
血粉 Blood meal	1	2	1	3	2	4	2	4	1	3
卡诺拉菜籽粕 Canola meal	2	4	5	8	10	15	10	20	5	10
椰子粕 Coconut meal	2	5	4	7	5	8	5	10	4	7
小麦胚芽 Wheat germ	10	20	15	30	15	30	15	35	15	35
玉米蛋白粉 Corn glut. meal(21%)	3	8	4	10	5	10	5	12	4	8
玉米蛋白粉 Corn glut. meal(60%)	3	8	4	10	5	10	5	10	4	8
棉籽粕 Cotton meal(30%)	2	4	4	7	5	8	5	8	3	6
棉籽粕 Cotton meal(39%)	3	5	5	8	6	10	6	10	5	8
家禽羽毛粉副产品 Feather poultry product meal	1	2	2	4	2	5	2	5	2	4
羽毛粉 Feather, meal	1	2	2	4	2	5	2	5	2	4
鱼粉 Fish, meal	5	12	5	10	5	5	5	10	5	10
肉骨粉 Meat bone meal(41%)	3	5	4	6	4	7	4	7	4	7
肉骨粉 Meat bone meal(50%)	4	6	4	7	4	8	4	8	4	8
家禽副产品粉 Poultry by-product meal	3	5	4	7	4	8	4	8	4	8
猪副产品粉 Swine by-product meal	3	5	4	6	4	7	4	7	4	7
花生粕 Peanut, meal	4	7	6	10	6	10	6	10	6	10
向日葵粕 Sunflower meal	5	10	8	15	10	18	13	20	10	20
酿酒酵母 Yeast brewery	2	8	4	10	4	15	4	15	4	10
酒精厂酵母 Yeast, dist, alcohol	2	6	3	8	4	12	3	10	4	10

11. 饲料原料中粗蛋白质、钙、磷的含量变异范围(数据来源于 Brazilian Tables，2005)

表 2-10-11 饲料原料中粗蛋白质、钙、磷的含量变异范围(饲喂基础)

饲料原料	粗蛋白质 CP			钙 Ca			磷 P		
	平均值 Mean(%)	标准差 SD(%)	样本数 *n*	平均值 Mean(%)	标准差 SD(%)	样本数 *n*	平均值 Mean(%)	标准差 SD(%)	样本数 *n*
羽毛粉 Feather meal(84%)	83.90	2.95	461	0.29	0.12	22	0.74	0.15	20
鱼粉 Fish meal(54%)	54.40	4.59	73	5.90	1.75	43	2.41	0.80	41
肉骨粉 Meat & bone meal(41%)	41.00	0.63	136	10.08	1.32	53	6.80	1.22	54
肉骨粉 Meat & bone meal(45%)	44.54	1.13	111	9.55	1.32	47	4.96	1.22	54
家禽副产品粉 Poultry by-product meal	57.00	5.84	1186	4.00	1.86	17	2.66	0.77	17

12. 饲料原料中赖氨酸、蛋氨酸+胱氨酸、苏氨酸的含量变异范围(数据来源于 Brazilian Tables，2005)

表 2-10-12 饲料原料中赖氨酸、蛋氨酸+胱氨酸、苏氨酸的含量变异范围(饲喂基础)

饲料原料	赖氨酸 Lys			蛋氨酸+胱氨酸 Met+Cys			苏氨酸 Thr		
	平均值 Mean(%)	标准差 SD(%)	样本数 *n*	平均值 Mean(%)	标准差 SD(%)	样本数 *n*	平均值 Mean(%)	标准差 SD(%)	样本数 *n*
羽毛粉 Feather meal(84%)	2.40	0.30	451	4.05	0.51	451	3.66	0.22	450
鱼粉 Fish meal(54%)	3.41	1.02	24	2.35	0.25	20	2.34	0.31	24
肉骨粉 Meat & bone meal(41%)	1.98	0.18	110	0.80	0.16	105	1.15	0.20	110
肉骨粉 Meat & bone meal(45%)	2.19	0.21	105	0.99	0.19	99	1.36	0.22	105
家禽副产品粉 Poultry by-product meal	3.35	0.48	756	2.02	0.53	756	2.43	0.53	756

参 考 文 献

[1] 中国饲料数据库情报网中心(CFIC). 1990—2018. 中国饲料成分及营养价值表第 1～29 版[J]. 中国饲料.

[2] 杜伦,滕久有,戎易,等. 1958. 华北区饲料的营养价值[J]. 中国畜牧学杂志,3:162-170.

[3] 中国农业科学院畜牧研究所. 1959. 国产饲料营养成分含量表(第一册)[M]. 北京:农业出版社.

[4] 中国农业科学院畜牧研究所，中国动物营养研究会. 1985. 中国饲料成分及营养价值表[M]. 北京:农业出版社.

[5] 中国农业科学院畜牧研究所. 1989. 科研档案. 75-5-5-1 饲料标准及其监测技术,75-5-5-5 中国饲料数据库.

[6] 郑长义. 1983. 饲料图鉴与品质管制[M]. 台北:华香园出版社.

[7] (德国)Oskar Johann Kellner(凯尔纳). 1908. 农畜饲养学[M]. 刘运筹,崔廷璜,译(1935). 上海:商务印书馆.

[8] (德国)M. Beyer，A. Chudy，habil. L. Hoffmann,et al. 2003. 德国罗斯托克饲料评价体系[M]. 赵广永,译(2008). 北京:中国农业大学出版社.

[9] (法国)Daniel Sauvant，Jean-Marc Perez，Gilles Tran. 2002. 饲料成分与营养价值表[M]. 谯仕彦,王旭,王德辉,主译(2005). 北京:中国农业大学出版社.

[10] (法国-日本)AFZ，Ajinomoto Eurolysine，Aventis Animal Nutrition，et al. 2000. AmiPig，Ileal standardised digestibility of amino acids in feedstuffs for pigs. Paris：French Association for Animal Production.

[11] (法国)EvaPig Version 1. 4. 0. 1. 2019. http://www. evapig. com/

[12] (荷兰)CVB Table Pigs,2007. Chemical composition，nutritional value of feedstuffs and feeding standards. CVB series no 36，The Hague，The Netherlands.

[13] (苏联)M. Ф. 托迈,O. И. 克沙福浦罗,H. M. 赛迈陀夫斯卡娅,等. 1953. 饲料消化性[M]. 马承融,耿宁芬,濮成德,等译(1960). 南京:江苏人民出版社.

[14] (苏联)A. П. 克拉什尼科夫,等. 1985. 苏联家畜饲养标准和日粮[M]. 颜礼复,译. 1990. 北京:中国农业科技出版社.

[15] (美国)Burch Hart Schneider. 1947. Feeds of the World—Their Digestibility and Composition[M]. Morgantown：West Virginia University.

[16] (美国)Feedstuffs Ingredient Analysis Table[J]. Feedstuffs 1980—2016 Edition(无 1985、1986、1988、1996).

[17] (美国)National Research Council. 1994. Nutrient Requirements of Poultry[M]. Washington，D. C. ：National Academy Press.

[18] (美国)National Research Council. 1998. Nutrient Requirements of Swine[M]. Washington，D. C. ：National Academy Press.

[19] (美国)National Research Council. 2012. Nutrient Requirements of Swine[M]. Washington，D. C. ：National Academy Press.

[20] (美国)National Research Council. 2000. Nutrient Requirements of Beef Cattle. Update 2000[M]. Washington，D. C. ：National Academy Press.

[21] (美国)National Research Council. 2016. Nutrient Requirements of Beef Cattle[M]. Washington，D. C. ：National Academy Press.

[22] (美国)National Research Council. 2001. Nutrient Requirements of Dairy Cattle[M]. Washington, D. C. : National Academy Press.
[23] (美国)National Research Council. 2006. Nutrient Requirements of Dogs and Cats[M]. Washington, D. C. : National Academy Press.
[24] (美国)National Research Council. 2011. Nutrient Requirements of Fish and Shrimp[M]. Washington, D. C. : National Academy Press.
[25] (美国-加拿大)National Research Council. 1982. United States-Canadian Tables of Feed Composition[M]. Washington, D. C. : National Academy Press.
[26] (日本)日本农业·食品产业技术综合研究机构. 2009. 日本标准饲料成分表[M]. 东京:中央畜产会.
[27] (韩国)IN K. Han, YUN H. Chiang, L. E. Harris, et al. 1982. Korean Tables of Feed Composition[M]. Logan: International Feedstuffs Institute.
[28] (韩国)薛东摄,姜泰洪. 1988. Composition of Korean Feedstuffs[M]. 农村振兴厅畜产试验场.
[29] (澳大利亚)Standing Committee on Agriculture, Pig Subcommittee. 1987, Feeding standards for Australian livestock (Pigs)[M]. East Melbourne: CSIRO Publications.
[30] (巴西)Horacio Santiago Rostagno, Luiz Fernando Teixeira Albino, Juarez Lopes Donzele, et al. 2011. Brazilian Tables for Poultry and Swine: Composition of Feedstuffs and Nutritional Requirements 3rd Edition[M]. Bettina Gertum Becker,译. Viçosa: UFV-DZO.

以上部分资料可供互联网下载的网址:

[1] 中国饲料数据库情报网中心. 1990—2018. 中国饲料成分及营养价值表第1~29版[J]. 中国饲料.
http://www.chinafeeddata.org.cn/
[10] (法国-日本)AFZ, Ajinomoto Eurolysine, Aventis Animal Nutrition, INRA, ITCF, 2000. AmiPig, Ileal standardised digestibility of amino acids in feedstuffs for pigs. Paris: French Association for Animal Production.
http://www.feedbase.com/downloads/amipeng.pdf
[11] (法国)EvaPig 软件自带数据库,Version 1.4.0.1(2019).
http://www.evapig.com
[16] (美国)Feedstuffs Ingredient Analysis Table. Feedstuffs 2016 Edition.
http://feedstuffs.com/mdfm/Feeess50/author/427/2015/11/Feedstuffs_RIBG_Ingredient_Analysis_Table_2016.pdf
[17] (美国)National Research Council. 1994. Nutrient Requirements of Poultry[M]. Washington, D. C. : National Academy Press.
http://www.nap.edu/catalog/2114.html(注册后可免费下载)
[19] (美国)National Research Council. 2000. Nutrient Requirements of Beef Cattle. Update 2000[M]. Washington, D. C. : National Academy Press.
http://www.nap.edu/catalog/9791.html(注册后可免费下载)
[20] (美国)National Research Council. 2001. Nutrient Requirements of Dairy Cattle[M]. Washington, D. C. : National Academy Press.
http://www.nap.edu/catalog/9825.html(注册后可免费下载)
[25] (美国-加拿大)National Research Council. 1982. United States-Canadian Tables of Feed Composition[M]. Washington, D. C. : National Academy Press.

http://www.nap.edu/catalog/1713.html(注册后可免费下载)
[30] (巴西)Horacio Santiago Rostagno, Luiz Fernando Teixeira Albino, Juarez Lopes Donzele, et al. Brazilian Tables for Poultry and Swine: Composition of Feedstuffs and Nutritional Requirements 3rd Edition[M]. Bettina Gertum Becker,译. 2011. Viçosa: UFV-DZO. http://www.lisina.com.br/arquivos/Geral%20English.pdf

部分可补充阅读参考及下载的资料所在网站:

[1] 饲料数据库(中国农业科学院北京畜牧兽医研究所,中国饲料数据库情报网中心)
http://www.chinafeeddata.org.cn
[2] 美国国家科学院出版社
http://www.nap.edu/

其他部分参考书目(顺序不分先后):

[1] 张子仪.2000.中国饲料学[M]. 北京:中国农业出版社.
[2] 李德发.2003.猪的营养[M]. 北京:中国农业科学技术出版社.
[3] 张宏福,张子仪.1998.动物营养参数与饲养标准[M].北京:中国农业出版社.
[4] 熊本海.2013.国际反刍动物饲料成分及营养价值表[M].北京:中国农业科学技术出版社.
[5] 美国国家科学院科学研究委员会.1998.猪营养需要[M].10 版.谯仕彦,郑春田,蒋建阳,等译. 北京:中国农业大学出版社.
[6] 美国国家科学院科学研究委员会.2002.奶牛营养需要[M].7 版.孟庆祥, 主译. 北京:中国农业大学出版社.
[7] 美国国家科学院科学研究委员会.2014.猪营养需要[M].11 版.印遇龙,阳成波,敖志刚,主译. 北京:科学出版社.
[8] 美国国家科学院科学研究委员会.2015.鱼类与甲壳类营养需要[M].麦康森,李鹏,赵建民,主译.北京:科学出版社.
[9] 冯仰廉,陆治年.2007.奶牛营养需要和饲料成分[M]. 北京:中国农业出版社.
[10] 吴常信,闫汉平.2006.英汉畜牧词典[M]. 北京:中国农业出版社.
[11]《英汉农业大词典》编纂委员会.1998.英汉农业大词典[M]. 北京:中国农业出版社.
[12] 佘也凡.2002.英汉汉英饲料词典[M]. 北京:中国农业出版社.
[13] 美国国家科学院科学研究委员会.2016.肉牛营养需要[M]. 8 版. 孟庆翔,周振明,吴浩,主译(2018).北京:科学出版社.
[14] Fonnesbeck, P V, Lloyd, H, Obray R, Romesburg, S. 1984. IFI tables of feed composition[M]. Logan, Utah:International Feedstuffs Institute, Utah Agricultural Experiment Station, Utah State University.